역학에서 사용되는 주요 단위

Quantity	International System (SI)		
	Unit	Symbol	Formula
Acceleration (angular)	radian per second squared		rad/s^2
Acceleration (linear)	meter per second squared		m/s^2
Area	square meter		m^2
Density (mass) (Specific mass)	kilogram per cubic meter		kg/m^3
Density (weight) (Specific weight)	newton per cubic meter		N/m^3
Energy; work	joule	J	N·m
Force	newton	N	$kg·m/s^2$
Force per unit length (Intensity of force)	newton per meter		N/m
Frequency	hertz	Hz	s^{-1}
Length	meter	m	(base unit))
Mass	kilogram	kg	(base unit)
Moment of a force; torque	newton meter		N·m
Moment of inertia (area)	meter to fourth power		m^4
Moment of inertia (mass)	kilogram meter squared		$kg·m^2$
Power	watt	W	J/s (N·m/s)
Pressure	pascal	Pa	N/m^2
Section modulus	meter to third power		m^3
Stress	pascal	Pa	N/m^2
Time	second	s	(base unit)
Velocity (angular)	radian per second		rad/s
Velocity (linear)	meter per second		m/s
Volume (liquids)	liter	L	$10^{-3}\ m^3$
Volume (solids)	cubic meter		m^3

Gere의 핵심 재료역학

MECHANICS OF MATERIALS

— Brief Edition, SI Edition —

Mechanics of Materials,
Brief Edition, SI Edition

James M. Gere
Barry J. Goodno

Original edition © 2012 Cengage Engineering, a part of Cengage Learning.
Mechanics of Materials, Brief Edition, SI Edition by James M. Gere, Barry J. Goodno
ISBN: 9781111136031

This edition is translated by license from Brooks Cole, a part of Cengage Learning, for sale in Korea only.

For permission to use material from this text or product, email to
asia.infokorea@cengage.com

ISBN-13: 978-89-6218-330-6

Cengage Learning Korea Ltd.
14F YTN Newsquare 76 Sangamsan-ro
Mapo-gu Seoul 03926 Korea
Tel: (82) 2 330 7000
Fax: (82) 2 330 7001

Cengage is a leading provider of customized learning solutions with employees residing in nearly 40 different countries and sales in more than 125 countries around the world. Find your local representative at: **www.cengage.com**

To learn more about Cengage Solutions, visit **www.cengageasia.com**

Every effort has been made to trace all sources and copyright holders of news articles, figures and information in this book before publication, but if any have been inadvertently overlooked, the publisher will ensure that full credit is given at the earliest opportunity.

Printed in Korea
Print Number: 06   Print Year: 2023

SI EDITION

MECHANICS OF MATERIALS

Brief Edition

Gere의
핵심 재료역학

James M. Gere · Barry J. Goodno 지음

이종원 옮김

Cengage

Australia · Brazil · Canada · Mexico · Singapore · United Kingdom · United States

옮긴이 소개

이종원

중앙대학교 기계공학부 명예교수
University of Virginia 공학박사(1973)
육군사관학교 교수(1967-1984) 및 중앙대학교 교수(1984-2007)
대한기계학회 회장(1999)
기술표준원 산업표준심의회 위원장(2001-2004)

저서 자동제어(대학도서) 등 15권
역서 재료역학(Gere & Goodno 원저; 센게이지러닝) 등 8권

Gere의 핵심 재료역학

MECHANICS OF MATERIALS *Brief Edition, SI Edition*

제1판 1쇄 발행 | 2013년 1월 10일
제1판 6쇄 발행 | 2023년 2월 10일

지은이 | James M. Gere, Barry J. Goodno
옮긴이 | 이종원
발행인 | 송성헌
발행처 | 센게이지러닝코리아㈜
등록번호 | 제313-2007-000074호(2007.3.19.)
이메일 | asia.infokorea@cengage.com
홈페이지 | www.cengage.co.kr

ISBN-13: 978-89-6218-330-6

공급처 | 북스힐
주   소 | 서울시 강북구 한천로 153길 17
도서안내 및 주문 | TEL 02) 994-0071 FAX 02) 994-0073
E-mail | bookshill@bookshill.com

값 35,000원

재료역학은 공과대학의 기계공학, 구조공학, 토목공학 건축공학, 항공공학 및 산업공학과 같은 다양한 분야를 전공하는 대부분의 학생들에게 필수과목이다.

응력 및 변형률, 변형 및 변위, 굽힘 및 비틀림, 전단 및 안정성과 같은 기본 개념들이 학기가 끝나기 전에 취급되어야 하기 때문에 고급 또는 전문 주제를 다룰 시간이 별로 없다는 것이 재료역학 담당 교수들의 공통적인 의견이다. 결과적으로, 첫 번째 학부과목에서 다뤄야 할 주요 주제에 초점을 맞춘 더욱 간소화된 또는 요약된 재료역학 교재에 대한 관심이 커지고 있다.

2012년에 새로 출판된 이 교재는 이러한 필요성을 만족시키도록 고안되었으며, James Gere(스탠퍼드 대학교 명예교수)와 Barry Goodno(조지아 공대 교수) 공저인 **재료역학 7판**(12개 장으로 구성)을 근간으로 하여 각 장별로 일부 내용이 축소되었고 2개 장(7판의 6장과 10장)이 제외된 10개 장으로 편성되었다. (주: 7판의 6장 내용 중의 합성보와 환산단면법은 핵심판의 5장으로 이동되었다.) 특히 교재의 분량을 대폭 줄이기 위해 10장 내용과 부록이 출판사 홈페이지를 통해서 온라인으로 볼 수 있도록 교재 원판에는 제외되었다.

그러나 이번에 출간되는 **핵심 재료역학**에서는 학생들의 편의를 고려하여 10장 내용과 모든 부록들도 번역하여 수록했음을 밝힌다.

이 교재에서는 모든 예제와 연습문제에서 국제단위(SI)가 사용된다. 부록 A에 SI 단위체계와 USCS 단위체계에 대한 논의와 변환인자에 대한 표가 참고용으로 수록되었다. 특히 이 교재의 각 장 뒷부분의 연습문제에 추가하여, 각 장에서 제시된 많은 중요 개념들을 조합한 100개 이상(장 별 평균 10개 이상)의 복습문제가 수록되었다. 이 복습문제들의 목적은 각 장의 절에서 제시된 초점이 좁혀 진 원리보다는 각 장에서 논의된 전반적인 주제에 대한 학생들의 지식과 이해정도를 시험하기 위한 것이다.

본 역자는 Gere 교수의 **재료역학(Mechanics of Materials)** 교재의 2판부터 6판까지 번역했던 주 역자였으며 이번 **핵심 재료역학(Brief edition)**을 번역할 때 과거의 경험이 많은 도움이 되었다. 특히 이번 번역판에서는 각 장 뒤에 수록된 연습문제와 부록도 완역하였다. (주: 과거 2판부터 6판까지 연습문제와 부록은 학생들에게 원서 독해 능력을 키우도록 번역하지 않았음을 밝혀 둔다.)

끝으로 이 교재를 출판하도록 배려해 주신 센게이지 러닝과 출판에 도움을 주신 관계자 여러분에게 감사드린다.

2012년 12월

이 종 원(중앙대학교 명예교수)

스탠퍼드 대학교 Timoshenko 도서관에서 본 교재 2판을 들고 찍은 Gere의 사진. (Photo courtesy of Richard Weingardt Consultants, Inc)

스탠퍼드 대학교의 명예 교수였던 James Monroe Gere는 2008년 1월 30일에 캘리포니아 Portola Valley 에서 사망했다. Gere는 뉴욕 Syracuse에서 1925년 6월 14일에 태어났다. 그는 1942 년 17세의 나이에 미국 육군 항공대에 입대하여 영국, 프 랑스 및 독일에서 근무했다. 전쟁 이후에, 그는 1949년과 1951년에 RPI (Rensselaer Polytechnic Institute)에서 각각 토목공학 학사학위와 석사학위를 받았다. 그는 1949년과 1952년 사이에 RPI에서 강사와 연구원으로 근무했다. 그는 미국과학협회(NSF) 장학 금 중 하나를 받았으며 대학원 공부를 위해 스탠퍼드를 택했 다. 그는 1954년에 박사학위를 받았고 토목공학 교수직을 제 안 받았으며 역학과 구조 및 지진공학 분야의 도전적인 주제 를 학생들에게 연계하는 34년 경력을 시작하였다. 그는 학과 장과 공대 부학장을 역임했으며 1974년에는 스탠퍼드에 John A. Blume 지진공학센터를 공동으로 설립했다. 또한 1980년에 Gere는 스탠퍼드 지진대비위원회의 설립자가 되 었는데, 이 위원회는 지진발생 시 캠퍼스 구성원들에게 사무 실 집기, 가구 및 생활안전에 위협이 될 수 있는 여러 가지 품 목들을 잘 챙기고 강화할 것을 촉구하였다. 같은 해에 그는 지 진으로 폐허가 된 중국의 당산(Tangshan) 시에 대해 연구하 는 최초의 외국인 중의 하나로 초청되었다. Gere는 1988년에 스탠퍼드에서 은퇴했지만 학생지도에 시간을 할애하고 캘리 포니아 지진 지역에서 다양한 현장학습을 지도했으므로 계 속해서 스탠퍼드 지역사회의 가장 소중한 인사였다.

Gere는 그의 외향적 태도, 쾌활한 성격 및 멋진 웃음, 운동 열 그리고 토목공학 교육자로서의 교수법으로 잘 알려져 있 다. 그는 그의 스승이자 멘토인 Stephan P. Timoshenko의 영향을 받은 교재 『재료역학(Mechanics of Materials)』을 1972년에 집필하는 것으로 시작하여 9권의 공학 관련 교재 를 집필했다. 전 세계적으로 공학과목에 사용되는 그의 다 른 교재로는 S. Timoshenko와 공동집필한 『Theory of Elastic Stability』, W. Weaver와 공동집필한 『Matrix Analysis of Framed Structure』와 『Matrix Algebra for Engineers』, H. Krawinkler와 공동집필한 『Moment Distribution: Earthquake Tables: Structural and Construction Manual』, 그리고 H. Shah와 공동집필한 『Terra Non Firma: Understanding and Preparing for Earthquake』이 있다.

스탠퍼드 대학교의 학생, 교수 및 교직원으로부터 존경받 고 높게 평가되었던 Gere 교수는 항상 강의실 안팎에서 젊은 이들과 같이 일하고 이들에게 도움이 된 것이 가장 큰 기쁨 중 하나라고 여겼다. 그는 자주 도보여행을 했으며 Yosemite와 Grand Canyon 국립공원을 정기적으로 방문했다. 그는 하루 에 50마일이나 되는 'John Muir' 도보여행을 했을 뿐만 아니 라 Yosemite에 있는 Half Dome에 오르기를 20회 이상 했다. 1986년에 에베레스트 산의 베이스 캠프까지 도보여행을 했 으며, 여행 중 동료의 생명을 구한 바 있었다. 그는 훌륭한 육 상선수였고 48세 나이에 3시간 13분의 기록으로 보스톤 마라 톤 대회에서 완주했었다.

Gere는 그를 알았던 모든 사람들에게 일상생활이나 일을 쉽게 견디게 하는 경쾌한 좋은 유머를 가진 사려 깊고 사랑스 러운 사람으로 오래 기억될 것이다. 그의 마지막 프로젝트 (Palo Alto에서 그의 딸 Susan에 의해 진행되고 지속되는)는 남북전쟁에서 대령으로 복무했던 그의 증조부의 전기를 기 반으로 한 책이었다.

재료역학은 구조물이 인위적이든 자연적이든 간에, 정역학과 함께 구조물의 강도와 물리적 성능에 관련된 누구에게나 이해되어야 할 기본적인 공학 과목이다. 대학 수준에서는 재료역학을 통상적으로 2학년과 3학년에서 가르친다. 이 과목은 기계, 구조, 토목, 생체의학, 석유, 우주 및 항공공학을 전공하는 대부분의 학생들에게 필수과목이다. 또한 재료과학, 산업공학, 건축 및 농업공학과 같은 다양한 분야의 학생들도 이 과목을 공부하면 도움이 될 것이다.

핵심판(Brief edition)에 대하여

요즘 많은 대학교의 공학프로그램에서 정역학과 재료역학이 앞에서 열거한 다양한 공학 분야의 학생들로 구성된 과목은 대집단에서 수업되고 있다. 여러 개의 분반을 맡는 강사들은 동일한 교재를 사용해야 하며 학생들이 그들의 특정 학위 프로그램에 요구되는 고급 과정 및 후속 과정에 대해 잘 준비하도록 하기 위해 모든 주요 주제가 제시되어야 한다. 응력 및 변형률, 변형 및 변위, 굽힘 및 비틀림, 전단 및 안정성과 같은 기본 개념들이 학기가 끝나기 전에 취급되어야 하기 때문에 고급 또는 전문 주제를 다룰 시간이 별로 없다. 결과적으로, 첫 번째 학부과목에서 다뤄야 할 주요 주제에 초점을 맞춘 더욱 간소화된 또는 요약된 재료역학 교재에 대한 관심이 커지고 있다. 이 교재는 이러한 필요성을 만족시키도록 고안되었다.

이 교재에서 다루는 주요 주제는 앞에서 언급한 기본 개념을 포함하여 인장, 압축, 비틀림 및 굽힘을 받는 구조용 부재의 해석 및 설계에 관한 것이다. 기타 중요한 주제는 응력과 변형률의 전환, 조합하중 및 조합응력, 보의 처짐 및 기둥의 안정성이다. 유감스럽게도, 대부분의 프로그램에서 많은 전문 보조 주제를 포함할 수 없으므로 이 "핵심판(Brief edition)"에서는 이들이 제외되었다. 이 핵심판 교재는 학기 기간 동안 과정의 필요에 특별하게 부응하는 교

재의 필요성을 요구한 많은 강사들의 검토의견을 반영하여 고급 주제를 제외시켜 만들어졌다. Gere와 Goodno의 재료역학 7판을 기초로 하여 만들어진 핵심판은 같은 수준의 세부사항과 엄밀성으로 전체 교재에서 기본 주제를 다룬다.

이 교재에서 다루지 않는 몇 가지 전문 주제들은 응력집중, 동적하중 및 충격하중, 불균일 단면 부재, 전단중심, 비대칭 보의 굽힘, 보의 최대응력, 보의 처짐 계산을 위한 에너지 기반 접근법 및 부정정보 등이다. 두 가지 재료로 된 보 또는 합성보에 대한 논의는 포함되었으나 보의 응력에 관한 장은 뒷부분으로 이동되었다. 마지막으로 참고 및 역사적 주석은 센게이지 러닝 홈페이지(www.cengage.co.kr) Download 자료실에서 내려받을 수 있다.

학생들을 돕기 위해, 각 장은 해당 장에서 취급하는 주요 주제를 강조하는 **개요**로 시작하여, 해당 장에 제시된 주요 수학 공식뿐만 아니라 요점의 바른 복습(시험 준비용)을 위해 수록한 **요약 및 복습**으로 끝난다. 각 장은 또한 해당 장에서 논의되는 주요 개념을 보여 주는 부품 및 구조물의 사진으로 시작한다.

오류를 없애기 위해 이 책을 검토하고 감수하는 데 상당한 노력을 기울였지만 독자들이 아무리 사소한 것이라도 오류를 발견한다면 이메일(bgoodno@ce.gatech.edu)로 저자에게 연락하기 바란다. 그러면 이 책의 다음 판에서 오류를 정정할 것이다.

예제

이론적 개념을 설명하고 이러한 개념이 실제 상황에서 어떻게 이용되는가를 보여 주기 위해 예제들을 교재 전반에 걸쳐 제시하였다. 몇몇 경우에는, 이론과 응용 사이의 연결을 강화시키기 위해 실제 공학 구조물 또는 구성요소를 보여 주는 사진을 추가하였다. 많은 강사들은 이 과목에

흥미가 있는 학생들에게 동기를 부여하고 기본 개념을 설명하기 위해 공학 실패에서 얻은 경험을 토의한다. 강의와 교재 예제에서, 학생들이 시스템의 공학 해석에 관한 관련 이론을 이해하고 적용하는 것을 돕기 위해 구조물 또는 구성 요소의 단순화된 모델과 이와 관련된 자유물체도로 시작하는 것이 바람직하다. 교재의 예제들은 예시될 내용의 복잡성에 따라 1~4 페이지 분량이 된다. 개념을 강조할 때에는 좀 더 잘 설명하기 위해 예제를 기호의 항으로 풀었고, 문제풀이를 강조할 때에는 예제를 수치적으로 풀었다. 교재 전체를 통해 일부 예제에서는 학생들의 문제 해답에 대한 이해를 돕기 위해 결과를 도표화(예를 들면, 보의 응력)하여 추가하였다.

연습문제

모든 역학 과목에서 문제풀이는 학습과정의 중요한 부분이다. 이 교재에는 숙제와 강의실 토론을 위해 700개 이상의 연습문제가 제공되었다. 연습문제들은 쉽게 찾을 수 있고 주요 과목 내용에 대한 설명을 중단시키지 않도록 각 장의 뒤쪽에 수록하였다. 또한 연습문제들은 일반적으로 난이도 순으로 배열하여 학생들에게 문제풀이에 필요한 시간에 대해 주의를 준다. 모든 연습문제에 대한 해답은 이 교재의 뒷부분에 수록하였다. 강사용 해답집(ISM)은 출판사 웹사이트에서 등록된 강사에게 제공된다.

각 장 뒷부분의 연습문제에 추가하여, 각 장에서 제시된 많은 중요 개념들을 조합한 100개 이상(장 별 평균 10개 이상)의 복습문제가 수록되었다. 이 문제들의 목적은 각 장의 절에서 제시된 초점이 좁혀 진 원리 보다는 각 장에서 논의된 전반적인 주제에 대한 학생들의 지식과 이해정도를 시험하기 위한 것이다. 학생들은 이 복습문제가 중간시험이나 기말시험 준비에 매우 유용하다는 것을 알게 될 것이다. 모든 복습문제에 대한 정답은 이 책의 뒷부분에 수록되었다.

단위

이 교재에서는 모든 예제와 연습문제에서 국제단위(SI)가 사용된다.

선정된 구조용 강 형상에 대한 성질을 포함하는 SI 단위로 된 표는 부록 E에서 찾을 수 있으며, 이 표는 5장의 보해석 및 설계 예제와 연습문제를 푸는데 사용된다.

디지털 보충물

강사용 리소스 웹사이트

앞에서 언급한 바와 같이, 강사용 해답집(ISM)은 출판사 웹사이트에서 등록된 강사에게 제공된다. 이 웹사이트에는 또한 강의와 복습과정에서 강사들이 사용할 수 있도록 교재의 모든 도해적 이미지를 망라하는 파워포인트 슬라이드 전체 세트가 포함되어 있다. 마지막으로, 참고문헌 및 역사적 주석은 센게이지 러닝 홈페이지(www.cengage.co.kr) Download 자료실에서 내려받을 수 있다.

참고로 웹사이트로 이동된 부록은 다음과 같다.

(역자 주: 번역판에는 독자들의 편의를 위해, 핵심판 원서의 10장도 번역하여 수록하였으며 위의 부록 A부터 H도 수록되었음을 밝힌다.)

S. P. Timoshenko(1878~1972)와 J. M. Gere (1925~2008)

이 책의 많은 독자들은 아마도 응용역학 분야에서 가장 유명한 Stephan P. Timoshenko의 이름을 기억할 것이다. Timoshenko는 일반적으로 응용역학에서 세계적으로 가장 저명한 선구자로 기억된다. 그는 많은 아이디어와 개념을 정립하는 데 공헌했으며 그의 학식과 강의로 유명해졌다. 그는 수많은 교재를 통해 미국뿐만 아니라 역학을 가르치는 많은 국가에서 역학 강의를 혁신적으로 변화시켰다. Timoshenko 는 James Gere에게는 스승이자 조언자였고 1972년에 James Gere가 집필하여 출판한 이 교재의 1판 출판에 대한 동기를 부여하였다. 2판과 그 이후의 판들은 스탠퍼드 대학교에서 저자, 교육자 및 연구자로서 재직한 긴 기간 동안 James Gere에 의해 집필되었다. James Gere는 1952년에 스탠퍼드에서 박사과정을 시작했으며 이 교재와 8권의 유명한 역학, 구조 및 지진공학 관련 교재를 집필하고 1988에 스탠퍼드에서 은퇴하였다. 그는 2008년 1월에 사망할 때까지 명예교수로서 스탠퍼드에서 활발하게 활동하였다.

참고문헌 및 역사적 주석의 첫 번째 참고문헌에서 Timoshenko에 대한 간단한 경력을 찾을 수 있으며, 또한 2007년 8월호 잡지 〈*STRUCTURE*〉에서 Richard G. Weingardt가 쓴 "*Stephan P. Timoshenko: Father of Engineering Mechanics in the U.S.*"에서 찾을 수 있다. 이 기사에는 이 교재를 비롯하여 여러 저자들이 집필한 기타 공업역학 교재에 대한 훌륭한 역사적 관점이 마련되어 있다.

감사의 글

어떤 형태이건 이 책에 기여한 모든 사람에게 감사의 뜻을 표시하기는 매우 어렵지만, 저자의 선임 스탠퍼드 교수였고, 특히 저자의 조언자이자 친구이며 주 저자인 James M. Gere에게 큰 도움을 받았다.

이 교재에 대해 피드백과 건설적 비평을 해준 세계 각지의 여러 대학교의 역학 담당 교수들에게 감사하며 모든 익명의 감수자들에게도 감사의 뜻을 전한다. 각각의 새로운 판별로 그들의 도움은 결과적으로 책의 내용과 교수법 측면에서 주목할 만한 개선을 이루게 하였다.

또한 이 핵심판에 대한 구체적 조언을 해준 다음에 열거한 감수자들과 익명으로 감수해주신 많은 분들에게도 감사드린다.

Hank Christiansen, Brigham Young University
Paul R. Heyliger, Colorado State University
Richard Johnson, Montana Tech, University of Montana
Ronald E. Smelser, University of North Carolina at
　　Charlotte
Candace S. Sulzbach, Colorado School of Mines

저자는 또한 현재의 핵심판에 이르기까지 개정 부분과 추가 부분의 여러 가지 측면에서 귀한 조언을 해준 조지아 공과대학의 구조공학 및 역학 분야 동료 교수들에게 감사드린다. 이 모든 교육자와 함께 일하고 연구와 고등교육의 맥락에서 날마다 구조공학과 역학에 대해 상호교류하고 토론함으로써 그들로부터 배운 것은 영광이었다. 마지막으로, 여러 가지 개정판에서 이 교재를 집필하는 데 도움을 준 많은 현재 또는 과거의 학생들에게도 감사의 뜻을 전한다.

재능 있고 지식이 풍부한 센게이지 러닝의 직원들 덕분에 이 책의 편집과 출판에는 숙련되고 경험 있는 전문가들이 참여하였다. 그들의 목표는 이 책의 어느 측면에 대해서도 타협하지 않고 가능한 한 최상의 핵심판을 출판하고자 하는 저자의 목표와 일치하였다.

센게이지 러닝에서 저자가 개인적으로 접촉한 분들은 글로벌 출판 프로그램의 집행 이사인 Christopher Carson, 글로벌 공학 프로그램의 발행인 Christopher Shortt, 프로젝트를 통해 지도해준 선임 편집인 Randall Adams 및 Swati Meherishi, 정보를 제공하고 격려해준 공학담당 선임 개발 편집인 Hilda Gowens, 새로운 사진 선택 일을 처리해준 Nicola Winstanley, 이 책의 표지 디자인을 해 준 Andrew Adams, 교재지원을 위해 홍보자료를 개발한 글로벌 판촉 매니저 Lauren Betsos, 그리고 모든 개발과 출판 측면에서 도움을 준 부편집인 Tanya Altieri이다. 원고를 편집하고 페이지 디자인을 해준 RPK 편집 서비스의 Rose Kerman에게 특별히 감사드린다. 저자는 작업을 훌륭하게 끝마쳤을 뿐만 아니라 처리과정에서 친절하고 사려 깊은 모습을 보여준 이 모든 분들에게 진심으로 감사를 드린다.

이 프로젝트 과정에서 인내심을 가지고 격려해준 가족, 특히 아내인 Lana에게 깊은 감사의 뜻을 전한다.

마지막으로, 이 교재를 40년간 지속시킨 저자의 조언자이자 38년 지기인 Jim Gere와 함께 이러한 작업에 몰두하게 된 것을 매우 기쁘게 생각한다. 저자는 이 교재의 우수성이 지속되도록 전념할 것이며 모든 의견과 제안을 환영한다. 저자에게 이메일 bgoodno@ce.gatech.edu로 비판적인 의견을 자유롭게 보내주기 바란다.

Barry J. Goodno
Atlanta Georgia

A	면적	m	단위길이당 모멘트, 단위길이당 질량
A_f, A_ω	플랜지의 면적, 웨브의 면적	N	축력
a, b, c	치수, 거리	n	안전계수, 정수, 분당 회전수(rpm)
C	도심, 압축력, 적분상수	O	좌표의 원점
c	중립축에서 보의 바깥 표면까지의 거리	O'	곡률중심
D	지름	P	힘, 집중하중, 힘
d	지름, 치수, 거리	P_{allow}	허용하중(또는 사용하중)
E	탄성계수	P_{cr}	기둥에 대한 임계하중
E_r, E_t	감축 탄성계수, 접선 탄성계수	p	압력(단위면적당 힘)
e	편심, 치수, 거리, 단위 체적변화(팽창)	Q	힘, 집중하중, 평면면적의 1차 모멘트
F	힘	q	분포하중의 세기(단위길이당 힘)
f	전단흐름, 소성굽힘에 대한 형상인자, 유연도, 주파수(Hz)	R	반력, 반지름
f_r	봉의 비틀림 유연도	r	반지름, 회전 반지름($r = \sqrt{I/A}$)
G	전단 탄성계수	S	보 단면의 단면계수, 전단중심
g	중력가속도	s	거리, 곡선상의 거리
H	높이, 거리, 수평력 또는 반력, 마력	T	인장력, 비틀림 우력 또는 토크, 온도
h	높이, 치수	t	두께, 시간 토크의 강도(단위길이 당 토크)
I	평면면적의 관성모멘트(또는 2차 모멘트)	t_f, t_w	플랜지의 두께, 웨브의 두께
I_x, I_y, I_z	x, y 및 z축에 대한 관성모멘트	u_r, u_t	저항계수, 강인계수
I_{x1}, I_{y1}	x_1 및 y_1축(회전축)에 대한 관성모멘트	V	전단력, 체적, 수직력 또는 반력
I_{xy}	$x\,y$축에 대한 관성 적	v	보의 처짐, 속도
I_{x1y1}	x_1y_1축(회전축)에 대한 관성 적	v', v'', etc.	dv/dx, $d^2 v/dx^2$, 등
I_p	극관성모멘트	W	힘, 무게, 일
I_1, I_2	주관성모멘트	w	단위면적 당 하중
J	비틀림 상수	x, y, z	직교좌표 축(점 O가 원점)
K	기둥에 대한 유효 길이 인자	x_c, y_c, z_c	직교좌표 축(도심 C가 원점)
k	스프링 상수, 강성도, $\sqrt{P/EI}$에 대한 기호	$\overline{x}, \overline{y}, \overline{z}$	도심의 좌표
k_T	봉의 비틀림 강성도	α	각, 열 팽창계수, 무차원 비
L	길이, 거리	β	각, 무차원 비, 스프링 상수, 강성도
L_E	기둥의 유효길이	β_r	스프링의 회전 강성
ln, log	자연대수(밑 e), 상용대수(밑 10)	γ	전단 변형률, 비중(단위체적당 무게)
M	굽힘모멘트, 우력, 질량	$\gamma_{xy}, \gamma_{yz}, \gamma_{zx}$	xy, yz 및 zx 평면에서의 전단변형률
		γ_{x1y1}	x_1y_1축(회전축)에 대한 전단변형률

γ_θ	경사축에 대한 전단변형률
δ	보의 처짐, 변위, 봉 또는 스프링의 신장량
ΔT	온도차이
ϵ	수직변형률
$\epsilon_x, \epsilon_y, \epsilon_z$	x, y 및 z 방향에서의 수직변형률
$\epsilon_{x1}, \epsilon_{y1}$	x_1 및 y_1 방향(회전축)에서의 수직변형률
ϵ_θ	경사축에 대한 수직변형률
$\epsilon_1, \epsilon_2, \epsilon_3$	주수직변형률
ϵ'	단축응력에서의 가로방향 변형률
ϵ_T	열변형률
ϵ_Y	항복 변형률
θ	각, 보축의 회전각, 비틀림을 받는 보의 비틀림률
θ_p	주평면 또는 주축까지의 각
θ_s	최대 전단응력 평면까지의 각
κ	곡률($k = 1/\text{rho}$)
λ	길이, 곡률 감소량
ν	Poisson의 비
ρ	반지름, 곡률 반지름(rho =$1/k$), 극좌표에서의 반지름방향 거리, 밀도(단위체적 당 질량)
σ	수직응력
$\sigma_x, \sigma_y, \sigma_z$	x, y 및 z축에 수직인 평면에서의 수직응력
$\sigma x_1, \sigma_{y1}$	$x_1 y_1$축(회전축)에 수직인 평면에서의 수직응력
σ_θ	경사면에서의 수직응력
$\sigma_1, \sigma_2, \sigma_3$	주수직응력
σ_{allow}	허용응력(또는 사용응력)
σ_{cr}	기둥에 대한 임계응력($\sigma_{\text{cr}} = P_{\text{cr}}/A$)
σ_{pl}	비례한도 응력
σ_r	잔류응력
σ_T	열응력
σ_U, σ_Y	극한응력, 항복응력
τ	전단응력
$\tau_{xy}, \tau_{yz}, \tau_{zx}$	x, y 및 z축에 수직하고 y, z 및 x축에 평행한 평면에 작용하는 전단응력
τ_{x1y1}	x_1축에 수직하고 y_1축에 평행한 평면에 작용하는 전단응력
τ_θ	경사면에서의 전단응력
τ_{allow}	전단에서의 허용응력
τ_U, τ_Y	전단에서의 극한응력, 전단에서의 항복응력
ϕ	각, 비틀림을 받는 봉의 비틀림 각
ψ	각, 회전각
ω	각속도, 각 주파수($\omega = 2\pi f$)

희랍 알파벳

A	α	알파(Alpha)	N	ν	뉴(Nu)
B	β	베타(Beta)	Ξ	ξ	사이(Xi)
Γ	γ	감마(Gamma)	O	o	오미크론(Omicron)
Δ	δ	텔타(Delta)	Π	π	파이(Pi)
E	ϵ	입실론(Epsilon)	P	ρ	로우(Rho)
Z	ζ	제타(Zeta)	Σ	σ	시그마(Sigma)
H	η	에타(Eta)	T	τ	타우(Tau)
Θ	θ	세타(Theta)	Y	υ	업실론(Upsilon)
I	ι	아이오타(Iota)	Φ	ϕ	피(Phi)
K	κ	카파(Kappa)	X	χ	치(Chi)
λ	λ	람다(Lambda)	Ψ	ψ	프사이(Psi)
M	μ	뮤(Mu)	Ω	ω	오메가(Omega)

차례

Gere의 핵심 재료역학

— SI Edition —

이 원격 통신 탑은 주로 인장 또는 압축을 받는 많은 부재로 조립되어 있다. (Photo by Bryan Tokarczyk, PE/KPFF Tower Engineers)

인장, 압축 및 전단
Tension, Compression, and Shear

개요

1장에서는 단면의 도심에 작용하는 축하중을 받는 여러 가지 재료의 봉에서의 **응력, 변형률** 및 **변위**를 검토하는 재료역학을 소개한다. 구조용에 사용되는 재료에서의 **수직응력**(σ)과 **수직변형률**(ϵ)을 배우고, 이어서 응력(σ)–변형률(ϵ) 선도로부터 탄성계수(E), 항복응력(σ_y) 및 극한응력(σ_u)과 같은 여러 가지 재료에 대한 주요 성질을 확인할 것이다. 또한 전단응력(τ)–전단변형률(γ) 선도를 그리고 전단탄성계수(G)를 확인할 것이다. 이들 재료가 선형영역에서 사용되는 경우, 응력과 변형률은 Hooke의 법칙에 의해 정의되는데 수직응력과 변형률의 관계는 $\sigma = E \cdot \epsilon$이고 전단응력과 전단변형률의 관계는 $\tau = G \cdot \gamma$가 된다. 횡방향 치수와 체적의 변화는 Poisson의 비(ν)에 따라 좌우됨을 알게 될 것이다. 실제로, 재료의 성질 E, G 및 ν는 직접적으로 서로 연관되어 있으며 재료의 독립적인 성질이 아니다.

구조물(트러스와 같은)을 구성하기 위한 봉의 조립체의 경우 실제 단면적(인장의 경우) 또는 전체 단면적(압축의 경우)에 작용하는 수직응력뿐만 아니라 연결부에서의 평균 전단응력(τ)과 지압응력(σ_b)을 고려하게 한다. 안전계수를 사용하여 **허용** 값으로 모든 점에 대한 최대응력을 제한한다면, 케이블이나 봉과 같은 간단한 시스템에 대해 축하중의 허용수준을 확인할 수 있다. **안전계수**는 구조용 부재의 실제 강도를 필요 강도와 연관시키며 재료 성질의 변화와 우발적 과부하의 가능성과 같은 다양한 불확실성을 고려한다. 마지막으로 **설계**를 고려할 것이다. 설계는 여러 가지 다른 하중을 받는 특정 구조물에 대해 다양한 **강도 및 강성** 요구조건을 만족시키는 구조용 부재의 적절한 치수를 구하는 반복적 과정이다.

1장은 다음과 같이 구성된다.

1.1 재료역학에 대한 소개

재료역학(mechanics of materials)은 여러 가지 형태의 하중을 받는 고체의 거동을 취급하는 응용역학의 한 분야이다. 이 분야의 다른 이름은 **재료의 강도(strength of materials)**와 **변형체 역학(mechanics of deformable bodies)**이다. 이 책에서 고려되는 강체는 축하중을 받는 봉, 비틀림을 받는 축, 굽힘을 받는 보와 압축을 받는 기둥이 포함된다.

재료역학의 주목적은 구조물과 그 부품에 작용하는 하중에 대한 이들의 응력, 변형률 및 변위를 구하는 것이다. 파괴를 일으키는 하중에 이르기까지의 모든 하중 값에 대하여 이 양들을 구할 수 있다면 이러한 구조물의 기계적 거동에 대한 완전한 윤곽을 얻을 수 있다.

기계적 거동에 대한 이해는 비행기와 안테나, 빌딩과 교량, 기계와 모터 또는 선박과 우주선 같은 모든 형태의 구조물의 안전 설계에 매우 긴요한 일이다. 재료역학이 많은 공학 분야에서 기본이 되는 과목이 되는 이유가 바로 이것이다. 정역학과 동역학 역시 중요하지만, 이 과목들은 질점과 강체에 관련된 힘과 운동을 주로 다룬다. 재료역학에서는 한걸음 더 나아가 실체 강체, 즉 하중의 작용을 받아 변형을 일으키는 유한차원의 강체 내의 응력과 변형률을 검토한다. 응력과 변형률을 구하기 위해서는 여러 가지 이론 법칙과 개념뿐만 아니라 재료의 물리적 성질도 사용한다.

이론 해석과 실험 결과는 재료역학에 있어서 똑같이 중요한 역할을 한다. 기계적 거동을 예측하기 위한 공식이나 방정식을 유도하기 위해서 이론을 자주 이용하지만, 재료의 물리적 성질을 알지 못하면 이런 표현들은 실제 설계에서는 사용될 수 없다. 이러한 성질들은 실험실에서 주의 깊은 실험을 거친 뒤에야 사용할 수 있다. 게다가 많은 실제적 문제는 이론적인 해석만으로는 다루기 쉽지 않으므로, 이 경우에는 물리적 실험이 필요하다.

재료역학의 역사적인 발전은 이론과 실험 두 가지를 잘 조화시켜 이룩되었으며, 어떤 경우에는 이론을 통하여 유용한 결과를 얻었고, 다른 경우에는 실험으로 유용한 결과를 얻었다. Leonardo da Vinci(1452~1519)와 Galileo Galilei(1564~1642) 같은 유명한 과학자들은 철사, 봉 및 보에 대한 강도를 구하는 실험을 하였으나, 그 실험 결과를 설명하기 위한 (오늘날과 같은 수준의) 적합한 이론은 개발하지 못하였다. 이와는 대조적으로, 유명한 수학자인 Leonhard Euler(1707~1783)는 1744년에 기둥에 대한 수학적인 이론을 전개하고 기둥의 이론적 임계하중을 계산하였으나, 이는 그 결과의 중요성을 입증할 실험적 증거가 나오기 훨씬 이전의 일이었다. Euler의 결과는 오늘날 대부분의 기둥설계와 해석에 기초를 이루고 있으나, 이론을 뒷받침할 만한 적절한 실험이 없었기 때문에 100년 동안 사용되지 않고 있었다.[*]

문제

재료역학을 공부할 때, 독자들은 두 가지 부분으로 노력을 경주하여야 한다. 첫째는 개념의 논리적 전개에 대한 이해를 하는 것이고, 둘째는 이러한 개념을 실제적인 상황에 응용하는 것이다. 전자는 식의 유도, 토의 및 예제를 공부함으로써 이루어지며, 후자는 각 장의 뒤에 있는 연습문제를 해결함으로써 이루어진다. 문제 중에 어떤 것은 수치문제이고, 어떤 것은 기호(또는 대수)문제이다.

수치문제의 이점은 계산의 각 과정에서 모든 양들의 크기가 명확하다는 점이고, 따라서 이 값들이 합리적인지 아닌지를 판단하는 기회를 제공한다. **기호문제**의 주요 이점은 결과가 일반용 공식으로 나타난다는 점이다. 이러한 공식은 최종결과에 영향을 미치는 변수들을 알려준다. 예를 들면, 수치해에서는 명확하게 알 수 없는 내용이지만, 어떤 양은 실제로 해에서 소거되기도 한다. 또한 대수해에서는 어떤 변수는 분자에 있고, 또 어떤 변수는 분모에 있음에 따라 각각의 변수가 결과에 미치는 영향을 분명하게 알 수 있게 한다. 더구나 기호로 표시되는 해는 모든 단계에서 차원을 검사하게 하는 기회를 마련해 준다.

결과적으로, 대수해를 얻는 가장 중요한 이유는 많은 다른 문제에도 적용되는 일반 공식을 얻기 위한 것이다. 이와는 반대로, 수치해는 다만 한 가지 경우에만 적용된다. 공학인들은 두 가지 종류의 해에 적응해야 할 것이므로 독자들은 이 책을 통해서 수치문제와 기호문제를 함께 취급하게 될 것이다.

수치문제에서는 특정한 측정단위를 사용하여야 한다. 이 책은 국제단위체계(SI)를 사용한다. 국제단위체계에 대한 논의는 부록 A에 수록되었으며, 여기에는 많은 유용한 표를 찾을 수 있다.

각 장의 뒤에 연습문제들이 나오고, 문제 번호는 해당되는 절을 나타낸다. 문제를 푸는 기법은 부록 B에 자세히 설명되어 있다. 부록 B에는 이론에 맞는 공학과정의 목록뿐

---

[*] Leonardo와 Galileo로 시작되는 재료역학의 역사는 참고문헌 1-1, 1-2와 1-3에 수록되어 있다.

만 아니라 차원 동질성과 유효숫자 개념을 설명하는 절도 포함되어 있다. 모든 방정식은 차원적으로 동차여야 하고 모든 수치결과를 적당한 유효숫자의 자릿수로 나타내어야 하기 때문에, 이러한 내용은 매우 중요하다. 이 책에서는 최종 수치해를, 숫자가 2로부터 9까지로 시작되는 경우에는 유효숫자 3자리로 표시하고, 숫자가 1로 시작되는 경우에는 유효숫자 4자리로 표시한다. 중간단계에서는 숫자를 반올림하는 데서 오는 수치적 정확성을 잃지 않도록 하기 위해 흔히 추가적인 자릿수를 사용하여 기록한다.

1.2 수직응력과 변형률

재료역학의 가장 기본적인 개념은 **응력(stress)**과 **변형률 (strain)**이다. 이러한 개념은 축하중을 받는 균일단면 봉을 고찰함으로써 가장 기본적인 형태로 설명될 수 있다. **균일 단면 봉(prismatic bar)**은 전 길이에 걸쳐 일정한 단면을 갖는 곧은 구조용 부재이고, **축하중(axial force)**은 부재의 축방향으로 작용하는 하중으로서 봉에 인장이나 압축을 일으킨다. 그림 1-1의 예에서, 견인봉은 인장을 받는 균일 단면 부재이고 랜딩기어 지주는 압축을 받는 부재이다. 다른 예로는, 교량 트러스, 자동차 엔진의 연결봉, 자전거 바퀴의 스포크, 빌딩의 기둥 및 소형 비행기의 날개 지주 부재 등이다.

논의를 하기 위해, 그림 1-1의 견인봉을 고찰하기로 하고 이를 자유물체로 분리시킨다(그림 1-2a). 자유물체도를 그릴 때, 봉 자체의 무게는 무시하고 유일하게 작용하는 힘은 양끝에 작용하는 축하중 P라고 가정한다. 다음으로 봉의 두 가지 모습을 고려하는데, 첫째는 봉에 하중이 작용하기 전의 모습을 보여주고(그림 1-2b), 둘째는 봉에 하중이 작용한 후의 모습을 보여준다(그림 1-2c). 봉의 원래 길이는 L로 표시하고, 늘어난 길이는 희랍문자인 δ로 표시한다. 봉의 mn면에 가상의 절단면을 만들면, 봉의 내부 작용들

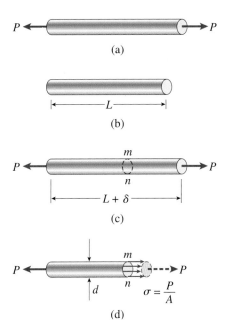

그림 1-2 인장을 받는 균일단면 봉: (a) 봉의 자유물체도, (b) 하중작용 전의 봉, (c) 하중작용 후의 봉, (d) 봉의 수직응력

이 노출된다(그림 1-2c). 이 면은 봉의 축방향에 대하여 수직이므로 이를 **단면(cross section)**이라고 한다.

이제 봉의 단면 mn의 왼쪽 부분을 자유물체도로 분리하자(그림 1-2d). 이 자유물체(단면 mn)의 오른쪽에는 봉의 떨어져 나간 부분(즉, 단면 mn의 오른쪽 부분)의 남은 부분에 대한 작용을 보여준다. 이 작용은 전체 단면에 걸쳐 연속적으로 분포된 **응력**들로 구성되며 단면에 작용하는 축하중 P는 이러한 응력들의 **합력(resultant)**이다(이 합력은 그림 1-2d에 점선으로 표시된다).

응력은 단위면적당 힘의 단위를 가지며 희랍문자 σ로 표시한다. 일반적으로 평면 표면에 작용하는 응력 σ는 면적에 걸쳐 균일하거나 지점에 따라 세기가 다를 수 있다. 응력이 단면 mn에 **균일하게** 분포되었다고 가정하면(그림 1-2d), 이들의 합력은 응력의 크기와 봉의 단면적 A를 곱한 것과 같음을 알 수 있다. 즉, P = σA이다. 따라서 응력의

그림 1-1 축하중을 받는 구조용 부재. (견인봉은 인장을, 랜딩기어 지주는 압축을 받음.)

크기를 구하는 다음과 같은 식을 얻는다.

$$\sigma = \frac{P}{A} \qquad (1\text{-}1)$$

이 식은 축하중을 받는 임의의 단면 모양을 가진 균일단면 봉의 균일응력의 세기(intensity)를 나타낸다.

　봉이 하중 P에 의해 늘어나는 경우의 응력은 **인장응력(tensile stress)**이라 하고, 하중의 방향이 반대로 되어 봉이 압축을 받는 경우의 응력을 **압축응력(compressive stress)**이라고 한다. 이 응력은 절단면에 수직으로 작용하기 때문에 **수직응력(normal stress)**이라고 부른다. 따라서 수직응력은 인장 또는 압축응력이다. 이후에 1.6절에서는 단면에 평행하게 작용하는 **전단응력(*shear stress*)**이라고 하는 다른 형태의 응력을 다룰 것이다.

　수직응력에 대한 **부호규약(sign cnvention)**이 필요한 경우, 인장응력은 양으로 하고, 압축응력은 음으로 하는 것이 관례이다.

　수직응력 σ는 축하중을 단면적으로 나누어 얻어지므로, 단위면적당 힘의 **단위(unit)**를 갖는다.

　SI 단위에서는 힘은 뉴턴(N)으로, 면적은 제곱미터(m^2)로 표시된다. 따라서 응력의 단위는 제곱미터당 뉴턴(N/m^2)이며 이것이 파스칼(Pa)이다. 그러나 파스칼은 응력을 타나내는 작은 단위이기 때문에 큰 승수를 이용하여 메가파스칼(MPa)로 나타내는 것이 필요하다. [SI 단위에서는 권장하고 있지 않지만 때로는 제곱 밀리미터당 뉴턴(N/mm^2)을 쓰는데, 이 단위는 메가파스칼(MPa)과 같다.]

제한

　방정식 $\sigma = P/A$는 응력이 봉의 단면에 균일하게 분포될 때에만 성립한다. 이러한 조건은 축하중 P가 단면의 도심(centroid)을 지날 때에만 충족되며, 이는 이 절의 뒷부분에서 설명된다. 하중 P가 도심에 작용하지 않으면 봉에 굽힘이 생기며, 복잡한 해석이 필요하게 된다(5.12와 11.5절 참조). 그러나 이 책에서는 (통상적으로) 특별히 따로 설명되지 않는 한 모든 축하중은 단면의 도심에 작용한다고 간주한다.

　그림 1-2d에서 보인 균일응력의 조건은 양단에 가까운 부분을 제외한 부재의 전 길이에 걸쳐서 존재한다. 봉의 끝에서의 응력분포는 축하중이 실제로 어떻게 작용하느냐에 따라 결정된다. 하중이 봉의 끝에서 균일하게 분포된다면 끝에서의 응력 형태는 다른 어느 부분에서나 똑같다. 그러나 하중은 핀이나 볼트를 통하여 전달될 가능성이 높으며,

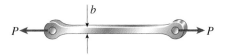

그림 1-3 인장하중 P를 받는 강철 아이바

응력집중(stress concentration)이라고 하는 높은 국부응력을 가지게 된다.

　이러한 가능성은 그림 1-3에 보인 아이바(eyebar)에 의해 설명된다. 이 경우에 하중 P는 봉의 양단에 구멍을 통과하는 핀에 의해 봉에 전달된다. 따라서 그림에 보인 힘들은 실제로 핀과 아이바 사이의 베어링 압력의 합력이고, 구멍 주위의 응력 분포는 매우 복잡하다. 그러나 봉의 양단에서 중앙으로 갈수록 점점 그림 1-2d와 같은 균일 분포 상태로 접근한다.

　실제적으로, 공식 $\sigma = P/A$는 봉의 거의 전 부분에서, 적어도 응력집중으로부터 멀어질수록, 균일단면 봉의 어느 점에서나 정확하게 사용될 수 있다. 다시 말하면, 그림 1-3에 보인 강철 아이바의 응력분포는 봉의 폭을 b라 할 때, 봉의 양단으로부터 b 또는 그 이상의 길이에서 균일하다. 그리고 그림 1-2의 균일단면 봉의 응력분포는 봉의 지름을 d라 할 때, 봉의 양단으로부터 d 또는 그 이상의 길이에서 균일하다(그림 1-2d).

　물론 응력이 균일하게 분포되지 **않는** 경우에도, 공식 $\sigma = P/A$는 단면에 **평균** 수직응력을 나타내므로 매우 유용하게 사용된다.

수직변형률

　이미 관찰된 바와 같이, 곧은 봉은 축방향의 하중을 받으면 길이가 변화하는데, 인장을 받으면 길어지고 압축을 받으면 짧아진다. 예를 들어, 그림 1-2에 보인 균일단면 봉을 고려해 보자. 이 봉의 신장량 δ(그림 1-2c)는 봉의 전체에 걸쳐 재료의 모든 부분이 늘어나서 누적된 결과이다. 재료가 봉의 전 부분에 걸쳐 같다고 가정한다. 봉의 반쪽 부분(길이 $L/2$)만 고려하면 신장량은 $\delta/2$가 될 것이고, 봉의 4분의 1만 고려하면 신장량은 $\delta/4$가 될 것이다.

　일반적으로, 어떤 구간의 신장량은 그 구간 길이를 전체 길이 L로 나누고 여기에 전체 신장량 δ를 곱한 것과 같다. 따라서 단위길이를 가진 봉의 신장량은 $1/L$에다 전체 신장량 δ를 곱한 것과 같다. 이 양을 단위길이당 신장량 또는 **변형률**이라고 하며 이를 희랍문자 ϵ으로 표시한다. 변형률은 다음 식으로 나타낸다.

$$\epsilon = \frac{\delta}{L} \qquad (1\text{-}2)$$

봉이 인장을 받으면 변형률은 **인장변형률(tensile strain)**이라 부르고, 재료가 늘어남을 나타낸다. 봉이 압축을 받으면 변형률은 **압축변형률(compressive strain)**이라 부르고, 봉은 줄어든다. 인장변형률은 보통 양으로, 압축변형률은 음으로 표시된다. 변형률 ϵ은 수직응력과 관련되므로 **수직변형률(normal strain)**이라고도 한다.

수직변형률은 두 길이의 비이므로 **무차원 양(dimensionless quantity)**이며 단위가 없다. 따라서 변형률은 어떤 단위체계를 사용하든 숫자만으로 나타난다. 구조용 재료로 된 봉은 하중이 작용할 때 길이 변화가 미소하므로, 변형률의 수치 값은 매우 작다.

예를 들어, 길이 L이 2.0 m인 봉을 고려해 보자. 큰 인장력이 작용하여 길이가 1.4 mm 늘어났다면 이때의 변형률은 다음과 같다.

$$\epsilon = \frac{\delta}{L} = \frac{1.4 \text{ mm}}{2.0 \text{ m}} = 0.0007 = 700 \times 10^{-6}$$

실제로 δ와 L의 원래 단위가 변형률에 사용되는데, 이 경우에는 변형률이 mm/m, μm/m 또는 m/m로 표시된다. 예를 들어, 앞에서 계산한 변형률 ϵ은 700 μm/m 또는 700×10^{-6} m/m로 쓸 수 있다. 또한 특별히 변형률 값이 클 때에는, 종종 퍼센트로 나타내기도 한다. (앞의 예제에서 변형률은 0.07%이다.)

단축응력과 변형률

수직응력과 수직변형률의 정의는 순전히 정역학적 및 기하학적 고려에 기초를 둔 것으로, 식 (1-1)과 (1-2)는 어떠한 크기의 하중이나 어떠한 재료에도 적용된다. 주요한 요구사항은 봉의 변형이 봉 전체에서 균일하게 일어나고, 봉이 균일단면을 가지며, 하중이 단면의 도심을 통하여 작용하고, 재료가 **균질(homogeneous)**(즉, 봉의 전 부분에 대하여서 같음)하여야 한다는 것이다. 이러한 경우의 응력과 변형률은 **단축응력과 변형률**이라고 한다.

봉의 길이방향이 아닌 부분의 응력과 변형률을 포함한 단축응력에 대해서는 2.6절에서 논의한다. 2축 응력과 평면응력과 같은 복잡한 응력상태에 관한 해석은 6장에서 다룰 것이다.

균일 응력분포를 위한 축하중의 작용선

균일단면 봉에서의 응력과 변형률에 관한 앞에서의 논의에서, 수직응력 σ는 단면적에 걸쳐 균일하게 분포한다고 가정하였다. 이러한 조건은 축하중의 작용선이 도심을 지나면 충족된다는 것을 보여주고자 한다.

균일분포 응력 σ를 생기게 하는 축하중 P를 받는 임의 단면 모양의 균일단면 봉을 고찰하기로 하자(그림 1-4a). p_1을 하중의 작용선이 단면과 만나는 점이라고 한다(그림 1-4b). 단면을 나타내는 면 내에 xy축을 잡고, p_1점의 좌표를 $\bar{x}$와 $\bar{y}$라 표시한다. 이러한 좌표를 구하기 위해, 하중 P의 x축과 y축에 관한 모멘트인 M_x 및 M_y가 이에 상응하는 균일분포 응력의 모멘트와 같아야 한다는 것을 관찰할 수 있다.

하중 P의 모멘트는 다음과 같다.

$$M_x = P\bar{y} \qquad M_y = -P\bar{x} \qquad (a,b)$$

여기서 모멘트는 벡터(오른손 법칙 사용)가 대응하는 축의 양방향으로 작용할 때 양으로 간주한다.[*]

분포응력의 모멘트는 단면적 A에 걸쳐 적분하여 얻어진다. 미소면적 dA(그림 1-4b)에 작용하는 미소 힘은 σdA와 같다. x와 y를 미소면적 dA의 좌표라 할 때, 이 힘의 x와 y축에 대한 모멘트는 각각 $\sigma y dA$와 $-\sigma x dA$이다. 전체 모멘트는 단면적에 걸쳐 적분하여 얻어지며 다음 식과 같다.

$$M_x = \int \sigma y\, dA \qquad M_y = -\int \sigma x\, dA \qquad (c,d)$$

이 식은 응력 σ에 의해서 생기는 모멘트를 나타낸다.

다음에, 하중 P로 표시된 모멘트 M_x 및 M_y(식 a, b)와 분포응력으로부터 구한 모멘트(식 c, d)를 등식으로 놓는다.

$$P\bar{y} = \int \sigma y\, dA \qquad P\bar{x} = \int \sigma x\, dA$$

응력 σ는 균일하게 분포되었기 때문에, 이 값은 단면적 A에 대하여 일정하므로, 적분항 밖으로 내어 놓을 수 있다. 또한 응력 σ는 P/A와 같다. 따라서 p_1점의 좌표에 대한 다음과 같은 식을 얻는다.

---

[*] 오른손 법칙을 보여주기 위해, 오른손으로 좌표축을 잡는다고 생각하면, 손가락들은 축을 감싸 엄지손가락은 축의 양의 방향을 가리킨다. 이때 축에 대한 모멘트의 작용 방향이 손가락 방향과 일치하면 양이다.

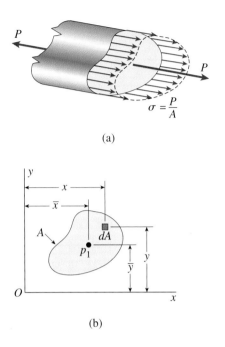

(a)

(b)

그림 1-4 균일단면 봉의 균일 응력분포: (a) 축하중 P, (b) 봉의 단면적

$$\bar{y} = \frac{\int y\, dA}{A} \quad \bar{x} = \frac{\int x\, dA}{A} \qquad \text{(1-3a,b)}$$

이 방정식은 단면의 도심의 좌표를 구하는 식과 똑같다(제 10장의 식 10-3a 및 b 참조). 따라서 이제 다음과 같은 중요한 결론을 얻을 수 있다. 균일단면 봉에 균일한 인장과 압축이 있기 위해서는 축하중이 단면적에 도심을 통하여 작용하여야 한다. 앞에서 설명한 바와 같이 특별히 따로 언급되지 않는 한, 이러한 조건이 항상 만족된다고 가정한다.

다음의 예제들은 균일단면봉의 응력과 변형률을 계산하는 과정을 보여준다. 첫 번째 예제에서는 봉의 자중을 무시하였고, 두 번째 예제에서는 봉의 자중을 포함하였다. (자중을 포함하라고 언급하지 않는 한, 이 교재의 문제를 풀 때 구조물의 자중은 제외하는 것이 관례이다.)

예제 1-1

속이 빈 알루미늄 원형 관으로 만들어진 짧은 기둥이 240 kN의 압축하중을 받고 있다(그림 1-5). 관의 안지름과 바깥지름은 각각 $d_1 = 90$ mm. $d_2 = 130$ mm이고, 길이는 1 m이다. 하중으로 인하여 기둥이 줄어든 길이가 0.55 mm로 측정되었다.

기둥의 압축응력과 변형률을 구하라. (기둥의 자중은 무시하고, 기둥은 하중에 의해 좌굴을 일으키지 않는다고 가정한다.)

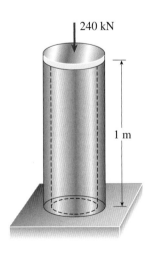

240 kN

1 m

그림 1-5 예제 1-1. 압축을 받는 속이 빈 알루미늄 기둥

풀이

압축하중이 속이 빈 원형 관의 중심에 작용한다고 가정하면, 수직응력을 구하기 위해 방정식 $\sigma = P/A$(식 1-1)를 사용할 수 있다. 하중 P는 240 kN이고, 단면적 A는 다음과 같다.

$$A = \frac{\pi}{4}\left(d_2^2 - d_1^2\right) = \frac{\pi}{4}\left[(130\ \text{mm})^2 - (90\ \text{mm})^2\right] = 6912\ \text{mm}^2$$

그러므로 기둥의 압축응력은 다음과 같다.

$$\sigma = \frac{P}{A} = \frac{240{,}000\ \text{N}}{6912\ \text{mm}^2} = 34.7\ \text{MPa} \quad \Leftarrow$$

식 (1-2)로부터 압축변형률은 다음과 같다.

$$\epsilon = \frac{\delta}{L} = \frac{0.55\ \text{mm}}{1000\ \text{mm}} = 550 \times 10^{-6} \quad \Leftarrow$$

이로써 기둥의 응력과 변형률이 모두 계산되었다.

주: 앞에서 설명한 바와 같이 변형률은 무차원 양이며 단위가 없다. 그러나 때로는 명확히 하기 위해서 단위가 사용될 수도 있다. 예를 들면, ϵ은 550×10^{-6} m/m 또는 550 μm/m로 쓸 수 있다.

예제 1-2

길이가 L이고 지름이 d인 원형 강철봉이 광산용 축에 매달려 있으며, 하단에 무게가 W인 광석 바구니가 달려 있다(그림 1-6).

(a) 봉 자체의 무게를 고려하여 봉에 작용하는 최대응력 σ_{max}를 구하는 공식을 유도하라.

(b) $L = 40$ m, $d = 8$ mm, $W = 1.5$ kN인 경우에 최대응력을 구하라.

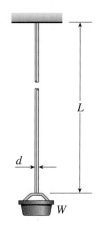

그림 1-6 예제 1-2. 무게 W를 지지하는 강철봉

풀이

(a) 봉의 최대 축하중 F_{max}는 상단에 작용하며, 광석 바구니의 무게 W와 봉의 자중 W_0를 더한 것과 같다. 봉의 자중은 봉의 체적 V에 강철의 비중량 γ를 곱한 것과 같다. 즉

$$W_0 = \gamma V = \gamma AL \qquad (1\text{-}4)$$

여기서 A는 봉의 단면적이다. 따라서 식 (1-1)로부터 최대응력을 구하는 공식은 다음과 같다.

$$\sigma_{max} = \frac{F_{max}}{A} = \frac{W + \gamma AL}{A} = \frac{W}{A} + \gamma L \qquad (1\text{-}5) \;\Leftarrow$$

(b) 최대응력을 구하기 위해서, 앞의 공식에 수치를 대입한다. 단면적 A는 $\pi d^2/4$이고, $d = 8$ mm, 강철의 비중량 γ는 77.0 kN/m(부록 H의 표 H-1 참조)이므로, 다음을 구할 수 있다.

$$\sigma_{max} = \frac{1.5\,\text{kN}}{\pi (8\,\text{mm})^2/4} + (77.0\,\text{kN/m}^3)(40\,\text{m})$$
$$= 29.8\,\text{MPa} + 3.1\,\text{MPa} = 32.9\,\text{MPa} \;\Leftarrow$$

이 예제에서 봉의 무게는 최대응력을 구하는 데 크게 영향을 미치므로, 무시되어서는 안 된다.

1.3 재료의 기계적 거동

기계나 구조물을 설계할 때에는 적절하게 기능을 수행하는 데 사용될 재료의 **기계적 거동(mechanical behavior)**에 대한 이해가 필요하다. 통상적으로, 재료가 하중을 받을 때 어떻게 거동하는가를 결정하는 유일한 방법은 실험실에서 실험을 수행하는 것이다. 통상적인 과정은 재료에 작은 시편(specimen)을 시험기에 장착하고, 하중을 가하여, 결과적인 변형(길이의 변화나 지름의 변화와 같은 것)을 측정하는 것이다. 대부분의 재료 실험실은 인장과 압축의 정하중 또는 동하중을 포함하여 여러 가지 다양한 방법으로 시편에 하중을 가할 수 있는 장비가 갖추어져 있다.

전형적인 **인장시험기(tensile-test macine)**가 그림 1-7에 보여진다. 시편은 시험기의 두 개의 큰 그립 사이에 설치되고 인장하중을 받는다. 측정 장치는 변형을 기록하고, 자동 제어 및 자료처리 시스템(사진의 왼쪽)은 결과를 도표화하고, 그래프를 그린다.

더욱 자세한 **인장시편**의 모습이 그림 1-8에 보여진다. 원형 시편의 양단은 그립에 고착된 곳에서 늘어나므로 그립 근처에서는 파괴가 일어나지 않는다. 1.2절에서 설명한 바와 같이, 그립 부근에 응력분포는 균일하지 않기 때문에 끝부분의 파괴는 요구되는 재료에 대한 정보를 제공하지 못한다. 적절하게 설계된 시편을 사용하면, 파괴는 응력분포가 균일한 시편의 균일단면 부분에서 일어날 것이며 봉은 단순인장만을 받게 된다. 이러한 경우가 그림 1-8에 보여지며, 여기서 강철시편은 파괴된 상태이다. 시편의 양쪽 팔에 부착된 왼쪽의 장치는 하중 작용 중의 신장량을 측정하는 **신장측정기(extensometer)**이다.

시험결과를 비교하기 위해서 시편이 치수 및 하중작용 방법이 표준화되어 있다. 주요한 표준기구의 하나는 미국 시험 및 재료 학회(American Society for Testing and Materials, ASTM)인데, 이 기구는 재료와 시험에 대한 시방서와 표준에 관한 간행물을 발간하는 국립학회이다. 미국의 또 다른 표준기구에는 미국표준협회(American Standards Association,

그림 1-7 자동 자료처리 시스템을 갖춘 인장시험기
(MTS Systems Corporation 제공)

ASA)와 국립 기술표준원(National Institute of Standards and Technology, NIST)이 있다. 다른 나라에도 비슷한 기구들이 있다.

ASTM의 표준인장 시편은 지름이 12.8 mm이고, 게이

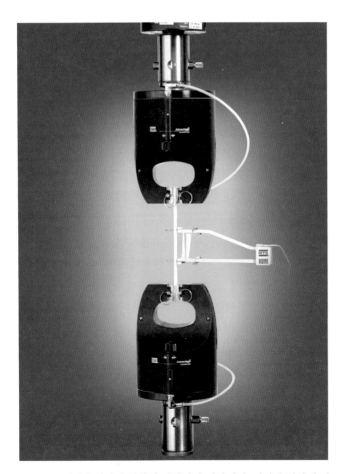

그림 1-8 신장측정기가 부착된 전형적인 인장시편: 시편이 인장에 의해 파괴되는 순간(MTS Systems Corporation 제공)

지 표지 사이의 **게이지 길이(gage length)**가 50.8 mm이다. 여기서 게이지 표지는 시편의 신장측정기에 팔이 부착되는 지점을 말한다(그림 1-8 참조). 시편이 늘어날 때 축하중은 자동적으로 또는 다이얼에서 읽어서 측정되고 기록된다. 게이지 길이의 신장량은 그림 1-8에 보인 것과 같은 종류의 기계적 게이지에 의하거나, 또는 전기저항 스트레인 게이지에 의하여 동시에 측정된다.

정적 시험(static test)에서는 하중이 천천히 가해지고, 정확한 하중의 부하속도는 시편의 거동에 영향을 미치지 않으므로, 관심의 대상이 아니다. 그러나 **동적 시험(dynamic test)**에서는 하중이 빠르게 가해지고, 때로는 주기적인 방법으로 작용한다. 동하중의 특성은 재료의 성질에 영향을 미치므로 하중의 부하속도 또한 측정되어야 한다.

금속의 **압축시험(compressive test)**은 통상 정육면체나 원기둥 모양의 작은 시편에서 행해진다. 정육면체의 한 변의 길이는 50 mm이고, 원기둥의 지름은 25 mm이고 길이가 25∼300 mm가 된다. 시험기에 의해 작용된 하중과 시편의 줄어든 길이가 측정된다. 줄어든 길이는 양단의 영향을 제거하기 위해 시편의 전체길이보다 짧은 게이지 길이에 대해 측정되어야 한다.

중요한 건축 프로젝트에서는 필요한 강도가 얻어졌는가를 확인하기 위해 콘크리트의 압축시험을 수행한다. 콘크리트 시편의 한 종류는 지름이 152 mm이고, 길이가 305 mm이며, 28일이 된 것이라야 한다(콘크리트는 양생되면서 강도가 강해지므로, 콘크리트의 양생 기간이 중요하다). 암석에 대한 압축시험을 할 때에는 이와 비슷하거나 또는 약간 작은 시편이 사용된다(그림 1-9 참조).

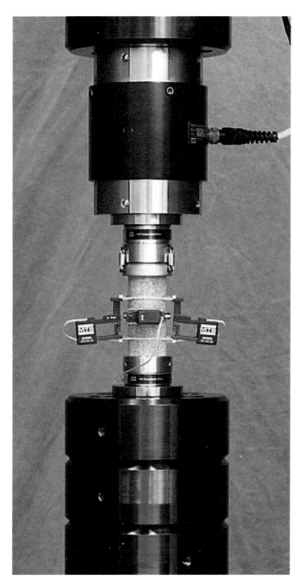

그림 1-9 압축강도, 탄성계수 및 Poisson의 비를 얻기 위해 압축시험 중인 암석 샘플(MTS Systems Corporation 제공)

응력-변형률 선도

시험결과는 일반적으로 시험에 사용되는 시편의 크기에 의존한다. 시편과 같은 크기의 부품을 가진 구조물을 설계하는 경우가 거의 없기 때문에 어떤 크기의 부재에도 적용될 수 있는 형태로 시험결과를 표시하여야 한다. 이 목적을 달성하기 위한 간단한 방법은 시험결과를 응력과 변형률로 변환시키는 것이다.

시편의 축응력 σ는 축하중 P를 단면적 A로 나누어 구한다(식 1-1 참조). 시편의 최초 단면적을 계산에 사용할 때의 응력을 **공칭응력(nominal stress)**(또는 관습응력, 공학응력이라고 함)이라고 부른다. 축응력의 더욱 정확한 값은 **진응력 (true stress)**이라고 하는데, 이는 파괴가 일어나는 단면에서

의 봉의 실제 단면적을 사용하여 계산할 수 있다. 인장시험에서 실제 단면적은 항상 최초 단면적보다 작기 때문에(그림 1-8에서 보는 바와 같이), 진응력은 공칭응력보다 크다.

시편의 평균 축방향 변형률 ϵ은 게이지 표지 사이의 측정된 늘어난 길이 δ를 게이지 길이 L로 나누어 구한다(그림 1-8 및 식 1-2 참조). 최초의 게이지 길이를 사용하면(예를 들어 50 mm), **공칭변형률(nominal strain)**이 얻어진다. 게이지 표지 사이의 거리는 인장하중이 가해질수록 늘어나므로, 게이지 표지 사이의 실제 길이를 사용하여 어느 하중 값에 대해서도 **진변형률(true strain)**(또는 고유 변형률)을 구할 수 있다. 인장에서는 진변형률이 언제나 공칭변형률보다 작다. 그러나 대부분의 공학 목적상, 이 절의 뒷부분에서 설명되는 바와 같이 공칭응력과 공칭변형률 사용이 적절하다.

여러 가지 하중 값에 대하여 인장이나 압축시험을 하고 응력과 변형률을 계산한 다음에 응력 대 변형률의 선도를 그릴 수 있다. 이러한 **응력-변형률 선도(stress-strain diagram)**는 시험에 사용되는 특정 재료의 특성을 나타내고 기계적 성질과 거동의 형태에 관한 중요한 정보를 제공한다.[*]

먼저 연강 또는 저탄소강으로도 알려진 **구조용 강(structural steel)**에 대해 살펴보기로 하자. 구조용 강은 가장 널리 사용되는 금속 중의 하나이며 건물, 교량, 크레인, 선박, 탑, 차량 등 여러 가지 형태의 구조물에 사용된다. 인장을 받는 전형적인 구조용 강의 응력-변형률 선도가 그림 1-10에 보여진다. 변형률은 수평축에, 응력은 수직축에 표시된다. (재료의 모든 중요한 성질을 나타내기 위하여, 그림 1-10의 변형률 축은 축척에 맞게 그려지지 않음.)

응력-변형률 선도는 원점 O에서 점 A까지 직선으로 시작되며, 이는 응력과 변형률이 초기 영역에서 선형적이며 비례적임을 나타낸다.[**] 점 A를 지나서는 응력과 변형률 사이의 비례성이 없어지게 되는데, 이때 점 A에서의 응력을 **비례한도(proportional limit)**라 한다. 저탄소강에 대해서 이 한도 값은 210~350 MPa 범위에 있지만, 고강도 강(탄소 함유량이 크고 타 금속과 합금된 강)에서는 550 MPa

---

[*] 응력-변형률 선도는 Jacob Bernoulli(1654～1705)와 J. V. Poncelet (1788～1867)에 의해 창안되었다; 참고문헌 1-4 참조.

[**] 두 변수는 그 비가 일정하게 유지될 때 비례한다고 말한다. 따라서 비례관계는 원점을 통하는 직선으로 표시될 수 있다. 그러나 비례관계는 선형관계와 똑같지는 않다. 비례관계는 선형이지만 그 역은 반드시 성립하지는 않는다. 왜냐하면 원점을 통하지 않는 직선으로 나타나는 관계는 선형이지만 비례관계는 아니기 때문이다. 자주 쓰이는 "직접비례"라는 표현은 "비례"라는 표현과 동의어이다(참고문헌 1-5).

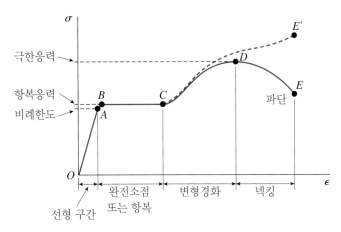

그림 1-10 인장을 받는 전형적인 구조용 강의 응력-변형률 선도(축척에 맞지 않음)

이상의 비례한도 값을 가질 수 있다. O에서 A까지의 직선의 기울기를 **탄성계수(modulus of elasticity)**라고 부른다. 이 기울기는 응력을 변형률로 나눈 단위를 가지므로, 탄성계수는 응력과 같은 단위를 갖는다(탄성계수는 뒤에 1.5절에서 논의됨).

비례한도를 넘어 응력이 증가하면 변형률은 응력의 증가분보다 훨씬 빨리 증가하기 시작한다. 결과적으로, 응력-변형률 곡선은 기울기가 점점 작아지게 되다가 점 B에서는 수평이 된다(그림 1-10 참조). 이 점에서부터 인장력이 거의 증가하지 않더라도 시편이 상당히 많이 늘어난다(B에서 C까지). 이런 현상을 재료의 **항복(yielding)**이라고 하며, 점 B를 **항복점(yield point)**이라 한다. 이에 대응되는 응력을 강의 **항복응력(yield stress)**이라고 한다.

B에서 C까지의 영역에서는, 재료가 **완전소성(perfectly plastic)** 상태로 되며, 이는 작용하중의 증가 없이도 변형이 일어남을 의미한다. 완전소성 영역에서의 연강 시편의 신장량은 선형영역(하중작용 시작부터 비례한도까지)에서 일어나는 신장량보다 10~15배에 이른다. 소성영역(그 이상)에서 매우 큰 변형률이 생기기 때문에 선도를 축척대로 그리지 않는다.

BC 영역에서 항복이 일어나는 동안 큰 변형률이 생긴 후에 강은 **변형경화(strain harden)**를 일으키기 시작한다. 변형경화가 일어나는 동안에, 재료는 결정구조의 변화를 일으키며, 더 큰 변형에 대한 재료의 저항력을 증가시킨다. 이 영역에서는 인장하중이 증가해야 추가적인 시편의 신장이 생기며, 따라서 응력-변형률 선도는 C부터 D까지 양의 기울기를 가지게 된다. 하중은 결국 최대치에 도달하며 이때의

응력(D점에서의)을 **극한응력(ultimate stress)**이라 한다. 이 점을 넘어서면 하중이 감소하는데도 봉의 늘어남은 계속되어 결국 그림 1-10의 점 E에서 **파단(fracture)**이 일어난다.

재료의 항복응력과 극한응력은 각각 **항복강도(yield strength)**와 **극한강도(ultimate strength)**라고도 부른다. **강도(strength)**는 일반적으로 구조물이 하중에 저항하는 능력을 나타내는 용어이다. 예를 들면, 보의 항복강도는 보에서 항복이 일어나는 데 필요한 하중의 크기이며, 트러스의 극한강도는 트러스가 견딜 수 있는 최대하중, 즉 파괴하중을 말한다. 그러나 특정 재료의 인장시험을 할 때, 시편에 작용하는 전체 하중에 의한 것보다는 시편의 응력에 의한 하중 부하능력을 정의한다. 결과적으로, 재료의 강도는 통상적으로 응력으로 나타낸다.

시편이 늘어나는 동안, 앞에서 설명한 바와 같이, **가로수축(lateral contraction)**이 일어난다. 이로 인한 단면적의 감소는 너무 값이 적어 그림 1-10의 점 C에 이르기까지 응력값을 계산하는 데 아무 영향을 주지 못하지만, 점 C를 지나서는 단면적의 감소가 곡선의 모양을 바꾸게 한다. 극한응력 근처에서는 봉의 단면적의 감소가 눈에 띌 정도로 나타나며, 봉의 **넥킹(necking)**이 일어난다(그림 1-8 및 1-11 참조).

응력을 계산하는 데 네크의 좁은 부분에서의 실제 단면적을 사용하면, **진응력-변형률 곡선**(그림 1-10의 점선 CE')이 구해진다. 극한응력에 도달한 후에는, 봉이 견딜 수 있는 총 하중은 실제로 감소하는데, 이러한 감소는 봉의 단면적의 감소 때문이며 재료 자체의 강도에 손실 때문은 아니다(곡선 DE에서 보는 바와 같이). 실제에 있어서는 재료는 파단(점 E')에 이르기까지 진응력의 증가에 견딘다. 대부분의 구조물은 비례한도 이내의 응력에서 기능을 발휘하기 때문에, 시편의 원래 단면적을 근거로 하고 구하기 쉬운 **관습 응력-변형률 곡선 $OABCDE$**는 공학설계에 사용하는 데 있어서 충분한 자료를 제공한다.

그림 1-10의 선도는 연강에 대한 응력-변형률 곡선의 일반적인 특성을 나타내고 있지만, 그 비율은 실제와는 다르다. 왜냐하면, 이미 설명한 바와 같이, B에서 C까지 일어나는 변형률은 O에서 A까지 일어나는 변형률의 10배가 넘기 때문이다. 게다가 C에서 E까지의 변형률은 B에서 C까지의 변형률보다 몇 배나 크다. 축척대로 그린 연강의 응력-변형률 선도를 나타내는 그림 1-12에서는 정확한 관계를 보여준다. 이 그림에서는 0부터 A까지의 변형률이 A부터 E까지의 변형률에 비하여 매우 작기 때문에 눈으로 구별할 수 없으며, 선도의 초기부분은 수직선같이 보인다.

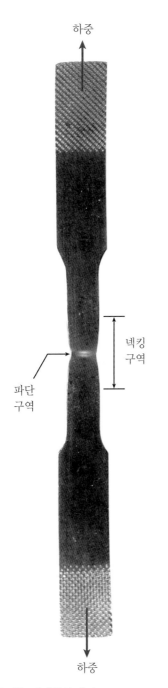

그림 1-11 인장을 받는 연강봉의 넥킹

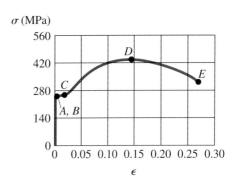

그림 1-12 인장을 받는 전형적 구조용 강의 응력-변형률 선도(축척에 맞게 그림)

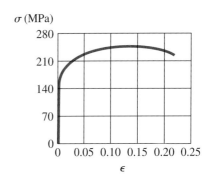

그림 1-13 알루미늄 합금의 전형적인 응력-변형률 선도

큰 소성 변형률에 이어서 나타나는 뚜렷한 항복점의 존재는 실제 설계에서 사용되는 연강의 중요한 특성이다. 파단이 되기까지 큰 영구 변형률에 견디는 구조용 강과 같은 재료는 **연성(ductile)** 재료로 분류된다. 예를 들면, 연성은 강철봉을 원형 아크로 굽히게 하거나, 또는 끊어지지 않고 철사로 늘어지게 하는 성질이다. 연성의 바람직한 성질은 하중이 아주 클 때 눈에 보이는 찌그러짐이 생기며, 실제 파단이 일어나기 전에 예방조치를 할 기회를 마련한다는 것이

다. 또한 연성을 갖는 재료는 파단 전에 많은 양의 변형에너지를 흡수할 수 있다.

구조용 강은 약 0.2%의 탄소를 함유하는 합금이므로, 저탄소강으로 분류된다. 탄소함유량이 증가할수록, 강은 연성이 약해지지만 강도는 커진다(높은 항복응력과 높은 극한응력을 가지게 됨). 강의 물리적 성질은 열처리, 다른 금속의 존재여부, 그리고 압연과 같은 제조과정에 영향을 받는다. 연성을 갖는 재료(어떤 조건 하에서)에는 알루미늄, 구리, 마그네슘, 납, 몰리브덴, 니켈, 황동, 청동, 모넬메탈, 나일론 및 테프론 등이 포함된다.

알루미늄 합금은 상당한 연성을 가지나, 그림 1-13의 응력-변형률 선도에서 보는 바와 같이 뚜렷한 항복점을 가지지 않는다. 그러나 알루미늄 합금은 뚜렷한 비례한도를 갖는 초기 선형영역을 갖는다. 구조용 알루미늄 합금의 비례한도는 70~410 MPa이고, 극한응력은 140~550 MPa이다.

알루미늄과 같은 재료가 뚜렷한 항복점을 가지지 않고 비례한도를 지나 큰 변형이 일어날 경우에는, **오프셋 방법(offset method)**에 의해 임의의 항복응력을 구한다. 응력-변형률 선도 위에 곡선의 초기 선형부분(그림 1-14 참조)에 평행

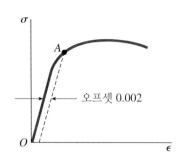

그림 1-14 오프셋 방법에 의해 결정된 임의의 항복응력

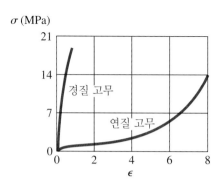

그림 1-15 인장을 받는 두 종류 고무의 인장-변형률 곡선

한 직선을 그리고, 이때 0.002(0.2%)와 같은 표준 변형률만큼 오프셋시킨다. 오프셋 선과 응력-변형률 곡선과의 교점 (그림의 점 A)을 항복응력으로 정의한다. 이 응력은 임의의 방법으로 결정되었고, 재료 고유의 성질이 아니므로, 이를 **오프셋 항복응력(offset yield stress)**이라 하여 진짜 항복응력과 구분한다. 알루미늄과 같은 재료에서는 오프셋 항복응력이 비례한도보다 약간 크다. 선형영역에서 소성영역으로 급하게 변하는 구조용 강의 경우에는, 오프셋 응력이 항복응력과 비례한도와 실제적으로 값이 똑같다.

고무는 (금속과 비교해서) 상대적으로 매우 큰 변형률에 이르기까지 응력과 변형률의 관계가 선형관계를 유지한다. 고무의 비례한도는 0.1 또는 0.2(10% 또는 20%)까지 높아질 수 있다. 비례한도를 지난 뒤의 거동은 고무의 종류에 따라 달라진다(그림 1-15 참조). 어떤 종류의 연한 고무는 파단 없이 아주 많이 늘어나고, 원래 길이보다 길이가 몇 배나 길어진다. 재료는 궁극적으로 하중에 대하여 큰 저항을 가지게 되며, 응력-변형률 곡선은 현저하게 위로 올라간다. 고무 밴드를 손으로 당겨 보면 이러한 특성을 쉽게 알게 된다(고무는 매우 큰 변형률을 갖지만, 변형률이 영구적이 아니기 때문에 연성재료는 아니다. 물론 고무는 탄성재료이다. 1.4절 참조).

인장을 받는 재료의 연성은 신장량과 파단이 일어나는 단면적의 감소에 의해 그 특성이 나타난다. **신장백분율 (percent elongation)**은 다음과 같이 정의된다.

$$신장백분율 = \frac{L_1 - L_0}{L_0}(100) \qquad (1-6)$$

여기서 L_0는 원래의 게이지 길이이고, L_1은 파단 시 게이지 표지 사이의 길이이다. 신장량은 시편의 전 길이에 걸쳐 균일하지는 않으나 넥킹 영역에 집중되므로, 신장백분율은 게이지 길이에 좌우된다. 따라서 신장백분율을 말할 때에

는 항상 게이지 길이가 주어져야 한다. 게이지 길이가 50 mm인 경우, 강은 구성 성분에 따라 3~40% 범위의 신장백분율을 가지며, 구조용 강의 경우에는 보통 20% 또는 30%의 값을 갖는다. 알루미늄 합금의 신장백분율은 구성 성분과 열처리 방법에 따라서 1~45%까지 변한다.

단면감소 백분율(percent reduction in area)은 넥킹의 양을 측정하며 다음과 같이 정의된다.

$$단면감소 백분율 = \frac{A_0 - A_1}{A_0}(100) \qquad (1-7)$$

여기서 A_0는 원래의 단면적이며 A_1은 파단면의 최종 단면적을 나타낸다. 연성 강에 대해서는 이 감소율이 약 50%이다.

인장 시 비교적 작은 변형률 값에서 파단되는 재료는 **취성(brittle)**재료로 분류된다. 콘크리트, 돌, 주철, 유리, 세라믹 재료 및 여러 가지 금속합금이 이에 속한다. 취성재료들은 비례한도(그림 1-16의 점 A에서의 응력)를 지나서 조금밖에 더 늘어나지 않고 파단된다. 게다가, 면적 감소가 아주 작기 때문에 공칭 파단응력(점 B)은 진 극한응력과 값이 같다. 고탄소강은 어떤 경우에는 700 MPa이 넘는 높은 항복응력을 가지나, 취성적으로 거동하고 파단은 단 몇 %의 신장백분율에서 일어난다.

보통 **유리**는 연성이 전혀 없기 때문에, 거의 완벽한 취성재료이다. 인장을 받는 유리의 응력-변형률 곡선은 직선이며, 항복이 일어나기 전에 파단된다. 어떤 종류의 판유리의 극한응력은 70 MPa가 되지만, 유리의 종류, 시편의 크기 및 미시적 결함 유무에 따라 값이 많이 달라진다. **유리섬유**는 매우 큰 강도를 갖도록 설계되어, 7 GPa 이상의 극한응력을 갖는 것도 있다.

많은 종류의 **플라스틱**이 무게의 경량성, 부식 저항성 및 양호한 전기 절연성 때문에 구조용으로 사용된다. 이들의

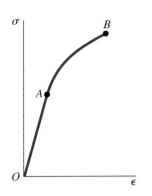

그림 1-16 비례한도(점 *A*)와 파단응력(점 *B*)를 보여주는 취성재료의 전형적 응력–변형률 선도

기계적 성질은 대단한 차이가 있으며, 어떤 것은 취성재료이고 또 어떤 것은 연성재료이다. 플라스틱을 설계할 때에는 그 성질이 온도 변화와 시간의 경과에 의해 많은 영향을 받는다는 것을 인식하는 것이 중요하다. 예를 들면, 어떤 플라스틱의 극한 인장응력은 온도를 $10°$에서 $50°$로 증가시키면 반으로 줄어든다. 또한 하중을 받는 플라스틱은 시간이 증가함에 따라 사용될 수 없을 때까지 계속 늘어난다. 예를 들면, 초기에 0.005만큼의 변형률을 일으키는 인장하중을 받는 폴리염화비닐 봉은, 하중이 일정하게 유지되더라도 일주일 후에는 변형률이 배가 된다(크리프라고 알려진 이 현상은 다음 절에서 논의된다).

플라스틱의 극한 인장응력은 일반적으로 14~350 MPa 범위에 있으며, 비중량은 8~14 kN/m까지 변화한다. 어떤 나일론은 극한응력이 80 MPa이고, 비중량은 물보다 12%나 더 무거운 11 kN/m³이다. 나일론의 무게는 가볍기 때문에, 나일론의 무게에 대한 강도비는 구조용 강과 거의 같다(연습문제 1.3-4 참조).

단섬유 보강재(filament-reinforced material)는 고강도 단섬유, 섬유질 또는 깃털들이 혼합된 기초재료(또는 **매트릭스**)로 구성된다. 이러한 복합재료는 기초재료보다 훨씬 큰 강도를 가진다. 예를 들면, 유리섬유를 사용하면 플라스틱 매트릭스보다 2배 이상의 강도를 가질 수 있다. 이러한 복합재료는 고강도와 경량이 요구되는 항공기, 배, 로켓 및 우주선 등에 널리 사용된다.

압축

압축에 대한 재료의 응력–변형률 곡선은 인장에 대한 곡선과 모양이 다르다. 강, 알루미늄 및 구리 같은 연성재료의

압축에서의 비례한도는 인장에서의 비례한도와 거의 같은 값을 가지며, 압축 또는 인장 시 응력–변형률 선도의 초기 영역은 거의 비슷하다. 그러나 항복이 시작되면 그 거동은 아주 다르게 된다. 인장 시험에서는, 시편이 늘어나서 넥킹이 생기고 궁극적으로 파단이 일어난다. 재료가 압축될 때에는, 시편과 양 플레이트 사이의 마찰 때문에 가로 방향의 팽창이 일어나지 않으므로, 양쪽이 부풀어올라 통모양이 된다. 하중이 증가하면, 시편은 납작하게 되어 더 이상의 줄어듦에 대한 저항력이 커진다(이는 응력–변형률 곡선이 매우 가파름을 의미한다). 이러한 특성은 그림 1-17과 같은 구리에 대한 압축 응력–변형률 선도에서 잘 볼 수 있다. 압축시험에 사용되는 시편의 실제 단면적은 최초 단면적보다 크기 때문에, 압축시험의 진응력은 공칭응력보다 작다.

압축을 받는 취성재료는 초기의 선형영역을 가지며, 그 다음에는 하중에 비해 큰 비율로 줄어드는 영역을 갖는다. 인장과 압축에 대한 응력–변형률 곡선은 거의 같은 모양을 가지지만, 압축에서의 극한응력은 인장에서의 극한응력보다 더 큰 값을 갖는다. 또한 압축될 때 납작하게 되는 연성재료와는 달리, 취성재료는 최대하중에서 실제로 파단이 일어난다.

기계적 성질의 표

재료의 기계적 성질에 대한 표가 책 뒤에 부록 H에 수록되어 있다. 표에 있는 자료들은 재료들의 전형적인 값들을 나타내며, 이 책에서 문제를 푸는 데 적합하다. 그러나 재료의 성질과 응력–변형률 곡선은, 다양한 제작과정, 화학적 성분, 내부 결함, 온도 및 기타 요인들에 따라 같은 재료라도 매우 다를 수 있다.

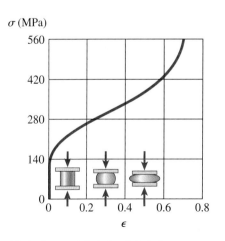

그림 1-17 압축을 받는 구리의 응력–변형률 선도

따라서 부록 H(또는 다른 비슷한 성질의 표)에서 얻은 자료는 특수한 공학 또는 설계용으로 사용되어서는 안 된다. 대신에 제조자 또는 공급자는 특수 생산품의 정보에 대한 자문을 얻어야 된다.

1.4 탄성, 소성 및 크리프

앞 절에서 설명한 바와 같이, 인장-변형률 선도는 재료가 인장 또는 압축 하중을 받을 때 공학 재료의 거동을 나타낸다. 한걸음 더 나아가서, 하중이 제거되고 재료가 하중을 받지 않을 때 어떠한 일이 일어나는가를 살펴보기로 하자.

예를 들어 인장 시편의 하중을 가하여 응력과 변형률이 그림 1-18a의 응력-변형률 곡선의 원점 O에서 점 A까지 변한다고 가정한다. 또한 하중이 제거될 때, 재료가 원점 O까지 같은 곡선으로 복귀한다고 가정한다. 이와 같이 하중 제거 시 원래 치수로 돌아가는 재료의 성질을 **탄성(elasticity)**이라고 하며, 재료 자체는 **탄성적**(*elastic*)이라고 말한다. 재료가 탄성적이기 위해서는 O에서 A까지 응력-변형률 곡선이 선형적일 필요는 없다는 점에 유의해야 한다.

똑같은 재료에 훨씬 큰 하중을 가하여 응력-변형률 선도(그림 1-18b)의 점 B에 도달했다고 가정하자. 점 B에서 하중이 제거되면, 재료는 선도 상의 선 BC를 따른다. 이러한 하중 제거선은 하중곡선의 초기부분에 평행하다. 즉, 선 BC는 원점에서의 응력-변형률 곡선의 기울기에 평행하다. 점 C에 도달하면, 하중은 완전히 제거되나, 선 OC로 표시되는 **잔류 변형률(residual strain)** 또는 영구 변형률(*permanent strain*)이 재료에 남게 된다. 결과적으로, 시험에 사용된 봉은 하중을 가하기 전보다 길어진다. 봉의 잔류 신장량은 **영구 변형(permanent set)**이라고 부른다. O에서 B까지 하중을 가하는 동안 생기는 전 변형률 OD 중에서, 변형률 CD는 탄성적으로 회복되었고, 변형률 OC는 영구 변형률로 남게 된다. 따라서, 하중이 제거되는 동안 봉은 부분적으로 원래의 모양으로 돌아오게 되므로 이 재료는 **부분 탄성적(partially elastic)**이라 한다.

응력-변형률 곡선(그림 1-18b)의 점 A에서 B 사이에, 이 점보다 앞에서는 재료가 탄성적이고, 이 점보다 뒤에서는 재료가 부분 탄성적인 한 점이 있어야 한다. 이 점을 찾기 위해서 재료의 어떤 정해진 값의 응력에 이르기까지 하중을 가한 후 하중을 제거한다. 영구 변형이 없다면(즉, 봉의 신장이 0으로 되돌아간다면), 그 재료는 선정된 응력 값까

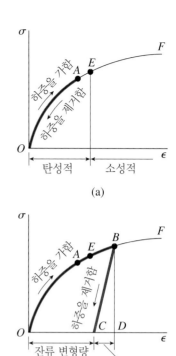

그림 1-18 응력-변형률 선도 설명: (a) 탄성 거동, (b) 부분탄성 거동

지는 완전히 탄성적이다.

이러한 하중을 가하거나 제거하는 과정은 계속해서 더 높은 응력 값까지 반복될 수 있다. 결과적으로, 응력은 하중이 제거되는 동안 모든 변형률이 완전 복구가 되지 않는 값까지 도달한다. 이러한 과정에 의해 탄성영역의 상한에서의 응력을 구할 수 있으며, 예를 들면, 그림 1-18a 및 b의 점 E에서의 응력이 그것이다. 이 점에서의 응력은 재료의 **탄성한도(elastic limit)**라 한다.

대부분의 금속을 포함한 많은 재료는 응력-변형률 곡선에서 초기에 선형영역을 갖는다(예를 들어, 그림 1-10과 1-13 참조). 이 선형영역의 상한에서의 응력을 비례한도라 한다. 탄성한도는 통상 비례한도와 거의 같거나 또는 약간 크다. 따라서 많은 재료들에서 이 두 가지 한도는 같은 값을 갖는다. 연강의 경우에는 항복응력이 비례한도와 거의 근사하므로, 실제로 항복응력, 탄성한도 및 비례한도는 같다고 가정한다. 물론, 이러한 경우는 모든 재료에 적용되는 것은 아니다. 고무는 비례한도보다 훨씬 먼 곳까지 탄성적인 재료의 대표적인 예이다.

탄성한도에서의 변형률 이상에서 비탄성적인 변형이 일어나는 재료의 특성을 **소성(plasticity)**이라 한다. 따라서 그림 1-18a의 응력-변형률 곡선에서 탄성영역 다음에는

소성영역이 온다. 소성영역에서 하중을 받는 연성재료에서 큰 변형이 일어나는 경우에, 이 재료는 **소성흐름(plastic flow)**이 일어난다고 말한다.

재료의 하중 재작용

재료가 탄성범위 내에 있을 때에는 하중을 가할 수도, 제거할 수도 있으며, 거동에 눈에 띌 만한 변화를 초래하지 않고 다시 하중을 가할 수 있다. 그러나 소성영역에서 하중을 가할 때에는 재료의 내부구조가 바뀌며 그 성질도 바뀐다. 예를 들어, 소성영역에서 하중을 제거한 후에 시편에 영구변형률이 남는다는 것을 이미 관찰한 바 있다(그림 1-18b). 하중을 제거한 후에 다시 하중을 가한다고 가정하자(그림 1-19). 새로운 하중은 선도의 점 C에서 시작해서 점 B까지 계속 상승하는데, 점 B는 첫 번째 하중을 가하는 사이클 동안에 하중제거가 시작되는 점이다. 그 다음에, 그 재료는 점 F까지 원래의 응력–변형률 선도를 따른다. 따라서 두 번째 하중 작용 시에는 점 C를 원점으로 하는 새로운 응력–변형률 곡선을 갖게 된다고 생각할 수 있다.

두 번째 하중 작용 시에, 재료는 C에서 B까지 선형 탄성적 거동을 하며, 선 CB의 기울기는 원점 O에서 원래의 하중곡선에 그은 기울기와 같다. 비례한도는 원래의 탄성한도(점 E)보다 더 큰 응력을 갖는 점 B에서의 응력이다. 따라서 강이나 알루미늄 같은 재료를 비탄성 또는 소성영역까지 늘이면, **재료의 성질은 변화되고**, 선형탄성 영역은 증가하며, 비례한도는 높아지고, 탄성한도도 높아진다. 그러나 새로운 재료에서 탄성한도 이상의 항복의 양(B에서 F까지)이 원래의 재료에서의 값(E에서 F까지)보다 작기 때문에 연성은 줄어든다.[*]

크리프

앞에서 언급한 응력–변형률 선도는 시편의 정적하중 작용 및 하중제거에 관련된 인장시험에서 얻어진 것이며, 시간의 경과는 논의에서 제외되었다. 그러나 장시간에 걸쳐 하중을 작용시킬 때 어떤 재료에는 추가적인 변형이 일어나며, 이를 **크리프(creep)**라고 한다.

이러한 현상은 여러 가지 방법으로 증명할 수 있다. 그한 예로서, 수직봉(그림 1-20a)이 서서히 힘 P를 받아 δ_0만큼 늘어난다고 가정하자. 또한 하중작용과 신장은 t_0라는

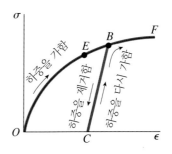

그림 1-19 재료의 하중 재작용과 탄성 및 비례한도의 증가

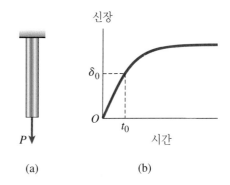

그림 1-20 일정한 하중을 받는 봉의 크리프

시간 간격 동안에 일어난다고 가정하자(그림 1-20b). t_0 시간에 이르기까지 하중은 일정하다. 그러나 하중에 변화가 없더라도 봉은 크리프 때문에, 그림 1-20b에서 보는 바와 같이 점점 더 늘어난다. 이러한 거동은 많은 재료에서 발생하는데, 때로는 이 변화가 너무 적어서 관심의 대상이 아니기도 하다.

크리프의 두 번째 예로서, 움직이지 않는 두 개의 지점 사이에서 늘어나서 초기의 인장응력 σ_0를 갖는 철사를 고찰해보자(그림 1-21). 여기서 초기에 철사에 하중이 가해지는 시간을 역시 t_0라 표시한다. 시간이 지나감에 따라 철사의 응력은, 철사의 양단의 지점이 움직이지 않더라도, 서서히 줄어들어 일정한 값에 도달하게 된다. 크리프 현상을 설명하는 이러한 과정을 재료의 **이완(relaxation)**이라 부른다.

크리프는 상온보다는 고온에서 더욱 중요하므로 엔진, 용광로 및 오랜 시간 동안 높은 온도에서 작동하는 기타 구조물의 설계 시 반드시 고려하여야 한다. 그러나 강, 콘크리트 및 목재와 같은 재료에서는 대기온도에서도 크리프가 약간 일어난다. 예를 들면, 장시간에 걸친 콘크리트의 크리프는 지지대 사이의 늘어짐 때문에 교량 데크의 파동을 일으킬 수 있다. 이에 대한 대책의 하나는, 초기의 변위를 수평보다 높게 하는 **상향 캠버(camber)**를 가진 데크를 만들어, 크리프가 발생할

---

[*] 여러 가지 환경과 하중작용 조건하에서의 재료 거동에 관한 연구는 응용역학의 중요한 분야이다. 재료에 관한 더욱 상세한 공학정보를 얻으려면 이러한 제목에 공헌한 교과서를 참고하기 바란다.

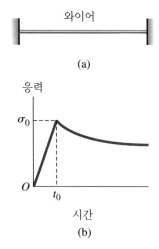

와이어

(a)

그림 1-21 일정한 변형률을 갖는 철사의 응력이완

때 스팬이 수평위치보다 낮게 하는 것이다.

1.5 선형탄성, Hooke의 법칙 및 Poisson의 비

대부분의 금속, 목재, 플라스틱 및 세라믹을 포함하는 많은 구조용 재료는 초기에 하중이 작용할 때, 탄성적이며 선형적으로 거동한다. 따라서 이들의 응력-변형률 곡선은 원점을 통과하는 직선으로 시작된다. 한 예로서, 구조용 강의 응력-변형률 곡선(그림 1-10)은 원점 *O*에서 비례한도(점 *A*)까지 선형적이며 탄성적인 영역을 갖는다. 다른 예를 들면, 알루미늄에 대한 선도(그림 1-13), 취성재료에 대한 선도(그림 1-16) 및 구리에 대한 선도(그림 1-17)는 비례한도와 탄성한도 아래에 위와 같은 영역을 갖는다.

재료가 탄성적으로 거동하고 응력과 변형률 사이에 선형관계를 가질 때, 이를 **선형 탄성적(linearly elastic)**이라고 부른다. 이러한 형태의 거동은 명백하게 공학에서 매우 중요하며, 구조물과 기계를 이 영역 안에서 기능을 발휘하도록 설계함으로써, 항복으로 인한 영구 변형을 피하도록 한다.

Hooke의 법칙

단순인장이나 압축을 받는 봉에 대한 응력과 변형률 사이의 선형적인 관계는 다음 식으로 나타낼 수 있다.

$$\sigma = E\epsilon \qquad (1\text{-}8)$$

여기서, σ는 축응력, ϵ은 축방향 변형률, E는 **재료의 탄성계**

수(**modulus of elasticity**)로 알려진 비례상수이다. 앞의 1.3절에서 설명한 바와 같이, 탄성계수는 선형탄성 영역에서 응력-변형률 선도의 기울기이다. 변형률은 무차원 항이므로, 탄성계수의 단위는 응력의 단위와 같다.

방정식 $\sigma = E\epsilon$은 유명한 영국 과학자인 Robert Hooke (1635~1703)의 이름을 따라 **Hooke의 법칙**으로 알려져 있다. Hooke는 재료의 탄성거동을 연구한 최초의 인물이며, 그는 금속, 목재, 돌, 뼈 및 근육 같은 다양한 재료를 시험하였다. 그는 추를 매달은 긴 철사의 늘어난 값을 측정하였고, 신장량은 '언제나 같은 비율로 변한다는 것'을 관찰하였다(참고문헌 1-6). 이로써 Hooke는 작용하중과 이에 따른 신장량이 선형관계가 있음을 발견하였다.

식 (1-8)은 봉의 단순인장과 압축에 의한 축응력과 변형률에만 관계되므로(단축응력), 실제로는 매우 제한된 Hooke의 법칙을 표현한 식에 불과하다. 대부분의 구조물과 기계에서 발생되는 보다 복잡한 응력 상태를 다루기 위해서는 더욱 확장된 Hooke의 법칙에 대한 식을 사용해야 한다(6.5절 및 6.6절 참조).

구조용 금속과 같이 기울기가 급한 재료의 탄성계수는 비교적 큰 값을 갖는다. 전형적으로, 강의 탄성계수는 약 210 GPa이고, 알루미늄의 탄성계수는 약 73 GPa이다. 더 유연한 재료는 더 낮은 탄성계수 값을 가지며, 플라스틱의 탄성계수는 0.7~14 GPa의 범위 내에 있다. *E*의 대표적인 값들이 부록 H의 표 H-2에 수록되어 있다. 대부분의 재료에 대해서, 압축 시의 *E*값은 인장 시의 값과 거의 같다.

탄성계수는 때로는 영국의 과학자인 Thomas Young(1773~1829)에 이름을 따라 **Young 계수(Young's Modulus)**라고도 부른다. 균일단면 봉의 인장과 압축에 대한 검토에 관련하여, Young은 탄성계수의 개념을 도입하였다. 그러나 그때에는 재료뿐만 아니라 봉의 성질이 관련되었기 때문에, Young이 사용한 계수는 오늘날에 사용되는 값과는 같지 않았다(참고문헌 1-7).

Poisson의 비

균일단면 봉이 인장을 받으면 축방향 신장량은 **가로수축(lateral contraction)**(즉, 작용하중 방향에 수직인 방향의 수축)을 일으킨다. 이러한 모양의 변화는 그림 1-22에서 볼 수 있는데, (a)부분은 하중작용 전의 봉, (b)부분은 하중작용 후의 봉을 나타낸다. (b)부분에서 점선은 하중작용 전의 봉의 모양을 나타낸다.

가로수축은 고무 밴드를 잡아 늘려서 눈으로 볼 수 있으

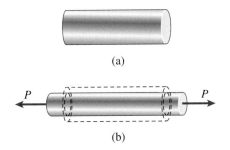

(a)

(b)

그림 1-22 인장을 받는 봉의 축방향 신장량과 가로수축: (a) 하중작용 전의 봉, (b) 하중작용 후의 봉(봉의 변형은 실제보다 과장되게 그려짐)

나, 금속에서는 가로방향 치수의 변화가 너무 적어서 눈으로 볼 수 없다. 그러나 이 값들은 예민한 계측기에 의해 감지될 수 있다.

재료가 선형 탄성적이면, 봉의 임의의 점에서의 **가로방향 변형률(lateral strain)** ϵ'는 같은 점에서의 축방향 변형률 ϵ에 비례한다. 이 변형률들의 비가 **Poisson의 비(Poisson's ratio)**로 알려진 재료의 성질이다. 희랍문자 ν(nu)로 표시되는 이러한 무차원 비는 다음 식으로 표시할 수 있다.

$$\nu = -\frac{\text{가로변형률}}{\text{축변형률}} = -\frac{\epsilon'}{\epsilon} \qquad (1\text{-}9)$$

일반적으로 가로방향과 축방향의 변형률은 부호가 서로 다르다는 사실을 보정하기 위해 이 식에 음의 기호가 삽입된다. 예를 들면, 인장을 받는 봉에서 축방향 변형률은 양이며, 가로방향 변형률은 음이다(봉의 폭이 감소하므로). 압축일 때는 반대 현상이 일어나며, 봉은 짧아지고(음의 축방향 변형률) 폭은 넓어진다(양의 가로방향 변형률). 따라서 정상적인 재료에 대해서 Poisson의 비는 항상 양의 값을 갖는다.

재료의 Poisson 비를 알면, 축방향 변형률로부터 가로방향 변형률을 다음과 같이 구할 수 있다.

$$\epsilon' = -\nu\epsilon \qquad (1\text{-}10)$$

식 (1-9)와 식 (1-10)을 사용하는 경우에 이 식들은 단축응력, 즉 유일한 응력이 축방향으로 작용하는 수직응력 σ인 봉에만 적용된다는 사실을 유의해야 한다.

Poisson의 비는 유명한 불란서 수학자인 Siméon Denis Poisson(1781~1840)의 이름을 따라 지어졌으며, Poisson은 재료의 분자이론에 의해 이러한 비를 계산하고자 시도하였다(참고문헌 1-8). 등방성 재료에 대해서 Poisson은 ν

= 1/4임을 발견하였다. 원자구조 모델에 의해 최근에 계산된 값은 ν = 1/3이다. 이 두 가지 값은 실제 측정치와 매우 근사하며, 대부분의 금속 및 기타 재료에 따라 0.25~0.35의 범위 내에 있다. 극히 작은 값의 Poisson의 비를 갖는 재료에는 ν의 값이 실제적으로 0인 코르크(cork)와 ν가 약 0.1 또는 0.2인 콘크리트가 포함된다. 다음 6.5절에서 설명되는 바와 같이 Poisson의 비의 이론적 상한값은 0.5이다. 고무의 ν는 이 상한값에 거의 가깝다.

선형 탄성영역에서의 각종 재료에 대한 Poisson의 비의 표는 부록 H(표 H-2 참조)에 주어진다. 대부분의 경우 Poisson의 비는 인장에서나 압축에서나 같다고 가정한다.

재료의 변형률이 커지면 Poisson의 비는 변한다. 예를 들면, 구조용 강의 경우 소성 항복이 일어날 때, Poisson의 비가 0.5가 된다. 따라서 Poisson의 비는 선형탄성 영역에서만 일정한 값을 유지한다. 재료의 거동이 비선형일 때는, 축방향 변형률에 대한 가로방향 변형률의 비를 때로는 **수축비**(*contraction ratio*)라 부른다. 물론, 선형탄성 거동의 특별한 경우에는 수축비는 Poisson의 비와 같다.

제한

앞에서 언급한 바와 같이, 특정 재료에 대해 Poisson의 비는 선형 탄성영역에서는 일정한 값을 유지한다. 따라서 그림 1-22에 균일단면 봉 내의 임의의 점에서의 가로방향 변형률은 하중이 증가하거나 또는 감소함에 따라 축방향 변형률에 비례한다. 그러나 주어진 하중 값(축방향 변형률이 봉에 걸쳐 일정함을 의미)에 대해 가로방향 변형률이 봉에 전체에 걸쳐 같기 위해서는 추가적인 조건들을 만족하여야 한다.

첫째, 재료가 **균질(homogeneous)**이어야 한다. 즉, 모든 점에서 같은 성분(따라서 같은 탄성 성질)을 가져야 한다. 그러나 균질재료를 갖는다는 것이 모든 **방향**에서 탄성성질이 같다는 것을 의미하지는 않는다. 예를 들면, 목재기둥의 경우에서와 같이 탄성계수는 축방향과 가로방향에서 값이 다를 수도 있다. 따라서 가로방향 변형률이 균일하기 위한 두 번째 조건은 탄성 성질이 축방향에 수직인 모든 방향에서 같아야 된다는 것이다. 흔히 금속의 경우와 같이 앞의 조건들을 만족할 때, 인장을 받는 봉의 가로방향 변형률은 봉의 모든 점에서 같을 것이며, 모든 가로방향으로도 같게 될 것이다.

모든 방향(축방향, 가로방향 및 또는 기타 방향)으로 같은 성질을 갖는 재료는 **등방성(isotropic)**이라고 부른다. 성

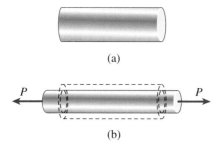

(a)

(b)

그림 1-22 (반복)

질이 여러 방향에 대하여 값이 다를 때, 이 재료는 **이방성(anisotropic)**[또는 **등소변태성(aeolotropic)**]이라 부른다.

이 책에서는 특별한 언급이 없는 한, 재료가 선형 탄성적이고 균질하며 등방성을 갖는다는 가정 하에 모든 예제와 연습문제를 푼다.

예제 1-3

길이 $L = 1.2$ m, 바깥지름 $d_2 = 150$ mm, 안지름 $d_1 = 110$ mm인 강철 파이프가 축하중 $P = 620$ kN에 의해 압축을 받고 있다(그림 1-23). 재료의 탄성계수는 $E = 200$ GPa이고, Poisson의 비는 $\nu = 0.30$이다.

파이프에 대해 다음 값들을 구하라. (a) 줄어든 길이 δ, (b) 가로방향 변형률 ϵ', (c) 바깥지름의 증가량 Δd_2와 안지름의 증가량 Δd_1, (d) 벽두께의 증가량 Δt.

풀이

단면적 A와 축응력 σ는 다음과 같이 구한다.

$$A = \frac{\pi}{4}(d_2^2 - d_1^2) = \frac{\pi}{4}[(150 \text{ mm})^2 - (110 \text{ mm})^2] = 8168 \text{ mm}^2$$

$$\sigma = -\frac{P}{A} = -\frac{620 \text{ kN}}{8168 \text{ mm}^2} = -75.9 \text{ MPa (압축)}$$

이 응력은 항복응력보다 훨씬 작기 때문에(부록 H의 표 H-3 참조), 재료는 선형 탄성적으로 거동하며, 축방향 변형률은 Hooke의 법칙을 이용하여 구한다.

$$\epsilon = \frac{\sigma}{E} = \frac{-75.9 \text{ MPa}}{200 \text{ GPa}} = -379.5 \times 10^{-6}$$

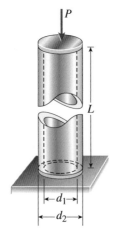

그림 1-23 예제 1-3. 압축을 받는 강철 파이프

변형률의 음의 부호는 파이프가 수축됨을 나타낸다.

(a) 축방향 변형률을 구했음으로 파이프의 길이변화를 알 수 있다(식 1-2 참조).

$$\delta = \epsilon L = (-379.5 \times 10^{-6})(1.2 \text{ m}) = -0.455 \text{ mm}$$

음의 부호는 파이프가 수축됨을 나타낸다.

(b) 가로방향 변형률은 Poisson의 비로부터 구한다(식 1-10 참조).

$$\epsilon' = -\nu\epsilon = -(0.30)(-379.5 \times 10^{-6}) = 113.9 \times 10^{-6}$$

압축에 대해 예상했던 대로, ϵ'의 양의 부호는 가로치수가 증가함을 나타낸다.

(c) 바깥지름의 증가량은 가로방향 변형률과 지름을 곱한 것과 같다.

$$\Delta d_2 = \epsilon' d_2 = (113.9 \times 10^{-6})(150 \text{ mm}) = 0.0171 \text{ mm}$$

비슷한 방법으로, 안지름의 증가량은 다음과 같이 구한다.

$$\Delta d_1 = \epsilon' d_1 = (113.9 \times 10^{-6})(110 \text{ mm}) = 0.0125 \text{ mm}$$

(d) 벽두께의 증가량은 지름의 증가량과 같은 방법으로 구한다.

$$\Delta t = \epsilon' t = (113.9 \times 10^{-6})(20 \text{ mm}) = 0.00228 \text{ mm}$$

벽두께의 증가가 지름 증가량 차이의 절반 값과 같다는 사실을 유의하여 이 결과를 검증할 수 있다.

$$\Delta t = \frac{\Delta d_2 - \Delta d_1}{2}$$
$$= \frac{1}{2}(0.0171 \text{ mm} - 0.0125 \text{ mm}) = 0.00228 \text{ mm}$$

압축을 받는 경우에 모든 세 가지 양(바깥지름, 안지름 및 두께)이 증가한다는 것을 유의하라.

주: 이 예제에서 구한 수치결과는 정상적인 하중조건 하에서 구조용 재료의 치수변화가 매우 작다는 것을 보여준다. 값이 작음에도 불구하고, 치수의 변화는 어떤 종류의 해석(부정정 구조물의 해석과 같은)과 응력과 변형률을 실험적으로 구하는 데 있어서 매우 중요한 요인이 될 수 있다.

1.6 전단응력과 전단변형률

이중전단을 받는 클레비스와 핀을
보여주는 고가 보도의 대각 버팀대
(ⓒ Barry Goodno)

앞 절에서는 직선봉에 작용하는 축하중에 의해 생기는 수직응력의 영향에 대해서 논의하였다. 이 응력들은 재료면에 수직으로 작용하기 때문에 "수직응력"이라고 부른다. 이제는 재료면에 접선방향으로 작용하는 **전단응력(shear stress)**에 대해 살펴보기로 하자.

전단응력 작용의 예로서, 그림 1-24a에 보인 볼트 연결체를 고찰해 보자. 이 연결체는 평평한 봉 *A*, 클레비스(clevis) *C* 및 봉과 클레비스의 구멍을 지나는 볼트 *B*로 구성되어 있다. 인장하중 *P*가 작용하면, 봉과 클레비스는 **지압(bearing)**을

받는 볼트를 누르며, **지압응력(bearing stress)**이라 부르는 접촉응력이 발생하게 된다. 또한, 봉과 클레비스는 볼트를 전단시키려는 경향이 있고, 이러한 경향은 볼트의 전단응력에 의하여 억제되고 있다.

지압응력과 전단응력의 작용을 보다 명확히 보여주기 위하여, 연결부의 측면을 살펴보기로 하자(그림 1-24b). 이런 관점에서, 볼트의 자유물체도를 그린다(그림 1-24c). 클레비스에 의해 볼트에 가해진 지압응력은 자유물체도의 좌측에 나타나며 ①과 ③으로 표시된다. 봉으로부터의 응력은 우측에 나타나며 ②로 표시된다. 지압응력의 실제적인 분포는 구하기 어려우므로, 통상 이 응력들은 등분포되었다고 가정한다. 등분포되었다는 가정에 근거하여, 전체 지압하중 F_b를 지압면적 A_b로 나누어 **평균 지압응력** σ_b를 계산할 수 있다.

$$\sigma_b = \frac{F_b}{A_b} \tag{1-11}$$

지압면적은 곡면으로 된 지압면의 투영면적으로 정의된다. 예를 들어, 표시 ①의 지압응력을 생각해보자. 응력이 작용하는 투영면적 A_b는 높이가 클레비스의 두께와 같고, 폭이 볼트의 지름과 같은 직사각형이다. 또한 ①로 표시되는 응력에 의한 지압하중 F_b는 *P*/2이다. 똑같은 면적과 똑같은 힘이 표시 ③의 응력에도 적용된다.

이제 평평한 봉과 볼트 사이의 지압응력(표시 ②의 응력)

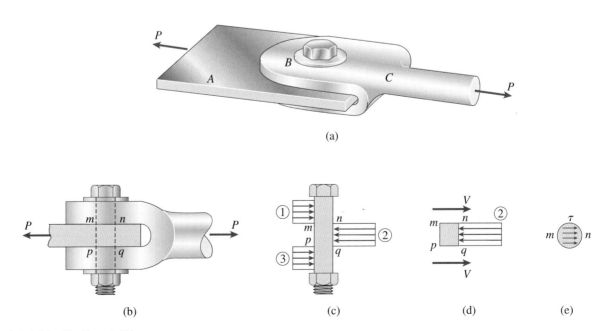

(a)

(b)   (c)   (d)   (e)

그림 1-24 이중전단을 받는 볼트 연결부

을 고찰하도록 하자. 이들 응력에 대해, 지압면적 A_b는 높이가 평평한 봉의 두께와 같고, 폭이 볼트 지름과 같은 직사각형이다. 이에 대응되는 지압하중은 하중 P와 같다.

그림 1-24c의 자유물체도는 단면 mn과 pq를 따라 볼트를 전단하려는 경향이 있음을 보여준다. 볼트의 $mnpq$부분의 자유물체도(그림 1-24d 참조)로부터, 전단력 V가 볼트의 절단면에 작용함을 알 수 있다. 이 특별한 예에서는 두 개의 전단면(mn과 pq)이 있으며, 따라서 볼트는 **이중전단(double shear)**을 받고 있다고 말한다. 이중전단에서는 각각의 전단력이 볼트에 의해 전달된 전체 하중의 절반과 같다. 즉, $V = P/2$이다.

이러한 전단력은 볼트의 단면적에 걸쳐 분포된 전단응력의 합력이다. 예를 들면, 단면 mn에 작용하는 전단응력은 그림 1-24e에 보여진다. 이 응력들은 절단면에 평행하게 작용한다. 응력의 정확한 분포는 알 수 없으나, 중심 근처에서 최대치를 가지고, 양쪽 끝의 어떤 위치에서는 0이 된다. 그림 1-24e에서와 같이 전단응력은 통상 희랍문자 τ로 표시된다.

단일전단(single shear)을 받는 볼트 연결부가 그림 1-25a에 보여지며, 여기서 금속봉의 축하중 P가 볼트를 통하여 강철기둥의 플랜지에 전달된다. 기둥의 단면적 모양(그림 1-25b)은 연결부를 더욱 자세히 나타내고 있다. 또한 볼트의 스케치(그림 1-25c)는 볼트에 작용하는 지압응력의 가정된 분포를 보여준다. 앞에서 언급한 바와 같이, 지압응력의 정확한 분포는 그림에 보여진 것보다 더욱 복잡하다. 게다가 지압응력은 볼트 머리와 너트에 발생하게 된다. 따라서 그림 1-25c는 자유물체도가 아니며, 단지 이상화된 지압응력만이 그림에 보여 지는 것이다.

볼트의 단면 mn을 절단함으로써, 그림 1-25d에 보인 지압응력 분포를 얻는다. 이 선도는 볼트의 단면적에 작용하는 전단력 V(하중 P와 같음)를 포함한다. 이미 언급한 바와 같이, 이 전단력은 볼트의 단면적에 걸쳐 작용하는 전단응력의 합력이다.

단일전단으로 파괴에 이르기까지 하중을 받는 볼트의 변형이 그림 1-26에 보여진다(그림 1-25c와 비교).

볼트 연결부에 대한 앞에서의 논의에서, 연결 요소 간의 **마찰**은 무시하였다. 마찰의 존재는 하중의 일부가 마찰력으로 전달되는 것을 의미하며, 결과적으로 볼트에 작용하는 하중을 감소시킨다. 마찰력은 신뢰성이 없으며 예측하

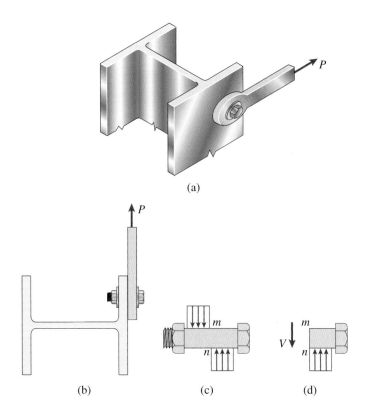

(a)

(b)   (c)   (d)

그림 1-25 단일전단을 받는 볼트 연결부

기 어려우므로, 보수적인 관점에서 오차가 있어 계산에서 제외시키는 것이 관례이다.

볼트 단면적의 **평균 전단응력**은 전체 전단력 V를 이 힘이 작용하는 단면의 면적 A로 나누어 다음과 같이 구한다.

$$\tau_{\text{aver}} = \frac{V}{A} \qquad (1\text{-}12)$$

단일전단을 받는 볼트를 보여주는 그림 1-25의 예에서, 전단력 V는 하중 P와 같고 면적 A는 볼트의 단면적과 같다. 그러나 이중전단을 받는 볼트를 보여주는 그림 1-24의 예에서 전단력 V는 $P/2$와 같다.

식 (1-12)으로부터 전단응력은 수직응력과 마찬가지로 힘의 세기 또는 단위면적당 힘으로 나타냄을 알 수 있다. 따라서 전단응력의 단위는 수직응력의 단위와 같으며, SI 단위에서는 파스칼을 사용한다.

그림 1-24와 1-25에 보인 하중의 배열은 **직접전단(direct shear)**(또는 단순전단)의 예로서, 여기서는 전단응력이 재료를 절단하려는 힘의 직접 작용에 의하여 생긴다. 직접전단은 볼트, 핀, 리벳, 키, 용접부 및 접착 조인트 등의 설계에서 발생한다.

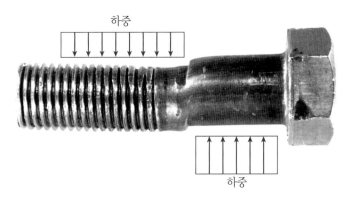

그림 **1-26** 단일전단을 받는 볼트의 파손

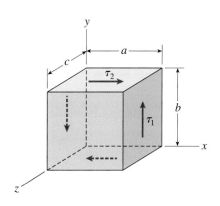

그림 **1-27** 전단응력을 받는 재료의 미소요소

전단응력은 또한 부재가 인장, 비틀림 및 굽힘을 받을 때, 간접적인 방법으로 발생하기도 하는데, 이에 대해서는 뒤에 2.6절, 3.3절 및 5.8절에 각각 논의될 것이다.

수직평면에 작용하는 전단응력의 동일성

전단응력의 작용을 보여주는 보다 완전한 그림을 얻기 위해, x, y, z방향의 변의 길이가 각각 a, b, c인 직육면체 모양의 재료의 미소 요소를 고찰해 보자(그림 1-27).* 요소의 앞면과 뒷면에는 아무 응력도 작용하지 않는다.

이제 전단응력 τ_1이 면적이 bc인 우측면에 등분포된다고 가정하자. 요소가 y 방향으로 평형을 유지하기 위해서는, 우측면에 작용하는 전체 전단력 $\tau_1 bc$는 좌측면에 작용하는 크기는 같고 방향이 반대로 작용하는 전단력과 균형을 이루어야 된다. 이 두 면의 면적은 같으므로, 두 면에 작용하는 전단응력은 서로 같다.

좌측면과 우측면에 작용하는 힘 $\tau_1 bc$(그림 1-27)는 우력을 일으키며, 그림에서와 같이 시계방향으로 크기가 $\tau_1 abc$인 z축에 관한 모멘트를 갖게 한다.** 요소가 평형을 이루기 위해서는, 이 모멘트가 요소의 측면에 작용하는 전단응력에 의한 크기가 같고 방향이 반대인 모멘트와 균형을 이루어야 한다. 측면에 작용하는 응력을 τ_1이라 하면, 수직전단력은 $\tau_1 bc$임을 알 수 있다. 이 힘들은 반시계방향으로 크기가 $\tau_1 abc$인 모멘트를 일으킨다. z축에 관한 모멘트의 평형으로부터, $\tau_1 abc$는 $\tau_2 abc$와 같음을 알 수 있다. 즉,

$$\tau_1 = \tau_2 \tag{1-13}$$

그러므로 그림 1-28a에서와 같이, 요소의 네 개의 면에 작용하는 전단응력의 크기는 서로 같다.

이를 요약하면 다음과 같은 결론에 도달하게 된다.

1. 요소의 반대편에 있는 면(서로 평행한 면)에 작용하는 전단응력들은 서로 크기는 같고, 방향은 반대이다.
2. 요소의 인접한 면(서로 수직인 면)에 작용하는 전단응력들은 크기는 같고, 방향은 두 면의 교차선을 향하거나 또는 반대쪽으로 향한다.

이러한 관찰은 그림 1-27과 1-28에서와 같이 전단응력(수직응력은 작용하지 않음)만 작용하는 요소에 대하여 얻어진 것이다. 이런 상태의 응력을 **순수전단(pure shear)**이라 하며, 뒤에 자세하게 논의한다(3.5절).

대부분의 목적에서, 앞에서의 결론은 요소의 면들에 수직응력이 작용하는 경우에도 적용된다. 그 이유는 미소요소의 서로 반대되는 면에 작용하는 수직응력들은 통상 크기는 같고, 방향이 반대이기 때문이다. 따라서 수직응력들이 있더라도 앞에서의 결론에 도달하기 위해 사용된 평형방정식을 변경하지 않는다.

전단변형률

재료의 요소에 작용하는 전단응력(그림 1-28a)은 **전단변형률**을 생기게 한다. 이러한 변형률을 보여주기 위해서는, 전단응력은 x, y, z방향으로 요소를 늘이거나 또는 줄이는 경향이 없음을 알아야 한다. 다시 말하면, 요소의 각 면의 길이는 변하지 않는다. 그 대신에, 전단응력은 요소 **모양**의

---

* **평행육면체**는 밑면이 평행사변형인 프리즘이다. 각각 평행사변형인 6개의 면을 갖는다. 대응면은 서로 평행하며 똑같은 평행사변형이다. **직각육면체**는 모든 면이 직사각형을 갖는다.

** **우력**은 크기는 같고 방향이 반대인 두 개의 평행한 힘으로 구성된다.

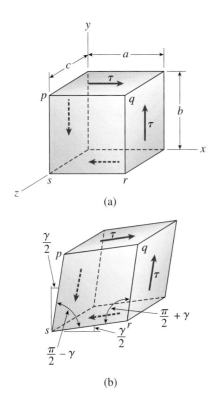

(a)

(b)

그림 1-28 전단응력을 받는 재료의 미소요소

좌표축에 양의 방향에 수직인 면을 말한다. 이에 반대쪽 면을 음의 면(negative face)이라 한다. 따라서 그림 1-28a에서 왼쪽 면, 윗면 및 앞면은 각각 양의 x, y, z면이고, 반대 방향의 면들은 음의 x, y, z면이다.

앞의 문단에서 설명된 용어를 사용하여 전단응력에 대한 부호 규약을 다음과 같이 설명할 수 있다.

요소의 양의 면에 작용하는 전단응력은 그것이 좌표축의 양의 방향으로 작용하면 양이고, 축의 음의 방향으로 작용하면 음이다. 요소의 음의 면에 작용하는 전단응력은 그것이 축의 음의 방향으로 작용하면 양이고, 축의 양의 방향으로 작용하면 음이다.

따라서 그림 1-28a에 보인 모든 전단응력들은 양이다. 전단변형률에 대한 부호 규약은 다음과 같다.

요소의 전단변형률은 두 개의 양의 면(또는 두 개의 음의 면) 사이의 각이 줄어들면 양이다. 전단변형률은 두 개의 양의 면(또는 두 개의 음의 면) 사이의 각이 증가하면 음이다.

따라서 그림 1-28b에 보인 변형률은 양이며, 양의 전단응력은 양의 전단변형률을 생기게 함을 알 수 있다.

전단에서의 Hooke의 법칙

전단을 받는 재료의 성질은 직접 전단시험 또는 비틀림 시험을 통하여 실험적으로 구할 수 있다. 비틀림 시험은, 뒤의 3.5절에서 설명한 바와 같이, 순수전단 응력상태에 이르도록 속이 빈 원형관을 비틀어 실시한다. 이 시험의 결과로부터 전단응력–변형률 선도(즉, 전단응력 τ 대 전단변형률 γ 선도)를 그릴 수 있다. 이 선도는 같은 재료에 대한 인장시험 선도(σ 대 ϵ)와 모양이 비슷하나 크기는 다르다.

전단응력–변형률 선도로부터 비례한도, 탄성계수, 항복응력 및 극한응력과 같은 재료의 성질을 얻을 수 있다. 이러한 전단의 성질들은 대체로 인장에서의 값들의 반 정도 된다. 예를 들면, 전단을 받는 구조용 강의 항복응력은 인장을 받는 항복응력의 $0.5 \sim 0.6$배이다.

많은 재료에 대해서 전단응력–변형률 선도의 초기 부분은 인장에서와 같이, 원점을 통과하는 직선이다. 이러한 선형탄성 영역에서 전단응력과 전단변형률은 정비례하며, 따라서 **전단에 관한 Hooke의 법칙**을 다음과 같이 구할 수 있다.

변화를 일으킨다(그림 1-28b). 직육면체인 원래의 요소는 경사진 평행육면체(oblique parallelepiped)로 변형되며, 앞면과 뒷면은 장사방형(rhomboids)*이 된다.

이러한 변형 때문에 측면 사이의 각이 변한다. 이를테면, 점 q와 s 사이의 각은 변형 전에는 $\pi/2$였으나, 작은 각 γ만큼 줄어들어 $\pi/2 - \gamma$가 된다(그림 1-28b). 동시에 점 p와 r 사이의 각은 증가하여 $\pi/2 + \gamma$가 된다. 각 γ는 요소의 **찌그러짐(distortion)** 또는 모양의 변화를 나타내는 척도로, 이를 **전단변형률(shear strain)**이라 부른다. 전단변형률은 각도이기 때문에 도 또는 라디안으로 측정된다.

전단응력과 전단변형률에 대한 부호 규약

전단응력과 변형률에 대한 부호 규약을 정하기 위해서 응력 요소의 여러 가지 면을 확인하는 방안이 필요하다(그림 1-28a). 따라서 축의 양의 방향을 향하는 면을 요소의 양의 면(positive face)으로 정한다. 다시 말하면, 양의 면은

$$\tau = G\gamma \qquad (1\text{-}14)$$

여기서 G는 **전단탄성계수(shear modulus of elasticity)**(또

---

* **경사각**은 예각이나 둔각이 될 수 있으나 직각은 아니다. **장사방형 (rhomboid)**은 경사각을 가진 육면체로, 인접 변들의 길이가 서로 같지 않다[**사방형(rhombus)**은 경사각을 가진 육면체로, 네 변의 길이가 모두 같으며, 때로는 다이아몬드 형태라 한다].

는 강성계수(*modulus of rigidity*)이다.

전단탄성계수 G는 인장탄성계수 E와 **단위**가 같으며, USCS 단위에서는 psi 또는 ksi를, SI 단위에서는 파스칼을 사용한다. 연강에 대해서 전형적인 G값은 75 GPa이고, 알루미늄 합금에 대해서 전형적인 G값은 28 GPa이다. 다른 값들은 부록 H의 표 H-2에 수록되어 있다.

인장과 전단에서의 탄성계수들의 관계는 다음과 같다.

$$G = \frac{E}{2(1 + \nu)} \qquad (1\text{-}15)$$

여기서 ν는 Poisson의 비이다. 뒤의 3.6절에서 유도되는 이런 관계는 E, G 및 ν가 재료의 독립된 탄성성질이 아님을 보여준다. 일반적인 재료에 대한 Poisson의 비의 값이 0에서 0.5까지 이므로 식 (1-15)로부터 G값은 E값의 $1/3 \sim 1/2$이어야 함을 알 수 있다.

다음 예제들은 전단의 영향에 관련된 전형적인 해석과정을 설명한다. 예제 1-4는 판의 전단응력을, 예제 1-5는 핀과 볼트에 작용하는 지압응력과 전단응력을 다루고, 예제 1-6은 수평전단력을 받는 유연성 지압패드에서의 전단응력과 전단변형률을 구하는 문제를 다룬다.

예제 1-4

강철판에 구멍을 뚫는 펀치가 그림 1-29a에 보여진다. 단면도(그림 1-29b)에 보이는 바와 같이, 지름이 $d = 20$ mm인 펀치가 8 mm 두께의 판에 구멍을 뚫는 데 사용된다고 가정한다.

구멍 뚫기에 $P = 110$ kN의 힘이 필요하다면, 판의 평균 전단응력과 펀치의 평균 압축응력은 얼마인가?

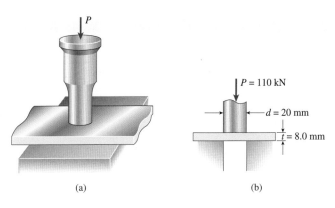

(a)   (b)

그림 1-29 예제 1-4. 강철판에 구멍 뚫기

풀이

판의 평균 전단응력은 하중 P를 판의 전단면적으로 나누어 구한다. 전단면적 A_s는 구멍의 원둘레와 판의 두께를 곱한 값과 같다. 즉

$$A_s = \pi d t = \pi(20 \text{ mm})(8.0 \text{ mm}) = 502.7 \text{ mm}^2$$

여기서 d는 펀치의 지름이며 t는 판의 두께이다. 따라서 판의 평균 전단응력은 다음과 같다.

$$\tau_{\text{aver}} = \frac{P}{A_s} = \frac{110 \text{ kN}}{502.7 \text{ mm}^2} = 219 \text{ MPa} \quad \Longleftarrow$$

펀치의 평균 압축응력은 다음과 같다.

$$\sigma_c = \frac{P}{A_{\text{punch}}} = \frac{P}{\pi d^2/4} = \frac{110 \text{ kN}}{\pi(20 \text{ mm})^2/4} = 350 \text{ MPa} \quad \Longleftarrow$$

여기서 A_{punch}는 펀치의 단면적이다.

주: 펀치가 판을 뚫고 지나갈 때 일어나는 충격효과를 무시하였기 때문에, 이러한 해석은 매우 이상화된 것이다(이러한 효과를 포함하려면 재료역학 수준 이상의 고급 해석방법이 필요하다).

예제 1-5

보트의 호이스트에 대한 버팀대로 사용되는 강철지주 S는 압축하중 $P = 54$ kN을 각주의 데크에 전달한다(그림 1-30a). 지주는 벽두께가 $t = 12$ mm인 속이 빈 정사각형 단면을 가지며(그림 1-30b), 지주와 수평선 사이의 각은 40°이다. 지주에 달린 핀은 지주로부터 밑바닥판 B에 용접된 두 개의 이음판 G까지 압축력을 전달한다. 네 개의 앵커 볼트는 밑바닥 판을 데크에 고정시킨다.

핀의 지름 $d_{\text{pin}} = 18$ mm, 이음판의 두께 $t_G = 15$ mm, 밑바닥 판의 두께 $t_B = 8$ mm이며, 앵커 볼트의 지름 $d_{\text{bolt}} = 12$ mm이다.

다음 응력 값들을 구하라. (a) 지주와 핀 사이의 지압응력, (b) 핀의 전단응력, (c) 핀과 이음판 사이의 지압응력, (d) 앵커 볼트와 밑바닥 판 사이의 지압응력, (e) 앵커 볼트의 전단응력(밑바닥 판과 데크 사이의 마찰력은 무시하라).

풀이

(a) **지주와 핀 사이의 지압응력.** 지주와 핀 사이의 지압응력의 평균값은 지주에 작용하는 힘을 핀에 대한 지주의 전체 지압면적으로 나누어 구한다. 지압면적은 지주의 두께에 핀의 지름을 곱한 것의 두 배이다(왜냐하면 지압이 두 개의 지점에서 일어나기 때문이다. 그림 1-30b 참조). 따라서 지압응력은 다음과 같다.

$$\sigma_{b1} = \frac{P}{2td_{\text{pin}}} = \frac{54 \text{ kN}}{2(12 \text{ mm})(18 \text{ mm})} = 125 \text{ MPa} \quad \Longleftarrow$$

이 지압응력은 구조용 강으로 만들어진 지주에 대하여 과도한 값이 아니다.

(b) **핀의 전단응력.** 그림 1-30b에서 보는 바와 같이 핀은 두 개의 면, 즉 지주와 이음판 사이의 면에서 전단되는 경향이 있다. 따라서 핀의 평균 전단응력(이중전단)은 핀에 작용한 전체 하중을 단면적의 두 배로 나눈 값과 같다.

$$\tau_{\text{pin}} = \frac{P}{2\pi d_{\text{pin}}^2/4} = \frac{54 \text{ kN}}{2\pi(18 \text{ mm})^2/4} = 106 \text{ MPa} \quad \Longleftarrow$$

핀은 보통 고강도 강(인장 항복응력이 340 MPa보다 큰)으로 제작되었으며, 이런 전단응력(통상적으로 전단에서의 항복응력은 적어도 인장에서의 항복응력의 50%이다)에 쉽게 견딜 수 있다.

(c) **핀과 이음판 사이의 지압응력.** 핀은 두 개의 위치에서 이음판에 지압을 가하므로, 지압면적은 이음판 두께의 두 배에 핀 지름을 곱한 값과 같다.

$$\sigma_{b2} = \frac{P}{2t_G d_{\text{pin}}} = \frac{54 \text{ kN}}{2(15 \text{ mm})(18 \text{ mm})} = 100 \text{ MPa} \quad \Longleftarrow$$

이 값은 지주와 핀 사이의 지압응력(125 MPa)보다 작다.

(d) **앵커 볼트와 밑바닥 판 사이의 지압응력.** 하중 P의 수직성분(그림 1-30a 참조)은 밑바닥 판과 각주 사이의 직접 지압에 의해 각주에 전달된다. 그러나 수평성분은 앵커 볼트를 통해 전달된다. 밑바닥 판과 앵커 볼트 사이의 평균 지압응력은 하중 P의 수평성분을 네 개의 볼트의 지압면적으로 나눈 값과 같다. 한 개의 볼트의 지압면적은 판의 두께에 볼트 지름을 곱한 값과 같다. 결과적으로, 지압응력은 다음과 같다.

$$\sigma_{b3} = \frac{P\cos 40°}{4t_B d_{\text{bolt}}} = \frac{(54 \text{ kN})(\cos 40°)}{4(8 \text{ mm})(12 \text{ mm})} = 108 \text{ MPa} \quad \Longleftarrow$$

(e) **앵커 볼트의 전단응력.** 앵커 볼트의 평균 전단응력은 하중 P의 수평성분을 네 개의 볼트의 전체 단면적으로 나눈 값과 같다(각각의 볼트는 단일전단을 받는다는 점에 유의하라). 즉,

$$\tau_{\text{bolt}} = \frac{P\cos 40°}{4\pi d_{\text{bolt}}^2/4} = \frac{(54 \text{ kN})(\cos 40°)}{4\pi(12 \text{ mm})^2/4} = 91.4 \text{ MPa} \quad \Longleftarrow$$

밑바닥 판과 각주 사이의 마찰력은 앵커 볼트의 하중을 감소시킬 것이다.

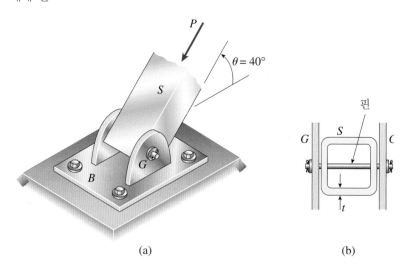

그림 1-30 예제 1-5. (a) 지주 S와 밑바닥 판 B 사이의 핀 연결, (b) 지주 S의 단면

(a)   (b)

예제 1-6

기계와 교량 거더(girder)를 지지하는 데 사용되는 지압 패드는 강철판으로 씌워진 선형 탄성 재료(고무와 같은 탄성중합체)로 구성되어 있다(그림 1-31a). 탄성중합체의 두께가 h이고, 판의 치수가 a × b이며, 패드는 수평 전단력 V를 받고 있다고 가정한다.

탄성중합체의 평균 전단응력 τ_{aver}와 판의 수평 변위 d를 구하는 공식을 구하라(그림 1-31b).

풀이

탄성중합체의 전단응력이 전체 체적을 통하여 등분포 되었다고 가정한다. 그러면 탄성중합체의 임의의 수평면에서의 전단응력은 전단력 V를 면의 면적으로 나눈 값과 같다(그림 1-31a).

$$\tau_{\text{aver}} = \frac{V}{ab} \qquad (1\text{-}16)$$

이에 대응되는 전단 변형률(전단에 관한 Hooke의 법칙으로부터; 식 1-14)은

$$\gamma = \frac{\tau_{\text{aver}}}{G_e} = \frac{V}{abG_e} \qquad (1\text{-}17)$$

이며, 여기서 G_e는 탄성중합체 재료의 전단탄성계수이다. 마지막으로, 수평변위 d 는 $h \tan \gamma$와 같다(그림 1-31b로부터).

$$d = h \tan \gamma = h \tan \left(\frac{V}{abG_e} \right) \qquad (1\text{-}18)$$

대부분의 실제 경우에서, 전단변형률 γ 는 아주 작은 값이며, 이러한 경우에 $\tan \gamma$를 γ 로 대체하여 다음 식을 얻는다.

$$d = h\gamma = \frac{hV}{abG_e} \qquad (1\text{-}19)$$

전단응력과 변형률이 탄성중합체 재료의 전체 체적에 대하여 일정하다는 가정에 근거하였으므로, 식 (1-18)과 (1-19)는 판의 수평변위를 근사적으로 구하는 데 사용된다. 실제로, 재료의 끝에서 전단응력은 0이며(자유 수직면에 작용하는 전단응력이 없으므로), 재료의 변형은 그림 1-31b에 보인 것보다 더 복잡하다. 그러나 판의 길이 a가 탄성중합체의 두께 h보다 크다면, 앞의 결과는 설계목적상 만족할 만하다.

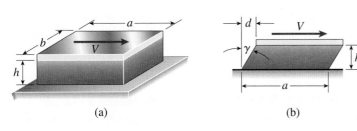

그림 1-31 예제 1-6. 전단을 받는 지압패드

1.7 허용응력과 허용하중

공학은 생활의 **공통목적에 대한 과학의 응용**이라고 적절하게 기술되어 왔다. 이러한 임무를 완수하기 위하여, 공학인은 사회의 기본요구에 부응하도록 보기에는 끝없이 많은 여러 대상들을 설계한다. 이러한 요구에는 주택, 농업, 교통, 통신 및 많은 현대생활의 방편들이 포함된다. 설계에 고려해야 할 인자에는 기능성, 강도, 외관, 경제 및 환경보호가 포함된다. 그러나 재료역학을 공부할 때, 설계의 주요한 관심사는 **강도(strength)**, 즉 물체의 하중지지 또는 전달능력이다. 하중을 지탱해야 하는 물체에는 빌딩, 기계, 컨테이너, 트럭, 항공기 및 선박 등이 있다. 간단하게, 이러한 물체들을 **구조물**이라 하는데, **구조물**이란 하중을 지지하거나 전달시키는 물체를 말한다.

안전계수

구조물의 파단을 방지하려면 구조물이 지지할 수 있는 하중이 사용 중에 작용될 하중보다 커야만 한다. 강도는 구조물의 하중을 견디는 능력을 나타내므로 앞에서 언급한 개념을 다시 설명하면 다음과 같다. 구조물의 실제 강도는 필요 강도보다 커야 한다. 실제 강도의 필요 강도에 대한 비를 **안전계수(factor of safety)** n이라 한다.

$$\text{안전계수 } n = \frac{\text{실제 강도}}{\text{요구 강도}} \qquad (1\text{-}20)$$

물론 파단을 방지하기 위해서는 안전계수는 1.0보다 커야 한다. 경우에 따라서, 1.0보다 약간 크거나 크게는 10까지의 안전계수 값이 사용된다.

강도와 파단은 서로 다른 의미를 가지고 있기 때문에, 안전계수를 설계에 고려하는 것은 그리 간단한 일은 아니다. 강도는 구조물의 부하능력으로 측정되거나 재료의 응력으로 측정된다. 파손은 구조물의 파괴와 완전붕괴를 의미하거나, 또는 변형이 너무 커서 구조물이 자기의 기능을 더 이상 수행할 수 없음을 의미한다. 후자와 같은 의미의 파손은 실제 붕괴를 일으키는 파손보다 작은 하중에서 발생하기도 한다.

안전계수를 결정하는 데에는 또한 다음과 같은 사항들을 고려하여야 한다. 구조물이 설계 하중을 초과하는 우발적인 과하중을 받을 확률, 하중의 형태(정하중 또는 동하중), 하중이 1회 작용하는지 또는 반복하여 작용하는지 하는 문제, 하중 값의 정확성, 피로 파괴의 가능성, 구조의 부정확성, 세공기술의 다양성, 재료성질의 차이, 부식이나 환경 영향에 의한 악화, 해석방법의 정확성, 파단이 점진적으로 일어나는가(충분한 경고) 또는 갑자기 일어나는가(경고 없음) 하는 문제, 파손의 결과(소규모의 손상 또는 대규모의 재해) 및 다른 고려 사항들이다. 안전계수가 너무 적으면, 파손될 확률이 높기 때문에 구조물은 부적합하며, 안전계수가 너무 크면, 구조물의 재료가 낭비되고 기능 발휘에 부적합할 것이다(예를 들면, 너무 무거워진다).

이러한 복합적인 이유 때문에, 안전계수는 확률을 근거로 하여 정해야 한다. 안전계수는 통상 다른 설계자들이 사용하는 코드나 시방서를 작성하는 경험이 있는 공학자 그룹에 의해 결정되며, 때로는 법으로 정해지기도 한다. 코드나 시방서를 준비하는 것은 비합리적인 경비를 들이지 않고 합리적 수준의 안전을 보장하기 위한 것이다.

항공기 설계에서는 안전계수보다 **안전여유(margin of safety)**를 쓰는 것이 보통이다. 안전여유는 안전계수에서 1을 뺀 값으로 정의된다.

$$안전여유 = n - 1 \qquad (1\text{-}21)$$

안전여유는 때로는 퍼센트로 표시하며, 이 경우 위의 값에 100을 곱한다. 따라서 요구강도보다 1.75배의 극한강도 값을 갖는 구조물은 안전계수가 1.75이며, 안전여유는 0.75(즉 75%)이다. 안전여유가 0이나 또는 그 이하로 떨어지는 경우 구조물은 파손될 것으로 추정된다.

허용응력

안전계수는 여러 가지 방법으로 정의되고 정해진다. 많은 구조물에 대해서, 하중제거 시 영구변형이 일어나지 않도록 재료가 선형탄성 영역에 머물게 하는 것이 중요하다. 이러한 조건하에서, 안전계수는 구조물의 항복에 관련해서 정해진다. 구조물 내에서 항복응력이 어느 점에 도달할 때 항복이 시작된다. 따라서 안전계수를 **항복응력**(또는 항복강도)에 적용시켜, 구조물의 어느 부분에서나 초과해서는 안 되는 **허용응력(allowable stress)**(또는 사용응력)을 얻는다.

$$허용응력 = \frac{항복강도}{안전계수} \qquad (1\text{-}22)$$

인장과 전단에 대한 허용응력은 각각 다음과 같다.

$$\sigma_{\text{allow}} = \frac{\sigma_Y}{n_1} \quad 이고 \quad \tau_{\text{allow}} = \frac{\tau_Y}{n_2} \qquad (1\text{-}23\text{a,b})$$

여기서 σ_Y와 τ_Y는 항복응력을, n_1과 n_2는 안전계수를 나타낸다. 빌딩 설계에 있어서, 인장 시 항복에 관한 전형적인 안전계수는 1.67이므로 250 MPa의 항복응력을 갖는 연강은 150 MPa의 허용응력을 갖는다.

때로는 안전계수를 항복응력 대신에 **극한응력(ultimate stress)**에 적용시킨다. 이 방법은 콘크리트나 플라스틱과 같은 취성재료 및 목재나 고강도 강과 같은 항복응력이 확실히 정의되지 않는 재료에 적합하다. 이러한 경우 인장과 전단을 받는 경우의 허용응력은 다음과 같다.

$$\sigma_{\text{allow}} = \frac{\sigma_U}{n_3} \quad 이고 \quad \tau_{\text{allow}} = \frac{\tau_U}{n_4} \qquad (1\text{-}24\text{a,b})$$

여기서 σ_U와 τ_U는 극한응력(또는 극한강도)이다. 일반적으로 재료의 극한강도에 관련된 안전계수는 항복강도에 관련된 안전계수보다 크다. 연강의 경우에는 항복응력에 관련된 안전계수가 1.67인데 비하여, 극한강도에 관련된 안전계수가 약 2.8이 된다.

허용하중

특정재료와 구조물에 대하여 허용응력이 결정된 후에 구조물에 대한 **허용하중(allowable load)**이 결정된다. 허용하중과 허용응력 간의 관계는 구조물의 형태에 따른다. 이 장에서는 대부분의 기본적인 종류의 구조물, 즉 인장이나 압축을 받는 봉 및 직접전단이나 지압을 받는 핀(또는 볼트)을 다룬다.

이러한 구조물에서 응력들은 전 면적에 걸쳐 등분포된다(또는 적어도 등분포되었다고 가정한다). 예를 들면, 인장을 받는 봉의 경우에서, 축하중 합력이 단면의 도심(centroid)을 지나면 응력은 단면적에 걸쳐 등분포된다. 봉이 좌굴을 받지 않는 한, 압축을 받는 봉에도 똑같이 적용된다. 전단을 받는 핀의 경우에, 단면에 작용하는 평균 전단응력만을 고려하며, 이는 전단응력이 등분포되었다고 가정하는 것을 의미한다. 이와 비슷하게, 핀의 투영면적에 작용하는 지압응력의 평균값만을 고려한다.

따라서 앞의 네 가지 경우에 대해서 **허용하중**(또는 안전하중)은 허용응력과 면적의 곱과 같다.

$$\text{허용하중} = (\text{허용응력})(\text{면적}) \tag{1-25}$$

직접 인장과 **압축**을 받는 봉(좌굴이 없음)에 대해서, 이 방정식은 다음과 같다.

$$P_{\text{allow}} = \sigma_{\text{allow}} A \tag{1-26}$$

여기서 σ_{allow}는 허용 수직응력이고, A는 봉의 단면적이다. 봉에 구멍이 있는 경우에는, 봉이 인장을 받을 때, 순 단면적이 사용된다. **순 단면적**은 전체 단면적에서 구멍에 의해 떨어져 나간 면적을 뺀 것이다. 압축을 받는 경우에는 구멍이 압축응력을 전달하는 볼트나 핀에 의해 메워져 있으면, 전체 단면적을 사용할 수 있다.

직접전단을 받는 핀에 대해서 식 (1-25)는 다음과 같이 된다.

$$P_{\text{allow}} = \tau_{\text{allow}} A \tag{1-27}$$

여기서 τ_{allow}는 허용전단응력이고, A는 전단응력이 작용하는 면적이다. 핀이 단일전단을 받는 경우에 면적은 핀의 단면적이고, 이중전단을 받는 경우에 면적은 핀의 단면적의 두 배이다.

마지막으로, **지압**을 고려한 허용하중은 다음과 같다.

$$P_{\text{allow}} = \sigma_b A_b \tag{1-26}$$

여기서 σ_b는 허용 지압응력이며, A_b 는 지압응력이 작용하는 핀이나 다른 표면의 투영 면적이다.

다음 예제는 재료의 허용응력이 주어지는 경우, 허용하중을 구하는 방법을 설명한다.

예제 1-7

공장에서 무거운 기계를 지지하는 수직 행거(hanger)로 사용되는 강철봉이, 그림 1-32에 보는 바와 같이 볼트 연결부에 의해 지지대에 부착되어 있다. 행거의 주 부분은 폭 $b_1 = 38 \text{ mm}$이고, 두께 $t = 13 \text{ mm}$인 직사각형 단면을 갖는다. 연결부에서 행거는 폭 $b_2 = 75 \text{ mm}$로 커진다. 행거로부터 두 개의 이음판으로 하중을 전달하는 볼트의 지름 $d = 25 \text{ mm}$이다.

다음 네 가지 고려사항을 근거로 하여 행거의 인장하중 P의 허용값을 구하라.

(a) 행거의 주 부분의 허용응력은 110 MPa이다.

(b) 볼트가 통과하는 단면에서의 행거의 허용응력은 75 MPa이다(이 단면의 허용응력은 구멍 주위의 응력집중 때문에 값이 작다).

(c) 행거와 볼트 사이의 허용 지압응력은 180 MPa이다.

(d) 볼트의 허용전단응력은 45 MPa이다.

풀이

(a) 행거의 주요 부분의 응력을 근거로 한 허용하중 P_1은 허용 인장응력과 행거의 단면적을 곱한 값과 같다(식 1-26).

$$P_1 = \sigma_{\text{allow}} A = \sigma_{\text{allow}} b_1 t$$
$$= (110 \text{ MPa})(38 \text{ mm} \times 13 \text{ mm}) = 54.3 \text{ kN}$$

이 값보다 큰 하중은 행거의 주 부분에 응력초과를 일으킬 것이다. 즉, 실제응력이 허용응력을 초과하므로,

결과적으로 안전계수를 줄이는 것과 같다.

(b) 볼트가 통과하는 행거의 단면에서는, 다른 허용응력과 다른 면적을 사용하여 비슷하게 계산한다. 순 단면적, 즉 봉의 구멍을 제외한 면적은 순폭에 두께를 곱한 것과 같다. 순폭은 전

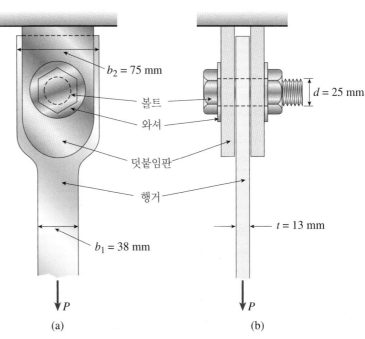

그림 1-32 예제 1-7. 인장하중 P를 받는 수직 행거: (a) 볼트 연결부의 전면도, (b) 연결부의 측면도

체 폭 b_2에서 구멍의 지름 d를 뺀 것과 같다. 따라서 이 단면에서의 허용하중 P_2를 구하는 식은 다음과 같다.

$$P_2 = \sigma_{\text{allow}}A = \sigma_{\text{allow}}(b_2 - d)t$$

$$= (75 \text{ MPa})(75 \text{ mm} - 25 \text{ mm})(13 \text{ mm}) = 48.7 \text{ kN}$$

(c) 행거와 볼트 사이의 지압을 근거로 한 허용하중은 허용 지압응력과 지압면적을 곱한 것과 같다. 지압면적은 실제 접촉 면적의 투영 면적이다. 이 투영 면적은 볼트 지름과 행거의 두께를 곱한 것과 같으며, 지압을 고려한 허용하중(식 1-28)은 다음과 같다.

$$P_3 = \sigma_b A = \sigma_b dt = (180 \text{ MPa})(25 \text{ mm})(13 \text{ mm}) = 58.5 \text{ kN}$$

(d) 마지막으로 볼트의 전단을 고려한 허용하중 P_4는 허용 전단 응력에 전단 면적(식 1-27)을 곱한 것과 같다. 전단면적은 볼트가 이중전단을 받고 있기 때문에, 볼트 면적의 두 배이다. 따라서

$$P_4 = \tau_{\text{allow}}A = \tau_{\text{allow}}(2)(\pi d^2/4)$$

$$= (45 \text{ MPa})(2)(\pi)(25 \text{ mm})^2/4 = 44.1 \text{ kN}$$

이제 주어진 네 가지 모두의 조건을 근거로 한 행거의 허용 인장응력을 구했다.

앞의 네 가지 결과를 비교하면, 가장 작은 하중 값은 다음과 같음을 알 수 있다.

$$P_{\text{allow}} = 44.1 \text{ kN}$$

볼트의 전단을 근거로 구한 이 하중이 행거의 허용 인장하중이다.

1.8 축하중과 직접전단의 설계

앞 절에서는, 간단한 구조물의 허용 하중을 구하는 방법이 논의되었으며, 이보다 앞의 절들에서는 봉의 응력, 변형률 및 변형을 구하는 내용이 취급되었다. 이러한 양들을 구하는 과정을 **해석(analysis)**이라 한다. 재료역학에서 해석은 하중, 온도변화 및 다른 물리작용에 대한 구조물의 반응을 구하는 것이다. 구조물의 반응에 의해, 하중으로 인한 응력, 변형률 및 변형을 알 수 있다.

반응은 구조물의 부하능력을 나타낸다. 이를테면, 구조물의 허용하중은 반응의 한 형태이다.

구조물을 안다는 것은 구조물을 물리적으로 완전하게 서술할 수 있다는 것, 즉 구조물의 성질을 모두 안다는 것을 뜻한다. 구조물의 성질에는 부재의 형태, 부재의 배열방법, 모든 부재의 치수, 지지점의 형태, 지지점의 위치, 사용된 재료 및 재료의 성질들이 포함된다. 따라서 구조물을 해석할 때, 주어진 성질 값들을 이용하여 반응을 구한다.

해석의 역과정을 **설계(design)**라고 부른다. 구조물을 설계할 때, 구조물이 하중을 지지하고 주어진 기능을 수행하기 위한 구조물의 성질을 결정해야 한다. 예를 들면, 공통적인 설계문제는 주어진 하중을 지지하는 부재의 크기를 결정하는 것이다. 구조물을 설계하는 것은 통상 해석하는 것보다 더욱 시간이 걸리고 더욱 어려운 과정이다. 사실, 구조물의 해석은 한 번 이상 실시하며, 이는 구조물의 설계과정의 한 부분이다.

이 절에서는 전단을 받는 핀과 볼트뿐만 아니라, 단순인장과 압축을 받는 부재의 필요한 치수를 계산하는 가장 기본적인 형태의 설계과정을 다룬다. 이러한 경우에 설계과정은 아주 간단하다. 전달되는 하중과 재료의 허용응력을 알면, 다음과 같은 일반 관계식으로부터 부재에 필요한 면적을 계산할 수 있다(식 1-25와 비교).

$$\text{필요면적} = \frac{\text{전달하중}}{\text{허용응력}} \qquad (1\text{-}29)$$

이 방정식은 응력이 면적에 걸쳐 등분포된 어떤 구조물에도 적용될 수 있다(인장을 받는 봉의 크기와 전단을 받는 볼트의 크기를 구하기 위하여 이 방정식을 사용하는 예는 예제 1-8에 설명된다).

식 (1-29)에 표시된 바와 같은 **강도**를 고려하는 것 외에도, 구조물의 설계에는 **강성(stiffness)**과 **안정성(stability)**을 추가적으로 고려해야 한다. 강성은 구조물의 형상 변화에 저항하는 능력(예를 들면, 잡아 늘임, 굽힘 또는 비틀림에 대한 저항능력)을 나타내며, 안정성은 압축응력을 받을 때 구조물의 좌굴에 저항하는 능력을 나타낸다. 성능을 저

해할 정도의 보의 큰 처짐과 같은 과도한 변형을 방지하기 위하여 강성의 제한이 필요하다. 좌굴은 가느다란 압축부재인 기둥의 설계에서 중요한 고려사항이다(9장).

설계과정의 또 다른 부분은 **최적화(optimization)**이며, 이는 최소하중과 같은 특정한 목표를 달성하도록 최적의 구조물을 설계하는 과정이다. 이를테면, 주어진 하중을 지지하는 많은 구조물이 있을 수 있으나, 어떤 경우에는 최적의 구조물은 무게가 가장 가벼운 것이다. 물론, 최소하중과 같은 목표는 특정한 설계 프로젝트의 미학적, 경제적, 환경적, 정치적 및 기술적인 측면 등을 포함한 일반적인 고려사항들과 균형을 이루어야 한다.

구조물을 해석하거나 설계할 때, 구조물에 작용하는 힘을 **하중(load)** 또는 **반력(reaction)**이라 한다. 하중은 중력 또는 물의 압력과 같은 외부 요인에 의해 구조물에 가해지는 **능동적 힘**(active force)을 말한다. 반력은 구조물의 지지점에 유발되는 **수동적 힘**(passive force)을 말하며, 이들의 크기와 방향은 구조물 자체의 특성에 의하여 결정된다. 따라서 하중은 미리 알려지는 반면에, 반력은 해석의 과정에서 계산된다.

다음에 나오는 예제 1-8은 **자유물체도(free body diagram)**와 기본적인 정역학을 복습하는 것으로 시작하여 인장을 받는 봉과 직접전단을 받는 핀의 설계로 끝난다.

자유물체도를 그릴 때, 반력과 하중 또는 기타 작용력을 구별하는 것이 도움이 된다. 일반적인 관례는 반력을 나타낼 때 화살표에 사선을 그려서 표시한다. 이러한 규약이 다음의 예제와 이 책 전체에 적용된다.

예제 1-8

그림 1-33에 보인 두 개의 봉으로 된 트러스 *ABC*는 서로 2.0 m 떨어진 점 *A*와 *C*에서 핀으로 지지되어 있다. *AB* 부재와 *BC* 부재는 강철봉이며, 점 *B*에서 핀으로 연결되어 있다. 봉 *BC*의 길이는 3 m이다. 무게가 5.4 kN인 표지판이 봉 *BC*의 양단으로부터 각각 0.8 m와 0.4 m 거리에 위치한 점 *D*와 *E*에 매달려 있다.

인장과 전단에 대한 허용응력이 각각 125 MPa과 45 MPa일 때, 봉 *AB*의 필요한 단면적과 지지점 *C*에서의 핀의 필요한 지름을 구하라. (주: 지지점에서의 핀은 이중전단을 받는다. 또한 부재 *AB*와 *BC*의 무게는 무시하라.)

풀이

이 예제의 목적은 봉 *AB*와 지지점 *C*의 핀에 필요한 치수를 구하는 것이다. 먼저 봉에 작용하는 인장력과 핀에 작용하는 전단력부터 구해야 한다. 이 값들은 자유물체도와 평형방정식으로부터 구한다.

반력. 먼저 전체 트러스의 자유물체도로부터 시작한다(그림1-34a). 이 선도에서 트러스에 작용하는 모든 힘, 즉 표지판의 무게와 지지점 *A*와 *C*에서 핀에 가해지는 반력을 나타낸다. 각각의 반력은 수평성분과 수직성분으로 나누어 표시되며, 이들의 합력은 점선으로 표시된다. (반력을 하중과 구분하기 위하여 화살표에 사선을 사용했음을 유의하라.)

지지점 *A*에서의 반력의 수평성분 R_{AH}는 다음과 같이, 점 *C*에 대한 모멘트의 합에서 구한다(반시계방향 모멘트가 양임).

$$\sum M_C = 0$$

$$R_{AH}(2.0 \text{ m}) - (2.7 \text{ kN})(0.8 \text{ m}) - (2.7 \text{ kN})(2.6 \text{ m}) = 0$$

이 식을 풀면 다음 값을 얻을 수 있다.

$$R_{AH} = 4.590 \text{ kN}$$

수평방향의 힘의 합으로부터 다음 값을 구한다.

$$\sum F_{\text{horiz}} = 0 \qquad R_{CH} = R_{AH} = 4.590 \text{ kN}$$

지지점 *C*에서의 반력의 수직성분을 구하기 위해서, 그림 1-34b에서와 같이, 부재 *BC*의 자유물체도를 그린다. *B*점에서의

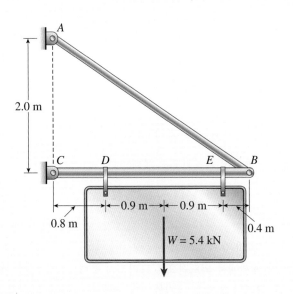

그림 1-33 예제 1-8. 무게가 *W*인 표지판을 지지하는 두 개의 봉으로 된 트러스 *ABC*

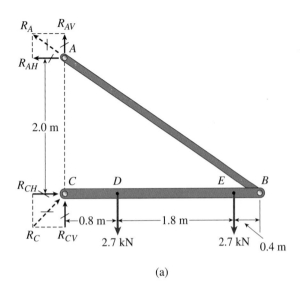

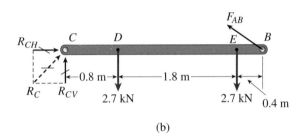

(a)   (b)

그림 1-34 예제 1-8에 대한 자유물체도

모멘트의 합으로부터 필요한 반력 성분을 구한다.

$$\sum M_B = 0$$

$$-R_{CV}(3.0\ \text{m}) + (2.7\ \text{kN})(2.2\ \text{m}) + (2.7\ \text{kN})(0.4\ \text{m}) = 0$$

$$R_{CV} = 2.340\ \text{kN}$$

이제 전체 트러스의 자유물체도(그림 1-34a)에서 수직방향의 힘의 합력으로부터 A점에서의 반력의 수직성분 R_{AV}를 구한다.

$$\sum F_\text{vert} = 0$$

$$R_{AV} + R_{CV} - 2.7\ \text{kN} - 2.7\ \text{kN} = 0$$

$$R_{AV} = 3.060\ \text{kN}$$

이러한 결과에 대한 부분적 검토를 위해 점 A에 작용하는 힘들의 비 R_{AV}/R_{AH}는 선 AB의 수직성분과 수평성분의 비, 즉 2.0 m/3.0 m 즉, 2/3와 같음을 알 수 있다.

점 A에서의 반력의 수평 및 수직성분 값을 이용하여, 점 A의 반력(그림 1-34a)을 구할 수 있다.

$$R_A = \sqrt{(R_{AH})^2 + (R_{AV})^2} = 5.516\ \text{kN}$$

비슷한 방법으로, 점 C의 반력은 수평 및 수직성분 R_{CH}와 R_{CV}를 이용하여 다음과 같이 구할 수 있다.

$$R_C = \sqrt{(R_{CH})^2 + (R_{CV})^2} = 5.152\ \text{kN}$$

봉 AB의 인장력. 봉 AB의 무게를 무시하였으므로, 이 봉에 작용하는 인장력 F_{AB}는 A점에서의 반력과 같다(그림 1-34 참조).

$$F_{AB} = R_A = 5.516\ \text{kN}$$

점 C에서 핀에 작용하는 전단력. 이 전단력은 반력 R_C와 같다

(그림 1-34 참조).

$$V_C = R_C = 5.152\ \text{kN}$$

이로써 봉 AB에 작용하는 인장력 F_{AB}와 C에서 핀에 작용하는 전단력 V_C를 구했다.

봉의 필요면적. 봉 AB의 필요면적은, 응력이 단면적에 걸쳐 등분포되었다고 가정할 때, 인장력을 허용응력으로 나누어 구한다(식 1-29 참조).

$$A_{AB} = \frac{F_{AB}}{\sigma_\text{allow}} = \frac{5.516\ \text{kN}}{125\ \text{MPa}} = 44.1\ \text{mm}^2 \qquad \Leftarrow$$

고려되는 유일한 하중인 표지판의 무게를 지지하기 위해, 봉 AB는 44.1 mm² 이상의 단면적을 갖도록 설계되어야 한다. 다른 하중이 계산에 포함된다면 필요면적은 더 커질 것이다.

핀의 필요면적. 점 C에서 이중전단을 받는 핀의 필요면적은 다음과 같다.

$$A_\text{pin} = \frac{V_C}{2\tau_\text{allow}} = \frac{5.152\ \text{kN}}{2(45\ \text{MPa})} = 57.2\ \text{mm}^2$$

이 값을 이용하여 필요지름을 구한다.

$$d_\text{pin} = \sqrt{4A_\text{pin}/\pi} = 8.54\ \text{mm} \qquad \Leftarrow$$

최소한 이와 같은 지름을 갖는 핀이 허용 전단응력을 초과하지 않고 표지판의 무게를 지지하는 데 사용된다.

주: 이 예제에서 의도적으로 트러스의 무게는 계산에서 제외되었다. 그러나 부재의 크기를 알면 이들의 무게를 계산할 수 있고, 그림 1-34의 자유물체도에 포함될 수 있다.

봉의 무게가 포함될 때에는 부재 *AB*의 설계가 더욱 복잡해
지는데, 이는 봉이 더 이상 단순인장만을 받지 않기 때문이다.
대신에, 봉은 인장뿐만 아니라 굽힘을 받는 보로 취급된다. 부
재BC에도 이와 유사한 논리가 적용된다. 자체 무게뿐만 아니
라 표지판의 무게 때문에, 부재 BC도 굽힘과 압축을 받는다.
이러한 부재를 설계하기 위해서는 보에서의 응력(5장)을 공부

할 때까지 기다려야 한다.
　실제로는 봉과 핀의 치수를 최종적으로 결정하기에 앞서 트
러스와 표지판 무게 외에 다른 하중도 고려해야 한다. 중요하
게 고려할 하중은 풍하중(wind load), 지진하중 및 트러스나 표
지판에 의해 일시적으로 지지되어야 할 물체의 무게 등이 될
수 있다.

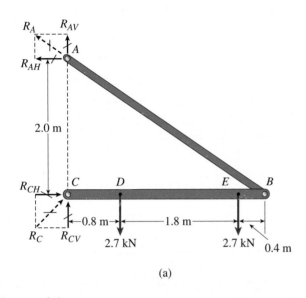

(a)　　　　　　　　　　　　　　　　　　　　　(b)

그림 1-34 (반복)

요약 및 복습

　1장에서는 구조용 재료의 기계적 성질에 대해 공부하였다. 도심
에 작용하는 축하중을 받는 봉의 수직응력과 수직변형률, 그리고
트러스와 같은 단순한 구조물을 조립하는 데 사용되는 연결부에서
의 전단응력과 전단변형률(지압응력뿐만 아니라)을 계산하였다. 또
한 적절한 안전계수로부터 허용응력의 수준을 정의하였고 구조물
에 작용하는 허용하중의 값을 정하는 데 이 값을 사용하였다.
　이 장에서 제시된 중요한 개념은 다음과 같다.

1. 재료역학의 주요 목적은 구조물과 부품에 작용하는 하중으로
   인한 이들의 **응력**, **변형률** 및 **변위**를 결정하는 것이다. 이 부
   품들은 축하중을 받는 봉, 비틀림을 받는 축, 굽힘을 받는 보
   및 압축을 받는 기둥을 포함한다.
2. 단면적의 도심을 통해 작용하는 인장이나 압축하중(굽힘을
   피하기 위해)을 받는 균일단면 봉에는 다음과 같은 수직응력
   (σ)과 수직변형률(ϵ)이 생긴다.

$$\sigma = \frac{P}{A}$$

$$\epsilon = \frac{\delta}{L}$$

그리고 봉은 길이에 비례하여 늘어나거나 줄어든다. 이러한
응력과 변형률은 높은 국부응력 또는 **응력집중**이 일어나는
하중 작용점을 제외하고는 **균일**하다.
3. 여러 가지 재료의 **기계적 거동**을 조사하였으며 재료에 대한
   중요한 정보를 전달하는 응력–변형률 선도를 그렸다. **연성**
   (ductile)재료(연강과 같은)는 수직응력과 수직변형률 사이
   의 초기 선형 관계를 가지며(비례한도까지) **선형 탄성적**이라
   부르고, 다음과 같은 응력과 변형률 관계를 나타내는
   Hooke의 **법칙**을 따른다.

$$\sigma = E\epsilon$$

이들은 명확한 항복점을 갖는다. 기타 연성재료(알루미늄 합금
과 같은)는 일반적으로 항복점을 명확하게 정의할 수 없으므로
오프셋 방법을 이용하여 항복응력을 결정한다.
4. 상대적으로 낮은 변형률 값의 인장에서 파괴되는 재료(콘크
   리트, 암석, 주철, 유리세라믹 및 다양한 금속합금)는 **취성**

(brittle)으로 분류된다. 취성재료는 비례한도를 지나 작은 변형률에서 파괴된다.

5. 재료가 탄성영역에 있다면 거동에 특별한 변화 없이 재료에 하중이 작용하고, 제거되고, 그리고 다시 하중이 가해질 수 있다. 그러나 소성영역에서 하중이 작용하면 재료의 내부구조는 변하고 성질도 변한다. 재료의 하중 작용 및 제거 시의 거동은 재료의 **탄성한도**와 **영구변형**의 가능성(잔류변형률)과 같은 재료의 **탄성**과 **소성** 성질에 따라 좌우된다. 오랜 시간 동안에 지속적인 하중작용은 크리프와 **이완**을 발생시킬 수 있다.

6. 인장하중을 받는 봉의 축방향 신장량은 가로수축을 동반하며 수직 변형률에 대한 가로방향 변형률의 비는 **Poisson의 비**(ν)라고 알려져 있다.

$$\nu = -\frac{\text{가로방향 변형률}}{\text{축방향 변형률}} = -\frac{\epsilon'}{\epsilon}$$

Poisson의 비는 재료가 균질하고 등방성이면 선형탄성영역에서는 일정한 값을 유지한다. 이 교재의 대부분의 예제와 문제는 재료가 선형탄성적이고 균질하며 등방성이라는 가정 하에 풀이된다.

7. **수직응력**(σ)은 재료의 표면에 수직으로 작용하고 **전단응력**(τ)은 표면의 접선방향으로 작용한다. 판 사이의 볼트 연결부는 평균 **지압응력**(σ_b)뿐만 아니라 단일 평균 전단응력이나 이중 전단응력(τ_{aver})을 받는다.

$$\tau_{aver} = \frac{V}{A}$$

지압응력은 볼트와 판 사이의 실제 곡면으로 된 접촉면에 대해 투영된 직사각 면(A_b)에 작용한다.

$$\sigma_b = \frac{F_b}{A_b}$$

8. **순수전단**에 관련된 응력상태를 공부하기 위해 전단응력과 전단변형률이 작용하는 재료요소를 살펴보았다. 전단변형률(γ)은 순수전단요소의 찌그러짐 또는 변화의 척도임을 알았다. 전단에 관한 Hooke의 법칙에서 전단응력(τ)는 전단탄성계수 G에 의해 전단변형률(γ)과 연관되어 있음을 살펴보았다.

$$\tau = G\gamma$$

E와 G는 서로 연관되어 있으며 따라서 재료의 독립적인 성질이 아닌 것을 알았다.

$$G = \frac{E}{2(1+\nu)}$$

9. **강도**는 구조물이나 부품의 하중을 지지하거나 전달하는 능력이다. **안전계수**는 구조용 부재의 실제 강도와 필요 강도를 연관시키고 재료 성질의 차이, 불확실한 하중의 크기 또는 분포, 우발적인 과도하중 등과 같은 다양한 불확실성을 고려한다. 이러한 불확실성 때문에 안전계수(n_1, n_2, n_3, n_4)는 확률적 방법을 사용하여 결정되어야 한다.

10. 항복 또는 극한수준의 응력은 설계용 하중 값을 제공하기 위해 안전계수로 나누어질 수 있다. **연성**재료에 대해서 허용응력은 다음과 같다.

$$\sigma_{allow} = \frac{\sigma_Y}{n_1}, \ \tau_{allow} = \frac{\tau_Y}{n_2}$$

반면 **취성**재료에 대해서 허용응력은 다음과 같다.

$$\sigma_{allow} = \frac{\sigma_U}{n_3}, \ \tau_{allow} = \frac{\tau_U}{n_4}.$$

대표적인 n_1과 n_2에 대한 값은 1.67인 반면 n_3와 n_4에 대한 값은 2.8일 것이다.

축 **인장하중**을 받는 핀 연결부재에 대해 허용하중은 허용응력과 적절한 면적(예를 들어, 도심에 인장하중을 받는 봉에 대해서는 순단면적, 전단을 받는 핀에 대해서는 핀의 단면적, 지압을 받는 볼트에 대해서는 투영면적)의 곱에 따라 결정된다. 봉이 압축하중을 받는 경우에는 순 단면적이 사용되지 않지만 좌굴이 주요한 고려사항이 될 수 있다.

11. 마지막으로, 다양한 하중을 받는 특정 구조물의 **강도**와 **강성**에 대한 여러 가지 **요구조건**을 만족시키기 위한 적절한 구조용 부재의 크기를 구하는 반복적인 과정인 **설계**를 고려하였다. 그러나 강도와 파괴는 서로 의미가 다르므로 안전계수를 설계에 고려하는 것은 간단한 일이 아니다.

1장 연습문제

수직응력과 변형률

1.2-1 길이가 $L = 400$ mm인 관 모양의 원형 알루미늄 봉이 압축력 P를 받고 있다(그림 참조). 이 봉의 바깥지름과 안지름은 각각 60 mm와 50 mm이다. 길이방향의 수직 변형률을 측정하기 위해 봉의 표면에 스트레인 게이지를 부착하였다.

(a) 측정된 변형률이 $\epsilon = 550 \times 10^{-6}$이라면 봉의 줄어든 길이는 얼마인가?

(b) 이 봉에 40 MPa의 압축응력을 작용시키려면 하중 P는 얼마이어야 하는가?

스트레인 게이지

$L = 400$ mm

문제 1.2-1

1.2-2 스포츠 현장의 실제 상황을 확대 촬영하는 데 사용되는 무게 $W = 110$ N인 이동식 오버헤드 카메라를 2개의 강철 와이어가 지지하고 있다(그림 참조). 어떤 순간에 1번 와이어가 수평에 대해 각도 $\alpha = 20°$를 이루고 2번 와이어는 각도 $\beta = 48°$를 이룬다. 두 와이어의 지름은 0.76 mm이다.

2개의 와이어에 작용하는 인장응력 σ_1와 σ_2를 구하라.

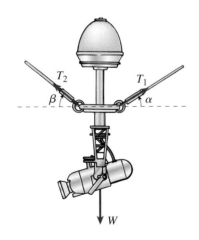

T_2 β T_1 α

W

문제 1.2-2

1.2-3 속이 빈 기둥 ABC(그림 참조)가 상단에 $P_1 = 7.5$ kN 의 하중을 받고 있다. 두 번째 하중 P_2는 B에서 캡 플레이트 주위에 등분포하고 있다. 기둥의 상부와 하부의 지름과 두께는 각각 d_{AB}

$= 32$ mm, $t_{AB} = 12$ mm, $d_{BC} = 57$ mm, $t_{BC} = 9$ mm이다.

(a) 기둥의 상부에 작용하는 수직응력 σ_{AB}를 계산하라.

(b) 기둥의 하부에 상부와 같은 크기의 압축응력이 작용되도록 하려면 하중 P_2의 크기는 얼마이어야 하는가?

(c) P_1은 7.5 kN 그대로이고 P_2가 10 kN이면 기둥의 상부와 하부에 같은 압축응력을 받게 하려면 BC 부분의 새로운 두께는 얼마여야 하는가?

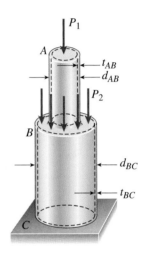

P_1

A

t_{AB}

d_{AB}

P_2

B

d_{BC}

t_{BC}

C

문제 1.2-3

1.2-4 첫 번째 그림과 같이, 긴 옹벽이 30° 경사진 목재 버팀목과 콘크리트 스러스트 블록에 의해 지지되어 있다. 버팀목은 3 m의 같은 간격으로 설치되어 있다.

해석 목적상, 옹벽과 버팀목을 두 번째 그림과 같이 이상화하였다. 옹벽의 하부와 버팀목의 양단이 핀으로 지지되었다고 가정한다. 옹벽에 작용하는 토압은 삼각형 모양으로 분포한다고 가정하며 3 m 길이의 옹벽에 작용하는 합력은 $F = 190$ kN이다.

각 버팀목의 단면적이 150 mm $\times$ 150 mm라면 버팀목에 작용하는 압축응력 σ_c는 얼마인가?

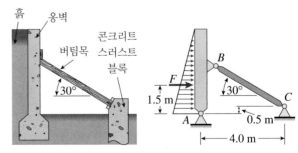

흙 옹벽 콘크리트 스러스트 블록

버팀목

30°

F

B

30°

C

1.5 m

A

0.5 m

4.0 m

문제 1.2-4

1.2-5 자전거를 탄 사람이 자전거의 앞쪽 핸드 브레이크에 $P = 70$ N의 힘을 가하고 있다(P는 등분포된 압력의 합력임). 핸드 브레이크가 A에서 회전할 때 460 mm 길이의 브레이크 케이블($A_e = 1.075$ mm²)이 $\delta = 0.214$ mm만큼 늘어나게 하는 인장력 T가 작용한다. 브레이크 케이블에 작용하는 수직응력 σ와 수직변형률 ϵ을 구하라.

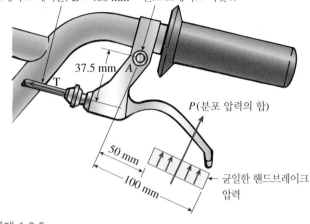

문제 1.2-5

1.2-6 자전거를 탄 사람이 캔틸레버 핸드 브레이크[그림 (a) 참조)와 V브레이크[그림 (b) 참조]의 유용성을 비교하고자 한다.

(a) 그림에 보인 각각의 자전거 브레이크 시스템에 대해 바퀴 림(rim)에서의 제동력 R_B를 구하라. 모든 힘은 그림 평면 내에서 작용하고 케이블의 인장력 $T = 200$ N이라고 가정하라. 브레이크 패드($A = 4$ cm²)에 작용하는 평균 압축응력 σ_C는 얼마인가?

(b) 각각의 브레이크 시스템에서 브레이크 케이블 내의 응력은 얼마인가?(유효 단면적은 1.077 mm²라고 가정)

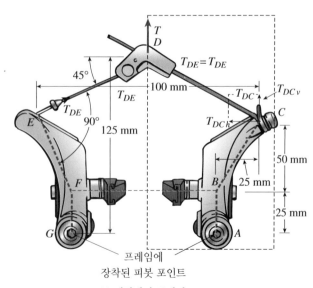

문제 1.2-6a

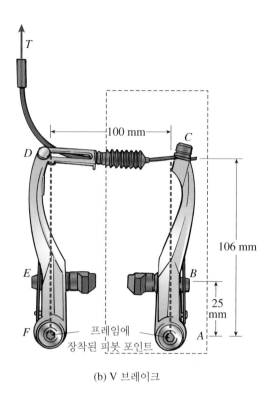

(b) V 브레이크

문제 1.2-6 (계속)

(힌트: 대칭성 때문에 해석할 때에는 각 그림의 오른쪽 절반 부분만 필요하다.)

1.2-7 등분포 압축하중을 받는 콘크리트 코너 기둥의 단면적이 그림과 같다.

(a) 하중이 14.5 kN일 때 콘크리트 내의 평균 압축응력 σ_c를 구하라.

(b) 기둥 내에 균일 수직응력이 생기게 하는 합력의 작용점의 좌표 x_c와 y_c를 구하라.

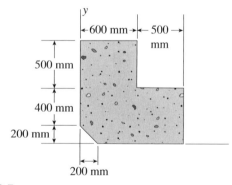

문제 1.2-7

1.2-8 적재중량이 130 kN인 차량이 강철 케이블에 의해 급경사진 선로를 따라 천천히 끌어 올려지고 있다(그림 참조). 케이블의 유효단면적은 490 mm²이고 경사각 α는 30°이다.

케이블의 인장응력 σ_t를 계산하라.

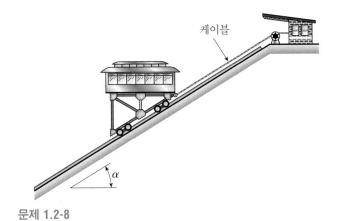

문제 1.2-8

1.2-9 3.6 m × 3.6 m(1.8 m × 1.8 m의 잘라낸 부분이 있음)와
두께 t = 230 mm를 가진 L형 보강 콘크리트 판이 그림과 같이
O, B 및 D에서 3개의 케이블에 의해 끌어 올려지고 있다. 케이블
들은 판의 질심 C 바로 위 2.1 m 거리에 있는 Q점에서 연결되어
있다. 각 케이블이 유효 단면적은 A_e = 77 mm²이다.

 (a) 콘크리트 판의 자중 W에 의한 각 케이블 내의 인장력 $T_i(i$
= 1, 2, 3)를 구하라(케이블의 무게는 무시).

 (b) 각 케이블 내의 평균응력 σ_i를 각각 구하라(보강 콘크리트
의 비중에 대해서는 부록 H의 표 H-1 참조).

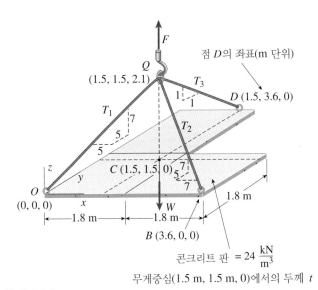

문제 1.2-9

1.2-10 그림과 같이 픽업트럭의 뒷문에 나무상자(W_C = 900
N)가 실려 있다. 뒷문의 무게는 W_T = 270 N이며 2개의 케이블
에 의해 지지된다(그림에서는 한 개만 보임). 각 케이블의 유효
단면적은 A_e = 11 mm²이다.

 (a) 각 케이블에서의 인장력 T와 수직응력 σ를 구하라.

 (b) 나무상자와 뒷문의 무게에 의한 각각의 케이블의 신장량이
δ = 0.42 mm라면 케이블에서의 평균 변형률은 얼마인가?

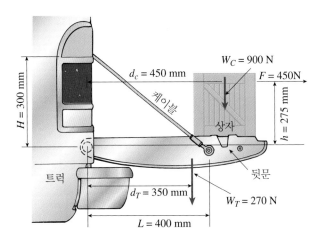

(© Barry Goodno)

문제 1.2-10 및 1.2-11

1.2-11 뒷문의 질량이 M_T = 27 kg이고 나무상자의 질량이 M_C =
68 kg인 경우에 대해 앞의 문제를 다시 풀어라. H = 305 mm, L =
406 mm, d_C = 460 mm, d_T = 350 mm이며, 케이블의 유효 단면적
은 A_e = 11 mm²이다.

 (a) 각 케이블에서의 인장력 T와 수직응력 σ를 구하라.

 (b) 나무상자와 뒷문의 무게에 의한 각각의 케이블의 신장량이
δ = 0.25 mm라면 케이블에서의 평균 변형률은 얼마인가?

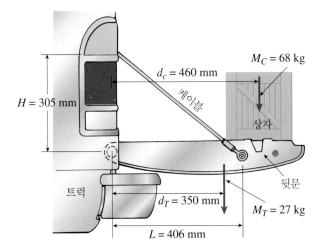

문제 1.2-11

1.2-12 질량이 450 kg이고 질량중심이 C인 크레인 붐이 그림과 같이 두 개의 케이블 AQ와 BQ(각 케이블의 유효 단면적 A_e = 304 mm²)에 의해 지지된다. 점 D에서 P = 20 kN의 하중이 작용하고 있으며 크레인 붐은 y–z 평면상에 있다.

(a) 각 케이블에서의 인장력 T_{AQ}와 T_{BQ} (kN)를 구하라. 케이블의 무게는 무시하되 하중 P에 추가하여 붐의 질량은 포함한다.

(b) 각 케이블에서의 평균응력(σ)을 구하라.

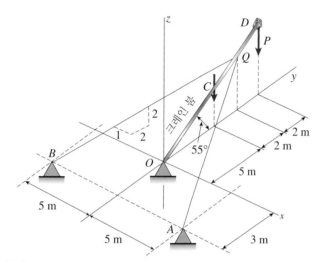

문제 1.2-12

1.2-13 길이가 2 L인 원형봉 ACB(그림 참조)가 중앙점 C를 지나는 축 주위를 일정한 각속도 ω (초당 라디안)로 회전하고 있다. 봉 재료의 비중량은 γ이다.

(a) 인장응력 σ_x에 대한 공식을 중앙점 C로부터의 거리 x의 함수로 유도하라.

(b) 최대 인장응력 σ_{max}는 얼마인가?

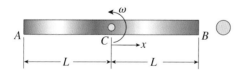

문제 1.2-13

1.2-14 스키 리프트에 매달린 두 개의 곤돌라(gondola)가 수리 도중에 그림과 같은 위치에 정지되어 있다. 지지탑 사이의 거리 L = 30.5 m이다. 곤돌라의 무게는 각각 W_B = 2,000 N, W_C = 2,900 N이며 각 구간별 케이블의 길이는 D_{AB} = 3.7 m, D_{BC} = 21.4 m, D_{CD} = 6.1 m이다. B점에서의 처짐 Δ_B = 1.2 m이고 C점에서의 처짐 Δ_C = 2.3 m이다. 케이블의 유효 단면적은 A_e = 77 mm²이다.

(a) 각 구간별 케이블에서의 인장력을 구하라. 케이블의 질량은 무시한다.

(b) 각 구간별 케이블에서의 평균응력(σ)을 구하라.

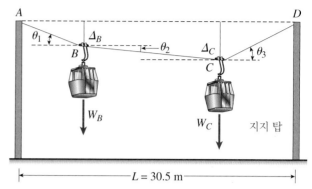

문제 1.2-14

기계적 성질과 응력-변형률 선도

1.3-1 A, B 및 C로 표기된 서로 다른 세 가지 재료에 대한 인장시험이 지름 12 mm와 표점거리 50 mm를 갖는 시험편을 이용하여 수행되었다(그림 참조). 파단 시 표점 간의 거리가 각각 54.5 mm, 63.2 mm 및 69.4 mm인 것을 알았으며, 또한 파단면의 지름은 각각 11.46 mm, 9.48 mm 및 6.06 mm인 것을 알았다.

각 시험편의 백분율로 표시된 신장률과 단면수축률을 구하고 자신의 판단에 따라 각 재료를 취성재료와 연성재료로 구분하여라.

문제 1.3-1

1.3-2 구조용 재료의 강도-무게 비는 단위 무게당 부하능력으로 정의된다. 인장을 받는 재료에 대해, 고유의 인장응력(응력-변형률 선도로부터 얻어진)을 강도의 척도로 사용할 수 있다. 예를 들어, 특정 용도에 따라 항복응력이나 극한응력이 사용될 수 있다. 따라서 인장부재의 강도-무게 비 $R_{S/W}$는 다음과 같이 정의된다.

$$R_{S/W} = \frac{\sigma}{\gamma}$$

여기서 σ는 특성 응력이고 γ는 비중량이다. 이 비가 길이의 단위를 갖는다는 것을 유의하라.

강도 매개변수로 극한응력 σ_U를 사용하여 다음과 같은 재료, 즉 알루미늄 합금 6061-T6, 더글러스 전나무(굽힘에서), 나일론, 구조용 강 ASTM-A572 및 티타늄 합금 각각에 대해 강도-무게

비(미터 단위로)를 계산하라. (부록 H의 표 H-1과 표 H-3에서 재료의 성질을 구하라. 표에서 값의 범위가 주어질 경우에 평균값을 사용하라.)

1.3-3 긴 강철 와이어가 높은 고도에 위치한 풍선에 수직으로 매달려 있다고 가정하자.

(a) 강철의 항복응력이 260 MPa인 경우, 항복까지 늘어날 수 있는 와이어의 최장 길이(미터 단위)는 얼마인가?

(b) 같은 와이어가 항해 중인 선박에 매달려 있다면, 와이어의 최장 길이는 얼마인가? (부록 H의 표 H-1에서 강철과 바닷물의 성질을 구하라.)

1.3-4 긴 텅스텐 와이어가 높은 고도에 위치한 풍선에 수직으로 매달려 있다고 가정하자.

(a) 텅스텐의 극한강도(또는 파괴강도)가 1,500 MPa인 경우, 항복까지 늘어날 수 있는 와이어의 최장 길이(미터 단위)는 얼마인가?

(b) 같은 와이어가 항해중인 선박에 매달려 있다면, 와이어의 최장 길이는 얼마인가? (부록 H의 표 H-1에서 텅스텐과 바닷물의 성질을 구하라.)

1.3-5 아래 표에 보인 데이터는 고강도 강의 인장시험에서 얻은 것이다. 시편의 지름은 13 mm이고 표점거리는 50 mm이다(연습문제 1.3-3의 그림 참조). 파단 시 표점 간의 늘어난 길이는 3.0 mm이고 최소 지름은 10.7 mm이었다.

강에 대해 공칭 응력-변형률 선도를 그리고, 비례한도, 탄성계수(즉, 응력-변형률 선도의 직선 부분의 기울기), 0.1% 오프셋에서의 항복응력, 극한응력, 50 mm에 대한 백분율로 표시된 신장률 및 단면수축률을 구하라.

1.3-6 핀으로 연결된 3개의 봉으로 구성된 대칭형 구조물이 힘 *P*를 받고 있다(그림 참조). 경사진 봉과 수평선 사이의 각은 α = 48°이다.

중간에 있는 봉의 축방향 변형률이 0.0713으로 측정되었다. 바깥쪽 봉이 그림 1-13에 보인 응력-변형률 선도를 가진 구조용 강으로 만들어진 경우에 이 바깥 봉에서의 인장응력을 구하라.

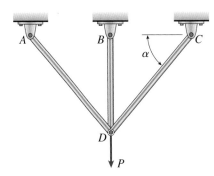

문제 1.3-6

1.3-7 메타크린 수지의 시편을 상온에서 인장시험하여(그림 참조) 아래 표에 수록된 응력-변형률 데이터를 얻었다.

응력-변형률 선도를 그리고, 비례한도, 탄성계수(즉, 응력-변형률 선도의 직선 부분의 기울기), 0.2% 오프셋에서의 항복응력을 구하라. 이 재료는 연성재료인가 또는 취성재료인가?

문제 1.3-7

연습문제 1.3-5의 인장시험 데이터	
하중(kN)	신장량(mm)
5	0.005
10	0.015
30	0.048
50	0.084
60	0.099
64.5	0.109
67.0	0.119
68.0	0.137
69.0	0.160
70.0	0.229
72.0	0.259
76.0	0.330
84.0	0.584
92.0	0.853
100.0	1.288
112.0	2.814
113.0	fracture

연습문제 1.3-7에 대한 응력-변형률 데이터	
응력(MPa)	변형률
8.0	0.0032
17.5	0.0073
25.6	0.0111
31.1	0.0129
39.8	0.0163
44.0	0.0184
48.2	0.0209
53.9	0.0260
58.1	0.0331
62.0	0.0429
62.1	Fracture

탄성과 소성

1.4-1 알루미늄 봉의 길이는 $L = 406$ mm이고 지름은 $d = 7.8$ mm이다. 알루미늄의 응력–변형률 선도는 1.3절의 그림 1-13과 같다. 이 곡선의 초기 직선부의 기울기(탄성계수)는 68.9 GPa이다. $P = 55.6$ kN의 인장력이 봉에 부하되었다가 제거되었다.

(a) 봉의 영구변형량은 얼마인가?

(b) 봉이 재부하된다면 비례한도는 얼마인가? (힌트: 그림 1-18b와 그림 1-19에 예시된 개념을 사용하라.)

1.4-2 원형단면의 마그네슘 합금 봉의 길이는 750 mm이다. 이 재료의 응력–변형률 선도는 그림과 같다. 신장량이 6.0 mm가 될 때까지 봉에 인장하중을 작용시켰다가 이 하중이 제거되었다.

(a) 봉의 영구변형량은 얼마인가?

(b) 봉이 재부하 된다면 비례한도는 얼마인가? (힌트: 그림 1-18b와 그림 1-19에 예시된 개념을 사용하라.)

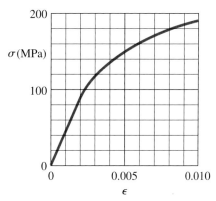

문제 1.4-1 및 1.4-2

1.4-3 그림과 같은 응력–변형률 선도를 갖는 구조용 강으로 만들어진 봉의 길이는 1.5 m이다. 구조용 강의 항복응력은 290 MPa이고 응력–변형률 선도의 초기 직선부의 기울기(탄성계수)는 207 GPa이다. 신장량이 7.6 mm가 될 때까지 봉에 축하중을 작용시켰다가 이 하중이 제거되었다.

봉의 최종 길이는 원래 길이에 비해 어떻게 되었을까? (힌트: 그림 1-18b에 예시된 개념을 사용하라.)

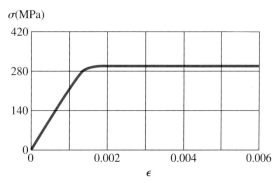

문제 1.4-3

1.4-4 길이가 2.0 m인 봉이 그림과 같은 응력–변형률 선도를 갖는 구조용 강으로 만들어졌다. 구조용 강의 항복응력은 250 MPa이고 응력–변형률 선도의 초기 직선부의 기울기(탄성계수)는 200 GPa이다. 신장량이 6.5 mm가 될 때까지 봉에 축하중을 작용시켰다가 이 하중이 제거되었다.

봉의 최종 길이는 원래 길이에 비해 어떻게 되었을까? (힌트: 그림 1-18b에 예시된 개념을 사용하라.)

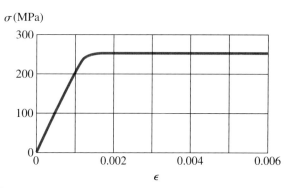

문제 1.4-4

1.4-5 길이 $L = 2.5$ m이고 지름 $d = 1.6$ mm인 와이어가 $P = 600$ N의 인장력을 받아 늘어난다. 이 와이어는 다음 식에 의해 수학적으로 표시되는 응력–변형률 관계를 갖는 구리합금으로 만들어졌다.

$$\sigma = \frac{124,020\epsilon}{1 + 300\epsilon} \quad 0 \le \epsilon \le 0.03 \quad (\sigma = \text{MPa})$$

여기서 ϵ는 무차원 양이며 σ는 MPa의 단위를 갖는다.

(a) 이 재료에 대해 응력–변형률 선도를 그려라.

(b) 힘 P에 의한 와이어의 신장량을 구하라.

(c) 하중이 제거되었을 때 와이어의 영구변형률은 얼마인가?

(d) 하중이 재부하되었을 때 비례한도는 얼마인가?

Hooke의 법칙과 Poisson의 비

1.5절의 연습문제를 풀 때에는 재료가 선형탄성적으로 거동한다고 가정한다.

1.5-1 지름이 10 mm인 원형봉이 알루미늄 합금 7075-T6로 제작되었다(그림 참조). 봉이 축하중 P에 의해 늘어날 때 지름이 0.016 mm만큼 감소하였다.

하중 P의 크기를 구하라. (재료의 성질은 부록 H에서 구한다.)

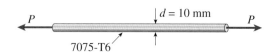

문제 1.5-1

1.5-2 지름이 $d_1 = 70$ mm인 폴리에칠렌 봉이 안지름 $d_2 = 70.2$ mm인 강철 파이프 내에 설치되었다(그림 참조). 폴리에칠렌 봉이 축력 P에 의해 압축되었다.

힘 P가 얼마일 때 폴리에칠렌봉과 강철 파이프 사이의 틈새가 없어질 수 있을까? (폴리에칠렌에 대해 $E = 1.4$ GPa, $\nu = 0.4$로 가정한다.)

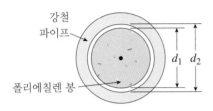

문제 1.5-2

1.5-3 균일단면의 원형봉이 $P = 65$ kN의 인장력을 받고 있다(그림 참조). 봉의 길이는 $L = 1.75$ m이고 지름은 $d = 32$ mm이다. 이 봉은 탄성계수가 $E = 75$ GPa이고 Poisson의 비 $\nu = 1/3$인 알루미늄 합금으로 제작되었다.

봉의 신장량과 단면적의 백분율 감소량을 구하라.

문제 1.5-3 및 1.5-4

1.5-4 그림과 같은 모넬 메탈 봉(길이 $L = 230$ mm, 지름 $d = 6$ mm)이 축방향 인장력 P를 받고 있다. 봉의 신장량이 0.5 mm인 경우 지름 d의 감소량은 얼마인가? 그리고 하중 P의 크기는 얼마인가? (부록 H의 표 H-2의 데이터를 사용하라.)

1.5-5 대형 크레인에서 사용하는 고강도 강으로 된 봉의 지름은 $d = 50$ mm이다. 강의 탄성계수 $E = 200$ GPa이고 Poisson의 비 $\nu = 0.3$이다. 공차 요구조건 때문에, 봉의 지름은 축하중을 받아 압축될 때 50.025 mm로 제한된다.

허용되는 최대 압축하중 P_{max}는 얼마인가?

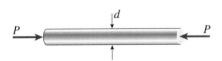

문제 1.5-5

1.5-6 속이 빈 원형 청동 파이프 ABC(그림 참조)가 상단에 하중 $P_1 = 118$ kN를 받고 있다. 두 번째 하중 $P_2 = 98$ kN는 B에서 캡 플레이트 주위에 균일하게 분포하였다. 원형 파이프의 상부 및 하부의 지름과 두께는 각각 $d_{AB} = 31$ mm, $t_{AB} = 12$ mm, $d_{BC} = 57$ mm, $t_{BC} = 9$

mm이다. 탄성계수는 96 GPa이다. 2 개의 하중이 전부 작용할 때 원형 파이프 BC의 두께는 5×10^{-2} mm만큼 증가하였다.

(a) 파이프 BC 구간에서의 안지름의 증가량을 구하라.

(b) 청동에 대한 Poisson의 비를 구하라.

(c) 파이프 AB 구간에서의 두께의 증가량과 AB 안지름의 증가량을 구하라.

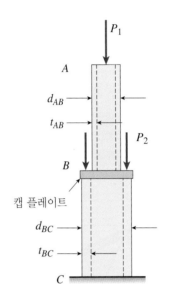

문제 1.5-6

1.5-7 표점거리 50 mm를 사용하여 지름이 10 mm인 청동 시편에 대해 인장시험을 하였다(그림 참조). 인장력 P가 20 kN에 도달할 때 표점거리가 0.122 mm 증가하였다.

(a) 청동의 탄성계수 E는 얼마인가?

(b) 지름이 0.00830 mm만큼 감소한다면 Poisson의 비는 얼마인가?

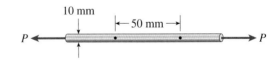

문제 1.5-7

1.5-8 길이가 2.25 m이고 한 변의 길이가 90 mm인 정사각형 단면의 청동 봉이 축인장 하중 1,500 kN을 받고 있다(그림 참조). 재료의 $E = 110$ GPa, $\nu = 0.34$로 가정한다.

봉의 체적증가량을 구하라.

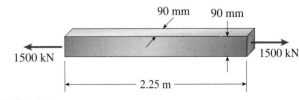

문제 1.5-8

전단응력과 전단변형률

1.6-1 지붕을 지지하는 트러스 부재가 그림과 사진에서 보는 바와 같이 지름이 22 mm인 핀에 의해 26 mm 두께의 이음판(gusset plate)에 연결되어 있다. 트러스 부재의 두 개의 끝판 두께는 각각 14 mm이다.

(a) 하중 P = 80 kN일 때, 핀에 작용하는 최대 지압응력은 얼마인가?

(b) 핀에 대한 극한 전단응력이 190 MPa인 경우, 핀의 전단파괴에 필요한 힘 P_{ult}는 얼마인가? (판 사이의 마찰은 무시한다.)

1.6-2 축구장의 상부 데크는 기둥의 하단에 각각 P = 700 kN의 하중을 전달하는 브레이스(brace)에 의해 지지된다[그림 (a) 참조]. 브레이스 하단의 캡 플레이트는 핀(d_p = 50 mm)을 통해 4 개의 플랜지 판(t_f = 25 mm)과 2 개의 이음판(t_g = 38 mm)에 하중 P를 균일하게 분포시킨다[그림 (b) 및 (c) 참조].

다음 양들을 구하라.

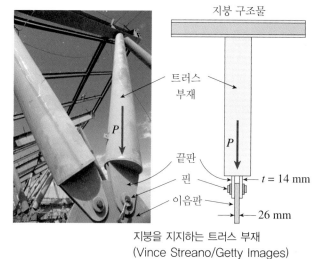

지붕 구조물

트러스 부재

P

끝판

핀

이음판

t = 14 mm

26 mm

지붕을 지지하는 트러스 부재
(Vince Streano/Getty Images)

문제 **1.6-1**

(a) 스타디움 브레이스

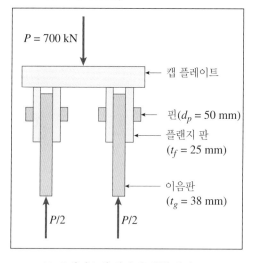

P

(© Barry Goodno)

문제 1.6-2

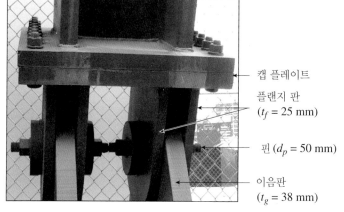

캡 플레이트

플랜지 판
(t_f = 25 mm)

핀 (d_p = 50 mm)

이음판
(t_g = 38 mm)

(b) 브레이스 하단의 세부 모양
(© Barry Goodno)

P = 700 kN

캡 플레이트

핀(d_p = 50 mm)

플랜지 판
(t_f = 25 mm)

이음판
(t_g = 38 mm)

$P/2$ $P/2$

(c) 브레이스의 하단에 대한 단면
(© Barry Goodno)

(a) 핀에서의 평균 전단응력 τ_{aver}

(b) 플랜지 판과 핀 사이의 평균 지압응력(σ_{bf})과 이음판과 핀 사이의 평균 지압응력(σ_{bg})

(판 사이의 마찰은 무시한다.)

1.6-3 두께가 $t = 19$ mm인 앵글 브래킷이 지름이 16 mm인 볼트 2 개에 의해 기둥의 플랜지에 부착되어 있다(그림 참조). 마루의 들보(joist)로부터 등분포하중이 압력 $p = 1.9$ MPa로 브래킷의 상단부에 작용한다. 브래킷 상단부의 길이는 $L = 200$ mm이고 폭은 $b = 75$ mm이다.

앵글 브래킷과 볼트 사이의 평균 지압응력 σ_b와 볼트에서의 평균 전단응력 τ_{aver}를 구하라. (브래킷과 기둥 사이의 마찰은 무시하라.)

(© Barry Goodno)

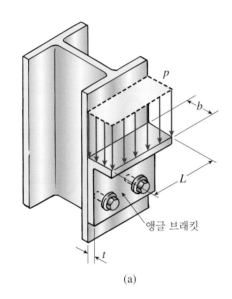

(a)

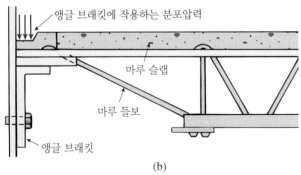

(b)

문제 1.6-3

1.6-4 그림에 보인 V-제동 시스템의 제동 케이블에 작용하는 인장력은 $T = 200$ N이다. 점 A의 피봇 핀의 지름은 $d_p = 19$ mm이고 길이는 $L_p = 19$ mm이다.

그림에 나타낸 치수를 사용하고 제동시스템의 무게는 무시하라.

(a) 점 B에서 자전거 프레임에 부착된 피봇 핀에서의 평균 전단응력 τ_{aver}를 구하라.

(b) AB 구간에 걸친 피봇 핀에서의 평균 지압응력 $\sigma_{b,aver}$를 구하라.

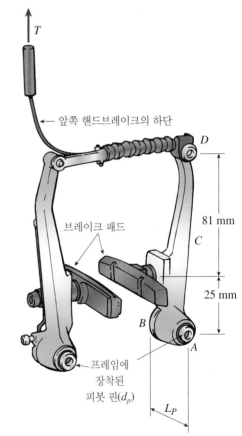

앞쪽 핸드브레이크의 하단

브레이크 패드

81 mm

25 mm

프레임에 장착된 피봇 핀(d_p)

문제 1.6-4

1.6-5 경사진 사다리 AB가 C점에 위치한 도장공(m = 82 kg)과 사다리 자중(q = 36 N/m)을 지지하고 있다. 각각의 사다리 레일($t_r = 4$ mm)은 지름이 $d_p = 8$ mm인 볼트에 의해 사다리 레일에 부착된 슈(shoe)($t_s = 5$ mm)에 의해 지지되고 있다.

(a) A와 B 점의 지지반력을 구하라.

(b) A점의 슈 볼트 내의 합력을 구하라.

(c) A점의 슈 내의 최대 평균 전단응력(τ)과 지압응력(σ_b)을 구하라.

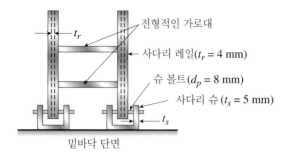

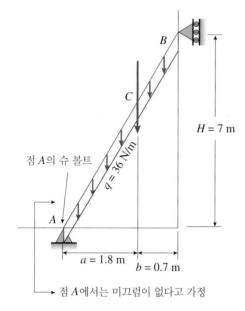

문제 1.6-5

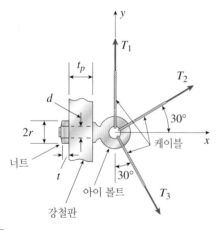

문제 1.6-6

1.6-6 생크 지름이 $d = 12$ mm인 특수목적용 아이볼트가 두께가 $t_p = 19$ mm인 강철판 내의 구멍을 관통하고 있으며(그림 참조), 두께가 $t = 6$ mm인 너트로 고정되어 있다. 6각 너트는 강철판을 직접 지지하고 있다. 6각형 둘레원의 반지름은 $r = 10$ mm이다(6각형의 각 변의 길이는 10 mm임을 의미함). 아이볼트에 연결된 3개의 케이블의 인장력은 각각 $T_1 = 3,560$ N, $T_2 = 2,448$ N 및 $T_3 = 5,524$ N이다.

(a) 아이볼트에 작용하는 합력을 구하라.

(b) 아이볼트와 판 위의 6각 너트와 강철판 사이의 평균 지압응력 σ_b를 구하라.

(c) 너트와 강철판에서의 평균 전단응력 τ_{aver}를 구하라.

1.6-7 치수가 2.5 m × 1.2 m × 0.1 m이고 무게가 23.1 kN인 강철판이 길이가 각각 $L_1 = 3.2$ m, $L_2 = 3.9$ m인 강철 케이블에 의해 끌어 올려지고 있다. 이 케이블들은 클레비스와 핀에 의해 판에 부착되어 있다(그림 참조). 클레비스를 관통하는 핀의 지름은 18 mm이며 서로 2 m만큼 떨어져 있다. 경사각은 $\theta = 94.4°$와 $\alpha = 54.9°$로 측정되었다.

이러한 조건에서, 먼저 케이블 장력 T_1과 T_2를 구하고 다음에 핀 1과 2에서의 평균 전단응력 τ_{aver} 및 강철판과 각 핀 사이의 평균 지압응력 σ_b을 구하라. 케이블의 무게는 무시한다.

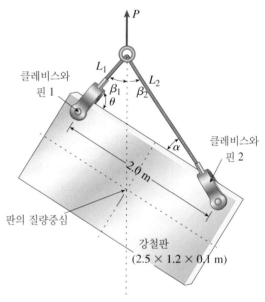

문제 1.6-7

1.6-8 2개의 콘크리트 슬랩(slab) A와 B 사이의 이음새가 콘크리트에 잘 접착되는 유연한 에폭시로 채워졌다(그림 참조). 이음새의 높이는 $h = 100$ mm이고 길이는 $L = 1.0$ m이며 두께는 $t = 12$ mm이다. 전단력 V의 작용 하에 두 개의 슬랩이 수직으로 $d = 0.048$ mm만큼 변위되었다.

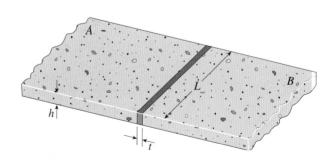

문제 1.6-8

(a) 에폭시의 평균 전단변형률 γ_{aver}는 얼마인가?

(b) 에폭시의 전단 탄성계수가 960 MPa이라면 전단력 V의 크기는 얼마인가?

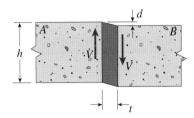

문제 1.6-8 (계속)

1.6-9 강판에 접착된 고무 패드(두께 t = 9 mm)로 구성된 유연한 연결부가 그림에 도시되었다. 패드의 길이는 160 mm이고 폭은 80 mm이다.

(a) 힘 P = 16 kN이고 고무의 전단 탄성계수가 G = 1,250 kPa이면 고무의 평균 전단변형률 γ_{aver}는 얼마인가?

(b) 안쪽 판과 바깥쪽 판 사이의 상대적인 수평변위 δ를 구하라.

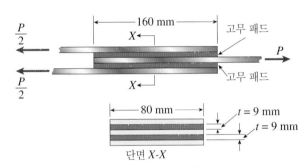

문제 1.6-9

1.6-10 클로로프린 탄성중합체(인조 고무)에 접착된 2 개의 강판으로 구성된 탄성중합체 베어링 패드가 정하중 시험 중에 전단력 V를 받고 있다(그림 참조). 패드의 치수는 a = 125 mm, b = 240 mm이며, 탄성중합체의 두께는 t = 50 mm이다. 전단력 V가 12 kN일 때 상부판이 하부판에 대해 옆으로 8.0 mm만큼 변위된 것을 알았다.

클로로프린의 전단탄성계수는 얼마인가?

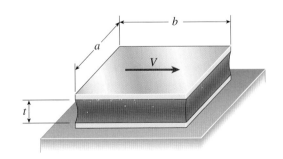

문제 1.6-10

1.6-11 그림에 도시된 클램프는 강철 보의 하부 플랜지에 작용하는 하중을 지지하는 데 사용된다. 클램프는 C에서 핀으로 결합된 두 개의 암(arm)(A와 B)으로 구성되었으며 핀의 지름은 12 mm이다. 암 B가 암 A에 걸쳐져 있기 때문에 핀은 이중전단 상태에 있다.

그림에서 직선 1은 보의 하부 플랜지와 암 B 사이에 작용하는 수평합력 H의 작용선을 표시한다. 이 직선으로부터 핀까지의 수직거리는 h = 250 mm이다. 직선 2는 플랜지와 암 B 사이에 작용하는 수직합력 V의 작용선을 표시한다. 이 직선으로부터 보의 중심선까지의 수평거리는 c = 100 mm이다. 암 A와 하부 플랜지 사이의 하중조건은 암 B에 주어진 것과 대칭적이다.

하중이 P = 18 kN일 때 핀 C에서의 평균 전단응력을 구하라.

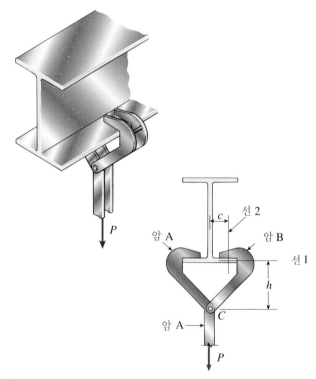

문제 1.6-11

1.6-12 수중실험에 사용된 유리섬유 부표가 체인으로 물속에 정박되어 있다[그림 (a) 참조]. 부표가 수면 바로 밑에 위치하기 때문에 수압에 의해 붕괴되지는 않는다고 가정한다. 체인은 U형 고리와 핀으로 연결되어 있다[그림 (b) 참조]. 핀의 지름은 13 mm이고 U형 고리의 두께는 6 mm이다. 부표의 지름은 1.5 m이고 지상에서의 무게는 8 kN(체인의 무게는 포함되지 않음)이다.

(a) 핀에서의 평균 전단응력 τ_{aver}를 구하라.

(b) 핀과 U형 고리 사이의 평균 지압응력 σ_b를 구하라.

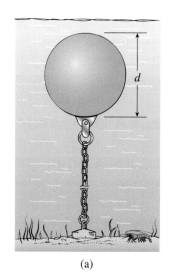

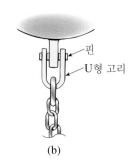

(a)

(b)

1.6-13 그림과 같은 강철로 만든 평면 트러스가 각각 490 kN인 3개의 힘 P를 받고 있다. 트러스 부재의 단면적은 각각 3,900 mm²이며 각각 지름이 $d_p = 18$ mm인 핀에 연결되어 있다. 부재 AC와 BC는 각각 두께가 $t_{AC} = t_{BC} = 19$ mm인 한 개의 봉으로 되어 있다. 부재 AB는 각각 두께가 $t_{AB}/2 = 10$ mm이고 길이가 $L = 3$ m인 2개의 봉[그림 (b) 참조]으로 구성되어 있다. B점의 롤러 지지점은 각각 두께가 $t_{sp}/2 = 12$ mm인 2개의 지지판으로 구성되어 있다.

(a) 점 A와 B에서의 지지반력과 부재 AB, BC 및 AC에 작용하는 힘을 구하라.

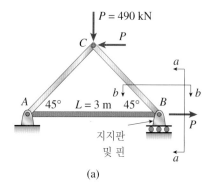

(a)

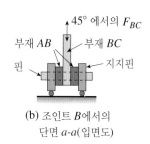

(b) 조인트 B에서의
단면 a-a(입면도)

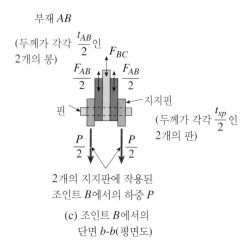

2개의 지지판에 작용된
조인트 B에서의 하중 P

(c) 조인트 B에서의
단면 b-b(평면도)

문제 1.6-13 (계속)

(b) 부재 사이의 마찰은 무시하고 점 B에 위치한 핀의 최대 평균 전단응력 $\tau_{p,\max}$을 계산하라.

(c) 점 B에 위치한 핀에 작용하는 최대 평균 지압응력 $\sigma_{b,\max}$을 계산하라.

1.6-14 힛치가 달린 자전거 래크(rack)가 두 개의 암 GH에 장착되고 고정된 무게가 각각 135 N인 4개의 자전거를 운반하도록 설계되었다[그림 (a)의 자전거 하중 참조]. 래크는 A에서 차량에 연결되었으며 캔틸레버 보 $ABCDEF$[그림 (b) 참조]와 같다고 가정한다. 고정부분 AB의 무게는 $W_1 = 45$ N 이고 중심은 A점에서 225 mm 떨어져 있고[그림 (b) 참조], 나머지 래크의 무게는 $W_2 = 980$ N 이고 중심은 A점에서 480 mm 떨어져 있다. $ABCDG$ 구간은 단면 치수가 50 mm × 50 mm이고 두께가 $t = 3$ mm인 강철관이다. $BCDGH$ 구간은 B에서 힛치 래크를 제거하지 않고 차량 뒤쪽에 접근할 수 있도록 지름이 $d_b = 6$ mm인 볼트에 대해 회전한다. 사용 중에는 래크가 C점에서 지름이 $d_p = 8$ mm인 핀에 의해 수직위치로 고정된다[사진과 그림 (c) 참조]. 래크에서 자전거가 전복되는 효과는 BC에 작용하는 우력 $F \cdot h$와 같다.

(a) 모두 장착된 래크에 대해 A점의 지지반력을 구하라.

(b) B점에서 볼트에 작용하는 힘과 C점에서 핀에 작용하는 힘을 구하라.

(c) B점의 볼트와 C점의 핀에 대한 평균 전단응력 τ_{aver}를 각각 구하라.

(d) B점의 볼트와 C점의 핀에 대한 평균 지압응력 σ_b를 구하라.

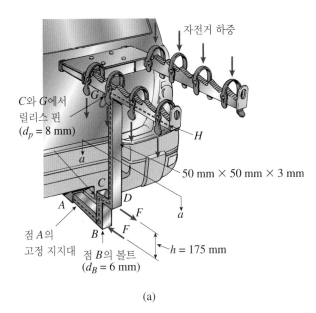

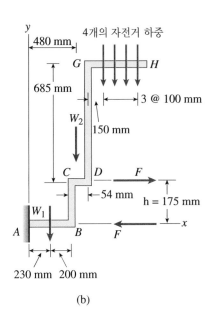

(a)

(b)

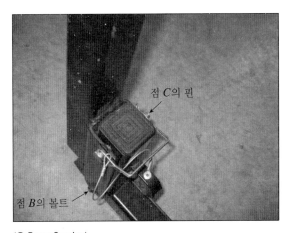

(© Barry Goodno)

문제 1.6-14

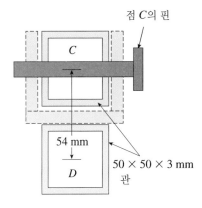

(c) 단면 *a-a*

문제 1.6-14 (계속)

1.6-15 자전거의 체인은 핀의 중심 간의 길이가 각각 12 mm인 일련의 작은 링크로 구성되어 있다(그림 참조). 이제 자전거의 체인을 시험하고 그 구조를 관찰하고자 한다. 특히 핀에 대해 유의하고 지름은 2.5 mm로 가정한다.

이 문제를 풀기 위해 자전거에 대한 두 가지 사항이 측정되어야 한다(그림 참조). (1) 주축으로부터 패달 축까지의 크랭크 암의 길이 L, (2) 스프로킷(톱니바퀴, 때로는 체인 링이라 부름)의 반지름 R

(a) 측정된 치수를 사용하여 한쪽 페달에 가해진 힘 $F = 800$ N 에 의한 체인의 인장력 T를 계산하라.

(b) 핀에서의 평균 전단응력 τ_aver를 계산하라.

1.6-16 정원용 호스의 스프레이 노즐은 스프링이 장착된 스프레이 챔버 AB를 열기 위해 $F = 22$ N의 힘이 필요하다. 노즐의 손잡이는 O에서 플랜지를 통해 핀 주위로 회전한다. 두 개의 플랜지의 두께는 각각 $t = 1.5$ mm이고 핀의 지름은 $d_p = 3$ mm이

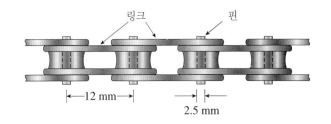

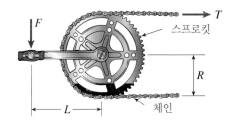

문제 1.6-15

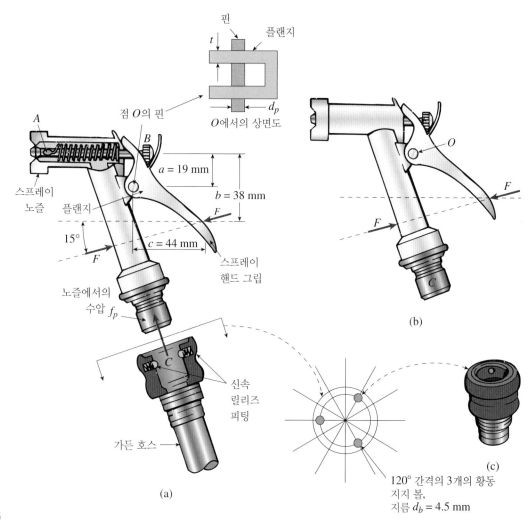

문제 1.6-16

다[그림 (a) 참조]. 스프레이 노즐은 *B*에서 급속 이완 피팅에 의해 정원용 호스에 연결된다[그림 (b) 참조]. 3개의 청동 볼(지름 d_b = 4.5 mm)이 *C*에서 수압력 f_p = 135 N의 작용하에 스프레이 헤드를 고정시킨다[그림 (c) 참조]. 그림 (a)에 나타낸 치수를 사용하라.

(a) 작용하중 *F*로 인한 *O*점의 핀에 작용하는 힘을 구하라.

(b) *O*점의 핀에서의 평균 전단응력 τ_{aver}와 평균 지압응력 σ_b을 구하라.

(c) 수압력 f_p에 의한 *C*점의 청동 지지 볼에서의 평균 전단응력 τ_{aver}를 구하라.

1.6-17 그림과 같은 쇼크 마운트(shock mount)가 정밀기구를 지지하기 위해 사용된다. 이 마운트는 안지름이 *b*인 바깥쪽 강철관과 하중 *P*를 지지하는 지름 *d*인 중앙 강철봉 그리고 관과 봉에 접착되어 있는 고무 실린더(높이 *h*)로 구성되어 있다.

(a) 쇼크 마운트 중심으로부터 반지름 방향으로 거리 *r*만큼 떨어진 고무의 전단응력 τ에 대한 공식을 구하라.

(b) *G*는 고무의 전단탄성계수이고 강철관과 강철봉은 강체라

고 가정하고, 하중 *P*에 의한 중앙 봉의 하향 변위 δ에 대한 공식을 구하라.

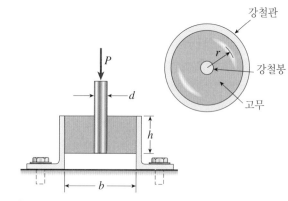

문제 1.6-17

1.6-18 작은 나뭇가지를 다듬기 위해 사용되는 막대 톱의 상부를 그림 (a)에 나타내었다. 절단 날 *BCD*[그림 (a), (c) 참조]는 *D*점에서 힘 *P*를 받는다. *B*점 아래의 절단 날에 부착된 약한 복귀

스프링의 효과는 무시한다. 그림에 주어진 성질과 치수를 사용하여 다음을 구하라.

(a) 로프의 장력이 $T = 110$ N인 경우, D점에서 절단 날에 작용하는 힘 P[그림 (b)의 자유물체도 참조]

(b) C점의 핀에 작용하는 힘

(c) C점의 핀에서의 평균 전단응력 τ_{aver}와 평균 지압응력 σ_b[그림 (c)의 절단 날을 지나는 단면 a-a 참조]

1.6-19 지름이 $d_s = 8$ mm인 단일 강철 지주 AB가 C와 D에서 힌지 주위를 회전하는 질량 20 kg인 차량 엔진 후드를 지지하고 있다[그림 (a) 및 (b) 참조]. 지주는 루프로 굽혀져서 A에서 지름이 $d_b = 10$ mm인 볼트에 연결된다. 지주 AB는 수직평면에 위치한다.

(a) 지주에 작용하는 힘 F_s와 지주에서의 평균 수직응력 σ를 구하라.

(b) A점의 볼트에서의 평균 전단응력 τ_{aver}을 구하라.

(c) A점의 볼트에서의 평균 지압응력 σ_b을 구하라.

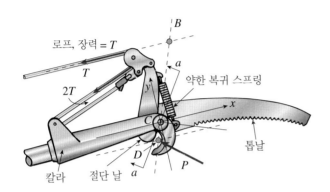

(a) 막대톱의 상부

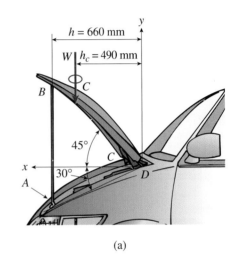

(a)

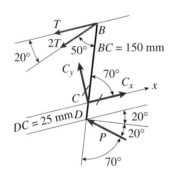

(b) 자유물체도

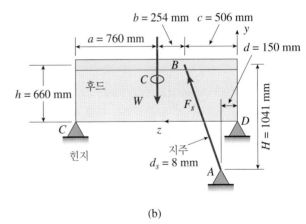

(b)

문제 1.6-19

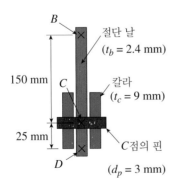

(c) 단면 a–a

문제 1.6-18

허용 하중

1.7-1 요트 갑판 상의 고정용구가 그림과 같이 양단이 볼트로 체결된 곡선 봉으로 구성되어 있다. 봉의 지름 d_b는 6 mm이고, 와셔의 지름 d_w는 22 mm이며, 유리섬유 갑판의 두께 t는 10 mm이다.

유리섬유의 허용 전단응력이 2.1 MPa이고 와셔와 유리섬유 사이의 허용 지압응력이 3.8 MPa인 경우, 고정용구에 가할 수 있는 허용하중 P_{allow}는 얼마인가?

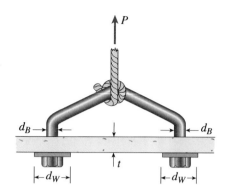

문제 1.7-1

1.7-2 속이 찬 원형단면 봉이 인장력 P를 받고 있다(그림 참조). 봉의 길이는 $L = 380\text{ mm}$ 이고 지름은 $d = 6\text{ mm}$ 이다. 재료는 탄성계수가 $E = 42.7\text{ GPa}$인 마그네슘 합금이다. 봉의 허용인장응력은 $\sigma_{\text{allow}} = 89.6\text{ MPa}$ 이고 봉의 신장량은 0.8 mm를 초과해서는 안된다.

힘 P의 허용 값은 얼마인가?

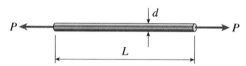

문제 1.7-2

1.7-3 2개의 강철관이 그림의 단면 a-a에서 보는 바와 같이 4개의 핀($d_p = 11\text{ mm}$)에 의해 B에서 연결되어 있다. 관의 바깥지름은 각각 $d_{AB} = 40\text{ mm}$와 $d_{BC} = 28\text{ mm}$ 이고, 벽두께는 각각 $t_{AB} = 6\text{ mm}$와 $t_{BC} = 7\text{ mm}$이다. 강철의 인장에 대한 항복응력은 $\sigma_y = 200\text{ MPa}$ 이고 인장에 대한 극한응력은 $\sigma_u = 340\text{ MPa}$이다. 이에 대응하는 핀의 전단에 대한 항복 및 극한응력은 각각 80 MPa 및 140 MPa이다. 끝으로 핀과 관 사이의 지압에 대한 항복 및 극한응력은 각각 260 MPa 및 450 MPa이다. 항복응력과 극한응력에 대한 안전계수는 각각 4와 5라고 가정한다.

(a) 관에서의 인장을 고려한 허용인장력 P_{allow}를 계산하라.

(b) 핀에서의 전단을 고려한 P_{allow}를 다시 계산하라.

(c) 끝으로 핀과 관 사이의 지압을 고려한 P_{allow}를 다시 계산하라. P_{allow}의 통제 값은 얼마인가?

1.7-4 토크 T_o가 10개의 20 mm 볼트에 의해 2개의 플랜지 사이에 전달된다(그림과 사진 참조). 볼트 원의 지름은 $d = 250\text{ mm}$이다.

볼트의 허용 전단응력이 85 MPa인 경우, 최대 허용 토크는 얼마인가?(플랜지 사이의 마찰은 무시한다.)

1.7-5 선박의 원재(spar)가 핀 조립으로 돛대 밑 부분에 부착되었다. 원재는 바깥지름이 $d_1 = 80\text{ mm}$ 이고 안지름이 $d_2 = 70$

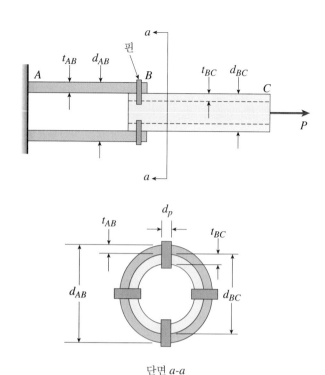

단면 a-a

문제 1.7-3

선박 추진 모터의 구동축 커플링
(Courtesy of American Superconductor)

문제 1.7-4

mm인 강철관이다. 강철핀의 지름은 $d = 25\text{ mm}$ 이며 원재를 핀에 결합시키는 2개의 판재의 두께는 $t = 12\text{ mm}$이다. 허용응력은 다음과 같다. 즉, 원재의 허용 압축응력은 75 MPa이고, 핀의 허용 전단응력은 50 MPa이며, 핀과 연결판 사이의 허용 지압응력은 120 MPa이다.

원재의 허용 압축력 P_{allow}를 구하라.

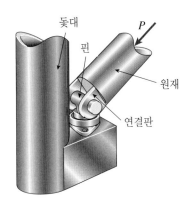

문제 1.7-5

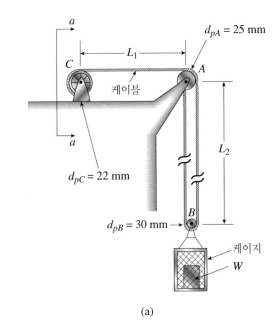

(a)

1.7-6 무거운 기계장치를 지지하는 강철 패드가 4개의 짧고 속이 빈 주철 받침대 위에 놓여 있다(그림 참조). 주철의 압축에 대한 극한강도는 344.5 MPa이다. 받침대의 바깥지름은 $d = 70$ mm 이고 벽두께는 $t = 70$ mm이다.

극한강도에 대한 안전계수 4.0을 사용하여 패드가 지지할 수 있는 총 하중 P를 구하라.

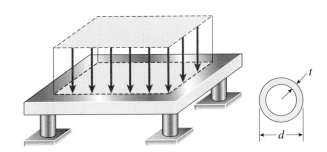

문제 1.7-6

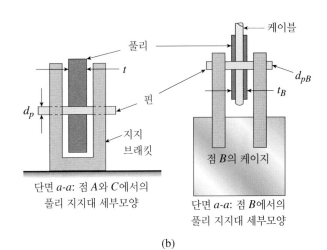

(b)

문제 1.7-7

1.7-7 그림 (a)와 같은 케이블과 풀리 시스템이 B에서 질량 300 kg인 상자를 지지하고 있다. 이 질량은 케이블의 질량을 포함한다고 가정한다. 3개의 강철 풀리의 두께는 각각 $t = 40$ mm이다. 핀들의 지름은 각각 $d_{pA} = 25$ mm, $d_{pB} = 30$ mm 및 $d_{pC} = 22$ mm이다[그림 (a) 및 (b) 참조].

(a) A, B, C에서 풀리에 작용하는 합력을 케이블의 인장력 T의 함수로 구하라.

(b) 핀의 허용 전단응력인 50 MPa 그리고 핀과 풀리 사이의 허용 지압응력인 110 MPa을 근거로 하는 경우, B에서 상자에 추가할 수 있는 최대하중 W는 얼마인가?

1.7-8 그림에 보인 바와 같이, 구명정이 2개의 선박용 철주에 매달려 있다. 지름이 $d = 20$ mm인 핀이 각각의 철주에 끼워져 있으며 각각의 철주에 한 개씩 부착되어 있는 2개의 풀리를 지지한다.

구명정에 부착된 케이블은 풀리를 통해 구명정을 올리고 내리는 원치에 감기게 된다. 케이블의 하부는 수직하고 상부는 수평선

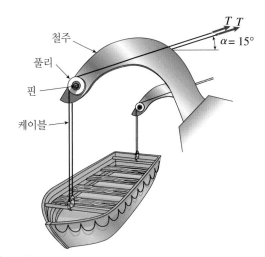

문제 1.7-8

과 $\alpha = 15°$의 각을 이루고 있다. 각 케이블의 허용 인장력은 8 kN 이며 핀의 허용 전단응력은 27.5 MPa이다.

구명정의 무게가 6.7 kN이면 구명정에 적재할 수 있는 최대 무게는 얼마인가?

1.7-9 밴(van)의 뒷문 햇치[그림 (a)의 *BDCG*]는 그림 (b)에 보인 바와 같이 B_1점과 B_2점의 2 개의 힌지 및 2 개의 지주 $A_1 B_1$와 $A_2 B_2$(지름 $d_s = 10$ mm)에 의해 지지되어 있다. 지주는 A_1점과 A_2점 에서 각각 지름이 $d_p = 9$ mm 이고 지주의 끝 부분에서 두께 $t = 8$ mm인 작은 구멍(eyelet)을 관통하는 핀으로 지지되어 있다[그림 (b) 참조]. 닫는 힘 $P = 50$ N이 *G*점에 작용하고 햇치의 질량 $M_h = 43$ kg이 *C*점에 집중되어 있는 경우에 대해 다음을 구하라.

(a) 각 지주에 작용하는 힘 *F*는 얼마인가? [그림 (c)의 햇치의 절반 부분에 대한 자유물체도를 사용하라.]

(b) 허용응력들이 다음과 같을 때, 즉 지주의 허용 압축응력이 70 MPa, 핀의 허용 전단응력이 45 MPa, 핀과 지주의 끝 부분 사이의 허용 지압응력이 110 MPa인 경우, 지주 내에 허용되는 최대 힘 F_{allow}는 얼마인가?

1.7-10 무게가 *W*인 금속봉 *AB*가 그림과 같이 배열된 강철 와이어 시스템에 의해 현가되었다. 와이어의 지름은 2 mm이고 강철의 항복응력은 45 MPa이다.

항복에 대한 안전계수가 1.9일 때, 허용되는 최대 무게 W_{max}를 구하라.

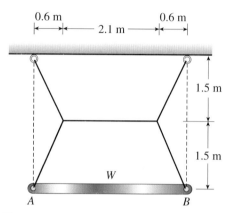

문제 1.7-10

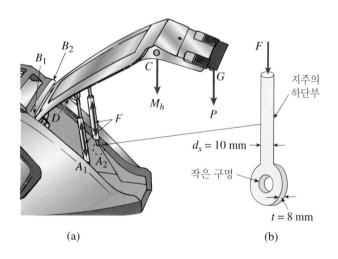

(a)   (b)

1.7-11 지름이 5 mm인 핀에서의 극한 전단응력이 340 MPa인 경우 그림에 보인 플라이어의 턱(jaw)부분에서의 압착력 *C*의 최대 허용치는 얼마인가?

핀의 파괴에 대한 안전계수가 3.0을 유지하려면 작용하중 *P*의 최대 허용치는 얼마인가?

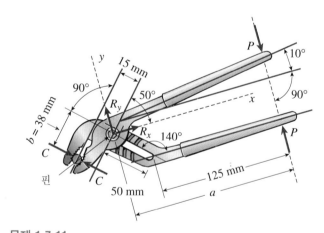

문제 1.7-11

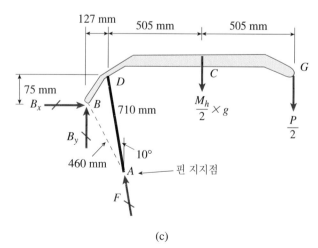

(c)

문제 1.7-9

1.7-12 지름이 $d_1 = 60$ mm인 속이 찬 강철봉에 봉을 관통하여 뚫린 지름이 $d_2 = 32$ mm인 구멍이 있다(그림 참조). 지름이 d_2 인 강철핀이 구멍을 관통하여 지지대에 부착되었다.

핀의 전단에 대한 항복응력이 $\tau_y = 120$ MPa, 봉의 인장에 대한 항복응력이 $\sigma_y = 250$ MPa, 그리고 항복에 대한 안전계수 2.0 이 요구되는 경우에, 봉에 허용되는 최대 인장력 P_{allow}를 구하라. (힌트: 부록 D의 경우 15의 공식을 사용하라.)

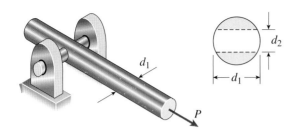

문제 1.7-12

1.7-13 그림 (a)와 같이 평면 트러스가 점 *B*와 점 *C*에서 각각 하중 2*P*와 *P*를 받고 있다. 트러스 봉은 인장에 대한 극한응력이 390 MPa인 2개의 L102 × 76 × 6.4 강철 앵글[표 E-5(b) 참조, 2개의 앵글의 단면적은 *A* = 2,180 mm²이다]로 만들어졌다. 앵글은 *C*에서 12 mm 두께의 이음판(gusset)에 지름이 16 mm인 리벳으로 연결되어 있다[그림 (c) 참조]. 각각의 리벳은 이음판에 대해 같은 크기의 부재 힘을 전달한다고 가정한다. 강철 리벳의 전단에 대한 극한응력과 지압응력은 각각 190 MPa와 550 MPa이다.

극한하중에 대해 필요한 안전계수가 2.5인 경우에 허용하중 *P*_{allow}를 구하라. (봉의 인장, 리벳의 전단, 리벳과 봉 사이의 지압 및 리벳과 이음판 사이의 지압을 고려하라. 판 사이의 마찰과 트러스의 자중은 무시하라.)

1.7-14 속이 찬 원형단면 봉(지름 *d*)이 그 중심을 횡으로 관통하는 지름이 *d*/5인 구멍을 가지고 있다(그림 참조). 봉의 순단면에 작용하는 허용 평균 인장응력은 σ_{allow}이다.

 (a) 인장 시 봉이 견딜 수 있는 허용하중 *P*_{allow}에 대한 식을 구하라.

 (b) 봉이 지름이 *d* = 45 mm 이고 허용하중이 σ_{allow} = 83 MPa인 황동으로 만들어진 경우에 *P*_{allow}의 값을 구하라.

 (힌트: 부록 D의 경우 15의 공식을 사용하라.)

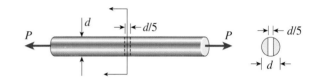

문제 1.7-14

1.7-15 엔진 피스톤이 크랭크 암 *BC*에 연결되어 있는 연결봉 *AB*에 부착되어 있다. 피스톤은 실린더 내에서 마찰 없이 미끄러지며 그림에서 우측으로 이동하는 동안 힘 *P*(일정하다고 가정)를 받는다. 단면적이 *d*이고 길이가 *L*인 연결봉은 양단이 모두 핀으로 연결되어 있다. 크랭크 암은 반지름 *R*인 원운동을 하는 핀 *B*와 함께 *C*점의 차축을 중심으로 회전한다. 베어링으로 지지된 *C*점의 차축은 크랭크 암에 대해 저항 모멘트 *M*을 유발한다.

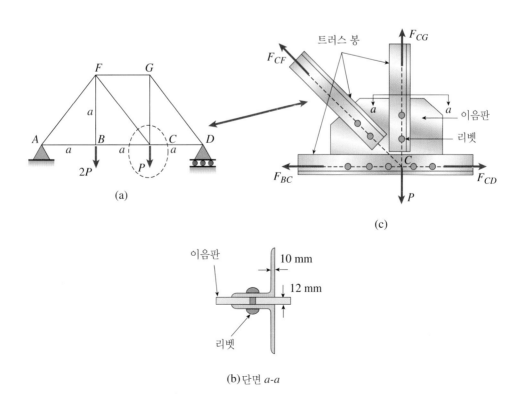

문제 1.7-13

(a) 연결봉에서의 허용 압축응력 σ_c를 근거로 하여 최대 허용 하중 P_{allow}에 대한 식을 구하라.

(b) 다음 데이터를 사용하여 힘 P_{allow}를 구하라. $\sigma_c = 160$ MPa, $d = 9.00$ mm, $R = 0.28\,L$

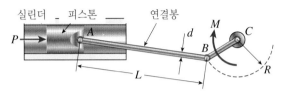

문제 1.7-15

1.7-16 무게가 W인 표지판이 콘크리트 기초에 박힌 4개의 볼트에 의해 바닥에 고정되어 있다. 풍압 p가 표지판의 표면에 수직으로 작용한다. 균일 풍압의 합력은 압력 중심의 힘 F이다. 풍력은 각 볼트에 대해 y 방향으로 똑같이 $F/4$의 전단력을 일으킨다

고 가정한다[그림 (a) 및 (c) 참조]. 풍력의 표지판을 회전시키는 효과는 볼트 A와 C에서는 상방향 힘 R을 일으키며 볼트 B와 D에서는 하방향 힘($-R$)을 일으킨다[그림 (b)참조]. 바람의 총체적인 효과와 각 응력 상태에 대한 관련 극한응력은 다음과 같다. 즉, 각 볼트의 수직 극한응력은 $\sigma_u = 410$ MPa, 베이스 판의 전단 극한응력은 $\tau_u = 115$ MPa, 각 볼트의 수평 전단 및 지압 극한응력은 $\tau_{hu} = 170$ MPa 과 $\sigma_{bu} = 520$ MPa, 그리고 B(또는 D)점의 하부 와셔의 지압 극한응력은 $\sigma_{bw} = 340$ MPa이다.

작용되는 극한 풍압에 대한 안전계수 2.5가 요구되는 경우, 표지판에 대하여 볼트로 연결된 지지 시스템에 의해 견딜 수 있는 최대 풍압 p_{max}를 구하라.

다음 수치 자료를 사용하라. 볼트 지름 $d_b = 19$ mm, 와셔 지름 $d_w = 38$ mm, 베이스 판 두께 $t_{bp} = 25$ mm, 베이스 판 치수 $h = 350$ mm 및 $b = 300$ mm, $W = 2.25$ kN, $H = 5.2$ m, 표지판 치수($L_v \times L_h = 3$ m $\times$ 3.7 m), 관형 기둥의 지름 $d = 150$ mm 및 관형 기둥의 두께 $t = 10$ mm.

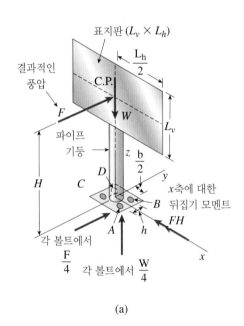

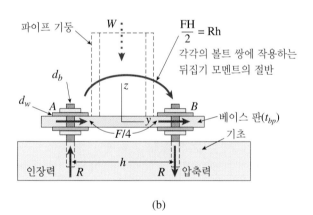

(a)

(b)

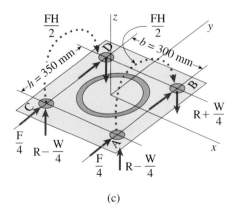

(c)

문제 1.7-16

축하중과 직접전단 설계

1.8-1 그림 (a)에 보여진 평면 트러스 ABC의 점 C에 힘 $P_1 =$ 6.7 kN 와 $P_2 = 11$ kN이 작용한다. 부재 AC의 두께는 $t_{AC} = 8$ mm이고 부재 AB는 각각 두께가 $t_{AB}/2 = 5$ mm인 2개의 봉으로 구성되었다[그림 (b) 참조]. A점에서 핀으로 지지된 2개의 핀 지지판의 효과는 무시한다.

핀의 허용 전단응력이 90 MPa이고 허용 지압응력이 150 MPa인 경우, 필요한 핀의 최소지름 $d_{\min}$은 얼마인가?

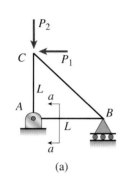

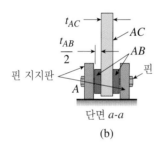

(a)

(b)

문제 1.8-1

1.8-2 단면치수($b \times h = 19$ mm $\times$ 200 mm)인 수평보 AB가 경사진 지주 CD에 의해 지지되어 있으며 점 B에서 $P = 12$ kN의 하중을 받고 있다[그림 (a) 참조]. 각각 두께가 $5b/8$인 2개의 봉으로 구성된 지주는 점 C에서 3개의 봉을 관통하는 볼트에 의해 보에 연결되어 있다[그림 (b) 참조].

(a) 볼트의 허용 전단응력이 90 MPa이라면, C점의 볼트에 대해 필요한 최소지름 $d_{\min}$은 얼마인가?

(b) 볼트의 허용 지압응력이 130 MPa이라면, C점의 볼트에 대해 필요한 최소지름 $d_{\min}$은 얼마인가?

1.8-3 알루미늄 관이 축 인장하중 $P = 148$ kN을 전달해야 한다[그림 (a) 참조]. 관의 벽두께는 6 mm이다.

(a) 허용 인장응력이 84 MPa이라면 필요한 최소 바깥지름 $d_{\min}$은 얼마인가?

(b) 중간부분에 지름이 $d/10$인 구멍이 있는 경우에 대해 앞의 문제를 다시 풀어라[그림 (b) 및 (c) 참조].

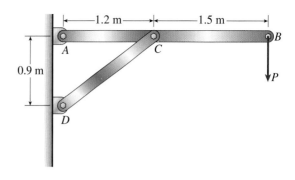

(a)

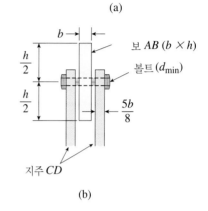

(b)

문제 1.8-2

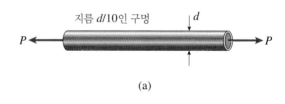

(a)

(b)

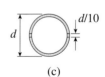

(c)

문제 1.8-3

1.8-4 항복응력이 $\sigma_Y = 290$ MPa인 구리합금 관이 축 인장하중 $P = 1,500$ kN을 받고 있다[그림 (a) 참조]. 항복에 대한 안전계수는 1.8이다.

(a) 관의 두께 t가 바깥지름의 1/8이라면, 필요한 최소 바깥지름 $d_{\min}$은 얼마인가?

(b) 관 전체에 걸쳐 지름 $d/10$인 구멍이 있는 경우에 대해 앞의 문제 (a)를 다시 풀어라[그림 (b) 참조].

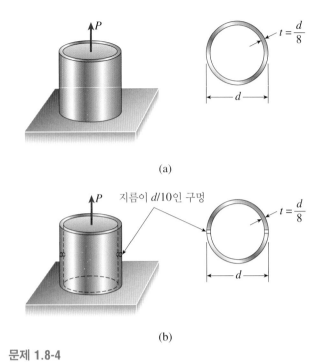

(a)

(b)

문제 1.8-4

1.8-5 고가 보도의 가로 버팀대가 그림 (a)에 보여진다. 클레비스판의 두께는 t_c = 16 mm이고 이음판의 두께는 t_g = 20 mm이다 [그림 (b) 참조]. 대각 버팀대가 받는 최대 힘은 F = 190 kN이다.

핀의 허용 전단응력이 90 MPa, 핀과 클레비스 및 이음판 사이의 허용 지압응력이 150 MPa이라면, 필요한 핀의 최소지름 d_{min}은 얼마인가?

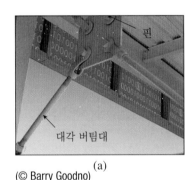

(a)
(© Barry Goodno)

(b)

문제 1.8-5

1.8-6 그림에 보인 바와 같이, D점에서 케이블과 풀리 시스템은 질량이 230 kg인 막대(ACB)를 수직 위치로 일으키는 데 사용된다. 케이블의 인장력은 T이며 C점에 연결되어 있다. 막대의 길이 L은 6.0 m, 바깥지름은 d = 140 mm, 벽두께는 t = 12 mm이다. 막대는 그림 (b)의 A점의 핀에 대해 회전한다. 핀의 허용 전단응력은 60 MPa이고 허용 지압응력은 90 MPa이다.

그림 (a)에 보인 위치에서 막대의 무게를 지지하기 위해 필요한 A점의 핀의 최소지름을 구하라.

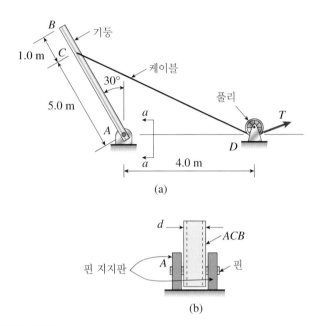

(a)

(b)

문제 1.8-6

1.8-7 현수교의 서스펜더(suspender)는 주 케이블(그림 참조)을 가로질러 멀리 아래에 있는 교량 상판을 지지하는 케이블로 구성되어 있다. 서스펜더는 서스펜더 케이블 둘레의 클램프를 이용하여 아래로 미끄러지는 것을 방지하는 금속 타이(tie)에 의해 적절한 위치를 유지한다.

서스펜더 케이블의 양쪽에 작용하는 하중을 P, 타이 바로 위에 있는 서스펜더 케이블의 기울기를 θ 라 한다. 그리고 금속 타이의 허용 인장응력을 σ_{allow}라 한다.

(a) 타이에 필요한 최소 단면적에 대한 식을 구하라.

(b) P = 130 kN, θ = 75°, σ_{allow} = 80 MPa인 경우에 최소 단면적을 계산하라.

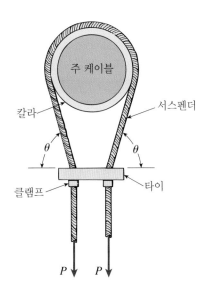

문제 1.8-7

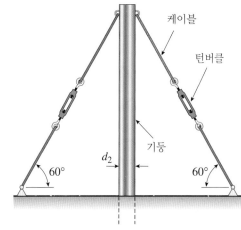

문제 1.8-9

1.8-8 길이 $L = 6$ m이고 폭 $b_2 = 250$ mm인 정사각형 강관이 크레인에 의해 들어 올려지고 있다(그림 참조). 이 관은 A점과 B점에서 케이블이 매여 있는 지름 d인 핀에 걸려 있다. 단면은 안쪽 치수 $b_1 = 210$ mm이고 바깥치수 $b_2 = 250$ mm인 속이 빈 정사각형이다. 핀의 허용 전단응력은 60 MPa이고 핀과 관 사이의 허용 지압응력은 90 MPa이다.

관의 무게를 지지하기 위한 핀의 최소지름을 구하라. (주: 관의 무게를 계산할 때 둥근 모서리는 무시한다.)

기둥의 벽두께가 15 mm라면 바깥지름 d_2의 최소 허용치는 얼마인가?

1.8-10 속이 빈 원형단면의 강철 기둥이 원형 강철 베이스 판과 콘크리트 기초 위에 지지되어 있다(그림 참조). 기둥의 바깥지름은 $d = 250$ mm이며 하중 $P = 750$ kN을 받고 있다.

(a) 기둥의 허용응력이 55 MPa이라면 필요한 최소두께 t는 얼마인가? 결과를 근거로 하여 기둥의 두께를 선정하라.(mm 단위로 10, 12, 14 등과 같은 짝수의 정수로 두께를 선정하라.)

(b) 콘크리트 기초의 허용 지압응력이 11.5 MPa인 경우, 선정된 두께를 가진 기둥이 지지할 수 있는 허용하중 P_{allow}에 대해 베이스 판이 설계되었다면, 필요한 베이스 판의 최소지름 d는 얼마인가?

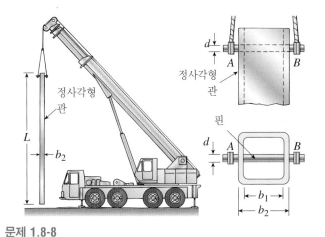

문제 1.8-8

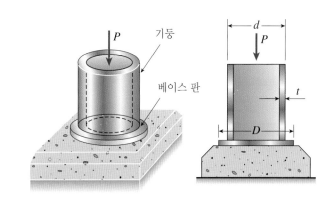

문제 1.8-10

1.8-9 바깥지름이 d_2인 관형 기둥이 턴버클(turnbuckle)이 장착된 2개의 케이블에 의해 지지되고 있다(그림 참조). 케이블이 턴버클을 회전시켜 조여짐에 따라 케이블에는 인장력을, 기둥에는 압축력을 유발시킨다. 두 개의 케이블은 110 kN의 인장력이 유발되도록 조여졌다. 또한 케이블과 지면 사이의 각은 60°이고 기둥의 허용 압축응력은 $\sigma_c = 35$ MPa이다.

1.8-11 내압을 받는 원형 실린더가 강철 볼트로 고정된 밀폐된 덮개판을 가지고 있다(그림 참조). 실린더 내의 가스압력은 1,900 kPa이고, 실린더의 안지름 d는 250 mm이며, 볼트의 지름 d_b은 12 mm이다.

볼트의 허용 인장응력이 70 MPa일 때, 덮개를 고정하는 데 필요한 볼트의 개수 n을 구하라.

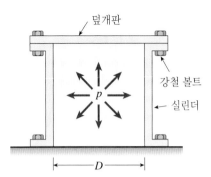

덮개판

강철 볼트

실린더

p

D

문제 1.8-11

1.8-12 고가 조깅 트랙이 A에서 핀으로 연결되고 B에서 강철봉 BC와 강철 와셔에 의해 지지되는 목재 보 $AB(L = 2.3$ m)에 의해 일정 간격으로 지지되어 있다. 봉($d_{BC} = 5$ mm) 과 와셔($d_B = 25$ mm)는 둘 다 $t_{BC} = 1,890$ N인 봉의 인장력을 사용하여 설계되었다. 봉의 크기는 극한강도 $\sigma_u = 410$ MPa 에 도달할 때까지 안전계수 3을 사용하여 결정되었다. 허용 지압응력 $\sigma_{ba} = 3.9$ MPa이 B점의 와셔의 크기를 결정하는 데 사용되었다.

이제 작은 플랫홈 HF가 고가 트랙 부분 아래에 기계 및 전기 장비를 지지하기 위해 현가된다. 장비의 하중은 $q = 730$ N/m의 등분포하중이며 집중하중 $W_E = 780$ N이 보 HF의 중앙에 작용한다. D점에서 보 AB를 관통하는 구멍을 뚫고 보 HF를 지지하도록 D와 F점에서 같은 봉(d_{BC})과 같은 와셔(d_B)를 설치할 계획이다.

(a) 봉 DF와 와셔 dF에 대해 제안된 설계를 검토하기 위해 σ_u와 σ_{ba}를 사용하라. 이들은 허용될 수 있는가?

(b) 또한 봉 BC의 수직 인장응력과 B점의 지압응력을 다시 검토하여라. 플랫홈 HF로부터의 추가적인 하중 작용 하에 두 값 중 하나라도 부적절하다면, 원래의 설계개념을 만족시키도록 재설계하라.

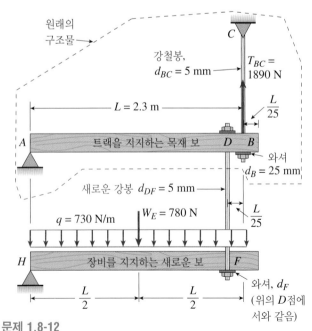

원래의 구조물

C

강철봉, $d_{BC} = 5$ mm

$T_{BC} = 1890$ N

$\dfrac{L}{25}$

$L = 2.3$ m

A 트랙을 지지하는 목재 보 D B

와셔 $d_B = 25$ mm

새로운 강봉 $d_{DF} = 5$ mm

$\dfrac{L}{25}$

$q = 730$ N/m $W_E = 780$ N

H 장비를 지지하는 새로운 보 F

$\dfrac{L}{2}$ $\dfrac{L}{2}$

와셔, d_F (위의 D점에서와 같음)

문제 1.8-12

1.8-13 사전 주조된 창고용 대형 콘크리트 패널이 그림 (a)와 같이 2개의 기중선에서 2개의 케이블 셋을 사용하여 수직 위치로 올리도록 되어 있다. 케이블 1은 길이가 $L_1 = 6.7$ m 이고 패널에 걸쳐 거리[그림 (b) 참조]가 $a = L_1/2$ 및 $b = L_1/4$이다. 케이블들은 기중점 B와 D에 연결되었고 패널은 A점에서 패널의 베이스에 대해 회전한다. 그러나 최악의 경우로, 패널이 순간적으로 지상으로부터 들어 올려지고 전체하중이 케이블에 의해 지지되어야 한다고 가정한다. 케이블의 들어 올리는 힘 F가 거의 같다고 가정하고 그림에 보인 위치에 대한 해석을 수행하기 위해 그림(b)에 보인 패널의 절반 부분에 대한 간략모델을 사용하라. 패널의 총 무게는 $W = 378$ kN이다. 패널의 경사각은 다음 각, 즉 $\gamma = 20°$ 및 $\theta = 10°$로 정의된다.

파괴응력이 630 MPa이고 파괴에 대한 안전계수가 4인 경우, 필요한 케이블의 단면적 A_C를 구하라.

(a)

(Courtesy Tilt-Up Concrete Association)

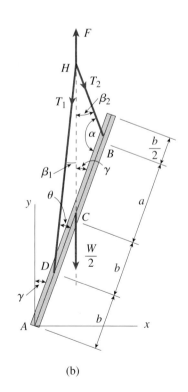

F

H

T_2

β_2

T_1

α

$\dfrac{b}{2}$

B

β_1

γ

θ

y

C

a

$\dfrac{W}{2}$

D

b

γ

A

b

x

(b)

문제 1.8-13

1.8-14 같은 재료로 된 두 개의 봉 *AB*와 *BC*가 수직하중 *P*를 지지하고 있다(그림 참조). 수평봉의 길이 *L*은 고정되었으나 지지점 *A*를 수직방향으로 이동시키고 지지점 *A*의 새로운 위치에 대응하는 봉 *AC*의 길이를 조정하여 각도 θ를 변경시킬 수 있다. 봉의 허용응력은 인장과 압축에 대해 똑 같다.

각도 θ가 감소하면 봉 *AC*의 길이는 짧아지지만 두 개의 봉의 단면적은 증가함을 알 수 있다(축력이 증가하기 때문에). 각도 θ가 증가하면 반대 효과가 생긴다. 따라서 구조물의 무게(체적에 비례함)는 각도 θ에 따라 달라지는 것을 알 수 있다.

봉의 허용응력을 초과하지 않고 구조물이 최소하중을 가지게 하는 각도 θ를 구하라. (주: 봉의 무게는 하중 *P*에 비해 매우 작기 때문에 무시한다.)

1.8-15 폭이 *b* = 60 mm이고 두께가 *t* = 10 mm인 납작한 봉이 축하중 *P*를 받고 있다(그림 참조). 봉은 봉 내의 핀과 같은 크기의 구멍을 관통하는 지름이 *d*인 핀에 의해 지지점에 부착되었다. 봉의 순단면에 대한 허용 인장응력 σ_T = 140 MPa, 핀의 허용 전단응력 τ_S = 80 MPa 그리고 핀과 봉 사이의 허용 지압응력은 σ_b = 200 MPa이다.

(a) 하중 *P*가 최대가 되는 핀의 지름 d_m을 구하라.

(b) 이에 대응하는 하중 P_{max}의 값을 구하라.

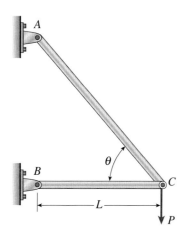

문제 1.8-14

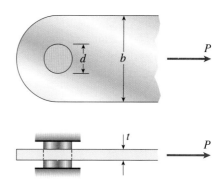

문제 1.8-15

1장 추가 복습문제

R-1.1: 강철 와이어가 높이 떠 있는 풍선에 매달려 있다. 강철의 비중량은 77 kN/m^{3}이고 항복응력은 280 MPa이다. 항복에 대해 요구되는 안전계수는 2.0이다. 와이어의 최대 허용길이를 구하라.

R-1.2: 무게가 27 kN인 강철판이 양쪽 끝에 클레비스를 갖는 케이블에 의해 들어 올려지고 있다. 클레비스를 관통하는 핀의 지름은 22 mm이다. 케이블의 절반부분은 각각 수직선과 35°의 각을 이루고 있다. 각 핀에서의 평균 전단응력을 구하라.

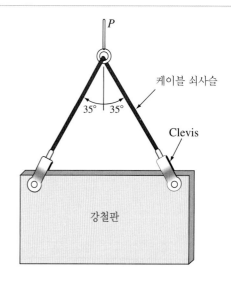

R-1.3: 길이가 $L = 650$ mm인 원형 알루미늄 관이 압축력 P를 받고 있다 관의 바깥지름과 안지름은 각각 80 mm와 68 mm이다. 봉의 바깥쪽에 부착된 스트레인 게이지는 길이방향으로 400×10^{-6}의 수직 변형률을 기록하고 있다. 봉의 줄어든 길이는 얼마인가?

R-1.4: 속이 빈 원형 기둥 ABC(그림 참조)가 그 상단에 $P_1 = 16$ kN의 하중을 받고 있다. 두 번째 하중 P_2는 B에서 캡 플레이트 주위에 균일하게 분포하고 있다. 기둥의 상부와 하부의 지름과 두께는 각각 $d_{AB} = 30$ mm, $t_{AB} = 12$ mm, $d_{BC} = 60$ mm 및 $t_{BC} = 9$ mm이다. 기둥의 하부는 상부에서와 같은 압축응력을 받는다. 필요한 하중 P_2의 크기를 구하라.

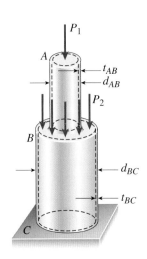

R-1.5: 어떤 관($E = 110$ GPa)이 A에서 하중 $P_1 = 120$ kN과 B에서 캡 플레이트 상에 등분포하중 $P_2 = 100$ kN을 받고 있다. 관의 최초의 지름과 두께는 각각 $d_{AB} = 38$ mm, $t_{AB} = 12$ mm, $d_{BC} = 70$ mm, $t_{BC} = 10$ mm이다. 하중 P_1과 P_2의 작용으로 벽두께 t_{BC}는 0.0036 mm만큼 증가되었다. 관 재료에 대한 Poisson의 비를 구하라.

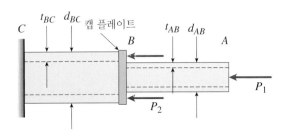

R-1.6: 지름이 80 mm인 폴리에칠렌 봉($E = 1.4$ GPa, $\nu = 0.4$)이 안지름이 80.2 mm인 강철관 안에 삽입된 후 축력 P에 의해 압축되었다. 강철관과 폴리에칠렌 봉 사이의 틈새가 밀폐되게 하는 데 필요한 압축력 P를 구하라.

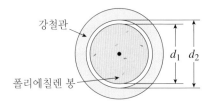

R-1.7: 지름이 20 mm인 알루미늄 봉($E = 70$ GPa, $\nu = 0.33$)이 P에 의해 늘어나서 지름이 0.022 mm만큼 감소하였다. 축력 P를 구하라.

R-1.8: 지름이 50 mm인 알루미늄 봉($E = 72$ GPa, $\nu = 0.33$)은 축력 P에 의해 압축될 때 지름이 50.1 mm를 초과해서는 안 된다. 허용되는 최대 압축하중 P를 구하라.

R-1.9: 벽두께가 8 mm인 구리 관이 175 kN의 축 인장하중을 받아야 한다. 허용 인장응력이 90 MPa일 때 필요한 최소 바깥지름을 구하라.

R-1.10: 플랜지가 달린 2개의 축이 8개의 18 mm 볼트로 연결되었다. 볼트 원의 지름은 240 mm이고 볼트의 허용 전단응력은 90 MPa이다. 플랜지 판 사이의 마찰은 무시한다. 토크 t_0의 최대 값을 구하라.

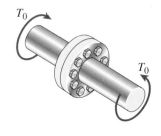

R-1.11: 지름이 d = 18 mm이고 길이가 L = 0.75 m인 봉이 축 인장하중 P를 받고 있다. 봉의 탄성계수는 E = 45 GPa이고 허용 수직응력은 180 MPa이다. 봉의 신장량이 2.7 mm를 초과해서는 안 된다면, 인장하중 P의 허용 값은 얼마인가?

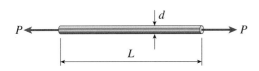

R-1.12: 탄성중합체 지압 패드가 정하중 시험 도중 전단력 V를 받고 있다. 패드의 치수는 a = 150 mm 및 b = 225 mm이고 두께는 t = 55 mm이다. 하중 V = 16 kN이 작용할 때 상부 판의 하부 판에 대한 상대적인 세로방향 변위는 14 mm이었다. 탄성중합체의 전단 탄성계수 G를 구하라.

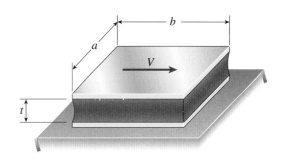

R-1.13: 정사각형 단면(b = 75 mm)을 가지고 길이가 L = 3.0 m인 티타늄 봉(E = 100 GPa, ν = 0.33)이 인장하중 P = 900 kN을 받고 있다. 봉의 체적증가량은 얼마인가?

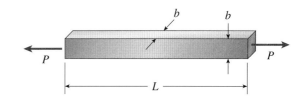

원유 시추장치는 자중, 충격 및 온도에 의한 여러 가지 하중 조건을 고려하여 설계해야
하는 축하중 부재로 구성된다. (Joe Raedle/Getty Images)

축하중을 받는 부재
Axially Loaded Members

개요

2장에서는 하중에 의한 길이변화를 결정하는 것으로 시작하여 축하중을 받는 부재의 여러 가지 다른 양상을 고려한다(2.2절 및 2.3절). 길이변화의 계산은 2.4절에서 소개한 부정정 구조물 해석에서 필수적인 요소이다. 부재가 부정정이라면 부재의 지지점 반력 또는 내부 축하중과 같은 관심의 대상인 미지수를 풀기 위해 평형방정식에 적합방정식(**힘-변위 관계식**에 의존)을 추가해야 한다. 미학적 또는 기능적 이유에서 구조물의 변위를 규제할 필요가 있을 때 길이변화는 반드시 계산되어야 한다. 2.5절에서는 봉의 길이에서의 **온도효과**에 대해 논의하고 **열응력**과 **열변형률**의 개념을 소개한다. 또한 이절에는 **어긋남**과 **사전변형**의 효과에 대한 논의가 포함되어 있다. 마지막으로 축하중을 받는 봉의 응력에 대한 일반적 관점이 2.6절에 제시되며 보의 **경사면**(단면과 다름)

에서의 응력에 대해서도 논의한다. 축하중을 받는 단면에는 수직응력만 작용하지만 경사면에는 수직응력과 전단응력이 작용한다. 축하중을 받는 부재의 경사면에 작용하는 응력은 다음 장에 나오는 **평면응력 상태**의 완전한 고찰을 위한 첫 단계로 검토되어야 한다.

2장은 다음과 같이 구성된다.

2.1 소개

　인장과 압축만을 받는 구조물의 구성품을 **축하중을 받는 부재(axially loaded member)**라 한다. 직선인 길이방향의 축을 갖는 속이 찬 봉이 가장 흔한 형태이지만, 케이블과 코일 스프링도 축하중을 받는다. 축하중을 받는 봉의 예로는, 트러스 부재, 엔진의 연결봉, 자전거 바퀴의 스포크, 건물의 기둥 및 항공기 엔진마운트의 지주 등이 있다. 이러한 부재의 응력−변형률 거동은 1장에서 논의되었으며, 단면에 작용하는 응력에 대한 공식($\sigma = P/A$)과 길이방향 변형률에 대한 공식($\epsilon = \delta/L$)을 구했다.

2.2 축하중을 받는 부재의 길이변화

　축하중을 받는 부재의 길이변화를 구할 때, **코일 스프링(coil spring)**으로 시작하는 것이 편리하다(그림 2-1). 이런 형태의 스프링은 많은 종류의 기계와 장치에 널리 사용된다. 예를 들면, 모든 자동차에는 수십 개의 코일 스프링이 있다.

　그림 2-1에서 보는 바와 같이, 하중이 스프링의 축방향으로 작용할 때, 스프링은 하중의 방향에 따라 늘어나거나 또는 줄어든다. 하중이 스프링 바깥쪽으로 작용하면, 스프링은 늘어나며 스프링은 인장을 받는다고 말한다. 하중이 스프링 안쪽으로 작용하면, 스프링은 줄어들고 스프링은 압축을 받는다고 말한다. 그러나 이러한 용어로부터, 스프링의 각각의 코일이 직접인장 또는 **압축응력**을 받는다고 추론해서는 안 된다. 오히려 코일은 주로 직접전단 및 비틀림을 받는다. 그렇지만, 스프링의 전체적인 늘어남이나 줄어듦은 인장 또는 압축을 받는 봉의 거동과 유사하므로 같은 용어가 사용된다.

스프링

　스프링의 신장량은 그림 2-2에 보여지며, 그림의 윗부분은 **고유길이(natural length)** L(또는 응력을 받지 않는 길이, 이완 길이 또는 자유 길이라고 부름)을 보여주고, 그림의

아래 부분은 인장하중 작용의 결과를 보여준다. 하중 P의 작용을 받아, 스프링은 δ만큼 늘어나며 최종길이는 $L + \delta$가 된다. 스프링의 재료가 **선형 탄성적(linearly elastic)**이면 하중과 신장량은 비례한다.

$$P = k\delta \qquad \delta = fP \qquad \text{(2-1)}$$

여기서 k와 f는 비례상수이다.

　상수 k는 스프링의 **강성도(stiffness)**라고 부르고, 단위길이 늘어나는 데 필요한 힘으로 정의되며, 즉 $k = P/\delta$이다. 이와 비슷하게, 상수 f는 **유연도(flexibility)**라고 부르고, 단위하중에 의한 신장량으로 정의되며 즉, $f = \delta/P$이다. 이 논의에서는 인장을 받는 스프링을 대상으로 하였지만, 식 (2-1a)와 (2-1b)는 압축을 받는 스프링에도 적용되는 것이 확실하다.

　앞의 논의에서 스프링의 강성도와 유연도는 서로 역수임이 분명하다.

$$k = \frac{1}{f} \qquad f = \frac{1}{k} \qquad \text{(2-2a, b)}$$

스프링의 유연도는 값을 알고 있는 하중에 의한 신장량을 측정함으로써 쉽게 구할 수 있으며, 강성도는 식 (2-2a)로부터 구할 수 있다. 스프링의 강성도와 유연도에 대한 다른 용어는 각각 **스프링상수(spring constant)**와 **컴플라이언스(compliance)**이다.

　식 (2-1)과 (2-2)에 의한 스프링의 성질은, 예제 2-1에 설명된 바와 같이, 스프링을 포함한 여러 가지 기계적 장치의 해석과 설계에 사용될 수 있다.

균일단면 봉

　축하중을 받는 봉은 스프링과 마찬가지로, 인장하중을

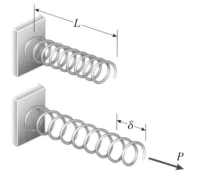

그림 2-1 축하중 P를 받는 스프링

그림 2-2 축하중을 받는 스프링의 신장량

받으면 늘어나고 압축하중을 받으면 줄어든다. 이러한 거동을 해석하기 위해 그림 2-3에 보인 균일단면 봉을 고찰하자. **균일단면 봉(prismatic bar)**은 직선인 길이방향의 축을 가지고 전체 길이를 통하여 일정한 단면적을 갖는 구조용 부재를 말한다. 설명에서는 흔히 원형봉을 사용하나, 구조용 부재는 그림 2-4에 보인 바와 같은 여러 가지 형태의 단면적을 갖는다는 것을 생각하여야 한다.

인장하중 P를 받는 균일단면봉의 **신장량(elongation)** δ가 그림 2-5에 보여진다. 하중이 끝 단면의 도심을 통하여 작용하면, 끝에서 떨어져 있는 단면의 균일 수직응력은 σ = P/A의 공식으로 구하며, 여기서 A는 단면적이다. 게다가, 봉이 균질재료로 제작되었다면, 축방향 변형률은 $\epsilon = \delta/L$이고, 여기서 δ는 신장량, L은 봉의 길이이다.

또한 재료가 **선형 탄성적**이라고 가정하면, 이 재료는 Hooke의 법칙을 따름을 의미한다. 길이방향 응력과 변형률은 식 $\sigma = E\epsilon$와 같은 관계가 있으며, 여기서 E는 탄성계수이다. 이러한 기본적 관계를 결합하면 다음과 같은 봉의 신장량을 구하는 식을 얻는다.

$$\delta = \frac{PL}{EA} \qquad (2\text{-}3)$$

이 식은 신장량이 하중 P와 길이 L에는 비례하고, 탄성계수 E와 단면적 A에는 반비례하는 것을 나타낸다. EA값을 봉의 **축강도(axial rigidity)**라고 한다.

식 (2-3)은 인장을 받는 부재에 대해서 유도되었지만, 압축을 받는 부재에 대해서도 똑같이 적용되며, 이 경우에 δ가 봉의 줄어든 길이를 나타낸다. 통상적으로 부재가 길어졌는지 또는 짧아졌는지는 육안으로 알 수 있으나, **부호규약(sign convention)**이 필요한 경우가 있다(예를 들면 부정정 봉을 해석할 때). 이러한 경우 신장량은 양으로, 수축량은 음으로 나타낸다.

봉의 길이변화는 재료가 강철 또는 알루미늄 같은 구조용 금속인 경우, 통상 원래 길이에 비하여 아주 작다. 예로서, 길이가 2 m이고 48 MPa의 적당한 압축응력을 받는 알루미늄 지주를 고찰하자. 탄성계수가 72 GPa이면 지주의 신축량(식 2-3에서 P/A를 σ로 대체함)은 δ = 0.0013 m이다. 결과적으로, 길이변화의 원래 길이에 대한 비는 0.0013/2 또는 1/1500이며, 최종길이는 원래 길이의 0.999배이다. 이와 비슷한 경우에는 계산과정에 봉의 원래 길이(최종길이 대신에)를 사용한다.

균일단면 봉의 강성도와 유연도는 스프링의 경우와 같은 방법으로 정의된다. 강성도는 단위 신장량을 생기게 하는 데 필요한 힘, 또는 P/δ이며, 유연도는 단위 하중으로 인한 신장량, 또는 δ/P이다. 따라서 식 (2-3)으로부터, 균일단면 봉의 **강성도**와 **유연도**는 각각 다음과 같다.

$$k = \frac{EA}{L} \qquad f = \frac{L}{EA} \qquad (2\text{-}4a, b)$$

식 (2-4a)와 (2-4b)로 표시된 것들을 포함하여, 구조용 부재의 강성도와 유연도는 컴퓨터 이용 방법으로 대형 구조물을 해석하는 데 있어서 특별한 역할을 갖고 있다.

그림 2-3 원형단면의 균일단면 봉

속이 찬 단면

속이 빈 단면 또는 관형 단면

두께가 얇은 열린 단면

그림 2-4 구조용 부재의 전형적인 단면

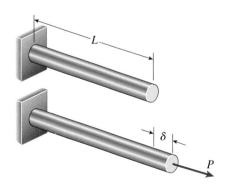

그림 2-5 인장을 받는 균일단면 봉의 신장량

도르레에 감긴 강철 케이블(© Barsik/Dreamtime.com)

그림 2-6 강철 케이블의 가닥과 와이어들의 전형적 배열

케이블

케이블은 큰 인장력을 전달하는 데 사용된다. 예를 들면, 무거운 물체를 들어 올리고 잡아당길 때, 승강기를 끌어 올릴 때, 타워를 당김줄로 안정시킬 때, 현수교량을 지지할 때 사용된다. 스프링과 균일단면봉과는 달리, 케이블은 압축에 견디지 못한다. 게다가 굽힘에 대한 저항이 약하므로, 곧은 상태뿐만 아니라 굽은 상태에 있을 수 있다. 그렇지만 케이블은 인장력만 받기 때문에 축하중을 받는 부재로 취급된다. 케이블의 인장력은 축방향으로 작용하기 때문에, 힘은 케이블의 형상에 따라 방향과 크기가 달라질 수 있다.

케이블은 어떤 특정한 방식으로 수많은 와이어를 꼬아서 만들어진다. 케이블의 사용 용도에 따라 많은 배열이 있겠지만, 케이블의 공통적인 형태는 그림 2-6과 같이 중앙의 가닥(*strand*) 주위에 나선형으로 꼬아진 여섯 개의 가닥으로 이루어진다. 또한 각각의 가닥은 나선형으로 꼬아진 많은 와이어로 만들어진다. 이런 이유로, 케이블은 때로는 **와이어로프(wire rope)**라고 부른다.

케이블의 단면적은 각각의 와이어들의 전체 단면적과 같으며, 이를 **유효면적(effective area)** 또는 **금속면적(metallic area)**이라고 부른다. 이 면적은 각각의 와이어들 사이에 공간이 있기 때문에 케이블과 같은 지름을 갖는 원의 면적보다 작다. 예를 들면, 지름이 25 mm인 케이블의 실제 단면적(유효면적)은 300 mm²이지만, 지름 25 mm인 원의 면적은 491 mm²이다.

같은 인장 하중을 받을 때, 케이블의 신장량은 같은 재료와 같은 유효단면적을 갖는 속이 찬 봉의 신장량보다 크며, 그 이유는 와이어들이 섬유와 같은 방식으로 로프에서 "꽉 조이기" 때문이다. 따라서 케이블의 탄성계수(**유효계수**라고도 함)는 케이블 재료의 탄성계수보다 작다. 강철 케이블의 유효계수는 140 GPa(20,000 ksi)이지만, 강철 자체의 탄성계수는 210 GPa(30,000 ksi)이다.

식 (2-3)으로부터 케이블의 **신장량**을 구할 때 유효계수가 *E*값에, 유효면적이 *A*값에 사용되어야 한다.

실제로, 케이블의 단면치수와 기타 성질들은 제조업체로부터 구한다. 그러나 이 책에서 문제를 푸는 데 사용하기 위해(공학응용에 사용되는 것이 **아님**), 특수 형태의 케이블에 대한 성질들이 표 2-1에 수록되었다. 마지막 칼럼은 파괴강도, 또는 **극한강도**를 나타냄을 유의하라. 케이블의 용도에 따라, 허용하중은 3~10 범위의 안전계수를 사용하여 구한다. 케이블의 각각의 와이어들은 통상 고강도 강으로 제작되며, 계산된 파괴하중에서의 인장응력은 1,400 MPa만큼 높다.

다음 예제는 스프링과 봉을 포함하는 간단한 장치를 해석하는 기법을 보여준다. 해를 구하기 위하여 자유물체도, 평형방정식 및 길이변화에 대한 식을 사용한다. 이 장 뒷부분의 연습문제들은 많은 추가적인 예제들을 포함한다.

표 2-1 강 케이블의 성질*

공칭지름	근사 무게	유효 면적	극한하중
(mm)	(N/m)	(mm2)	(kN)
12	6.1	76.7	102
20	13.9	173	231
25	24.4	304	406
32	38.5	481	641
38	55.9	697	930
44	76.4	948	1260
50	99.8	1230	1650

* 이 책에 수록된 문제를 풀 때만 사용한다.

예제 2-1

수평 암 AB(길이 b = 280 mm)와 수직 암 BC(길이 c = 250 mm)로 구성된 L-형 프레임 ABC는 점 B에서 그림 2-7a와 같이 피봇으로 연결되어 있다. 피봇은 실험실 벤치에 놓여진 외부 프레임 BCD에 부착되어 있다. C의 포인터의 위치는 나사모양의 봉에 부착된 스프링(강성도 k = 750 N/m)에 의해 제어된다. 나사 모양의 봉의 위치는 울퉁불퉁한 너트(knurled nut)를 돌려서 조정한다.

나사의 피치(즉, 한 나사에서 다음 나사까지의 거리)는 p = 1.6 mm이며, 이는 너트가 한 바퀴 회전할 때 봉을 피치만큼 이동시키는 것을 뜻한다. 초기에는, 암 BC의 끝에 있는 포인터가 외부 프레임의 기준표지에 이르기까지 너트를 돌린다.

무게 W = 9 N이 점 A의 행거(hanger)에 작용할 때, 포인터가 표지까지 되돌아오는 데 필요한 너트의 회전수는 얼마인가? (장치의 금속 부분의 변형은 스프링의 길이변화에 비해 무시할 수 있으므로, 이 변형은 고려하지 않는다.)

풀이

장치(그림 2-7a)를 살펴보면, 무게 W가 밑으로 작용할 때, C의 포인터는 우측으로 움직이는 것을 알 수 있다. 포인터가 우측으로 움직이면 스프링은 추가적인 양만큼 늘어나며, 이 양은 스프링에 작용하는 힘으로부터 구할 수 있다.

스프링에 작용하는 힘을 구하기 위해 프레임 ABC의 자유물체도(그림 2-7b)를 그린다. 이 그림에서 W는 행거에 의해 작용되는 힘을 나타내며 F는 스프링에 의해 작용되는 힘을 나타낸다. 피봇의 반력은 화살표에 사선을 그려서 나타낸다(1.8절 반력에 대한 논의 참조).

점 B에 대하여 모멘트를 취하면

$$F = \frac{Wb}{c} \qquad (a)$$

가 되고, 이에 대응되는 스프링의 신장량 δ(식 2-1a로부터)는 다음과 같다.

$$\delta = \frac{F}{k} = \frac{Wb}{ck} \qquad (b)$$

포인터를 표지 위치로 되돌아가게 하기 위해서는, 나사봉을 왼쪽으로 스프링의 신장량과 같은 길이만큼 움직일 수 있도록 충분한 회전수만큼 너트를 회전시켜야 한다. 너트를 한 바퀴 돌리면 봉을 피치 p의 길이만큼 움직이게 하므로, 회전수를 n이라 하면 봉의 전체움직임은 np와 같다. 따라서

$$np = \delta = \frac{Wb}{ck} \qquad (c)$$

여기서, 다음과 같은 너트의 회전수에 관한 공식을 얻는다.

$$n = \frac{Wb}{ckp} \qquad (d) \Leftarrow$$

수치결과. 해의 마지막 단계로 식 (d)에 주어진 수치 자료를 대입하면 다음과 같다.

$$n = \frac{Wb}{ckp} = \frac{(9 \text{ N})(280 \text{ mm})}{(250 \text{ mm})(0.75 \text{ N/mm})(1.6 \text{ mm})} = 8.4 \text{회} \Leftarrow$$

이 결과는 너트를 8.4회 회전시킬 때, 나사봉이 왼쪽으로 9 N의 하중 때문에 생기는 스프링의 신장량과 같은 길이만큼 움직여서 포인터는 기준표지로 되돌아간다는 것을 보여준다.

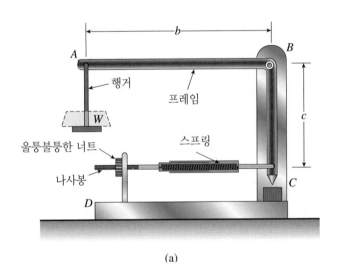

(a)

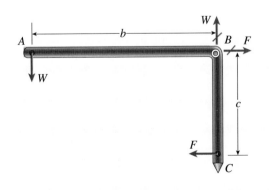

그림 2-7 예제 2-1. (a) 점 B에서 피봇에 의해 바깥쪽 프레임 BCD에 부착된 강체 L-형 프레임 ABC, (b) 프레임 ABC의 자유물체도

그림 2-8a에 보인 장치는 두 개의 수직봉 *BD*와 *CE*에 의해 지지된 수평 보 *ABC*로 구성되어 있다. 봉 *CE*는 양단에서 핀으로 연결되었으며, 봉 *BD*는 하단에서 기초에 고정되어 있다. *A*에서 *B*까지의 길이는 450 mm이고, *B*에서 *C*까지의 길이는 225 mm이다. 봉 *BD*와 *CE*의 길이는 각각 480 mm와 600 mm이며, 이들의 단면적은 각각 1020 mm²와 520 mm²이다. 봉들은 탄성계수 *E* = 205 GPa을 갖는 강철로 제조되었다.

보 *ABC*가 강체라 가정하고, 점 *A*의 변위가 1.0 mm로 제한되기 위한 최대허용하중 P_{max}를 구하라.

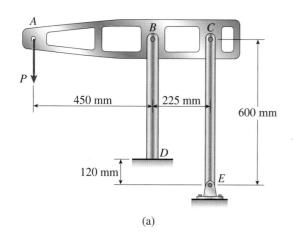

(a)

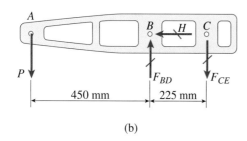

(b)

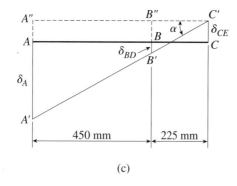

(c)

그림 2-8 예제 2-2. 두 개의 수직봉으로 지지된 수평 보 *ABC*

풀이

점 *A*의 변위를 구하려면, 점 *B*와 *C*의 변위를 알아야 한다. 따라서 일반공식 $\delta = PL/EA$(식 2-3)를 사용하여 봉 *BD*와 *CE*의 길이변화를 구해야 한다.

보의 자유물체도(그림 2-8b)로부터 봉에 작용하는 하중을 구하는 것으로 시작한다. 봉 *CE*는 양단이 핀으로 연결되어 있기 때문에, "두–힘" 부재이며, 수직력 f_{CE}만 보에 전달한다. 그러나 봉 *BD*는 수직력 F_{BD}와 수평력 *H* 둘 다 전달한다. 보 *ABC*의 수평방향 평형으로부터 수평력은 없어짐을 알 수 있다.

두 개의 추가적인 평형방정식은 힘 F_{BD}와 F_{CE}를 하중 *P*의 항으로 나타낼 수 있게 한다. 그러므로 점 *B*에 대하여 모멘트를 취하고 수직방향으로 힘을 합하면 다음 값을 얻는다.

$$F_{CE} = 2P \qquad F_{BD} = 3P \qquad \text{(a)}$$

힘 F_{CE}는 봉 *ABC*에 하향으로 작용하며, 힘 F_{BD}는 상향으로 작용한다. 따라서 부재 *CE*는 인장을 받고, 부재 *BD*는 압축을 받는다.

부재 *BD*의 신축량은 다음과 같다.

$$
\begin{aligned}
\delta_{BD} &= \frac{F_{BD}L_{BD}}{EA_{BD}} \\
&= \frac{(3P)(480 \text{ mm})}{(205 \text{ GPa})(1020 \text{ mm}^2)} \\
&= 6.887P \times 10^{-6} \text{ mm} \quad (P = \text{뉴턴}) \qquad \text{(b)}
\end{aligned}
$$

하중 *P*가 N으로 표시될 때, 신축량 δ_{BD}는 mm로 표시된다.

이와 비슷하게, 부재 *CE*의 신장량은 다음과 같다.

$$
\begin{aligned}
\delta_{CE} &= \frac{F_{CE}L_{CE}}{E A_{CE}} \\
&= \frac{(2P)(600 \text{ mm})}{(205 \text{ GPa})(520 \text{ mm}^2)} \\
&= 11.26P \times 10^{-6} \text{ mm} \quad (P = \text{뉴턴}) \qquad \text{(c)}
\end{aligned}
$$

여기서도 하중 *P*가 N으로 표시되면, 변위는 mm로 표시된다. 두 개의 봉의 길이변화를 알았으므로, 이제는 점 *A*의 변위를 구할 수 있다.

변위선도. 그림 2-8c에 그려진 변위선도는 점 *A*, *B* 및 *C*의 상대 위치를 보여준다. 선 *ABC*는 세 점들의 원래의 정렬선을 나타낸다. 하중 *P*가 작용한 후에, 부재 *BD*는 δ_{BD}만큼 줄어들고, 점 *B*는 *B'*로 옮겨진다. 또한 부재 *CE*는 δ_{CE}만큼 늘어나며, 점 *C*는 *C'*로 옮겨진다. 보 *ABC*를 강체라고 가정하였으므로, 점 *A'*, *B'* 및 *C'*는 직선상에 위치한다.

확실하게 보여주기 위해, 변위들은 그림에서 크게 과장되게 그려졌다. 실제로 선 ABC는 새로운 위치 $A'B'C'$에 대해 아주 작은 각만큼 회전한다(이 예제 뒷부분의 주 2 참조).

닮은꼴 삼각형의 원리를 이용하여, 점 A, B 및 C의 변위 사이의 관계를 구할 수 있다. 삼각형 $A'A''C'$와 $B'B''C'$로부터 다음을 얻는다.

$$\frac{A'A''}{A''C'} = \frac{B'B''}{B''C'} \quad \text{또는} \quad \frac{\delta_A + \delta_{CE}}{450 + 225} = \frac{\delta_{BD} + \delta_{CE}}{225} \quad \text{(d)}$$

여기서 모든 항들은 mm로 표시된다.

식 (b)와 (c)에서 구한 δ_{BD}와 δ_{CE}의 값을 식 (d)에 대입하면 다음과 같다.

$$\frac{\delta_A + 11.26P \times 10^{-6}}{450 + 225} = \frac{6.887P \times 10^{-6} + 11.26P \times 10^{-6}}{225}$$

마지막으로 δ_A를 제한 값 1.0 mm로 놓으면, 하중 P에 대한 식

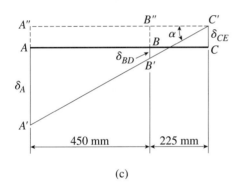

A'' B'' C'

α δ_{CE}

A B C

δ_{BD} B'

δ_A

A'

450 mm   225 mm

(c)

그림 2-8 (반복)

을 풀 수 있으며, 그 결과는 다음과 같다.

$$P = P_{max} = 23{,}200 \text{ N (또는 23.2 kN)}$$

하중이 이 값에 도달할 때, 점 A의 아래방향 변위는 1.0 mm이다.

주 1: 구조물은 선형 탄성적으로 거동하므로, 변위들은 하중의 크기에 비례한다. 예를 들어, 하중이 P_{max}의 절반 값, 즉 $P = 11.6$ kN이면, 점 A의 아래방향 변위는 0.5 mm이다.

주 2: 선 ABC가 아주 작은 각만큼 회전한다는 전제를 확인하기 위하여, 변위선도(그림 2-8c)로부터 회전각 α를 다음과 같이 구할 수 있다.

$$\tan \alpha = \frac{A'A''}{A''C'} = \frac{\delta_A + \delta_{CE}}{675 \text{ mm}} \quad \text{(e)}$$

점 A의 변위 δ_A는 1.0 mm이고, 봉 CE의 신장량 δ_{CE}는 식 (c)에 $P = 23{,}200$ N을 대입하여 구하며, 그 결과는 $\delta_{CE} = 0.261$ mm이다. 그러므로 식 (e)로부터 다음을 얻는다.

$$\tan \alpha = \frac{1.0 \text{ mm} + 0.261 \text{ mm}}{675 \text{ mm}} = \frac{1.261 \text{ mm}}{675 \text{ mm}} = 0.001868$$

이 식에서 $\alpha = 0.11°$를 구한다. 이 각은 아주 작기 때문에 변위선도를 축척대로 그리면, 원래의 선 ABC와 회전한 선 $A'B'C'$를 구분할 수 없을 것이다.

따라서 변위선도를 이용하여 계산할 때, 변위는 매우 작은 값이라고 취급할 수 있으므로 기하학적 모양을 간단하게 한다. 이 예제에서는 점 A, B 및 C는 수직방향만으로 움직인다고 가정할 수 있었으나, 변위들이 크면 이 점들은 곡선경로를 따라 움직인다고 생각하여야 한다.

2.3 불균일 상태에서의 길이변화

선형 탄성재료로 된 균일단면 봉이 끝에 하중을 받을 때, 앞의 절에서 설명한 바와 같이 길이변화는 식 $\delta = PL/EA$로부터 구한다. 이 절에서는 똑같은 방정식이 더욱 일반적인 경우에도 적용될 수 있다는 것을 보여준다.

중간에 축하중을 받는 봉

이를테면, 균일단면 봉이 축의 중간 지점에 작용하는 한개 또는 그 이상의 축하중의 작용을 받는다고 가정하자(그림 2-9a). 이 봉의 길이변화는 각 부분의 늘어난 길이와 줄어든 길이를 대수적으로 합하여 구한다. 그 과정은 다음과 같다.

1. 봉의 부분(부분 AB, BC 및 CD)을 각각 부분 1, 2, 3이라고 정의한다.

2. 그림 2-9b, c, d의 자유물체도로부터 각 부분에 작용하는 내부 축력 N_1, N_2 및 N_3를 구한다. 내부 축력은 외부 하중 P와 구별하기 위하여 문자 N으로 표시한다. 힘들을 수직방향으로 합해서 다음과 같은 축력에 관한 식을 얻는다.

$$N_1 = -P_B + P_C + P_D \qquad N_2 = P_C + P_D \qquad N_3 = P_D$$

이 방정식을 쓰는 데 있어 앞의 절에서 주어진 부호규약을 사용한다(내부 축력은 인장을 받으면 양이고, 압축을 받으면 음이다).

3. 식 (2-3)으로부터 각 부분의 길이변화를 구한다.

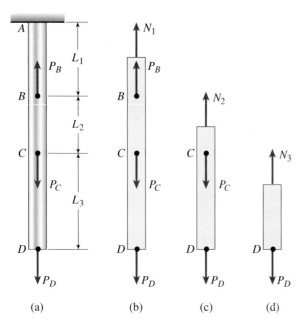

그림 2-9 (a) 중간지점에 작용하는 외부하중을 받는 봉, (b), (c), (d) 내부 축력 N_1, N_2, N_3를 보여주는 자유물체도

$$\delta_1 = \frac{N_1 L_1}{EA} \qquad \delta_2 = \frac{N_2 L_2}{EA} \qquad \delta_3 = \frac{N_3 L_3}{EA}$$

여기서, L_1, L_2 및 L_3는 각 부분의 길이이고, EA는 봉의 축강도이다.

4. δ_1, δ_2 및 δ_3를 더하여 전체 봉의 길이변화 δ를 구한다.

$$\delta = \sum_{i=1}^{3} \delta_i = \delta_1 + \delta_2 + \delta_3$$

이미 설명한 바와 같이 길이변화는 늘어날 때는 양으로, 줄어들 때는 음으로 표시하여 대수적으로 더해야 한다.

균일한 단면 부분으로 구성된 보

이러한 똑같은 방법이 각각 다른 축력, 다른 치수 및 다른 재료로 된 여러 개의 균일단면 봉으로 구성된 봉에도 사용될 수 있다(그림 2-10). 길이변화는 다음 식으로 구한다.

$$\delta = \sum_{i=1}^{n} \frac{N_i L_i}{E_i A_i} \tag{2.5}$$

여기서 아래첨자 i는 봉의 여러 부분에 대한 숫자 표시이며, n은 부분의 전체 개수이다. 특히, N_i는 외부 하중이 아니며 부분 i의 내부 축력을 나타낸다.

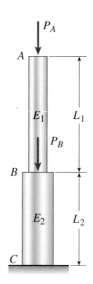

그림 2-10 축력, 치수 및 재료가 각각 다른 균일단면 부분들로 구성된 봉

연속적으로 변하는 하중 또는 치수를 가진 봉

때로는 축력 N과 단면적 A가 그림 2-11a의 테이퍼 봉에서 보는 바와 같이 봉의 축을 따라 연속적으로 변한다. 이 봉은 연속적으로 변하는 단면적뿐만 아니라, 연속적으로 변하는 축력을 갖는다. 이 예시에서 하중이 두 부분, 즉 봉의 B단에 작용하는 단일 힘 P_B와 축에 따라 작용하는 분포력 $p(x)$로 구성되어 있다. (분포력은 미터당 뉴턴과 같은 단위길이당 힘의 단위를 갖는다. 분포된 축하중은 원심력, 마찰력 또는 수직으로 매달려 있는 봉의 무게와 같은 요인들에 의해 생긴다.)

이러한 조건에서 식 (2-5)는 더 이상 길이변화를 구하는 데 사용할 수 없다. 대신에, 봉의 미분 요소의 길이변화를 구하여 이를 봉의 전체 길이에 대하여 적분해야 한다.

봉의 좌단으로부터 길이 x만큼 떨어진 위치에 미소요소를 정한다(그림 2-11a). 이 단면에 작용하는 내부 축력 $N(x)$(그림 2-11b)는 부분 AC 또는 부분 CB를 자유물체로 분리하여 평형조건으로부터 구한다. 일반적으로 이 힘은 x의 함수이다. 또한 봉의 치수를 알기 때문에 단면적 $A(x)$를 x의 함수로 표시할 수 있다.

미분요소의 신장량 $d\delta$(그림 2-11c)는 식 $\delta = PL/EA$에 P대신 $N(x)$, L대신 dx, A 대신 $A(x)$를 대입하여, 다음과 같이 구한다.

$$d\delta = \frac{N(x)\,dx}{EA(x)} \tag{2-6}$$

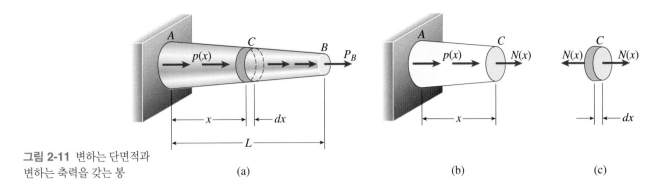

그림 2-11 변하는 단면적과
변하는 축력을 갖는 봉

(a) (b) (c)

전체 봉의 신장량은 위 식을 전체 길이에 대해 적분하여
구한다.

$$\delta = \int_0^L d\delta = \int_0^L \frac{N(x)dx}{EA(x)} \qquad (2.7)$$

$N(x)$와 $A(x)$에 대한 식이 아주 복잡하지 않은 경우, 적분은
해석적으로 구할 수 있으며 뒤의 예제 2-4에서 설명되는
바와 같이, δ에 대한 공식을 구할 수 있다. 그러나 정식 적
분이 어렵거나 불가능한 경우에는, 적분을 구하는 수치방
법을 사용하여야 한다.

제한

　식 (2-5)와 (2-7)은 공식에 탄성계수 E가 있는 것으로 보
아 선형 탄성재료로 된 봉에만 적용된다. 또한 공식 $\delta =$

PL/EA는 응력분포가 전체 단면적에 걸쳐 일정하다는 가정
에서 유도되었다(왜냐하면, 공식 $\sigma = P/A$에 근거하였기
때문에). 이 가정은 균일단면 봉에는 유효하지만 테이퍼 봉
에는 유효하지 않으므로, 식 (2-7)은 봉의 측면 사이의 각
이 작은 경우에만 테이퍼 봉에 대해 만족한 결과를 준다.

　예를 들면, 변 사이의 각이 $20°$인 경우에 식 $\sigma = P/A$에서
구한 응력(임의로 선정한 단면에서)은 같은 단면적에 대한
정확한 응력 값(더욱 고급방법에 의해 계산된)보다 3% 작
다. 더 작은 각에 대해서 오차는 더욱 작아진다. 결과적으로,
식 (2-7)은 테이퍼 각이 작으면 만족하다고 말할 수 있다. 테
이퍼 각이 큰 경우에는 더욱 정확한 해석 방법이 필요하다
(참고문헌 2-1 참조).

　다음 예제들은 불균일 봉의 길이변화를 구하는 과정을
설명한다.

예제 2-3

　수직 강철봉 ABC가 봉의 상단에서 핀으로 지지되었고, 하단
에 하중 P_1을 받고 있다(그림 2-12a). 수평보 BDE는 조인트 B
에서 수직봉과 핀으로 연결되어 있으며 D점에서 지지되었다.
보는 끝점 E에서 하중 P_2를 받는다.

　수직봉의 윗부분(부분 AB)의 길이 $L_1 = 500$ mm이고, 단면적
$A_1 = 160$ mm^{2}이며, 아랫부분(부분 BC)의 길이 $L_2 = 750$ mm,
단면적 $A_2 = 100$ mm^{2}이다. 강철의 탄성계수는 $E = 200$ GPa이
다. 보 BDE의 왼쪽 및 오른쪽 부분의 길이는 각각 $a = 700$ mm
및 $b = 625$ mm이다.

　하중 $P_1 = 10$ kN, $P_2 = 25$ kN일 때, 점 C에서의 수직변위 δ_C
를 구하라(봉과 보의 무게는 무시하라).

풀이

　봉 ABC의 축력. 그림 2-12a로부터 점 C에서의 수직변위는 봉
ABC의 길이변화와 같음을 알 수 있다. 그러므로 이 봉의 두 부
분에 작용하는 축력을 구해야 한다.

　아랫부분에 작용하는 축력 N_1은 하중 P_1과 같다. 윗부분에
작용하는 축력 N_2는 A점에서의 수직반력이나 보에 의하여 봉
에 작용되는 힘으로부터 구한다. 후자의 힘은 보의 자유물체도
(그림 2-12b)로부터 구할 수 있으며, 여기서 보에 작용하는 힘
(수직봉으로부터)은 P_3로 표시하고, 지지점 D에서의 수직반력
은 R_D로 표시한다. 수직봉의 자유물체도(그림 2-12c)로부터 알
수 있듯이, 봉과 보 사이에는 수평력이 작용하지 않는다. 그러
므로 보의 지지점 D에서는 수평반력이 없다.

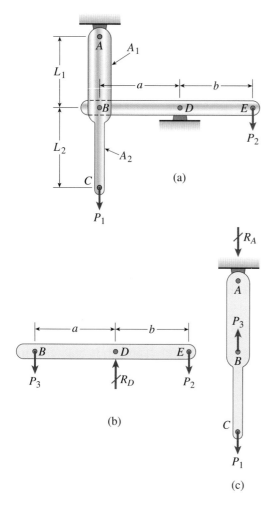

(a)

(b)

(c)

그림 2-12 예제 2-3. 불균일 봉(봉 ABC)의 길이변화

보의 자유물체도(그림 2-12b)에서 점 D에 대하여 모멘트를 취하면 다음과 같다.

$$P_3 = \frac{P_2 b}{a} = \frac{(25 \text{ kN})(625 \text{ mm})}{700 \text{ mm}} = 22.3 \text{ kN} \qquad \text{(a)}$$

이 힘은 보(그림 2-12b)에서는 아래 방향으로, 수직봉에서는 윗방향으로 작용한다(그림 2-12c).

이제 봉의 지지점 A에서의 아래 방향 반력을 구할 수 있다 (그림 2-12c).

$$R_A = P_3 - P_1 = 22.3 \text{ kN} - 10 \text{ kN} = 12.3 \text{ kN} \qquad \text{(b)}$$

수직봉의 윗부분(부분 AB)은 R_A, 또는 12.3 kN과 같은 압축 축력 N_1을 받는다. 아랫부분(부분 BC)은 P_1, 또는 10 kN과 같은 인장 축력 N_2를 받는다.

주: 앞의 계산에 대한 또 다른 방법으로는, 보 BDE 의 자유물체도 대신에 전체 구조물의 자유물체도를 이용하여 반력 R_A를 구할 수 있다.

길이변화. 인장을 양으로 하여, 식 (2-5)에서 봉 ABC의 길이변화인 δ를 구한다.

$$\delta = \sum_{i=1}^{n} \frac{N_i L_i}{E_i A_i} = \frac{N_1 L_1}{EA_1} + \frac{N_2 L_2}{EA_2} \qquad \text{(c)}$$

$$= \frac{(-12.3 \text{ kN})(500 \text{ mm})}{(200 \text{ GPa})(160 \text{ mm}^2)} + \frac{(10 \text{ kN})(750 \text{ mm})}{(200 \text{ GPa})(100 \text{ mm}^2)}$$

$$= -0.192 \text{ mm} + 0.375 \text{ mm} = 0.183 \text{ mm}$$

δ는 양이므로 봉은 늘어난다. 점 C에서의 변위는 봉의 길이변화와 같다.

$$\delta_C = 0.183 \text{ mm}$$

이 변위는 아래 방향으로 향한다.

예제 2-4

속이 찬 원형 단면적을 가지고 길이가 L 인 테이퍼 봉 AB(그림 2-13a)가 끝점 B에서 지지되어 있고, 자유단 A에서 인장하중 P를 받고 있다. 양쪽 끝 A와 B의 지름은 각각 d_A와 d_B이다. 하중 P에 의한 봉의 신장량을 구하라.

풀이

이 예제에서 해석하고자 하는 봉은 전체 길이를 통하여 일정한 축력(하중 P와 같은)을 갖는다. 그러나 단면적은 한쪽 끝에

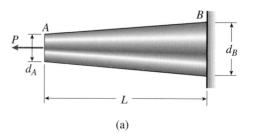

(a)

그림 2-13 예제 2-4. 속이 찬 원형단면을 갖는 테이퍼 봉의 길이변화

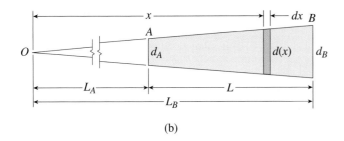

(b)

그림 2-13 (계속)

서 다른 쪽 끝까지 연속적으로 변한다. 그러므로 적분식(식 2-7 참조)을 사용하여 길이를 구해야 한다.

단면적. 문제 풀이의 첫 단계는 봉의 임의 단면에서의 단면적 $A(x)$를 나타내는 식을 구하는 것이다. 이러한 목적으로 좌표 x에 대한 원점을 정한다. 봉의 자유단 A를 좌표의 원점으로 잡는 것도 한 방법이다. 그러나 그림 2-13b에서 보는 바와 같이 테이퍼 봉의 양 측면을 연장하여 만나는 점 O를 좌표의 원점으로 하면 적분을 좀 더 간단하게 할 수 있다.

원점 O에서 점 A와 B까지의 거리를 각각, L_A와 L_B라 하면, 이들의 비율은 그림 2-13b의 닮은꼴 삼각형의 원리로부터 다음과 같이 구한다.

$$\frac{L_A}{L_B} = \frac{d_A}{d_B} \tag{a}$$

닮은꼴 삼각형의 원리에서, 원점으로부터 길이 x만큼 떨어진 위치의 지름 $d(x)$의 봉의 작은 쪽 끝단 A에서의 지름 d_A에 대한 비는 다음과 같다.

$$\frac{d(x)}{d_A} = \frac{x}{L_A} \quad \text{또는} \quad d(x) = \frac{d_A x}{L_A} \tag{b}$$

그러므로 원점으로부터 길이 x만큼 떨어진 위치의 단면적은 다음과 같다.

$$A(x) = \frac{\pi[d(x)]^2}{4} = \frac{\pi d_A^2 x^2}{4L_A^2} \tag{c}$$

길이변화. $A(x)$에 대한 식을 식 (2-7)에 대입하여 신장량 δ를 구한다.

$$\delta = \int \frac{N(x)dx}{EA(x)} = \int_{L_A}^{L_B} \frac{Pdx(4L_A^2)}{E(\pi d_A^2 x^2)} = \frac{4PL_A^2}{\pi E d_A^2} \int_{L_A}^{L_B} \frac{dx}{x^2} \tag{d}$$

적분을 수행하여(부록 C의 적분공식 참조) 한계값을 대입하면 다음 식을 얻는다.

$$\delta = \frac{4PL_A^2}{\pi E d_A^2}\left[-\frac{1}{x}\right]_{L_A}^{L_B} = \frac{4PL_A^2}{\pi E d_A^2}\left(\frac{1}{L_A} - \frac{1}{L_B}\right) \tag{e}$$

δ에 대한 식은 다음 관계를 이용하여 간단하게 정리된다.

$$\frac{1}{L_A} - \frac{1}{L_B} = \frac{L_B - L_A}{L_A L_B} = \frac{L}{L_A L_B} \tag{f}$$

따라서 δ에 대한 식은 다음과 같다.

$$\delta = \frac{4PL}{\pi E d_A^2}\left(\frac{L_A}{L_B}\right) \tag{g}$$

마지막으로 $L_A/L_B = d_A/d_B$(식 a 참조)를 대입하여 다음을 구한다.

$$\delta = \frac{4PL}{\pi E d_A d_B} \tag{2-8}$$

이 공식은 속이 찬 원형단면을 갖는 테이퍼 봉의 신장량을 구하는 데 사용한다. 수치 값을 대입하면 어느 특정한 봉에 대해서도 길이변화를 구할 수 있다.

주 1: 테이퍼 봉의 신장량을 테이퍼 봉의 중앙 부분에서 동일한 단면적을 갖는 균일단면 봉의 신장량으로 계산하여 구할 수 있다고 하는 가정은 흔히 있을 수 있는 잘못이다. 식 (2-8)을 검토해 보면 이러한 발상은 적절하지 않다는 것을 알 수 있다.

주 2: 테이퍼 봉에 대한 앞의 공식(식 2-8)은 $d_A = d_B = d$를 대입한 특수 경우의 균일단면 봉에 적용될 수 있다. 이 결과는 정확하다고 알고 있는 것과 같다.

$$\delta = \frac{4PL}{\pi E d^2} = \frac{PL}{EA}$$

식 (2-8)과 같은 일반공식은, 특별한 경우에 대해 알려진 결과로 축소될 수 있는 가능성이 있는가를 확인함으로써 언제든지 검토되어야 한다. 축소식이 정확한 결과를 낼 수 없으면 원래의 방정식은 오차가 있는 것이다. 정확한 결과를 구할 수 있다면 원래의 방정식이 비록 부정확할지라도 축소식에 대한 신뢰감은 증가한다. 다시 말하면, 이러한 형태의 검토는 원래 방정식의 정확성에 대한 필요조건이지 충분조건은 아니다.

2.4 부정정 구조물

앞의 절에서 논의된 스프링, 봉 및 케이블은 공통적인 한 가지 중요한 성질은 반력과 내부 축력을 자유물체도와 평형방정식만을 사용하여 구할 수 있다는 점이다. 이런 형태의 구조물을 **정정(statically determinate)**이라고 분류한다. 정정 구조물의 힘은 재료의 성질을 알지 못하더라도 구할 수 있다는 것을 특별히 유의해야 한다. 예를 들어, 그림 2-14에 보인 봉 *AB*를 고찰하여 보자. 하단 기초부의 반력 *R*뿐만 아니라, 봉의 두 부분의 내부 축력을 계산하는 과정은 봉의 재료와 무관하다.

대부분의 구조물은 그림 2-14의 봉보다 더 복잡하며, 이들의 반력과 내부 축력은 정역학만으로는 구할 수 없다. 이런 경우가 양단이 고정된 봉 *AB*를 보여주는 그림 2-15에 예시되었다. 두 개의 수직반력(R_A와 R_B)이 있지만, 쓸 수 있는 평형방정식은 오직 한 개이다. 즉, 수직방향으로 힘들을 합한 식이 그것이다. 이 식은 두 개의 미지수를 포함하고 있으므로 반력을 구하기에 충분하지 않다. 이러한 종류의 구조물은 **부정정(statically indeterminate)**으로 분류한다. 이러한 구조물을 해석하기 위해서 평형방정식에 추가하여 구조물의 변위에 관계된 추가적인 식을 보완하여야 한다.

부정정 구조물을 해석하는 방법을 보여주기 위하여, 그림 2-16a의 예를 고찰하자. 균일단면 봉 *AB*는 양단에서 견고하게 지지되었고, 중간 지점 *C*에서 축하중 *P*를 받는다. 이미 언급한 바와 같이, 단 한 개의 **평형방정식**만 쓸 수 있으므로, 반력 R_A와 R_B는 **정역학 식**만으로는 구할 수 없다.

$$\sum F_{\text{vert}} = 0 \qquad R_A - P + R_B = 0 \qquad \text{(a)}$$

두 개의 미지 반력을 구하기 위해서는 추가적인 방정식이 필요하다.

추가적인 방정식은 양단이 고정된 봉은 길이의 변화가 없다는 관찰에 근거한다. 봉을 지지점으로부터 분리하면(그림 2-16b), 양단이 자유롭고 세 개의 힘 R_A, R_B 및 *P*를 받는 봉이 된다. 이들 힘은 봉에 δ_{AB}만큼의 길이변화를 일으키지만 이 값은 0이 되어야 한다.

그림 2-15 부정정 봉

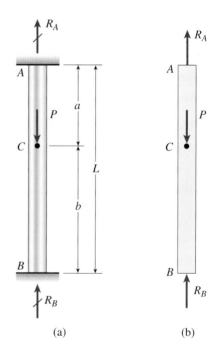

(a)   (b)

그림 2-16 부정정 봉의 해석

그림 2-14 정정 봉

$$\delta_{AB} = 0 \qquad\qquad (b)$$

적합방정식이라고 부르는 이 방정식은 봉의 길이변화가 지지점의 조건에 적합해야 된다는 사실을 나타낸다.

식 (a)와 (b)를 풀기 위해서, 적합방정식을 미지의 힘 R_A와 R_B의 항으로 나타내야 한다. 봉에 작용하는 힘과 길이변화 사이의 관계를 **힘-변위 관계식**이라고 한다. 이러한 관계는 재료의 성질에 따라 여러 가지 형태를 갖는다. 재료가 선형 탄성적이면 방정식 $\delta = PL/EA$는 힘-변위 관계식을 얻기 위하여 사용된다.

그림 2-16의 봉이 단면적 A를 가지고 탄성계수가 E인 재료로 되었다고 가정하자. 봉의 윗부분 및 아랫부분의 길이변화는 각각 다음과 같다.

$$\delta_{AC} = \frac{R_A a}{EA} \qquad \delta_{CB} = -\frac{R_B b}{EA} \qquad (c, d)$$

여기서 음의 부호는 봉이 줄어듦을 의미한다. 식 (c)와 식 (d)는 힘-변위 관계식이다.

이제는 세 개의 방정식(평형방정식, 적합방정식, 힘-변위 관계식)을 연립해서 풀 준비가 되었다. 이 예시에서는 먼저 힘-변위 방정식을 적합방정식과 조합하여 시작한다.

$$\delta_{AB} = \delta_{AC} + \delta_{CB} = \frac{R_A a}{EA} - \frac{R_B b}{EA} = 0 \qquad (e)$$

이 식은 두 개의 미지 반력을 포함하고 있음을 유의하라.

다음 단계는 평형방정식(식 a)과 앞의 방정식(식 e)을 연립하여 푸는 것이다. 그 결과는 다음과 같다.

$$R_A = \frac{Pb}{L} \qquad R_B = \frac{Pa}{L} \qquad (2\text{-}9a, b)$$

반력을 구하면 모든 다른 힘과 변위 값을 구할 수 있다. 예를 들어, 점 C에서의 아래 방향 변위 δ_C를 구한다고 하자. 이 변위는 부재 AC의 신장량과 같다.

$$\delta_C = \delta_{AC} = \frac{R_A a}{EA} = \frac{Pab}{LEA} \qquad (2\text{-}10)$$

물론 봉의 두 부분의 응력은 내부 축력(예를 들면, $\sigma_{AC} = R_A/A = Pb/AL$)으로부터 직접 구할 수 있다.

일반적 유의 사항

앞에서의 논의로부터 부정정 구조물의 해석은 평형방정식과 적합방정식 및 힘-변위 관계식을 세우고 이를 푸는 과정을 포함한다는 것을 알 수 있다. 평형방정식은 구조물에 작용하는 하중을 미지의 힘(반력 또는 내부 축력)으로 나타내고, 적합방정식은 구조물의 변위에 관한 조건을 나타낸다. 힘-변위 관계식은 구조용 부재의 치수와 성질을 그 부재의 힘과 변위에 관련시키는 데 사용하는 식이다. 선형 탄성적으로 거동하는 축하중을 받는 봉의 경우에는 이 관계가 $\delta = PL/EA$에 근거를 둔다. 마지막으로 미지의 힘과 변위를 구하기 위해 세 개의 방정식 모두를 연립하여 푼다.

공학문헌에는 평형, 적합성 및 힘-변위 방정식에 의해 나타나는 조건에 대해 다양한 용어가 사용된다. 평형방정식은 **정역학** 또는 **동역학** 방정식으로 알려져 있고, 적합방정식은 때로는 기하학적 방정식, 운동학 방정식 또는 **지속적인 변형** 방정식이라 부르며, 힘-변위의 관계는 **구성 관계**라고 부른다. (왜냐하면 재료의 **구성** 또는 물리적 성질을 다루기 때문이다.)

이 장에서 논의되는 비교적 간단한 구조물에서는 앞에서의 해석방법이 적절하다. 그러나 복잡한 구조물에 대해서는 더욱 논리적인 방법이 필요하다. 일반적으로 사용되는 두 개의 방법, 즉 유연도 방법과 강성도 방법이 구조해석에 관한 교재에 자세하게 서술되어 있다. 이러한 방법은 수백 또는 수천 개의 연립방정식을 풀어야 하는 대형 복합 구조물에 사용되지만, 그 방법들은 평형방정식, 적합방정식 및 힘-변위 관계식과 같은 앞에서 설명한 개념을 기초로 한 것이다.[*]

다음 두 개의 예제들은 축하중을 받는 부재들로 구성된 부정정 구조물을 해석하는 방법을 예시한다.

---

[*] 역사적 관점에서 보면, 1774년에 Euler가 최초로 부정정 시스템을 해석하였으며, 그는 탄성적 기초 위에 지지된 네 개의 다리를 가진 테이블에 관한 문제를 고려하였다(참고문헌 2-2 및 2-3). 다음 작업은 불란서 수학자이며 공학자인 L. M. H. Navier에 의해 수행되었고, 그는 1825년에 부정정 반력을 구조물의 탄성을 고려해서 구할 수 있다는 것을 발견하였다(참고문헌 2-4). Navier는 부정정 트러스와 보에 대한 문제를 풀었다.

예제 2-5

속이 찬 원형 강철 실린더 S가 속이 빈 원형 구리관 C 안에 들어 있다(그림 2-17a, b). 실린더와 관은 시험기의 견고한 판 사이에 압축력 P에 의하여 압축을 받고 있다. 강철 실린더의 단면적은 A_s이고, 탄성계수는 E_s이며, 구리관의 단면적은 A_c이고, 탄성계수는 E_c이며, 이들이 길이는 모두 L이다.

다음 값을 구하라: (a) 강철 실린더에 작용하는 압축력 P_s와 구리관에 작용하는 압축력 P_c, (b) 이에 대응되는 압축응력 σ_s와 σ_c, (c) 조립체의 줄어든 길이 δ

풀이

(a) 강철 실린더 및 구리관에 작용하는 압축력. 강철 실린더와 구리관에 작용하는 압축력 P_s와 P_c를 나타내기 위하여 먼저 조립체의 상단의 판을 제거한다(그림 2-17c). 힘 P_s는 강철 실린더의 전체 단면적에 작용하는 등분포 응력의 합력이며, 힘 P_c는 구리관의 전체 단면적에 작용하는 응력의 합력이다.

평형방정식. 상단의 판의 자유물체도는 그림 2-17d에 보여진다. 이 판은 힘 P와 미지의 압축력 P_s 및 P_c의 작용을 받으므로 평형방정식은 다음과 같다.

$$\sum F_{\text{vert}} = 0 \qquad P_s + P_c - P = 0 \qquad \text{(f)}$$

이 식은 유일하게 사용할 수 있는 의미 있는 평형방정식으로 두 개의 미지수를 포함한다. 그러므로 이 구조물은 부정정이다.

적합방정식. 상단의 판은 견고하므로 강철 실린더와 구리관은 같은 양만큼 줄어든다. 강철 부분과 구리 부분의 줄어든 길이를 각각 δ_s와 δ_c라 하면, 다음과 같은 적합방정식을 얻는다.

$$\delta_s = \delta_c \qquad \text{(g)}$$

힘-변위 관계식. 실린더와 관의 길이변화는 일반 방정식 $\delta = PL/EA$에서 구할 수 있으므로, 이 예제에서는 힘-변위 관계식이 다음과 같다.

$$\delta_s = \frac{P_s L}{E_s A_s} \qquad \delta_c = \frac{P_c L}{E_c A_c} \qquad \text{(h, i)}$$

방정식의 해. 이제 세 개의 방정식을 연립하여 푼다. 먼저 힘-변위 관계식을 적합방정식에 대입하면 다음과 같다.

$$\frac{P_s L}{E_s A_s} = \frac{P_c L}{E_c A_c} \qquad \text{(j)}$$

이 방정식은 적합조건을 미지의 힘들의 항으로 나타낸다.

다음에는 평형방정식(식 f)과 적합방정식(식 j)을 연립하여 풀어서 강철 실린더와 구리관에 작용하는 축력을 구한다.

$$P_s = P\left(\frac{E_s A_s}{E_s A_s + E_c A_c}\right)$$

$$P_c = P\left(\frac{E_c A_c}{E_s A_s + E_c A_c}\right) \qquad \text{(2-11a, b)} \Longleftarrow$$

이 방정식은 강철과 구리부분의 압축력이 이들 각각의 축강도에는 비례하고, 이들 축강도의 합에는 반비례한다는 것을 보여준다.

(b) 강철 실린더와 구리관에 작용하는 압축응력. 축력을 구했음으로 두 가지 재료의 압축응력들을 구할 수 있다.

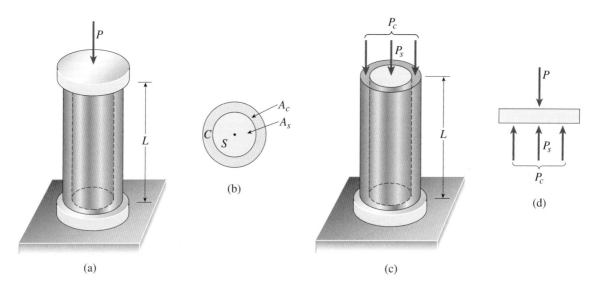

(a)   (b)   (c)   (d)

그림 2-17 예제 2-5. 부정정 구조물의 해석

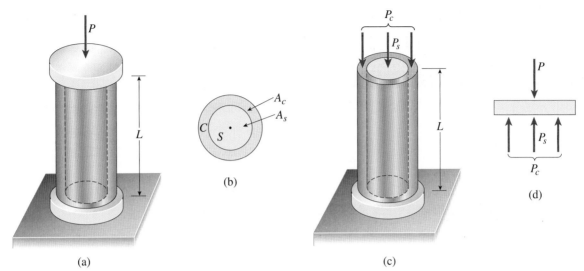

그림 2-17 (반복)

$$\sigma_s = \frac{P_s}{A_s} = \frac{PE_s}{E_s A_s + E_c A_c}$$

$$\sigma_c = \frac{P_c}{A_c} = \frac{PE_c}{E_s A_s + E_c A_c} \qquad \text{(2-12a, b)}$$

응력비 σ_s/σ_c는 탄성계수비 E_s/E_c와 같음을 유의해야 하며, 이는 일반적으로 강성이 높은 재료가 큰 응력을 받는다는 것을 나타낸다.

(c) **조립체의 줄어든 길이.** 전체 조립체의 줄어든 길이 δ는 식 (h) 또는 식(i)로부터 구할 수 있다. 따라서 식 (2-11a, b)의 힘을 대입하여 다음 식을 얻는다.

$$\delta = \frac{P_s L}{E_s A_s} = \frac{P_c L}{E_c A_c} = \frac{PL}{E_s A_s + E_c A_c} \qquad \text{(2-13)}$$

이 결과는, 조립체의 줄어든 길이가 전체하중을 두 개 부분의 강성도들의 합으로 나눈 것과 같음을 보여준다(식 2-4로부터 축하중을 받는 봉의 강성도는 $k = EA/L$임을 상기하라).

방정식의 대체 해. 힘-변위 관계식(식 h, i)을 적합방정식에 대입하는 대신에 이 관계식을 다음과 같은 형태로 다시 쓸 수 있다.

$$P_s = \frac{E_s A_s}{L} \delta_s \qquad P_c = \frac{E_c A_c}{L} \delta_c \qquad \text{(k, l)}$$

이 식들을 평형방정식(식 f)에 대입하면 다음과 같다.

$$\frac{E_s A_s}{L} \delta_s + \frac{E_c A_c}{L} \delta_c = P \qquad \text{(m)}$$

이 식은 평형조건을 미지의 변위 항으로 나타낸 것이다. 적합방정식(식 g)과 앞의 방정식을 연립하여 풀면 변위를 구할 수 있다.

$$\delta_s = \delta_c = \frac{PL}{E_s A_s + E_c A_c} \qquad \text{(n)}$$

이 식은 식 (2-13)과 일치한다. 마지막으로 식 (n)을 식 (k)와 식 (l)에 대입하여 압축력 P_s와 P_c를 구한다(식 2-11a 및 b 참조).

주: 방정식을 푸는 대체 방법은 강성도(또는 변위) 해석 방법의 단순화된 형태이며, 방정식을 푸는 첫 번째 방법은 유연도(또는 하중) 방법의 단순화된 형태이다. 이 두 가지 방법의 이름은 식 (m)은 변위를 미지수로, 강성도를 계수로 갖는다는 사실(식 2-4a 참조)과, 반면에 식 (j)는 힘을 미지수로, 유연도를 계수로 갖는다는 사실(식 2-4b 참조)에서 비롯된다.

예제 2-6

수평 강봉 AB가 끝점 A에서 핀으로 연결되어 있으며, 점 D와 F에서 두 개의 와이어(CD 및 EF)에 의해 지지되어 있다(그림 2-18a). 수직하중 P가 봉의 끝점 B에 작용한다. 봉의 길이는 $3b$ 이고, 와이어 CD와 EF의 길이는 각각 L_1과 L_2이다. 또한 와이어 CD의 지름은 d_1, 탄성계수는 E_1이며, 와이어 EF의 지름은 d_2, 탄성계수는 E_2이다.

(a) 와이어 CD와 EF의 허용응력을 각각 σ_1과 σ_2라 할 때, 허용하중 P에 대한 공식을 구하라(봉 자체의 무게는 무시한다).

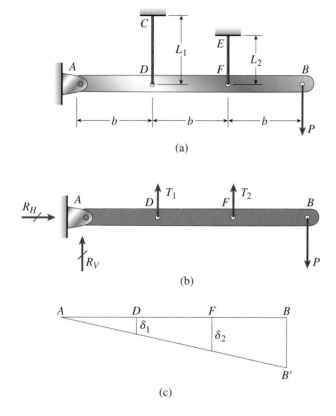

(a)

(b)

(c)

그림 2-18 예제 2-6. 부정정 구조물의 해석

(b) 다음 조건에 대하여 허용하중 P를 계산하라: 와이어 CD 는 탄성계수 $E_1 = 72\,GPa$, 지름 $d_1 = 4.0\,mm$. 길이 $L_1 = 0.40\,m$인 알루미늄으로 되어 있다. 와이어 EF는 탄성계수 $E_2 = 45\,GPa$, 지름 $d_2 = 3.0\,mm$, 길이 $L_2 = 0.30\,m$인 마그네슘으로 되어 있다. 알루미늄과 마그네슘의 허용응력은 각각 $\sigma_1 = 200\,MPa$, $\sigma_2 = 175\,MPa$이다.

풀이

평형방정식. 먼저 봉 AB의 자유물체도(그림 2-18b)를 그린 후 해석을 시작한다. 이 선도에서 T_1과 T_2는 와이어에 작용하는 미지의 인장력이고, R_H와 R_V는 지지점 반력의 수평 및 수직분력이다. 이 구조물은 네 개의 미지수(T_1, T_2, R_H, R_V)가 있지만, 세 개의 독립된 평형방정식만 있으므로, 바로 부정정임을 알 수 있다.

점 A에 대해서 모멘트를 취하면(반시계방향 모멘트를 양으로 함), 다음 식을 얻는다.

$$\sum M_A = 0 \qquad T_1 b + T_2(2b) - P(3b) = 0$$

$$또는 \quad T_1 + 2T_2 = 3P \tag{o}$$

힘들을 수평방향과 수직방향으로 합해서 얻는 다른 두 개의 방정식들은 T_1과 T_2를 구하는 데 아무 도움이 되지 않는다.

적합방정식. 변위에 관련된 식을 구하기 위하여, 하중 P가 봉 AB 를 핀 지지점 A에서 회전하게 하여 와이어를 늘어나게 한다는 것을 관찰한다. 이로 인한 변위는 그림 2-18c의 변위선도에 보여지며, 여기서 선 AB는 강봉의 원래의 위치를 나타내고, 선 AB'는 회전된 위치를 나타낸다. 변위 δ_1과 δ_2가 와이어의 신장량이다. 이 변위들은 매우 작기 때문에, 봉은 아주 작은 각(그림에서 크게 과장되어서 그려진)만큼 회전하며, 점 D, F 및 B는 수직 아래방향(원호에 따라 움직이는 대신에)으로 움직인다는 가정하에 계산할 수 있다.

수평 길이 AD와 DF는 같으므로, 신장량 사이에 다음과 같은 기하학적 관계식를 구한다.

$$\delta_2 = 2\delta_1 \tag{p}$$

식 (p)는 적합방정식이다.

힘-변위 관계식. 와이어는 선형 탄성적으로 거동하므로, 이들의 신장량은 다음과 같은 식에 의해 미지의 힘 T_1과 T_2로 나타낸다.

$$\delta_1 = \frac{T_1 L_1}{E_1 A_1} \qquad \delta_2 = \frac{T_2 L_2}{E_2 A_2}$$

여기서 A_1과 A_2는 각각 와이어 CD와 EF 의 단면적이며 다음과 같다.

$$A_1 = \frac{\pi d_1^2}{4} \qquad A_2 = \frac{\pi d_2^2}{4}$$

방정식 표기의 편의상, 다음과 같은 와이어의 유연도를 나타내는 식을 도입하자(식 2-4b 참조).

$$f_1 = \frac{L_1}{E_1 A_1} \qquad f_2 = \frac{L_2}{E_2 A_2} \tag{q, r}$$

그러면 힘-변위 관계식은 다음과 같게 된다.

$$\delta_1 = f_1 T_1 \qquad \delta_2 = f_2 T_2 \tag{s, t}$$

방정식의 해. 이제 세 개의 방정식(평형방정식, 적합방정식, 힘-변위 관계식)을 연립하여 푼다. 식 (s)와 식 (t)를 적합방정식 (p)에 대입하면 다음과 같다.

$$f_2 T_2 = 2f_1 T_1 \tag{u}$$

평형방정식 (o)와 위의 방정식 (u)는 각각 힘 T_1과 T_2를 미지수로 포함하고 있다. 이 두 개의 방정식을 연립하여 풀면 다음과 같이 된다.

$$T_1 = \frac{3f_2 P}{4f_1 + f_2} \qquad T_2 = \frac{6f_1 P}{4f_1 + f_2} \tag{v, w}$$

힘 T_1과 T_2를 알게 되었으므로, 힘-변위 관계식으로부터 와이어의 신장량을 쉽게 구할 수 있다.

(a) 허용하중 P. 이제 부정정 해석이 완료되었고, 와이어의 힘들이 구해졌으므로, 하중 P의 허용치를 구할 수 있다. 와이어 CD의 응력 σ_1과 와이어 EF의 응력 σ_2는 식 (v)와 (w)의 힘들로 부터 쉽게 구할 수 있다.

$$\sigma_1 = \frac{T_1}{A_1} = \frac{3P}{A_1}\left(\frac{f_2}{4f_1+f_2}\right) \qquad \sigma_2 = \frac{T_2}{A_2} = \frac{6P}{A_2}\left(\frac{f_1}{4f_1+f_2}\right)$$

이 방정식들의 첫 번째 식에서 알루미늄 와이어 CD의 허용응력 σ_1을 근거로 한 허용하중 P_1을 구한다.

$$P_1 = \frac{\sigma_1 A_1(4f_1+f_2)}{3f_2} \qquad (2\text{-}14a) \Longleftarrow$$

비슷한 방법으로, 두 번째 식에서 마그네슘 와이어 EF의 허용응력 σ_2를 근거로 한 허용하중 P_2를 구한다.

$$P_2 = \frac{\sigma_2 A_2(4f_1+f_2)}{6f_1} \qquad (2\text{-}14b) \Longleftarrow$$

이 두 값 중에 작은 값이 최대 허용하중 P_{allow}이다.

(b) 허용하중에 대한 수치 계산. 주어진 자료와 앞의 방정식들을 이용하여 다음과 같은 수치 결과를 얻는다.

$$A_1 = \frac{\pi d_1^2}{4} = \frac{\pi(4.0\text{ mm})^2}{4} = 12.57\text{ mm}^2$$

$$A_2 = \frac{\pi d_2^2}{4} = \frac{\pi(3.0\text{ mm})^2}{4} = 7.069\text{ mm}^2$$

$$f_1 = \frac{L_1}{E_1 A_1} = \frac{0.40\text{ m}}{(72\text{ GPa})(12.57\text{ mm}^2)}$$

$$= 0.4420 \times 10^{-6}\text{ m/N}$$

$$f_2 = \frac{L_2}{E_2 A_2} = \frac{0.30\text{ m}}{(45\text{ GPa})(7.069\text{ mm}^2)}$$

$$= 0.9431 \times 10^{-6}\text{ m/N}$$

또한 허용응력은 다음과 같다.

$$\sigma_1 = 200\text{ MPa} \qquad \sigma_2 = 175\text{ MPa}$$

따라서 이 값들을 식 (2-14a, b)에 대입하여 다음 값을 구한다.

$$P_1 = 2.41\text{ kN} \qquad P_2 = 1.26\text{ kN}$$

첫 번째 결과는 알루미늄 와이어의 허용응력 σ_1을 근거로 한 것이며, 두 번째 결과는 마그네슘 와이어의 허용응력 σ_2를 근거로 한 것이다. 허용하중은 이 두 값 중 작은 값이다.

$$P_{\text{allow}} = 1.26\text{ kN} \Longleftarrow$$

이 하중에서 마그네슘의 응력은 175 MPa(허용응력)이고, 알루미늄의 응력은 (1.26/2.41)(200 MPa) = 105 MPa이다. 예상했던 대로, 이 응력은 허용응력 200 MPa보다 작다.

2.5 열효과, 어긋남, 사전변형

외부 하중만이 구조물에 응력과 변형률을 일으키는 유일한 원인은 아니다. 기타 원인으로는 온도변화로 인한 **열효과**, 구조물의 불안정성에서 초래된 **어긋남** 및 초기변형에 의해 생기는 **사전변형**을 포함한다. 또 다른 원인으로는 지지점의 정착(또는 이동), 가속운동에 의한 내부 하중, 지진과 같은 자연현상 등이 있다.

열효과, 어긋남 및 사전변형은 기계적 시스템이나 구조시스템에서 흔히 발견되며 이 절에서 설명된다. 일반적으로 이들은 정정 구조물보다는 부정정 구조물의 설계에서 더욱 중요하다.

열효과

온도변화는 재료의 팽창 또는 수축을 일으키며, **열변형률**

(thermal strain)과 **열응력**(thermal stress)을 생기게 한다. 열팽창에 관한 간단한 예가 그림 2-19에 예시되었으며, 여기서 재료의 블록은 제한을 받지 않고 자유롭게 팽창한다. 블록을 가열하면 재료의 모든 요소는 모든 방향으로 열변형률을 갖게 되며, 결과적으로 블록의 치수들은 증가한다. 모퉁이 A를 고정 기준점으로 취하고 변 AB가 원래의 위치를 유지한다면 블록은 점선과 같은 모양이 될 것이다.

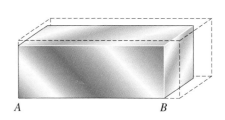

그림 2-19 온도증가를 받는 재료의 블록

대부분의 구조용 재료에 대하여, 열변형률 ϵ_T는 온도변화 ΔT에 비례한다.

$$\epsilon_T = \alpha(\Delta T) \qquad (2\text{-}15)$$

여기서 α는 **열팽창계수(coefficient of thermal expansion)**라고 하는 재료의 성질이다. 변형률은 무차원 양이므로, 열팽창계수는 온도변화의 역수와 같은 단위를 갖는다. SI 단위에서는, α 단위가 $1/K$(켈빈온도의 역수) 또는 $1/^\circ C$(섭씨온도의 역수)로 표시된다. 온도변화가 켈빈온도와 섭씨온도에서 수치적으로 같기 때문에, α의 값은 두 가지 경우에 대하여 같다.[*] α의 전형적인 값들이 부록 H의 표 H-4에 수록되어 있다.

열변형률에 대해 **부호규약**이 필요할 때 통상 팽창은 양으로, 수축은 음으로 가정한다.

열변형률의 상대적인 중요성을 설명하기 위하여, 다음과 같은 방법으로, 열변형률과 축하중으로 인한 변형률을 비교한다. 공식 $\epsilon = \sigma/E$에 의해 주어진 길이방향 변형률을 갖는 축하중을 받는 봉을 고려해 보자. 여기서 σ는 응력이고, E는 탄성계수이다. 온도변화 ΔT를 갖는 똑같은 봉을 생각하면, 봉은 식 (2-15)로 주어지는 열변형률을 갖는다. 이 두 변형률의 값을 같게 놓으면 다음 식을 얻는다.

$$\sigma = E\alpha(\Delta T)$$

이 식으로부터 온도변화 ΔT에 의한 것과 같은 변형률을 갖는 축응력 σ를 계산할 수 있다. $E = 210\,\mathrm{GPa}$ 이고 $\alpha = 17 \times 10^{-6}/^\circ C$ 인 스테인리스 강으로 된 봉을 예로 들자. σ에 대한 앞의 방정식을 이용하여 빨리 계산하면, $60^\circ C$의 온도변화는 $214\,\mathrm{MPa}$ 의 응력에 해당하는 같은 변형률을 일으키게 한다는 것을 알 수 있다. 이 응력은 스테인리스 강의 전형적인 허용응력 범위 내에 있다. 그러므로 상대적으로 적당한 온도변화는 통상적인 하중에 의한 변형률과 같은 크기의 변형률을 일으키며, 이는 온도효과가 공학설계에서 중요하다는 것을 보여준다.

보통의 구조용 재료는 가열하면 팽창하고, 냉각하면 수축하므로, 온도의 증가는 양의 열변형률을 일으킨다. 온도가 원래 값으로 되돌아가면, 부재가 원래의 모양으로 되돌아간다는 의미에서 보면, 열변형률은 보통 가역적(reversible)이다. 그러나 통상적인 방법으로 거동하지 않는 몇 개의 특수

한 금속 합금이 최근에 개발되었다. 이러한 경우에, 어떤 온도 범위 이상에서는 가열하면 치수가 줄어들고, 냉각하면 치수가 늘어난다.

물 또한 열의 관점에서 보면, 특이한 재료이다. 물은 $4^\circ C$ 이상의 온도에서 가열하면 팽창하고, 또한 $4^\circ C$ 이하에서 냉각하면 팽창한다. 따라서 물은 $4^\circ C$에서 최대 밀도를 갖는다.

이제 그림 2-19에 보인 재료의 블록을 다시 고찰해 보자. 재료는 균질하고, 등방성이며, 온도증가 ΔT는 전체 블록을 통하여 균일하다고 가정한다. 블록의 모든 치수들의 증가는 원래 치수를 열변형률로 곱하여 계산할 수 있다. 이를테면, 차원 중의 하나를 L이라 하면, 이 길이는 다음과 같이 증가한다.

$$\delta_T = \epsilon_T L = \alpha(\Delta T)L \qquad (2\text{-}16)$$

식 (2-16)은, 앞의 절에서 언급된 힘-변위 관계식과 유사한 **온도-변위 관계식**이다. 이 식은 그림 2-20에 보인 균일단면 봉의 신장량 δ_T와 같은, 균일한 온도변화를 받는 구조용 부재의 길이를 계산하는 데 사용된다(봉의 가로방향의 치수도 변하지만, 이들의 변화는 봉에 의해 전달된 축력에 아무런 영향을 미치지 못하므로, 그림에 보이지 않는다).

열변형률에 대한 앞에서의 논의에서는, 구조물이 제약을 받지 않고 자유로 팽창하거나 수축할 수 있다고 가정하였다. 이러한 조건들은 물체가 마찰이 없는 표면에 놓여 있거나 열린 공간에서 매달려 있을 때 존재한다. 이러한 경우에 물체 전체에 걸쳐 온도변화가 균일한 경우에는 응력이 발생하지 않으며, 온도변화가 불균일하게 작용할 때는 내부 응력이 발생한다. 그러나 많은 구조물들은 자유 팽창이나 수축을 억제하는 지지점들이 있으므로, 이 경우에는 구조물 전체를 통하여 온도변화가 균일하더라도 **열응력**이 발생할 것이다.

열효과에 대한 이러한 개념을 설명하기 위하여, 그림 2-21의 두 개의 봉으로 된 트러스 ABC에서 봉 AB의 온도는

---

[*] 온도의 단위와 스케일에 대한 논의는 부록 A의 A.4절을 참고하라.

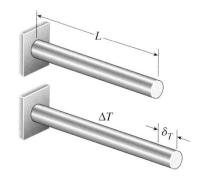

그림 2-20 균일한 온도증가를 받는 균일 단면봉의 길이의 증가(식 2-16)

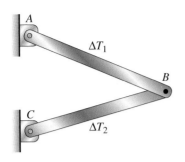

그림 2-21 각 부재가 균일한 온도변화를 받는 정정 트러스

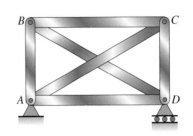

그림 2-22 온도변화를 받는 부정정 트러스

ΔT_1만큼 변하고, 봉 BC의 온도는 ΔT_2만큼 변한다고 가정한다. 트러스는 정정이므로, 두 개의 봉들은 자유로 늘어나거나 줄어들며, 조인트 B에 변위를 일으킨다. 그러나 두 개의 봉 내에는 응력이 없고 지지점에서는 반력이 없다. 이러한 결론은 일반적으로 **정정 구조물**에 적용된다. 즉, 부재 내의 균일한 온도변화는 이에 대응되는 응력을 일으키지 않은채, 열변형률(및 이에 대응되는 길이변화)을 일으킨다.

부정정 구조물은 구조물의 특성이나 온도변화의 성질에 따라 열응력을 일으킬 수도 있고, 일으키지 않을 수도 있다. 몇 가지 가능성을 예시하기 위해, 그림 2-22에 보인 부정정 트러스를 고찰해 보자. 이 구조물의 지지점은 조인트 D를 수평으로 이동할 수 있도록 허용하므로, **전체 트러스가 균일하게 가열될 때 아무 응력도 일으키지 않는다.** 모든

부재들은 원래 길이에 비례하여 길이가 늘어나며 트러스는 크기가 약간 커진다.

그러나 어떤 봉은 가열되고 다른 봉은 가열되지 않는다면 봉의 부정정 배열이 자유 팽창을 억제하기 때문에 열응력이 생길 것이다. 이러한 조건을 보여주기 위해, 한쪽 봉만 가열된다고 가정하자. 이 봉이 늘어남에 따라 다른 봉으로부터 저항을 받으며, 따라서 모든 부재에 응력이 발생한다.

온도변화를 갖는 부정정 구조물의 해석은 앞의 절에서 언급한 개념, 즉 평형방정식, 적합방정식 및 변위관계식을 기초로 한다. 주요한 차이점은 해석을 수행할 때, 힘−변위 관계식($\delta = PL/EA$와 같은)에 추가하여 온도−변위 관계식(식 2-16)를 사용한다는 점이다. 다음 두 개의 예제들은 이런 과정을 자세하게 설명한다.

예제 2-7

길이가 L인 균일단면 봉 AB가 고정된 지지점 사이에 위치해 있다(그림 2-23a). 봉의 온도가 ΔT만큼 균일하게 증가하면 봉에 생기는 열응력 σ_T는 얼마인가? (봉은 선형 탄성재료로 만들어졌다고 가정한다.)

풀이

온도가 증가하므로 봉은 늘어나려고 하지만, 고정 지지점 A와 B에 의해 제한을 받는다. 그러므로 지지점에 반력 R_A와 R_B가 생기며 봉은 균일한 압축응력을 받는다.

평형방정식. 봉에 작용하는 유일한 힘들은 그림 2-23a에 보인

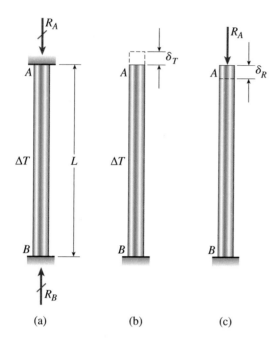

그림 2-23 예제 2-7. 균일한 온도증가 ΔT를 받는 부정정 봉

반력들이다. 그러므로 수직방향의 힘의 평형으로부터 다음을 얻는다.

$$\sum F_{\text{vert}} = 0 \qquad R_B - R_A = 0 \tag{a}$$

이 식은 의미 있는 유일한 평형방정식이며, 두 개의 미지수를 포함하고 있으므로, 이 구조물은 부정정이고 추가적인 방정식이 필요하다.

적합방정식. 적합방정식은 봉의 길이변화가 0이라는 사실로 표시된다(지점은 움직이지 않는다).

$$\delta_{AB} = 0 \tag{b}$$

이러한 길이변화를 구하기 위하여, 봉의 상단 지지점을 제거하고, 밑바닥에서는 고정되고 상단에서는 자유로운 봉을 얻는다(그림 2-23b, c). 온도변화만 작용할 때(그림 2-23b) 봉은 δ_T만큼 늘어나며, 반력 R_A만 작용할 때 봉은 δ_R만큼 줄어든다(그림 2-23c). 그러므로 길이의 순변화는 $\delta_{AB} = \delta_T - \delta_R$이며, 적합방정식은 다음과 같다.

$$\delta_{AB} = \delta_T - \delta_R = 0 \tag{c}$$

변위 관계식. 온도변화로 인한 봉의 길이의 증가는 온도-변위 관계식 (식 2-16)에서 구한다.

$$\delta_T = \alpha(\Delta T)L \tag{d}$$

여기서 α는 열팽창계수이다. 힘 R_A로 인한 길이의 감소는 힘-변위 관계식에서 구한다.

$$\delta_R = \frac{R_A L}{EA} \tag{e}$$

여기서 E는 탄성계수이며 A는 단면적이다.

방정식의 해. 변위 관계식 (d)와 (e)를 적합방정식 (c)에 대입하면 다음 식을 얻게 된다.

$$\delta_T - \delta_R = \alpha(\Delta T)L - \frac{R_A L}{EA} = 0 \tag{f}$$

이제 반력 R_A와 R_B를 구하기 위해 앞의 방정식과 평형방정식 (식 a)을 연립하여 푼다.

$$R_A = R_B = EA\alpha(\Delta T) \tag{2-17}$$

이 결과로부터, 봉의 열응력 σ_T를 구한다.

$$\sigma_T = \frac{R_A}{A} = \frac{R_B}{A} = E\alpha(\Delta T) \tag{2-18} \Leftarrow$$

이 응력은 봉의 온도가 증가할 때 압축응력이다.

주 1: 예제에서 반력들은 봉의 길이와 무관하고, 응력은 길이와 단면적에 무관하다(식 2-17과 2-18 참조). 그러므로 다시 한 번 부호로 표시된 해의 유용성을 알 수 있다. 왜냐하면 봉의 거동에 관한 이러한 중요한 성질들은 수치문제에서는 나타나지 않기 때문이다.

주 2: 봉의 열에 의한 신장량을 구하기 위해서(식 d), 재료는 균질이고 온도증가는 봉의 전체 체적에 대하여 균일하다고 가정하였다. 또한 반력으로 인한 길이의 감소를 구할 때(식 e), 재료는 선형 탄성적으로 거동한다고 가정하였다. 식 (d)와 (e)를 쓸 때에는 이러한 제한을 항상 기억하여야 한다.

주 3: 이 예제의 봉은 고정단에서뿐만 아니라, 모든 단면에서 길이방향 변위가 0이다. 그러므로 이 봉에는 축방향 변형률이 없으며, 이는 **길이방향 변형률은 없고 길이방향 응력만 있는** 특별한 경우이다. 물론 온도변화와 축 압축으로 인한 봉의 가로방향 변형률은 있다.

예제 2-8

길이 L인 원형 관의 형태를 가진 슬리브(sleeve)가 볼트 주위에 설치되어 있고, 양단에 있는 와셔(washer) 사이에 끼워져 있다(그림 2-24a). 너트는 슬리브가 꼭 끼도록 조여져 있다. 슬리브와 볼트는 다른 재료와 다른 단면적으로 되어 있다(슬리브의 열팽창계수 α_S는 볼트의 열팽창계수 α_B보다 크다고 가정한다).

(a) 전체 조립체의 온도가 ΔT만큼 증가하면, 슬리브와 볼트에 발생하는 응력 σ_S와 σ_B는 각각 얼마인가?

(b) 슬리브와 볼트의 늘어난 길이 δ는 얼마인가?

풀이

슬리브와 볼트가 다른 재료로 되어 있으므로, 가열되어 자유롭게 팽창되도록 허용되었을 때 이들의 늘어난 길이는 서로 다르다. 그러나 이들이 조립체로 결합될 때 자유팽창은 일어나지 않으며 열응력이 두 개의 재료에 모두 생긴다. 이러한 응력을 구하기 위하여 평형방정식, 적합방정식 및 변위 관계식과 같은 부정정 해석에서와 같은 개념을 사용한다. 그러나 구조물을 분해하기 전에는 이런 공식을 만들 수 없다.

구조물을 분해하는 간단한 방법은 볼트의 머리부를 제거하

(a)

(b)

(c)

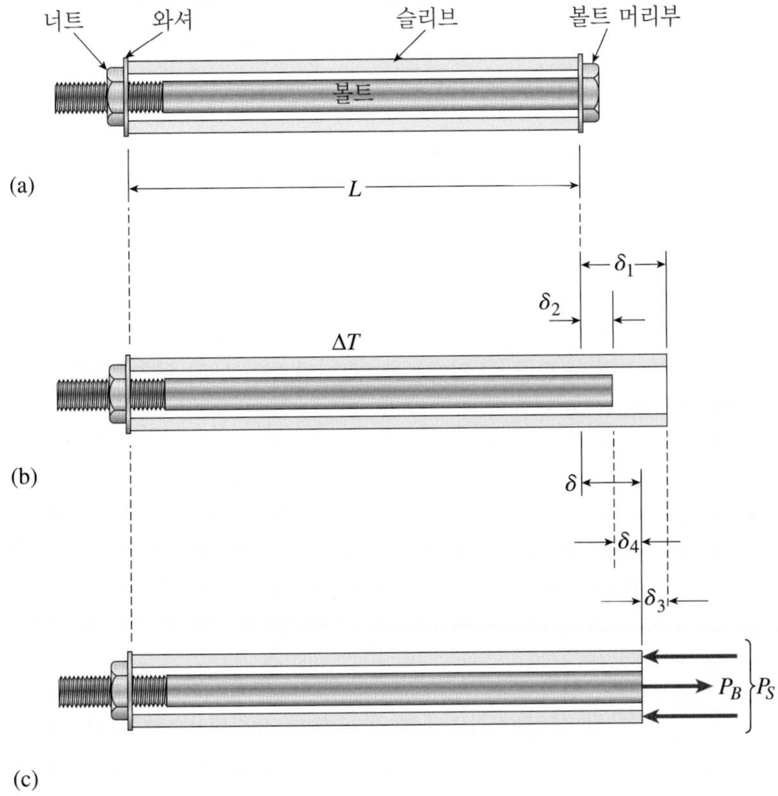

그림 2-24 예제 2-8. 균일한 온도 증가 ΔT를 갖는 슬리브와 볼트의 조립체

여 슬리브와 볼트가 온도변화 ΔT의 작용으로 자유롭게 팽창하도록 허용하는 것이다(그림 2-24b). 이로 인한 슬리브와 볼트의 늘어난 길이는 각각 δ_1과 δ_2로 표시되며, 이에 대응되는 온도-변위 관계식은 다음과 같다.

$$\delta_1 = \alpha_S(\Delta T)L \quad \delta_2 = \alpha_B(\Delta T)L \tag{g, h}$$

α_S는 α_B보다 크므로, 신장량 δ_1은 그림 2-24b에서 보인 바와 같이 δ_2보다 크다.

슬리브와 볼트의 축력은, 슬리브와 볼트의 최종 길이가 같을 때까지 슬리브는 줄어들게 하고, 봉은 늘어나게 하여야 한다. 이러한 힘들이 그림 2-24c에 보여지며, 여기서 P_S는 슬리브에 작용하는 압축력을, P_B는 볼트에 작용하는 인장력을 나타낸다. 이에 대응되는 슬리브의 줄어든 길이 δ_3와 볼트의 늘어난 길이 δ_4는 다음과 같다.

$$\delta_3 = \frac{P_S L}{E_S A_S} \quad \delta_4 = \frac{P_B L}{E_B A_B} \tag{i, j}$$

여기서 $E_S A_S$와 $E_B A_B$는 각각의 축강도이다. 식 (i)와 식 (j)는 힘-변위 관계식을 나타낸다.

이제 최종 신장량 δ는 슬리브와 볼트에 대해서 모두 같다는 사실을 나타내는 적합방정식을 쓸 수 있다. 슬리브의 신장량은 $\delta_1 - \delta_3$이고, 볼트의 신장량은 $\delta_2 + \delta_4$이다. 따라서 다음 식을 얻는다.

$$\delta = \delta_1 - \delta_3 = \delta_2 + \delta_4 \tag{k}$$

온도-변위 관계식과 하중-변위 관계식(식 g~j)을 이 방정식에 대입하면 다음 식을 얻는다.

$$\delta = \alpha_S(\Delta T)L - \frac{P_S L}{E_S A_S} = \alpha_B(\Delta T)L + \frac{P_B L}{E_B A_B} \tag{l}$$

이 식으로부터 다음과 같은 적합방정식의 수정된 형태를 얻는다.

$$\frac{P_S L}{E_S A_S} + \frac{P_B L}{E_B A_B} = \alpha_S(\Delta T)L - \alpha_B(\Delta T)L \tag{m}$$

이 식은 미지의 힘 P_S와 P_B를 포함하고 있음을 유의하다.

볼트의 머리부를 제거하고 남은 조립체의 부분에 대한 자유물체도인 그림 2-24c로부터 평형방정식을 구한다. 힘들의 수평방향의 합으로부터 다음 식을 얻는다.

$$P_S = P_B \tag{n}$$

이 식은 슬리브의 압축력이 볼트의 인장력과 같다는 명백한 사실을 나타낸다.

이제 식 (m)과 (n)을 연립하여 풀어서 슬리브와 볼트에 작용하는 축력을 구한다.

$$P_S = P_B = \frac{(\alpha_S - \alpha_B)(\Delta T)E_S A_S E_B A_B}{E_S A_S + E_B A_B} \qquad (2\text{-}19)$$

이 방정식을 유도할 때, 온도는 증가하며 열팽창계수 α_S는 열팽창계수 α_B보다 크다고 가정하였다. 이러한 조건하에서 P_S는 슬리브에 작용하는 압축력이고, P_B는 볼트에 작용하는 인장력이다.

온도는 증가하는데 계수 α_S가 계수 α_B보다 작다면, 그 결과는 아주 달라진다. 이러한 조건하에서는 볼트 머리부와 슬리브 사이에 틈이 생기며, 조립체의 어느 부분에서도 응력이 작용하지 않는다.

(a) 슬리브와 볼트에 작용하는 응력. 슬리브와 볼트에서의 응력 σ_S와 σ_B에 대한 식은, 각각 이에 대응되는 힘을 해당 면적으로 나누어 구한다.

$$\sigma_S = \frac{P_S}{A_S} = \frac{(\alpha_S - \alpha_B)(\Delta T)E_S E_B A_B}{E_S A_S + E_B A_B} \qquad (2\text{-}20a)$$

$$\sigma_B = \frac{P_B}{A_B} = \frac{(\alpha_S - \alpha_B)(\Delta T)E_S A_S E_B}{E_S A_S + E_B A_B} \qquad (2\text{-}20b)$$

가정된 조건하에서 슬리브의 응력 σ_S는 압축응력이고, 볼트의 응력 σ_B는 인장응력이다. 이러한 응력은 조립체의 길이와 무관하고, 이들의 크기가 각각 이들의 해당 면적에 역비례한다는 것(즉, $\sigma_S / \sigma_B = A_B / A_S$)은 흥미로운 일이다.

(b) 슬리브와 볼트의 늘어난 길이. 조립체의 신장량 δ는 식 (2-19)의 P_S 또는 P_B를 식 (1)에 대입하여 구할 수 있으며 다음과 같은 식을 얻는다.

$$\delta = \frac{(\alpha_S E_S A_S + \alpha_B E_B A_B)(\Delta T)L}{E_S A_S + E_B A_B} \qquad (2\text{-}21)$$

앞의 공식을 이용하여, 주어진 수치 자료의 어떤 값에 대해서도 조립체의 힘, 응력 및 변위를 쉽게 계산할 수 있다.

주: 결과에 대한 부분적 검토 과정으로, 식 (2-19), (2-20) 및 (2-21)을 간단한 경우에 아는 값으로 줄일 수 있는지를 살펴볼 수 있다. 예를 들어, 볼트가 강체이며 온도 변화에 대해 영향을 받지 않는다고 가정하자. $\alpha_B = 0$, $E_B = \infty$로 놓아 이러한 경우를 표현할 수 있으며, 이것이 슬리브가 강체의 지지점 사이에 고정된 조립체에 대한 조건이다. 이들 값들을 식 (2-19), (2-20) 및 (2-21)에 대입하여 다음 값을 구한다.

$$P_S = E_S A_S \alpha_S(\Delta T) \qquad \sigma_S = E_S \alpha_S(\Delta T) \qquad \delta = 0$$

이러한 결과는 강체의 지지점 사이에 고정된 봉에 대한 예제 2-7의 결과와 일치한다(식 2-17, 2-18 및 식 b와 비교).

두 번째 특수 경우로, 슬리브와 볼트가 같은 재료로 되었다고 가정하자. 그러면 두 개의 부분은 자유롭게 팽창하고 온도가 변할 때 같은 양만큼 늘어난다. 힘 또는 응력은 발생하지 않는다. 유도된 방정식이 이러한 거동을 예측하는가 알아보기 위해, $\alpha_S = \alpha_B = \alpha$를 식 (2-19), (2-20) 및 (2-21)에 대입하면 다음 식을 얻는다.

$$P_S = P_B = 0 \qquad \sigma_S = \sigma_B = 0 \qquad \delta = \alpha(\Delta T)L$$

이것은 예상된 결과이다.

어긋남과 사전변형

구조물의 부재가 사전에 정해진 길이보다 약간 다른 길이로 제조되었다고 가정하자. 그러면 부재는 의도된 대로는 구조물에 맞지 않을 것이며, 구조물의 기하학적 모양은 계획된 것과는 다를 것이다. 이런 종류의 경우를 **어긋남(misfit)**이라고 한다. 때때로 어긋남은 구조물을 만든 시점에서 구조물 내의 변형률을 주기 위해 의도적으로 만들어진다. 이러한 변형률은 다른 하중이 구조물에 가해지기 전에 이미 존재하기 때문에 이를 **사전변형률(prestrain)**이라고 한다. 사전변형률에 수반되는 것은 **사전응력(prestress)**이며 구조물은 사전응력을 받는다고 한다. 사전응력의 일반적인 예들은 자전거 바퀴의 **스폭(spoke)**(사전응력을 받지 않으면 붕괴될 수 있음), 테니스 라켓의 사전 인장된 면, 오그려서 맞춰진 기계부품 및 사전응력을 받는 콘크리트 보 등이다.

구조물이 **정정**이면, 하나 또는 그 이상의 부재에서의 작은 어긋남은, 구조물의 이론적인 형상과는 약간 다르게 되겠지만, 변형률이나 응력은 일으키지 않는다. 이러한 상황을 예시하기 위하여, 수직 봉 CD(그림 2-25a)에 의해 지지되는 수평 보 AB로 구성된 단순한 구조물을 고찰하자. 봉 CD가 정확한 길이 L을 확실하게 가진다면, 보는 구조물이 만들어질 때 수평일 것이다. 그러나 봉이 의도했던 것보다 약간 길다면 보는 수평으로부터 작은 각을 가지게 될 것이다. 그럼에도 불구하고, 부정확한 봉의 길이로 인해 봉이나

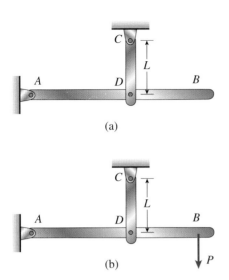

그림 2-25 작은 어긋남을 가진 정정 구조물

보에는 변형률이나 응력이 생기지 않을 것이다. 게다가, 하중 P가 보의 끝단에 작용하면(그림 2-25b), 이 하중에 의한 구조물의 응력은 봉 CD의 부정확한 길이에 의해 영향을 받지 않는다.

일반적으로 구조물이 정정이면, 작은 어긋남은 기하학적으로는 약간의 변화를 주지만 변형률이나 응력을 일으키지 않는다. 그러므로 어긋남의 효과는 온도 변화의 효과와 비슷하다.

구조물이 **부정정**인 경우에는 상황이 아주 다르다. 그 이유는 구조물이 이때에는 어긋남에 대해 자유롭게 조정되지 않기 때문이다(어떤 종류의 온도 변화에 대해 자유롭게 조정되지 않듯이). 이것을 보여주기 위해서, 두 개의 수직 봉

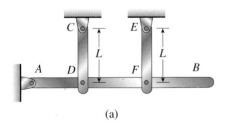

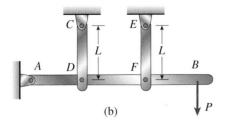

그림 2-26 작은 어긋남을 가진 부정정 구조물

으로 지지된 보를 고찰하기로 하자(그림 2-26a). 두 개의 봉이 모두 정확한 길이 L을 가진다면 구조물은 변형률이나 응력을 받지 않고 조립될 수 있으며 보는 수평이 될 것이다.

그러나 봉 CD가 사전에 정해진 길이보다 약간 길다고 가정하면, 구조물을 조립하기 위해 봉 CD는 외력에 의해 압축되어야 하고(또는 봉 EF가 외력에 의해 늘려져야 하고), 봉은 제자리에 맞춰져야 하며 외력은 제거되어야 한다. 결과적으로, 보는 변형되고 회전할 것이며 봉 CD는 압축을 받고 봉 EF는 인장을 받을 것이다. 다시 말하면, 외력이 작용하지 않더라도 모든 부재 내에는 사전변형률이 존재하게 되며 구조물은 사전응력을 받게 된다. 이제 하중 P가 추가되면(그림 2-26b), 추가적인 변형률과 응력이 생기게 된다.

어긋남과 사전변형률을 가진 부정정 구조물의 해석은 앞에서 하중과 온도 변화에 대해 기술했던 것과 같은 일반적인 방법으로 진행한다. 해석의 기본 핵심은 평형방정식, 적합방정식. 힘–변위 관계식 및 온도–변위 관계식(필요한 경우)이다. 이 방법은 예제 2-9에 예시된다.

볼트와 조임나사

구조물의 사전응력은 구조물의 하나 이상의 부분이 이론적인 길이보다 늘어나거나 압축될 때 일어난다. 길이의 변형을 일으키는 간단한 방법은 볼트나 조임나사(turnbuckle)을 조이는 것이다. **볼트**의 경우에는(그림 2-27), 너트를 한 바퀴 돌릴 때마다 너트가 나사의 간격 p(나사의 피치라고 함)와 같은 거리만큼 볼트를 따라 움직인다. 그러므로 너트에 의해 움직인 거리 δ는

$$\delta = np \tag{2-22}$$

이며, 여기서 n은 너트의 회전수(정수일 필요는 없음)이다. 구조물의 배열에 따라 너트를 돌리면 부재를 늘어나거나 압축시킬 수 있다.

이중작용 조임나사의 경우에는(그림 2-28), 두 개의 끝쪽 나사가 있다. 오른 나사는 한쪽 끝에 사용되고 왼나사는 다른 쪽 끝에 사용되기 때문에 조임나사가 회전함에 따라

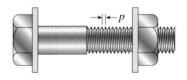

그림 2-27 나사의 피치는 하나의 나사선에서 다음 나사선까지의 거리이다.

그림 2-28 이중작용 조임나사. (조임나사의 한 바퀴 회전은 케이블을 2p만큼 줄어들게 하거나 늘어나게 한다. 여기서 p는 나사의 피치이다.)

이 장비는 늘어나거나 또는 줄어든다. 조임나사를 한바퀴 돌리면 각 나사를 따라 거리 p만큼 이동하게 되며, 여기서 p는 나사의 피치이다. 그러므로 조임나사를 한 바퀴 돌려서 조이면 나사들은 거리 2p만큼 가까워지며 그 효과는 장비를 2p만큼 줄어들게 한다. n바퀴에 대해

$$\delta = 2np \tag{2-23}$$

이다. 조임나사는 흔히 케이블 내에 삽입되어 조여지며, 다음 예제에서 예시되는 것과 같이 초기 인장을 일으킨다.

예제 2-9

그림 2-29a에 보인 기계 조립체는 구리관, 양 끝의 강판 및 조임나사를 가진 두 개의 강철 케이블로 구성되어 있다. 조립체가 초기응력 없이 제대로 맞춰질 때까지 조임나사를 돌려 케이블로부터 느슨하지 않도록 한다. (더 이상 조임나사를 조이면 케이블은 인장을 받고 관은 압축을 받는 사전응력 상태를 일으킬 것이다.)

(a)조임나사를 n회 회전하여 조일 때, 관과 케이블(그림 2-29a) 내의 힘을 구하라.

(b)관의 줄어든 길이를 구하라.

풀이

관과 케이블이 자유롭게 길이가 변할 수 있도록 조립체의 우측단에서 판을 제거함으로써 해석을 시작한다(그림 2-29b). 조임나사를 n회 회전시키면 케이블은 그림 2-29b에 보인 바와 같이 다음 길이만큼 줄어든다.

$$\delta_1 = 2np \tag{o}$$

케이블 내의 인장력과 관 내의 압축력은 이들의 최종 길이가 같아질 때까지 케이블은 늘어나게 하고 관은 줄어들게 하는 것이어야 한다. 이 힘들은 그림 2-29c에 보여지며, 여기서 P_s는 강철 케이블 중의 하나에 작용하는 인장력을 나타내며 P_c는 구리관에 작용하는 압축력을 나타낸다. 하중 P_s에 의한 케이블의 늘어난 길이는 다음과 같다

$$\delta_2 = \frac{P_s L}{E_s A_s} \tag{p}$$

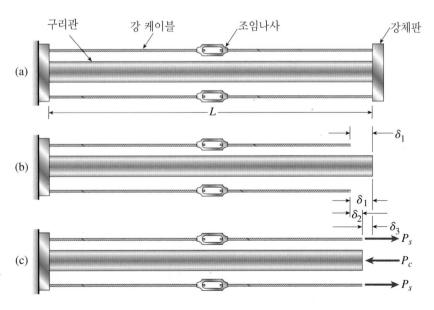

그림 2-29 예제 2-9. 압축을 받는 구리관과 인장을 받는 두 개의 강철 케이블을 가진 부정정 조립체

여기서 E_sA_s는 케이블의 축강도, L은 케이블의 길이이다. 또한 구리관 내의 압축력 P_c는 구리관을 다음 길이만큼 줄어들게 한다.

$$\delta_3 = \frac{P_c L}{E_c A_c} \qquad\text{(q)}$$

여기서 E_cA_c는 관의 축강도이다. 식 (p)와 (q)는 하중−변위 관계식이다.

케이블 중 하나의 최종적인 줄어든 길이는 조임나사의 회전에 의해 줄어든 길이 δ_1에서 힘 P_s에 의해 늘어난 길이 δ_2를 뺀 것과 같다. 이러한 케이블의 최종적인 줄어든 길이는 관의 줄어든 길이 δ_3와 같아야 한다.

$$\delta_1 - \delta_2 = \delta_3 \qquad\text{(r)}$$

이것이 적합방정식이다.

조임나사 관계식(식 o)과 하중−변위 관계식(식 p와 q)을 앞의 방정식에 대입하면 다음과 같은 식을 얻게 된다.

$$2np - \frac{P_s L}{E_s A_s} = \frac{P_c L}{E_c A_c} \qquad\text{(s)}$$

또는

$$\frac{P_s L}{E_s A_s} + \frac{P_c L}{E_c A_c} = 2np \qquad\text{(t)}$$

이 식은 적합방정식의 수정된 형태이다. 이 식은 P_s와 P_c를 미지수로 포함하고 있음을 유의하라.

끝의 판이 제거된 조립체의 자유물체도인 그림 2-29c로부터 다음과 같은 평형방정식을 얻는다.

$$2P_s = P_c \qquad\text{(u)}$$

(a) 케이블과 관 내의 힘. 이제 식 (t)와 (u)를 연립해서 풀어 강철 케이블과 구리관 내의 축력을 각각 다음과 같이 구한다.

$$P_s = \frac{2npE_c A_c E_s A_s}{L(E_c A_c + 2E_s A_s)}$$

$$P_c = \frac{4npE_c A_c E_s A_s}{L(E_c A_c + 2E_s A_s)} \qquad\text{(2-24a, b)} \Longleftarrow$$

힘 P_s는 인장력이고, 힘 P_c는 압축력임을 상기하라. 원한다면, 이제 힘 P_s와 P_c를 단면적 A_s와 A_c로 나눔으로써 강철과 구리에서의 응력 σ_s와 σ_c를 각각 구할 수 있다.

(b) 관의 줄어든 길이. 관 길이의 감소는 양 δ_3이다(그림 2-29와 식 q 참조).

$$\delta_3 = \frac{P_c L}{E_c A_c} = \frac{4npE_s A_s}{E_c A_c + 2E_s A_s} \qquad\text{(2-25)} \Longleftarrow$$

앞의 공식들을 이용하여, 임의의 주어진 수치 자료에 대해 조립체의 힘, 응력 및 변위들을 쉽게 계산할 수 있다.

2.6 경사면에서의 응력

축하중을 받는 부재의 인장과 압축에 관한 앞에서의 논의에서는, 단면에 작용하는 수직응력만 고려하였다. 이러한 응력이 축하중 P를 받는 봉 AB를 나타내는 그림 2-30에 표시되었다.

봉이 평면 mn(x축에 수직인)에 의해 중간에 있는 단면에서 절단되었을 때, 그림 2-30b와 같은 자유물체도를 얻게 된다. 절단면에 작용하는 수직응력은 응력 분포가 전체 단면적 A에 걸쳐 균일하면, 공식 $\sigma_x = P/A$에서 계산할 수 있다. 1장에서 설명한 바와 같이 보의 단면이 균일하고, 재료가 균질이며, 축력 P가 단면의 도심에 작용하고, 단면이 어떠한 국부 응력집중에서도 멀리 떨어져 있는 경우, 이러한 조건에 부합된다. 물론 절단면은 봉의 길이방향 축에 수직하므로, 이 면에는 전단응력이 작용하지 않는다.

편의상, 더욱 복잡한 봉의 3차원 그림(그림 2-30b)보다

는 통상 2차원 그림(그림 2-30c)에 응력을 나타낸다. 그러나 2차원 그림을 사용할 때는 그림 평면에 수직으로 봉의 두께가 있다는 것을 잊지 말아야 한다. 이러한 3번째 치수가 식을 유도하고 계산하는 데 고려되어야 한다.

응력요소

그림 2-30의 봉에 작용하는 응력을 표시하기 위한 가장 유용한 방법은, 그림 2-30c의 C로 표시된 요소와 같은 재료의 미소요소를 분리시켜, 이러한 요소의 모든 면에 작용하는 응력을 표시하는 것이다. 이러한 종류의 요소를 **응력요소(stress element)**라고 부른다. 점 C에서의 응력요소는 오른쪽 면이 단면 mn에 놓여 있는 작은 직사각형 블록(입방체이거나 또는 직육면체이거나 간에 상관없음)이다.

응력요소의 치수는 아주 작지만, 선명하게 보이기 위하여 그림 2-31a에서와 같이 요소를 큰 축척으로 그린다. 이러한 경우에, 요소의 가장자리는 x, y 및 z 축에 평행하며 유일한

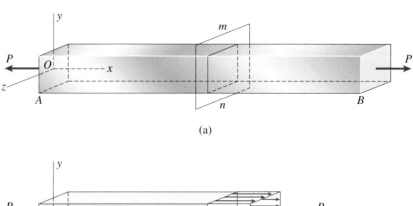

(a)

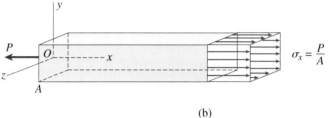

(b)

그림 2-30 단면 mn에 작용하는 응력을 보여주는
인장을 받는 균일단면 봉: (a) 축력 P를 받는 봉, (b)
수직응력을 보여주는 절단된 봉의 3차원 그림, (c) 2
차원 그림

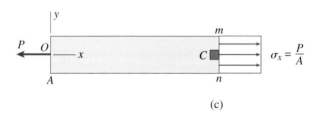

(c)

응력은 x면에 작용하는 수직응력 σ_x 이다(x면은 그 면의 수직선이 x축에 평행하다는 것을 상기하라). 편의상, 통상적으로 요소의 3차원 그림보다 2차원 그림(그림 2-31b)을 그린다.

경사면에서의 응력

그림 2-31의 응력요소는 축하중을 받는 봉에 작용하는 응력의 제한된 그림만을 나타낸다. 보다 완전한 그림을 얻기 위해서는, 그림 2-32a의 경사평면 pq에 의해 절단된 단면과 같은, **경사면(inclined section)**에 작용하는 응력을 검토할 필요

가 있다. 이들 응력은 전체 봉에 걸쳐 같기 때문에, 그림 2-32b(3차원 그림)와 그림 2-32c(2차원 그림)의 자유물체도에서 표시된 것과 같이, 경사면에 작용하는 응력은 균일하게 분포되어야 한다. 자유물체도의 평형으로부터, 응력의 합력은 수평력 P와 같아야 한다는 것을 알 수 있다.(이 합력은 그림 2-32b와 2-32c에서 점선으로 그려져 있다.)

예비 단계로, 경사면 pq의 **회전각**을 표기하는 방안이 필요하다. 표준방법은 x축과 단면의 수직한 n 축 사이의 각을 θ로 명기하는 것이다(그림 2-33a). 그러므로 그림에서 보여주는 경사면에 대한 각 θ는 약 30°이다. 이와는 대조적으로, 단면

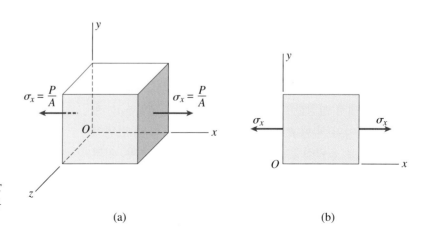

그림 2-31 그림 2-30c에 보인 축하중을 받는 봉의 점 C에서의 응력요소: (a) 요소의 3차원 그림, (b) 요소의 2차원 그림

(a)

(b)

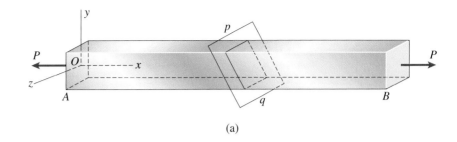

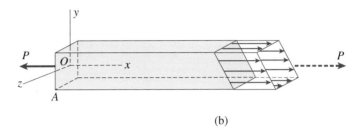

그림 2-32 경사단면 pq에 작용하는 응력을 보여주는 인장을 받는 균일 단면 봉: (a) 축하중 P를 받는 봉, (b) 응력을 보여주는 절단된 봉의 3차원 그림, (c) 2차원 그림

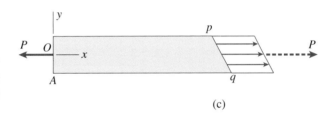

mn은 0 과 같은 경사각을 갖는다(왜냐하면 이 단면의 수직방향이 x축 방향이므로). 추가적인 예제로 그림 2-31의 응력요소를 고찰해 보자. 오른쪽 면에 대한 각 θ는 0, 윗면(봉의 길이방향 단면)에 대한 각은 90°, 왼쪽 면에 대한 각은 180° 이며, 아랫면에 대한 각은 270°(또는 −90°)이다.

이제 단면 pq (그림 2-33b)에 작용하는 응력을 구하는 방법을 생각하자. 이미 언급한 바와 같이, 이들 응력의 합은 x 방향으로 작용하는 힘 P이다. 응력의 합은 두 가지 성분, 즉 경사평면 pq에 수직인 법선력 N과 경사면에 평행한 전단력 V로 분해된다. 이러한 힘의 분력들은 다음과 같다.

$$N = P \cos \theta \qquad V = P \sin \theta \qquad \text{(2-26a, b)}$$

경사면에 균일하게 분포된 수직응력과 전단응력은 힘 N과 V에 관련된다(그림 2-33c와 d). 수직응력은 법선력 N을 단면의 면적으로 나눈 것과 같고, 전단응력은 전단력 V를 단면의 면적으로 나눈 것과 같다. 그러므로 응력들은 다음과 같다.

$$\sigma = \frac{N}{A_1} \qquad \tau = \frac{V}{A_1} \qquad \text{(2-27a, b)}$$

여기서 A_1은 경사면의 면적이다:

$$A_1 = \frac{A}{\cos \theta} \qquad \text{(2-28)}$$

일반적으로 A는 봉의 단면적을 나타낸다. 응력 σ와 τ는 각각 그림 2-33c와 d에 보인 방향, 즉 법선력 N과 전단력 V와 같은 방향으로 작용한다.

이 시점에서 경사면에 작용하는 응력에 대한 **표준화된 표시법과 부호규약**을 정할 필요가 있다. 하첨자 x를 x축에 수직인 단면에 작용하는 응력을 표시하는 데 사용하는 것과 마찬가지로(그림 2-30참조), 하첨자 θ를 각 θ만큼 경사진 단면에 작용하는 응력을 나타내는 데 사용한다(그림 2-34). 수직응력 σ_θ는 인장일 때 양이며, 전단응력 τ_θ는 그림 2-34에서 보는 바와 같이, 이 응력이 재료의 반시계방향으로 회전을 일으킬 때 양이다.

인장을 받는 봉에 대해서, 법선력 N은 양의 수직응력 σ_θ를 일으키고(그림 2-33c 참조), 전단력 V는 음의 전단응력 τ_θ를 일으킨다(그림 2-33d 참조). 이러한 응력은 다음 방정식(식 2-26, 2-27 및 2-28 참조)으로 구한다.

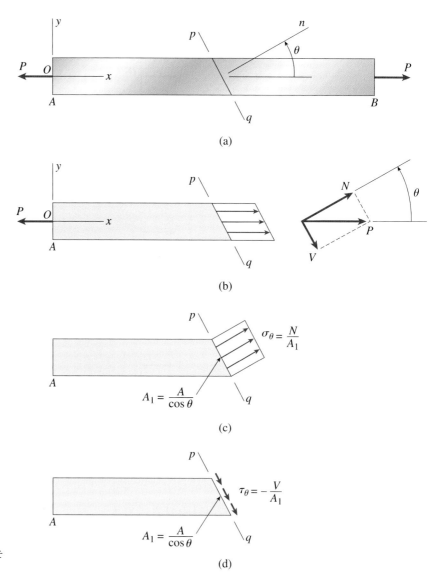

그림 2-33 경사면 pq에 작용하는 응력을 보여주는 인장을 받는 균일단면 봉

$$\sigma_\theta = \frac{N}{A_1} = \frac{P}{A}\cos^2\theta \qquad \tau_\theta = -\frac{V}{A_1} = -\frac{P}{A}\sin\theta\cos\theta$$

σ_x가 단면에서의 수직응력일 때, $\sigma_x = P/A$라는 표시법을 도입하고, 다음과 같은 삼각함수 관계식을 사용한다.

$$\cos^2\theta = \frac{1}{2}(1 + \cos 2\theta) \qquad \sin\theta\cos\theta = \frac{1}{2}(\sin 2\theta)$$

그러면, 다음과 같은 **수직응력** 및 **전단응력**에 관한 식을 얻는다.

$$\sigma_\theta = \sigma_x \cos^2\theta = \frac{\sigma_x}{2}(1 + \cos 2\theta) \qquad (2\text{-}29a)$$

$$\tau_\theta = -\sigma_x \sin\theta\cos\theta = -\frac{\sigma_x}{2}(\sin 2\theta) \qquad (2\text{-}29b)$$

이 방정식들은 각 θ만큼 회전한 경사면에 작용하는 수직응력과 전단 응력을 구하는 공식이다(그림 2-34).

식 (2-29a)와 (2-29b)는 정역학으로부터 유도되었으므로, 재료와는 무관하다는 것을 인식하는 것이 중요하다. 그러므로 이 방정식은 재료의 거동이 선형이거나 비선형이거나, 또는 탄성적이든 비탄성적이든 간에 관계없이 어떤 재료에 대해서도 유효하다

최대 수직응력 및 최대 전단응력

경사단면이 여러 각도로 절단됨에 따라 응력이 변하는 모양이 그림 2-35에 보여진다. 수평축은 $-90°$에서 $+90°$에 이르는 각 θ를 나타내며, 수직축은 응력 σ_θ와 τ_θ를 나타낸다. 양의 각 θ는 x축으로부터 반시계방향으로 측정되고(그림 2-34), 음의 각은 시계방향으로 측정된다.

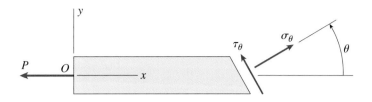

그림 2-34 경사면에 작용하는 응력에 대한 부호규약. (수직응력은 인장일 때 양이며, 전단응력은 이 응력이 반시계 방향 회전을 일으킬 때 양이다.)

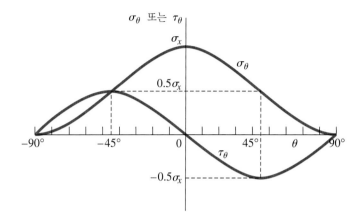

그림 2-35 수직응력 σ_θ와 전단응력 τ_θ 대 경사면의 각 θ에 대한 그림(그림 2-34와 식 2-29a, b 참조)

그림에서 보는 바와 같이, 수직응력 σ_θ는 $\theta = 0°$일 때 σ_x와 같다. θ가 증가하거나 감소하면, 수직응력은 점점 작아져서 $\theta = \pm 90°$에서 0이 된다. 이는 길이방향 축에 평행한 단면에서는 수직응력이 작용하지 않기 때문이다. 그러나 **최대 수직응력**은 $\theta = 0$에서 일어나며 다음과 같다.

$$\sigma_{\max} = \sigma_x \qquad (2\text{-}30)$$

또한 $\theta = \pm 45°$에서 수직응력은 최대응력 값의 반이 되는 것을 알 수 있다.

전단응력 τ_θ는 길이방향 단면($\theta = \pm 90°$)에서뿐만 아니라, 봉의 단면적($\theta = 0$)에서 0이다. 이러한 양쪽 끝 사이의 전단응력은 그림에서와 같이 변화하며, $\theta = -45°$일 때 양의 최대치를 가지고, $\theta = +45°$일 때 음의 최대 값을 갖는다. 이러한 **최대 전단응력**들은 같은 크기를 갖는다.

$$\tau_{\max} = \frac{\sigma_x}{2} \qquad (2\text{-}31)$$

그러나 이 응력들은 요소를 서로 반대 방향으로 회전시키려 한다.

인장을 받는 봉의 최대응력이 그림 2-36에 보여진다. 두 개의 응력요소가 선정되었으며, 요소 A는 $\theta = 0°$에 위치하고, 요소 B는 $\theta = 45°$에 위치한다. 요소 A는 최대 수직응력(식 2-30)을 가지며, 요소 B는 최대 전단응력(식 2-31)을

갖는다. 요소 A의 경우에(그림 2-36b), 유일한 응력은 최대 전단응력이다(어느 면에서나 전단응력이 없음).

요소 B의 경우에는(그림 2-36c), 수직응력 및 전단응력이 모든 면에 작용한다(물론 요소의 앞면과 뒷면을 제외하고). 예를 들어, 45° 위치의 면(오른쪽 윗면)을 고려해 보자. 이 면에서는 수직응력과 전단응력이(식 2-29a와 b로부터) 각각 $\sigma_x/2$와 $-\sigma_x/2$이다. 그러므로 수직응력은 인장응력(양)이며, 전단응력은 요소에 대 해서 시계방향(음)으로 작용한다. 나머지 면들의 응력들은 비슷한 방법으로 $\theta = 135°$, $-45°$ 및 $-135°$를 식 (2-29a와 b)에서 구한다.

따라서 $\theta = 45°$에 위치한 특수한 요소의 경우에, 모든 네 개의 면에 작용하는 수직응력은 같고($\sigma_x/2$와 같음), 네 개의 전단응력들은 모두 최대크기($\sigma_x/2$와 같음)를 갖는다. 또한 서로 수직인 평면에 작용하는 전단응력은 크기는 같고, 1.6절에서 자세하게 논의된 바와 같이, 평면의 교차선을 향하거나 또는 반대쪽을 향하는 방향을 갖는다는 것을 유의하라..

봉이 인장대신 압축하중을 받는다면, 응력 σ_x는 압축응력이 되고 음의 값을 갖는다. 결과적으로, 응력요소에 작용하는 모든 응력들은 인장을 받는 봉에 대한 방향과 정반대의 방향을 가질 것이다. 물론 간단하게 σ_x의 음의 값을 대입하여, 식 (2-29a 및 b)를 여전히 계산에 사용할 수 있다.

축하중을 받는 봉의 최대전단응력은 최대수직응력의 절반이지만, 재료가 인장보다 전단에 훨씬 더 약한 경우, 전

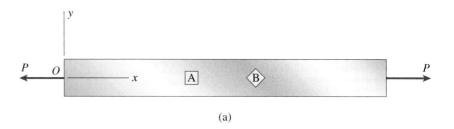

(a)

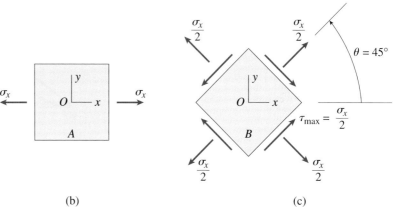

그림 **2-36** 인장을 받는 봉의 $\theta = 0°$ 및 $\theta = 45°$에 위치한 응력요소에 작용하는 수직응력 및 전단응력

(b)

(c)

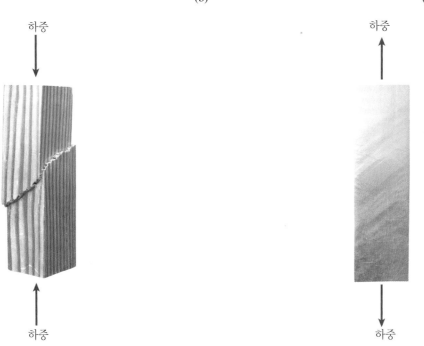

그림 **2-37** 압축하중을 받는 나무토막의 45° 평면에 따라 일어나는 전단파괴

그림 **2-38** 인장하중을 받는 연마된 강철 시편에 나타나는 줄무늬(뤼더스의 줄무늬)

단응력이 파괴를 일으킬 수 있다. 전단파괴의 한 예가 그림 2-37에 예시되었으며, 이 그림은 압축하중을 받아서, 45° 평면을 따라 전단파괴가 일어나는 나무토막을 보여준다.

이와 비슷한 형태의 거동이 인장을 받는 연강에서 일어난다. 연마된 표면을 가진 저탄소강으로 된 납작한 봉을 인장 시험할 때, 뚜렷한 **미끄럼 줄무늬**(slip band)가 축과 약 45°

되게 위치한 봉의 표면 위에 생긴다(그림 2-38). 이러한 무늬들은 그 재료가 전단응력이 최대인 평면에 따라 전단 파괴되는 것을 나타낸다. 이러한 줄무늬는 1842년에 G. Piobert와 1860년에 W. Lüder에 의해 처음으로 관찰되었으며(참고문헌 2-5 및 2-6 참조). 오늘날 이들은 *Lüder*의 무늬 또는 *Piobert*의 무늬라고 부른다. 이 줄무늬들은 봉 내의 응력이 항복응력에 도달할 때 나타나기 시작한다(1.3절의 그림 1-10의 점 B).

단축응력

이 절에서 설명한 응력상태는, 봉이 단지 한 방향으로 단순인장이나 압축을 받는다는 명확한 이유 때문에, **단축응력(uniaxial stress)**이라 부른다. 단축응력을 받는 응력요소의 가장 중요한 방향은 $\theta = 0$와 $\theta = 45°$이다(그림 2-36b, c). 전자는 최대수직응력을 가지며, 후자는 최대전단응력을 가진다. 단면이 다른 각도로 절단된다면, 이에 대응되는 응력요소의 면들에 작용하는 응력들은, 다음에 나오는 예제 2-10과 2-11에 설명되는 바와 같이, 식 (2-29a 및 b)로부터 구할 수 있다.

단축응력은, 6장에서 자세하게 설명되는 **평면응력**이라고 부르는 더욱 일반적인 응력의 특수한 경우이다.

예제 2-10

단면적 $A = 1,200 \text{ mm}^2$인 균일단면 봉이 축하중 $P = 90 \text{ kN}$에 의해 압축을 받고 있다(그림 2-39a).

(a) 각 $\theta = 25°$로 봉을 절단한 경사단면 pq에 작용하는 응력을 구하라.

(b) $\theta = 25°$에 대한 완전한 응력상태를 구하고, 이 응력을 적절한 방향으로 회전된 응력요소에 표시하라.

풀이

(a) 경사면의 응력. $\theta = 25°$인 단면에 작용하는 응력을 구하기 위해, 먼저 단면에 작용하는 수직응력 σ_x를 구한다.

$$\sigma_x = -\frac{P}{A} = -\frac{90 \text{ kN}}{1200 \text{ mm}^2} = -75 \text{ MPa}$$

여기서 음의 부호는 응력이 압축응력임을 나타낸다. 다음, 식 (2-29a 및 b)에 $\theta = 25°$를 대입하여 수직응력과 전단응력을 구하면 다음과 같다.

$$\sigma_\theta = \sigma_x \cos^2 \theta = (-75 \text{ MPa})(\cos 25°)^2$$
$$= -61.6 \text{ MPa}$$

$$\tau_\theta = -\sigma_x \sin \theta \cos \theta = (75 \text{ MPa})(\sin 25°)(\cos 25°)$$
$$= 28.7 \text{ MPa}$$

경사면에 작용하는 응력들이 그림 2-39b에 보여진다. 수직응력 σ_θ는 음(압축)이고, 전단응력 τ_θ는 양(반시계방향)임을 유의하라.

(b) 응력의 전체 상태. 응력의 전체 상태를 구하기 위해, 25° 회전한 위치의 응력요소의 모든 면에 작용하는 응력들을 구해야 한다(그림 2-39c). $\theta = 25°$인 면 ab는 그림 2-39b에 보인 경사면과 같은 방향을 갖는다. 그러므로 응력 값들은 앞에서 주어진 것과 같다.

반대쪽에 있는 면 cd에 작용하는 응력은 면 ab에 작용하는 응력과 같으며, 이는 $\theta = 25° + 180° = 205°$를 식 (2-29a 및 b)에 대입함으로써 증명할 수 있다.

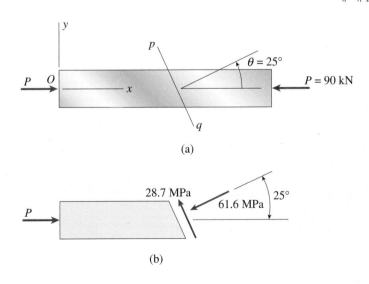

(a)

(b)

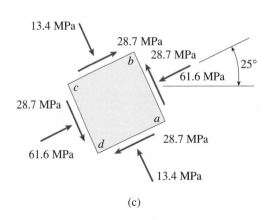

(c)

그림 2-39 예제 2-10. 경사면의 응력

면 bc에 대해서는, $\theta = 25° - 90° = -65°$를 식 (2-29a 및 b)에 대입하여 다음과 같이 구한다.

$$\sigma_\theta = -13.4 \text{ MPa} \qquad \tau_\theta = -28.7 \text{ MPa}$$

같은 응력들이 반대 쪽에 있는 면 ad에 작용하며, 이는 $\theta = 25° +$ $90° = 115°$를 식 (2-29a 및 b)에 대입함으로써 증명할 수 있다. 수직응력은 압축이며, 전단응력은 시계방향임을 유의하라.

응력의 전체 상태가 그림 2-39c의 응력요소에 보여진다. 이러한 종류의 그림은 응력의 방향과 이들이 작용하는 면의 위치를 보여주는 훌륭한 방법이다.

예제 2-11

폭 b를 갖는 정사각형 단면의 압축봉이 하중 $P = 35$ kN을 지지하여야 한다(그림 2-40a). 봉의 두 부분이, 수직선에 대하여 각 $\alpha = 40°$인 경사면 pq를 따라 스카프 조인트(scarf joint)라고 알려진 접착 조인트(glued joint)에 의해 연결되어 있다. 봉은 압축과 전단에 대한 허용응력이 각각 7.5 MPa과 4.0 MPa 인 구조용 플라스틱으로 만들어졌다. 또한 접착 조인트의 압축에 대한 허용응력은 5.2 MPa 이고, 전단에 대한 허용응력은 3.4 MPa이다.

봉의 최소 폭 b를 구하라.

풀이

편의상, 봉을 경사면에 작용하는 응력에 대한 공식을 유도하는 데 사용되었던 그림(그림 2-33 및 2-34 참조)과 일치하는 수평위치(그림 2-40b)로 회전시키자. 이 위치의 봉에 대하여, 접착 조인트(평면 pq)에 수직인 n축은 봉의 축과 각 $\beta = 90° - \alpha$ 또는 $50°$를 이루는 것을 알 수 있다. 각도 θ는 반시계방향일 때 양으

로 정의되었으므로(그림 2-34), 결과적으로 접착 조인트에 대한 $\theta = -50°$이다.

봉의 단면적은 하중 P와 단면에 작용하는 응력 σ_x에 대해 다음과 같은 관계가 있다.

$$A = \frac{P}{\sigma_x} \qquad \text{(a)}$$

그러므로 필요 면적을 구하기 위해서는, 먼저 네 개의 허용응력에 각각 대응되는 σ_x의 값을 구해야 한다. 그 다음에, σ_x의 최소치를 사용하여 필요면적을 구한다. σ_x의 값은 식 (2-29a 및 b)에서 구한다.

$$\sigma_x = \frac{\sigma_\theta}{\cos^2\theta} \qquad \sigma_x = -\frac{\tau_\theta}{\sin\theta\cos\theta} \qquad \text{(2-32a, b)}$$

이제 이 방정식을 접착 조인트와 플라스틱에 적용한다.

(a) 접착 조인트의 허용응력을 근거로 한 σ_x값. 접착 조인트의

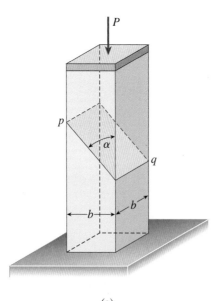

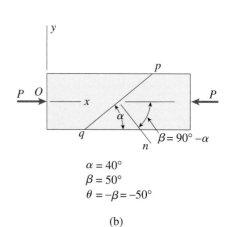

$\alpha = 40°$
$\beta = 50°$
$\theta = -\beta = -50°$

그림 2-40 예제 2-11. 경사면에 작용하는 응력

(a)

(b)

압축에 대해서 $\sigma_\theta = -5.2$ MPa 이고, $\theta = -50°$이다. 이 값을 식 (2-32a)에 대입하면 다음을 얻는다.

$$\sigma_x = \frac{-5.2\,\text{MPa}}{(\cos -50°)^2} = -12.6\,\text{MPa} \qquad (b)$$

접착 조인트는 전단에 대해서 3.4 MPa의 허용응력을 갖는다. 그러나 τ_θ가 +3.4 MPa인지 −3.4 MPa인지를 즉시 알 수 없다. 한 가지 접근방법은 +3.4 MPa와 −3.4 MPa를 둘 다 식 (2-32b)에 대입하여, 음의 σ_x값을 구하는 것이다. σ_x의 또 다른 값은 양(인장)이며, 압축을 받는 이 봉에 적용되지 않는다. 또 다른 접근방법은 봉 자체를 육안으로 검사하고(그림 2-40b), 하중의 방향으로부터 전단응력이 평면 pq에 대하여 시계방향으로 작용한다는 것을 관찰하는 것이다. 이는 전단응력이 음임을 의미한다. 그러므로 $\tau_\theta = -3.4$ MPa, $\theta = -50°$를 식 (2-32b)에 대입하여 다음 값을 구한다.

$$\sigma_x = -\frac{-3.4\,\text{MPa}}{(\sin -50°)(\cos -50°)} = -6.9\,\text{MPa} \qquad (c)$$

(b) 플라스틱의 허용응력을 근거로 한 σ_x값. 플라스틱의 최대 압축응력은 단면에서 일어난다. 따라서 압축에 대한 허용응력이 7,5 MPa 이므로 즉시 다음을 알 수 있다.

$$\sigma_x = -7.5\,\text{MPa} \qquad (d)$$

최대 전단응력은 45° 인 면에서 일어나며, 수치적으로는 $\sigma_x/2$와 같다(식 2-31 참조). 전단에 대한 허용응력이 4 MPa 이므로 다음을 얻는다.

$$\sigma_x = -8\,\text{MPa} \qquad (e)$$

식 (2-32b)에 $\tau_\theta = 4$ MPa, $\theta = 45°$를 대입하여 같은 결과를 얻을 수 있다.

(c) 봉의 최소 폭. 네 개의 σ_x값(식 b, c, d 및 e)을 비교하여 최소치가 $\sigma_x = -6.9$ MPa 임을 알 수 있다. 그러므로 이 값이 설계에 사용된다. 이 값을 식 (a)에 대입하고 주어진 수치값을 사용하면, 다음과 같은 필요 면적을 구할 수 있다.

$$A = \frac{35\,\text{kN}}{6.9\,\text{MPa}} = 5072\,\text{mm}^2 \qquad (e)$$

봉은 정사각형 단면($A = b^2$)을 가지고 있으므로, 최소 폭은 다음과 같다.

$$b_{min} = \sqrt{A} = \sqrt{5072\,\text{mm}^2} = 71.2\,\text{mm}$$

b_{min}보다 큰 폭은 허용응력을 초과하지 않음을 보증한다.

요약 및 복습

2장에서는 자중과 같은 분포하중과 온도변화 및 사전변형에 의해 축하중을 받는 봉의 거동에 대해 검토하였다. 균일조건(즉, 일정한 하중이 전체길이에 걸쳐 작용함)과 불균일조건(즉, 축력 및 단면적이 봉의 길이에 걸쳐 변함)하에서 봉의 길이변화를 계산하는 데 사용되는 힘−변위 관계를 밝혔다. 다음에는 모든 미지의 힘과 응력 등에 대한 풀이를 위해 중첩법을 사용하는 부정정 구조물에 대해 평형방정식과 적합방정식을 유도하였다. 경사면에 대한 수직응력과 전단응력에 관한 식을 세운 후, 이 방정식들로부터 봉의 최대 수직응력과 최대 전단응력을 구했다. 이 장에서 제시된 중요한 개념은 다음과 같다.

1. 도심에 작용하는 인장이나 압축하중을 받는 균일단면 봉의 신장량 또는 수축량(δ)은 봉의 하중(P)과 길이(L)에는 비례하고 봉의 축강도(EA)에는 반비례한다. 이것을 힘−변위 관계식이라 한다.

$$\delta = \frac{PL}{EA}$$

2. 케이블은 인장만을 받는 요소이며 유효탄성계수(E_e)와 유효단면적(A_e)은 케이블이 하중을 받을 때 팽팽해지는 현상을 고려하는 데 사용된다.

3. 봉의 단위길이당 축강도는 봉의 강성도(k)이고 그 역 관계는 봉의 유연도(f)이다.

$$\delta = Pf = \frac{P}{k} \qquad f = \frac{L}{EA} = \frac{1}{k}$$

4. 불균일단면 보의 개별 구간에 대한 변위의 합은 전체 보의 신장량 또는 수축량(δ)과 같다.

$$\delta = \sum_{i=1}^{n} \frac{N_i L_i}{E_i A_i}$$

각 구간 i에서의 축력(N_i)을 구하기 위해 자유물체도를 사용한다. 축력과 단면적이 연속적으로 변한다면 적분식이 필요하다.

$$\delta = \int_0^L d\delta = \int_0^L \frac{N(x)dx}{EA(x)}$$

5. 봉 구조가 부정정이면 미지의 힘을 구하기 위해 추가적인 식(정역학에서 얻을 수 없는)이 필요하다. 적합방정식은 보의 변위와 지지조건을 연관시켜 미지수들 간에 추가적인 관계식을 생성하

는 데 사용된다. 실제의 부정정 봉 구조를 표현하기 위해 "이완된"(또는 정정의) 구조물을 **중첩**하여 사용하는 것이 편리하다.

6. **열효과**는 온도변화(ΔT)와 봉의 길이(L)에 비례하는 변위가 생기게 하지만 정정 구조물에서는 응력을 일으키지 않는다. 재료의 열팽창계수(α)가 열효과로 인한 축방향 변형률(ϵ_T)과 축방향 변위(δ_T)를 계산하는 데 필요하다.

$$\epsilon_T = \alpha(\Delta T) \qquad \delta_T = \epsilon_T L = \alpha(\Delta T)L$$

7. **어긋남**과 **사전변형**은 오직 부정정 봉에 대해서만 축력을 일으킨다.

8. **최대 수직응력**(σ_{max})과 **최대 전단응력**(t_{max})은 축하중을 받는 봉에 대한 경사진 요소를 고려하여 구할 수 있다. 최대 수직응력은 봉의 축방향으로 작용하지만 최대 전단응력은 봉의 축에 대해 45° 경사진 면에서 발생하며 최대 전단응력은 최대 수직응력의 절반 값이다.

$$\sigma_{max} = \sigma_x \qquad \tau_{max} = \frac{\sigma_x}{2}$$

2장 연습문제

축하중을 받는 부재의 길이변화

2.2-1 지름이 $d = 2$ mm이고 길이가 $L = 3.8$ m인 알루미늄 와이어가 인장력 P를 받고 있다(그림 참조). 알루미늄의 탄성계수는 $E = 75$ GPa이다.

와이어의 최대 허용 신장량이 3 mm이고 허용 인장응력이 60 MPa 이라면 허용하중 P_{max}는 얼마인가?

문제 2.2-1

2.2-2 강철 와이어와 구리 와이어는 길이가 같고 동일한 하중 P를 받고 있다(그림 참조). 강철과 구리에 대한 탄성계수는 각각 $E_s = 206$ MPa와 $E_c = 115$ MPa 이다.

(a) 와이어들의 지름이 같다면 강철 와이어의 신장량에 대한 구리 와이어의 신장량의 비는 얼마인가?

(b) 와이어들이 같은 길이만큼 늘어난다면, 강철 와이어의 지름에 대한 구리 와이어의 지름의 비는 얼마인가?

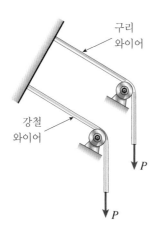

문제 2.2-2

2.2-3 그림에 보인 L형 암(arm) ABC가 수직 평면에 놓여 있으며 A점에서 수평 핀에 대해 회전한다. 암의 단면적은 일정하며 총 무게는 W이다. 강성도가 k인 수직 스프링은 B점에서 암을 지지하고 있다. 암의 무게로 인한 스프링의 신장량을 구하는 공식을 유도하라.

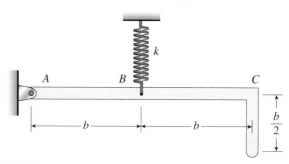

문제 2.2-3

2.2-4 그림에 보인 3개의 봉으로 이루어진 트러스 ABC의 스팬은 $L = 3$ m이며 단면적이 $A = 3,900$ mm²이고 탄성계수가 $E = 200$ GPa인 강철판으로 제조되었다. 그림과 같이 동일한 하중 P가 조인트 C에서 수직 및 수평 방향으로 작용한다.

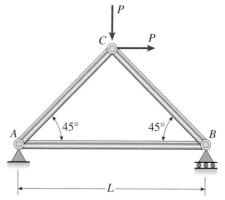

문제 2.2-4

(a) P = 650 kN인 경우, 조인트 B의 수평변위는 얼마인가?

(b) 조인트 B의 변위가 1.5 mm로 제한되는 경우, 최대 허용하중 값 P_{max}는 얼마인가?

2.2-5 그림에 보인 케이지(cage) 안에 무게 W를 넣을 때 케이지의 하향 이동거리 h는 얼마인가? (그림 참조)

축강도 EA = 10,700 kN인 케이블의 신장에 의한 효과만을 고려한다. A점의 풀리 지름은 d_A = 300 mm이고 B점의 풀리 지름은 d_B = 150 mm이다. 또한 거리 L_1 = 4.6 m, 거리 L_2 = 10.5 m, 무게 W = 22 kN이다. (주: 케이블의 길이를 계산할 때, 풀리 A와 B에 감기는 케이블 부분도 포함하라.)

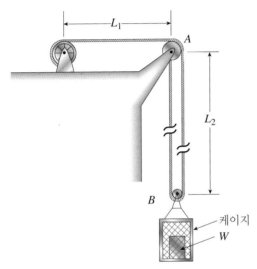

문제 2.2-5

2.2-6 압력 P인 증기가 들어 있는 탱크의 상단에 있는 안전밸브의 배출구 지름은 d이다(그림 참조). 이 밸브는 압력이 P_{max}에 도달할 때 증기를 배출하도록 설계되었다.

스프링의 원래 길이가 L이고 강성도가 k일 때 이 밸브의 치수 h는 얼마이어야 하는가? (결과를 h에 대한 식으로 표시하라.)

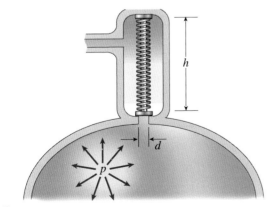

문제 2.2-6

2.2-7 그림과 같이, 속이 빈 원형단면의 주철관(E_c = 83 GPa)이 황동봉(E_b =96 GPa)을 지지하고 있으며 하중은 W = 9 kN이다. 관의 바깥지름은 d_c = 150 mm 이다.

(a) 관의 허용 압축응력이 35 MPa이고 관의 허용 수축량이 0.5 mm 이라면, 필요한 최소 벽두께 $t_{c,min}$은 얼마인가? (계산 시 로드와 강철 캡의 무게를 포함한다.)

(b) 하중 W와 자체 하중으로 인한 황동봉의 신장량은 얼마인가?

(c) 필요한 최소 틈새 h는 얼마인가?

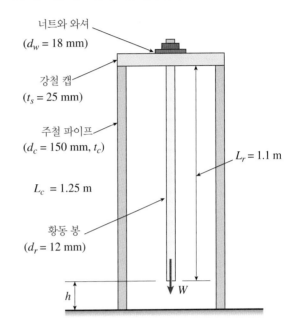

너트와 와셔
(d_w = 18 mm)

강철 캡
(t_s = 25 mm)

주철 파이프
(d_c = 150 mm, t_c)

L_r = 1.1 m

L_c = 1.25 m

황동 봉
(d_r = 12 mm)

h W

문제 2.2-7

2.2-8 그림에 보인 장치는 강성도 k = 800 N/m인 스프링으로 지지된 지시기 ABC로 구성되어 있다. 스프링은 핀으로 고정된 지시기의 A단으로부터 거리 b = 150 mm에 위치한다. 이 장치는 하중 P가 작용하지 않을 때 지시기가 각도 눈금의 0을 가리키도록 조정되어 있다.

하중 P = 8 N인 경우, 지시기가 눈금 3°를 나타내기 위해서는 이 하중은 어떤 거리 x에 작용해야 하는가?

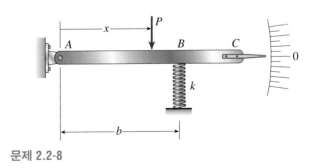

문제 2.2-8

2.2-9 2개의 강봉 *AB*와 *CD*가 평평한 수평 표면에 놓여 있다 (그림 참조). 봉 *AB*는 *A*단에 그리고 봉 *CD*는 *D*단에서 회전한다. 2개의 봉은 강성도가 *k*인 2개의 선형탄성 스프링에 의해 서로 연결되어 있다. 하중 *P*가 작용하기 전에, 스프링들의 길이는 봉들이 평행하도록 같으며 스프링은 응력을 받지 않는다.

하중 *P*가 그림과 같이 *B*점 가까이 작용할 때 *C*점에서의 변위 δ_C에 대한 식을 유도하라. (하중 *P*의 작용할 때 봉들의 회전각은 매우 작다고 가정한다.)

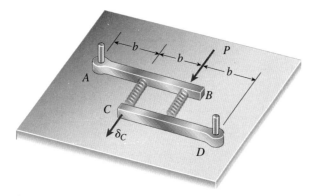

문제 2.2-9

2.2-10 공칭지름이 25 mm인 강철 케이블(표 2-1 참조)이 그림과 같이 건설현장에서 무게 38 kN의 교량 조각을 인양하는 데 사용된다. 이 케이블의 유효 탄성계수는 *E* = 140 GPa이다.

(a) 케이블의 길이가 14 m라면, 하중을 들어 올릴 때 얼마만큼 늘어나는가?

(b) 케이블의 최대 정격하중이 70 kN일 때 케이블의 파단에 대한 안전계수는 얼마인가?

문제 2.2-10

2.2-11 그림과 같이, 무게 *W* = 25 N인 균일단면 봉 *AB*가 2개의 스프링으로 지지되어 있다. 좌측 스프링의 강성도는 k_1 = 300 N/m이고 고유 길이는 L_1 = 250 mm이다. 우측 스프링의 강성도는 k_2 = 400 N/m이고 고유 길이는 L_2 = 200 mm이다. 2개의 스

프링 사이의 거리는 *L* = 350 mm이며, 우측 스프링은 좌측 스프링보다 거리 *h* = 80 mm만큼 아래쪽에 매달려 있다.

(a) 봉이 수평 위치를 유지하기 위해서는 하중 *P* = 18 N이 좌측 스프링으로부터 얼만큼 떨어진 위치 *x*에 작용해야 하는가? [그림 (a) 참조]

(b) *P*가 제거된다면, 그림 (a)의 봉이 무게 *W*의 작용 하에 수평위치를 유지하기 위해 필요한 k_1의 새로운 값은 얼마인가?

(c) *P*가 제거되고 k_1 = 300 N/m인 경우, 그림 (a)의 봉이 무게 *W*의 작용하에 수평위치를 유지하기 위해서는 스프링 k_1이 우측으로 이동해야 할 거리 *b*는 얼마인가?

(d) 좌측 스프링이 전체의 고유 길이가 L_1 = 250 mm인 2개의 스프링(k_1 = 300 N/m, k_3)으로 직렬연결 된다면[그림 (b) 참조], 봉이 무게 *W*의 작용하에 수평위치를 유지하기 위해 필요한 k_3의 값은 얼마인가?

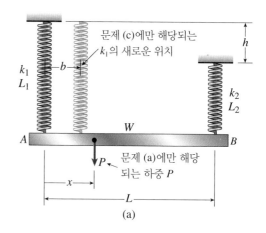

(a)

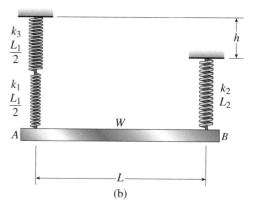

(b)

문제 2.2-11

2.2-12 프레임 *ABC*는 각각 길이가 *b*인 2개의 강봉 *AB*와 *BC*로 구성되어 있다(그림의 첫 부분 참조). 봉들은 *A*, *B* 및 *C*에서 핀에 연결되어 있으며 강성도가 *k*인 스프링이 부착되어 있다. 스프링은 봉들의 중앙점에 부착되어 있다. 프레임은 *A*에서 핀으로 지지되어 있고 *C*에서 롤러로 지지되어 있으며 봉들은 수평에 대해 각도 *α*를 이루고 있다.

수직하중 P가 조인트 B에 작용할 때(그림의 두 번째 부분 참조), 롤러 지지점 C는 우측으로 움직이며, 스프링은 늘어나고 봉의 경사각은 α에서 θ로 감소한다.

각 θ와 점 A와 C 사이의 길이 증가량 δ를 구하라. (다음 자료를 사용하라. $b = 300$ mm, $k = 7.8$ kN/m, $\alpha = 55°$, $P = 100$ N)

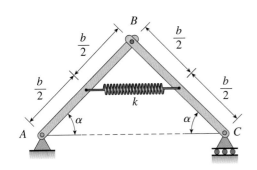

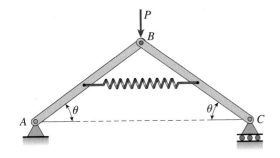

문제 2.2-12 및 2.2-13

2.2-13 다음 자료를 사용하여 앞의 문제를 풀어라. $b = 200$ mm, $k = 3.2$ kN/m, $\alpha = 45°$, $P = 50$ N.

2.2-14 수평 강체 보 $ABCD$가 수직봉 BE와 CF에 의해 지지되고 있으며, A점과 D점에 각각 수직력 $P_1 = 400$ kN과 $P_2 = 360$ kN을 받고 있다(그림 참조). 봉 BE와 CF는 강철($E = 200$ GPa)로 되어 있고 단면적은 각각 $A_{BE} = 11,100$ mm^2, $A_{CF} = 9,280$ mm^{2}이다. 봉의 여러 점들 간의 거리는 그림에 표시되었다.

점 A와 D에서의 수직변위 δ_A와 δ_D를 구하라.

불균일 상태의 길이변화

2.3-1 길이가 2.4 m인 강철봉에서 길이 절반의 지름은 $d_1 = 20$ mm이고 나머지 절반의 지름은 $d_2 = 12$ mm이다(그림 참조). 탄성계수는 $E = 205$ GPa 이다.

(a) 인장하중 $P = 22$ kN가 작용할 때 봉의 신장량은 얼마인가?

(b) 동일한 체적의 재료로 균일한 지름 d와 길이 2.4 m인 봉을 만든다면, 같은 하중 P로 인한 신장량은 얼마인가?

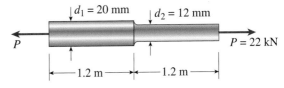

문제 2.3-1

2.3-2 테이퍼 단부를 갖는 속이 찬 원형단면 구리봉에 크기 14 kN의 축하중이 가해질 때 봉의 신장량을 계산하라(그림 참조).

끝 구간의 길이는 500 mm이며 균일단면을 가진 중앙부분의 길이는 1,250 mm 이다.

또한 A, B, C 및 D 단면의 지름은 각각 12, 24, 24 및 12 mm이고 탄성계수는 120 GPa 이다. (힌트: 예제 2-4의 결과를 사용하라.)

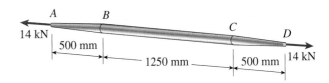

문제 2.3-2

2.3-3 길이가 L인 직사각형 봉의 중앙부분에 절반 길이만큼 구멍이 뚫려 있다(그림 참조). 봉의 폭은 b, 두께는 t, 탄성계수는 E이고 구멍의 폭은 $b/4$이다.

(a) 축하중 P로 인한 봉의 신장량 δ를 구하는 식을 유도하라.

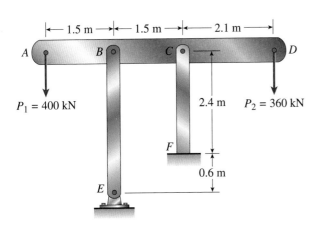

문제 2.2-14

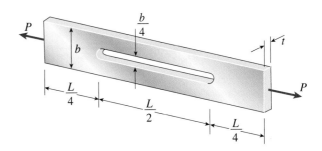

문제 2.3-3 및 2.3-4

(b) 재료가 고강도 강이고 봉의 중앙부분에서의 축 응력이 160 MPa, 길이가 750 mm, 탄성계수가 210 GPa일 때 봉의 신장량을 계산하라.

2.3-4 봉의 중앙 부분에서의 축응력이 145 MPa, 길이가 1.5 m, 탄성계수가 200 GPa인 경우에 대해 앞의 문제를 풀어라.

2.3-5 인장하중 P를 받는 긴 직사각형 단면의 구리봉이 2개의 강철 기둥에 의해 지지된 핀에 매달려 있다(그림 참조). 구리봉의 길이는 2.0 m이고 단면적은 4,800 mm²이며 탄성계수는 $E_c =$ 120 GPa이다. 각각의 강철 기둥의 높이는 0.5 m이고 단면적은 4,500 mm²이며 탄성계수는 $E_s =$ 200 GPa이다.

(a) 하중 $P =$ 180 kN에 의한 구리봉의 하단부의 하향변위 δ를 계산하라.

(b) 변위 δ가 1.0 mm로 제한된다면 최대 허용하중 P_{max}는 얼마인가?

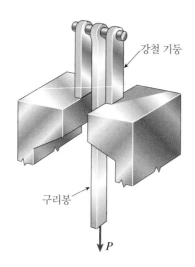

강철 기둥

구리봉

P

문제 2.3-5

2.3-6 강철봉 AD(그림 참조)의 단면적은 260 mm²이고 힘 P_1 = 12 kN, $P_2 =$ 8 kN 및 $P_3 =$ 6 kN을 받고 있다. 봉의 구간별 길이는 각각 $a =$ 1.5 m, $b =$ 0.6 m 및 $c =$ 0.9 m이다.

(a) 탄성계수 $E =$ 210 GPa 일 때 봉의 길이변화량 δ를 계산하라.

(b) 3개의 하중이 작용할 때 봉의 길이가 변하지 않게 하려면 하중 P_3에 얼마만큼의 하중 P가 추가되어야 하는가?

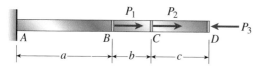

P_1 P_2

A B C D P_3

a b c

문제 2.3-6

2.3-7 그림과 같이, 1층에는 강철 기둥 AB, 2층에는 강철 기둥 BC를 갖는 2층 건물이 있다. 지붕 하중은 $P_1 =$ 400 kN이고 2층

하중은 $P_2 =$ 720 kN이며 각 기둥의 길이는 $L =$ 3.75 mm이다. 1층과 2층의 기둥 단면적은 각각 11,000 mm²와 3,900 mm²이다.

(a) $E =$ 206 GPa라고 가정할 때, 하중 P_1과 P_2의 동시 작용에 의한 두 기둥의 총 수축량 δ_{AC}를 구하라.

(b) 총 수축량 δ_{AC}가 4.0 mm를 초과하지 않으려면 기둥의 상부(점 C)에 가할 수 있는 추가 하중 P_0는 얼마인가?

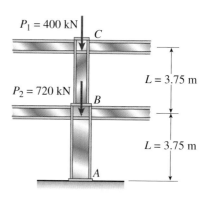

$P_1 =$ 400 kN C

$P_2 =$ 720 kN B

$L =$ 3.75 m

$L =$ 3.75 m

A

문제 2.3-7

2.3-8 땅속에 박힌 나무 파일(pile)이 측면 마찰에 의해 하중 P를 지지하고 있다(그림 참조). 파일의 단위길이당 마찰력 f는 파일 전체 표면에 균일하게 분포하는 것으로 가정한다. 파일의 길이는 L, 단면적은 A, 탄성계수는 E이다.

(a) 파일의 수축량 δ를 나타내는 식을 P, L, E 및 A의 항으로 유도하라.

(b) 파일의 길이에 걸친 압축응력 σ_c의 변화를 선도로 그려라.

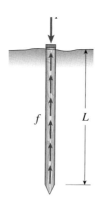

f L

문제 2.3-8

2.3-9 길이가 L인 봉 ABC는 길이는 같고 지름이 다른 두 구간으로 구성되어 있다. AB 구간의 지름은 $d_1 =$ 100 mm이고 BC 구간의 지름은 $d_2 =$ 60 mm이다. 2 구간의 길이는 모두 $L/2 =$ 0.6 m이다. AB 구간의 절반 길이(거리 $L/4 =$ 0.3 m) 부분에 길이방향으로 구멍이 뚫어져 있다. 봉은 탄성계수가 $E =$ 4.0 GPa인 플라스틱으로 되어 있으며 압축하중 $P =$ 110 kN이 봉의 양단에 작용한다.

(a) 봉의 수축량이 8.0 mm로 제한된다면 구멍의 최대 허용 지름 d_{max}는 얼마인가? [그림 (a) 참조]

(b) 이제 $d_{max} = d_2/2$라면, 봉의 수축량을 8.0 mm로 제한하기 위해 하중 P는 C점으로부터 얼마만큼 떨어진 거리 b에 작용시켜야 하는가? [그림 (b) 참조]

(c) 마지막으로 하중 P가 양단에 작용하고 $d_{max} = d_2/2$라면 봉의 수축량을 8.0 mm로 제한하기 위한 구멍의 허용길이 x는 얼마인가? [그림 (c) 참조]

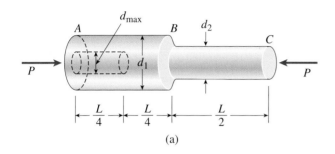

(a)

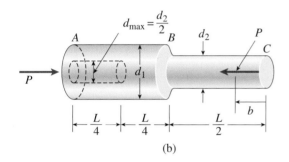

(b)

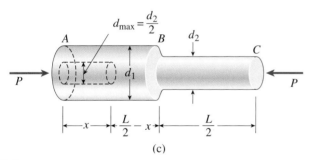

(c)

문제 2.3-9

2.3-10 그림에 보인 불균일 단면 캔틸레버 원형봉에 구간 1의 순단면적이 $(3/4)A$가 되도록 0에서 x까지 내부에 지름이 $d/2$인 원기둥 구멍이 뚫어져 있다. 하중 P는 x 위치에 작용하며 하중 $P/2$는 $x = L$ 위치에 작용한다. E는 상수라고 가정한다.

(a) 지지점에서의 반력 R_1을 구하라.

(b) 구간 1과 구간 2에서의 내부 축응력 N_i를 구하라.

(c) 조인트 3에서의 축방향 변위가 $\delta_3 = PL/EA$가 되기에 필요한 거리 x를 구하라.

(d) (c)에서 조인트 2에서의 변위 δ_2는 얼마인가?

(e) P가 $x = 2L/3$에 작용하고 조인트 3에서의 $P/2$가 βP로 대체 된다면 $\delta_3 = PL/EA$가 되는 β값을 구하라.

(f) 위의 (b)부터 (d)까지의 결과를 사용하여 **축력선도**(AFD: $N(x), 0 \leq x \leq L$)와 **축변위 선도**(ADD: $\delta(x), 0 \leq x \leq L$)를 그려라.

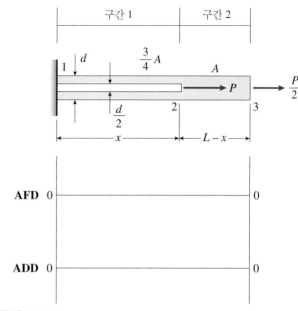

AFD 0 ──────────────── 0

ADD 0 ──────────────── 0

문제 2.3-10

2.3-11 길이가 L, 단면적이 A, 탄성계수가 E, 무게가 W인 균일단면 봉 AB가 하중의 작용 하에 수직으로 매달려 있다(그림 참조).

(a) 봉의 하단으로부터 거리 h 떨어진 위치의 점 C의 하향변위 δ_C를 계산하는 식을 유도하라.

(b) 전체 봉의 신장량 δ_B는 얼마인가?

(c) 봉의 하반부 절반의 신장량에 대한 상반부 절반의 신장량의 비 β는 얼마인가?

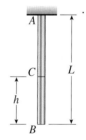

문제 2.3-11

2.3-12 그림과 같은 "스웨티드(sweated)" 조인트를 사용하여 연결된 구리관을 고려해 보자. 그림에 주어진 성질과 치수를 사용한다.

(a) 작용 인장력 $P = 5$ kN에 대한 구간 2-3-4의 전체 신장량 (δ_{2-4})을 구하라. $E_c = 120$ GPa를 사용하라.

(b) 주석-납 솔더의 항복강도가 $\tau_y = 30$ MPa이고 구리의 인장 항복강도가 $\sigma_y = 200$ MPa이라면, 전단에 대한 안전계수가 $FS_\tau = 2$이고 인장에 대한 안전계수가 $FS_\sigma = 1.7$인 경우, 조인트에 가할 수 있는 최대하중 P_{max}는 얼마인가?

(c) 관과 솔더의 캐패시터가 같게 되는 L_2의 값을 구하라.

2.3-13 길이가 L이고 밑바닥 지름이 d인 직각 원뿔모양의 길고 납작한 봉이 자중의 작용 하에 수직으로 매달려 있다(그림 참조).

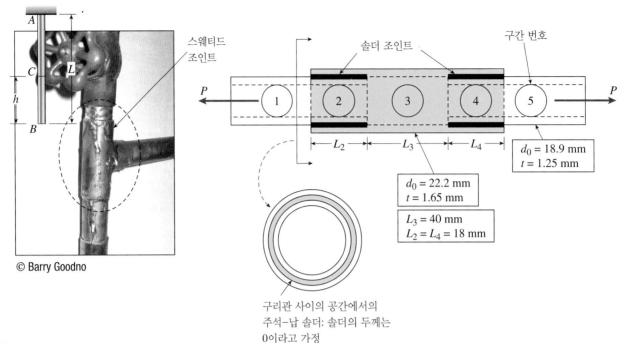

© Barry Goodno

스웨티드
조인트

솔더 조인트

구간 번호

$d_0 = 18.9$ mm
$t = 1.25$ mm

$d_0 = 22.2$ mm
$t = 1.65$ mm

$L_3 = 40$ mm
$L_2 = L_4 = 18$ mm

구리관 사이의 공간에서의
주석–납 솔더: 솔더의 두께는
0이라고 가정

문제 2.3-12

원뿔의 무게는 W이며 재료의 탄성계수는 E이다.

봉의 자중으로 인한 봉의 길이방향의 신장량 δ를 구하는 식을
유도하라. (원뿔의 테이퍼 각은 작다고 가정한다.)

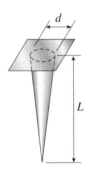

문제 2.3-13

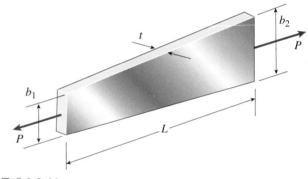

문제 2.3-14

상단에 작용하는 압축력 P로 인한 수축량 δ를 구하는 식을 유
도하라. (테이퍼 각은 작다고 가정하고 기둥의 자중은 무시한다.)

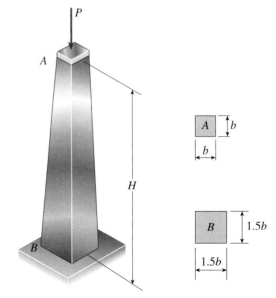

2.3-14   길이가 L이고 균일두께가 t인 직사각형 단면의 평평한
봉이 인장력 P를 받고 있다(그림 참조). 봉의 폭은 작은 쪽 끝 부
분의 b_1으로부터 큰 쪽 끝 부분의 b_2까지 선형적으로 변화한다.
테이퍼 각은 작다고 가정한다.

(a) 봉의 신장량을 나타내는 다음과 같은 공식을 유도하라.

$$\delta = \frac{PL}{Et(b_2 - b_1)} \ln \frac{b_2}{b_1}$$

(b) $L = 1.5$ m, $t = 25$ mm, $P = 125$ kN, $b_1 = 100$ mm, $b_2 = 150$ mm, $E = 200$ GPa 일 때 신장량을 계산하라.

2.3-15   실험실에서 장비를 지지하는 기둥 AB가 길이 H에 걸쳐
균일하게 테이퍼되었다(그림 참조). 기둥 상단의 치수는 $b \times b$
이고 하단의 치수는 $1.5b \times 1.5b$이다.

문제 2.3-15

2.3-16 길이가 L이고 균일하게 테이퍼된 원형관 AB가 그림에 도시되었다. 양단의 평균 지름은 각각 d_A와 $d_B = 2d_A$이다. E가 상수라고 가정하고 다음 각 경우에 대해 양단에 하중 P가 작용할 때 관의 신장량 δ를 구하는 식을 유도하라.

(a) B부터 A까지 일정한 지름 d_A를 가진 구멍을 뚫어 속이 빈 $x = L/2$ 길이 부분을 만드는 경우[그림 (a) 참조]

(b) B부터 A까지 변하는 지름 dA를 가진 구멍을 뚫어 일정한 두께 t를 가진 속이 빈 $x = L/2$) 길이 부분을 만드는 경우[그림 (b) 참조] ($t = d_A/20$이라고 가정)

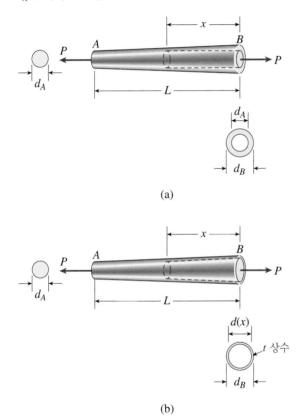

(a)

(b)

문제 2.3-16

2.3-17 봉 ABC가 중앙점 C에서 수직축에 대해 수평면 상에서 회전하고 있다(그림 참조). 길이가 $2L$이고 단면적이 A인 봉은 일정한 각속도 ω로 회전한다. 봉의 절반 구간(AC 및 BC)의 무게는 각각 W_1이고 양단에서 무게 W_2를 지지하고 있다.

봉의 절반 부분의 신장량(즉, AC 또는 BC의 신장량)을 구하는 다음과 같은 식을 유도하라.

$$\delta = \frac{L^2\omega^2}{3gEA}(W_1 + 3W_2)$$

여기서 E는 봉 재료의 탄성계수이고 g는 중력가속도이다.

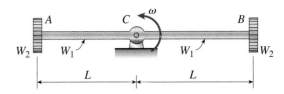

문제 2.3-17

2.3-18 케이블에 가해지는 주하중이 수평면에 대해 균일한 강도를 갖는 교량의 상판 무게이므로, 현수교의 주 케이블[그림 (a) 참조]은 거의 포물선 모양의 곡선을 이룬다. 따라서 주 케이블의 일부분인 중앙부 AOB[그림 (b) 참조]는 A와 B점에서 지지되고 수평면에 걸쳐 세기 q의 등분포하중을 받는 포물선 모양의 케이블로 나타낼 수 있다. 케이블의 스팬은 L, 처짐은 h, 축강도는 EA이고 좌표의 원점은 스팬의 중앙에 있다.

(a) 그림 (b)에 보여진 케이블 AOB의 신장량에 대한 다음과 같은 식을 유도하라.

$$\delta = \frac{qL^3}{8hEA}(1 + \frac{16h^2}{3L^2})$$

(b) 금문교의 주 케이블 중 하나인 중앙 스팬에서의 신장량 δ를 계산하라. 금문교의 치수와 성질은 $L = 1300$ m, $h = 140$ m, $q = 185$ kN/m, $E = 200$ GPa 이다. 케이블은 지름이 5 mm인 평행 와이어 27,572개로 구성되어 있다.

힌트: 케이블에 대한 자유물체도로부터 케이블의 임의의 점에서 인장력 T를 계산한 다음에 케이블의 ds 길이 요소의 신장량을 계산한 후 마지막으로 전체 신장량 δ의 식을 얻기 위해 케이블의 곡선을 따라 적분한다.

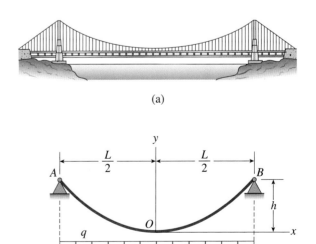

(a)

(b)

문제 2.3-18

부정정 구조물

2.4-1 2개는 재료 *A*로 되어 있고 1개는 재료 *B*로 되어 있는 3개의 균일단면 봉이 인장력 *P*를 전달한다(그림 참조). 2개의 바깥쪽 봉(재료 *A*)은 서로 같다. 중앙 봉(재료 *B*)의 단면적은 바깥쪽 봉의 단면적보다 50 % 더 크다. 또한 재료 *A*의 탄성계수는 재료 *B*의 탄성계수의 2배이다.

(a) 중앙봉에 전달되는 하중 *P*의 비율은 얼마인가?

(b) 바깥쪽 봉의 응력에 대한 중앙봉의 응력의 비는 얼마인가?

(c) 바깥쪽 봉의 변형률에 대한 중앙봉의 변형률의 비는 얼마인가?

문제 2.4-1

2.4-2 그림에 보인 조립체는 강철 쉘(안지름 $d_2 = 7$ mm, 바깥지름 $d_3 = 9$ mm)로 둘러싸인 황동 코어(지름 $d_1 = 6$ mm)로 구성되었다. 하중 *P*가 길이 $L = 85$ mm인 코어와 쉘을 압축하고 있다. 황동과 강철의 탄성계수는 각각 $E_b = 100$ GPa, $E_s = 200$ GPa이다.

(a) 조립체가 0.1 mm 압축되기 위한 하중 P는 얼마인가?

(b) 강철의 허용응력이 180 MPa이고 황동의 허용응력이 140 MPa이라면, 허용 압축하중 P_{allow}는 얼마인가? (제안: 예제 2-5에서 유도된 공식 사용)

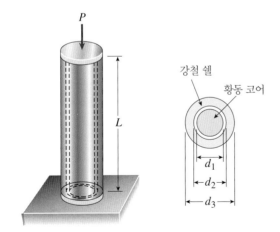

문제 2.4-2

2.4-3 황동 코어와 알루미늄 접관(collar)으로 구성된 원통형 조립체가 하중 *P*에 의해 압축된다(그림 참조). 알루미늄 접관과 황동 코어의 길이는 350 mm이고 코어의 지름은 25 mm, 접관의 바깥지름은 40 mm이다. 또한 알루미늄과 황동의 탄성계수는 각각 72 GPa과 100 GPa이다.

(a) 하중 *P*가 작용할 때 조립체의 길이가 0.1% 줄어든다면 하중의 크기는 얼마인가?

(b) 알루미늄과 황동의 허용응력이 각각 80 MPa과 120 MPa이라면, 최대 허용하중 P_{max}는 얼마인가? (제안: 예제 2-5에서 유도된 공식 사용.)

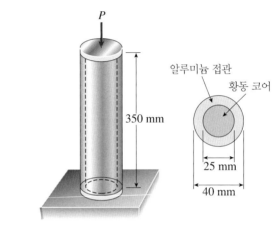

문제 2.4-3

2.4-4 길이 $L = 0.5$ m인 플라스틱 봉의 지름은 $d_1 = 30$ mm이다(그림 참조). 길이가 $c = 0.3$ m이고 바깥지름이 $d_2 = 45$ mm인 플라스틱 슬리브 *CD*는 봉에 견고히 접착되어 봉과 슬리브 사이에 미끄럼은 일어나지 않는다. 봉은 탄성계수가 $E_1 = 3.1$ GPa인 아크릴 수지로 되어 있고 슬리브는 $E_2 = 2.5$ GPa인 폴리아미드 수지로 되어 있다.

(a) 축하중 $P = 12$ kN으로 잡아당길 때 봉의 신장량을 계산하라.

(b) 슬리브가 봉 전체 길이까지 연장되었을 때 신장량은 얼마인가?

(c) 슬리브가 제거되었을 때 신장량은 얼마인가?

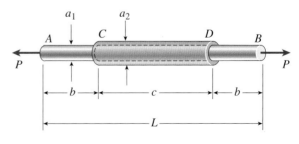

문제 2.4-4

2.4-5 A에서 C까지 길이가 x이고 지름이 d/2인 원통형 구멍을 가진 원형 봉 ACB가 A와 B에서 강체 지지점 사이에 고정되어 있다. 하중 P가 A단과 B단으로부터 L/2 거리에 작용한다. E는 상수라고 가정한다.

(a) 하중 P로 인한 지지점 A, B에서의 반력 R_A와 R_B를 구하는 식을 구하라[그림 (a) 참조].

(b) 하중 작용점의 변위 δ에 대한 식을 구하라[그림 (b) 참조].

(c) x값이 얼마일 때 $R_B = (6/5)R_A$가 되는가? [그림 (c) 참조]

(d) 봉이 그림 (b)와 같이 A에서 B까지 테이퍼되고 x = L/2인 경우에 대해 (a)를 풀어라.

(e) 봉을 수직위치로 회전시키고 하중 P를 제거하여 봉이 자중에 의해 매달려 있는 경우(밀도= ρ라 가정)에 대해 (a)를 풀어라 [그림 (c) 참조]. x = L/2이라고 가정한다.

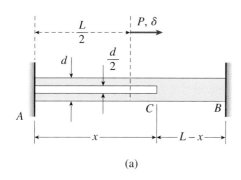

(a)

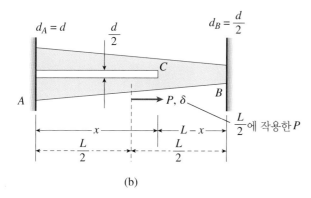

(b)

문제 2.4-5

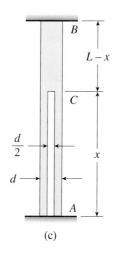

(c)

문제 2.4-5 (계속)

2.4-6 3개의 강철 케이블이 공동으로 60 kN의 하중을 지지한다(그림 참조). 중간 케이블의 지름은 20 mm 이고 바깥쪽 케이블의 지름은 각각 12 mm 이다. 각 케이블에 작용하는 인장력이 하중의 1/3씩 받도록(즉, 20 kN) 조정되었다. 나중에 하중이 40 kN 증가하여 총 하중이 100 kN이 되었다.

(a) 중간 케이블에 의해 지지되는 하중은 전체 하중의 몇 %인가?

(b) 중간 케이블과 바깥쪽 케이블의 응력 σ_M과 σ_O는 각각 얼마인가? (주: 케이블의 성질은 2.2절의 표 2-1 참조)

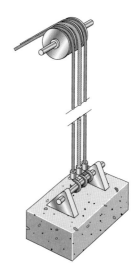

문제 2.4-6

2.4-7 그림에 보인 알루미늄 관과 강철관은 A단과 B단에서 강체 지지점에 고정되었고 접합점에서 강체판 C에 고정되었다. 알루미늄 관의 길이는 강철관의 길이의 2 배이다. 2개의 동일한 하중 P가 C점의 판 위에 대칭으로 작용한다.

(a) 알루미늄 관과 강철관의 축응력 σ_a와 σ_s를 구하는 식을 구하라.

(b) 다음 자료에 대한 응력을 계산하라. P = 50 kN, 알루미늄의

단면적 A_a = 6,000 mm², 강철관의 단면적 A_s = 600 mm², 알루미늄의 탄성계수 E_a = 70 GPa, 강철의 탄성계수 E_s = 200 GPa.

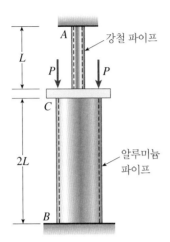

문제 2.4-7

2.4-8   그림에 보인 축하중을 받는 봉 *ABCD*가 강체 지지점 사이에 고정되었다. 봉의 *AC* 구간의 단면적은 A_1이고 *CD* 구간의 단면적은 $2A_1$이다.

   (a) 봉의 양단에서의 반력 R_A와 R_D에 대한 식을 유도하라.

   (b) *B*점과 *C*점에서의 변위 δ_B와 δ_C를 각각 구하라.

   (c) 횡좌표는 좌측 지점으로부터의 거리를, 종좌표는 그 점에서의 수평변위를 나타내는 축–변위 선도(ADD)를 그려라.

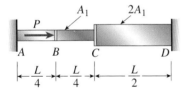

문제 2.4-8

2.4-9   양단고정 봉 *ABCD*가 3개의 균일단면 구간으로 구성되어 있다. 양쪽 끝 부분의 단면적은 A_1 = 840 mm², 길이는 L_1 = 250 mm이다. 하중 P_B와 P_D는 각각 25.5 kN과 17.0 kN이다.

   (a) 양쪽 고정단에서의 반력 R_A와 R_D를 구하라.

   (b) 봉의 중간 부분에서의 압축 축하중 F_{BC}를 구하라.

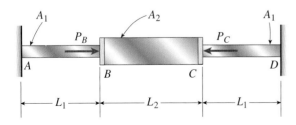

문제 2.4-9

2.4-10   치수 $2b \times 2b$인 정사각형 단면의 바이메탈 봉(합성봉)이 탄성계수 E_1과 E_2인 두 종류의 금속으로 제조되었다(그림 참조). 봉의 두 부분은 동일한 단면치수를 가진다. 봉은 고정단의 강체판을 통해 힘 *P*로 압축된다. 하중 작용선은 압축 시 봉의 각 부분이 균일한 응력을 받도록 크기 *e*만큼 편심되어 있다.

   (a) 봉의 두 부분이 받는 축력 P_1과 P_2를 구하라.

   (b) 하중의 편심거리 *e*를 구하라.

   (c) 봉의 두 부분이 받는 응력의 비 σ_1/σ_2를 구하라.

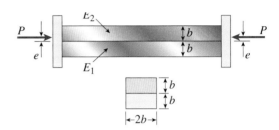

문제 2.4-10

2.4-11   불균일단면 봉 *ABC*가 2개의 구간, 즉 길이가 L_1이고 단면적이 A_1인 *AB* 구간과 길이가 L_2이고 단면적이 A_2인 *BC* 구간으로 구성되어 있다. 탄성계수 *E*, 밀도 ρ 및 중력가속도 *g*는 상수이다. 처음에는 봉 *ABC*가 수평으로 놓였다가 *A*와 *C*에서 구속된 상태로 수직 위치로 회전된다. 그런 다음에 봉은 자중에 의해 수직으로 매달려 있다(그림 참조). $A_1 = 2A_2$ 그리고 $L_1 = \frac{3}{5} L$, $L_2 = \frac{2}{5} L$이다.

   (a) 중력에 의한 지지점 *A*와 *C*에서의 반력 R_A와 R_C를 구하는 공식을 각각 구하라.

   (b) *B*점에서의 하향변위 δ_B를 구하는 식을 유도하라.

   (c) *B*점과 *C*점 바로 위의 미소거리 떨어진 위치에서의 축응력을 구하는 식을 각각 구하라.

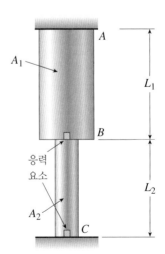

문제 2.4-11

2.4-12 무게가 W = 32 kN인 수평 강체봉이 같은 간격으로 배열된 3개의 가는 원형봉에 의해 지지되어 있다(그림 참조). 바깥쪽의 2개의 봉들은 지름이 d_1 = 10 mm이고 길이가 L_1 = 1 m 인 알루미늄(E_1 = 70 GPa)으로 제조되었고, 안쪽 봉은 지름이 d_2이고 길이가 L_2인 마그네슘(E_2 = 42 GPa)으로 제조되었다. 알루미늄과 마그네슘의 허용응력은 각각 165 MPa와 90 MPa 이다.

3개의 봉들이 모두 그들의 최대 허용하중을 받도록 하기 위해서는 중간 봉의 지름 d_2와 길이 L_2는 얼마가 되어야 하는가?

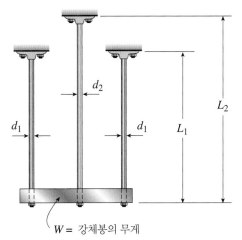

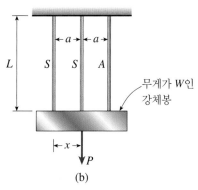

(b)

문제 2.4-13 (계속)

(b) 하중이 $x = a/2$에 위치하는 경우, P_{allow}는 얼마인가? [그림 (a) 참조]

(c) 그림 (b)와 같이 두 번째와 세 번째 와이어가 서로 바뀌는 경우에 대해 (b)를 다시 풀어라.

2.4-14 길이가 L = 1,600 mm인 강체 봉 AB가 A점에서 힌지로 고정되어 있고 C점과 D점에 부착된 2개의 수직 와이어로 지지되어 있다(그림 참조). 2개의 와이어는 같은 단면적(A = 16 mm²)을 가지며 같은 재료(E = 200 GPa)로 되어 있다. C점의 와이어의 길이는 h = 0.4 m 이고 D점의 와이어의 길이는 이 값의 2배이다. 수평거리 c = 0.5 m, d = 1.2 m 이다.

(a) 봉의 B단에 작용하는 하중 P = 970 N으로 인한 와이어들의 인장응력 σ_C와 σ_D를 구하라.

(b) 봉의 B단에서의 하향변위 δ_B를 구하라.

문제 2.4-12

2.4-13 무게가 W = 800 N인 강체 봉이 같은 간격으로 떨어져 있는 3개의 수직 와이어(길이 L = 150 mm, 간격 a = 50 mm)에 매달려 있다. 2개는 강철로 1개는 알루미늄으로 되어 있으며 와이어들은 봉에 작용하는 하중 P를 지지하고 있다. 강철 와이어의 지름은 d_s = 2 mm이고, 알루미늄 와이어의 지름은 d_A = 4 mm 이다. 탄성계수는 E_s = 210 GPa, E_a = 70 GPa이라고 가정한다.

(a) 강철 와이어의 허용응력이 220 MPa 이고 알루미늄 와이어의 허용응력이 80 MPa인 경우, 봉의 중앙점($x = a$)에 작용할 수 있는 허용하중 P_{allow}는 얼마인가? [그림 (a) 참조]

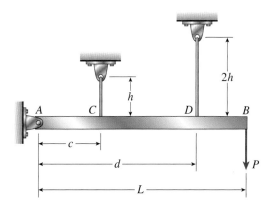

문제 2.4-14

2.4-15 원형 강철봉 ABC (E = 200 GPa)의 A부터 B까지는 단면적이 A_1이고 B에서 C까지는 단면적이 A_2 이다(그림 참조). 봉은 A단에서 단단히 지지되어 있고 C단에서 40 kN의 힘 P를 받고 있다. 단면적이 A_3인 원형 강철 접관과 BD는 B에서 봉을 지지한다. 하중이 작용하지 않을 때 접관은 B와 D에서 꼭 맞게 끼워져 있다.

하중 P로 인한 봉의 신장량 δ_{AC}를 구하라. ($L_1 = 2L_3$ = 250 mm, L_2 = 225 mm, $A_1 = 2A_3$ = 960 mm², A_2 = 300 mm² 라고 가정)

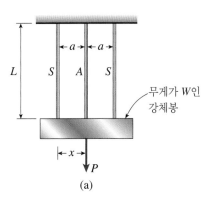

(a)

문제 2.4-13

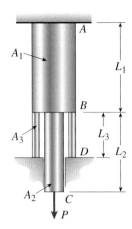

문제 2.4-15

2.4-16 3중 금속 봉이 강체판을 통해 축하중 $P = 12$ kN으로 균일하게 압축된다(그림 참조). 이 봉은 황동관과 구리관으로 둘러싸인 원형 강철 코어로 구성되어 있다. 강철 코어의 바깥지름은 10 mm, 황동관의 바깥지름은 15 mm, 구리관의 바깥지름은 20 mm 이다. 각 재료의 탄성계수는 각각 $E_s = 210$ GPa, $E_b = 100$ GPa, $E_c = 120$ GPa이다.

하중 P에 의해 강철 코어, 황동관 및 구리관이 받는 압축응력 σ_s, σ_b 및 σ_c를 각각 구하라.

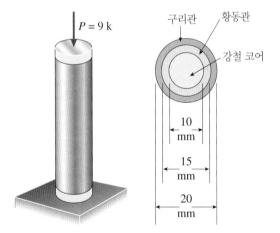

문제 2.4-16

2.4-17 강체 봉 $ABCD$가 B점에서 핀으로 고정되어 있고 A점과 D점에서는 스프링으로 지지되어 있다(그림 참조). A점과 D점의 스프링 강성도는 각각 $k_1 = 10$ kN/m 와 $k_2 = 25$ kN/m이고 a, b, c는 각각 250 mm, 500 mm, 200 mm이다. 하중 P가 C점에 작용한다.

하중 P의 작용으로 봉의 회전각이 $3°$로 제한된다면 최대 허용하중 P_{max}는 얼마인가?

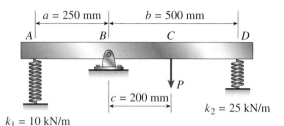

문제 2.4-17

열효과

2.5-1 원형 강철봉 $AB(d_1 = 15$ mm, $L_1 = 1,100$ mm)에 청동 슬리브 (바깥지름 $d_2 = 21$ mm, 길이 $L_2 = 400$ mm)가 끼워져 두 부분이 완전하게 결합되어 있다(그림 참조).

온도 증가량 $\Delta T = 350°$C로 인한 강철봉의 총 신장량 δ를 계산하라. (재료의 성질은 다음과 같다. 강철에 대해 $E_s = 210$ GPa, $\alpha_s = 12 \times 10^{-6}/°$C; 황동에 대해 $E_b = 110$ GPa, $\alpha_b = 20 \times 10^{-6}/°$C.)

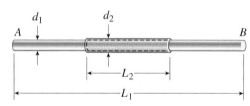

문제 2.5-1

2.5-2 지름이 15 mm인 강철봉이 그림과 같은 배치로 단단한 벽 사이에(초기응력 없이) 설치되어 있다. (강철봉에 대해 $\alpha = 12 \times 10^{-6}/°$C 및 $E = 200$ GPa를 사용한다.)

(a) 지름이 12 mm인 볼트의 평균 전단응력이 45 MPa 인 경우, 온도 강하량 ΔT(섭씨 단위)를 계산하라.

(b) A의 볼트와 클레비스 및 B의 와셔($d_w = 20$ mm) 와 벽($t = 18$ mm)에서의 평균지압응력은 얼마인가?

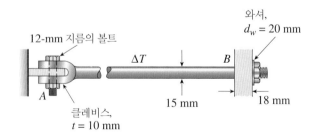

문제 2.5-2

2.5-3 온도가 $10°$C일 때 철로의 레일들이 연결된 레일을 형성하여 바퀴의 덜컹거리는 소리를 없애기 위해 안쪽 끝을 서로 용접한다.

열팽창계수 $\alpha = 12 \times 10^{-6}/°C$이고 탄성계수 $E = 200$ GPa인 경우, 햇볕에 의해 52°C까지 가열될 때까지 레일에 발생하는 압축응력 σ는 얼마인가?

2.5-4 10°C에서 길이가 60 m인 알루미늄 관이 있다. 인접해 있는 강철관은 같은 온도에서 알루미늄 관보다 5 mm만큼 더 길다.

어떤 온도(섭씨)에서 알루미늄 관이 강철관 보다 15 mm만큼 더 길어지는가? (알루미늄과 강철의 열팽창계수는 각각 $\alpha_a = 23 \times 10^{-6}/°C$ 와 $\alpha_s = 12 \times 10^{-6}/°C$라고 가정한다.)

2.5-5 무게가 $W = 3,560$ N 인 강체봉이 같은 간격으로 떨어져 있고, 2개는 강철로, 한 개는 알루미늄으로 만들어진 3개의 와이어에 의해 매달려 있다(그림 참조). 와이어들의 지름은 32 mm이고 하중이 가해지기 전에 3개의 와이어들은 같은 길이를 가지고 있다.

강철 와이어들만에 의해 전체 하중이 지지되기 위해서는 3개 와이어 모두의 온도 증가량 ΔT는 얼마인가? ($E_s = 205$ GPa, $\alpha_s = 12 \times 10^{-6}/°C$, $\alpha_a = 24 \times 10^{-6}/°C$ 라고 가정한다.)

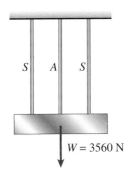

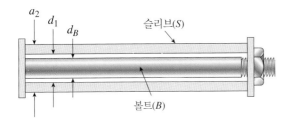

문제 2.5-5

2.5-6 황동 슬리브 S가 강철 볼트에 끼워져 있고(그림 참조), 너트가 정확히 맞도록 조여져 있다. 볼트의 지름은 $d_B = 25$ mm이고 슬리브의 안지름과 바깥지름은 각각 $d_1 = 26$ mm, $d_2 = 36$ mm이다.

슬리브에 25 MPa의 압축응력이 발생되기 위해 필요한 온도 증가량 ΔT를 계산하라. (다음과 같은 재료의 성질을 사용하라. 슬리브에 대해 $\alpha_s = 21 \times 10^{-6}/°C$, $E_s = 100$ GPa; 볼트에 대해 $\alpha_B = 10 \times 10^{-6}/°C$, $E_b = 200$ GPa.) (제안: 예제 2-8의 결과를 사용하라.)

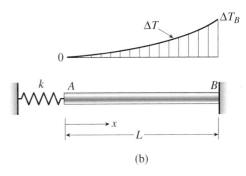

문제 2.5-6

2.5-7 길이가 L인 봉 AB가 강체 지지점 사이에 고정되어 있으며 A단에서 거리 x만큼 떨어진 거리에서의 온도 증가량이 $\Delta T = \Delta T_B x^3 / L^3$의 식으로 주어지는 거동으로 불균일하게 가열되고 있다. 여기서 ΔT_B는 B단에서의 온도 증가량이다[그림 (a) 참조].

(a) 봉의 압축응력 σ_c에 대한 식을 유도하라. (재료의 탄성계수는 E, 열팽창계수는 α이다.)

(b) A단의 강체 지지점이 스프링 상수 k인 탄성 지지점으로 교체되는 경우에 대해 (a)를 다시 풀어라[그림 (b) 참조]. 봉 AB만이 온도증가를 받는다고 가정하라.

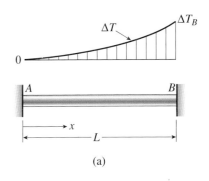

(a)

(b)

문제 2.5-7

2.5-8 2개의 서로 다른 단면적을 가진 속이 찬 원형 플라스틱 봉 ACB가 그림과 같이 강체 지지점 사이에 고정되어 있다. 좌측과 우측 구간의 지름은 각각 50 mm와 75 mm이고 이에 대응하는 길이는 각각 225 mm와 300 mm이다. 또한 탄성계수 E는 6.0 GPa이고 열팽창계수 α는 $100 \times 10^{-6}/°C$이다. 이 봉의 온도가 균일하게 30°C만큼 증가한다.

(a) 다음 양들을 계산하라: (1) 봉의 압축력 N, (2) 최대 압축응력 σ_c, (3) C점의 변위 δ_C.

(b) A점의 강체 지지점이 스프링 상수가 $k = 50$ MN/m인 탄성 지지점으로 교체되는 경우에 대해 (a)를 다시 풀어라[그림 (b) 참조]. 봉 ACB만이 온도증가를 받는다고 가정하라.

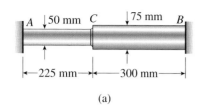

(a)

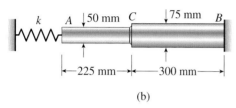

(b)

문제 2.5-8

2.5-9 강체 삼각형 프레임이 C점에서 핀으로 고정되어 있고 A점과 B점에서 동일한 2개의 수평 와이어에 의해 지지되어 있다(그림 참조). 각 와이어의 축강도 EA = 540 kN이고 열팽창계수 α = 23 × 10^{-6}/°C이다.

(a) 수직하중 P = 2.2 kN이 D점에 작용한다면 A점과 B점의 와이어에 작용하는 인장력 T_A와 T_B는 각각 얼마인가?

(b) 하중 P가 작용하는 동안 2개의 와이어 온도가 100°C만큼 증가한다면 힘 T_A와 T_B는 얼마인가?

(c) 온도가 얼마만큼 추가적으로 증가해야 B점의 와이어가 느슨해지는가?

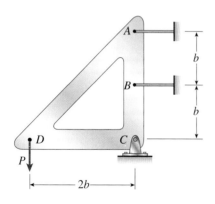

문제 2.5-9

2.5-10 구리와 알루미늄으로 된 직사각형 봉이 그림과 같이 양단이 핀으로 고정되어 있다. 봉들의 사이는 얇은 스페이서(spacer)로 분리되어 있다. 구리봉의 단면치수는 12 mm × 50 mm이고 알루미늄 봉의 단면치수는 25 mm × 50 mm이다.

온도가 40°C증가할 때 지름이 11 mm인 핀에 작용하는 전단응력을 구하라. (구리에 대해 E_c = 124 MPa, α_c =20 × 10^{-6}/°C이고, 알루미늄에 대해 E_a = 69 GPa, α_a =26 × 10^{-6}/°C이다.) (제안: 예제 2-8의 결과를 사용하라.)

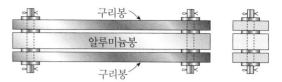

문제 2.5-10

2.5-11 강체 봉 ABCD가 A단에서 핀으로 고정되어 있고 B점과 C점에서 2개의 케이블에 의해 지지되어 있다(그림 참조). B점의 케이블의 공칭 지름은 d_B = 12 mm이고 C점의 케이블의 공칭 지름은 d_C = 20 mm이다. 봉의 D단에 하중 P가 작용한다.

온도가 40°C 상승하고 각 케이블이 극한하중에 대해 적어도 5의 안전계수를 갖도록 요구될 때, 허용하중 P는 얼마인가?

(주: 케이블의 탄성계수 E = 140 GPa이고 열팽창계수는 α = 12 ×10^{-6}/°C이다. 케이블의 대한 다른 성질들을 2.2절의 표 2-1에서 찾을 수 있다.)

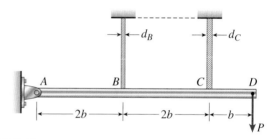

문제 2.5-11

어긋남과 사전변형

2.5-12 파이프 2가 파이프 1 안으로 꼭 맞게 끼워져 있으나(그림 참조), 연결핀에 대한 구멍은 같은 선상에 놓여 있지 않고 틈새 s 만큼 떨어져 있다. 사용자는 파이프 1에 힘 P_1을 가하거나 또는 파이프 2에 힘 P_2를 가하거나 둘 중에 작은 값을 적용하는 것을 결정해야 한다. 박스 안에 있는 수치 성질들을 사용하여 다음을 구하라.

(a) P_1만 작용할 때 틈새 s를 없애는 P_1(kN)을 구하라. 다음에 핀이 삽입되고 P_1이 제거된다면, 이러한 하중 상태에 대한 반력 R_A와 R_B는 얼마인가?

(b) P_2만 작용할 때 틈새 s를 없애는 P_2(kN)을 구하라. 다음에 핀이 삽입되고 P_2가 제거된다면, 이러한 하중 상태에 대한 반력 R_A와 R_B는 얼마인가?

(c) (a)와 (b)에서의 하중에 대하여 파이프 내의 최대 전단응력은 얼마인가?

(d) 틈새 s를 없애기 위해 전체 구조물에 온도증가량 ΔT가 작용하는 경우(하중 P_1과 P_2를 작용하는 대신에), 틈새를 없애는 데 필요한 ΔT를 구하라. 틈새가 없어진 다음에 핀이 삽입된다면, 이 경우에 반력 R_A와 R_B는 얼마인가?

(e) 마지막으로, 구조물(핀이 삽입된)이 원래의 주변온도로 냉각되는 경우에 반력 R_A와 R_B는 얼마인가?

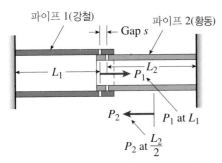

수치 성질
$E_1 = 210$ GPa, $E_2 = 96$ GPa
$\alpha_1 = 12 \times 10^{-6}$/°C, $\alpha_2 = 21 \times 10^{-6}$/°C
Gap $s = 1.25$ mm
$L_1 = 1.4$ m, $d_1 = 152$ mm, $t_1 = 12.5$ mm, $A_1 = 5478$ mm^2
$L_2 = 0.9$ m, $d_2 = 127$ mm, $t_2 = 6.5$ mm, $A_2 = 2461$ mm^2

문제 2.5-12

2.5-13 길이가 L이고 축강도가 EA인 봉 AB가 A단에서 고정되어 있다(그림 참조). 반대편 끝에는 봉이 끝단과 강체 표면 사이에 치수 s의 조그만 틈새가 존재한다. 하중 P가 고정단으로부터 길이 2/3 L 떨어진 위치에 작용하고 있다.

하중 P로 인해 지지점 반력들의 크기가 같아지기 위해서는 틈새 s의 크기는 얼마가 되어야 하는가?

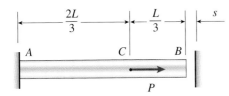

문제 2.5-13

2.5-14 강철 와이어 AB가 강체 지지점 사이에서 잡아당겨져 있다(그림 참조). 온도가 40°C 일 때 와이어의 초기 사전응력은 42 MPa이다.

(a) 와이어의 온도가 0°C로 떨어졌을 때 응력 σ는 얼마인가?

(b) 와이어의 작용하는 응력이 0이 될 때의 온도 T는 얼마인가? ($\alpha = 14 \times 10^{-6}$/°C, $E = 200$ GPa라고 가정한다.)

문제 2.5-14

2.5-15 길이가 0.635 m이고 지름이 50 mm인 구리봉 AB가 A단

과 억제장치 사이에 0.2 mm의 틈새를 가지고 상온에서 위치되어 있다(그림 참조). 봉은 B단에서 스프링 상수 $k = 210$ MN/m인 탄성 스프링으로 지지되어 있다.

(a) 오직 봉만의 온도가 27°C증가할 때 봉의 축방향 압축응력 σ_c를 계산하라. (구리에 대해 $\alpha = 17.5 \times 10^{-6}$/°C이고 $E = 110$ GPa 이다.)

(b) 스프링 내의 힘은 얼마인가? (중력의 영향은 무시한다.)

(c) $k \to \infty$인 경우에 (a)를 다시 풀어라.

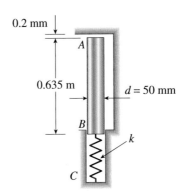

문제 2.5-15

2.5-16 강체 강철판이 유효단면적 $A = 40,000$ mm^{2}이고 길이 $L = 2$ m인 3개의 고강도 콘크리트 기둥으로 지지되어 있다(그림 참조). 하중 P가 작용하기 전에는 중간 기둥이 다른 기둥들보다 $s = 1.0$ mm만큼 짧다.

콘크리트의 허용 압축응력이 $\sigma_{allow} = 20$ MPa일 때 최대 허용하중 P_{allow}를 구하라. (콘크리크에 대해 $E = 30$ GPa를 사용하라.)

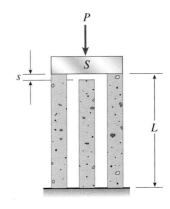

문제 2.5-16

2.5-17 캡이 달린 주철관이 그림과 같이 황동봉에 의해 압축되고 있다. 너트를 꼭 맞도록 돌린 후 주철관이 사전 압축을 받도록 추가적으로 1/4 바퀴만큼 더 돌린다. 볼트의 나사산 핏치는 $p = 1.3$ mm 이다. 제시된 수치 성질을 사용하라.

(a) 너트를 추가적으로 1/4 바퀴만큼 회전시킴에 따라 주철관과 황동봉에 작용하는 응력 σ_p와 σ_r은 각각 얼마인가?

(b) 와셔 밑에서의 지압응력 σ_b와 강철 캡에서의 전단응력 τ_c를 구하라.

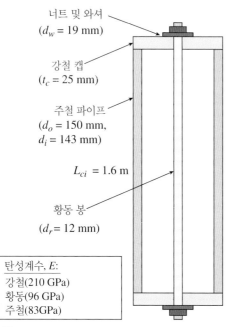

너트 및 와셔
(d_w = 19 mm)

강철 캡
(t_c = 25 mm)

주철 파이프
(d_o = 150 mm,
d_i = 143 mm)

L_{ci} = 1.6 m

황동 봉
(d_r= 12 mm)

탄성계수, E:
강철(210 GPa)
황동(96 GPa)
주철(83GPa)

문제 2.5-17

2.5-18 와이어 B와 C가 왼쪽 끝은 지지점에, 오른쪽 끝은 핀에 의해 지지된 강체봉에 고정되어 있다(그림 참조). 각 와이어의 단면적은 A = 19.3 mm²이고 탄성계수는 E = 210 GPa이다. 봉이 수직위치에 있을 때 각 와이어의 길이는 L = 2.032 m이다. 그러나 봉에 부착되기 전의 B 와이어의 길이는 2.031 m이었고 C 와이어의 길이는 2.030 m 이였다.

봉의 상단부 끝 부분에 P = 3,115 kN이 작용할 때 와이어들의 인장력 T_B와 T_C를 각각 구하라.

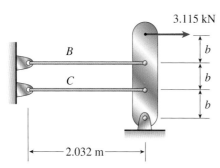

3.115 kN

B

C

b

b

b

2.032 m

문제 2.5-18

2.5-19 AB 구간(길이 L_1, 단면적 A_1)과 BC 구간 (길이 L_2, 단면적 A_2)으로 이루어진 불균일 단면봉 ABC의 A는 고정단이고 C는 자유단이다(그림 참조). 봉의 탄성계수는 E이다. 봉의 끝 부분과 길이가 L_3이고 스프링 상수가 k_3인 탄성스프링 사이에 치수가

s인 작은 틈새가 있다. 오직 봉 ABC(스프링 제외)만이 온도 증가량 ΔT를 받는 경우에 다음을 구하라.

(a) 봉 ABC의 신장량이 틈새 길이 s를 초과하는 경우에 반력 R_A와 R_B를 구하는 식을 구하라.

(b) 봉 ABC의 신장량이 틈새 길이 s를 초과하는 경우에 B점과 C점에서의 변위에 대한 식을 구하라.

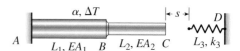

$\alpha, \Delta T$

s

D

A

L_1, EA_1 B L_2, EA_2 C

L_3, k_3

문제 2.5-19

2.5-20 거리 s에 걸쳐 주석–납 솔더로 접합된 2개의 구리관으로 구성된 슬리브를 고찰해 보자(그림 참조). 슬리브의 양단에는 강철 볼트와 최초에 꼭 맞도록 돌려진 너트를 가진 와셔에 고정된 황동 뚜껑이 있다. 다음 2가지 "하중"이 작용한다. n = 1/2 바퀴의 회전이 너트에 작용한다. 동시에 내부 온도가 ΔT = 30℃만큼 상승한다.

(a) 볼트 내의 사전응력과 온도증가로 인한 슬리브와 볼트에서의 힘 P_s와 P_B를 구하라. 구리에 대하여 E_c = 120 GPa와 α_c =17 × 10^{-6}/℃를 사용하고, 강철에 대하여 E_s = 200 GPa와 α_s =12 × 10^{-6}/℃를 사용하라. 볼트나사의 피치는 p = 1.0 mm이다. s = 26 mm이고 볼트의 지름은 d_B = 5 mm이다.

(b) 스웨티드 조인트의 전단응력이 허용 전단응력 τ_{aj} = 18.5 MPa를 초과할 수 없는 경우, 솔더 접합부의 필요한 길이 s를 구하라.

(c) 온도변화 ΔT와 볼트의 초기 사전응력으로 인한 전체 조립체의 최종 신장량은 얼마인가?

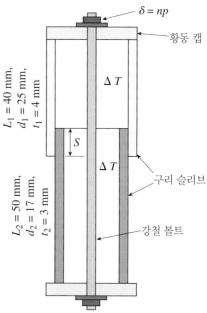

$\delta = np$

황동 캡

L_1 = 40 mm,
d_1 = 25 mm,
t_1 = 4 mm

ΔT

S

ΔT

구리 슬리브

L_2 = 50 mm,
d_2 = 17 mm,
t_2 = 3 mm

강철 볼트

문제 2.5-20

2.5-21 플라스틱 실린더가 강체판과 기초 사이에 2개의 강철 볼트에 의해 꼭 맞게 고정되어 있다(그림 참조).

강철 볼트 위의 너트를 완전히 한 바퀴 돌려 조일 때 플라스틱이 받는 압축응력 σ_p를 구하라.

조립체의 수치 자료는 다음과 같다 : 길이 $L = 200$ mm, 볼트 나사의 피치 $p = 1.0$ mm, 강철의 탄성계수 $E_s = 200$ GPa, 플라스틱의 탄성계수 $E_p = 7.5$ GPa, 볼트의 단면적 $A_s = 36.0$ mm^2, 플라스틱의 단면적 $A_p = 960$ mm^2.

문제 2.5-21 및 2.5-22

2.5-22 조립체에 대한 수치 자료가 다음과 같은 때 앞의 문제를 풀어라.

길이 $L = 300$ mm, 볼트 나사의 피치 $p = 1.5$ mm, 강철의 탄성계수 $E_s = 210$ GPa, 플라스틱의 탄성계수 $E_p = 3.5$ GPa, 볼트의 단면적 $A_s = 50$ mm^2, 플라스틱의 단면적 $A_p = 1,000$ mm^2.

2.5-23 폴리에칠렌 관(길이 L)에 스프링(변형 전 길이 $L_1 < L$)이 매달려 있는 캡이 있다. 캡을 설치한 후 스프링은 조정나사를 돌려 δ만큼 인장을 받는다. 캡과 바닥의 변형은 무시한다. 스프링의 밑 부분에서의 힘을 부정정량(redundant)으로 사용하라. 그림의 박스 안의 수치 성질을 사용하라.

(a) 스프링에 작용하는 힘 F_k는 얼마인가?

(b) 관에 작용하는 힘 F_t는 얼마인가?

(c) 관의 최종 길이 L_f는 얼마인가?

(d) 스프링 내의 힘이 0이 되게 하는 관 내의 온도변화 ΔT는 얼마인가?

2.5-24 폴리에칠렌 관(길이 L)에 스프링(변형 전 길이 $L_1 > L$)을 δ ($L_1 - L$)만큼 압축시키도록 설치된 캡이 있다. 캡과 바닥의 변형은 무시한다. 스프링의 밑 부분에서의 힘을 부정정량으로 사용하라. 그림의 박스 안의 수치 성질을 사용하라.

(a) 스프링에 작용하는 힘 F_k는 얼마인가?

(b) 관에 작용하는 힘 F_t는 얼마인가?

(c) 관의 최종 길이 L_f는 얼마인가?

(d) 스프링 내의 힘이 0이 되게 하는 관 내의 온도변화 ΔT는 얼마인가?

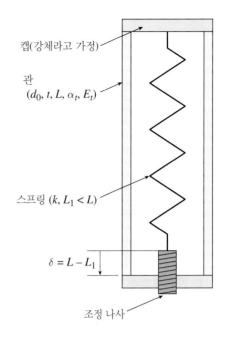

탄성계수
폴리에칠렌 관 ($E_t = 0.7$ GPa)
열팽창계수
$\alpha_t = 140 \times 10^{-6}$/°C, $\alpha_k = 12 \times 10^{-6}$/°C

성질 및 차원
$d_0 = 150$ mm $\quad t = 3$ mm
$L = 305$ mm $> L_1 = 302$ mm $\quad k = 262.5 \dfrac{\text{kN}}{\text{m}}$

문제 2.5-23

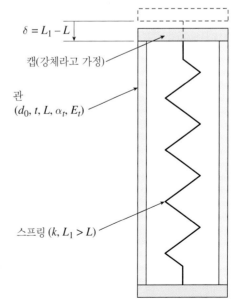

문제 2.5-24

탄성 계수
폴리에칠렌 관($E_t = 0.7$ GPa)
열팽창계수
$\alpha_t = 140 \times 10^{-6}$/°C, $\alpha_k = 12 \times 10^{-6}$/°C

성질 및 차원
$d_0 = 150$ mm　$t = 3$ mm
$L_1 = 308$ mm $> L = 305$ mm　$k = 262.5 \dfrac{\text{kN}}{\text{m}}$

문제 2.5-24 (계속)

2.5-25　사전응력을 받은 콘크리트 보가 가끔 다음 방식으로 제조된다. 고강도 강철 와이어가 그림 (a)와 같이 도시된 힘 Q가 작용하는 잭(jack) 기구에 의해 늘어난다. 다음에 그림 (b)와 같이 강철 와이어의 주위에 콘크리트를 부어 보를 성형한다.

콘크리트가 적절하게 군은 후 잭이 풀리고 힘 Q가 제거된다[그림 (c) 참조]. 그러면 강철 와이어는 인장되고 콘크리트는 압축을 받아 사전응력 상태의 보가 된다.

사전응력을 일으키는 힘 Q는 강철 와이어에 초기응력 $\sigma_0 = 620$ MPa를 일으킨다고 강정한다. 강철과 콘크리트의 탄성계수 비가 12:1이고 단면적의 비가 1:50이라고 가정하면, 두 재료의 최종응력 σ_s와 σ_c는 얼마인가?

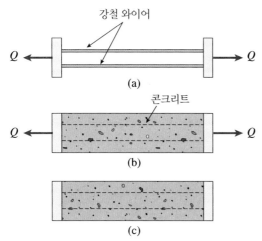

강철 와이어

(a)

콘크리트

(b)

(c)

문제 2.5-25

경사단면의 응력

2.6-1　지름이 $d = 12$ mm인 강철봉이 인장하중 $P = 9.5$ kN을 받고 있다(그림 참조).

(a) 봉 내의 최대 수직응력 σ_{max}는 얼마인가?

(b) 최대 전단응력 τ_{max}는 얼마인가?

(c) 봉의 축에 대해 45° 회전한 응력요소를 그리고 이 요소에 면에 작용하는 모든 응력을 나타내라.

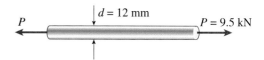

$d = 12$ mm　　$P = 9.5$ kN

문제 2.6-1

2.6-2　지름이 $d = 1.6$ mm인 황동 와이어가 초기인장력 $T = 200$ N으로 강체 지지점 사이에 잡아 당겨져 있다(그림 참조). 황동 와이어의 열팽창계수는 21.2×10^{-6}/°C이고 탄성계수는 110 GPa이라고 가정하라.

(a) 온도가 30°C 만큼 내려갈 때 와이어의 최대 전단응력 τ_{max}는 얼마인가?

(b) 허용 전단응력이 70 MPa일 때 최대 허용 온도 강하량은 얼마인가?

(c) 온도변화 ΔT가 얼마일 때 와이어가 느슨해지는가?

d

문제 2.6-2 및 2.6-3

2.6-3　지름이 $d = 2.42$ mm인 황동 와이어가 인장력 $T = 98$ N이 되도록 강체 지지점 사이에 팽팽하게 잡아당겨져 있다(그림 참조). 황동 와이어의 열팽창계수는 19.5×10^{-6}/°C이고 탄성계수는 $E = 110$ GPa이다.

(a) 와이어의 허용 전단응력이 60 MPa일 때 최대 허용 온도 강하량 ΔT는 얼마인가?

(b) 온도변화가 얼마일 때 와이어가 느슨해지는가?

2.6-4　지름이 d인 원형 강철봉이 인장력 $P = 3.5$ kN을 받고 있다(그림 참조). 인장과 전단에 대한 허용응력은 각각 118 MPa와 48 MPa이다. 봉의 최소 허용지름 d_{min}은 얼마인가?

d

P　　$P = 3.5$ kN

문제 2.6-4

2.6-5　표준화 벽돌(치수 200 mm × 100 mm × 65 mm)이 그림과 같이 힘 P에 의해 길이방향으로 압축되고 있다. 벽돌의 극한 전단응력이 8 MPa이고 극한 압축응력이 26 MPa라면 벽돌을 파괴시키는 데 필요한 힘 P_{max}는 얼마인가?

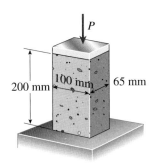

문제 2.6-5

2.6-6 정사각형 단면(50 mm × 50 mm)을 가진 강철봉이 인장하중 P를 받는다(그림 참조). 인장과 전단에 대한 허용응력이 각각 12.5 MPa와 76 MPa 이다. 최대 허용하중 P_{max}를 구하라.

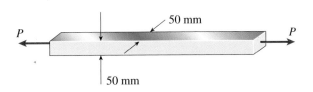

문제 2.6-6

2.6-7 직사각형 단면을 가진 구리봉이 강체 지지점 사이에 아무런 응력 없이 고정되어 있다(그림 참조). 이어서 봉의 온도가 50℃ 만큼 상승하였다.

요소 A와 B의 모든 면에 작용하는 응력을 구하고 이 요소에 응력들을 도시하라. ($\alpha = 17.5 \times 10^{-6}/℃$, $E = 120$ GPa라고 가정한다.)

문제 2.6-7

2.6-8 작은 트러스 ABC 내의 하부 코드(chord) AB(그림 참조)가 WF 강철 단면으로 제작되었다. 단면적 $A = 54.25$ cm² 이고 3개의 작용하중은 각각 P = 200 kN이다. 먼저 부재에 작용하는 힘 N_{AB}를 구하라. 다음에 부재 AB의 웨브 내에 위치하고 (a) $\theta = 0°$, (b) $\theta = 30°$ 및 (c) $\theta = 45°$로 회전한 응력요소의 모든 면에 작용하는 수직 및 전단응력을 구하라. 각 경우에 대해 적절하게 회전한 요소에 응력들을 표시하라.

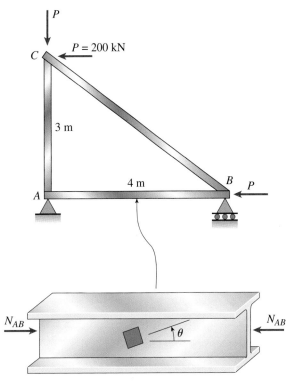

문제 2.6-8

2.6-9 연강 시험편의 인장시험 도중에(그림 참조), 인장계는 50 mm 게이지 길이에 대해 0.004 mm의 신장량을 보여주고 있다. 연강이 비례한도 이하에서 응력을 받으며 탄성계수는 210 GPa라고 가정한다.

(a) 시험편의 최대 수직응력 σ_{max} 는 얼마인가?

(b) 최대 전단응력 τ_{max} 는 얼마인가?

(c) 봉의 축에 대해 45° 회전한 응력 온도를 그리고 이 요소의 면에 작용하는 모든 응력들을 도시하라.

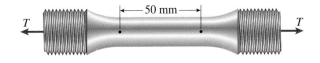

문제 2.6-9

2.6-10 직사각형 단면($b = 38$ mm, $h = 75$ mm)의 플라스틱 봉이 20℃의 실온에서 강체 지지점 사이에 초기응력이 없는 상태로 꼭 맞게 끼워져 있다(그림 참조). 봉의 온도가 70℃ 까지 상승할 때 중앙부의 경사면 pq의 압축응력이 8.7 MPa이었다.

(a) 경사면 pq에 작용하는 전단응력은 얼마인가? ($\alpha = 95 \times 10^{-6}/℃$, $E = 2.4$ MPa라고 가정한다.)

(b) 경사면 pq까지 회전한 응력요소를 그리고 이 요소의 모든 면에 작용하는 응력들을 도시하라.

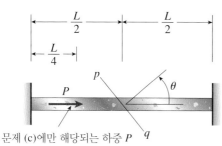

문제 2.6-10

2.6-11 지름 $d = 32$ mm인 플라스틱 봉이 시험장치에서 그림과 같이 작용하는 힘 $P = 190$ N에 의해 압축되고 있다.

(a) (1) $\theta = 0°$, (2) $\theta = 22.5°$, (3) $\theta = 45°$회전한 응력요소들의 모든 면에 작용하는 수직응력과 전단응력을 구하라. 각 경우에 대해 적절한 방향으로 회전한 응력요소 그림에 응력들을 도시하라. σ_{max}와 τ_{max}는 얼마인가?

(b) 스프링 상수가 k인 중심잡기용 스프링이 그림과 같이 시험장비에 삽입되는 경우에 플라스틱 봉의 σ_{max}와 τ_{max}를 각각 구하라. 스프링 상수는 플라스틱 봉의 축강도의 1/6이다.

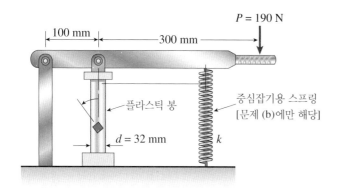

문제 2.6-11

2.6-12 그림에 보인 바와 같이, 단축응력 상태의 봉에서 잘라낸 응력요소에 면에 작용하는 인장응력은 60 MPa와 20 MPa이다.

(a) 각도 θ와 전단응력 τ_θ를 구하고 응력요소의 그림에 모든 응력들을 도시하라.

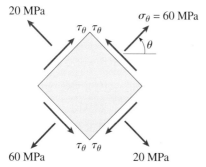

문제 2.6-12

(b) 재료의 최대 수직응력 σ_{max}와 최대 전단응력 τ_{max}를 구하라.

2.6-13 그림에 보인 바와 같이, 2개의 합판이 스카프 조인트를 따라 아교제로 접합되었다. 절단과 아교 접합의 목적으로 조인트의 경사면과 합판의 면 사이의 각도 α는 반드시 10°~40° 사이에 있어야 한다. 인장하중 P가 작용할 때 합판의 수직응력은 4.9 MPa이다.

(a) $\alpha = 20°$일 때 접합 조인트에 작용하는 수직응력과 전단응력은 얼마인가?

(b) 조인트의 허용 전단응력이 2.25 MPa일 때 각 α의 최대 허용 값은 얼마인가?

(c) 수치적으로 접합 조인트의 전단응력이 조인트의 수직응력의 2배가 되게 하는 각도 α는 얼마인가?

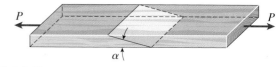

문제 2.6-13

2.6-14 직사각형 단면($b = 18$ mm, $h = 40$ mm)의 구리봉이 강체 지지점 사이에(초기응력 없이) 꼭 맞도록 고정되어 있다(그림 참조). $\theta = 55°$인 중앙의 경사면 pq에서의 허용 압축응력은 60 MPa이고 허용 전단응력은 30 MPa이다.

(a) 경사면 pq에서의 허용응력이 초과되지 않으려면 최대 허용 온도 증가량 ΔT는 얼마인가? ($\alpha = 17 \times 10^{-6}/°C$, $E = 120$ GPa라고 가정한다.)

(b) 온도가 최대 허용량까지 증가한다면 경사면 pq에서의 응력은 얼마인가?

(c) 온도가 $\Delta T = 28°C$까지 상승한다면 봉의 허용응력은 초과하지 않도록 하기 위해서는 하중 $P = 15$ kN을 A단으로부터 우측으로 얼마만큼 떨어진 위치(길이 L의 일부분인 거리 βL)에 작용시켜야 하는가? $\sigma_a = 75$ MPa, $\tau_a = 35$ MPa라고 가정하라.

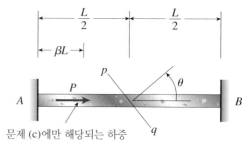

문제 2.6-14

2.6-15 조인트 C에 작용하는 하중 $P = 30$ kN을 받는 트러스 ABC의 부재 AC는 지름이 d인 원형 황동봉이다. 봉 AC는 봉의

축에 대해 $\alpha = 36°$의 각을 이루는 경사면 pq에서 납땜된 2개의 부분으로 구성되어 있다(그림 참조). 황동의 허용 인장응력은 90 MPa이고 허용 전단응력은 48 MPa이다. 납땜이 된 조인트에서의 허용 인장응력은 40 MPa이고 허용 전단응력은 20 MPa이다. 봉 AC에서의 인장력 N_{AC}는 얼마인가? 봉 AC의 필요한 최소지름 d_{min}은 얼마인가?

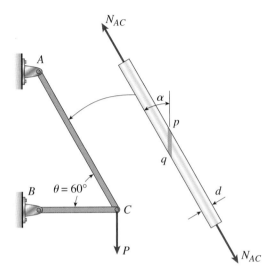

문제 2.6-15

2.6-16 인장부재가 경사면 pq를 따라 플라스틱 접착제로 접합된 2개 부분으로 이루어져 있다(그림 참조). 절단과 접착 목적상, 각 θ는 25°와 45° 사이에 있어야 한다. 접합부의 인장과 전단에 대한 허용응력은 각각 5.0 MPa와 3.0 MPa이다.

　(a) 봉이 최대하중 P를 받을 수 있는 각도 θ를 구하라. (접합부의 강도가 설계를 통제한다고 가정한다.)

　(b) 봉의 단면적이 225 mm²일 때 최대 허용하중 P_{max}를 구하라.

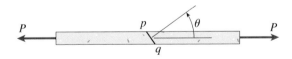

문제 2.6-16

2.6-17 균일단면 봉이 축력의 작용을 받아 어떤 경사면에서의 인장응력은 $\sigma_\theta = 65$ MPa, 전단응력은 $\tau_\theta = 23$ MPa이었다(그림 참조).

　θ = 30° 회전한 응력요소의 모든 면에 작용하는 응력들을 구하고 응력요소의 그림에 이 응력들을 도시하라.

2.6-18 인장력을 받는 균일단면 봉의 경사면 pq에서의 수직응력이 57 MPa이었다(그림 참조). 경사면 pq와 $\beta = 30°$의 각을 이루는 경사면 rs에서의 응력은 23 MPa이었다.

　봉에 작용하는 최대 수직응력 σ_{max}와 최대 전단응력 τ_{max}를 각각 구하라.

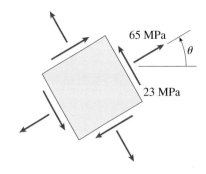

문제 2.6-17

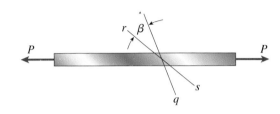

문제 2.6-18

2.6-19 두 가지 재료로 된 직사각형 단면(단면적 A)의 불균일단면 봉 1-2-3이 강체 지지점 사이에 (초기응력 없이) 꼭 맞게 고정되어 있다(그림 참조). 허용 압축응력과 허용 전단응력은 각각 σ_a와 τ_a이다. 다음 수치 자료를 사용하라: (자료: $b_1 = 4b_2/3 = b$, $A_1 = 2A_2 = A$, $E_1 = 3E_2/4 = E$, $\alpha_1 = 5\alpha_2/4 = \alpha$, $\sigma_{a1} = 4\sigma_{a2}/3 = \sigma_a$, $\tau_{a1} = 2\sigma_{a1}/5$, $\tau_{a2} = 3\sigma_{a2}/5$; $\sigma_a = 76$ MPa, $P = 53$ kN, $A = 4,000$

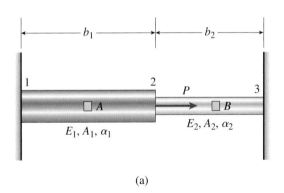

(a)

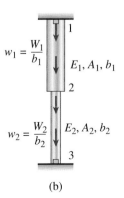

(b)

문제 2.6-19

mm², b = 200 mm, E = 210 GPa, α = 12 × 10⁻⁶/°C , $\gamma_1 = 5\gamma_2/3$ = γ = 77 kN/m³)

(a) 하중 P가 그림과 같이 조인트 2에 작용할 때 A 또는 B 위치에서 허용응력이 초과되지 않도록 하는 최대 허용 온도 증가량 ΔT_{max}에 대한 식을 구하라.

(b) 이제 하중 P가 제거되고 봉의 자중(구간 1~2의 하중 세기는 w_1이고 구간 2~3의 하중 세기는 w_2 이다.)만에 의해 매달린 수직위치로 회전할 때 위치 1 이나 위치 3에서 허용응력이 초과되지 않도록 하는 최대 허용온도 상승량 ΔT_{max}에 대한 식을 구하라. 위치 1과 위치 3은 각각 지지점 1과 지지점 3으로부터 짧은 거리에 있다.

2장 추가 복습문제

R-2.1: 지름이 12 mm이고 길이가 4.5 mm인 나일론 봉(E = 2.1 GPa)이 자중에 의해 수직으로 매달려 있다. 자유단 B에서의 봉의 신장량을 구하라.

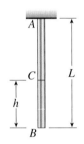

R-2.2: 단면적이 250 mm²인 황동봉(E = 110 MPa)에 하중 P_1 = 15 kN, P_2 = 10 kN 및 P_3 = 8 kN이 작용한다. 봉의 구간 별 길이는 a = 2.0 m, b = 0.75 m, c = 1.2 m이다. 봉의 길이변화를 구하라.

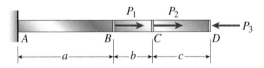

R-2.3: 불균일단면 캔틸레버 봉에 구간 1의 순단면적이 (3/4)A가 되도록 0부터 x까지 내부에 지름이 $d/2$인 원통 구멍이 뚫어져 있다. 하중 P가 x위치에 작용하며 하중 $P/2$는 x = L 위치에 작용한다. E는 상수라고 가정한다. 자유단에서의 축 변위 $\delta = PL/EA$가 되기 위해 필요한 구멍 뚫린 구간의 길이 x를 구하라.

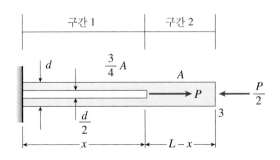

R-2.4: 길이가 L = 2.5 m인 황동봉(E = 110 MPa)에서 길이 절반부분의 지름은 d_1 = 18 mm이고 나머지 절반부분의 지름은 d_2 = 12 mm이다. 이 불균일단면 봉과 같은 체적의 재료로 된 지름이 d이고 길이가 L인 균일단면 봉과 비교하라. 같은 하중 P = 25 kN의 작용을 받을 때 균일단면 봉의 신장량을 구하라.

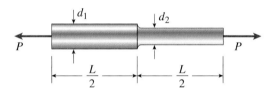

R-2.5: 하나는 구리로 다른 하나는 강철로 된 길이가 같은 2개의 와이어가 작용하중 P에 의해 같은 양만큼 늘어난다. 각각의 탄성계수는 E_s = 210 GPa, E_c = 120 GPa이다. 구리 와이어의 지름의 강철 와이어의 지름에 대한 비를 구하라.

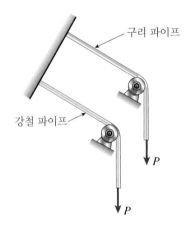

구리 파이프
강철 파이프

R-2.6: 스팬의 길이가 L = 4.5 m인 평면 트러스가 단면적이 4,500 mm²인 주철 파이프 (E = 170 GPa)로 구성되었다. 조인트 B의 변위는 2.7 mm를 초과해서는 안 된다. 하중 P의 최대 값을 구하라.

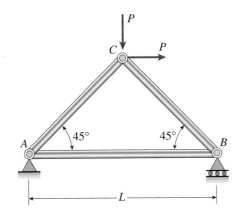

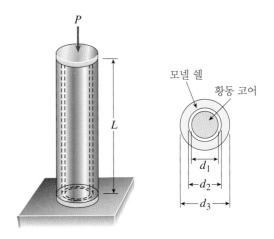

R-2.7: 나사붙이 강철봉(E_s = 210 GPa, d_r = 15 mm, cte_s = 12 × 10^{-6}/°C)이 양단에서 너트와 와셔 (d_w = 22 mm) 조립체에 의해 강체 벽 사이에 응력 없이 고정되어 있다. 와셔와 벽 사이의 허용 지압응력이 55 MPa이고 봉의 허용 수직응력이 90 MPa이라면 최대 허용 온도 강하량 ΔT는 얼마인가?

R-2.10: 구리봉(d = 10 mm, E = 110 GPa)이 인장력 P = 115 kN을 받고 있다. 봉 내의 최대 전단응력을 구하라.

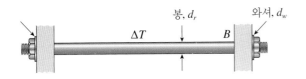

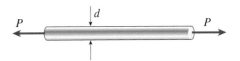

R-2.8: 강철봉(E_s = 210 GPa, d_r = 12 mm, cte_s =12 × 10^{-6}/°C)이 양단에서 클레비스와 핀 (d_p = 15 mm) 조립체에 의해 강체 벽 사이에 응력 없이 고정되어 있다. 핀의 허용 전단응력은 45 MPa이고 봉의 허용 수직응력은 70 MPa이라면 최대 허용온도 강하량 ΔT는 얼마인가?

R-2.11: 단축응력 상태의 봉의 평면 응력요소에서의 인장응력은 σ_θ = 78 MPa이고 σ_θ/2 = 39 MPa이다. 봉 내의 최대 전단응력을 구하라.

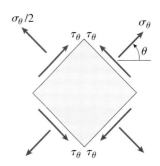

R-2.12: 강철봉(단면적 130 mm^2, E_s = 210 GPa)이 구리관(길이 = 0.5 m, 단면적 400 mm^2, E_c = 110 GPa)에 둘러싸여 있다. 끝단의 너트를 꼭 맞도록 조인다. 볼트 나사의 피치는 1.25 mm이다. 이제 너트를 1/4 바퀴만큼 회전시켜 볼트가 팽팽하게 당겨진다. 볼트 내에 생기는 응력을 구하라.

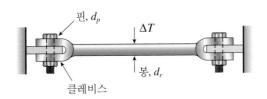

R-2.9: 모넬 쉘(E_m = 170 GPa, d_3 = 12 mm, d_2 = 8 mm)이 황동 코어(E_b = 96 MPa, d_1 = 6 mm)를 둘러싸고 있다. 초기에 쉘과 코어의 길이는 100 mm이다. 하중 P가 캡 플레이트를 통해 쉘과 코어에 작용한다. 쉘과 코어를 0.10 mm만큼 압축시키는데 필요한 하중 P를 구하라.

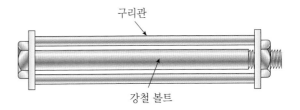

R-2.13: 황동 와이어($d = 2.0$ mm, $E = 110$ GPa)가 $T = 85$ N에 의해 사전 인장되었다. 와이어의 열팽창계수는 $19.5 \times 10^{-6}/°C$ 이다. 와이어가 느슨해진 때의 온도변화를 구하라.

R-2.14: 직사각형 단면($a = 38$ mm, $b = 50$ mm)의 강철봉이 인장하중 P를 받고 있다. 허용 인장응력과 전단응력은 각각 100 GPa와 48 MPa이다. 최대 허용하중 P_{max}를 구하라.

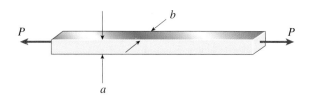

R-2.15: 강철제 평면트러스가 B점과 C점에서 $P = 200$ kN의 힘을 받고 있다. 각 부재의 단면적은 $A = 3,970$ mm²이다. 트러스 치수는 $H = 3$ m이고 $L = 4$ m이다. 봉 AB에서의 최대 전단응력을 구하라.

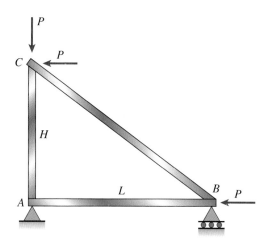

원형 축은 동력 생산과 전달에 사용되는 기계나 기구의 필수적인 부품이다(ADAM GAULT/SPL/GettyImages).

3

비틀림
Torsion

개요

3장에서는 비틀림 모멘트의 작용을 받는 원형 봉과 속이 빈 축에서의 비틀림을 고려한다. 먼저 균일단면 축의 길이에 걸쳐 토크가 일정한 경우를 나타내는 **균일 비틀림**에 대해 고려한다. 반면에 **불균일 비틀림**은 비틀림 모멘트 또는 단면의 비틀림 강성이 길이에 걸쳐 변화되는 경우를 나타낸다. 축방향 변형의 경우처럼 응력과 변형률 그리고 작용하중과 변형을 연관시켜야 한다. 비틀림에 대해서는, 전단응력 τ 가 전단변형률 γ 에 비례하며 전단탄성계수 G를 비례상수로 갖는다는 전단에 관한 Hooke의 법칙을 상기한다. 전단응력과 전단변형률은 **비틀림 공식**에서 보여주는 바와 같이 단면에서 반지름 방향의 거리에 따라 선형적으로 변한다. 비틀림 각 φ는 원형 봉의 내부 비틀림모멘트와 비틀림 유연도에 비례한다. 이 장에서는 대부분의 논의가 정정 구조물의 선형탄성 거동과 작은 회전에 대해 할당되었다. 그러나 봉이 **부정정**인 경우에는 부재의 지지

모멘트 또는 내부 비틀림 모멘트와 같은 관심의 대상이 되는 미지수를 풀기 위해 정적 평형방정식에 적합 방정식(**토크-변위 관계**에 의존하는)을 보완하여야 한다. 또한 경사면에서의 응력은 다음 장에 나오는 평면 응력 상태에 관한 더욱 완전한 고찰을 위한 첫 단계로 검토되어야 한다.

3장의 주제는 다음과 같이 구성된다.

3.1 소개

1장과 2장에서는 가장 단순한 형태의 구조용 부재, 즉 축하중을 받는 직선 봉의 거동을 논의하였다. 이제는 **비틀림(torsion)**이라고 알려진 약간 더 복잡한 형태의 거동을 고찰하기로 한다. 비틀림이란 봉의 길이방향 축에 대하여 회전을 일으키려고 하는 모멘트(또는 토크)의 작용을 받는 직선 봉의 비틀리는 현상을 말한다. 예를 들어, 스크류 드라이버(screwdriver)를 돌릴 때(그림 3-1a), 손은 손잡이(그림 3-1b)에 토크 T를 작용시켜 스크류드라이버의 자루를 비튼다. 비틀림을 받는 봉의 또 다른 예는 구동축, 차축, 프로펠러 축, 조향 봉 및 드릴 비트이다.

비틀림 하중의 이상화된 경우가 그림 3-2a에 도시되었으며, 이 그림은 한쪽 끝이 지지되고, 크기가 같고 방향이 반대인 힘들로 된 두 쌍의 우력의 작용을 받는 직선 봉을 보여준다. 첫 번째 쌍은 봉의 중간지점 근처에 작용하는 힘 P_1으로 구성되어 있고, 두 번째 쌍은 끝에 작용하는 힘 P_2로 구성되어 있다. 각 쌍의 힘들은 봉을 길이방향 축에 대해 비틀려고 하는 경향이 있는 **우력(couple)**을 일으킨다. 정역학으로부터 아는 바와 같이, **우력의 모멘트(moment of a couple)**는 힘 중의 하나와 그 힘들의 작용선 사이의 수직거리를 곱한 것과 같다. 그러므로 첫 번째 우력의 모멘트는 $T_1 = P_1 d_1$이며, 두 번째 우력의 모멘트는 $T_2 = P_2 d_2$이다. 모멘트에 대한 SI 단위는 N·m이다.

우력의 모멘트는 흔히 쌍두(double-headed) 화살표 형태의 **벡터**로 나타낼 수 있다(그림 3-2b). 화살표는 우력을 포함하는 평면에 수직이며, 따라서 이 경우에 두 개의 화

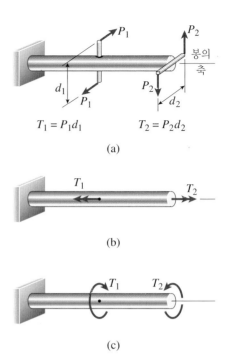

$$T_1 = P_1 d_1 \qquad T_2 = P_2 d_2$$

(a)

(b)

(c)

그림 3-2 비틀림 모멘트 T_1과 T_2에 의해 비틀림을 받는 봉

살표는 봉의 축에 평행하다. 모멘트의 방향(또는 센스)은 모멘트 벡터에 대한 **오른손 법칙**으로 표시된다. 즉, 오른손을 사용하여 손가락으로 모멘트 방향을 감싸면 엄지손가락이 벡터의 방향을 나타낸다.

모멘트를 나타내는 또 다른 방법은 회전방향으로 작용하는 곡선 화살표이다(그림 3-2c). 곡선 화살표와 벡터 표현법, 두 가지 모두 공통으로 사용되며, 이 책에서도 두 가지 다 사용된다. 선택은 편리성과 개인적 취향에 따른다.

그림 3-2의 모멘트 T_1과 T_2 같은, 봉을 비트는 모멘트를 **토크(torque)** 또는 **비틀림 모멘트(twisting moment)**라고 한다. 토크의 작용을 받고 회전을 통해 동력을 전달하는 원기둥형 부재를 **축(shaft)**이라 한다. 예를 들면, 자동차의 구동축 또는 선박의 프로펠러 축이 있다. 대부분의 축은 속이 차거나 또는 빈 원형 단면을 갖는다.

이 장에서는 비틀림을 받는 원형 봉 내의 변형과 응력에 대한 공식을 개발하는 것으로 시작한다. 그리고 순수전단(pure shear)이라고 알려진 응력상태를 해석하고 인장 탄성계수 E와 전단 탄성계수 G 사이의 관계식을 얻는다. 다음에는 회전축을 해석하고 회전축이 전달하는 동력을 구한다. 마지막으로, 비틀림에 관련된 추가적인 주제인 부정정 부재를 다룬다.

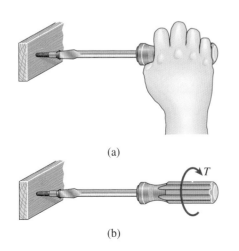

(a)

(b)

그림 3-1 손잡이에 가해진 토크 T로 인한 스크류드라이버의 비틀림

3.2 원형 봉의 비틀림 변형

양 끝에 작용하는 토크 T에 의해 비틀어진 원형 단면의 균일단면봉을 고려함으로써 비틀림에 대한 논의를 시작한다(그림 3-3a). 봉의 모든 단면이 동일하고 또한 모든 단면이 같은 내부 토크 T의 작용을 받기 때문에, 봉은 **순수비틀림(pure torsion)** 상태에 있다고 말한다. 대칭성을 고려하면, 봉이 길이방향 축에 대해 회전을 일으킬 때 봉의 단면은 모양이 변하지 않는다는 것을 증명할 수 있다. 다시 말하면, 모든 단면은 평면과 원형으로 남고, 모든 반지름은 직선을 유지한다. 게다가, 봉의 한쪽 끝과 다른 쪽 끝 사이의 회전각이 작으면, 봉의 길이나 반지름은 변하지 않는다.

봉의 변형을 시각적으로 보여주는 데 도움을 주기 위해, 봉의 왼쪽 끝(그림 3-3a)은 고정되었다고 생각하자. 그러면 토크 T의 작용으로 봉의 오른쪽 끝은 **비틀림 각(angle of torsion)**(또는 회전각)이라고 하는 작은 각 ϕ만큼(왼쪽 끝에 대하여) 회전할 것이다. 이러한 회전 때문에, 봉의 표면상의 길이방향 직선 pq가 나선형(helical) 곡선

pq'가 될 것이며, 여기서 q'는 오른쪽 끝 단면이 각 ϕ만큼 회전한 후의 점 q의 위치이다(그림 3-3b).

비틀림 각은 봉의 축에 따라 변하며, 중간 단면에서는 $\phi(x)$의 값을 갖는데, 이 값은 왼쪽 끝에서는 0, 오른쪽 끝에서는 ϕ가 된다. 봉의 모든 단면이 같은 반지름을 가지고 같은 토크를 받는다면(순수전단), 각 $\phi(x)$는 양끝 사이에서 선형적으로 변할 것이다.

바깥 표면에서의 전단변형률

이제 거리 dx만큼 떨어진 두 개의 단면 사이의 봉 요소를 고려해 보자(그림 3-4a 참조). 이 요소는 그림 3-4b에 확대되어 그려졌다. 이 요소의 바깥 표면에 초기에 길이방향 축에 평행한 변 ab와 cd를 가진 작은 요소 $abcd$를 표시한다. 봉이 비틀리는 동안, 오른쪽 단면은 왼쪽 단면에 대해 작은 회전각 $d\phi$만큼 회전하며, 점 b와 c는 각각 b'와 c'로 이동한다. 이제는 요소 $ab'c'd$인 요소의 변의 길이는 이러한 작은 회전이 일어나는 동안 변하지 않는다.

그러나 요소의 모서리 각(그림 3-4b)은 더 이상 90°와

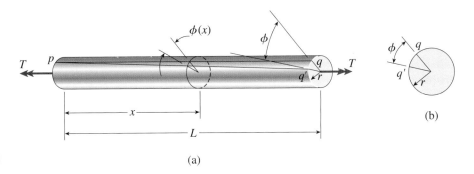

(a)

(b)

그림 3-3 순수비틀림을 받는 원형 봉의 변형

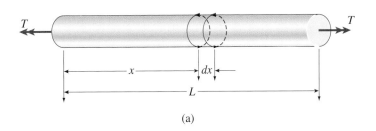

(a)

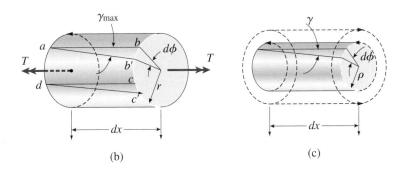

(b)　　　　(c)

그림 3-4 비틀림을 받는 봉에서 절단된 길이 dx인 요소의 변형

같지 않다. 따라서 요소는 **순수전단(pure shear)** 상태에 있게 되며, 이것은 이 요소가 수직변형률이 아닌 전단변형률을 받고 있음을 의미한다(1.6절의 그림 1-28 참조). 봉의 바깥 표면에서의 전단변형률 γ_{max}의 크기는 점 a에서의 각 감소량, 즉 각 bad의 감소량과 같다. 그림 3-4b로부터 이 각의 감소량은 다음과 같음을 알 수 있다.

$$\gamma_{max} = \frac{bb'}{ab} \qquad (a)$$

여기서 γ_{max}는 라디안으로 측정되고, bb'는 점 b가 움직인 거리, ab는 요소의 길이(dx와 같은)이다. 보의 반지름을 r로 표시하면, 길이 bb'를 $rd\phi$로 나타낼 수 있으며, 여기서 $d\phi$는 또한 라디안으로 측정된다. 그러므로 앞의 방정식은 다음과 같게 된다.

$$\gamma_{max} = \frac{rd\phi}{dx} \qquad (b)$$

이 식은 봉의 바깥 표면에서의 전단변형률과 비틀림 각의 관계를 나타낸다.

이 $d\phi/dx$의 양은 봉의 축에 따라 측정된 거리 x에 관한 비틀림 각 ϕ의 변화율이다. $d\phi/dx$를 기호 θ로 표시하고 이를 **비틀림 변화율(rate of twist)** 또는 **단위길이당 비틀림 각**이라 한다.

$$\theta = \frac{d\phi}{dx} \qquad (3\text{-}1)$$

이 기호를 사용하여, 바깥 표면에서의 전단변형률에 대한 식(식 b)을 다음과 같이 쓸 수 있다:

$$\gamma_{max} = \frac{rd\phi}{dx} = r\theta \qquad (3\text{-}2)$$

편의상, 식 (3-1)과 식 (3-2)를 유도할 때 순수비틀림을 받는 봉이 논의되었다. 그러나 두 개의 방정식은 비틀림 변화율 θ가 일정하지 않고 봉의 축 위의 거리 x에 따라 변하는 더욱 일반적인 비틀림의 경우에도 유효하다.

순수비틀림이라는 특수 경우에서는, 비틀림 변화율이 전체 비틀림 각 ϕ를 봉의 길이 L로 나눈 값과 같다. 즉, $\theta = \phi/L$이다. 그러므로 순수 비틀림만에 대해서 다음 식을 얻는다.

$$\gamma_{max} = r\theta = \frac{r\phi}{L} \qquad (3\text{-}3)$$

이 식은 각 γ_{max}가 선 pq와 pq' 사이의 각, 즉 각 qpq'임을 유의하여 그림 3-3a의 기하학으로부터 직접 구할 수 있다. 그러므로 $\gamma_{max}L$은 봉 끝단에서의 거리 qq'와 같다. 그러나 qq'가 $r\phi$와 같으므로(그림 3-3b), 식 (3-3)과 일치하는 $r\phi = \gamma_{max}L$을 얻는다.

봉 내부의 전단변형률

봉 내부에서의 전단변형률은 표면에서의 전단변형률 γ_{max}을 구한 것과 같은 방법으로 구할 수 있다. 봉의 단면의 반지름은 비틀림이 일어나는 동안 직선을 유지하고 뒤틀려지지 않으므로, 바깥 표면의 요소 $abcd$(그림 3-4b)에 대한 앞에서의 논의는 반지름이 ρ 인 내부 원기둥의 표면에 위치한 유사한 요소(그림 3-4c)에도 적용된다. 그러므

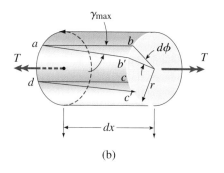

그림 3-4b (반복)

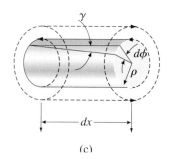

그림 3-4c (반복)

(b)

그림 3-3b (반복)

로 내부요소는 식(식 3-2와 비교.)에 의해 주어진 이에 대응되는 전단변형률을 갖는 순수전단 상태에 있게 된다.

$$\gamma = \rho\theta = \frac{\rho}{r}\,\gamma_{max} \tag{3-4}$$

이 식은 원형 봉 내의 전단변형률이 중심으로부터 반지름 방향의 거리 ρ에 따라 선형적으로 변하는 것과, 변형률은 중심에서는 0이 되고 바깥 표면에서는 최대치 γ_{max}에 이르게 된다는 것을 보여준다.

원형 관

앞에서의 논의를 다시 검토하면, 전단변형률에 대한 식(식 3-2 부터 3-4)은 속이 찬 원형 봉에서뿐만 아니라 **원형 관**(그림 3-5)에도 적용됨을 알 수 있다. 그림 3-5는 바깥 표면의 최대변형률과 내부 표면의 최소변형률 사이에 전단변형률의 선형 변화를 보여준다. 이 변형률들에 대한 식은 다음과 같다.

$$\gamma_{max} = \frac{r_2\phi}{L} \qquad \gamma_{min} = \frac{r_1}{r_2}\,\gamma_{max} = \frac{r_1\phi}{L} \tag{3-5a,b}$$

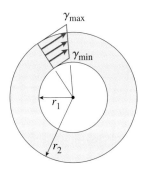

그림 3-5 원형 관에서의 전단변형률

여기서 r_1과 r_2는 각각 관의 안쪽 반지름과 바깥쪽 반지름을 나타낸다.

원형 봉의 변형률에 대한 앞에서의 식은 기하학적 개념을 기반으로 하고 재료의 성질은 포함하지 않는다. 그러므로 이 식들은 탄성적이든 비탄성적이든, 선형적이든 비선형적이든 간에, 어떤 재료에 대해서도 유효하다. 그러나 이 식들의 사용은 작은 비틀림 각과 작은 변형률을 갖는 봉으로 제한된다.

3.3 선형 탄성 재료로 된 원형 봉

비틀림을 받는 원형 봉의 전단변형률을 검토했으므로 (그림 3-3~3-5 참조), 이제는 이에 대응하는 전단응력의 방향과 크기를 구할 준비가 되었다. 응력의 방향은 그림 3-6a에 예시한 바와 같이 육안으로 정할 수 있다. 토크 T는 오른쪽에서 보면 봉의 오른쪽 끝을 반시계 방향으로 회전시키려는 경향이 있다, 따라서 봉의 표면에 위치한 응력요소에 작용하는 전단응력 τ는 그림에 보인 방향을 가질 것이다.

명확하게 하기 위해, 그림 3-6a에 있는 응력요소를 그림 3-6b에서와 같이 확대시켰으며, 여기서는 전단변형률과 전단응력들이 모두 도시되었다. 2.6절에서 이미 설명한 바와 같이, 그림 3-6b와 같이 응력요소를 관례대로 2차원으로 그렸으나, 응력요소는 실제로는 그림의 평면에 수직인 두께를 갖는 3차원 물체라는 것을 언제나 기억해야 한다.

전단응력의 크기는 봉 재료에 대한 응력-변형률 관계식을 사용하여 변형률로부터 구할 수 있다. 재료가 선형 탄성 재료이면, **전단에서의 Hooke의 법칙**을 사용할 수 있

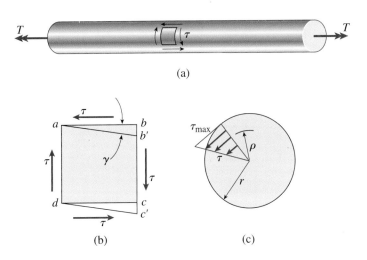

(a)

(b)   (c)

그림 3-6 비틀림을 받는 원형 봉의 전단응력

다(식 1-14 참조).

$$\tau = G\gamma \qquad (3\text{-}6)$$

여기서 G는 전단 탄성계수이고, γ는 라디안으로 표시된 전단변형률이다. 이 식을 전단변형률에 대한 식(식 3-2와 3-4)과 조합하면 다음 식을 얻는다.

$$\tau_{max} = Gr\theta \qquad \tau = G\rho\theta = \frac{\rho}{r}\tau_{max} \qquad (3\text{-}7\text{a,b})$$

여기서 τ_{max}은 봉의 바깥 표면(반지름 r)에서의 전단응력이고, τ는 내부 점(반지름 ρ)에서의 전단응력이며, θ는 비틀림 변화율이다. (이 식에서 θ는 단위길이당 라디안의 단위를 갖는다.)

식 (3-7a)와 (3-7b)는 그림 3-6c의 삼각형 모양의 응력선도에 의해 예시된 바와 같이, 전단응력이 봉의 중심으로부터 떨어진 거리에 따라 선형적으로 변한다는 것을 보여준다. 이러한 응력의 선형 변화는 Hooke의 법칙을 따른 결과이다. 응력-변형률 관계가 비선형이면, 응력도 비선형적으로 변하며 다른 해석방법이 필요하게 된다.

단면의 평면 위에 작용하는 전단응력은 봉의 길이방향 평면 위에 작용하는 같은 크기의 전단응력을 동반한다(그림 3-7). 이러한 결론은 1.6절에서 설명한 바와 같이, 서로 직교하는 평면 위에는 항상 같은 크기의 전단응력이 존재한다는 사실에서 나온 것이다. 결(grain)이 봉의 축에 따라 평행하게 퍼지는 전형적인 목재와 같이, 봉의 재료가 단면의 평면에서보다 길이방향의 평면에서의 전단력에 더 약하다면 비틀림으로 인한 최초의 균열은 길이방향의 표면 위에 나타날 것이다.

봉의 표면에서의 순수전단응력 상태(그림 3-6b)는 뒤에 3.5절에서 설명되는 바와 같이, 각 45°만큼 회전된 요소 위

그림 3-8 길이방향 축에 대하여 45° 회전한 응력요소에 작용하는 인장 및 압축응력

에 작용하는 인장응력과 압축응력이 같은 값을 갖는 상태와 동등하다. 그러므로 이 봉의 축과 45°의 각을 이루는 변을 가진 직사각형 요소는 그림 3-8에서 보인 인장응력과 압축응력을 받게 될 것이다. 비틀림을 받는 봉이 전단에서보다 인장에 대하여 더 약한 재료로 만들어진 경우, 축에 대하여 45°경사진 나선(helix)을 따라 인장에서 파괴가 일어날 것이며, 이는 강의실 백묵을 비틀어 증명할 수 있다.

비틀림 공식

해석의 다음 단계는 전단응력과 토크 T 사이의 관계식을 구하는 것이다. 이것이 해결되면, 어떠한 작용 토크로 인한 봉 내의 응력과 변형률도 계산할 수 있다.

단면에 작용하는 전단응력의 분포가 그림 3-6c와 3-7에 그려졌다. 이 응력들은 단면에 걸쳐 연속적으로 작용하므로 모멘트, 즉 봉에 작용하는 토크 T와 같은 모멘트, 형태의 합 모멘트를 갖는다. 이 합 모멘트를 구하기 위해 봉의 축으로부터 반지름 방향으로 거리 ρ만큼 떨어진 곳에 위치한 면적요소 dA를 고려하자(그림 3-9). 이 요소에 작용하는 전단력은 τdA와 같고, 여기서 τ는 반지름 ρ에서의 전단응력이다. 봉의 축에 대한 이 힘의 모멘트는 힘과 중심으로부터의 거리를 곱한 것, 또는 $\tau\rho dA$와 같다. 식 (3-7b)의 전단응력 τ를 대입하면, 요소 모멘트는 다음과 같이 나타낼 수 있다.

$$dM = \tau\rho dA = \frac{\tau_{max}}{r}\rho^2 dA$$

합 모멘트(토크 T와 같은)는 이러한 모든 요소 모멘트를

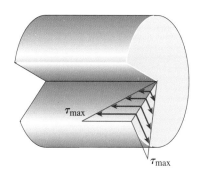

그림 3-7 비틀림을 받는 원형 봉의 길이방향 및 가로방향 전단응력

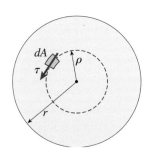

그림 3-9 단면에 작용하는 전단응력의 합응력 결정

전체 단면적에 걸쳐 합한 것이다.

$$T = \int_A dM = \frac{\tau_{max}}{r} \int_A \rho^2 \, dA = \frac{\tau_{max}}{r} I_P \qquad (3\text{-}8)$$

$$I_P = \int_A \rho^2 \, dA \qquad (3\text{-}9)$$

여기서 I_p는 원형 단면의 **극관성 모멘트(polar moment of inertia)**이다.

반지름이 r이고 지름이 d인 원에 대해, 극관성모멘트는 부록 D, 경우 9에서 주어진 것처럼 다음과 같다.

$$I_P = \frac{\pi r^4}{2} = \frac{\pi d^4}{32} \qquad (3\text{-}10)$$

관성모멘트의 단위는 길이의 4승임을 유의하라.*

최대 전단응력에 대한 식은 식 (3-8)을 정리하여 다음과 같이 구할 수 있다.

$$\tau_{max} = \frac{Tr}{I_P} \qquad (3\text{-}11)$$

비틀림 공식(torsion formula)이라고 알려진 이 식은 전단응력이 작용토크 T에는 비례하고 극관성모멘트 I_P에는 반비례한다는 것을 보여준다.

비틀림 공식에 사용되는 전형적인 **단위**는 다음과 같다. SI에서는, 통상 토크 T는 N · m 반지름 r은 m, 극관성 모멘트는 m^4, 전단응력 τ는 Pa를 사용한다.

비틀림 공식에 $r = d/2$, $I_P = \pi d^4/32$를 대입하면 최대응력에 대한 다음 식을 얻는다.

$$\tau_{max} = \frac{16T}{\pi d^3} \qquad (3\text{-}12)$$

이 식은 속이 찬 원형 단면 봉에만 적용되지만, 반면에 비틀림 공식 자체(식 3-11)는 뒤에 설명하는 것과 같이 속이 찬 봉과 원형 관에 다 같이 적용된다. 식 (3-12)는 전단응력이 지름의 3제곱에 반비례함을 보여준다. 그러므로 지름이 2배가 되면 응력은 1/8로 줄어든다.

---

* 극관성 모멘트는 10장의 10.6절에서 논의된다.

봉의 중심으로부터 거리 ρ만큼 떨어진 곳의 전단응력은 다음과 같다.

$$\tau = \frac{\rho}{r} \tau_{max} = \frac{T\rho}{I_P} \qquad (3\text{-}13)$$

이 식은 식 (3-7b)를 비틀림 공식(식 3-11)과 조합하여 구하였다. 식 (3-13)은 일반화된 비틀림 공식이며, 전단응력은 보의 중심으로부터 반지름 방향으로의 거리에 따라 선형적으로 변한다는 것을 다시 한 번 알 수 있다.

비틀림 각

이제 선형 탄성 재료로 된 비틀림 각을 작은 토크 T에 관련시킬 수 있다. 식 (3-7a)와 비틀림 공식을 조합하면 다음 식을 얻는다.

$$\theta = \frac{T}{GI_P} \qquad (3\text{-}14)$$

여기서 θ의 단위는 단위길이당 라디안이다. 이 식은 비틀림 변화율 θ가 토크 T에 비례하고 **비틀림 강성(torsional rigidity)**이라고 알려진 GI_p에 반비례한다는 것을 보여준다.

순수비틀림을 받는 봉에서, 총 비틀림 각 ϕ는 비틀림 변화율과 봉의 길이를 곱한 것과 같으므로(즉, $\phi = \theta L$), 다음과 같이 된다.

$$\phi = \frac{TL}{GI_P} \qquad (3\text{-}15)$$

여기서 ϕ는 라디안으로 측정된다. 해석과 설계에 이 식들을 사용하는 과정이 뒤의 예제 3-1과 3-2에 예시된다.

봉의 **비틀림 강성도(torsional stiffness)**라고 부르는 양 GI_P/L은 단위 회전각을 일으키는데 필요한 토크이다. **비틀림 유연도(torsional flexibility)**는 강성도의 역수, 또는 L/GI_P이며, 단위 토크에 의해 생기는 회전각으로 정의된다. 그러므로 다음과 같은 식을 얻는다.

$$k_T = \frac{GI_P}{L} \qquad f_T = \frac{L}{GI_P} \qquad (a, b)$$

이러한 양들은 인장 또는 압축을 받는 봉의 축 강성도 $k = EA/L$과 축 유연도 $f = L/EA$와 유사하다(식 2-4a 및 2-

4b와 비교). 강성도와 유연도는 구조해석에서 중요한 역할을 한다.

비틀림 각에 대한 식 (3-15)는 재료의 전단탄성계수 G를 구하는 데 편리한 방법을 마련한다. 원형 봉의 비틀림 시험을 수행함으로써, 값을 아는 토크 T에 의해 발생하는 비틀림 각 ϕ를 측정할 수 있다. 그러면 G값은 식 (3-15)에서 계산할 수 있다.

원형 관

비틀림 하중을 저항하는 데에는 원형 관이 속이 찬 봉보다 더 효율적이다. 속이 찬 원형 봉 내의 전단응력은 단면의 외부 경계에서는 최대이고 중심에서는 0 임을 알고 있다. 그러므로 속이 찬 축의 재료의 대부분은 최대 전단응력보다 상당히 작은 응력을 받고 있다. 게다가, 단면의 중심 근처의 응력은 토크 계산에 이용되기 위해 더 작은 모멘트 암(arm)ρ를 가진다(그림 3-9와 식 3-8 참조).

대조적으로, 전형적인 속이 빈 관에서는 재료의 대부분이 전단응력과 모멘트 암이 가장 큰 단면의 외부 경계 근처에 있다(그림 3-10). 그러므로 무게 감소와 재료의 절감이 중요한 경우에는, 원형 관을 사용하는 것을 권장한다. 예를 들면, 대형 구동축, 프로펠러 축 및 발전기 축은 통상 속이 빈 원형 단면을 갖는다.

원형 관의 비틀림 해석은 속이 찬 봉에 대한 것과 거의 동일하다. 전단응력에 대한 같은 기본 방정식이 사용될 수 있다(이를테면, 식 3-7a와 3-7b). 물론 반지름 방향 거리 ρ는 r_1에서 r_2까지로 제한되며, 여기서 r_1은 봉의 안쪽 반지름, r_2는 바깥쪽 반지름이다(그림 3-10).

토크 T와 최대응력 사이의 관계식은 식 (3-8)로 주어지지만, 극관성모멘트의 적분 한계(식 3-9)는 $\rho = r_1$과 $\rho = r_2$이다. 따라서 관 단면적의 극관성모멘트는 다음과 같다.

$$I_P = \frac{\pi}{2}(r_2^4 - r_1^4) = \frac{\pi}{32}(d_2^4 - d_1^4) \qquad (3\text{-}16)$$

위의 식은 아래와 같은 형태로도 나타낼 수 있다.

$$I_P = \frac{\pi r t}{2}(4r^2 + t^2) = \frac{\pi d t}{4}(d^2 + t^2) \qquad (3\text{-}17)$$

여기서 r은 관의 **평균 반지름**으로 $(r_1 + r_2)/2$와 같다. d는 **평균 지름**으로 $(d_1 + d_2)/2$ 와 같다. t는 **벽두께**(그림 3-10)로 $r_2 - r_1$과 같다. 물론 식 (3-16)과 (3-17)은 같은 결과를 주지만 때로는 후자의 식이 더욱 편리하다.

관이 상대적으로 얇아서 벽두께 t가 평균 반지름에 비해 작다면, 식 (3-17)에서 제곱 항을 무시할 수 있다. 이렇게 단순화하면 극관성모멘트에 대한 다음과 같은 근사공식을 얻는다.

$$I_P \approx 2\pi r^3 t = \frac{\pi d^3 t}{4} \qquad (3\text{-}18)$$

이러한 식들이 부록 D의 경우 22에 주어졌다.

주: 식 (3-17)과 식 (3-18)에서 r과 d의 양은 각각 평균 반지름과 평균 지름이며 최대치가 아니다. 또한 식 (3-16)과 (3-17)은 정확한 식이며 식 (3-18)은 근사식이다.

비틀림 공식(식 3-11)은 I_P가 식 (3-16)과 (3-17), 또는 타당한 경우에는 식 (3-18)에서 구해진다면, 선형 탄성 재료로 된 원형 관에 대해 사용될 수 있다. 같은 논리가 전단응력에 대한 일반 방정식(식 3-13), 비틀림 변화율과 비틀림 각에 대한 방정식(식 3-14와 3-15) 및 강성도와 유연도 방정식(식 a와 b)에 적용된다.

관의 전단응력 분포가 그림 3-10에 그려졌다. 그림으로부터, 얇은 관의 평균응력은 거의 최대응력만큼 크다는 것을 알 수 있다. 이것은, 뒤의 예제 3-2와 3-3에서 설명한 것과 같이, 속이 빈 봉이 속이 찬 봉보다 재료의 사용면에서 더욱 효율적임을 의미한다.

토크를 전달하는 원형 관을 설계할 때, 두께 t는 관의 벽에 주름살이나 좌굴이 일어나지 않도록 충분히 커야 된다는 것을 확인해야 한다. 예를 들면, $(r_2/t)_{\max} = 12$와 같은, 두께에 대한 반지름의 비의 최대치가 정해져야 한다. 다른 설계 고려사항에는, 최소 벽 두께에 필요한 요건에 적용되는 환경과 내구성의 요인이 포함된다. 이러한 주제는 기계설계 과목이나 교재에서 논의된다.

제한

이 절에서 유도된 방정식은 선형 탄성적으로 거동하는 원형 단면 봉(속이 찬 또는 빈)으로 제한된다. 다시 말하면, 하

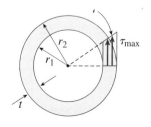

그림 3-10 비틀림을 받는 원형 관

중은 반드시 응력이 재료의 비례한도를 넘지 않도록 하는 것이어야 한다. 게다가, 응력에 대한 식은 응력집중(구멍 및 모양의 다른 갑작스런 변화) 전부, 그리고 하중이 작용하는 단면으로부터 떨어진 봉의 부분에서만 유효하다.

결국, 원형 봉과 관의 비틀림에 대한 식은 다른 모양의 봉에는 사용될 수 없다는 것을 강조하는 것이 중요하다.

직사각형 단면 봉과 I-형 단면을 가진 봉과 같은 비원형 봉은 원형 봉과는 전혀 다르게 거동한다. 예를 들면, 이들의 단면은 평면으로 남아있지 않고 최대응력도 단면의 중앙에서 가장 멀리 떨어진 곳에서 일어나지 않는다. 그러므로 이러한 봉들에 대해서는 탄성이론과 고급 재료역학에 관련된 책에서 제시된 고급 해석방법이 필요하다.*

예제 3-1

원형 단면을 가진 속이 찬 강철봉(그림 3-11)의 지름 $d = 40$ mm, 길이 $L = 1.4$ m, 전단 탄성계수 $G = 80$ GPa 이다. 봉은 양단에 작용하는 토크 T를 받는다.

(a) 토크의 크기가 $T = 340$ N·m이면 봉에서의 최대 전단응력은 얼마인가? 양단 사이의 비틀림 각은 얼마인가?

(b) 허용 전단응력이 42 MPa, 허용 비틀림 각이 2.5°이면 최대 허용토크는 얼마인가?

풀이

(a) 최대 전단응력과 비틀림 각. 봉은 속이 찬 원형 단면을 가지고 있으므로 식 (3-12)로부터 최대 전단응력을 다음과 같이 구할 수 있다.

$$\tau_{max} = \frac{16T}{\pi d^3} = \frac{16(340 \text{ N·m})}{\pi(0.04 \text{ m})^3} = 27.1 \text{ MPa} \quad \Longleftarrow$$

비슷한 방법으로, 비틀림 각은 식 (3-10)에서 구한 극관성모멘트 값을 사용하여 식 (3-15)로부터 구한다.

$$I_P = \frac{\pi d^4}{32} = \frac{\pi(0.04 \text{ m})^4}{32} = 2.51 \times 10^{-7} \text{m}^4$$

$$\phi = \frac{TL}{GI_P} = \frac{(340 \text{ N·m})(1.3 \text{ m})}{(80 \text{ GPa})(2.51 \times 10^{-7}\text{m}^4)}$$
$$= 0.02198 \text{ rad} = 1.26° \quad \Longleftarrow$$

따라서 주어진 토크의 작용을 받는 봉의 해석이 완료되었다.

(b) 최대 허용토크. 최대 허용토크는 허용 전단응력이나 허용 비틀림 각 중의 하나를 사용하여 구한다. 전단응력을 사용하여 식(3-12)를 정리하고 다음과 같이 계산한다.

$$T_1 = \frac{\pi d^3 \tau_{allow}}{16} = \frac{\pi}{16}(0.04 \text{ m})^3(42 \text{ MPa}) = 528 \text{ N·m}$$

이 값보다 큰 토크는 42 mPa의 허용응력을 넘는 전단응력을 초래할 것이다.

추진 시스템의 주요 부분인 선박의 구동축
(ElGreco1973/shutterstock)

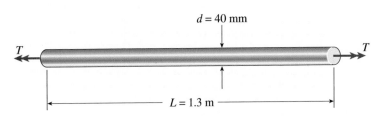

그림 3-11 예제 3-1. 순수 비틀림을 받는 봉

$d = 40$ mm
T ··· T
$L = 1.3$ m

---

* 원형 봉에 대한 비틀림 이론은 유명한 불란서 과학자 C. A. de Coulomb (1736~1806)의 연구로 시작되었으며, 그 후에 Thomas Young과 A.Duleau 에 의해 더욱 발전되었다(참고문헌 3-1). 비틀림의 일반이론(임의의 형태의 봉에 대한)은 가장 유명한 탄성 이론가 Barr de Saint-Venant (1797~1886)에 의한 것이다. 참고문헌 2-10 참조

정리된 식 (3-15)를 이용하여 비틀림 각을 근거로 한 토크를 계산한다.

$$T_2 = \frac{GI_P\phi_{\text{allow}}}{L}$$
$$= \frac{(80\ \text{GPa})(2.51 \times 10^{-7}\ \text{m}^4)(2.5°)(\pi\ \text{rad}/180°)}{1.3\ \text{m}}$$
$$= 674\ \text{N·m}$$

T_2보다 큰 토크는 비틀림 각이 허용치를 초과할 것이다.

허용토크는 T_1과 T_2 중에 작은 값이다.

$$T_{\text{max}} = 528\ \text{N·m}$$

이 예제에서 허용 전단응력이 제한조건을 마련한다.

예제 3-2

강철축이 속이 찬 원형 봉이나 또는 원형 관으로 제작된다 (그림 3-12). 축은 40 MPa의 허용 전단응력과 0.75°/m의 허용 비틀림 변화율을 넘지 않으면서 1,200 N·m의 토크를 전달해야만 한다. (강철의 전단 탄성계수는 78 GPa이다.)

(a) 속이 찬 축에 필요한 지름 d_0를 구하라.

(b) 축의 두께가 바깥지름의 1/10로 정해졌을 때, 속이 빈 축에 필요한 바깥지름 d_2를 구하라.

(c) 속이 빈 축과 속이 찬 축의 지름의 비(즉, d_2/d_0)와 무게의 비를 구하라.

복합 크랭크 축
(Peter Ginter/Science Faction)

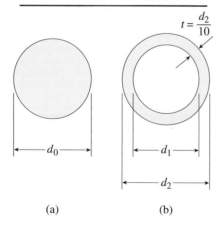

(a)   (b)

그림 3-12 예제 3-2. 강철축의 비틀림

풀이

(a) 속이 찬 축. 필요한 지름 d_0는 허용 전단응력이나 허용 비틀림 변화율 중 하나를 이용하여 구한다. 허용 전단응력을 사용하는 경우에는 식 (3-12)를 정리하여 다음 식을 얻는다.

$$d_0^3 = \frac{16T}{\pi\tau_{\text{allow}}} = \frac{16(1200\ \text{N·m})}{\pi(40\ \text{MPa})} = 152.8 \times 10^{-6}\ \text{m}^3$$

이 식으로부터, 다음 값을 구한다.

$$d_0 = 0.0535\ \text{m} = 53.5\ \text{mm}$$

허용 비틀림 변화율을 사용하는 경우에는 필요한 극관성모멘트를 구하는 것으로부터 시작한다(식 3-14 참조).

$$I_P = \frac{T}{G\theta_{\text{allow}}} = \frac{1200\ \text{N·m}}{(78\ \text{GPa})(0.75°/\text{m})(\pi\ \text{rad}/180°)}$$
$$= 1175 \times 10^{-9}\ \text{m}^4$$

극관성모멘트는 $\pi d^4/32$과 같으므로, 필요한 지름은 다음과 같이 구한다.

$$d_0^4 = \frac{32I_P}{\pi} = \frac{32(1175 \times 10^{-9}\ \text{m}^4)}{\pi} = 11.97 \times 10^{-6}\ \text{m}^4$$

즉,

$$d_0 = 0.0588\ \text{m} = 58.8\ \text{mm}$$

두 개의 d_0 값을 비교하면, 비틀림 변화율이 설계를 지배하는 것을 알 수 있으며, 속이 찬 축에 필요한 지름은 다음과 같다.

$$d_0 = 58.8\ \text{mm}$$

실제 설계에서는, 계산된 d_0 값보다 약간 큰 값, 이를테면, 60 mm 를 선택한다.

(b) 속이 빈 축. 필요한 지름은 허용 전단응력이나 허용 비틀

림 변화율 중의 하나를 근거로 구한다. 봉의 바깥지름이 d_2임을 유의하면 안지름은 다음과 같다.

$$d_1 = d_2 - 2t = d_2 - 2(0.1d_2) = 0.8d_2$$

따라서 극관성모멘트 식(3-16)은 다음과 같다.

$$I_P = \frac{\pi}{32}(d_2^4 - d_1^4) = \frac{\pi}{32}\left[d_2^4 - (0.8d_2)^4\right]$$
$$= \frac{\pi}{32}(0.5904d_2^4) = 0.05796d_2^4$$

허용 전단응력을 사용하는 경우에는 다음과 같이 비틀림 공식(식3-11)을 사용한다.

$$\tau_{\text{allow}} = \frac{Tr}{I_P} = \frac{T(d_2/2)}{0.05796d_2^4} = \frac{T}{0.1159d_2^3}$$

다시 정리하면 다음 식을 얻는다.

$$d_2^3 = \frac{T}{0.1159\tau_{\text{allow}}} = \frac{1200 \text{ N·m}}{0.1159(40 \text{ MPa})} = 258.8 \times 10^{-6} \text{ m}^3$$

이 식을 d_2에 관하여 풀면 다음과 같다.

$$d_2 = 0.0637 \text{ m} = 63.7 \text{ mm}$$

이것이 전단응력을 근거로 계산한 필요한 바깥지름이다.

허용 비틀림 변화율을 사용하는 경우에는, 식 (3-14)에서 θ 대신 θ_{allow}값, I_P 대신에 이미 구한 표현식을 대입한다. 따라서

$$\theta_{\text{allow}} = \frac{T}{G(0.05796d_2^4)}$$

이고, 이로부터 다음 식을 구한다.

$$d_2^4 = \frac{T}{0.05796G\theta_{\text{allow}}}$$
$$= \frac{1200 \text{ N·m}}{0.05796(78 \text{ GPa})(0.75°/\text{m})(\pi \text{ rad}/180°)}$$
$$= 20.28 \times 10^{-6} \text{ m}^4$$

d_2에 관해서 풀어서 다음 값을 구한다.

$$d_2 = 0.0671 \text{ m} = 67.1 \text{ mm}$$

이것이 비틀림 변화율을 근거로 계산한 필요 지름이다.

d_2의 두 값을 비교하면, 비틀림 변화율이 설계를 지배하는 것을 알 수 있고, 속이 빈 축에 필요한 바깥지름은 다음과 같다.

$$d_2 = 67.1 \text{ mm}$$

안지름 d_1은 $0.8d_2$ 또는 53.7 mm이다. (실제값에서는 $d_2 = 70$ mm, $d_1 = 0.8d_2 = 56$ mm를 사용할 수 있다.)

(c) 지름과 무게의 비. 속이 빈 축의 바깥지름의 속이 찬 축의 지름에 대한 비는(계산된 값을 이용하여) 다음과 같다.

$$\frac{d_2}{d_0} = \frac{67.1 \text{ mm}}{58.8 \text{ mm}} = 1.14$$

축의 무게는 단면적에 비례하므로, 속이 빈 축의 무게의 속이 찬 축의 무게에 대한 비는 다음과 같이 표시할 수 있다.

$$\frac{W_{\text{hollow}}}{W_{\text{solid}}} = \frac{A_{\text{hollow}}}{A_{\text{solid}}} = \frac{\pi(d_2^2 - d_1^2)/4}{\pi d_0^2/4} = \frac{d_2^2 - d_1^2}{d_0^2}$$
$$= \frac{(67.1 \text{ mm})^2 - (53.7 \text{ mm})^2}{(58.8 \text{ mm})^2} = 0.47$$

이 결과는 바깥지름이 단 14% 더 큰데 비하여, 속이 빈 축은 속이 찬 축에 비하여 단 47%의 재료만 사용한다는 것을 보여 준다.

주: 이 예제는 허용응력과 허용 비틀림 변화율이 주어질 때 속이 찬 축과 속이 빈 축에 필요한 크기를 결정하는 방법을 설명한다. 이 예제는 또한 원형 관이 속이 찬 봉에 비해 재료의 사용면에서 더욱 효율적이라는 사실을 설명해 준다.

예제 3-3

같은 재료로 만들어 진 속이 빈 축과 속이 찬 축은 같은 길이와 같은 바깥반지름 R을 가지고 있다(그림 3-13). 속이 빈 축의 안쪽 반지름은 $0.6R$이다.

(a) 두 개의 축이 같은 토크의 작용을 받는다고 가정하고, 이들의 전단응력, 비틀림 각 및 무게를 비교하라.

(b) 두 개의 축에 대하여 강도 대 무게 비를 구하라.

풀이

(a) 전단응력의 비교. 비틀림 공식(식 3-11)에 의해 주어진 최대 전단응력은 토크 및 반지름이 서로 같으므로 $1/I_P$에 비례한다.

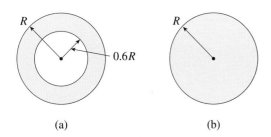

그림 3-13 예제 3-3. 속이 빈 축과 속이 찬 축의 비교

속이 빈 축에 대해 다음과 같이 구한다.

$$I_P = \frac{\pi R^4}{2} - \frac{\pi (0.6R)^4}{2} = 0.4352\,\pi R^4$$

그리고 속이 찬 축에 대해 다음과 같이 구한다.

$$I_P = \frac{\pi R^4}{2} = 0.5\pi R^4$$

따라서 속이 빈 축의 최대 전단응력의 속이 찬 축의 최대 전단응력에 대한 비 β_1은 다음과 같다.

$$\beta_1 = \frac{\tau_H}{\tau_S} = \frac{0.5\pi R^4}{0.4352\pi R^4} = 1.15$$

여기서 하첨자 H와 S는 각각 속이 빈 축과 속이 찬 축을 나타낸다.

비틀림 각의 비교. 두 개의 봉에 대해서 토크 T, 길이 L, 전단 탄성계수 G가 서로 같으므로, 비틀림 각(식 3-15)도 $1/I_P$에 비례한다. 그러므로 이들의 비는 전단응력에 대한 것과 똑같다.

$$\beta_2 = \frac{\phi_H}{\phi_S} = \frac{0.5\pi R^4}{0.4352\pi R^4} = 1.15$$

무게의 비교. 축의 무게는 단면적에 비례하므로 결과적으로 속이 찬 축의 무게는 πR^2에 비례하고, 속이 빈 축의 무게는 다음 값에 비례한다.

$$\pi R^2 - \pi(0.6R)^2 = 0.64\,\pi R^2$$

그러므로 속이 빈 축의 무게와 속이 찬 축의 무게와의 비는 다음과 같다.

$$\beta_3 = \frac{W_H}{W_S} = \frac{0.64\pi R^2}{\pi R^2} = 0.64$$

앞에서의 비로부터, 속이 빈 축의 고유한 이점을 알 수 있다. 이 예제에서 속이 빈 축은 속이 찬 축보다 응력이 15% 더 크고 비틀림 각은 15% 더 크지만 무게는 36% 작다.

(b) 강도 대 무게 비. 구조물의 상대적 효율은 때때로 **강도 대 무게 비**(*strength-to-weight ratio*)로 측정되며, 이 비는 비틀림을 받는 봉에 대하여 허용토크를 무게로 나눈 값으로 정의된다. 그림 3-13a(비틀림 공식으로부터)의 속이 빈 축에 대한 허용토크는 다음과 같다.

$$T_H = \frac{\tau_{\max}I_P}{R} = \frac{\tau_{\max}(0.4352\pi R^4)}{R} = 0.4352\,\pi R^3 \tau_{\max}$$

속이 찬 축의 허용토크는 다음과 같다.

$$T_S = \frac{\tau_{\max}I_P}{R} = \frac{\tau_{\max}(0.5\pi R^4)}{R} = 0.5\,\pi R^3 \tau_{\max}$$

축의 무게는 단면적에 길이 L과 재료의 비중량 γ를 곱한 것과 같다.

$$W_H = 0.64\pi R^2 L\gamma \qquad W_S = \pi R^2 L\gamma$$

따라서 속이 빈 축과 속이 찬 축의 강도 대 무게 비 S_H와 S_S는 다음과 같다.

$$S_H = \frac{T_H}{W_H} = 0.68\,\frac{\tau_{\max}R}{\gamma L} \qquad S_S = \frac{T_S}{W_S} = 0.5\,\frac{\tau_{\max}R}{\gamma L}$$

이 예제에서 속이 빈 축의 강도 대 무게 비는 속이 찬 축의 값보다 36% 더 크며, 이는 속이 찬 축이 상대적으로 더 효율적이라는 것을 보여준다. 두께가 얇은 축에 대해서는 이 백분율 값은 더욱 커질 것이고, 두께가 두꺼운 축에 대해서는 이 값은 더욱 줄어들 것이다.

3.4 불균일 비틀림

3.2절에서 설명한 바와 같이, 순수비틀림은 양 끝에만 작용하는 토크를 받는 균일단면봉의 비틀림을 말한다. **불균일 비틀림(nonuniform torsion)**은 봉이 균일단면일 필요가 없고 토크는 봉의 축에 따라 어느 곳이든 작용할 수 있다는 점에서 순수비틀림과는 다르다. 불균일 비틀림을 받는 봉은 순수비틀림의 공식을 봉의 유한 구간에 대하여 적용하고 그 결과를 합함으로써, 또는 봉의 미소요소에 대해 공식을 적용하고 이를 적분함으로써 해석될 수 있다.

이러한 과정을 설명하기 위하여, 불균일 비틀림의 세 가지 경우를 고찰하기로 한다. 다른 경우들은 여기서 설명하는 것과 비슷한 기법으로 처리될 수 있다.

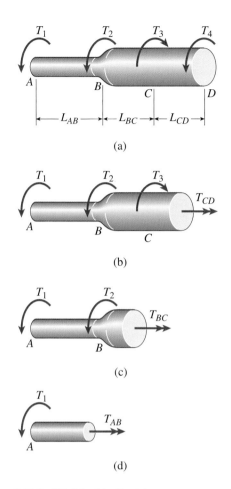

그림 3-14 불균일 비틀림을 받는 봉(경우 1)

경우 1. 각 구간에 일정한 토크가 작용하는 균일단면 구간으로 구성된 봉(그림 3-14). 그림의 (a)부분에 보여진 봉은 두 개의 다른 지름을 가지며 점 *A*, *B*, *C* 및 *D*에 작용하는 토크를 받고 있다. 결과적으로, 각 구간이 균일단면을 가지고 일정한 토크를 받는 형태로 봉을 여러 구간들로 나눈다. 이 예에서는, 이러한 *AB*, *BC*및 *CD*의 세 개의 구간이 있다. 각 구간은 순수비틀림 상태에 있으며, 그러므로 앞절에서 유도한 모든 공식들이 각 구간에 따로따로 적용될 수 있다.

해석의 첫 단계는 각 구간 내의 내부 토크의 크기와 방향을 구하는 것이다. 통상 토크는 육안으로 구할 수 있으나, 필요하면 봉의 단면을 절단하고 자유물체도를 그린 후 평형방정식을 풀어서 구할 수 있다. 이러한 과정이 그림의 (b), (c) 및 (d) 부분에 예시되었다. 구간 *CD*내의 아무 곳에서나 첫 번째 절단을 하여 내부 토크 T_{CD}를 받게 한다. 자유물체도(그림 3-14b)로부터, T_{CD}는 $-T_1 - T_2 + T_3$와 같음을 알 수 있다. 다음 자유물체도에서 T_{BC}는 $-T_1 - T_2$이고, 마지막 자유물체도로부터 T_{AB}는 $-T_1$과 같음을 알 수 있다.

$$T_{CD} = -T_1 - T_2 + T_3$$
$$T_{BC} = -T_1 - T_2 \qquad \text{(a, b, c)}$$
$$T_{AB} = -T_1$$

이 토크들은 각각 해당 구간의 길이에 걸쳐 일정하다.

각 구간의 전단응력을 구할 때 응력의 방향은 관심의 대상이 아니므로 이러한 내부 토크들의 크기만 필요하다. 그러나 전체 봉의 비틀림 각을 구할 때에는, 비틀림 각들을 정확하게 합하기 위하여 각 구간에서 비틀림의 방향을 알 필요가 있다. 그러므로 내부 축력에 대한 **부호규약**을 정할 필요가 있다. 여러 경우에서 편리한 규칙은 다음과 같다. 내부 토크는 토크의 벡터가 절단된 단면에서 밖으로 향하는 방향을 가질 때 양이며, 토크의 벡터가 절단된 단면으로 향하는 방향을 가질 때 음이다. 따라서 그림 3-14 b, c, d에서 모든 내부 토크는 양의 방향으로 그려졌다. 계산된 토크(식 a, b 또는 c로부터)가 양의 부호를 가지면 이는 토크가 가정된 방향으로 작용한다는 것을 의미하며, 토크가 음의 부호를 가지면 토크가 반대 방향으로 작용한다는 것을 의미한다.

봉의 각 구간의 최대 전단응력은 적절한 단면치수와 내부 토크를 사용하여 비틀림 공식(식 3-11)으로부터 구한다. 이를테면, 구간 *BC*(식 3-14)의 최대응력은 그 구간의 지름과 식 (b)에서 계산한 토크 T_{BC}를 사용하여 구한다. 전체 봉의 최대응력은 세 개의 구간에 대해 각각 계산한 응력 중 가장 큰 응력이다.

각 구간의 비틀림 각은 다시 적절한 치수와 토크를 사용하여 식 (3-15)으로부터 구한다. 봉의 한쪽 끝의 다른 쪽 끝에 대한 전체 비틀림 각은 각 구간의 값들을 대수적으로 합하여 다음과 같이 얻는다.

$$\phi = \phi_1 + \phi_2 + \ldots + \phi_n \qquad (3\text{-}19)$$

여기서 ϕ_1은 구간 1에 대한 비틀림 각이고, ϕ_2는 구간 2에 대한 비틀림 각이며, n은 구간의 전체 개수를 나타낸다. 각각의 비틀림 각은 식 (3-15)로부터 구하므로, 일반 공식을 다음과 같이 쓸 수 있다.

$$\phi = \sum_{i=1}^{n} \phi_i = \sum_{i=1}^{n} \frac{T_i L_i}{G_i (I_P)_i} \qquad (3\text{-}20)$$

여기서 하첨자 i는 여러 구간에 대한 번호 지수이다. 봉의 i 번째 구간에서, T_i는 내부 토크(그림 3-14에 예시된 것처럼 평형으로부터 구한), L_i는 길이, G_i는 전단 탄성계수,

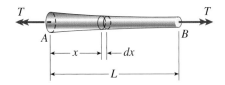

그림 3-15 불균일 비틀림을 받는 봉(경우 2)

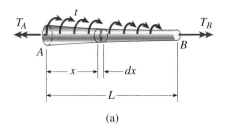

(a)

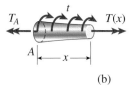

(b)

그림 3-16 불균일 비틀림을 받는 봉(경우 3)

$(I_P)_i$는 극관성 모멘트이다. 어떤 토크(그리고 이에 대응되는 비틀림 각)는 양일 수 있고, 어떤 것은 음일 수 있다. 모든 구간의 비틀림 각을 대수적으로 합함으로써, 봉의 양 끝 사이의 전체 비틀림 각ϕ를 구한다. 이러한 과정이 뒤의 예제 3-4에 설명된다.

　경우 2. 연속적으로 변하는 단면을 가지고 일정한 토크의 작용을 받는 봉(그림 3-15). 토크가 일정할 때 속이 찬 봉 내의 최대 전단응력은 언제나 식 (3-12)에 보인 바와 같이, 가장 작은 지름을 갖는 단면에서 일어난다. 게다가, 이러한 관찰은 통상 관 모양의 봉에도 해당된다. 이러한 경우라면, 최대 전단응력을 계산하기 위해 최소 단면적을 조사하기만 하면 된다. 그렇지 않은 경우에는, 최대치를 구하기 위해 하나 이상의 위치에서 응력을 계산할 필요가 있다.

　비틀림 각을 구하기 위하여, 봉의 한쪽 끝에서 거리 x만큼 떨어진 곳에 길이 dx인 요소를 고찰하자(그림 3-15). 이 요소의 미소 회전각 $d\phi$는 다음과 같다.

$$d\phi = \frac{T\,dx}{GI_P(x)} \qquad (d)$$

여기서 $I_P(x)$는 끝에서 거리 x만큼 떨어진 단면의 극관성 모멘트이다. 전체 봉의 비틀림 각은 미소 회전각의 합이다.

$$\phi = \int_0^L d\phi = \int_0^L \frac{T\,dx}{GI_P(x)} \qquad (3\text{-}21)$$

극관성모멘트 $I_p(x)$에 대한 표현식이 너무 복잡하지 않으면, 예제 3-5에서와 같이 이 적분은 해석적으로 구할 수 있다. 다른 경우에는 수치적으로 구해야 한다.

　경우 3. 연속적으로 변하는 단면을 가지고 연속적으로 변하는 토크의 작용을 받는 봉(그림 3-16). 그림의 (a)부분에 보인 봉은 봉의 축을 따라 단위길이당 세기 t의 분포 토크의 작용을 받는다. 결과적으로, 내부 토크 $T(x)$는 축을 따라 연속적으로 변한다(그림 3-16b). 내부 토크는 자유물체도

와 평형방정식의 도움으로 구할 수 있다. 경우 2에서와 같이, 극관성모멘트 $I_P(x)$는 봉의 단면치수로부터 구할 수 있다.

　토크와 극관성모멘트를 x의 함수로 알고 있다면, 전단응력이 봉의 축을 따라 어떻게 변하는가를 구하기 위해 비틀림 공식을 사용할 수 있다. 그러면 최대 전단응력이 일어나는 단면이 구해지며 최대 전단응력이 구해진다.

　그림 3-16a의 봉에 대한 비틀림 각은 경우 2에서 설명한 것과 같은 방법으로 구할 수 있다. 유일한 차이는 토크는 극관성모멘트처럼, 축에 따라 변한다는 것이다. 결과적으로, 비틀림 각에 대한 식은 다음과 같다.

$$\phi = \int_0^L d\phi = \int_0^L \frac{T(x)\,dx}{GI_P(x)} \qquad (3\text{-}22)$$

이 적분은 어떤 경우에는 해석적으로 구해지나, 통상적으로는 수치적으로 구해야 한다.

제한

　이 절에서 기술된 해석은 원형 단면(속이 차거나 속이 빈)을 가진 선형 탄성 재료로 된 봉에 대해 유효하다. 또한 비틀림 공식으로부터 구한 응력은, 지름이 갑자기 변하는 곳과 집중 토크가 작용하는 곳에서 일어나는 높은 국부응력인 응력집중에서 떨어진 봉의 영역에서 유효하다. 그러나 응력집중은 비틀림 각에 대해 상대적으로 작은 영향을 미치므로 ϕ에 대한 식은 일반적으로 유효하다.

　마지막으로, 비틀림 공식과 비틀림 각에 대한 공식은 균일단면 봉에 대해서 유도되었다는 것을 유념해야 할 것

이다. 지름의 변화가 작고 점진적인 경우에만 변하는 단면을 갖는 봉에 이 공식들을 안전하게 적용할 수 있다. 경험적으로 보면, 여기서 주어진 공식은 테이퍼 각(봉의 측면 사이의 각)이 10° 이하일 때 만족한다.

예제 3-4

지름 d = 30 mm 를 갖는 속이 찬 강철 축 *ABCDE* (그림 3-17)가 양단 *A*와 *E*에 있는 베어링에서 자유롭게 회전한다. 축은 그림에 보인 방향으로 토크 T_2 = 450 N·m를 작용시키는 *C* 점의 기어에 의해 구동된다. *B*와 *D*점의 기어들은 토크 T_2의 반대 방향으로 작용하고 각각 저항 토크 T_1 = 275 N·m, T_3 = 175 N·m 를 갖는 축에 의해 구동된다. 구간 *BC*와 *CD*의 길이는 각각 L_{BC} = 500 mm, L_{CD} = 400 mm 이며, 전단 탄성계수 G = 80 GPa 이다.

축의 각 부분에 작용하는 최대 전단응력과 기어 *B*와 *D* 사이의 비틀림 각을 구하라.

풀이

봉의 각 구간은 균일단면을 가지고 있으며 일정한 토크(경우 1)를 받고 있다. 그러므로 해석의 첫 단계는 각 구간에 작용하는 토크를 계산하는 것이며, 다음에 전단응력과 비틀림 각을 구할 수 있다.

구간에 작용하는 토크. 양 끝 구간(*AB*및 *DE*)의 토크는 지지점이 있는 베어링 내 마찰력을 무시하므로 0 이다. 그러므로 끝 구간들에는 응력이 작용하지 않고 비틀림 각도 없다.

CD 구간의 토크 T_{CD}는 구간의 단면을 잘라서 그림 3-18a와 같은 자유물체도를 그려서 구한다. 토크는 양으로 가정하므로, 토크의 벡터는 절단 단면의 밖으로 향한다. 자유물체의 평형으로부터 다음을 구한다.

$$T_{CD} = T_2 - T_1 = 450\,\text{N·m} - 275\,\text{N·m} = 175\,\text{N·m}$$

이 결과에서 양의 부호는 T_{CD}가 가정했던 양의 방향으로 작용한다는 것을 의미한다.

BC 구간의 토크는 그림 3-18b의 자유물체도를 사용하여 비슷한 방법으로 구한다.

$$T_{BC} = -T_1 = -275\,\text{N·m}$$

이 토크는 음의 부호를 가지며, 이는 토크의 방향이 그림에 표시된 방향과 반대가 되는 것을 의미한다.

전단응력. 구간 *BC*와 *CD* 에서의 최대 전단응력은 수정된 형태의 비틀림 공식(식 3-12)으로부터 구한다.

$$\tau_{BC} = \frac{16T_{BC}}{\pi d^3} = \frac{16(275\,\text{N·m})}{\pi(30\,\text{mm})^3} = 51.9\,\text{MPa} \quad \Longleftarrow$$

$$\tau_{CD} = \frac{16T_{CD}}{\pi d^3} = \frac{16(175\,\text{N·m})}{\pi(30\,\text{mm})^3} = 33.0\,\text{MPa} \quad \Longleftarrow$$

이 예제에서 전단응력의 방향은 관심의 대상이 아니므로, 토크의 절대값만 앞의 계산에 사용되었다.

비틀림 각. 기어 *B*와 *D* 사이의 비틀림 각 ϕ_{BD}는 식 (3-19)에서 주어진 것과 같이 봉의 인접구간에 대한 비틀림 각들을 대수적으로 더한 것이다.

$$\phi_{BD} = \phi_{BC} + \phi_{CD}$$

각각의 비틀림 각을 계산할 때 단면의 관성모멘트가 필요하다.

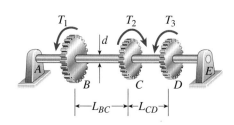

그림 **3-17** 예제 3-4. 비틀림을 받는 강철 축

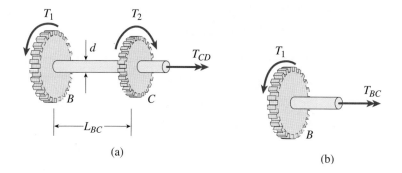

그림 **3-18** 예제 3-4 에 대한 자유물체도

(a)

(b)

$$I_P = \frac{\pi d^4}{32} = \frac{\pi(30 \text{ mm})^4}{32} = 79{,}520 \text{ mm}^4$$

이제 다음과 같이 비틀림 각을 계산할 수 있다.

$$\phi_{BC} = \frac{T_{BC}L_{BC}}{GI_P} = \frac{(-275 \text{ N·m})(500 \text{ mm})}{(80 \text{ GPa})(79{,}520 \text{ mm}^4)} = -0.0216 \text{ rad}$$

$$\phi_{CD} = \frac{T_{CD}L_{CD}}{GI_P} = \frac{(175 \text{ N·m})(400 \text{ mm})}{(80 \text{ GPa})(79{,}520 \text{ mm}^4)} = 0.0110 \text{ rad}$$

이 예제에서 비틀림 각은 서로 반대 방향을 가지고 있음을 유의하라. 대수적으로 더하여 전체 비틀림 각을 구한다.

$$\phi_{BD} = \phi_{BC} + \phi_{CD} = -0.0216 + 0.0110$$
$$= -0.0106 \text{ rad} = -0.61°$$

음의 부호는 기어 D가 기어 B에 대하여 시계방향(축의 오른쪽 끝에서 볼 때)으로 회전함을 의미한다. 그러나 대부분의 목적상, 비틀림 각의 절대값만 필요하므로 기어 B와 D 사이의 비틀림 각은 0.61°라고 말해도 충분하다. 축의 양단 사이의 비틀림 각은 때로는 감아올림(wind-up)이라고 부른다.

주: 이 예제에서 설명된 과정은 치수와 성질이 각 구간 내에서 일정하기만 하면, 다른 지름을 가지거나 다른 재료로 된 구간들을 갖는 축에도 사용될 수 있다.

이 예제와 이 장의 뒷부분에 있는 문제에서는 비틀림의 효과만 고려되었다. 굽힘 효과는 4장으로부터 시작해서 뒤에 고려된다.

예제 3-5

속이 찬 원형 단면을 갖는 테이퍼 봉 AB가 양 끝에 작용하는 토크 T에 의해 비틀어진다(그림 3-19). 봉의 지름은 좌단의 d_A로부터 우단의 d_B까지 선형적으로 변하며, d_B는 d_A보다 크다고 가정한다.

(a) 봉 내의 최대 전단응력을 구하라.
(b) 봉의 비틀림 각에 대한 공식을 유도하라.

풀이

(a) **전단응력.** 속이 찬 봉의 임의의 단면에서의 최대 전단응력은 수정된 형태의 비틀림 공식(식 3-12)에서 구하며, 봉 내의 최대 전단응력은 가장 작은 지름을 갖는 단면, 즉 끝점 A에서 일어난다는 것을 즉시 알 수 있다(그림 3-19 참조).

$$\tau_{\max} = \frac{16T}{\pi d_A^3}$$

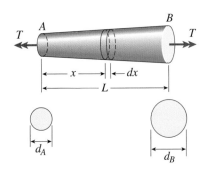

그림 3-19 예제 3-5. 비틀림을 받는 테이퍼 봉

(b) **비틀림 각.** 토크는 일정하고 극관성모멘트는 끝점 A로부터의 거리 x에 따라 연속적으로 변하기 때문에(경우 2), 비틀림 각을 구하기 위해 식 (3-21)을 사용한다. 끝점 A로부터 거리 x위치의 지름 d에 대한 표현식을 세우는 것으로 시작한다.

$$d = d_A + \frac{d_B - d_A}{L}x \qquad (3\text{-}23)$$

여기서 L은 봉의 길이이다. 이제 극관성모멘트에 대한 식을 쓸 수 있다.

$$I_P(x) = \frac{\pi d^4}{32} = \frac{\pi}{32}\left(d_A + \frac{d_B - d_A}{L}x\right)^4 \qquad (3\text{-}24)$$

이 식을 식 (3-21)에 대입하면 비틀림 각에 대한 다음 식을 얻는다.

$$\phi = \int_0^L \frac{T\,dx}{GI_P(x)} = \frac{32T}{\pi G}\int_0^L \frac{dx}{\left(d_A + \dfrac{d_B - d_A}{L}x\right)^4} \qquad (3\text{-}25)$$

이 식의 적분을 구하기 위해, 이 식은 다음과 같은 형태임을 유의한다.

$$\int \frac{dx}{(a + bx)^4}$$

여기서

$$a = d_A \qquad b = \frac{d_B - d_A}{L} \qquad\qquad \text{(e, f)}$$

적분표(부록 C 참조)의 도움으로, 적분 값을 구한다.

$$\int \frac{dx}{(a + bx)^4} = -\frac{1}{3b(a + bx)^3}$$

이 예제의 경우에, 이 적분은 x 대신에 하한치 0 과 상한치 L을 대입하고, a와 b 대신 식 (e)와 식 (f)의 식을 대입하여 구한다. 그러므로 식 (3-25)의 적분은 다음과 같다.

$$\frac{L}{3(d_B - d_A)}\left(\frac{1}{d_A^3} - \frac{1}{d_B^3}\right) \qquad\qquad \text{(g)}$$

이 식을 식 (3-25) 안의 적분과 대체하면 다음 식을 얻는다.

$$\phi = \frac{32TL}{3\pi G(d_B - d_A)}\left(\frac{1}{d_A^3} - \frac{1}{d_B^3}\right) \qquad\qquad \text{(3-26)} \;\Leftarrow$$

이 식이 테이퍼 봉의 비틀림 각에 대한 원하는 방정식이다. 앞의 방정식을 편리한 형태로 다시 쓰면 다음과 같다.

$$\phi = \frac{TL}{G(I_P)_A}\left(\frac{\beta^2 + \beta + 1}{3\beta^3}\right) \qquad\qquad \text{(3-27)}$$

여기서

$$\beta = \frac{d_B}{d_A} \qquad (I_P)_A = \frac{\pi d_A^4}{32} \qquad\qquad \text{(3-28)}$$

양 β는 양 끝의 지름들의 비이고 $(I_P)_A$는 끝점 A에서의 극관성 모멘트이다.

균일단면 봉의 특수 경우에서는 $\beta = 1$이고 식 (3-27)은 예상대로 $\phi = TL/G(I_P)_A$가 된다. 1 보다 큰 β값에 대해서는 끝점 B의 더 큰 지름이 비틀림 강성도의 증가를 일으키기 때문에 회전각은 감소한다(균일단면 봉에 비교할 때).

3.5 순수전단에서의 응력과 변형률

속이 찬 또는 속이 빈 원형 봉이 비틀림을 받을 때, 그림 3-7에서 이미 예시한 바와 같이 전단응력은 단면에 걸쳐 길이방향 평면에 작용한다. 이제 봉이 비틀리는 동안에 생기는 응력과 변형률에 대하여 더욱 자세하게 검토할 것이다.

비틀림을 받는 봉의 두 단면 사이를 잘라낸 응력요소 $abcd$를 고려함으로써 시작한다. (그림 3-20a, b) 이 요소에 작용하는 유일한 응력은 네 개의 측면 위의 전단응력 τ이기 때문에, 이 요소는 **순수전단** 상태에 있다(1.6절의 전단응력에 대한 논의 참조).

이러한 전단응력의 방향은 작용토크 T의 방향에 달려있다. 이러한 논의에서, 오른쪽에서 보았을 때 토크는 봉의 오른쪽 끝을 시계방향으로 회전시킨다고 가정한다(그림 3-20a). 그러므로 요소에 작용하는 전단응력은 그림에 보인 것과 같은 방향을 갖는다. 요소까지의 반지름 방향

거리가 더 작기 때문에 전단응력의 크기도 더 작아진다는 점을 제외하고는, 이러한 똑같은 응력상태가 봉의 내부로부터 잘라낸 비슷한 요소에도 존재한다.

그림 3-20a에 보인 토크의 방향은 1.6절에서 이미 설명된 전단응력의 부호규약에 따라 결과적인 전단응력(그림 3-20b)이 양이 되도록 의도적으로 선정되었다. 이러한 **부호규약**이 여기서 다시 되풀이된다.

요소의 양의 면에 작용하는 전단응력이 좌표축 중 하나의 양의 방향으로 작용하면 양이고, 축의 음의 방향으로 작용하면 음이다. 이와는 반대로, 요소의 음의 면에 작용하는 전단응력이 좌표축 중 하나의 음의 방향으로 작용하면 양이고, 축의 양의 방향으로 작용하면 음이다.

그림 3-20b의 응력요소에 작용하는 전단응력에 대해 이러한 부호규약을 적용하면, 네 개의 모든 전단응력은 양임을 알 수 있다. 예를 들면, 우측면(x축이 우측을 향하므로 양의 면)의 응력은 y축의 양의 방향으로 작용하므로 양

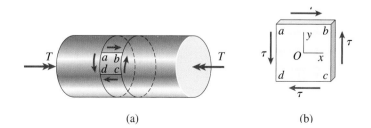

그림 3-20 비틀림을 받는 봉으로부터 잘라낸 요소 위에 작용하는 응력(순수전단)

(a)　　　　　　　　　　(b)

의 전단응력이다. 또한 좌측면(음의 면)의 응력은 축의 음의 방향으로 작용하므로 양의 전단응력이다. 나머지 응력에 대해서도 유사한 논리가 적용된다.

경사면 위의 응력

이제는 순수전단 상태에 있는 응력요소를 잘라낸 경사면에 작용하는 응력을 결정할 준비가 되었다. 단축응력 하에서 응력들을 검토하기 위해 2.6절에서 사용했던 것과 같은 접근 방법을 따를 것이다.

응력요소의 2차원 형상이 그림 3-21a에 보여진다. 이미 2.6절에서 설명된 바와 같이, 편의상 통상적으로 2차원 형상만 그리지만, 요소는 그림의 평면에 수직인 3차원(두께)을 갖는다는 것을 언제나 생각해야 한다.

요소로부터 x축에 대해 각 θ의 방향을 갖는 한 면을 갖는 쐐기 모양(또는 '삼각형')의 응력요소를 잘라낸다(그림 3-21b). 수직응력 σ_θ와 전단응력 τ_θ가 이 경사면에 작용하며 그림에서 양의 방향을 갖는 것으로 그려져 있다. 응력 σ_θ와 τ_θ에 대한 **부호규약**은 이미 2.6절에 설명했으며 여기서 반복된다.

수직응력 σ_θ는 인장일 때 양이고 전단응력 τ_θ는 재료를 반시계방향으로 회전시키려고 할 때 양이다(경사면에 작용하는 전단응력 τ_θ에 대한 부호규약은 xy 축을 기준으로 회전하는 직사각형 요소의 변에 보통의 전단응력 τ에 대한 부호규약과는 다르다는 것을 유의하라).

삼각형 요소(그림 3-21b)의 수평 및 수직 측면에는 전단응력 τ가 작용하고, 앞면과 뒷면에는 아무 응력도 작용하지 않는다. 그러므로 요소에 작용하는 모든 응력을 이그림에 나타내었다.

이제 응력 σ_θ와 τ_θ는 이 삼각형 요소의 평형으로부터 구할 수 있다. 세 개의 측면 위에 작용하는 힘은 응력과 이 응력이 작용하는 면의 넓이를 곱하여 얻을 수 있다. 예를들면, A_0가 수직 측면의 면적일 때, 왼쪽 측면에 작용하는

힘은 τA_0와 같다. 이 힘은 음의 y 방향으로 작용하며 그림 3-21c의 자유물체도에 나타난다. z방향으로 요소의 두께가 일정하므로, 밑면의 넓이는 $A_0 \tan \theta$이고 경사면의 면적은 $A_0 \sec \theta$이다. 이러한 면들에 작용하는 응력과 이에 대응하는 면적을 곱하면 나머지 힘들을 구할 수 있고, 자유물체도를 완성하게 된다(그림 3-21c).

이제 삼각형 요소에 대한 두 개의 평형방정식을 쓸 수 있는데, 한 개는 σ_θ 방향에 대한 것이고 또 다른 한 개는 τ_θ 방향에 대한 것이다. 이 방정식을 쓸 때 왼쪽 측면과 밑면에 작용하는 힘들은 σ_θ와 τ_θ 방향의 분력으로 분해되어야 한다. 그러므로 σ_θ 방향으로 힘을 합하여 구한 첫 번째 식은 다음과 같다.

$$\sigma_\theta A_0 \sec \theta = \tau A_0 \sin \theta + \tau A_0 \tan \theta \cos \theta$$

또는

$$\sigma_\theta = 2\tau \sin \theta \cos \theta \qquad (3\text{-}29\text{a})$$

두 번째 식은 τ_θ 방향으로 힘을 합하여 구한다.

$$\tau_\theta A_0 \sec \theta = \tau A_0 \cos \theta - \tau A_0 \tan \theta \sin \theta$$

또는

$$\tau_\theta = \tau(\cos^2 \theta - \sin^2 \theta) \qquad (3\text{-}29\text{b})$$

이러한 식들은 다음과 같은 삼각함수의 항등식을 이용하여 더욱 간단한 형태의 식으로 표현할 수 있다(부록 C 참조).

$$\sin 2\theta = 2 \sin \theta \cos \theta \qquad \cos 2\theta = \cos^2 \theta - \sin^2 \theta$$

그러면 σ_θ와 τ_θ에 관한 식은 다음과 같다.

$$\sigma_\theta = \tau \sin 2\theta \qquad \tau_\theta = \tau \cos 2\theta \qquad (3\text{-}30\text{a, b})$$

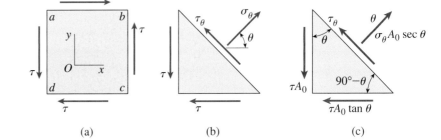

그림 3-21 경사면에서의 응력 해석: (a) 순수전단 상태의 요소, (b) 삼각형 응력요소에 작용하는 응력, (c) 삼각형 응력요소에 작용하는 힘(자유물체도)

식 (3-30a,b)는 임의의 경사면 위에 작용하는 수직응력과 전단응력을 x와 y평면 위에 작용하는 전단응력 τ의 항(그림 3-21a)와 경사면의 방향을 정해주는 각 θ의 항(그림 3-21b)으로 나타난다.

응력 σ_θ와 τ_θ가 경사면의 방향에 따라 변화하는 형태를 그림 3-22의 그래프에서 보여주고 있으며, 이는 식 (3-30a,b)에 대한 그림이다. 그림 3-21a의 응력요소의 오른쪽 면을 나타내는 $\theta = 0$에 대해서, 이 그래프는 예상했던 대로 $\sigma_\theta = 0$이고, $\tau_\theta = \tau$임을 보여준다. 전단응력 τ가 요소에 대해 반시계방향으로 작용하여 양의 전단응력 τ_θ가 생기게 하므로 후자의 결과는 예상된 것이다.

이 요소의 윗면($\theta = 90°$)에 대해서는 $\sigma_\theta = 0$이고, $\tau_\theta = -\tau$이다. τ_θ의 음의 부호는 전단응력이 요소에 대해 시계방향으로 작용한다는 것, 즉 전단응력 τ의 방향과 일치하는 면 ab의 우측으로 작용한다는 것을 의미한다(그림 3-21a). 수치적으로 가장 큰 전단응력은 $\theta = 0$과 $\theta = 90°$인 면뿐만 아니라 반대쪽 면($\theta = 180°$와 $\theta = 270°$)에 일어난다는 것을 유의하라.

그래프로부터 수직응력 σ_θ는 $\theta = 45°$에서 최대치에 도달하는 것을 알 수 있다. 이 각에서 응력은 양(인장)이고, 수치적으로는 전단응력 τ값과 같다. 마찬가지로 σ_θ는 $\theta = -45°$에서 최소치(압축)를 갖는다. 이러한 두 개의 45° 위치에서 전단응력 τ_θ는 0 이다. 이 조건은 $\theta = 0$과 $\theta = 45°$인 위치의 응력요소를 보여주는 그림 3-23에 나타나 있다, 각 45° 위치에 있는 응력요소는 직교방향으로 값이 서로 같은 인장과 압축응력을 받으며 전단응력은 작용하지 않는다.

45° 위치의 요소(그림 3-23b)에 작용하는 수직응력은 그림 3-23a에 보인 방향으로 작용하는 전단응력 τ을 받는 요소에 대응하는 것임을 유의하라. 그림 3-23a의 요소에 작용하는 전단응력의 방향이 반대가 되면 45° 평면 위에 작용하는 수직응력도 방향이 바뀔 것이다.

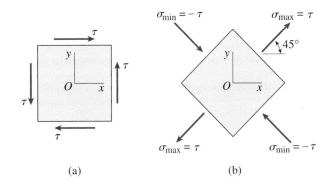

그림 **3-23** 순수전단에 대해 $\theta = 0$ 및 $\theta = 45°$ 위치에서의 응력요소

응력요소가 45°가 아닌 방향에 위치한다면 경사면에 수직응력과 전단응력이 모두 작용할 것이다(식 3-30a, b 및 그림 3-22 참조). 이러한 보다 일반적인 상태에 대한 응력요소는 6장에 자세하게 논의된다.

이 절에서 유도한 식들은 그 요소가 비틀림을 받는 봉에서 잘라낸 것이든 또는 어떤 다른 구조물 요소로부터 잘라낸 것이든 상관없이 순수전단 상태에 있는 응력요소에 대해 유효하다. 또한 식 (3-30)은 오직 평형방정식으로부터 유도되었기 때문에 이 식들은 재료가 선형 탄성거동을 하든 또는 하지 않든 간에 어떠한 재료에도 유효하다.

x축에 대해 45° 위치의 평면에 최대 인장응력이 존재한다는 것은(그림 3-23b) 취성재료로 되어 있고 인장에 약한 비틀림을 받는 봉이 왜 45° 나선형 표면(그림 3-24)을 따라 균열이 일어나서 파괴가 되는지를 설명해 준다. 3.3절에서 언급한 바와 같이, 이러한 형태의 파괴는 강의실 백묵을 비틀어서 증명해 보일 수 있다.

순수전단에서의 변형률

이제 순수전단 상태에 있는 요소에서 생기는 변형률을 고려해 보자. 예를 들어, 그림 3-23a에 보인 순수전단 상태에 있는 요소를 고려하자. 이에 대응하는 전단변형률이

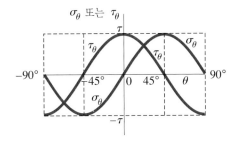

그림 **3-22** 경사평면의 각 θ에 대한 수직응력 σ_θ와 전단응력 τ_θ의 그래프

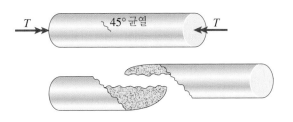

그림 **3-24** 45° 나선형 표면을 따라 생기는 인장 균열에 의한 취성재료의 비틀림 파괴

그림 3-25a에 보여지며, 여기서 변형은 지나치게 과장되었다. 전단변형률 γ는 이미 1.6절에서 논의된 바와 같이, 원래 서로 직각이었던 두 개의 선 사이의 각도 변화이다. 그러므로 요소의 왼쪽 아래 모퉁이에서의 각의 감소가 전단변형률 γ이다(라디안으로 측정). 똑같은 각의 변화가 각이 감소하는 오른쪽 윗모퉁이와 각이 증가하는 다른 두 모퉁이에서 일어난다. 그러나 종이 평면에 수직인 두께를 포함하여 요소의 변들의 길이는 이러한 전단변형이 일어날 때 변하지 않는다. 따라서 요소의 모양은 직육면체(그림 3-23a)로부터 경사진 직육면체(그림 3-25a)로 변한다. 이러한 모양의 변화를 **전단 뒤틀림(shear distortion)**이라 한다.

재료가 선형 탄성적이면, $\theta = 0$인 위치의 요소(그림 3-25a)에 대한 전단변형률은 전단에 관한 Hooke의 법칙에 의해 전단응력과 관련된다.

$$\gamma = \frac{\tau}{G} \tag{3-31}$$

여기서, 기호 G는 통상적으로 전단 탄성계수를 나타낸다

다음에는 $\theta = 45°$인 위치의 요소에 생기는 변형률을 고려해 보자(그림 3-25b). 45° 위치에 작용하는 인장응력은 요소를 그 방향으로 늘이려는 경향이 있다. Poisson 효과 때문에, 이 응력은 요소를 직교방향($\theta = 135°$ 또는 $\theta = -45°$인 방향)으로 줄이려는 경향이 있다.

이와 유사하게, 135° 위치에 작용하는 압축응력은 요소를 그 방향으로 줄이려는 경향이 있으며 45° 방향에서는 늘이려는 경향이 있다. 이러한 치수변화가 그림 3-25b에 보여지며, 여기서 점선은 원래의 요소를 나타낸다. 전단 뒤틀림이 없으므로, 요소는 치수가 변하더라도 직육면체 모양을 유지한다.

재료가 선형 탄성적이면 Hooke의 법칙을 따르며, 변형률을 $\theta = 45°$인 위치의 요소에 대한 응력과 관련시키는 식을 얻을 수 있다(그림 3-25b). $\theta = 45°$ 위치에 작용하는 인장응력 σ_{max}은 그 방향으로 σ_{max}/E와 같은 양의 수직변형률을 일으킨다. $\sigma_{max} = \tau$이므로, 이 변형률은 τ/E로 표시할 수 있다. 응력 σ_{max}은 직교방향으로 $-\nu\tau/E$와 같은 음의 변형률을 일으키며, 여기서 ν는 Poisson의 비이다. 마찬가지로, 응력 $\sigma_{min} = -\tau(\theta = 135°$ 에서)는 그 방향으로 $-\tau/E$와 같은 음의 변형률을 일으키며 직교방향(45° 방향)으로 $\nu\tau/E$와 같은 양의 변형률을 일으킨다. 그러므로 45° 방향에서의 수직변형률은 다음과 같다.

$$\epsilon_{max} = \frac{\tau}{E} + \frac{\nu\tau}{E} = \frac{\tau}{E}(1 + \nu) \tag{3-32}$$

이는 신장을 나타내는 양의 값을 갖는다. 직교방향에서의 변형률은 같은 크기의 음의 변형률이다. 다시 말하면, 순수전단은 45° 방향으로는 늘어나게 하고, 135° 방향으로는 줄어들게 한다. 이러한 변형률은 그림 3-25a의 변형된 요소의 모양에 대해 일치하는데, 이는 45° 대각선은 늘어났고 135° 대각선은 줄어들었기 때문이다.

다음 절에서는 전단변형률 γ(그림 3-25a)와 45° 방향의 수직변형률 ϵ_{max}(그림 3-25b)을 관련시키기 위해 변형된 요소의 기하학적 형상을 사용할 것이다. 그렇게 하여, 다음과 같은 관계식을 유도한다.

$$\epsilon_{max} = \frac{\gamma}{2} \tag{3-33}$$

이 방정식은 식 (3-31)과 연계하여, 전단응력 τ를 알 경우에 순수비틀림에서의 최대 전단변형률과 최대 수직변형률을 계산하는 데 사용될 수 있다.

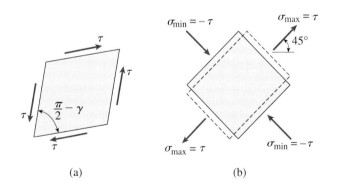

(a)   (b)

그림 3-25 순수전단에서의 변형: (a) $\theta = 0$인 위치의 요소의 전단 뒤틀림, (b) $\theta = 45°$인 위치의 요소의 전단 뒤틀림

바깥지름이 80 mm이고 안지름이 60 mm인 원형 관이 토크 $t = 4.0$ kN·m를 받고 있다(그림 3-26). 관은 알루미늄 합금 7075-T6로 제조되었다.

(a) 관에서의 최대 전단, 인장 및 압축응력을 구하고 이 응력들을 적절하게 회전시킨 응력요소 위에 그려라.

(b) 이에 대응하는 관에서의 최대 변형률을 구하고 변형된 요소 위에 그려라.

풀이

(a) **최대응력.** 모든 세 가지 응력(전단, 인장 및 압축)의 최대치는 수치적으로 같으나, 이 응력들은 모두 다른 평면에 작용한다. 이 응력들의 크기는 비틀림 공식에서 구한다.

$$\tau_{max} = \frac{Tr}{I_P} = \frac{(4000 \text{ N·m})(0.040 \text{ m})}{\frac{\pi}{32}\left[(0.080 \text{ m})^4 - (0.060 \text{ m})^4\right]} = 58.2 \text{ MPa}$$

최대 전단응력은 그림 3-27a의 응력요소에서 보는 바와 같이 단면 평면과 길이방향 평면에 작용하는데, 여기서 x축은 관의 길이방향 축과 평행하다.

최대 인장응력과 최대 압축응력은 다음과 같다.

$$\sigma_t = 58.2 \text{ MPa} \qquad \sigma_c = -58.2 \text{ MPa}$$

이 응력들은 축에 대해 45°에 위치한 평면 위에 작용한다(그림 3-27b)

(b) **최대변형률.** 관에서의 최대 전단변형률은 식 (3-31)에서 구한다. 전단 탄성계수는 부록 H의 표 H-2에서 구하며 $G = 27$ GPa이다. 따라서 최대 전단응력은 다음과 같다.

$$\gamma_{max} = \frac{\tau_{max}}{G} = \frac{58.2 \text{ MPa}}{27 \text{ GPa}} = 0.0022 \text{ rad}$$

변형된 요소가 그림 3-27c에 점선으로 나타나 있다

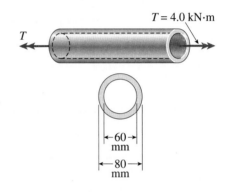

그림 **3-26** 예제 3-6. 비틀림을 받는 원형 관

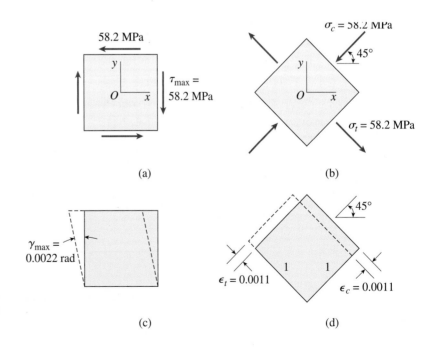

그림 **3-27** 예제 3-6의 관에 대한 응력 및 변형률 요소: (a) 최대 전단응력, (b) 최대 인장 및 압축응력, (c) 최대 전단변형률, (d) 최대 인장 및 압축 변형률

최대 수직변형률의 크기(식 3-33으로부터)는 다음과 같다.

$$\epsilon_{max} = \frac{\gamma_{max}}{2} = 0.0011$$

그러므로 최대 인장변형률과 최대 압축변형률은 다음과 같다.

$$\epsilon_t = 0.0011 \qquad \epsilon_c = -0.0011$$

변형된 요소는 단위길이의 변을 갖는 요소에 대해 그림 3-27d 에 점선을 보여진다.

3.6 탄성계수 *E*와 *G* 사이의 관계

탄성계수 *E*와 *G* 사이의 중요한 관계식은 앞 절에서 유도된 식들로부터 구할 수 있다. 이러한 목적으로, 그림 3-28a에 보인 응력요소 *abcd*를 고찰하자. 이 요소의 앞면은 각 변의 길이가 *h*로 표시된 정사각형이라고 가정한다. 이 요소가 응력 τ에 의한 순수전단을 받을 때, 앞면은 길이가 *h*인 변과 전단변형률 $\gamma = \tau/G$를 가진 마름모꼴(그림 3-28b)로 뒤틀린다. 이 뒤틀림 때문에, 대각선 *bd*는 늘어나고 대각선 *ac*는 줄어든다. 대각선 *bd*의 길이는 원래 길이 $\sqrt{2}\,h$에 $1 + \epsilon_{max}$을 곱한 것과 같고, 여기서 ϵ_{max}은 45°방향의 수직변형률이다. 그러므로 다음 식을 얻는다.

$$L_{bd} = \sqrt{2}\,h(1 + \epsilon_{max}) \qquad \text{(a)}$$

이 길이는 변형된 요소의 기하학적 형상을 고려하여 전단변형률 γ와 관련시킬 수 있다.

필요한 관계식을 얻기 위하여, 그림 3-28b에 그려진 마름모꼴의 절반을 나타내는 삼각형 *abd*(그림 3-28c)를 고찰하자. 이 삼각형의 변 *bd*의 길이는 L_{bd}이고, 다른 변의 길이는 *h*이다. 삼각형의 각 *adb*는 마름모꼴의 각 *adc*의 반, 또는 $\pi/4 - \gamma/2$와 같다. 삼각형의 각 *abd*도 이와 같다. 그러므로 삼각형의 각 *dab*는 $\pi/2 + \gamma$가 된다. 이제 삼각형 *abd*에 대한 코사인(cosine) 법칙(부록 C 참조)으로부터 다음 식을 얻는다.

$$L_{bd}^2 = h^2 + h^2 - 2h^2 \cos\left(\frac{\pi}{2} + \gamma\right)$$

이 식을 식(a)의 L_{bd}에 대입하여 간단히 정리하면 다음 식을 얻는다.

$$(1 + \epsilon_{max})^2 = 1 - \cos\left(\frac{\pi}{2} + \gamma\right)$$

이 식의 왼쪽 항을 전개하고, $\cos(\pi/2 + \gamma) = -\sin\gamma$ 라는 것을 관찰하여 다음 식을 얻는다.

$$1 + 2\epsilon_{max} + \epsilon_{max}^2 = 1 + \sin\gamma$$

ϵ_{max}과 γ는 매우 작은 변형률이기 때문에, $2\epsilon_{max}$과 비교해 보면 ϵ_{max}^2은 무시할 수 있고, $\sin\gamma$ 대신에 γ를 사용할 수 있다. 그 결과적인 식은 다음과 같다.

$$\epsilon_{max} = \frac{\gamma}{2} \qquad \text{(3-34)}$$

이 식은 3.5절에서 이미 식 (3-33)으로 설명되었던 관계식을 나타낸다.

식 (3-34)에 나타나는 전단변형률 γ는 Hooke의 법칙(식 3-31)에 의해 τ/G와 같고, 수직변형률 ϵ_{max}은 식 (3-32)에 의해 $\tau(1 + \nu)/E$와 같다. 이 두 항들을 식 (3-34)에 대입하여 다음과 같은 관계식을 얻는다.

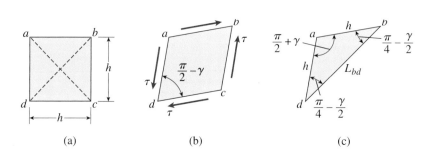

그림 3-28 순수전단을 받는 변형된 요소의 기하학적 형상

$$G = \frac{E}{2(1 + \nu)} \qquad (3\text{-}35)$$

E, G및 ν는 선형 탄성 재료의 독립된 성질이 아니라는 것을 알 수 있다. 대신, 이들 중 두 개만 알면 세 번째 것은 식 (3-35)로부터 계산될 수 있다.

전형적인 E, G및 ν값이 부록 H의 표 H-2에 수록되어 있다.

3.7 원형 축에 의한 동력전달

원형 축의 가장 중요한 용도는 자동차의 구동 축, 배의 프로펠러 축, 또는 자전거의 축에서와 같이, 한 장치 또는 기계로부터 다른 장치로 기계적인 동력을 전달하는 것이다. 이 동력은 축의 회전운동을 통하여 전달되고, 전달된 동력의 양은 토크의 크기와 회전속도에 따라 좌우된다. 공통적인 설계문제는 명시된 회전속도에서 그 재료의 허용응력을 초과하지 않고 명시된 양의 동력을 전달할 수 있도록 축의 필요한 크기를 결정하는 것이다.

모터 구동축(그림 3-29)이 초당 라디안(rad/s)으로 측정되는 각속도 ω로 회전하고 있다고 가정한다. 이 축은 토크 T를 유용한 일을 하는 기계(그림에는 보이지 않음)에 전달한다. 축에 의해 외부 장치에 작용하는 토크는 각속도 ω와 방향이 같다. 즉, 토크의 벡터는 왼쪽을 향한다. 그러나 그림에서 보이는 토크는 장치에 의해 **축**에 **작용**하는 토크이므로 그 벡터는 반대 방향을 향한다.

일반적으로, 일정한 크기의 토크에 의하여 한 일(work) W는 토크와 회전한 만큼의 각을 곱한 것과 같다. 즉, 다음과 같다.

$$W = T\psi \qquad (3\text{-}36)$$

그림 3-29 각속도 ω에서 일정한 토크 T를 전달하는 축

여기서 ψ는 라디안 단위를 가진 회전각이다.

동력(power)은 일의 시간에 대한 변화율이다.

$$P = \frac{dW}{dt} = T\frac{d\psi}{dt} \qquad (3\text{-}37)$$

여기서 P는 동력의 기호이며, t는 시간을 나타낸다. 각 변위 ψ의 변화율 $d\psi/dt$는 각속도 ω이며, 따라서 앞의 식은 다음과 같이 된다.

$$P = T\omega \qquad (\omega = \text{rad/s}) \qquad (3\text{-}38)$$

기초 물리학에서 자주 나오는 이 공식은 일정한 토크 T를 받는 회전축에 의하여 전달된 동력을 계산하는 데 사용된다.

식 (3-38)에 사용되는 단위는 다음과 같다. T가 뉴턴 미터(N·m)로 표현되면 동력은 왓트(W)로 표현된다. 1왓트(watt)는 초당 1뉴턴 미터(1 N·m/s)(또는 초당 1 joule)와 같다. T가 lb-ft로 표시되면 동력은 ft-lb/s로 표시된다.*

각속도는 흔히 회전 주파수 f로 나타내며, f는 단위시간당 회전수이다. 이 주파수의 단위는 초당(s^{-1}) 1회전과 같은 Hz(hertz)이다. 1회전은 2π 라디안과 같으므로, 다음 식을 얻는다.

$$\omega = 2\pi f \qquad (\omega = \text{rad/s},\ f = \text{Hz} = \text{s}^{-1}) \qquad (3\text{-}39)$$

그러면 동력에 대한 식 (3-38)은 다음과 같이 된다.

$$P = 2\pi f T \qquad (f = \text{Hz} = \text{s}^{-1}) \qquad (3\text{-}40)$$

일반적으로 사용되는 다른 단위는 n으로 표시되는 분당 회전수(rpm)이다. 그러므로 다음과 같은 관계식들을 얻는다.

$$n = 60 f \qquad (3\text{-}41)$$

그리고

$$P = \frac{2\pi n T}{60} \qquad (n = \text{rpm}) \qquad (3\text{-}42)$$

식 (3-40)과 (3-42)에서, 양 P와 T는 식 (3-38)에서와 같은 단위를 갖는다. 즉, T가 N·m의 단위를 가지면 P는 W(왓트) 단위를 가지며, T가 lb-ft의 단위를 가지면 P는 ft-lb/s 단위를 가진다.

미국 공학 실무에서는 동력은 때로 550 ft-lb/s와 같은

---

* 일과 동력의 단위에 대해서는 부록 A의 표 A-1을 참조하라.

단위인 마력(hp)으로 표시한다. 그러므로 회전축에 의해 전달되는 마력 H는 다음과 같다.

$$H = \frac{2\pi n T}{60(550)} = \frac{2\pi n T}{33,000}$$

$$(n = \text{rpm}, T = \text{lb-ft}, H = \text{hp}) \qquad (3\text{-}43)$$

1마력은 약 746 와트와 같다.

앞의 식들은 축에 작용하는 토크와 축에 의해 전달된 동력과의 관계를 나타낸다. 토크를 알면, 3.2절부터 3.5절까지 언급된 방법에 의해, 전단응력, 전단변형률, 비틀림각 및 기타 요구되는 양들을 계산할 수 있다.

다음의 예제는 회전축을 해석하는 몇 가지 과정을 예시한다.

예제 3-7

속이 찬 원형 강철 축을 구동하는 모터가 B점의 기어에 30 kW 의 동력을 전달한다(그림 3-30). 강철의 허용 전단응력은 42 MPa 이다.

(a) 축이 500 rpm으로 회전할 때 축의 필요한 지름은 얼마인가?

(b) 축이 4,000rpm 으로 회전할 때 축의 필요한 지름은 얼마인가?

풀이

(a) *500 rpm*으로 작동하는 모터. 마력과 회전속도를 알고 있으므로, 식 (3-43)를 사용하여 축에 작용하는 토크 T를 구할 수 있다. 이 식을 T에 대해 풀면 다음을 얻는다.

$$T = \frac{60\,P}{2\pi n} = \frac{60(30\,\text{kW})}{2\pi(500\,\text{rpm})} = 573\ \text{N·m}$$

이 토크는 축에 의하여 모터로부터 기어로 전달된다.

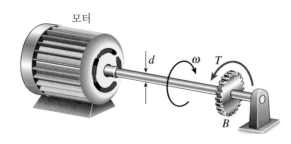

모터

d ω T

B

그림 3-30 예제 3-7. 비틀림을 받는 강철 축

축의 최대 전단응력은 수정된 비틀림 공식(식 3-12)으로부터 구할 수 있다.

$$\tau_{\text{max}} = \frac{16T}{\pi d^3}$$

이 식을 지름 d에 대해 풀고, τ_{max} 대신 τ_{allow}를 대입하면, 다음을 얻는다.

$$d^3 = \frac{16T}{\pi \tau_{\text{allow}}} = \frac{16(573\ \text{N·m})}{\pi(42\ \text{MPa})} = 69.5 \times 10^{-6}\text{m}^3$$

이 식으로부터 다음 값을 구한다.

$$d = 41.1\ \text{mm}$$

허용전단응력을 초과하지 않으려면 축의 지름은 최소한 이만큼 커야 한다.

(b) *4000 rpm*으로 작동하는 모터. (a) 부분에서와 같은 과정을 따르면 다음을 얻는다.

$$T = \frac{60\,P}{2\pi n} = \frac{60(30\,\text{kW})}{2\pi(4000\,\text{rpm})} = 71.6\ \text{N·m}$$

$$d^3 = \frac{16T}{\pi \tau_{\text{allow}}} = \frac{16(71.6\ \text{N·m})}{\pi(42\ \text{MPa})} = 8.68 \times 10^{-6}\text{m}^3$$

$$d = 20.55\ \text{mm}$$

이 값은 (a)부분에서 구한 지름보다 작다.

이 예제는 회전속도가 높으면 높을수록 필요한 축의 크기는 더욱 작아진다는 것을 보여준다(같은 동력과 같은 허용응력에 대해서).

예제 3-8

지름이 50 mm 인 속이 찬 강철축 *ABC*(그림 3-31a)가 50 kW를 10 Hz로 회전하는 축에 전달하는 모터에 의해 *A*점에서 구동되고 있다. 기어 *B*와 *C*는 각각 35 kW 와 15 kW의 동력이 필요한 기계들을 구동한다.

축에서의 최대 전단응력 τ_{max}과 *A*점의 모터와 *C* 점의 기어 사이의 비틀림 각 ϕ_{AC}를 계산하라(*G* = 80 GPa를 사용).

풀이

축에 작용하는 토크. 해석은 모터와 두 개의 기어에 의해 축에 작용하는 토크를 계산하는 것으로부터 시작한다. 모터는 10 Hz 의 주파수에서 50 kW의 동력을 공급하므로, 축의 좌단 *A* 에서 토크 T_A를 발생시킨다(그림 3-31b). T_A 값은 식 (3-40)에서 계산한다.

$$T_A = \frac{P}{2\pi f} = \frac{50\ kW}{2\pi(10\ Hz)} = 796\ N{\cdot}m$$

비슷한 방법으로, 기어에 의해 축에 작용되는 토크 T_B와 T_C를 계산할 수 있다:

$$T_B = \frac{P}{2\pi f} = \frac{35\ kW}{2\pi(10\ Hz)} = 557\ N{\cdot}m$$

$$T_C = \frac{P}{2\pi f} = \frac{15\ kW}{2\pi(10\ Hz)} = 239\ N{\cdot}m$$

이 토크들은 축의 자유물체도에 보여 진다(그림 3-31b). 기어에 의해 작용되는 토크는 모터에 의해 작용되는 토크의 방향과 반대인 것을 유의하라.(T_A를 모터에 의해 축에 작용되는 "하중" 이라고 생각하면, 토크 T_B와 T_C는 기어의 "반력"이 된다.)

축의 두 개의 구간의 내부 토크는 그림 3-31b의 자유물체도로부터(육안으로) 구한다.

$$T_{AB} = 796\ N{\cdot}m \qquad T_{BC} = 239\ N{\cdot}m$$

두개의 내부 토크는 같은 방향으로 작용하므로, 전체 비틀림 각을 구하려면 구간 *AB*와 *BC*의 비틀림 각들을 더하면 된다. (더 자세하게 말하자면, 두 개의 토크는 3.4절에서 채택된 부호규약에 따라 양이다.)

전단응력과 비틀림 각. 축의 *AB* 구간 내의 전단응력과 비틀림 각은 식 (3-12)와 (3-15)로부터 통상적인 방법으로 구한다.

$$\tau_{AB} = \frac{16T_{AB}}{\pi d^3} = \frac{16(796\ N{\cdot}m)}{\pi(50\ mm)^3} = 32.4\ MPa$$

$$\phi_{AB} = \frac{T_{AB}L_{AB}}{GI_P} = \frac{(796\ N{\cdot}m)(1.0\ m)}{(80\ GPa)\left(\dfrac{\pi}{32}\right)(50\ mm)^4} = 0.0162\ rad$$

구간 *BC*에 대한 이에 대응되는 값들은 다음과 같다.

$$\tau_{BC} = \frac{16T_{BC}}{\pi d^3} = \frac{16(239\ N{\cdot}m)}{\pi(50\ mm)^3} = 9.7\ MPa$$

$$\phi_{BC} = \frac{T_{BC}L_{BC}}{GI_P} = \frac{(239\ N{\cdot}m)(1.2\ m)}{(80\ GPa)\left(\dfrac{\pi}{32}\right)(50\ mm)^4} = 0.0058\ rad$$

그러므로 축의 최대 전단응력은 구간 *AB*에서 일어나며 그 값은 다음과 같다.

$$\tau_{max} = 32.4\ MPa \qquad \Longleftarrow$$

또한 *A*점의 모터와 *C*점의 기어 사이의 전체 비틀림 각은 다음과 같다.

$$\begin{aligned}
\phi_{AC} &= \phi_{AB} + \phi_{BC} = 0.0162\ rad + 0.0058\ rad \\
&= 0.0220\ rad = 1.26° \qquad \Longleftarrow
\end{aligned}$$

이미 설명한 바와 같이, 축의 두 부분은 같은 방향으로 비틀어지며, 따라서 비틀림 각은 추가된다.

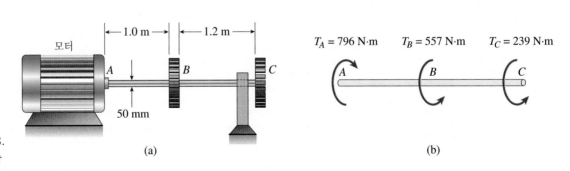

그림 3-31 예제 3-8.
비틀림을 받는 강철축

3.8 부정정 비틀림 부재

이 장의 앞 절에서 언급한 봉과 축은 모든 내부 토크와 반력들이 자유물체도와 평형방정식으로부터 구해질 수 있으므로 정정(*statically determinate*)이다. 그러나 고정지지점 같은 추가적인 제한사항이 봉에 추가되면, 평형방정식은 토크를 구하는 데 적절하지 않다. 이러한 봉을 **부정정**(**statically indeterminate**)이라고 분류한다. 이런 종류의 비틀림 부재는 회전변위에 관련되는 적합방정식으로 평형방정식을 보완하여 해석할 수 있다. 그러므로 부정정 비틀림 부재를 해석하는 일반적 방법은 축하중을 받는 부정정 봉에 대한 2.4절에서 기술한 방법과 같다.

해석의 첫 번째 단계는 주어진 물리적 여건으로부터 얻어진 자유물체도를 사용하여 **평형방정식**을 쓰는 것이다. 평형방정식 안에 미지수는 토크, 즉 내부 토크나 반응 토크 중의 하나이다.

해석이 두 번째 단계는 비틀림 각에 관련되는 물리적 조건에 근거한 **적합방정식**을 세우는 것이다. 결과적으로, 적합방정식에서는 비틀림 각을 미지수로 취급한다.

해석의 세 번째 단계는 $\phi = TL/GI_P$ 와 같은 **토크−변위 관계식**에 의해 비틀림 각과 토크를 연관시키는 것이다. 이러한 관계를 적합방정식에 도입 한 뒤에, 이 식은 역시 토크를 미지수로 하는 방정식이 된다. 따라서 마지막 단계는 평형방정식과 적합방정식을 미지수 토크에 대해 연립하여 푸는 것이다.

풀이방법을 설명하기 위해, 그림 3-32a와 b에 보인 합성봉 AB를 해석하고자 한다. 이 합성봉은 끝점 A에서 고정 지지점에 부착되어 있고 끝점 B에서 토크 T의 작용을 받는다. 게다가 합성봉은 속이 찬 봉과 관(그림 3-32b, c)의 두 부분으로 구성되며, 속이 찬 봉과 관은 둘 다 B에서 견고한 끝판(end plate)에 연결되었다.

편의상, 봉과 관(그리고 이들의 성질)을 각각 숫자 1과 2로 구별하여 표시하기로 한다. 이를테면, 봉의 지름은 d_1으로 표시하고 관의 바깥지름은 d_2로 표시한다. 봉과 관 사이에 작은 틈이 있으므로, 관의 안지름은 d_1보다 약간 크다.

토크 T가 합성봉의 끝에 작용할 때, 끝판은 작은 각 ϕ만큼 회전하며(그림 3-32c), 속이 찬 봉과 관에 각각 토크 T_1과 T_2가 생긴다(그림 3-32d 및 e 참조). 평형으로부터, 이 두 토크의 합은 작용 토크와 같음을 알 수 있으므로, **평형방정식**은 다음과 같다.

$$T_1 + T_2 = T \tag{a}$$

이 방정식은 두 개의 미지수(T_1과 T_2)를 포함하고 있으므로, 합성봉 AB는 부정정임을 알 수 있다.

두 번째 방정식을 구하기 위해, 속이 찬 봉과 관의 회전 변위를 고려해야 한다. 속이 찬 봉의 비틀림 각을 ϕ_1(그림 3-32d)으로, 관의 비틀림 각을 ϕ_2(그림 3-32e)로 표기하자. 봉과 관이 끝판에 견고하게 부착되어 있고 같이 회전하므로, 이 비틀림 각들은 서로 같으며, 결과적으로 **적합방정식**은 다음과 같다.

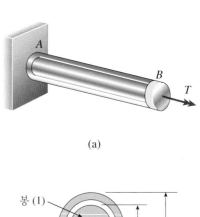

(a)

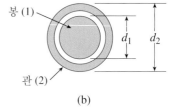

(b)

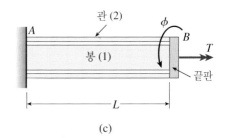

(c)

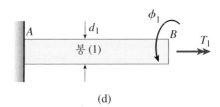

(d)

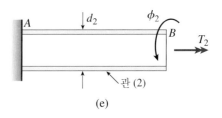

(e)

그림 3-32 비틀림을 받는 부정정 봉

$$\phi_1 = \phi_2 \qquad (b)$$

각 ϕ_1과 ϕ_2는 **토크-변위** 관계식에 의해 토크 T_1과 T_2에 관련되며, 선형 탄성재료의 경우에서는 방정식 $\phi = TL/GI_P$로부터 구한다. 그러므로 다음 식을 얻는다.

$$\phi_1 = \frac{T_1L}{G_1I_{P1}} \qquad \phi_2 = \frac{T_2L}{G_2I_{P2}} \qquad (c, d)$$

여기서 G_1과 G_2는 재료의 전단 탄성계수이고 I_{P1}과 I_{P2}는 단면의 극관성모멘트이다.

ϕ_1과 ϕ_2에 대한 앞의 표현식들을 식(b)에 대입하면 적합방정식은 다음과 같게 된다.

$$\frac{T_1L}{G_1I_{P1}} = \frac{T_2L}{G_2I_{P2}} \qquad (e)$$

이제 두 개의 미지수를 가진 두 개의 방정식(식 a와 e)을 구했으므로, 이 식들을 토크 T_1과 T_2에 대해서 풀 수 있다.

결과는 다음과 같다.

$$T_1 = T\left(\frac{G_1I_{P1}}{G_1I_{P1} + G_2I_{P2}}\right)$$
$$T_2 = T\left(\frac{G_2I_{P2}}{G_1I_{P1} + G_2I_{P2}}\right) \qquad (3\text{-}44\ a, b)$$

이 토크 값들을 구했으므로, 부정정 해석의 주요 부분은 완료되었다. 응력과 비틀림 각과 같은 모든 다른 값들은 토크로부터 구할 수 있다.

앞의 논의는 비틀림을 받는 부정정 시스템을 해석하는 일반적 방법을 설명한다. 다음 예제에서는 똑같은 접근 방법이 회전되지 않도록 양단이 고정된 봉을 해석하는 데 사용된다. 이 절의 모든 문제와 예제들에서 봉은 선형 탄성 재료로 되어 있다고 가정한다. 그러나 일반적 방법은 비선형 재료로 된 봉에 대해서도 적용될 수 있는데, 유일한 차이는 토크-변위 관계식에 있다.

예제 3-9

그림 3-33a 및 b에 보인 봉 ACB는 양단이 고정되어 있으며, 점 C에서 토크 T_0의 작용을 받고 있다. 봉의 구간 AC와 CB는 각각 지름 d_A와 d_B, 길이 L_A와 L_B및 극관성모멘트 I_{PA}와 I_{PB}를 갖는다. 봉의 재료는 양 구간을 통하여 같다.

다음에 대한 공식을 구하라. (a) 양단에서의 반응 토크 T_A와 T_B, (b) 봉의 각 구간 내에서의 최대 전단응력 τ_{AC}와 τ_{CB}, (c) 토크 T_0가 작용하는 위치에 있는 단면에서의 회전각 ϕ_C

풀이

평형방정식. 토크 T_0는 그림 3-33a와 b에서 보는 바와 같이, 봉의 양단에 반응 토크 T_A와 T_B를 일으킨다. 따라서 봉의 평형으로부터 다음 식을 얻는다.

$$T_A + T_B = T_0 \qquad (f)$$

이 방정식에는 두 개의 미지수가 있으므로(그리고 다른 유용한 평형방정식은 없으므로), 봉은 부정정이다.

적합방정식. 이제 봉을 끝점 B의 지지점으로부터 분리하여 끝점 A에서 고정되고 끝점 B에서 자유인 봉을 얻는다(그림 3-33c 및 d). T_0만 작용하면(그림 3-33c) 끝점 B에서 ϕ_1으로 표기한 비틀림 각이 생긴다. 마찬가지로, 반응 토크 T_B만 작용하면

ϕ_2의 비틀림 각이 생긴다(그림3-33d). 원래 봉에서 끝점 B의 비틀림 각은 ϕ_1과 ϕ_2의 합과 같으며, 이 값은 0 이다. 그러므로 적합방정식은 다음과 같다.

$$\phi_1 + \phi_2 = 0 \qquad (g)$$

ϕ_1과 ϕ_2는 그림에 보인 방향이 양이라고 가정함을 유의하라.

토크-변위 관계식. 그림 3-33c와 d를 참조하고 방정식 $\phi = TL/GI_p$를 사용하여 비틀림 각 ϕ_1과 ϕ_2를 토크 T_0와 T_B의 항으로 표현할 수 있다. 이 식들은 다음과 같다.

$$\phi_1 = \frac{T_0L_A}{GI_{PA}} \qquad \phi_2 = -\frac{T_BL_A}{GI_{PA}} - \frac{T_BL_B}{GI_{PB}} \qquad (h, i)$$

T_B는 ϕ_2의 양의 방향(그림 3-33d)과 반대 방향으로 회전을 일으키기 때문에 식 (i)에 음의 부호가 나타난다.

이제 비틀림 각들(식 h와 i)을 적합방정식(식 g)에 대입하여 다음 식을 얻는다.

$$\frac{T_0L_A}{GI_{PA}} - \frac{T_BL_A}{GI_{PA}} - \frac{T_BL_B}{GI_{PB}} = 0$$

또는

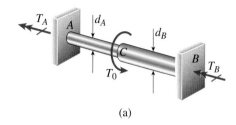

(a)

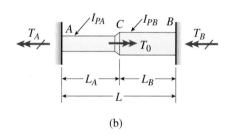

(b)

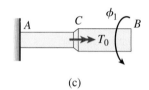

(c)

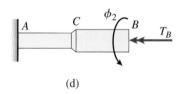

(d)

그림 3-33 예제 3-9. 비틀림을 받는 부정정 봉

$$\frac{T_B L_A}{I_{PA}} + \frac{T_B L_B}{I_{PB}} = \frac{T_0 L_A}{I_{PA}} \tag{j}$$

방정식의 해. 앞의 방정식은 토크 T_B에 대해 풀 수 있으며, 이 값을 평형방정식(식 f)에 대입하여 토크 T_A를 구한다. 결과는 다음과 같다.

$$T_A = T_0\left(\frac{L_B I_{PA}}{L_B I_{PA} + L_A I_{PB}}\right)$$
$$T_B = T_0\left(\frac{L_A I_{PB}}{L_B I_{PA} + L_A I_{PB}}\right) \tag{3-45a,b}$$

이로써, 봉의 양단에서의 반응 토크들이 구해졌으며 해석의 부정정 부분은 완료되었다.

특수 경우로, 봉이 균일단면을 가지면($I_{PA} = I_{PB} = I_P$), 앞의 결과는 다음과 같이 간단하게 된다.

$$T_A = \frac{T_0 L_B}{L} \qquad T_B = \frac{T_0 L_A}{L} \tag{3-46a,b}$$

여기서 L은 봉의 전체 길이이다. 이 방정식들은 축하중을 받는 양단이 고정된 봉의 반력에 대한 식들과 유사하다(식 2-9a와 2-9b 참조).

최대 전단응력. 봉의 각 부분에서의 최대 전단응력은 비틀림 공식으로부터 직접 구한다.

$$\tau_{AC} = \frac{T_A d_A}{2 I_{PA}} \qquad \tau_{CB} = \frac{T_B d_B}{2 I_{PB}}$$

식 (3-45a)와 (3-45b)를 이 식들에 대입하면 다음과 같다.

$$\tau_{AC} = \frac{T_0 L_B d_A}{2(L_B I_{PA} + L_A I_{PB})}$$
$$\tau_{CB} = \frac{T_0 L_A d_B}{2(L_B I_{PA} + L_A I_{PB})} \tag{3-47a,b}$$

$L_B d_A$와 $L_A d_B$ 값을 비교하면, 즉시 봉의 어느 구간이 더 큰 응력을 갖는지 알 수 있다.

회전각. 단면 C에서의 회전각 ϕ_C는 봉의 구간 중 어느 한 구간의 비틀림 각과 같은데, 이는 양 구간이 단면 C에서 같은 각으로 회전하기 때문이다. 따라서 다음 식들을 얻는다.

$$\phi_C = \frac{T_A L_A}{G I_{PA}} = \frac{T_B L_B}{G I_{PB}} = \frac{T_0 L_A L_B}{G(L_B I_{PA} + L_A I_{PB})} \tag{3-48}$$

균일단면 봉($I_{PA} = I_{PB} = I_P$)의 특수 경우에서는, 하중이 작용하는 단면에서의 회전각은 다음과 같다.

$$\phi_C = \frac{T_0 L_A L_B}{G L I_P} \tag{3-49}$$

이 예제는 부정정 봉의 해석뿐만 아니라 응력과 회전각을 구하는 기법을 설명한다. 이 예제에서 얻은 결과는 속이 차거나 또는 속이 빈 구간을 갖는 봉에 대해서도 유효하다는 것을 유의하라.

3장에서는 사전변형 효과뿐만 아니라 집중 토크 또는 분포 비틀림 모멘트의 작용을 받는 봉과 속이 빈 관의 거동에 대해 검토하였다. 균일상태(즉, 일정한 비틀림 모멘트가 전체 길이에 걸쳐 작용)와 불균일상태(즉, 토크와 아마도 극관성 모멘트 역시 전체 길이에 걸쳐 변함)하에서 봉의 비틀림 각을 계산하는 데 사용하는 토크-변위 관계식을 유도하였다. 다음에는 모든 미지의 토크, 회전변위 및 응력 등에 대한 풀이를 위해 중첩법을 사용하는 부정정 구조물에 대해 평형방정식과 적합방정식을 유도하였다. 봉의 축과 평행한 응력요소의 순수전단 상태로부터 시작하여 경사면의 수직응력과 전단응력에 대한 식을 유도하였다. 여러 가지 심화주제가 이 장에 마지막 부분에 제시되었다.

이 장에 제시된 중요 개념은 다음과 같다.

1. 원형 봉이나 관에 대해 **전단응력**(τ)과 **전단변형률**(γ)은 단면의 중심으로부터 반지름 방향 길이에 따라 선형적으로 변한다.

$$\tau = (\rho/r)\tau_{max} \quad \gamma = (\rho/r)\gamma_{max}$$

2. **비틀림 공식**은 전단응력과 비틀림 모멘트 사이의 관계를 정의한다. 최대 전단응력 τ_{max}은 봉 또는 관의 바깥 면에서 발생하고 비틀림 모멘트 T, 반지름방향 길이 r 및 원형 단면의 극관성모멘트로 알려진 단면의 2차 관성모멘트 I_p에 따라 좌우된다. 벽이 얇은 관은 속이 찬 원형 봉보다 가용재료가 좀 더 균일하게 응력을 받기 때문에 비틀림에서 더욱 효율적으로 보인다.

$$\tau_{max} = \frac{Tr}{I_P}$$

3. 비틀림 모멘트를 받는 균일단면 원형 봉의 비틀림 각 ϕ는 토크 T와 보의 길이 L에는 비례하고 봉의 비틀림 강성(GI_p)에는 반비례한다. 이 관계를 **토크-변위 관계식**이라고 한다.

$$\phi = \frac{TL}{GI_P}$$

4. 봉의 단위길이당 비틀림 각은 봉의 **비틀림 유연도**(f_T)라 하고, 역관계를 봉 또는 축의 **비틀림 강성도**($k_T = 1/f_T$)라고 한다.

$$k_T = \frac{GI_P}{L} \quad f_T = \frac{L}{GI_P}$$

5. 불균일단면 축의 개별 구간에 대한 비틀림 변형들의 합은 전체 봉의 비틀림 각(ϕ)과 같다. 각 구간 i에서의 비틀림 모멘트(T_i)를 구하기 위해 자유물체도가 사용된다.

$$\phi = \sum_{i=1}^{n} \phi_i = \sum_{i=1}^{n} \frac{T_i L_i}{G_i (I_p)_i}$$

비틀림 모멘트 또는 단면성질(I_p)이 연속적으로 변한다면 적분 식이 필요하다.

$$\phi = \int_0^L d\phi = \int_0^L \frac{T(x)\,dx}{GI_P(x)}$$

6. 봉 구조가 **부정정**이라면 미지의 모멘트를 구하기 위해 추가적인 방정식이 요구된다. **적합방정식**은 봉의 회전과 지지조건을 연관시켜 미지수들 간에 추가적인 관계식을 만드는데 사용된다. 실제의 부정정 구조물을 표현하기 위해 "이완된"(또는 정정의) 구조물을 **중첩**하여 사용하는 것이 편리하다.

7. **어긋남**과 **사전변형**은 부정정 봉 또는 축에 대해서 비틀림 모멘트만을 일으킨다.

8. 원형 축은 비틀림 모멘트에 의해 **순수전단**을 받는다. **최대 수직응력**과 **최대 전단응력**은 경사진 응력요소를 고려하여 구할 수 있다. 최대 전단응력은 봉의 축방향에 평행한 요소에서 발생하지만 최대 수직응력은 봉의 축에 대하여 45° 경사진 면에서 발생하며 최대 수직응력은 최대 전단응력과 같다.

$$\sigma_{max} = \tau$$

또한 순수전단에 대해 최대 전단변형률과 최대 수직변형률 사이의 관계식을 구할 수 있다.

$$\epsilon_{max} = \gamma_{max}/2$$

9. 원형 축은 보통 하나의 장비 또는 기계로부터 다른 장비나 기계로 기계적 동력을 전달하는 데 사용된다. 토크 T가 뉴턴미터로, 그리고 n이 축의 rpm으로 표시된다면 동력 P는 와트 단위로 다음과 같이 표현된다.

$$P = \frac{2\pi nT}{60}$$

미국 관용단위에서는 토크 T가 ft-lb로 주어지고 동력 H는 마력(hp)단위로 다음과 같이 표현된다.

$$H = \frac{2\pi nT}{33,000}$$

3장 연습문제

비틀림 변형

3.2-1 지름이 d = 56 mm인 플라스틱 봉이 봉의 양단 사이의 회전각이 4.0°될 때까지 토크 T에 의해 비틀림을 받고 있다(그림 참조).

플라스틱의 허용 전단변형률이 0.012 rad이라면 봉의 최소 허용길이는 얼마인가?

3.2-2 길이가 L = 610 mm인 구리 봉이 봉의 양단 사이의 회전각이 4.0°될 때까지 토크 T에 의해 비틀림을 받고 있다(그림 참조).

구리의 허용 전단변형률이 0.008 rad이라면 구리의 최대 허용길이는 얼마인가?

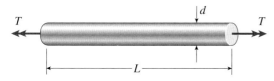

문제 3.2-1 및 3.2-2

3.2-3 길이가 L = 1.0 m인 원형 강철관이 토크 T에 의해 비틀림을 받고 있다(그림 참조).

(a) 관의 안쪽 반지름이 r_1 = 45 mm이고 양단 사이의 측정된 비틀림 각이 0.5°인 경우, 안쪽 표면의 전단변형률 γ_1(라디안 단위)은 얼마인가?

(b) 최대 허용 전단변형률이 0.0004 rad이고 토크 T를 조정하여 비틀림 각을 0.45°로 유지한다면 바깥쪽 반지름의 최대 허용값(r_2)$_{max}$은 얼마인가?

3.2-4 길이가 L = 0.9 m, 안쪽 반지름이 r_1 = 40 mm, 비틀림 각이 0.5°, 허용 전단변형률이 0.0005 rad인 경우에 대해 앞의 문제를 풀어라.

3.2-5 토크 T에 의해 순수비틀림을 받는 원형 알루미늄 관(그림 참조)의 바깥쪽 반지름 r_2는 안쪽 반지름 r_1의 1.5배이다.

(a) 관에서의 최대 전단변형률이 350 × 10^{-6} rad으로 측정되었다면 안쪽 표면에서의 전단변형률 γ_1은 얼마인가?

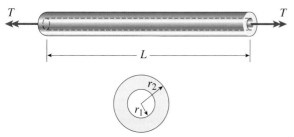

문제 3.2-3, 3.2-4 및 3.2-5

(b) 최대 허용 비틀림 각이 길이 1 m당 0.5°이고 토크 T를 조정하여 최대 전단변형률이 350 × 10^{-6}이 되도록 한다면 필요한 최소 바깥쪽 반지름(r_2)$_{min}$은 얼마인가?

원형 봉과 관

3.3-1 소형 요트의 프로펠러 축이 지름이 104 mm인 속이 찬 강철봉으로 만들어졌다. 허용 전단응력이 48 MPa이고 길이 3.5 m에 대한 허용 비틀림 각은 2.0°이다.

전단탄성계수 G = 80 GPa라 가정하고 축에 작용시킬 수 있는 최대 토크 T_{max}을 구하라.

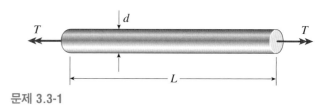

문제 3.3-1

3.3-2 땅에 구멍을 파는 데 사용되는 고강도 강철 드릴 봉의 지름은 12 mm이다(그림 참조). 강철에 대한 허용 전단응력은 300 MPa이고 전단탄성계수는 80 GPa이다.

허용응력을 초과하지 않고 봉의 한쪽 끝의 다른 쪽 끝에 대한 비틀림 각이 22.5° 되게 하기 위해 필요한 봉의 최소길이는 얼마인가?

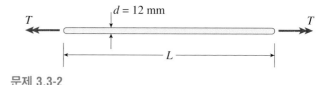

문제 3.3-2

3.3-3 속이 찬 원형 단면을 가진 알루미늄 봉이 양단에 작용하는 토크 T에 의해 비틀림을 받고 있다(그림 참조). 치수 및 전단탄성계수는 다음과 같다. L = 1.4 m, d = 32 mm, G = 28 GPa.

(a) 봉의 비틀림 강성도를 구하라.

(b) 봉의 비틀림 각이 5°인 경우 최대 전단응력은 얼마인가? 또한 최대 전단변형률(라디안 단위)는 얼마인가?

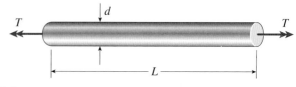

문제 3.3-3

3.3-4 테이블 다리에 구멍을 뚫을 때, 가구제조공이 지름 $d =$ 4.0 mm인 비트를 가진 수동 드릴(그림 참조)을 사용하고 있다.

(a) 테이블 다리에 의해 제공되는 저항 토크가 0.3 N·m이라면 드릴 비트의 최대 전단응력은 얼마인가?

(b) 강철의 전단탄성계수가 G = 75 GPa라면 드릴 비트의 비틀림 율(미터당 도)는 얼마인가?

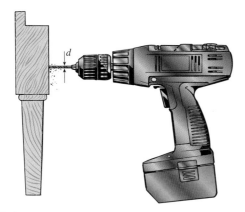

문제 3.3-4

3.3-5 타이어 교체를 위해 휠을 제거할 때, 운전자는 러그 렌치(lug wrench) 암의 양단에 P = 100 N의 힘을 작용시킨다(그림 참조). 렌치는 전단탄성계수가 G = 78 GPa인 강철로 제작되었다. 렌치의 각각의 암의 길이는 225 mm이고 지름 d = 12 mm인 속이 찬 원형 단면을 가진다.

(a) 러그 렌치를 돌리는 암(암 A)에 걸리는 최대 전단응력을 구하라.

(b) 같은 암에서의 비틀림 각(도 단위)을 구하라.

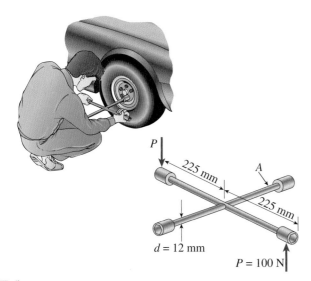

문제 3.3-5

3.3-6 원형 알루미늄 관이 양단에 작용하는 토크 T에 의해 비틀림을 받고 있다(그림 참조). 봉의 길이는 0.5 m이고 안지름과 바깥지름은 각각 30 mm와 40 mm이다. 토크가 600 N·m일 때 비틀림 각이 3.57°로 측정되었다.

관에서의 최대 전단응력 τ_{max}과 전단탄성계수 G 및 최대 전단변형률 γ_{max}(라디안 단위)을 구하라.

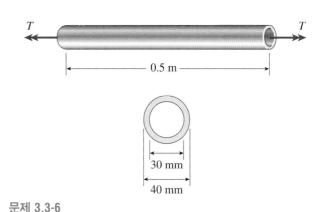

문제 3.3-6

3.3-7 소켓 렌치의 강철축의 지름은 8.0 mm이고 길이는 200 mm이다(그림 참조).

허용 전단응력이 60 MPa이라면 렌치에 작용시킬 수 있는 최대 허용 토크 T_{max}은 얼마인가?

최대 토크가 작용할 때 축의 비틀림 각 ϕ(도 단위)는 얼마인가? (G = 78 GPa라 가정하고 축의 굽힘은 무시한다.)

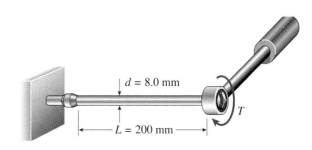

문제 3.3-7

3.3-8 3개의 동일한 원형 디스크 A, B 및 C가 3개의 동일한 속이 찬 원형 봉의 끝에 용접되어 있다(그림 참조). 봉들은 같은 평면 내에 위치하고 디스크들은 보들의 축에 수직인 평면 내에 위치한다. 봉들은 단단하게 연결되도록 봉들의 교점 D에서 용접되었다. 각 봉의 지름은 d_1 = 10 mm이고 각 디스크의 지름은 d_2 = 75 mm이다.

힘 P_1, P_2 및 P_3가 디스크 A, B 및 C에 각각 작용하여 봉들이 비틀림 작용을 받는다. P_1 = 100 N이면 3 개의 봉 중에서 최대 전단응력 τ_{max}은 얼마인가?

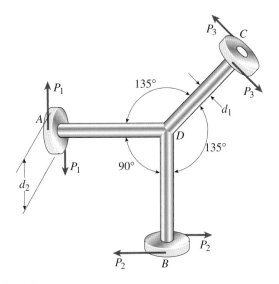

문제 3.3-8

3.3-9   시굴자가 광산에서 광물 바구니를 끌어 올리기 위해 수동 원치(그림 참조)를 사용하고 있다. 원치의 차축(axle)은 지름이 $d = 13$ mm인 강철봉으로 되어 있다. 또한 차축의 중심으로부터 로프의 중심까지의 거리는 $b = 100$ mm이다.

가득 담은 바구니의 무게가 $W = 400$ N이면 비틀림으로 인한 차축의 최대 전단응력은 얼마인가?

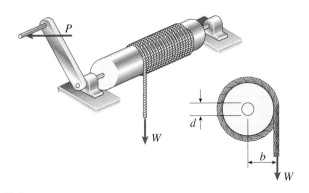

문제 3.3-9

3.3-10   건설용 굴착 오거(auger)에 사용되는 속이 빈 강철축의 바깥지름은 $d_2 = 175$ mm이고 안지름은 $d_1 = 125$ mm이다(그림 참조). 강철의 전단탄성계수는 $G = 80$ GPa이다.

작용 토크가 20 kN·m일 때 다음 양들을 구하라.

(a) 축의 바깥 표면에서의 전단응력 τ_2

(b) 축의 안쪽 표면에서의 전단응력 τ_1

(c) 비틀림 율 θ(단위 길이당 도)

또한 전단응력이 단면 내에서 반지름 방향 선을 따라 크기가 변하는 것을 보여주는 선도를 그려라.

3.3-11   축의 바깥지름이 $d_2 = 150$ mm이고 안지름은 $d_1 = 100$ mm, 전단탄성계수 $G = 75$ GPa 및 작용 토크가 16 kN·m인 경우에 대해 앞의 문제를 풀어라.

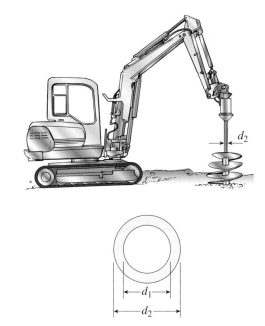

문제 3.3-10 및 3.3-11

3.3-12   원양 정기선의 대형 원치의 강철 차축이 1.65 kN·m의 토크를 받고 있다(그림 참조). 허용 전단응력이 48 MPa이고 허용 비틀림 각이 0.75°/m인 경우 필요한 최소 지름 d_{min}은 얼마인가? (전단탄성계수는 80 GPa라고 가정한다.)

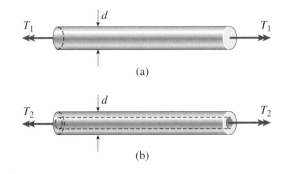

문제 3.3-12

3.3-13   지름이 $d = 30$ mm인 속이 찬 황동봉이 그림 (a)와 같이 토크 T_1의 작용을 받고 있다. 황동의 허용 전단응력은 80 MPa이다.

(a) 토크 T_1의 최대 허용 값은 얼마인가?

(b) 그림 (b)와 같이 지름이 15 mm인 구멍이 봉의 길이방향으로 뚫어졌다면 토크 T_2의 최대 허용 값은 얼마인가?

(c) 구멍으로 인한 토크의 감소율(%)과 무게의 감소율(%)은 얼마인가?

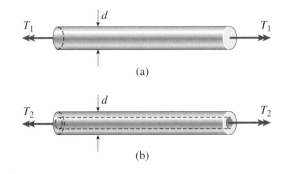

(a)

(b)

문제 3.3-13

3.3-14 속이 찬 원형 단면의 수직 기둥이 수평판 *AB*의 양단에 작용하는 수평력 *P* = 12 kN에 의해 비틀림을 받고 있다(그림 참조). 기둥의 바깥쪽으로부터 각 힘들의 작용선까지의 거리는 *c* = 212 mm이다.

기둥의 허용 전단응력이 32 MPa라면 기둥에 필요한 최소지름 d_{min}은 얼마인가?

3.3-15 수평력의 크기 *P* = 5.0 kN, 거리 *c* = 125 mm이고 허용 전단응력이 30 MPa인 경우에 대해 앞의 문제를 풀어라.

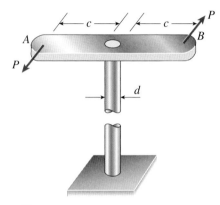

문제 3.3-14 및 3.3-15

3.3-16 안쪽 반지름이 r_1이고 바깥쪽 반지름이 r_2인 원형 관이 힘 *P* = 4000 N에 의한 토크를 받고 있다(그림 참조). 힘들의 작용선은 관의 바깥쪽으로부터 *b* = 140 mm의 거리에 있다.

관의 허용 전단응력이 43 MPa이고 안쪽 반지름 r_1 = 30 mm이라면 최소 허용 바깥쪽 반지름 r_2는 얼마인가?

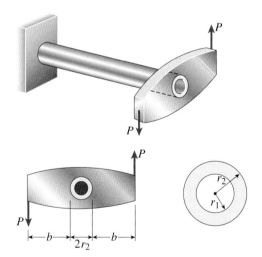

문제 3.3-16

3.3-17 지붕 구조물에 사용되는 속이 빈 알루미늄 관의 바깥지름은 d_2 = 104 mm이고 안지름은 d_1 = 82 mm이다(그림 참조). 관의 길이는 2.75 m이고 알루미늄의 전단탄성계수는 *G* = 28 GPa이다.

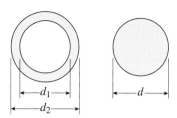

문제 3.3-17

(a) 관이 양단에 작용하는 토크에 의해 순수 비틀림을 받는다면 최대 전단응력이 48 MPa일 때 비틀림 각(도 단위)은 얼마인가?

(b) 같은 최대응력을 가지고 같은 토크를 지지하기 위한 속이 찬 축(그림 참조)에 필요한 지름 *d*는 얼마인가?

(c) 속이 찬 축의 무게에 대한 속이 빈 관의 무게의 비는 얼마인가?

불균일 비틀림

3.4-1 속이 찬 원형 봉 *ABC*가 그림과 같이 2 개의 구간으로 구성되어 있다. 한쪽 구간의 지름은 d_1 = 56 mm, 길이는 L_1 = 1.45 m이고, 다른 쪽 구간의 지름은 d_2 = 48 mm, 길이는 L_2 = 1.2 m이다.

전단응력이 30 MPa를 초과하지 않고 봉의 양단 사이의 비틀림 각이 1.25를 초과하지 않는다면 허용 토크 T_{allow}는 얼마인가? (*G* = 80 GPa라고 가정한다.)

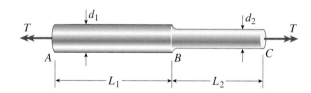

문제 3.4-1

3.4-2 2개의 구간으로 구성된 속이 찬 원형 단면 축이 그림의 첫째 부분에 보여진다. 왼쪽 구간의 지름은 80 mm이고 길이는 1.2 m이다. 오른쪽 구간의 지름은 60 mm이고 길이는 0.9 m이다.

같은 재료로 만들어졌고 같은 길이를 가진 속이 빈 축이 그림

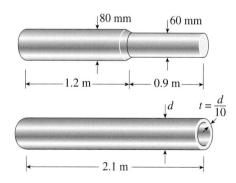

문제 3.4-2

의 둘째 부분에 보여진다. 바깥지름이 d일 때 속이 빈 축의 두께 t는 $d/10$이다. 2개의 축들은 같은 토크를 받고 있다.

속이 빈 축이 속이 찬 축과 같은 비틀림 강성도를 갖는다면 바깥지름 d는 얼마인가?

3.4-3 바깥지름 $d_3 = 70$ mm이고 안지름 $d_2 = 60$ mm인 원형 관이 우측단에서는 고정판에 용접되었고 좌측단에서는 강체 끝판에 용접되었다(그림 참조). 지름 $d_1 = 40$ mm인 속이 찬 원형 봉이 관 내부 중앙에 위치한다. 봉은 고정판 내의 구멍을 통과하여 강체 끝판에 용접된다.

봉의 길이는 1.0 m이고 관의 길이는 봉의 길이의 절반이다. 토크 $T = 1,000$ N·m가 봉의 A단에 작용한다. 또한 봉과 관은 둘 다 전단탄성계수가 $G = 27$ GPa인 알루미늄 합금으로 제조되었다.

(a) 봉과 관에서의 최대 전단응력을 각각 구하라.

(b) 봉의 A단에서의 비틀림 각(도 단위)을 구하라.

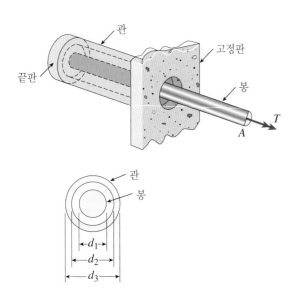

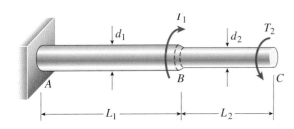

문제 3.4-3

3.4-4 2개의 속이 찬 원형 구간으로 구성된 계단 축 ABC가 그림과 같이 서로 반대 방향으로 작용하는 토크 T_1과 T_2를 받고 있다. 지름이 큰 구간에서의 축의 지름은 $d_1 = 58$ mm이고 길이는 $L_1 = 760$ mm이며, 작은 구간에서의 축의 지름은 $d_2 = 45$ mm이고 길이는 $L_2 = 510$ mm이다. 축의 재료는 강철이며 전단

탄성계수가 $G = 76$ GPa이고 작용 토크 $T_1 = 2,300$ N·m, $T_2 = 900$ N·m이다.

다음 양들을 계산하라. (a) 축의 최대 전단응력 τ_{max}, (b) C단에서의 비틀림 각 ϕ_C(도 단위).

3.4-5 속이 찬 원형 구간으로 구성된 계단 축 $ABCD$가 그림과 같이 3 개의 토크를 받고 있다. 토크의 크기는 각각 3,000 N·m, 2,000 N·m 및 800 N·m이다. 각 구간의 길이는 0.5 m이며 구간별 지름은 각각 80 mm, 60 mm 및 40 mm이다.

축의 재료는 강철이며 전단탄성계수가 $G = 80$ GPa이다.

(a) 축의 최대전단응력 τ_{max}을 구하라.

(b) D단에서의 비틀림 각 ϕ_D(도 단위)를 구하라.

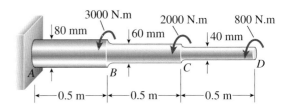

문제 3.4-5

3.4-6 그림과 같이 4 개의 기어가 원통 축에 부착되어 토크를 전달하고 있다. 축의 허용 전단응력은 70 MPa이다.

(a) 축이 속이 찬 원형 단면을 가진다면 축에 필요한 지름 d는 얼마인가?

(b) 축이 안지름이 40 mm인 속이 빈 원형 단면을 가진다면 필요한 바깥지름 d는 얼마인가?

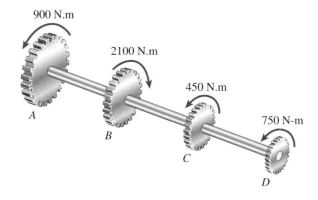

문제 3.4-6

3.4-7 모넬(monel) 메탈로 만들어진 속이 빈 관 $ABCDE$가 그림에서 보인 바와 같은 방향으로 작용하는 5개의 토크를 받고 있다. 토크의 크기는 각각 $T_1 = 100$ N·m, $T_2 = T_4 = 50$ N·m, $T_3 = T_5 = 80$ N·m이다. 관의 바깥지름은 $d_2 = 25$ mm이고. 허용 전단응력은 80 MPa이며, 허용 비틀림 율은 6°/m이다.

관의 최대 허용 안지름 d_1을 구하라.

3.4-4 문제 3.4-4

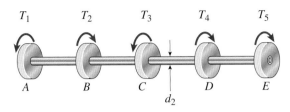

문제 3.4-7

3.4-8 그림에 보인 봉은 A단에서 B단까지 선형적으로 경사지어 있고 속이 찬 원형 단면을 가진 테이퍼 봉이다. 봉의 작은 쪽 끝의 지름은 $d_A = 25$ mm이고 길이는 $L = 300$ mm이다. 봉은 전단탄성계수가 $G = 82$ GPa인 강철로 만들어졌다.

토크 $T = 180$ N·m이고 허용 비틀림 각이 0.3° 이면 봉의 큰 쪽 끝의 최소 허용 지름 d_B는 얼마인가? (힌트: 예제 3-5의 결과를 사용하라.)

3.4-9 속이 찬 원형 단면의 테이퍼 봉 AB가 토크 T에 의해 비틀림을 받고 있다(그림 참조). 봉의 지름은 왼쪽 끝의 d_A 로부터 오른쪽 끝의 d_B까지 선형적으로 변한다.

테이퍼 봉의 비틀림 각이 지름이 d_A인 균일단면 봉의 비틀림 각의 절반이 되기 위한 지름 비 d_B/d_A는 얼마인가? (균일단면 봉은 같은 재료로 만들어졌고 같은 길이를 가지며 테이퍼 봉과 같은 토크를 받는다.) 힌트: 예제 3-5의 결과를 사용하라.

3.4-10 속이 찬 원형 단면의 테이퍼 봉 AB가 토크 $T = 2,035$ N·m에 의해 비틀림을 받고 있다(그림 참조). 봉의 지름은 왼쪽 끝의 d_A로부터 오른쪽 끝의 d_B 까지 선형적으로 변한다. 봉의 길이는 $L = 2.4$ m이고 전단탄성계수가 $G = 27$ GPa인 알루미늄 합금으로 만들어졌다. 봉의 허용 전단응력은 52 MPa이고 허용 비틀림 각은 3.0° 이다.

B단의 지름이 A단의 지름의 1.5배라면 필요한 A단의 최소지름 d_A는 얼마인가? (힌트: 예제 3-5의 결과를 사용하라.)

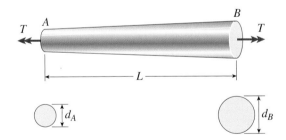

문제 3.4-8, 3.4-9 및 3.4-10

3.4-11 속이 빈 원형 단면을 가진 균일 테이퍼 관 AB가 그림에 도시되어 있다. 관의 일정한 두께는 t 이고 길이는 L이다. 끝단의 평균지름은 d_A및 $d_B = 2d_A$이다. 극관성모멘트는 근사식 $I_P \approx \pi d^3 t/4$로 표시된다(식 3-18 참조).

관이 양단에 작용하는 토크 T를 받을 때 관의 비틀림 각 ϕ를 구하는 공식을 유도하라.

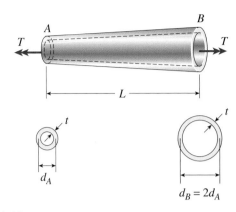

문제 3.4-11

3.4-12 그림과 같은 원형 단면의 불균일 캔틸레버 보가 0부터 x 까지 내부에 원통형 구멍을 가지며, 이에 따라 구간 1에 대한 단면의 순 극관성모멘트가 $(7/8)I_P$가 되었다. 토크 T는 x에 작용하며 토크 $T/2$는 $x = L$에 작용한다. G는 상수라고 가정한다.

(a) 반응 모멘트 R_1을 구하라.

(b) 구간 1과 2에서의 내부 비틀림 모멘트 T_i를 구하라.

(c) 조인트 3에서의 비틀림 각이 $\varphi_3 = TL/GI_P$가 되기에 필요한 거리 x를 구하라.

(d) 조인트 2에서의 회전각 ϕ_2는 얼마인가?

(e) 비틀림모멘트 선도(TMD: $T(x)$, $0 \le x \le L$와 변위선도 (TDD: $\phi(x)$, $0 \le x \le L$)를 그려라.

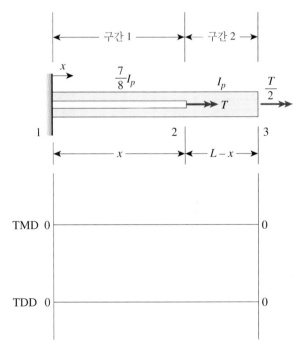

문제 3.4-12

3.4-13 오르막 길로 산악용 자전거를 타는 사람이 핸들바의 연장부분 DE를 잡아당겨 핸들바 $ABCD$의 끝 부분에 $T = Fd$ ($F = 65$ N, $d = 100$ mm)의 토크를 작용시킨다(그림 참조). 핸들바

조립체의 우측 반쪽 부분만 고려한다(봉들은 A에서 포크에 고정되었다). 구간 AB와 CD는 균일 단면을 가지며 길이 $L_1 = 50$ mm, $L_3 = 210$ mm이고 바깥지름과 두께는 각각 $d_{01} = 40$ mm, $t_{01} = 3$ mm, $d_{03} = 22$ mm, $t_{03} = 2.8$ mm이다. 구간 BC의 길이는 $L_2 = 38$ mm이고 테이퍼된 부분으로 바깥지름과 두께는 B에서 C까지 선형적으로 변한다.

비틀림 영향만 고려하고 $G = 28$ GPa는 상수라고 가정한다.

끝단에 작용하는 $T = Fd$의 토크를 받을 때 핸들바 관의 절반 부분의 비틀림 각 ϕ_D를 구하는 적분식을 유도하라. 주어진 수치 값을 사용하여 ϕ_D를 계산하라.

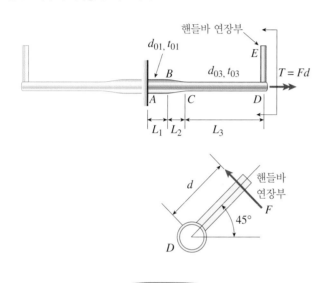

(Bontrager 산악용 자전거의 핸들바)

(© Barry Goodno)

문제 3.4-15

3.4-14 길이가 L인 원형 단면의 알루미늄 합금으로 된 균일 테이퍼 관 AB가 그림에 도시되어 있다. 끝 부분의 바깥지름은 d_A와 $d_B = 2d_A$이다. 길이가 $L/2$이고 일정한 두께 $t = d_A/10$를 가진 속이 빈 구간이 관 내에 위치하며 B에서 A까지 걸쳐 있다.

(a) 관의 양단에 작용하는 토크를 받을 때 관의 비틀림 각 φ를 구하라. 다음과 같은 수치 값을 사용하라. $d_A = 65$ mm, $L = 1.2$ m, $G = 27$ MPa, $T = 4.5$ kN·m.

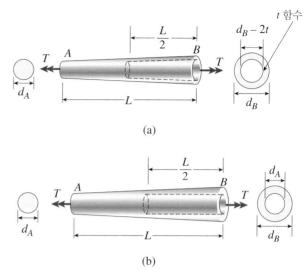

(a)

(b)

문제 3.4-14

(b) 속이 빈 단면이 일정한 지름 d_A를 갖는 경우에 대해 (a)를 풀어라[그림 (b) 참조].

3.4-15 그림과 같이 조인트 2와 3에 작용하는 토크를 받는 일정한 두께 t와 변하는 지름 d를 갖는 **얇은** 불균일 단면의 강철 파이프에 대해 다음을 구하라.

(a) 반응 모멘트 R_1

(b) 조인트 3에서의 비틀림 각 ϕ_3에 대한 식을 구하라. G는 상수라 가정한다.

(c) 비틀림모멘트 선도를 그려라(TMD: $T(x)$, $0 \le x \le L$).

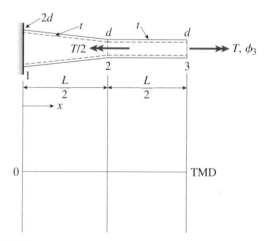

문제 3.4-15

3.4-16 지름이 $d = 4$ mm이고 길이가 L인 마그네슘 합금 와이어가 먼 위치에서 스위치를 열거나 닫기 위해 플랙시블 관 안에서 회전한다(그림 참조). 토크 T가 B단에 수동적으로(시계방향 또는 반시계방향으로) 작용하여 관 내에서 와이어가 비틀어진다. 다른 쪽 A단에서는 와이어가 회전으로 스위치를 열거나 닫는 핸들을 작동시킨다.

스위치를 작동시키기 위해 토크 $T_0 = 0.2$ N·m가 필요하다. 관

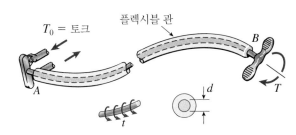

$T_0 = $ 토크
플렉시블 관
d
t

문제 3.4-16

과 와이어 사이의 마찰과 결합된 관의 비틀림 강성도는 와이어의 전체 길이에 걸쳐 작용하는 일정한 세기 t = 0.04 N·m/m(단위길이당 토크)의 분포 토크를 받는다.

(a) 와이어의 허용 전단응력이 τ_{allow} = 30 MPa이라면 와이어의 최대 허용길이 L_{max}은 얼마인가?

(b) 와이어의 길이가 L = 4.0 m이고 전단탄성계수가 G = 15 GPa이라면 와이어의 양단 사이의 비틀림 각(도 단위)는 얼마인가?

3.4-17 길이가 L이고 속이 찬 원형 단면(지름 d)을 가진 균일 단면 봉 AB가 단위길이당 일정한 세기 t의 분포 토크를 받고 있다(그림 참조).

(a) 봉의 최대 전단응력 τ_{max}을 구하라.

(b) 봉의 양단 사이의 비틀림 각 ϕ를 구하라.

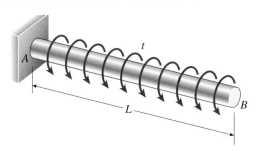

t
A
L
B

문제 3.4-17

3.4-18 속이 찬 원형 단면(지름 d)의 균일단면 봉 AB가 분포 토크를 받고 있다(그림 참조). 토크의 세기는 단위길이당 토크인 $t(x)$로 표시하며 A단의 최대값 t로부터 B단의 0인 값 t_A까지 선형적으로 변한다. 봉의 길이는 L이며 재료의 전단탄성계수는 G이다.

(a) 봉의 최대 전단응력 τ_{max}을 구하라.

(b) 봉의 양단 사이의 비틀림 각 ϕ를 구하라.

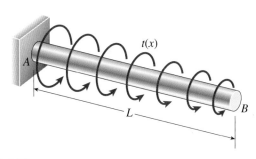

$t(x)$
A
L
B

문제 3.4-18

3.4-19 속이 찬 원형 단면의 불균일단면 봉 ABC가 분포 토크를 받고 있다(그림 참조). 토크의 세기는 단위길이당 토크인 $t(x)$로 표시하며 A단의 0으로부터 B단의 최대값 T_0/L까지 선형적으로 변한다. 구간 BC는 구간 AB에 작용하는 토크와 반대 방향으로 작용하는 세기 $t(x) = T_0/3L$인 선형분포 토크를 받는다. 또한 구간 AB의 극관성모멘트는 구간 BC의 극관성모멘트의 2배이고 재료의 전단탄성계수는 G이다.

(a) 반응 토크 R_A를 구하라.

(b) 구간 AB와 구간 BC의 내부 비틀림 모멘트 $T(x)$를 구하라.

(c) 회전각 ϕ_C를 구하라.

(d) 최대 전단응력 τ_{max}과 그 위치를 구하라.

(e) 비틀림 모멘트 선도(TMD: $T(x)$, $0 \le x \le L$)를 그려라.

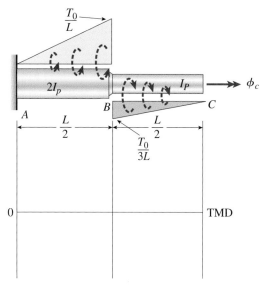

$\dfrac{T_0}{L}$
$2I_p$
I_P
ϕ_c
A
$\dfrac{L}{2}$
B
$\dfrac{T_0}{3L}$
$\dfrac{L}{2}$
C
0
TMD

문제 3.4-19

3.4-20 2개의 속이 빈 관이 B에서 양쪽 관을 관통하여 뚫은 구멍에 삽입된 핀에 의해 연결되어 있다(B의 단면도 참조). 관 BC는 관 AB 안에 꼭 맞게 끼워져 있으나 표면의 마찰은 무시한다. 관의 안지름과 바깥지름 $d_i(i = 1, 2, 3)$, 그리고 핀지름 d_p는 그림에 나타나 있다. 토크 T_0가 조인트 C에 작용하며 재료의 전단탄성계수는 G이다.

다음 각 조건에 대해 C점에 작용할 수 있는 최대 토크 $T_{0,max}$에 대한 식을 구하라.

(a) 연결핀의 전단응력은 허용응력 값보다 작다($\tau_{pin} < \tau_{p,allow}$).

(b) 관 AB 또는 BC의 전단응력은 허용응력 값보다 작다($\tau_{tube} < \tau_{t,allow}$).

(c) (a)와 (b)의 각각의 경우에 대해 최대 회전각 ϕ_C는 얼마인가?

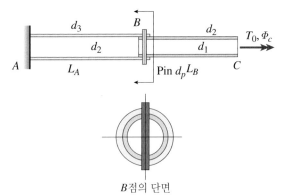

문제 3.4-20

순수전단

3.5-1 바깥지름이 $d_2 = 100$ mm인 관 모양의 봉이 토크 $T = 8.0$ kN·m에 의해 비틀림을 받고 있다(그림 참조). 이러한 토크의 작용으로 봉의 최대 인장응력은 46.8 MPa임을 알았다.

(a) 봉의 안지름 d_1을 구하라.

(b) 봉의 길이는 $L = 1.2$ m이고 전단탄성계수가 $G = 286$ GPa인 알루미늄으로 만들어졌다면 보의 양단 사이의 비틀림 각 ϕ(도 단위)는 얼마인가?

(c) 최대 전단변형률 γ_{max}(라디안 단위)을 구하라.

3.5-2 속이 빈 알루미늄 축(그림 참조)의 바깥지름은 $d_2 = 100$ mm이고 안지름은 $d_1 = 50$ mm이다. 토크 T에 의해 비틀림을 받을 때 축의 단위길이당 비틀림 각은 2°/m이었다. 알루미늄의 전단탄성계수는 $G = 27.5$ GPa이다.

(a) 축의 최대 인장응력 σ_{max}을 구하라.

(b) 작용 토크 T의 크기를 구하라.

3.5-3 속이 빈 원형 강철봉($G = 80$ GPa)이 토크 T에 의해 비틀림을 받고 있다(그림 참조). 봉의 비틀림으로 인해 최대 전단변형률은 $\gamma_{max} = 640 \times 10^{-6}$ rad이 된다. 봉의 바깥지름과 안지름은 각각 150 mm와 120 mm이다.

(a) 봉의 최대 인장변형률을 구하라.

(b) 봉의 최대 인장응력을 구하라.

(c) 작용 토크 T의 크기를 얼마인가?

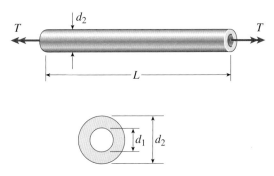

문제 3.5-1, 3.5-2 및 3.5-3

3.5-4 강철관의 바깥지름은 $d_2 = 40$ mm이고 안지름은 $d_1 = 30$ mm이다. 토크 T에 의해 비틀림을 받을 때 관의 최대 수직변형률은 170×10^{-6}이 된다.

작용 토크 T의 크기는 얼마인가?

3.5-5 지름이 $d = 50$ mm인 속이 찬 원형 봉(그림 참조)이 시험기에서 작용 토크 $T = 500$ N·m에 도달할 때까지 비틀림을 받고 있다. 이 토크 값에서 봉의 축에 대해 45° 방향에 부착된 스트레인 게이지의 읽음은 $\epsilon = 339 \times 10^{-6}$ 이었다.

재료의 전단탄성계수 G는 얼마인가?

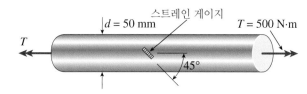

문제 3.5-5

3.5-6 지름이 $d = 50$ mm인 속이 찬 원형 강철봉($G = 81$ GPa)이 그림에 보인 방향으로 작용하는 토크 $T = 0.9$ kN·m을 받고 있다.

(a) 봉의 최대 전단응력, 인장응력 및 압축응력을 구하고 이 응력들을 적절하게 위치시킨 응력요소의 그림 상에 도시하라.

(b) 이에 대응하는 봉의 최대변형률(전단, 인장 및 압축)을 구하고 이 변형률들을 변형요소의 그림 상에 도시하라.

문제 3.5-6

3.5-7 속이 찬 원형 강철봉($G = 78$ GPa)이 토크 $T = 360$ N·m를 전달하고 있다. 인장, 압축 및 전단에 대한 허용응력은 각각 90 MPa, 70 MPa 및 40 MPa이다. 또한 허용 인장변형률은 220×10^{-6}이다. 봉에 필요한 지름 d를 구하라.

3.5-8 원형 관의 표면에 45° 방향에서의 수직변형률(그림 참조)은 토크 $T = 200$ N·m일 때 880×10^{-6} 이었다. 관은 $G = 47$ GPa인 구리합금으로 만들어졌다.

관의 바깥지름 d_2가 20 mm라면 안지름 d_1은 얼마인가?

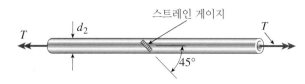

문제 3.5-8

3.5-9 알루미늄 관의 안지름은 $d_1 = 50$ mm, 전단탄성계수는 $G = 27$ GPa, 그리고 토크 $T = 4.0$ kN·m이다. 알루미늄의 허용 전단응력은 50 MPa이고 허용 수직변형률은 900×10^{-6} 이다. 필요한 바깥지름 d_2를 구하라.

3.5-10 지름이 $d = 40$ mm인 속이 찬 알루미늄 봉($G = 27$ GPa)이 그림에 보인 방향으로 작용하는 토크 $T = 300$ N·m를 받고 있다.

(a) 봉의 최대 전단응력, 인장응력 및 압축응력을 구하고 이 응력들을 적절하게 위치시킨 응력요소의 그림 상에 도시하라.

(b) 이에 대응하는 봉의 최대변형률(전단, 인장 및 압축)을 구하고 이 변형률들을 변형요소의 그림 상에 도시하라.

문제 3.5-10

동력 전달

3.7-1 그림에 보인 대형 선박의 프로펠러 축의 바깥지름은 350 mm이고 안지름은 250 mm이다. 축의 최대 전단응력은 62 MPa이다.

(a) 축이 500 rpm으로 회전한다면 허용응력을 초과하지 않고 전달할 수 있는 최대마력은 얼마인가?

(b) 축의 회전속도가 2 배가 되고 소요 동력은 변하지 않는다면 축의 전단응력은 어떻게 변하겠는가?

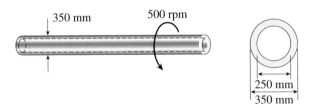

문제 3.7-1

3.7-2 소형 수력발전소에 있는 발전기 축이 120 rpm으로 회전하며 50 마력을 전달한다(그림 참조).

(a) 축의 지름이 $d = 75$ mm라면 축의 최대 전단응력 τ_{max}은 얼마인가?

(b) 축의 전단응력이 28 MPa로 제한된다면 축의 최소 허용지름 d_{min}은 얼마인가?

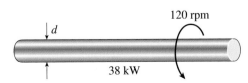

문제 3.7-2

3.7-3 모터가 12 Hz에서 축을 구동시키고 20 kW의 동력을 전달한다(그림 참조).

(a) 축의 지름이 $d = 30$ mm라면 축의 최대 전단응력 τ_{max}은 얼마인가?

(b) 축의 최대 허용 전단응력이 40 MPa이라면 축의 최소 허용 지름 d_{min}은 얼마인가?

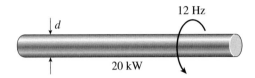

문제 3.7-3

3.7-4 건축 현장에서 사용하도록 설계된 관 모양의 축이 1.75 Hz에서 120 kW의 동력을 전달해야 한다. 축의 안지름은 바깥지름의 절반이다.

축의 허용 전단응력이 45 MPa이라면 필요한 최소 바깥지름 d는 얼마인가?

3.7-5 트럭의 구동축(바깥지름 60 mm, 안지름 40 mm)이 2,500 rpm에서 작동하고 있다(그림 참조).

(a) 축이 150 kW를 전달한다면 축의 최대 전단응력은 얼마인가?

(b) 축의 허용 전단응력이 30 MPa이라면 전달할 수 있는 최대 동력은 얼마인가?

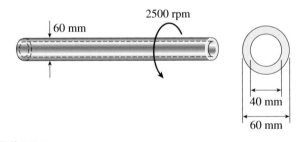

문제 3.7-5

3.7-6 펌프장에서 사용되는 속이 빈 원형 축의 안지름이 바깥지름의 0.8 배가 되도록 설계되었다. 축은 허용 전단응력 42 MPa를 초과하지 않고 800 rpm에서 300 kW의 동력을 전달하여야 한다. 필요한 최소 바깥지름 d를 구하라.

3.7-7 허용 전단응력이 100 MPa이고 허용 비틀림률이 3.0°/m인 경우, 속이 빈 프로펠러 축(바깥지름 50 mm, 안지름 40 mm, 전단탄성계수 80 GPa)에 의해 전달될 수 있는 최대 동력은 얼마인가?

3.7-8 지름이 d인 속이 찬 원형 단면의 프로펠러 축이 같은 재료로 된 접관(collar)에 의해 접합되어 있다(그림 참조). 접관은 축의 양쪽 부분에 안전하게 접합되어 있다. 접합부가 속이 찬 축

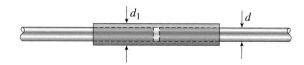

문제 3.7-8

과 같은 동력을 전달할 수 있게 하기 위해서는 접관의 최소 바깥지름 d_1은 얼마가 되어야 하는가?

3.7-9 그림에 보인 축 ABC가 32Hz의 회전속도에서 300 kW의 동력을 전달하는 모터에 의해 구동되고 있다. B와 C의 기어는 각각 120 kW와 180 kW를 전달한다. 축의 두 구간의 길이는 $L_1 = 1.5$ m, $L_2 = 0.9$ m이다.

허용 전단응력이 50 MPa, 점 A와 C 사이의 허용 비틀림 각이 4.0°, G = 27 GPa이라면 필요한 축의 지름 d는 얼마인가?

3.7-10 모터가 1,000 rpm에서 축의 끝 부분에 200 kW의 동력을 전달한다(그림 참조). B와 C의기어는 각각 90 kW와 110 kW를 전달한다.

허용 전단응력이 50 MPa, 모터와 기어 C 사이의 비틀림 각이 1.5° 라면 필요한 축의 지름 d는 얼마인가? (G = 80 GPa, $L_1 = 1.8$ m, $L_2 = 1.2$ m라고 가정)

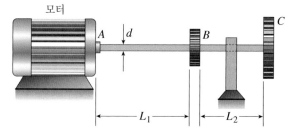

문제 3.7-9 및 3.7-10

부정정 비틀림 부재

3.8-1 A단과 D단에서 고정된 지지점을 갖는 속이 찬 원형 봉 ABCD가 그림과 같이 두 개의 크기는 같고 반대 방향으로 작용하는 토크 T_0를 받고 있다. 토크는 각각 봉의 끝 부분으로부터 거리 x만큼 떨어진 곳에 위치한 점 B와 C에 작용한다. (거리 x는 0부터 L/2 까지 변한다.)

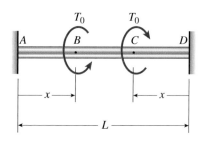

문제 3.8-1

(a) 거리 x가 얼마일 때 점 B와 C에서의 비틀림 각이 최대가 되는가?

(b) 이에 대응하는 비틀림 각 ϕ_{max}은 얼마인가? (힌트: 반응 토크를 구하기 위해서는 예제 3-9의 식 3-46a와 b를 사용하라.)

3.8-2 지름이 d인 속이 찬 원형 축이 회전되지 않도록 양단이 고정되어 있다(그림 참조). 원형 디스크가 그림에 보인 위치에서 축에 부착되어 있다.

축의 허용 전단응력이 τ_{allow}라면 디스크의 최대 허용 비틀림 각 ϕ_{max}은 얼마인가? (a > b라고 가정하고 반응 토크를 구하기 위해서는 예제 3-9의 식 3-46a와 b를 사용하라.)

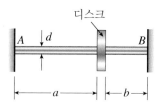

문제 3.8-2

3.8-3 고정된 지지점을 갖는 속이 찬 원형 봉 ABCD가 그림에 보인 위치에서 토크 T_0와 $2T_0$의 작용을 받는다.

봉의 최대 비틀림 각 ϕ_{max}에 대한 식을 구하라. (힌트: 반응 토크를 구하기 위해서는 예제 3-9의 식 3-46a와 b를 사용하라.)

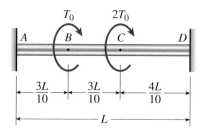

문제 3.8-3

3.8-4 두 개의 다른 지름을 갖는 속이 찬 원형 단면의 계단축 ACB가 회전하지 않도록 양단이 고정되어 있다(그림 참조).

축의 허용 전단응력이 43 MPa라면 단면 C에 작용시킬 수 있는 최대 토크 $(T_0)_{max}$은 얼마인가? (힌트: 반응 토크를 구하기 위해서는 예제 3-9의 식 3-45a와 b를 사용하라.)

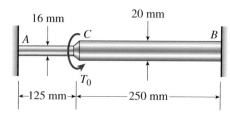

문제 3.8-4

3.8-5 두 개의 다른 지름을 갖는 속이 찬 원형 단면의 계단축 *ACB*가 회전하지 않도록 양단이 고정되어 있다(그림 참조).

축의 허용 전단응력이 43 MPa이라면 단면 *C*에 작용시킬 수 있는 최대 토크 $(T_0)_{max}$은 얼마인가? (힌트: 반응 토크를 구하기 위해서는 예제 3-9의 식 3-45a와 b를 사용하라.)

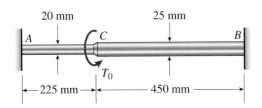

문제 3.8-5

3.8-6 바깥지름이 50 mm이고 안지름이 40 mm인 속이 빈 강철 축 *ACB*가 회전되지 않도록 양단 *A*와 *B*에서 고정되어 있다(그림 참조). 점 *C*에서 축에 용접된 수직 암의 양 끝에 수평력 *P*가 작용 한다.

축의 최대 허용 전단응력이 45 MPa이라면 수평력 *P*의 허용 값은 얼마인가? (힌트: 반응 토크를 구하기 위해서는 예제 3-9의 식 3-46a와 b를 사용하라.)

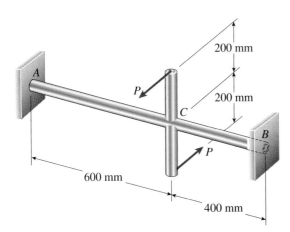

문제 3.8-6

3.8-7 양단이 고정된 원형 봉 *AB*에서 길이의 절반 부분에 구 멍이 뚫어져 있다(그림 참조). 봉의 바깥지름은 $d_2 = 100$ mm이 고 구멍의 지름은 $d_1 = 80$ mm이며 봉의 전체길이는 *L* = 1,250 mm이다.

지지점에서의 반응 토크가 같게 되기 위해서는 토크 T_0가 작 용해야 하는 봉의 좌단으로부터의 거리 *x*는 얼마인가?

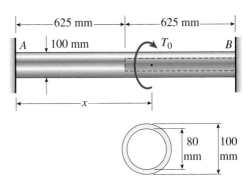

문제 3.8-7

3.8-8 계단축 *ACB*가 회전하지 않도록 양단 *A*와 *B*에서 고정되 어 있으며 *C* 단면에 작용하는 토크 T_0를 받고 있다(그림 참조). 축의 두 구간(*AC* 및 *CB*)의 지름은 각각 d_A와 d_B이며, 극관성모 멘트는 각각 I_{PA}와 I_{PB} 이다. 축의 길이는 *L* 이고 구간 *AC*의 길이 는 *a*이다.

(a) 최대 전단응력이 축의 양 구간에서 같게 되기 위한 비 *a/L* 는 얼마인가?

(b) 내부 토크가 축의 양 구간에서 같게 되기 위한 비 *a/L*는 얼 마인가? (힌트: 반응 토크를 구하기 위해서는 예제 3-9의 식 3-45a와 b를 사용하라.)

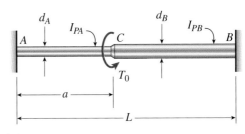

문제 3.8-8

3.8-9 길이가 *L*인 원형 봉 *AB*가 회전하지 않도록 양단이 고정 되어 있고 *A*단의 0으로부터 *B*단이 t_0까지 세기가 선형적으로 변 하는 분포 토크 *t(x)*의 작용을 받고 있다(그림 참조).

고정단의 토크 T_A와 T_B에 대한 식을 구하라.

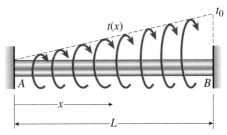

문제 3.8-9

3.8-10 지름이 d_1 = 50 mm인 속이 찬 강철봉이 바깥지름 d_3 = 40 mm이고 안지름 d_2 = 65 mm인 강철관 안에 들어 있다(그림 참조). 봉과 관은 A단에서는 지지점에 의해 고정되었고 B단에서는 강체 판에 안전하게 연결되었다. 길이가 L = 660 mm인 복합 봉은 끝판에 작용하는 토크 T = 2 kN·m에 의해 비틀림을 받고 있다.

(a) 봉과 관에서의 최대 전단응력 τ_1과 τ_2를 구하라.

(b) 강철의 전단탄성계수 G = 80 GPa이라고 가정하고 끝판의 회전각 ϕ(도 단위)를 구하라.

(c) 복합 봉의 비틀림 강성도 k_t를 구하라. (힌트: 봉과 관의 토크를 구하기 위해서는 식 3-44a와 b를 사용하라.)

3.8-11 지름이 d_1 = 25.0 mm인 속이 찬 강철봉이 바깥지름 d_3 = 37.5 mm이고 안지름 d_2 = 30.0 mm인 강철관 안에 들어 있다(그림 참조). 봉과 관은 A단에서는 지지점에 의해 고정되었고 B단에서는 강체 판에 안전하게 연결되었다. 길이가 L = 550 mm인 복합 봉은 끝판에 작용하는 토크 T = 400 kN·m 에 의해 비틀림을 받고 있다.

(a) 봉과 관에서의 최대 전단응력 τ_1과 τ_2를 구하라.

(b) 강철의 전단탄성계수 G = 80 GPa라고 가정하고 끝판의 회전각 ϕ(도 단위)를 구하라.

(c) 복합 봉의 비틀림 강성도 k_T를 구하라. (힌트: 봉과 관의 토크를 구하기 위해서는 식 3-44a와 b를 사용하라.)

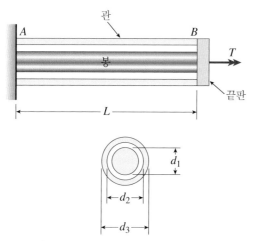

문제 3.8-10 및 3.8-11

3.8-12 그림에 보인 복합 축은 황동 코어 밖에 강철 슬리브를 수축 맞춤(shrink- fitting)하여 제조되었으며 두 부분은 비틀림을 받는 한 개의 속이 찬 봉의 역할을 한다. 두 부분의 바깥지름은 황동 코어에 대해서는 d_1 = 50 mm이고, 강철 슬리브에 대해서는 d_2 = 60 mm이다. 황동의 전단탄성계수는 G_b = 38.6 GPa 이고 강철의 전단탄성계수는 G_s = 80.3 GPa이다.

황동과 강철의 허용 전단응력이 각각 τ_b = 31 MPa 및 τ_s = 51.7 MPa이라고 가정하고, 축에 작용시킬 수 있는 최대 허용 토크 T_{max}을 구하라. (힌트: 토크를 구하기 위해서는 식 3-44 a와 b를 사용하라.)

3.8-13 그림에 보인 복합 축은 황동 코어 밖에 강철 슬리브를 수축 맞춤(shrink-fitting)하여 제조되었으며 두 부분은 비틀림을 받는 한 개의 속이 찬 봉의 역할을 한다. 두 부분의 바깥지름은 황동 코어에 대해서는 d_1 = 40 mm이고, 강철 슬리브에 대해서는 d_2 = 50 mm이다. 황동의 전단탄성계수는 G_b = 36 GPa이고 강철의 전단탄성계수는 G_s = 80 GPa이다.

황동과 강철의 허용 전단응력이 각각 τ_b = 48 MPa 및 τ_s = 80 MPa이라고 가정하고, 축에 작용시킬 수 있는 최대 허용 토크 T_{max}을 구하라. (힌트: 토크를 구하기 위해서는 식 3-44a와 b를 사용하라.)

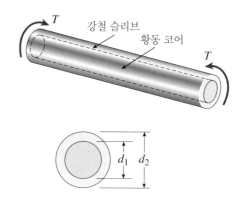

문제 3.8-12 및 3.8-13

3.8-14 전체 길이가 L = 3.0 m인 강철축(G_s = 80 GPa)이 강철축에 안전하게 접합된 황동 슬리브(G_b = 40 GPa) 안에 길이의 1/3 부분이 박혀 있다(그림 참조). 축과 슬리브의 바깥지름은 각각 d_1 = 70 mm 및 d_2 = 90 mm이다.

(a) 양단에서의 비틀림 각이 8.0°로 제한되는 경우에 축의 양단에 작용시킬 수 있는 허용 토크 T_1을 구하라.

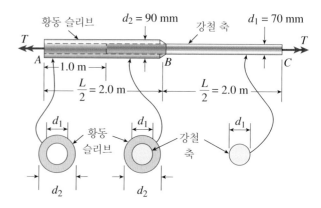

문제 3.8-14

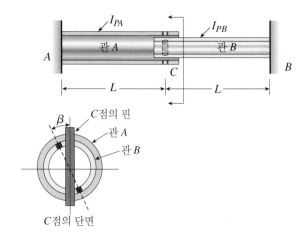

(b) 황동의 전단응력이 $\tau_b = 70$ MPa로 제한되는 경우에 허용 토크 T_2를 구하라.

(c) 강철의 전단응력이 $\tau_s = 110$ MPa로 제한되는 경우에 허용 토크 T_3를 구하라.

(d) 위의 3가지 조건을 모두 만족시키는 최대 허용 토크 T_{max}을 구하라.

3.8-15 속이 빈 원형 관 A(바깥지름 d_A, 벽두께 t_A)가 그림과 같이 원형 관 B(바깥지름 d_B, 벽두께 t_B)의 끝 부분에 끼워져 있다. 두 개의 관들의 바깥쪽 끝은 고정되어 있다. 처음에 관 B를 관통한 구멍은 관 A의 두 개의 구멍을 연결하는 선과 β각을 이룬다. 다음에 관 B는 구멍들이 일직선이 되도록 비틀어지고 핀(지름 d_i)이 구멍에 끼워진다. 관 B가 이완되면 시스템은 평형 상태로 돌아간다. G는 상수라고 가정한다.

(a) 중첩법을 사용하여 지지점에서의 반응 토크 T_A와 T_B를 각각 구하라.

(b) 핀의 전단응력 τ_p가 $\tau_{p,allow}$를 초과하지 않는 경우에 β의 최대값에 대한 식을 구하라.

(c) 관의 전단응력 τ_t가 $\tau_{t,allow}$를 초과하지 않는 경우에 β의 최대값에 대한 식을 구하라.

(d) C점에 있는 핀의 지압응력이 $\tau_{b,allow}$를 초과하지 않는 경우에 β의 최대값에 대한 식을 구하라.

문제 3.8-15

3.8-16 균일하게 테이퍼된 길이가 L인 원형 단면의 알루미늄 합금 관 AB가 회전되지 않도록 그림과 같이 양단 A와 B에서 고정되어 있다. 양단에서의 바깥지름은 d_A와 $d_B = 2d_A$이다. 길이가 $L/2$이고 일정한 두께 $t = d_A/10$을 가진 속이 빈 부분이 관 내부에 뚫어져 B에서 A방향으로 확장되었다. 토크 T_0가 $L/2$인 위치에 작용한다.

(a) 지지점에서의 반응 토크 T_A와 T_B를 구하라. 다음과 같은 수치 자료를 사용하라: $d_A = 64$ mm, $L = 1.2$ m, $G = 27$ GPa, $T_0 = 4.5$ kN·m.

(b) 속이 빈 부분이 일정한 지름 d_A를 갖는 경우에 (a)를 다시 풀어라.

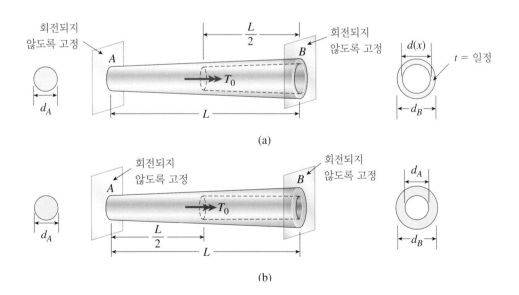

(a)

(b)

문제 3.8-16

3장 추가 복습문제

R-3.1 황동 파이프가 양단에 작용하는 $T = 800$ N·m에 의해 비틀림을 받아 비틀림 각이 3.5°가 되었다. 파이프의 성질은 다음과 같다. $L = 2.1$ m, $d_1 = 38$ mm, $d_2 = 56$ mm. 파이프의 전단탄성계수 G를 구하라.

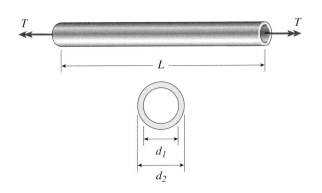

R-3.2 나이론 봉의 양단 사이의 회전각은 3.5°이다. 봉의 지름은 70 mm이고 허용 전단변형률은 0.014 rad이다. 봉의 최소 허용길이를 구하라.

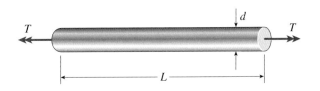

R-3.3 지름이 $d_2 = 86$ mm, $d_1 = 52$ mm인 강철관이 양단에 작용하는 토크에 의해 비틀림을 받고 있다. 같은 최대 전단응력에서 같은 토크를 견딜 수 있는 속이 찬 강철축의 지름 d를 구하라.

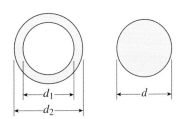

R-3.4 양단에 작용하는 토크 T에 의해 비틀림을 받는 황동 봉의 성질은 다음과 같다. $L = 2.1$ m, $d = 38$ mm, $G = 41$ GPa. 봉의 비틀림 강성도는 얼마인가?

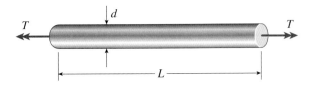

R-3.5 지름이 $d = 52$ mm인 알루미늄 봉이 양단에 작용하는 토크 T_1에 의해 비틀림을 받고 있다. 봉의 허용 전단응력은 65 MPa이다. 최대 허용토크 T_1은 얼마인가?

R-3.6 길이가 $L = 0.75$ m인 황동봉이 봉의 양단 사이의 회전각이 3.5°가 될 때까지 토크 T에 의해 비틀림을 받고 있다. 황동의 허용 전단변형률은 0.0005 rad이다. 봉의 최대 허용지름을 구하라.

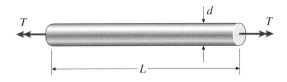

R-3.7 지름 $d_1 = 36$ mm, $d_2 = 32$ mm인 강철 계단축($G = 75$ GPa)이 양단에 작용하는 토크 T에 의해 비틀림을 받고 있다. 구간 별 길이는 $L_1 = 0.9$ m, $L_2 = 0.75$ m이다. 허용 전단응력이 28 MPa이고 최대 허용 비틀림 각이 1.8°인 경우에 최대 허용토크는 얼마인가?

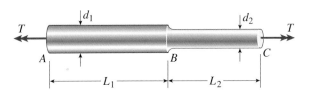

R-3.8 지름 $d_1 = 56$ mm, $d_2 = 52$ mm인 강철 계단축이 서로 반대방향으로 작용하는 토크 $T_1 = 3.5$ kN·m 와 $T_2 = 1.5$ kN·m에 의해 비틀림을 받고 있다. 최대 전단응력을 구하라.

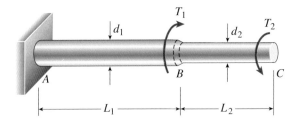

R-3.9 속이 빈 알루미늄 축($G = 27$ GPa, $d_2 = 96$ mm, $d_1 = 52$ mm)의 토크 T에 의한 단위길이 당 비틀림 각은 1.8°/m이다. 이로 인한 축의 최대 인장응력을 구하라.

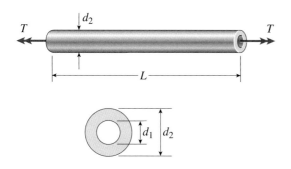

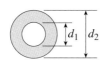

R-3.10 토크 T = 5.7 kN·m가 속이 빈 알루미늄 축(G = 27 GPa, d_1 = 52 mm)에 작용한다. 허용 전단응력은 45 MPa이고 허용 수직변형률은 8.0×10^{-4} 이다. 필요한 축의 바깥지름 d_2 를 구하라.

R-3.11 기어 축이 토크 T_A = 975 kN·m, T_B = 1,500 kN·m, T_C = 650 kN·m 및 T_D = 825 kN·m를 전달한다. 허용 전단응력이 50 MPa이라면 필요한 축의 지름은 얼마인가?

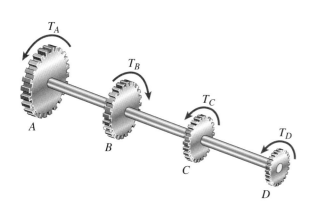

R-3.12 모터가 f = 10 Hz에서 축을 가동시키며 P = 35 kW의 동력을 전달한다. 축의 허용 전단응력은 45 MPa이다. 축의 최소 지름을 구하라.

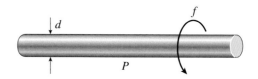

R-3.13 2,500 rpm에서 가동되는 구동축의 바깥지름은 60 mm 이고 안지름은 40 mm이다. 축의 허용 전단응력은 35 MPa이다. 전달할 수 있는 최대 동력을 구하라.

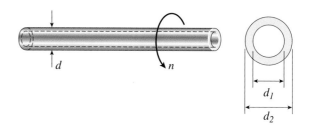

R-3.14 모터가 f = 5.25 Hz에서 지름이 d = 46 mm인 축을 가동시키며 P = 25 kW의 동력을 전달한다. 축의 최대 전단응력을 구하라.

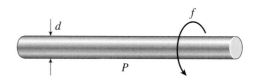

건물 프레임이나 교량 같은 다양한 구조물에서 보의 설계를 결정하는 전단력과 굽힘 모멘트
(© Jupiter Images, 2007)

전단력과 굽힘모멘트

Shear Forces and Bending Moments

개요

4장은 역학의 첫 번째 과정인 **정역학**에서 배웠던 2차원 보와 프레임의 해석과정의 복습으로 시작한다. 먼저 캔틸레버 보와 단순보와 같은 전형적인 구조물에 대해 보의 다양한 형태, 하중 및 지지조건이 정의된다. **작용하중**은 집중하중(힘 또는 모멘트) 또는 분포하중이다. **지지조건**은 고정 지지, 롤러 지지, 핀 지지 및 미끄럼 지지를 포함한다. 지지점의 개수와 배치는 정정 또는 부정정인 안정한 구조물 모델을 구성할 수 있도록 해야 한다. 이 장에서는 정정보만 공부할 것이다.

이 장의 초점은 구조물의 임의 점에서의 **내부 합응력** (축력 N, 전단력 V 및 모멘트 M)이다. 어떤 구조물에는 특정 부재의 N, V 또는 M의 크기를 조절하기 위해 특정 점에서의 내부 "이완점(release)"이 구조물에 도입되며 해석 모델에 반드시 포함되어야 한다. 이 이완점에서는 N, V 또는 M의 값이 0으로 간주된다. 전체 구조물에 대

한 N, V 및 M의 변화를 보여주는 그래픽 표시 또는 **선도**는 보와 프레임 해석에서 매우 유용하다(5장에서 확인할 수 있음). 그 이유는 이들 선도가 설계에 필요한 최대 축력, 전단력 및 모멘트의 위치와 값을 빨리 확인시켜 주기 때문이다.

보와 프레임에 대한 위의 주제가 4장에서 다음과 같이 논의된다.

4.1 소개
4.2 보, 하중 및 반력의 형태
4.3 전단력과 굽힘모멘트
4.4 하중, 전단력 및 굽힘모멘트 사이의 관계
4.5 전단력 선도와 굽힘모멘트 선도
　　요약 및 복습
　　연습문제

4.1 소개

구조용 부재는 통상 그들이 지지하는 하중의 형태에 따라 분류된다. 예를 들면, **축하중을 받는 봉**은 힘의 벡터가 봉의 축방향을 향하는 힘을 지지하며, **비틀림을 받는 봉**은 모멘트의 벡터가 축방향을 향하는 토크(또는 우력)를 지지한다. 이 장에서는 횡하중, 즉 그들의 벡터가 봉의 축에 수직인 힘 또는 모멘트를 받는 구조용 부재인 **보**(beam)(그림 4-1)에 대한 공부를 시작한다.

그림 4-1에 보인 보는 단일 평면에 놓여 있기 때문에 **평면 구조물**(*planar structure*)로 분류된다. 모든 하중이 같은 평면에 작용하고 모든 처짐(점선으로 나타난)이 그 평면에서 일어나면, 그 평면을 **굽힘평면**(**plane of bending**)이라고 한다.

이 장에서는 보에서의 전단력과 굽힘모멘트에 대해 논의하며, 이 양들이 하중과 각각 어떻게 관련되는지 보여줄 것이다. 전단력과 굽힘모멘트를 구하는 것은 보의 설계에 있어서 중요한 단계이다. 이 양들의 최대치뿐만 아니라 이들이 축방향에 따라 변하는 양상도 알 필요가 있다. 전단력과 굽힘모멘트를 일단 알게 되면, 뒤의 5, 6장과 8장에서 논의될 응력, 변형률 및 처짐을 구할 수 있게 된다.

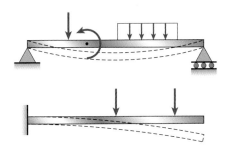

그림 4-1 횡하중을 받는 보의 예

4.2 보, 하중 및 반력의 형태

보는 통상 그들이 지지하는 방법에 의해 서술된다. 예를 들면, 한쪽 끝이 핀으로 지지되고, 다른 쪽 끝은 롤러로 지지되어 있는 보(그림 4-2a)를 **단순지지보**(**simply supported beam**) 또는 **단순보**(**simple beam**)라고 부른다. **핀 지지점**(**pin support**)의 중요한 특징은 핀이 보 끝에서의 이동은 못하게 하나 회전을 못하게 하지는 않는다는 것이다. 그러므로 그림 4-2a의 보의 끝점 A는 수평으로나 수직으로 움직일 수 없으나 보의 축은 그림의 평면 내에서 회전할 수 있다. 결과적으로, 핀 지지점은 수평 및 수직분력(H_A와 R_A)을 가진 반력을 일으킬 수 있으나 반응 모멘트는 일으킬 수 없다.

보의 끝점 B(그림 4-2a)에서 **롤러 지지점**(**roller support**)은 수직방향의 이동은 할 수 없게 하지만 수평 방향의 이동은 할 수 있게 한다. 그러므로 이 지지점은 수직반력(R_B)은 저항할 수 있으나 수평력은 저항할 수 없다. 물론, 보의 축은 A에서와 마찬가지로 B에서 자유로 회전한다. 롤러 지지점과 핀 지지점에서의 수직반력은 위 방향 또는 아래 방향으로 작용할 수 있으며, 핀 지지점에서의 수평반력은 왼쪽 또는 오른쪽으로 작용할 수 있다. 그림에서, 반력은 앞의 1.8절에서 설명한 바와 같이 하중과 구분하기 위하여 빗금 친 화살표로 표시된다.

그림 4-2b에 보인 보는, 왼쪽 끝은 고정되었고 다른 쪽 끝은 자유단으로 되어 있으며, 이를 **캔틸레버 보**(**cantilever beam**)라 부른다. **고정 지지점**(**fixed support or clamped support**)에서는 보가 이동과 회전을 할 수 없으나, 반면에 자유단에서는 이동과 회전을 할 수 있다. 결과적으로, 반력과 모멘트 반력 둘 다 고정 지지점에 나타날 수 있다.

그림의 세 번째 예는 **돌출보**(**beam with an overhang**)이다(그림 4-2c). 이 보는 A와 B에서는 단순지지되었으나

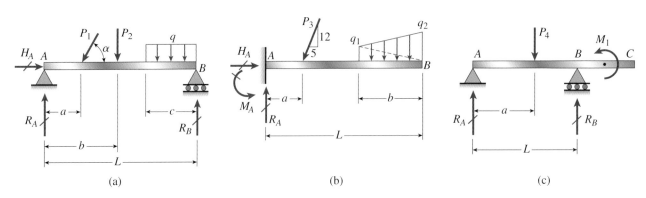

(a)   (b)   (c)

그림 4-2 보의 형태: (a) 단순보, (b) 캔틸레버 보, (c) 돌출보

(즉, *A*에서 핀 지지점을, *B*에서 롤러 지지점을 가짐), *B* 지지점 밖으로 돌출된다. 돌출 구간 *BC*는 보의 축이 점 *B*에서 회전할 수 있다는 점 외에는 캔틸레버 보와 비슷하다.

보에 대한 스케치를 그릴 때, 그림 4-2에 보인 것과 같은 **전통적 기호**로 지지점을 식별한다. 이 기호는 보가 제한되어 있는 방식을 나타내고, 따라서 반력과 모멘트 반력의 성질을 나타내기도 한다. 그러나 이 기호는 실제적인 물리적 구조 상태를 나타내지 않는다. 이를테면, 그림 4-3에 보인 예를 고려해 보자. 그림의 부분 (a)는 콘크리트 벽에 지지되고 보의 아래 플랜지 안의 슬롯이 있는 구멍을 관통하는 앵커볼트에 의해 고정된 WF (wide-flange) 보를 보여준다. 이러한 연결은 보의 수직이동(위 방향이거나 아래 방향이거나 간에)은 제한하지만 수평이동은 제한하지 않는다. 또한 보의 길이방향 축의 회전에 대한 어떠한 제한도 작으므로 보통 무시될 수 있다. 결과적으로, 이런 형태의 지지점은 통상 그림의 부분 (b)에서 보인 것과 같은 롤러로 표시될 수 있다.

두 번째 예(그림 4-3c)는 보가 볼트를 박은 앵글에 의해 기둥 플랜지에 부착되는 보–기둥 연결부이다(사진 참조). 이런 형태의 지지점은 통상 보의 수평 및 수직이동은 제한하지만 회전은 제한하지 않는다고 가정한다(회전에 대한 제한은 앵글과 기둥이 둘 다 굽혀질 수 있으므로 미미하다). 그러므로 이 연결부는 보에 대한 핀 지지점으로 표시될 수 있다(그림 4-3d).

마지막 예(그림 4-3e)는 바닥의 콘크리트 피어(pier) 셋에 앵커로 연결된 밑판에 용접된 금속 막대이다. 막대의 밑부분은 이동과 회전 둘 다에 대해서 완전히 제한되므로, 고정지지점으로 표시된다(그림 4-3f)

이동 보의 **이상화된 모델(idealized model)**에 의해 실제 구조물을 표시하는 과제는, 그림 4-2에 보인 보에 의해 설명된 것과 같이, 공학업무에서 중요한 측면이다. 모델은 수학적 해석을 이용할 수 있도록 단순하여야 하지만 그래도 납득할 만한 정확성으로 구조물의 실제 거동을 나타내기에 충분할만큼 복잡하여야 한다. 물론, 모든 모델은 근본적으로 근사화된 것이다. 이를 테면, 보의 실제 지지점은 완벽하게 견고할 수는 없으며, 핀 지지점에서는 작은 양만큼의 이동이, 고정지지점에서는 작은 양만큼의 회전이 항상 있을 것이다. 또한 지지점은 전적으로 마찰에 자유로울 수 없으며, 롤러 지지점에서는 이동에 대해 작은 양만큼의 제한이 항상 있을 것이다. 대부분의 경우에, 특히 정정보에 대해, 이상적인 조건으로부터의 이러한 편차는 보의 작용에는 아주 작은 영향을 미치므로 안전하게 무시될 수 있다.

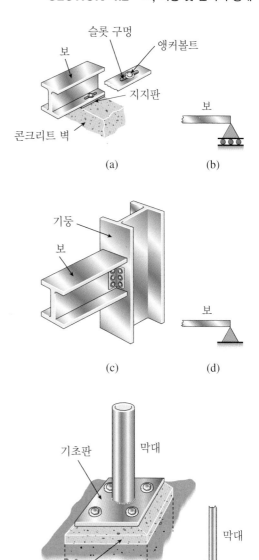

(a)   (b)

(c)   (d)

(e)   (f)

그림 4-3 벽에 지지된 보: (a) 실제 구조, (b) 롤러 지지점으로 표시.
보–기둥 연결부: (c) 실제 구조, (d) 핀 지지점으로 표시
콘크리트 피어에 앵커로 연결된 기둥: (e) 실제 구조, (f) 고정 지지점으로 표시

보 하나가 기둥 플랜지에 부착되고 다른 보는 기둥 복부판에 부착된 보–기둥 연결부
(Joe Gough/Shutterstock)

하중의 형태

보에 작용하는 여러 가지 형태의 하중이 그림 4-2에 예시되었다. 하중이 아주 작은 면적에 걸쳐 작용할 때, 이것은 단일 힘인 **집중하중(concentrated load)**으로 이상화될 수 있다. 그림의 하중 P_1, P_2, P_3 및 P_4가 그 예이다. 하중이 보의 축에 따라 퍼져 있을 때, 이것은 그림의 부분 (a)의 하중 q와 같은 **분포하중(distributed load)**을 나타낸다. 분포하중은 단위길이당 힘의 단위로 표현되는 **세기(intensity)**로 측정된다(예를 들면, 미터당 뉴턴 또는 푸트당 파운드). **등분포 하중(uniformly distributed load)** 또는 **균일 하중(uniform load)**은 단위길이에 대해 일정한 세기 q를 갖는다(그림 4-2a). 변화 하중은 축을 따라 길이에 대해 변하는 세기를 갖는데, 예를 들면, 그림 4-2b의 **선형 변화하중(linearly varying load)**은 q_1에서 q_2까지 변하는 세기를 갖는다. 또 다른 종류의 하중은 돌출보에 작용하는 우력 모멘트 M_1으로 표시되는 **우력(couple)**이다(그림 4-2c).

4.1절에서 언급한 바와 같이, 이 논의에서 하중은 그림의 평면 내에 작용한다고 가정하며, 이는 모든 힘은 그림의 평면 내에서 힘 벡터를 가져야 하며 모든 우력은 그림의 평면에 수직인 모멘트 벡터를 가져야 함을 의미한다. 게다가, 보 자체는 그 평면에 대해 대칭이어야 하고, 이는 보의 모든 단면이 수직 대칭축을 가져야 함을 의미한다. 이러한 조건 하에서, 보는 **굽힘평면(그림의 평면) 내에서만 처짐을 일으킬 것이다.

반력

반력을 구하는 것은 통상 보의 해석에서 첫 번째 단계이다. 반력을 구하면, 뒤에 이 장에서 기술되는 것처럼 전단력과 굽힘모멘트를 구할 수 있다. 보가 정정 형태로 지지를 받으면, 모든 반력은 자유물체도와 평형방정식으로부터 구한다.

어떤 경우에는, 구조물의 전체적인 거동에 중요한 효과를 갖는 실제 구성조건을 잘 표현하기 위해 보 또는 프레임 모델에 내부 이완점(release)을 추가할 필요가 있다. 예를 들면, 그림 4-4에 보인 교량 대들보의 내부 스팬은 양 끝이 롤러 지지점이며, 한편으로는 보강된 콘크리트의 휘어진 철근(또는 프레임)에 놓여 있지만, 축력과 모멘트가 이 두 점에서 0이 되도록 하기 위해 건설 디테일(detail)이 양 끝에서 대들보 안쪽으로 삽입되어 있다. 이 디테일은 온도 변화로 인해 구조물 내부에 큰 열응력이 생기는 것을 방지하기 위해 대들보가 팽창하거나 수축하는 것을 허용

내부 이완점과 교량 보 모델의 양단 지지점
(Courtesy of the National Information Service for Earthquake Engineering EERC, University of California, Berkeley.)

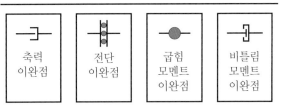

그림 4-4 2차원 보와 프레임 부재에 대한 내부 이완점의 형태

한다. 이러한 이완점을 보 모델에 표시하기 위해, 힌지(양단에 속이 찬 원으로 표시한 내부 모멘트 이완점)와 축력 이완점(C 형태의 괄호 모양으로 표시)이 보 모델에 포함되었는데, 이는 보의 길이방향 두 점에서 축력(N)과 굽힘모멘트(M)는 0이지만 전단력(V)은 0이 아님을 보여주기 위한 것이다. (2차원의 보와 비틀림 부재에 대한 사용 가능한 이완점의 종류는 사진 밑의 그림에 보여진다.) 다음의 예제들은 축력, 전단력 또는 모멘트 이완점이 구조물 모델에 있는 경우에, 구조물은 이 이완점을 통해 절단된 독립적인 자유물체도(Free-body diagram, FBD)로 분리되어야 함을 보여준다. 그러면 그 FBD에 포함된 미지의 지지점 반력을 구하기 위해 추가적인 평형방정식을 사용할 수 있다.

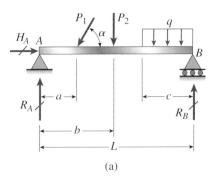

그림 4-2a 단순보 (반복)

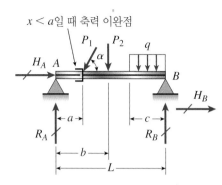

그림 4-5 축력 이완점이 있는 단순보

예로서, 그림 4-2a의 **단순보 AB**의 반력을 구해 보자. 이 보는 경사진 힘 P_1, 수직힘 P_2 및 세기 q인 등분포 하중을 받고 있다. 보는 미지수인 세 개의 반력, 즉 핀 지지점의 수평힘 H_A, 핀 지지점의 수직힘 R_A 및 롤러 지지점의 수직힘 R_B를 가지고 있음을 유의하는 것으로 시작한다. 이 보와 같은 평면 구조물에 대해, 정역학으로부터 세 개의 독립적인 평형방정식을 쓸 수 있다. 따라서 미지수인 세 개의 반력과 세 개의 방정식이 있으므로 보는 정정이다.

수평 평형의 방정식은 다음과 같다.

$$\sum F_{\text{horiz}} = 0 \quad H_A - P_1 \cos \alpha = 0$$

이로부터 다음을 얻는다.

$$H_A = P_1 \cos \alpha$$

보통 평형방정식을 쓸 필요도 없이 보를 검토해 보면 이러한 결과는 명백하다.

수직 반력 R_A와 R_B를 구하기 위해, 반시계방향의 모멘트를 양으로 하여 각각 점 B와 A에 대한 모멘트 평형방정식을 쓴다.

$$\sum M_B = 0 \quad -R_A L + (P_1 \sin \alpha)(L - a)$$
$$+ P_2(L - b) + qc^2/2 = 0$$
$$\sum M_A = 0 \quad R_B L - (P_1 \sin \alpha)(a) - P_2 b$$
$$- qc(L - c/2) = 0$$

R_A와 R_B에 대하여 풀면, 다음 결과를 얻는다.

$$R_A = \frac{(P_1 \sin \alpha)(L - a)}{L} + \frac{P_2(L - b)}{L} + \frac{qc^2}{2L}$$
$$R_B = \frac{(P_1 \sin \alpha)(a)}{L} + \frac{P_2 b}{L} + \frac{qc(L - c/2)}{L}$$

이 결과를 검산하기 위해 수직방향으로 평형방정식을 쓸 수 있으며 같은 결과를 얻을 수 있는 것을 증명할 수 있다.

그림 4-2a의 보 구조물에서 B점에서의 롤러 지지점을 핀 지지점으로 교체하여 수정한다면, 이제는 1차 부정정이 된다. 그러나 그림 4-5에 보인 바와 같이 하중 P_1의 작용점 바로 왼쪽에 축력 이완점이 추가되면, 이완점에서 한 개의 추가적인 평형방정식이 추가되므로 보는 여전히 정역학 법칙만을 사용하여 해석이 가능하다. 보는 내부의 반력 N, V, M을 나타내기 위해 이완점에서 절단되어야 하며, 이 경우에는 이완점에서 $N = 0$이고, 따라서 $H_A = 0$ 그리고 H_B

$= P_1 \cos \alpha$이다.

두 번째 예로서, 그림 4-2b의 **캔틸레버 보**를 고찰하자. 하중은 경사진 힘 P_3와 선형변화 하중으로 구성되어 있다. 후자는 q_1에서 q_2까지 변하는 하중세기를 갖는 사다리꼴 선도로 나타난다. 고정 지지점에서의 반력은 수평력 H_A, 수직력 R_A 및 우력 M_A이다. 수평방향의 힘의 평형으로부터 다음을 구한다.

$$H_A = \frac{5P_3}{13}$$

수직방향의 평형으로부터 다음을 구한다.

$$R_A = \frac{12P_3}{13} + \left(\frac{q_1 + q_2}{2}\right)b$$

이 반력을 구하는 데 있어서 분포하중의 합은 사다리꼴 하중선도의 면적이라는 사실을 사용하였다.

고정 지지점의 반응 모멘트 M_A는 모멘트의 평형방정식으로부터 구한다. 이 예제에서 모멘트 방정식으로부터 H_A와 R_A를 제거하기 위해 점 A에 대해 모멘트를 합한다. 또한 분포하중의 모멘트를 구하기 위한 목적으로, 그림 4-2b에서 점선으로 표시한 것과 같이 사다리꼴을 2개의 삼각형

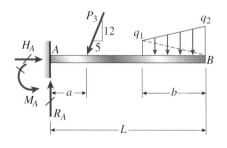

(b)

그림 4-2b 캔틸레버 보(반복)

으로 나눈다. 각각의 하중삼각형은, 크기가 삼각형의 면적과 같고 힘의 작용선이 삼각형의 도심을 통하는 힘인, 합력으로 대체될 수 있다. 그러므로 하중의 아래 삼각형 부분의 점 A에 대한 모멘트는 다음과 같다.

$$\left(\frac{q_1 b}{2}\right)\left(L - \frac{2b}{3}\right)$$

여기서 $q_1 b/2$는 합력(삼각형 하중선도의 면적과 같은)이고, $L - 2b/3$ 은 합력의 모멘트 암(점 A에 대한)이다.

하중의 위쪽 삼각형 부분의 모멘트는 비슷한 과정으로 얻으며, 마지막 모멘트 평형방정식(반시계방향이 양임)은 다음과 같다.

$$\sum M_A = 0 \qquad M_A - \left(\frac{12P_3}{13}\right)a - \frac{q_1 b}{2}\left(L - \frac{2b}{3}\right)$$
$$- \frac{q_2 b}{2}\left(L - \frac{b}{3}\right) = 0$$

이 식으로부터 다음을 구한다.

$$M_A = \frac{12P_3 a}{13} + \frac{q_1 b}{2}\left(L - \frac{2b}{3}\right) + \frac{q_2 b}{2}\left(L - \frac{b}{3}\right)$$

이 식은 양의 결과를 나타내므로, 반응 모멘트 M_A는 가정된 방향, 즉 반시계방향으로 작용한다. (R_A와 M_A에 대한 식은 보의 점 B에 대해 모멘트를 취하고 결과적인 평형방정식이 같은 결과를 준다는 것을 증명함으로써 검산할 수 있다.)

그림 4-2b의 캔틸레버 보 구조물에서 B점에 롤러 지지점을 추가하여 수정한다면, 이제는 1차 부정정인 "지지된" 캔틸레버 보가 된다. 그러나 그림 4-6에서 보인 바와 같이 P_3 의 작용점 바로 오른쪽에 모멘트 이완점이 추가되면, 이 완점에서 한 개의 추가적인 평형방정식이 추가되므로 보는 여전히 정역학 법칙만을 사용하여 해석이 가능하다. 보는 내부의 반력 N, V, M을 나타내기 위해 이완점에서 절단

되어야 하며, 이 경우에는 이완점에서 $M = 0$이고, 따라서 오른쪽의 자유물체도에서 모멘트들을 합하여 반력 R_B을 구할 수 있다. 일단 R_B를 알게 되면 R_A는 수직력들을 다시 합하여 구할 수 있고, 반응 모멘트 M_A는 A점에 대한 모멘트들을 합하여 구할 수 있다. 결과는 그림 4-6에 요약되어 있다. 수평 반력 H_A는 그림 4-2b의 원래 캔틸레버 보에 대해 계산된 것과 다르지 않다는 것을 유의하라.

$$R_B = \frac{\frac{1}{2} q_1 b\left(L - a - \frac{2}{3}b\right) + \frac{1}{2} q_2 b\left(L - a - \frac{b}{3}\right)}{L - a}$$

$$R_A = \frac{12}{13} P_3 + \left(\frac{q_1 + q_2}{2}\right)(b) - R_B$$

$$R_A = \frac{1}{78}\frac{-72 P_3 L + 72 P_3 a - 26 q_1 b^2 - 13 q_2 b^2}{-L + a}$$

$$M_A = \frac{12}{13} P_3 a + q_1 \frac{b}{2}\left(L - \frac{2}{3}b\right)$$
$$+ q_2 \frac{b}{2}\left(L - \frac{b}{3}\right) - R_B L$$

$$M_A = \frac{1}{78} a \frac{-72 P_3 L + 72 P_3 a - 26 q_1 b^2 - 13 q_2 b^2}{-L + a}$$

돌출보(그림 4-2c)는 수직력 P_4와 우력 모멘트 M_1을 받는다. 보에 작용하는 수평력이 없으므로 핀 지지점의 수평 반력은 존재하지 않으며 자유물체도에 이를 나타낼 필요가 없다. 이러한 결론을 내리기 위해 수평방향으로의 힘의 평형방정식을 사용했었다. 결과적으로 두 개의 독립된 평형방정식, 즉 두 개의 모멘트 방정식이거나 또는 한 개의 모멘트 방정식과 한 개의 수직 평형방정식만 남는다.

임의로 두 개의 모멘트 식, 즉 첫째 점 B에 대한 모멘트 식과 둘째 점 A에 대한 모멘트 식을 다음과 같이 쓰기로

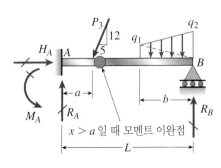

그림 4-6 모멘트 이완점을 가진 지지된 캔틸레버 보

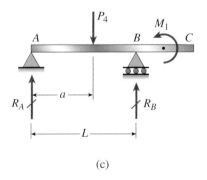

(c)

그림 4-2c 돌출보(반복)

결정하자(반시계방향 모멘트가 양임):

$$\sum M_B = 0 \qquad -R_A L + P_4(L - a) + M_1 = 0$$
$$\sum M_A = 0 \qquad -P_4 a + R_B L + M_1 = 0$$

그러므로 반력들은 다음과 같다.

$$R_A = \frac{P_4(L - a)}{L} + \frac{M_1}{L} \qquad R_B = \frac{P_4 a}{L} - \frac{M_1}{L}$$

수직방향으로 힘을 합함으로써 이 결과에 대한 확인을 한다.

그림 4-2c의 돌출보 구조물에서 C점에 롤러 지지점을 추가하여 수정한다면, 이제는 1차 부정정인 2개의 스팬을 가진 보가 된다. 그러나 그림 4-7에서 보인 바와 같이 지지점 B의 바로 왼쪽에 전단력 이완점이 추가되면, 이완점에서 한 개의 추가적인 평형방정식이 추가되므로 보는 여전히 정역학 법칙만을 사용하여 해석이 가능하다. 보는 내부의 반력 N, V, M을 나타내기 위해 이완점에서 절단되어야 하며, 이 경우에는 이완점에서 $V = 0$이고, 따라서 왼쪽의 자유물체도에서 수직 힘들을 합하여 반력 R_A를 구할 수 있다. R_A는 P_4와 같음을 쉽게 알 수 있다. 일단 R_A를 알게 되면, 반력 R_C는 지지점 B에 관한 모멘트들을 합하여 구할 수 있고, 반력 R_B는 모든 수직 힘들을 합하여 구할 수 있다. 결과는 다음과 같이 정리된다.

$$R_A = P_4$$
$$R_C = \frac{P_4 a - M_1}{b}$$
$$R_B = P_4 - R_A - R_C$$
$$R_B = \frac{M_1 - P_4 a}{b}$$

앞의 논의는 정정보의 반력이 평형방정식으로부터 어떻게 계산되는가를 설명한다. 개별적인 단계가 어떻게 수행

되는가를 보여주기 위하여 수치 예보다 기호 예를 의도적으로 사용하였다.

4.3 전단력과 굽힘모멘트

보가 힘과 우력을 받을 때, 보의 내부에 걸쳐 응력과 변형률이 발생한다. 이러한 응력과 변형률을 구하기 위해 보의 단면 위에 작용하는 내부 힘과 내부 우력을 먼저 구해야 한다.

이러한 양들이 어떻게 구해지는가를 설명하는 예로서 자유단에 수직력 P가 작용하는 캔틸레버 보를 고찰해 보자(그림 4-8a). 자유단에서 거리 x만큼 떨어진 단면 mn에서 보를 잘라서 보의 왼쪽 부분을 자유물체도로 분리시킨다(그림 4-8b). 자유물체는 힘 P와 절단 단면에 작용하는 응력에 의해 평형을 이루고 있다. 이러한 응력은 보의 왼쪽 부분에 대한 오른쪽 부분의 작용을 나타낸다. 지금 거론하고 있는 단계에서는 단면 위에 작용하는 응력의 분포는 알 수 없지만, 아는 것은 이 응력의 합력은 자유물체의 평형을 유지하는 것이어야 한다는 것뿐이다.

정역학으로부터, 단면에 작용하는 응력의 합력은 **전단력 (shear force)** V와 **굽힘모멘트(bending moment)** M으로 나타낼 수 있다(그림 4-8b). 하중 P는 보의 축에 대해 가로 방향이기 때문에, 단면에는 축력이 존재하지 않는다. 전단력과 굽힘모멘트는 모두 보의 평면 내에 작용한다. 즉, 전단력의 벡터는 그림의 평면에 위치하며 모멘트의 벡터는

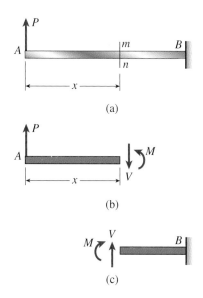

(a)

(b)

(c)

그림 4-8 보의 전단력 V와 굽힘모멘트 M

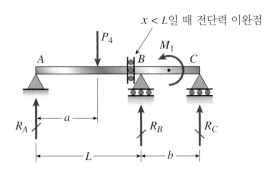

그림 4-7 전단력 이완점이 추가하여 수정된 돌출보

그림의 평면에 직각이다.

전단력과 굽힘모멘트는, 봉의 축력과 축의 내부 토크와 같이, 단면에 걸쳐 분포된 응력의 합력이다. 그러므로 이러한 양들은 통틀어서 **합응력(stress resultant)**으로 알려져 있다.

정정보에서의 합응력은 평형방정식으로부터 계산될 수 있다. 그림 4-8a의 캔틸레버 보의 경우에서, 그림 4-8b의 자유물체도를 사용한다. 수직방향으로 힘들을 합하고 절단 단면에 대해 모멘트를 취함으로써 다음 식을 얻는다.

$$\sum F_{\text{vert}} = 0 \qquad P - V = 0 \quad \text{또는} \quad V = P$$
$$\sum M = 0 \qquad M - Px = 0 \quad \text{또는} \quad M = Px$$

여기서 x 는 보의 자유단으로부터 V와 M이 구해지는 단면까지의 거리이다. 그러므로 자유물체도와 두 개의 평형방정식으로부터 전단력과 굽힘모멘트를 별 어려움 없이 계산할 수 있다.

부호규약

이제 전단력과 굽힘모멘트에 대한 부호규약을 고려해보자. 전단력과 굽힘모멘트는 그림 4-8b에 보인 것과 같은 방향으로 작용할 때 양이라고 가정하는 것이 관례이다. 전단력은 재료를 시계방향으로 회전시키려고 하며 굽힘모멘트는 보의 윗부분을 압축하려고 하고 아래 부분을 늘어나게 하려고 한다. 또한 이 경우에 전단력은 아래로 작용하며 굽힘모멘트는 반시계방향으로 작용한다.

보의 오른쪽 부분에 대하여, **똑같은** 합응력이 작용하는 것이 그림 4-8c에 보여진다. 이 양들의 방향은 이제는 반대

이다. 즉, 전단력은 위로 향하며 굽힘모멘트는 시계방향으로 작용한다. 그러나 이때에도 전단력은 재료를 시계방향으로 회전시키려 하고 굽힘모멘트는 보의 윗부분을 압축하려고 하고 아래 부분을 늘어나게 하려고 한다.

그러므로 합응력의 대수적 부호는 공간상에 합응력의 방향에 따르는 것보다 합응력이 이들이 작용하는 재료를 어떻게 변형시키느냐에 따라 결정된다는 것을 인식하여야 한다. 보의 경우에는, 양의 전단력은 재료에 대하여 시계방향으로 작용하며(그림 4-8b와 c 참조) 음의 전단력은 재료에 대하여 반시계방향으로 작용한다. 또한 양의 굽힘모멘트는 보의 윗부분을 압축하고(그림 4-8b와 c 참조) 음의 굽힘모멘트는 보의 아래 부분을 압축한다.

이러한 규약을 확실하게 하기 위해, 양과 음의 전단력과 굽힘모멘트가 모두 그림 4-9에 보여진다. 힘과 모멘트가 작은 거리만큼 떨어진 두 개의 단면 사이를 절단한 보의 요소에 작용하는 것을 보여준다.

양과 음의 전단력과 굽힘모멘트에 의한 요소의 변형이 그림 4-10에 그려졌다. 양의 전단력은 왼쪽 면에 대해서 오른쪽 면을 아래로 움직이게 함으로써 요소를 변형시키려 하며, 이미 언급한 것처럼, 양의 굽힘모멘트는 보의 윗부분을 압축하고 아래 부분을 늘어나게 한다는 것을 알 수 있다.

합응력에 대한 부호규약은 재료가 어떻게 변형되는가에 근거를 두었기 때문에 이를 **변형 부호규약**이라고 부른다. 이를테면, 봉 내의 축력을 취급하는 데에 이미 변형 부호규약을 사용한 바 있다. 봉의 신장량(또는 인장)을 일으키는 축력은 양이고 신축량(또는 압축)을 일으키는 축력은 음이라고 정하였다. 그러므로 축력의 부호는 공간상의 축력의 방향에 따르는 것이 아니라 축력이 어떻게 재료를 변형시키느냐에 따른다.

대조적으로, 평형방정식을 쓸 때 **정역학적 부호규약**을 사용하는데, 여기서 힘은 좌표축에 따른 힘의 방향에 따라 양이거나 음이된다. 이를테면, y 방향의 힘들을 합할 때 y 축의 양의 방향으로 작용하는 힘은 양이고 음의 방향으로 작용하는 힘은 음이다.

예로서, 캔틸레버 보의 일부분의 자유물체도인 그림 4-8b를 고찰하자. 수직방향으로 힘들을 합하고 y축은 윗방향

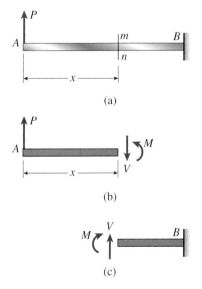

(a)

(b)

(c)

그림 4-8 (반복)

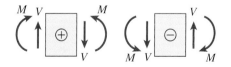

그림 4-9 전단력 V 와 굽힘모멘트 M에 대한 부호규약

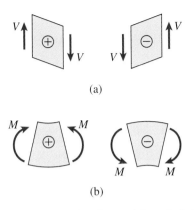

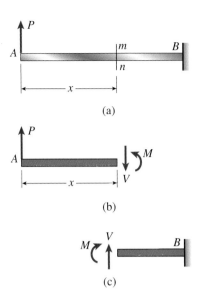

(a)

그림 4-10 (a) 전단력, (b) 굽힘모멘트로 인한 보의 변형(크게 과장되었음)

을 양이라고 가정한다. 그러면 하중 P는 윗방향으로 작용하기 때문에 평형방정식에서 양의 부호로 주어진다. 그러나 전단력 V (양의 전단력인)는 아래 방향으로(즉, y축의 음의 방향으로) 작용하므로 음의 부호로 주어진다. 이 예제는 전단력에 사용된 변형 부호규약과 평형방정식에서 사용되는 정역학적 부호규약 사이의 차이를 보여준다.

다음의 예제는 부호규약을 다루는 방법과 보의 전단력

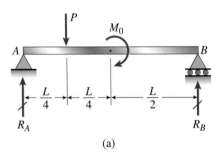

그림 4-8 (반복)

과 굽힘모멘트를 구하는 기법을 설명한다. 일반적인 과정은 자유물체도를 그리는 것과 평형방정식을 푸는 것으로 구성된다.

예제 4-1

단순보 AB가 그림 4-11a에서와 같이 작용하는 두 개의 하중, 힘 P와 우력 M_0를 지지하고 있다.

다음과 같은 위치의 단면에서 보의 전단력 V와 굽힘모멘트 M을 구하라. (a) 보의 중앙점의 왼쪽으로 약간 떨어진 위치, (b) 보의 중앙점의 오른쪽으로 약간 떨어진 위치.

풀이

반력. 이 보의 해석상 첫 단계는 지지점에서의 반력 R_A와 R_B를 구하는 것이다. 양단 B와 A에 대하여 모멘트를 취하면 두 개의 평형방정식을 얻고, 이들로부터 반력들을 구한다.

$$R_A = \frac{3P}{4} - \frac{M_0}{L} \qquad R_B = \frac{P}{4} + \frac{M_0}{L} \qquad \text{(a)}$$

(a) 중앙점의 왼쪽에서의 전단력과 굽힘모멘트. 보를 중앙점의 바로 왼쪽에서 절단하여 어느 쪽이든 보의 절반 부분의 자유물체도를 그린다. 이 예제에서는 보의 왼쪽 절반 부분을 자유물체로 택하였다(그림 4-11b). 이 자유물체는 하중 P, 반력 R_A 및 두 개의 미지수인 합응력, 즉 이들의 양의 방향을 보여주는 전단력 V와 굽힘모멘트 M으로 평형을 유지한다(그림 4-9 참조). 보가 우력의 작용점의 왼쪽에서 절단되었기 때문에 우력 M_0는 자유물체에 작

용하지 않는다.

수직방향의 힘의 합(윗방향이 양임)에서 다음 식을 얻는다.

$$\sum F_{\text{vert}} = 0 \qquad R_A - P - V = 0$$

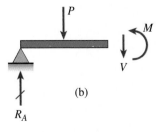

그림 4-11 예제 4-1. 단순보에서의 전단력과 굽힘모멘트

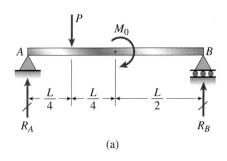

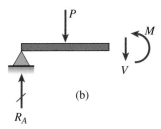

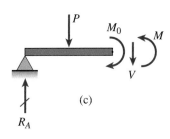

그림 4-11 예제 4-1. 단순보에서의 전단력과 굽힘모멘트
[(a) 및 (b) 반복]

이 식으로부터 전단력을 구한다.

$$V = R_A - P = -\frac{P}{4} - \frac{M_0}{L} \qquad \text{(b)} \Longleftarrow$$

이 결과는 P와 M_0가 그림 4-11a에 보인 방향으로 작용할 때 전단력(선정된 위치에서)은 음이고 그림 4-11b에서 가정된 양의 방

향과 반대 방향으로 작용한다는 것을 보여준다.

보가 잘린 단면(그림 4-11b 참조)을 통하는 축에 대해 모멘트를 취하면 다음 식을 얻는다.

$$\sum M = 0 \qquad -R_A\left(\frac{L}{2}\right) + P\left(\frac{L}{4}\right) + M = 0$$

여기서 반시계방향 모멘트를 양으로 취급하였다. 굽힘모멘트 M에 대해 풀면 다음과 같다.

$$M = R_A\left(\frac{L}{2}\right) - P\left(\frac{L}{4}\right) = \frac{PL}{8} - \frac{M_0}{2} \qquad \text{(c)} \Longleftarrow$$

굽힘모멘트 M은 하중 P와 M_0의 크기에 따라 양 또는 음일 수 있다. 이것이 양이면 그림에 보인 방향으로 작용하며, 음이면 반대 방향으로 작용한다.

(b) 중앙점의 오른쪽에서의 전단력과 굽힘모멘트. 이 경우에 보를 중앙점의 바로 오른쪽에서 절단하여 절단 단면의 왼쪽으로 보의 부분의 자유물체도를 다시 그린다(그림 4-11c). 이 선도와 앞의 선도 사이의 차이점은 우력 M_0가 이번에는 자유물체에 작용한다는 것이다.

첫째 것은 수직방향의 힘에 관한 식이고 둘째 것은 절단 단면을 지나는 축에 대한 모멘트에 관한 식인, 이 두 개의 평형방정식으로부터 다음을 얻는다.

$$V = -\frac{P}{4} - \frac{M_0}{L} \qquad M = \frac{PL}{8} + \frac{M_0}{2} \qquad \text{(d, e)} \Longleftarrow$$

이 결과들은 절단 단면이 우력 M_0의 왼쪽에서 오른쪽으로 옮겨질 때 전단력은 변하지 않지만(자유물체에 작용하는 수직력들은 변하지 않기 때문에) 굽힘모멘트는 대수적으로 M_0와 같은 양만큼 증가한다는 것을 보여준다(식 c와 e 비교).

예제 4-2

A 단은 자유이고 B 단에서 고정된 캔틸레버 보가 선형적으로 변하는 세기 q의 분포하중을 받고 있다(그림 4-12a). 하중의 최대 세기는 고정단에서 일어나며 크기는 q_0이다.

보의 자유단에서 거리 x인 위치에서의 전단력 V와 굽힘모멘트 M을 구하라.

풀이

전단력. 보의 좌단으로부터 거리 x만큼 떨어진 위치에서 보를 잘라내어 보의 그 부분을 자유물체로 분리한다(그림 4-12b). 자

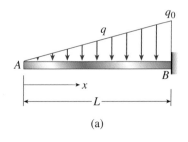

그림 4-12 예제 4-2. 캔틸레버 보에서의 전단력과 굽힘모멘트

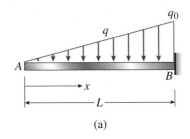

(a)

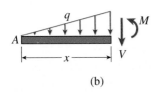

(b)

그림 4-12 예제 4-2. 캔틸레버 보에서의 전단력과 굽힘모멘트 [(a)반복]

유물체에 작용하는 것은 분포하중 q, 전단력 V 및 굽힘모멘트 M 이다. 둘 다 미지수인 값(V와 M)들은 양이라고 가정한다.

좌단으로부터 거리 x인 위치의 분포하중의 세기는 다음과 같다.

$$q = \frac{q_0 x}{L} \tag{4-1}$$

따라서 자유물체 위에 작용하는 아래 방향으로 작용하는 전체 하중은 삼각형 하중선도(그림 4-12b)의 면적과 같으므로 다음과 같다.

$$\frac{1}{2}\left(\frac{q_0 x}{L}\right)(x) = \frac{q_0 x^2}{2L}$$

수직방향의 평형방정식으로부터 다음을 구한다.

$$V = -\frac{q_0 x^2}{2L} \tag{4-2a}$$

자유단 $A(x = 0)$에서 전단력은 0이고, 고정단 $B(x = L)$에서 전단력은 최대치를 갖는다.

$$V_{\max} = -\frac{q_0 L}{2} \tag{4-2b}$$

이 식은 보에 작용하는 아래방향 전체하중과 수치적으로 같다. 식 (4-2a)와 (4-2b)의 음의 부호는 전단력이 그림 4-12b에 표시된 것과 반대방향으로 작용한다는 것을 보여준다.

굽힘모멘트. 보의 굽힘모멘트 M(그림 4-12b)을 구하기 위하여, 절단 단면을 지나는 축에 대하여 모멘트 평형식을 쓸 수 있다. 삼각형 하중의 모멘트는 하중 선도의 면적과 선도의 도심으로부터 모멘트의 축까지의 거리를 곱한 것과 같다는 것을 상기하면서, 다음과 같은 평형방정식을 얻는다(반시계방향의 모멘트가 양임):

$$\sum M = 0 \qquad M + \frac{1}{2}\left(\frac{q_0 x}{L}\right)(x)\left(\frac{x}{3}\right) = 0$$

이 식으로부터 다음을 구한다.

$$M = -\frac{q_0 x^3}{6L} \tag{4-3a}$$

보의 자유단($x = 0$)에서 굽힘모멘트는 0이고, 고정단($x = L$)에서 굽힘모멘트는 수치적으로 최대치를 갖는다.

$$M_{\max} = -\frac{q_0 L^2}{6} \tag{4-3b}$$

식 (4-3a)와 (4-3b)의 음의 부호는 굽힘모멘트가 그림 4-12b에 보인 것과 반대 방향으로 작용한다는 것을 보여준다.

예제 4-3

돌출보가 점 A와 B에서 지지되어 있다(그림 4-13a). 세기 $q = 6$ kN/m 의 등분포하중이 보의 길이에 걸쳐 작용하고 집중하중 $P = 28$ kN이 왼쪽 지지점으로부터 3 m 떨어진 위치에 작용한다. 스팬의 길이는 8 m이고 돌출부의 길이는 2 m이다.

왼쪽 지지점으로부터 5 m 떨어진 위치의 단면 D에서의 전단력 V와 굽힘모멘트 M을 계산하라.

풀이

반력. 자유물체로 취급된 전체 보에 대한 평형방정식으로부터 반력 R_A와 R_B를 먼저 계산한다. 그러므로 지지점 B와 A에 대하여 각각 모멘트를 취하여 다음을 구한다.

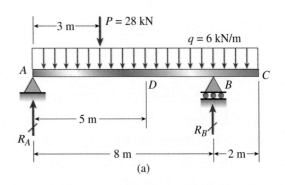

(a)

그림 4-13 예제 4-3. 돌출보에서의 전단력과 굽힘모멘트

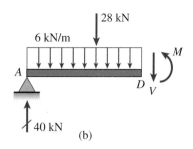

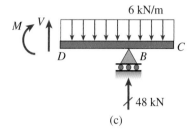

그림 4-13 예제 4-3. 돌출보에서의 전단력과 굽힘모멘트(계속)

$$R_A = 40 \text{ kN} \qquad R_B = 48 \text{ kN}$$

단면 D에서의 전단력과 굽힘모멘트. 이제 단면 D를 잘라내어 보의 왼쪽 부분의 자유물체도를 구성한다(그림 4-13b). 이 선도를 그릴 때, 미지수인 합응력 V와 M은 양이라고 가정한다.

자유물체에 대한 평형방정식은 다음과 같다.

$$\sum F_{\text{vert}} = 0 \quad 40 \text{ kN} - 28 \text{ kN} - (6 \text{ kN/m})(5 \text{ m}) - V = 0$$

$$\sum M_D = 0 \quad -(40 \text{ kN})(5 \text{ m}) + (28 \text{ kN})(2 \text{ m})$$
$$+ (6 \text{ kN/m})(5 \text{ m})(2.5 \text{ m}) + M = 0$$

여기서 첫째 식에서는 윗방향 힘을 양으로 취하였고 둘째 식에서는 반시계방향 모멘트를 양으로 취하였다. 이 방정식들을 풀어 다음 값을 얻는다.

$$V = 18 \text{ kN} \qquad M = 69 \text{ kN} \cdot \text{m}$$

V에 대한 음의 부호는 전단력이 음, 즉 힘의 방향이 그림 4-13b에 보인 것과 반대 방향이라는 것을 의미한다. M에 대한 양의 부호는 굽힘모멘트가 그림에 보인 방향으로 작용한다는 것을 의미한다.

또 다른 자유물체도. 또 다른 풀이 방법은 보의 오른쪽 부분의 자유물체도(그림 4-13c)로부터 V와 M을 구하는 것이다. 이 자유물체도를 그릴 때 미지수인 전단력과 굽힘모멘트가 양이라고 가정한다. 두 개의 평형방정식은 다음과 같다.

$$\sum F_{\text{vert}} = 0 \quad V + 48 \text{ kN} - (6 \text{ kN/m})(5 \text{ m}) = 0$$

$$\sum M_D = 0 \quad -M + (48 \text{ kN})(3 \text{ m})$$
$$- (6 \text{ kN/m})(5 \text{ m})(2.5 \text{ m}) = 0$$

이로부터 다음을 구한다.

$$V = -18 \text{ kN} \qquad M = 69 \text{ kN} \cdot \text{m}$$

이 값들은 앞에서 구한 것과 같다. 흔히 일어나는 경우로, 자유물체도 사이의 선택은 편리성과 개인적인 취향에 따른 문제이다.

4.4 하중, 전단력 및 굽힘모멘트 사이의 관계

이제는 보의 하중, 전단력 및 굽힘모멘트 사이의 몇 가지 중요한 관계를 얻을 것이다. 이러한 관계들은 보의 전 길이를 통하여 전단력과 굽힘모멘트 선도(4.5절)를 그릴 때 도움이 된다.

관계식을 얻기 위한 수단으로, 거리 dx만큼 떨어진 두 단면 사이에 잘라낸 보의 요소를 고려해 보자(그림 4-14). 요소의 윗면에 작용하는 하중은 그림 4-14a, b 및 c에 각각 보인 것과 분포하중, 집중하중 또는 우력이 될 수 있다. 이 하중들에 대한 **부호규약**은 다음과 같다. 분포하중과 집중하중은 이들이 보의 아래 방향으로 작용할 때 양이며 이들이 윗방향으로 작용할 때 음이다. 보에 하중으로 작용하는 우력은 반시계방향일 때 양이며 시계방향일 때 음이다. 다른 부호규약이 사용되면, 유일한 변경은 이 절에서 유도된 방정식에 나타나는 항들의 부호일 것이다.

요소의 측면에 작용하는 전단력과 굽힘모멘트는 그림 4-10에 이들의 양의 방향으로 보여진다. 일반적으로, 전단력과 굽힘모멘트는 보의 축에 따라 변한다. 그러므로 요소의 오른쪽 면에서의 이들 값은 왼쪽 면에서의 이들 값과 다를 것이다.

분포하중의 경우에는(그림 4-14a) V와 M의 증가분이 미소하므로 이들을 각각 dV와 dM으로 표기한다. 이에 대응하는 오른쪽 면의 합응력은 $V + dV$와 $M + dM$이다.

집중하중(그림 4-14b) 또는 우력(그림 4-14c)의 경우에는 증가분이 유한할 것이므로 이들을 V_1과 M_1으로 표기한다. 이에 대응하는 오른쪽 면의 합응력은 $V + V_1$과 $M + M_1$이다.

각각의 하중형태에 대하여 요소에 대한 두 개의 평형방정식, 즉 수직방향의 힘의 평형에 대한 한 개의 방정식과 모멘트 평형에 대한 한 개의 방정식을 쓸 수 있다. 이 방정식들의 첫째 식은 하중과 전단력 사이의 관계를 나타내고, 둘째 식은 전단력과 굽힘모멘트 사이의 관계를 나타낸다.

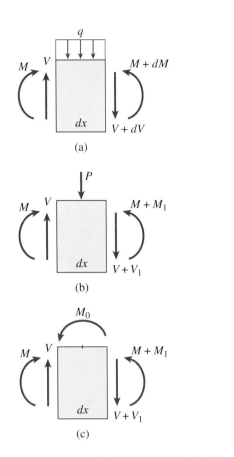

그림 4-14 하중, 전단력 및 굽힘모멘트 사이의 관계식을 유도하는 데 사용된 보의 요소. (모든 하중과 합응력은 이들의 양의 방향으로 보여진다.)

분포하중(그림 4-14a)

첫 번째 하중 형태는 그림 4-14a에 보인 것과 같은 세기 q의 분포하중이다. 첫 번째는 분포하중과 전단력 사이의 관계를 고려하고, 두 번째는 분포하중과 굽힘모멘트 사이의 관계를 고려한다.

전단력. 수직방향의 힘의 평형으로부터 다음 식을 얻는다(윗방향 힘이 양임).

$$\sum F_{\text{vert}} = 0 \quad V - q\,dx - (V + dV) = 0$$

또는

$$\frac{dV}{dx} = -q \tag{4-4}$$

이 식으로부터 보의 축 위의 임의의 점에서의 전단력의 변화율은 같은 점에서의 분포하중 세기의 음의 값과 같음을 알 수 있다. (주: 분포하중에 대한 부호규약이 반대이면, q는 아래 방향 대신에 윗방향이 양이며 이때에는 앞의 식에서 음의 부호는 없어진다.)

몇 가지 유용한 관계식은 식 (4-4)로부터 바로 명확하게

알 수 있다. 이를테면, 보의 구간에 집중하중이 없으면(즉, $q = 0$이면), $dV/dx = 0$이고 전단력은 보의 그 부분에서 일정하다. 또한 분포하중이 보의 부분에 걸쳐 일정하면($q =$ 상수), dV/dx는 역시 상수이고 전단력은 보의 그 부분에서 선형적으로 변한다.

식 (4-4)를 사용하는 실례로서, 앞 절의 예제 4-2에서 논의했던 선형 변화하중을 가진 캔틸레버 보를 고려해 보자(그림 4-12 참조). 보의 하중은(식 4-1로부터) 다음과 같다.

$$q = \frac{q_0 x}{L}$$

이 하중은 아래방향으로 작용하므로 양이다. 또한 전단력(식 4-2a)은 다음과 같다.

$$V = -\frac{q_0 x^2}{2L}$$

여기에도 함수 dV/dx를 취하여 다음 식을 얻는다.

$$\frac{dV}{dx} = \frac{d}{dx}\left(-\frac{q_0 x^2}{2L}\right) = -\frac{q_0 x}{L} = -q$$

이 식은 식 (4-4)와 일치한다.

보의 두 개의 다른 단면에서의 전단력에 관련된 유용한 관계식은 식 (4-4)를 보의 축에 따라 적분하여 얻을 수 있다. 이 관계식을 얻기 위해, 식 (4-4)의 양변에 dx를 곱한 다음에 보의 축 위의 임의의 두 점 A와 B 사이에서 적분하면 다음과 같다.

$$\int_A^B dV = -\int_A^B q\,dx \tag{a}$$

여기서는 점 A에서 점 B로 이동함에 따라 x가 증가한다고 가정한다. 이 식의 좌변은 B와 A에서의 전단력의 차인 ($V_B - V_A$)와 같다. 우변의 적분은 A와 B 사이의 하중선도의 면적을 나타내며, 이것은 점 A와 B 사이에 작용하는 분포하중의 합력의 크기와 같다. 그러므로 식 (a)로부터 다음 식을 얻는다.

$$V_B - V_A = -\int_A^B q\,dx$$
$$= -(A\text{와 } B \text{ 사이의 하중선도의 면적}) \tag{4-5}$$

다시 말하면, 보의 축 위의 두 점 사이의 전단력의 차이는 이 두 점 사이의 아래방향으로 작용하는 전체 하중의 음의

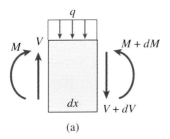

그림 4-14a (반복)

값과 같다. 하중선도의 면적은 양이기도 하고(q 가 아래로 작용하면) 음이기도 하다(q가 위로 작용하면).

식 (4-4)는 분포하중만(또는 무하중)을 받는 보의 요소에 대해 유도되었기 때문에, 집중하중이 작용하는 점에서는 식 (4-4)를 사용할 수 없다(하중의 세기 q는 집중하중에 대해서는 정의되지 않기 때문에). 같은 이유로, 집중하중 P가 점 A 와 B 사이에서 보에 작용하면 식 (4-5)를 사용할 수 없다.

굽힘모멘트. 이제는 그림 4-14a에 보인 보 요소의 모멘트 평형을 고려해 보자. 요소의 좌측 면에서의 축에 대해 모멘트를 합하고(축은 그림의 평면에 수직임), 반시계방향의 모멘트를 양으로 취하면 다음 식을 얻는다.

$$\sum M = 0 \qquad -M - q\,dx\left(\frac{dx}{2}\right) - (V + dV)dx + M + dM = 0$$

미분량의 적(product)을 제거시키면(다른 항들에 비해 무시할 수 있으므로), 다음과 같은 관계식을 얻는다.

$$\frac{dM}{dx} = V \qquad\qquad (4\text{-}6)$$

이 식은 보의 축 위의 임의의 점에서의 굽힘모멘트의 변화율은 같은 점에서의 전단력과 같다는 것을 보여준다. 이를테면, 전단력이 보의 영역에서 0이면 굽힘모멘트는 같은 영역에서 일정하다.

식 (4-6)은 분포하중(또는 무하중)이 보에 작용하는 영역에서만 적용된다. 집중하중이 작용하는 점에서는 전단력에서 갑작스런 변화(또는 불연속)가 일어나면 도함수 dM/dx 는 이 지점에서는 정의되지 않는다.

다시 그림 4-12의 캔틸레버 보를 예로 사용하면, 굽힘모멘트(식 4-3a)는 다음과 같다는 것을 상기할 수 있다.

$$M = -\frac{q_0 x^3}{6L}$$

그러므로 도함수 dM/dx는 다음과 같다.

$$\frac{dM}{dx} = \frac{d}{dx}\left(-\frac{q_0 x^3}{6L}\right) = -\frac{q_0 x^2}{2L}$$

이것은 보의 전단력과 같다(식 4-2a 참조).

식 (4-6)을 보의 축 위의 두 점 A와 B 사이에서 적분하면 다음 식을 얻는다.

$$\int_A^B dM = \int_A^B V\,dx \qquad\qquad (b)$$

이 식의 좌변의 적분은 점 B와 A에서 굽힘모멘트의 차인 ($M_B - M_A$)와 같다. 우변의 적분을 설명하기 위해, V를 x의 함수로 생각하고 V의 x에 대한 변화를 보여주는 전단력 선도를 보여줄 필요가 있다. 그러면 우변의 적분은 A와 B 사이의 전단력 선도 아래의 면적을 나타낸다는 것을 알 수 있다. 그러므로 식 (b)를 다음과 같은 방식으로 표현할 수 있다.

$$M_B - M_A = \int_A^B V\,dx$$
$$= (A\text{와 }B\text{ 사이의 전단력}$$
$$\text{선도의 면적}) \qquad (4\text{-}7)$$

이 식은 집중하중이 점 A와 B 사이의 보에 작용할 때에도 유효하다. 그러나 우력이 A와 B 사이에 작용할 때에는 유효하지 않다. 우력은 굽힘모멘트에서 갑작스런 변화를 일으키게 하며 식 (b)의 좌변은 이러한 불연속점을 통하여 적분될 수 없다.

집중하중(그림 4-14b)

이제는 보 요소에 작용하는 집중하중 P를 고찰해 보자(그림 4-14b). 수직방향의 힘의 평형으로부터 다음 식을 얻는다.

$$V - P - (V + V_1) = 0 \quad \text{or} \quad V_1 = -P \qquad (4\text{-}8)$$

이 결과는 집중하중이 작용하는 어느 점에서나 전단력의 갑작스런 변화가 일어난다는 것을 의미한다. 좌측에서 우측으로 하중 작용점을 통과함에 따라 전단력은 하방향 하중 P의 크기와 같은 양만큼 감소한다.

요소의 왼쪽 면에 대한 모멘트의 평형으로부터(그림 4-14b) 다음 식을 얻는다.

$$-M - P\left(\frac{dx}{2}\right) - (V + V_1)dx + M + M_1 = 0$$

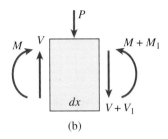

그림 **4-14b** (반복)

또는

$$M_1 = P\left(\frac{dx}{2}\right) + V\,dx + V_1\,dx \qquad (c)$$

요소의 길이 dx는 아주 미소하므로, 이 식으로부터 굽힘모 멘트의 증분 M_1 역시 미소하다는 것을 알 수 있다. 그러므로 집중하중의 작용점을 지나갈 때 굽힘모멘트는 변하지 않는다.

굽힘모멘트 M은 집중하중 점에서는 변하지 않지만, 이의 변화율(dM/dx)은 갑작스런 변화를 하게 된다. 요소의 왼쪽 변에서는(그림 4-14b), 굽힘모멘트의 변화율(식 4-6 참조)이 $dM/dx = V$이다. 오른쪽 변에서는 변화율이 $dM/dx = V + V_1 = V - P$이다. 그러므로 집중하중 P의 작용점에서는, 굽힘모멘트의 변화율 dM/dx는 P와 같은 양만큼 갑작스럽게 감소한다.

우력 형태의 하중(그림 4-14c)

고려해야 하는 마지막 경우는 우력 M_0 형태의 하중이다 (그림 4-14c). 요소의 수직방향 평형으로부터, $V_1 = 0$을 얻고, 이는 전단력이 우력의 작용점에서 변하지 않는다는 것을 보여준다.

요소의 왼쪽 변에 대한 모멘트의 평형으로부터 다음 식을 얻는다.

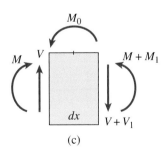

그림 **4-14c** (반복)

$$-M + M_0 - (V + V_1)dx + M + M_1 = 0$$

미분량을 포함하는 항을 제거하면(유한한 항들에 비해 무시할 수 있으므로), 다음 식을 얻는다.

$$M_1 = -M_0 \qquad (4\text{-}9)$$

이 식은 왼쪽에서 오른쪽으로 하중 작용점을 지나갈 때 굽힘모멘트가 M_0만큼 감소한다는 것을 보여준다. 그러므로 굽힘모멘트는 우력의 작용점에서는 갑작스럽게 변한다.

식 (4-4)에서 (4-9)까지의 식들은, 다음 절에서 논의되겠지만, 보의 전단력과 굽힘모멘트에 대한 완전한 검토를 할 때 유용하다.

4.5 전단력과 굽힘모멘트 선도

보를 설계할 때, 통상적으로 전단력과 굽힘모멘트가 보의 길이에 걸쳐 어떻게 변하는가를 알 필요가 있다. 특별한 관심사는 이 양들의 최대치 및 최소치이다. 이러한 종류의 정보는 전단력과 굽힘모멘트는 세로 축에 그리고 보의 축에 따라 측정되는 거리 x를 가로 축에 그린 그래프에 의해 마련된다. 이러한 그래프를 **전단력과 굽힘모멘트 선도**(shear force and bending-moment diagram)라고 부른다.

이 선도들에 대한 분명한 이해를 돕기 위해, 이 선도들이 3가지 하중 조건, 즉 한 개의 집중하중, 등분포하중 및 여러 개의 집중하중에 대해 어떻게 구성되고 해석되는지를 상세히 설명할 것이다. 추가적으로, 이 절의 끝 부분에 있는 예제 4.4부터 4.7까지는 보에 하중으로 작용하는 우력의 경우를 포함한 여러 가지 종류의 하중을 취급하는 기법에 대한 상세한 사례를 제공한다.

집중하중

집중하중 P를 받는 단순보 AB로부터 시작하자(그림 4-15a). 하중 P는 왼쪽 지지점으로부터 거리 a인 위치이고 오른쪽 지지점으로부터는 거리 b인 위치에 작용한다. 전체 보를 자유물체로 고려하면 평형으로부터 보의 반력들을 쉽게 구할 수 있다. 그 결과는 다음과 같다.

$$R_A = \frac{Pb}{L} \qquad R_B = \frac{Pa}{L} \qquad (4\text{-}10a, b)$$

하중 P의 왼쪽 구간에 A 지지점으로부터 거리 x만큼 떨어진

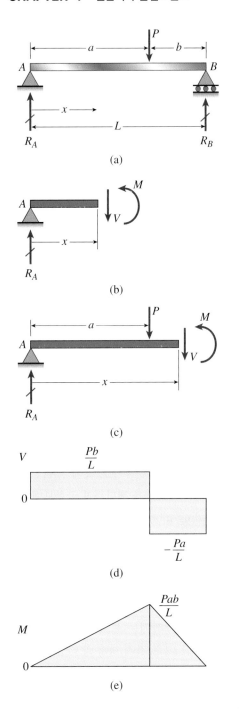

(a)

(b)

(c)

(d)

(e)

그림 4-15 집중하중을 받는 단순보에 대한 전단력과 굽힘모멘트 선도

이 표현식들은 하중 P의 왼쪽에 있는 보의 부분에 대해서만 유효하다.

다음에, 하중 P의 오른쪽 구간(즉, $a < x < L$인 구간)에서 보를 잘라내어 보의 왼쪽 부분의 자유물체도를 다시 그린다(그림 4-15c). 이 자유물체에 대한 평형방정식으로부터 전단력과 굽힘모멘트에 대한 다음과 같은 표현식을 얻는다.

$$V = R_A - P = \frac{Pb}{L} - P = -\frac{Pa}{L} \quad (a < x < L) \quad \text{(4-12a)}$$

$$M = R_A x - P(x - a) = \frac{Pbx}{L} - P(x - a)$$

$$= \frac{Pa}{L}(L - x) \quad (a < x < L) \quad \text{(4-12b)}$$

이 식들은 하중 P의 오른쪽에 있는 보의 부분에 대해서만 유효하다는 것을 유의하라.

전단력과 굽힘모멘트에 대한 식(식 4-11과 4-12)들이 보의 그림 아래에 선도로 그려졌다. 그림 4-15d는 전단력 선도이고 그림 4-15e는 굽힘모멘트 선도이다.

첫째 선도로부터 보의 끝점 $A (x = 0)$에서의 전단력은 반력 R_A와 같다는 것을 알 수 있다. 그리고 이 값은 하중 P의 작용점($x = a$)까지 일정하다. 이 점에서 전단력은 하중 P와 같은 양만큼 갑자기 감소한다. 보의 우측 부분에서 전단력은 다시 일정하게 되는데 수치적으로는 B에서의 반력과 같다.

두 번째 선도에서 보는 바와 같이, 보의 왼쪽 부분의 굽힘모멘트는 지지점에서의 0으로부터 하중작용점($x = a$)에서의 Pab/L까지 선형적으로 증가한다. 우측 부분에서, 굽힘모멘트는 역시 x의 선형함수이며 $x = a$에서의 Pab/L로부터 지지점($x = L$)에서의 0까지 변한다. 그러므로 최대 굽힘모멘트는

$$M_{max} = \frac{Pab}{L} \quad \text{(4-13)}$$

이며, 하중 P의 오른쪽 부분에서의 전단력과 굽힘모멘트에 대한 식 (식 4-12a 및 b)을 유도할 때, 보의 왼쪽 부분의 평형을 고려하였다(그림 4-15c). 이 자유물체에는 V와 M뿐만 아니라 힘 R_A와 P가 작용한다. 이 특별한 예제에서는 보의 오른쪽 부분을 자유물체로 취급하는 것이 약간 더 간단한데, 이는 이때에 한 개의 힘(R_B)만이 평형방정식에 나타나기 때문이다(V와 M에 추가해서). 물론 마지막 결과는 변하지 않는다.

이제 전단력과 굽힘모멘트 선도(그림 4-15d와 e)의 어떤 특성을 볼 수 있다. 먼저 전단력 선도의 기울기 dV/dx는 0

위치의 한 단면에서 보를 잘라낸다. 다음에 보의 왼쪽 부분의 자유물체도를 그린다(그림 4-15b). 이 자유물체에 대한 평형방정식으로부터 A 지지점으로부터 거리 x만큼 떨어진 위치에서의 전단력 V와 굽힘모멘트 M을 구한다:

$$V = R_A = \frac{Pb}{L}$$

$$M = R_A x = \frac{Pbx}{L} \quad (0 < x < a) \quad \text{(4-11a, b)}$$

$< x < a$ 와 $a < x < L$ 구간에서 0 이며, 이는 $dV/dx = -q$ (식 4-4)에 따른 것이라는 것을 유의한다. 또한 같은 구간에서 굽힘모멘트 선도의 기울기 dM/dx는 V와 같다(식 4-6). 하중 P의 왼쪽에서 모멘트의 기울기는 양이며 Pb/L과 같고, 오른쪽에서 이것은 음이며 $-Pa/L$과 같다. 따라서 하중 P의 작용점에서는 전단력 선도에서 갑작스런 변화(하중 P의 크기와 같은)가 생기며 굽힘모멘트 선도의 기울기에서도 이에 대응하는 변화가 생긴다.

이제 전단력 선도의 면적을 고려하자. $x = 0$에서 $x = a$까지 이동함에 따라, 전단력 선도의 면적은 $(Pb/L)a$ 또는 Pab/L이다. 이 양은 같은 두 점 사이의 굽힘모멘트의 증가를 나타낸다(식 4-7 참조). $x = a$에서 $x = L$까지 전단력 선도의 면적은 $-Pab/L$이며, 이는 이 구간에서 굽힘모멘트가 이 양만큼 감소한다는 것을 의미한다. 결과적으로 굽힘모멘트는 보의 끝점 B에서 예상했던 대로 0이다.

보의 양단에서의 굽힘모멘트가 0이면, 통상적으로 단순보의 경우가 그렇듯이, 보의 양단 사이의 전단력 선도의 면적은 보에 작용하는 우력이 없는 한 0이 되어야 한다(식 4-7 이후의 4.4절에서의 논의 참조).

이미 언급한 바와 같이, 전단력과 굽힘모멘트의 최대 및 최소치는 보를 설계할 때 필요하다. 한 개의 집중하중을 가진 단순보에서 최대 전단력은 집중하중에서 가장 가까운 쪽의 보의 끝점에서 일어나며 최대 굽힘모멘트는 하중 자체의 바로 아래에서 일어난다.

등분포하중

일정한 세기 q를 갖는 등분포하중을 받는 단순보가 그림 4-16a에 보여진다. 보와 하중작용 상태는 대칭이므로, 각각의 반력(R_A와 R_B)은 $qL/2$와 같음을 즉시 알 수 있다. 그러므로 좌단으로부터 거리 x만큼 떨어진 위치에서의 전단력과 굽힘모멘트는 다음과 같다.

$$V = R_A - qx = \frac{qL}{2} - qx \quad (4\text{-}14\text{a})$$

$$M = R_A x - qx\left(\frac{x}{2}\right) = \frac{qLx}{2} - \frac{qx^2}{2} \quad (4\text{-}14\text{b})$$

등분포하중을 받는 단순보에 대한 전단력과 굽힘모멘트 선도 보의 길이에 걸쳐 유효한 이 식들은 그림 4-16b와 c에 각각 전단력 선도와 굽힘모멘트 선도로 그려졌다.

전단력 선도는 $x = 0$과 $x = L$에서 수치적으로 반력과 같은 크기의 세로축 값을 갖는 경사진 직선으로 되어 있다.

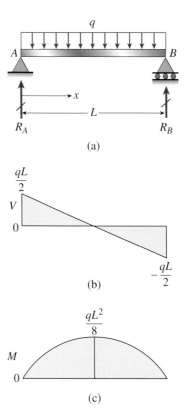

그림 4-16 등분포 하중을 받는 단순보에 대한 전단력과 굽힘모멘트 선도

이 선의 기울기는 식 (4-4)로부터 예상했던 대로 $-q$이다. 굽힘모멘트 선도는 보의 중앙점에 대해 대칭인 포물선 곡선이다. 각 단면에서 선도의 기울기는 전단력과 같다(식 4-6 참조).

$$\frac{dM}{dx} = \frac{d}{dx}\left(\frac{qLx}{2} - \frac{qx^2}{2}\right) = \frac{qL}{2} - qx = V$$

굽힘모멘트의 최대치는 dM/dx와 전단력 V가 모두 0이 되는 보의 중앙점에서 일어난다. 그러므로 M에 대한 표현식에 $x = L/2$를 대입하여 굽힘모멘트 선도에서 보는 것과 같은 다음 값을 구한다.

$$M_{\text{max}} = \frac{qL^2}{8} \quad (4\text{-}15)$$

하중세기 선도(그림 4-16a)의 면적은 qL이고, 식 (4-5)에 따라서 전단력 V는 보를 따라 A에서 B까지 움직임에 따라 이 값만큼 감소해야 한다. 전단력은 $qL/2$에서 $-qL/2$ 까지 감소하기 때문에, 이것이 사실인 것을 알 수 있다.

$x = 0$에서 $x = L/2$ 상의 전단력 선도의 면적은 $qL^2/8$ 이며 이 면적은 똑같은 두 점 사이의 굽힘모멘트의 증가를

나타냄을 알 수 있다(식 4-7). 비슷한 거동으로, 굽힘모멘트는 $x = L/2$에서 $x = L$까지의 구간에서 $qL^2/8$만큼 감소하였다.

여러 개의 집중하중

여러 개의 집중하중이 단순보에 작용하면(그림 4-17a), 전단력과 굽힘모멘트에 대한 표현식은 하중 작용점들 사이의 각 구간에 따라 결정될 수 있다. 보의 왼쪽 부분의 자유물체도를 사용하고 끝점 A로부터 거리 x를 측정하면 보의 첫째 구간에 대하여 다음과 같은 식들을 얻는다.

$$V = R_A \qquad M = R_A x \qquad (0 < x < a_1) \qquad \text{(4-16a, b)}$$

두 번째 구간에 대해서 다음 식들을 얻는다.

$$V = R_A - P_1$$
$$M = R_A x - P_1(x - a_1) \qquad (a_1 < x < a_2) \qquad \text{(4-17a, b)}$$

보의 세 번째 구간에 대해서는 보의 왼쪽보다는 오른쪽 부분을 고려하는 것이 유리한데, 이는 이에 대응하는 자유물체에서 더 적은 수의 하중이 작용하기 때문이다. 따라서 다음 식을 얻는다.

$$V = -R_B + P_3 \qquad \text{(4-18a)}$$
$$M = R_B(L - x) - P_3(L - b_3 - x) \quad (a_2 < x < a_3) \text{ (4-18b)}$$

마지막으로, 보의 네 번째 구간에 대해서 다음 식을 얻는다.

$$V = -R_B \quad M = R_B(L - x) \quad (a_3 < x < L) \qquad \text{(4-19a, b)}$$

식 (4-16)부터 (4-19)까지는 전단력과 굽힘모멘트 선도를 작도하는데 사용될 수 있다(그림 4-17b와 c).

전단력 선도로부터 전단력은 보의 각 구간 내에서 일정하며 모든 하중 작용점에서 하중과 같은 양만큼 갑작스럽게 변화함을 유의한다. 또한 각 구간의 굽힘모멘트는 x의 선형함수이며, 따라서 굽힘모멘트 선도의 해당 부분은 경사진 직선이다. 이 선들을 그리는 데 도움을 주기 위해, $x = a_1$, $x = a_2$ 및 $x = a_3$를 식 (4-16b), (4-17b) 및 (4-18b)에 각각 대입하여 집중하중 바로 밑에서의 굽힘모멘트를 구한다. 이러한 방법으로 다음과 같은 굽힘모멘트를 얻는다.

$$M_1 = R_A a_1 \quad M_2 = R_A a_2 - P_1(a_2 - a_1)$$
$$M_3 = R_B b_3 \qquad \text{(4-20a, b, c)}$$

이 값들을 알면 이 점들을 직선으로 연결하여 쉽게 굽힘모멘트 선도를 작도할 수 있다.

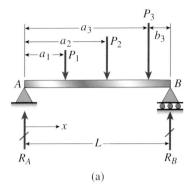

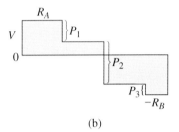

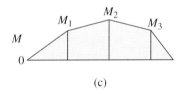

그림 4-17 여러 개의 집중하중을 받는 단순보에 대한 전단력과 굽힘모멘트 선도

전단력의 각각의 불연속점에서, 이에 대응하는 굽힘모멘트 선도의 기울기 dM/dx의 변화가 있다. 또한 두 개의 하중작용점 사이의 굽힘모멘트의 변화는 똑같은 두 점 사이의 전단력 선도의 면적과 같다(식 4-7 참조). 예를 들면, 하중 P_1과 P_2 사이의 굽힘모멘트의 변화는 $M_2 - M_1$이다. 식 (4-20a와 b)를 대입하면 다음과 같다.

$$M_2 - M_1 = (R_A - P_1)(a_2 - a_1)$$

이것은 $x = a_1$과 $x = a_2$ 사이의 직사각형 전단력 선도의 면적이다.

집중하중만 작용하는 보의 최대 굽힘모멘트는 하중 중의 한 하중 바로 밑이나 또는 반력에서 일어나야 한다. 이것을 보여주기 위하여, 굽힘모멘트 선도의 기울기는 전단력과 같다는 것을 상기하자. 그러므로 굽힘모멘트가 최대 또는 최소치를 가질 때마다, 도함수 dM/dx(따라서 전단력)는 부호가 바뀌어져야 한다. 그러나 한 개의 집중하중만 받는 보에서는 전단력은 그 하중 아래에서만 부호를 바꿀 수 있다.

x축에 따라 진행할 때, 전단력은 양에서 음으로 바뀔 수

있으며(그림 4-17b에서와 같이), 이 때에는 굽힘모멘트 선도의 기울기는 역시 양에서 음으로 바뀐다. 그러므로 이 단면에서 최대 굽힘모멘트를 가져야 한다. 반대로, 음에서 양의 값으로 전단력이 변하는 것은 최소 굽힘모멘트가 있음을 나타낸다. 이론적으로, 전단력 선도는 여러 점에서 수평축과 교차될 수 있으나, 일반적으로는 그렇지 않다. 이러한 각각의 교차점에 대응하여 굽힘모멘트 선도에 국부적인 최대치와 최소치가 있다. 모든 국부적 최대 및 최소치는 보에서의 양과 음의 최대 굽힘모멘트를 구하기 위해 결정되어야 한다.

일반적 유의사항

논의에서, "최대" 및 "최소"라는 용어는 "가장 큰(largest)" 및 "가장 작은(smallest)"이라는 관례적인 의미를 가지고 흔히 사용되고 있다. 따라서 굽힘모멘트 선도가 완만하고 연속적인 함수로 기술되거나(그림 4-16c에서와 같이) 또는 일련의 선분으로 기술되거나(그림 4-17c에서와 같이) 간에 상관없이, 보의 최대 굽힘모멘트를 참조할 수 있다.

게다가 양(positive)과 음(negative)의 양을 구별할 필요가 있다. 따라서 "최대 양의 모멘트"와 "최대 음의 모멘트"와 같은 표현을 사용한다. 이 두 가지 경우에서, 이러한 표현은 수치적으로 가장 큰 양을 나타낸다. 즉, "최대 음의 모멘트"는 실제로 "수치적으로 가장 큰 음의 모멘트"를 의미한다. 전단력이나 처짐과 같은 보의 다른 양들에 대해서도 유사한 유의사항이 적용된다.

보에서 양과 음의 최대 굽힘모멘트는 다음과 같은 위치에서 일어날 수 있다: (1) 집중하중이 작용하여 전단력의 부호가 바뀌는 단면(그림 4-15 및 4-17 참조), (2) 전단력이 0인 단면(그림 4-16 참조), (3) 수직반력이 존재하는 지지점, (4) 우력이 작용하는 단면. 앞에서의 논의 및 다음의 예제들은 이러한 모든 가능성들을 설명해 준다.

보에 여러 개의 하중이 작용할 때, 전단력 및 굽힘모멘트 선도들은 각각의 하중에 대해 따로따로 얻은 선도들을 중첩(또는 합)함으로써 얻을 수 있다. 예를 들면, 그림 4-17b의 전단력 선도는 단일 집중하중에 대하여 그림 4-15d에 보인 형태로 된 세 개의 개별적 선도를 실제적으로 합한 것이다. 그림 4-17c의 굽힘모멘트 선도에 대해서도 이와 유사한 견해를 말할 수 있다. 정정보에서 전단력과 굽힘모멘트는 작용하중의 선형함수이기 때문에, 전단력 및 굽힘모멘트 선도의 중첩을 허용할 수 있다.

전단력 및 굽힘모멘트 선도를 작도하는 데 컴퓨터 프로그램을 쉽게 이용할 수 있다. 손으로 선도를 그리면서 선도에 대한 성질을 이해한 후에, 선도를 그리고 수치 결과를 얻는 데 컴퓨터 프로그램을 이용하는 것이 안전하게 느껴질 것이다.

예제 4-4

스팬의 일부분에 작용하는 세기 q의 등분포하중을 받는 단순보에 대하여 전단력 선도와 굽힘모멘트 선도를 그려라(그림 4-18a).

풀이

반력. 전체 보의 자유물체도(그림 4-18a)로부터 보의 반력을 구하는 것으로 해석을 시작한다. 그 결과는 다음과 같다.

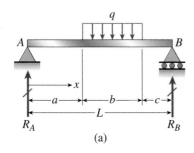

(a)

그림 4-18 예제 4-4. 스팬의 일부분에 작용하는 등분포하중을 받는 단순보

$$R_A = \frac{qb(b + 2c)}{2L} \qquad R_B = \frac{qb(b + 2a)}{2L} \qquad (4\text{-}21a, b)$$

전단력과 굽힘모멘트. 전체 보에 대한 전단력과 굽힘모멘트를 얻기 위해, 보의 세 구간을 개별적으로 고려해야 한다. 각 구간에 대해 전단력 V와 굽힘모멘트 M이 노출되도록 보를 잘라낸다. 다음에 미지수인 V와 M을 포함하는 자유물체도를 그린다. 마지막으로, 전단력을 얻기 위해 힘들을 수직방향으로 합하고 굽힘모멘트를 얻기 위해 절단 단면에 대해 모멘트를 취한다. 모든 세 개 구간에 대한 결과들은 다음과 같다.

$$V = R_A \qquad M = R_A x \qquad (0 < x < a) \qquad (4\text{-}22a, b)$$

$$V = R_A - q(x - a) \qquad M = R_A x - \frac{q(x - a)^2}{2}$$
$$(a < x < a + b) \qquad (4\text{-}23a, b)$$

$$V = -R_B \qquad M = R_B(L - x) \qquad (a + b < x < L) \qquad (4\text{-}24a, b)$$

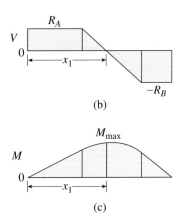

(b)

(c)

그림 4-18 예제 4-4. 스팬의 일부분에 작용하는 등분포하중을 받는 단순보(계속)

이 식들은 보의 모든 단면에서의 전단력과 굽힘모멘트를 나타낸다. 이 결과들을 부분적으로 검토하기 위해, 식 (4-4)를 전단력에 적용시키고 식 (4-6)을 굽힘모멘트에 적용시켜 식들을 만족시킨다는 것을 증명할 수 있다.

이제 식 (4-22)에서 (4-24)까지의 식을 사용하여 전단력 선도와 굽힘모멘트 선도(그림 4-18b, c)를 작도할 수 있다. 전단력 선도는 보의 하중이 작용하지 않는 구간에서는 수평선을 이루고, 식 $dV/dx = -q$에서 예상되는 바와 같이 하중이 작용하는 구간에서는 기울기가 음인 경사 직선을 이룬다.

굽힘모멘트 선도는 보의 하중이 작용하지 않는 구간에서는 두 개의 경사 직선을 이루고, 하중이 작용하는 구간에서는 포물선 곡선을 이룬다. 경사선들은 식 $dM/dx = V$에서 예상되는 바와 같이, 각각 R_A

와 $-R_B$와 같은 기울기를 갖는다. 또한 각각의 경사선들은 포물선 곡선과 만나는 점에서 이 곡선에 대한 접선이 된다. 이러한 결론은 이 점들에서의 전단력의 크기는 갑자기 변하지 않는다는 사실로부터 나온다. 따라서 식 $dM/dx = V$로부터 굽힘모멘트 선도의 기울기는 이 점들에서 갑자기 변하지 않는다는 것을 알 수 있다.

최대 굽힘모멘트. 최대 굽힘모멘트는 전단력이 0이 되는 곳에서 생긴다. 이 점은 전단력 V(식 4-23a로부터)를 0으로 놓고 이를 x값에 대해 풀어서 찾을 수 있으며, 이 값을 x_1이라 표시할 것이다. 그 결과는 다음과 같다.

$$x_1 = a + \frac{b}{2L}(b + 2c) \qquad (4\text{-}25)$$

이제 x_1을 굽힘모멘트에 대한 표현식(식 4-23b)에 대입하여 최대 모멘트 값을 구한다. 그 결과는 다음과 같다.

$$M_{max} = \frac{qb}{8L^2}(b + 2c)(4aL + 2bc + b^2) \qquad (4\text{-}26)$$

최대 굽힘모멘트는 식 (4-25)에서 보는 바와 같이 언제나 등분포하중의 구간 내에서 생긴다.

특수 경우. 등분포하중이 보에 대칭적으로 작용하면($a = c$), 식 (4-25)와 (4-26)으로부터 다음과 같은 간단한 결과를 얻는다.

$$x_1 = \frac{L}{2} \qquad M_{max} = \frac{qb(2L - b)}{8} \qquad (4\text{-}27a, b)$$

등분포하중이 전체 스팬에 걸쳐 확장되면, $b = L$이고 $M_{max} = qL^2/8$이 되며, 이는 그림 4-16과 식 (4-15)와 일치한다.

예제 4-5

두 개의 집중하중을 받는 캔틸레버 보(그림 4-19a)에 대하여 전단력 선도와 굽힘모멘트 선도를 그려라.

풀이

반력. 전체 보의 자유물체도로부터 수직반력 R_B(위 방향일 때 양임)와 반응모멘트 M_B(시계방향일 때 양임)를 구한다.

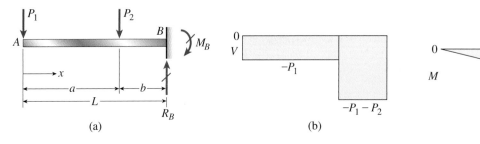

(a)

(b)

(c)

그림 4-19 예제 4-5. 두 개의 집중하중을 받는 캔틸레버 보

$$R_B = P_1 + P_2 \quad M_B = P_1L + P_2b \qquad \text{(4-28a, b)}$$

전단력과 굽힘모멘트. 보를 두 구간으로 나누어 각 구간의 자유물체도를 그리고 평형방정식을 풀어서 전단력과 굽힘모멘트를 구한다. 보의 좌단으로부터 거리 x를 측정하여 다음 식들을 구한다.

$$V = -P_1 \quad M = P_1x \quad (0 < x < a) \qquad \text{(4-29a, b)}$$

$$V = -P_1 - P_2 \quad M = -P_1x - P_2(x - a)$$
$$(a < x < L) \qquad \text{(4-30a, b)}$$

이에 대응되는 전단력 선도와 굽힘모멘트 선도가 그림 4-19b와 c에 보여진다. 전단력은 하중 사이에서 일정하고 지지점에서 최대 수치에 도달하며, 지지점에서 이 값은 수치적으로 수직반력 R_B(식 4-28a)와 같다.

굽힘모멘트 선도는 두 개의 경사 직선으로 이루어지며, 각 직선은 해당되는 보의 구간의 전단력과 같은 기울기를 갖는다. 최대 굽힘모멘트는 지지점에서 생기며 수치적으로 반응모멘트 M_B(식 4-28b)와 같다. 또한 이 값은 식 (4-7)로부터 예상한 바와 같이, 전체 전단력 선도의 면적과 같다.

예제 4-6

일정한 세기 q의 등분포하중을 지지하는 캔틸레버 보 AB가 그림 4-20a에 보여진다. 이 보에 대하여 전단력 선도와 굽힘모멘트 선도를 그려라.

풀이

반력. 고정 지지점에서의 반력 R_B와 M_B는 전체 보에 대한 평형방정식으로부터 다음과 같이 구한다.

$$R_B = qL \qquad M_B = \frac{qL^2}{2} \qquad \text{(4-31a, b)}$$

전단력과 굽힘모멘트. 이 값들은 보를 자유단으로부터 거리 x

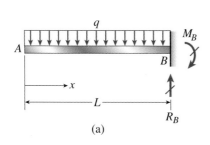

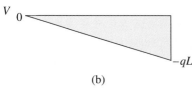

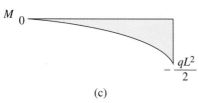

그림 **4-20** 예제 4-6. 등분포하중을 받는 캔틸레버 보

되는 곳에서 잘라내어 보의 왼쪽 부분의 자유물체도를 그리고 평형방정식을 풀어서 구할 수 있다. 이 방법으로 다음을 구한다.

$$V = -qx \qquad M = -\frac{qx^2}{2} \qquad \text{(4-32a, b)}$$

전단력 선도와 굽힘모멘트 선도는 이 식들을 이용하여 그린다(그림 4-20b와 c 참조). 전단력 선도의 기울기는 $-q$와 같고(식 4-4 참조) 굽힘모멘트 선도의 기울기는 V와 같음(식 4-6 참조)을 유의하라.

전단력과 굽힘모멘트의 최대값은 $x = L$인 고정 지지점에서 생긴다.

$$V_{\text{max}} = -ql \qquad M_{\text{max}} = -\frac{qL^2}{2} \qquad \text{(4-33a, b)}$$

이 값들은 반력 R_B와 M_B(식 4-31a, b)의 값들과 일치한다.

별해. 자유물체도와 평형방정식을 사용하는 대신에, 하중, 전단력 및 굽힘모멘트 사이의 미분관계식을 적분하여 전단력과 굽힘모멘트를 구할 수 있다. 자유단 A로부터 거리 x인 위치에서의 전단력은 하중으로부터 식 (4-5)를 적분하여 다음과 같이 구한다.

$$V - V_A = V - 0 = V = -\int_0^x q\,dx = -qx \qquad \text{(a)}$$

이것은 앞의 결과(식 4-32a)와 일치한다.

자유단으로부터 거리 x인 위치에서의 굽힘모멘트는 전단력으로부터 식 (4-7)을 적분하여 구한다.

$$M - M_A = M - 0 = M = \int_0^x V\,dx = \int_0^x -qx\,dx = -\frac{qx^2}{2} \qquad \text{(b)}$$

이것은 식 (4-32b)와 일치한다.

이 예제에서는 미분관계식을 적분하는 것이 더욱 간단한데, 그 이유는 하중 작용 패턴이 연속적이고 적분 구간 내에서 집중하중이나 우력이 없기 때문이다. 집중하중이나 우력이 존재하면, V 와 M 선도의 불연속성이 생기게 되며 식 (4-5)를 집중하중에 대해서 적분할 수도 없고 식 (4-7)을 우력에 대해서 적분할 수도 없다(4.4절 참조).

예제 4-7

좌단에 돌출부를 갖는 보 ABC가 그림 4-21a에 보여진다. 보는 돌출부 AB에 세기 $q = 1.0$ kN/m의 균일하중을 받으며 지지점 B 와 C 사이의 중간점에 반시계방향의 우력 $M_0 = 12.0$ kN · m 의 작용을 받는다.

이 보에 대한 전단력 선도와 굽힘모멘트 선도를 그려라.

풀이

반력. 전체 보의 자유물체도(그림 4-21a)로부터 반력 R_B와 R_C 를 쉽게 계산할 수 있다. 이런 과정에서 그림에 보인 것처럼 R_B 는 윗방향, R_C는 아래 방향임을 알 수 있다. 이들의 수치 값은 다음과 같다.

$$R_B = 5.25 \text{ kN} \quad R_C = 1.25 \text{ kN}$$

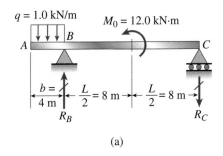

(a)

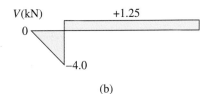

(b)

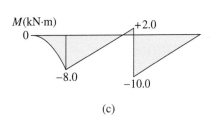

(c)

그림 4-21 예제 4-7. 돌출보

전단력. 전단력은 보의 자유단에서는 0이고 지지점 B의 바로 왼쪽에서는 $-qb$(또는 -4.0 kN)이다. 하중이 등분포되었기 때문에(즉, q는 상수), 전단력 선도의 기울기는 일정하며 $-q$와 같다(식 4-4로부터). 그러므로 전단력 선도는 A부터 B까지의 구간에서는 기울기가 음인 경사 직선이 된다(그림 4-21b).

지지점 사이에는 집중하중이나 분포하중이 없기 때문에, 전단력 선도는 이 구간에서 수평이다. 전단력은 그림에서 보는 바와 같이 반력 R_C 또는 1.25 kN 과 같다. (전단력은 우력 M_0의 작용점에서는 바뀌지 않는다는 것을 유의하라.)

수치적으로 가장 큰 전단력은 지지점 B의 바로 왼쪽에서 생기며 -4.0 kN 의 값을 갖는다.

굽힘모멘트. 굽힘모멘트는 자유단에서 0 이며 지지점 B에 도달할 때까지 오른쪽으로 갈수록 감소한다(그러나 수치적으로는 증가한다). 굽힘모멘트 선도의 기울기는 전단력 값과 같으며(식 4-6으로부터), 자유단에서는 0이고 지지점 B의 바로 왼쪽에서는 -4.0 kN이다. 선도는 이 구간에서 포물선(2차)이고 보의 좌단에서 꼭지점을 갖는다. 점 B에서의 모멘트는 다음과 같다.

$$M_B = -\frac{qb^2}{2} = -\frac{1}{2}(1.0 \text{ kN/m})(4.0 \text{ m})^2 = -8.0 \text{ kN} \cdot \text{m}$$

이것은 A와 B 사이의 전단력 선도의 면적과 같다(식 4-7 참조).

B에서 C까지의 굽힘모멘트 선도의 기울기는 전단력, 또는 1.25 kN과 같다. 그러므로 우력 M_0의 작용점 바로 왼쪽에서의 굽힘모멘트는 선도에 보인 바와 같이 다음과 같다.

$$-8.0 \text{ kN} \cdot \text{m} + (1.25 \text{ kN})(8.0 \text{ m}) = 2.0 \text{ kN} \cdot \text{m}$$

물론 이와 똑같은 결과는, 보를 우력 작용점 바로 왼쪽에서 잘라 내어 자유물체도를 그리고 모멘트 평형방정식을 풀어서 구할 수도 있다.

굽힘모멘트는 앞에서 식 (4-9)에 관련하여 설명한 바와 같이 우력 M_0의 작용점에서 갑자기 변한다. 우력은 반시계방향으로 작용하므로, 굽힘모멘트는 M_0와 같은 양만큼 감소한다. 그러므로 우력 M_0의 작용점의 바로 오른쪽에서의 굽힘모멘트는 다음과 같다.

$$2.0 \text{ kN} \cdot \text{m} - 12.0 \text{ kN} \cdot \text{m} = -10.0 \text{ kN} \cdot \text{m}$$

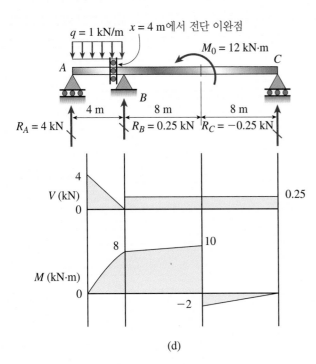

(d)

그림 4-21 예제 4-7. 수정된 돌출보–전단력 이완점 추가

이 점에서 지지점 C까지 선도는 다시 1.25 kN과 같은 기울기를 갖는 직선이 된다. 그러므로 지지점 C에서의 굽힘모멘트는 예상대로 0 이 된다.

$$-10.0 \text{ kN} \cdot \text{m} + (1.25 \text{ kN})(8.0 \text{ m}) = 0$$

굽힘모멘트의 최대 및 최소값은 전단력이 부호를 바꾸는 지점과 우력이 작용하는 지점에서 생긴다. 굽힘모멘트 선도의 여러 가지 높고 낮은 값들을 비교하면, 수치적으로 가장 큰 굽힘모멘트는 $-10 \text{ kN} \cdot \text{m}$이며 우력 M_0의 작용점 바로 오른쪽에서 생긴다.

롤러 지지점이 A 점에 추가되고 B 점의 바로 왼쪽에 전단력 이완점이 추가되면(그림 4-21d), 지지점 반력들은 다시 계산해야 한다. 보는 전단력 이완점($V = 0$)을 절단함으로써 AB와 BC 구간으로 2개의 자유물체도로 분해되며, 왼쪽의 자유물체도에서 수직력들을 합하면 반력 R_A는 4 kN이 된다. 다음에 전체 구조물에 대해 모멘트 및 힘들을 합하면 $R_B = -R_C = 0.25 \text{ kN}$이 된다. 마지막으로, 전단력 선도와 굽힘모멘트 선도를 수정된 구조물에 대해 그릴 수 있다.

요약 및 복습

4장에서는 지지점 반력과 내부 합응력(N, V 및 M)을 구하기 위한 정정보와 단순 프레임의 해석에 대해 복습했으며 구조물 전체에 걸친 이 양들의 변화를 보여주는 축력, 전단력 및 굽힘모멘트 선도를 그렸다. 서로 다른 지지조건을 갖는 다양한 구조물 모델을 구성하는 데 있어 고정 지지, 미끄럼 지지, 핀 지지 및 롤러 지지와 집중하중 및 분포하중을 고려하였다. 어떤 경우에는 알려진 위치에서의 N, V 또는 M의 값이 0이 되는 것을 표현하기 위해 내부 이완점이 추가되었다.

이 장에서 제시된 중요한 개념은 다음과 같다.

1. 구조물이 **정정**이고 안정한 경우에는 구조물의 모든 위치에서의 내부 축력(N), 전단력(V) 및 굽힘모멘트(M)의 크기뿐만 아니라 지지점의 반력 및 모멘트의 값을 구하기 위해서는 정역학 방정식만으로도 충분하다.
2. 축력, 전단력 또는 모멘트 **이완점**이 구조물에 포함되면 이완점에서 구조물을 절단하여 독립적인 자유물체도(FBD)로 분류해야 한다. 다음에는 이러한 자유물체도에 보여진 미지의 지지점 반력을 구하기 위한 추가적인 평형방정식을 사용할 수 있다.
3. 전체 구조물에 대한 N, V 및 M의 변화를 보여주는 그래픽 표시 또는 **선도**는 설계에서 유용한데, 그 이유는 이들 선도가 설계에 필요한 축력, 전단력 및 모멘트의 최대 값의 위치를 쉽게 보여주기 때문이다(5장의 보에서 고려된다).

4. **전단력 선도와 굽힘모멘트 선도를 그리는 규칙**은 다음과 같이 요약된다.

a. 분포하중 곡선의 종좌표(q)는 전단력 선도의 음의 기울기와 같다.

$$\frac{dV}{dx} = -q$$

b. 전단력 선도 상의 임의의 두 점 사이의 전단력 값의 차이는 동일한 두 점 사이의 분포하중 곡선 아래의 면적의 음의 값과 같다.

$$\int_A^B dV = -\int_A^B q \, dx$$

$$V_B - V_A = -\int_A^B q \, dx$$

$$= -(A점과 B점 사이의 하중선도의 면적)$$

c. 전단력 선도의 종좌표(V)는 굽힘모멘트 선도의 기울기와 같다.

$$\frac{dM}{dx} = V$$

d. 굽힘모멘트 선도 상의 임의의 두 점 사이의 굽힘모멘트 값의 차이는 동일한 두 점 사이의 전단력 선도 아래의 면적과 같다.

$$\int_A^B dM = \int_A^B V\, dx$$

$$M_B - M_A = \int_A^B V\, dx$$

$$= (A점과 B점 사이의 전단력 선도의 면적)$$

e. 전단력 곡선이 기준축(즉, $V = 0$)을 통과하는 점에서 굽힘모멘트 선도의 모멘트 값은 최대 값이거나 최소 값이 된다.

f. 축력 선도의 종좌표(N)는 축력 이완점에서는 0이다. 전단력 선도의 종좌표(V)는 전단력 이완점에서는 0이다. 그리고 굽힘모멘트 선도의 종좌표(M)는 모멘트 이완점에서는 0이다.

4장 연습문제

전단력과 굽힘모멘트

4.3-1 돌출보의 중앙점에서의 전단력 V와 굽힘모멘트 M을 구하라(그림 참조). 한 개의 하중은 아래 방향으로 작용하고 다른 하중은 윗방향으로 작용하며 각 지점에 시계방향의 모멘트 Pb가 작용함을 유의하라.

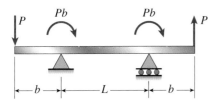

문제 4.3-1

4.3-2 그림에 보인 단순보 AB에 작용하는 하중 7.0 kN 바로 왼

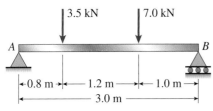

문제 4.3-2

쪽에 있는 단면에서의 전단력 V와 굽힘모멘트 M을 구하라.

4.3-3 그림에 보인 캔틸레버 보 AB의 고정 지지점으로부터 0.5

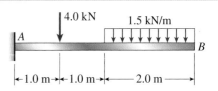

문제 4.3-3

m 떨어진 위치의 단면에서의 전단력 V와 굽힘모멘트 M을 구하라.

4.3-4 그림에 보인 단순보 AB의 중앙점 C에서의 전단력 V와

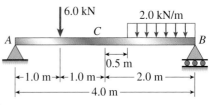

문제 4.3-4

굽힘모멘트 M을 구하라.

4.3-5 그림에 보인 보 $ABCD$는 양단에 돌출부가 있으며 세기 q의 등분포하중을 받고 있다.

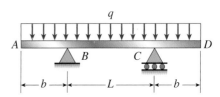

문제 4.3-5

중앙점에서의 굽힘모멘트가 0이 되게 하는 비 b/L은 얼마인가?

4.3-6 그림에 보인 돌출보의 왼쪽 지지점 A로부터 5.0 m 떨어

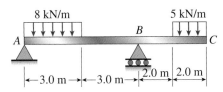

문제 4.3-6

진 위치의 단면에서의 전단력 V와 굽힘모멘트 M을 구하라.

4.3-7 그림에 보인 보 ABC는 A점과 B점에서 단순지지되고 B에서 C까지 돌출되어 있다. 작용하중은 수직 암(arm) 끝에 작용하는 수평력 P_1 = 4.0 kN과 돌출부 끝에 작용하는 수직력 P_2 = 8.0 kN으로 구성되어 있다.

왼쪽 지지점에서 3.0 m 떨어진 위치의 단면에서의 전단력 V와 굽힘모멘트 M을 구하라. (주: 계산할 때 보와 수직 암의 폭은 무

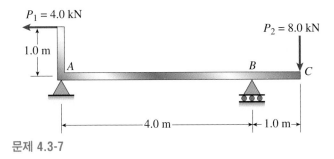

문제 4.3-7

시하고 중앙선 치수를 사용하라.)

4.3-8 단순보 AB가 사다리꼴 모양의 분포하중을 받고 있다(그림 참조). 하중의 세기는 A 지지점의 50 kN/m로부터 B 지지점의 25 kN/m까지 선형적으로 변한다.

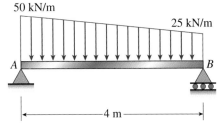

문제 4.3-8

보의 중앙점에서의 전단력 V와 굽힘모멘트 M을 구하라.

4.3-9 궁수는 활을 최대로 당겼을 때 그림에 보인 활 시위에 130 N의 힘을 작용시킨다. 활의 중앙점에서의 굽힘모멘트 M을

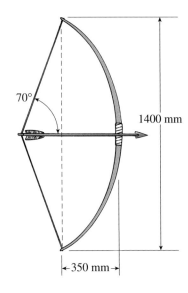

문제 4.3-9

구하라.

4.3-10 그림과 같은 굽혀진 봉 ABC가 크기는 같고 방향은 반대인 2개의 힘 P를 받고 있다. 봉의 축은 반지름이 r인 반원을 형성한다.

각 θ로 표시된 단면에서의 축력 N, 전단력 V 및 굽힘모멘트 M

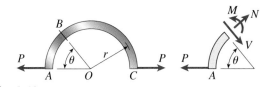

문제 4.3-10

을 구하라.

4.3-11 순항 상태에서 소형 비행기 날개에 작용하는 분포하중의 변화를 그림과 같이 이상화하였다.

날개의 비행기 중심 쪽 끝부분에서의 전단력 V와 굽힘모멘트

상향 분포하중을 받는 소형 비행기의 날개
(Thomas Gulla/Shutterstock)

M을 구하라.

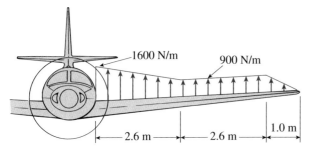

문제 4.3-11

4.3-12 수직 암 *CE*를 가진 보 *ABCD*가 *A*점와 *D*점에서 단순지 지되어 있다(그림 참조). 케이블은 수직 암의 *E*점에 부착된 작은 풀리를 지나며 케이블의 한쪽 끝은 *B*점에서 보에 연결되어 있다.

보의 *C*점 바로 왼쪽의 굽힘모멘트가 7.5 kN·m라면 케이블에 작용하는 힘 *P*는 얼마인가? (주: 계산할 때 보와 수직 암의 폭은 무시하고 중앙선 치수를 사용하라.)

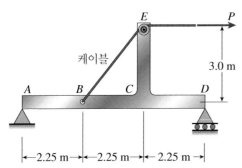

문제 4.3-12

4.3-13 단순보 *ABCD*가 그림과 같은 배치를 통해 *W* = 27 kN 의 힘을 받고 있다(그림 참조). 케이블은 *B*에서 마찰 없는 소형 풀리를 지나며 *E*에서 수직 암의 끝부분에 부착되어 있다.

수직 암의 바로 왼쪽에 있는 *C*부분에서의 축력 *N*, 전단력 *V* 및 굽힘모멘트 *M*을 구하라. (주: 계산할 때 보와 수직 암의 폭은 무시하고 중앙선 치수를 사용하라.)

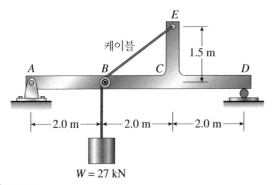

문제 4.3-13

4.3-14 보 *ABCD*는 세기 q_1 = 4.0 kN/m인 등분포하중을 받고 있는 강화된 콘크리트 기초를 나타낸다(그림 참조). 보의 밑바닥 에는 세기 q_2인 토양 압력이 균일하게 분포되어 있다고 가정한다.

(a) *B*점에서의 전단력 V_B와 굽힘모멘트 M_B를 구하라.
(b) 보의 중앙점에서의 전단력 V_m과 굽힘모멘트 M_m을 구하라.

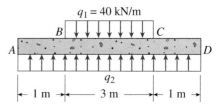

문제 4.3-14

4.3-15 그림에 보인 원심분리기가 매끄러운 표면의 수평면(xy 평면) 내에서 각가속도 α로 수직인 z축에 대해 회전하고 있다. 두 개의 암의 단위길이당 하중은 각각 w이고 양단에서 W = 2.0wL 의 무게를 지지하고 있다.

b = $L/9$, c = $L/10$이라 가정하고 암에서의 최대 전단응력 및 최대 굽힘모멘트에 대한 공식을 유도하라.

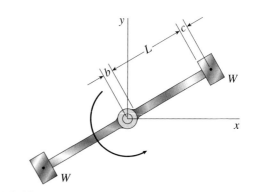

문제 4.3-15

전단력 선도와 굽힘모멘트 선도

4.5절의 문제를 풀 때에는 전단력 선도와 굽힘모멘트 선도를 축 척에 맞도록 그리고, 최대 및 최소값을 포함하여 모든 중요한 종좌 표의 값을 표시하라.

문제 4.5-1부터 4.5-10까지는 기호문제이며, 문제 4.5-11부터 4.5-24까지는 수치문제이다. 나머지 문제(4.5-25부터 4.5-30까지)들은 최적화, 힌지를 가진 보 및 이동하중과 같은 특별한 토픽을 포함한다.

4.5-1 길이의 절반부분에 세기 *q*인 등분포하중을 받는 캔틸레버 보 *AB*에 대해 전단력 선도와 굽힘모멘트 선도를 그려라(그림 참조).

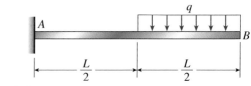

문제 4.5-1

4.5-2 두 개의 동일한 집중하중 P를 받는 단순보 AB에 대해 전단력 선도와 굽힘모멘트 선도를 그려라.

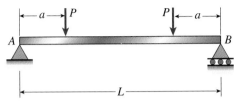

문제 4.5-2

4.5-3 단순보 AB가 왼쪽 지지점으로부터 거리 a만큼 떨어진 위치에 작용하는 반시계방향 우력 M_0를 받고 있다(그림 참조).
이 보에 대해 전단력 선도와 굽힘모멘트 선도를 그려라.

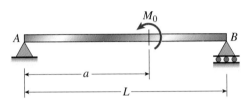

문제 4.5-3

4.5-4 단순보 AB가 그림과 같이 길이를 3등분하는 점들에서 우력 M_1과 $3M_1$을 받고 있다.
이 보에 대해 전단력 선도와 굽힘모멘트 선도를 그려라.

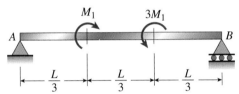

문제 4.5-4

4.5-5 그림에 보인 캔틸레버 보 AB가 중앙점에 집중하중 P를, 자유단에 반시계방향 우력 $M_1 = PL/4$을 받고 있다.
이 보에 대해 전단력 선도와 굽힘모멘트 선도를 그려라.

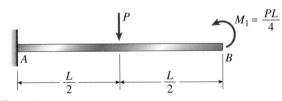

문제 4.5-5

4.5-6 그림에 보인 단순보 AB가 길이를 3등분하는 점들에서 집중하중 P와 시계방향 우력 $M_1 = PL/3$을 받고 있다.
이 보에 대해 전단력 선도와 굽힘모멘트 선도를 그려라.

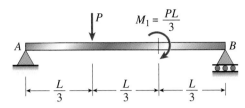

문제 4.5-6

4.5-7 보 $ABCD$는 B점과 C점에서 단순 지지되어 있고 양단에 돌출부를 갖고 있다(그림 참조). 스팬의 길이는 L이고 돌출부의 길이는 $L/3$이다. 보의 전체 길이에 걸쳐 세기 q인 등분포하중이 작용한다.
이 보에 대해 전단력 선도와 굽힘모멘트 선도를 그려라.

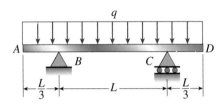

문제 4.5-7

4.5-8 단순보 ABC가 브래킷 BDE의 끝 부분에 작용하는 수직하중 P를 받고 있다(그림 참조).
보 ABC에 대해 전단력 선도와 굽힘모멘트 선도를 그려라.

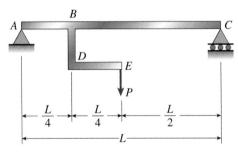

문제 4.5-8

4.5-9 보 ABC는 A점과 B점에서 단순 지지되어 있고 돌출부 BC를 갖고 있다(그림 참조). 보에는 그림과 같은 배치를 통해 작용하는 두 개의 힘 P와 시계방향의 우력 Pa를 받고 있다.
보 ABC에 대해 전단력 선도와 굽힘모멘트 선도를 그려라.

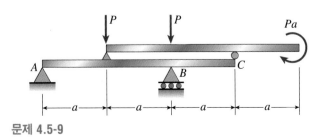

문제 4.5-9

4.5-10 캔틸레버 보 AB가 그림과 같이 우력과 집중하중을 받고 있다. 이 보에 대해 전단력 선도와 굽힘모멘트 선도를 그려라.

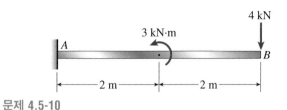

문제 4.5-10

4.5-11 그림에 보인 캔틸레버 보 AB가 길이의 절반 부분에 걸쳐 작용하는 삼각 분포하중과 자유단에 작용하는 집중하중을 받고 있다.

이 보에 대해 전단력 선도와 굽힘모멘트 선도를 그려라.

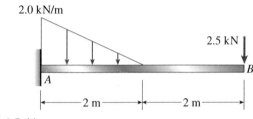

문제 4.5-11

4.5-12 최대 세기가 q_0인 선형변화 하중을 받는 캔틸레버 보 AB에 대해 전단력 선도와 굽힘모멘트 선도를 그려라(그림 참조).

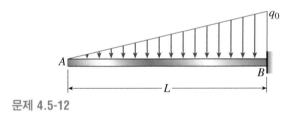

문제 4.5-12

4.5-13 한쪽 끝에 돌출부를 갖는 보 ABC가 등분포하중 12 kN/m와 C점에서 크기가 3 kN·m인 모멘트를 받고 있다(그림 참조).

이 보에 대해 전단력 선도와 굽힘모멘트 선도를 그려라.

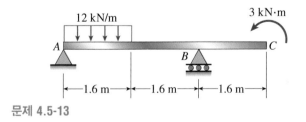

문제 4.5-13

4.5-14 등분포하중을 받는 보 ABC가 A점과 B점에서 단순 지지되어 있고 돌출부 BC를 갖고 있다(그림 참조).

이 보에 대해 전단력 선도와 굽힘모멘트 선도를 그려라.

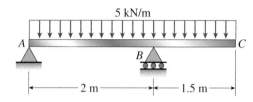

문제 4.5-14

4.5-15 단순보 AB가 스팬의 절반 부분에 걸쳐 작용하는 최대 세기 q_0 = 1,750 N/m인 삼각 분포하중과 중앙점에 작용하는 집중하중 P = 350 N을 받고 있다(그림 참조). 이 보에 대해 전단력 선도와 굽힘모멘트 선도를 그려라.

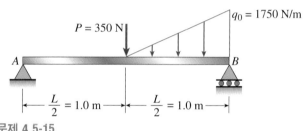

문제 4.5-15

4.5-16 그림에 보인 보 AB가 보의 길이 절반 부분에 걸쳐 작용하는 등분포하중 3,000 N/m를 받고 있다. 보는 전체 길이에 걸쳐 균일하게 분포된 하중을 받는 기초 위에 놓여 있다. 이 보에 대해 전단력 선도와 굽힘모멘트 선도를 그려라.

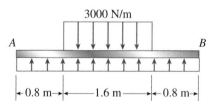

문제 4.5-16

4.5-17 동일한 하중을 받지만 서로 다른 지지점 조건을 갖는 2개의 보를 고려해 보자. 어느 보가 더 큰 최대 모멘트를 가지는가?

먼저 지지점 반력들을 구하고, 다음에 2개의 보에 대해 각각 축력(N) 선도, 전단력(V) 선도 및 굽힘모멘트(M) 선도를 그려라. 모든 중요한 N, V 및 M값들을 표시하고 또한 N, V 및 M이 0이 되는 점까지의 거리도 표시하라.

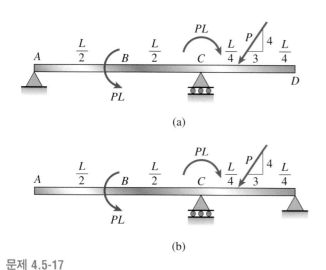

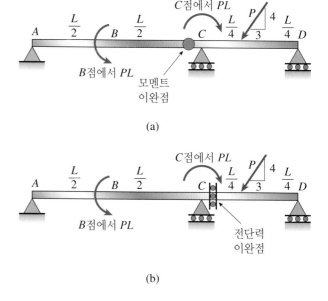

(b)

문제 4.5-17

4.5-18 3개의 보가 같은 하중을 받고 있으며 같은 지지점 조건을 갖는다. 그러나 첫 번째 보는 C점 바로 왼쪽에 **모멘트 이완점**을 갖고 있고, 두 번째 보는 C점 바로 오른쪽에 **전단력 이완점**을 갖고 있으며 세 번째 보는 C점 바로 왼쪽에 **축력 이완점**을 갖는다. 어느 보가 가장 큰 최대 모멘트를 가지는가?

먼저 지지점 반력들을 구하고, 다음에 3개의 보에 대해 각각 축력(N) 선도, 전단력(V) 선도 및 굽힘모멘트(M) 선도를 그려라. 모든 중요한 N, V 및 M값들을 표시하고 또한 N, V 및 M이 0이 되는 점까지의 거리도 표시하라.

4.5-19 2개의 보가 같은 하중을 받고 있으며 같은 지지점 조건을 갖는다. 그러나 각 보에 대해 내부 **축력, 전단력** 및 **모멘트** 이완점의 위치는 다르다(그림 참조). 어느 보가 더 큰 최대 모멘트를 가지는가?

먼저 지지점 반력들을 구하고, 다음에 2개의 보에 대해 각각

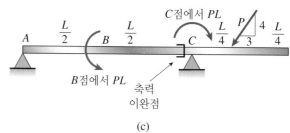

(c)

문제 4.5-18

축력(N) 선도, 전단력(V) 선도 및 굽힘모멘트(M) 선도를 그려라. 모든 중요한 N, V 및 M값들을 표시하고 또한 N, V 및 M이 0이 되는 점까지의 거리도 표시하라.

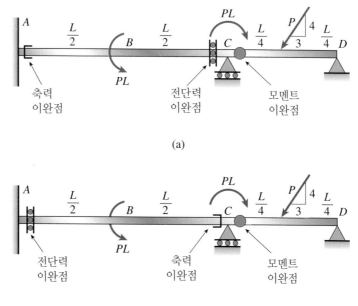

문제 4.5-19

4.5-20 그림에 보인 보 *ABC*는 *A*점과 *B*점에서 단순 지지되어 있고 돌출부 *BC*를 갖고 있다. 작용하중은 수직 암 끝에 작용하는 수평력 $P_1 = 1,800$ N과 돌출부 끝에 작용하는 수직력 $P_2 = 4,000$ N으로 구성되어 있다.

이 보에 대해 전단력 선도와 굽힘모멘트 선도를 그려라. (주: 계산할 때 보와 수직 암의 폭은 무시하고 중앙선 치수를 사용하라.)

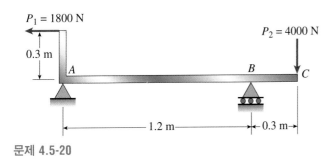

문제 4.5-20

4.5-21 단순보 *AB*는 두 구간에 작용하는 등분포하중과 수직 암의 양단에 작용하는 2개의 수평력을 받고 있다(그림 참조).

이 보에 대해 전단력 선도와 굽힘모멘트 선도를 그려라.

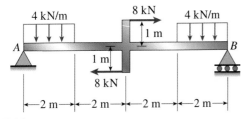

문제 4.5-21

4.5-22 보 *ABC*와 *CD*는 *A*, *C* 및 *D*점에서 지지되어 있고 *C*점의 바로 왼쪽에 힌지(또는 **모멘트 이완점**)에 의해 연결되어 있다. *A* 지지점은 미끄럼 지지점이다(따라서 그림에 보인 하중에 대해 반력 $A_y = 0$이다). 모든 반력을 구한 다음에 전단력(*V*) 선도 및 굽힘모멘트(*M*) 선도를 그려라. 모든 중요한 *V* 및 *M*값들을 표시하고 또한 *V* 및 *M*이 0이 되는 점까지의 거리도 표시하라.

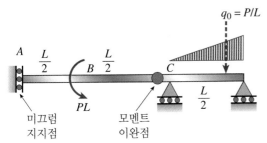

문제 4.5-22

4.5-23 그림에 보인 단순보 *AB*는 집중하중과 일부 구간에 작용하는 등분포하중을 받고 있다.

이 보에 대해 전단력 선도와 굽힘모멘트 선도를 그려라.

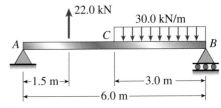

문제 4.5-23

4.5-24 그림에 보인 캔틸레버 보는 집중하중과 일부 구간에 작용하는 등분포하중을 받고 있다.

이 캔틸레버 보에 대해 전단력 선도와 굽힘모멘트 선도를 그려라.

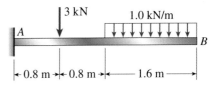

문제 4.5-24

4.5-25 그림에 보인 보 *ABCD*가 서로 1.2 m 떨어진 지지점 *B*와 *C*로부터 양쪽 방향으로 4.2 m 거리까지 확장된 돌출부를 갖고 있다.

이 돌출보에 대해 전단력 선도와 굽힘모멘트 선도를 그려라.

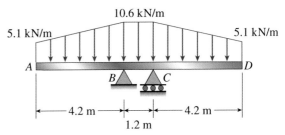

문제 4.5-25

4.5-26 수직 암 *CE*를 가진 보 *ABCD*가 *A*점와 *D*점에서 단순지지되어 있다(그림 참조). 케이블은 수직 암의 *E*점에 부착된 작은 풀리를 지나며 케이블의 한쪽 끝은 *B*점에서 보에 연결되어 있다. 케이블의 인장력은 8.0 kN이다.

보 *ABCD*에 대해 전단력 선도와 굽힘모멘트 선도를 그려라. (주: 계산할 때 보와 수직 암의 폭은 무시하고 중앙선 치수를 사용하라.)

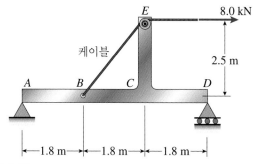

문제 4.5-26

4.5-27 단순보가 사다리꼴 분포하중을 받고 있다(그림 참조). 하중의 세기는 지지점 A의 1.0 kN/m로부터 지지점 B의 3.0 kN/m까지 변한다.

이 보에 대해 전단력 선도와 굽힘모멘트 선도를 그려라.

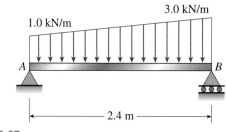

문제 4.5-27

4.5-28 그림에 보인 단순보 ACB가 최대 세기가 2.6 kN/m인 삼각 분포하중과 A점에서 400 N·m의 모멘트를 받고 있다.

이 보에 대해 전단력 선도와 굽힘모멘트 선도를 그려라.

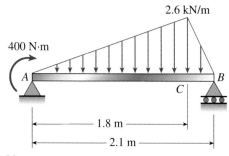

문제 4.5-28

4.5-29 그림에 보인 복합보 ABCDE가 D점에서 힌지로 연결된 2개의 보(AD와 DE)로 이루어졌다. 힌지는 전단력은 전달할 수 있으나 모멘트는 전달할 수 없다. 보에 작용하는 하중은 B점에 부착된 브래킷 끝 부분에 작용하는 4 kN의 힘과 보 DE의 중앙에 작용하는 2 kN의 힘으로 구성되어 있다. 이 복합보에 대해 전단력 선도와 굽힘모멘트 선도를 그려라.

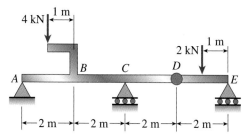

문제 4.5-29

4.5-30 길이가 L인 보가 세기 q인 등분포하중을 지지하도록 설계되었다(그림 참조). 보의 지지점이 양단에 위치하여 단순보가 된다면 보의 최대 굽힘모멘트는 $qL^2/8$이다. 그러나 보의 지지점들이 대칭적으로 보의 중앙으로 이동한다면(그림과 같이) 굽힘모멘트는 감소한다.

보의 최대 굽힘모멘트가 가능한 한 최소 수치 값을 갖게 하는 지지점 사이의 거리 a를 구하라. 이러한 조건에 대해 전단력 선도와 굽힘모멘트 선도를 그려라.

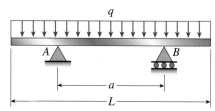

문제 4.5-30

4.5-31 그림에 보인 보는 A점에서 미끄럼 지지점을 가지며 B점에서 스프링 상수가 k인 탄성 지지점을 갖고 있다. 분포하중 q(x)가 전체 보에 걸쳐 작용한다. 모든 지지점 반력들을 구한 다음에 보 AB에 대해 전단력(V) 선도 및 굽힘모멘트(M) 선도를 그려라. 모든 중요한 V 및 M값들을 표시하고 또한 주요 종좌표 값이 0이 되는 점까지의 거리도 표시하라.

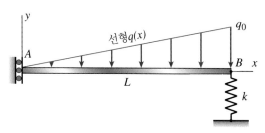

문제 4.5-31

4.5-32 단순보에 대한 전단력 선도가 그림에 보인 바와 같다.

보에 우력이 작용하지 않는다고 가정하여, 보에 작용하는 하중들을 구하고 굽힘모멘트 선도를 그려라.

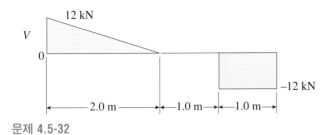

문제 4.5-32

4.5-33 보에 대한 전단력 선도가 그림에 보인 바와 같다. 보에 우력이 작용하지 않는다고 가정하여, 보에 작용하는 하중들을 구하고 굽힘모멘트 선도를 그려라.

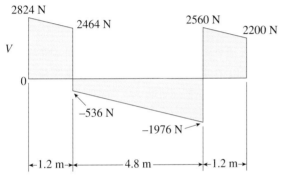

문제 4.5-33

4.5-34 복합보가 B점 바로 왼쪽에 모멘트 이완점을 가지며 C점 바로 오른쪽에 전단력 이완점을 갖고 있다. 반력들이 지지점 A, C 및 D에서 계산되어 그림에 표시되었다.

먼저 정역학을 이용하여 반력을 확인한 다음에, 전단력(V) 선도와 굽힘모멘트(M) 선도를 그려라. 모든 중요한 V 및 M값들을 표시하고 또한 V 및 M값이 0이 되는 점까지의 거리도 표시하라.

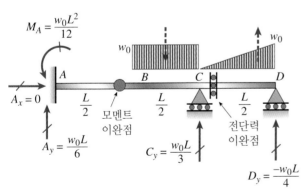

문제 4.5-34

4.5-35 복합보가 C점 바로 왼쪽에 전단력 이완점을 가지며 C점 바로 오른쪽에 모멘트 이완점을 갖고 있다. B점에 작용하는 하중과 BC 및 CD 구간에 작용하는 삼각 분포하중 $w(x)$에 대해 모멘트 선도가 도시되었다.

먼저 정역학을 이용하여 반력을 구한 다음에, 축력(N) 선도와 전단력(V) 선도를 그려라. 모멘트 선도가 그림과 같은지를 확인하라. 모든 중요한 N, V 및 M값들을 표시하고 또한 N, V 및 M값이 0이 되는 점까지의 거리도 표시하라.

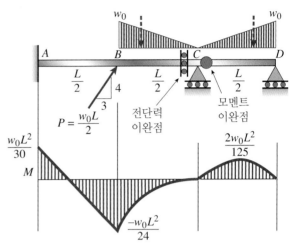

문제 4.5-35

4.5-36 그림에 보인 경사진 보는 다음과 같은 하중, 즉 도장공의 무게가 W이고 사다리 자체의 분포하중이 w인 사다리를 나타낸다.

A와 B점에서의 지지점 반력을 구한 다음에, 축력(N) 선도, 전단력(V) 선도 및 굽힘모멘트(M) 선도를 그려라. 모든 중요한 N, V 및 M값들을 표시하고 또한 주요 종좌표 값들이 0이 되는 점까지의 거리도 표시하라. 경사진 사다리에 대해 수직인 N, V 및 M 선도를 그려라.

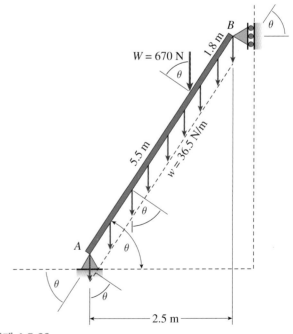

문제 4.5-36

4.5-37 단순보 *AB*가 거리 *d*만큼 떨어진 2개의 연결된 차륜에 작용하는 하중 *P*와 2*P*를 지지하고 있다(그림 참조). 차륜은 보의 왼쪽 지지점으로부터 임의의 거리 *x*만큼 떨어져 있다.

(a) 보 내에 최대 전단력을 생기게 하는 거리 *x*를 구하고 최대 전단력 V_{max}을 구하라.

(b) 보 내에 최대 굽힘모멘트를 생기게 하는 거리 *x*를 구하고 이에 대응하는 굽힘모멘트 선도를 그려라. (*P* = 10 kN, *d* = 2.4 m, *L* = 12 m라고 가정하라.)

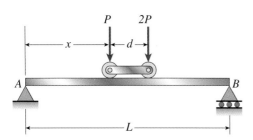

문제 4.5-37

4.5-38 보 *ABC*가 그림과 같이 타이 봉(tie rod) *CD*에 의해 지지되어 있다. 두 가지 배열이 가능하다. 즉, 하나는 *A*점에서 핀으로 지지되고 *AB* 구간에 아랫방향 삼각 분포하중을 받는 경우이고, 다른 하나는 *B*점에서 핀으로 지지되고 *AB* 구간에 윗방향 삼각 분포하중을 받는 경우이다. 어느 경우가 더 큰 최대 모멘트를 가지는가?

먼저 모든 지지점 반력을 구한 다음에, 보 *ABC*에 대해 축력 (*N*) 선도, 전단력(*V*) 선도 및 굽힘모멘트(*M*) 선도를 그려라. 모든 중요한 *N*, *V* 및 *M* 값들을 표시하고 또한 주요 종좌표 값들이 0이 되는 점까지의 거리도 표시하라.

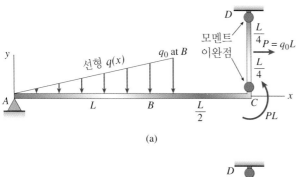

(a)

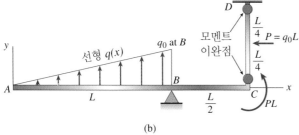

(b)

문제 4.5-38

4.5-39 그림에 보인 평면 프레임은 기둥 *AB*와 삼각 분포하중을 받는 보 *BC*로 구성되어 있다. 지지점 *A*는 고정되었고 *C*점에는 롤러 지지점이 있다. 기둥 *AB*는 조인트 *B* 바로 밑에 모멘트 이완점을 갖고 있다.

*A*와 *C*점에서의 반력을 구한 다음에, 두 부재에 대해 축력(*N*) 선도, 전단 (*V*) 선도 및 굽힘모멘트(*M*) 선도를 그려라. 모든 중요한 *N*, *V* 및 *M*값들을 표시하고 또한 주요 종좌표 값들이 0이 되는 점까지의 거리도 표시하라.

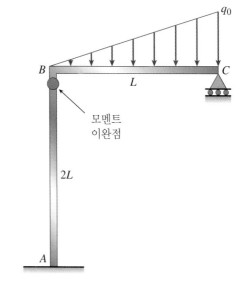

문제 4.5-39

4.5-40 그림에 보인 평면 프레임은 고가의 고속도로 시스템의 일부분을 나타낸다. *A*와 *D*의 지지점들은 고정되었으나 기둥 *BC* 뿐만 아니라 두 기둥(*AB* 및 *DE*)의 밑 부분과 보 *BE*의 끝 부분에 모멘트 이완점을 갖고 있다.

모든 지지점 반력들을 구한 다음에, 모든 보와 기둥 부재에 대해 축력(*N*) 선도, 전단력(*V*) 선도 및 굽힘모멘트(*M*) 선도를 그려라. 모든 중요한 *N*, *V* 및 *M*값들을 표시하고 또한 주요 종좌표 값들이 0이 되는 점까지의 거리도 표시하라.

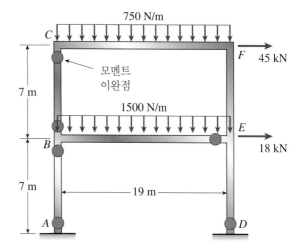

문제 4.5-40

4장 추가 복습문제

R-4.1: 그림과 같이 T형 단순보에 B점에서 고정되고 E점에서 풀리를 지나며 힘 P를 받는 케이블이 부착되어 있다. C점 바로 왼쪽의 굽힘모멘트는 1.25 kN·m이다. 케이블에 작용하는 힘 P를 구하라.

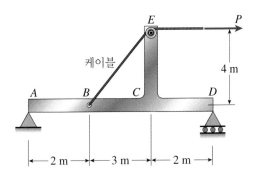

R-4.2: 캔틸레버 보가 그림과 같은 하중을 받고 있다. 지지점으로부터 0.5 m 떨어진 점에서의 굽힘모멘트를 구하라.

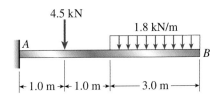

R-4.3: 돌출부 BC를 갖는 단순보 AB가 그림과 같은 하중을 받고 있다. AB의 중앙점에서의 굽힘모멘트를 구하라.

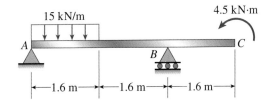

R-4.4: 비례하중(P = 4.1 kN)을 받는 단순보의 스팬 길이는 L = 5 m이다. 하중 P는 지지점 A에서 1.2 m 떨어진 곳에 작용하고 하중 $2P$는 지지점 B에서 1.5 m 떨어진 곳에 작용한다. 하중 $2P$의 작용점 바로 왼쪽에서의 굽힘모멘트를 구하라.

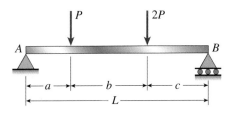

R-4.5: L형 보가 그림과 같은 하중을 받고 있다. 스팬 AB의 중앙점에서의 굽힘모멘트를 구하라.

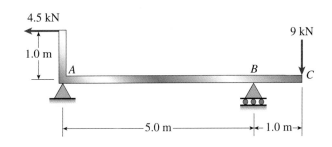

R-4.6: 단순보가 그림과 같은 하중을 받고 있다. C점에서의 굽힘모멘트를 구하라.

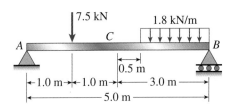

R-4.7: 부착된 브래킷 BDE가 달린 단순보(L = 9 m)가 E점에서 아랫방향으로 작용하는 힘 P = 5 kN을 받고 있다. B점 바로 오른쪽에서의 굽힘모멘트를 구하라.

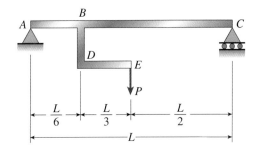

보는 현대의 빌딩과 교량 건설에서 하중을 지지하고 전달하는 기본적인 부재이다
(Construction Photography/Avalon/GettyImages).

보의 응력

Stresses in Beams

개요

5장은 단면의 대칭평면이며 **굽힘평면**이라고 알려진 xy 평면에 보의 처짐을 일으키는 하중을 받는 보의 응력과 변형률에 관련된다. **순수굽힘**(일정한 굽힘모멘트를 받는 보의 굽힘)과 **불균일굽힘**(전단력이 존재하는 굽힘)이 논의된다(5.2절). 보의 응력과 변형률은 처짐곡선의 **곡률(curvature)** κ와 직접적으로 관련됨을 알 수 있다(5.3절). 굽힘을 받는 동안 보에서 생기는 길이방향 변형률을 고려하여 **변형률-곡률 관계식**을 구할 수 있다. 이 변형률은 보 중립면으로부터의 거리에 따라 선형적으로 변한다(5.4절). Hooke의 법칙(선형탄성 재료에 적용하는)을 변형률-곡률 관계식과 결합하면 중립축이 단면의 도심을 지난다는 것을 알 수 있다. 결과적으로, x축 및 y축은 **주도심축임**을 알 수 있다. 단면에 작용하는 수직응력의 모멘트 합력을 고려하여 곡률(κ)과 모멘트(M) 및 휨 강성(EI)과의 관계를 나타내는 **모멘트-곡률 관계식**을 유도한다. 이 식은 보의 처짐을 상세하게 논의한 8장에서 고려한 주제인 보의 탄성곡선의 미분방정식을 구하는 데 사용된다. 그러나 여기에서 주 관심대상은 보의 응력이고, 다음에 모멘트-곡률 관계식이 **굽힘공식**을 유도하는 데 사용된다(5.5절) 굽힘공식은 수직응력(σ_x)이 중립면으로부터의 거리(y)에 따라 선형적으로 변하며 굽힘모멘트(M)와 단면의 관성모멘트(I)에 따라 결정됨을 보여준다. 다음으로, 보 단면의 단면계수(S)가 정의되며 5.6절의 보 **설계**에 사용된다. 보의 설계에서 굽힘모멘트 선도(4.5절)로부터 구한 최대 굽힘모멘트($M_{\max}$)를 사용하며, 필요한 단면계수를 계산하기 위해 재료의 허용 수직응력을 사용하고, 이어서 부록 E와 F의 표로부터 적절한 강철 또는 목재 보를 선택한다.

불균일굽힘을 받는 보에서 수직응력과 전단응력이 모두 발생하며 보 해석과 설계에 고려되어야 한다. 위에서 언급한 바와 같이 수직응력은 **굽힘공식**을 이용하여 계산되며 **전단공식**은 보의 높이에 걸쳐 변하는 전단응력(τ)를 계산하는 데 사용되어야 한다(5.7절 및 5.8절). 최대 수직 및 전단응력은 보 내의 같은 위치에서 발생하지 않지만 대부분의 경우에 최대 수직응력이 보의 설계를 규제한다. 플랜지를 가진 보에서의 전단응력이 특수사항으로 고려된다(5.9절).

마지막으로, 한 가지 이상의 재료로 만들어진 **합성보(composite beam)**에서의 응력과 변형률이 5.10절에서 논의된다. 중립축의 위치를 먼저 정하고 다음에 두 개의 다른 재료로 만들어진 합성보에 대한 굽힘공식을 구한다. 끝으로 합성보에서의 굽힘응력을 해석하는 대체과정으로 **환산단면법**을 공부한다.

5장은 다음과 같이 구성되었다.

5.1 소개

앞의 장에서 보에 작용하는 하중이 어떻게 전단력과 굽힘모멘트의 형태로 된 내부 작용(또는 합응력)을 일으키는가를 볼 수 있었다. 이 장에서는 한 단계 더 나아가서 전단력과 굽힘모멘트에 관련된 **응력**과 **변형률**을 검토한다. 응력과 변형률을 알면, 여러 가지 하중 상태의 작용을 받는 보를 해석하고 설계할 수 있다.

보에 작용하는 하중은 보를 굽혀지게(또는 휘어지게)하여 보의 축을 곡선으로 변형시킨다. 예로서, 자유단에 하중 P의 작용을 받는 캔틸레버 보 AB를 고찰하자(그림 5-1a). 원래는 직선이던 축이 곡선으로 굽혀졌으며(그림 5-1b), 이 곡선을 보의 **처짐곡선**(**deflection curve**)이라고 한다.

기준을 정하기 위한 목적으로, 보의 길이방향 축 위에 적절한 점에 위치한 원점을 갖는 **좌표축**(coordinate axes)계를 설정한다. 이 예에서는 고정단을 원점으로 정한다. 양의 x축은 오른쪽으로 향하고, 양의 y축은 윗방향을 향한다. 그림에 보이지 않는 z축은 바깥쪽(즉, 바라보는 사람 쪽)으로 향하게 함으로서 세 개의 축들은 오른손 법칙 좌표계를 형성한다.

이 장에서 취급되는 보는(4장에서 논의된 바와 같이) xy평면에 대해 대칭인 것으로 가정하며, 이는 y축이 단면의 대칭축임을 의미한다. 또한 모든 하중은 xy 평면 내에 작용하여야 한다. 결과적으로, 굽힘 처짐은 **굽힘평면**(**plane of bending**)으로 알려진 이와 같은 평면 내에서 일어난다. 그림 5-1b에 보인 처짐곡선은 굽힘평면 내에 놓인 평면곡선이다.

축 위의 임의 점에서의 보의 **처짐**(**deflection**)은 원래 위치로부터 y방향으로 측정된 그 점의 변위(displacement)이다. 처짐은 y 좌표 자체와 구분하기 위하여 v자로 표기한다(그림 5-1b 참조).*

5.2 순수굽힘과 불균일굽힘

보를 해석할 때 흔히 순수굽힘과 불균일 굽힘과를 구분하는 것이 필요하다. **순수굽힘**(**pure bending**)은 일정한 굽힘모멘트를 받는 보의 굽힘을 말한다. 그러므로 순수굽힘은 전단력이 0인 보의 구간 에서만 일어난다(왜냐하면 $V = dM/dx$이므로, 식 4-6 참조). 이와는 반대로, **불균일 굽힘**

* 응용역학에서 x, y, z방향의 변위에 대한 전통적인 기호는 각각 u, v, w이다.

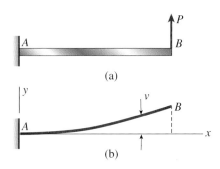

그림 5-1 캔틸레버 보의 굽힘: (a) 하중을 받는 보, (b) 처짐곡선

(**nonuniform bending**)은 전단력이 존재하는 상태의 굽힘을 말하며, 이는 보의 x축을 따라 움직일 때 굽힘모멘트가 변하는 것을 의미한다.

순수굽힘의 예로서, 크기는 같지만 반대 방향으로 작용하는 두 개의 우력 M_1의 작용을 받는 단순보 AB를 고려해보자(그림5-2a). 이 하중들은 이 그림의 부분 (b)의 굽힘모멘트 선도에서 보는 바와 같이 보의 전 길이에 걸쳐 일정한 굽힘모멘트 $M = M_1$을 일으킨다. 전단력 V는 보의 모든 단면에서 0임을 유의하라.

순수굽힘에 대한 또 다른 예가 그림 5-3a에 보여지며, 여기서 캔틸레버 보 AB는 자유단에서 시계방향의 우력 M_2의 작용을 받고 있다. 이 보에는 전단력이 없으며 굽힘모멘트 M은 전 길이에 걸쳐 일정하다. 굽힘모멘트는 그림 5-3의 부분 (b)의 굽힘모멘트 선도에서 보는 바와 같이, 음($M = -M_2$)이다.

대칭적으로 하중을 받는 그림 5-4a의 단순보는 전단력 선도와 굽힘모멘트 선도(그림 5-4b와 c)로부터 알 수 있듯이, 일부는 순수 굽힘 상태에 있고 일부는 불균일 굽힘 상태에 있는 보의 예이다. 보의 중앙 구간에서는 전단력이 0이므로 순수굽힘 상태에 있고 굽힘모멘트는 일정하다. 양단 부근의 보의 구간에서는 전단력이 존재하고 굽힘모멘

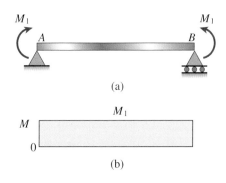

그림 5-2 순수굽힘 상태($M = M_1$)의 단순보

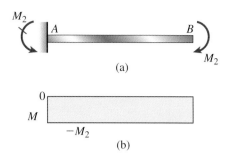

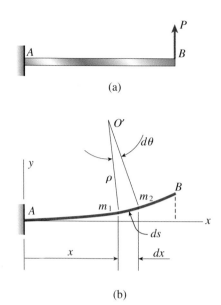

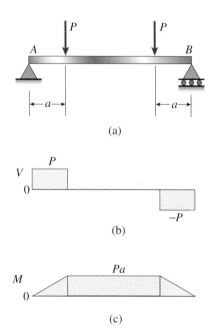

그림 5-3 순수굽힘 상태($M = -M_2$)의 캔틸레버 보

그림 5-4 중앙구간은 순수굽힘 상태이고 양끝 구간은 불균일 비틀림 상태인 단순보

그림 5-5 굽혀진 보의 곡률: (a) 하중을 받는 보, (b) 처짐곡선

트가 변하기 때문에 불균일 굽힘 상태에 있다.

다음 두 절에서는 순수굽힘만을 받는 보의 변형률과 응력을 검토하기로 한다. 다행히도, 뒤에 설명하는 바와 같이, 전단력이 존재하는 경우에도 순수굽힘에 대해서 얻은 결과를 자주 사용할 수 있다(5.7절 마지막 문단 참조).

5.3 보의 곡률

하중이 보에 작용할 때, 보의 길이방향 축은 앞의 그림 5-1에서 보인 바와 같이 곡선으로 변형된다. 결과적으로 생긴 보의 변형률과 응력은 처짐곡선의 **곡률(curvature)**에 직접 관련된다.

곡률의 개념을 설명하기 위해, 자유단에 하중 P의 작용을 받는 캔틸레버 보를 다시 고려해 보자(그림 5-5a). 이 보의 처짐곡선은 그림 5-5b에 보여진다. 해석목적상, 처짐곡선 상에 두 개의 점 m_1과 m_2를 설정한다. 점 m_1은 y축으로부터 임의의 거리 x만큼 떨어져 있고, 점 m_2는 거리 ds만큼 더 떨어진 곳에 위치한다. 각각의 점에서 처짐 곡선의 **접선**에 수직선, 즉 곡선자체에 대한 수직선을 그린다. 이 수직선들은 점 O'에서 교차하는데, 이 점이 처짐 곡선의 **곡률중심(center of curvature)**이다. 대부분의 보의 처짐은 매우 작고 처짐곡선은 거의 평평하므로, 점 O'는 그림에서 보는 것보다 통상 보로부터 훨씬 먼 곳에 위치한다.

곡선으로부터 곡률중심까지의 거리 m_1O'는 **곡률반지름(radius of curvature)** ρ(희랍문자 '로우')라고 하며, **곡률** κ(희랍문자 '카파')는 곡률반지름의 역수로 정의된다. 즉,

$$\kappa = \frac{1}{\rho} \tag{5-1}$$

곡률은 보가 얼마나 급격하게 굽혀졌느냐에 대한 척도이다. 보에 작용하는 하중이 작으면, 보는 거의 직선일 것이며 곡률반지름은 배우 크게 되고 곡률은 작게 될 것이다. 하중이 증가하면 굽힘 정도는 커질 것이며, 곡률반지름은 작아지게 되고 곡률은 크게 될 것이다.

삼각형 $O'm_1m_2$(그림 5-5b)의 기하학적 형상으로부터 다음 식을 얻는다.

$$\rho\, d\theta = ds \qquad\qquad (a)$$

여기서 $d\theta$(라디안으로 측정된)는 두 수직선 사이의 미소각이고, ds는 점 m_1과 m_2 사이의 곡선상의 미소거리이다. 식 (a)와 식 (5-1)을 결합하면 다음 식을 얻는다.

$$\kappa = \frac{1}{\rho} = \frac{d\theta}{ds} \qquad\qquad (5\text{-}2)$$

이 **곡률** 방정식은 기초 계산학에 관한 교재에서 유도되었고 곡률의 값에 관계없이 어느 곡선에도 적용된다. 곡률이 곡선의 전 길이에 걸쳐 **일정**하면 곡률반지름도 일정할 것이며 곡선은 원호가 된다.

보의 처짐은 통상 보의 길이에 비하여 매우 작다(예를 들어, 자동차 구조 프레임의 처짐 또는 건물 내의 보의 처짐을 생각해 보자). 처짐이 작다는 것은 처짐곡선이 거의 평평하다는 것을 의미한다. 따라서 곡선상의 거리 ds는 이의 수평 투영거리인 dx와 같다고 해도 될 것이다(그림 5-5b 참조). 이러한 **작은 처짐**의 특수 조건에서 곡률에 대한 식은 다음과 같게 된다.

$$\kappa = \frac{1}{\rho} = \frac{d\theta}{dx} \qquad\qquad (5\text{-}3)$$

곡률과 곡률반지름은 둘 다 x축에 따라 측정되는 거리 x의 함수이다. 따라서 곡률중심 O'의 위치는 거리 x에 따라 결정된다.

5.5절에서 보의 축 위의 특정점에서의 곡률은 그 점에서의 굽힘모멘트와 보 자체의 성질(단면의 모양 및 재료의 형태)에 따라 좌우된다는 것을 볼 수 있을 것이다. 그러므로 보가 균일단면으로 되어 있고 재료가 균질이면 곡률은 굽힘모멘트만에 의해 변할 것이다. 결과적으로, **순수굽힘**을 받는 보는 일정한 곡률을 가지며 **불균일 굽힘**을 받는 보는 곡률을 가진다.

곡률의 부호규약은 좌표축의 방향과 관계가 있다. 그림 5-6에서 보는 바와 같이, x축은 오른쪽 방향이 양이고 y축은 윗방향이 양이면, 곡률은 보가 위쪽으로 오목하게(또는 아래쪽으로 볼록하게) 굽혀질 때 양이고 곡률중심은 보 위쪽에 있다. 반대로, 곡률은 보가 아래쪽으로 오목하게(또는 위쪽으로 볼록하게) 굽혀질 때 음이다.

다음 절에서는 굽혀진 보에서 길이방향 변형률이 어떻게 곡률로부터 구해지는가를 볼 것이며, 8장에서는 곡률이 보의 처짐과 어떻게 관련되는가를 볼 것이다.

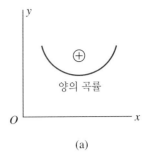

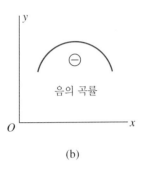

그림 5-6 곡률의 부호규약

5.4 보의 길이방향 변형률

보의 길이방향 변형률은 보의 곡률과 이에 관련된 변형을 해석하여 구할 수 있다. 이러한 목적으로, 양의 굽힘모멘트 M을 받아 순수굽힘 상태에 있는 보의 AB 부분을 고려해 보자(그림 5-7a). 보는 최초에는 길이방향의 직선 축(그림의 x축)을 가지고, 단면은 그림 5-7b에서 보는 바와 같이 y축에 대해 대칭이라고 가정한다.

굽힘모멘트의 작용으로, 보는 xy 평면(굽힘평면) 내에서 처지며 보의 길이방향 축은 원형 곡선(그림 5-7c의 곡선)으로 굽혀진다. 보는 위쪽으로 오목하게 굽혀지며 양의 곡률을 가진다(그림 5-6a).

그림 5-7a의 mn 면과 pq 면과 같은 **보의 단면**은 평면으로 남아 있고 길이방향 축에 수직이다(그림 5-7c). 순수굽힘 상태에 있는 보의 단면이 평면으로 남아 있다는 사실은 보 이론에 기본이므로 흔히 이를 가정이라고 한다. 그러나 이 사실은 대칭에 근거한 논증만을 사용하여 엄밀하게 증명할 수 있기 때문에 이를 이론이라고도 할 수 있다(참고문헌 5-1). 보와 하중상태의 대칭(그림 5-7a와 b)은 보의 모든 요소(요소 $mpqn$과 같은)가 똑같은 방법으로 변형해야 한다는 것을 의미하며, 이는 굽힘이 일어나는 동안 단면이 평면으로 남아 있는 경우에만 가능하다는 것이 기본적인 관점이다(그림 5-7c). 이러한 결론은 재료가 탄성이든

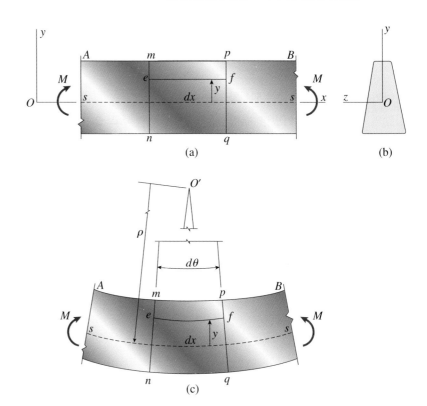

그림 5-7 순수굽힘 상태의 보의 변형: (a) 보의 측면도,
(b) 보의 단면, (c) 변형된 보

비탄성이든, 선형이든 비선형이든 간에, 어떠한 재료의 보에 대해서도 유효하다. 물론 치수와 같은 재료의 성질들은 굽힘평면에 대하여 대칭이어야 한다. (주: 순수굽힘 상태의 평면단면이 평면으로 남을지라도, 평면 자체의 변형이 있을 수 있다. 이러한 변형은 이 논의의 끝 부분에서 설명한 바와 같이 Poisson의 비의 영향에 기인한 것이다.)

그림 5-7c에 보인 굽힘변형 때문에, 단면 *mn*과 *pq*가 *xy* 평면에 수직인 축에 대해 서로 반대로 회전한다. 보의 아래 부분의 길이방향 선은 늘어나는 반면에, 윗부분의 선은 줄어든다. 따라서 보의 아래 부분은 인장상태에 있고 보의 윗부분은 압축상태에 있다. 보의 가장 윗부분과 가장 아래 부분 사이에 어느 곳엔가 길이방향 선의 길이가 변하지 않는 면이 있다. 그림 5-7a와 c에 점선 *ss*로 표시된 이 면을 보의 **중립면(neutral surface)**이라 한다. 이 면과 어떤 단면 평면과의 교선을 그 단면의 **중립축(neutral axis)**이라 한다. 이를테면, *z*축이 그림 5-7b의 단면에 대한 중립축이다.

변형된 보 내의 단면 *mn*과 *pq*를 포함하는 평면(그림 5-7c)들은 선을 연장하면 곡률중심 *O'*에서 교차한다. 이 평면들의 사이각을 *dθ*라 표시하며, *O'*에서 중립면 *ss*까지의 거리가 곡률반지름 *ρ*이다. 두 평면 사이의 최초의 길이 *dx*(그림 5-7a)는 중립면(그림 5-7c)에서는 변하지 않으므로, *ρdθ* = *dx*이다. 그러나 두 평면 사이의 모든 다른 길이

방향 선들은 늘어나거나 줄어들며, 따라서 **수직변형률 ϵ_x**을 일으킨다.

수직변형률을 계산하기 위하여, 평면 *mn*과 *pq* 사이의 보 내에 위치한 대표적인 길이방향 선 *ef*를 고려해 보자(그림 5-7a). 선 *ef*는 최초에는 직선이던 보의 중립면으로부터 거리 *y*만큼 떨어진 위치에 있다. 이제 *x*축이 변형되기 전 보의 중립면에 따라 위치한다고 가정한다. 물론 보가 처질 때 중립면은 보와 같이 움직이지만, *x*축은 위치가 고정된 채로 남는다. 어쨌든, 처짐이 일어난 보 내의 길이방향 선 *ef*(그림 5-7c)는 중립면으로부터 같은 거리 *y*만큼 떨어진 위치에 있다. 그러므로 굽힘이 일어난 후의 선 *ef*의 길이 L_1은 다음과 같다.

$$L_1 = (\rho - y)\, d\theta = dx - \frac{y}{\rho} dx$$

여기서 *dθ* = *dx/ρ*를 대입하였다.

선 *ef*의 원래 길이는 *dx*이므로, 이의 신장량은 $L_1 - dx$ 또는 $-y\,dx/\rho$가 된다. 이에 대응하는 **길이방향 변형률**은 신장량을 원래 길이 *dx*로 나눈 것과 같다. 따라서 **변형률–곡률 관계식(strain-curvature relation)**은 다음과 같다.

$$\epsilon_x = -\frac{y}{\rho} = -\kappa y \qquad (5\text{-}4)$$

여기서 κ는 곡률이다(식 5-1 참조).

앞의 식은 보의 길이방향 변형률은 곡률에 비례하고 중립면으로부터의 거리 y에 따라 선형적으로 변한다는 것을 보여준다. 고려대상의 점이 중립면의 위쪽에 있을 때 거리 y는 양이다. 곡률이 또한 양이면(그림 5-7c에서와 같이), ϵ_x는 수축을 의미하는 음의 변형률이 될 것이다. 반대로, 고려대상의 점이 중립면의 아래쪽에 있으면 거리 y는 음이며, 곡률이 양이면 변형률 ϵ_x는 신장을 의미하는 양이 된다. 변형률 ϵ_x에 대한 **부호규약**은 앞의 장들에서 수직변형률에 사용한 것과 똑같다는 것, 즉 신장변형률은 양, 수축변형률은 음이라는 것을 유의하라.

보 내의 수직변형률에 대한 식 (5-4)는 오로지 변형된 보의 기하학적 형상으로부터 유도되었으며, 재료의 성질은 논의에서 고려하지 않았다. 그러므로 순수굽힘 상태의 보 내의 변형률은 재료의 응력–변형률 곡선의 모양에 관계없이 중립면으로부터의 거리에 따라 선형적으로 변한다.

해석의 다음 단계, 즉 변형률로부터 응력을 구할 때에는 응력–변형률 선도를 사용해야 한다. 이 단계는 선형 탄성 재료에 대해서 다음 절에서 설명된다.

보의 길이방향 변형률은 Poisson의 비의 영향으로 가로방향 변형률(즉, y 및 z 방향의 수직 변형률)을 일으킨다. 그러나 보는 길이방향으로 자유로 변형하기 때문에 가로방향 응력은 생기지 않는다. 이러한 응력상태는 인장이나 압축을 받는 균일단면 봉 상태와 유사하며, 그러므로 순수굽힘 상태의 보 내의 길이방향 요소는 단축응력 상태에 있다.

예제 5-1

길이 $L = 4.9$ m이고 높이 $h = 300$ mm인 강철 단순보 AB (그림 5-8a)가 우력 M_0의 작용으로 중앙점에서 아래 방향 처짐 δ를 가지는 원호로 굽혀졌다(그림 5-8b). 보 바닥면에서의 길이방향 수직변형률(신장)은 0.00125로 측정되었으며, 또한 보의 바닥면에서 중립면까지의 거리는 150 mm이다.

곡률반지름 ρ, 곡률 κ 및 보의 처짐 δ를 구하라.

주: 이 보는 높이에 비해 길이가 매우 크기 때문에($L/h = 16.33$), 상대적으로 처짐이 매우 크며 0.00125의 변형률도 매우 크다.(이는 보통 구조용 강에 대한 항복변형률과 거의 같다.)

풀이

곡률. 보의 바닥면에서의 길이방향 변형률($\epsilon_x = 0.00125$) 과 바닥면에서 중립축까지의 거리($y = -150$ mm)를 알기 때문에, 식 (5-4)를 곡률반지름과 곡률을 계산하는 데 사용할 수 있다. 식 (5-4)를 다시 정리하고 수치 값을 대입하면 다음을 얻게 된다.

$$\rho = -\frac{y}{\epsilon_x} = -\frac{-150 \text{ mm}}{0.00125} = 120 \text{ m}$$

$$\kappa = \frac{1}{\rho} = 8.33 \times 10^{-3} \text{m}^{-1}$$

이 결과는 재료의 변형률이 클 때 보의 길이에 비해 곡률반지름이 매우 크다는 것을 보여준다. 보통 변형률이 더 작은 경우에 곡률반지름은 더욱 커진다.

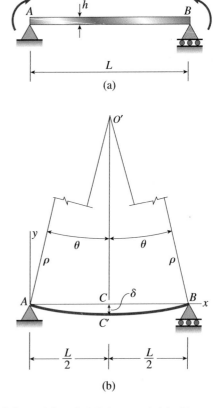

그림 5-8 예제 5-1. 순수굽힘 상태의 보: (a) 하중을 받는 보, (b) 처짐곡선

처짐. 5.3절에서 지적한 바와 같이, 일정한 굽힘모멘트(순수굽힘)는 보의 전 길이를 통하여 일정한 곡률을 갖게 한다. 그러므로 처짐곡선은 원호이다. 그림 5-8b로부터 곡률중심 O'로부터 처짐이 일어난 보의 중앙점 C'까지의 거리는 곡률반지름 ρ와 같고 O'로부터 x축 상의 점 C까지의 거리는 $\rho\cos\theta$임을 알 수 있다. 여기서 θ는 각 $BO'C$이다. 이것으로부터 보의 중앙점에서의 처짐에 대한 다음과 같은 식을 구한다:

$$\delta = \rho(1 - \cos\theta) \qquad (5\text{-}5)$$

거의 평평한 곡선에서는, 지지점 사이의 거리가 보 자체의 길이와 같다고 가정할 수 있다. 그러므로 삼각형 $BO'C$로부터 다음 식을 얻는다.

$$\sin\theta = \frac{L/2}{\rho} \qquad (5\text{-}6)$$

수치 값을 대입하면 다음을 얻는다.

$$\sin\theta = \frac{4.9 \text{ m}}{2(120 \text{ m})} = 0.0200$$

그리고

$$\theta = 0.0200 \text{ rad} = 1.146°$$

실제로 θ는 아주 작은 값이므로 $\sin\theta$를 θ(라디안)와 수치적으로 같다고 놓을 수 있다는 것을 유의하라.

처짐을 구하기 위해 이 값을 식 (5-5)에 대입하여 다음 값을 얻는다.

$$\delta = \rho(1 - \cos\theta)$$
$$= (120 \text{ m})(1 - 0.999800) = 24 \text{ mm}$$

보의 스팬 길이의 처짐에 대한 비는 다음과 같다.

$$\frac{L}{\delta} = \frac{4.9 \text{ m}}{24 \text{ mm}} = 204$$

이는 이 처짐이 보의 길이에 비해 매우 작다는 것을 보여준다. 그러므로 처짐곡선은 큰 변형률에도 불구하고 거의 평평하다는 것을 확인하였다. 물론 그림 5-8b에서는 보의 처짐이 분명하게 보이도록 크게 확대한 것이다.

주: 보의 처짐을 구하는 이러한 방법은 원모양의 처짐곡선을 갖는 순수굽힘에 제한되었기 때문에 실용성이 적다. 보의 처짐을 구하는 더 유용한 방법은 8장에 나온다.

5.5 보의 수직응력(선형 탄성 재료)

앞의 절에서 순수굽힘 상태의 보에서의 길이방향 변형률 ϵ_x를 검토하였다(식 5-4와 그림 5-7 참조). 보의 길이방향 요소는 인장 또는 압축만을 받으므로 이제는 변형률로부터 응력을 구하기 위해 재료에 대한 **응력-변형률 곡선**을 사용할 수 있다. 응력은 보의 전체 단면에 걸쳐 작용하며 응력-변형률 선도의 모양과 단면의 치수에 따라 세기가 변한다. x 방향이 길이방향이므로(그림 5-7a), 이러한 응력을 표시하기 위해 기호 σ_x를 쓴다.

공학에서 접하는 가장 공통적인 응력-변형률 관계식은 **선형 탄성 재료**에 대한 식이다. 이러한 재료에 대해서 단축응력에 대해 Hooke의 법칙($\sigma = E\epsilon$)을 식 (5-4)에 대입하여 다음 식을 얻는다.

$$\sigma_x = E\epsilon_x = -\frac{Ey}{\rho} = -E\kappa y \qquad (5\text{-}7)$$

이 식은 단면에 작용하는 수직응력은 중립면으로부터의 거리 y에 따라 선형적으로 변한다는 것을 보여준다. 이러한 응력분포는 굽힘모멘트 M이 양이고 보가 양의 곡률을 가지고 굽힘을 일으킨 경우에 대해 그림 5-9a로 나타내었다.

곡률이 양이면 응력 σ_x는 중립면 위에서는 음(압축)이고 중립면 아래에서는 양(인장)이다. 이 그림에서 압축응력은 단면 쪽을 향하는 화살표로 표시되었고 인장응력은 단면 밖을 향하는 화살표로 표시되었다.

식 (5-7)이 실제적이기 위해서는, 거리 y를 결정할 수 있도록 좌표의 원점을 선정해야 한다. 다시 말하면, 단면의 중립축의 위치를 알아야 한다. 또한 곡률과 굽힘모멘트 사이의 관계식을 구할 필요가 있다. 그러면 이 식을 식 (5-7)에 대입하여 응력과 굽힘모멘트 사이의 관계식을 구할 수 있다. 이러한 두 가지 목적은 단면에 작용하는 응력 σ_x의 합응력을 구함으로써 달성될 수 있다.

일반적으로, **수직 합응력**은 (1) x 방향으로 작용하는 힘, (2) z축에 대해 작용하는 굽힘우력, 이 두 개의 합응력으로 구성된다. 그러나 보가 순수굽힘 상태에 있을 때 축력은 0이다. 그러므로 다음과 같은 정역학 방정식을 쓸 수 있다. (1) x 방향의 힘의 합력은 0이다, (2) 모멘트의 합은 굽힘모멘트 M과 같다. 첫째 식은 중립축의 위치를 구하게 하고 둘째 식은 모멘트-곡률 관계식을 나타낸다.

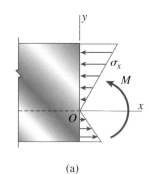

(a)

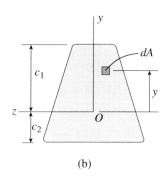

(b)

그림 5-9 선형 탄성 재료로 된 보의 수직응력: (a) 수직응력 분포를 보여주는 보의 측면도, (b) z축을 단면의 중립축으로 보여주는 보의 단면

중립축의 위치

정역학의 첫째 식을 구하기 위해, 단면 내의 면적 dA인 요소를 고려하자(그림 5-9b). 이 요소는 중립축으로부터 거리 y되는 위치에 있고, 따라서 이 요소에 작용하는 응력 σ_x는 식 (5-7)에서 구한다. 이 요소에 작용하는 힘은 $\sigma_x dA$와 같고 y가 양일 때 압축이다. 단면에 작용하는 합력이 없으며 전체 단면의 면적 A에 걸친 $\sigma_x dA$의 적분은 0이 되므로, **정역학의 첫째** 식은 다음과 같다.

$$\int_A \sigma_x dA = -\int_A E\kappa y \, dA = 0 \qquad\text{(a)}$$

곡률 κ와 탄성계수 E는 보의 어떠한 주어진 단면에서도 0이 아닌 상수이므로, 이들은 단면적에 걸친 적분에 관계하지 않는다. 그러므로 방정식에서 이들을 떼어버리고 다음 식을 얻는다.

$$\int_A y \, dA = 0 \qquad\text{(5-8)}$$

이 식은 z 축에 대한 단면적의 1차 모멘트가 0임을 보여준다. 다시 말하면, z축은 단면의 도심을 통과해야 한다.*

_____

* 도심과 면적의 1차 모멘트는 10장의 10.2절과 10.3절에서 논의한다.

z축이 또한 중립축이므로 다음과 같은 결론에 도달한다. 재료가 *Hooke*의 법칙을 따르면 중립축은 단면적의 도심을 지나고, 단면에는 아무런 축력이 작용하지 않는다. 이러한 관찰로 중립축의 위치를 비교적 간단하게 구한다.

5.1절에서 설명한 바와 같이, 논의는 y축이 대칭축인 보로 제한되었다. 결과적으로, y축도 역시 도심을 지난다. 그러므로 다음과 같은 추가적인 결론을 내린다. 좌표의 원점 O(그림 5-9b)는 단면적의 도심에 위치한다.

y축은 단면의 대칭축이므로, y축은 **주축**(*principal axis*)이다(10장의 10.9절 참조). z축은 y축에 수직이므로, z축 역시 주축이다. 그러므로 선형 탄성 재료의 보가 순수굽힘을 받을 때, y와 z축은 **주 도심축**(*principal centroidal axes*)이다.

모멘트–곡률 관계식

정역학의 두 번째 식은 단면에 작용하는 수직응력 σ_x의 합 모멘트가 굽힘모멘트 M과 같다는 사실을 표현한다(그림 5-9a). 면적 dA인 요소에 작용하는 힘 요소 $\sigma_x dA$(그림 5-9b)는 σ_x가 양일 때 양의 x축 방향으로 작용하고 σ_x가 음일 때 음의 x축 방향으로 작용한다. 요소 dA는 중립축의 윗부분에 위치하므로, 이 요소에 작용하는 양의 응력 σ_x는 $\sigma_x y dA$와 같은 모멘트 요소를 생기게 한다. 이 모멘트 요소는 그림 5-9a에 보인 양의 굽힘모멘트의 방향과 반대로 작용한다. 따라서 굽힘모멘트의 증분 dM은 다음과 같다.

$$dM = -\sigma_x y \, dA$$

이러한 모든 모멘트 요소들을 전체 단면적 A에 걸쳐 적분한 것은 굽힘모멘트와 같아야 한다.

$$M = -\int_A \sigma_x y \, dA \qquad\text{(b)}$$

또는 식 (5-7)의 σ_x를 대입하면 다음과 같다.

$$M = \int_A \kappa E y^2 \, dA = \kappa E \int_A y^2 \, dA \qquad\text{(5-9)}$$

이 식은 보의 곡률과 굽힘모멘트 M과의 관계식이다.

앞의 식에 있는 적분은 단면적의 성질이므로, 이 식을 다음과 같이 다시 쓰는 것이 편리하다.

$$M = \kappa E I \qquad\text{(5-10)}$$

여기서

$$I = \int_A y^2 \, dA \qquad (5\text{-}11)$$

이 적분은 단면적의 z축에 관한(즉, 중립축에 관한) **관성 모멘트(moment of inertia)**이다. 관성 모멘트는 언제나 양이 며 길이의 네 제곱의 단위를 갖는다. 이를테면, 보에 대한 계산을 할 때 전형적인 SI 단위는 mm⁴이다.*

식 (5-10)은 곡률을 보의 굽힘모멘트의 항으로 표현하기 위해 다시 정리할 수 있다.

$$\kappa = \frac{1}{\rho} = \frac{M}{EI} \qquad (5\text{-}12)$$

모멘트-곡률 방정식으로 알려진 식 (5-12)는 곡률이 굽힘모 멘트 M에는 직접 비례하고 보의 **휨 강성(flexural rigidity)** 이라고 부르는 양 EI에는 반비례하는 것을 보여준다. 휨 강 성은 보의 굽힘에 대한 저항의 척도이다. 즉, 휨 강성이 크면 클수록 주어진 굽힘모멘트에 대한 곡률은 더욱 작아진다.

굽힘모멘트의 **부호규약**(그림 4-5)과 곡률의 부호규약(그 림 5-6)을 비교하면, 양의 굽힘모멘트는 양의 곡률을 일으키 고 음의 굽힘모멘트는 음의 곡률을 일으킨다는 것을 알 수 있 다(그림 5-10 참조).

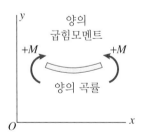

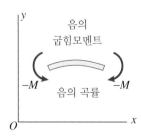

그림 5-10 굽힘모멘트의 부호와 곡률부호 사이의 관계

---

* 면적의 관성모멘트는 10장의 10.4절에서 논의한다.

굽힘공식

이제 중립축의 위치를 정하고 모멘트-곡률 방정식을 유 도했으므로 응력을 굽힘모멘트의 항으로 구할 수 있다. 곡 률에 대한 표현식(식 5-12)을 응력 σ_x에 대한 표현식(식 5-7)에 대입하면 다음 식을 얻는다.

$$\sigma_x = -\frac{My}{I} \qquad (5\text{-}13)$$

이 식은 **굽힘 공식(flexure formula)**이라 부르며, 응력은 굽 힘모멘트 M에는 정비례하고 단면의 관성모멘트 I에는 반 비례하는 것을 보여준다. 또한 응력은 앞에서 관찰한 바와 같이 중립축으로부터의 거리 y에 따라 선형적으로 변한다. 굽힘 공식으로부터 계산한 응력을 **굽힘응력(bending stress)** 또는 **휨응력(flexure stress)**이라고 부른다.

보의 굽힘모멘트가 양이면, 굽힘응력은 y가 음인 단면의 부분, 즉 보의 아래 부분에서 양(인장)이며, 보의 윗부분에 서는 음(압축)이다. 굽힘모멘트가 음이면, 응력의 방향은 반대가 된다. 이러한 관계는 그림 5-11에 보여진다.

단면에서의 최대응력

어떠한 주어진 단면에 작용하는 최대 인장 및 압축 굽힘 응력은 중립축으로부터 가장 먼 곳에 위치한 점에서 일어 난다. 중립축으로부터 양과 음의 y 방향으로 맨 끝에 있는 요소까지의 거리는 각각 c_1과 c_2라고 표시한다(그림 5-9b 및 그림 5-11 참조). 그러면 이에 대응하는 **최대 수직응력** σ_1과 σ_2는(굽힘 공식으로부터) 다음과 같다.

$$\sigma_1 = -\frac{Mc_1}{I} = -\frac{M}{S_1}$$
$$\sigma_2 = \frac{Mc_2}{I} = \frac{M}{S_2} \qquad (5\text{-}14\text{a, b})$$

여기서

$$S_1 = \frac{I}{c_1} \qquad S_2 = \frac{I}{c_2} \qquad (5\text{-}15\text{a, b})$$

양 S_1과 S_2는 단면적의 **단면계수(section modulus)**라고 알 려져 있다. 식 (5-15a, b)로부터 각 단면계수는 길이 치수의 세제곱(예를 들면, mm³)임을 알 수 있다. 보의 상부와 하부 까지의 거리 c_1과 c_2는 언제나 양의 값으로 취급된다는 것 을 유의하라.

최대응력을 단면계수의 항으로 표현하는 장점은 각각의 단면계수가 보의 적절한 단면 성질을 한 개의 양으로 조합

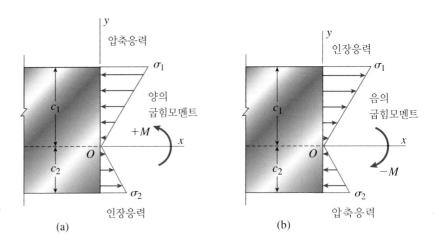

그림 5-11 굽힘모멘트의 부호와 수직응력의 방향 사이의 관계: (a)양의 굽힘모멘트, (b) 음의 굽힘모멘트

한다는 사실로부터 알 수 있다. 이 양은 설계자에게 편리한 보의 성질로서 표나 핸드북에 수록될 수 있다. (단면계수를 사용하는 보의 설계는 다음 절에서 설명한다.)

이중대칭 형상

보의 단면이 y축뿐만 아니라 z축에 대해 대칭이면(이중대칭 단면), $c_1 = c_2 = c$이고 최대 인장 및 압축응력은 수치적으로 같다.

$$\sigma_1 = -\sigma_2 = -\frac{Mc}{I} = -\frac{M}{S}$$

$$\text{또는} \quad \sigma_{\max} = \frac{M}{S} \qquad (5\text{-}16a, b)$$

여기서

$$S = \frac{I}{c} \qquad (5\text{-}17)$$

이것은 단면에 대한 유일한 단면계수이다.

폭이 b이고 높이가 h인 **직사각형 단면**(그림 5-12a)의 보에 대해서, 관성모멘트와 단면계수는 다음과 같다.

$$I = \frac{bh^3}{12} \qquad S = \frac{bh^2}{6} \qquad (5\text{-}18a, b)$$

지름이 d인 **원형 단면**(그림 5-12b)에 대해서, 이 성질들은 다음과 같다.

$$I = \frac{\pi d^4}{64} \qquad S = \frac{\pi d^3}{32} \qquad (5\text{-}19a, b)$$

속이 빈 관형(직사각형 또는 원형) 및 WF(wide-flange)형 단면과 같은 다른 이중대칭 형상의 성질은 앞의 공식들로부터 쉽게 구할 수 있다.

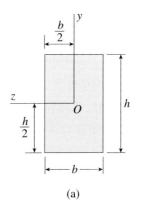

(a)

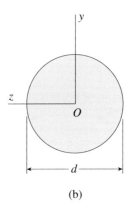

(b)

그림 5-12 이중대칭 단면의 형상

보 단면의 성질

많은 평면 그림들의 관성모멘트가 편리한 참고용으로 부록 D에 수록되었다. 또한 표준 크기의 강철과 목재 보에 대한 치수와 성질이 부록 E와 F 및 많은 공학 핸드북에 수록되었고, 다음 절에서 더욱 상세하게 설명된다.

그 밖의 단면 형상에 대해서는, 중립축의 위치, 관성모멘트 및 단면계수를 10장에서 설명한 기법을 사용하여 직접적인 계산으로 구해야 한다. 이러한 과정이 다음의 예제 5-4에서 설명된다.

제한

이 절에서 다룬 해석은 균질이고 선형 탄성 재료로 이루어진 균일단면 보의 순수굽힘에 대한 것이다. 보가 불균일 굽힘을 받는다면, 전단력은 단면의 뒤틀림(warping)(또는 평면 밖으로의 찌그러짐)을 일으킨다. 그러므로 굽힘 전에는 평면이었던 단면이 굽힘 후에는 더 이상 평면이 아니다. 전단변형으로 인한 뒤틀림은 보의 거동을 매우 복잡하게 한다. 그러나 상세한 검토는 굽힘 공식으로부터 계산된 수직응력이 전단응력의 존재와 이와 관련된 뒤틀림에 의해 별로 변경되지 않는다는 것을 보여준다(참고문헌 2-1의 42와 48페이지). 그러므로 순수굽힘에 대한 이론을 불균일 굽힘을 받는 보의 수직응력을 계산하는 데 정당하게 사용할 수 있다.*

굽힘 공식은 응력분포가 보 형상에서의 변화나 하중의 불연속성에 의해 갑자기 변하지 않는 보의 구간에서만 정확한 결과를 준다. 예를 들면, 굽힘공식은 보의 지지점 부근이나 집중하중과 가까운 곳에서는 적용할 수 없다. 이러한 불규칙성은 굽힘공식으로부터 구한 응력보다 훨씬 큰 국부응력 또는 **응력집중**을 일으킨다.

예제 5-2

지름 d인 고강도 강철선이 반지름 R_0인 원형 드럼 둘레에 굽혀져 있다(그림 5-13).

$d = 4$ mm, $R_0 = 0.5$ m라고 가정하고 강철선 내의 굽힘모멘트 M과 최대 굽힘응력 σ_{max}을 계산하라. (강철선의 탄성계수 $E = 200$ GPa이고 비례한도 $\sigma_{pl} = 1200$ MPa이다.)

풀이

이 예제에서 첫 단계는 굽혀진 강철선의 곡률반지름 ρ를 구하는 것이다. ρ를 알면 다음에 굽힘모멘트와 최대응력을 구할 수 있다.

곡률반지름. 굽혀진 강철선의 곡률반지름은 드럼의 중심으로부터 강철선의 단면의 중립축까지의 거리이다.

$$\rho = R_0 + \frac{d}{2} \qquad (5\text{-}20)$$

굽힘모멘트. 강철선의 굽힘모멘트는 모멘트–곡률 관계식(식 5-12)으로부터 구할 수 있다.

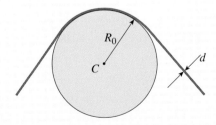

그림 5-13 예제 5-2. 드럼 둘레 위에 굽혀진 강철선

$$M = \frac{EI}{\rho} = \frac{2EI}{2R_0 + d} \qquad (5\text{-}21)$$

여기서 I는 강철선 단면적의 관성모멘트이다. 강철선의 지름 d의 항으로 표시된 I에 관한 식(식 5-19a)을 여기에 대입하면 다음 식을 얻는다.

$$M = \frac{\pi E d^4}{32(2R_0 + d)} \qquad (5\text{-}22)$$

이 결과는 굽힘의 방향이 그림으로부터 명백하므로, 굽힘모멘트의 부호에 관계없이 얻어졌다.

최대 굽힘응력. 수치적으로 같은 최대 인장 및 압축응력이 식 (5-16b)에 주어진 굽힘공식으로부터 구해진다.

$$\sigma_{max} = \frac{M}{S}$$

여기서 S는 원형 단면의 단면계수이다. 식 (5-22)의 M과 식(5-19a)의 S를 앞의 식에 대입하면 다음 식을 얻는다.

$$\sigma_{max} = \frac{Ed}{2R_0 + d} \qquad (5\text{-}23)$$

이와 같은 결과는 식 (5-7)에 y를 $d/2$로 교체하고 식 (5-20)의 ρ를 대입함으로써 직접 구할 수 있다.

그림 5-13을 살펴보면 응력은 강철선 아래(또는 안쪽) 부분에서 압축이고 윗(또는 바깥쪽)부분에서 인장인 것을 알 수 있다.

---

* 보의 이론은 여러 가지 형태의 보의 거동을 조사한 Galileo Galilei(1564-1642)에 의해 시작되었다. 재료역학에서의 그의 업적은 1638년에 처음으로 발간된 그의 유명한 책 '2개의 새로운 과학'에 기술되었다(참고문헌 5-2). Galileo는 보에 관해 많은 중요한 발견을 했지만, 그는 오늘날 사용되는 응력분포는 얻지 못했다. 보의 이론에 대한 더 이상의 발전이 Mariotte, Jacob Bernoulli, Euler, Parent, Saint-Venant 및 다른 사람들에 의해 이루어졌다(참고문헌 5-3).

수치 결과. 이제 식 (5-22)와 (5-23)에 주어진 수치 자료를 대입하면 다음과 같은 결과를 얻는다.

$$M = \frac{\pi E d^4}{32(2R_0 + d)} = \frac{\pi(200 \text{ GPa})(4 \text{ mm})^4}{32[2(0.5 \text{ m}) + 4 \text{ mm}]}$$
$$= 5.01 \text{ N·m} \quad \Longleftarrow$$

$$\sigma_{max} = \frac{E d}{2R_0 + d} = \frac{(200 \text{ GPa})(4 \text{ mm})}{2(0.5 \text{ m}) + 4 \text{ mm}}$$
$$= 797 \text{ MPa} \quad \Longleftarrow$$

σ_{max}은 강철선의 비례한도보다 작으므로 계산이 유효하다는 것을 유의하라.

주: 드럼의 반지름은 강철선의 지름에 비해 크므로, $2R_0$에 비교해서 d를 M과 σ_{max}에 대한 표현식의 분모에서 안전하게 무시할 수 있다. 그러면 식(5-22)와 (5-23)에서 다음과 같은 결과를 얻는다.

$$M = 5.03 \text{ N·m} \qquad \sigma_{max} = 800 \text{ MPa}$$

이 결과들은 대략적으로 계산한 것이며 더 정확한 값으로부터 1% 이내의 차이가 있다.

예제 5-3

스팬의 길이 $L = 6.7$ m인 단순보 AB(그림 5-145a)가 세기 q = 22 kN/m인 등분포하중과 집중하중 $P = 50$ kN을 지지하고 있다. 균일하중은 보의 하중에 대한 허용치를 포함한다. 집중하중은 보의 좌단으로부터 2.5 m떨어진 곳에 작용한다. 보는 판자를 여러 겹으로 접착하여 만들어졌으며 폭 $b = 220$ mm 이고 높이 $h = 700$ mm인 단면을 갖는다(그림 5-14b).

굽힘으로 인한 보 내의 최대 인장 및 압축응력을 구하라.

풀이

반력, 전단력 및 최대 굽힘모멘트. 4장에서 언급한 기법을 사용하여 지지점 A와 B의 반력을 계산함으로써 해석을 시작한다. 그 결과는 다음과 같다.

$$R_A = 23.59 \text{ kN} \qquad R_B = 21.41 \text{ kN}$$

반력을 알고 있으므로 그림 5-14c에서 보는 바와 같이 전단력 선도를 그릴 수 있다. 전단력은 왼쪽 지지점으로부터 2.5 m 떨어진 곳에서 집중하중 P의 작용으로 양에서 음으로 부호가 바뀌는 것을 유의하라.

다음에 굽힘모멘트 선도(그림 5-14d)를 그리고, 집중하중의 작용으로 전단력 부호가 바뀌는 지점에서 발생하는 최대 굽힘모멘트를 계산한다.

$$M_{max} = 193.9 \text{ kN·m}$$

보의 최대 굽힘응력은 최대 굽힘모멘트를 갖는 단면에서 생긴다.

단면계수. 단면적에 대한 단면계수는 식 (5-18b)로부터 다음

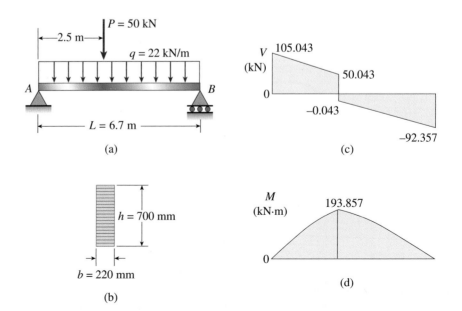

그림 5-14 예제 5-3. 단순보에서의 응력

과 같이 계산한다.

$$S = \frac{bh^2}{6} = \frac{1}{6}(0.22 \text{ m})(0.7 \text{ m})^2 = 0.018 \text{ m}^3$$

최대응력. 최대 인장 및 압축응력인 σ_t와 σ_c는 식(5-16)으로부터 구한다.

$$\sigma_t = \sigma_2 = \frac{M_{max}}{S} = \frac{193.9 \text{ kN·m}}{0.018 \text{ m}^3} = 10.8 \text{ MPa} \quad \Longleftarrow$$

$$\sigma_c = \sigma_1 = -\frac{M_{max}}{S} = -10.8 \text{ MPa} \quad \Longleftarrow$$

굽힘모멘트는 양이므로, 최대 인장응력은 보의 맨 밑면에서 일어나며 최대 압축응력은 보의 맨 윗면에서 일어난다.

예제 5-4

그림 5-15a에 보인 보 *ABC*는 *A*와 *B*에서 단순 지지되고 *B*에서 *C*까지의 돌출부를 가지고 있다. 스팬의 길이는 3.0 m이고 돌출부의 길이는 1.5 m이다. 세기 $q = 3.2$ kN/m 의 등분포하중이 보의 전체 길이(4.5 m)에 걸쳐 작용하고 있다.

이 보는 폭 $b = 300$ mm이고 높이 $h = 80$ mm인 채널 형상 단면을 갖는다(그림 5-16a). 웨브의 두께는 $t = 12$ mm이고 두께가 일정하지 않은 플랜지의 평균 두께는 이와 같다. 단면의 성질을 구하기 위한 목적으로, 단면은 그림 5-16b에서와 같이 세 개의 직사각형들로 구성되었다고 가정한다.

등분포하중으로 인한 보 내의 최대 인장 및 압축응력을 구하라.

풀이

반력, 전단력 및 굽힘모멘트. 4장에서 언급한 기법을 사용하여 지지점 *A*와 *B*의 반력을 계산함으로써 해석을 시작한다. 그 결과는 다음과 같다.

$$R_A = 3.6 \text{ kN} \qquad R_B = 10.8 \text{ kN}$$

이 값들로부터 전단력 선도(그림 5-15b)를 그린다. 다음 위치, 즉 (1) 왼쪽 지지점으로부터 1.125 m 떨어진 거리, (2) 오른쪽 반력이 작용하는 곳, 두 곳에서 전단력 부호가 바뀌고 전단력은 0이 됨을 유의하라

다음에, 그림 5-15c에 보인 바와 같은 굽힘모멘트 선도를 그린다. 양의 최대 굽힘모멘트와 음의 최대 굽힘모멘트는 전단력의 부호가 바뀌는 단면에서 생긴다. 이 최대 모멘트 값은 각각 다음과 같다.

$$M_{pos} = 2.025 \text{ kN·m} \qquad M_{neg} = -3.6 \text{ kN·m}$$

단면의 중립축(그림 5-16b). *yz* 좌표의 원점 *O*는 단면의 도심에 위치하고, 따라서 *z*축은 단면의 중립축이 된다. 도심은 10장의 10.3절에 기술된 기법을 사용하여 다음과 같이 구한다.

첫 번째, 면적을 세 개의 직사각형(A_1, A_2 및 A_3)으로 나눈다. 두 번째, 단면의 맨 위쪽을 지나는 기준축 *Z-Z*를 취하고, y_1과 y_2를 각각 *Z-Z*축으로부터 면적 A_1과 A_2의 도심까지의 거리라고 정한다. 그러므로 채널 단면(C_1과 C_2의 거리)의 도심을 구하는 계산과정은 다음과 같다.

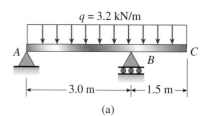

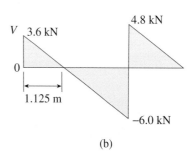

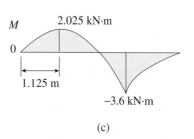

그림 5-15 예제 5-4. 돌출보에서의 응력

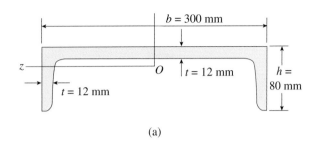

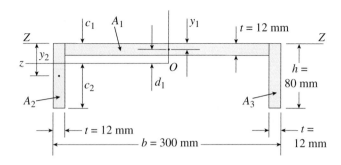

그림 5-16 예제 5-4에서 논의된 보의 단면: (a) 실제 형상, (b) 해석에 사용된 이상화된 형상 (보의 두께는 명확하게 보이기 위해 과장되었다.)

면적 1: $y_1 = t/2 = 6$ mm
$A_1 = (b - 2t)(t) = (276$ mm$)(12$ mm$)$
$= 3312$ mm^2

면적 2: $y_2 = h/2 = 40$ mm
$A_2 = ht = (80$ mm$)(12$ mm$)$
$= 960$ mm^2

면적 3: $y_3 = y_2$ $A_3 = A_2$

$$c_1 = \frac{\sum y_i A_i}{\sum A_i} = \frac{y_1 A_1 + 2y_2 A_2}{A_1 + 2A_2}$$

$$= \frac{(6 \text{ mm})(3312 \text{ mm}^2) + 2(40 \text{ mm})(960 \text{ mm}^2)}{3312 \text{ mm}^2 + 2(960 \text{ mm}^2)}$$

$$= 18.48 \text{ mm}$$

$$c_2 = h - c_1 = 80 \text{ mm} - 18.48 \text{ mm} = 61.52 \text{ mm}$$

따라서 중립축(z축)의 위치가 결정되었다.

관성모멘트. 굽힘공식으로부터 응력을 계산하기 위해, 단면적의 중립축에 관한 관성모멘트를 구해야 한다. 이러한 계산은 평형축의 원리(10장의 10.5절 참조)를 사용해야 한다.

면적 A_1으로부터 시작하면, 다음 식으로부터 z축에 대한 관성모멘트$(I_z)_1$을 구한다.

$$(I_z)_1 = (I_c)_1 + A_1 d_1^2 \tag{c}$$

이 식에서 $(I_c)_1$은 면적 A_1의 자신의 도심축에 대한 관성모멘트이다.

$$(I_c)_1 = \frac{1}{12}(b - 2t)(t)^3 = \frac{1}{12}(276 \text{ mm})(12 \text{ mm})^3$$

$$= 39,744 \text{ mm}^4$$

d_1은 면적 A_1의 도심축으로부터 z축까지의 거리이다.

$$d_1 = c_1 - t/2 = 18.48 \text{ mm} - 6 \text{ mm} = 12.48 \text{ mm}$$

그러므로 면적 A_1의 z 축에 관한 관성모멘트는(식 c로부터) 다음과 같다.

$$(I_z)_1 = 39,744 \text{ mm}^4 + (3312 \text{ mm}^2)(12.48 \text{ mm}^2)$$

$$= 555,600 \text{ mm}^4$$

면적 A_2와 A_3에 대해 같은 방법으로 진행하면 다음을 얻는다.

$$(I_z)_2 = (I_z)_3 = 956,600 \text{ mm}^4$$

그러므로 전체 단면적의 도심축에 대한 관성모멘트 I_z는 다음과 같다.

$$I_z = (I_z)_1 + (I_z)_2 + (I_z)_3 = 2.469 \times 10^6 \text{ mm}^4$$

단면계수. 보의 맨 윗면과 맨 밑면에 대한 단면계수는 각각 다음과 같다(식 5-15a 및 b 참조).

$$S_1 = \frac{I_z}{c_1} = 133,600 \text{ mm}^3 \qquad S_2 = \frac{I_z}{c_2} = 40,100 \text{ mm}^3$$

단면 성질들이 결정되면 이제 식 (5-14a 및 b)로부터 최대응력을 계산할 수 있다.

최대응력. 양의 최대 굽힘모멘트가 일어나는 단면에서, 최대 인장응력(σ_2)은 보의 맨 밑면에서 일어나며 최대 압축응력(σ_1)은 보의 맨 윗면에서 일어난다. 그러므로 식 (5-14b)와 (5-14a)로부터 각각 다음 결과를 얻는다.

$$\sigma_t = \sigma_2 = \frac{M_{pos}}{S_2} = \frac{2.025 \text{ kN·m}}{40,100 \text{ mm}^3} = 50.5 \text{ MPa}$$

$$\sigma_c = \sigma_1 = -\frac{M_{pos}}{S_1} = -\frac{2.025 \text{ kN·m}}{133,600 \text{ mm}^3} = -15.2 \text{ MPa}$$

이와 유사하게, 음의 최대 굽힘모멘트가 일어나는 단면에서 최대응력들은 다음과 같다.

$$\sigma_t = \sigma_1 = -\frac{M_{neg}}{S_1} = -\frac{-3.6 \text{ kN·m}}{133,600 \text{ mm}^3} = 26.9 \text{ MPa}$$

$$\sigma_c = \sigma_2 = \frac{M_{neg}}{S_2} = \frac{-3.6 \text{ kN·m}}{40,100 \text{ mm}^3} = -89.8 \text{ MPa}$$

이러한 4개의 응력들을 비교하면 보의 최대 인장응력은 50.5 MPa이며 양의 최대 굽힘모멘트가 일어나는 단면 중 보의 맨 밑면에서 일어난다. 그러므로 다음 값을 얻는다.

$$(\sigma_t)_{\max} = 50.5 \text{ MPa}$$

최대 압축응력은 −89.8 MPa이며 음의 최대 굽힘모멘트가 일어나는 단면에서 보의 맨 밑면에서 일어난다.

$$(\sigma_c)_{\max} = -89.8 \text{ MPa}$$

이로써, 보에 작용하는 등분포하중으로 인한 최대 굽힘응력들을 구했다.

5.6 굽힘응력에 대한 보의 설계

　보를 설계하는 과정은 구조물의 형태(항공기, 자동차, 교량, 건물 및 기타), 사용되는 재료, 지지되는 하중, 접하게 되는 환경조건 및 지불비용 등 많은 요인들을 고려해야 한다. 그러나 강도의 관점에서 보면, 이 작업은 결국 보의 실제응력이 재료에 대한 허용응력을 초과하지 않도록 보의 형태와 크기를 선정하는 일로 귀착된다. 다음의 논의에서는 굽힘응력(즉, 굽힘공식 식 5-13으로부터 구한 응력)만 고려할 것이다. 뒤에, 전단응력의 효과(5.7절, 5.8절 및 5.9절)와 응력을 고려할 것이다.

　굽힘응력을 견디는 보를 설계할 때, 통상 **필요한 단면계수**를 계산함으로써 시작한다. 예를 들어, 보가 이중대칭 단면을 가지고 허용응력이 인장과 압축에 대해서 똑같다면, 최대 굽힘모멘트를 재료의 허용응력으로 나누어서 요구되는 단면계수를 계산할 수 있다(식 5-16 참조).

$$S = \frac{M_{\max}}{\sigma_{\text{allow}}} \tag{5-24}$$

허용응력은 재료의 성질과 필요한 안전계수에 근거를 두고 있다. 이 응력이 초과되지 않는 것을 보장하기 위해서는, 적어도 식 (5-24)로부터 얻은 값만큼의 단면계수를 갖는 단면을 선정해야 한다.

　단면이 이중대칭이 아니면, 또는 허용응력이 인장과 압축에 대해서 다르면, 아마도 두 개의 요구되는 단면계수, 즉 한 개는 인장에 근거한 것이고 또 한 개는 압축에 근거한 것을 필요로 한다. 다음에 두 가지 개념을 만족하는 보를 마련하여야 한다.

　무게를 최소화하고 재료를 절감하기 위해, 필요한 단면계수를 제공하면서 (그리고 부과되는 어떤 다른 설계 요구조건을 만족하면서) 최소의 단면적을 갖는 보를 선택한다.

　보는 다양한 목적에 맞는 여러 가지 형상과 크기로 만들어진다. 예를 들면, 대형 강철 보는 용접으로 제조되고(그림 5-17), 알루미늄 보는 둥글거나 직사각형 모양의 관으로 압출되며, 목재 보는 잘라서 특수조건에 알맞도록 접착되고, 보강된 콘크리트 보는 적당한 형태의 공법으로 필요한 형상으로 주조된다.

　게다가 강철, 알루미늄, 플라스틱 및 목재 보는 판매상이나 제조업자에 의해 제공되는 카탈로그로부터 **표준 형상과 크기**로 주문될 수 있다. 쉽게 구할 수 있는 형상에는 WF형 보, I-형 보, 앵글, 채널, 직사각형 단면 보 및 관 등이 포함된다.

표준 형상과 크기의 보

　여러 가지 종류의 보에 대한 치수와 성질들이 공학편람에 수록되어 있다. 예를 들면, 영국에서는 영국 구조용 강철제품 협회가 '국립 구조용 강철제품 시방서'를 출판하고 있으며, 미국에서는 구조용 강 보에 대한 형상과 크기가 미국 강구조협회(AISC)에 의해 표준화되었다. AISC는 이들의 성질을 USCS 단위와 SI 단위로 수록한 '강구조 매뉴얼'을 출판하고 있다. 이 매뉴얼의 표에는 단면치수와 질량, 단면적, 관성모멘트 및 단면계수와 같은 성질들이 수록되어 있다. 세계 각지에서 사용되는 구조용 강의 형상에 대한 성질은 온라인으로 쉽게 구할 수 있다. 유럽에서는, 강구조 설계가 *Eurocode 3*(참고문헌 5-4의 목록표 참조)에 의해 관리된다.

　알루미늄 보에 대한 성질들은 비슷한 방법으로 표로 만들어졌으며 알루미늄 협회(참고문헌 5-5)의 출판물에서 구할 수 있다(치수와 단면 성질에 대해서는 '알루미늄 설계 매뉴얼' 6부를 참조). 유럽에서는, 알루미늄 구조 설계가

그림 5-17 긴 WF 강철 보를 제작하는 용접공(Courtesy of AISC)

Eurocode 9에 의해 관리되며 가용 형상의 성질은 제조업자의 웹사이트에서 온라인으로 찾을 수 있다(참고문헌 5-5). 마지막으로 유럽에서는 목재 보의 설계가 *Eurocode* 5에서 취급되며, 미국에서는 '목재 건축에 대한 국립 설계 시방서'(*ASD/LRFD*)가 사용된다(참고문헌 5-6) 문제풀이를 위해 강철 보와 목재 보에 대한 요약표가 이 교재의 뒷부분에 주어진다(부록 E와 F 참조).

구조용 강의 단면이 HE 600A와 같이 표시되는데, 이는 단면이 공칭 깊이가 600 mm인 WF 형상임을 의미한다. 표 E-1(부록 E)에 의하면 이 단면의 폭은 300 mm이고, 단면적은 226.5 cm²이며, 질량은 길이 1 m당 178 kg이다. 표 E-2에는 유럽 표준 보(IPN 형상)에 대한 유사한 성질이, 표 E-3에는 유럽 표준 채널(UPN 형상)에 대한 성질이, 그리고 표 E-4 및 E-5에는 유럽의 변의 길이가 같거나 또는 다른 앵글의 성질이 각각 수록되어 있다. 위에서 설명한 모든 표준화된 강철 단면은 **압연**(*rolling*)과정으로 제조되는데, 이 과정에서 고온의 강철 빌릿(billet)이 원하는 형상으로 만들어질 때까지 압연기(roll) 사이를 왔다 갔다 하며 통과한다.

구조용 알루미늄 단면은 고온의 빌릿을 형상 다이(die)를 통해 밀어 넣거나 밀어내는 **압출**(*extrusion*)과정에 의해 만들어진다. 다이는 비교적 만들기 쉽고 재료도 가공 가능하므로, 알루미늄 보는 어떠한 원하는 형상으로도 압출될 수 있다. WF 형 보, *I*-형 보, 채널, 앵글, 관 및 기타 단면들의 표준 형상이 '알루미늄 설계 매뉴얼'의 6부에 수록되어 있으며, 게다가 주문제작 형상도 주문할 수 있다.

대부분의 **목재 보**는 직사각형 단면을 가지며 50 × 100 mm와 같은 공칭치수로 표시된다. 이 치수들은 원목을 대강 깎아서 만든 크기를 나타낸다. 목재 보의 순 치수(또는 실제 치수)는 거친 원목의 변들이 매끈하도록 다듬어지고 평평하게 된다면 공칭치수보다 작게 된다. 그러므로 50 × 100 mm의 목재 보는 평평하게 된 후에는 47 × 72 mm 의 실제 치수를 갖는다. 물론 평평하게 된 원목의 순 치수가 공학계산에 사용되어야 한다. 그러므로 순 치수와 이에 해당되는 성질이 부록 F에 주어진다.

여러 가지 보 형상의 상대효율

보를 설계하는 목적 중의 하나는 기능, 겉모양, 제조 경비 등으로 부과되는 제한조건 내에서 가능한 한 효율이 좋은 재료를 사용하는 것이다. 강도만의 관점에서 보면, 굽힘에서의 효율은 주로 단면의 형상에 의존한다. 특히, 가장 효율적인 보는 재료가 중립축으로부터 실제적으로 가장 멀리 떨어져 있는 보이다. 주어진 재료의 양이 중립축으로부터 멀리 있을수록 단면계수는 커지고, 단면계수가 커질수록 저항할 수 있는 굽힘모멘트는 커진다(주어진 허용응력에 대하여).

예로서, 폭이 *b*이고 높이가 *h*인 **직사각형** 형태의 단면을 고찰해 보자(그림 5-18a). 단면계수는(식 5-18b로부터) 다음과 같다.

$$S = \frac{bh^2}{6} = \frac{Ah}{6} = 0.167Ah \qquad (5\text{-}25)$$

여기서 *A*는 단면적을 나타낸다. 이 식은 주어진 면적을 갖는 직사각형 단면은 높이 *h*가 증가할수록(그리고 폭 *b*는 면적을 일정하게 유지하기 위해 감소할수록) 더욱 효율적임을 보여준다. 물론, 보는 높이 대 폭의 비가 너무 커지면 횡방향으로 불안정하게 되므로 높이의 증가에는 실제적으로 한계가 있다. 그러므로 매우 좁은 직사각형 단면은 재료의 불충분한 강도보다는 횡방향 측면 좌굴로 인해 파괴될 것이다.

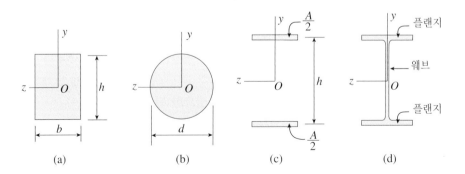

그림 5-18 보의 단면 형상   (a)   (b)   (c)   (d)

다음에는, 지름이 d인 **속이 찬 원형단면**(그림 5-18b)을 같은 면적을 갖는 정사각형 단면과 비교하여 보자. 원과 같은 면적을 갖는 정사각형의 변의 길이 h는 $h = (d/2)\sqrt{\pi}$ 이다. 이에 대응하는 단면계수들은(식 5-18b와 5-19b로부터) 다음과 같다.

$$S_{\text{square}} = \frac{h^3}{6} = \frac{\pi\sqrt{\pi}d^3}{48} = 0.1160d^3 \qquad (5\text{-}26a)$$

$$S_{\text{circle}} = \frac{\pi d^3}{32} = 0.0982d^3 \qquad (5\text{-}26b)$$

여기서 다음의 비를 구한다.

$$\frac{S_{\text{square}}}{S_{\text{circle}}} = 1.18 \qquad (5\text{-}27)$$

이 결과는 정사각 단면의 보가 같은 면적의 원형 단면보다 굽힘저항에 더욱 효율적임을 보여준다. 그 이유는, 물론 원이 중립축 부근에 위치한 비교적 더 많은 양의 재료를 갖기 때문이다. 이 재료는 크게 응력을 받지 않으므로, 보의 강도에 대해 크게 기여하지 않는다.

주어진 단면적 A와 높이 h인 보의 **이상적인 단면형상**은 그림 5-18c에 보인 바와 같이, 면적의 절반을 중립축 위로 거리 $h/2$ 되는 곳에 위치시켜서 구할 수 있다. 이러한 이상적인 형상에 대해 다음 식을 얻는다.

$$I = 2\left(\frac{A}{2}\right)\left(\frac{h}{2}\right)^2 = \frac{Ah^2}{4}$$

$$S = \frac{I}{h/2} = 0.5Ah \qquad (5\text{-}28a, b)$$

대부분의 재료가 플랜지 쪽에 치우쳐 있는 WF 형 단면과 I-형 단면(그림 5-18d)에 의해 이러한 이상적인 한도에 실제로 접근할 수 있다. 재료의 일부를 보의 웨브에 배당하는 필요성 때문에 이상적인 상황은 실현될 수 없다. 그러므로 표준 WF 보에 대해, 단면계수는 대략 다음과 같다.

$$S \approx 0.35Ah \qquad (5\text{-}29)$$

이것은 이상적인 경우보다 작지만, 같은 면적과 높이를 갖는 직사각형 단면의 단면계수보다 훨씬 크다(식 5-25 참조).

WF 보의 또 다른 바람직한 특성은 폭이 크다는 것이며 같은 높이와 같은 단면계수를 갖는 직사각형 보에 비교하여 측면 좌굴에 대해 큰 안정성을 갖고 있다. 반면에, WF 형 보의 웨브를 어떻게 얇게 할 수 있는가 하는 문제에는 실제적인 제한이 있다. 웨브가 너무 얇으면 국부적인 좌굴이 일어나기 쉽거나 또는 전단응력을 과다하게 받게 될 것이다. 이러한 주제는 5.9절에서 논의된다.

다음 예제들은 허용응력에 기초한 보를 선정하는 과정을 설명한다. 이 예제에서, 굽힘응력(굽힘공식에서 구한)의 효과만 고려된다.

주: 부록에 있는 표로부터 강철 보 또는 목재 보를 선정하는 것이 필요한 예제와 문제를 풀 때, 다음과 같은 규칙을 사용한다. 표에서 여러 개의 선택을 할 수 있을 때에는 필요한 단면계수를 주는 가장 가벼운 보를 선택한다.

예제 5-5

스팬의 길이가 $L = 3$ m인 단순지지 목재 보가 등분포하중 $q = 4$ kN/m를 지지하고 있다(그림 5-19). 허용 굽힘응력은 12 MPa이고, 목재의 비중량은 5.4 kN/m³이며, 보는 측면 좌굴과 티핑(tipping)에 대하여 횡방향으로 지지되었다.

부록 F의 표로부터 보의 적절한 크기를 선택하라.

풀이

보의 무게를 미리 알지 못하므로 다음과 같이 시행착오법으로 진행한다. (1) 주어진 등분포하중에 근거하여 필요한 단면계

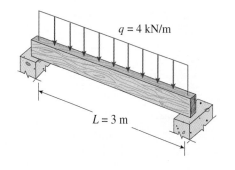

그림 5-19 예제 5-5. 단순지지 목재 보의 설계

수를 계산한다. (2) 보에 대한 임시 크기를 선택한다. (3) 보의 무게를 등분포하중에 더하고 새로운 필요 단면계수를 계산한다. (4) 선택된 보가 아직도 만족한가를 검토한다. 만족하지 않는다면, 더 큰 보를 택하여 과정을 반복한다.

(1) 보의 최대 굽힘모멘트는 중앙점에서 일어난다(식 4-15 참조).

$$M_{max} = \frac{qL^2}{8} = \frac{(4 \text{ kN/m})(3 \text{ m})^2}{8} = 4.5 \text{ kN·m}$$

필요한 단면계수(식 5-24)는 다음과 같다.

$$S = \frac{M_{max}}{\sigma_{allow}} = \frac{4.5 \text{ kN·m}}{12 \text{ MPa}} = 0.375 \times 10^6 \text{ mm}^3$$

(2) 부록 F의 표로부터 적어도 축 1-1에 대해서 0.375×10^6 mm³의 단면계수를 갖는 가장 가벼운 보는 75 × 200 mm인 보(공칭 치수)임을 알 수 있다. 이 보의 단면계수는 0.456×10^6 mm³ 이고 무게는 77.11 N/m이다.(부록 F는 비중량 5.4 kN/m³에 근거한 무게를 나타내고 있음을 유의하라.)

(3) 보의 등분포하중은 이제 4.077 kN/m이며, 이에 대응되는 필요한 단면은 다음과 같다.

$$S = (0.375 \times 10^6 \text{ mm}^3)\left(\frac{4.077}{4.0}\right) = 0.382 \times 10^6 \text{ mm}^3$$

(4) 앞에서 선택한 보의 단면계수는 0.456×10^6 mm³이며, 이는 필요한 단면계수 0.382×10^6 mm³ 보다 크다.

그러므로 75 × 200 mm 보는 만족할 만 하다.

주: 목재의 비중량이 5.4 kN/m³이 아니면, 부록 F의 마지막 열의 값을 실제 비중량의 5.4 kN/m³에 대한 비로 곱함으로써 단위 m당 보의 무게를 구할 수 있다.

예제 5-6

높이가 2.5 m인 수직기둥이 상단에서 횡하중 $P = 12$ kN을 지지하여야 한다. 속이 찬 목재 기둥과 속이 빈 알루미늄 관이라는 두 개의 계획이 제안된다.

(a) 목재의 허용 굽힘응력이 15 MPa일 때 목재 기둥의 필요한 최소지름 d_1은 얼마인가?

(b) 벽 두께가 바깥지름의 1/8이고 알루미늄의 허용 굽힘응력이 50 MPa일 때 필요한 알루미늄 관의 바깥지름 d_2는 얼마인가?

풀이

최대 굽힘모멘트. 최대 굽힘모멘트는 기둥의 밑판에서 일어나며 하중 P와 높이 h의 곱과 같다. 그러므로 다음 값을 얻는다.

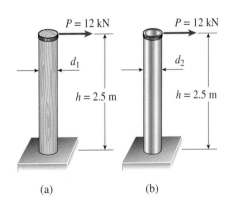

그림 5-20 예제 5-6. (a) 속이 찬 목재 기둥, (b) 알루미늄 관

$$M_{max} = Ph = (12 \text{ kN})(2.5 \text{ m}) = 30 \text{ kN·m}$$

(a) **목재 기둥.** 목재 기둥의 필요한 단면계수(식 5-19b 및 5-24 참조)는 다음과 같다.

$$S_1 = \frac{\pi d_1^3}{32} = \frac{M_{max}}{\sigma_{allow}} = \frac{30 \text{ kN·m}}{15 \text{ MPa}}$$

$$= 0.0020 \text{ m}^3 = 2 \times 10^6 \text{ mm}^3$$

지름에 대해 풀면 다음 값을 얻는다.

$$d_1 = 273 \text{ mm}$$

목재 기둥에 대해 선택된 지름은 허용응력을 초과하지 않으려면 273 mm보다 같거나 커야 한다.

(b) **알루미늄 관.** 관에 대한 단면계수 S_2를 구하기 위해서는 먼저 단면의 관성모멘트 I_2를 구해야 한다. 관의 벽두께가 $d_2/8$이므로, 안지름은 $d_2 - d_2/4$, 또는 $0.75d_2$이다. 그러므로 관성모멘트 (식 5-19a 참조)는 다음과 같다.

$$I_2 = \frac{\pi}{64}\left[d_2^4 - (0.75d_2)^4\right] = 0.03356d_2^4$$

이제 단면계수가 다음과 같이 구해진다.

$$S_2 = \frac{I_2}{c} = \frac{0.03356d_2^4}{d_2/2} = 0.06712d_2^3$$

필요한 단면계수는 식 (5-24)로부터 얻는다.

$$S_2 = \frac{M_{max}}{\sigma_{allow}} = \frac{30 \text{ kN·m}}{50 \text{ MPa}} = 0.0006 \text{ m}^3 = 600 \times 10^3 \text{ mm}^3$$

단면계수에 대한 앞의 두 표현식을 같게 놓음으로써, 필요한 바

깥지름에 대해 풀 수 있다:

$$d_2 = \left(\frac{600 \times 10^3 \text{ mm}^3}{0.06712}\right)^{1/3} = 208 \text{ mm}$$

이에 대응하는 안지름은 0.75(208 mm), 즉 156 mm이다.

예제 5-7

스팬의 길이가 7 m인 단순보 *AB*는 그림 5-21a에 보여진 형태로 보에 걸쳐 분포된 세기 *q* = 60 kN/m 의 등분포하중을 지지해야 한다.

등분포하중과 보의 무게를 고려하고 110 MPa의 허용 굽힘응력을 사용하여 하중을 지지할 WF 형 구조용 강철 보를 선정하라.

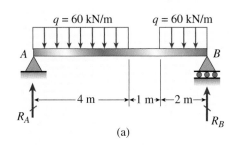

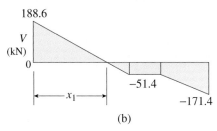

그림 5-21 예제 5-7. 부분적 등분포하중을 받는 단순보의 설계

풀이

이 예제에서는 다음과 같이 진행한다. (1) 등분포하중으로 인한 보의 최대 굽힘모멘트를 구한다. (2) 최대 굽힘모멘트로부터 단면계수를 구한다. (3) 부록 E의 표 E-1로 임시로 요구되는 WF 형 보를 선정하고 보의 무게를 구한다. (4) 구한 무게를 고려하여, 굽힘모멘트의 새로운 값과 단면계수의 새로운 값들을 계산한다. (5) 선정된 보가 여전히 만족하는지를 결정한다. 만족하지 않으면, 새로운 보의 크기를 선택하고 만족할 만한 보의 크기를 얻을 때까지 이 과정을 반복한다.

최대 굽힘모멘트 최대 굽힘모멘트가 일어나는 단면의 위치를

구하기 위해, 4장에서 기술된 방법을 사용하여 전단력 선도(그림 5-21b)를 그린다. 이 과정의 한 부분으로 지지점에서의 반력을 구한다.

$$R_A = 188.6 \text{ kN} \quad R_B = 171.4 \text{ kN}$$

왼쪽 지지점으로부터 전단력이 0 이 되는 단면까지의 거리 x_1은 다음 식으로 구한다.

$$V = R_A - qx_1 = 0$$

이 식은 $0 \leq x \leq 4$ m인 구간에서 유효하다. x_1에 대해 풀면 다음을 얻는다.

$$x_1 = \frac{R_A}{q} = \frac{188.6 \text{ kN}}{60 \text{ kN/m}} = 3.14 \text{ m}$$

이것은 4 m 보다 작으므로 계산은 유효하다.

최대 굽힘모멘트는 전단력이 0인 단면에서 일어난다. 그러므로

$$M_{max} = R_A x_1 - \frac{qx_1^2}{2} = 296.3 \text{ kN·m}$$

필요한 단면계수. 필요한 단면계수(세기 *q*에만 근거한)는 식 (5-24)로부터 얻는다.

$$S = \frac{M_{max}}{\sigma_{allow}} = \frac{296.3 \times 10^6 \text{ N·mm}}{110 \text{ MPa}} = 2.694 \times 10^6 \text{ mm}^3$$

임시 보 이제 표 E-1로 돌아가서 2,694 cm³보다 큰 단면계수를 갖는 가장 가벼운 WF형 보를 선정한다. 이 단면계수에 해당되는 가장 가벼운 보는 *S* = 2,896 cm³인 **HE 450A** 보이다. 이 보는 147 kg/m 의 질량을 가진다. (부록 E의 표는 요약되었기 때문에 실제로는 더 가벼운 보가 있을 수 있음을 상기하라.)

이제 등분포하중 *q*와 보 자체의 무게의 작용을 받는 보에 대해 반력, 최대 굽힘모멘트 및 필요한 단면계수를 다시 계산한다. 이러한 조합하중에 대해 반력들은 다음과 같다.

$$R_A = 193.4 \text{ kN} \qquad R_B = 176.2 \text{ kN}$$

전단력이 0인 단면까지의 거리는 다음과 같다.

$$x_1 = 3.151 \text{ m}$$

최대 굽힘모멘트는 304.7 kN·m 로 증가되었으며, 새로운 필요 단면계수는 다음과 같다.

$$S = \frac{M_{\max}}{\sigma_{\text{allow}}} = \frac{304.7 \times 10^6 \text{ N·mm}}{110 \text{ MPa}} = 2770 \text{ cm}^3$$

그러므로 S = 2,896 cm³인 단면계수를 갖는 **HE 450A** 보는 아직도 만족하다는 것을 알 수 있다.

　주: 새로 요구되는 단면계수가 **HE 450A**의 단면계수를 초과한다면, 더 큰 단면계수를 갖는 새로운 보가 선정되고 과정이 반복될 것이다.

예제 5-8

　임시로 만든 목재 댐이 캔틸레버 보의 역할을 하도록 땅속에 박힌 수직 목재 기둥에 의해 지지되는 수평 널빤지 A로 만들어졌다(그림 5-22). 기둥은 정사각형 단면(치수 b × b)을 가지며 중심에서 중심까지의 거리 s = 0.8 m만큼 떨어져 있다. 댐 안의 수위는 높이 h = 2.0 m 까지 꽉 차 있다고 가정한다.

　목재의 허용 굽힘응력이 σ_{allow} = 8.0 MPa 일 때 필요한 기둥의 최소 치수 b를 결정하라.

풀이

　하중선도 각 기둥은 널빤지에 작용하는 물의 압력에 의해 생기는 삼각형 모양의 분포하중을 받고 있다. 따라서 각 기둥에 대한 하중선도는 삼각형이다(그림 5-22c). 기둥에 대한 하중의 최대 세기 q_0는 깊이 h에서의 물의 압력과 기둥 사이의 간격 s를 곱한 것과 같다.

$$q_0 = \gamma h s \qquad (a)$$

여기서 γ는 물의 비중량이다. q_0의 단위는 단위길이당 힘이고, γ의 단위는 단위체적당 힘이며, h와 s는 모두 길이의 단위를 갖고 있음을 유의하라.

　단면계수. 각 기둥은 캔틸레버 보이므로, 최대 굽힘모멘트는 밑판에서 일어나며 다음 식으로 주어진다.

$$M_{\max} = \frac{q_0 h}{2}\left(\frac{h}{3}\right) = \frac{\gamma h^3 s}{6} \qquad (b)$$

그러므로 필요한 단면계수(식 5-24)는 다음과 같다.

$$S = \frac{M_{\max}}{\sigma_{\text{allow}}} = \frac{\gamma h^3 s}{6\sigma_{\text{allow}}} \qquad (c)$$

　정사각형 단면의 보에 대해, 단면계수는 $S = b^3/6$이다(식 5-18b 참조). 이 S에 대한 식을 식(c)에 대입하면 기둥의 최소 치수 b에 대한 공식을 구할 수 있다.

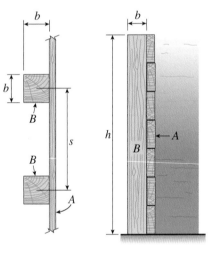

(a) 상면도　　　　　　(b) 측면도

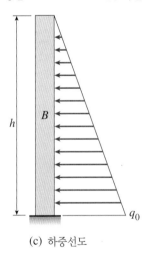

(c) 하중선도

그림 5-22 예제 5-8. 수직 기둥 B에 의해 지지되는 수평 널빤지 A를 갖는 목재 댐

$$b^3 = \frac{\gamma h^3 s}{\sigma_{\text{allow}}} \qquad (d)$$

수치 값. 이제 주어진 수치 값을 식 (d)에 대입하면

$$b^3 = \frac{(9.81 \text{ kN/m}^3)(2.0 \text{ m})^3(0.8 \text{ m})}{8.0 \text{ MPa}}$$

$$= 0.007848 \text{ m}^3 = 7.848 \times 10^6 \text{ mm}^3$$

이 되고, 이 식으로부터 b를 구한다.

$$b = 199 \text{ mm}$$

그러므로 필요한 기둥의 최소 치수 b는 199 mm이다. 200 mm와 같은 큰 치수는 실제 굽힘응력이 허용응력보다 작다는 것을 보증한다.

5.7 직사각형 단면 보의 전단응력

보가 순수굽힘 상태에 있을 때 유일한 합응력은 굽힘모멘트이며 유일한 응력은 단면에 작용하는 수직응력이다. 그러나 대부분의 보는 굽힘모멘트와 전단력을 생기게 하는 하중을 받는다(불균일 굽힘). 이러한 경우에는 수직응력과 전단응력이 모두 보에 생기게 된다. 보가 선형 탄성 재료로 되어 있다면, 수직응력은 굽힘공식(5.5절 참조)으로부터 계산한다. 전단응력은 이 절과 다음 두 개 절에서 논의된다.

수직 및 수평 전단응력

양의 전단력 V를 받는 직사각형 단면(폭이 b이고 높이가 h인)의 보를 고찰해 보자(그림 5-23a). 단면에 작용하는 전단응력 τ는 전단력에 평행하다고, 즉 단면의 수직면에 평행하다고 가정하는 것은 합리적이다. 전단응력들은 높이에 따라 변할 수 있지만, 이들이 보의 폭에 따라 등분포 된다고 가정하는 것도 합리적이다. 이 두 개의 가정을 사용하여 단면위에 임의 점에서의 전단응력의 세기를 결정할 수 있다.

해석 목적상, 두 개의 인접 단면 사이와 두 개의 수평평면 사이를 잘라낸 보의 미소요소 mn(그림 5-23a)을 분리시킨다. 가정에 따라, 이 요소에 앞면에 작용하는 전단응력 τ는 수직이며 보의 한쪽 변에서 다른 쪽 변까지 등분포 되었다. 또한 1.6절의 전단응력에 대한 논의로부터, 요소의 한쪽 면에 작용하는 전단응력은 요소의 수직인 면에 작용하는 똑같은 크기의 전단응력을 동반한다는 것을 알 수 있다(그림 5-23b와 c 참조). 그러므로 단면에 작용하는 수직 전단응력뿐만 아니라 보의 수평 층 사이에 작용하는 수평 전단응력도 있다. 보의 어떠한 점에서도, 이 상보(complementary) 전단응력들은 크기가 같다.

요소에 작용하는 수평 및 수직 전단응력의 동일성은 보의 윗면과 바닥면에서의 전단응력에 관한 중요한 결론에

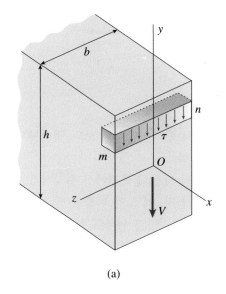

(a)

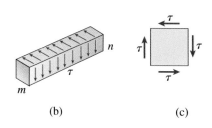

(b) (c)

그림 5-23 직사각형 단면 보의 전단응력

이르게 한다. 요소 mn(그림 5-23a)이 보의 윗면이나 바닥면에 위치한다고 가정하면, 보의 바깥 표면에서는 응력이 없기 때문에 수평 전단응력도 없어져야 한다는 것을 알 수 있다. 그러므로 같은 위치에서 수직 전단응력도 또한 없어진다. 다시 말하면, $y = \pm h/2$에서 $\tau = 0$이다.

보 내에 수평 전단응력이 존재한다는 것은 간단한 실험으로 설명할 수 있다. 그림 5-24a에서와 같이, 단순 지지점위에 두 개의 똑같은 직사각형 단면 보를 올려놓고 하중 P를 작용시킨다. 보 사이의 마찰이 작다면, 보는 독립적으로 굽혀진다(그림 5-24b). 각각의 보는 자신의 중립축 위에서는 압축을, 중립축 아래에서는 인장을 받을 것이며, 따라서

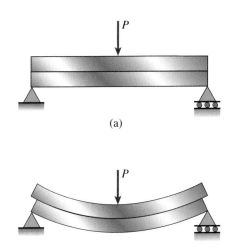

(a)

(b)

그림 5-24 두 개의 분리된 보의 굽힘

윗쪽 보의 바닥표면은 아래쪽 보의 맨 윗쪽 표면에 대해 미끄러질 것이다.

이제 두 개의 보를 접촉면에서 접착시켜 한 개의 보가 되었다고 가정하자. 이 보가 하중을 받으면 그림 5-24b에 보인 미끄럼을 방지하기 위하여 접착표면에 따라 수평 전단응력이 생겨야 한다. 이러한 전단응력의 존재 때문에, 한 개의 보는 두 개의 분리된 보보다 더욱 튼튼하고 강하다.

전단공식의 유도

이제 직사각형 보 내의 전단응력 τ에 대한 공식을 유도할 준비가 되었다. 그러나 단면에 작용하는 수직 전단응력을 구하는 것보다 보의 층 사이에 작용하는 수평 전단응력을 구하는 것이 더욱 쉽다. 물론, 수직 전단응력은 수평 전단응력과 같은 크기를 갖는다.

이러한 과정을 생각하고, 불균일 굽힘 상태의 보를 고찰하자(그림 5-25a). 거리 dx만큼 떨어진 두 개의 인접 **단면** mn과 m_1n_1을 취하고 **요소** mm_1n_1n을 고려한다. 요소의 왼쪽 면에 작용하는 굽힘모멘트와 전단력은 각각 M과 V로 표시한다. 보의 축을 따라 움직임에 따라 굽힘모멘트와 전단력은 모두 변할 수 있기 때문에, 요소의 오른쪽 면에 작용하는 이에 해당되는 양(그림 5-25a)들은 각각 $M + dM$과 $V + dV$로 표시한다.

굽힘모멘트와 전단력의 존재 때문에(그림 5-25a), 요소는 단면의 양면에서 수직응력과 전단응력의 작용을 받는다. 그러나 다음의 유도에서는 수직응력만 필요하며, 따라서 수직응력만 그림 5-25b에 나타낸다. 단면 mn과 m_1n_1에서의 수직응력이 각각 굽힘공식(식 5-13)에 의해 주어진다.

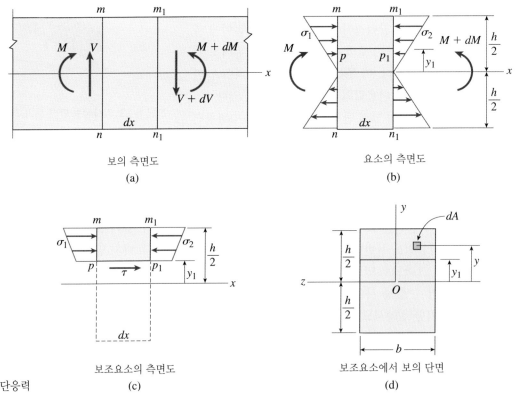

보의 측면도
(a)

요소의 측면도
(b)

보조요소의 측면도
(c)

보조요소에서 보의 단면
(d)

그림 5-25 직사각형 단면보의 전단응력

$$\sigma_1 = -\frac{My}{I} \quad \text{그리고} \quad \sigma_2 = -\frac{(M+dM)y}{I} \quad \text{(a, b)}$$

이 표현식에서, y는 중립축으로부터의 거리이고 I는 단면적의 중립축에 관한 관성모멘트이다.

다음에, 요소 mm_1n_1n(그림 5-25b)에서 **수평평면** pp_1을 통과시켜 얻은 **보조요소** mm_1p_1p를 분리한다. 평면 pp_1은 보의 중립면으로부터 거리 y_1만큼 떨어진 곳에 있다. 보조요소는 그림 5-25c에 분리되어 보여진다. 요소의 맨 윗면은 보의 바깥 표면의 부분이므로 응력이 없다는 것을 유의한다. 요소의 바닥면(중립면에 평행하며 중립면에서 거리 y_1만큼 떨어진)은 보 내의 이 위치에 작용하는 수평 전단응력 τ의 작용을 받는다. 단면의 면 mp와 m_1p_1은 각각 굽힘모멘트에 의해 생긴 굽힘응력 σ_1과 σ_2의 작용을 받는다. 수직 전단응력도 단면의 면들에 작용한다. 그러나 이 응력들은 보조요소의 수평방향(x 방향)의 평형에는 아무 영향을 미치지 않으므로 이들은 그림 5-25c에 나타나지 않는다.

단면 mn과 m_1n_1(그림 5-25b)에 작용하는 굽힘모멘트가 같다면(즉, 보가 순수굽힘 상태에 있으면), 보조요소(그림 5-25c)의 측면 mp와 m_1p_1에 작용하는 수직응력 σ_1과 σ_2역시 같을 것이다. 이러한 조건하에서, 보조요소는 수직응력만의 작용에 의해 평형을 이룰 것이므로, 바닥면 pp_1에 작용하는 전단응력 τ는 없어질 것이다. 이 결론은 순수굽힘 상태의 보에는 전단력이 없고 따라서 전단응력도 없다는 결론만큼 명백하다.

굽힘모멘트가 x 축에 따라 변하면(불균일 굽힘), 보조요소(그림 5-25c)의 바닥면에 작용하는 전단응력 τ는 이 요소의 x 방향 평형을 고려함으로써 구할 수 있다.

중립축으로부터 거리 y만큼 떨어진 단면 내의 면적요소 dA를 인식하는 것으로 시작한다(그림 5-25d). 이 요소에 작용하는 힘은 σdA이고, 여기서 σ는 굽힘공식에서 구한 수직응력이다. 면적요소가 보조요소의 왼쪽 면 mp(굽힘모멘트가 M인)에 위치한다면, 수직응력은 식 (a)에 의해 주어지며, 따라서 힘 요소는 다음과 같다.

$$\sigma_1 dA = \frac{My}{I} dA$$

응력의 방향은 그림으로부터 명백하기 때문에 이 식에서는 단지 절대값만 사용한다는 것을 유의하라. 이 힘 요소를 보조요소(그림 5-25c)의 면 mp의 전 면적에 걸쳐 합해서 그 면에 작용하는 전체 수평력 F_1을 구한다.

$$F_1 = \int \sigma_1 dA = \int \frac{My}{I} dA \qquad \text{(c)}$$

이 적분은 그림 5-25d에 보인 단면에 어둡게 그려진 부분의 면적, 즉 $y = y_1$부터 $y = h/2$까지의 단면적에 걸쳐 수행된다는 것을 유의하라.

힘 F_1은 그림 5-26에서 보조요소의 부분 자유물체도(수직력은 삭제됨) 상에 그려져 있다.

비슷한 방법으로, 보조요소(그림 5-25c와 5-26)의 오른쪽 면 m_1p_1에 작용하는 전체 수평력 F_2를 구한다.

$$F_2 = \int \sigma_2 dA = \int \frac{(M+dM)y}{I} dA \qquad \text{(d)}$$

힘 F_1과 F_2를 알면, 보조요소의 바닥면에 작용하는 수평력 F_3를 구할 수 있다.

보조요소는 평형상태에 있으므로, 힘들을 x방향에서 합하여 다음 식을 얻는다.

$$F_3 = F_2 - F_1 \qquad \text{(e)}$$

또는

$$F_3 = \int \frac{(M+dM)y}{I} dA - \int \frac{My}{I} dA = \int \frac{(dM)y}{I} dA$$

마지막 항의 양인 dM과 I는 어느 주어진 단면에서나 일정하기 때문에 적분 부호 밖으로 내보낼 수 있으며, 이들은 적분에 관여하지 않는다. 그러므로 힘 F_3에 대한 표현식은 다음과 같이 된다.

$$F_3 = \frac{dM}{I} \int y dA \qquad \text{(5-30)}$$

전단응력 τ가 보의 폭 b에 걸쳐 등분포되었다면, 힘 F_3는 다음과 같다.

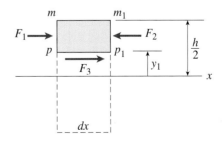

그림 5-26 모든 수평력을 보이는 보조요소의 부분 자유물체도

$$F_3 = \tau b \, dx \qquad (5\text{-}31)$$

여기서 $b \, dx$는 보조요소의 바닥면의 면적이다.

식(5-30)과 (5-31)를 결합하여 전단응력 τ에 관해 풀면 다음 식을 얻는다.

$$\tau = \frac{dM}{dx}\left(\frac{1}{Ib}\right)\int y \, dA \qquad (5\text{-}32)$$

양 dM/dx는 전단력 V와 같으므로(식 4-6 참조), 앞의 식은 다음과 같이 된다.

$$\tau = \frac{V}{Ib}\int y \, dA \qquad (5\text{-}33)$$

이 식의 적분은 이미 설명한 바와 같이 단면의 어둡게 그려진 부분(그림 5-25d)에 걸쳐 계산된다. 따라서 이 적분은 어둡게 그려진 부분의 면적의 중립축(z 축)에 관한 1차 모멘트이다. 다시 말하면, 이 적분은 전단응력 τ가 작용하는 위치 윗쪽의 단면적의 I차 모멘트이다. 이러한 1차 모멘트는 기호 Q로 표시된다.

$$Q = \int y \, dA \qquad (5\text{-}34)$$

이 기호를 사용하면 전단응력에 대한 방정식은 다음과 같게 된다.

$$\tau = \frac{VQ}{Ib} \qquad (5\text{-}35)$$

전단 공식(shear formtla)으로 알려진 이 식은 직사각형 보의 단면의 임의 점에서의 전단응력 τ를 구하는 데 사용될 수 있다. 특별한 단면에 대해서는 전단력 V, 관성모멘트 I 및 폭 b가 일정하다는 것을 유의하라. 그러나 1차 모멘트 Q(따라서 전단응력 τ)는 중립축으로부터의 거리 y_1에 따라 변한다.

1차 모멘트 Q의 계산

그림 5-25d에서 보인 바와 같이, 구해야 할 전단응력의 위치가 중립축의 위에 있다면, 이 위치 위쪽의 단면적(그림의 어둡게 그려진 면적)의 1차 모멘트를 계산하여 Q를 구하는 것이 보통이다. 그러나 또 다른 방법으로는 나머지 단면적, 즉 어둡게 그려진 면적 아래의 면적의 1차 모멘트를 계산할 수도 있다. 그것의 1차 모멘트는 음의 Q 값과 같다.

이러한 설명은 전체 단면적의 중립축에 관한 1차 모멘트는 0이라는 사실(왜냐하면 중립축이 도심을 통과하므로)에서 나온다. 그러므로 위치 y_1 밑의 면적의 Q값은 같은 위치의 위의 면적의 Q값의 음의 값이다. 편의상, 찾고자 하는 전단응력의 위치가 보의 윗부분에 있을 때는 위치 y_1위의 면적을 보통 사용하고, 전단응력의 위치가 보의 아래 부분에 있을 때는 위치 y_1 밑의 면적을 사용한다.

더구나, V와 Q에 대한 부호규약에 신경을 쓰지 않는다. 대신에, 전단공식 안의 모든 항들은 양의 값으로 간주하고 전단응력의 방향은 육안으로 결정하는데, 그 이유는 응력이 전단력 V자체와 같은 방향으로 작용하기 때문이다. 전단응력을 구하는 이러한 과정이 뒤에 예제 5-9에서 설명된다.

직사각형 보의 전단응력의 분포

이제 직사각형 단면 보(그림 5-27a)의 전단응력의 분포를 결정할 준비가 되었다. 단면적의 어둡게 그려진 부분의 1차 모멘트 Q는 이 면적과 이 면적의 도심으로부터 중립축까지의 거리를 곱하여 구한다.

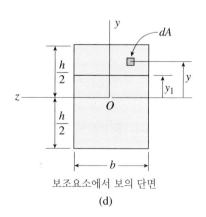

보조요소에서 보의 단면
(d)

그림 5-25d (반복)

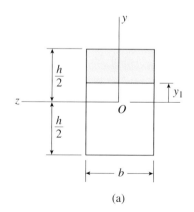

(a)

그림 5-27 직사각형 단면 보의 전단응력 분포: (a) 보의 단면, (b) 보의 높이에 대해 전단응력의 포물선 분포를 보여주는 선도

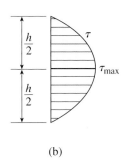

(b)

그림 5-27 (계속)

$$Q = b\left(\frac{h}{2} - y_1\right)\left(y_1 + \frac{h/2 - y_1}{2}\right) = \frac{b}{2}\left(\frac{h^2}{4} - y_1^2\right) \quad \text{(f)}$$

물론, 같은 결과는 식 (5-34)를 적분하여 얻을 수 있다.

$$Q = \int y\, dA = \int_{y_1}^{h/2} yb\, dy = \frac{b}{2}\left(\frac{h^2}{4} - y_1^2\right) \quad \text{(g)}$$

Q에 대한 표현식을 전단공식(식 5-35)에 대입하면 다음 식을 얻는다.

$$\tau = \frac{V}{2I}\left(\frac{h^2}{4} - y_1^2\right) \quad \text{(5-36)}$$

이 식은 직사각형 보의 전단응력은 중립축으로부터의 거리 y_1에 따라 2차식으로 변한다는 것을 보여준다. 따라서 보의 높이에 따라 응력 분포도를 그릴 때, τ는 그림 5-27b와 같이 변한다. 전단력은 $y_1 = \pm h/2$ 일 때 0이라는 것을 유의하라.

전단응력의 최대치는 1차 모멘트 Q가 최대치를 가지는 중립축($y_1 = 0$)에서 일어난다. $y_1 = 0$을 식 (5-36)에 대입하면 다음 식을 얻는다.

$$\tau_{\max} = \frac{Vh^2}{8I} = \frac{3V}{2A} \quad \text{(5-37)}$$

여기서 $A = bh$는 단면적이다. 그러므로 직사각형 단면 보의 최대 전단응력은 평균 전단응력(V/A와 같은)보다 50%만큼 더 크다.

전단응력에 대한 앞의 식들은 단면에 작용하는 수직 전단응력이나 보의 수평 층 사이에 작용하는 수평 전단응력을 계산하는 데 사용될 수 있다는 것을 또 다시 유의하라.*

---

* 이 절에 제시된 전단응력 해석은 러시아 공학자 D. J. Jotrawski에 의해
　발전되었다. 참고문헌 5-7과 5-8 참조.

제한

이 절에서 제시된 전단응력에 대한 공식은 이 공식을 유도하는 데 사용된 굽힘공식에 대한 것과 같은 제한을 받는다. 따라서 이 식들은 작은 처짐을 갖는 선형 탄성 재료로 된 보에 대해서만 유효하다.

직사각형 보의 경우에, 전단공식의 정확도는 단면 높이의 폭에 대한 비에 의존한다. 이 공식은 아주 좁은 보(높이 h가 폭 b보다 훨씬 큰)에 대해서 거의 정확하다고 간주한다. 그러나 이 공식은 b가 h에 비해 상대적으로 증가함에 따라 정확도가 떨어진다. 이를테면, 보가 정사각형($b = h$)이면, 최대 전단응력의 참값은 식 (5-37)에서 구한 값보다 13%정도 더 크다. (전단공식의 제한에 대한 더 완전한 논의에 대해서는 참고문헌 5-9를 참조하라.)

흔한 실수는 전단공식(식 5-35)을 이 식을 적용할 수 없는 단면형상에 적용하는 것이다. 예를 들면, 이 식은 삼각형 단면이나 반원형 형상의 단면에 적용할 수 없다. 공식의 잘못된 사용을 피하기 위해 유도에서 사용했던 다음과 같은 과정을 유념해야만 한다. (1) 단면의 변들은 y축에 평행해야 한다(전단응력이 y축에 평행하게 작용하도록). (2) 전단응력은 단면의 폭에 걸쳐 균일해야 한다. 이러한 가정들은 이 절과 다음 두 개의 절에서 논의되는 것과 같은 어떤 특정한 경우에만 성립된다.

마지막으로, 전단공식은 균일단면 보에만 적용된다. 보가 불균일 단면을 가지면(예를 들어, 보가 테이퍼 보이면), 전단응력은 여기서 주어진 공식에서 예측한 전단응력과는 전혀 다르다(참고문헌 5-9 참조).

전단변형률의 효과

전단응력 τ는 직사각형 보의 높이에 대해 포물선 모양으로 변하므로, 전단변형률 $\gamma = \tau/G$도 포물선 모양으로 변한다. 이러한 전단변형률의 결과로, 원래는 평면이었던 보의 단면은 뒤틀리게 된다. 이러한 뒤틀림(warping)이 그림 5-28에 보여지며, 여기서 원래 평면이었던 단면 mn과 pq는 곡선 면 m_1n_1과 p_1q_1으로 되고 최대 전단변형률은 중립면에서 일어난

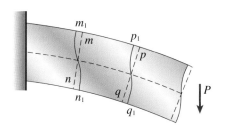

그림 5-28 전단 변형률로 인한 보 단면의 뒤틀림

다. 점 m_1, p_1, n_1 및 q_1에서는 전단변형률이 0 이므로, 곡선 m_1n_1과 p_1q_1은 보의 윗면과 아래 면에 대해 수직이다.

전단력 V가 보의 축을 따라 일정하면, 뒤틀림도 모든 단면에서 같다. 그러므로 굽힘모멘트로 인한 길이방향 요소의 늘어남과 줄어듦은 전단변형률의 영향을 받지 않으며, 수직응력의 분포는 순수굽힘에서와 똑같다. 게다가, 고급

해석방법을 사용한 상세한 연구는 전단변형률로 인한 단면의 뒤틀림이 전단력이 길이에 따라 계속적으로 변하는 경우에도 길이방향 변형률에 별로 영향을 주지 못한다는 것을 보여준다. 그러므로 대부분의 조건 하에서, 굽힘공식이 순수굽힘에 대해서 유도되었지만, 굽힘공식(식 5-13)을 불균일 굽힘에 대해 사용하는 것이 타당하다.

예제 5-9

스팬 $L = 1$ m인 금속 보가 점 A와 B 사이에 단순지지되어 있다 (그림 5-29a). 보의 등분포하중(자중 포함)은 $q = 28$ kN/m이다. 보의 단면은 폭 $b = 25$ mm 이고 높이 $h = 100$ mm인 직사각형(그림 5-29b)이다. 보는 측면 좌굴에 대해 적절하게 지지되었다.

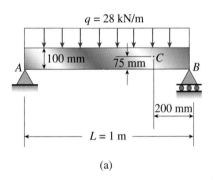

(a)

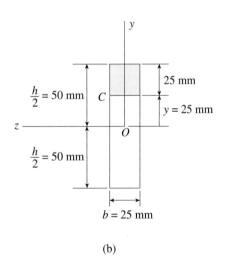

(b)

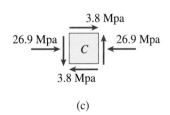

(c)

그림 5-29 예제 5-9. (a) 균일하중을 받는 단순보, (b) 보의 단면, (c) C 점에서의 수직응력과 전단응력을 보여주는 응력요소

보의 윗면으로부터 25 mm 아래에 위치하고 오른쪽 지지점에서 200 mm 떨어진 점 C에서의 수직응력 σ_C와 전단응력 τ_C를 구하라. 이 응력들을 점 C의 응력요소 그림에 표시하라.

풀이

전단력과 굽힘모멘트. 점 C를 지나는 단면에서의 전단력 V_C와 굽힘모멘트 M_C는 4장에서 기술한 방법에 의해 구한다. 결과는 다음과 같다.

$$M_C = 2.22 \text{ kN·m} \qquad V_C = -8.4 \text{ kN}$$

이 양들의 부호는 굽힘모멘트와 전단력에 대한 부호규약에 근거한 것이다(그림 4-5 참조).

관성모멘트. 단면적의 중립축(그림 5-29b의 z축)에 관한 관성모멘트는 다음과 같다.

$$I = \frac{bh^3}{12} = \frac{1}{12}(25 \text{ mm})(100 \text{ mm})^3$$
$$= 2083 \times 10^3 \text{ mm}^4 = 5.333 \text{ in.}^4$$

점 C에서의 수직응력. 점 C에서의 수직응력은 굽힘공식(식 5-13)에 중립축으로부터의 거리 $y = 25$ mm를 대입하여 구한다.

$$\sigma_C = -\frac{My}{I} = -\frac{(2.24 \times 10^6 \text{ N·mm})(25 \text{ mm})}{2083 \times 10^3 \text{ mm}^4}$$
$$= -26.9 \text{ MPa}$$

음의 부호는 응력이 예상대로 압축임을 나타낸다.

점 C에서의 전단응력. 점 C에서의 전단응력을 구하기 위해, 점 C의 윗부분의 단면적(그림 5-29b)의 1차 모멘트 Q_C를 계산하여야 한다. 이 1차 모멘트는 면적과 이 면적의 z축으로부터의 도심 거리(y_c로 표시됨)를 곱한 것과 같다. 그러므로 다음을 얻는다.

$$A_C = (25 \text{ mm})(25 \text{ mm}) = 625 \text{ mm}^2 \quad y_C = 37.5 \text{ mm}$$
$$Q_C = A_C y_C = 23,440 \text{ mm}^3$$

이제 수치 값들을 전단공식(식 5-35)에 대입하여 전단응력의 크기를 구한다.

$$\tau_C = \frac{V_C Q_C}{Ib} = \frac{(8400 \text{ N})(23{,}440 \text{ mm}^3)}{(2083 \times 10^3 \text{ mm}^4)(25 \text{ mm})} = 3.8 \text{ MPa}$$

이 응력의 방향은 육안으로 결정할 수 있는데, 그 이유는 응력이 전단력과 같은 방향으로 작용하기 때문이다. 이 예제에서, 전단력은 점 C 왼쪽의 보 부분에서는 위로 작용하고, 점 C 오른쪽의 보 부분에서는 아래로 작용한다. 수직응력과 전단응력의 방향을 보

여주는 가장 좋은 방법은 다음과 같이 응력요소를 그리는 것이다.

점 C에서의 응력요소. 그림 5-29c에 보인 응력요소는 점 C에서의 보의 미소요소(그림 5-29a)를 자른 것이다. 요소의 단면 쪽 면에는 압축응력 $\sigma_C = 26.9$ MPa 이 작용하고, 요소의 윗면과 밑면에는 단면 쪽 면에서와 마찬가지로 전단응력 $\tau_C = 3.8$ MPa 이 작용한다.

예제 5-10

두 개의 집중하중 P(그림 5-30a)를 받는 목재 보 AB가 폭 $b = 100$ mm이고 높이 $h = 150$ mm인 직사각형 단면을 가지고 있다 (그림 5-30b). 보의 양단에서 하중까지의 거리는 $a = 0.5$ m이다.

굽힘에 대한 허용응력이 $\sigma_{allow} = 11$ MPa(인장과 압축에 대해서)이고 수평전단에 대한 허용응력이 $\tau_{allow} = 1.2$ MPa 때, 하중의 최대 허용값 P_{max}을 구하라. (보 자체의 무게는 무시하라.)

주: 목재 보는 단면-입자 전단(*cross-grain shear*)(단면 위의 전단)에서 보다 수평전단(*horizontal shear*)(목재의 길이방향 섬유에 평행한 전단)에 더욱 약하다. 결과적으로, 수평전단에서의 허용응력이 설계에 고려된다.

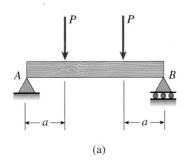

(a)

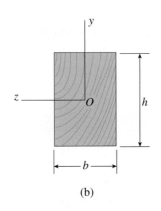

(b)

그림 5-30 예제 5-10. 집중하중을 받는 목재 보

풀이

최대 전단력은 지지점에서 생기고 최대 굽힘모멘트는 하중 사이의 구간 전체에 걸쳐 생긴다. 이 값들은 다음과 같다.

$$V_{max} = P \qquad M_{max} = Pa$$

또한 단면계수 S와 단면적 A는 다음과 같다.

$$S = \frac{bh^2}{6} \qquad A = bh$$

보의 최대 수직응력과 최대 전단응력은 굽힘공식과 전단공식(식 5-16과 5-37)으로부터 구한다.

$$\sigma_{max} = \frac{M_{max}}{S} = \frac{6Pa}{bh^2} \qquad \tau_{max} = \frac{3V_{max}}{2A} = \frac{3P}{2bh}$$

그러므로 굽힘과 전단에서의 하중 P의 최대 허용 값은 각각 다음과 같다.

$$P_{bending} = \frac{\sigma_{allow}bh^2}{6a} \qquad P_{shear} = \frac{2\tau_{allow}bh}{3}$$

수치 값들을 이 공식들에 대입하면 다음 값들을 얻게 된다.

$$P_{bending} = \frac{(11 \text{ MPa})(100 \text{ mm})(150 \text{ mm})^2}{6(0.5 \text{ m})} = 8.25 \text{ kN}$$

$$P_{shear} = \frac{2(1.2 \text{ MPa})(100 \text{ mm})(150 \text{ mm})}{3} = 12.0 \text{ kN}$$

그러므로 굽힘응력이 설계를 지배하며 최대 허용하중은 다음과 같다.

$$P_{max} = 8.25 \text{ kN}$$

이 보를 더욱 완전히 해석하려면 보의 무게를 고려해야 하며, 이 때에는 허용하중의 값이 줄어든다.

주:

(1) 이 예제에서, 최대 수직응력과 최대 전단응력은 보 내의 같은 위치에서 일어나지 않는다. 수직응력은 보의 중간 구간에 있는 단면의 윗면과 밑면에서 최대가 되며, 전단응력은 지지점 근처의 단면 중립축에서 최대가 된다.

(2) 대부분의 보에서는 굽힘응력(전단응력이 아니고)이 허용하중을 좌우한다.

(3) 목재는 균질재료가 아니고 가끔 선형 탄성 거동에서 벗어나지만, 그래도 굽힘공식과 전단공식으로부터 근사적인 결과를 얻을 수 있다. 이러한 근사적인 결과는 일반적으로 목재 보를 설계하는 데 적합하다.

5.8 원형 단면 보의 전단응력

보가 **원형 단면**(그림 5-31)을 가질 때, 전단응력이 y축에 평행하게 작용한다고 가정할 수 없다. 예를 들면, 점 m(단면의 경계에 있는)에서 전단응력 τ는 그 경계에 **접선방향**으로 작용해야만 한다는 것을 쉽게 증명할 수 있다. 이러한 관찰은 보의 바깥 표면에 응력이 작용하지 않으며 따라서 단면에 작용하는 전단응력은 반지름 방향으로 분력 성분을 가질 수 없다는 사실로 알 수 있다.

전체 단면에 걸쳐서 작용하는 전단응력을 구하기 위한 쉬운 방법은 없지만, 응력분포에 대한 몇 가지 합리적인 가정을 함으로써 중립축(응력이 최대가 되는)에서의 전단응력은 쉽게 구할 수 있다. 응력은 y축에 평행하게 작용하며 보의 폭(그림 5-31의 점 p로부터 점 q까지)에 걸쳐 일정한 세기를 가지고 있다고 가정한다. 이러한 가정들은 전단공식 $\tau = VQ/Ib$(식 5-35)를 유도하는 데 사용된 것과 같기 때문에, 이 전단공식을 중립축에서의 전단응력을 계산하는 데 사용할 수 있다.

전단공식을 사용하기 위하여, 반지름 r인 원형 단면의 다음과 같은 성질들이 필요하다.

$$I = \frac{\pi r^4}{4} \qquad Q = A\bar{y} = \left(\frac{\pi r^2}{2}\right)\left(\frac{4r}{3\pi}\right) = \frac{2r^3}{3}$$

$$b = 2r \qquad\qquad (5\text{-}38a, b)$$

관성모멘트 I에 대한 표현식은 부록 D의 경우 9에서 취했으며, 1차 모멘트 Q에 대한 것은 반원에 대한 공식(부록 D의 경우 11)에 근거한 것이다. 이 표현식들을 전단공식에 대입하면 다음 식을 얻는다.

$$\tau_{max} = \frac{VQ}{Ib} = \frac{V(2r^3/3)}{(\pi r^4/4)(2r)} = \frac{4V}{3\pi r^2} = \frac{4V}{3A} \qquad (5\text{-}39)$$

여기서 $A = \pi r^2$은 단면의 면적이다. 이 식은 원형 보의 최대 전단응력은 평균 전단응력 V/A의 4/3배와 같다는 것을 보여준다.

보가 **속이 빈 원형 단면**(그림 5-32)을 가지면, 상당한 정확도를 가지고 중립축에서의 전단응력은 y축에 평행하고 단면에 걸쳐 등분포된다는 가정을 다시 할 수 있다. 따라서 최대 전단력을 구하기 위해 전단공식을 다시 사용할 수 있다. 속이 빈 원형 단면의 필요한 성질들은 다음과 같다.

$$I = \frac{\pi}{4}\left(r_2^4 - r_1^4\right) \qquad Q = \frac{2}{3}\left(r_2^3 - r_1^3\right)$$

$$b = 2(r_2 - r_1) \qquad\qquad (5\text{-}40a, b, c)$$

여기서 r_1과 r_2는 단면의 안쪽 반지름과 바깥 반지름이다. 그러므로 최대 전단응력은 다음과 같다.

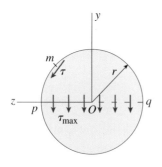

그림 5-31 원형 단면 보에 작용하는 전단응력

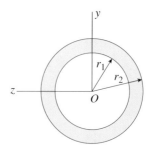

그림 5-32 속이 빈 원형 단면

$$\tau_{max} = \frac{VQ}{Ib} = \frac{4V}{3A}\left(\frac{r_2^2 + r_2 r_1 + r_1^2}{r_2^2 + r_1^2}\right) \quad (5\text{-}41)$$

여기서 A는 단면의 면적이다. 즉

$$A = \pi(r_2^2 - r_1^2)$$

$r_1 = 0$이면, 식 (5-41)은 속이 찬 원형 보에 대한 식 (5-39)

가 된다.

원형 단면 보의 전단응력에 대한 앞의 이론은 근사적이지만, 정확한 탄성 이론(참고문헌 5-9)을 사용하여 구한 것과 불과 몇 퍼센트 정도의 차이밖에 없다는 결과를 준다. 따라서 식 (5-39)와 (5-41)은 보통의 상황에서 원형 보의 최대 전단응력을 구하는 데 사용될 수 있다.

예제 5-11

바깥지름 $d_2 = 100$ mm 이고 안지름이 $d_1 = 80$ mm인 원형 관으로 구성된 수직 기둥이 수평력 $P = 6,675$ N의 하중을 받고 있다(그림 5-33a).

(a) 기둥 내의 최대 전단응력을 구하라.

(b) 같은 하중 P와 같은 최대 전단응력에 대해, 속이 찬 기둥(그림 5-33b)의 지름 d는 얼마인가?

풀이

(a) 최대 전단응력. 속이 빈 원형 단면 기둥(그림 5-33a)에 대해, 식 (5-41)에서 전단력 V를 하중 P로, 단면적 A를 $\pi(r_2^2 - r_1^2)$ 로 대체하여 다음 식을 얻는다.

$$\tau_{max} = \frac{4P}{3\pi}\left(\frac{r_2^2 + r_2 r_1 + r_1^2}{r_2^4 - r_1^4}\right) \quad (a)$$

다음에 아래 수치 값들을 위 식에 대입한다.

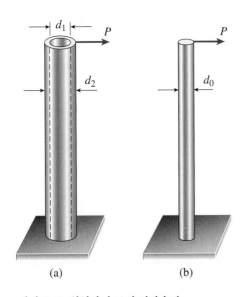

그림 5-33 예제 5-11. 원형단면 보의 전단응력

$P = 6675$ N $r_2 = d_2/2 = 50$ mm $r_1 = d_1/2 = 40$ mm

그러면 다음과 같은 기둥 내의 최대 전단응력을 얻는다.

$$\tau_{max} = 4.68 \text{ MPa}$$

(b) 속이 찬 원형 기둥의 지름. 속이 찬 원형 단면 기둥(그림 5-33b)에 대해, 식 (5-39)에서 전단력 V를 하중 P로, r을 $d_0/2$ 로 대체하여 다음 식을 얻는다.

$$\tau_{max} = \frac{4P}{3\pi(d_0/2)^2} \quad (b)$$

d_0를 구하기 위해 다음 식을 구한다.

$$d_0^2 = \frac{16P}{3\pi\tau_{max}} = \frac{16(6675 \text{ N})}{3\pi(4.68 \text{ MPa})} = 2.42 \times 10^{-3} \text{ m}^2$$

이로부터 다음 값을 구한다.

$$d_0 = 49.21 \text{ mm}$$

이 특수 예제에서는, 속이 찬 원형 기둥의 지름이 관형 기둥의 지름이 약 절반이다.

주: 전단응력은 강철이나 알루미늄과 같은 금속으로 만들어진 원형이나 직사각형 단면 보의 설계에 대해서는 거의 지배적으로 사용되지 않는다. 이러한 종류의 재료에 대해서는 통상적으로 허용 전단응력이 허용 인장응력의 25~50% 범위 내에 있다. 이 예제의 관형 기둥의 경우에는 최대 전단응력이 겨우 4.68 MPa이다. 이와는 대조적으로, 길이가 600 mm인 상대적으로 짧은 기둥에 대해서는 굽힘 공식으로부터 구한 최대 굽힘응력이 69 MPa이다. 따라서 하중이 증가함에 따라, 허용 인장응력은 허용 전단응력에 도달하기 훨씬 이전에 도달할 것이다.

목재처럼 전단에 약한 재료의 경우에는 상황이 아주 다르다. 전형적인 목재 보의 경우, 수평전단에서의 허용응력은 허용 굽힘응력의 4~10% 범위 내에 있다. 결과적으로, 최대 전단응력은 상대적으로 작은 값을 갖지만 때로는 이것이 설계를 지배한다.

5.9 플랜지를 가진 보의 웨브에서의 전단응력

WF형 보(그림 5-34a)가 굽힘모멘트(불균일 굽힘)뿐만 아니라 전단력을 받을 때, 단면에 수직 및 전단응력이 둘 다 발생한다. WF형 보에서의 전단응력의 분포는 직사각형 보보다 더욱 복잡하다. 예를 들면, 보의 플랜지에서의 전단응력은 그림 5-34b의 작은 화살표로 보여준 것과 같이 수직 및 수평방향(y 및 z 방향)으로 작용한다. 수평 전단응력은 플랜지에서의 수직 전단응력보다 훨씬 크다.

WF형 보의 웨브(web)에서의 전단응력은 수직방향으로만 작용하며, 플랜지에서의 응력들보다 크다. 이 응력들은 직사각형 보의 전단응력을 구하기 위해 사용된 것과 같은 기법에 의해 구할 수 있다.

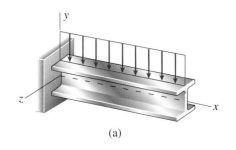

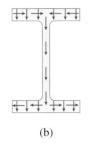

(b)

그림 5-34 (a) WF형 보, (b) 단면에 작용하는 전단응력의 방향

웨브에서의 전단응력

WF형 보의 웨브 내의 위치 ef(그림 5-35a)에서의 전단응력을 구하는 것으로 해석을 시작해 보자. 직사각형 보에 대하여 했던 것과 같은 가정을 해 본다. 즉, 전단응력은 y 축에 평행하게 작용하며 웨브의 두께에 걸쳐 등분포 되었다고 가정한다. 그러면 전단공식 $\tau = VQ/Ib$를 적용할 수 있다. 그러나, 이번에는 폭 b가 웨브의 두께 τ이며, 1차 모멘트 Q를 계산하는 데 사용되는 면적은 선 ef와 단면의 맨 윗부분 사이의 면적(그림 5-35a의 어둡게 그려진 부분)이다.

어둡게 그려진 면적의 1차 모멘트 Q를 구할 때, 웨브와 플랜지의 연결부(그림 5-35a의 점 b와 c)에서의 작은 필릿(fillet)들의 영향을 무시한다. 이 필릿들의 면적을 무시함에 따른 오차는 아주 작다. 그래서 어둡게 그려진 면적을 두 개의 직사각형으로 나눈다. 첫 번째 직사각형은 상부 플랜지 자체이므로 다음과 같은 면적을 가진다.

$$A_1 = b\left(\frac{h}{2} - \frac{h_1}{2}\right) \qquad \text{(a)}$$

여기서 b는 플랜지의 폭이고, h는 보의 전체 높이이며, h_1은 플랜지들의 내부 사이의 거리이다. 두 번째 직사각형은 ef와 플랜지 사이의 웨브 부분, 즉 직사각형 efcb이며 그 면적은 다음과 같다.

$$A_2 = t\left(\frac{h_1}{2} - y_1\right) \qquad \text{(b)}$$

여기서 t는 웨브의 두께이며 y_1은 중립축으로부터 선 ef까지의 거리이다.

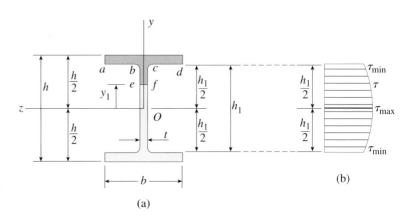

그림 5-35 WF형 보의 웨브에서의 전단응력: (a) 보의 단면, (b) 웨브에서의 수직 전단응력의 분포

중립축에 대해 계산되는 면적 A_1과 A_2의 1차 모멘트는 이 면적들과 각 면적의 도심으로부터 z축까지의 거리를 곱하여 구한다. 이 1차 모멘트들을 합하면 전체 면적의 1차 모멘트 Q를 얻는다.

$$Q = A_1 \left(\frac{h_1}{2} + \frac{h/2 - h_1/2}{2} \right) + A_2 \left(y_1 + \frac{h_1/2 - y_1}{2} \right)$$

식(a)와 (b)의 A_1과 A_2를 윗식에 대입하고 간단하게 정리하면 다음 식을 얻는다.

$$Q = \frac{b}{8}(h^2 - h_1^2) + \frac{t}{8}(h_1^2 - 4y_1^2) \qquad (5\text{-}42)$$

그러므로 중립축으로부터 거리 y_1만큼 떨어진 위치에서 보의 웨브에서의 전단응력 τ는 다음과 같다.

$$\tau = \frac{VQ}{It} = \frac{V}{8It}\left[b(h^2 - h_1^2) + t(h_1^2 - 4y_1^2) \right] \qquad (5\text{-}43)$$

여기서 단면의 관성모멘트는 다음과 같다.

$$I = \frac{bh^3}{12} - \frac{(b-t)h_1^3}{12} = \frac{1}{12}(bh^3 - bh_1^3 + th_1^3) \qquad (5\text{-}44)$$

식 (5-43)의 모든 양들은 y_1만 제외하고는 일정하므로, τ는 그림 5-35b의 그래프에 보인 것과 같이 웨브의 높이에 걸쳐 2차식으로 변한다는 것을 즉시 알 수 있다. 그래프는

웨브에 대해서만 그려졌고 플랜지는 포함하지 않는다는 것을 유의하라. 그 이유는 간단하다. 즉, 식 (5-43)은 보의 플랜지에서의 수직 전단응력을 계산하는 데 사용될 수 없기 때문이다(이 절의 뒤에 있는 "제한"이란 논의 참조).

최대 및 최소 전단응력

WF형 보의 웨브에서의 최대 전단응력은 $y_1 = 0$인 중립축에서 일어난다. 최소 전단응력은 웨브와 플랜지의 접합부($y_1 = \pm h_1/2$)에서 일어난다. 이 응력들은 식 (5-43)으로부터 구한다.

$$\tau_{\max} = \frac{V}{8It}(bh^2 - bh_1^2 + th_1^2)$$

$$(5\text{-}45a, b)$$

$$\tau_{\min} = \frac{Vb}{8It}(h^2 - h_1^2)$$

$\tau_{\max}$과 $\tau_{\min}$은 둘 다 그림 5-35b의 그래프 상에 표시되었다. 전형적인 WF형 보에 대하여, 웨브에서의 최대 전단응력은 최소 전단응력보다 10~60%가량 더 크다.

앞의 논의로부터 명백한 것 같지 않더라도, 식 (5-45a)에서 주어진 응력 $\tau_{\max}$은 웨브 내에서 최대 전단응력일 뿐만 아니라 보 전체에서 최대 전단응력이다.

웨브에서의 전단력

웨브만이 받는 수직 전단력은 전단응력 선도(그림 5-35b)의 면적과 웨브의 두께를 곱하여 구할 수 있다. 전단응력 선도는 두 부분으로 구성되어 있으며, 한 부분은 면적이 $h_1 \tau_{\min}$인 직사각형이고 또 한 부분은 다음과 같은 면적을 갖는 포물선 부분이다.

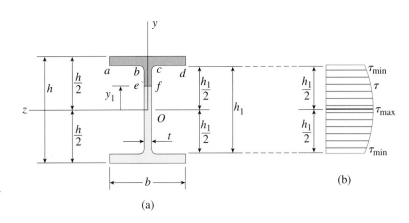

그림 5-35 (반복)WF형 보의 웨브에서의 전단응력: (a) 보의 단면, (b) 웨브에서의 수직 전단응력의 분포

(a)

$$\frac{2}{3}(h_1)(\tau_{\max} - \tau_{\min})$$

이 두 면적을 더하고 웨브의 두께 t를 곱한 후, 항들을 조합하면 웨브 내의 전체 전단력을 얻는다.

$$V_{\mathrm{web}} = \frac{th_1}{3}(2\tau_{\max} + \tau_{\min}) \qquad (5\text{-}46)$$

전형적인 비율을 갖는 보에 대해서, 웨브에서의 전단력은 단면에 작용하는 전체 전단력 V의 90~98% 정도에 이르며, 나머지는 플랜지에서의 전단력이다.

웨브가 대부분의 전단력을 받으므로, 설계자는 흔히 전체 전단력을 웨브의 면적으로 나눔으로써 최대 전단응력의 근사값을 계산한다. 이 결과는 웨브가 **모든** 전단력을 받는다고 가정한 웨브에서의 평균 전단응력이다.

$$\tau_{\mathrm{aver}} = \frac{V}{th_1} \qquad (5\text{-}47)$$

전형적인 WF형 보에 대해, 이러한 방법으로 계산한 평균 전단응력은 식 (5-45a)에서 계산한 최대 전단응력의 10% 내외이다. 따라서 식 (5-47)은 최대 전단응력을 계산하는 간단한 방법을 제공한다.

제한

이 절에서 제시된 기초적인 전단이론은 WF형 보의 웨브에서의 수직 전단응력을 계산하는 데 적절하다. 그러나 플랜지에서의 수직 전단응력을 검토할 때, 전단응력이 단면의 폭에 걸쳐, 즉 플랜지의 폭 b(그림 5-35a)에 걸쳐 일정하다고 가정할 수는 없다. 그러므로 이 응력을 계산하는 데 전단공식을 사용할 수 없다.

이 점을 강조하기 위하여, 단면의 폭이 t에서 b로 갑자기 변하는 웨브와 플랜지의 접합부($y_1 = h_1/2$)를 고찰해 보자. 자유표면 ab와 cd (그림 5-35a)에서의 전단응력은 0이 되어야 하나, 반면에 선 bc 에서의 웨브의 전단응력은 $\tau_{\min}$이다. 이러한 관찰은 웨브와 플랜지의 접합부에서의 전단응력 분포는 매우 복잡하며 기초적인 방법으로는 검토될 수 없다는 것을 말해 준다. 응력해석은 단면이 갑자기 변하는 모퉁이(모퉁이 b와 c)의 필릿들의 사용으로 인하여 더욱 복잡해진다. 필릿은 응력이 위험하도록 커지는 것을 방지하기 위해 필요하지만, 이것은 웨브에 걸친 응력분포를 변경시킨다.

따라서 전단공식은 플랜지에서의 수직 전단응력을 구하기 위해 사용할 수 없다는 결론을 내린다. 그러나 전단공식은 플랜지 내의 **수평적으로** 작용하는 전단응력(그림 5-34b)에 대하여 좋은 결과를 준다.

WF형 보의 웨브에서의 전단응력을 계산하기 위해 위에서 언급한 방법은 얇은 웨브를 가진 다른 단면에도 사용될 수 있다. 예를 들면, 예제 5-13은 T-형 보에 대한 과정을 예시한다.

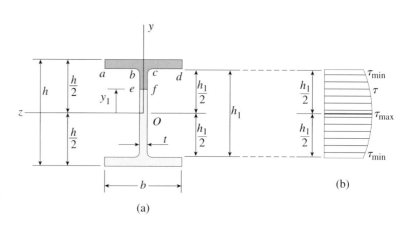

그림 5-35 (반복)WF형 보의 웨브에서의 전단응력: (a) 보의 단면, (b) 웨브에서의 수직 전단응력의 분포

예제 5-12

WF형 보(그림 5-36a)가 수직 전단력 $V = 45$ kN을 받고 있다. 보의 단면치수는 $b = 165$ mm, $t = 7.5$ mm, $h = 320$ mm, $h_1 = 290$ mm이다.

웨브에서의 최대 전단응력, 최소 전단응력 및 전체 전단력을 구하라(계산할 때 필릿의 면적은 무시하라).

풀이

최대 및 최소 전단응력. 보 웨브에서의 최대 및 최소 전단응력은 식 (5-45a)와 (5-45b)에 의해 계산된다. 이 식에 대입하기 전에, 식 (5-44)로부터 단면의 관성모멘트를 구한다.

$$I = \frac{1}{12}(bh^3 - bh_1^3 + th_1^3) = 130.45 \times 10^6 \text{ mm}^4$$

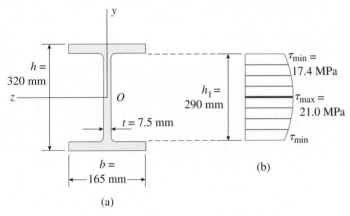

그림 **5-36** 예제 5-12. WF형 보 웨브에서의 전단응력

이제 식 (5-45a)와 (5-45b)에 전단력 V와 단면치수의 수치 값뿐만 아니라 I값도 대입한다.

$$\tau_{\max} = \frac{V}{8It}(bh^2 - bh_1^2 + th_1^2) = 21.0 \text{ MPa} \quad \Leftarrow$$

$$\tau_{\min} = \frac{Vb}{8It}(h^2 - h_1^2) = 17.4 \text{ MPa} \quad \Leftarrow$$

이 경우에, $\tau_{\max}$의 $\tau_{\min}$에 대한 비는 1.21이다. 즉, 웨브에서의 최대응력은 최소응력보다 21% 더 크다. 웨브에서의 높이 h_1에 대한 전단응력의 변화는 그림 5-36b에 보여진다.

전체 전단력. 웨브에서의 전단력은 식 (5-46)으로부터 다음과 같이 계산된다.

$$V_{\text{web}} = \frac{th_1}{3}(2\tau_{\max} + \tau_{\min}) = 43.0 \text{ kN} \quad \Leftarrow$$

이 결과로부터 이 특수한 보의 웨브가 전체 전단력의 96%를 지지한다는 것을 알 수 있다.

주: 보의 웨브에서의 평균 전단응력은(식 5-47로부터) 다음과 같이 구한다.

$$\tau_{\text{aver}} = \frac{V}{th_1} = 20.7 \text{ MPa}$$

이것은 최대응력보다 단지 1% 더 작다.

예제 5-13

T형 단면 보(그림 5-37a)가 수직 전단력 $V = 45$ kN을 받고 있다. 단면치수는 $b = 100$ mm, $t = 24$ mm, $h = 200$ mm. $h_1 = 176$ mm이다.

웨브의 맨 윗부분(위치 nn)에서의 전단응력 τ_1과 최대 전단응력 $\tau_{\max}$을 구하라. (필릿의 면적은 무시하라.)

풀이

중립축의 위치. T형 보의 중립축의 위치는 보의 맨 윗면과 바닥면으로부터 단면의 도심까지의 거리인 c_1과 c_2를 계산함으로써

찾는다(그림 5-37a). 먼저, 단면을 플랜지와 웨브의 두 개의 직사각형으로 나눈다(그림 5-37a의 점선 참조). 다음에 보의 바닥면 위치인 선 aa에 대한 이 두 개의 직사각형 면적의 1차 모멘트 Q_{aa}를 계산한다. 거리 c_2는 Q_{aa}를 전체 단면적 A로 나눈 것과 같다(합성 면적의 도심을 찾는 방법에 대해서는 10장의 10.3절 참조). 계산과정은 다음과 같다.

$$A = \sum A_i = b(h - h_1) + th_1 = 6624 \text{ mm}^2$$

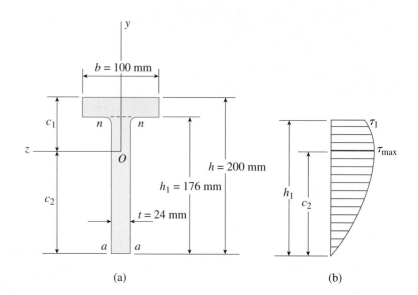

그림 **5-37** 예제 5-13. T형 보의 웨브에서의 전단응력   (a)   (b)

$$Q_{aa} = \sum y_i A_i = \left(\frac{h + h_1}{2}\right)(b)(h - h_1)$$
$$+ \frac{h_1}{2}(th_1) = 822{,}912 \text{ mm}^3$$

$$c_2 = \frac{Q_{aa}}{A} = \frac{822{,}912 \text{ mm}^3}{6624 \text{ mm}^2} = 124.23 \text{ mm}$$

$$c_1 = h - c_2 = 75.77 \text{ mm}$$

관성모멘트. 전체 단면적의(중립축에 대한) 관성모멘트 I는 보의 바닥면 위치의 선 aa에 대한 관성모멘트 I_{aa}를 계산한 다음에, 평행축의 원리(10.5절 참조)를 사용하여 구할 수 있다.

$$I = I_{aa} - Ac_2^2$$

계산 결과는 다음과 같다.

$$I_{aa} = \frac{bh^3}{3} - \frac{(b - t)h_1^3}{3} = 128.56 \times 10^6 \text{ mm}^4$$
$$Ac_2^2 = 102.23 \times 10^6 \text{ mm}^4$$
$$I = 26.33 \times 10^6 \text{ mm}^4$$

웨브의 맨 윗쪽 부분에서의 전단응력. 웨브의 맨 윗쪽 부분(선 nn)에서의 전단응력 τ_1을 구하기 위해서, 위치 nn 위의 면적의 1차 모멘트 Q_1를 계산할 필요가 있다. 이 1차 모멘트는 플랜지의 면적과 중립축으로부터 플랜지의 도심까지의 거리를 곱한 것과 같다.

$$Q_1 = b(h - h_1)\left(c_1 - \frac{h - h_1}{2}\right)$$
$$= (100 \text{ mm})(24 \text{ mm})(75.77 \text{ mm} - 12 \text{ mm})$$
$$= 153 \times 10^3 \text{ mm}^3$$

물론, 위치 nn 아래의 면적의 1차 모멘트를 계산해도 같은 결과를 얻는다.

$$Q_1 = th_1\left(c_2 - \frac{h_1}{2}\right)$$
$$= (24 \text{ mm})(176 \text{ mm})(124.23 \text{ mm} - 88 \text{ mm})$$
$$= 153 \times 10^3 \text{ mm}^3$$

이 값을 전단공식에 대입하여 전단력을 구한다.

$$\tau_1 = \frac{VQ_1}{It} = \frac{(45 \text{ kN})(153 \times 10^3 \text{ mm}^3)}{(26.33 \times 10^6 \text{ mm}^4)(24 \text{ mm})} = 10.9 \text{ MPa}$$

이 응력은 단면에 작용하는 수직 전단응력으로, 또한 플랜지와 웨브 사이의 수평 평면에 작용하는 수평 전단응력으로 존재한다.

최대 전단응력. 웨브에서의 최대 전단응력은 중립축에서 일어난다. 그러므로 중립축 아래의 단면적의 1차 모멘트 Q_{max}을 먼저 계산한다.

$$Q_{max} = tc_2\left(\frac{c_2}{2}\right) = (24 \text{ mm})(124.23 \text{ mm})\left(\frac{124.23}{2}\right)$$
$$= 185 \times 10^3 \text{ mm}^3$$

이미 지적한 바와 같이, 중립축 위의 단면적의 1차 모멘트를 계산해도 같은 결과를 얻을 수 있으나, 이러한 계산은 약간 더 길게 된다.

이 값을 전단공식에 대입하여 다음을 구한다.

$$\tau_{max} = \frac{VQ_{max}}{It} = \frac{(45 \text{ kN})(185 \times 10^3 \text{ mm}^3)}{(26.33 \times 10^6 \text{ mm}^4)(24 \text{ mm})} = 13.2 \text{ MPa}$$

이것이 보의 최대 전단응력이다.

웨브에서의 포물선 형태의 전단응력 분포가 그림 5-37b에 보여진다.

5.10 합성보

한 가지 이상의 재료로 제작된 보를 **합성보(composite beam)**라 부른다. 2종 합금보(자동 온도 조절장치에 사용되는), 플라스틱 피복관 및 강철로 보강된 판을 가진 목재 보(그림 5-38)가 합성보의 예들이다. 최근에 많은 다양한 형태의 합성보가 주로 재료를 절감하고 무게를 줄이기 위해 개발되었다. 예를 들면, **샌드위치 보(sandwich beam)**가 경량의 무게와 고강도(high strength) 및 고강성(high rigidity)을 필요로 하는 항공 및 우주산업에서 널리 이용된다. 스키, 문, 벽 패널, 책꽂이 및 판지 상자와 같은 흔한 품목들도 역시 샌드위치 형태로 제작된다.

대표적인 샌드위치 보(그림 5-39)가 경량이고 저강도인 재료로 된 두꺼운 **중간층(core)**에 의해 분리되어 있는 상대적으로 고강도 재료(알루미늄과 같은)로 된 두 개의 얇은 **바깥층(face)**들로 구성되어 있다. 바깥층들은 중립축으로부터 가장 먼 거리(굽힘응력이 최대인)에 위치하고 있기 때

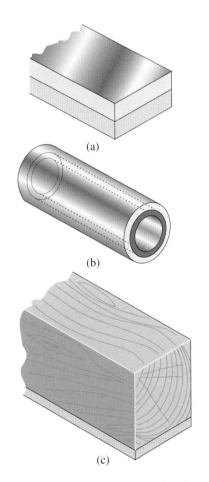

그림 5-38 합성보의 예: (a) 2종 금속 보, (b) 플라스틱으로 피복된 강철관, (c) 강철판으로 보강된 목재 보

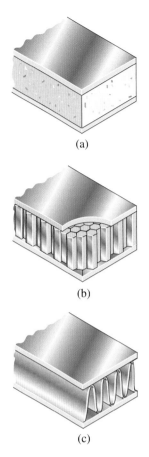

그림 5-39 샌드위치 보의 예: (a) 플라스틱 중간층, (b벌집구조 중간층, (c) 파형 중간층

문에, 이들은 어느 정도 I형 보의 플랜지와 같은 기능을 가진다. 중간층은 필러(filler)로 사용되며 바깥층을 주름(wrinkling)이나 좌굴(buckling)에 대해 안정화시킴으로써 바깥층에 대한 지지 역할을 한다. 벌집구조와 파형뿐만 아니라 경량의 플라스틱과 포말(foam)이 중간층에 흔히 사용된다.

합성보에 대한 일반이론

이 절에서는 두 가지 다른 재료로 만들어진 합성보의 굽힘에 대해 공부한다. 먼저 5.2~5.5절에서 개발된 굽힘의 일반이론이 합성보의 경우에 대해 확대될 것이다. 다음에는 환산단면 방법으로 알려진 대체 접근방법이 논의된다. 환산단면 방법에서는 합성보를 한 가지 재료로 된 등가 보로 변환시킴으로써 합성보의 굽힘을 해석한다. 두 가지 과정에 대한 예제가 다음 절에 마련된다.

변형률 및 응력

합성보의 변형률은 한 가지 재료로 된 보의 변형률을 구

하는 데 사용되었던 것과 같은 기본 원리, 즉 굽힘이 일어나는 동안 단면이 평면을 유지한다는 원리로부터 구한다. 이러한 원리는 재료의 성질에 관계없이 순수굽힘 상태에서 유효하다(5.4절 참조). 그러므로 합성보의 길이방향 변형률 ϵ_x는 식 (5-4)로 나타나는 바와 같이 보의 윗면으로부터 밑면까지 선형적으로 변하며 여기서 다시 반복된다.

$$\epsilon_x = -\frac{y}{\rho} = -\kappa y \qquad (5\text{-}48)$$

이 방정식에서 y는 중립축으로부터의 거리, ρ는 곡률반지름, κ는 곡률이다.

식 (5-48)로 표시되는 선형 변형률 분포로 시작하여 임의의 합성보의 변형률과 응력을 구할 수 있다. 이 과정이 어떻게 이루어지는가를 보여주기 위하여 그림 5-40에 보인 합성보를 고려하자. 이 보는 그림에서 ①과 ②로 표시된 두 개의 부분으로 구성되었으며, 이들은 단단하게 접착되어 한 개의 강체 보와 같이 거동한다.

보에 대한 앞에서의 논의에서와 같이, xy 평면이 대칭평면이고 xz 평면이 보의 중립면이라고 가정한다. 그러나, 중립축(z 축)은 보가 두 개의 다른 재료로 되어 있을 때에는 단면적의 도심을 지나지 않는다.

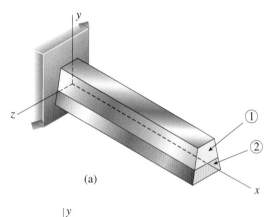

(a)

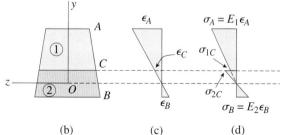

(b)   (c)   (d)

그림 5-40 (a) 2개의 재료로 된 합성보, (b) 보의 단면, (c) 보의 높이에 걸친 변형률 ϵ_x의 분포, (d) $E_2 > E_1$인 경우에 보의 응력 σ_x의 분포

보가 양의 곡률을 가지고 굽혀진다면, 변형률 ϵ_x는 그림 5-40c에 보인 것과 같이 변할 것이며, 여기서 ϵ_A는 보의 윗면에서의 압축변형률이고, ϵ_B는 보의 밑면에서의 인장변형률이며, ϵ_C는 두 재료의 접촉면에서의 변형률이다. 물론, 변형률은 중립축(z 축)에서 0이다.

단면에 작용하는 수직응력은 두 재료에 대한 응력–변형률 관계를 이용하여 구할 수 있다. 두 개의 재료는 선형 탄성 거동을 하며 단축응력(uniaxial stress)에 대한 Hooke의 법칙이 유효하다고 가정한다. 그러면 재료의 응력은 변형률과 적절한 탄성계수를 곱함으로써 구해진다.

재료 1과 2에 대한 탄성계수를 각각 E_1과 E_2라 표시하고 $E_2 > E_1$이라고 가정하면, 그림 5-40d에 보인 것과 같은 응력선도를 얻는다. 보의 윗면에서의 압축응력은 $\sigma_A = E_1\epsilon_A$이고 밑면에서의 인장응력은 $\sigma_B = E_2\epsilon_B$이다.

접촉면(C)에서는 두 개의 재료의 탄성계수 값들이 다르므로 두 개의 재료의 응력도 다르다. 재료 1에서는 응력이 $\sigma_{1C} = E_1\epsilon_C$이고 재료 2에서는 응력이 $\sigma_{2C} = E_2\epsilon_C$이다.

Hooke의 법칙과 식 (5-48)을 사용하여, 중립축으로부터 거리 y만큼 떨어진 위치의 수직응력을 곡률의 항으로 나타낼 수 있다.

$$\sigma_{x1} = -E_1\kappa y \qquad \sigma_{x2} = -E_2\kappa y \qquad (5\text{-}49\text{a, b})$$

여기서 σ_{x1}은 재료 1의 응력이고, σ_{x2}는 재료 2의 응력이다. 이 방정식들의 도움으로, 중립축의 위치와 모멘트–곡률 관계식을 구할 수 있다.

중립축

중립축(z 축)의 위치는 단면에 작용하는 축력의 합이 0이라는 조건으로부터 구한다(5.5절 참조). 그러므로 다음 식을 얻는다.

$$\int_1 \sigma_{x1}\,dA + \int_2 \sigma_{x2}\,dA = 0 \qquad (a)$$

여기서 첫 번째 적분은 재료 1의 단면적에 걸쳐 계산되고 두 번째 적분은 재료 2의 단면적에 걸쳐 계산된다. σ_{x1}과 σ_{x2}에 대한 식 (5-49a)와 (5-49b)를 앞의 식에 대입하여 다음 식을 얻는다.

$$-\int_1 E_1\kappa y\,dA - \int_2 E_2\kappa y\,dA = 0$$

곡률은 어느 단면에서나 일정하므로 적분에 포함되지 않

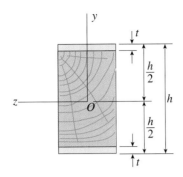

그림 5-41 이중대칭 단면

으며 방정식에서 제외된다. 따라서 **중립축**의 위치에 대한 식은 다음과 같다.

$$E_1 \int_1 y\,dA + E_2 \int_2 y\,dA = 0 \qquad (5\text{-}50)$$

이 방정식의 적분들은 단면적의 두 개 부분의 중립축에 관한 1차 모멘트를 나타낸다. (드문 경우지만, 두 개 이상의 재료로 되어 있다면 방정식에 추가적인 항들이 필요하다.)

식 (5-50)은 한 가지 재료로 된 보에 대한 식 (5-8)과 유사한 일반적인 형태의 식이다. 식 (5-50)을 이용하여 중립축을 구하는 세부적인 과정은 이후에 예제 5-14에 예시된다.

윗면과 밑면에 강철 덮개 판을 갖는 목재 보(그림 5-41)와 같이 보의 단면이 **이중대칭**이면, 중립축은 단면높이의 중앙에 위치하며 식 (5-50)은 사용되지 않는다.

모멘트-곡률 관계식

두 가지 재료의 합성보(그림 5-40)에 대한 모멘트-곡률 관계식은 굽힘응력의 합 모멘트(moment resultant)가 단면에 작용하는 굽힘모멘트 M과 같다는 조건으로부터 구할 수 있다. 한 가지 재료의 보에 대한 것과 같은 단계(식 5-9에서 5-12까지 참조)를 따르고, 식 (5-49a)와 식 (5-49b)를 사용하여 다음 식을 얻는다.

$$M = -\int_A \sigma_x y\,dA = -\int_1 \sigma_{x1} y\,dA - \int_2 \sigma_{x2} y\,dA$$

$$= \kappa E_1 \int_1 y^2\,dA + \kappa E_2 \int_2 y^2\,dA \qquad (b)$$

이 방정식은 다음과 같은 단순한 형태로 쓸 수 있다.

$$M = \kappa(E_1 I_1 + E_2 I_2) \qquad (5\text{-}51)$$

여기서 I_1과 I_2는 각각 재료 1과 재료 2의 단면적의 중립축 (z 축)에 관한 관성모멘트이다. I를 전체 단면적의 중립축에 관한 관성모멘트라 하면 $I = I_1 + I_2$임을 유의하라.

식 (5-51)는 이제 굽힘모멘트의 항으로 곡률에 대해 풀 수 있다.

$$\kappa = \frac{1}{\rho} = \frac{M}{E_1 I_1 + E_2 I_2} \qquad (5\text{-}52)$$

이 방정식은 두 개의 재료로 된 보에 대한 **모멘트-곡률 관계식**이다(한 가지 재료로 된 보에 대한 식 5-12와 비교하라). 우변의 분모는 합성보의 **휨 강성**이다.

수직응력(굽힘공식)

보의 수직응력(또는 굽힘응력)은 곡률에 대한 표현식(식 5-52)을 σ_{x1}과 σ_{x2}에 대한 표현식(식 5-49a와 5-49b)에 대입하여 구한다. 따라서 다음 식을 얻는다.

$$\sigma_{x1} = -\frac{MyE_1}{E_1 I_1 + E_2 I_2}$$

$$\sigma_{x2} = -\frac{MyE_2}{E_1 I_1 + E_2 I_2} \qquad (5\text{-}53a, b)$$

합성보에 대한 굽힘공식으로 알려진 이 표현식들은 각각 재료 1과 2의 수직응력을 구하는데 사용된다. 두 개의 재료가 같은 탄성계수를 가진다면($E_1 = E_2 = E$), 두 개의 방정식들은 한 가지 재료로 된 보에 대한 굽힘공식(식 5-13)으로 감축된다.

식 (5-50)에서 (5-53)까지를 이용한 합성보의 해석은 이 절의 끝 부분의 예제 5-14와 5-15에 예시된다.

샌드위치 보의 굽힘에 대한 근사이론

이중 대칭 단면을 가지고 두 개의 선형 탄성 재료로 합성된 샌드위치 보(그림 5-42)는 위에서 언급된 식 (5-52)와 (5-53)을 이용하여 굽힘에 대해 해석될 수 있다. 그러나 몇 가지 간단한 가정을 도입함으로써 샌드위치 보의 굽힘에 대한 근사이론을 개발할 수 있다.

바깥층의 재료(재료 1)가 중간층의 재료(재료 2)보다 훨씬 큰 탄성계수를 갖는다면, 중간층의 수직응력은 무시하고 바깥층이 길이방향의 굽힘응력 전부를 지지한다고 가정해도 무방하다. 이러한 가정은 중간층의 탄성계수 E_2가 0이라고 하는 것과 동등하다. 이러한 조건하에서 재료 2에 대한 굽힘공식(식 5-53b)은 $\sigma_{x2} = 0$(예상대로)임을 보여주며, 재료 1에 대한 굽힘공식(식 5-53a)은 다음과 같게 된다.

$$\sigma_{x1} = -\frac{My}{I_1} \qquad (5\text{-}54)$$

이 식은 보통 굽힘공식(식 5-13)과 유사하다. 양 I_1은 중립축에 관해 계산된 두 개의 바깥층의 관성모멘트이며 다음과 같다.

$$I_1 = \frac{b}{12}\left(h^3 - h_c^3\right) \qquad (5\text{-}55)$$

여기서 b는 보의 폭이고, h는 보의 전체 높이이며, h_c는 중간층의 높이이다. t가 바깥층의 두께일 때, $h_c = h - 2t$임을 유의하라.

샌드위치 보의 최대 수직응력은 각각 $y = h/2$와 $y = -h/2$인 단면의 윗면과 밑면에서 일어난다. 따라서 식 (5-54)로부터 다음 식을 얻는다.

$$\sigma_{\text{top}} = -\frac{Mh}{2I_1} \qquad \sigma_{\text{bottom}} = \frac{Mh}{2I_1} \qquad (5\text{-}56a, b)$$

굽힘모멘트 M이 양이면, 윗쪽 바깥층은 압축을 받고 아래쪽 바깥층은 인장을 받는다. (이 식은 식 5-53a와 5-53b로부터 구한 응력보다 큰 응력 값을 바깥층에 주기 때문에 보수적이라 할 수 있다.)

바깥층이 중간층의 두께에 비해 얇다면(즉, t가 h_c에 비

해 작다면), 바깥층의 전단응력은 무시하고 중간층이 전단응력의 전부를 지지한다고 가정할 수 있다. 이러한 조건하에서 중간층의 평균 전단응력과 평균 전단변형률은 각각 다음과 같다.

$$\tau_{\text{aver}} = \frac{V}{bh_c} \qquad \gamma_{\text{aver}} = \frac{V}{bh_c G_c} \qquad (5\text{-}57a, b)$$

여기서 V는 단면에 작용하는 전단력이고 G_c는 중간층 재료의 전단 탄성계수이다. (최대 전단응력과 최대 전단변형률은 평균값보다 크지만, 평균값이 설계 목적상 자주 사용된다.)

제한

합성보에 대한 앞의 논의를 통하여, 두 개의 재료는 Hooke의 법칙을 따르고 보의 두 부분은 적절하게 접합되어 한 개의 개체로 거동한다고 가정하였다. 그러므로 이러한 해석은 매우 이상화되었고 합성보와 복합재료의 거동을 이해하는 첫 번째 단계에 불과하다. 불균질이고 비선형인 재료, 부분들 사이의 접합응력, 단면의 전단응력, 바깥층의 좌굴 및 기타 사항들을 다루는 방법은 복합구조물을 전문적으로 다루는 참고문헌에서 취급된다.

보강된 콘크리트 보는 가장 복잡한 형태의 복합구조물(그림 5-43) 중 하나이며, 이들의 거동은 이 절에서 논의된 합성보의 거동과는 확실히 다르다. 콘크리트는 압축에는 강하나 인장에는 매우 약하다. 결과적으로, 콘크리트의 인장강도는 통상 전적으로 무시된다. 이러한 조건하에서, 이 절에서 주어진 공식들은 적용되지 않는다.

게다가, 보강된 콘크리트 보는 선형 탄성 거동을 근거로 설계되지 않으며, 대신에 더욱 현실적인 설계방법(허용응력 대신에 하중–지지 응력에 근거한)이 사용된다. 보강된 콘크리트 부재의 설계는 매우 전문적인 사안이므로 여기서는 논의하지 않는다.

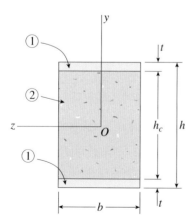

그림 5-42 2개의 대칭축을 갖는 샌드위치 보의 단면(이중대칭 단면)

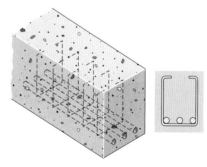

그림 5-43 길이방향 보강 봉과 수직등자(stirrup)를 가진 보강된 콘크리트 보

예제 5-14

합성보(그림 5-44)가 목재 보(100 mm × 150 mm)와 강철 보 강판(폭이 100 mm 이고 두께가 12 mm인)으로 만들어졌다. 목재와 강철은 단단하게 고착되어 한 개의 보처럼 거동한다. 보는 양의 굽힘모멘트 M = 6 kN·m 의 작용을 받고 있다.

E_1 = 10.5 GPa이고, E_2 = 210 GPa일 때 목재(재료 1)에서의 최대 인장응력과 최대 압축응력, 강철(재료 2)에서의 최대 인장응력과 최소 인장응력을 각각 계산하라.

풀이

중립축. 해석의 첫 단계는 단면의 중립축을 구하는 것이다. 이러한 목적을 위하여, 중립축으로부터 보의 윗면과 밑면까지의 거리를 각각 h_1과 h_2라 하자. 이 거리를 구하기 위해 식 (5-50)을 사용한다. 식 중의 적분 값은 면적 1과 2의 z축에 관한 1차 모멘트를 취하여 다음과 같이 계산한다.

$$\int_1 y\,dA = \bar{y}_1 A_1 = (h_1 - 75\ \text{mm})(100\ \text{mm} \times 150\ \text{mm})$$
$$= (h_1 - 75\ \text{mm})(15000\ \text{mm}^2)$$

$$\int_2 y\,dA = \bar{y}_2 A_2 = -(156\ \text{mm} - h_1)(100\ \text{mm} \times 12\ \text{mm})$$
$$= (h_1 - 75\ \text{mm})(1200\ \text{mm}^2)$$

여기서 A_1과 A_2는 단면 1과 2 부분의 면적이며, $\bar{y}_1$과 $\bar{y}_2$는 각각의 면적의 도심들의 y 좌표를 나타내고, h_1은 mm의 단위를 갖는다.

앞의 표현식들을 식(5-50)에 대입하여 중립축의 위치를 찾는 다음과 같은 식을 얻는다.

$$E_1 \int_1 y\,dA + E_2 \int_2 y\,dA = 0$$

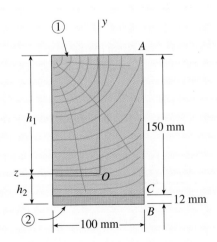

그림 5-44 예제 5-14. 목재와 강철로 된 합성보의 단면

또는 다음 식을 얻는다.

$$(10.5\ \text{GPa})(h_1 - 75\ \text{mm})(15000\ \text{mm}^2) +$$
$$(210\ \text{GPa})(h_1 - 75\ \text{mm})(1200\ \text{mm}^2) = 0$$

이 식을 풀어서 중립축으로부터 보의 윗면까지의 거리 h_1을 구한다.

$$h_1 = 124.8\ \text{mm}$$

또한 중립축으로부터 보의 밑면까지의 거리 h_2는 다음과 같다.

$$h_2 = 162\ \text{mm} - h_1 = 37.2\ \text{mm}$$

이로써, 중립축의 위치가 구해졌다.

관성모멘트. 면적 A_1과 A_2의 중립축에 대한 관성모멘트 I_1과 I_2는 평행축 원리(10장의 10.5절 참조)를 이용하여 구할 수 있다. 먼저 면적 1(그림 5-44)부터 고려하면 다음을 얻는다.

$$I_1 = \frac{1}{12}(100\ \text{mm})(150\ \text{mm})^3 +$$
$$(100\ \text{mm})(150\ \text{mm})(h_1 - 75\ \text{mm})^2$$
$$= 65.33 \times 10^6\ \text{mm}^4$$

비슷한 방법으로, 면적 2에 대하여 다음을 얻는다.

$$I_2 = \frac{1}{12}(100\ \text{mm})(12\ \text{mm})^3 +$$
$$(100\ \text{mm})(12\ \text{mm})(h_2 - 6\ \text{mm})^2$$
$$= 1.18 \times 10^6\ \text{mm}^4$$

이러한 계산을 검산하기 위하여, 전체 단면적의 z축에 관한 관성모멘트 I를 다음과 같이 구한다.

$$I = \frac{1}{3}(100\ \text{mm})h_1^3 + \frac{1}{3}(100\ \text{mm})h_2^3$$
$$= 10^6(64.79 + 1.72)\ \text{mm}^4 = 66.51 \times 10^6\ \text{mm}^4$$

이 값은 I_1과 I_2의 합과 일치한다.

수직응력. 재료 1과 2에서의 응력은 합성보에 대한 굽힘공식(식 5-53a 및 b)으로부터 계산된다. 재료 1의 최대 압축응력은 $y = h_1 = 124.8$ mm인 보의 윗면(A)에서 일어난다. 이 응력을 σ_{1A}라 표시하면 식 (5-53a)으로부터 다음과 같이 구한다.

$$\sigma_{1A} =$$
$$-\frac{Mh_1 E_1}{E_1 I_1 + E_2 I_2}$$
$$= -\frac{(6\ \text{kN·m})(124.8\ \text{mm})(10.5\ \text{GPa})}{(10.5\ \text{GPa})(65.33 \times 10^6\ \text{mm}^4) + (210\ \text{GPa})(1.18 \times 10^6\ \text{mm}^4)}$$
$$= -8.42\ \text{MPa}$$

재료 1의 최대 인장응력은 $y = -(h_2 - 12\ \text{mm}) = -25.2$ mm인

두 재료 사이의 접촉면(C)에서 일어난다. 앞에서의 계산과정처럼 진행하여 다음 값을 구한다.

$$\sigma_{1C} =$$

$$- \frac{(6 \text{ kN·m})(-25.2 \text{ mm})(10.5 \text{ GPa})}{(10.5 \text{ GPa})(65.33 \times 10^6 \text{ mm}^4) + (210 \text{ GPa})(1.18 \times 10^6 \text{ mm}^4)}$$

$$= 1.7 \text{ MPa}$$

이로써, 목재의 최대 인장응력과 최대 압축응력이 구해진다.

강철판(재료 2)은 중립축 아래에 위치하므로, 전체적으로 인장을 받는다. 최대 인장응력은 $y = -h_2 = -37.2$ mm인 보의 밑면(B)에서 일어난다. 따라서 식(5-53b)로부터 다음 식을 얻는다.

$$\sigma_{2B} =$$

$$- \frac{M(-h_2)E_2}{E_1 I_1 + E_2 I_2}$$

$$= - \frac{(6 \text{ kN·m})(-37.2 \text{ mm})(210 \text{ GPa})}{(10.5 \text{ GPa})(65.33 \times 10^6 \text{ mm}^4) + (210 \text{ GPa})(1.18 \times 10^6 \text{ mm}^4)}$$

$$= 50.2 \text{ MPa}$$

재료 2의 최소 인장응력은 $y = -25.2$ mm인 접촉면(C)에서 일어난다. 따라서 다음 식을 얻는다.

$$\sigma_{2C} =$$

$$- \frac{(6 \text{ kN·m})(-25.2 \text{ mm})(210 \text{ GPa})}{(10.5 \text{ GPa})(65.33 \times 10^6 \text{ mm}^4) + (210 \text{ GPa})(1.18 \times 10^6 \text{ mm}^4)}$$

$$= 34 \text{ MPa}$$

이 응력들이 강철의 최대 및 최소응력이다.

주: 접촉면에서 강철의 응력과 목재의 응력과의 비는 다음과 같다.

$$\sigma_{2C}/\sigma_{1C} = 34 \text{ MPa}/1.7 \text{ MPa} = 20$$

이 값은 탄성계수들의 비 E_2/E_1과 같다(예상대로). 강철과 목재의 변형률은 접촉면에서 서로 같지만, 이들의 응력은 탄성계수가 다르기 때문에 서로 다르다.

예제 5-15

플라스틱 중간층을 내포하는 알루미늄-합금 바깥층을 가진 샌드위치 보(그림 5-45)가 굽힘모멘트 $M = 3.0$ kN·m의 작용을 받고 있다. 바깥층의 두께 $\tau = 5$ mm이고 탄성계수 $E_1 = 72$ GPa이다. 플라스틱 중간층의 높이 $h_c = 150$ mm이고 탄성계수 $E_2 = 800$ MPa이다. 보의 전체치수는 $h = 160$ mm이고 $b = 200$ mm이다.

다음 방법들을 이용하여 바깥층과 중간층의 최대 인장응력과 압축응력을 구하라. (a) 합성보에 대한 일반 이론, (b) 샌드위치 보에 대한 근사 이론.

풀이

중립축. 단면이 이중대칭이므로 중립축(그림 5-45의 z축)은 중앙에 위치한다.

관성모멘트. 바깥층 단면적의 관성모멘트 I_1(z축에 대한)은 다음과 같다.

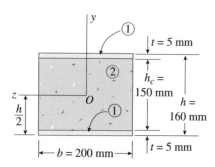

그림 5-45 예제 5-15. 알루미늄 합금 바깥층과 플라스틱 중간층을 가진 샌드위치 보의 단면

$$I_1 = \frac{b}{12}(h^3 - h_c^3) = \frac{200 \text{ mm}}{12}\left[(160 \text{ mm})^3 - (150 \text{ mm})^3\right]$$

$$= 12.017 \times 10^6 \text{ mm}^4$$

그리고 플라스틱 중간층의 관성모멘트 I_2는 다음과 같다.

$$I_2 = \frac{b}{12}(h_c^3) = \frac{200 \text{ mm}}{12}(150 \text{ mm})^3 = 56.250 \times 10^6 \text{ mm}^4$$

이 결과를 검토하기 위해, z축에 대한 전체 단 면적의 관성모멘트($I = bh^3/12$)는 I_1과 I_2의 합과 같다는 것을 유의하라.

(a) 합성보에 대한 일반 이론으로부터 구한 수직응력. 이러한 응력을 계산하기 위하여 식 (5-53a)와 (5-53b)를 사용한다. 사전 작업으로, 이 방정식의 분모 값(즉, 합성보의 휨 강성)을 계산한다.

$$E_1 I_1 + E_2 I_2 = (72 \text{ GPa})(12.017 \times 10^6 \text{ mm}^4)$$

$$+ (800 \text{ MPa})(56.250 \times 10^6 \text{ mm}^4)$$

$$= 910,200 \text{ N·m}^2$$

알루미늄 바깥층의 최대 인장응력 및 압축응력은 식 (5-53a)로부터 구한다.

$$(\sigma_1)_{max} = \pm \frac{M(h/2)(E_1)}{E_1 I_1 + E_2 I_2}$$

$$= \pm \frac{(3.0 \text{ kN·m})(80 \text{ mm})(72 \text{ GPa})}{910,200 \text{ N·m}^2} = \pm 19.0 \text{ MPa}$$

플라스틱 중간층의 최대 인장응력 및 압축응력은 식 (5-53b)로부터 구한다.

$$(\sigma_2)_{max} = \pm \frac{M(h_c/2)(E_2)}{E_1I_1 + E_2I_2}$$

$$= \pm \frac{(3.0 \text{ kN·m})(75 \text{ mm})(800 \text{ MPa})}{910,200 \text{ N·m}^2}$$

$$= \pm 0.198 \text{ MPa} \qquad \Longleftarrow$$

바깥층의 최대응력은 중간층의 최대응력보다 96배만큼 크다. 알루미늄의 탄성계수가 플라스틱의 탄성계수보다 90배만큼 크기 때문에 이러한 현상은 놀랄 만한 일이 아니다.

(b) 샌드위치 보에 대한 근사이론으로부터 구한 응력. 근사

이론에서 중간층의 수직응력은 무시하였고 바깥층이 굽힘모멘트 전부를 전달한다고 가정하였다. 그러면 바깥층의 최대 인장응력과 압축응력은 식 (5-56a)와 (5-56b)로부터 다음과 같이 구해진다.

$$(\sigma_1)_{max} = \pm \frac{Mh}{2I_1} = \pm \frac{(3.0 \text{ kN·m})(80 \text{ mm})}{12.017 \times 10^6 \text{ mm}^4}$$

$$= \pm 20.0 \text{ MPa} \qquad \Longleftarrow$$

예상대로, 이 근사이론은 합성보에 대한 일반 이론으로부터 구한 알루미늄 바깥층의 응력보다 약간 큰 응력을 준다.

합성보에 대한 환산단면 방법

환산단면 방법(transformed-section method)은 합성보의 굽힘응력을 해석하는 대체 수단이다. 이 방법은 앞 절에서 개발된 이론과 방정식에 기초를 두고 있으며, 따라서 같은 제한(예를 들면, 이 방법은 선형 탄성 재료에 대해서만 유효하다)이 적용되며 같은 결과를 준다. 환산단면 방법은 계산 노력을 줄여주지는 않지만, 많은 설계자들은 이 방법이 계산 과정을 구체화하고 체계화하는 데 편리한 수단을 마련해 준다는 것을 알고 있다.

이 방법은 합성보의 단면을 한 가지 재료로만 구성된 가상보의 등가 단면으로 환산하는 것이다. 새로운 단면을 **환산단면**이라 부른다. 환산단면을 갖는 가상보는 한 가지 재료로 된 보에 대한 관례적인 방법으로 해석된다. 마지막 단계로, 환산보의 응력은 원래 보의 응력으로 변환된다.

중립축과 환산단면

환산보가 원래 보와 등가가 되기 위해서는, **중립축**이 같은 위치에 놓여 있어야 하며 모멘트–저항 능력이 같아야만 한다. 이러한 두 가지 요구조건이 어떻게 충족되는가를 보여 주기 위하여 두 가지 재료로 된 합성보(그림 5-46a)를 다시 고찰하기로 하자. 단면의 **중립축**은 식 (5-50)으로부터 구하며 여기서 다시 반복된다.

$$E_1 \int_1 y\, dA + E_2 \int_2 y\, dA = 0 \qquad (5-58)$$

이 방정식에서, 적분들은 단면의 두 개 부분의 중립축에 관한 1차 모멘트를 나타낸다.

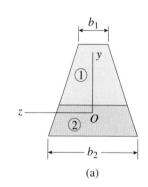

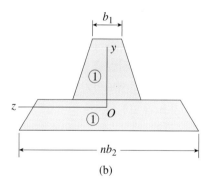

그림 5-46 두 개의 재료로 된 합성보: (a) 실제단면, (b) 재료 1만으로 구성된 환산단면

이제 다음과 같은 기호를 도입하자.

$$n = \frac{E_2}{E_1} \qquad (5-59)$$

여기서 n은 **계수비**(**modular ratio**)이다. 이 기호를 사용하여 식 (5-58)을 다음과 같은 형태로 다시 쓸 수 있다.

$$\int_1 y\, dA + \int_2 yn\, dA = 0 \qquad (5-60)$$

식 (5-58)과 (5-60)은 등가이므로, 앞의 방정식은 각각의 면적요소에 대한 y 좌표가 변하지 않는 한, 재료 2의 각각의 면적 요소 dA에 계수 n을 곱하더라도 중립축은 변하지 않음을 보여준다.

그러므로 두 개의 부분으로 구성된 새로운 단면을 만들수 있다. (1) 치수가 변하지 않는 면적 1, (2) 원래 폭(즉, 중립축에 평행한 치수를 갖는)에 n을 곱한 폭을 갖는 면적 2. 새로운 단면(환산단면)이 $E_2 > E_1$인 경우(따라서 $n > 1$)에 대해 그림 5-46b에 보여진다. 이 단면의 중립축은 원래 보의 중립축과 같은 위치에 있다. (중립축에 수직인 모든 치수들은 원래 값을 갖는다는 것을 유의하라.)

재료의 응력(주어진 변형률에 대한)은 탄성계수에 비례하므로($\sigma = E\epsilon$), 재료 2의 폭을 $n = E_2/E_1$으로 곱한다는 것은 재료 2를 재료 1로 환산시키는 것과 같다는 것을 알 수 있다. 예를 들어, $n = 10$ 이라 가정하자. 그러면 단면의 부분 2의 면적은 환산 전보다 10배나 된다. 보의 이 부분을 이제는 재료 1이라고 생각하면, 탄성계수는 10분의 1로 줄었고(E_2에서 E_1으로), 또한 동시에 면적은 10배 증가하였기 때문에 이 부분은 전과 같이 똑같은 힘을 지탱할 것이라는 것을 알 수 있다. 따라서 새로운 단면(환산단면)은 재료 1만으로 구성된다.

모멘트–곡률 관계식

환산보에 대한 **모멘트–곡률 관계식**은 원래 보에 대한 것과 같아야 한다. 이러한 사실을 보여주기 위해, 환산보 내의 응력은(재료 1로만 구성되었기 때문에) 5.5절의 식(5-7)로 주어진다는 것을 유의한다.

$$\sigma_x = -E_1 \kappa y$$

이 식을 사용하고 또한 한 가지 재료의 보에 대한 것과 같은 절차를 따르면(5.5절 참조), 환산보에 대한 모멘트–곡률 관계식을 얻을 수 있다.

$$M = -\int_A \sigma_x y \, dA = -\int_1 \sigma_x y \, dA - \int_2 \sigma_x y \, dA$$

$$= E_1 \kappa \int_1 y^2 dA + E_1 \kappa \int_2 y^2 dA = \kappa(E_1 I_1 + E_1 n I_2)$$

또는

$$M = \kappa(E_1 I_1 + E_2 I_2) \tag{5-61}$$

이 식은 식 (5-51)과 같으며, 이는 환산보에 대한 모멘트–곡률 관계식은 원래 보에 대한 것과 같다는 것을 보여준다.

수직응력

환산보는 한 가지 재료만으로 구성되어 있기 때문에 수직응력(또는 굽힘응력)은 표준 굽힘공식(식 5-13)으로부터 구할 수 있다. 따라서 재료 1로 환산된 보(그림 5-46b)의 수직응력은 다음과 같다.

$$\sigma_{x1} = -\frac{My}{I_T} \tag{5-62}$$

여기서 I_T는 환산단면의 중립축에 관한 관성모멘트이다. I_T 값을 이 식에 대입함으로써 환산보 내의 임의 점에서의 응력을 계산할 수 있다.(아래에 설명하는 것과 같이, 환산보의 응력은 재료 1로 구성된 원래 보의 부분에서는 원래 보의 응력과 같지만, 재료 2로 구성된 원래 보의 부분에서는 원래 보의 응력과는 다르다.)

환산단면(그림 5-46b)의 관성모멘트는 원래 단면(그림 5-46a)의 관성모멘트와 다음과 같은 관계가 있다는 것을 유의함으로써 식 (5-62)를 쉽게 증명할 수 있다.

$$I_T = I_1 + nI_2 = I_1 + \frac{E_2}{E_1} I_2 \tag{5-63}$$

I_T에 관한 이 표현식을 식 (5-62)에 대입하면 다음과 같다.

$$\sigma_{x1} = -\frac{MyE_1}{E_1 I_1 + E_2 I_2} \tag{a}$$

이 식은 식 (5-53a)와 같으며, 따라서 원래 보의 재료 1에서의 응력은 환산보 내에 이에 대응되는 부분에서의 응력과 같다는 것을 보여준다.

앞에서 언급한 바와 같이, 원래 보의 재료 2에서의 응력은 환산보 내에 이에 대응되는 부분에서의 응력과 같지 않다. 대신에, 환산보에서의 응력(식 5-62)은 원래 보의 재료 2에서의 응력을 얻기 위하여 계수에 n을 곱해야 한다 :

$$\sigma_{x2} = -\frac{My}{I_T} n \tag{5-64}$$

I_T에 대한 식 (5-63)을 식 (5-64)에 대입하면

$$\sigma_{x2} = -\frac{MynE_1}{E_1I_1 + E_2I_2} = -\frac{MyE_2}{E_1I_1 + E_2I_2} \qquad \text{(b)}$$

를 얻게 되고, 이 식은 식 (5-53b)와 같다는 것을 유의함으로써 공식 (5-64)를 증명할 수 있다.

일반적 유의사항

환산단면 방법에 대한 논의에서 원래 보를 전적으로 재료 1만으로 구성된 보로 환산하는 것으로 선택하였다. 그러나 보를 재료 2로 환산하는 것도 가능하다. 이러한 경우에는 재료 2의 원래 보의 응력은 환산보 내에 이에 대응되는 부분에서의 응력과 같을 것이다. 그러나 원래 보의 재료 1에서의 응력은 환산보에 이에 대응하는 부분에서의 응력에 계수비 n을 곱해서 얻어야 하는데, 이 경우에는 $n = E_1/E_2$로 정의된다.

또한 원래 보는 임의의 탄성계수 E를 갖는 재료로 환산하는 것이 가능하며, 이 경우에는 보의 모든 부분들은 가상 재료로 환산되어야 한다. 물론, 원래 재료 중 하나로 환산하면 계산은 더욱 간단해진다. 마지막으로, 정교한 방법을 이용하여 환산단면 방법을 두 가지 이상의 재료로 된 합성보에도 적용할 수 있다.

예제 5-16

그림 5-47a에 보인 합성보는 목재 보(100 mm × 150 mm)와 강철 보강판(폭이 100 mm이고 두께가 12 mm인)으로 되어 있다. 보는 양의 굽힘모멘트 $M = 6$ kN·m를 받고 있다.

환산단면 방법을 사용하여, $E_1 = 10.5$ GPa 이고 $E_2 = 210$ GPa인 경우에 목재(재료 1)에서의 최대 인장 및 압축응력과 강철(재료 2)에서의 최대 및 최소 인장응력을 계산하라.

주: 이 보는 이미 예제 5-14에서 해석된 것과 같은 보이다.

풀이

환산단면. 원래 보를 재료 1의 보로 환산하기로 하자. 이는 계수비가 다음과 같이 정의됨을 의미한다.

$$n = \frac{E_2}{E_1} = \frac{210 \text{ GPa}}{10.5 \text{ GPa}} = 20$$

목재로 된 보의 부분(재료 1)은 변하지 않지만 강철로 된 부분(재료 2)은 계수비를 곱한 폭을 가지게 된다. 따라서 보의 이 부분의 폭은 환산단면(그림 5-47b)에서 다음과 같게 된다.

$$n(100 \text{ mm}) = 20(100 \text{ mm}) = 2 \text{ m}$$

중립축. 환산보는 한 가지 재료만으로 되어 있기 때문에 중립축은 단면적의 도심을 통한다. 그러므로 단면의 윗면을 기준선으로 잡고 아래방향을 양으로 하여 거리 y_i를 잡으면, 도심까지의 거리 h_1을 다음과 같이 계산할 수 있다.

$$h_1 = \frac{\sum y_i A_i}{\sum A_i}$$

$$= \frac{(75 \text{ mm})(100 \text{ mm})(150 \text{ mm}) + (156 \text{ mm})(2000 \text{ mm})(12 \text{ mm})}{(100 \text{ mm})(150 \text{ mm}) + (2000 \text{ mm})(12 \text{ mm})}$$

$$= \frac{4869 \times 10^3 \text{ mm}^3}{39 \times 10^3 \text{ mm}^2} = 124.8 \text{ mm}$$

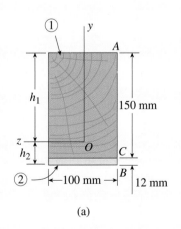
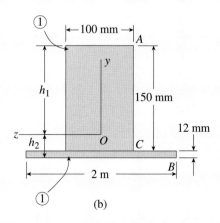

그림 5-47 예제 5-16. 환산단면 방법에 의해 해석된 예제 5-14의 합성보: (a) 원래 보의 단면, (b) 환산단면(재료 1)

또한 단면의 밑면으로부터 도심까지의 거리 h_2는 다음과 같다.

$$h_2 = 162 \text{ mm} - h_1 = 37.2 \text{ mm}$$

이로써, 중립축의 위치가 결정되었다.

환산단면의 관성모멘트. 평행축 정리(10장의 10.5절 참조)를 사용하여 전체 단면적의 중립축에 관한 관성모멘트 I_T는 다음과 같이 계산할 수 있다.

$$I_T = \frac{1}{12}(100 \text{ mm})(150 \text{ mm})^3 + (100 \text{ mm})(150 \text{ mm})(h_1 - 75 \text{ mm})^2$$

$$+ \frac{1}{12}(2000 \text{ mm})(12 \text{ mm})^3 + (2000 \text{ mm})(12 \text{ mm})(h_2 - 6 \text{ mm})^2$$

$$= 65.3 \times 10^6 \text{ mm}^4 + 23.7 \times 10^6 \text{ mm}^4 = 89.0 \times 10^6 \text{ mm}^4$$

목재(재료 *1*)에서의 수직응력. 환산보(그림 5-47b)에서 단면의 윗면(*A*)과 두 부분 사이의 접촉면(*C*)에서의 응력은 원래 보(그림 5-47a)에서의 응력과 같다. 이 응력들은 굽힘공식(식 5-62)으로부터 다음과 같이 구한다.

$$\sigma_{1A} = -\frac{My}{I_T} = -\frac{(6 \times 10^6 \text{ N·mm})(124.8 \text{ mm})}{89 \times 10^6 \text{ mm}^4}$$

$$= -8.42 \text{ MPa}$$

$$\sigma_{1C} = -\frac{My}{I_T} = -\frac{(6 \times 10^6 \text{ N·mm})(-25.2 \text{ mm})}{89 \times 10^6 \text{ mm}^4}$$

$$= 1.13 \text{ MPa}$$

이 값들이 원래 보의 목재(재료 1)에서의 최대 인장 및 압축응력이다. 응력 σ_{1A}는 압축이고 응력 σ_{1C}는 인장이다.

강철(재료 2)에서의 수직응력. 강철판에서의 최대 및 최소 응력은 환산보 내의 이에 대응하는 응력에 계수비 n을 곱하여 얻는다(식 5-64). 최대응력은 단면의 밑면(*B*)에서 일어나고 최소응력은 접촉면(*C*)에서 일어난다.

$$\sigma_{2B} = -\frac{My}{I_T}n = -\frac{(6 \times 10^6 \text{ N·mm})(-37.2 \text{ mm})}{89.0 \times 10^6 \text{ mm}^4}(20)$$

$$= 50.2 \text{ MPa}$$

$$\sigma_{2C} = -\frac{My}{I_T}n = -\frac{(6 \times 10^6 \text{ N·mm})(-25.2 \text{ mm})}{89.0 \times 10^6 \text{ mm}^4}(20)$$

$$= 34 \text{ MPa}$$

이 응력들은 모두 인장이다.

환산단면 방법으로 계산된 응력 값들은 합성보에 대한 공식들을 직접 적용하여 예제 5-14에서 구한 응력 값들과 일치한다는 것을 유의하라.

요약 및 복습

5장에서는 보 단면의 대칭평면인 *x-y* 평면에서 일어나는 작용하중과 굽힘을 받는 보의 거동에 대해 검토하였다. 순수굽힘과 불균일굽힘이 모두 고려되었다. 수직응력은 굽힘공식에 따라 중립면으로부터 선형적으로 변하는 것을 알 수 있었다. 이 공식은 응력이 굽힘모멘트 *M*에는 직접적으로 비례하고 단면의 관성모멘트 *I*에는 반비례하는 것을 보여준다. 다음으로 관련된 보의 단면성질이 **단면계수 *S***로 알려진 단일 양으로 결합되는데, 이 단면계수는 최대모멘트(M_{max})와 허용 수직응력(σ_{allow})이 주어지는 경우에 **보 설계**에서 유용한 성질이다. 이어서, 직사각형 또는 원형 단면을 가진 보의 불균일굽힘의 경우에 대한 **전단공식**을 이용하여 수평 및 수직 전단응력(τ)이 계산되었다. 플랜지를 가진 보의 전단에 관한 특별 경우도 고려되었다. 마지막으로 합성보(즉, 한 가지 이상의 재료로 된 보)에 대한 해석도 논의되었다.

이 장에서 제시된 중요한 개념, 공식 및 결론은 다음과 같다.

1. *xy* 평면이 보 단면의 대칭단면이고 작용하중이 *xy* 평면 내에서 작용한다면, 굽힘처짐은 **굽힘평면**이라고 알려진 같은 평면에서 일어난다.

2. 순수굽힘을 받는 보는 일정한 곡률 κ를 가지며 불균일굽힘을 받는 보에서는 곡률이 변한다. 굽어진 보의 길이방향 변형률(ϵ_x)은 곡률에 비례하며 순수굽힘을 받는 보의 변형률은 재료의 응력-변형률 선도의 모양에 관계없이 식 (5-4)에 따라 중립면으로부터의 거리에 따라 선형적으로 변한다.

$$\epsilon_x = -\kappa y$$

3. 재료가 Hooke의 법칙을 따를 때 중립축은 단면적의 도심을 지나며 단면에 작용하는 축력은 없다. 선형탄성 재료로 된 보가 순수굽힘을 받을 때 *y* 및 *z* 축은 **주도심축**이다.

4. 보의 재료가 선형 탄성적이고 Hooke의 법칙을 따른다면, **모멘트-곡률 방정식**은 곡률이 굽힘모멘트 *M*에 대해서는 직접적으로 비례하며 보의 **휨 강성**이라고 알려진 양 *EI*에 대해서는 반비례함을 보여준다. 모멘트-곡률 방정식은 식 (5-12)에서 주어졌다.

$$\kappa = \frac{M}{EI}$$

5. **굽힘공식**은 식 (5-13)과 같이 수직응력 σ_x가 굽힘모멘트 *M*에 대해서는 직접적으로 비례하고 단면의 관성모멘트 *I*에 대해서는 반비례함을 보여준다.

$$\sigma_x = -\frac{My}{I}$$

임의의 주어진 단면에서의 최대 인장 및 압축 굽힘응력은중립축으로부터 가장 먼 곳에 위치한 점에서 일어난다.

$$(y = c_1, \; y = -c_2)$$

6. 굽힘공식으로부터 계산된 수직응력은 전단응력의 존재와 이와 관련된 불균일굽힘의 경우에 대한 단면의 뒤틀림에 의해 별로 변형되지 않는다. 그러나 굽힘공식은 보의 지지점 근처나 집중하중에 가까운 곳에서는 적용할 수 없다. 그 이유는 이러한 불규칙성이 굽힘공식으로부터 구한 응력보다 훨씬 큰 **응력집중**을 일으키기 때문이다.

7. 굽힘응력을 견디는 보를 **설계**하기 위해 다음 식과 같이 최대 모멘트와 허용 수직응력으로부터 필요한 **단면계수 S**를 계산한다.

$$S = \frac{M_{max}}{\sigma_{allow}}$$

무게를 최소화하고 재료를 절감하기 위해, 필요한 단면계수를 제공하면서 최소단면적을 갖는 보를 재료설계 매뉴얼(예를 들면, 강철과 목재에 대한 부록 E와 F의 표 참조)로부터 선정한다. WF형 및 I형 보는 플랜지에 재료의 대부분을 갖고 있으며 플랜지의 폭은 측면 좌굴의 가능성을 줄여주는 데 도움이 된다.

8. 굽힘모멘트(M)와 전단력(V)를 발생시키는 하중을 받는 보(**불균일굽힘**)는 보 내에 수직응력과 전단응력이 모두 생긴다. 수직응력은 **굽힘공식**(보가 선형 탄성 재료로 만들어진 경우)으로부터 계산되고 전단응력은 다음과 같은 **전단공식**을 사용하여 계산된다.

$$\tau = \frac{VQ}{Ib}$$

전단응력은 직사각형 단면의 높이에 따라 포물선 모양으로 변하며 전단변형률 역시 포물선 모양으로 변한다. 이 전단변형률은 원래는 평면이었던 보의 단면을 뒤틀리게 하는 원인이 된다. 전단응력과 전단변형률의 최대값(τ_{max}, γ_{max})은 중립축에서 일어나며 전단응력과 전단변형률은 보의 맨 윗면과 바닥면에서는 0이다.

9. 전단공식은 오직 균일단면 보에만 적용되고 작은 처짐을 갖는 선형탄성 재료로 된 보에만 유효하다. 또한 단면의 변들은 y축에 **평행**하여야 한다. 직사각형 보에 대해서, 전단공식의 정확도는 단면의 높이 대 폭의 비에 좌우된다. 이 공식은 매우 좁은 보에서는 정확하다고 간주되지만 높이 h에 비해 폭 b가 상대적으로 증가함에 따라 정확도는 떨어진다. **원형** 단면 보의 중립축에서의 전단응력을 계산할 때에만 전단공식을 사용할 수 있음을 유의하라.

직사각형 단면에 대해 최대 전단응력은 다음과 같다.

$$\tau_{max} = \frac{3}{2} \frac{V}{A}$$

그리고 원형 단면에 대해 최대 전단응력은 다음과 같다.

$$\tau_{max} = \frac{4}{3} \frac{V}{A}$$

10. 전단응력은 허용 전단응력이 통상적으로 허용 인장응력의 25~50% 범위에 있는 강철과 알루미늄 같은 금속으로 만들어진 원형 또는 직사각형 단면 보의 설계에서는 거의 지배적으로 사용되지 않는다. 그러나 목재와 같은 **전단에 약한 재료**에 대해서는 수평전단의 허용응력이 허용 굽힘응력의 4~10% 범위 내에 있으므로 전단응력이 설계를 지배한다.

11. **WF형 보**의 플랜지에서의 전단응력은 수직 및 수평방향으로 작용한다. 플랜지 내의 수평 전단응력은 수직 전단응력보다 훨씬 크다. **WF형 보의 웨브**에서의 전단응력은 오직 수직방향으로만 작용하고 플랜지에서의 응력보다 크며 전단공식을 사용하여 계산된다. WF형 보의 웨브에서의 최대 전단응력은 중립축에서 일어나며 최소 전단응력은 웨브와 플랜지의 접합부에서 일어난다. 전형적 비율을 갖는 보에대해 웨브에서의 전단력은 단면에 작용하는 전체 전단력 V의 90~98%에 이른다. 나머지는 플랜지 내의 전단력이 차지한다.

12. **합성보**에 대한 소개에서 두 가지 재료로 된 합성보에 대한 특수한 모멘트-곡률 관계식과 굽힘공식이 유도된다.

$$\kappa = \frac{1}{\rho} = \frac{M}{E_1 I_1 + E_2 I_2} \qquad \sigma_{x1} = -\frac{M y E_1}{E_1 I_1 + E_2 I_2}$$

$$\sigma_{x2} = -\frac{M y E_2}{E_1 I_1 + E_2 I_2}$$

두 가지 재료는 Hooke의 법칙을 따르며 보의 두 부분은 적절하게 결합되어 한 개의 유닛으로 거동한다고 가정하였다. 비균질 및 비선형재료, 두 부분 사이의 결합응력, 단면의 전단응력, 단면의 좌굴 등과같은 심화주제는 고려하지 않았다. 특히 여기서 제시된 공식은 선형 탄성 거동을 기초로 설계되지 않은 철근콘크리트 보에는 적용되지 않는다.

13. **환산단면** 방법은 합성보의 단면을 한 가지 재료만으로 구성된 가상의 등가 단면을 갖는 보로 환산하는 방법을 제공한다. 재료 2의 탄성계수의 재료 1의 탄성계수에 대한 비는 **계수비**, 즉 $n = E_2/E_1$로 알려져 있다. 환산된 보의 중립축은 원래의 위치와 같으며 모멘트 저항능력은 원래의 합성보와 동일하다. 환산단면의 관성모멘트는 다음과 같이 정의된다.

$$I_T = I_1 + n I_2$$

재료 1로 환산된 보의 수직응력은 다음과 같은 간략화된 굽힘응력을 사용하여 계산한다.

$$\sigma_{x1} = -\frac{My}{I_T}$$

한편 재료 2로 환산된 보의 수직응력은 다음 식으로 계산한다.

$$\sigma_{x2} = -\frac{My}{I_T} n$$

5장 연습문제

보의 길이방향 변형률

5.4-1 캔틸레버 보 AB가 자유단에서 우력 M_0를 받고 있다(그림 참조). 보의 길이는 $L = 2.0$ m이고 상부 표면에서 길이방향 수직 변형률은 0.0012이다. 보의 상부 표면으로부터 중립면까지의 거리는 82.5 mm이다.

곡률반지름 ρ, 곡률 κ 및 보의 자유단에서의 수직변위 δ를 구하라.

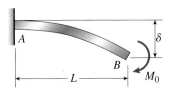

문제 5.4-1

5.4-2 지름이 $d = 1.6$ mm인 강철 와이어가 반지름 $R = 500$ mm인 원통형 드럼 주위에 감겨 있을 때 와이어에 생기는 최대 수직변형률 ε_{max}을 구하라(그림 참조).

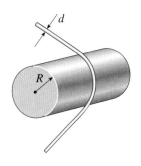

문제 5.4-2

5.4-3 길이가 $L = 0.9$ mm이고 두께가 $t = 10$ mm인 얇은 강철 스트립(strip)이 우력 M_0에 의해 굽혀진다(그림 참조). 스트립의 중앙으로부터의 처짐(양단을 연결하는 선으로부터 측정된)은 7.5 mm이다.

스트립의 상부 표면에서의 길이방향 수직변형률 ε을 구하라.

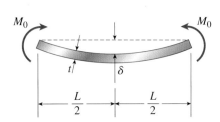

문제 5.4-3

5.4-4 지름 $d = 3$ mm인 구리 와이어가 원으로 굽어져 양끝이 접촉하도록 고정되었다(그림 참조). 구리의 최대 허용변형률이 ε_{max}

= 0.0024라면 사용될 수 있는 와이어의 최단 길이 L은 얼마인가?

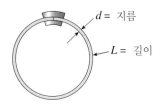

문제 5.4-4

5.4-5 화학폐기물 운반용으로 설계된 지름이 100 mm인 폴리에칠렌 파이프가 트렌치 안에 위치하며 1/4 원 모양으로 90° 구부러져 있다(그림 참조). 파이프의 굽혀진 부분의 길이는 10 m이다.

파이프 내의 최대 압축변형률 ε_{max}을 구하라.

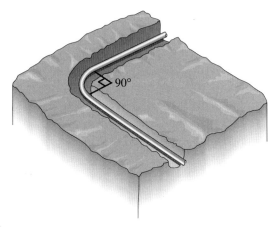

문제 5.4-5

5.4-6 직사각형 단면 봉이 그림과 같이 하중을 받으며 지지되고 있다. 지지점 사이의 거리는 $L = 1.5$ m이고 보의 높이는 $h = 120$ mm이다. 중앙점의 처짐은 3.0 mm로 측정되었다.

보의 상단과 하단에서의 최대 수직변형률 ε은 얼마인가?

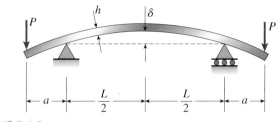

문제 5.4-6

보의 수직응력

5.5-1 지름이 $d = 1.25$ mm인 강철 와이어($E = 200$ GPa)가 반지름이 $R_0 = 500$ mm인 폴리 주위에 감겨 있다(그림 참조).

(a) 와이어의 최대응력 σ_{max} 은 얼마인가?

(b) 풀리의 반지름이 25% 증가되면 응력의 증가율 또는 감소율은 몇 %인가?

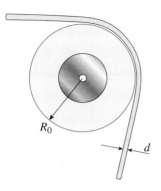

문제 5.5-1

5.5-2 길이가 L = 3.5 m이고 두께가 t = 2 mm인 얇은 구리 스트립(E = 113 GPa)이 원으로 굽어져 양끝이 접촉되도록 고정되어 있다(그림 참조).

(a) 스프립에서의 최대굽힘응력 σ_{max} 을 계산하라.

(b) 스프립의 두께가 1 mm 증가한다면 응력의 증가율 또는 감소율을 몇 %인가?

t = 2 mm

문제 5.5-2

5.5-3 스팬 길이가 L = 4 m인 목재 단순보 AB가 q = 5.8 kN/m의 등분포하중을 받고 있다(그림 참조).

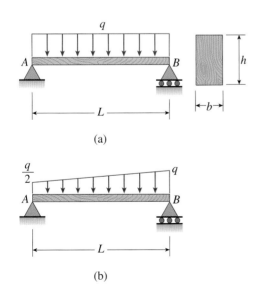

q

A B h L b

(a)

$\frac{q}{2}$ q

A B L

(b)

문제 5.5-3

(a) 보가 폭 b = 140 mm이고 높이 h = 240 mm인 직사각형 단면을 가진 경우, 하중 q로 인한 최대굽힘응력 σ_{max} 을 계산하라.

(b) 그림 (b)에 보인 것과 같은 사다리꼴 분포하중을 사용하여 (a)에 대하여 풀어라.

5.5-4 두께가 t = 4 mm이고 길이가 L = 1.5 m인 얇은 고강도 강철 자(E = 200 GPa)가 우력 M_0 의 작용으로 중심각이 α = 40°인 원 모양으로 구부려져 있다(그림 참조).

(a) 자에서의 최대굽힘응력 σ_{max} 은 얼마인가?

(b) 중심각이 10% 증가한다면 응력의 증가율 또는 감소율은 몇 %인가?

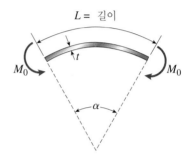

L = 길이

t M_0 M_0 α

문제 5.5-4

5.5-5 단위길이당 하중이 45 N/m인 지렛대(seesaw)에 각각 400 N의 무게를 가진 두 어린이가 타고 있다(그림 참조). 어린이들의 무게중심은 지렛대 받침(fulcrum)으로부터 각각 2.4 m 떨어져 있다. 지렛대의 길이는 6 m이고 폭은 200 mm, 두께는 40 mm이다.

지렛대에서의 최대굽힘응력은 얼마인가?

문제 5.5-5

5.5-6 다리를 들어 올리는 각각의 거더(girder)(그림 참조)의 길이는 50 m이고 양단이 단순지지되어 있다. 각 거더에 대한 설계

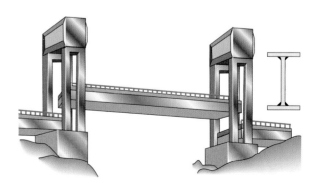

문제 5.5-6

하중은 세기 18 kN/m인 등분포하중이다. 거더들은 단면계수가 $S = 46 \times 10^6$ mm³인 I-형 단면(그림 참조)을 형성하도록 3개의 강철판들을 용접하여 제작되었다.

등분포하중으로 인한 거더에서의 최대굽힘응력 σ_{max}은 얼마인가?

5.5-7 화차의 차축 AB가 대략적으로 그림과 같은 하중을 받고 있다. 힘 P는 차량무게(차축 박스를 통해 차축에 전달됨)를 나타내며 힘 R은 철로하중(차축 박스를 통해 차축에 전달됨)을 나타낸다. 차축의 지름은 $d = 82$ mm, 철로의 중심간 거리는 L, 힘 P와 R 사이의 거리 $b = 220$ mm이다.

$P = 50$ kN일 때 차축에서의 최대굽힘응력 σ_{max}을 계산하라.

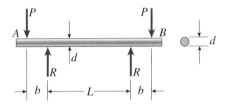

문제 5.5-7

5.5-8 유정(oil-well) 펌프의 수평보 ABC는 그림에 보인 단면을 갖는다. C단에 작용하는 수직 펌프 힘이 39 kN이고 이 하중의 작용선에서 B점까지의 거리가 4.5 m 라면 펌프 힘으로 인한 보의 최대굽힘응력은 얼마인가?

수평보는 유정 펌프의 일부로서 하중을 전달한다.
(baona/GettyImages)

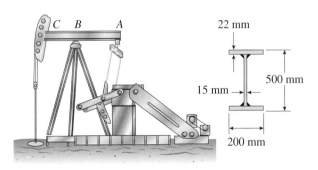

문제 5.5-8

5.5-9 철로 침목[또는 슬립퍼(*sleeper*)]이 그림과 같이 작용하는 각각 크기가 $P = 175$ kN인 2개의 레일하중을 받고 있다. 자갈의 반력 q는 $b = 300$ mm이고 $h = 250$ mm인 침목의 전 길이에 걸쳐 균일하게 분포된다고 가정한다. 길이 $L = 1,500$ mm, 돌출부의 길이 $a = 500$ mm라고 가정할 때, 하중 P로 인한 침목에서의 최대굽힘응력 σ_{max}을 계산하라.

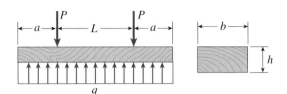

문제 5.5-9

5.5-10 유리섬유 파이프가 그림에 보인 것과 같이 밧줄로 들어 올려진다. 파이프의 바깥지름은 150 mm, 두께는 6 mm이고 비중량은 18 kN/m³이다. 파이프의 길이 $L = 13$ m이고 매단 줄 사이의 거리는 $s = 4$ m이다.

자중으로 인한 파이프에서의 최대굽힘응력을 계산하라.

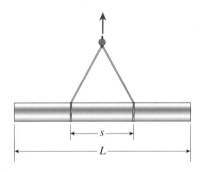

문제 5.5-10

5.5-11 고속도로 교량을 건설하는 과정에서 2개의 거더(girder)는 한쪽 교각으로부터 다음 교각까지 향한 캔틸레버 보와 같다 (그림 참조). 각 거더는 길이가 48 m이고 그림에 보인 치수를 가진 I-형 단면의 캔틸레버 보이다. 각 거더에 작용하는 하중은 거더의 무게를 9.5 kN/m라고 가정한다.

이 하중으로 인한 거더 내의 최대굽힘응력을 구하라.

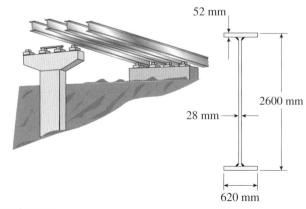

문제 5.5-11

5.5-12　다음과 같은 단면을 가진 보들에 대해 최대 인장응력 σ_t (양의 굽힘모멘트 M에 의해 C점을 지나는 수직축에 대한 순수 굽힘으로 인한)를 계산하라.

　(a) 지름 d인 원

　(b) 변의 $b_1 = b$, $b_2 = 4b/3$ 그리고 높이 h인 등변 사다리꼴

　(c) $\alpha = \pi/3$, $r = d/2$인 원형 부분

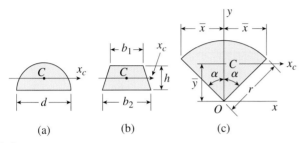

(a)　　　　(b)　　　　(c)

문제 5.5-12

5.5-13　높이가 $h = 2.0$ m인 소형 댐이 그림에 보인 것과 같이 두께가 $t = 120$ mm인 수직 목재 보 AB로 건설되었다. 보는 상단과 하단에서 단순지지 되어 있다고 가정한다.

　물의 비중량이 $\gamma = 9.81$ kN/m^{3}이라고 가정하고 보에서의 최대 굽힘응력 σ_{max}을 구하라.

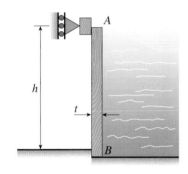

문제 5.5-13

5.5-14　원형 코어 형상의 단면(그림 참조)을 가진 보에 대해 최대 굽힘응력 σ_{max}(모멘트 M에 의한 순수 굽힘으로 인한)을 구하라. 원의 지름은 d이고 각 $\beta = 60°$이다.(힌트: 부록 D의 경우 9 및 15에 대한 공식을 사용하라.)

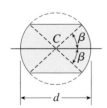

문제 5.5-14

5.5-15　길이가 $L = 7$ m인 단순보 AB가 거리 $d = 1.5$ m 떨어진 곳에 작용하는 2 개의 하중을 받고 있다(그림 참조). 각각의 바퀴는 $P = 14$ kN의 하중을 전달하며 운반차는 보의 임의 위치에 놓여질 수 있다.

　보가 단면계수 $S = 265 \times 10^3$ mm^{3}인 I-형 보인 경우, 하중으로 인한 최대 굽힘응력 σ_{max}을 구하라.

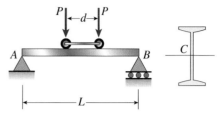

문제 5.5-15

5.5-16　한 개의 등분포하중과 한 개의 집중하중을 받는 캔틸레버 보 AB(그림 참조)가 채널형 단면으로 되어 있다.

　단면이 그림에 주어진 것과 같고 z 축(중립축)에 대한 관성모멘트가 $I = 1.2 \times 10^6$ mm^{4}인 경우, 최대 인장응력 σ_t와 최대 압축응력 σ_c를 구하라.(주: 등분포하중은 보의 무게를 나타낸다.)

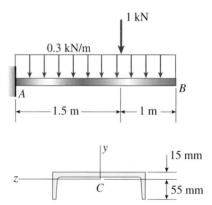

문제 5.5-16

5.5-17　B부터 C까지의 돌출부를 가진 보 ABC가 전체 길이에 걸쳐 등분포하중 3 kN/m을 받고 있다(그림 참조). 보는 그림에 보인 치수를 가진 채널형 단면을 가지고 있다. z 축(중립축)에 대한 관성모멘트는 2.1×10^6 mm^{4}이다.

　등분포하중으로 인한 최대 인장응력 σ_t 와 최대 압축응력 σ_c를 계산하라.

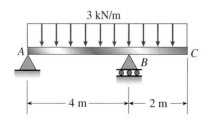

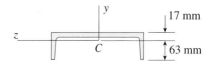

문제 5.5-17

5.5-18 등변 사다리꼴 단면을 가진 캔틸레버 보 *AB*의 길이는 *L* = 0.8 m이고 b_1 = 80 mm, b_2 = 90 mm, *h* = 110 mm이다(그림 참조). 보는 비중량이 85 kN/m³인 황동으로 만들어졌다.

(a) 보의 자중으로 인한 최대 인장응력 σ_t와 최대 압축응력 σ_c를 구하라.

(b) 폭 b_1 이 2배가 되면 응력은 어떻게 되는가?

(c) 높이 *h* 가 2배가 되면 응력은 어떻게 되는가?

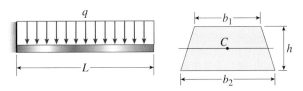

문제 5.5-18

5.5-19 단순보 *AB*에 작용하는 하중 *P*로 인한 최대 인장응력 σ_t와 최대 압축응력 σ_c를 구하라(그림 참조).

수치 자료는 다음과 같다. *P* = 6.2 kN, *L* = 3.2 m, *d* = 1.25 m, *b* = 80 mm, *t* = 25 mm, *h* = 120 mm, h_1 = 90 mm.

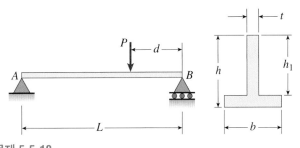

문제 5.5-19

5.5-20 T-형 단면보가 그림에 보인 것과 같이 지지되고 하중을 받고 있다. 단면의 폭 *b* = 65 mm, 높이 *h* = 75 mm 두께 *t* = 13 mm이다. 보에서의 최대 인장응력 및 최대 압축응력을 구하라.

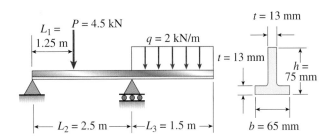

문제 5.5-20

5.5-21 그림에 보인 원형 단면의 불균일 캔틸레보 보를 고려해 보자. 보는 구간 1 내부에 원통 구멍을 가지고 있고 구간 2는 반지름이 *r*인 단면을 갖는다. 보는 그림과 같은 최대 세기가 q_0인 하방향 삼각형 하중을 받고 있다.

조인트 1에서의 최대 인장응력 및 최대 압축응력에 대한 식을 구하라.

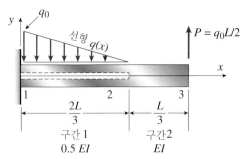

문제 5.5-21

5.5-22 높이가 *h* = 2 m인 소형 댐이 그림에 보인 것과 같이 수직 목재 보 *AB*로 만들어졌다. 두께가 *t* = 64 mm인 목재 보는 *A*와 *B*에서 수평 강철 보에 의해 단순지지되어 있다.

목재 보에서의 최대 굽힘응력 σ_{max}과 *B*의 하부 지지점 바로 위의 물의 깊이 *d*의 관계를 보이는 그림을 그려라. 응력 σ_x(단위 MPa)를 종좌표로 물의 깊이 *d*(단위 m)를 횡좌표로 그려라.(주: 물의 비중량은 10 kN/m³이다.)

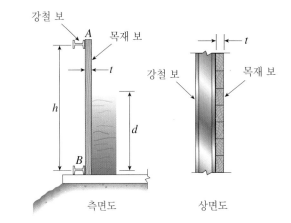

측면도   상면도

문제 5.5-22

5.5-23 프레임 *ABC*가 가속도 a_0로 수평으로 이동하고 있다(그림 참조). 길이가 *L*, 두께가 *t*, 밀도가 ρ인 수직 암(arm) *AB*에서의 최대응력에 대한 식을 구하라.

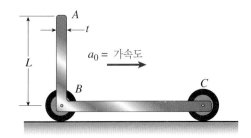

문제 5.5-23

5.5-24　직사각형 단면을 가진 캔틸레버 보 *AB*에 전체 길이에 걸쳐 뚫어진 길이방향 구멍이 있다(그림 참조). 보의 길이는 *L* = 0.4 m이고 *P* = 600 N의 하중을 받고 있으며 단면의 폭은 25 mm이고 높이는 50 mm이며 구멍의 지름은 10 mm이다. 보의 윗면, 구멍의 윗면 그리고 보의 밑면에서의 굽힘응력을 각각 구하라.

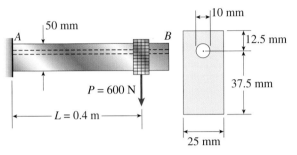

문제 5.5-24

5.5-25　두께가 *t* = 3 mm이고 높이가 *L* = 2 m인 강철 기둥(*E* = 200 GPa)이 정지신호판(*s* = 310 mm)을 지지하고 있다(그림 참조). 기둥의 높이 *L*은 바닥으로부터 표지판의 도심까지 측정된 길이이다. 정지신호판은 표면에 수직방향으로 *p* = 0.95 kPa의 풍압을 받고 있다. 기둥은 바닥에 고정되었다고 가정한다.

(a) 표지판에 작용하는 힘은 얼마인가? (*n* = 8인 8각형에 대해 부록 *D*의 참조)

(b) 기둥에서의 최대 굽힘응력 σ_{max}은 얼마인가?

보의 설계

5.6-1　길이가 *L* = 2.2 m인 캔틸레버 보 *AB*가 등분포하중 *q* = 2.8 kN/m와 집중하중 *P* = 12 kN을 받고 있다(그림 참조).

σ_{allow} = 110 MPa인 경우, 필요한 단면계수 *S*를 계산하라. 다음에 부록 E의 표 E-1로부터 적절한 플랜지 보를 선정하고 보의 무게를 감안하여 *S* 값을 다시 계산하라. 필요하면 새로운 보의 크기를 선정하라.

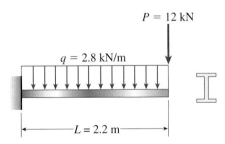

문제 5.6-1

5.6-2　길이가 *L* = 5 m인 단순보가 등분포하중 $q = 5.8 \ \dfrac{kN}{m}$와 집중하중 *P* = 22.5 kN을 받고 있다(그림 참조).

σ_{allow} = 110 MPa이라고 가정하고, 필요한 단면계수 *S*를 계산하라. 다음에 부록 E의 표 E-1로부터 가장 경제적인 보를 선정하고 보의 무게를 감안하여 *S* 값을 다시 계산하라. 필요하면 새로운 보의 크기를 선정하라.

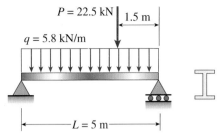

문제 5.6-2

5.6-3　단순보 *AB*가 그림에 보인 것과 같은 하중을 받고 있다. σ_{allow} = 110 MPa, *L* = 8.5 m, *P* = 9.8 kN, *q* = 7.5 kN/m인 경우에 필요한 단면계수 *S*를 계산하라. 다음에 부록 E의 표 E-2로부터 적절한 표준 보를 설정하고 보의 무게를 감안하여 *S*를 다시 계산하라. 필요하면 새로운 보의 크기를 설정하라.

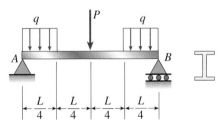

문제 5.6-3

5.6-4　협궤 철도용 교량의 단면이 그림 (a)에 표시되어 있다. 교량은 목재 침목을 지지하는 길이방향의 강철 거더로 제조되었다. 거더들은 점선으로 표시된 바와 같이 대각선 버팀대에 의해 횡방향 좌굴에 대해 구속되어 있다.

거더 사이의 거리 s_1 = 0.8 m이고 레일 간의 거리 s_2 = 0.6 m이다. 각 레일에 의해 한 개의 침목에 전달되는 하중은 *P* = 16 kN이다. 그림(b)에 보인 침목 보 단면의 폭은 *b* = 120 mm이고 높이는 *d*이다.

목재 침목에서의 허용 굽힘응력이 8 MPa인 경우에 *d*의 최소값을 구하라. (침목의 자체 무게는 무시하라.)

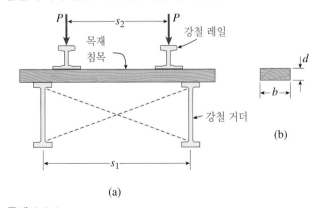

문제 5.6-4

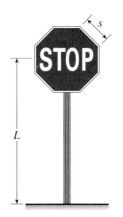

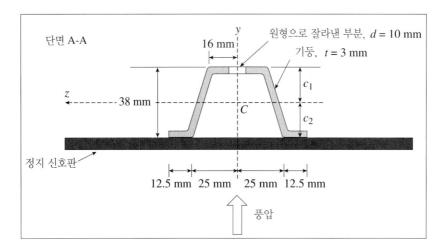

단면 A-A

원형으로 잘라낸 부분, d = 10 mm

16 mm

기둥, t = 3 mm

38 mm

c_1

c_2

C

y

z

정지 신호판

12.5 mm   25 mm   25 mm   12.5 mm

풍압

기둥의 수치 성질

A = 373 mm², c_1 = 19.5 mm, c_2 = 18.5 mm
I_y = 1.868 × 10⁵ mm⁴, I_z = 0.67 × 10⁵ mm⁴

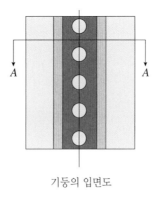

기둥의 입면도

문제 5.5-25

5.6-5 원형 단면의 유리섬유 브래킷 *ABCD*가 그림에 보인 것과 같은 형상과 치수를 갖는다. 수직하중 *P* = 40 N이 자유단 *D*에 작용한다.

재료의 허용응력이 30 MPa이고 *b* = 37 mm인 경우에 브래킷의 최소 허용지름이 d_{min}을 구하라. (주: 브래킷 자체 무게는 무시한다.)

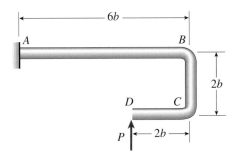

문제 5.6-5

5.6-6 소형 빌딩 안의 마루시스템은 공칭 폭이 50 mm인 들보(joist)에 의해 지지된 목재 널빤지(plank)들로 구성되어 있다. 각 들보는 중심부터 중심까지 거리 *s*만큼 서로 떨어져 있다(그림 참조). 각 들보의 스팬 길이는 *L* = 3 m이고 들보의 간격 *s*는 400 mm이며 목재의 허용굽힘응력은 8 MPa이다. 마루의 등분포하중은 6 kN/m² 이며 마루시스템 자체의 무게를 포함한다.

필요한 들보의 단면계수 *S*를 계산하고, 각 들보가 등분포하중을 받는 단순보로 표시된다고 가정하여 부록 F로부터 적절한 들보 크기를 선정하라.

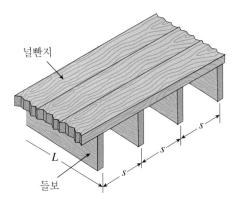

문제 5.6-6 및 문제 5.6-7

5.6-7 마루 널빤지를 지지하는 목재 들보(그림 참조)의 치수는 40 mm × 180 mm(실제 치수)이고 스팬 길이는 *L* = 4.0 mm이다. 마루의 분포하중은 3.6 kN/m² 이고 들보와 마루 무게를 포함한다.

허용응력이 15 MPa인 경우 들보의 최대허용 간격 *s*를 계산하라.(각 들보는 등분포하중을 받는 단순보로 간주할 수 있다고 가정하라.)

5.6-8 부교(pontoon bridge)(그림 참조)가 **보크**(*balk*)라고 알려진 두 개의 길이방향 목재 보로 구성되어 있다. 보크는 인접한 주교(pontoon) 사이에 서로 떨어져 있으며 **체스**(*chesses*)라고 부르는 마루보를 지지하고 있다.

설계 목적상, 체스에 8.0 kPa의 등분포된 마루 하중이 작용한다고 가정한다. (이 하중은 체스와 보크의 하중을 포함한다.) 체스의 길이는 2.0 m이며 보크는 단순지지되어 있고 스팬 길이는 3.0 m 라고 가정한다. 목재의 허용응력을 16 MPa이다. 보크가 정사각형 단면을 갖는다면 필요한 최소 폭 b_{min}은 얼마인가?

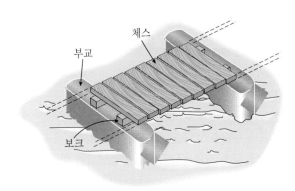

문제 5.6-8

5.6-9 길이가 *L* = 450 mm인 원형 단면 캔틸레버 보 *AB*가 자유단에 작용하는 하중 *P* = 400 N을 지지하고 있다(그림 참조). 보는 허용응력이 60 MPa인 강철로 만들어졌다.

보의 자중의 영향을 고려하여 필요한 보의 최소지름 d_{min}을 구하라.

문제 5.6-9

5.6-10 *B*에서 *C*까지의 돌출부를 가진 보 *ABC*가 UPN 260 채널 단면으로 만들어졌다(그림 참조). 보는 자체 무게(372 N/m)와 돌출부에 작용하는 최대세기 q_0인 삼각형 하중을 받고 있다. 인장과 압축에 대한 허용응력을 각각 138 MPa와 75 MPa이다.

길이 *L*이 1.2 m인 경우, 허용되는 삼각형 하중의 세기 $q_{o,allow}$를 구하라.

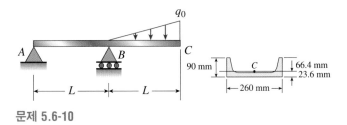

문제 5.6-10

5.6-11 병실 내의 "그네 봉(trapeze bar)"은 환자가 침대 안에서 운동할 수 있는 수단을 제공한다(그림 참조). 봉의 길이는 2.1 m이며 8각형 단면을 갖는다. 설계하중 1.2 kN이 봉의 중앙에 작용하며 허용 굽힘응력은 200 MPa이다.

봉의 최소높이 h를 구하라. (보의 양단은 단순지지되어 있고 보의 무게는 무시한다고 가정한다.)

문제 5.6-11

5.6-12 시험실 내의 오버헤드 운송 크레인의 일부인 두 개의 차축을 가진 운반차가 단순보 AB 위에서 서서히 움직이고 있다(그림 참조). 앞쪽 차축으로부터 보에 전달되는 하중은 9 kN 이고 뒤쪽 차축으로부터 전달되는 하중은 18 kN이다. 보의 자체 무게는 무시한다.

(a) 허용굽힘응력이 110 MPa, 보의 길이가 5 m이고 운반차의 간격이 1.5 m인 경우에 필요한 최소 단면계수 S를 구하라.

(b) 부록 E의 표 E-2로부터 가장 경제적인 표준 보를 선정하라.

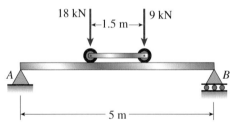

문제 5.6-12

5.6-13 목재로 건설된 소형 발코니가 3개의 동일한 캔틸레버 보에 의해 지지되어 있다(그림 참조). 각 보의 길이는 L_1 = 2.1 m 이고 폭은 b이며 높이 h = 4b/3이다. 발코니 마루의 치수는 $L_1 \times L_2$ 이고 L_2 = 2.5 m이다. 설계하중 5.5 kP/a이 전체 마루 바닥에 걸쳐 작용한다. (이 하중은 비중량이 γ = 5.5 kN/m³인 캔틸레버 보의 무게를 제외한 모든 하중을 포함한다.) 캔틸레버 보의 허용굽힘응력은 15 MPa이다.

중간에 있는 캔틸레버 보가 하중의 50%를 지지하고 각각의 바깥쪽 캔틸레버 보가 하중의 25% 지지한다고 가정하고 필요한 치수 b와 h를 구하라.

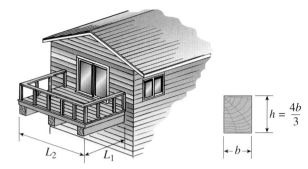

문제 5.6-13

5.6-14 길이가 L =915 mm이고 폭이 b = 305 mm이며 두께가 t = 22 mm인 수평선반 AD가 B와 C에서 브래킷에 의해 지지되어 있다(그림 (a) 참조). 브래킷은 조정 가능하여 선반의 양단 사이에 임의의 원하는 자리에 위치시킬 수 있다. 선반 자체 무게를 포함한 등분포하중 q가 선반에 작용한다[그림 (b)참조].

선반의 허용 굽힘응력이 σ_{allow} = 7.5 MPa 이고 지지점의 위치가 최대하중을 지지하도록 조정되었다면 q의 최대 허용값은 얼마인가?

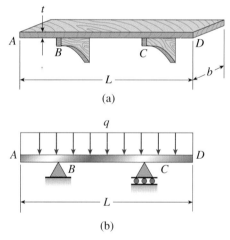

문제 5.6-14

5.6-15 합성보 $ABCD$(그림 참조)는 점 A, B 및 D에서 지지되어있고 점 C에 접합부가 있다. 거리 a = 1.5 m 이고 보는 허용굽힘응력이 88 MPa인 IPN 280 표준 보이다.

(a) 접합부가 **모멘트 이완점**이라면, 보 자체의 무게를 고려할 때 보의 상단에 작용시킬 수 있는 허용 등분포하중 q_{allow}는 얼마인가? [그림 (a) 참조]

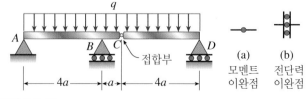

문제 5.6-15

(b) 그림 (b)에서와 같이 접합부가 전단력 이완점이라 가정하고 (a)를 다시 풀어라.

5.6-16 비대칭 WF 형상의 단면을 가진 보(그림 참조)가 z축에 대해 시계방향으로 작용하는 굽힘모멘트를 받고 있다.

보의 상단과 하단에서의 응력비가 4:3이 되기 위한 폭 b를 구하라.

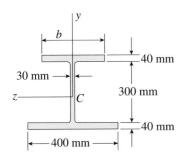

문제 5.6-16

5.6-17 채널형 단면을 가진 보(그림 참조)가 z축에 대해 작용하는 굽힘모멘트를 받고 있다.

보의 상단과 하단에서의 굽힘 응력비가 7:3이 되기 위한 채널의 두께 t를 계산하라.

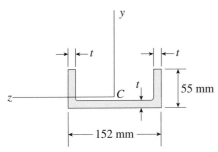

문제 5.6-17

5.6-18 같은 길이를 가지고 같은 재료로 만들어졌으며 같은 최대 굽힘모멘트와 같은 최대 굽힘응력을 가진 다음과 같은 단면을 가진 3 개의 보에 대해 무게 비를 구하라.

(1)은 높이가 폭의 2 배인 직사각형 단면, (2)는 정사각형 단면, (3)은 원형 단면이다(그림 참조).

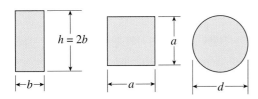

문제 5.6-18

5.6-19 강철보 ABC는 A와 B에서 단순지지 되어 있고 길이가 $L = 150$ mm인 돌출부 BC를 가지고 있다(그림 참조). 보는 전체 스팬 AB 위에 세기 $q = 4.0$ kN/m의 등분포하중을, BC 위에는 세기 $1.5q$의 등분포하중을 받고 있다. 보의 단면은 폭이 b이고 높이가 $2b$인 직사각형이다. 강철의 허용굽힘응력은 $\sigma_{allow} = 60$ MPa이고 비중량은 $\gamma = 77.0$ kN/m^{3}이다.

(a) 보의 무게를 무시하는 경우, 직사각형 단면의 필요한 폭 b를 계산하라.

(b) 보의 무게를 고려하는 경우, 필요한 폭 b를 계산하라.

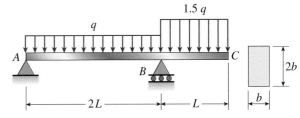

문제 5.6-19

5.6-20 높이가 1.5 m인 옹벽이 그림에 보인 것과 같이 지름이 300 mm(실제 치수)인 수직 목재를 지지하는 두께가 75 mm(실제 치수)인 수평 목재 널빤지들로 만들어졌다. 벽의 상단에 작용하는 횡방향 토압(earth pressure) $p_1 = 5$ kPa이고 하단에 작용하는 토압은 $p_2 = 20$ kPa이다.

목재의 허용응력이 8 MPa이라고 가정하고 파일의 최대허용간격 s를 계산하라.

(힌트: 파일의 간격은 널빤지 또는 파일의 하중지지 능력에 의해 지배될 수 있다는 것을 관찰하라. 파일은 사다리형 분포하중을 받는 단순보와 같고 널빤지는 파일 사이의 단순보와 같다고 가정하라. 안전한 측면에서 밑바닥 널빤지에 작용하는 압력은 일정하고 최대응력과 같다고 가정하라.)

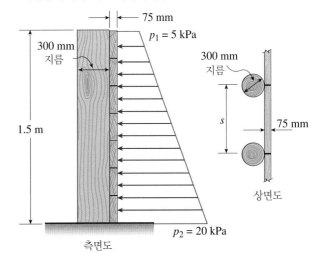

문제 5.6-20

5.6-21 치수 200 mm × 12 mm의 단면을 가진 **강철 판**(덮개 판으로 불리는)이 HE 260 B WF형 보의 하부 플랜지에 전체 길이에 걸쳐 용접되었다(보의 단면은 그림 참조).

WF형 보 자체와 비교했을 때 작은 쪽 단면 계수의 증가율은 몇 %인가?

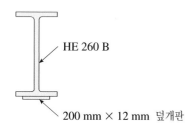

HE 260 B

200 mm × 12 mm 덮개판

문제 5.6-21

5.6-22 정사각형 단면(각 변의 길이가 a인)의 보가 대각선 평면 안에서 굽힘을 받고 있다(그림 참조). 그림에서 그늘진 삼각형으로 보여진 상부 및 하부 코너에서 재료를 잘라내어 단면계수를 증가시킬 수 있으며 단면적은 감소되더라도 더 강한 보를 얻을 수 있다.

(a) 굽힘을 받을 때 가장 강한 단면을 얻기 위해서 잘라내어야 할 면적을 정의하는 비 β 값을 구하라.

(b) 면적이 제거되었을 때 단면계수는 몇 % 증가하는가?

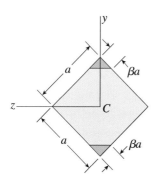

문제 5.6-22

5.6-23 폭이 b이고 높이가 h인 직사각형 보의 단면이 그림 (a)에 표시되어 있다. 보 설계자가 알지 못하는 이유로 보의 상부와 하부에 폭이 $b/9$이고 높이가 d인 돌출부가 추가된 단면이 되었다 [그림 (b) 참조].

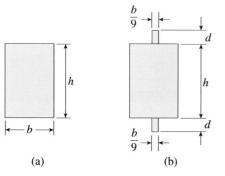

(a)　　　　　(b)

문제 5.6-23

d의 어떤 값에서 보의 굽힘모멘트 지지응력이 증가하는가? d의 어떤 값에서 굽힘모멘트 지지응력이 감소하는가?

직사각형 보의 전단응력

5.7-1 길이가 $L = 400$ mm 이고 단면치수가 $b = 12$ mm, $h = 50$ mm인 강철 보(그림 참조)가 보의 무게가 포함된 세기 $q = 45$ kN/m의 등분포하중을 지지하고 있다.

보의 상단으로부터 6.25 mm, 12.5 mm, 18.75 mm 및 25 mm 떨어진 곳에 위치한 점(최대전력이 작용하는 단면)에서의 보의 전단응력들을 계산하라. 이 계산을 이용하여 보의 상단에서 하단까지의 전단응력 분포를 나타내는 그림을 그려라.

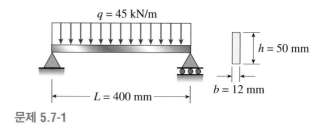

$q = 45$ kN/m

$h = 50$ mm

$b = 12$ mm

$L = 400$ mm

문제 5.7-1

5.7-2 길이가 $L = 2$ m인 캔틸레버 보가 하중 $P = 8.0$ kN을 받고 있다(그림 참조). 보는 단면치수가 120 mm × 200 mm인 목재로 만들어졌다.

보의 상단으로부터 25 mm, 50 mm, 75 mm 및 100 mm 떨어진 곳에 위치한 점들에서의 하중 P로 인한 전단응력을 계산하라. 이러한 결과를 이용하여 보의 상단에서 하단까지의 전단응력 분포를 나타내는 그림을 그려라.

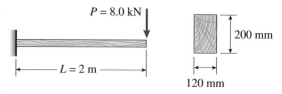

$P = 8.0$ kN

200 mm

$L = 2$ m

120 mm

문제 5.7-2

5.7-3 직사각형 보의 전단응력 τ는 식 (5-36)으로 주어진다.

$$\tau = \frac{V}{2I}\left(\frac{h^2}{4} - y_1^2\right)$$

여기서 V는 전단력, I는 단면적의 관성모멘트, h는 보의 높이, 그리고 y_1은 중립축으로부터 전단력을 구해야 하는 점까지의 거리이다(그림 5-27 참조).

단면적에 걸쳐 적분하여 전단응력의 합력이 전단력 V와 같음을 보여라.

5.7-4 길이 95 mm, 폭 150 mm, 높이 300 mm인 직사각형 단면을 가지며 22.5 kN/m의 등분포하중(보의 무게 포함)을 받는 다음과 같은 목재 보(그림 참조)에 대해 최대 전단응력 τ_{xy}과 최대 굽힘응력 σ_{xy}을 계산하라.

(a) 그림 (a)와 같은 단순보의 경우

(b) 그림 (b)와 같은 우측에 지지점이 있는 경우

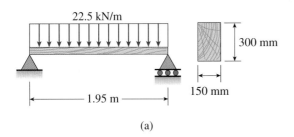

(a)

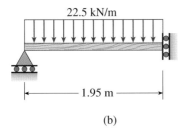

(b)

문제 5.7-4

5.7-5 각각 직사각형 단면(100 mm × 90 mm, 실제 치수)을 가진 2 개의 목재 보가 치수가 200 mm × 90 mm인 하나의 강체 보를 형성하도록 같이 접합되었다(그림 참조). 보의 스팬의 길이는 2.5 m 이며 단순지지되어 있다.

아교 접합부의 허용전단응력이 1.4 MPa 이라면 좌축 지지점에 작용시킬 수 있는 최대굽힘모멘트 M_{max}은 얼마인가? (목재의 비중량이 5400 N/m³ 이라 가정하고 보의 자체 무게의 영향을 포함하라.)

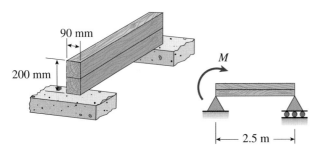

문제 5.7-5

5.7-6 단순지지된 적층 목재 보가 그림에 보인 것과 같이 단면 치수가 100 mm × 200 mm인 하나의 강체 보를 형성하도록 4 개의 50 mm × 100 m 판자를 아교로 접합하여 만들어졌다. 아교 접합부의 허용전단응력은 0.35 MPa이고 목재의 허용굽힘응력은 11 MPa이다.

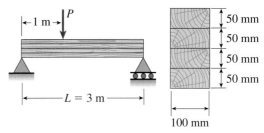

문제 5.7-6

보의 길이가 3 m라면 그림과 같이 보의 1/3 지점에 작용시킬 수 있는 허용하중 P는 얼마인가? (목재의 비중량이 5.5 kN/m³ 이라고 가정하고 보의 자체무게의 영향을 포함하라.)

5.7-7 정사각형 단면의 적층 플라스틱 보가 3 개의 10 mm × 30 m 스트립을 아교로 접합하여 만들어졌다(그림 참조). 보의 전체 무게는 3.6 N이고 스팬의 길이는 $L = 360$ mm이며 단순 지지되어 있다.

다음 경우에 대하여 보의 무게(q)를 고려하여 우측 지지점에 가할 수 있는 최대허용 반시계방향 모멘트 M을 각각 계산하라.

(a) 아교 접합부의 허용 전단응력이 0.3 MPa인 경우

(b) 플라스틱의 허용 굽힙응력이 8 MPa인 경우

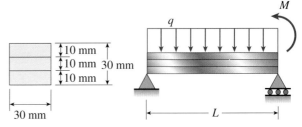

문제 5.7-7

5.7-8 직사격형 단면(폭 b, 높이 h)의 보가 전 길이에 걸쳐 등분포하중을 받고 있다. 허용 굽힘응력과 허용 전단응력을 각각 σ_{allow} 와 τ_{allow}이다.

(a) 보가 단순지지 보인 경우 전단응력이 허용응력을 지배할 때 보다 낮고, 굽힘응력이 허용응력을 지배할 때보다 높은 스팬의 길이 L_0 는 얼마인가?

(b) 보가 캔틸레버 보인 경우 전단응력이 허용응력을 지배할 때 보다 낮고, 굽힘응력이 허용응력을 지배할 때 보다 높은 스팬의 길이 L_0 는 얼마인가?

5.7-9 스팬 길이가 1.2 m인 직사각형 단면의 목재 단순지지보가 자체 무게에 추가하여 중앙에 집중하중 P를 받고 있다(그림 참조). 단면의 폭은 140 mm이고 높이는 240 mm이다. 목재의 비

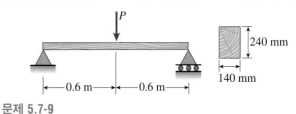

문제 5.7-9

중량은 5.4 kN/m³이다.

(a) 허용 굽힘응력이 8.5 MPa인 경우와 (b) 허용 전단응력이 0.8 MPa인 경우에 대하여 하중 P의 최대 허용값을 각각 계산하라.

5.7-10 스팬의 길이가 3 m인 목재 단순지지보 AB가 보의 전체에 걸쳐 2 kN/m의 등분포하중, 우측 지지점으로부터 1 m 지점에 작용하는 30 kN의 집중하중, 그리고 A점에 26 kN·m의 모멘트를 받고 있다(그림 참조). 허용 굽힘응력과 허용 전단응력은 각각 15 MPa와 1.1 MPa이다.

(a) 부록 F의 표로부터 하중을 지지할 수 있는 가장 가벼운 보를 선정하라(보의 무게는 무시하라).

(b) 보의 자체무게(비중량 = 5.4 kN/m³)를 고려할 때 설정한 보가 적합한지를 확인하고, 그렇지 않다면 새로운 보를 선정하라.

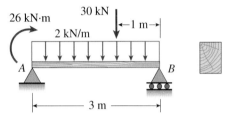

문제 5.7-10

5.7-11 A와 B에서 단순지지하고 돌출부 BC를 갖는 목재 보 ABC의 높이는 $h = 300$ mm이다(그림 참조). 보의 주 스팬 길이는 $L = 3.6$ m 이고 돌출부의 길이는 $L/3 = 1.2$ m이다. 보는 보의 주 스팬 중앙에 집중하중 $3P = 18$ kN과 돌출부의 자유단에 $PL/2 = 10.8$ kN·m의 모멘트를 받고 있다. 목재의 비중량은 $\gamma = 5.5$kN/m³이다.

(a) 허용 굽힘응력 8.2 MPa을 근거로 하여 필요한 보의 폭 b를 구하라.

(b) 허용 전단응력 0.7 MPa을 근거로 하여 필요한 보의 폭 b를 구하라.

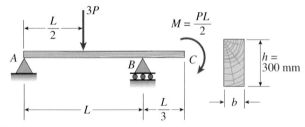

문제 5.7-11

5.7-12 면적이 2.4 m × 2.4 m인 정사각형 목재 플랫폼이 석조물 벽 위에 놓여 있다(그림 참조). 플랫폼의 데크는 2 개의 2.4 m 길이 보를 지지하는 공칭 폭 50 mm인 사개물림(tongue-and-groove) 널빤지(실제 폭 47 mm: 부록 F 참조)로 만들어졌다. 보의 공칭치수는 100 mm × 150 mm이다(실제 치수 97 mm × 147 mm).

널빤지는 플랫폼 전체 상면에 작용하는 등분포하중 w(kN/m²)을 받고 있다. 널빤지의 허용 굽힘응력은 17 MPa이고 허용 전단응력은 0.7 MPa이다. 널빤지를 해석할 때 널빤지의 무게는 무시하고 반력은 지지보의 상면에 등분포 되었다고 가정한다.

(a) 널빤지의 굽힘응력을 근거로 하여 플랫폼의 허용하중 w_1 (kN/m²)을 구하라.

(b) 널빤지의 전단응력을 근거로 하여 플랫폼 허용하중 w_2 (kN/m²)을 구하라.

(c) 앞의 값 중에서 어느 것이 널빤지의 허용하중 w_{allow}가 되겠는가?

(힌트: 널빤지에 대한 하중선도를 작도할 때 특히 반력이 집중하중이 아닌 등분포하중이라는 것을 유의한다. 또한 최대 전단응력이 지지보의 내면에서 일어남을 유의한다.)

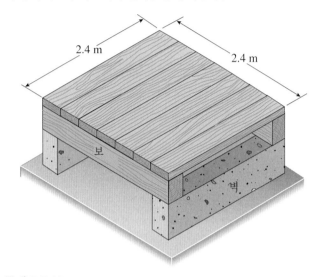

문제 5.7-12

원형보의 전단응력

5.8-1 외딴 지역의 단순 통나무 다리가 그 위에 널빤지가 놓여진 두 개의 평행한 통나무로 구성되어 있다(그림 참조). 통나무는 평균지름이 300 m인 더그러스 전나무(Douglas fir)이다. 트럭이 스팬의 길이 2.5 m인 다리 위를 서행하고 있다. 트럭의 무게는 두 개의 통나무 사이에 균등하게 분포된다고 가정한다.

트럭의 바퀴 간 거리가 2.5 m보다 크므로 한 번에 바퀴의 한 세트만이 다리위에 놓여진다. 따라서 한 개의 통나무에 대한 차륜하중은 스팬에 걸쳐 임의의 위치에 작용하는 집중하중 W와 같다. 이에 추가하여 트럭을 지지하는 한 개의 통나무와 널빤지들의 무게는 통나무에 작용하는 등분포하중 850 N/m와 같다.

(a) 7.0 MPa의 허용 굽힘응력을 근거로 하여 최대허용 차륜하중 W를 구하라.

(b) 0.75 MPa의 허용 전단응력을 근거로 하여 최대허용 차륜하중 W를 구하라.

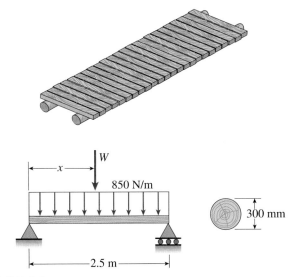

문제 5.8-1

5.8-2 속이 찬 원형 단면(지름이 d)의 목재 기둥이 최대 세기가 $q_0 = 3.75$ kN/m인 삼각형 분포 수평힘을 받고 있다(그림 참조). 기둥의 길이는 $L = 2$ m이며 목재의 허용굽힘응력은 13 MPa 이고 허용전단응력은 0.82 MPa이다.

(a) 허용 굽힘응력을 근거로 하여 필요한 기둥의 최소 지름을 구하라.

(b) 허용 전단응력을 근거로 하여 필요한 기둥의 최소 지름을 구하라.

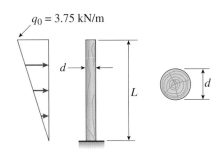

문제 5.8-2

5.8-3 다음 치수를 갖는 표지판과 기둥에 대해 문제 5.8-3를 풀어라. $h_1 = 6.0$ m, $h_2 = 1.5$ m, $b = 3.0$ m, $t = d/10$. 풍압의 설계 하중은 3.6 kPa이고 알루미늄의 허용 굽힘응력은 50 MPa이며 허용 전단응력은 14 MPa이다.

5.8-4 자동화 주유소의 표지판이 그림에 보인 바와 같이 두 개의 속이 빈 원형 알루미늄 기둥에 의해 지지되고 있다. 기둥은 표지판 전체면적에 대해 3.8 kPa의 풍압을 견디도록 설계되었다. 기둥과 표지판의 치수들은 $h_1 = 7$ m, $h_2 = 2$ m, $b = 3.5$ m이다. 기둥 벽의 좌굴을 방지하기 위해 두께 t는 바깥지름 d의 1/10로 정한다.

(a) 알루미늄의 허용 굽힘응력 52 MPa을 근거로 하여 필요한 기둥의 최소지름을 구하라.

(b) 허용 전단응력 16 MPa을 근거로 하여 필요한 기둥의 최소 지름을 구하라.

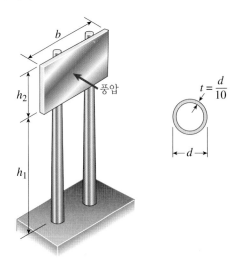

문제 5.8-3 및 문제 5.8-4

플랜지를 가진 보의 전단응력

5.9-1 그림에 표시한 단면을 가진 WF형 보가 전단력 V를 받고 있다. 단면의 치수들을 사용하여 전단모멘트를 계산하고 다음을 구하라.

(a) 웨브의 최대 전단응력 τ_{max}

(b) 웨브의 최소 전단응력 τ_{min}

(c) 평균 전단응력 τ_{aver} (전단력을 웨브의 면적으로 나누어 구함)와 비 τ_{max}/τ_{aver}

(d) 웨브가 담당하는 전단력 V_{web}와 비 V_{web}/V

(주: 웨브와 플랜지 접합부의 필릿(fillet)은 무시하고 단면이 3개의 직사각형 단면으로 구성되었다고 간주하여 관성모멘트를 포함한 모든 양들을 구하라.) 단면 치수는 다음과 같다. $b = 180$ mm, $t = 12$ mm, $h = 420$ mm, $h_1 = 380$ mm, $V = 125$ kN

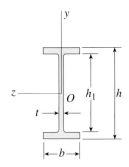

문제 5.9-1～5.9-6

5.9-2 다음 치수를 사용하여 문제 5.9-1을 풀어라. $b = 150$ mm, $t = 12$ mm, $h = 300$ mm, $h_1 = 270$ mm, $V = 130$ kN

5.9-3 다음 치수를 사용하여 문제 5.9-1을 풀어라. $b = 220$ mm, $t = 12$ mm, $h = 600$ mm, $h_1 = 570$ mm, $V = 200$ kN

5.9-4 WF형 HE 160B 보(부록 E의 표 E-1 참조)이고 $V = 45$ kN 인 경우 문제 5.9-1을 풀어라.

5.9-5 다음 치수를 사용하여 문제 5.9-1을 풀어라. $b = 120$ mm, $t = 7$ mm, $h = 350$ mm, $h_1 = 330$ mm, $V = 60$ kN

5.9-6 WF형 HE 450A 보(부록 E의 표 E-1참조)이고 $V = 90$ kN 인 경우 문제 5.9-1을 풀어라.

5.9-7 돌출부를 갖는 단순보가 등분포하중 $q = 17.5$ kN/m와 A 점의 우측으로 2.5 m인 위치와 C점에 각각 집중하중 $P = 13$ kN 을 받고 있다(그림 참조). 등분포하중은 보의 무게를 포함한다. 허용 굽힘응력과 허용 전단응력을 각각 124 MPa와 76 MPa이다.

부록 E의 표 E-2로부터 주어진 하중을 지지할 수 있는 가장 가벼운 형 보를 선정하라.

(힌트: 굽힘응력을 근거로 하여 보를 선정한 다음에 최대 전단응력을 계산하라. 보가 전단응력을 초과하면 더 무거운 보를 선정하고 이 과정을 반복하라.)

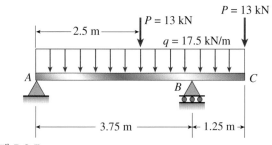

문제 5.9-7

5.9-8 길이 $L = 2$ m인 캔틸레버 보 AB가 보의 무게를 포함하여 최대 세기가 q이고 최소 세기가 $q/2$인 사다리꼴 분포하중을 지지하고 있다(그림 참조). 보는 강철제 HE 340B WF형 보이다(부록E 의 표 E-1참조).

(a) 허용 굽힘응력 $\sigma_{allow} = 120$ MPa을 근거로 하여 최대 허용 하중 q를 구하라.

(b) 허용 전단응력 $\tau_{allow} = 60$ MPa을 근거로 하여 최대 허용 하중 q를 구하라.

(주: 표 E-1로부터 관성모멘트와 단면계수를 구한다.)

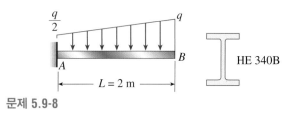

문제 5.9-8

5.9-9 스팬 길이 $L = 14$ m인 단순지지된 교량 거더 AB가 거더 무게를 포함하여 중앙에서 최대 세기가 q이고 지지점 A와 B에서 최소 세기가 $q/2$인 분포하중을 받고 있다(그림 참조). 거더는 그림에 보인 단면을 형성하기 위해 용접된 3개의 판으로 구성되어 있다.

(a) 허용 굽힘응력 $\sigma_{allow} = 110$ MPa을 근거로 하여 최대 허용 하중을 구하라.

(b) 허용 전단응력 $\tau_{allow} = 50$ MPa을 근거로 하여 최대 허용 하중을 구하라.

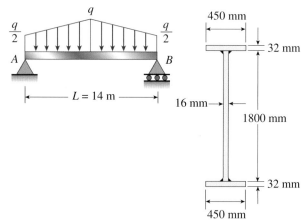

문제 5.9-9

5.9-10 속이 빈 알루미늄 상자 보는 그림과 같은 정사각형 단면을 갖는다. 전단력 $V = 125$ kN이 작용할 때 보의 웨브에서의 최대 전단응력 τ_{max}과 최소 전단응력 τ_{min}을 구하라.

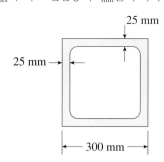

문제 5.9-10

5.9-11 속이 빈 강철 상자 보는 그림과 같은 직사각형 단면을 갖는다. 허용 전단응력이 36 MPa인 경우 최대 허용전단력 V를 구하라.

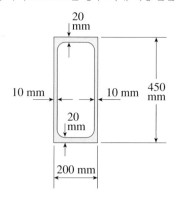

문제 5.9-11

5.9-12 그림에 보인 HE 450A 보(부록 E-1 참조) 의 절반 부분인 T-형 보의 웨브에서의 최대 전단응력 τ_{max}을 계산하라. 전단력은 $V = 24 \text{ kN}$ 이라고 가정한다.

5.9-13 그림에 보인 T-형 보의 단면치수는 다음과 같다. $b = 210$ mm, $t = 16$ mm, $h = 300$ mm, $h_1 = 280$ mm. 보는 전단력 $V = 68$ kN을 받고 있다.

보의 웨브에서의 최대 전단응력 τ_{max}을 구하라.

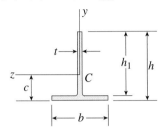

문제 5.9-12 및 5.9-13

합성보

*5.10*절의 문제를 풀 때에는 보의 구성요소들이 안전하게 접착제로 접착되거나 패스너로 연결되었다고 가정하라. 또한 *5.10*절에 기술된 합성보의 일반이론을 사용하라.

5.10-1 단면치수가 200 mm × 300 mm인 목재 보가 양쪽 옆면에 두께가 12 m인 강철판으로 보강되었다(그림 참조). 강철과 목재의 탄성계수는 각각 $E_s = 190$ GPa 및 $E_w = 11$ GPa이다. 또한 이에 대응되는 허용응력들은 $\sigma_s = 110$ MPa과 $\sigma_w = 7.5$ MPa이다.

(a) 보가 z축에 대해 굽힘을 받을 때 최대 허용 굽힘모멘트 M_{max}을 계산하라.

(b) 보가 y축에 대해 굽힘을 받을 때 (a)를 다시 풀어라.

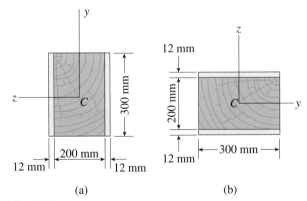

(a)   (b)

문제 5.10-1

5.10-2 유리섬유 면과 판자 코어(core)로 구성된 합성보가 그림에 보인 것과 같은 단면을 갖는다. 보의 폭은 50 mm이고 면의 두께는 3 mm이며, 코어의 두께는 14 mm이다. 보는 z축에 작용하는 55 N·m의 굽힘모멘트를 받는다.

면과 코어의 탄성계수가 각각 28 GPa 및 10 GPa인 경우에 면과 코어에서의 최대 굽힘응력 σ_{face} 및 σ_{core}를 각각 구하라.

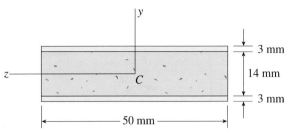

문제 5.10-2

5.10-3 속이 빈 상자형 보가 그림에 보인 단면도와 같이 더글러스 전나무 합판으로 된 웨브와 소나무로 된 플랜지로 만들어졌다. 합판의 치수는 24 mm × 300 mm이고 플랜지의 치수는 50 mm × 100 mm이다(공칭 치수). 합판의 탄성계수는 11 GPa이고 소나무의 탄성계수는 8 GPa이다.

(a) 합판의 허용응력이 14 MPa이고 소나무의 허용응력이 12 MPa인 경우, 보가 z축에 대해 굽힘을 받을 때 허용 굽힘모멘트 M_{max}를 구하라.

(b) 보가 y축에 대해 굽힘을 받는 경우에 대해 (a)를 다시 풀어라.

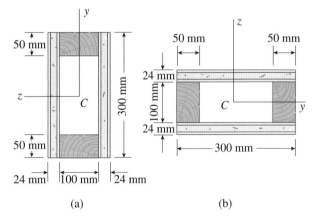

(a)   (b)

문제 5.10-3

5.10-4 스팬 길이가 4 m이고 가이드 지지점을 가진 보가 처음 절반 부분에 등분포하중 $q = 4$ kN/m[그림 (a) 참조]과 B점에 모멘트 $M_0 = 5$ kN·m를 받고 있다. 보는 그림 (b)에 보인 것과 같이 상면과 하면에서 두께가 7 mm인 강철판으로 보강된 치수가 97 mm × 295 mm인 단면을 가진 목재 부재로 되어 있다. 강철과 목재에 대한 탄성계수는 각각 $E_s = 210$ GPa 및 $E_w = 10$ GPa이다.

(a) 작용하중으로 인한 강철판의 최대 굽힘응력 σ_s와 목재 부재의 최대 굽힘응력 σ_w를 계산하라.

(b) 강철판의 허용 굽힘응력이 $\sigma_{as} = 100$ GPa이고 목재의 허용 굽힘응력이 $\sigma_{aw} = 6.5$ MPa인 경우에 q_{max}를 구하라. (B점의 모멘트 M_0는 5 kN·m이라고 가정하라.)

(c) $q = 4$ kN/m이고 (b)의 허용응력이 작용하는 경우에 B점의 $M_{0,max}$은 얼마인가?

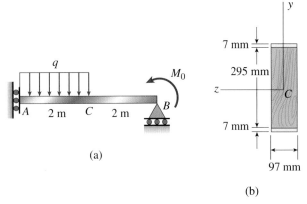

(a)

(b)

문제 5.10-4

5.10-5 바깥지름이 d인 원형 강철 튜브와 지름이 $2d/3$인 황동 코어가 그림과 같이 합성보가 되도록 접착되었다.

강철의 허용응력을 근거로 하여 보가 지지할 수 있는 허용굽힘 모멘트 M을 구하는 식을 유도하라.(강철과 황동에 대한 탄성계수는 각각 E_s와 E_b이다.)

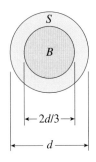

문제 5.10-5

5.10-6 알루미늄 합금 면과 발포제(foam) 코어로 구성된 샌드위치 보의 단면이 그림에 도시되었다. 보의 폭 b는 200 mm이고 면의 두께 t는 6 mm이며 코어의 높이 h_c는 140 mm이다(총 높이 $h = 152$ mm). 알루미늄 면의 탄성계수는 70 GPa 이고 발포제 코어의 탄성계수는 80 MPa이다. 굽힘모멘트 $M = 4.5$ kN · m 가 z축에 작용한다.

(a) 합성보의 일반이론을 사용하여, (b) 샌드위치 보의 근사 이론을 사용하여 면과 코어에서의 최대응력을 구하라.

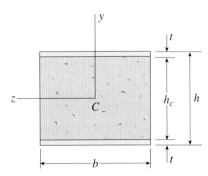

문제 5.10-6 및 5.10-7

5.10-7 유리섬유 면과 경량의 플라스틱 코어로 구성된 샌드위치 보의 단면이 그림에 도시되었다. 보의 폭 b는 50 mm이고 면의 두께 t는 4 mm이며 코어의 높이 h_c는 92 mm이다(총 높이 $h = 100$ mm). 유리섬유의 탄성계수는 75 GPa이고 플라스틱의 탄성계수는 1.2 GPa이다. 굽힘모멘트 $M = 275$ N · m가 z축에 작용한다.

(a) 합성보의 일반이론을 사용하여, (b) 샌드위치 보의 근사 이론을 사용하여 면과 코어에서의 최대응력을 구하라.

5.10-8 내부가 플라스틱으로 처리된 강철 파이프가 그림과 같은 단면을 가진다. 강철 파이프의 바깥지름은 $d_3 =$ mm이고 안지름 $d_2 = 94$ mm이다. 플라스틱의 안지름은 $d_1 = 82$ mm이고, 강철의 탄성계수는 플라스틱의 탄성계수의 75배이다.

강철의 허용응력이 35 MPa이고 플라스틱의 허용응력이 600 kPa인 경우에 허용 굽힘모멘트 M_{allow}를 구하라.

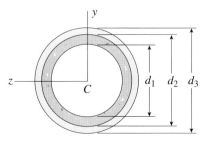

문제 5.10-8

5.10-9 길이가 3 m인 단순지지된 합성보가 등분포하중 $q = 3.0$ kN/m을 받고 있다(그림 참조). 보는 밑 부분에 두께가 8 mm이고 폭이 100 mm인 강철판에 의해 보강된 100 m × 150 m의 목재 부재로 되어 있다.

목재에 대한 탄성계수가 $E_w = 10$ GPa이고 강철에 대한 탄성계수가 $E_s = 210$ GPa인 경우에 등분포하중으로 인한 목재 부분과 강철판에서의 최대 굽힘모멘트 σ_w와 σ_s를 각각 구하라.

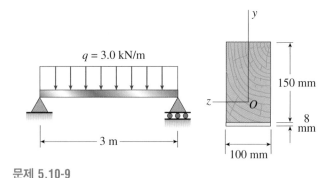

문제 5.10-9

5.10-10 온도조절 스위치에 사용되는 바이메탈 보가 그림에 보인 단면도와 같이 접착된 알루미늄 스트립과 구리 스트립으로 구성되었다. 보의 폭은 25 mm이고 각 스트립의 두께는 2 mm이다.

z축에 작용하는 굽힘모멘트가 $M = 2$ N · m일 때 알루미늄과 구리에서의 최대응력 σ_a와 σ_c는 각각 얼마인가? ($E_a = 72$ GPa, $E_c = 115$ GPa라고 가정)

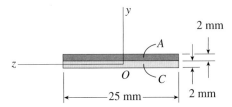

문제 5.10-10

5.10-11 스팬 길이가 3.6 m인 단순지지된 합성보가 중앙에서 최대 세기가 q_0인 삼각형 분포하중을 받고 있다[그림 (a) 참조]. 보는 각각 50 mm × 280 mm 치수를 가진 두 개의 목재 들보(joist)로 구성되어 있으며 2개의 강철판에 고정되어 있다. 판의 치수는 6 mm × 80 mm이고, 밑쪽 판의 치수는 6 mm × 120 mm이다[그림 (a) 참조]. 목재의 탄성계수는 11 GPa이고 강철의 탄성계수는 210 GPa이다.

목재에 대한 허용응력이 7 MPa이고 강철에 대한 허용응력이 120 MPa인 경우에, 보가 z축에 대해 굽힘을 받을 때 허용되는 최대하중의 세기 $q_{0,max}$을 구하라.

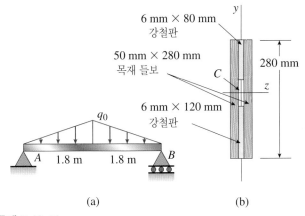

(a)   (b)

문제 5.10-11

5.10-12 스팬 길이가 3.6 m인 단순지지된 목재 I-형 보가 전체 길이에 걸쳐 등분포하중 $q = 1.3$ kN/m를 지지하고 있다[그림 (a) 참조]. 보는 그림 (b)에서 보는 바와 같이 한 개의 더글러스 전나무 합판과 웨브에 아교로 접합된 2개의 소나무 플랜지로 만들어졌다. 합판의 두께는 10 mm이고 플랜지의 치수는 50 mm × 50 mm이다(실제 크기). 합판의 탄성계수는 11 GPa이고 소나무의 탄성계수는 8.3 GPa이다.

(a) 소나무 플랜지와 합판 웨브에서의 최대 굽힘응력을 계산하라.

(b) 플랜지의 허용응력이 11 MPa이고 웨브의 허용응력이 8 MPa인 경우에 q_{max}은 얼마인가?

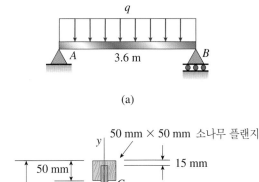

(a)

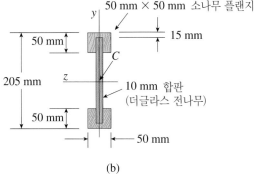

(b)

문제 5.10-12

환산단면 방법

이 절의 문제를 풀 때에는 보의 구성요소들이 안전하게 접착제로 접착되거나 패스너로 연결되었다고 가정하라. 또한 문제 풀이에서 환산단면 방법을 사용하라.

5.10-13 스팬 길이가 3.2 m인 단순보가 등분포하중 48 kN/m를 받고 있다. 보의 단면도는 그림에서 보는 바와 같이, 목재 플랜지와 강철 측면 판을 가진 속이 빈 상자형이다. 목재 플랜지의 단면을 75 mm × 100 mm이고 강철판의 높이는 300 mm이다.

강철에 대한 허용응력이 120 MPa이고 목재에 대한 허용응력이 6.5 MPa인 경우에 필요한 강철판의 두께 t는 얼마인가? (강철과 목재의 탄성계수는 각각 210 GPa과 10 GPa이라고 가정하고 보의 무게는 무시하라.)

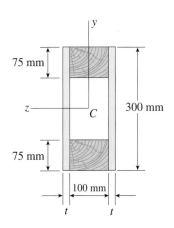

문제 5.10-13

5.10-14　200 mm × 300 mm(실제 치수)인 목재 보가 윗면과 밑면에서 두께가 12 mm인 강철판으로 보강되었다[그림 (a) 참조].

(a) 목재에 대한 허용응력이 7 MPa 이고 강철에 대한 허용응력이 120 MPa인 경우에, z축에 작용하는 허용굽힘모멘트 M_{max}을 구하라. (강철의 탄성계수와 목재의 탄성계수에 대한 비는 20이라고 가정한다.)

(b) 그림(a)의 보에 대한 모멘트 지지 능력과 그림 (b)에 보인 것과 같은 6 mm × 280 mm 강철판에 부착된 두 개의 100 mm × 300 mm 들보를 가진 보에 대한 모멘트 지지능력을 비교하라.

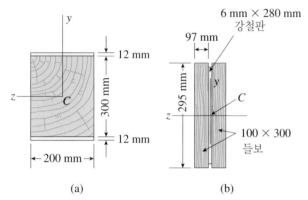

문제 5.10-14

5.10-15　그림에 보인 합성보는 단순지지 되었으며 스팬 길이 4.0 m 전체에 걸쳐 등분포하중 50 kN/m를 받고 있다. 보는 단면 치수가 150 mm × 250 mm인 목재 부재와 단면치수가 50 mm × 150 mm인 2개의 강철판으로 만들어졌다. 탄성계수가 E_s = 209 GPa 이고 E_w = 11 GPa인 경우에 강철과 목재에서의 최대응력 σ_s와 σ_w를 구하라(보의 무게는 무시).

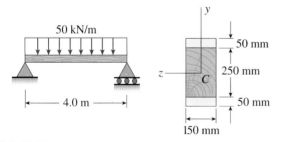

문제 5.10-15

5.10-16　길이가 5.5 m인 단순보가 등분포하중 q를 지지하고 있다. 보는 97 mm × 195 mm(실제 치수)인 목재 보의 양변에 부착된 2개의 UPN 200 단면으로 만들어졌다[그림 (a)의 단면 참조]. 강철의 탄성계수(E_s = 210 GPa)는 목재의 탄성계수(E_w)의 20배이다.

(a) 강철과 목재에서의 허용응력이 각각 110 MPa와 8.2 MPa이라면, 허용하중 q_{allow}은 얼마인가? (주: 보의 무게는 무시하고 UPN 보의 치수와 성질에 대해서는 부록 E의 표 E-3 참조)

(b) 보가 y축에 대해 굽힘을 받도록 90° 회전되고 등분포하중 q = 3.0 kN/m가 작용된다면 강철과 목재의 최대응력 σ_s와 σ_w는 각각 얼마인가? 보의 자중을 포함하라. (목재와 강철에 대한 비중량은 각각 5.5 kN/m³와 77 kN/m³이다.)

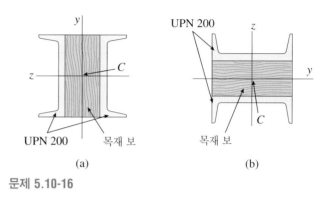

문제 5.10-16

5.10-17　경량의 플라스틱으로 분리된 얇은 알루미늄 스트립으로 만들어진 보의 단면이 그림에 도시되었다. 보의 폭 b = 75 mm, 알루미늄 스트립의 두께는 t = 2.5 mm, 플라스틱 부분의 높이는 d = 30 mm와 $3d$ = 90 mm이다. 보의 전체 높이는 h = 160 mm이다.

알루미늄과 플라스틱에 대한 탄성계수는 각각 E_a = 75 GPa와 E_p = 3 GPa이다.

1.2 kN · m의 굽힘모멘트가 작용할 때 알루미늄과 플라스틱에서의 최대응력 σ_a와 σ_p를 각각 구하라.

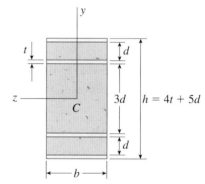

문제 5.10-17 및 5.10-18

5.10-18　앞의 문제에서 보의 폭 b = 75 mm, 알루미늄 스트립의 두께 t = 3 mm, 플라스틱 부분의 높이는 d = 40 mm와 $3d$ = 120 mm이고 보의 전체 높이는 h = 212 mm이다. 또한 탄성계수는 각각 E_a = 75 GPa과 E_p = 3 GPa이다.

1.0 kN · m의 굽힘모멘트가 작용할 때 알루미늄과 플라스틱에서의 최대응력 σ_a와 σ_p를 각각 구하라.

5.10-19　알루미늄과 강철로 만들어진 합성보의 단면이 그림에 도시되었다. 탄성계수는 E_a = 75 GPa과 E_s = 200 GPa이다.

알루미늄에서 최대응력 50 MPa을 일으키는 굽힘모멘트가 작용할 때 강철의 최대응력 σ_s는 얼마인가?

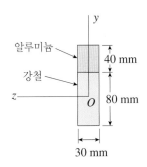

문제 5.10-19

5.10-20 길이가 5.5 m인 단순보가 등분포하중 q를 지지하고 있다. 보는 50 mm × 200 mm(실제 치수)인 목재 보의 양쪽 측면에 부착된 각각 150 × 100 × 10인 2개의 앵글 단면으로 만들어졌다[그림 (a)의 단면 참조]. 강철의 탄성계수는 목재의 탄성계수의 20배이다.

(a) 강철과 목재의 허용응력이 각각 110 MPa와 8.3 MPa이라면 허용하중 q_{allow}는 얼마인가? (주: 보의 무게는 무시하고 앵글 단면에 대한 치수와 성질은 부록 E의 표 E-5 참조)

(b) 25 mm × 250 mm의 목재 플랜지가 추가되는 경우에 대해 (a)를 다시 풀어라[그림 (b)참조].

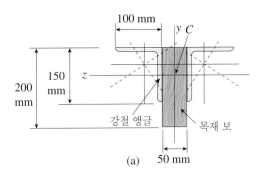

(a)

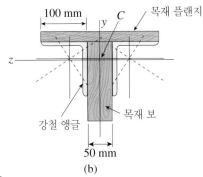

(b)

문제 5.10-20

5.10-21 보가 50 mm × 200 mm(실제 치수)인 목재 널빤지를 보강한 각각 120 × 80 × 12인 2개의 앵글단면으로 만들어졌다(그림의 단면 참조). 목재에 대한 탄성계수는 $E_w = 8$ GPa이고 강철에 대한 탄성계수는 $E_s = 200$ GPa이다.

목재의 허용응력이 $\sigma_w = 10$ MPa이고 강철의 허용응력이 $\sigma_s = 110$ MPa인 경우에, 허용 굽힘모멘트 M_{allow}를 구하라. (주: 보의 무게는 무시하고 앵글단면에 대한 치수와 성질은 부록 E의 표 E-5를 참조하라.)

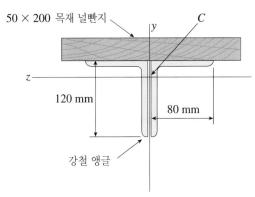

문제 5.10-21

5.10-22 바이메탈 스트립의 단면이 그림에 도시되었다. 금속 A와 B의 탄성계수는 각각 $E_A = 168$ GPa이고 $E_B = 90$ GPa이라고 가정하고 보의 2개의 단면계수 중 작은 값을 구하라. (단면계수는 굽힘모멘트를 최대 굽힘응력으로 나눈 값과 같다는 것을 상기하라.) 어느 금속에서 최대응력이 일어나는가?

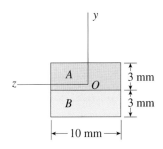

문제 5.10-22

5.10-23 알루미늄 채널 단면으로 보강된 목재 보가 그림에 도시되었다. 보의 단면치수는 150 mm × 250 mm이고 채널의 균일한 두께는 6 mm이다.

목재와 알루미늄의 허용응력이 각각 8.0 MPa와 38 MPa이고 이들의 탄성계수의 비가 1:6이라면 보에 작용할 수 있는 최대 허용 굽힘응력은 얼마인가?

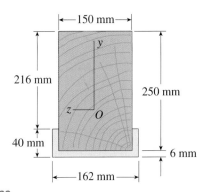

문제 5.10-23

5.10-24 HE 260B 강철 WF형 보와 100 mm 두께의 콘크리트 판이(그림 참조) 함께 130 kN · m의 양의 굽힘모멘트를 지지하고 있다. 보와 슬래브는 강철보에 용접된 전단 연결기에 의해 접합되었다. (이 연결기는 접촉면에서 수평전단을 견딘다.) 강철과 콘크리트의 탄성계수의 비는 12:1이다. 강철과 콘크리트의 최대응력 σ_s와 σ_c를 각각 구하라. (주: 보의 치수와 성질에 대해서는 부록 E의 표 E-1을 참조하라.

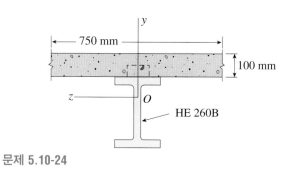

문제 5.10-24

5장 추가 복습문제

R-5.1: 속이 찬 단면을 가진 강철 행거(hanger)가 자유단 D에서 수평 힘 $P = 5.5$ kN을 받고 있다. 치수 변수인 $b = 175$ cm이고 허용 수직응력은 150 MPa이다. 행거의 자체 무게는 무시한다. 필요한 행거의 지름을 구하라.

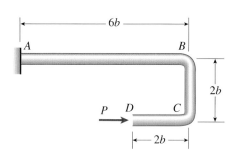

R-5.2: 목재 캔틸레버 막대가 자체 무게(비중량 6 kN/m³)와 자유단에 작용하는 힘 $P = 300$ N을 받고 있다. 막대의 길이는 $L = 0.75$ m이고 허용 굽힘응력은 14 MPa이다. 필요한 막대의 지름을 구하라.

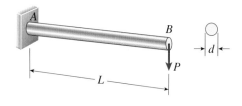

R-5.3: 구리 와이어($d = 1.5$ mm)가 반지름이 $R = 0.6$ m인 튜브 주위에 감겨 있다. 와이어의 최대수직변형률을 구하라.

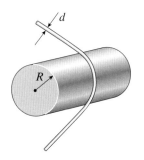

R-5.4: 돌출부를 가진 보가 전체 길이에 걸쳐 3 kN/m의 등분포하중을 받고 있다. 관성모멘트 $I_z = 3.36 \times 10^6$ mm⁴이고 z축으로부터 보 단면의 윗면과 아래면 사이의 거리는 각각 20 mm와 66.4 mm이다. A와 B에서의 반력은 각각 4.5 kN과 13.5 kN이다. 보에서의 최대 굽힘응력을 구하라.

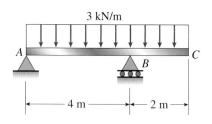

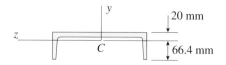

R-5.5: 파이프($L = 12$ m, 비중량 = 72 kN/m³, $d_2 = 100$ mm, $d_1 = 75$ mm)가 기중기(hoist)에 의해 들어 올려지고 있다. 파이프에 매달은 밧줄의 간격은 6 m이다. 파이프 내의 최대 굽힘응력을 구하라.

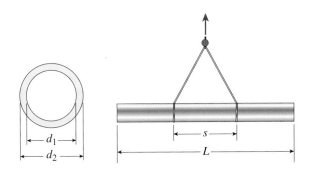

R-5.6: 직사각형 단면(b = 200 mm, h = 280 mm)을 가진 단순 지지된 목재 보(L = 5m)가 보의 자체무게를 포함하는 등분포하중 q = 6.5 kN/m를 받고 있다. 최대 굽힘응력을 구하라.

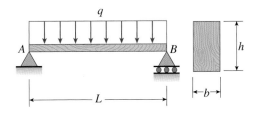

R-5.7: 각각 지름이 d = t/6이고 인장력 P를 받는 두 개의 얇은 케이블이 단면치수가 $b \times t$인 직사각형 강철 블록의 상부에 볼트로 연결되어 있다. 하중 P로 인한 블록 내의 최대 인장응력과 최대 압축응력의 비를 구하라.

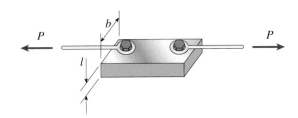

R-5.8: 길이가 L = 1.5 m이고 직사각형 단면(h = 75 mm, b = 20 mm)을 갖는 단순지지된 강철보가 보의 자중을 포함하는 등분포하중 q = 48 kN/m를 받고 있다. 좌측 지지점에서 0.25 m 떨어진 위치의 단면에서의 최대 가로방향 전단응력을 구하라.

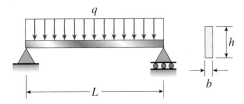

R-5.9: 가로등의 알루미늄 기둥의 무게는 4300 N이고 기둥의 도심축의 왼쪽으로 1.2 m거리에 무게 중심을 갖는 무게 700 N의 암을 지지하고 있다. 풍력 1500 N이 바닥 위 7.5 m 거리에 우측으로 작용한다. 바닥에서의 기둥 단면의 바깥지름은 235 mm이고 두께는 20 mm이다. 바닥에서의 최대 압축응력을 구하라.

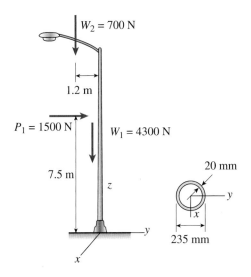

R-5.10: 길이가 L이고 정사각형 단면을 갖는 단순지지된 적층 보의 무게는 4.8 N이다. 보를 만들기 위해 3개의 스트립이 아교로 접착되었으며 접착부의 허용 전단응력은 0.3 MPa이다. 보의 자중을 고려하여 좌측 지지점으로부터 L/3 거리에 작용시킬 수 있는 최대하중 P를 구하라.

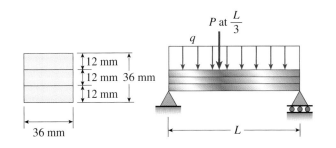

R-5.11: 길이가 L = 0.65 m인 알루미늄 캔틸레버보가 A에서 세기가 q/2이고 B에서 세기가 q인, 자중을 포함하는 분포하중을 받고 있다. 보의 단면의 폭은 50 mm이고 높이는 170 mm이다. 허용 굽힘응력은 95 MPa이며 허용 전단응력은 12 MPa이다. 분포하중의 q의 허용값을 구하라.

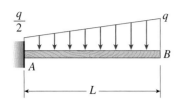

R-5.12: 알루미늄(E_a = 70 GPa)과 구리(E_c = 110 GPa)스트립으로 된 이중금속 보의 폭은 b = 25 mm이고 각 스트립의 두께는 t = 1.5 mm이다. 1.75 N · m의 굽힘모멘트가 z축에 대하여 작용한다. 알루미늄의 최대응력과 구리의 최대응력과의 비를 구하라.

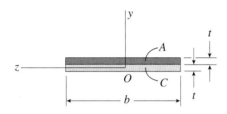

R-5.13: 알루미늄(E_a = 72 GPa)과 강철(E_s = 190 GPa)로 된 합성보의 폭 b = 25 mm이고 높이 h_a = 42 mm, h_s = 68 mm이다. 굽힘모멘트가 z축에 대하여 작용하여 알루미늄에서의 최대응력 55 MPa를 발생시킨다. 강철에서의 최대응력을 구하라.

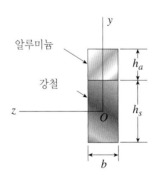

R-5.14: 합성보가 90 mm × 160 mm의 목재 보(E_w =11 GPa)와 밑면에 접착된 강철 덮개판(90 mm × 8 mm, E_s =190 GPa)으로 만들어졌다. 목재와 강철에 대한 허용응력은 각각 6.5 MPa와 110 MPa이다. 이 합성보의 z축에 대한 허용 굽힘모멘트를 구하라.

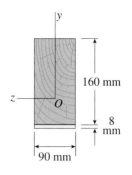

R-5.15: 합성보가 200 mm × 300 mm의 코어(E_c = 14 GPa)와 양면에 부착된 바깥쪽 덮개판 (300 mm × 12 mm, E_e = 100 GPa)으로 만들어졌다. 코어와 바깥쪽 덮개판의 허용응력은 각각 9.5 MPa와 140 MPa이다. z축에 대한 최대 허용 굽힘모멘트와 y축에 대한 최대 허용 굽힘모멘트의 비를 구하라.

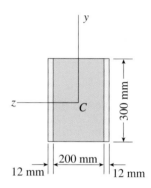

R-5.16: 강철 파이프(d_3 = 104 mm, d_2 = 96 mm) 내부에 안지름이 d_1 = 82 mm인 플라스틱 라이너(liner)가 있다. 강철의 탄성계수는 플라스틱의 탄성계수의 75배이다. 강철과 플라스틱의 허용응력은 각각 40 MPa와 550 kPa이다. 합성 파이프에 대하여 허용 굽힘모멘트를 구하라.

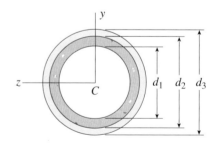

응력과 변형률의 해석

Analysis of Stress and Strain

개요

6장은 부재에서 잘라낸 경사면에 작용하는 수직 및 전단 응력들이 단면에 작용하는 응력요소에 작용하는 응력들보다 클 수 있기 때문에 경사면에 작용하는 응력들을 구하는 방법을 다룬다. 2차원인 경우 응력요소는 어떤 점에서의 **평면응력** 상태(수직응력 σ_x, σ_y 및 전단응력 τ_{xy})를 나타내며(6.2절), 그 위치로부터 각 θ 만큼 회전한 요소에 작용하는 응력을 구하기 위해서는 변환공식(6.3절)이 필요하다. 수직 및 전단응력에 대한 식은 단축응력($\sigma_x \neq 0$, $\sigma_y = 0$, $\tau_{xy} = 0$)에 대해서는 2.6절에서 검토한 바와 같이, 그리고 순수전단($\sigma_x = 0$, $\sigma_y = 0$, $\tau_{xy} \neq 0$)에 대해서는 3.5절에서 검토한 바와 같이 축소될 수 있다.

응력의 최대값이 설계에 필요하며 변환공식은 이들 주응력과 주응력이 작용하는 면의 위치를 구하는 데 사용된다(6.3절). 주면에서는 전단응력이 작용하지 않으며 별도의 해석으로 최대 전단응력(τ_{max})과 이 응력이 작용하는 경사면의 위치를 구하는 데 사용될 수 있다. **최대 전단응력**은 두 개의 주응력(σ_1, σ_2) 차이의 절반 값과 같다. **Mohr 원**으로 알려진 평면응력에 대한 변환공식의 도해적 표현은 관심의 대상인 경사면에 작용하는 응력과 특히 주면에 작용하는 응력을 구하는 편리한 방법이다(6.4절). 6.5절에서는 수직변형률 및 전단변형률

(ϵ_x, ϵ_y, γ_{xy})에 대해 공부하며 **평면응력에 대한 Hooke의 법칙**을 유도한다. 이 법칙은 균질하고 등방성인 재료에 대해 탄성계수 E와 G 및 Poisson의 비 ν를 관련시켜 표현된다. 일반적인 Hooke의 법칙에 대한 식은 2축 응력, 단축응력 및 순수전단에 대한 응력–변형률 관계식으로 간단하게 표현될 수 있다. 변형률을 더 이상 검토하면 평면응력에서의 단위체적변화(또는 **팽창률** e)에 대한 식을 구하게 된다(6.5절). 마지막으로 **3축 응력**이 논의된다(6.6절). **구응력과 정수압 응력**이라고 알려진 3축 응력의 특별한 경우를 설명한다. 구응력에서는 3개의 수직응력이 서로 같고 인장인 반면에, 정수압응력에서는 3개의 수직응력이 서로 같고 압축이다.

6장의 논의는 다음과 같이 구성되었다.

6.1 소개

보, 축 그리고 봉에서의 수직 및 전단응력은 앞 장에서 논의되었던 기본적인 공식으로부터 계산될 수 있다. 예를 들면, 보에서의 응력은 굽힘공식과 전단공식($\sigma = My/I$, 및 $\tau = VQ/Ib$)에 의해 주어지고, 축에서의 응력은 비틀림 공식($\tau = T\rho/I_p$)에 의해 주어진다. 이러한 공식에 의해 계산된 응력들은 부재의 단면에 작용하지만, **경사면**에서는 더 큰 응력이 발생할 수 있다. 따라서 부재에서 잘라낸 경사면에 작용하는 수직 및 전단응력을 찾아내는 방법을 논의함으로써 응력과 변형률에 대한 해석을 시작할 것이다.

이미 단축 응력과 순수전단을 받는 경사면에 작용하는 수직 및 **전단응력**의 표현식을 유도하였다(2.6절과 3.5절 참조). 단축 응력의 경우, 최대 전단응력은 축에 대해 45° 경사진 평면에서 발생하고 반면에 최대 수직응력은 단면에서 발생한다는 것을 알았다. 순수전단의 경우, 최대 인장응력과 최대 압축응력이 45° 경사면에서 발생한다는 것을 알았다. 유사한 방법으로, 보에서 절단된 경사면에 작용하는 응력은 수직 단면에 작용하는 응력보다 더 클 수도 있다. 이러한 응력을 계산하기 위해서, **평면응력(plane stress)**으로 알려진 보다 일반적인 응력 상태 하에서 경사면에 작용하는 응력을 구할 필요가 있다(6.2절).

평면응력에 대한 논의에서 물체 내의 한 점에서의 응력상태를 나타내는 **응력요소(stress element)**를 사용할 것이다. 응력요소는 이미 전문적인 내용으로 논의되었으나(2.6절과 3.5절 참조), 이제는 이들을 더욱 공식화된 방법으로 사용할 것이다. 응력이 알려진 요소를 고려하여 해석을 시작할 것이고, 다음에 다른 방향으로 회전된 요소의 면에 작용하는 응력을 계산할 수 있는 **변환방정식(transformation equation)**를 유도할 것이다.

응력요소를 사용할 때, 응력상태를 묘사하기 위해 사용된 요소의 회전에 관계없이, 응력을 받는 물체 내의 한 점에는 단지 하나의 고유한 **응력상태(state of stress)**가 존재한다는 것을 항상 염두에 두어야 한다. 물체 내의 같은 지점에서 서로 다른 회전을 하는 두 요소를 고려할 때, 두 요소의 면에 작용하는 응력들은 서로 다르지만, 이들은 여전히 같은 응력상태, 즉 고려하고 있는 지점의 응력을 나타낼 것이다. 이러한 상황은, 힘 벡터를 힘의 성분으로 표시하는 것과 유사하다. 비록 좌표축이 새로운 위치로 회전될 때 그 성분들이 달라질지라도 그 힘 자체는 똑같다.

더 나아가 응력이 벡터가 아니라는 것도 항상 염두에 두어야 한다. 이 사실은 때때로 혼돈을 일으키는데, 그 이유는 힘 벡터를 화살표로 표현하는 것처럼 응력 또한 화살표를 이용해 표현하기 때문이다. 비록 응력의 크기와 방향을 화살표로 표현하지만, 이들은 평형사변형 법칙에 따라 조합되지 않기 때문에 벡터가 아니다. 대신에 응력은 벡터보다는 훨씬 복잡한 양이며, 수학에서는 이를 **텐서(tensor)**라 부른다. 역학의 다른 텐서 양에는 변형률과 관성모멘트가 있다.

6.2 평면응력

인장과 압축을 받는 봉, 비틀림을 받는 축, 굽힘을 받는 보를 해석할 때, 앞 장에서 다루었던 응력상태들은 **평면응력**이라 부르는 응력상태의 예들이다. 평면응력을 설명하기 위해서, 그림 6-1a와 같은 응력요소를 고찰하자. 이 요소의 크기는 미소하며 정육면체나 직육면체로 그려질 수 있다. xyz 축은 요소의 모서리와 평행하고 요소의 면은 1.6절에서 이미 설명한 바와 같이, 바깥쪽 수직 방향으로 표시되어 있다. 예를 들면, 요소의 오른쪽 면을 양의 x면이라 하고 왼쪽 면(관찰자가 볼 때 가려진 면)을 음의 x면이라 한다. 마찬가지로, 윗면은 양의 y면, 정면은 양의 z면이 된다.

재료가 xy 평면에서 평면응력 상태에 있을 때, 그림 6-1a에서 보인 바와 같이 요소의 x와 y면만이 응력을 받으며 모든 응력은 x와 y축과 평행하게 작용한다. 이러한 응력 조건은 매우 일반적인데, 이는 외력이 표면에 작용하는 점을 제외하고는 어떠한 응력을 받는 물체의 표면에도 이러한 응력 상태가 존재하기 때문이다. 그림 6-1a에 보여진 요소가 물체의 자유표면에 위치할 때, z 축은 표면에 수직하고 표면의 면이 z면이 된다.

그림 6-1a에 보여진 응력의 기호는 다음과 같은 의미를 가지고 있다. **수직응력** σ는 응력이 작용하는 면을 나타내는 아래첨자를 가지고 있다. 예를 들면, 응력 σ_x는 요소의 x면에 작용하고, 응력 σ_y는 요소의 y면에 작용한다. 요소는 매우 미소하기 때문에, 같은 수직응력이 반대 면에 작용한다. **수직응력에 대한 부호규약**은 익숙한 것으로, 즉 인장은 양이고, 압축은 음이 된다.

전단응력 τ는 2개의 아래첨자를 가진다. 따라서 첫 번째 아래첨자는 응력이 작용하는 면을 나타내고, 두 번째는 그 면에서의 응력의 방향을 나타낸다. 응력 τ_{xy}는 x 면에서 y 방향으로 작용하고(그림 6-1a) 응력 τ_{yx}는 y 면에서 x 방향으로 작용한다.

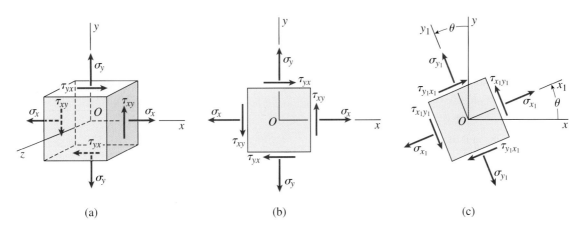

그림 6-1 평면응력에서의 요소: (a) x, y, z축으로 위치시킨 요소의 3차원 그림, (b) 같은 요소에 대한 2차원 그림, (c) x_1, y_1, z_1축으로 위치시킨 요소의 2차원 그림

전단응력의 부호규약은 다음과 같다. 전단응력이 요소의 양의 면에서 축의 양의 방향으로 작용할 때 전단응력은 양이고, 요소의 양의 면에서 축의 음의 방향으로 작용할 때에는 음이다. 따라서 그림 6-1a에서 양의 x면과 y면에 작용하는 응력 τ_{xy}와 τ_{yx}는 양의 전단응력이 된다. 마찬가지로, 요소의 음의 면에서 축의 음의 방향으로 작용할 때 전단응력은 양이다. 따라서 요소의 음의 x면과 y면에 나타낸 응력 τ_{xy}와 τ_{yx}도 역시 양이다.

다음과 같이 부호규약을 정한다면 전단응력의 부호규약은 쉽게 기억될 수 있다.

전단응력은 아래첨자에 관련된 방향이 양–양 또는 음–음이면 양이고, 그 방향이 양–음 또는 음–양이면 음이다.

전단응력에 대한 앞의 부호규약은 요소의 평형과 일치한다. 왜냐하면 미소요소의 반대쪽 면의 응력은 크기는 같고 방향은 반대이어야 함을 알기 때문이다. 따라서 부호규약에 의해, 양의 응력 τ_{xy}는 양의 면에서 위로 작용하고(그림 6-1a) 음의 면에서는 아래로 작용한다. 같은 방법으로, 비록 그것들이 서로 반대 방향이더라도 요소의 윗면과 밑면에 작용하는 응력 τ_{yx}는 양이다.

또한 직교 평면상에 작용하는 전단응력은 크기가 같고, 그 면의 교차선을 향하거나 또는 교차선에서 멀어지는 방향을 가지고 있다는 것을 알고 있다. τ_{xy}와 τ_{yx}는 그림에서 양의 방향으로 나타나며, 이들은 이러한 관찰과 일치한다. 따라서 다음 식을 유의한다.

$$\tau_{xy} = \tau_{yx} \tag{6-1}$$

이 관계는 앞에서 요소의 평형으로부터 유도되었다(1.6절 참조).

평면응력 요소를 그릴 때 편의상, 보통 그림 6-1b와 같이, 2차원 도면만으로 그린다. 비록 이런 종류의 그림이 요소에 작용하는 모든 응력을 표현하는 데 적절하다 할지라도, 요소가 그림의 면에 수직한 임의의 두께를 가진 고체라는 것을 항상 염두에 두어야 한다.

경사면에서의 응력

이제 응력 σ_x, σ_y 및 τ_{xy} (그림 6-1a와 b)가 알려져 있다고 가정하고, 경사면에 작용하는 응력을 고려할 준비가 되었다. 경사면에 작용하는 응력을 표현하기 위해 원래의 요소(그림 6-1b)와 같은 점에 위치한 곳에 새로운 응력요소(그림 6-1c)를 그린다. 그러나 새로운 요소는 경사진 방향에 평행하고 수직한 면을 가지고 있다. 이 새로운 요소에 대한 축은 x_1, y_1 및 z_1 축으로써, z_1 축은 z 축과 일치하고, x_1y_1축은 xy축에 관하여 각도 θ 만큼 반시계방향으로 회전한 것이다.

이 새로운 요소에 작용하는 수직응력과 전단응력은 xy 요소에서 작용하는 응력에 대해서 앞에서 표현한 것과 같은 아래첨자 표시와 부호규약을 사용하여, σ_{x_1}, σ_{y_1}, $\tau_{x_1y_1}$ 및 $\tau_{y_1x_1}$ 이라고 표시한다. 전단응력에 대한 앞의 결론을 그대로 적용하면 다음과 같다.

$$\tau_{x_1y_1} = \tau_{y_1x_1} \tag{6-2}$$

이 식과 요소의 평형으로부터, 요소의 4개의 측면들 중 어떤 한 면에 작용하는 전단응력을 결정할 수 있다면, 평면응력 상태인 요소의 모든 4개의 면에 작용하는 전단응력을 알 수 있다.

경사진 x_1y_1 요소(그림 6-1c)에 작용하는 응력은 평형방정식을 사용하여, xy 요소(그림 6-1b)에 작용하는 응력들의 항으로 표현할 수 있다. 이러한 목적을 위해, 그림 6-1c의 경사요소의 x_1 면과 같은 경사면을 가진 **쐐기 모양의 응력요소**(그림 6-2a)를 선택한다. 쐐기요소의 나머지 다른 두 면은 x와 y축에 평행하다.

쐐기요소에 대한 평형방정식을 기술하기 위해, 각 면에 작용하는 힘을 나타내는 자유물체도를 그릴 필요가 있다. 왼쪽 면의 면적(즉, 음의 x 면)을 A_0라 하자. 그러면 그림 6-2b의 자유물체도에서와 같이, 그 면에 작용하는 수직력 및 전단력은 $\sigma_x A_0$ 및 $\tau_{xy} A_0$가 된다. 밑면(또는 음의 y 면)의 면적은 $A_0 \tan \theta$이고, 경사면(또는 양의 x_1 면)의 면적은 $A_0 \sec \theta$이다. 따라서 이들 면에 작용하는 수직력 및 전단력은 그림 6-2b와 같은 크기와 방향을 가진다.

왼쪽 면과 밑면에 작용하는 힘은 x_1과 y_1 방향에 작용하는 직교성분으로 분해될 수 있다. 다음에 이 방향들로 힘을 합하면 2개의 평형방정식을 얻을 수 있다. x_1 방향으로 힘을 합하여 얻는 첫 번째 방정식은 다음과 같다.

$$\sigma_{x_1} A_0 \sec \theta - \sigma_x A_0 \cos \theta - \tau_{xy} A_0 \sin \theta$$
$$- \sigma_y A_0 \tan \theta \sin \theta - \tau_{yx} A_0 \tan \theta \cos \theta = 0$$

같은 방법으로, y_1 방향으로 힘을 합하면 다음 식이 구해진다.

$$\tau_{x_1y_1} A_0 \sec \theta + \sigma_x A_0 \sin \theta - \tau_{xy} A_0 \cos \theta$$
$$- \sigma_y A_0 \tan \theta \cos \theta + \tau_{yx} A_0 \tan \theta \sin \theta = 0$$

$\tau_{xy} = \tau_{yx}$의 관계를 이용하고, 단순화시켜 재배열하면 다음과 같은 두 개의 방정식을 얻는다.

$$\sigma_{x_1} = \sigma_x \cos^2 \theta + \sigma_y \sin^2 \theta + 2\tau_{xy} \sin \theta \cos \theta \quad (6\text{-}3\text{a})$$

$$\tau_{x_1y_1} = -(\sigma_x - \sigma_y) \sin \theta \cos \theta + \tau_{xy} (\cos^2 \theta - \sin^2 \theta) \quad (6\text{-}3\text{b})$$

식 (6-3a)와 (6-3b)는 x_1 면에 작용하는 수직응력 및 전단

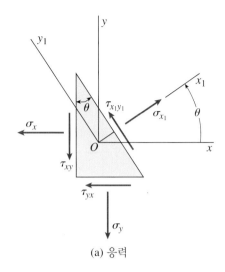

(a) 응력

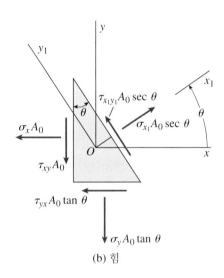

(b) 힘

그림 6-2 평면응력을 받는 쐐기 모양의 응력요소: (a)요소에 작용하는 응력, (b)요소에 작용하는 힘(자유물체도)

응력을 각 θ와 x 및 y 면에 작용하는 응력 σ_x, σ_y 및 τ_{xy} 의 항으로 나타낸다.

$\theta = 0$인 특별한 경우, 식 (6-3a)와 (6-3b)는 예상한 대로 $\sigma_{x_1} = \sigma_x$와 $\tau_{x_1y_1} = \tau_{xy}$임을 보인다. 또한 $\theta = 90°$ 일 때, $\sigma_{x_1} = \sigma_y$와 $\tau_{x_1y_1} = -\tau_{xy} = -\tau_{yx}$가 된다. 후자의 경우, $\theta = 90°$ 일 때 x_1 축은 수직이 되기 때문에 $\tau_{x_1y_1}$이 왼쪽으로 작용할 때 응력 $\tau_{x_1y_1}$은 양이 된다. 그러나 응력 τ_{yx}는 오른쪽으로 작용하므로 $\tau_{x_1y_1} = -\tau_{yx}$가 된다.

평면응력에 대한 변환공식

경사면의 응력에 관한 식 (6-3a)와 (6-3b)는 다음과 같은 삼각함수 공식을 도입하여 보다 편리한 형태로 표현할 수 있다(부록 C 참조).

$$\cos^2 \theta = \frac{1}{2}(1 + \cos 2\theta) \qquad \sin^2 \theta = \frac{1}{2}(1 - \cos 2\theta)$$

$$\sin \theta \cos \theta = \frac{1}{2} \sin 2\theta$$

이 공식들을 대입하면 식 (6-3a)와 (6-3b)는 다음과 같이 된다.

$$\sigma_{x_1} = \frac{\sigma_x + \sigma_y}{2} + \frac{\sigma_x - \sigma_y}{2} \cos 2\theta + \tau_{xy} \sin 2\theta \qquad (6\text{-}4a)$$

$$\tau_{x_1y_1} = -\frac{\sigma_x - \sigma_y}{2} \sin 2\theta + \tau_{xy} \cos 2\theta \qquad (6\text{-}4b)$$

이 식들은 한 좌표계에서 다른 좌표계로 응력성분을 변화시키기 때문에 보통 **평면응력의 변환공식**으로 알려져 있다. 그러나 앞에서 설명한 바와 같이, 고려 중에 있는 한 점에서의 고유한 응력상태는 xy 요소에 작용하는 응력상태(그림 6-1b)로 표현하든, 경사진 x_1y_1 요소에 작용하는 응력상태(그림 6-1c)로 표현하든 간에 똑같다.

변환공식은 오로지 요소의 평형으로부터 유도되었기 때문에, 어떤 종류의 재료이거나, 선형이든 비선형이든, 탄성이든 비탄성이든 상관없이 적용할 수 있다.

수직응력에 관한 중요한 관찰은 변환공식으로부터 구할 수 있다. 예비단계로, 경사진 요소의 y_1 면에 작용하는 수직응력 σ_{y_1}(그림 6-1c)은 식 (6-4a)에 θ 대신 $\theta + 90°$를 대입하여 구할 수 있다. 그 결과는 σ_{y_1}에 대한 다음 식으로 주어진다.

$$\sigma_{y_1} = \frac{\sigma_x + \sigma_y}{2} - \frac{\sigma_x - \sigma_y}{2} \cos 2\theta - \tau_{xy} \sin 2\theta \quad (6\text{-}5)$$

σ_{x_1}과 σ_{y_1}에 대한 표현식(식 6-4a와 6-5)을 합하면 평면응력에 관한 다음 식을 얻는다.

$$\sigma_{x_1} + \sigma_{y_1} = \sigma_x + \sigma_y \qquad (6\text{-}6)$$

이 식은 평면응력 요소(응력을 받는 물체 내의 주어진 한 점에서의)의 서로 수직인 면에 작용하는 수직응력의 합은 일정하고 각 θ 에 대해 독립적임을 보여준다.

수직응력 및 전단응력이 변화하는 거동은 그림 6-3에서 보여지는데, 이 그림은 각 θ 에 대한 σ_{x_1}과 $\tau_{x_1y_1}$의 그래프이다(식 6-4a 및 6-4b 참조). 이 그래프는 $\sigma_y = 0.2\sigma_x$ 그리고 $\tau_{xy} = 0.8\sigma_x$인 특별한 경우에 대해 그린 것이다. 그림으로부터 요소의 회전이 변화함에 따라 응력이 연속적으로 변

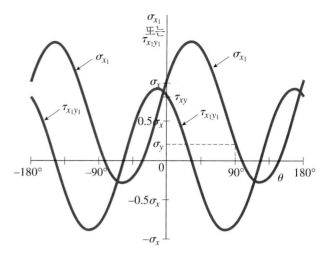

그림 6-3 수직응력 σ_{x_1} 및 전단응력 $\tau_{x_1y_1}$ 대 각 θ의 그래프($\sigma_y = 0.2\sigma_x$ 및 $\tau_{xy} = 0.8\sigma_x$ 인 경우)

화함을 관찰할 수 있다. 어떤 각에서 수직응력은 최대 또는 최소값에 도달하며, 또 다른 어떤 각에서는 응력이 0 이 된다. 마찬가지로, 전단응력 역시 어떤 각에서 최대, 최소 및 0 의 값을 가진다. 응력에 대한 최대값 및 최소값의 자세한 검토는 6.3절에서 다루어진다.

평면응력의 특별한 경우

일반적인 경우의 평면응력은 특별한 조건하에서 좀 더 간단한 응력상태로 줄여진다. 예를 들면, xy 요소(그림 6-1b)에 작용하는 모든 응력이 수직응력 σ_x를 제외하고는 모두 0이라면, 그 요소는 **단축응력**(그림 6-4) 상태가 된다. 식 (6-4a)와 (6-4b)에서 σ_y와 τ_{xy}을 0 으로 놓아서 구한 관련 변환공식은 다음과 같다.

$$\sigma_{x_1} = \frac{\sigma_x}{2}(1 + \cos 2\theta) \qquad \tau_{x_1y_1} = -\frac{\sigma_x}{2}(\sin 2\theta) \quad (6\text{-}7 \text{ a, b})$$

이 식은 이미 경사면에 작용하는 응력에 대한 보다 일반적인 기호를 제외하면 2.6절에서 이미 유도한 식(식 2-29a 및 2-29b 참조)과 일치한다.

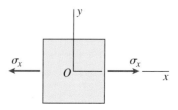

그림 6-4 단축응력을 받는 요소

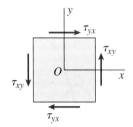

그림 6-5 순수전단을 받는 요소

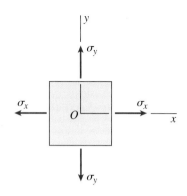

또 다른 특별한 경우는 **순수전단**(그림 6-5)인데, 이때의 변환공식은 식 (6-4a)와 (6-4b)에 $\sigma_x = 0$, $\sigma_y = 0$을 대입하여 구한다.

$$\sigma_{x_1} = \tau_{xy} \sin 2\theta \qquad \tau_{x_1y_1} = \tau_{xy} \cos 2\theta \quad (6\text{-}8\text{a, b})$$

역시 이 식들은 이미 유도한 식과 같다(3.5절의 식 3-30a 및 3-30b 참조).

마지막으로, xy 요소가 어떠한 전단응력의 작용 없이 x와 y 방향으로 수직응력을 받고 있는 **2축 응력(biaxial stress)**이라는 특별한 경우를 유의한다(그림 6-6). 2축 응력에 대한 공식

그림 6-6 2축 응력을 받는 요소

은 (식 6-4a)와 (6-4b)에서 단순히 τ_{xy} 항을 제거하여 얻는다.

$$\sigma_{x_1} = \frac{\sigma_x + \sigma_y}{2} + \frac{\sigma_x - \sigma_y}{2} \cos 2\theta \qquad (6\text{-}9\text{a})$$

$$\tau_{x_1y_1} = -\frac{\sigma_x - \sigma_y}{2} \sin 2\theta \qquad (6\text{-}9\text{b})$$

2축 응력은 두께가 얇은 압력용기(7.2와 7.3절 참조)를 포함한 많은 종류의 구조물에서 발생한다.

예제 6-1

그림 6-7a와 같이 평면응력을 받는 요소가 응력 $\sigma_x = 110$ MPa, $\sigma_y = 40$ MPa 및 $\tau_{xy} = \tau_{yx} = 28$ MPa 를 받고 있다.
$\theta = 45°$만큼 경사진 요소에 작용하는 응력들을 구하라.

풀이

변환방정식. 경사진 요소에 작용하는 응력을 구하기 위해, 변환

방정식(식 6-4a와 6-4b)을 사용한다. 주어진 수치로부터 변환공식에 대입할 다음 값들을 구한다.

$$\frac{\sigma_x + \sigma_y}{2} = 75 \text{ MPa} \qquad \frac{\sigma_x - \sigma_y}{2} = 35 \text{ MPa} \qquad \tau_{xy} = 28 \text{ MPa}$$

$$\sin 2\theta = \sin 90° = 1 \qquad \cos 2\theta = \cos 90° = 0$$

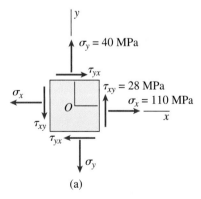

(a)

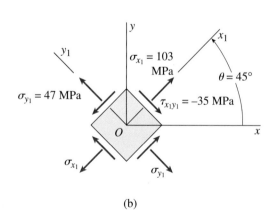

(b)

그림 6-7 예제 6-1. (a)평면응력 상태의 요소, (b) $\theta = 45°$만큼 경사진 요소

이 값들을 식 (6-4a)와 (6-4b)에 대입하면 다음을 얻는다.

$$\sigma_{x_1} = \frac{\sigma_x + \sigma_y}{2} + \frac{\sigma_x - \sigma_y}{2}\cos 2\theta + \tau_{xy}\sin 2\theta$$

$$= 75\,\text{MPa} + (35\,\text{MPa})(0) + (28\,\text{MPa})(1) = 103\,\text{MPa} \quad\Longleftarrow$$

$$\tau_{x_1 y_1} = -\frac{\sigma_x - \sigma_y}{2}\sin 2\theta + \tau_{xy}\cos 2\theta$$

$$= -(35\,\text{MPa})(1) + (28\,\text{MPa})(0) = -35\,\text{MPa} \quad\Longleftarrow$$

추가하여, 응력 σ_{y_1}은 식 (6-5)로부터 얻을 수 있다.

$$\sigma_{y_1} = \frac{\sigma_x + \sigma_y}{2} - \frac{\sigma_x - \sigma_y}{2}\cos 2\theta - \tau_{xy}\sin 2\theta$$

$$= 75\,\text{MPa} - (35\,\text{MPa})(0) - (28\,\text{MPa})(1) = 47\,\text{MPa} \quad\Longleftarrow$$

응력요소. 이들 결과로부터 그림 6-7b에 보인 바와 같이 $\theta = 45°$로 회전한 요소의 모든 면에 작용하는 응력을 쉽게 구할 수 있다. 화살표는 응력이 작용하는 실제 방향을 보여준다. 특히 모두 같은 크기를 갖는 전단응력의 방향에 유의하라. 또한 수직응력들의 합은 일정하고 그 값은 150 MPa 와 같다는 것을 잘 관찰하라(식 6-6 참조).

주: 그림 6-7b의 응력과 그림 6-7a의 응력은 똑같이 이 요소의 고유의 응력상태를 나타낸다. 그러나 그 응력들이 작용하는 요소가 다른 방향을 갖기 때문에 응력 값들은 서로 다르다.

예제 6-2

하중을 받고 있는 구조물 표면 위의 한 점이 평면응력 상태에 있으며, 응력들은 그림 6-8a의 응력요소에 보인 크기와 방향을 갖고 있다.

원래의 요소에 대하여 각 15°만큼 시계방향으로 회전한 요소에 작용하는 응력들을 구하라.

풀이

원래의 요소에 작용하는 응력(그림 6-8a)은 다음과 같은 값을 가진다.

$$\sigma_x = -46\,\text{MPa} \quad \sigma_y = 12\,\text{MPa} \quad \tau_{xy} = -19\,\text{MPa}$$

시계방향으로 각 15°회전한 요소는 그림 6-8b와 같으며, 여기서 x_1축은 x축에 대하여 $\theta = -15°$만큼 회전한 축이다.(또 다른 방법으로, x_1축을 양의 각 $\theta = 75°$되게 놓을 수도 있다.)

응력 변환방정식. 변환공식(식 6-4a와 6-4b)을 사용하여 $\theta = -15°$ 회전한 요소의 x_1면에 응력을 쉽게 계산할 수 있다. 계산은 다음과 같이 진행된다.

$$\frac{\sigma_x + \sigma_y}{2} = -17\,\text{MPa} \qquad \frac{\sigma_x - \sigma_y}{2} = -29\,\text{MPa}$$

$$\sin 2\theta = \sin(-30°) = -0.5 \qquad \cos 2\theta = \cos(-30°) = 0.8660$$

이 값들을 변환방정식에 대입하면 다음 값을 얻는다.

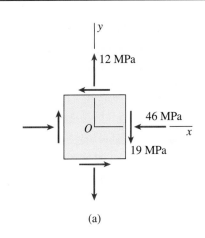

(a)

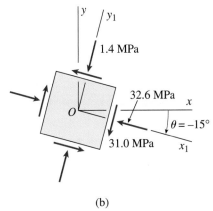

(b)

그림 6-8 예제 6-2. (a) 평면응력 상태의 요소, (b) $\theta = -15°$만큼 경사진 요소

$$\sigma_{x_1} = \frac{\sigma_x + \sigma_y}{2} + \frac{\sigma_x - \sigma_y}{2} \cos 2\theta + \tau_{xy} \sin 2\theta$$

$$= -17 \text{ MPa} + (-29 \text{ MPa})(0.8660)$$
$$+ (-19 \text{ MPa})(-0.5)$$
$$= -32.6 \text{ MPa} \qquad \Leftarrow$$

$$\tau_{x_1 y_1} = -\frac{\sigma_x - \sigma_y}{2} \sin 2\theta + \tau_{xy} \cos 2\theta$$

$$= -(-29 \text{ MPa})(-0.5) + (-19 \text{ MPa})(0.8660)$$
$$= -31.0 \text{ MPa} \qquad \Leftarrow$$

y_1면에 작용하는 수직응력(식 6-5)은 다음과 같이 구한다.

$$\sigma_{y_1} = \frac{\sigma_x + \sigma_y}{2} - \frac{\sigma_x - \sigma_y}{2} \cos 2\theta - \tau_{xy} \sin 2\theta$$

$$= -17 \text{ MPa} - (-29 \text{ MPa})(0.8660)$$
$$- (-19 \text{ MPa})(-0.5)$$
$$= -1.4 \text{ MPa} \qquad \Leftarrow$$

이 응력은 $\theta = 75°$를 식 (6-4a)에 대입하여 확인할 수 있다. 결과를 검토해 보면, $\sigma_{x_1} + \sigma_{y_1} = \sigma_x + \sigma_y$ 임을 알 수 있다.

경사진 요소 위에 작용하는 응력들은 그림 6-8b에 보여지며, 여기서 화살표는 응력의 실제 방향을 표시한다. 또한 그림 6-8에 보여진 두 응력요소들은 모두 같은 응력상태를 나타내고 있음을 유의한다.

6.3 주응력과 최대 전단응력

평면응력에 대한 변환방정식은 축이 각 θ 만큼 회전함에 따라 수직응력 σ_{x_1}과 전단응력 $\tau_{x_1 y_1}$이 지속적으로 변화한다는 것을 보여준다. 이러한 변화가 어떤 특별한 응력조합에 대하여 그림 6-3에 그려져 있다. 이 그림으로부터, 수직응력과 전단응력이 90°의 간격으로 최대값과 최소값을 가진다는 것을 알 수 있다. 당연히, 이들 최대값과 최소값은 일반적으로 설계과정에 필요하게 된다. 예를 들어, 기계나 항공기 같은 구조물의 피로파괴는 가끔 최대응력에 연관되고, 따라서 설계 과정의 한 부분으로서 그 응력의 크기와 작용 방향이 결정되어야 한다(그림 6-9 참조).

주응력

주응력(principal stress)이라 부르는 최대 및 최소 수직응력은 수직응력 σ_{x_1}에 대한 변환방정식(식 6-4a)으로부터 구할 수 있다. σ_{x_1}을 θ에 대해 미분하여 이것을 0으로 놓음으로써, σ_{x_1}이 최대 또는 최소가 되는 θ의 값을 찾을 수 있는 식을 얻는다. 미분한 식은 다음과 같다.

$$\frac{d\sigma_{x_1}}{d\theta} = -(\sigma_x - \sigma_y) \sin 2\theta + 2\tau_{xy} \cos 2\theta = 0 \quad (6\text{-}10)$$

이 식으로부터 다음 식을 얻는다.

$$\tan 2\theta_p = \frac{2\tau_{xy}}{\sigma_x - \sigma_y} \qquad (6\text{-}11)$$

아래첨자 p는 각 θ_p가 주응력이 작용하는 평면인 **주평면(principal plane)**의 방향을 나타낸다는 것을 표시한다.

(a) 크레인 훅의 사진(Frans Lemmens/Getty Images)

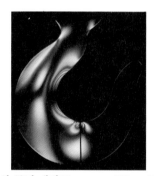

(b) 광탄성 무늬 패턴(Courtesy of Eann Patterson)

그림 6-9 크레인 훅의 모델에서 주응력을 보여주는 광탄성 줄무늬 그림

식 (6-11)로부터 0°와 360° 사이의 구간에서 $2\theta_p$의 두 값을 얻을 수 있다. 이 값들은 180°차이로, 한 값은 0°에서 180° 사이에 있고, 다른 한 값은 180°에서 360° 사이에 있다. 그러므로 각 θ_p는 90°의 차이가 나는 두 값을 가지며, 하나는 0°에서 90° 사이에 있고 다른 것은 90°에서 180° 사이에 있다. 각 θ_p의 두 값을 **주각(principal angle)**이라 한다. 이들 각 중 하나의 각에서 수직응력 σ_{x_1}이 **최대 주응력**이 되고, 다른 각에서는 **최소 주응력**이 된다. 이 두 θ_p의 값

이 90°의 차이가 나기 때문에, **주응력이 서로 직교하는 평면상에서 발생함**을 알 수 있다.

주응력의 값은 θ_p의 두 값을 각각 응력 변환방정식(식 6-4a)에 대입하고 σ_{x_1}에 대하여 풀면 쉽게 계산될 수 있다. 이러한 방법으로 주응력을 결정하면, 주응력의 값을 얻을 뿐만 아니라 어느 주응력이 어느 주각과 관련이 있는지를 알 수 있다.

또한 주응력에 대한 일반적인 공식을 얻을 수도 있다. 이를 위해, 식 (6-11)로부터 그린 그림 6-10의 직각 삼각형을 참조한다. 피타고라스의 정리로부터 구한 삼각형의 빗변은 다음과 같다.

$$R = \sqrt{\left(\frac{\sigma_x - \sigma_y}{2}\right)^2 + \tau_{xy}^2} \qquad (6\text{-}12)$$

양 R은 항상 양의 값을 가지며, 삼각형의 다른 두 변과 같이 응력의 단위를 가진다. 삼각형으로부터 두 개의 관계식을 더 얻을 수 있다.

$$\cos 2\theta_p = \frac{\sigma_x - \sigma_y}{2R} \qquad \sin 2\theta_p = \frac{\tau_{xy}}{R} \quad (6\text{-}13\text{a, b})$$

이제 $\cos 2\theta_p$ 및 $\sin 2\theta_p$에 대한 위의 식을 식 (6-4a)에 대입하여, 두 주응력 중 대수적으로 더 큰 것을 구하여 이것을 σ_1로 표시하면 다음과 같다.

$$\sigma_1 = \sigma_{x_1} = \frac{\sigma_x + \sigma_y}{2} + \frac{\sigma_x - \sigma_y}{2}\cos 2\theta_p + \tau_{xy}\sin 2\theta_p$$

$$= \frac{\sigma_x + \sigma_y}{2} + \frac{\sigma_x - \sigma_y}{2}\left(\frac{\sigma_x - \sigma_y}{2R}\right) + \tau_{xy}\left(\frac{\tau_{xy}}{R}\right)$$

식 (6-12)의 R 값을 대입하고 간단한 대수적 조작을 하면 다음 식을 얻는다.

$$\sigma_1 = \frac{\sigma_x + \sigma_y}{2} + \sqrt{\left(\frac{\sigma_x - \sigma_y}{2}\right)^2 + \tau_{xy}^2} \quad (6\text{-}14)$$

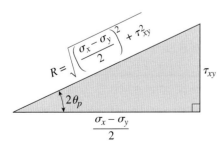

그림 6-10 식 (6-11)의 기하학적 표현

σ_2라고 표시된, 주응력들 중에 작은 응력은 서로 수직한 면에 작용하는 수직응력의 합은 항상 일정하다는 조건으로부터 구한다(식 6-6 참조).

$$\sigma_1 + \sigma_2 = \sigma_x + \sigma_y \qquad (6\text{-}15)$$

σ_1에 대한 식을 식 (6-15)에 대입하여 σ_2에 대해 풀면, 다음 식을 얻는다.

$$\sigma_2 = \sigma_x + \sigma_y - \sigma_1$$

$$= \frac{\sigma_x + \sigma_y}{2} - \sqrt{\left(\frac{\sigma_x - \sigma_y}{2}\right)^2 + \tau_{xy}^2} \quad (6\text{-}16)$$

이 식은 σ_1에 대한 식과 같은 형태이나 다만 다른 것은 제곱근 앞에 음의 부호가 있다는 것이다.

σ_1과 σ_2에 대한 앞의 공식은 **주응력**에 대한 하나의 식으로 조합할 수 있다.

$$\sigma_{1,2} = \frac{\sigma_x + \sigma_y}{2} \pm \sqrt{\left(\frac{\sigma_x - \sigma_y}{2}\right)^2 + \tau_{xy}^2} \quad (6\text{-}17)$$

양의 부호는 대수적으로 보다 큰 주응력을, 그리고 음의 부호는 대수적으로 보다 작은 주응력을 나타낸다.

주각

각각 주응력 σ_1과 σ_2이 작용하는 두 주평면을 정의하는 각을 θ_{p_1}과 θ_{p_2}로 표시하자. 이 두 각은 $\tan 2\theta_p$에 대한 식 (6-11)로부터 구할 수 있다. 그러나 그 식으로부터 어느 각이 θ_{p_1}이고 어느 각이 θ_{p_2}인지를 알 수 없다. 이것을 결정하는 간단한 과정은 그 값들 중의 하나를 택하여 σ_{x_1}에 대한 식 (6-4a)에 대입하는 것이다. σ_{x_1}의 대한 결과 값은 σ_1또는 σ_2 중 어느 것인가를 알려준다(식 6-17로부터 σ_1과 σ_2 의 값을 이미 구했다고 가정하면). 따라서 두 개의 주각과 두 개의 주응력이 서로 연관된다.

주각과 주응력을 연관시키는 다른 방법은 θ_p를 구하기 위해 식 (6-13a)와 (6-13b)를 이용하는 것이다. 왜냐하면 이들 식을 **모두** 만족시키는 유일한 각이 θ_{p_1}이기 때문이다. 그러므로 이 식들을 다음과 같이 다시 쓸 수 있다.

$$\cos 2\theta_{p_1} = \frac{\sigma_x - \sigma_y}{2R} \qquad \sin 2\theta_{p_1} = \frac{\tau_{xy}}{R} \quad (6\text{-}18\text{a, b})$$

이 식들을 모두 만족시키는 각은 $0°$와 $360°$사이에 오직 한 개만이 존재한다. 따라서 θ_{p_1}의 값은 식 (6-18a)와 (6-18b)로부터 유일하게 결정될 수 있다. σ_2에 대응하는 θ_{p_2}는 θ_{p_1}에 의해 정의되는 평면에 수직인 평면을 정의한다. 그러므로 θ_{p_2}는 θ_{p_1}보다 $90°$큰 값을 택하거나 $90°$작은 값을 취한다.

주평면에서의 전단응력

주평면에 관한 중요한 특성은 전단응력에 대한 변환방정식(식 6-4b)으로부터 얻을 수 있다. 이 전단응력 $\tau_{x_1y_1}$을 0으로 놓으면 식 (6-10)과 같은 식을 얻을 수 있다. 그러므로 그 식을 각 2θ에 대해서 풀면, 전과 같은 $\tan 2\theta$에 대한 식 (6-11)을 얻는다. 다시 말하면, 전단응력이 0 인 평면에 대한 각은 주평면에 대한 각과 꼭 같다.

따라서 주평면에 관한 다음과 같은 중요한 관찰을 할 수 있다. 전단응력은 주평면에서는 0이다.

특수한 경우

단축응력 및 **2축 응력**의 요소에 대한 주평면은 x면과 y면 그 자체이다(그림 6-11). 왜냐하면 $\tan 2\theta_p = 0$ (식 6-11 참조)이고 θ_p의 두 값이 $0°$와 $90°$이기 때문이다. 또한 이 평면 위에서 전단응력은 0이라는 사실로부터 x와 y평면이 주평면이라는 사실을 알 수 있다.

순수전단의 요소(그림 6-12a)에 대하여, 주평면은 x축에

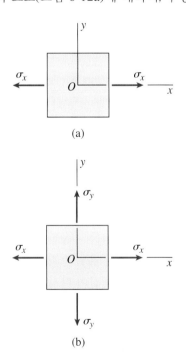

그림 6-11 단축응력과 2축 응력을 받는 요소

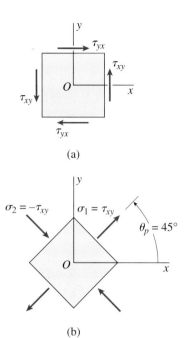

그림 6-12 (a) 순수전단을 받는 요소, (b) 주응력

대해 $45°$로 회전한 방향에 있다. 왜냐하면 $\tan 2\theta_p$가 무한대이고 θ_p의 두 값은 $45°$와 $135°$이기 때문이다. τ_{xy}가 양이라면, 주응력은 $\sigma_1 = \tau_{xy}$ 이고 $\sigma_2 = -\tau_{xy}$ 이다(순수전단에 대한 논의는 3.5절 참조).

세 번째 주응력

주응력에 대한 앞의 논의에서는 xy평면 내에서 축 회전, 즉 z축에 대한 회전(그림 6-13a)만 언급하였다. 그러므로 식 (6-17)로부터 구한 두 주응력은 **평면 내 주응력(in-plane principal stress)**이라고 부른다. 그러나 응력 요소는 사실상 3차원이며, 상호 수직인 세 개의 평면 위에 작용하는 세 개(두 개가 아닌)의 주응력 을 갖고 있다는 사실을 간과해서는 안 된다.

보다 완전한 3차원 해석에 의해, 평면응력 요소에 대한 세 개의주평면은 이미 설명한 바 있는 두 개의 주평면과 그 요소의 z면을 더한 것임을 보여줄 수 있다. 이러한 주평면은 그림 6-13b에 나타나 있는데, 여기서 응력요소는 주응력 σ_1에 대응하는 주각 θ_{p_1}만큼 회전된다. 주응력 σ_1 와 σ_2는 식 (6-17)에 의해 주어지며, 세 번째 주응력 (σ_3)은 0 이다.

정의에 의해 σ_1은 대수적으로 σ_2 보다 크지만, σ_3는 대수적으로 σ_1과 σ_2 보다 클 수도 있고, σ_1과 σ_2 사이의 값일 수도 있으며, 또는 작을 수도 있다. 물론 주응력 중 일부 또는 모두가 같을 수도 있다. 주평면에는 전단응력이 없다는

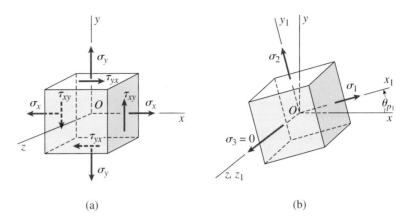

그림 6-13 평면응력 상태의 요소: (a) 원래의 요소, (b) 3개의 주평면과 3개의 주응력 방향으로 회전된 요소

(a)   (b)

것을 또다시 유의하라.[*]

최대 전단응력

평면응력 상태의 요소에 대하여 주응력과 그들의 방향을 구하였으므로, 이제 최대 전단응력과 그 응력들이 작용하는 평면을 구하는 과정을 고찰한다. 경사면 위에 작용하는 전단응력 $\tau_{x_1y_1}$은 두 번째 변환방정식(식 6-4b)에 의해 주어진다. θ에 관하여 $\tau_{x_1y_1}$의 미분을 취하여 이것을 0으로 놓으면 다음을 얻는다.

$$\frac{d\tau_{x_1y_1}}{d\theta} = -(\sigma_x - \sigma_y)\cos 2\theta - 2\tau_{xy}\sin 2\theta = 0 \quad (6\text{-}19)$$

$$\tan 2\theta_s = -\frac{\sigma_x - \sigma_y}{2\tau_{xy}} \quad (6\text{-}20)$$

아래첨자 s는 각 θ_s가 양과 음의 최대 전단응력 평면의 방향을 정의한다는 것을 나타낸다.

식 (6-20)에서 θ_s의 한 값은 0°에서 90° 사이에 있고, 다른 한 값은 90°와 180° 사이에 있다. 게다가, 이들 두 값은 90 차이를 가지므로 최대 전단응력들은 서로 직교하는 평면 위에서 일어난다. 서로 수직인 평면에 작용하는 전단응력은 그 절대값이 같으므로, 양과 음의 최대 전단응력들은 부호만이 다르다.

θ_s에 관한 식 (6-20)과 θ_p에 관한 식 (6-11)을 비교하여 다음 식을 얻는다.

$$\tan 2\theta_s = -\frac{1}{\tan 2\theta_p} = -\cot 2\theta_p \quad (6\text{-}21)$$

이 식으로부터, 각 θ_s와 각 θ_p 사이의 관계를 얻을 수 있다. 먼저 앞의 식을 다시 쓰면 다음과 같다.

$$\frac{\sin 2\theta_s}{\cos 2\theta_s} + \frac{\cos 2\theta_p}{\sin 2\theta_p} = 0$$

분모의 항들을 곱함으로써 다음과 같은 식을 얻는다.

$$\sin 2\theta_s \sin 2\theta_p + \cos 2\theta_s \cos 2\theta_p = 0$$

이 식은 다음 식과 동일하다(부록 C 참조).

$$\cos(2\theta_s - 2\theta_p) = 0$$

그러므로

$$2\theta_s - 2\theta_p = \pm 90°$$

이 되고, 다음 식을 얻는다.

$$\theta_s = \theta_p \pm 45° \quad (6\text{-}22)$$

이 식은 **최대 전단응력 평면은 주평면과 45°를 이룬다**는 것을 보여준다.

양의 최대 전단응력 $\tau_{\max}$의 평면은 각 θ_{s_1}에 의해 정의되며, 다음 식이 적용된다.

$$\cos 2\theta_{s_1} = \frac{\tau_{xy}}{R} \qquad \sin 2\theta_{s_1} = -\frac{\sigma_x - \sigma_y}{2R} \quad (6\text{-}23 \text{ a, b})$$

여기서 R은 식 (6-12)로 주어진다. 또한 각 θ_{s_1}은 다음과 같이 각 θ_{p_1} (식 6-18a와 6-18b 참조)와 관계된다.

---

[*] 주응력의 결정은 행렬 대수학에서 고유치 해석으로 알려진 수학적 해석 방법의 한 가지 예이다. 응력 변환방정식과 주응력의 개념은 프랑스 수학자인 A.L. Cauchy(1789~1857)와 Barré de Saint-Venant(1797~1886) 그리고 스코틀랜드 과학자이자 공학자인 W.J. Rankine(1820~1872)에 의한 것이다. 참고문헌 6-1, 6-2와 6-3 참조.

$$\theta_{s_1} = \theta_{p_1} - 45° \qquad (6\text{-}24)$$

이에 대응하는 최대 전단응력은 $\cos 2\theta_{s_1}$와 $\sin 2\theta_{s_1}$을 두 번째 변환방정식(식 6-4b)에 대입하여 구한다.

$$\tau_{\max} = \sqrt{\left(\frac{\sigma_x - \sigma_y}{2}\right)^2 + \tau_{xy}^2} \qquad (6\text{-}25)$$

음의 최대 전단응력 $\tau_{\min}$은 크기가 같으나 부호는 반대이다.

최대 전단응력에 대한 다른 표현은 식 (6-17)에 의해 주어진 주응력 σ_1과 σ_2로부터 얻을 수 있다. σ_1에 대한 식에서 σ_2에 대한 식을 빼고, 이를 식 (6-25)와 비교하면 다음을 알 수 있다.

$$\tau_{\max} = \frac{\sigma_1 - \sigma_2}{2} \qquad (6\text{-}26)$$

따라서 최대 전단응력은 주응력 차이의 반과 같다.

최대 전단응력이 작용하는 평면에는 수직응력도 작용한다. 양의 최대 전단응력의 평면에 작용하는 **수직응력**은 각 θ_{s_1}에 대한 식(식 6-23a와 6-23b)을 σ_{x_1}에 대한 식(식 6-4a)에 대입하여 구할 수 있다. 결과적인 응력은 x와 y평면에 작용하는 수직응력의 평균과 같다.

$$\sigma_{\text{aver}} = \frac{\sigma_x + \sigma_y}{2} \qquad (6\text{-}27)$$

이것과 똑같은 수직응력이 음의 최대 전단응력의 평면에 작용한다.

단축응력과 **2축 응력**(그림 6-11)의 특수한 경우, 최대 전단응력 평면은 x와 y축에 대해 45° 회전한 위치에 있다. 순수전단(그림 6-12)의 경우, 최대 전단응력은 x와 y평면 위에서 일어난다.

평면 내와 평면 외에서의 전단응력

앞의 전단응력에 대한 해석은 xy 평면에 작용하는 **평면 내 전단응력**만 취급하였다. 평면 내의 최대 전단응력(식 6-25와 6-26)을 구하기 위해, 주축인 z축에 대해 xyz축을 회전시켜서 얻어진 요소를 고려하였다(그림 6-13a). 최대 전단응력이 주평면에서 45° 회전한 평면에서 발생한다는 것을 알았다. 그림 6-13a의 요소에 대한 주평면을 그림 6-13b에 나타내며, 여기서 σ_1과 σ_2는 주응력이다. 따라서 평면 내의 최대 전단응력은, z_1축에 대하여 $x_1y_1z_1$축(그림 6-13b)을 45° 회전시켜서 얻은 요소에서 찾을 수 있다. 이러한 응력은 식 (6-25) 또는 (6-26)에 의해 주어진다.

또한 최대 전단응력은 다른 두 주축 (그림 6-13b의 x_1, y_1축)에 대해 45°회전시켜서 얻을 수 있다. 결과적으로, **양의 최대 전단응력**과 **음의 최대 전단응력**의 세 가지 식이 얻어진다(식 6-26과 비교).

$$(\tau_{\max})_{x_1} = \pm \frac{\sigma_2}{2} \quad (\tau_{\max})_{y_1} = \pm \frac{\sigma_1}{2}$$
$$(\tau_{\max})_{z_1} = \pm \frac{\sigma_1 - \sigma_2}{2} \qquad (6\text{-}28\ a,b,c)$$

여기서 아래첨자들은 45° 회전이 일어나는 주축을 가리킨다. x_1축과 y_1축에 대한 회전으로부터 구해지는 전단응력을 **평면 외 전단응력**이라고 한다.

σ_1과 σ_2의 대수값은 앞에서 보인 표현식 중 어느 것이 수치적으로 가장 큰 전단응력인가를 결정한다. σ_1과 σ_2가 같은 부호를 가지면 첫 번째 두 표현식 중 하나가 수치적으로 가장 크고, 그들의 부호가 반대이면 마지막 표현식이 가장 큰 값이 된다.

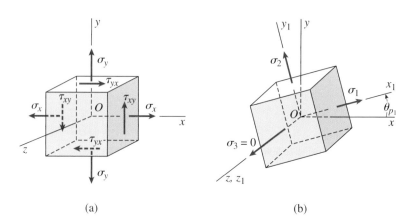

그림 6-13 (반복)　　　　　　　　　　　(a)　　　　　　　　(b)

예제 6-3

평면응력 상태의 요소가 그림 6-14a에서와 같이, 응력 $\sigma_x = 84$ MPa, $\sigma_y = -30$ MPa 및 $\tau_{xy} = -32$ MPa를 받고 있다.

(a) 주응력을 구하고 적절하게 회전시킨 요소 위에 이 응력들을 표시하라.

(b) 최대 전단응력을 구하고 적절하게 회전시킨 요소 위에 이 응력들을 표시하라. (평면 내 응력만 고려한다.)

풀이

(a) 주응력. 주평면의 위치를 나타내는 주각 θ_p는 식 (6-11)로부터 구할 수 있다.

$$\tan 2\theta_p = \frac{2\tau_{xy}}{\sigma_x - \sigma_y} = \frac{2(-32\text{ MPa})}{84\text{ MPa} - (-30\text{ MPa})} = -0.5614$$

각도에 대해 풀면, 다음과 같은 두 세트의 값을 얻는다.

$$2\theta_p = 150.6° \quad \text{이고} \quad \theta_p = 75.3°$$
$$2\theta_p = 330.6° \quad \text{이고} \quad \theta_p = 165.3°$$

주응력은 $2\theta_p$의 두 값을 σ_{x_1}에 대한 변환방정식(식 6-4a)에 대입하여 구한다. 예비적인 계산으로 다음 양을 먼저 결정한다.

$$\frac{\sigma_x + \sigma_y}{2} = \frac{84\text{ MPa} - 30\text{ MPa}}{2} = 27\text{ MPa}$$

$$\frac{\sigma_x - \sigma_y}{2} = \frac{84\text{ MPa} + 30\text{ MPa}}{2} = 57\text{ MPa}$$

이제 위의 값과 $2\theta_p$의 첫 번째 값을 식 (6-4a)에 대입하면 다음과 같다.

$$\sigma_{x_1} = \frac{\sigma_x + \sigma_y}{2} + \frac{\sigma_x - \sigma_y}{2}\cos 2\theta + \tau_{xy}\sin 2\theta$$
$$= 27\text{ MPa} + (57\text{ MPa})(\cos 150.6°) - (32\text{ MPa})(\sin 150.6°)$$
$$= -38.4\text{ MPa}$$

비슷한 방법으로, $2\theta_p$의 두 번째 값을 대입하면 $\sigma_{x_1} = 92.4$ MPa를 얻는다. 그러므로 주응력과 이에 대응하는 주각은 다음과 같다.

$$\sigma_1 = 92.4\text{ MPa} \quad \text{이고} \quad \theta_{p_1} = 165.3° \quad \Longleftarrow$$
$$\sigma_2 = -38.4\text{ MPa} \quad \text{이고} \quad \theta_{p_2} = 75.3° \quad \Longleftarrow$$

θ_{p_1}과 θ_{p_2}는 90°만큼 차이가 나고, $\sigma_1 + \sigma_2 = \sigma_x + \sigma_y$임을 유의하라.

주응력은 그림 6-14b의 적절하게 회전된 요소 위에 보여주고 있다. 물론 전단응력은 주평면 위에 작용하지 않는다.

주응력에 대한 별해. 주응력은 또한 직접 식 (6-17)로부터 계산할 수도 있다.

$$\sigma_{1,2} = \frac{\sigma_x + \sigma_y}{2} \pm \sqrt{\left(\frac{\sigma_x - \sigma_y}{2}\right)^2 + \tau_{xy}^2}$$
$$= 27\text{ MPa} \pm \sqrt{(57\text{ MPa})^2 + (-32\text{ MPa})^2}$$
$$\sigma_{1,2} = 27\text{ MPa} \pm 65.4\text{ MPa}$$

따라서 다음 값들을 구한다.

$$\sigma_1 = 92.4\text{ MPa} \quad \sigma_2 = -38.4\text{ MPa}$$

σ_1이 작용하는 평면에 대한 각 θ_{p_1}은 식 (6-18a)와 (6-18b)로부터 구한다.

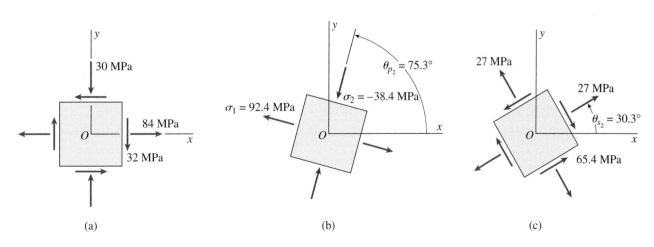

그림 6-14 예제 6-3. (a) 평면응력 상태의 요소, (b) 주응력, (c) 최대 전단응력

$$\cos 2\theta_{P_1} = \frac{\sigma_x - \sigma_y}{2R} = \frac{57 \text{ MPa}}{65.4 \text{ MPa}} = 0.8715$$

$$\sin 2\theta_{P_1} = \frac{\tau_{xy}}{R} = \frac{-32 \text{ MPa}}{65.4 \text{ MPa}} = -0.4893$$

여기서 R은 식 (6-12)에 의해 주어지고, 주응력 σ_1과 σ_2에 대한 앞의 계산에서 제곱근 항과 같다.

위에서 열거한 사인과 코사인 값을 만족하고 각도가 0°와 360° 사이에 있는 유일한 각은 $2\theta_{p_1} = 330.3°$이다. 그러므로 $\theta_{p_1} = 165.3$이다. 이 각은 대수적으로 더 큰 주응력 $\sigma_1 = 92.4$ MPa과 관련이 있다. 다른 각은 θ_{p_1}보다 90°만큼 더 크거나 또는 더 작다. 그러므로 $\theta_{p_2} = 75.3°$이다. 이 각은 보다 작은 주응력 $\sigma_2 = -38.4$ MPa에 대응한다. 주응력과 주각에 대한 이 결과들은 앞의 계산과 일치한다.

(b) **최대 전단응력.** 평면 내 최대 전단응력은 식 (6-25)로 주어진다.

$$\tau_{\max} = \sqrt{\left(\frac{\sigma_x - \sigma_y}{2}\right)^2 + \tau_{xy}^2}$$

$$= \sqrt{(57 \text{ MPa})^2 + (-32 \text{ MPa})^2} = 65.4 \text{ MPa}$$

양의 최대 전단응력을 갖는 평면에 대한 각 θ_{s_1}은 식 (6-24)로부터 계산된다.

$$\theta_{s_1} = \theta_{p_1} - 45° = 165.3° - 45° = 120.3°$$

따라서 음의 최대 전단응력은 $\theta_{s_2} = 120.3° - 90° = 30.3°$인 평면에 작용한다.

최대 전단응력의 평면에 작용하는 수직응력은 식 (6-27)로부터 계산된다.

$$\sigma_{\text{aver}} = \frac{\sigma_x + \sigma_y}{2} = 27 \text{ MPa}$$

마지막으로, 최대 전단응력과 이에 관련된 수직응력은 그림 6-14c의 응력요소에서 보여주고 있다. 최대 전단응력을 구하는 다른 접근방법으로, 각 θ_s의 두 값을 결정하기 위하여 식 (6-20)을 사용한 다음에, 이에 대응하는 전단응력을 얻기 위하여 두 번째 변환방정식 (6-4b)를 사용할 수 있다.

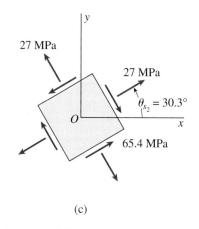

그림 6-14c (반복)

6.4 평면응력에 대한 Mohr 원

평면응력에 대한 변환방정식은 **Mohr 원**(Mohr's circle)이라고 알려진 도식적인 형태로 나타낼 수 있다. 이러한 도식적 표현은 응력을 받는 물체의 한 점에서 여러 경사면에 작용하는 수직 및 전단응력의 관계를 가시화시켜 주기 때문에 매우 유용하다. 이것은 또한 주응력, 최대 전단응력 및 경사면에서의 응력을 계산하는 수단을 제공한다. 더 나아가 Mohr 원은 응력뿐만 아니라 변형률과 관성모멘트를 포함하는 유사한 수학적 현상들의 양들을 표현하는 데도 유효하다.[*]

Mohr 원의 방정식

Mohr 원의 방정식은 평면응력에 대한 변환방정식(식 6-4a와 6-4b)으로부터 유도될 수 있다. 그 두 방정식이 여기서 반복되지만, 첫 번째 식을 약간만 다시 배열하면 다음과 같다.

$$\sigma_{x_1} - \frac{\sigma_x + \sigma_y}{2} = \frac{\sigma_x - \sigma_y}{2} \cos 2\theta + \tau_{xy} \sin 2\theta \quad \text{(6-29a)}$$

$$\tau_{x_1y_1} = -\frac{\sigma_x - \sigma_y}{2} \sin 2\theta + \tau_{xy} \cos 2\theta \quad \text{(6-29b)}$$

---

[*] Mohr 원은 1882년에 이 원을 개발한 유명한 독일의 토목공학자 Otto Christian Mohr (1835-1918)의 이름을 따랐다(참고문헌 6-4).

해석 기하학으로부터, 이 두 식이 매개변수 형태로 표현되는 원의 방정식임을 알아야 한다. 각 2θ는 매개변수이고 σ_{x_1}과 $\tau_{x_1y_1}$은 좌표이다. 그러나 이 단계에서 방정식의 특성을 인식해야 할 필요가 없다. 매개변수들을 소거한다면, 방정식의 중요성은 명백할 것이다.

매개변수 2θ를 소거하기 위해, 각 방정식의 양변을 제곱하고, 2개의 식을 합한다. 그러면 방적식의 결과는 아래와 같다.

$$\left(\sigma_{x_1} - \frac{\sigma_x + \sigma_y}{2}\right)^2 + \tau_{x_1y_1}^2 = \left(\frac{\sigma_x - \sigma_y}{2}\right)^2 + \tau_{xy}^2 \quad (6\text{-}30)$$

이 식은 6.3절(식 6-27과 6-12 참조)에서 얻은 다음 식을 사용하면 더욱 간단한 형태로 표현할 수 있다.

$$\sigma_{\text{aver}} = \frac{\sigma_x + \sigma_y}{2} \qquad R = \sqrt{\left(\frac{\sigma_x - \sigma_y}{2}\right)^2 + \tau_{xy}^2} \quad (6\text{-}31\text{a, b})$$

이제 식 (6-30)은 다음과 같이 된다.

$$(\sigma_{x_1} - \sigma_{\text{aver}})^2 + \tau_{x_1y_1}^2 = R^2 \qquad (6\text{-}32)$$

이것은 표준 대수 형태의 원의 방정식이다. 좌표는 σ_{x_1}과 $\tau_{x_1y_1}$이고, 반지름은 R이며, 원의 중심좌표는 $\sigma_{x_1} = \sigma_{\text{aver}}$와 $\tau_{x_1y_1} = 0$이다.

Mohr 원의 두 가지 형태

Mohr 원은 식 (6-29)와 (6-32)로부터 2가지의 다른 방법으로 그려질 수 있다. Mohr 원의 첫 번째 형태에서, 그림 6-15a에서와 같이 σ_{x_1}을 오른쪽이 양이 되도록, $\tau_{x_1y_1}$을 아래쪽이 양이 되도록 그린다. 전단응력을 아래쪽이 양이 되도록 그리는 경우의 장점은, Mohr 원에서의 각 2θ 가 반시계방향일 때 양이라 정한 것이, 변환방정식의 유도과정에서 2θ의 양의 방향과 일치한다는 점이다(그림 6-1과 6-2 참조).

Mohr 원의 두 번째 형태에서는, $\tau_{x_1y_1}$은 위쪽이 양으로 그려지나, 여기서는 보통의 양의 방향과는 반대로 각 2θ는 이제 시계방향이 양이 된다(그림 6-15b)

Mohr 원의 2가지 형태 모두가 수학적으로 정확하고, 둘 중 어느 것이라도 사용될 수 있다. 그러나 각 2θ의 양의 방향이 요소 자체에서처럼 Mohr 원에서도 동일하면 응력요소의 방향을 가시화하는 것은 훨씬 쉬워질 것이다. 더구나 반시계방향의 회전은 회전에 대한 관습적인 오른손 법칙과 일치한다.

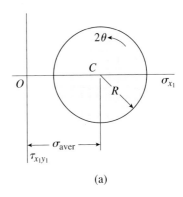

(a)

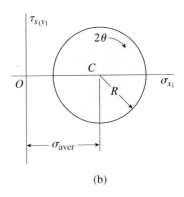

(b)

그림 6-15 Mohr 원의 2가지 형태: (a) $\tau_{x_1y_1}$는 아래쪽이 양이고 각 2θ는 반시계방향이 양인 경우, (b) $\tau_{x_1y_1}$는 위쪽이 양이고 각 2θ는 시계 방향이 양인 경우. (주: 이 책은 첫 번째 형태를 사용한다.)

따라서 이 교재에서는 양의 전단응력이 아래 방향으로 그려지고 2θ의 양의 방향이 반시계방향으로 그려지는 Mohr 원의 첫 번째 형태(그림 6-15a)를 선택할 것이다.

Mohr 원의 작도

Mohr 원은 알려진 응력과 찾아야 할 응력들이 어느 것인가에 따라 다양한 방법으로 그려질 수 있다. 원의 기본 성질을 나타내는 직접적인 목적을 위해, 평면응력 상태에 있는 요소의 x면과 y면에 작용하는 응력 σ_x, σ_y 및 τ_{xy}를 알고 있다고 가정하자(그림 6-16a). 이 정보는 원을 작도하는 데 충분하다는 것을 알게 될 것이다. 그러면 그려진 원에서, 경사진 요소(그림 6-16b)에 작용하는 응력 σ_{x_1}, σ_{y_1} 및 $\tau_{x_1y_1}$을 결정할 수 있다. 또한 원으로부터 주응력과 최대 전단응력을 얻을 수 있다.

σ_x, σ_y 및 τ_{xy}를 알 때 **Mohr 원을 그리는 절차**는 다음과 같다(그림 6-16c 참조).

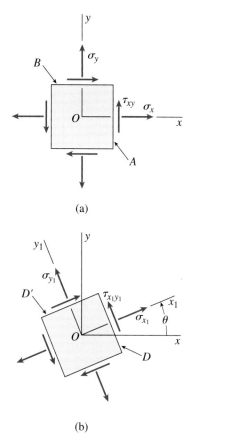

(a)

(b)

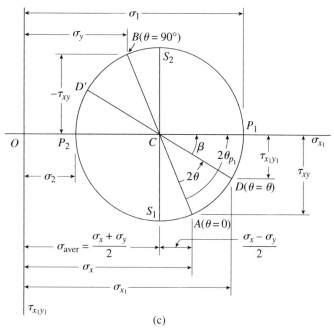

(c)

그림 6-16 평면 응력에 대한 Mohr 원 작도

1. σ_{x_1}을 가로축(오른쪽이 양인)으로, $\tau_{x_1y_1}$을 세로축(아래쪽이 양인)으로 하는 좌표계를 그린다.

2. 좌표가 $\sigma_{x_1} = \sigma_{\text{aver}}$이고 $\tau_{x_1y_1} = 0$인 점에 원의 중심 C를

위치시킨다(식 6-31a와 6-32 참조).

3. $\sigma_{x_1} = \sigma_x$이고 $\tau_{x_1y_1} = \tau_{xy}$인 좌표를 그려서, 그림 6-16a의 요소에서 x면의 응력상태를 나타내는 점 A를 정한다. 이 때 원상의 점 A는 $\theta = 0$에 해당하는 면임을 유의하라. 또한 요소의 x 면(그림 6-16a)이 원상의 A점과 서로 대응된다는 것을 보여주기 위해 이 면에 "A"로 표시함을 유의한다.

4. $\sigma_{x_1} = \sigma_y$이고 $\tau_{x_1y_1} = -\tau_{xy}$인 좌표를 그려서, 그림 6-16a의 요소에서 y면의 응력상태를 나타내는 점 B를 정한다. 원상의 점 B는 $\theta = 90°$에 해당하는 면임을 유의하라. 추가로, 요소의 y면(그림 6-16a)이 원상의 B점과 서로 대응된다는 것을 보여주기 위해, 이 면에 "B"로 표시한다.

5. 점 A에서 점 B까지 직선을 그린다. 이 직선은 원의 지름이며 원의 중심 C를 지난다. 서로 90°인 떨어진 평면들의 응력상태를 나타내는 점 A와 B(그림 6-16a)는 지름의 양끝이 된다(따라서 원에서는 180° 떨어져 있다).

6. 점 C를 중심으로 하고 점 A와 B를 지나는 Mohr 원을 그린다. 이 방법으로 그려진 원은 다음 문단에서와 설명되는 것과 같은 반지름 R(식 6-31b)을 가진다.

이제 Mohr 원을 그리게 되었으며, 여기서 기하학적으로 선분 CA와 CB가 원의 반지름이고 R과 같은 길이를 가진다는 것을 확인할 수 있다. 점 C와 A의 가로 좌표가 각각 $(\sigma_x + \sigma_y)/2$와 σ_x가 됨을 알 수 있다. 그림에서와 같이, 이 가로 좌표의 차이는 $(\sigma_x - \sigma_y)/2$ 이다. 또한 점 A의 세로 좌표는 τ_{xy} 이다. 따라서 선분 CA는 한 변의 길이가 $(\sigma_x - \sigma_y)/2$이고, 다른 한 변의 길이가 τ_{xy} 인 직각삼각형의 빗변이 된다. 이 두 변의 제곱의 합에 대해 제곱근을 취하면 반지름 R을 얻는다.

$$R = \sqrt{\left(\frac{\sigma_x - \sigma_y}{2}\right)^2 + \tau_{xy}^2}$$

이것은 식 (6-31b)와 같다. 같은 절차를 통해, 선분 CB의 길이 또한 원의 반지름 R과 같음을 알 수 있다.

경사진 요소에서의 응력

이제 x축으로부터 각 θ 만큼 회전된 평면응력 요소의 면에 작용하는 응력 σ_{x_1}, σ_{y_1} 및 $\tau_{x_1y_1}$을 고려할 것이다(그림 6-16b). 각 θ를 알고 있다면, 이 응력들은 Mohr 원으로부터 구할 수 있다. 그 절차는 다음과 같다.

원(그림 6-16c)에서, 반지름 CA로부터 반시계방향으로

각 2θ만큼을 측정한다. 왜냐하면 점 A는 $\theta = 0$에 대한 점이고, 각을 측정하는 기준점이기 때문이다. 각 2θ의 위치에 있는 점 D의 좌표는(다음 문단에서 기술된 바와 같이) σ_{x_1}과 $\tau_{x_1y_1}$이다. 따라서 원상의 점 D는 그림 6-16b의 요소의 x_1면의 응력을 나타낸다. 결과적으로, 그림 6-16b에서 요소의 이 면은 "D"라 표시된다.

Mohr 원에서의 각 2θ는 응력요소에서의 각 θ와 일치함을 유의하라. 예를 들어, 원상의 점 D는 점 A로부터 2θ 만큼 회전한 곳에 있지만, 그림 6-16b의 요소에서 x_1면("D"라 표시된 면)은 그림 6-16a의 요소에서 x면("A"라 표시된 면)으로부터 θ 만큼 회전한 점에 있다. 마찬가지로, 점 A와 B는 원상에서 $180°$ 떨어져 있지만, 이에 대응하는 요소의 면(그림 6-16a)은 $90°$ 떨어져 있다.

원상의 점 D의 좌표 σ_{x_1}과 $\tau_{x_1y_1}$이 실제로 응력 변환방정식(식 6-4a와 6-4b)에 의한 값과 같다는 것을 보이기 위해, 다시 원의 기하학적 관계를 이용한다. 반지름 선분 CD와 σ_{x_1} 축 사이의 각을 β라 하자. 그러면, 그림의 기하학적 관계로부터 점 D의 좌표에 대한 표현식을 다음과 같이 얻는다.

$$\sigma_{x_1} = \frac{\sigma_x + \sigma_y}{2} + R \cos \beta \qquad \tau_{x_1y_1} = R \sin \beta \quad \text{(6-33a, b)}$$

반지름 CA와 수평축 사이의 각이 $2\theta + \beta$임을 유의하면 다음 식을 얻는다.

$$\cos (2\theta + \beta) = \frac{\sigma_x - \sigma_y}{2R} \qquad \sin (2\theta + \beta) = \frac{\tau_{xy}}{R}$$

코사인과 사인에 대한 식(부록 C 참조)을 전개하면 다음과 같은 식을 얻는다.

$$\cos 2\theta \cos \beta - \sin 2\theta \sin \beta = \frac{\sigma_x - \sigma_y}{2R} \qquad \text{(a)}$$

$$\sin 2\theta \cos \beta + \cos 2\theta \sin \beta = \frac{\tau_{xy}}{R} \qquad \text{(b)}$$

위 식들의 첫 번째 식에 $\cos 2\theta$를 곱하고 두 번째 식에 $\sin 2\theta$를 곱한 다음에 더하면 다음과 같은 식을 얻는다.

$$\cos \beta = \frac{1}{R} \left(\frac{\sigma_x - \sigma_y}{2} \cos 2\theta + \tau_{xy} \sin 2\theta \right) \qquad \text{(c)}$$

또한 식 (a)에 $\sin 2\theta$를 곱하고 식 (b)에 $\cos 2\theta$ 를 곱한 다음에 빼면 다음과 같은 식을 얻는다.

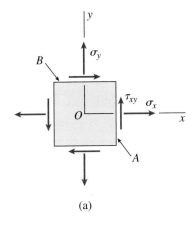

(a)

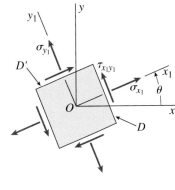

(b)

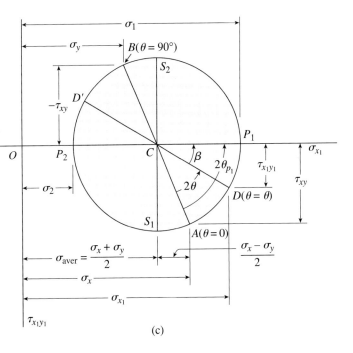

(c)

그림 6-16 (반복)

$$\sin \beta = \frac{1}{R} \left(-\frac{\sigma_x - \sigma_y}{2} \sin 2\theta + \tau_{xy} \cos 2\theta \right) \qquad \text{(d)}$$

$\cos \beta$와 $\sin \beta$에 대한 이 표현식을 식 (6-33a)와 (6-33b)에 대입하면 σ_{x_1}과 $\tau_{x_1y_1}$에 대한 응력 변환방정식을 얻는다(식 6-4a와 6-4b). 따라서 각 2θ로 정의된 Mohr 원상의 점 D가 각 θ로 정의된 응력요소의 x_1면에 대한 응력 상태를 나타낸다는 것을 보였다(그림 6-16b).

지름방향으로 D점과 반대인 점 D'는 점 D에 대한 각 2θ(선분 CA로부터 측정된)보다 180°가 더 큰 각에 위치한다. 따라서 원상의 점 D'는 점 D로 표시된 면으로부터 90° 회전한 응력요소의 면에 작용하는 응력을 나타낸다(그림 6-16b). 따라서 원상의 지점 D'는 응력요소의 y_1면(그림 6-16b에서 "D"로 표시된 면) 위의 응력 σ_{y_1}과 $-\tau_{x_1y_1}$을 나타낸다.

이러한 논의로부터, Mohr 원상의 점들에 의해 표현되는 응력이 어떻게 요소에 작용하는 응력과 관계되는지를 알 수 있다. 각 θ로 정의되는 경사면(그림 6-16b)의 응력은 원상에서 기준점(점 A)으로부터의 각도가 2θ인 점에서 구해진다. 따라서 x_1y_1 축을 반시계방향으로 θ만큼 회전했을 때(그림 6-16b), x_1 면과 일치하는 Mohr 원상의 지점은 각 2θ만큼 반시계방향으로 움직인다. 마찬가지로, 축을 시계방향으로 회전시킨다면 원상의 점은 2배의 각도로 시계방향으로 움직인다.

주응력

주응력의 결정은 아마도 Mohr 원의 가장 중요한 응용일 것이다. Mohr 원상을 움직일 때(그림 6-16c), 수직응력이 대수적으로 최대가 되고 전단응력이 0이 되는 점 P_1을 만난다는 사실을 유의하라. 따라서 점 P_1은 **주응력**과 **주평면**을 나타낸다. 점 P_1의 가로좌표 σ_1은 대수적으로 보다 큰 주응력이고, 기준점 $A(\theta = 0$인)로부터의 각 $2\theta_{p_1}$은 주평면의 회전방향을 나타낸다. 대수적으로 가장 작은 수직응력에 관계되는 주평면은 점 P_2에 의해 표현되는데, 이는 지름방향으로 점 P_1의 반대 방향에 위치해 있다.

원의 기하학적 관계로부터, 대수적으로 큰 주응력이 다음과 같음을 알 수 있다.

$$\sigma_1 = \overline{OC} + \overline{CP_1} = \frac{\sigma_x + \sigma_y}{2} + R$$

이 식에 R에 대한 식(식 6-31b)을 대입하면 주응력에 대한 앞의 식(식 6-14)과 일치한다. 비슷한 방법으로, 대수적으로 작은 주응력 σ_2에 대한 표현식도 나타낼 수 있다.

x 축(그림 6-16a)과 대수적으로 큰 주응력 사이의 각인 주각 θ_{p_1}은 Mohr 원상의 반지름 CA와 CP_1 사이의 각인

$2\theta_{p_1}$의 반이다. 각 $2\theta_{p_1}$의 코사인과 사인 값은 원으로부터 구할 수 있다.

$$\cos 2\theta_{p_1} = \frac{\sigma_x - \sigma_y}{2R} \qquad \sin 2\theta_{p_1} = \frac{\tau_{xy}}{R}$$

이 식들은 식 (6-18a) 및 식 (6-18b)와 일치하며, 다시 한번 원의 기하학은 앞에서 유도한 식들과 일치함을 알 수 있다. 원상에서, 다른 주응력 점(점 P_2)에서의 각 $2\theta_{p_2}$는 $2\theta_{p_1}$보다 180°가 더 크다. 따라서 예상한 대로 $\theta_{p_2} = \theta_{p_1} + 90°$가 된다.

최대 전단응력

양의 최대 전단응력과 음의 최대 전단응력의 평면을 나타내는 점 S_1과 S_2는 각각 Mohr 원의 맨 아래 부분과 윗부분(그림 6-16c)에 위치한다. 이 점들은 점 P_1과 P_2로부터 $2\theta = 90°$만큼 떨어진 곳에 위치하는데, 이것은 최대 전단응력이 발생하는 면이 주평면에서 45° 회전된 면이라는 사실을 보여준다.

최대 전단응력은 수치적으로 원의 반지름 R과 같다(식 6-31b의 R 및 식 6-25의 $\tau_{\max}$를 비교). 또한 최대 전단응력이 작용하는면에서의 수직응력은 점 C의 가로좌표와도 같고, 이것은 평균 수직응력 σ_{aver}이다(식 6-31a 참조).

전단응력에 대한 대체 부호규약

Mohr 원을 그릴 때 때때로 전단응력에 대한 대체 부호규약의 방법이 쓰인다. 이러한 규약에서, 재료의 요소에 작용하는 전단응력의 방향은 요소가 회전하려고 하는 회전의 방향에 의해 표시된다(그림 6-17a와 b). 전단응력 τ가 응력요소를 시계방향으로 회전시키면, 이것은 **시계방향의 전단응력**이라 하고, 반시계방향으로 회전시키면 **반시계방향 전단응력**이라고 한다. 그러면, Mohr 원을 그릴 때, 시계방향의 전단응력은 윗방향으로 그려지고 반시계방향의 전단응력은 아래 방향으로 그려진다(그림 6-17c).

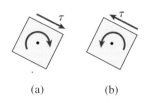

(a)　　　(b)

그림 6-17 전단응력에 대한 또 다른 부호규약: (a) 시계방향의 전단응력 (b) 반시계방향의 전단응력

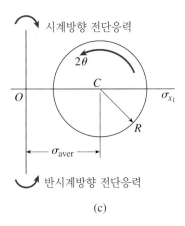

시계방향 전단응력

2θ

C

O

σ_{x_1}

R

σ_{aver}

반시계방향 전단응력

(c)

그림 6-17 (계속) (c) Mohr 원에 대한 축(시계방향의 전단응력은 윗방향으로 그려지고, 반시계방향의 전단응력은 아래 방향으로 그려진다.)

이러한 대체 부호규약을 사용하면, 이미 설명된 원(그림 6-16c)과 똑같은 원을 그릴 수 있다는 것을 인식하는 것은 매우 중요하다. 그 이유는 양의 전단응력 $\tau_{x_1y_1}$ 역시 반시계방향 전단응력이고, 둘 다 아래쪽으로 그려지기 때문이다. 또한 음의 전단응력 $\tau_{x_1y_1}$은 시계방향 전단응력이며 둘 다 위쪽으로 그려진다.

따라서 대체 부호규약은 단순히 관점의 차이일 뿐이다. 음의 전단응력이 윗방향으로 그려지고 양의 전단응력이 아래 방향으로 그려지는 수직축(약간 어색한)을 고려하는 대신, 시계방향 전단응력이 윗방향으로 그려지고 반시계방향 전단응력이 아래 방향으로 그려지는 수직축을 고려할 수 있다(그림 6-17c).

Mohr 원에 대한 일반적 유의사항

이 절의 앞에서 논의한 바와 같이, Mohr 원으로부터 주응력과 최대 전단응력뿐만 아니라 어떤 경사면 위에서 작용하는 응력도 구할 수 있다. 그러나 이는 단지 xy 평면 내에서 축의 회전(즉, z축에 대한 회전)만 고려한 것이다. 그러므로 Mohr 원상의 모든 응력들은 **평면 내 응력들**이다.

편의상, 그림 6-16의 원은 σ_x, σ_y 및 τ_{xy}를 모두 양의 응력으로 그렸지만, 그 응력 중 하나 또는 그 이상의 응력이 음일지라도 똑같은 과정을 따르면 된다. 수직응력 중 하나가

음이면, 다음 예제 6-6에 예시된 바와 같이, Mohr 원의 일부 또는 전부가 원점의 왼쪽에 위치할 것이다.

그림 6-16c의 점 A는 $\theta = 0$ 인 평면의 응력을 나타내므로 응력에 따라 원상 어느 곳에나 위치할 수 있다. 그러나 각 2θ는 점 A가 어디에 위치하든지 상관없이 반지름 CA로부터 반시계방향으로 항상 측정된다.

특별한 경우인 **단축응력, 2축 응력** 그리고 **순수전단**에서는 Mohr 원은 일반적인 경우보다 훨씬 단순해진다. 이 경우는 예제 6-4와 문제 6.4-1에서 6.4-9에 예시되어 있다.

x와 y면 위에 작용하는 응력을 알고 있을 때, 경사면 위에 작용하는 응력을 얻기 위해 Mohr 원을 사용하는 것 이외에, Mohr 원을 그 반대로 사용하는 것도 또한 가능하다. 알려진 각 θ에서 회전된 요소 위에 작용하는 응력 σ_{x_1}, σ_{y_1} 및 $\tau_{x_1y_1}$을 알면, 쉽게 Mohr 원을 그릴 수 있고, $\theta = 0$에 대한 응력 σ_x, σ_y 및 τ_{xy}를 결정할 수 있다. 그 절차는 알고 있는 응력으로부터 점 D와 D'의 위치를 정하고, 지름으로서 선 DD'를 사용하여 원을 그리는 것이다. 각 2θ를 반지름 CD로부터 음의 방향으로 측정함으로써 그 요소의 x면에 대응하는 점 A의 위치를 정할 수 있다. 다음으로 점 A로부터 지름에 해당되는 위치가 점 B가 된다. 마지막으로, 점 A와 B의 좌표를 결정할 수 있고 $\theta = 0$인 요소 위에 작용하는 응력을 얻게 된다.

필요에 따라 Mohr 원을 적절한 축척을 그린 다음에, 이 그림으로부터 응력의 값을 측정할 수 있다. 그러나 통상적으로 여러 식들로부터 직접 구하거나 원의 삼각법과 기하학을 이용하여 수치적으로 응력을 계산하는 것이 더 바람직하다.

Mohr 원은 여러 각도의 평면 위에 작용하는 응력들 간의 관계를 가시화할 수 있고 응력을 계산하기 위한 간단한 기억방법으로써 제공된다. 많은 그래픽 기법이 공학 분야에서 더 이상 사용되지 않지만 Mohr 원은 다른 복잡한 해석 없이 간단하고 분명한 그림을 제공해 주기 때문에 가치있는 기법으로 남아 있다.

또한 Mohr 원은 평면 변형률과 평면 면적의 2차 모멘트에 대한 변환식에도 적용된다. 그 이유는 이들 양은 응력과 똑같은 변환법칙을 따르기 때문이다(10.8절, 10.9절 참조).

예제 6-4

내압을 받는 실린더 표면의 한 점에서, 재료는 그림 6-18a와 같이 2축 응력인 $\sigma_x = 90$ MPa, $\sigma_y = 20$MPa 을 받고 있다.

Mohr 원을 이용하여 30°만큼 경사진 요소에 작용하는 응력을 구하라. (오직 평면응력 상태만을 고려하고 ,그 결과를 회전된 요소에 보여라.)

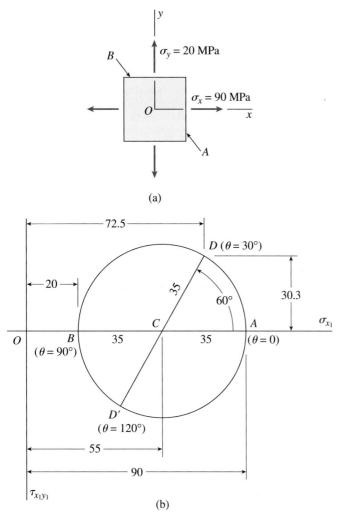

(a)

(b)

그림 6-18 예제 6-4. (a) 평면응력 상태의 요소, (b) 이에 대응하는 Mohr 원. (주: 원상의 모든 응력들은 MPa 의 단위를 가진다.)

풀이

Mohr 원의 작도. 그림 6-18b와 같이 σ_{x_1}은 오른쪽을 양으로, $\tau_{x_1y_1}$은 아래쪽을 양으로 하는 수직 및 전단응력에 대한 좌표축을 그린다. σ_{x_1}축 상에 평균 수직응력(식 6-31a)과 같은 응력의 점을 원의 중심 C로 정한다.

$$\sigma_{\text{aver}} = \frac{\sigma_x + \sigma_y}{2} = \frac{90 \text{ MPa} + 20 \text{ MPa}}{2} = 55 \text{ MPa}$$

요소의 x면($\theta = 0$)에 작용하는 응력을 나타내는 점 A의 좌표는 다음과 같다.

$$\sigma_{x_1} = 90 \text{ MPa} \quad \tau_{x_1y_1} = 0$$

비슷한 방법으로, y면($\theta = 90°$)에 작용하는 응력을 나타내는 점 B의 좌표는 다음과 같다.

$$\sigma_{x_1} = 20 \text{ MPa} \quad \tau_{x_1y_1} = 0$$

이제 중심이 C이고 점 A와 B를 지나는 다음과 같은 반지름(식 6-31b)을 가진 원을 그린다.

$$R = \sqrt{\left(\frac{\sigma_x - \sigma_y}{2}\right)^2 + \tau_{xy}^2} = \sqrt{\left(\frac{90 \text{ MPa} - 20 \text{ MPa}}{2}\right)^2 + 0}$$

$$= 35 \text{ MPa}$$

$\theta = 30°$인 경사진 요소에 작용하는 응력. 각 $\theta = 30°$만큼 회전한 면에 작용하는 응력은 점 A로부터 각 $2\theta = 60°$인 점 D의 좌표에 의해 주어진다(그림 7-18b). 원을 검토하여 점 D의 좌표를 알 수 있다.

(점 D) $\sigma_{x_1} = \sigma_{\text{aver}} + R \cos 60°$

$$= 55 \text{ MPa} + (35 \text{ MPa})(\cos 60°) = 72.5 \text{ MPa} \impliedby$$

$$\tau_{x_1y_1} = -R \sin 60° = -(35 \text{ MPa})(\sin 60°) = -30.3 \text{ MPa} \impliedby$$

비슷한 방법으로, 각 $\theta = 120°$(또는 $2\theta = 240°$)에 대응하는 점 D'가 나타내는 응력을 구할 수 있다.

(점 D') $\sigma_{x_1} = \sigma_{\text{aver}} - R \cos 60°$

$$= 55 \text{ MPa} - (35 \text{ MPa})(\cos 60°) = 37.5 \text{ MPa} \impliedby$$

$$\tau_{x_1y_1} = R \sin 60° = (35 \text{ MPa})(\sin 60°) = 30.3 \text{ MPa} \impliedby$$

이 결과들은 각 $\theta = 30°$로 회전한 요소를 보여주는 그림 6-19 에 나타나 있으며, 모든 응력이 그들의 실제 방향으로 보여진다. 경사진 요소의 수직응력의 합은 $\sigma_x + \sigma_y$, 즉 110 MPa과 같음을 유의하라.

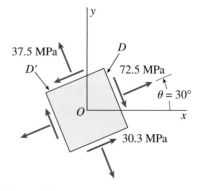

그림 6-19 예제 6-4(계속). 각 $\theta = 30°$ 회전된 요소에 작용하는 응력

예제 6-5

대형 기계의 표면에 평면응력 상태인 한 요소가 그림 6-20a와 같이 응력 $\sigma_x = 100$ MPa, $\sigma_y = 34$ MPa 및 $\tau_{xy} = 28$ MPa를 받고 있다.

Mohr 원을 이용하여 다음을 구하라 (a) 각 $\theta = 40°$만큼 회전한 요소에 작용하는 응력, (b) 주응력, (c) 최대 전단응력 (평면 내 응력만을 고려하고 적절하게 회전시킨 요소의 그림 위에 모든 결과를 보여라).

풀이

Mohr 원의 작도. 풀이의 첫 단계는, σ_{x_1}은 오른쪽을 양으로, $\tau_{x_1y_1}$은 아래를 양으로 하는 Mohr 원(그림 6-20b)에 대한 좌표축을 구성하는 것이다. 원의 중심 C는 σ_{x_1}이 평균 수직응력 (식 6-31a)과 같은 점에서의 σ_{x_1} 축 위에 위치한다.

$$\sigma_{\text{aver}} = \frac{\sigma_x + \sigma_y}{2} = \frac{100 \text{ MPa} + 34 \text{ MPa}}{2} = 67 \text{ MPa}$$

이 요소의 x면($\theta = 0$) 위에서의 응력을 나타내는 점 A의 좌표는 다음과 같다.

$$\sigma_{x_1} = 100 \text{ MPa} \quad \tau_{x_1y_1} = 28 \text{ MPa}$$

비슷한 방법으로, y면($\theta = 90°$) 위에서의 응력을 나타내는 점 B의 좌표는 다음과 같다.

$$\sigma_{x_1} = 34 \text{ MPa} \quad \tau_{x_1y_1} = -28 \text{ MPa}$$

이제 점 C를 중심으로 하여 점 A와 B를 지나는 원을 그리는데

원의 반지름은 식 (6-31b)로부터 구한다.

$$R = \sqrt{\left(\frac{\sigma_x - \sigma_y}{2}\right)^2 + \tau_{xy}^2}$$

$$= \sqrt{\left(\frac{100 \text{ MPa} - 34 \text{ MPa}}{2}\right)^2 + (28 \text{ MPa})^2} = 43 \text{ MPa}$$

(a) $\theta = 40°$ 경사진 요소에서의 응력. $\theta = 40°$인 평면 위에 작용하는 응력은 점 A로부터 각 $2\theta = 80°$가 되는 점 D의 좌표에 의하여 주어진다(그림 6-20b). 이 좌표 값을 구하기 위하여, 선 CD와 σ_{x_1} 축 사이의 각(즉, 각 DCP_1) 과 선 CA와 σ_{x_1} 사이의 각(각 ACP_1)을 알아야 한다. 이 각들은 원의 기하학적 관계로부터 다음과 같이 구해진다.

$$\tan \overline{ACP_1} = \frac{28 \text{ MPa}}{33 \text{ MPa}} = 0.848 \quad \overline{ACP_1} = 40.3°$$

$$\overline{DCP_1} = 80° - \overline{ACP_1} = 80° - 40.3° = 39.7°$$

이 각이 구해지면, 그림 6-21a로부터 직접 점 D의 좌표를 구할 수 있다.

(점 D) $\sigma_{x_1} = 67$ MPa $+ (43$ MPa$)(\cos 39.7°) = 100$ MPa

$$\tau_{x_1y_1} = -(43 \text{ MPa})(\sin 39.7°) = -27.5 \text{ MPa}$$

비슷한 방법으로, $\theta = 130°$(또는 $2\theta = 260°$)만큼 회전된 평면에 대응되는 점 D'가 나타내는 응력을 구할 수 있다.

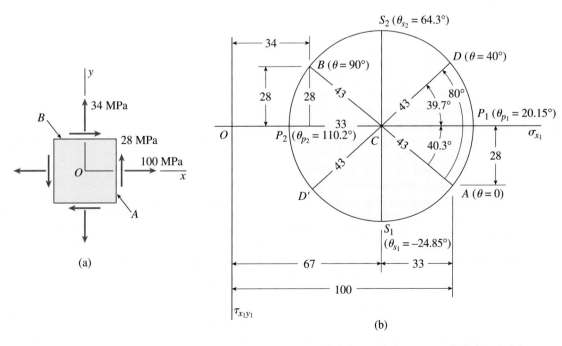

(a)

(b)

그림 6-20 예제 6-5. (a) 평면응력 상태의 요소, (b) 이에 대응하는 Mohr 원.(주: 원상의 모든 응력들은 MPa의 단위를 가진다.)

(점 D') σ_{x_1} = 67 MPa − (43 MPa)(cos 39.7°) = 33.9 MPa ⟸

$\tau_{x_1y_1}$ = (43 MPa)(sin 39.7°) = 27.5 MPa ⟸

이러한 응력들은 그림 6-21a와 같이 각 θ = 40°만큼 회전한 요소의 그림에 나타낸다(모든 응력들은 실제 방향으로 나타낸다). 또한 수직응력들의 합은 $\sigma_x + \sigma_y$ 또는 134 MPa 과 같음을 유의하라.

(b) 주응력. 주응력은 Mohr 원 위의 점 P_1과 P_2로 나타낸다(그림 6-20b). 대수적으로 더 큰 주응력(점 P_1)은 원을 잘 관찰하여 찾을 수 있다.

$$\sigma_1 = 67 \text{ MPa} + 43 \text{ MPa} = 110 \text{ MPa} \quad ⟸$$

점 A로부터 점 P_1 까지의 각 $2\theta_{p_1}$은 Mohr 원상의 각 ACP_1이다.

$$\overline{ACP_1} = 2\theta_{p_1} = 40.3° \qquad \theta_{p_1} = 20.15° \quad ⟸$$

따라서 대수적으로 더 큰 주응력의 평면은 그림 6-21b에서와 같이 각 θ_{p_1} = 19.3°만큼 회전된 위치에 있다.

대수적으로 더 작은 주응력(점 P_2)도 Mohr원에서 찾을 수 있다.

$$\sigma_2 = 67 \text{ MPa} − 43 \text{ MPa} = 24 \text{ MPa} \quad ⟸$$

원에서 점 P_2까지 각 $2\theta_{p_2}$는 40.3° + 180° = 220.3°이다. 그러므로 두 번째 주평면은 각 θ_{p_2} = 110.2°로 정의된다. 주응력과 주평면은 그림 6-21b에서 보여주고 있으며, 수직응력의 합이 134 MPa과 같음을 다시 한 번 유의하라.

(c) 최대 전단응력. 최대 전단응력은 Mohr 원에서 점 S_1과 S_2로 표시된다. 그러므로 평면 내 최대 전단응력(Mohr 원의 반지름과 같음)은 다음과 같다.

$$\tau_{\max} = 43 \text{ MPa} \quad ⟸$$

점 A에서 점 S_1까지의 각 ACS_1는 90° − 40.3° = 49.7°이므로, 점 S_1에 대한 각 $2\theta_{s_1}$은 다음과 같이 된다.

$$2\theta_{s_1} = −49.7° $$

이 각은 원에서 시계방향으로 측정되기 때문에 음으로 표시된다. 양의 최대 전단응력의 평면에 대응하는 각 θ_{s_1}은 그림 6-20b 와 6-21c에서와 같이 그 값의 절반, 즉 θ_{s_1} = −24.85 이다. 음의 최대 전단응력(원의 점 S_2)의 크기는 양의 최대 전단응력(43 MPa)과 같다.

최대 전단응력의 평면에 작용하는 수직응력은 원의 중심 C의 가로 좌표(67 MPa)로 σ_{aver}와 같다. 이 응력들이 그림 6-21c에 보

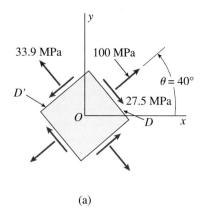

(a)

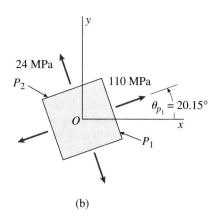

(b)

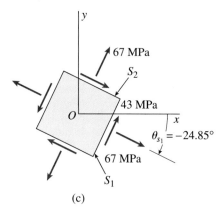

(c)

그림 6-21 예제 6-5 (계속). (a) θ = 40° 회전한 요소에 작용하는 음력, (b) 주응력, (c) 최대 전단응력

여진다. 최대 전단응력의 평면은 주평면에서 45° 회전한 위치에 있음을 유의하라.

예제 6-6

발전기 축 표면 위의 한 점이 그림 6-22a와 같이 응력 $\sigma_x = -50$ MPa, $\sigma_y = 10$ MPa 및 $\tau_{xy} = -40$ MPa을 받고 있다.

Mohr 원을 이용하여 다음을 구하라. (a) 각 $\theta = 45°$만큼 회전한 요소에 작용하는 응력, (b) 주응력, (c) 최대 전단응력. (평면 내 응력만을 고려하고 적절하게 회전시킨 요소의 그림 위에 모든 결과를 보여라.)

풀이

Mohr 원의 작도. σ_{x_1}축은 오른쪽을 양으로, $\tau_{x_1y_1}$축은 아래쪽을 양으로 하는 수직응력과 전단응력에 대한 축은 그림 6-22b와 같다. 원의 중심 C는 σ_{x_1}축 위의 응력이 평균 수직응력(식 6-31a)과 같은 점에 위치한다:

$$\sigma_{aver} = \frac{\sigma_x + \sigma_y}{2} = \frac{-50\ MPa + 10\ MPa}{2} = -20\ MPa$$

이 요소의 x면($\theta = 0$) 위에서의 응력을 나타내는 점 A의 좌표는 다음과 같다.

$$\sigma_{x_1} = -50\ MPa \quad \tau_{x_1y_1} = -40\ MPa$$

비슷한 방법으로, 요소의 y면($\theta = 90°$) 위에서의 응력을 나타내는 점 B의 좌표는 다음과 같다.

$$\sigma_{x_1} = 10\ MPa \quad \tau_{x_1y_1} = 40\ MPa$$

이제 점 C를 중심으로 하여 점 A와 B를 지나는 원을 그리는 데 원의 반지름은 식 (6-31b)로부터 구한다.

$$R = \sqrt{\left(\frac{\sigma_x - \sigma_y}{2}\right)^2 + \tau_{xy}^2}$$

$$= \sqrt{\left(\frac{-50\ MPa - 10\ MPa}{2}\right)^2 + (-40\ MPa)^2} = 50\ MPa$$

(a) $\theta = 45°$ 경사진 요소위의 응력. 각 $\theta = 45°$만큼 회전된 평면 위에 작용하는 응력은 점 A로부터 각 $2\theta = 90°$인 점 D의 좌표로 주어진다(그림 6-22b). 이 좌표를 구하기 위하여 선 CD와 음의 σ_{x_1}축 사이의 각(즉, 각 DCP_2)을 알아야 하며, 이를 위해 선 CA와 음의 σ_{x_1}축사이의 각(각 ACP_2)을 알아야 한다. 이 각들은 원의 기하학적 관계로부터 다음과 같이 구한다.

$$\tan \overline{ACP_2} = \frac{40\ MPa}{30\ MPa} = \frac{4}{3} \quad \overline{ACP_2} = 53.13°$$

$$\overline{DCP_2} = 90° - \overline{ACP_2} = 90° - 53.13° = 36.87°$$

이 각들을 구하면, 그림 6-23a로부터 점 D의 좌표를 직접 얻을 수 있다.

(점 D) $\quad \sigma_{x_1} = -20\ MPa - (50\ MPa)(\cos 36.87°)$

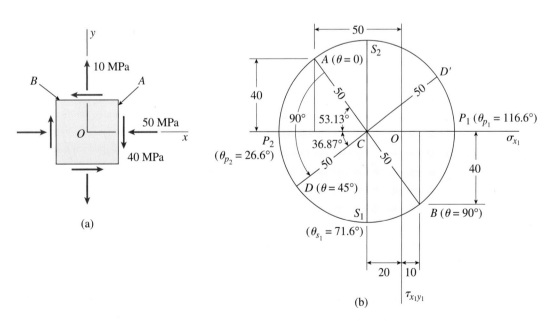

그림 6-22 예제 6-6. (a) 평면응력 상태의 요소, (b) 이에 대응하는 Mohr 원. (주: 원상의 모든 응력들은 MPa의 단위를 가진다.)

$$= -60 \text{ MPa}$$

$$\tau_{x_1y_1} = (50 \text{ MPa})(\sin 36.87°) = 30 \text{ MPa}$$

비슷한 방법으로, 각 $\theta = 135°$(또는 $2\theta = 270°$) 경사진 평면에 대응되는 점 D'가 나타내는 응력들도 구할 수 있다.

$$(\text{점 } D') \quad \sigma_{x_1} = -20 \text{ MPa} + (50 \text{ MPa})(\cos 36.87°)$$

$$= 20 \text{ MPa}$$

$$\tau_{x_1y_1} = (-50 \text{ MPa})(\sin 36.87°) = -30 \text{ MPa}$$

이 응력들은 각 $\theta = 45°$만큼 회전한 요소를 보여주는 그림 6-23a에 나타낸다(모든 응력들은 실제 방향이다). 또한 수직응력의 합은 $\sigma_x + \sigma_y$, 또는 -40 MPa에 같음을 유의하라.

(b) **주응력.** 주응력은 Mohr 원상의 점 P_1과 P_2에 의해 표시된다. 대수적으로 더 큰 주응력은(점 P_1으로 표시된) Mohr 원으로부터 구할 수 있다.

$$\sigma_1 = -20 \text{ MPa} + 50 \text{ MPa} = 30 \text{ MPa}$$

점 A로부터 점 P_1 까지의 각 $2\theta_{p_1}$은 Mohr 원상에서 반시계방향으로 측정된 각 ACP_1이다. 즉

$$\overline{ACP_1} = 2\theta_{p_1} = 53.13° + 180° = 233.13° \qquad \theta_{p_1} = 116.6°$$

따라서, 대수적으로 더 큰 주응력의 평면은 각 $\theta_{p_1} = 116.6°$만큼 회전된 평면이다.

대수적으로 더 작은 주응력(점 P_2)은 비슷한 방법으로 원으로부터 구해진다.

$$\sigma_2 = -20 \text{ MPa} - 50 \text{ MPa} = -70 \text{ MPa}$$

Mohr 원상의 점 P_2 까지의 각 $2\theta_{p_2}$ 는 $53.13°$이다. 따라서 두 번째 주평면은 각 $\theta_{p_2} = 26.6°$에 의해 정의된다.

주응력과 주평면은 그림 6-23b에 보여지며, 그 수직응력의 합은 $\sigma_x + \sigma_y$, 또는 -40 MPa와 같음을 유의하라.

(c) **최대 전단응력.** 양과 음의 최대 전단응력은 Mohr 원상의 점 S_1와 S_2로 표시된다(그림 6-22b). 원의 반지름과 같은 이들의 크기는 다음과 같다.

$$\tau_{max} = 50 \text{ MPa}$$

점 A에서 점 S_1까지의 각 ACS_1은 $90° + 53.13° = 143.13°$이므로, 점 S_1에 대한 각 $2\theta_{s_1}$은 다음과 같다.

$$2\theta_{s_1} = 143.13°$$

양의 최대 전단응력의 평면에 대응하는 각 θ_{s_1}은 그림 6-23c에서 보는 바와 같이, 위의 값의 절반인 $\theta_{s_1} = 71.6°$이다. 음의 최대 전단응력(원상의 점 S_2)의 크기는 양의 최대 전단응력과 같다(50 MPa).

최대 전단응력의 평면 위에 작용하는 수직응력은 원의 중심 C의 가로좌표(-20 MPa)로 σ_{aver}와 같다. 이 응력들 역시 그림 6-23c에 보여진다. 최대 전단응력의 평면은 주응력 평면에서 회전된 위치에 있음을 유의하라.

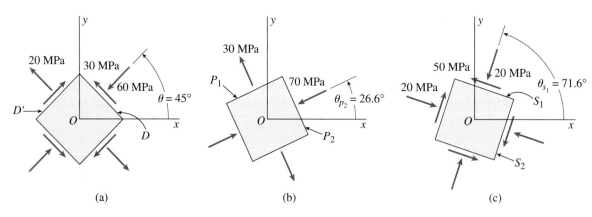

그림 6-23 예제 6-6(계속). (a)각 $\theta = 45°$ 회전한 요소에 작용하는 응력, (b) 주응력, (c) 최대 전단응력

6.5 평면응력에 대한 Hooke의 법칙

6.2, 6.3 및 6.4절에서는 재료가 평면응력 상태(그림 6-24)에 있을 때 경사면 위에 작용하는 응력을 논의하였다. 이 논의에서 유도된 응력 변환방정식은 단지 평형으로부터 유도되었으므로 재료의 성질은 고려하지 않았다. 이 절에서는 이제 재료의 성질을 고려한 재료의 변형률을 알아볼 것이다. 그러나 여기서의 논의는 두 가지 중요한 조건을 가진 재료로 제한할 것이다. 첫째로, 재료는 물체 전체를 통해 균질하고 모든 방향에 있어서 같은 성질을 가진다(균질 등방성 재료). 둘째로, 재료는 *Hooke*의 법칙을 따른다(선형 탄성재료). 이런 조건하에서, 물체 내의 응력과 변형률 사이의 관계를 쉽게 얻을 수 있다.

평면응력에서의 **수직변형률** ϵ_x, ϵ_y와 ϵ_z를 고려하여 시작하자. 이러한 변형률의 효과는 모서리 길이 a, b, c를 가진 미소요소의 치수변화를 보여주는 그림 6-25에 나타나 있다. 세 개의 변형률 모두가 그림에서와 같이 양(신장)으로 나타나 있다. 변형률은 각각의 응력의 영향을 중첩하여 응력의 항(그림 6-24)으로 표현될 수 있다.

예를 들어, 응력 σ_x에 의한 x 방향의 ϵ_x는 σ_x/E와 같다. 여기서 E는 탄성계수이다. 또한 응력 σ_y에 의한 변형률 ϵ_y는 $-\nu\sigma_y/E$와 같다. 여기서 ν는 Poisson의 비이다(1.5절 참조). 물론 전단응력 τ_{xy}는 x, y 또는 z 방향으로 수직변형률

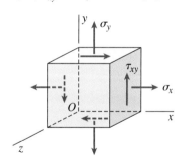

그림 **6-24** 평면응력 상태에 있는 재료의 요소($\sigma_z = 0$)

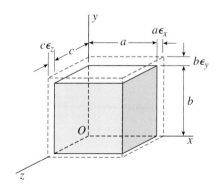

그림 **6-25** 수직변형률 ϵ_x, ϵ_y 및 ϵ_z를 받는 재료의 요소

은 발생시키지 않는다. 그러므로 x 방향에 있어서 합 변형률은 다음과 같다.

$$\epsilon_x = \frac{1}{E}(\sigma_x - \nu\sigma_y) \qquad (6\text{-}34\text{a})$$

비슷한 방법으로, y와 z 방향의 변형률을 구할 수 있다.

$$\epsilon_y = \frac{1}{E}(\sigma_y - \nu\sigma_x) \qquad \epsilon_z = -\frac{\nu}{E}(\sigma_x + \sigma_y) \quad (6\text{-}34\text{b, c})$$

이러한 식들은 응력을 알 때 수직변형률(평면응력에서)을 얻는 데 사용될 수 있다.

전단응력 τ_{xy}(그림 6-24)는 z면이 마름모꼴이 되도록 요소를 찌그러뜨리게 한다(그림 6-26). **전단변형률** γ_{xy}는 요소의 x와 y면 사이의 각의 감소를 나타내고, 전단에서의 Hooke의 법칙에 따라 전단응력과 다음과 같은 관계가 있다.

$$\gamma_{xy} = \frac{\tau_{xy}}{G} \qquad (6\text{-}35)$$

여기서 G는 전단탄성계수이다. 수직응력 σ_x와 σ_y는 전단변형률 γ_{xy}에 아무런 영향을 주지 않음을 유의하라. 결과적으로, 식 (6-34)와 (6-35)는 모든 응력 (σ_x, σ_y 와 τ_{xy})이 동시에 작용할 때의 변형률(평면응력에서)을 나타낸다.

처음 두 식(식 6-34a와 6-34b)은 응력의 항으로 변형률 ϵ_x와 ϵ_y를 표현한다. 이 식들을 변형률의 항으로 응력에 대해서 연립하여 풀 수 있다.

$$\sigma_x = \frac{E}{1 - \nu^2}(\epsilon_x + \nu\epsilon_y)$$

$$\sigma_y = \frac{E}{1 - \nu^2}(\epsilon_y + \nu\epsilon_x) \qquad (6\text{-}36\text{a, b})$$

또한 전단변형률의 항으로 전단응력을 표현하는 식을 갖는다.

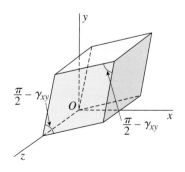

그림 **6-26** 전단변형률 γ_{xy}

$$\tau_{xy} = G\gamma_{xy} \qquad (6\text{-}37)$$

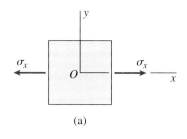

식 (6-36)과 (6-37)은 변형률을 알 때에 평면응력 내에서 응력을 구하는 데 사용할 수 있다. 물론 z 방향에서의 수직 응력 σ_z는 0이다.

식 (6-34)에서 (6-37)까지는 통합적으로 **평면응력에 대한 Hooke의 법칙**으로 알려져 있다. 이 식들은 세 개의 재료상수(E, G, ν)를 포함하고 있지만 다음과 같은 관계식 때문에 두 상수만이 독립적이다.

$$G = \frac{E}{2(1 + \nu)} \qquad (6\text{-}38)$$

이 식은 이미 3.6절에서 유도되었다.

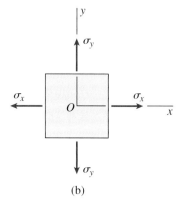

그림 6-11 (반복)

Hooke의 법칙의 특별한 경우

2축 응력의 특별한 경우(그림 6-11b)는 $\tau_{xy} = 0$ 이므로, 평면응력에 대한 Hooke의 법칙은 다음과 같이 간단하게 된다.

$$\epsilon_x = \frac{1}{E}(\sigma_x - \nu\sigma_y) \qquad \epsilon_y = \frac{1}{E}(\sigma_y - \nu\sigma_x)$$
$$\epsilon_z = -\frac{\nu}{E}(\sigma_x + \sigma_y) \qquad (6\text{-}39\text{a, b, c})$$

$$\sigma_x = \frac{E}{1 - \nu^2}(\epsilon_x + \nu\epsilon_y)$$
$$\sigma_y = \frac{E}{1 - \nu^2}(\epsilon_y + \nu\epsilon_x) \qquad (6\text{-}40\text{a, b})$$

이 식들은 수직응력과 전단응력의 영향이 서로 독립적이기 때문에 식 (6-34)와 (6-36)과 같다.

$\sigma_y = 0$ (그림 6-11a)인 **단축응력**의 경우, Hooke의 법칙에 대한 식은 훨씬 더 간단해진다.

$$\epsilon_x = \frac{\sigma_x}{E} \qquad \epsilon_y = \epsilon_z = -\frac{\nu\sigma_x}{E} \qquad \sigma_x = E\epsilon_x \qquad (6\text{-}41\text{a, b, c})$$

마지막으로, $\sigma_x = \sigma_y = 0$ 인 **순수전단**(그림 6-12a)을 고려해 보면다음 식을 얻는다.

$$\epsilon_x = \epsilon_y = \epsilon_z = 0 \qquad \gamma_{xy} = \frac{\tau_{xy}}{G} \qquad (6\text{-}42\text{a, b})$$

이 특별한 세 가지 경우 모두에서 수직응력 σ_z는 0이다.

체적변화량

고체로 된 물체가 변형되면 이 물체의 치수와 체적이 변한다. 세 개의 수직방향으로의 수직변형률을 알면 체적변화량을 계산할 수 있다. 이 과정을 보여주기 위해 그림 6-25와 같은 재료의 미소요소를 다시 고려해 보자. 원래의 요소는 x, y, z 방향으로 길이가 각각 a, b, c인 직육면체이다. 변형률 ϵ_x, ϵ_y 및 ϵ_z는 그림에서 점선과 같이 치수의 변화를 일으킨다. 따라서 각 변의 길이 증가량은 $a\epsilon_x$, $b\epsilon_y$ 및 $c\epsilon_z$가 된다.

요소의 최초의 체적은

$$V_0 = abc \qquad (a)$$

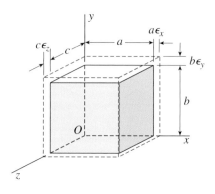

그림 6-25 (반복)

이고, 최종체적은 다음과 같다.

$$V_1 = (a + a\epsilon_x)(b + b\epsilon_y)(c + c\epsilon_z)$$
$$= abc(1 + \epsilon_x)(1 + \epsilon_y)(1 + \epsilon_z) \quad \text{(b)}$$

식 (a)를 참고하면 요소의 최종체적(식 b)은 다음과 같이 쓸 수 있다.

$$V_1 = V_0(1 + \epsilon_x)(1 + \epsilon_y)(1 + \epsilon_z) \quad \text{(6-43a)}$$

오른쪽 항들을 전개하면 다음과 같은 등가식을 얻는다.

$$V_1 = V_0(1 + \epsilon_x + \epsilon_y + \epsilon_z + \epsilon_x\epsilon_y$$
$$+ \epsilon_x\epsilon_z + \epsilon_y\epsilon_z + \epsilon_x\epsilon_y\epsilon_z) \quad \text{(6-43b)}$$

V_1에 대한 앞의 식들은 큰 변형률이나 작은 변형률 모두의 경우에 유효하다.

아주 작은 변형률을 갖는 구조물(일반적인 경우에서처럼)에 대해서만 논의를 제한하면, 식 (6-43b)에서 작은 변형률들의 곱으로 된 항들은 무시할 수 있다. 이러한 곱으로 된 항 자체는 변형률 ϵ_x, ϵ_y, ϵ_z의 항과 비교하면 매우 작다. 따라서 최종체적은 다음과 같이 간단하게 된다.

$$V_1 = V_0(1 + \epsilon_x + \epsilon_y + \epsilon_z) \quad \text{(6-44)}$$

따라서 **체적변화량(volume change)**은 다음과 같다.

$$\Delta V = V_1 - V_0 = V_0(\epsilon_x + \epsilon_y + \epsilon_z) \quad \text{(6-45)}$$

이 식은 변형률이 작고 체적 전체에서 상수이기만 하면 재료의 체적에 관계없이 쓸 수 있다. 재료는 Hooke의 법칙을 따를 필요가 없음을 유의하라. 게다가 이 식은 평면응력에 국한되지 않고 어떤 응력 조건에서도 유효하다. (마지막으로 전단변형률은 체적변화를 일으키지 않음을 유의해야 한다.)

단위체적변화량 e는 **팽창률(dilatation)**이라고도 하며 체적변화량을 원래의 면적으로 나눈 값으로 정의한다.

$$e = \frac{\Delta V}{V_0} = \epsilon_x + \epsilon_y + \epsilon_z \quad \text{(6-46)}$$

이 식을 미분요소에 적용하여 적분하면 수직변형률이 위치에 따라 변하더라도 물체 전체의 체적변화량을 알 수 있다.

변형률 ϵ_x, ϵ_y, ϵ_z는 대수적인 양 (늘어날 경우에는 양이고, 줄어들 경우에는 음임)이기 때문에, 체적변화량에 대한 앞에서의 식은 인장과 압축 변형률 모두의 경우에 적용된

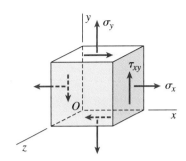

그림 6-24 (반복)

다. 이 부호규약을 따르면 ΔV와 e가 양의 값일 때는 체적의 증가를 나타내고, 음의 값일 때는 감소를 나타낸다.

재료가 **Hooke의 법칙**을 따르고 **평면응력**(그림 6-24)만을 받는 경우를 고려해 보자. 이 경우에 변형률 ϵ_x, ϵ_y, ϵ_z은 식 (6-34a, b, c)로 주어진다. 이러한 관계식들을 식 (6-46)에 대입하면 다음과 같이 응력으로 표현되는 단위체적변화량이 구해진다.

$$e = \frac{\Delta V}{V_0} = \frac{1 - 2\nu}{E}(\sigma_x + \sigma_y) \quad \text{(6-47)}$$

이 식은 **2축 응력**의 경우에도 적용할 수 있다.

인장을 받고 있는 균일단면 봉, 즉 **단축응력**의 경우 식 (6-47)은 다음과 같이 간단하게 된다.

$$e = \frac{\Delta V}{V_0} = \frac{\sigma_x}{E}(1 - 2\nu) \quad \text{(6-48)}$$

이 식으로부터 일반적인 재료의 최대로 가능한 Poisson의 비의 값은 0.5임을 알 수 있는데, 그 이유는 이보다 큰 값은 일반적 물리적 거동과 반대로 재료가 인장을 받을 때 체적이 줄어든다는 것을 의미하기 때문이다.

6.6 3축 응력

서로 직각인 세 방향으로 작용하는 수직응력 σ_x, σ_y 그리고 σ_z를 받는 재료의 요소는 **3축 응력(triaxial stress)** 상태(그림 6-27a)에 있다고 말한다. x, y 및 z 면에 작용하는 전단응력이 없기 때문에, σ_x, σ_y, σ_z는 재료 내에서 **주응력**이 된다.

z축에 평행한 경사면을 요소에서 잘라보면(그림 6-27b), 경사면에 작용하는 유일한 응력은 수직응력 σ와 전단응력 τ이고, 이 둘 다 xy면에 평행하게 작용한다. 이러한 응력들

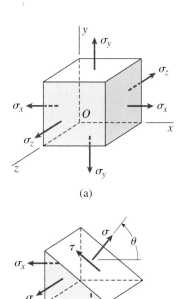

(a)

(b)

그림 6-27 3축 응력을 받고 있는 요소

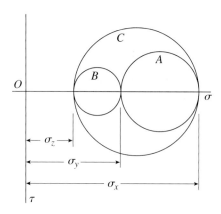

그림 6-28 3축 응력을 받고 있는 요소의 Mohr 원

은 앞에서 논의했던 평면응력에서 만난 σ_{x_1} 및 $\tau_{x_1y_1}$과 유사한 응력이다(예로 그림 6-2a 참조). 응력 σ와 τ (그림 6-27b)는 xy 면에서 힘의 평형방정식으로부터 구해지므로 수직응력 σ_z와는 독립적이다. 따라서 수직 및 전단응력인 σ 및 τ를 결정할 때 평면응력에 대한 Mohr 원뿐만 아니라 평면응력의 변환방정식을 사용할 수 있다. 똑같은 일반적인 결론은 요소를 x축 및 y축에 평행하게 자른 경사면에 작용하는 수직 및 전단응력에 대해서도 성립한다.

최대 전단응력

앞의 평면응력에 대한 논의로부터, 최대 전단응력이 주면으로부터 45° 회전된 면에서 일어난다는 사실을 알고 있다. 따라서 3축 응력을 받는 재료(그림 6-27a)에 대해, 최대 전단응력은 x, y, z축에 대해 45°의 각도로 회전된 요소에서 발생한다. 예를 들면, z축에 대해 45° 회전된 요소를 고려해 보자. 이 요소에 작용하는 양과 음의 최대 전단응력은 다음과 같다.

$$(\tau_{\max})_z = \pm \frac{\sigma_x - \sigma_y}{2} \qquad \text{(6-49a)}$$

비슷한 방법으로, 45°의 각도로 x와 y축에 대해 회전시키면 다음과 같은 식을 얻는다.

$$(\tau_{\max})_x = \pm \frac{\sigma_y - \sigma_z}{2} \qquad (\tau_{\max})_y = \pm \frac{\sigma_x - \sigma_z}{2} \quad \text{(6-49b, c)}$$

절대 최대 전단응력은 식 (6-49a, b와 c)에서 결정된 응력 중 수치적으로 가장 큰 것이다. 이것은 대수적으로 가장 큰 것과 가장 작은 것과의 차이의 1/2과 같다.

x, y, z축에 대해서 다양한 각도로 회전된 요소에 작용하는 응력은 **Mohr 원**을 이용해 가시화될 수 있다. z축에 대해 회전된 요소에 대하여 이에 대응하는 원은 그림 6-28에서 A로 표시된다. 이 원은 $\sigma_x > \sigma_y$인 경우와 σ_x와 σ_y가 모두 인장 응력인 경우에 대해 그려졌음을 유의하라.

비슷한 방법으로, x축과 y축에 대해 회전된 요소에 대한 원 B와 C를 작도할 수 있다. 각 원들의 반지름들은 식 (6-49a,b,c)에서 주어진 최대 전단응력들을 나타낸다. 그리고 절대 최대 전단응력은 가장 큰 원의 반지름과 일치한다. 최대 전단응력 면에 작용하는 수직응력은 원의 중심에서 가로 좌표에 의해 주어지는 크기를 갖는다.

3축 응력에 대한 앞의 논의에서, 단지 x, y, z축에 대해 회전한 요소에 작용하는 응력만을 고려하였다. 따라서 고려한 모든 평면은 세 개의 축 중 한 개의 축과 평행하다. 예를 들면, 그림 6-27b의 경사면은 z축과 평행하고, 그에 대한 수직은 xy 면과 평행하다. 물론 **비스듬한 방향(skew direction)**으로 요소를 자를 수가 있다. 그 결과 경사면은 모든 3개의 좌표축에 대해 경사져 있다. 이러한 면에 작용하는 수직 및 전단응력은 보다 복잡한 3차원 해석을 통해 얻어질 수 있다. 그러나 비스듬한 면에 작용하는 수직응력은 대수적으로 최대 및 최소 주응력의 값들 사이에 존재하며, 이 면에 작용하는 전단응력은 식 (6-49a, b와c)에서 구한 절대 최대 전단응력보다 작다(절대값에서).

3축 응력에서의 Hooke의 법칙

재료가 Hooke의 법칙을 만족할 때, 수직응력과 수직변형률의 관계는 평면응력과 같은 절차를 이용함으로써 구할 수 있다(6.5절 참조). 독립적으로 작용하는 응력 σ_x, σ_y 그리고 σ_z에 의해 발생되는 변형률은 전체 변형률을 얻기 위해 중첩된다. 따라서 **3축 응력에서의 변형률**에 대한 식을 다음과 같이 쉽게 구한다.

$$\epsilon_x = \frac{\sigma_x}{E} - \frac{\nu}{E}(\sigma_y + \sigma_z) \qquad (6\text{-}50a)$$

$$\epsilon_y = \frac{\sigma_y}{E} - \frac{\nu}{E}(\sigma_z + \sigma_x) \qquad (6\text{-}50b)$$

$$\epsilon_z = \frac{\sigma_z}{E} - \frac{\nu}{E}(\sigma_x + \sigma_y) \qquad (6\text{-}50c)$$

이 식에서는 인장응력 σ와 신장 변형률 ϵ을 양으로 하는 표준 부호규약을 사용하였다.

앞의 연립방정식을 풀면 **응력을 변형률로 표현하는 식**을 구할 수 있다.

$$\sigma_x = \frac{E}{(1+\nu)(1-2\nu)}\left[(1-\nu)\epsilon_x + \nu(\epsilon_y + \epsilon_z)\right] \quad (6\text{-}51a)$$

$$\sigma_y = \frac{E}{(1+\nu)(1-2\nu)}\left[(1-\nu)\epsilon_y + \nu(\epsilon_z + \epsilon_x)\right] \quad (6\text{-}51b)$$

$$\sigma_z = \frac{E}{(1+\nu)(1-2\nu)}\left[(1-\nu)\epsilon_z + \nu(\epsilon_x + \epsilon_y)\right] \quad (6\text{-}51c)$$

식 (6-50)과 식 (6-51)은 **3축 응력에 대한 Hooke의 법칙**을 나타낸다.

2축 응력의 특별한 경우(그림 6-11b), 위 식들에 $\sigma_z = 0$를 대입하여 Hooke의 법칙에 관한 식을 얻을 수 있다. 결과식은 6.5절의 식 (6-39)와 (6-40)이 된다.

단위체적 변화

3축 응력 상태에 있는 요소에 대한 단위체적 변화(또는 **팽창률**)는 평면응력에 대한 것과 같은 방법으로 구한다(6.5절 참조). 요소가 변형률 ϵ_x, ϵ_y 그리고 ϵ_z를 받고 있다면, 단위체적변화에 대해 식 (6-46)을 이용할 수 있다.

$$e = \epsilon_x + \epsilon_y + \epsilon_z \qquad (6\text{-}52)$$

이 식은 변형률이 작은 값이면, 어떠한 재료에 대해서도 유효하다.

재료가 Hooke의 법칙을 따른다면, 식 (6-50a,b와 c)의 변형률 ϵ_y, ϵ_x, ϵ_z를 대입시키면 다음을 얻는다.

$$e = \frac{1-2\nu}{E}(\sigma_x + \sigma_y + \sigma_z) \qquad (6\text{-}53)$$

식 (6-52)와 (6-53)은 3축 응력 상태에서의 단위체적변화를 각각변형률과 응력의 항으로 나타낸 것이다.

구응력

구응력(spherical stress)이라 불리는 3축 응력의 특별한 경우는, 3개의 모든 수직응력이 같을 때에는 언제나 발생한다(그림 6-29).

$$\sigma_x = \sigma_y = \sigma_z = \sigma_0 \qquad (6\text{-}54)$$

이러한 응력 상태에서는 요소를 자른 어떤 면에서도 똑같은 수직응력 σ_0가 발생하고 전단응력은 존재하지 않는다. 따라서 재료 내의 어떠한 위치에서도 모든 방향의 수직응력은 같고 전단응력은 없다. 모든 면이 주평면이고, 그림 6-28에 보인 3개의 Mohr 원은 한 점이 된다.

재료가 균질 등방성이면, 구응력 상태에서의 수직변형률 역시 모든 방향에서 동일하다. Hooke의 법칙이 적용되면, 수직변형률은 식 (6-50a, b와 c)로부터 얻은 것처럼 다음과 같다.

$$\epsilon_0 = \frac{\sigma_0}{E}(1-2\nu) \qquad (6\text{-}55)$$

전단변형률이 없기 때문에, 입방체 형태의 요소는 크기만 변하고, 그대로 입방체 상태로 남는다. 일반적으로, 구응력을 받는 물체는 상대적인 비율은 유지하지만, σ_0가 인장인지 압축인지에 따라 체적은 팽창하거나 수축하게 된다.

단위체적 변화에 대한 표현식은 식 (6-55)의 변형률에 관한 식을 식 (6-52)에 대입함으로써 얻을 수 있다. 그 결과는 다음과 같다.

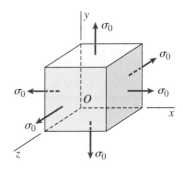

그림 6-29 구응력을 받고 있는 요소

$$e = 3\epsilon_0 = \frac{3\sigma_0(1 - 2\nu)}{E} \qquad (6\text{-}56)$$

식 (6-56)은 **체적탄성계수(volume modulus of elasticity)** 또는 **부피탄성계수(bulk modulus of elasticity)**라고 부르는 새로운 양인 K를 사용함으로써 훨씬 간단한 형태로 표현되는데, K의 정의는 다음과 같다.

$$K = \frac{E}{3(1 - 2\nu)} \qquad (6\text{-}57)$$

이 기호를 사용하면, 단위체적변화에 대한 표현식은 다음과 같게 된다.

$$e = \frac{\sigma_0}{K} \qquad (6\text{-}58)$$

체적탄성계수는 다음과 같다.

$$K = \frac{\sigma_0}{e} \qquad (6\text{-}59)$$

따라서 체적탄성계수는 체적변형률에 대한 구응력의 비로 정의되는데, 이것은 단축응력에서의 탄성계수 E의 정의와 유사하다. e와 K에 대한 앞의 공식들은, 변형률이 작고 재료가 *Hooke*의 법칙을 따른다는 가정에 기초를 두고 있음을 유의하라.

K에 대한 식 (6-57)로부터, Poisson의 비 ν가 1/3이면, 계수 K와 E가 수치적으로 같다는 사실을 알 수 있다. $\nu = 0$이면 K는 $E/3$의 값을 가지며, $\nu = 0.5$이면, K는 무한대가 되고 이것은 체적변화가 없는 강체에 해당된다(즉, 재료는 비압축성이다).

구응력에 대한 앞의 공식들은 모든 방향에서 균일한 인장을 받는 요소로부터 유도되었다. 그러나 물론 이 공식은 균일한 압축을 받는 요소에도 적용할 수 있다. 균일한 압축의 경우 응력과 변형률은 음의 부호를 갖는다. 균일한 압축은 재료가 모든 방향에서 균일한 압력을 받을 때 발생한다. 예를 들면, 물속에 잠겨 있는 물체나, 땅속의 깊숙한 곳에 있는 돌 등이다. 이러한 상태의 응력은 흔히 **정수압 응력(hydrostatic stress)**라 부른다.

비록 균일한 압축은 비교적 일반적이긴 하나, 균일한 인장은 구현하기가 무척 어렵다. 금속 구의 바깥 표면을 갑작스럽게 균일하게 가열하여 외부 층의 온도가 내부보다 높아지게 하면 균일한 인장 상태를 구현할 수 있다. 팽창하려는 외부 층의 경향은 그 중심에서 모든 방향으로 균일 인장을 발생시킨다.

요약 및 복습

6장에서는 응력을 받는 물체의 임의의 점에서의 **응력상태**를 검토하였고 이것을 응력요소에 그림으로 표시하였다. 2차원에서, **평면응력**이 논의되었고 그 점에서의 수직 및 전단응력 상태에 대한 다르지만 등가인 변환공식을 유도하였다. 주응력 및 최대 전단응력 그리고 이들의 방향은 설계에 대해 가장 중요한 정보이다. 변환공식의 도해적 표현인 **Mohr** 원은 주응력과 최대 전단응력이 일어나는 응력요소의 방향을 포함하여 임의의 점에서의 다양한 응력상태를 알아내는 편리한 방법임을 알았다. 이어서 변형률이 소개되었고 **평면응력에 대한 Hooke의 법칙**(균질하고 등방성인 재료에 대한)이 유도되었으며 2축 응력, 단축응력 및 순수전단에 대한 응력-변형률 관계식을 얻기 위해 세분화되었다. 3축 응력이라고 알려진 3차원 응력상태가 3축 응력에 대한 Hooke의 법칙과 더불어 소개되었다. **구응력**과 **정수압 응력**이 3축 응력의 특별한 경우로 정의되었다.

이 장에서 제시된 중요개념은 다음과 같이 요약된다.

1. 보와 같은 물체를 절단한 경사면의 응력은 단면에 있는 응력요소에 작용하는 응력보다 크다.

2. 응력은 벡터가 아니고 텐서임으로 한 세트의 축으로부터 다른 세트의 축으로 응력성분을 변환시키기 위해 쐐기 모양의 요소의 평형방정식을 사용한다. 변환공식은 요소의 평형으로부터 유도되었으므로 재료의 선형, 비선형, 탄성 또는 비탄성에 관계없이 어떤 재료의 응력에도 적용된다. **평면응력에 대한 변환공식**은 다음과 같다.

$$\sigma_{x_1} = \frac{\sigma_x + \sigma_y}{2} + \frac{\sigma_x - \sigma_y}{2}\cos 2\theta + \tau_{xy}\sin 2\theta$$

$$\tau_{x_1 y_1} = -\frac{\sigma_x - \sigma_y}{2}\sin 2\theta + \tau_{xy}\cos 2\theta$$

$$\sigma_{y_1} = \frac{\sigma_x + \sigma_y}{2} - \frac{\sigma_x - \sigma_y}{2}\cos 2\theta - \tau_{xy}\sin 2\theta$$

3. 물체 내의 같은 점에서의 **평면응력** 상태를 나타내기 위해 다른 방향을 가진 두 개의 요소를 사용하는 경우에, 두 개의 요소의 면에 작용하는 응력은 서로 다르지만 이들은 그 점에서 똑같은 본래의 응력상태를 나타낸다.

4. 평형으로부터, 평면응력 상태인 응력요소의 한 면에 작용하는 전단응력을 구한다면 이 요소의 4면에 작용하는 모든 전단응력들을 알 수 있다.

5. 평면응력요소(응력을 받는 물체의 주어진 점에서)에 서로 수직인 면에 작용하는 수직응력들의 합은 일정하며 각 θ와는 관계가 없다.

$$\sigma_{x_1} + \sigma_{y_1} = \sigma_x + \sigma_y$$

6. 최대 및 최소 수직응력(**주응력** σ_1, σ_2 라고 함)은 수직응력에 대한 다음과 같은 변환방정식으로부터 구한다.

$$\sigma_{1,2} = \frac{\sigma_x + \sigma_y}{2} \pm \sqrt{\left(\frac{\sigma_x - \sigma_y}{2}\right)^2 + \tau_{xy}^2}$$

또한 주응력이 작용하는 주면의 위치를 구할 수 있다. 전단응력은 주면에서는 0이고, 최대 전단응력이 생기는 면은 주면과 45°를 이루며 최대 전단응력은 주응력들의 차이의 절반 값과 같다. 최대 전단응력은 다음 식과 같이 원래의 요소에 작용하는 수직 및 전단응력 또는 주응력을 사용하 여 계산한다.

$$\tau_{max} = \sqrt{\left(\frac{\sigma_x - \sigma_y}{2}\right)^2 + \tau_{xy}^2}$$

$$\tau_{max} = \frac{\sigma_1 - \sigma_2}{2}$$

7. 평면응력에 대한 변환공식은 **Mohr 원**으로 알려진 그림에 의 해 도해적 방법으로 표시할 수 있다. 이 원은 응력을 받는 물체의 임의의 점에 대해 여러 경사면에 작용하는 수직응 력과 전단응력의 관계를 나타낸다. 이 원은 또한 주응력, 최대 전단응력과 이들이 작용하는 요소의 방향을 계산하는 데 사용된다.

8. **평면응력에 대한 Hooke의 법칙**은 Hooke의 법칙을 따르는 균질하고 등방성인 재료에 대해 수직변형률과 응력과의 관계를 나타낸다. 이 관계식은 3개의 재료상수(E, G 및 ν)를 포함한다. 평면응력 상태에서 수직응력을 알게 되면 x, y 및 z 방향의 수직변형률은 다음과 같다.

$$\epsilon_x = \frac{1}{E}(\sigma_x - \nu\sigma_y)$$

$$\epsilon_y = \frac{1}{E}(\sigma_y - \nu\sigma_x)$$

$$\epsilon_z = -\frac{\nu}{E}(\sigma_x + \sigma_y)$$

이 방정식들을 연립하여 풀면 x 및 y 방향의 수직응력은 다음 식과 같이 변형률 항으로 구한다.

$$\sigma_x = \frac{E}{1 - \nu^2}(\epsilon_x + \nu\epsilon_y)$$

$$\sigma_y = \frac{E}{1 - \nu^2}(\epsilon_y + \nu\epsilon_x)$$

9. 강체의 **단위체적변화 e** 또는 **팽창률**은 체적의 변화를 원래의 체적으로 나눈 것으로 정의하며 서로 수직인 3개 방향의 수직변형률의 합과 같다.

$$e = \frac{\Delta V}{V_0} = \epsilon_x + \epsilon_y + \epsilon_z$$

10. 요소가 서로 수직인 3개의 방향으로 수직응력을 받고 요소의 각 면에 전단응력이 작용하지 않으면 요소에 **3축응력** 상태가 존재한다. 이 수직응력들은 재료의 주응력이다. 3 축응력 상태의 특별한 경우로 수직응력의 크기가 같고 인 장인 경우를 **구응력**이라 하고 수직응력의 크기가 같고 압축인 경우를 **정수압 응력**이라고 한다.

6장 연습문제

6.2-1 평면응력 요소가 그림과 같이 응력 $\sigma_x = 50$ MPa, $\sigma_y = 30$ MPa 및 $\tau_{xy} = 20$ MPa를 받고 있다.

x축으로부터 각 $\theta = 60°$ 회전한 요소에 작용하는 응력들을 구하라. 여기서 각 θ는 반시계방향이 양의 방향이다. 각 θ만큼 회전한 요소의 그림에 이 응력들을 도시하라.

6.2-2 평면응력 요소가 그림과 같이 응력 $\sigma_x = -76.5$ MPa, $\sigma_y = -32$ MPa 및 $\tau_{xy} = 25$ MPa을 받고 있다.

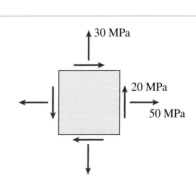

문제 6.2-1

*x*축으로부터 각 $\theta = 50°$ 회전한 요소에 작용하는 응력들을 구하라. 여기서 각 θ는 반시계방향이 양의 방향이다. 각 θ만큼 회전한 요소의 그림에 이 응력들을 도시하라.

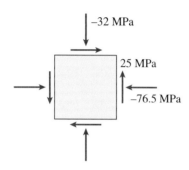

문제 6.2-2

6.2-3 평면응력 요소가 그림과 같이 응력 $\sigma_x = 100$ MPa, $\sigma_y = 80$ MPa 및 $\tau_{xy} = 28$ MPa를 받고 있다.

*x*축으로부터 각 $\theta = 30°$ 회전한 요소에 작용하는 응력들을 구하라. 여기서 각 θ는 반시계방향이 양의 방향이다. 각 θ만큼 회전한 요소의 그림에 이 응력들을 도시하라.

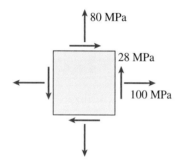

문제 6.2-3

6.2-4 철도 레일의 웨브 내의 요소 *A*에 작용하는 응력들이 수평방향의 인장응력 40 MPa과 수직방향의 압축응력 160 MPa임을 알았다(그림 참조). 또한 그림에 보인 방향으로 크기 54 MPa의 전단응력이 작용한다.

수평 위치로부터 반시계방향으로 각 52°만큼 회전한 요소에 작용하는 응력들을 구하라. 이 각도만큼 회전한 요소의 그림에 이 응력들을 도시하라.

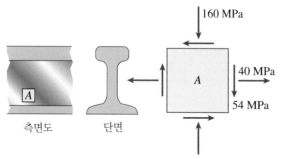

문제 6.2-4

6.2-5 요소 *A*에 작용하는 수직응력과 전단응력이 각각 57 MPa, 136 MPa 및 33 MPa(그림에 보인 방향으로)인 경우에 대해 앞의 문제를 풀어라.

수평 위치로부터 반시계방향으로 각 30°만큼 회전한 요소에 작용하는 응력들을 구하라. 이 각도만큼 회전한 요소의 그림에 이 응력들을 도시하라.

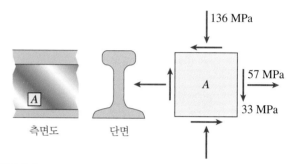

문제 6.2-5

6.2-6 WF 보의 웨브 내의 요소 *B*에 작용하는 응력들이 수평방향의 압축응력 62 MPa와 수직방향의 압축응력 6.9 MPa임을 알았다(그림 참조). 또한 그림에 보인 방향으로 크기 28.9 MPa의 전단응력이 작용한다.

수평위치로부터 반시계방향으로 각 41°만큼 회전한 요소에 작용하는 응력들을 구하라. 이 각도만큼 회전한 요소의 그림에 이 응력들을 도시하라.

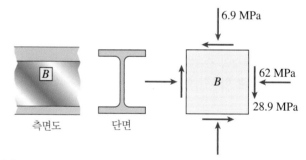

문제 6.2-6

6.2-7 요소 *B*에 작용하는 수직응력과 전단응력이 각각 46 MPa, 13 MPa 및 21 MPa(그림에 보인 방향으로)이고 각이 42.5°(시계방향으로)인 경우에 대해 앞의 문제를 풀어라.

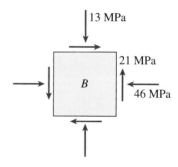

문제 6.2-7

6.2-8 비행기 동체의 **평면 응력**요소가 수평방향의 압축응력 27 MPa와 수직방향의 인장응력 5.5 MPa을 받고 있다(그림 참조). 또한 그림에 보인 방향으로 크기 10.5 MPa의 전단응력이 작용한다.

수평 위치로부터 시계방향으로 각 35°만큼 회전한 요소에 작용하는 응력들을 구하라. 이 각도만큼 회전한 요소의 그림에 이 응력들을 도시하라.

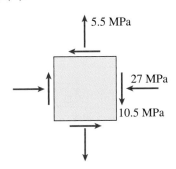

문제 6.2-8

6.2-9 치수가 75 mm × 200 mm인 직사각형 판이 2개의 삼각형 판을 용접하여 만들어졌다(그림 참조). 판은 수평방향의 인장응력 3 MPa와 수직방향의 압축응력 5.5 MPa을 받고 있다.

용접부에 대해 수직으로 작용하는 수직응력 σ_w와 용접부에 평행으로 작용하는 전단응력 τ_w를 구하라. (수직응력 σ_w는 용접부에 대해 인장으로 작용할 때 양이고, 전단응력 τ_w는 용접부에 대해 반시계방향으로 작용할 때 양이다.)

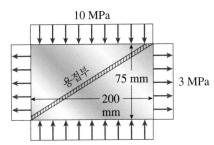

문제 6.2-9

6.2-10 치수가 100 mm × 250 mm이고 수평방향의 압축응력 2.5 MPa와 수직방향의 인장응력 12.0 MPa을 받고 있는 판에 대해 앞의 문제를 풀어라(그림 참조).

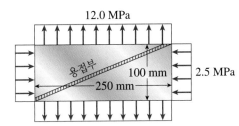

문제 6.2-10

6.2-11 침전물 연못의 폴리에칠렌 라이너가 그림의 첫째 부분의 평면 응력요소에 보인 것과 같이 응력 σ_x = 6 MPa, σ_y = 3 MPa 및 τ_{xy} = 1.5 MPa를 받고 있다.

그림의 두 번째 부분에 보인 것과 같이 요소에 대해 각 30°만큼 회전한 용접 접합부(seam)에 작용하는 수직응력과 전단응력을 구하라. 용접 접합부에 대해 평행한 면과 수직인 면을 갖는 요소의 그림에 이 응력들을 도시하라.

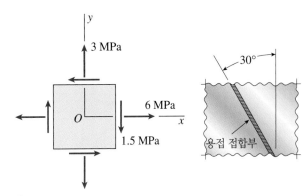

문제 6.2-11

6.2-12 요소에 작용하는 수직응력과 전단응력이 각각 σ_x = 2,100 kPa, σ_y = 300 kPa 및 τ_{xy} = −560 kPa이고 용접 접합부가 이 요소에 대해 각 22.5°만큼 회전한 경우에 대해 앞의 문제를 풀어라.

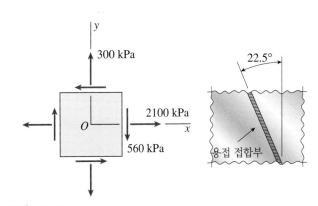

문제 6.2-12

6.2-13 경주용 차량 프레임의 한 **평면응력** 요소가 각 θ만큼 회전하였다(그림 참조). 이러한 경사진 요소에 그림과 같은 크기와 방향을 갖는 수직응력과 전단응력이 작용한다.

x축과 y축에 평행한 면을 갖는 요소에 작용하는 수직응력 σ_x, σ_y 및 전단응력 τ_{xy}를 구하라. θ = 0°인 위치의 요소의 이 결과들을 도시하라.

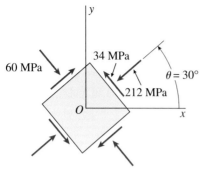

문제 6.2-13

6.2-14 그림에 보인 요소에 대해 앞의 문제를 풀어라.

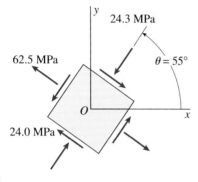

문제 6.2-14

6.2-15 기계 표면상의 어떤 점에서 재료는 그림의 첫째 부분에서 보는 것과 같이 $\sigma_x = 120$ MPa, $\sigma_y = -40$ MPa 인 2축 응력을 받고 있다. 그림의 두 번째 부분은 각 θ만큼 회전한 재료의 같은 점을 절단한 경사면 aa를 보여준다.

평면 aa에 수직응력이 작용하지 않게 하는 0°와 90° 사이의 각 θ를 구하라. 평면 aa를 한 변으로 하는 응력요소를 그리고 이 요소에 작용하는 모든 응력들을 도시하라.

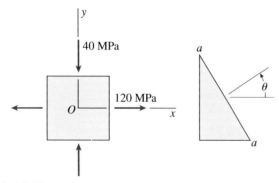

문제 6.2-15

6.2-16 $\sigma_x = 32$ MPa, $\sigma_y = -50$ MPa인 경우에 대해 앞의 문제를 풀어라(그림 참조).

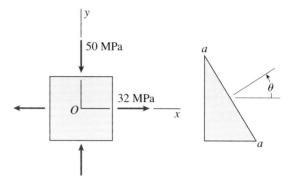

문제 6.2-16

6.2-17 비행기 날개의 표면이 그림과 같이 수직응력 σ_x와 σ_y 및 전단응력 τ_{xy}인 평면응력을 받고 있다. x축으로부터 반시계방향으로 각 $\theta = 30°$회전한 요소에는 인장응력 37 MPa가 작용하고 각 $\theta = 48°$회전한 요소에는 압축응력 12 MPa이 작용한다.

응력 σ_x가 110 MPa인 경우, σ_y와 τ_{xy}는 얼마인가?

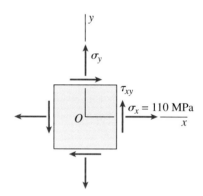

문제 6.2-17

6.2-18 평면응력 상태의 판이 그림과 같이 수직응력 σ_x와 σ_y 및 전단응력 τ_{xy}을 받고 있다. x축으로부터 반시계방향으로 각 $\theta = 40°$와 $\theta = 80°$ 회전한 요소에는 수직 인장응력 50 MPa가 작용한다.

응력 σ_x가 20 MPa인 경우, σ_y와 τ_{xy}는 얼마인가?

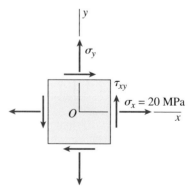

문제 6.2-18

6.2-19 평면응력 상태의 구조물의 어떤 점에 작용하는 응력들은 $\sigma_x = -40$ MPa, $\sigma_y = 25$ MPa 및 $\tau_{xy} = 28$ MPa이다(이 응력들의 부호규약은 그림 6-1에 보여진다). 구조물 내의 같은 점에 위치한 응력요소(x축에 대해 반시계방향으로 각 θ_1만큼 회전한)가 그림과 같은 응력(σ_b, τ_b 및 20 MPa)들을 받고 있다.

각 θ_1이 0°와 90° 사이의 각이라고 가정하고, 수직응력 σ_b, 전단응력 τ_b 및 각 θ_1을 구하라.

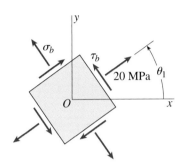

문제 6.2-19

주응력과 최대 전단응력

6.3절의 문제를 풀 때에는 평면 내의 응력(xy 평면 내의 응력)만을 고려하라.

6.3-1 평면응력 상태의 요소가 $\sigma_x = 50$ MPa, $\sigma_y = 30$ MPa 및 $\tau_{xy} = 20$ MPa를 받고 있다(문제 6.2-1의 그림 참조).

주응력들을 구하고 적절하게 위치시킨 요소의 그림에 이 응력들을 도시하라.

6.3-2 평면응력 상태의 요소가 $\sigma_x = 100$ MPa, $\sigma_y = 80$ MPa 및 $\tau_{xy} = 28$ MPa을 받고 있다.

주응력들을 구하고 적절하게 위치시킨 요소의 그림에 이 응력들을 도시하라.

6.3-3 평면응력 상태의 요소가 $\sigma_x = -64$ MPa, $\sigma_y = -150$ MPa 및 $\tau_{xy} = 33$ MPa를 받고 있다.

주응력들을 구하고 적절하게 위치시킨 요소의 그림에 이 응력들을 도시하라.

6.3-4 철도 레일의 웨브 내의 요소 A에 작용하는 응력들이 수평방향의 인장응력 40 MPa과 수직방향의 압축응력 160 MPa임을 알았다. 또한 그림에 보인 방향으로 크기 54 MPa의 전단응력이 작용한다(문제 6.2-4 그림 참조).

주응력들을 구하고 적절하게 위치시킨 요소의 그림에 이 응력들을 도시하라.

6.3-5 요소 A에 작용하는 수직응력과 전단응력이 각각 57 MPa, 136 MPa 및 33 MPa(그림에 보인 방향으로)이다(문제 6.2-5의 그림 참조).

최대 전단응력과 이에 관련된 수직응력들을 구하고 적절하게

위치시킨 요소의 그림에 이 응력들을 도시하라.

6.3-6 비행기 동체의 **평면응력** 요소가 수평방향의 압축응력 27 MPa과 수직방향의 인장응력 5.5 MPa를 받고 있다. 또한 그림에 보인 방향으로 크기 10.5 MPa의 전단응력이 작용한다(문제 6.2-8 그림 참조).

최대 전단응력과 이에 관련된 수직응력들을 구하고 적절하게 위치시킨 요소의 그림에 이 응력들을 도시하라.

6.3-7 WF 보의 웨브 내의 요소 B에 작용하는 응력들이 수평방향의 압축응력 62 MPa와 수직방향의 압축응력 7 MPa임을 알았다. 또한 그림에 보인 방향으로 크기 29 MPa의 전단응력이 작용한다(문제 6.2-7 그림 참조).

최대 전단응력과 이에 관련된 수직응력들을 구하고 적절하게 위치시킨 요소의 그림에 이 응력들을 도시하라.

6.3-8 요소 B에 작용하는 수직응력과 전단응력이 각각 $\sigma_x = -46$ MPa, $\sigma_y = -13$ MPa 및 $\tau_{xy} = 21$ MPa이다(문제 6.2-7 그림 참조).

최대 전단응력과 이에 관련된 수직응력들을 구하고 적절하게 위치시킨 요소의 그림에 이 응력들을 도시하라.

6.3-9 비틀림과 축 추력을 조합적으로 받는 프로펠러 축이 56 MPa의 전단응력과 85 MPa의 압축응력을 견디도록 설계되었다(그림 참조).

(a) 주응력들을 구하고 적절하게 위치시킨 요소의 그림에 이 응력들을 도시하라.

(b) 최대 전단응력과 이에 관련된 수직응력들을 구하고 적절하게 위치시킨 요소의 그림에 이 응력들을 도시하라.

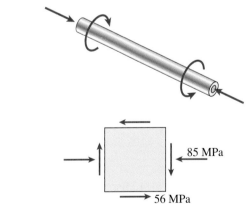

85 MPa

56 MPa

문제 6.3-9

6.3-10 보강된 콘크리트 빌딩 내의 전단벽이 그림의 첫째 부분과 같은 수직 분포하중 q와 수평력 H를 받고 있다. (힘 H는 바람과 지진 하중의 영향을 나타낸다.) 이러한 하중으로 인해 벽 표면 상의 A점에서의 응력들이 그림의 두 번째 부분에 보인 것과 같은 값들을 갖는다(압축응력은 10 MPa이고 전단응력은 2 MPa이다).

(a) 주응력들을 구하고 적절하게 위치시킨 요소의 그림에 이 응력들을 도시하라.

(b) 최대 전단응력과 이에 관련된 수직응력들을 구하고 적절하게 위치시킨 요소의 그림에 이 응력들을 도시하라.

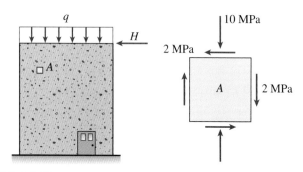

문제 6.3-10

6.3-11 평면응력 상태의 요소(그림 참조)가 응력 σ_x, σ_y 및 τ_{xy}를 받고 있다.

$\sigma_x = 2{,}150$ kPa, $\sigma_y = 375$ kPa 및 $\tau_{xy} = -460$ kPa인 경우에 대해 다음을 풀어라.

(a) 주응력들을 구하고 적절하게 위치시킨 요소의 그림에 이 응력들을 도시하라.

(b) 최대 전단응력과 이에 관련된 수직응력들을 구하고 적절하게 위치시킨 요소의 그림에 이 응력들을 도시하라.

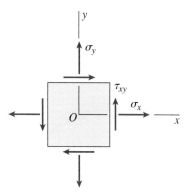

문제 6.3-11~6.3-16

6.3-12 $\sigma_x = 110$ MPa, $\sigma_y = 14$ MPa 및 $\tau_{xy} = 12$ MPa인 경우에 대해 문제 6.3-11을 풀어라.

6.3-13 $\sigma_x = 23$ MPa, $\sigma_y = 6.5$ MPa 및 $\tau_{xy} = -8$ MPa인 경우에 대해 문제 6.3-11을 풀어라.

6.3-14 $\sigma_x = -21.25$ MPa, $\sigma_y = -8.3$ MPa 및 $\tau_{xy} = 41.5$ MPa인 경우에 대해 문제 6.3-11을 풀어라.

6.3-15 $\sigma_x = -108$ MPa, $\sigma_y = 58$ MPa 및 $\tau_{xy} = -58$ MPa인 경우에 대해 문제 6.3-11을 풀어라.

6.3-16 $\sigma_x = 16.5$ MPa, $\sigma_y = -91$ MPa 및 $\tau_{xy} = -39$ MPa인 경우에 대해 문제 6.3-11을 풀어라.

6.3-17 기계부품의 표면 위의 한 점에서 응력요소의 x면에 작용하는 응력은 $\sigma_x = 42$ MPa와 $\tau_{xy} = 33$ MPa이다(그림 참조).

최대 전단응력이 $\tau_0 = 35$ MPa로 제한된다면 응력 σ_y 값의 허용범위는 얼마인가?

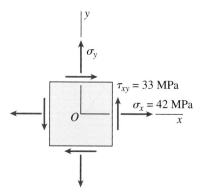

문제 6.3-17

6.3-18 기계부품의 표면 위의 한 점에서 응력요소의 x면에 작용하는 응력은 $\sigma_x = 50$ MPa과 $\tau_{xy} = 15$ MPa이다(그림 참조).

최대 전단응력이 $\tau_0 = 20$ MPa로 제한된다면 응력 σ_y 값의 허용범위는 얼마인가?

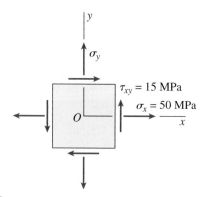

문제 6.3-18

6.3-19 평면응력 상태의 요소가 응력 $\sigma_x = -50$ MPa와 $\tau_{xy} = 42$ MPa을 받고 있다(그림 참조). 주응력 중의 하나가 33 MPa의 인장응력임을 알았다.

(a) 응력 σ_y를 구하라.

(b) 다른 주응력 및 주 평면의 방향을 구하고 적절하게 위치시킨 요소의 그림에 주응력들을 도시하라.

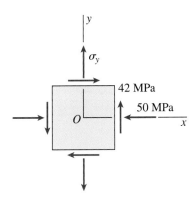

문제 6.3-19

6.3-20 평면응력 상태의 요소가 응력 $\sigma_x = -68.5$ MPa과 $\tau_{xy} = 39.2$ MPa을 받고 있다(그림 참조). 주응력 중의 하나가 75.5 MPa의 인장응력임을 알았다.

(a) 응력 σ_y를 구하라.

(b) 다른 주응력 및 주 평면의 방향을 구하고 적절하게 위치시킨 요소의 그림에 주응력들을 도시하라.

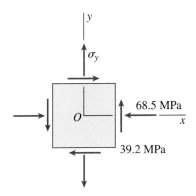

문제 6.3-20

Mohr의 원

*6.4*절의 문제는 *Mohr*의 원을 이용하여 풀어야 한다. 평면 내의 응력(*xy* 평면 내의 응력)만을 고려하라.

6.4-1 단축응력 상태의 요소가 그림과 같이 인장응력 $\sigma_x = 49$ MPa를 받고 있다. Mohr의 원을 이용하여 다음을 구하라.

(a) *x*축으로부터 각 $\theta = -27°$만큼 회전한 요소에 작용하는 응력(−부호는 시계방향을 의미)

(b) 최대 전단응력 및 이에 관련된 수직응력

적절하게 위치시킨 요소의 그림에 모든 결과를 도시하라.

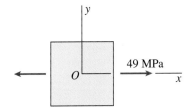

문제 6.4-1

6.4-2 단축응력 상태의 요소가 그림과 같이 인장응력 $\sigma_x = 80$ MPa를 받고 있다. Mohr의 원을 이용하여 다음을 구하라.

(a) *x*축으로부터 반시계방향으로 각 $\theta = 21.8°$만큼 회전한 요소에 작용하는 응력

(b) 최대 전단응력 및 이에 관련된 수직응력

적절하게 위치시킨 요소의 그림에 모든 결과를 도시하라.

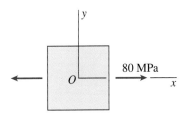

문제 6.4-2

6.4-3 *2*축응력 상태의 요소가 그림과 같이 $\sigma_x = -48$ MPa와 $\sigma_y = 19$ MPa을 받고 있다. Mohr의 원을 이용하여 다음을 구하라.

(a) *x*축으로부터 반시계방향으로 각 $\theta = 25°$만큼 회전한 요소에 작용하는 응력

(b) 최대 전단응력 및 이에 관련된 수직응력

적절하게 위치시킨 요소의 그림에 모든 결과를 도시하라.

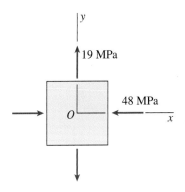

문제 6.4-3

6.4-4 단축응력 상태의 요소가 그림과 같이 크기가 40 MPa인 압축응력을 받고 있다. Mohr의 원을 이용하여 다음을 구하라.

(a) 기울기가 1/2인 방향의 요소에 작용하는 응력(그림 참조)

(b) 최대 전단응력 및 이에 관련된 수직응력

적절하게 위치시킨 요소의 그림에 모든 결과를 도시하라.

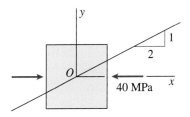

문제 6.4-4

6.4-5 순수전단을 받는 요소가 그림과 같이 응력 τ_{xy} = 32 MPa 을 받고 있다. Mohr의 원을 이용하여 다음을 구하라.

(a) x축으로부터 반시계방향으로 각 θ = 75°만큼 회전한 요소에 작용하는 응력

(b) 주응력

적절하게 위치시킨 요소의 그림에 모든 결과를 도시하라.

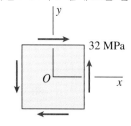

문제 6.4-5

6.4-6 2축응력 상태의 요소가 그림과 같이 σ_x = 28 MPa과 σ_y = −7 MPa을 받고 있다. Mohr의 원을 이용하여 다음을 구하라.

(a) x축으로부터 반시계방향으로 각 θ = 60°만큼 회전한 요소에 작용하는 응력

(b) 최대 전단응력 및 이에 관련된 수직응력

적절하게 위치시킨 요소의 그림에 모든 결과를 도시하라.

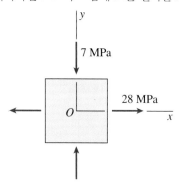

문제 6.4-6

6.4-7 2축응력 상태의 요소가 그림과 같이 σ_x = −29 MPa와 σ_y = 57 MPa을 받고 있다. Mohr의 원을 이용하여 다음을 구하라.

(a) 기울기가 1/2.5인 방향의 요소에 작용하는 응력(그림 참조)

(b) 최대 전단응력 및 이에 관련된 수직응력

적절하게 위치시킨 요소의 그림에 모든 결과를 도시하라.

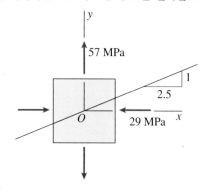

문제 6.4-7

6.4-8 순수전단을 받는 요소가 그림과 같이 응력 τ_{xy} = 27.5 MPa을 받고 있다. Mohr의 원을 이용하여 다음을 구하라.

(a) 기울기가 3/4인 방향의 요소에 작용하는 응력(그림 참조)

(b) 주응력

적절하게 위치시킨 요소의 그림에 모든 결과를 도시하라.

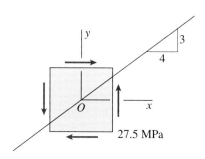

문제 6.4-8

6.4-9 순수전단을 받는 요소가 그림과 같이 응력 τ_{xy} = −14.5 MPa을 받고 있다. Mohr의 원을 이용하여 다음을 구하라.

(a) x축으로부터 반시계방향으로 각 θ = 22.5°만큼 회전한 요소에 작용하는 응력

(b) 주응력

적절하게 위치시킨 요소의 그림에 모든 결과를 도시하라.

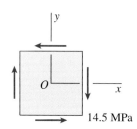

문제 6.4-9

6.4-10 평면응력 상태의 요소가 응력 σ_x, σ_y 및 τ_{xy} 받고 있다(그림 참조).

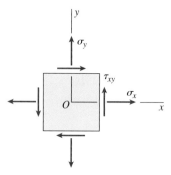

문제 6.4-10~6.4-15

Mohr의 원을 이용하여 x축으로부터 각 θ 만큼 회전한 요소에 작용하는 응력을 구하라. 이 응력들을 각 θ 만큼 회전시킨 요소의 그림에 도시하라. (주: 각은 반시계방향일 때 양이고 시계방향일 때 음이다.) 다음 자료를 사용하라. $\sigma_x = 31$ MPa, $\sigma_y = 97$ MPa, $\tau_{xy} = -21$ MPa, $\theta = -55°$

6.4-11 다음과 같은 자료를 사용하여 문제 6.4-10을 풀어라.
 $\sigma_x = -47$ MPa, $\sigma_y = -186$ MPa, $\tau_{xy} = -29$ MPa, $\theta = -33°$

6.4-12 다음과 같은 자료를 사용하여 문제 6.4-10을 풀어라.
 $\sigma_x = 33$ MPa, $\sigma_y = -9$ MPa, $\tau_{xy} = 29$ MPa, $\theta = 35°$

6.4-13 다음과 같은 자료를 사용하여 문제 6.4-10을 풀어라.
 $\sigma_x = 27$ MPa, $\sigma_y = 14$ MPa, $\tau_{xy} = 6$ MPa, $\theta = 40°$

6.4-14 다음과 같은 자료를 사용하여 문제 6.4-10을 풀어라.
 $\sigma_x = -40$ MPa, $\sigma_y = 5$ MPa, $\tau_{xy} = -14.5$ MPa, $\theta = 75°$

6.4-15 다음과 같은 자료를 사용하여 문제 6.4-10을 풀어라.
 $\sigma_x = -10.5$ MPa, $\sigma_y = -3.3$ MPa, $\tau_{xy} = 1.9$ MPa, $\theta = 18°$

6.4-16 평면응력 상태의 요소가 응력 σ_x, σ_y 및 τ_{xy}를 받고 있다 (그림 참조).
 Mohr의 원을 이용하여 다음을 구하라.
 (a) 주응력
 (b) 최대 전단응력 및 이에 관련된 수직응력
 적절하게 위치시킨 요소의 그림에 모든 결과를 도시하라. 다음 자료를 사용하라.
 $\sigma_x = 0$ MPa, $\sigma_y = -23.4$ MPa, $\tau_{xy} = -9.6$ MPa

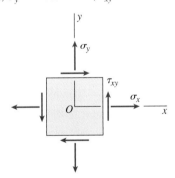

문제 **6.4-16∼6.4-23**

6.4-17 다음 자료를 사용하여 문제 6.4-16을 풀어라. $\sigma_x = -3.3$ MPa, $\sigma_y = 8.9$ MPa, $\tau_{xy} = -14.1$ MPa

6.4-18 다음 자료를 사용하여 문제 6.4-16을 풀어라. $\sigma_x = -85$ MPa, $\sigma_y = -134$ MPa, $\tau_{xy} = -53$ MPa

6.4-19 다음 자료를 사용하여 문제 6.4-16을 풀어라. $\sigma_x = 5$ MPa, $\sigma_y = -17$ MPa, $\tau_{xy} = 21$ MPa

6.4-20 다음 자료를 사용하여 문제 6.4-16을 풀어라. $\sigma_x = 12.75$ MPa, $\sigma_y = 43.75$ MPa, $\tau_{xy} = 21$ MPa

6.4-21 다음 자료를 사용하여 문제 6.4-16을 풀어라. $\sigma_x = 58$ MPa, $\sigma_y = 0$ MPa, $\tau_{xy} = 10$ MPa

6.4-22 다음 자료를 사용하여 문제 6.4-16을 풀어라. $\sigma_x = 2,900$ kPa, $\sigma_y = 9,100$ kPa, $\tau_{xy} = -3,750$ kPa

6.4-23 다음 자료를 사용하여 문제 6.4-16을 풀어라. $\sigma_x = -29.5$ MPa, $\sigma_y = 29.5$ MPa, $\tau_{xy} = 27$ MPa

평면응력에 대한 Hooke의 법칙

6.5절의 문제를 풀 때에는 재료의 탄성계수는 E이고 Poisson의 비는 ν이며 재료는 선형탄성적으로 거동한다고 가정하라.

6.5-1 평면응력 상태의 요소(그림 참조)에 대해 수직변형률 ϵ_x 및 ϵ_y가 스트레인 게이지로 측정되었다.
 (a) z방향에서의 수직변형률 ϵ_z를 ϵ_x, ϵ_y 및 ν의 항으로 구하는 식을 구하라.
 (b) 팽창률 e를 ϵ_x, ϵ_y 및 ν의 항으로 구하는 식을 구하라.

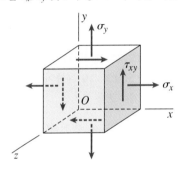

문제 **6.5-1**

6.5-2 두께가 $t = 6.5$ mm인 직사각형 강철판이 그림과 같은 균일 수직응력 σ_x와 σ_y를 받고 있다. 스트레인 게이지 A와 B가 각각 x축과 y축 방향으로 판에 부착되었다. 게이지 읽음은 수직변형률 $\epsilon_x = 0.00062$(늘어남)과 $\epsilon_y = -0.00045$(줄어듦)을 나타낸다.
 $E = 200$ GPa, $\nu = 0.3$인 경우에 응력 σ_x, σ_y 및 판의 두께 변화량 Δt를 구하라.

6.5-3 판의 두께 $t = 10$ mm, 게이지 읽음 $\epsilon_x = 480 \times 10^{-6}$(늘어남), $\epsilon_y = 130 \times 10^{-6}$(줄어듦), $E = 200$ GPa, $\nu = 0.3$인 경우에 대해 앞의 문제를 풀어라.

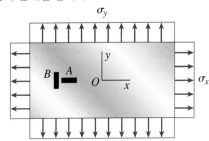

문제 **6.5-2 및 6.5-3**

6.5-4 2축응력 상태의 직사각형 판(그림 참조)이 수직응력 $\sigma_x =$ 90 MPa(인장)과 $\sigma_y = -20$ MPa(압축)을 받고 있다. 판의 치수는 400 mm × 800 mm × 20 mm이고 판은 $E = 200$ GPa이고 $\nu = 0.3$인 강철로 만들어졌다.

(a) 판의 평면 내 최대 전단변형률 γ_{max}을 구하라.

(b) 판의 두께 변화량 Δt를 구하라.

(c) 판의 체적변화량 ΔV를 구하라.

6.5-5 2축응력 상태의 마그네슘 판이 인장응력 $\sigma_x = 24$ MPa과 $\sigma_y = 12$ MPa을 받고 있다(그림 참조). 이에 대응하는 판의 변형률은 $\epsilon_x = 440 \times 10^{-6}$ 및 $\epsilon_y = 80 \times 10^{-6}$이다.

재료에 대한 Poisson의 비 ν와 탄성계수 E를 구하라.

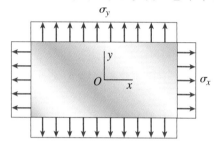

문제 6.5-4~6.5-7

6.5-6 $\sigma_x = 125$ MPa(인장), $\sigma_y = -60$ MPa(압축), $\epsilon_x = 700 \times 10^{-6}$(늘어남), $\epsilon_y = -500 \times 10^{-6}$(줄어듦)인 강철판에 대해 Poisson의 비 ν와 탄성계수 E를 구하라.

6.5-7 $\sigma_x = 60$ MPa(인장), $\sigma_y = -20$ MPa(압축), 치수 250 mm × 300 mm × 25 mm, $E = 70$ GPa, $\nu = 0.33$인 알루미늄 판에 대해 Poisson의 비 ν와 탄성계수 E를 구하라.

6.5-8 한 변의 길이가 100 mm인 콘크리트 정육면체($E = 20$ GPa, $\nu = 0.1$)가 그림과 같은 하중을 받는 프레임에 의해 2축 응력으로 압축되고 있다.

각 하중이 $F = 90$ kN이라고 가정하고 정육면체의 체적변화량 ΔV를 구하라.

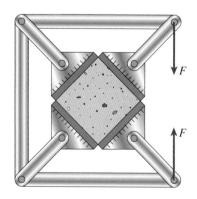

문제 6.5-8

6.5-9 한 변의 길이가 50 mm인 황동 정육면체가 2개의 수직방향으로 각 변에 힘 $P = 175$ kN으로 압축되고 있다(그림 참조).

$E = 100$ GPa, $\nu = 0.34$라고 가정하고 정육면체의 체적변화량 ΔV를 구하라.

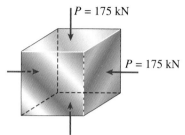

문제 6.5-9

6.5-10 지름 $d = 200$ mm인 원이 황동 판에 식각되었다(그림 참조). 판의 치수는 400 mm × 400 mm × 20 mm이다. 힘이 판에 작용하여 등분포된 수직응력 $\sigma_x = 42$ MPa과 $\sigma_y = 14$ MPa을 생기게 한다.

다음 양들을 계산하라. (a) 지름 ac의 길이변화량 Δac, (b) 지름 bd의 길이변화량 Δbd, (c) 판의 두께변화량 Δt, (d) 판의 체적변화량 ΔV. ($E = 100$ GPa, $n = 0.34$라고 가정한다.)

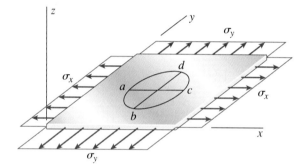

문제 6.5-10

6.5-11 폭이 b이고 두께가 t인 정사각형 판이 그림과 같이 수직력 P_x, P_y 및 전단력 V를 받고 있다. 이 힘들은 판의 각 변에 등분포응력을 생기게 한다.

판의 치수가 $b = 600$ mm, $t = 40$ mm이고, 판이 $E = 45$ GPa, $\nu = 0.35$인 마그네슘으로 만들어졌고, 힘들이 $P_x = 480$ kN, $P_y = 180$ kN, $V = 120$ kN인 경우에, 판의 체적변화량 ΔV를 구하라.

6.5-12 $b = 250$ mm, $t = 25$ mm, $E = 73$ GPa, $\nu = 0.33$, $P_x = 500$ kN, $P_y = 130$ kN, $V = 90$ kN인 알루미늄 판에 대해 앞의 문제를 풀어라.

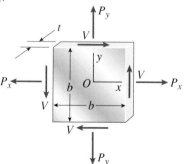

문제 6.5-11 및 6.5-12

3축 응력

6.6절의 문제를 풀 때에는 재료의 탄성계수는 E이고 Poisson의 비는 ν 이며 재료는 선형 탄성적으로 거동한다고 가정하라.

6.6-1 변의 길이가 $a = 75$ mm인 입방체의 주철(그림 참조)이 실험실에서 3축 응력 시험을 받고 있다. 시험기에 부착된 게이지들은 재료의 압축변형률이 $\epsilon_x = -350 \times 10^{-6}$, $\epsilon_y = \epsilon_z = -65 \times 10^{-6}$임을 나타낸다.

다음 양들을 구하라.

(a) 입방체의 x, y 및 z면에 작용하는 수직응력 σ_x, σ_y 및 σ_z

(b) 재료의 최대 전단응력 τ_{max}

(c) 입방체의 체적변화량 ΔV. ($E = 96$ GPa, $\nu = 0.25$라고 가정)

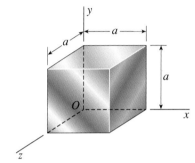

문제 6.6-1 및 6.6-2

6.6-2 입방체가 치수 $a = 75$ mm인 화강암($E = 60$ GPa, $\nu = 0.25$)이고 압축변형률이 $\epsilon_x = -720 \times 10^{-6}$, $\epsilon_y = \epsilon_z = -270 \times 10^{-6}$인 경우에 대해 앞의 문제를 풀어라.

6.6-3 치수가 $a = 125$ mm, $b = 100$ mm, $c = 75$ mm인 직육면체 형태의 알루미늄 요소(그림 참조)가 x, y 및 z면에 작용하는 3축 응력 $\sigma_x = 75$ MPa, $\sigma_y = -35$ MPa 및 $\sigma_z = -10$ MPa을 받고 있다.

다음 양들을 구하라. (a) 재료의 최대 전단응력 τ_{max} (b) 요소의 치수변화량 Δa, Δb 및 Δc (c) 체적변화량 ΔV. ($E = 70$ GPa, $\nu = 0.33$라고 가정)

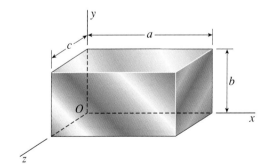

문제 6.6-3 및 6.6-4

6.6-4 요소가 치수 $a = 300$ mm, $b = 150$ mm, $c = 150$ mm인 강철($E = 200$ GPa, $\nu = 0.30$)이고, 응력이 $\sigma_x = -60$ MPa, $\sigma_y = -40$ MPa 및 $\sigma_z = -40$ MPa인 경우에 대해 앞의 문제를 풀어라.

6.6-5 길이가 L이고 단면적이 A인 고무 실린더 R이 고무에 등분포 압력을 작용시키는 힘 F에 의해 강철 실린더 S 내부에서 압축을 받고 있다(그림 참조).

(a) 고무와 강철 사이의 횡압력 p에 대한 식을 유도하라. (고무와 강철 사이의 마찰은 무시하고 강철 실린더는 고무에 비교할 때 강체라고 가정한다.)

(b) 고무 실린더의 줄어든 길이 δ에 대한 식을 유도하라.

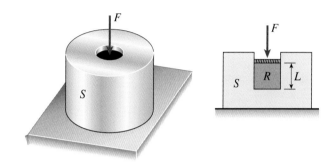

문제 6.6-5

6.6-6 3축 응력 상태의 알루미늄 요소(그림 참조)가 응력 $\sigma_x = 36$ MPa(인장), $\sigma_y = -30$ MPa(압축) 및 $\sigma_z = -21$ MPa(압축)을 받고 있다. x축과 y축 방향의 수직변형률이 $\epsilon_x = 713.8 \times 10^{-6}$(늘어남), $\epsilon_y = -502.3 \times 10^{-6}$(줄어듦)임을 알았다.

알루미늄에 대한 체적탄성계수는 얼마인가?

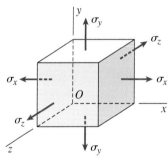

문제 6.6-6 및 6.6-7

6.6-7 재료가 압축응력 $\sigma_x = -4.5$ MPa, $\sigma_y = -3.6$ MPa 및 $\sigma_z = -2.1$ MPa을 받는 나일론이고 수직변형률이 $\epsilon_x = -740 \times 10^{-6}$(줄어듦), $\epsilon_y = -320 \times 10^{-6}$(줄어듦)인 경우에 대해 앞의 문제를 풀어라.

6.6-8 황동($E = 100$ GPa, $\nu = 0.34$)으로 만든 속이 찬 구형 볼을 3 km의 깊이까지 바다 속에 빠뜨렸다. 볼의 지름은 280 mm 이다.

지름의 감소량 Δd와 체적 감소량 ΔV를 구하라.

6.6-9 고무 블록 R이 강철 블록 S의 벽에 평행한 평면 사이에 놓여 있다(그림 참조). 힘 F에 의해 등분포 압력 p_0가 고무 블록 윗면에 작용한다.

(a) 고무와 강철 사이의 횡압력 p에 대한 식을 유도하라. (고무와 강철 사이의 마찰은 무시하고 강철 블록은 고무에 비교할 때 강체라고 가정한다.)

(b) 고무의 팽창률 e에 대한 식을 유도하라.

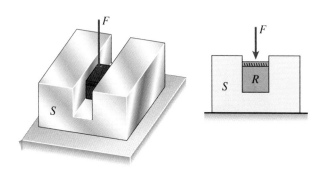

문제 6.6-9

6.6-10 청동으로 만든 속이 찬 구(체적탄성계수 $K = 100$ GPa)의 외부 표면이 갑자기 가열되었다. 구의 가열된 부분의 팽창되는 경향은 구의 중심에서 모든 방향으로 균일한 인장을 일으킨다.

구의 중심에서의 응력이 80 MPa이라면 변형률은 얼마인가? 또한 단위체적 변화량 e를 계산하라.

6.6-11 속이 찬 강철 구($E = 210$ GPa, $\nu = 0.3$)가 체적이 0.4 % 줄어들게 하는 유체정역학적 압력 P를 받고 있다.

(a) 압력 p를 계산하라.

(b) 강철에 대한 체적탄성계수 K를 계산하라.

6장 추가 복습문제

R-6.1: 구동축이 45 MPa의 비틀림 전단응력과 100 MPa의 축방향 압축응력을 받고 있다. 구동축에서의 최대 전단응력을 구하라.

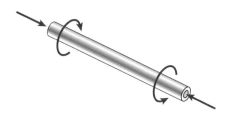

R-6.2: 구동축이 45 MPa의 비틀림 전단응력과 100 MPa의 축방향 압축응력을 받고 있다. 주응력들의 크기의 비(σ_1/σ_2)를 구하라.

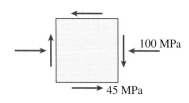

R-6.3: 직사각형 판($a = 120$ mm, $b = 160$ mm)이 압축응력 σ_x = −4.5 MPa과 인장응력 $\sigma_y = 15$ MPa를 받고 있다. 용접부에 수직으로 작용하는 수직응력과 용접부에 평행하게 작용하는 전단응력과의 비를 구하라.

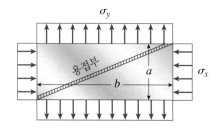

R-6.4: 평면응력 상태의 직사각형 판이 수직응력 $\sigma_x = 35$ MPa, $\sigma_y = 26$ MPa 및 전단응력 $\tau_{xy} = 14$ MPa을 받고 있다. 주응력들의 크기의 비(σ_1/σ_2)를 구하라.

R-6.5: 평면응력 상태의 직사각형 판이 수직응력 σ_x, σ_y 및 전단응력 τ_{xy}을 받고 있다. 응력 $\sigma_x = 15$ MPa은 알았지만 σ_y와 τ_{xy} 값은 알려지지 않았다. 그러나 x축으로부터 반시계방향으로 각 35° 및 75° 회전한 위치에서의 수직응력이 33 MPa임을 알았다. 이를 근거로 하여 그림에 보인 요소에 작용하는 수직응력 σ_y를 구하라.

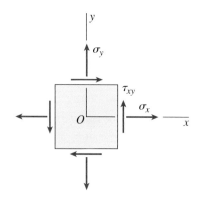

R-6.6: 직사각형 단면($b = 95$ mm, $h = 280$ mm)의 단순보(L = 4.5 m)가 등분포하중 $q = 25$ kN/m를 받고 있다. 왼쪽 지지점으로부터 $a = 1.0$ m만큼 떨어지고 보의 밑면으로부터 $d = 100$ mm만큼 위에 위치한 점에서의 주응력들의 크기의 비(σ_1/σ_2)를 구하라.

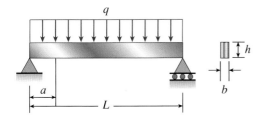

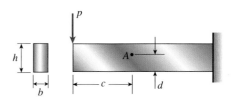

R-6.8: 직사각형 단면($b = 95$ mm, $h = 300$ mm)의 캔틸레버 보가 자유단에서 하중 $P = 160$ kN을 받고 있다. 자유단으로부터 $c = 0.8$ m 떨어지고 밑면으로부터 $d = 200$ mm 만큼 위에 위치한 점 A에서의 주응력들의 크기의 비(σ_1/σ_2)를 구하라.

R-6.7: 구동축이 비틀림 전단응력 $\tau_{xy} = 40$ MPa와 축방향 압축 응력 $\sigma_x = -70$ MPa를 받고 있다. 주응력 중 하나가 38 MPa(인장)인 경우에 응력 σ_y를 구하라.

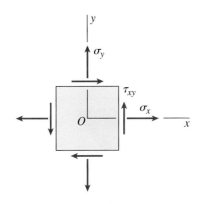

사진에 보인 연식 소형 비행선은 부력을 위해 공기보다 가벼운 기체를 사용하여 모양을 유지하는 데 내압에 의존한다.
(Courtesy of Christian Michel, www.modernairships.info)

평면응력의 응용 (압력용기 및 조합하중)

Applications of Plane Stress (Pressure Vessels and Combined Loadings)

개요

7장은 앞 장의 6.2절부터 6.5절까지 자세히 논의되었던 주제인 평면응력의 다양한 응용에 대해 취급한다. 평면응력은 빌딩, 기계, 차량 및 항공기를 포함하는 모든 일반 구조물에 존재하는 일반적 상태조건이다. 먼저 내압을 받으며 벽의 두께 t가 단면의 반지름 r에 비해 작은(즉, $r/t > 10$) **구형 압력용기**(7.2절)와 **원통형 압력용기**(7.3절)의 거동을 기술하는 얇은 벽의 쉘(shell) 이론이 제시된다. 압축가스나 액체에 의한 내부 압력으로 이 구조물의 벽에 발생하는 응력과 변형률을 결정한다. 오직 **양의 내부 압력**(외부하중, 압력, 내용물의 무게, 구조물의 무게의 효과는 무시)만 고려된다. 선형탄성 거동이라고 가정하여 구형 탱크의 **막응력**과 원통형 탱크의 **후프응력** 및 **축응력**에 대한 공식은 구조물의 구멍과 지지 브래킷 또는 지주(leg)에 의해 생기게 되는 응력집중 위치로부터 멀리 떨어진 곳에서만 유효하

다. 마지막으로 조합하중(축, 전단, 비틀림, 굽힘 및 내압)을 받는 구조물에서 관심의 대상인 특정 점에서의 응력이 검토된다(7.4절). 우리의 목표는 이 구조물의 여러 점에서의 최대 수직응력과 전단응력을 구하는 것이다. **평면응력 상태**에 기여하는 여러 가지 하중들에 의한 수직응력과 전단응력을 조합하는 데 중첩법을 사용하기 위해서 선형탄성 거동이라고 가정한다.

7장은 다음과 같이 구성되었다.

7.1 소개

이제는 6장에서 설명한 개념을 바탕으로 평면응력 상태에 있는 구조물과 구성요소의 실제 예를 알아볼 것이다. 먼저 얇은 압력용기 벽면에서의 응력과 변형률을 검토한다. 다음에는 조합하중을 받는 구조물에서 설계를 결정하는 최대 수직 및 전단응력을 계산한다는 것이다.

7.2 구형 압력용기

압력용기(pressure vessel)란 압력을 받고 있는 액체나 기체를 포함하고 있는 폐 구조물이다. 친숙한 예로서 탱크, 파이프, 압력을 받는 항공기의 조종실과 우주 비행체 등이 있다. 압력용기가 전반적인 치수에 비해 얇은 두께를 가지고 있을 때, 이러한 것들은 **쉘 구조물(shell structure)**로 알려진 보다 일반적인 분류에 포함된다. 쉘 구조물의 다른 예로는, 돔형 지붕, 항공기 날개 및 잠수함 동체 등이 있다.

이 절에서는 그림 7-1에 보인 압축공기 탱크와 같은 얇은 벽을 가진 구형의 압력용기를 고려한다. **얇은 벽(thin-walled)**이라는 용어는 정확하지는 않지만, 일반적인 규칙으로 반지름 r과 벽두께 t에 대한 비율(그림 7-2)이 10보다 클 때, 이 압력용기는 얇은 벽을 가진 것으로 취급된다. 이런 조건이 만족될 때, 정역학만을 사용하여 어느 정도 정확하게 벽 내부의 응력을 결정할 수 있다.

다음의 논의에서, 내압 p(그림 7-2)가 쉘 외부에 작용하는 압력보다 크다고 가정한다. 그렇지 않다면 그 용기는 좌굴로 인해 안쪽으로 붕괴될 것이다.

구는 내압에 견디는 용기로서 이론적으로 가장 이상적인 형상이다. 구가 이러한 목적에 대해 가장 자연스러운 형

정유시설에서 프로판을 저장하는 데 사용하는 두께가 얇은 구형 압력용기
Wayne Eastep/Getty Images)

용접 접합부

그림 7-1 구형 압력용기

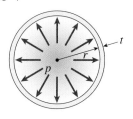

그림 7-2 안쪽 반지름 r, 벽두께 t 및 내압 p를 보여주는 구형 압력용기의 단면

상임을 알기 위해, 잘 알고 있는 비누방울을 고찰해 보기만 하면 된다. 구형 용기 내의 응력을 결정하기 위해, 구를 수직 지름 평면(그림 7-3a)으로 자르고, 쉘의 반 부분과 유체 내용물을 같이 하나의 자유물체(그림 7-3b)로 분리한다. 이 자유물체에 작용하는 것은 용기의 벽에 작용하는 인장응력 σ와 유체의 압력 p이다. 압력은 반구 내에 남아 있는 유체의 평면 원형 면적에 대해 수평으로 작용한다. 압력이 균일하기 때문에, 결과적인 압력 p는 다음과 같다(그림 7-3b).

$$P = p(\pi r^2) \qquad (a)$$

여기서 r은 구의 내부 반지름이다.

압력 p는 용기 내의 절대 압력이 아니라 순 내압 또는 **계기압력(gage pressure)**임을 유의하라. 계기압력은 내압에서 용기의 외부에 작용하는 압력을 뺀 것이다. 내부 및 외부 압력이 동일하다면 용기의 벽에는 응력이 발생하지 않는다. 오직 외부 압력을 초과하는 내압만이 이러한 응력에 영향을 준다.

용기와 하중의 대칭성 때문에(그림 7-3b), 인장응력 σ는 원둘레에 걸쳐서 균일하다. 게다가 벽이 얇기 때문에, 응력이 두께 t에 대하여 균일하게 분포한다고 어느 정도 정확하게 가정할 수 있다. 이 가정에 의한 근사값의 정확도는 쉘이 얇으면 얇을수록 증가하지만 그 두께가 두꺼워지면 두꺼워질수록 감소한다.

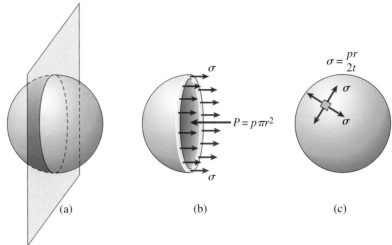

그림 7-3 구형 압력용기의 벽 내부에서의 인장응력 σ

벽에 작용하는 인장응력 σ의 합응력은, 응력 σ와 그 작용면적을 곱한 것과 같은 수평력이다.

$$\sigma(2\pi r_m t)$$

여기서 t 는 벽의 두께이고 r_m은 다음과 같은 평균 반지름이다.

$$r_m = r + \frac{t}{2} \qquad \text{(b)}$$

따라서 수평방향의 힘의 평형(그림 7-3b)으로부터 다음 식을 구한다.

$$\sum F_{\text{horiz}} = 0 \qquad \sigma(2\pi r_m t) - p(\pi r^2) = 0 \qquad \text{(c)}$$

이 식으로부터 용기의 벽 내부의 인장응력을 구한다.

$$\sigma = \frac{pr^2}{2r_m t} \qquad \text{(d)}$$

여기에서의 해석은 얇은 쉘에서만 유효하기 때문에, 식 (d)에 있는 2개의 반지름의 작은 차이를 무시할 수 있으며 r_m 대신 r, 또는 r 대신 r_m을 쓸 수 있다. 두 경우 모두 근사적인 해석을 만족시키지만, 평균 반지름 r_m 대신 안쪽 반지름 r을 사용하여 계산한 응력 값이 이론적인 엄밀한 응력 값에 더 가깝게 나온다. 그러므로 **구형 쉘의 벽 내부에 작용하는 인장응력**을 계산하기 위해 다음 공식을 적용한다.

$$\sigma = \frac{pr}{2t} \qquad \text{(7-1)}$$

구형 쉘의 대칭성으로부터 분명하게 알 수 있듯이, 구의 중심을 어떠한 방향으로 자르더라도 인장응력에 대해 동

일한 식을 얻는다. 따라서 다음과 같은 결론에 도달한다. 압력을 받는 구형 용기의 벽은 모든 방향으로 동일한 인장응력 σ를 받는다. 이러한 응력 조건은 서로 수직한 방향으로 작용하는 응력 σ를 가진 미소 응력요소에 의해 그림 7-3c와 같이 나타낸다.

그림 7-3c에서 보여진 응력 σ처럼, 쉘의 곡면에 접선방향으로 작용하는 응력은 **막응력(membrane stress)**이라 한다. 이러한 명칭은, 이 응력이 비누막과 같은 실제의 막 속에 존재하는 유일한 응력이라는 사실에서 비롯된다.

바깥 표면에서의 응력

구형 압력용기의 바깥 표면은 보통 어떠한 하중도 작용하지 않는다. 그러므로 그림 7-3c에서 보여진 요소는 2축 응력 상태에 있다. 이 요소에 작용하는 응력 해석을 돕기 위해 그림 7-4a에서 그것을 다시 나타내는데, 여기서 좌표계는 요소의 측면에 평행하다. x와 y축은 구의 표면에 접하고, z축은 표면에 수직이다. 따라서 수직응력 σ_x와 σ_y는 막응력 σ와 같고 수직응력 σ_z는 0이다. 이 요소의 측면에 작용하는 전단응력은 없다.

평면응력에 대한 변환방정식(6.2절의 그림 6-1과 식 6-4a와 6-4b 참조)을 이용하여 그림 7-4a의 요소를 해석하면, 예상대로 다음과 같다.

$$\sigma_{x_1} = \sigma \quad \text{그리고} \quad \tau_{x_1 y_1} = 0$$

다시 말하자면, z축에 대해 축을 회전시켜 얻어진 요소를 고려할 때 수직응력은 일정하고 전단응력은 없다. 모든 평면은 주 평면이고 모든 방향은 주방향이다. 따라서 요소에 대한 **주응력**은 다음과 같다.

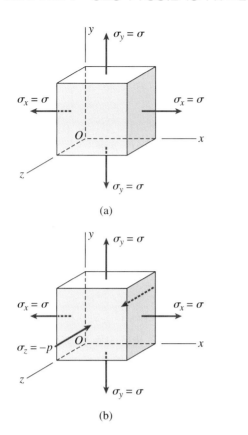

(a)

(b)

그림 7-4 구형 압력용기의 응력: (a) 바깥 표면에서의 응력, (b) 안쪽 표면에서의 응력

$$\sigma_1 = \sigma_2 = \frac{pr}{2t} \qquad \sigma_3 = 0 \qquad (7\text{-}2a, b)$$

응력 σ_1과 σ_2는 xy 평면에 놓여 있고 응력 σ_3는 z 방향으로 작용한다.

최대 전단응력을 얻기 위해, 바깥 평면의 회전, 즉 x와 y축에 대한 회전을 고려해야 한다(왜냐하면 평면 내의 모든 전단응력이 0이기 때문이다). x와 y축에 대해 45° 회전시킨 요소는 $\sigma/2$와 같은 최대 전단응력과 $\sigma/2$와 같은 수직응력을 가진다. 따라서 다음 식을 얻는다.

$$\tau_{\max} = \frac{\sigma}{2} = \frac{pr}{4t} \qquad (7\text{-}3)$$

이 응력은 요소 내에서 가장 큰 전단응력이다.

안쪽 표면에서의 응력

구형 용기의 벽의 안쪽 표면에서, 응력요소(그림 7-4b)는 바깥 표면에서의 응력요소(그림 7-4a)에서처럼 동일한 막응력 σ_x와 σ_y를 가진다. 추가로, z방향으로 압력 p와 동일한 압축응력 σ_z가 작용한다(그림 7-4b). 이 압축응력은

안쪽 표면에서 p로부터 바깥 표면의 0까지 감소한다.

그림 7-4b에 보인 요소는 다음과 같은 주응력을 가지는 3축 응력 상태에 있다.

$$\sigma_1 = \sigma_2 = \frac{pr}{2t} \qquad \sigma_3 = -p \qquad (e, f)$$

평면 내 전단응력은 0이지만, 평면 외 최대 전단응력(x 또는 y축에 대한 45° 회전으로 얻어진)은 다음과 같다.

$$\tau_{\max} = \frac{\sigma + p}{2} = \frac{pr}{4t} + \frac{p}{2} = \frac{p}{2}\left(\frac{r}{2t} + 1\right) \qquad (g)$$

용기의 벽이 얇고 r/t의 비가 클 때, 숫자 1은 $r/2t$의 항과 비교하여 무시할 수 있다. 다시 말해, z방향의 주응력 σ_3은 주응력 σ_1과 σ_2에 비해 작다. 결과적으로, 안쪽 표면의 응력상태는 바깥 표면의 응력 상태와 같다고 할 수 있다(2축 응력). 이러한 근사법은 얇은 쉘 이론의 근사성질과 일치하므로, 식 (7-1), (7-2), (7-3)을 이용하여 안쪽 표면을 포함하는 구형 압력용기의 벽에서의 응력을 구한다.

일반적 유의사항

압력용기는 보통 쉘에 힘을 받치는 부착물과 지지대뿐만 아니라, 벽에 개구(유체 내용물의 주입과 배출을 위한)를 가지고 있다(그림 7-1). 이러한 형상은 여기서 주어진 기초적인 공식으로 해석할 수 없는 불균일 응력분포 즉 **응력집중**의 결과를 가지고 온다. 따라서 고급 해석방법이 필요하다. 압력용기의 설계에 영향을 주는 다른 인자들은 부식, 갑작스런 충격, 그리고 온도 변화 등이 있다.

압력용기에 적용할 때 얇은 쉘 이론의 몇 가지 제한조건들을 나열하면 다음과 같다.

1. 벽 두께는 다른 치수에 비해 반드시 작아야 한다(비 r/t는 10 또는 20이상이어야 한다).
2. 내압은 반드시 외압을 초과하여야 한다(안쪽으로의 좌굴을 피하기 위해).
3. 이 절에서 제시된 해석은 오로지 내압의 효과에만 근거하고 있다(외부하중, 반력, 내용물의 무게 및 구조물의 무게 등은 고려되지않았다).
4. 이 절에서 유도된 공식들은 응력집중 지점 부근을 제외하고는 용기의 모든 벽에 대해 유효하다.

다음 예제는 구형 쉘의 해석에서 주응력과 최대 전단응력이 어떻게 사용되는가를 설명한다.

예제 7-1

안지름이 450 m, 벽 두께가 7 mm인 압축공기 탱크가 2개의 강철 반구를 용접하여 만들어졌다(그림 7-5).

(a) 강철의 허용 인장응력이 115 MPa일 때, 탱크에서의 최대 허용 공기압 p_a는 얼마인가?

(b) 강철의 허용 전단응력이 40 MPa일 때, 탱크에서의 최대 허용 압력 p_b는 얼마인가?

(c) 탱크 바깥 표면에서의 수직변형률이 0.0003을 초과하지 않으려면, 최대 허용압력 p_c는 얼마인가? (Hooke의 법칙을 따르고, 강철의 탄성계수는 210 GPa이며 Poisson의 비는 0.28로 가정하라.)

(d) 용접 접합부에 대한 시험 결과, 용접부의 길이 1m당 인장하중이 1.5 MN/m 이상을 초과하면 파단이 발생한다. 용접부의 파단에 대한 안전계수가 2.5일 때, 최대 허용압력 p_d는 얼마인가?

(e) 앞의 4가지 값을 고려할 때 탱크의 허용압력 p_{allow}는 얼마인가?

풀이

(a) 강철의 인장응력을 기준으로 한 허용압력. 탱크 벽에서의 최대 인장응력은 공식 $\sigma = pr/2t$(식 7-1 참조)에 의해 계산된다. 이 식을 허용응력의 항으로 압력에 대해 풀면, 다음 식을 얻는다.

$$p_a = \frac{2t\sigma_{\text{allow}}}{r} = \frac{2(7\,\text{mm})(115\,\text{MPa})}{225\,\text{mm}} = 7.16\,\text{MPa} \quad \Leftarrow$$

따라서 탱크 벽의 인장을 기준으로 한 최대 허용압력은 p_a = 7.1 MPa이다. (이러한 종류의 계산에서는 반올림이 아닌 반내림을 한다.)

(b) 강철의 전단응력을 기준으로 한 허용압력. 탱크 벽에서의 최대 전단응력은 식 (7-3)에 의해 계산된다. 이 식으로부터 압력에 대한 다음 식을 얻는다.

그림 7-5 구형 압력용기 (부착물과 지지대는 생략)

$$p_b = \frac{4t\tau_{\text{allow}}}{r} = \frac{4(7\,\text{mm})(40\,\text{MPa})}{225\,\text{mm}} = 4.98\,\text{MPa} \quad \Leftarrow$$

따라서, 탱크 벽의 전단을 기준으로 한 최대 허용압력은 p_b = 4.9 MPa이다.

(c) 강철의 수직변형률을 기준으로 한 허용압력. 수직변형률은 2축 응력에 대한 Hooke의 법칙으로부터 얻어진다(식 6-39a).

$$\epsilon_x = \frac{1}{E}(\sigma_x - \nu\sigma_y) \tag{h}$$

이 식에 $\sigma_x = \sigma_y = \sigma = pr/2t$(식 7-4a 참조)를 대입하면, 다음 식을 얻는다.

$$\epsilon_x = \frac{\sigma}{E}(1 - \nu) = \frac{pr}{2tE}(1 - \nu) \tag{7-4}$$

이 식을 압력 p_c에 대해 풀면 다음과 같다.

$$p_c = \frac{2tE\epsilon_{\text{allow}}}{r(1 - \nu)} = \frac{2(7\,\text{mm})(210\,\text{GPa})(0.0003)}{(225\,\text{mm})(1 - 0.28)} = 5.44\,\text{MPa} \quad \Leftarrow$$

따라서 탱크 벽의 수직변형률을 기준으로 한 벽의 최대 허용압력은 p_c = 5.4 MPa이다.

(d) 용접 접합부의 인장을 기준으로 한 허용압력. 용접 접합부에 걸리는 허용 인장하중은 파단하중을 안전계수로 나눈 값과 같다.

$$T_{\text{allow}} = \frac{T_{\text{failure}}}{n} = \frac{1.5\,\text{MN/m}}{2.5} = 0.6\,\text{MN/m} = 600\,\text{N/mm}.$$

이에 대응하는 허용 인장응력은 용접부의 길이 1 mm당 허용하중을 용접부의 길이 1 mm당 단면적으로 나눈 것과 같다.

$$\sigma_{\text{allow}} = \frac{T_{\text{allow}}(1\,\text{mm})}{(1\,\text{mm})(t)} = \frac{(600\,\text{N/mm})(1\,\text{mm})}{(1\,\text{mm})(7\,\text{mm})} = 85.7\,\text{MPa}$$

마지막으로, 식 (7-1)을 이용하여 내압에 대해 풀면 다음과 같다.

$$p_d = \frac{2t\sigma_{\text{allow}}}{r} = \frac{2(7\,\text{mm})(85.7\,\text{MPa})}{225\,\text{mm}} = 5.3\,\text{MPa} \quad \Leftarrow$$

이 결과는 용접 접합부의 인장을 기준으로 한 허용압력 값이다.

(e) 허용응력. p_a, p_b, p_c와 p_d에 대한 앞의 결과를 비교할 때, 벽에서의 전단응력이 지배적이며 탱크의 허용압력은 다음과 같다.

$$p_{\text{allow}} = 4.9\,\text{MPa} \quad \Leftarrow$$

이 예제는 다양한 응력과 변형률이 어떻게 구형 압력용기의 설계에 사용되는지를 보여준다.

주: 내압이 최대 허용 값(4.9 MPa)이 될 때, 셸의 인장응력은 다음과 같다.

$$\sigma = \frac{pr}{2t} = \frac{(4.9 \text{ MPa})(225 \text{ mm})}{2(7 \text{ mm})} = 78.8 \text{ MPa}$$

따라서 셸의 안쪽 표면(식 7-4b)에서, 평면 내 주응력(78.8 MPa)에 대한 z방향의 주응력(4.9 MPa)의 비는 단지 0.062이다. 그러므로 z방향에서의 주응력 σ_3를 무시할 수 있고, 셸 전체를 2축 응력 상태에 있다고 하는 가정은 타당하다.

7.3 원통형 압력용기

원형 단면을 가지는 원통형 압력용기(그림 7-6)는 산업설비(압축공기 탱크와 로켓의 모터), 가정(소화기와 스프레이 캔) 그리고 농가(프로판 탱크와 곡물 저장탑) 등에서 볼 수 있다. 물 공급관이나 소화전과 같은 압력을 받는 관들 또한 원통형 압력용기로 분류된다.

내압을 받는 얇은 벽을 가진 원형 탱크 AB(그림 7-7a)에서 수직응력을 결정하는 것으로부터 원통형 용기의 해석을 시작한다. 면들이 탱크의 축과 평행하고 수직한 응력요소가 탱크의 벽면에 나타나 있다. 이 요소의 측면에 작용하는 수직응력 σ_1 과 σ_2는 벽 내부의 막응력이다. 용기와 하중의 대칭성 때문에 이 면에는 어떠한 전단응력도 작용하지 않는다. 따라서 응력 σ_1과 σ_2는 주응력이다.

그들의 방향 때문에 응력 σ_1은 **원주응력(circumferential stress)** 또는 **후프응력(hoop stress)**이라 부르고, 응력 σ_2는 **길이방향 응력(longitudinal stress)** 또는 **축방향 응력(axial**

석유화학 플랜트에서의 원통형 저장탱크
(Opla/GettyImages)

stress)이라 부른다. 이러한 각각의 응력들은 대략적인 자유물체도를 이용하여 힘의 평형으로부터 계산될 수 있다.

원주응력

원주응력 σ_1을 결정하기 위해, 길이방향의 축에 수직하고 거리가 b만큼 떨어지도록 두 부분(mn과 pq)을 자른다(그림 7-7a). 다음에, 그림 7-7b에 보여진 자유물체가 되도록, 탱크의 길이방향 축에 대해 수직한 면으로 세 번째 절단면을 만든다. 이 자유물체는 탱크의 반원 조각뿐만 아니라 절단면의 유체까지 포함하고 있다. 길이방향의 절단면(평면 $mpqn$)에 작용하는 것은 원주응력 σ_1과 내압 p이다.

응력과 압력은 또한 자유물체의 왼쪽 및 오른쪽 면에도 작용한다. 그러나 이러한 응력과 압력은 사용할 평형방정식에 들어가지 않기 때문에 자유물체에 나타내지 않았다. 구형 용기의 해석에서처럼 탱크와 내용물의 무게는 무시한다.

용기의 벽에 작용하는 원주응력 σ_1은 $\sigma_1(2bt)$와 같은 합력을 갖게 하는데, 여기서 t는 벽의 두께이다. 또한 내압에 의한 합력 P_1은 $2pbr$과 같고,. 여기서 r 은 원통의 안쪽 반지름이다. 따라서 다음과 같은 평형방정식을 얻는다.

$$\sigma_1(2bt) - 2pbr = 0$$

이 식으로부터 원통형 압력용기의 원주응력에 대한 다음과 같은 공식을 얻는다.

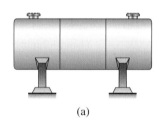

(a)

(b)

그림 7-6 원형 단면을 가진 원통형 압력용기

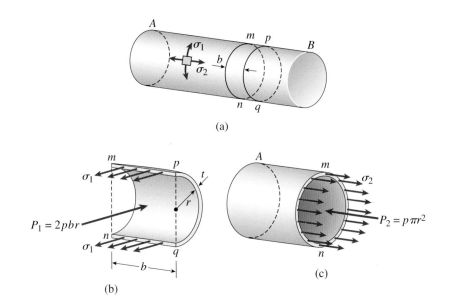

그림 7-7 원통형 압력용기에서의 응력

$$\sigma_1 = \frac{pr}{t} \qquad (7\text{-}5)$$

이 응력은 두께가 반지름에 비해 작은 경우에, 전체 벽두께에 균일하게 분포한다.

길이방향 응력

길이방향 응력 σ_2는 단면 mn의 왼쪽 용기 부분에 대한 자유물체의 평형 방정식으로부터 얻어진다. 역시 자유물체는 탱크의 부분뿐만 아니라 내용물까지 포함한다. 응력 σ_2는 길이방향으로 작용하고 합력은 $\sigma_2(2\pi rt)$와 같다. 7.2절에서 설명한 것처럼, 평균 반지름 대신 안쪽 반지름을 사용하고 있음을 유의하라.

내압에 의한 합력 P_2는 $p\pi r^2$과 같은 힘이다. 따라서 자유물체에 대한 평형방정식은 다음과 같다.

$$\sigma_2(2\pi rt) - p\pi r^2 = 0$$

이 식을 σ_2에 대해 풀면, 원통형 압력용기의 **길이방향 응력**에 대한 다음과 같은 공식을 얻는다.

$$\sigma_2 = \frac{pr}{2t} \qquad (7\text{-}6)$$

이 응력은 구형 용기에서의 막응력(식 7-1)과 같다.

식 (7-5)와 (7-6)을 비교하면 원통형 용기의 원주응력이 길이방향 응력의 두 배와 같다는 사실을 알 수 있다:

$$\sigma_1 = 2\sigma_2 \qquad (7\text{-}7)$$

이 결과로부터 압력탱크의 길이방향의 용접 접합부가 원주방향의 용접 접합부보다 2배나 강해야 된다는 사실을 알아야 한다.

바깥 표면에서의 응력

원통형 용기의 바깥 표면에서의 주응력 σ_1과 σ_2는 그림 7-8a의 응력요소에 보여진다. 세 번째 주응력(z방향으로 작용하는)이 0이므로, 이 요소는 **2축 응력** 상태에 있다.

평면 내 최대 전단응력은, z축에 대해 45° 회전된 면에서 발생하며, 이 응력들은 다음과 같다.

$$(\tau_{\max})_z = \frac{\sigma_1 - \sigma_2}{2} = \frac{\sigma_1}{4} = \frac{pr}{4t} \qquad (7\text{-}8)$$

평면 외 최대 전단응력은 각각 x와 y축에 대해 45° 회전된 면에서 발생하며, 이 응력들은 다음과 같다.

$$(\tau_{\max})_x = \frac{\sigma_1}{2} = \frac{pr}{2t} \qquad (\tau_{\max})_y = \frac{\sigma_2}{2} = \frac{pr}{4t} \qquad (7\text{-}9a,\ b)$$

앞의 결과들과 비교하면, 절대 최대 전단응력은 다음과 같음을 알 수 있다.

$$\tau_{\max} = \frac{\sigma_1}{2} = \frac{pr}{2t} \qquad (7\text{-}10)$$

이 응력은 x축에 대해 45° 회전된 면에서 발생한다.

안쪽 표면에서의 응력

용기의 안쪽 표면에서의 응력 상태는 그림 7-8b에 보여진다. 주응력은 다음과 같다.

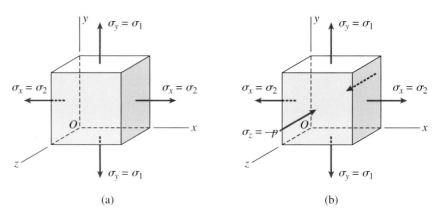

그림 7-8 원통형 압력용기에서의 응력: (a) 바깥 표면에서의 응력, (b) 안쪽 표면에서의 응력

(a)　　　　　　　　　　　　　　　(b)

$$\sigma_1 = \frac{pr}{t} \qquad \sigma_2 = \frac{pr}{2t} \qquad \sigma_3 = -p \qquad \text{(a, b, c)}$$

세 개의 최대 전단응력들은 x, y, z 축에 대해 45° 회전된 면에서 발생하며, 크기는 다음과 같다.

$$(\tau_{max})_x = \frac{\sigma_1 - \sigma_3}{2} = \frac{pr}{2t} + \frac{p}{2}$$
$$(\tau_{max})_y = \frac{\sigma_2 - \sigma_3}{2} = \frac{pr}{4t} + \frac{p}{2} \qquad \text{(d, e)}$$

$$(\tau_{max})_z = \frac{\sigma_1 - \sigma_2}{2} = \frac{pr}{4t} \qquad \text{(f)}$$

이들 세 개의 응력 중 첫 번째가 가장 크다. 그러나 구형 쉘의 전단응력에 대한 논의에서 설명한 바와 같이, 쉘의 벽이 얇으면 식 (d)와 (e)의 추가 항 $p/2$는 무시해도 좋다. 그러면 식 (d), (e) 및 (f)는 각각 식 (7-9) 및 (7-8)과 같아진다.

따라서 원통형 압력용기에 관련된 모든 문제와 예제들에서, z방향의 압축응력의 존재는 무시한다. (이 압축응력은 안쪽 표면의 p에서부터 바깥 표면의 0까지 변화한다.) 이러한 근사방법으로, 안쪽 표면의 응력들은 바깥 표면의 응력(2축 응력)들과 같아진다. 구형 압력용기의 논의에서 설명한 바와 같이, 이 이론에서 사용된 많은 다른 근사방법을 고려할 때, 이러한 절차는 만족스럽다.

일반적 유의사항

원통형 실린더에서의 응력에 대한 앞의 공식들은, 앞에서 구형 쉘에 대해 논의된 것처럼, 응력집중의 원인이 되는 어떠한 불연속점으로부터 멀리 떨어져 있는 실린더의 부분에서도 유효하다. 뚜껑이 달려 있는 실린더의 끝 부분은 구조물의 기하학적 형상이 갑자기 바뀌는 곳이므로 명백한 불연속점이 존재한다. 다른 응력집중은 구멍, 지지점 및 실린더에 물체나 부착물이 달려 있는 곳에서 발생한다. 이러한 점에서의 응력들은 평형방정식만으로는 구할 수 없다. 대신에, 고급 해석방법(쉘 이론이나 유한요소법과 같은)을 사용해야 한다.

얇은 벽을 가진 쉘에 대한 기초 이론의 몇 가지 제한사항이 7.2절에 나와 있다.

예제 7-2

길고 좁은 강철판을 맨드릴(mandrel) 주위에 감고 판의 모서리를 따라 나선형 조인트가 되도록 용접하여 원통형 압력용기를 만들었다(그림 7-9). 나선형(helical) 용접부는 길이방향 축과 $\alpha = 55$의 각을 이룬다. 이 용기는 안쪽 반지름은 $r = 1.8$ m 이고 벽두께는 $t = 20$ mm이다. 재료는 탄성계수 $E = 200$ GPa, Poisson의 비 $\nu = 0.3$을 가지는 강철이다. 내압 p는 800 kPa이다.

용기의 원통 부분에 대해 다음 양들을 계산하라. (a) 원주방향과 길이방향 응력 σ_1과 σ_2, (b) 평면 내 및 평면 외 최대 전단응력, (c) 원주방향과 길이방향 변형률 ϵ_1과 ϵ_2, (d) 용접 접합부에 수직 및 수평으로 작용하는 수직응력 σ_w와 전단응력 τ_w

풀이

(a) 원주응력과 길이방향 응력. 원주응력과 길이방향 응력 σ_1가 σ_2이 각각 그림 7-10a에 그려져 있다. 여기서 이 응력들은 용기의 벽에 위치한 점 A의 응력요소에 작용함을 보여준다. 응력들의 크기는 식 (7-5)와 (7-6)으로부터 계산할 수 있다.

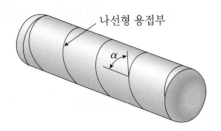

그림 7-9 예제 7-2. 나선형 용접부를 가진 원통형 압력용기

$$\sigma_1 = \frac{pr}{t} = \frac{(800 \text{ kPa})(1.8 \text{ m})}{20 \text{ mm}} = 72 \text{ MPa}$$

$$\sigma_2 = \frac{pr}{2t} = \frac{\sigma_1}{2} = 36 \text{ MPa}$$

점 A의 응력요소를 그림 7-10b에 다시 그렸는데, 여기서 x축은 원통의 길이방향이고, y축은 원주방향이다. z방향으로는 응력이 없으므로($\sigma_3 = 0$), 요소는 2축 응력 상태에 있다.

평면 내의 작은 주응력(36 MPa)에 대한 내압(800 kPa)의 비는 0.022임을 유의하라. 그러므로 z방향으로의 응력을 무시할 수 있고 원통의 안쪽 표면까지도 포함한 모든 요소는 2축 응력 상태에 있다는 가정은 타당하다.

(b) **최대 전단응력.** 평면 내 최대 전단응력은 식 (7-8)에서 구한다.

$$(\tau_{\max})_z = \frac{\sigma_1 - \sigma_2}{2} = \frac{\sigma_1}{4} = \frac{pr}{4t} = 18 \text{ MPa}$$

z방향의 수직응력은 무시하므로, 평면 외 최대 전단응력은 식 (7-9a)에서 구한다.

$$\tau_{\max} = \frac{\sigma_1}{2} = \frac{pr}{2t} = 36 \text{ MPa}$$

이 마지막 응력은 용기의 벽에서의 절대 최대 전단응력이다.

(c) **원주응력과 길이방향 응력.** 최대응력은 강철의 항복응력(부록 H의 표 H-3 참조)보다 낮기 때문에, 용기의 벽에 Hooke의 법칙이 적용된다고 가정한다. 그러면 2축 응력에 대한 식 (6-39a)와 식 (6-39b)로부터 x와 y방향(그림 7-10b)에서의 변형률을 구할 수 있다.

$$\epsilon_x = \frac{1}{E}(\sigma_x - \nu\sigma_y) \qquad \epsilon_y = \frac{1}{E}(\sigma_y - \nu\sigma_x) \qquad \text{(g, h)}$$

변형률 ϵ_x는 길이방향의 주변형률 ϵ_2와 같고, 변형률 ϵ_y는 원주방향의 주변형률 ϵ_1과 같음을 안다. 또한 응력 σ_x는 응력 σ_2와 같고, 응력 σ_y는 σ_1과 같다. 그러므로 앞의 두 식은 다음과 같은 형태로 쓸 수 있다.

$$\epsilon_2 = \frac{\sigma_2}{E}(1 - 2\nu) = \frac{pr}{2tE}(1 - 2\nu) \qquad \text{(7-11a)}$$

$$\epsilon_1 = \frac{\sigma_1}{2E}(2 - \nu) = \frac{pr}{2tE}(2 - 2\nu) \qquad \text{(7-11b)}$$

수치 값들을 대입하여 다음을 구한다.

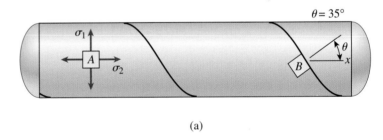

(a)

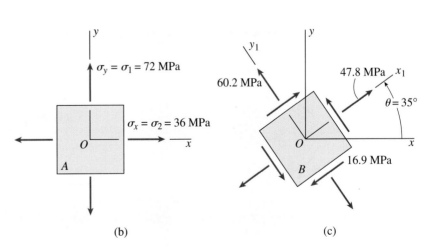

그림 7-10 예제 7-2의 풀이   (b)   (c)

$$\epsilon_2 = \frac{\sigma_2}{E}(1 - 2\nu) = \frac{(36\text{ MPa})[1 - 2(0.30)]}{200\text{ GPa}} = 72 \times 10^{-6}$$ ⬅

$$\epsilon_1 = \frac{\sigma_1}{2E}(2 - \nu) = \frac{(72\text{ MPa})(2 - 0.30)}{2(200\text{ GPa})} = 306 \times 10^{-6}$$ ⬅

이 값들이 각각 실린더에서의 길이방향과 원주방향의 변형률이다.

(d) 용접 접합부에 작용하는 수직응력과 전단응력. 원통의 벽에 있는 점 B의 응력요소(그림 7-10a)는 회전되어 그 요소의 측면들은 용접부와 평행하거나 수직하게 된다. 요소에 대한 각 θ는 그림 7-10c에서와 같이 다음과 같다.

$$\theta = 90° - \alpha = 35°$$

이 요소의 측면에 작용하는 수직응력과 전단응력을 구하기 위해 응력 변환방정식 또는 Mohr 원이 사용될 수 있다.

응력 변환방정식. 요소의 x_1면(그림 7-10c)에 작용하는 수직응력 σ_{x_1}과 전단응력 $\tau_{x_1y_1}$는 식 (6-4a)와 (6-4b)로부터 구하며, 여기에 다시 쓴다.

$$\sigma_{x_1} = \frac{\sigma_x + \sigma_y}{2} + \frac{\sigma_x - \sigma_y}{2}\cos 2\theta + \tau_{xy}\sin 2\theta \quad (7\text{-}12a)$$

$$\tau_{x_1y_1} = -\frac{\sigma_x - \sigma_y}{2}\sin 2\theta + \tau_{xy}\cos 2\theta \quad (7\text{-}12b)$$

위 식에 $\sigma_x = \sigma_2 = pr/2t$, $\sigma_y = \sigma_1 = pr/t$및 $\tau_{xy} = 0$을 대입하면, 다음과 같이 된다.

$$\sigma_{x_1} = \frac{pr}{4t}(3 - \cos 2\theta) \qquad \tau_{x_1y_1} = \frac{pr}{4t}\sin 2\theta \quad (7\text{-}13a,b)$$

이 식들은 실린더의 길이방향 축에 대해서 각 θ만큼 회전된 경사면에 작용하는 수직응력과 전단응력을 나타낸다.

식 (7-13a)와 (7-13b)에 $pr/4t = 18$ MPa과 $\theta = 35°$를 대입하면, 다음 값들을 얻는다.

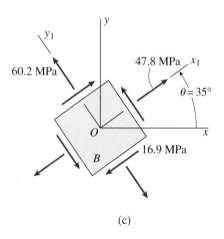

(c)

그림 7-10c (반복)

$$\sigma_{x_1} = 47.8\text{ MPa} \qquad \tau_{x_1y_1} = 16.9\text{ MPa}$$

이 응력들은 그림 7-10c의 응력요소에 보여진다.

응력요소를 완성하기 위해, 직교평면상의 수직응력의 합(식 6-6)으로부터 요소의 y_1면에 작용하는 수직응력 σ_{y_1}을 계산할 수 있다.

$$\sigma_1 + \sigma_2 = \sigma_{x_1} + \sigma_{y_1} \quad (7\text{-}14)$$

이 식에 수치 값을 대입하여, 그림 7-10c와 같은 다음 값을 얻는다.

$$\sigma_{y_1} = \sigma_1 + \sigma_2 - \sigma_{x_1} = 72\text{ MPa} + 36\text{ MPa}$$
$$- 47.8\text{ MPa} = 60.2\text{ MPa}$$

그림으로부터, 용접 접합부에 각각 수직하게 그리고 평행하게 작용하는 수직응력과 전단응력은 다음과 같음을 알 수 있다.

$$\sigma_w = 47.8\text{ MPa} \qquad \tau_w = 16.9\text{ MPa}$$ ⬅

Mohr 원. 그림 7-10b의 2축 응력 요소에 대한 Mohr 원의 작도가 그림 7-11에 나타나 있다. 점 A는 요소의 x면($\theta = 0$) 상의 응력 $\sigma_2 = 36$ MPa을 나타내고, 점 B는 y면($\theta = 90°$) 상의 응력 $\sigma_1 = 72$ MPa 을 나타낸다. 원의 중심 C는 54 MPa의 응력 위치에 있고 원의 반지름은 다음과 같다.

$$R = \frac{72\text{ MPa} - 36\text{ MPa}}{2} = 18\text{ MPa}$$

요소의 x_1면($\theta = 35°$)에 작용하는 응력에 대응하는 점 D는 반시계방향의 각 $2\theta = 70°$(원의 점 A로부터 측정한) 회전한 위치에 있다. 점 D의 좌표(원의 기하학적 관계로부터)는 다음과 같다.

$$\sigma_{x_1} = 54\text{ MPa} - R\cos 70° = 54\text{ MPa} - (18\text{ MPa})(\cos 70°)$$
$$= 47.8\text{ MPa}$$

$$\tau_{x_1y_1} = R\sin 70° = (18\text{ MPa})(\sin 70°) = 16.9\text{ MPa}$$

이 결과는 앞에서 응력 변환방정식으로부터 계산한 값과 같다.

주: 측면에서 보면, **나선**(helix)은 사인 곡선의 형태가 된다(그림 7-12). 나선의 피치는 다음과 같다.

$$p = \pi d \tan \theta \quad (7\text{-}15)$$

여기서 d는 원형 실린더의 지름이고 θ는 나선의 수직방향 선과 길이방향 선 사이의 각이다. 원통 형상에 감겨 있는 평판의 폭은 다음과 같다.

$$w = \pi d \sin \theta \quad (7\text{-}16)$$

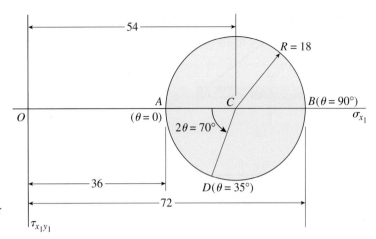

그림 7-11 그림 7-10b의 2축 응력요소에 대한 Mohr 원. (주: 원의 모든 응력은 MPa의 응력을 가진다.)

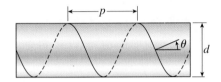

그림 7-12 나선의 측면도

따라서 실린더의 지름과 각 θ가 주어진다면, 피치와 평판의 폭이 모두 구해진다. 실질적인 이유로, 각 θ 는 보통 20°에서 35° 사이의 범위에 있다.

7.4 조합하중

앞 장에서는 한 가지 형태의 하중을 받는 구조용 부재를 해석하였다. 예를 들어, 1장과 2장에서는 축하중을 받는 봉, 3장에서는 비틀림을 받는 축, 그리고 4, 5장에서는 굽힘을 받는 보를 해석하였다. 또한 이 장의 앞 부분에서 압력용기를 해석하였다. 하중의 각각의 형태에 대해 응력, 변형률 그리고 변형량을 구하는 방법을 배웠다.

그러나 많은 구조물에 있어서, 부재들은 적어도 한 종류 이상의 하중을 지지하여야 한다. 예를 들어, 보는 굽힘 모멘트와 축하중의 작용을 동시에 받을 수 있고(그림 7-13a), 압력용기는 보의 역할을 할 수 있도록 지지되기도 하며(그림 7-13b). 또한 비틀림을 받는 축은 굽힘 하중에 견딜 수도 있다(그림 7-13c). **조합하중(combined loading)**으로 알려진, 그림 7-13에 보여진 유사한 상황들은 기계, 건물, 차량, 공구, 장비를 비롯한 많은 다른 종류의 구조물에서 매우 다양하게 발생한다.

조합하중을 받는 구조용 부재는 종종 각각의 하중에 의해 개별적으로 발생되는 응력과 변형률을 중첩하여 해석할 수 있다. 그러나 응력과 변형률 모두에 대한 중첩은 앞 장에서 이미 설명한 것처럼, 오직 어떤 조건하에서만 가능

하다. 한 가지 필요조건은 응력과 변형률이 작용하는 하중에 대해 반드시 선형함수이어야 한다는 것인데, 이는 재료가 Hooke의 법칙을 따르고 변위는 작게 유지해야 된다는 조건을 필요로 한다.

또 다른 필요조건은 여러 가지 하중 사이에 상호작용이 없어야 한다는 것이다. 즉 하나의 하중에 의해 발생되는 응력과 변형률은 다른 하중의 존재에 대하여 영향을 받지 않아야 한다는 것이다. 대부분의 일반 구조물은 이러한 두 가지 조건을 만족하며, 따라서 중첩의 사용은 공학에서 매우 일반적이다.

해석방법

한 가지 형태 이상의 하중을 받는 구조물을 해석하기 위해 많은 방법들이 있지만, 그 절차들은 보통 다음과 같은 단계들을 포함한다.

1. 구조물 내에서 응력과 변형률이 결정되어야 할 점을 선정한다. (이 점은 보통 굽힘모멘트가 최대인 단면에서와 같이, 응력이 큰 지점의 단면에서 선택된다.)
2. 구조물의 각각의 하중에 대해서, 선택된 점이 위치한 단면에서 합응력을 구한다. (가능한 합응력은 축하중,

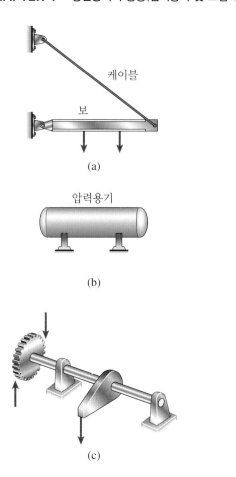

(a)

압력용기

(b)

(c)

그림 7-13 조합하중을 받는 구조물의 예: (a) 케이블에 의해 지지된 WF 보(굽힘과 축하중의 조합), (b) 보로서 지지된 원통형 압력용기, c) 비틀림과 굽힘의 조합하중을 받는 축

비틀림모멘트, 굽힘모멘트, 전단력이다.)

3. 선택된 점에서 합응력에 의해 발생하는 수직응력과 전단응력을 계산한다. 또한 구조물이 압력용기라면 내압에 의한 응력을 결정한다. (응력들은 앞에서 유도된 응력공식. 즉 $\sigma = P/A$, $\tau = T\rho/I_P$, $\sigma = My/I$, $\tau = VQ/Ib$ 및 $\sigma = pr/t$로부터 구한다)

4. 선택된 점에서 합응력을 얻기 위해 개별적인 응력을 합한다. 다시 말하면, 그 점의 응력요소에 작용하는 응력 σ_x, σ_y 및 τ_{xy}를 구한다. (이 장에서는 오직 평면응력 상태의 요소들만을 다루었음을 유의한다.)

5. 응력 변환방정식 또는 Mohr 원을 이용하여 선택된 점의 주응력과 최대 전단응력을 구한다. 필요하다면 경사면에 작용하는 응력도 구한다.

6. 평면응력에 대한 Hooke의 법칙을 이용하여 그 점에서의 변형률을 구한다.

7. 추가로 점을 선택하여 위 과정을 반복한다. 해석의 목적을 만족시키기 위해 유용한 응력과 변형률에 대한 정

보를 충분히 얻을 때까지 계속한다.

해석방법의 예

조합하중을 받는 부재의 해석과정을 설명하기 위해, 그림 7-14a에 보인 원형 단면을 가지는 캔틸레버 봉에서의 응력을 일반 기호를 사용하여 구해 보자. 이 봉은 토크 T와 수직하중 P가 모두 자유단에 작용하고 있는 2가지 형태의 하중을 받고 있다.

검토를 위해 2개의 점 A와 B를 임의로 선택하는 것으로 시작하자(그림 7-14a). 점 A는 봉의 맨 윗면에 위치하고 점 B는 측면에 위치한다. 두 점 모두 같은 단면에 위치한다.

단면(그림 7-14b)에 작용하는 합응력은 토크 T와 같은 비틀림모멘트, 하중 P에 자유단에서 단면까지의 거리 b를 곱한 것과 같은 굽힘모멘트 M, 그리고 하중 P와 동일한 전단력 V이다.

점 A와 B에 작용하는 응력은 그림 7-14c와 같다. 비틀림모멘트 T는 다음과 같은 비틀림 전단응력을 발생시킨다.

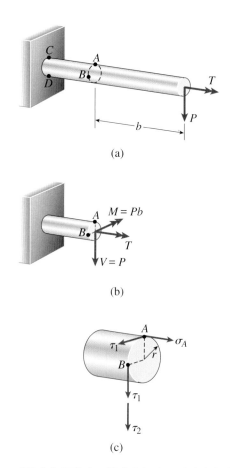

그림 7-14 비틀림과 굽힘의 조합하중을 받는 캔틸레버 봉: (a) 봉에 작용하는 하중, (b) 단면에서의 합응력, (c) 점 A와 B에서의 응력

$$\tau_1 = \frac{Tr}{I_P} = \frac{2T}{\pi r^3} \qquad \text{(a)}$$

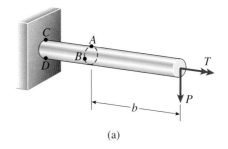

(a)

여기서 r은 봉의 반지름이고, $I_P = \pi r^4/2$는 단면에 대한 극관성모멘트이다. 전단응력 τ_1은 그림에서와 같이 점 A에서는 수평 왼쪽 방향으로 작용하고 점 B에서는 수직 아래 방향으로 작용한다.

굽힘모멘트 M은 점 A에서 다음과 같은 인장응력을 발생시킨다.

$$\sigma_A = \frac{Mr}{I} = \frac{4M}{\pi r^3} \qquad \text{(b)}$$

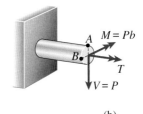

(b)

여기서 $I = \pi r^4/4$는 중립축에 대한 관성모멘트이다. 그러나 점 B가 중립축에 위치하고 있기 때문에, 굽힘모멘트는 점 B에서 응력을 발생시키지 않는다.

전단력 V는 봉의 윗면(점 A)에 전단응력을 발생시키지 않는다. 그러나 점 B에서의 전단응력(5장의 식 5-39 참조)은 다음과 같다.

$$\tau_2 = \frac{4V}{3A} = \frac{4V}{3\pi r^2} \qquad \text{(c)}$$

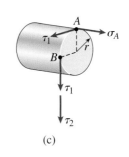

(c)

여기서 $A = \pi r^2$은 단면적이다.

점 A(그림 7-14c)에 작용하는 응력 σA와 τ_1가 그림 7-15a의 응력요소에 작용하고 있음을 보여준다. 이 요소는 점 A에서 봉의 윗면으로부터 잘라낸 것이다. 요소를 수직 아래 방향으로 바라본 요소의 2차원 선도가 그림 7-15b에 나타나 있다. 주응력과 최대 전단응력을 구하기 위한 목적으로, 요소를 지나는 x와 y축을 그린다. x축은 원형 봉의 길이방향 축과 평행하고(그림 7-14a), y축은 이에 수평이다. 요소는 평면응력 상태에 있으며 $\sigma_x = \sigma_A$, $\sigma_y = 0$및 $\tau_{xy} = -\tau_1$임을 유의하라.

점 B에서의 응력요소(또한 평면응력 상태임)는 그림 7-16a에 보여진다. 요소의 작용하는 유일한 응력은 $\tau_1 + \tau_2$

그림 7-14 (반복)

와 같은 전단응력이다 (그림 7-14c 참조). 봉의 길이방향 축과 평행한 x축과 이에 수직인 y축을 가지는 응력요소의 2차원 선도가 그림 7-16b에 보여진다. 이 요소에 작용하는 응력은 $\sigma_x = \sigma_y = 0$및 $\tau_{xy} = -(\tau_1 + \tau_2)$이다.

이제 점 A와 B에 작용하는 응력들을 구했고 이에 상응하는 응력 요소를 그렸으므로, 주응력과 최대 전단응력 및 경사진 방향으로 작용하는 응력을 구하기 위해 평면응력에 대한 변환방정식(6.2와 6.3절) 또는 Mohr 원(6.4절)을 이용할 수 있다. 점 A와 B에서 변형률을 구하기 위하여 Hooke의 법칙(6.5절)을 사용할 수 있다.

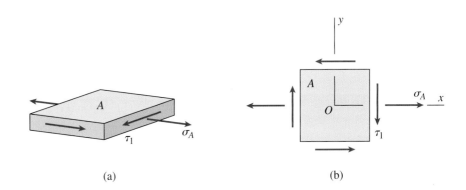

그림 7-15 A에서의 응력요소

(a)

(b)

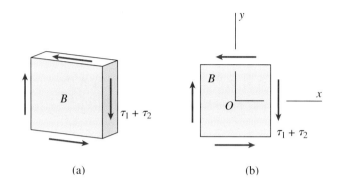

그림 7-16 B에서의 응력요소

(a)   (b)

점 A와 B(그림 7-14a)에서의 응력을 해석하기 위해 앞에서 설명한 과정들은 봉의 다른 점에서도 사용할 수 있다. 특별히 중요한 것은 굽힘공식과 전단공식으로부터 계산된 응력이 최대 또는 최소 값을 가지는 점으로, 이를 임계점(critical point)이라고 부른다. 예를 들면, 굽힘에 의한 수직응력은 굽힘모멘트가 최대가 되는 단면, 즉 지지점에서 최대가 된다. 따라서 고정단에서 봉의 윗면과 아랫면에 있는 점 C와 D(그림 7-14a)는 응력이 반드시 계산되어야 하는 임계점이다. 또 다른 임계점은 점 B이다. 왜냐하면 이 점에서 전단 응력이 최대가 되기 때문이다. (이 예에서 점 B가 길이방향을 따라 움직이더라도 전단응력은 변하지 않음을 유의하라.)

마지막 단계로, 봉에서의 절대 최대 수직응력 및 전단응력을 구하기 위해, 임계점들에서의 주응력과 최대 전단응력을 서로 비교한다.

이 예는 조합하중에 의해 발생하는 응력을 구하기 위한 일반적인 과정을 예시한다. 유의할 점은 어떠한 새로운 이론을 도입한 것이 아니라 오직 앞에서 유도된 공식과 개념을 적용했을 뿐이라는 사실이다. 다양한 실제 상황들은 무한하기 때문에, 최대응력을 계산하는 일반 공식을 유도하지 않는다. 대신에, 각 구조물을 특별한 경우로 취급한다.

임계점의 선택

해석의 목적이 구조물 내부의 어느 곳에 있든 최대응력을 구하는 것이라면, 임계점은 반드시 합응력이 최대 값을 가지는 단면에서 선정해야 한다. 더욱이, 그런 단면 내에서도 수직응력 또는 전단응력이 최대 값을 갖는 점들이 선택되어야 한다. 올바른 판단에 의해 임계점을 선택하는 것이 구조물 내의 절대 최대응력을 구하는 합리적인 방법이라는 것을 확신할 수 있다.

그러나 때때로 최대응력이 부재 내의 어디에서 일어나는지 미리 인식하는 것은 매우 어려운 일이다. 이러한 경우에는 많은 점들에서 응력을 조사하는 것이 필요하고, 아마도 선택된 점에서 시행 착오법까지 사용해야 할 것이다. 다른 전략들, 즉 당면한 문제에 대해 국한된 공식을 유도하거나 어려운 해석을 쉽게 하기 위해 단순화된 가정을 세우는 것들은 유용한 방법이 될 수 있다.

다음 예제들은 조합하중을 받는 구조물에서 응력을 계산하기 위해 사용된 방법들을 예시한다.

예제 7-3

헬리콥터의 로터 축은 헬리콥터를 공기 중에 부양시키기 위한 양력을 공급하는 로터의 날개를 구동한다(그림 7-17a). 그 결과 축은 비틀림 하중과 축하중이 합쳐진 조합하중을 받는다(그림 7-17b).

토크 $T = 2.4$ kN·m와 인장력 $P = 125$ kN을 전달하는 지름 50 mm의 축에 대하여 축에서의 최대 인장응력, 최대 압축응력 및 최대 전단응력을 구하라.

풀이

로터 축에 대한 응력은 축하중 P와 토크 T의 조합된 작용에 의해 발생된다(그림 7-17b). 그러므로 축의 표면의 임의 점에서의 응력은 그림 7-17c의 응력요소에 보인 것처럼, 인장응력 σ_0와 전단응력 τ_0로 구성되어 있다. y축은 로터 축의 길이방향 축과 평행함을 유의하라.

인장응력 σ_0는 축하중을 단면으로 나눈 값과 같다.

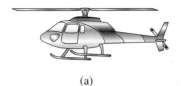

(a)

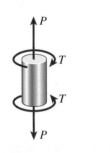

(b)

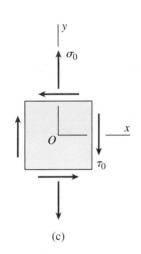

(c)

그림 7-17 예제 7-3. 헬리콥터의 로터 축(비틀림과 축하중의 조합응력)

$$\sigma_0 = \frac{P}{A} = \frac{4P}{\pi d^2} = \frac{4(125 \text{ kN})}{\pi (50 \text{ mm})^2} = 63.66 \text{ MPa}$$

전단응력 τ_0는 비틀림 공식(3.3절의 식 3-11 및 3-12 참조)으로부터 구한다.

$$\tau_0 = \frac{Tr}{I_P} = \frac{16T}{\pi d^3} = \frac{16(2.4 \text{ kN·m})}{\pi (50 \text{ mm})^3} = 97.78 \text{ MPa}$$

응력 σ_0와 τ_0는 축의 단면에 직접적으로 작용한다.

응력 σ_0와 τ_0가 구해지면, 6.3절에서 설명한 방법에 의해 주응력과 최대 전단응력을 구할 수 있다. 주응력은 식 (6-17)로부터 구한다.

$$\sigma_{1,2} = \frac{\sigma_x + \sigma_y}{2} \pm \sqrt{\left(\frac{\sigma_x - \sigma_y}{2}\right)^2 + \tau_{xy}^2} \qquad \text{(d)}$$

위 식에 $\sigma_x = 0$, $\sigma_y = \sigma_0 = 63.66$ MPa 및 $\tau_{xy} = -\tau_0 = -97.78$ MPa을 대입하면 다음 값을 얻는다.

$$\sigma_{1,2} = 32 \text{ MPa} \pm 103 \text{ MPa} \quad \text{또는} \quad \sigma_1 = 135 \text{ MPa}$$
$$\sigma_2 = -71 \text{ MPa}$$

이 값들이 로터 축에 작용하는 최대 인장응력과 최대 압축응력이다.

평면 내 최대 전단응력(식 6-25)은 다음과 같다.

$$\tau_{\max} = \sqrt{\left(\frac{\sigma_x - \sigma_y}{2}\right)^2 + \tau_{xy}^2} \qquad \text{(e)}$$

이 항은 이미 계산했으므로 최대 전단응력은 다음과 같다.

$$\tau_{\max} = 103 \text{ MPa}$$

주응력 σ_1과 σ_2가 서로 반대 부호를 가지므로, 평면 내 최대 전단응력은 평면 외 최대 전단응력보다 더 크다(식 6-28a, b 및 c, 그리고 이에 따른 논의 참조). 그러므로 축에서의 최대 전단응력은 103 MPa이다.

예제 7-4

원형 단면의 벽이 얇은 원통형 압력용기가 내압 p를 받으며 동시에 축하중 $P = 55$ kN에 의해 압축된다(그림 7-18a). 원통의 안쪽 반지름 $r = 50$ mm이고 벽두께는 $t = 4$ mm이다.

용기 벽에서의 허용 전단응력 45 MPa을 기준으로 한 최대 허용 내압 p_{allow}를 구하라.

풀이

압력용기 벽에서의 응력은 내압과 축하중의 조합작용이 원인이 되어 발생한다. 두 작용력들이 모두 벽 전체에 균일한 응력을 발생시키므로, 검토를 위해 표면 위의 임의의 점을 선택할 수 있다. 점 A(그림 7-18a)와 같은 대표적인 점에 대한, 응

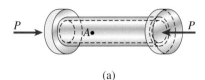

(a)

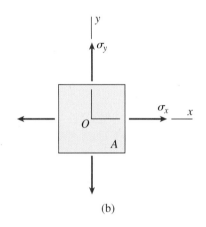

(b)

그림 7-18 예제 7-4. 내압과 축하중의 조합하중을 받는 압력용기

력요소를 그림 7-18b처럼 분리한다. x축은 압력용기의 길이방향 축과 평행하고, y축은 원주방향이다. 요소에는 전단응력이 작용하지 않음을 유의하라.

주응력. 길이방향 응력 σ_x는 내압에 의해 발생하는 인장응력 σ_2(식 7-7a와 7-6 참조)에서 축하중에 의해 발생하는 압축응력을 뺀 값과 같다.

$$\sigma_x = \frac{pr}{2t} - \frac{P}{A} = \frac{pr}{2t} - \frac{P}{2\pi rt} \qquad (f)$$

여기서 $A = 2\pi rt$는 원통의 단면적이다. (편의상 모든 계산에서 안쪽 반지름 r을 사용하고 있음을 유의하라.)

원주응력 σ_y는 내압에 의해 발생하는 인장응력 σ_1(식 7-7a와 7-5)과 같다:

$$\sigma_y = \frac{pr}{t} \qquad (h)$$

σ_y는 대수적으로 σ_x보다 크다는 것을 유의하라.

요소에 작용하는 전단응력은 없기 때문에(그림 7-18), 수직응력 σ_x와 σ_y는 주응력이다:

$$\sigma_1 = \sigma_y = \frac{pr}{t} \qquad \sigma_2 = \sigma_x = \frac{pr}{2t} - \frac{P}{2\pi rt} \qquad (h, i)$$

이제 위 식에 수치 값들을 대입하여 다음을 얻는다.

$$\sigma_1 = \frac{pr}{t} = \frac{p\,(50\ \text{mm})}{4\ \text{mm}} = 12.5p$$

$$\sigma_2 = \frac{pr}{2t} - \frac{P}{2\pi rt} = \frac{p\,(50\ \text{mm})}{2(4\ \text{mm})} - \frac{55\ \text{kN}}{2\pi(50\ \text{mm})(4\ \text{mm})}$$

$$= 6.25p - 43.77\ \text{MPa}$$

여기서 σ_1, σ_2와 p는 MPa의 단위를 가진다.

평면 내 전단응력. 평면 내 최대 전단응력(식 6-26)은 다음과 같다.

$$\tau_{\text{max}} = \frac{\sigma_1 - \sigma_2}{2} = \frac{1}{2}(12.5p - 6.25p + 43.77\ \text{MPa})$$

$$= 3.125p + 21.88\ \text{MPa}$$

τ_{max}의 한계는 45 MPa이므로, 앞의 식은 다음과 같이 된다.

$$45\ \text{MPa} = 3.125p + 21.88\ \text{MPa}$$

이 식으로부터 반내림하여 다음 값을 얻는다.

$$p = \frac{23.12\ \text{MPa}}{3.125} = 7.39\ \text{MPa} \quad \text{또는} \quad (p_{\text{allow}})_1 = 7.3\ \text{MPa}$$

평면 외 전단응력. 평면 외 최대 전단응력(식 6-28a 및 6-28b 참조)은 다음 둘 중의 하나이다.

$$\tau_{\text{max}} = \frac{\sigma_2}{2} \quad \text{또는} \quad \tau_{\text{max}} = \frac{\sigma_1}{2}$$

이들 중 첫 번째 식으로부터 다음을 얻는다.

$$45\ \text{MPa} = 3.125p - 21.88\ \text{MPa} \quad \text{또는} \quad (p_{\text{allow}})_2 = 21.4\ \text{MPa}$$

두 번째 식으로부터 다음을 얻는다.

$$45\ \text{MPa} = 6.25p \quad \text{또는} \quad (p_{\text{allow}})_3 = 7.2\ \text{MPa}$$

허용내압. 허용압력에 대한 3개의 계산된 값들을 비교하면 $(p_{\text{allow}})_3$가 지배적임을 알 수 있으며, 따라서 허용내압은 다음과 같다.

$$p_{\text{allow}} = 7.2\ \text{MPa}$$

이 압력에서 주응력은 $\sigma_1 = 90$ MPa와 $\sigma_2 = 1.23$ MPa이다. 이 응력들은 같은 부호를 가진다. 따라서 평면 외 전단응력 중의 하나가 반드시 최대 전단응력이 됨을 확신할 수 있다(식 6-28a, b 및 c에 관련된 논의 참조).

주: 이 예제에서는 축하중이 55 kN과 같다고 가정하여 용기의 허용압력을 구했다. 보다 완전한 해석은 축하중이 작용하지 않는 가능성을 포함해야 한다. (이 예제에서 축하중이 제거되어도, 허용압력은 바뀌지 않는다.)

예제 7-5

치수가 2.0 m × 1.2 m인 광고판이 바깥지름 220 mm와 안지름 180 mm인 속이 빈 원형 기둥에 의해 지지되고 있다(그림 7-19). 이 광고판은 기둥의 중심선으로부터 0.5 m 떨어져 있고, 밑변은 지면으로부터 6.0 m 위에 있다.

광고판에 대한 풍압 2.0 kPa로 인한 기둥의 바닥면의 점 A와 B에서의 주응력과 최대 전단응력을 구하라.

풀이

합응력. 광고판에 대한 풍압은 표지판의 중앙점에 작용하는 합력 W를 발생시키며(그림 7-20a), 이 힘의 크기는 압력 p와 압력이 작용하는 전체 면적 A를 곱한 것과 같다.

$$W = pA = (2.0 \text{ kPa})(2.0 \text{ m} \times 1.2 \text{ m}) = 4.8 \text{ kN}$$

이 힘의 작용선은 지면으로부터 높이 $h = 6.6$ m 와 기둥의 중심선으로부터 거리 $b = 1.5$ m 되는 곳에 있다.

광고판에 작용하는 풍력은 측면 힘 W 와 기둥에 작용하는 토크 T와 정역학적으로 동등하다(그림 7-20b). 토크 T는 힘 W에 거리 b 를 곱한 것과 같다.

$$T = Wb = (4.8 \text{ kN})(1.5 \text{ m}) = 7.2 \text{ kN·m}$$

기둥의 바닥에서의 합응력(그림 7-20c)은 굽힘모멘트 M, 토

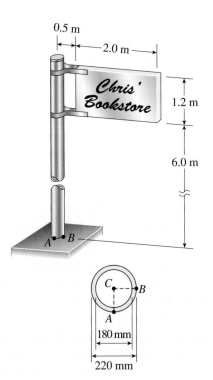

그림 7-19 예제 7-5. 광고판에 작용하는 풍압(기둥은 굽힘, 비틀림 및 전단의 조합하중을 받음)

크 T 및 전단력 V로 구성되어 있다. 이들의 크기는 다음과 같다.

$$M = Wh = (4.8 \text{ kN})(6.6 \text{ m}) = 31.68 \text{ kN·m}$$
$$T = 7.2 \text{ kN·m} \qquad V = W = 4.8 \text{ kN}$$

이러한 합응력들을 검토하면 최대 굽힘응력은 점 A에서 발생하고, 최대 전단응력은 점 B에서 발생함을 알 수 있다. 그러므로 점 A와 B는 응력이 구해져야 할 임계점이다.(또 다른 임계점은 이 예제의 뒷부분에 나오는 '주'에서 설명한 것처럼 점 A와 지름방향으로 반대쪽에 위치한 점이다.)

점 A와 B에서의 응력. 굽힘모멘트 M은 점 A에서 인장응력을 발생시키지만(그림 7-20d). 점 B에서는 아무런 응력도 발생시키지 않는다(이 점은 중립축에 위치해 있다). 응력 σ_A는 굽힘공식으로부터 얻어진다.

$$\sigma_A = \frac{M(d_2/2)}{I}$$

여기서 d_2는 바깥지름(220 mm)이고 I는 단면의 관성모멘트이다. 관성모멘트는 다음과 같다.

$$I = \frac{\pi}{64}\left(d_2^4 - d_1^4\right) = \frac{\pi}{64}\left[(220 \text{ mm})^4 - (180 \text{ mm})^4\right]$$
$$= 63.46 \times 10^{-6} \text{ m}^4$$

여기서 d_1은 안지름(180 mm)이다. 그러므로 응력 σ_A는 다음과 같다.

$$\sigma_A = \frac{Md_2}{2I} = \frac{(31.68 \text{ kN·m})(220 \text{ mm})}{2(63.46 \times 10^{-6} \text{ m}^4)} = 54.91 \text{ MPa}$$

토크 T는 점 A와 B에서 전단응력 τ_1을 발생시킨다(그림 7-20d). 이 응력들을 비틀림 공식으로부터 다음과 같이 구할 수 있다.

$$\tau_1 = \frac{T(d_2/2)}{I_P}$$

여기서 I_P는 극관성모멘트이다.

$$I_P = \frac{\pi}{32}\left(d_2^4 - d_1^4\right) = 2I = 126.92 \times 10^{-6} \text{ m}^4$$

따라서 전단응력은 다음과 같다.

$$\tau_1 = \frac{Td_2}{2I_P} = \frac{(7.2 \text{ kN·m})(220 \text{ mm})}{2(126.92 \times 10^{-6} \text{ m}^4)} = 6.24 \text{ MPa}$$

마지막으로, 전단력 V에 의해 점 A 와 B 에서 발생하는 전단응력을 계산한다. 점 A에서의 전단응력은 0 이고 점 B에서의

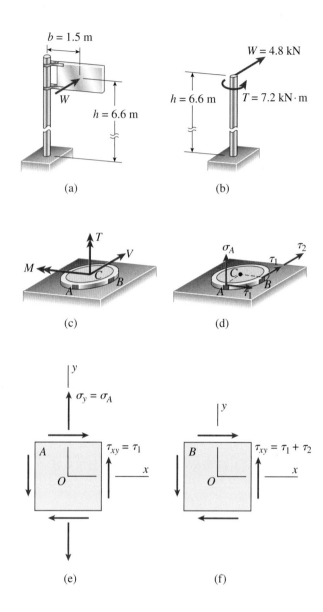

그림 7-20 예제 7-5의 풀이

전단응력(그림 7-20d에서 τ_2로 표시된)은 원형 관에 대한 전단 공식(5.8절의 식 5-41)으로부터 구한다.

$$\tau_2 = \frac{4V}{3A}\left(\frac{r_2^2 + r_2 r_1 + r_1^2}{r_2^2 + r_1^2}\right) \tag{j}$$

여기서 r_2와 r_1은 바깥쪽 반지름과 안쪽 반지름이고 A는 단면적 이다.

$$r_2 = \frac{d_2}{2} = 110 \text{ mm} \qquad r_1 = \frac{d_1}{2} = 90 \text{ mm}$$

$$A = \pi(r_2^2 - r_1^2) = 12{,}570 \text{ mm}^2$$

수치 값들을 식 (j)에 대입하면 다음 값을 얻는다.

$$\tau_2 = 0.76 \text{ MPa}$$

이제 점 A와 점 B에서 단면에 작용하는 모든 응력들이 계산되었다.

응력요소. 다음 단계는 이 응력들을 응력요소에 나타내는 것이다(그림 7-20e와 f). 이 두 요소에 대하여, y축은 기둥의 길이 방향 축과 평행하고 x축은 수평이다. 점 A에서 요소에 작용하는 응력은 다음과 같다.

$$\sigma_x = 0 \qquad \sigma_y = \sigma_A = 54.91 \text{ MPa} \qquad \tau_{xy} = \tau_1 = 6.24 \text{ MPa}$$

점 B에서 요소에 작용하는 응력은 다음과 같다.

$$\sigma_x = \sigma_y = 0$$
$$\tau_{xy} = \tau_1 + \tau_2 = 6.24 \text{ MPa} + 0.76 \text{ MPa} = 7.00 \text{ MPa}$$

요소에 작용하는 수직응력은 없기 때문에 점 B는 순수전단 상태에 있다.

이제 응력요소에 작용하는 모든 응력이 알려졌으므로(그림 7-20e와 f), 주응력과 최대 전단응력을 구하기 위해 6.3절에서 주어진 식들을 사용할 수 있다.

점 A에서의 주응력과 최대 전단응력. 주응력은 식 (6-17)로부터 구한다. 이 식을 여기서 다시 쓰면 다음과 같다.

$$\sigma_{1,2} = \frac{\sigma_x + \sigma_y}{2} \pm \sqrt{\left(\frac{\sigma_x - \sigma_y}{2}\right)^2 + \tau_{xy}^2} \qquad (k)$$

$\sigma_x = 0$, $\sigma_y = 54.91$ MPa 및 $\tau_{xy} = 6.24$ MPa를 대입하면, 다음을 얻는다.

$$\sigma_{1,2} = 27.5 \text{ MPa} \pm 28.2 \text{ MPa}$$

또는 다음과 같다.

$$\sigma_1 = 55.7 \text{ MPa} \qquad \sigma_2 = -0.7 \text{ MPa} \qquad \Leftarrow$$

평면 내 최대 전단응력은 식 (6-25)로부터 구한다.

$$\tau_{\max} = \sqrt{\left(\frac{\sigma_x - \sigma_y}{2}\right)^2 + \tau_{xy}^2} \qquad (l)$$

이 항은 이미 앞에서 계산되었으므로 즉시 다음과 같음을 알 수 있다.

$$\tau_{\max} = 28.2 \text{ MPa} \qquad \Leftarrow$$

주응력 σ_1과 σ_2의 부호가 서로 반대이므로, 평면 내 최대 전단

응력은 평면 외 최대 전단응력보다 더 크다(식 6-28a, b 및 c, 그리고 이와 관련된 논의 참조). 그러므로 점 A에서의 최대 전단응력은 28.2 MPa이다.

점 B에서의 주응력과 최대 전단응력. 이 점에서의 응력들은 $\sigma_x = 0$, $\sigma_y = 0$ 및 $\tau_{xy} = 7.0$ MPa이다. 이 요소는 순수전단 상태에 있으므로 주응력은 다음과 같다.

$$\sigma_1 = 7.0 \text{ MPa} \qquad \sigma_2 = -7.0 \text{ MPa} \qquad \Leftarrow$$

평면 내 최대 전단응력은 다음과 같다.

$$\tau_{\max} = 7.0 \text{ MPa} \qquad \Leftarrow$$

평면 외 최대 전단응력은 이 값의 반이 된다.

주: 기둥 내의 임의의 점에서 발생하는 최대응력을 구하려면, 점 A에서 지름방향으로 반대쪽에 있는 임계점에서의 응력들을 구해야 한다. 왜냐하면 이 점에서 굽힘에 의한 압축응력이 최대 값을 가지기 때문이다. 이 점에서의 주응력은 다음과 같다.

$$\sigma_1 = 0.7 \text{ MPa} \qquad \sigma_2 = -55.7 \text{ MPa}$$

그리고 최대 전단응력은 28.2 MPa이다. 그러므로 기둥의 최대 인장응력은 55.7 MPa이고, 최대 압축응력은 −55.7MPa이며 최대 전단응력은 28.2 MPa이다. (이 해석에서는 풍압에 의한 영향만을 고려했음을 유념하라. 구조물의 무게와 같은 다른 하중들 역시 기둥의 바닥에 응력을 발생시킨다.)

예제 7-6

정사각형 단면을 가진 관형 기둥이 수평단을 지지하고 있다(그림 7-21). 관의 바깥 길이는 $b = 150$ mm이고, 두께는 13 mm이다. 수평단의 치수는 175 mm × 600 mm이고, 수평단은 윗면에 작용하는 140 kPa의 분포하중을 지지하고 있다. 분포하중의 합력은 수직력 P_1이며 다음과 같다.

$$P_1 = (140 \text{ kPa})(175 \text{ mm} \times 600 \text{ mm}) = 14.7 \text{ kN}$$

이 힘은 기둥의 길이방향 축에서 거리 $d = 225$ mm 떨어진 수평단의 중앙점에 작용한다. 두 번째 하중 $P_2 = 3.6$ kN은 바닥에서 높이 $h = 1.3$ m인 점에서 기둥에 수평으로 작용한다.

하중 P_1과 P_2에 의해 기둥의 바닥에 위치한 점 A와 B에 발생하는 주응력과 최대 전단응력을 구하라.

풀이

합응력. 수평단에 작용하는 힘 P_1(그림 7-21)은 정역학적으로

기둥 단면의 도심에 작용하는 힘 P_1과 모멘트 $M_1 = P_1 d$에 등가이다(그림 7-22a). 또한 하중 P_2가 이 그림에 보여진다.

하중 P_1과 P_2 그리고 모멘트 M_1에 의한 기둥 바닥에서의 합응력은 그림 7-22b에 보여진다. 이 합응력들은 다음과 같다.

1. 압축 축력 $P_1 = 14.7$ kN
2. 힘 P_1에 의한 굽힘모멘트 M_1

$$M_1 = P_1 d = (14.7 \text{ kN})(225 \text{ mm}) = 3307.5 \text{ N·m}$$

3. 전단력 $P_2 = 3.6$ kN
4. 힘 P_2에 의한 굽힘모멘트 M_2

$$M_2 = P_2 h = (3.6 \text{ kN})(1.3 \text{ m}) = 4.68 \text{ kN·m}$$

이 합응력들을 검토해 보면(그림 7-22b), M_1과 M_2는 모두 점 A에서 최대 압축응력을 발생시키고, 전단력은 점 B에서 최대 전단응력을 발생시킴을 알 수 있다. 그러므로 점 A와 B는 응

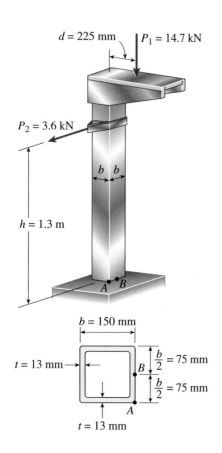

그림 7-21 예제 7-6. 기둥에 작용하는 하중(축하중, 굽힘 및 전단의 조합하중)

력이 반드시 구해져야 할 임계점이다. (또 다른 임계점은 이 예제의 뒷부분에 있는 '주'에서 설명된 것처럼 점 A로부터 대각선 방향으로 반대쪽에 있는 점이다.)

점 A와 B에서의 응력.

(1) 축력 P_1 (그림 7-22b)는 기둥 전체에 걸쳐 균일한 압축응력을 발생시킨다. 이 응력은 다음과 같다.

$$\sigma_{P_1} = \frac{P_1}{A}$$

여기서 A는 기둥의 단면적이며 다음과 같다.

$$A = b^2 - (b - 2t)^2 = 4t(b - t)$$
$$= 4(13 \text{ mm})(150 \text{ mm} - 13 \text{ mm}) = 7124 \text{ mm}^2$$

그러므로 축방향 압축응력은 다음과 같다.

$$\sigma_{P_1} = \frac{P_1}{A} = \frac{14.7 \text{ kN}}{7124 \text{ mm}^2} = 2.06 \text{ MPa}$$

그림 7-22c에서 점 A와 B에 작용하는 응력 σ_{P_1}이 그려져 있다.

(2) 굽힘모멘트 M_1 (그림 7-22b)는 점 A와 B에서 압축응력

σ_{M_1}을 발생시킨다(그림 7-22c). 이 응력들은 전단공식에 의해 얻어진다.

$$\sigma_{M_1} = \frac{M_1(b/2)}{I} = \frac{M_1 b}{2I}$$

여기서 I는 단면에 대한 관성모멘트이며 다음과 같다:

$$I = \frac{b^4}{12} - \frac{(b - 2t)^4}{12} = \frac{1}{12}\left[(150 \text{ mm})^4 - (124 \text{ mm})^4 \right]$$
$$= 22.49 \times 10^{-6} \text{m}^4$$

따라서 응력 σ_{M_1}은 다음과 같다.

$$\sigma_{M_1} = \frac{M_1 b}{2I} = \frac{(3307.5 \text{ N·m})(150 \text{ mm})}{2(22.49 \times 10^{-6} \text{m}^4)} = 11.03 \text{ MPa}$$

(3) 전단력 P_2(그림 7-22b)는 점 B에서 전단응력을 발생시키지만, 점 A에서는 발생시키지 않는다. 플랜지를 가지는 보의 웨브에서의 전단응력에 관한 논의(5.9절)로부터, 전단응력의 근사값은 전단력을 웨브의 면적으로 나누어서 구한다는 것을 안다(5.9절의 식 5-47 참조). 그러므로 힘 P_2에 의해 점 B에 발생하는 전단응력은 다음과 같다.

$$\tau_{P_2} = \frac{P_2}{A_{web}} = \frac{P_2}{2t(b - 2t)} = \frac{3.6 \text{ kN}}{2(13 \text{ mm})(150 \text{ mm} - 26 \text{ mm})}$$
$$= 1.12 \text{ MPa}$$

전단력 τ_{P_2}는 점 B에서 그림 7-22c에서 보여진 방향으로 작용한다.

원한다면, 보다 정확한 공식인 5.9절의 식(5-45a)로부터 전단응력 τ_{P_2}를 계산할 수 있다. 이 계산의 결과는 $\tau_{P_2} = 1.13$ MPa인데, 이것은 근사식으로부터 얻은 전단응력 값이 만족스럽다는 것을 보여준다.

(4) 굽힘모멘트 M_2(그림 7-22b)는 점 A에서 압축응력을 발생시키지만, 점 B에서는 응력을 발생시키지 않는다. 점 A에서의 응력은 다음과 같다.

$$\sigma_{M_2} = \frac{M_2(b/2)}{I} = \frac{M_2 b}{2I} = \frac{(4.68 \text{ kN·m})(150 \text{ mm})}{2(22.49 \times 10^{-6} \text{ m}^4)}$$
$$= 15.61 \text{ MPa}$$

이 응력은 또한 그림 7-22c에 나타내었다.

응력요소 다음 단계는 점 A와 B의 응력요소에 작용하는 응력들을 나타내는 것이다(그림 7-22d 및 e). 각각의 요소는 회전되었고, 그 결과 y축은 수직방향으로 하고(즉, 기둥의 길이방향 축에 평행하고), x축은 수평방향으로 한다. 점 A에 작용하는 유일한 응력은 y방향의 압축응력 σ_A이며(그림 7-22d), 그 값은 다음과 같다.

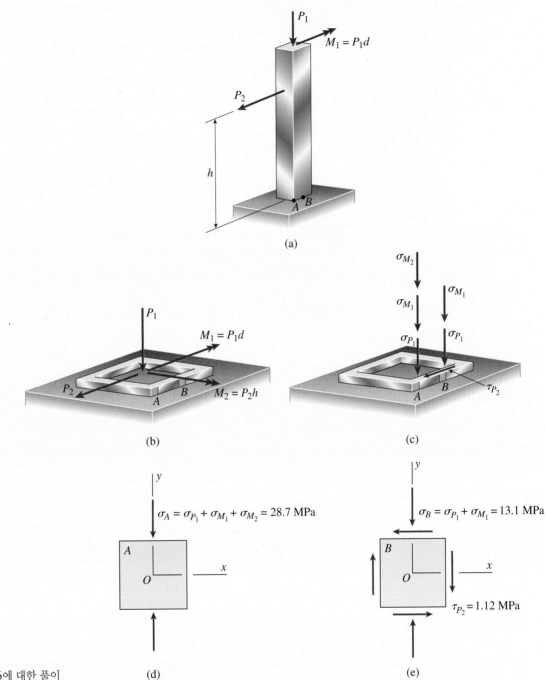

그림 7-22 예제 7-6에 대한 풀이

$$\sigma_A = \sigma_{P_1} + \sigma_{M_1} + \sigma_{M_2}$$

$$= 2.06 \text{ MPa} + 11.03 \text{ MPa} + 15.61 \text{ MPa}$$

$$= 28.7 \text{ MPa (압축)}$$

따라서 이 요소는 단축응력 상태에 있다.

점 B에서 y방향으로의 압축응력(그림 7-22e)은 다음과 같다.

$$\sigma_B = \sigma_{P_1} + \sigma_{M_1} = 2.06 \text{ MPa} + 11.03 \text{ MPa}$$

$$= 13.1 \text{ MPa (압축)}$$

그리고 전단응력은 다음과 같다.

$$\tau_{P_2} = 1.12 \text{ MPa}$$

전단응력은 요소의 윗면에서는 왼쪽으로 작용하고 요소의 x 면에서는 아래쪽으로 작용한다.

점 A에서의 주응력과 최대 전단응력. 평면응력에서 요소에 대한 표준 기호를 사용하면(그림 7-23), 요소 A에 대한 응력(그림 7-22d)은 다음과 같이 쓸 수 있다.

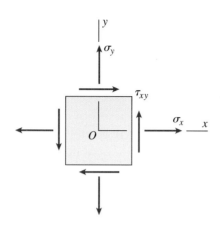

그림 7-23 평면응력 상태에 있는 요소에 대한 기호

$$\sigma_x = 0 \qquad \sigma_y = -\sigma_A = -28.7 \text{ MPa} \qquad \tau_{xy} = 0$$

이 요소는 단축응력 상태에 있으므로, 주응력은 다음과 같다.

$$\sigma_1 = 0 \qquad \sigma_2 = -28.7 \text{ MPa} \qquad \Longleftarrow$$

평면 내 최대 전단응력(식 7-26)은 다음과 같다.

$$\tau_{max} = \frac{\sigma_1 - \sigma_2}{2} = \frac{-28.7 \text{ MPa}}{2} = 14.4 \text{ MPa} \qquad \Longleftarrow$$

평면 외 최대 전단응력(식 6-28a)는 같은 크기를 가지고 있다.

점 B에서의 주응력과 최대 전단응력. 평면응력에 대한 표준 기호를 다시 사용하면(그림 7-23), 점 B에서의 응력(그림 7-22e)가 다음과 같음을 알 수 있다.

$$\sigma_x = 0 \qquad \sigma_y = -\sigma_B = -13.1 \text{ MPa}$$
$$\tau_{xy} = -\tau_{P_2} = -1.12 \text{ MPa}$$

주응력을 구하기 위해 식 (6-17)을 사용한다. 이 식을 여기서 다시 쓰면 다음과 같다.

$$\sigma_{1,2} = \frac{\sigma_x + \sigma_y}{2} \pm \sqrt{\left(\frac{\sigma_x - \sigma_y}{2}\right)^2 + \tau_{xy}^2} \qquad (m)$$

σ_x, σ_y 및 τ_{xy}값을 이 식에 대입하면 다음을 얻는다.

$$\sigma_{1,2} = -6.55 \text{ MPa} \pm 6.65 \text{ MPa}$$

또는 다음과 같다.

$$\sigma_1 = 0.1 \text{ MPa} \qquad \sigma_2 = -13.2 \text{ MPa} \qquad \Longleftarrow$$

평면 내 최대 전단응력은 식(6-25)로부터 얻을 수 있다.

$$\tau_{max} = \sqrt{\left(\frac{\sigma_x - \sigma_y}{2}\right)^2 + \tau_{xy}^2} \qquad (n)$$

이 항은 이미 앞에서 계산되었으므로, 즉시 다음과 같음을 알 수 있다.

$$\tau_{max} = 6.65 \text{ MPa} \qquad \Longleftarrow$$

주응력 σ_1과 σ_2의 부호가 서로 반대이므로, 평면 내 최대 전단응력은 평면 외 최대 응력보다 더 크다(식 6-28a, b 및 c 그리고 이에 관련된 논의 참조). 점 B에서의 최대 전단응력은 6.65 MPa이다.

주: 기둥의 바닥의 임의 점에서의 최대응력을 구하려면, 점 A에서 대각선 방향으로 반대쪽에 있는 임계점에서의 응력을 반드시 구해야만 한다. 왜냐하면 그 점에서 각 굽힘모멘트가 최대 인장응력을 발생시키기 때문이다. 그러므로 그 점에 작용하는 인장응력은 다음과 같다.

$$\sigma_y = -\sigma_{P_1} + \sigma_{M_1} + \sigma_{M_2} = -2.06 \text{ MPa} + 11.03 \text{ MPa}$$
$$+ 15.61 \text{ MPa} = 24.58 \text{ MPa}$$

그 점의 응력요소에 작용하는 응력(그림 7-23)은 다음과 같다.

$$\sigma_x = 0 \qquad \sigma_y = 24.58 \text{ MPa} \qquad \tau_{xy} = 0$$

그러므로 주응력과 최대 전단응력은 다음과 같다.

$$\sigma_1 = 24.58 \text{ MPa} \qquad \sigma_2 = 0 \qquad \tau_{max} = 12.3 \text{ MPa}$$

따라서 기둥의 바닥의 임의의 점에서의 최대 인장응력은 24.58 MPa이고, 최대 압축응력은 28.7 MPa이며, 최대 전단응력은 14.4 MPa이다. (이 해석에서는 오직 하중 P_1과 P_2의 영향만을 고려했음을 유념하라. 구조물의 무게와 같은 다른 하중들 또한 기둥의 바닥에 응력을 발생시킨다.)

요약 및 복습

7장에서는 앞 장의 6.2절부터 6.5절까지 제시된 내용을 기초로 하여 평면응력 상태의 구조물의 실제적인 예를 검토하였다. 먼저 압축가스나 액체를 저장하는 탱크와 같이 벽이 얇은 구형 및 원통형 용기의 응력을 고려하였다. 다음에는 조합하중이 작용하는 구조물 또는 부품들의 여러 점에서의 최대 수직 및 전단응력을 구했다.

이 장에서 제시된 중요한 개념과 결론은 다음과 같다.

1. 평면응력은 압력용기의 벽, 여러 형태의 보의 웨브와 플랜지, 그리고 내압뿐만 아니라 축, 전단 및 굽힘하중이 조합적으로 작용하는 다양한 구조물과 같은 모든 일반 구조물 내에 존재하는 공통적인 응력상태이다.

2. 내압을 받는 벽이 얇은 **구형 용기**의 벽은 특히 모든 방향에 작용하는 막응력으로 알려진 균일한 인장응력을 가진 2축응력인 평면응력 상태에 있다. 구형 쉘의 벽에서의 인장응력 σ는 다음과 같이 계산된다.

$$\sigma = \frac{pr}{2t}$$

외부 압력보다 초과된 내압이나 가스 압력만이 이 응력들에 대해 영향을 준다. 구형용기의 더욱 상세한 해석 또는 설계에 대한 추가적인 중요한 고려사항은 용기 구멍 주변의 응력집중, 외부 하중 및 자체 하중(내용물 포함)의 효과 및 부식, 충격 및 온도변화의 영향을 포함한다.

3. 원형 단면을 가진 벽이 얇은 **원통형 구형 용기**의 벽도 역시 2축 응력 상태에 있다. 원주응력 σ_1은 후프응력이라고 하며 탱크의 축에 평행한 응력은 길이방향 응력 또는 축응력 σ_2라 한다. 원주응력은 길이방향 응력의 2배이다. 두 개의 응력은 모두 주응력이다. σ_1과 σ_2에 대한 공식은 다음과 같다.

$$\sigma_1 = \frac{pr}{t} \qquad \sigma_2 = \frac{pr}{2t}$$

이 공식들은 벽이 얇은 쉘에 대한 기초이론을 사용하여 유도되었고 응력집중을 일으키는 불연속점으로부터 멀리 떨어진 원통 부분에서만 유효하다.

4. **조합하중**을 받는 구조용 부재는 따로 작용하는 각각의 하중으로 인한 응력과 변형률을 중첩하여 해석할 수 있다. 그러나 응력과 변형률은 작용하중의 선형함수이어야 하며 재료가 Hooke의 법칙을 따르고 변위가 작아야 한다. 여러 가지 하중 사이에는 상호작용이 없어야 한다. 즉, 하나의 하중에 의한 응력과 변형률은 다른 하중의 존재에 아무런 영향을 미치지 않아야 한다.

5. 한 가지 이상의 하중을 받는 구조물이나 부재의 임계점에 대한 자세한 해석절차는 7.4절에 제시되었다.

7장 연습문제

구형 압력용기

7.2절의 문제를 풀 때, 주어진 반지름 또는 지름은 안쪽 치수이며 모든 내압은 게이지 압력이라고 가정하라.

7.2-1 고무공(그림 참조)이 60 kPa의 압력에서 팽창되어 있다. 이 압력에서 공의 지름은 230 mm이고 벽두께는 7.2 mm이다. 고무의 탄성계수는 $E = 3.5$ MPa이고 Poisson의 비는 $\nu = 0.45$이다.

공의 최대응력과 변형률을 구하라.

문제 7.2-1

7.2-2 압력이 100 kPa, 지름이 250 mm, 벽두께가 1.5 mm, 탄성계수가 3.5 MPa, Poisson의 비가 0.45일 때, 앞의 문제를 풀어라.

문제 7.2-2

7.2-3 대형 구형 탱크(그림 참조)가 3.5 MPa의 압력에서 가스를 저장하고 있다. 탱크의 지름은 20 m이며 인장 항복응력이 550 MPa 인 고강도 강으로 제조되었다.

항복에 대해 요구되는 안전계수가 3.5일 때 필요한 탱크의 벽두께를 구하라.

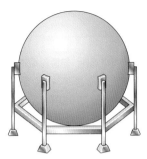

문제 7.2-3 및 7.2-4

7.2-4 내압이 3.75 MPa, 지름이 19 m, 항복응력이 570 MPa이고 안전계수가 3.0일 때 앞의 문제를 풀어라.

필요한 벽두께를 가장 가까운 mm 단위로 구하라.

7.2-5 압축 챔버 내의 반구형 윈도우[또는 **뷰포트**(*viewport*)](그림 참조)가 600 kPa의 내압을 받고 있다. 포트는 18 개의 볼트로 챔버 벽에 고정되어 있다.

반구의 반지름이 400 mm이고 벽두께가 25 mm일 때, 각 볼트 내의 인장력 F와 뷰포트에서 인장응력을 구하라.

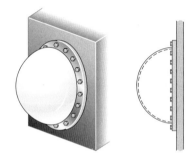

문제 7.2-5

7.2-6 지름이 1.2 m이고 벽두께가 50 mm인 구형 탱크가 17 MPa의 압력에서 압축가스를 저장하고 있다. 탱크는 용접 이음부에 의해 결합된 2개의 반구로 제작되었다(그림 참조).

(a) 용접부가 받는 인장하중 f(용접부의 길이 1 mm당 N)는 얼마인가?

(b) 탱크 벽에서의 최대 전단응력 τ_{max}은 얼마인가?

(c) 벽에서의 최대 수직변형률 ε은 얼마인가? (강철에 대해 $E = 30 \times 210$ GPa, $\nu = 0.29$라고 가정한다.)

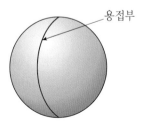

용접부

문제 7.2-6 및 7.2-7

7.2-7 다음 수치 자료를 사용하여 앞의 문제를 풀어라. 지름 1.0 m, 두께 48 mm, 압력 22 MPa, 탄성계수 210 MPa, Poisson의 비 0.29.

7.2-8 구형 강철제 압력용기(지름 480 mm, 두께 8.0 mm)가 변형률 150×10^{-6}에 도달할 때 크랙이 생기는 취성 라커(lacquer)로 코팅되어 있다(그림 참조).

라커에 크랙이 생기게 하는 내압 p는 얼마인가? ($E = 205$ GPa, $\nu = 0.30$이라고 가정한다.)

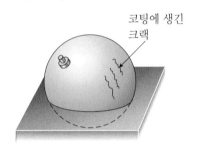

코팅에 생긴 크랙

문제 7.2-8

7.2-9 반지름이 $r = 150$ mm이고 벽두께가 $t = 13$ mm 인 속이 빈 압력용기인 구를 호수 밑으로 내려 보냈다(그림 참조). 탱크 내의 공기는 140 kPa의 압력(탱크가 물 밖에 있을 때의 게이지 입력)으로 압축되었다.

탱크 벽이 700 kPa의 압축응력을 받게 하는 깊이 D_0는 얼마인가?

7.2-10 지름이 500 mm인 구형 스테인레스 강 탱크가 30 MPa

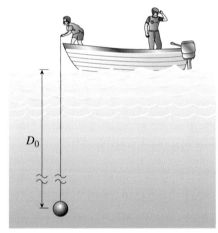

D_0

문제 7.2-9

의 압력에서 프로판 가스를 저장하는 데 사용된다. 강의 성질은 다음과 같다. 인장 항복응력 950 MPa, 전단 항복응력 450 MPa, 탄성계수 210 GPa, Poisson의 비 0.28. 항복에 대해 요구되는 안전계수는 2.75이다. 또한 수직변형률은 $1,000 \times 10^{-6}$을 초과해서는 안 된다.

탱크의 최소 허용 두께 t_{min}를 구하라.

7.2-11 지름 500 mm, 압력 18 MPa, 인장 항복응력 975 MPa, 전단 항복응력 460 MPa, 안전계수 2.5, 탄성계수 200 GPa, Poisson의 비 0.28이고 수직변형률이 $1,210 \times 10^{-6}$을 초과해서는 안 되는 경우에 대해 앞의 문제를 풀어라.

원통형 압력용기

*7.3*절의 문제를 풀 때, 주어진 반지름 또는 지름은 안쪽 치수이며 모든 내압은 게이지 압력이라고 가정하라.

7.3-1 윗부분이 열려 있는 높은 저수탑(그림 참조)의 지름 $d =$ 2.2 m이고 벽두께 $t = 20$ mm이다.

(a) 저수탑의 원주응력이 12 MPa이 되게 하는 물의 높이 h는 얼마인가?

(b) 수압으로 인한 저수탑 벽에서의 축응력은 얼마인가?

문제 7.3-1

7.3-2 강철 스쿠버 탱크(그림 참조)가 항복에 대한 안전계수 2.0인 12 MPa의 내압용으로 설계되었다. 강철의 인장 항복응력은 300 MPa이고 전단 항복응력은 140 MPa이다.

탱크의 지름이 150 mm일 때 필요한 최소 벽두께는 얼마인가?

문제 7.3-2

7.3-3 반지름이 r인 얇은 벽의 원통형 압력용기가 내부 가스압력 p와 양단에 작용하는 압축력 F를 동시에 받고 있다(그림 참조).

문제 7.3-3

실린더 벽에 순수전단이 생기게 하는 힘 F의 크기는 얼마인가?

7.3-4 이동 서커스단에서 사용하는 팽창식 구조물은 양단이 닫친 반 원통형의 형상으로 되어 있다(그림 참조). 섬유와 플라스틱으로 된 구조물은 소형 송풍기에 의해 팽창되며 완전히 팽창되었을 때 반지름이 12 m이다. 길이방향의 용접 접합부는 구조물의 "용마루" 전체 길이에 뻗어 있다.

용마루에 걸친 길이방향의 용접 접합부가 용접 접합부 길이 1 mm당 인장하중 100 N/mm을 받을 때 찢어진다면, 내압이 3.5 kPa이고 구조물이 완전히 팽창했을 때 찢어짐에 대한 안전계수 n는 얼마인가?

길이방향 용접 접합부

문제 7.3-4

7.3-5 원통형 강철 탱크(그림 참조)가 내압을 받는 휘발성 연료를 저장하고 있다. A점의 스트레인 게이지는 탱크의 길이방향 변형률을 기록하고 이 정보를 제어실에 전달한다. 탱크 벽의 극한 전단응력은 84 MPa이고 안전계수 2.5가 요구된다.

오퍼레이터는 변형률 값이 얼마일 때 탱크의 압력을 줄이기 위한 행동을 취해야 하는가? (강철에 대한 자료는 다음과 같다. $E =$ 205 MPa, $v = 0.30$)

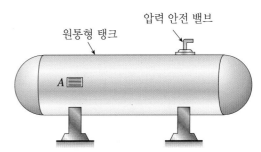

원통형 탱크   압력 안전 밸브

A

문제 7.3-5

7.3-6 스트레인 게이지가 알루미늄 음료 캔의 표면에 길이방향으로 부착되었다(그림 참조). 캔 반지름의 두께에 대한 비는 200이다. 캔의 두껑이 열릴 때, 변형률의 변화는 $\epsilon_0 = 170 \times 10^{-6}$이었다.

캔의 내압 p는 얼마였는가? ($E = 70$ MPa, $v = 0.33$이라고 가정)

문제 7.3-6

7.3-7 물 공급 시스템의 저수탑(그림 참조)의 지름은 3.8 m이고 두께는 150 mm이다. 각각 지름이 0.6 m이고 두께가 25 mm인 2개의 수평 파이프로 저수탑에서 물을 송출한다. 시스템의 고장으로 파이프 내에 물이 차서 흐르지 않을 때 저수탑 바닥에서의 원주응력은 900 kPa이다.

(a) 저수탑의 물의 높이 h는 얼마인가?

(b) 파이프의 바닥이 저수탑의 바닥과 같은 높이에 있을 때 파이프 내의 원주응력은 얼마인가?

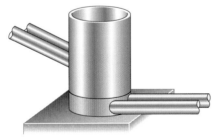

문제 7.3-7

7.3-8 기름으로 채워진 실린더가 그림과 같이 피스톤에 의해 압력을 받고 있다. 피스톤의 지름 d는 4.8 mm이고 압축력 F는 16 kN이며 실린더 벽의 최대 허용전단응력 τ_{allow}는 42 MPa이다.

실린더 벽의 최소 허용 두께 τ_{min}은 얼마인가(그림 참조)?

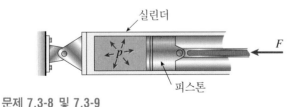

실린더

F

피스톤

문제 7.3-8 및 7.3-9

7.3-9 $d = 90$ mm, $F = 42$ kN, $\tau_{allow} = 40$ MPa일 때 앞의 문제를 풀어라.

7.3-10 지름 $d = 300$ mm인 원통형 탱크가 내부 가스압력 $p = 2$ MPa을 받고 있다. 탱크는 원주방향으로 용접된 강철 부분으로 제작되었다(그림 참조). 탱크의 머리부분은 반구형이다. 허용 인장응력과 허용 전단응력은 각각 60 MPa와 24 MPa이다. 또한 용접 접합부에 대해 수직방향의 허용 인장응력은 40 MPa이다.

다음 부분에 필요한 최소 두께 t_{min}을 구하라. (a) 탱크의 원통 부분, (b) 반구형 머리 부분

용접 접합부

문제 7.3-10 및 7.3-11

7.3-11 반구형 머리를 갖는 원통형 탱크가 원주방향으로 용접된 강철 부분으로 제작되었다(그림 참조). 탱크의 지름은 1.25 m이고 벽두께는 22 mm이며 내압은 1,750 kPa이다.

(a) 탱크의 머리 부분에서의 최대 인장응력 σ_h를 구하라.

(b) 탱크의 원통 부분에서의 최대 인장응력 σ_c를 구하라.

(c) 용접 접합부에 대해 수직으로 작용하는 인장응력 σ_w를 구하라.

(d) 탱크의 머리 부분에서의 최대 전단응력 τ_h를 구하라.

(e) 탱크의 원통 부분에서의 최대 전단응력 τ_c를 구하라.

7.3-12 내압을 받는 강철 탱크가 길이방향 축과 각 $\alpha = 55$를 이루는 나선형 용접으로 제작되었다(그림 참조). 탱크의 반지름 $r = 0.6$ m, 벽두께 $t = 18$ mm, 내압 $p = 2.8$ MPa이다. 또한 강철의 탄성계수 $E = 200$ GPa이며 Poisson의 비 $v = 0.30$이다.

탱크의 원통 부분에 대해 다음 값들을 구하라.

(a) 원주방향 응력과 길이방향 응력

(b) 평면 내 최대 전단응력과 평면 외 최대 전단응력

(c) 원주방향 변형률과 길이방향 변형률

(d) 용접부에 평행한 면과 수직인 면에 작용하는 수직응력 및 전단응력(적절하게 위치시킨 응력요소 위에 이 응력들을 표시하라.)

7.3-13 $\alpha = 75°$, $r = 450$ mm, $t = 15$ mm. $p = 1.4$ MPa, $E = 200$ GPa, $v = 0.30$인 용접된 탱크에 대해 앞의 문제를 풀어라.

나선형 용접 접합부

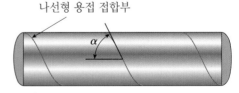

α

문제 7.3-12 및 7.3-13

조합하중

7.4절의 문제는 구조물이 선형 탄성적으로 거동하고 2 개 또는 그 이상의 하중으로 인한 응력은 한 점에 작용하는 합응력을 얻기 위해 중첩되어야 한다고 가정하여 풀어야 한다. 별도로 지정되지 않는 한 평면 내 및 평면 외 전단응력을 모두 고려한다.

7.4-1 스키 리프트의 곤돌라는 그림과 같이 2개의 굽어진 암 (arm)으로 지지된다. 각각의 암은 무게 W의 작용선으로부터 거리 $b = 180$ mm만큼 어긋나 있다. 암의 허용 인장응력은 100 MPa이고 허용 전단응력은 50 MPa이다.

적재된 곤돌라의 무게가 12 kN이라면 암의 최소지름 d는 얼마인가?

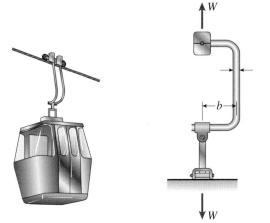

문제 7.4-1

7.4-2 속이 빈 원형 단면을 가진 브래킷 $ABCD$가 수직 암 AB와 x_0축에 평행한 수평 암 BC 및 z_0축에 평행한 수평 암 CD로 구성되어 있다(그림 참조). 암 BC와 CD의 길이는 각각 $b_1 = 1.2$ m, $b_2 = 0.9$ m이다. 브래킷의 바깥지름과 안지름은 각각 $d_2 = 200$ mm, $d_1 = 175$ mm이다. 수직하중 $P = 10$ kN이 D점에 작용한다.

수직 암에서의 최대인장, 압축 및 전단응력을 구하라.

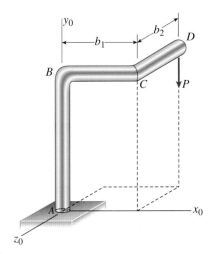

문제 7.4-2

7.4-3 발전기 축의 한 부분이 그림과 같이 토크 T와 축방향 힘 P를 받고 있다. 축의 속은 비어 있고(바깥지름 $d_2 = 300$ mm, 안지름 $d_1 = 250$ mm) 4.0 Hz에서 1,800 kW를 전달한다.

압축력 $P = 540$ kN이라면 축에서의 최대인장, 압축 및 전단응력은 각각 얼마인가?

문제 7.4-3 및 7.4-4

7.4-4 속이 빈 원형 단면의 발전기 축의 한 부분이 토크 $T = 25$ kN을 받고 있다(그림 참조). 축의 바깥지름과 안지름은 각각 200 mm와 160 mm이다.

허용 평면 내 전단응력이 $\tau_{\text{allow}} = 45$ MPa이라면 축에 작용시킬 수 있는 최대 허용 압축하중 P는 얼마인가?

7.4-5 유정(oil well)에서 사용되는 속이 빈 드릴 파이프(그림 참조)의 바깥지름은 150 mm이고 두께는 15 mm이다. 비트(bit)의 바로 위에서 파이프의 무게로 인한 파이프의 압축력은 265 kN이며 시추로 인한 토크는 19 kN·m이다.

드릴 파이프 내의 최대 인장, 압축 및 전단응력을 각각 구하라.

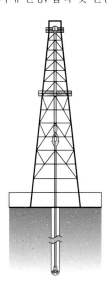

문제 7.4-5

7.4-6 지름이 $d = 60$ mm인 원통형 탱크가 내부 가스압력 $p = 4$ MPa 과 외부 인장하중 $T = 4.5$ kN를 받고 있다(그림 참조).

허용전단응력이 20 MPa일 때 탱크의 최소 벽두께를 구하라.

문제 7.4-6

7.4-7 내압 p를 받는 원통형 탱크가 동시에 축력 $F = 72$ kN에 의해 압축된다(그림 참조). 실린더의 지름은 $d = 100$ mm이고 벽두께는 $t = 4$ mm이다.

탱크 벽의 허용 전단응력이 60 MPa일 때, 최대 허용·내압 p_{max}을 계산하라.

문제 7.4-7

7.4-8 그림에 보인 자전거 페달 크랭크의 A점과 B점에서의 최대 인장, 압축 및 전단응력을 각각 구하라.

페달과 크랭크는 수평 평면 내에 있고 A점과 B점은 크랭크의 상부에 위치한다. 하중 $P = 750$ N이 수직방향으로 작용하고 하중의 작용선과 A점과 B점 사이의 거리(수평면 내에서)는 $b_1 = 125$ mm, $b_2 = 60$ mm, $b_3 = 24$ mm이다. 크랭크는 지름 $d = 15$ mm인 속이 찬 원형 단면을 가졌다고 가정한다.

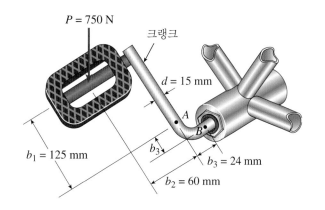

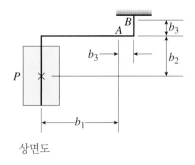

상면도

문제 7.4-8

7.4-9 그림에 보인 비틀림 진자가 길이가 $L = 2$ m이고 지름이 $d = 4$ mm인 수직 강철 와이어($G = 80$ GPa)에 의해 매달려 있는 질량 $M = 60$ kg인 수평 원판으로 구성되어 있다.

와이어의 인장응력이 100 MPa 또는 전단응력이 50 MPa를 초과하지 않게 하는 원판의 최대 허용 회전각 ϕ_{max}(즉, 비틀림 진동의 최대진폭)을 계산하라.

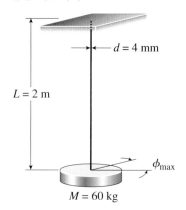

문제 7.4-9

7.4-10 반지름이 $r = 300$ mm이고 벽두께가 $t = 15$ mm인 원통형 압력용기가 내압 $p = 2.5$ MPa을 받고 있다. 추가적으로 토크 $T = 120$ kN·m가 실린더의 양단에 작용한다(그림 참조).

(a) 실린더 벽에서의 최대 인장응력 σ_{max}과 평면 내 최대 전단응력 τ_{max}을 구하라.

(b) 평면 내 허용 전단응력이 30 MPa일 때 최대 허용 토크 T는 얼마인가?

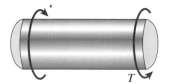

문제 7.4-10

7.4-11 수평 평면 내에 놓여 있는 L자 모양의 브래킷이 하중 $P = 600$ N을 받고 있다(그림 참조). 브래킷은 두께가 $t = 4$ mm인 속이 빈 직사각형 단면을 가지며 바깥치수는 $b = 50$ mm, $h = 90$ mm이다. 암들의 중심선의 길이는 각각 $b_1 = 500$ mm, $b_2 = 750$ mm이다.

하중 P만을 고려하여 지지점에서 브래킷의 상단에 위치한 A

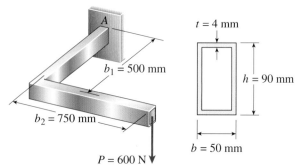

문제 7.4-11

점에서의 최대 인장응력 σ_t, 최대 압축응력 σ_c 및 최대 전단응력 τ_{max}을 계산하라.

7.4-12 수평 평면 내에 놓여 있고 A점에서 지지된 암 ABC(그림 참조)가 직각으로 용접된 2개의 동일한 속이 찬 강철봉 AB와 BC로 만들어졌다. 각 봉의 길이는 0.5 m이다.

봉들의 무게만에 의한 봉의 A 지지점 상단에서의 최대 인장응력(주응력)이 6.5 MPa임을 알았을 때 봉의 지름 d를 구하라.

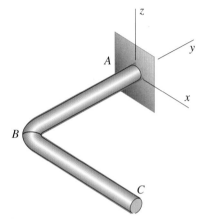

문제 7.4-12

7.4-13 수평 평면 내에 놓여 있는 반원형 봉 AB가 B점에서 지지되어 있다(그림 참조). 봉의 중심선 반지름은 R이고 단위길이당 무게가 q이다(봉의 전체 무게는 πqR과 같다). 봉의 단면은 지름이 d인 원이다.

봉의 무게로 의한 봉의 지지점 상단에서의 최대 인장응력 σ_t, 최대 압축응력 σ_c 및 평면 내 최대 전단응력 τ_{max}에 대한 공식을 구하라.

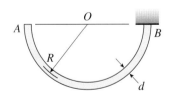

문제 7.4-13

7.4-14 끝 부분이 평평한 원통형 압력 탱크가 토크 T와 인장력 P를 받고 있다(그림 참조). 탱크의 반지름은 $r = 50$ mm이고 벽 두께가 $t = 3$ mm이다. 내압은 $p = 3.5$ MPa이며 토크 $T = 450$ N·m이다.

문제 7.4-14

실린더 벽의 허용 인장응력이 70 MPa이라면 힘 P의 최대 허용 값은 얼마인가?

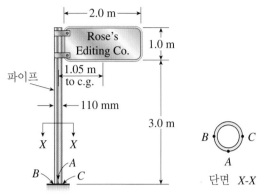

문제 7.4-15

7.4-15 표지판이 바깥지름이 110 mm이고 안지름이 90 mm인 파이프(그림 참조)에 의해 지지되어 있다. 표지판의 치수는 2.0 m × 1.0 m이고 밑변은 바닥으로부터 3.0 m 위에 있다. 표지판의 무게중심은 파이프의 축으로부터 1.05 m 거리에 있음을 유의하라. 표지판에 작용하는 풍압은 1.5 kPa이다.

표지판에 작용하는 풍압으로 인한 파이프 바닥의 바깥 면에 위치한 A, B, C점에서의 평면 내 최대 전단응력을 계산하라.

7.4-16 표지판이 그림과 같이 속이 빈 원형 단면의 기둥으로 지지되어 있다. 기둥의 바깥지름과 안지름은 각각 250 mm와 200 mm이다. 기둥의 높이는 12 m이고 무게는 20 kN이다. 표지판의 치수는 2 m × 1 m이고 무게는 1.8 kN이다. 표지판의 무게중심은 기둥의 축으로부터 1.125 m 거리에 있음을 유의하라. 표지판에 작용하는 풍압은 1.5 kPa이다.

(a) 기둥의 앞부분, 즉 관찰자에 대해 가장 가까운 기둥부분에서 기둥의 바깥 면에 위치한 A점의 응력요소에 작용하는 응력을 구하라.

(b) A점에서의 최대 인장, 압축 및 전단응력을 각각 구하라.

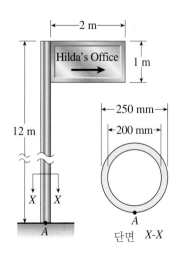

문제 7.4-16

7.4-17 속이 빈 원형 단면 기둥이 길이가 1.2 m인 암의 끝부분에 작용하는 수평력 $P = 1.6$ kN을 받고 있다(그림 참조). 기둥의 높이는 7.6 m이고 단면계수는 $S = 2.653 \times 10^{-4}$ m³이다. 기둥의 바깥쪽 반지름 $r_2 = 115$ m이고 안쪽 반지름 $r_1 = 108$ mm이다.

(a) 하중 P로 인한 x축 상의 기둥의 바깥 면의 A점에서의 최대 인장응력 σ_{max}과 평면 내 최대 전단응력 τ_{max}을 계산하라. 하중 P는 $(-x)$축에 평행한 선으로부터 각 30°를 이루는 수평 평면에서 작용한다.

(b) A점에서의 최대 인장응력과 평면 내 최대 전단응력이 각각 110 MPa와 40 MPa로 제한된다면, 하중 P의 최대 허용 값은 얼마인가?

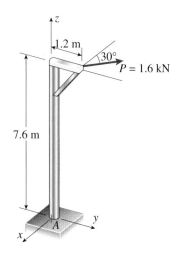

문제 7.4-17

7.4-18 끝 부분이 평평한 원통형 압력용기가 토크 T와 굽힘모멘트 M을 받고 있다(그림 참조). 바깥 반지름은 300 mm이고 벽 두께는 25 mm이다. 하중들은 다음과 같다. $T = 90$ kN·m, $M = 100$ kN·m, 내압 $p = 6.25$ MPa.

실린더 벽에서의 최대 인장응력 σ_t, 최대 압축응력 σ_c 및 최대 전단응력 τ_{max} 을 구하라.

문제 7.4-18

7.4-19 수평 브래킷 ABC가 2 개의 서로 수직인 길이가 0.75 m인 암 AB와 길이가 0.5 m인 암 BC로 구성되어 있다. 브래킷은 지름이 65 mm인 속이 찬 원형 단면을 갖고 있다. 브래킷은 A점에서 마찰이 없는 슬리브(지름이 약간 큰)에 삽입되어 A점에서 z_0축에 대해 자유롭게 회전하며 C점에서 핀으로 지지되어 있다. 모멘트가 C점에서 다음과 같이 작용한다. x축 방향으로 $M_1 = 1.5$ kN·m, $(-z)$ 축 방향으로 $M_2 = 1.0$ kN·m.

모멘트 M_1과 M_2만을 고려하여 지지점 A에서 브래킷의 옆면

의 중앙 높이에 위치한 p점에서의 최대 인장응력 σ_t, 최대 압축응력 σ_c 및 평면 내 최대 전단응력 τ_{max}을 구하라.

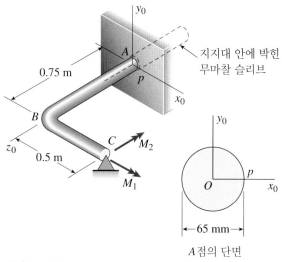

문제 7.4-19

7.4-20 언덕을 달리는 자전거를 탄 사람이 핸들바 연장부(우측 핸들바 부분의 DF)를 잡아당겨 알루미늄 합금 7075-T6로 제작된 핸들바 $ABCD$의 끝 부분에 각각 $P = 65$ N의 힘을 작용시킨다. 핸들바 조립체의 우측 절반 부분만 고려한다[봉들은 A점에서 포크(folk)에 고정되었다고 가정한다]. 구간 AB와 CD는 그림과 같이 길이가 L_1과 L_3인 균일단면을 가지며 바깥지름과 두께는 각 d_{01}, t_{01} 및 d_{03}, t_{03}이다. 그러나 길이가 L_2인 구간 BC는 테이퍼 봉이며 바깥지름과 두께는 B점과 C점 사이에서 선형적으로 변한다. 구간 AD에 대해 전단, 비틀림 및 굽힘 영향만을 고려하고 DF

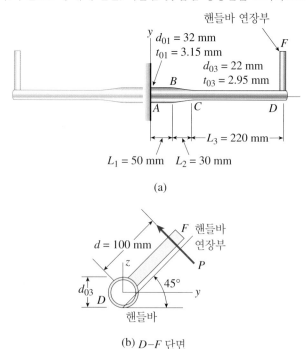

(a)

(b) D–F 단면

문제 7.4-20

는 강체라고 가정한다.

지지점 *A*에 근접한 위치에서의 최대 인장, 압축 및 전단응력을 각각 구하라. 각각의 최대응력 값이 일어나는 위치를 표시하라.

7.4-21 분석 목적상, 차량 내 크랭크 축의 일부 구간이 그림과 같이 표시되었다. 2개의 하중 *P*가 그림에 보인 바와 같이, 하나는 $(-x_0)$ 축에 평행으로, 다른 하나는 z_0축에 평행으로 작용하며 각 하중 *P*는 1.0 kN이다. 크랭크 축의 치수는 $b_1 = 80$ mm, $b_2 = 120$ mm, $b_3 = 40$ mm이고, 상부 축의 지름은 $d = 20$ mm이다.

(a) z_0축에서 상부 축의 표면에 위치한 *A*점에서의 최대 인장, 압축 및 전단응력을 구하라.

(b) y_0축에서 상부 축의 표면에 위치한 *B*점에서의 최대 인장, 압축 및 전단응력을 구하라.

7.4-22 이동식 강철 스탠드가 그림 (a)와 같이 무게가 *W* = 3.4 kN인 자동차 엔진을 지지하고 있다. 스탠드는 치수가 64 mm × 64 mm × 3 mm인 강철 배관으로 제작되었다. 한때 스탠드의 위치는 *B*점과 *C*점의 핀 지지점에 의해 제한된다. 수직 기둥의 밑바닥에 있는 *A*점에서의 응력이 중요하며 *A*점의 좌표는 *x* = 32 mm, *y* = 0, *z* = 33 mm이다. 스탠드의 무게는 무시한다.

(a) 초기에는, 엔진 무게가 좌표(600 mm, 0.32 mm)인 *Q*점을

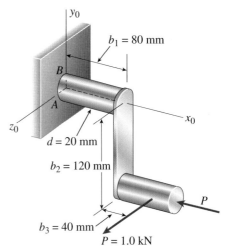

문제 7.4-21

통해 $(-z)$ 축 방향으로 작용한다. *A*점에서의 최대 인장, 압축 및 전단응력을 구하라.

(b) 이제는, 수리하는 동안 엔진이 자체 길이방향 축(*x*축에 평행한)에 대해 회전하며 무게 *W*가 **Q′**점[좌표 (600 mm, 150 mm, 32 mm)]을 통해 작용하며 힘 $F_y = 900$ N이 *d* = 0.75 m인 거리에서 *y*축에 평행하게 작용한다고 가정하고 (a)를 다시 풀어라.

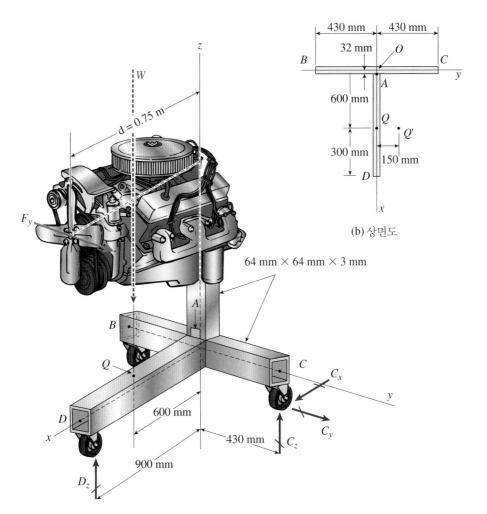

문제 7.4-22

7.4-23 그림과 같은 자전거 고정용 랙크(rack)의 A점에서 튜브 단면에 작용하는 최대 인장, 압축 및 전단응력을 구하라.

랙크는 두께가 3 mm이고 치수가 50 mm × 50 mm인 강철 배관으로 제작되었다. 4개의 자전거의 각각의 무게는 2개의 지지

암 사이에 균등하게 분포되므로 랙크는 x-y 평면 내의 캔틸레버 보($ABCDEF$)로 표시될 수 있다. 랙크 자체의 전체무게는 $W = 270$ N이고 C점을 통해 작용하며 각 자전거의 무게는 $B = 135$ N이다.

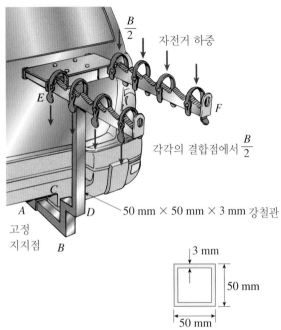

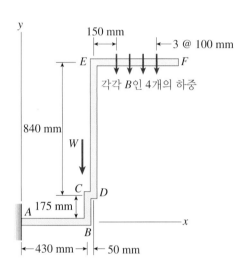

문제 7.4-23

7장 추가 복습문제

R-7.1: 지름이 2.0 m이고 벽두께가 18 mm인 얇은 벽을 가진 원통형 탱크의 상단이 열려있다. 탱크 벽의 원주응력이 10 MPa에 도달하게 하는 탱크 내의 물(비중량 9.81 kN/m³)의 높이 h를 구하라.

R-7.2: 지름이 1.5 m이고 벽두께가 65 mm인 얇은 벽을 가진 구형 탱크가 내압 20 MPa를 받고 있다. 탱크 벽에서의 최대 전단응력을 구하라.

R-7.3: 지름이 0.75 m인 얇은 벽을 가진 구형 탱크가 내압 20

MPa를 받고 있다. 인장 항복응력은 920 MPa이고 전단 항복응력은 475 MPa이며 안전계수는 2.5이다. 탄성계수는 210 GPa이고 Poisson의 비는 0.28이며 최대 수직변형률은 1,220 × 10⁻⁶이다. 탱크의 최소 허용두께를 구하라.

R-7.4: 지름이 200 mm인 얇은 벽을 가진 원통형 탱크가 내압 11 MPa를 받고 있다. 인장 항복응력은 250 MPa이고 전단 항복응력은 140 MPa이며 안전계수는 2.5이다. 탱크의 최소 허용두께를 구하라.

R-7.5: 원통형 탱크가 원주방향으로 용접한 강철 조각으로 조립되었다. 탱크의 지름은 1.5 m이고 두께는 20 mm이며 내압은 2.0 MPa이다. 머리부분에서의 최대 전단응력을 구하라.

R-7.6: 반지름에 대한 벽두께의 비가 128인 얇은 벽을 가진 원통형 탱크에서 압력 안전 밸브를 열었더니 길이방향 변형률이 150×10^{-6}만큼 감소되었다. $E = 73$ MPa 이고 $\nu = 0.33$이라고 가정한다. 탱크의 원래의 내압을 구하라.

R-7.7: 원통형 탱크가 원주방향으로 용접한 강철 조각으로 조립되었다. 탱크의 지름은 1.5 m이고 두께는 20 mm이며 내압은 2.0 MPa이다. 탱크의 머리 부분에서의 최대응력을 구하라.

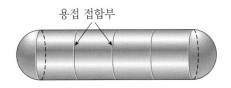

R-7.8: 원통형 탱크가 각 $\alpha = 50°$의 나선 모양으로 용접한 강철 조각으로 조립되었다. 탱크의 지름은 1.6 m이고 두께는 20 mm이며 내압은 2.75 MPa이다. $E = 210$ GPa 이고 $\nu = 0.28$이다. 탱크 벽에서의 길이방향 변형률을 구하라.

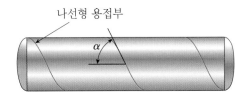

R-7.9: 원통형 탱크가 원주방향으로 용접한 강철 조각으로 조립되었다. 탱크의 지름은 1.5 m이고 두께는 20 mm이며 내압은 2.0 MPa이다. 탱크의 원통부분에서의 최대 인장응력을 구하라.

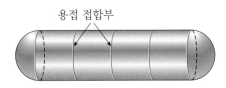

R-7.10: 원통형 탱크가 원주방향으로 용접한 강철 조각으로 조립되었다. 탱크의 지름은 1.5 m이고 두께는 20 mm이며 내압은 2.0 MPa이다. 용접부에 수직인 최대 인장응력을 구하라.

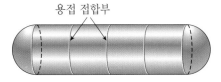

R-7.11: 원통형 탱크가 원주방향으로 용접한 강철 조각으로 조립되었다. 탱크의 지름은 1.5 m이고 두께는 20 mm이며 내압은 2.0 MPa이다. 탱크의 원통부분에서의 최대 전단응력을 구하라.

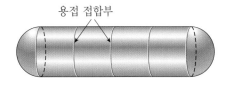

R-7.12: 원통형 탱크가 각 $\alpha = 50°$의 나선 모양으로 용접한 강철 조각으로 조립되었다. 탱크의 지름은 1.6 m이고 두께는 20 mm이며 내압은 2.75 MPa이다. $E = 210$ GPa 이고 $\nu = 0.28$이다. 탱크 벽에서의 원주방향 변형률을 구하라.

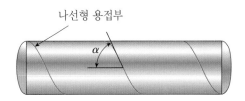

R-7.13: 원통형 탱크가 각 $\alpha = 50°$의 나선 모양으로 용접한 강철 조각으로 조립되었다. 탱크의 지름은 1.6 m이고 두께는 20 mm이며 내압은 2.75 MPa이다. $E = 210$ GPa 이고 $\nu = 0.28$이다. 용접부에 대해 수직으로 작용하는 수직응력을 구하라.

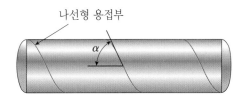

R-7.14: 내압 p를 받는 얇은 벽을 가진 원통형 탱크가 힘 $F = 75$ kN에 의해 압축되고 있다. 원통의 지름 $d = 140$ mm이고 벽두께 $t = 4$ mm이다. 허용 수직응력은 110 MPa이고 허용 전단응력은 60 MPa이다. 최대 허용내압 p_{max}을 구하라.

R-7.15: 구동축(d_2 = 200 mm, d_1 = 160 mm)의 한 구간이 토크 T = 30 kN ·m을 받고 있다. 축의 허용 전단응력은 45 MPa이다. 최대 허용 압축하중 P를 구하라.

보의 처짐은 초기 설계 시작 단계에서 중요한 고려대상이며, 조립 과정에서도 항상 관찰되어야 한다.

보의 처짐

Deflections of Beams

개요

8장에서는 보의 처짐을 계산하는 방법이 제시된다. 5장에서 논의한 보의 응력과 변형률에 추가하여 보의 처짐은 보의 해석 및 설계에서 필수 고려사항이다. 보가 정적 및 동적하중을 견딜 수 있을 만큼 충분히 강하더라도(1.7 및 5.6절 논의 참조), 작용하중으로 인해 보의 처짐이 너무 크거나 보가 진동한다면 전반적 설계의 중요한 요소인 사용 가능성의 요구조건을 만족시키지 못한다. 8장은 보의 **특정 점**에서의 처짐(병진 및 회전) 또는 **전체 보의 처짐 형상**을 구하는 여러 가지 방법을 다룬다. 일반적으로, 보는 선형 탄성적으로 거동한다고 가정하며 작은 변위(즉, 보 자체 길이에 비해 매우 작은)에 국한된다. **탄성곡선의 미분방정식 적분**을 기초로 한 방법이 논의된다(8.2절부터 8.4절까지). 캔틸레버 보나 단순보에 작용하는 광범위한 하중에 대한 보의 처짐 결과가 부록 G에 요약되어 있으며 이들은 **중첩법**에 사용된다(8.5절).

8장은 다음과 같이 구성되었다.

8.1 소개
8.2 처짐곡선의 미분방정식
8.3 굽힘모멘트 방정식의 적분에 의한 처짐
8.4 전단력과 하중 방정식의 적분에 의한 처짐
8.5 중첩법
    요약 및 복습
    연습문제

8.1 소개

직선인 길이방향 축을 가진 보가 횡하중을 받으면, 축은 보의 **처짐곡선(deflection curve)**이라 부르는 곡선으로 변형된다. 5장에서 보의 수직변형률과 응력을 결정하기 위해 굽어진 보의 곡률을 이용하였다. 그러나 처짐곡선 자체를 구하는 방법을 개발하지 않았다. 이 장에서는 처짐곡선의 방정식을 구하고 또한 보의 축을 따라 특정한 점에서의 처짐을 구한다.

처짐의 계산은 구조 해석과 설계의 중요한 부분이다. 예를 들어, 처짐의 계산은 부정정 구조물의 해석에 있어서 필수적인 요소이다. 처짐은 또한 항공기의 진동이나 지진에 대한 건물의 반응을 검토할 때처럼 동역학적 해석의 연구에도 중요하다.

경우에 따라 처짐은 허용한계 안에 있는지를 검증하기 위해 계산된다. 예를 들면, 건물 설계에 대한 시방서는 보통 처짐의 상한치를 규정한다. 건물에서의 큰 처짐은 보기에도 흉하고(그리고 무기력하게 하기도 하고), 천장이나 벽에 균열을 일으킬 수 있다. 기계나 항공기의 설계에 있어서 바람직하지 않은 진동을 방지하기 위해서 시방서는 처짐을 제한하기도 한다.

8.2 처짐곡선의 미분방정식

보의 처짐을 구하는 대부분의 과정은 처짐곡선의 미분방정식과 이에 관련된 관계식에 기초를 두고 있다. 따라서 보의 처짐곡선에 대한 일반식을 유도하는 것으로 시작한다.

논의 목적상, 자유단에서 위쪽 방향으로 작용하는 집중하중을 받는 캔틸레버 보를 고려해 보자(그림 8-1a). 그림

8-1b에서 보여주는 것처럼, 이 하중의 작용으로 보의 축은 곡선으로 변형된다. 기준좌표의 원점은 보의 고정단이고 오른쪽 방향을 x축, 위쪽 방향을 y축으로 잡는다. z축은 그림으로부터 앞으로 나오는 방향(관측자의 방향)이다.

5장의 보의 굽힘에 대한 논의에서와 같이, xy면은 보의 대칭 평면이며 모든 하중이 이 면(**굽힘평면**)에 작용한다고 가정하자.

처짐(deflection) v는 보의 축 위의 임의의 점에서 y방향으로의 변위이다(그림 8-1b). y축은 위쪽 방향이 양이므로 처짐 역시 위쪽 방향이 양이다.[*]

처짐곡선의 방정식을 구하기 위해 v를 x의 함수로 표현해야 한다. 그러므로 이제는 처짐곡선에 대하여 좀 더 자세히 고려해보자. 처짐곡선 위의 임의의 점 m_1에서의 처짐 v는 그림 8-2a에 보여진다. 점 m_1은 원점으로부터 x만큼 떨어진 거리(x축의 방향으로 측정된)에 위치한다. 두 번째 점 m_2는 그림에서 보는 바와 같이 원점으로부터 $x + dx$만큼 떨어진 곳에 위치한다. 두 번째 점에서의 처짐은 $v + dv$이며, 여기서 dv는 곡선을 따라 점 m_1에서 점 m_2로 움직임에 다른 처짐의 증분이다.

보가 굽혀질 때, x축을 따라 각 점에서 처짐뿐만 아니라 회전도 일어난다. 그림 8-2b에서 확대하여 보여 준 것처럼, 보의 축의 **회전각(angle of rotation)** θ는 x축과 점 m_1에 대한 처짐곡선의 접선이 이루는 각이다. 여기서 선택한 축(x축은 오른쪽이 양이고, y축은 위쪽이 양)에서 회전각은 반시계 방향일 때가 양이다.(회전각의 다른 이름은 **경사각 또는 기울기 각도**다.)

점 m_2에서의 회전각은 $\theta + d\theta$이며, 여기서 $d\theta$는 점 m_1에서 점 m_2로 이동함에 따른 회전각의 증분이다. 접선에 대해 수직한 법선들을 그릴 경우(그림 8-2a와 b), 두 법선이 이루는 각은 $d\theta$가 된다. 또한 5.3절에서 이미 논의한 바와 같이 법선들이 교차하는 점은 **곡률 중심(center of curvature)** O'가 되며(그림 8-2a), O'로부터 곡선까지의 거리를 **곡률 반지름(radius of curvature)** ρ라 한다. 그림 8-2a로부터 다음을 알 수 있다.

$$\rho \, d\theta = ds \qquad \text{(a)}$$

여기서 $d\theta$의 단위는 라디안(radian)이며, ds는 처짐 곡선을 따

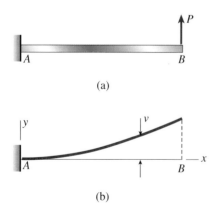

(a)

(b)

그림 8-1 캔틸레버 보의 처짐곡선

---

[*] 5.1절에서 언급한 바와 같이, x, y, z방향에서의 변위에 대한 전형적인 부호는 각각 u, v, w이다. 이 기호의 장점은 좌표와 변위의 구별을 강조한다는 점이다.

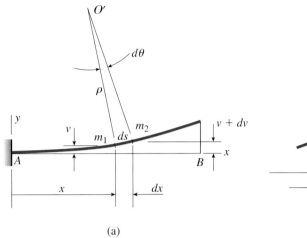
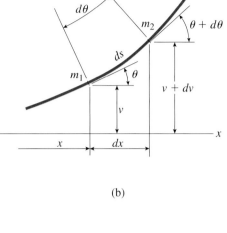

그림 8-2 보의 처짐곡선   (a)   (b)

르는 점 m_1과 m_2 사이의 거리이다. 그러므로 **곡률(cur-vature)** κ (곡률반지름의 역수)는 다음 식으로 주어진다.

$$\kappa = \frac{1}{\rho} = \frac{d\theta}{ds} \qquad (8\text{-}1)$$

곡률에 대한 **부호규약**은 그림 8-3에서 보여주는 바와 같으며, 5.3절의 그림 5-6을 반복한 그림 8-3에 그려졌다. 보에 따라 양의 x방향으로이동함에 따라 회전각이 증가할 경우 곡률은 양이 된다는 점을 유의하라.

    처짐곡선의 기울기는 처짐 v에 대한 1차 도함수 dv/dx이다. 기하학적으로 기울기는 처짐의 증분 dv (그림 8-2에서 점 m_1에서 점 m_2로 이동함에 따른)를 x축에 따른 변위의 증가분 dx로 나눈 것이다. dv와 dx는 매우 작은 값이므로, 기울기 dv/dx는 회전각 θ (그림 8-2b)의 tangent 값과 같다.

$$\frac{dv}{dx} = \tan\theta \qquad \theta = \arctan\frac{dv}{dx} \qquad (8\text{-}2a, b)$$

이와 비슷한 방법으로, 다음과 같은 관계를 얻을 수 있다:

$$\cos\theta = \frac{dx}{ds} \qquad \sin\theta = \frac{dv}{ds} \qquad (8\text{-}3a, b)$$

x축과 y축의 방향이 그림 8-2a와 같고 곡선의 접선이 오른쪽 위 방향으로 기울 경우, 기울기 dv/dx는 양이 됨을 유의해야 한다.

    식 (8-1)에서 (8-3)까지는 단지 기하학적 고찰에 근거를 두고 있으므로 어떠한 재료의 보에 대해서도 적용할 수 있다. 게다가 기울기나 처짐의 크기에 대한 제한이 없다.

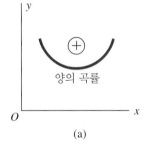

양의 곡률

(a)

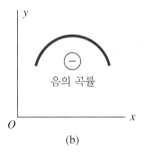

음의 곡률

(b)

그림 8-3 곡률의 부호규약

작은 회전각을 갖는 보

    건물, 자동차, 항공기 및 선박처럼 일상생활에서 접하는 구조물은 사용되는 동안 형상의 변화가 비교적 작다. 이 변화는 너무 작아서 무관심한 관찰자는 알아차리지 못한다. 결과적으로, 대부분의 보와기둥의 처짐 곡선은 매우 작은 회전각, 매우 작은 처짐 및 매우 작은 곡률을 갖는다. 이러한 조건에서 보의 해석을 매우 간단하게 하는 수학적 근사방법을 찾을 수 있다.

    예를 들어, 그림 8-2의 보인 처짐곡선을 고려해보자. 회전각 θ가 매우 작은 양이면(따라서 처짐곡선이 거의 수평이면), 처짐곡선을 따르는 거리 ds는 x축을 따르는 증분dx

와 실제적으로 같다는 것을 바로 알 수 있다. θ가 작으면 $\cos \theta \approx 1$이 되므로 식 (8-3a)는 다음과 같다.

$$ds \approx dx \qquad \text{(b)}$$

이 근사식을 사용하면 곡률은 다음과 같이 된다(식 8-1 참조).

$$\kappa = \frac{1}{\rho} = \frac{d\theta}{dx} \qquad \text{(8-4)}$$

또한 θ가 작으면 $\tan \theta \approx \theta$이므로, 식 (8-2a)에 대한 다음과 같은 근사식을 유도할 수 있다.

$$\theta \approx \tan \theta = \frac{dv}{dx} \qquad \text{(c)}$$

따라서 보의 회전각이 작을 경우, 회전각 θ와 기울기 dv/dx는 같다고 가정할 수 있다.(회전각은 라디안으로 측정됨에 유의하라.)

식 (c)에서 θ를 x에 대해 미분하면 다음 식을 얻는다.

$$\frac{d\theta}{dx} = \frac{d^2v}{dx^2} \qquad \text{(d)}$$

이 식과 식 (8-4)를 조합하여 보의 **곡률**과 처짐에 대한 관계식을 얻는다.

$$\kappa = \frac{1}{\rho} = \frac{d^2v}{dx^2} \qquad \text{(8-5)}$$

이 식은 회전각만 작으면 어떠한 재료의 보에도 적용된다.

보의 재료가 **선형 탄성적**이고 Hooke의 법칙을 따른다면, 곡률(5장, 식 5-12로 부터)은 다음과 같다.

$$\kappa = \frac{1}{\rho} = \frac{M}{EI} \qquad \text{(8-6)}$$

여기서 M은 굽힘모멘트이고 EI는 보의 휨 강성이다. 그림 5-10에서와 같이, 식 (8-6)은 양의 굽힘모멘트는 양의 곡률을 발생시키고, 음의 굽힘모멘트는 음의 곡률을 발생시킨다는 것을 보여 준다.

식 (8-5)와 식 (8-6)의 조합으로 보의 기본적인 **처짐곡선의 미분방정식**이 유도된다.

$$\frac{d^2v}{dx^2} = \frac{M}{EI} \qquad \text{(8-7)}$$

굽힘모멘트 M과 휨 강성 EI가 x의 함수로 주어지면, 처짐 v를 구하기 위해 각각의 특별한 경우에 대해 이 식을 적분할 수 있다.

이전의 식들에 사용된 **부호규약**을 상기하는 의미에서 여기서 다시 반복하면 다음과 같다. (1) x축과 y축은 각각 오른쪽 방향과 위쪽 방향일 때 양이다. (2) 처짐 v는 위쪽 방향일 때 양이다. (3) 기울기 dv/dx와 회전각 θ는 양의 x축에 대해 반시계방향일 때 양이다. (4) 곡률 κ는 보가 위로 오목할 때 양이다. (5) 굽힘모멘트 M은 보의 위쪽 부분을 압축시킬 때 양이다.

다른 추가적인 방정식들은 굽힘모멘트 M, 전단력 V및 등분포하중의 세기 q사이의 관계식으로부터 구할 수 있다. 4장에서 다음과 같은 M, V및 q사이의 관계식을 유도하였다(식 4-4 및 4-6 참조).

$$\frac{dV}{dx} = -q \qquad \frac{dM}{dx} = V \qquad \text{(8-8 a, b)}$$

이 양들에 대한 부호규약은 그림 8-4와 같다. 식 (8-7)을 x에 대해 미분하여 전단력과 하중에 대한 앞의 식에 대입하면 추가적인 식을 얻을 수 있다. 이러한 과정에서, 불균일단면 보와 균일단면 보의 두 가지 경우를 고려해보자.

불균일단면 보

불균일단면(nonprismatic beam)의 경우, 휨 강성 EI는 변수이므로 식 (8-7)은 다음과 같이 쓸 수 있다.

$$EI_x \frac{d^2v}{dx^2} = M \qquad \text{(8-9a)}$$

여기서 아래첨자 x는 휨 강성이 x에 대해 변할 수 있다는 것을 상기시키기 위해 삽입되었다. 이 식의 양변을 미분하고 식 (8-8a)와 (8-8b)를 이용하여 다음 식을 얻을 수 있다.

$$\frac{d}{dx}\left(EI_x \frac{d^2v}{dx^2}\right) = \frac{dM}{dx} = V \qquad \text{(8-9b)}$$

$$\frac{d^2}{dx^2}\left(EI_x \frac{d^2v}{dx^2}\right) = \frac{dV}{dx} = -q \qquad \text{(8-9c)}$$

불균일단면 보의 처짐은 앞의 세 개의 미분방정식 중 하나를 풀어서(해석적 또는 수치적으로)구한다. 선택은 어느 식이 가장 효과적인 해를 제공하고 있는가에 달려있다.

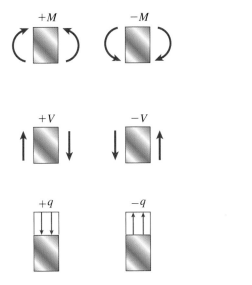

그림 8-4 굽힘모멘트 M, 전단력 V 및 분포하중의 세기 q에 대한 부호 규약

균일단면 보

균일단면 보(prismatic beam)의 경우(EI는 상수), 미분 방정식은 다음과 같다.

$$EI \frac{d^2v}{dx^2} = M \qquad EI \frac{d^3v}{dx^3} = V \qquad EI \frac{d^4v}{dx^4} = -q$$

$$\text{(8-10a, b, c)}$$

위의 식이나 그 밖의 식을 간단하게 표현하기 위해 미분 대신에 **프라임(prime)**이라는 기호를 흔히 사용하기도 한다.

$$v' \equiv \frac{dv}{dx} \quad v'' \equiv \frac{d^2v}{dx^2} \quad v''' \equiv \frac{d^3v}{dx^3} \quad v'''' \equiv \frac{d^4v}{dx^4} \quad \text{(8-11)}$$

이 기호를 사용하면 균일단면 보의 미분방정식은 다음과 같이 쓸 수 있다.

$$EIv'' = M \qquad EIv''' = V \qquad EIv'''' = -q$$

$$\text{(8-12a, b, c)}$$

이 식들을 각각 **굽힘모멘트 방정식, 전단력 방정식** 및 **하중 방정식**이라 한다.

다음 두 절에서는 보의 처짐을 구하기 위해 이 식들을 사용할 것이다. 일반적인 과정은 이 방정식들을 적분하고 경계조건과 보에 관련된 기타 조건들로부터 적분 상수를 구하는 것으로 구성된다.

미분방정식(식 8-9, 8-10 및 8-12)을 유도할 때, 재료가 Hooke의 법칙을 따르고 처짐 곡선의 기울기는 매우 작다고 가정하였다. 또한 전단변형은 무시한다고 가정했으며, 순수 굽힘에 의한 변형만을 고려하였다. 이러한 모든 가정들은 상용되는 대부분의 보를 만족시킨다.

곡률에 대한 정확한 식

보의 처짐곡선의 기울기가 큰 경우에는 식 (b)와 (c)와 같은 근사식을 사용할 수 없다. 대신에 곡률과 회전각에 대한 정확한 식을 이용해야 한다(식 8-1과 8-2b 참조). 이 두 식을 조합하면 다음 식을 얻는다.

$$\kappa = \frac{1}{\rho} = \frac{d\theta}{ds} = \frac{d(\arctan v')}{dx} \frac{dx}{ds} \qquad \text{(e)}$$

그림 8-2로부터 다음을 알 수 있다.

$$ds^2 = dx^2 + dv^2 \quad \text{또는} \quad ds = [dx^2 + dv^2]^{1/2} \qquad \text{(f, g)}$$

식 (g)의 양변을 dx로 나누면 다음과 같이 된다.

$$\frac{ds}{dx} = \left[1 + \left(\frac{dv}{dx}\right)^2\right]^{1/2} = [1 + (v')^2]^{1/2} \quad \text{또는}$$

$$\frac{dx}{ds} = \frac{1}{[1 + (v')^2]^{1/2}} \qquad \text{(h, i)}$$

또한 arctan 함수를 미분(부록 C 참조)하면 다음과 같다.

$$\frac{d}{dx}(\arctan v') = \frac{v''}{1 + (v')^2} \qquad \text{(j)}$$

식 (i)와 (j)를 곡률에 대한 방정식(식 e)에 대입하면 다음 식을 얻는다.

$$\kappa = \frac{1}{\rho} = \frac{v''}{[1 + (v')^2]^{3/2}} \qquad \text{(8-13)}$$

이 식과 식 (8-5)를 비교하면 회전각이 작다는 가정은 1에 비해 $(v')^2$값을 무시한다는 것과 같음을 알 수 있다. 식 (8-13)은 기울기가 큰 곡률에 대해 사용되어야 한다.*

---

* 비록 비례상수 값을 부정확하게 구했으나 Jacob Bernoulli는 최초로 보의 곡률이 굽힘모멘트에 비례한다는 기본 관계식(식 8-6)을 구했다. 이 관계식은 후에 Euler에 의해 사용되었으며, Euler는 큰 처짐(식 8-13 사용)과 작은 처짐(식 8-7 사용)에 대한 처짐곡선의 미분방정식을 풀었다. 처짐곡선에 대한 역사는 참고문헌 8-1을 참조하라. 참고문헌 목록은 온라인으로 구할 수 있다.

8.3 굽힘모멘트 방정식의 적분에 의한 처짐

이제는 처짐곡선의 미분방정식을 풀고, 보의 처짐을 구할 준비가 되었다. 사용할 첫 번째 식은 굽힘모멘트 방정식 (식 8-12a)이다. 이 식은 2계 미분방정식이므로 두 번의 적분이 필요하다. 첫 번째 적분으로 기울기 $v' = dv/dx$를 구하고, 두 번째 적분으로 처짐 v를 구한다.

보의 굽힘모멘트에 대한 식(또는 식들)을 구하여 해석을 시작한다. 이 장에서는 정정보만을 고려하므로 4장에서 기술한 과정을 통해 자유물체도와 평형방정식으로부터 굽힘모멘트에 대한 식을 구할 수 있다. 어떤 경우에는 예제 8-1과 8-2에서처럼, 보의 전체 길이에 대한 굽힘모멘트 식을 한 개의 식으로 표현할 수 있다. 또 다른 경우에는 보의 축을 따라 한 개 이상의 점에서 굽힘모멘트가 갑자기 변한다. 예제 8-3에서 예시된 것처럼, 이런 경우에는 이 변화가 생기는 점 사이의 각 구간별로 각각의 굽힘모멘트 식을 수립해야 한다.

굽힘모멘트 식의 개수와는 상관없이, 미분방정식을 푸는 일반적 과정은 다음과 같다. 이러한 보의 각 구간에 대해 M에 대한 식을 미분방정식에 대입하고 기울기 v'을 얻기 위해 적분한다. 각각의 적분 과정에서 한 개의 적분상수가 생긴다. 다음으로 상응하는 처짐 v를 구하기 위해 각각의 기울기에 대한 방정식을 적분하며, 이때 새로운 적분상수가 생긴다. 그러므로 보의 각 구간에 두 개의 적분상수가 있게 된다. 이러한 상수들은 기울기와 처짐에 관련하여 알려진 조건들로부터 계산된다. 이 조건들은 (1) 경계조건, (2) 연속조건, (3) 대칭조건 등 세 가지로 분류된다.

경계조건(boundary condition)은 보의 지지점에서의 처짐과 기울기에 관한 것이다. 예를 들어, 단순 지지점(핀 또는 롤러)에서의 처짐은 0이고(그림 8-5), 고정 지지점에서의 처짐과 기울기는 모두 0이 된다(그림 8-6). 이러한 각각의 경계조건은 적분상수를 계산하기 위한 한 개의 식을 제공한다.

연속조건(continuity condition)은 그림 8-7의 보에서 점 C와 같은 점으로, 적분 구간이 만나는 점에서 생긴다. 이 보의 처짐 곡선은 점 C에서 물리적으로 연속적이므로, 보의 왼쪽 구간에서 구한 점 C에서의 처짐은 보의 오른쪽 구간에서 구한 점 C에서의 처짐과 같아야 한다. 마찬가지로 보의 각 구간에 대한 기울기는 점 C에서 같다. 이러한 각각의 연속조건은 적분상수를 계산하기 위한 한 개의 식을 제공한다.

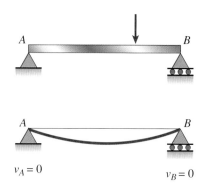

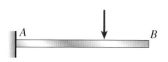

그림 8-5 단순 지지점에서의 경계조건

그림 8-6 고정 지지점에서의 경계조건

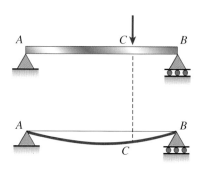

점 C에서: $(v)_{AC} = (v)_{CB}$
$(v')_{AC} = (v')_{CB}$

그림 8-7 C에서의 연속조건

대칭조건(symmetry condition)도 이용할 수 있다. 예를 들어, 단순보가 길이에 걸쳐 등분포하중을 받는다면 처짐 곡선의 중앙점에서의 기울기는 0이 되어야 한다는 것을 이미 알고 있다. 이 조건은 예제 8-1에서처럼, 추가적인 식을 제공한다.

각각의 경계, 연속 및 대칭조건은 한 개 이상의 적분상수를 포함하는 식을 제공한다. **독립적인 조건의 개수가 항상**

적분상수의 개수와 일치하므로, 상수에 대한 방정식을 풀 수 있다. (경계조건과 연속조건은 항상 상수를 결정하는데 충분하다. 어느 대칭조건이든 추가적인 식을 제공하지만, 이들은 다른 식과 서로 독립적이지 않다. 어떤 조건을 사용할 것인가는 편리성의 문제이다.)

적분상수가 계산되면, 기울기와 처짐에 대한 방정식에 이 값들을 대입하여 처짐곡선의 최종 식을 구한다. 이러한 방정식은 보의 축에 따라 위치한 특정한 점에서의 처짐과 회전각을 구하는 데 사용된다.

처짐을 구하는 앞의 방법은 때로는 **중적분법(method of successive integrations)**이라 부른다. 다음 예제에서 세부적인 방법을 예시하고 있다.

주: 다음 예제와 그림 8-5, 8-6 및 8-7에서 보는 바와 같이, 처짐 곡선을 그릴 때에는 확실하게 보이기 위해 처짐을 과장되게 그린다. 그러나 실제 처짐은 매우 작은 양이라는 것을 항상 유념해야 한다.

예제 8-1

보의 전 구간에 걸쳐 세기가 q인 등분포하중을 받는 단순보 AB에 대한 처짐곡선의 방정식을 구하라(그림 8-8a).

또한 보의 중앙점에서의 최대처짐 δ_{max}과 지지점에서의 회전각 θ_A와 θ_B를 구하라(그림 8-8b). (주: 보의 길이는 L이고 휨 강성은 EI는 일정하다.)

풀이

보의 굽힘모멘트. 왼쪽 지지점으로부터 x만큼 떨어진 단면에서의 굽힘모멘트는 그림 8-9의 자유물체도에서 구한다. 지지점에서의 반력은 $qL/2$이므로 굽힘모멘트의 식은 다음과 같다.

$$M = \frac{qL}{2}(x) - qx\left(\frac{x}{2}\right) = \frac{qLx}{2} - \frac{qx^2}{2} \qquad (8\text{-}14)$$

처짐곡선의 미분방정식. 굽힘모멘트에 대한 식(식 8-14)을 미분방정식(식 8-12a)에 대입하여 다음 식을 얻는다.

$$EIv'' = \frac{qLx}{2} - \frac{qx^2}{2} \qquad (8\text{-}15)$$

이 식을 적분하여 보의 기울기와 처짐을 구할 수 있다.

보의 기울기. 미분방정식의 양변에 dx를 곱하여 다음 식을 얻는다.

$$EIv''\,dx = \frac{qLx}{2}\,dx - \frac{qx^2}{2}\,dx$$

각 항을 적분하면 다음과 같다.

$$EI\int v''\,dx = \int \frac{qLx}{2}\,dx - \int \frac{qx^2}{2}\,dx$$

또는

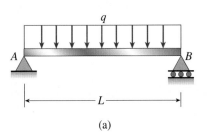

(a)

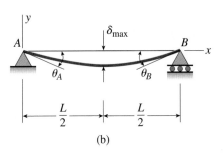

(b)

그림 8-8 예제 8-1. 등분포하중을 받는 단순보의 처짐

$$EIv' = \frac{qLx^2}{4} - \frac{qx^3}{6} + C_1 \qquad (a)$$

여기서 C_1은 적분상수이다.

상수 C_1을 계산하기 위해 보와 작용하중의 대칭성으로부터 중앙점에서의 처짐곡선의 기울기는 0이라는 점을 관찰한다. 그러므로 다음과 같은 대칭조건을 적용한다.

$$x = \frac{L}{2}일 \ 때 \quad v' = 0$$

이 조건을 보다 간결하게 다음과 같이 표현할 수 있다.

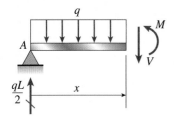

그림 8-9 굽힘모멘트 M을 구하는 데 사용되는 자유물체도(예제 8-1)

$$v'\left(\frac{L}{2}\right) = 0$$

이 조건을 식 (a)에 적용하면 다음 식을 얻는다.

$$0 = \frac{qL}{4}\left(\frac{L}{2}\right)^2 - \frac{q}{6}\left(\frac{L}{2}\right)^3 + C_1 \quad \text{또는} \quad C_1 = -\frac{qL^3}{24}$$

그러면 보의 기울기에 대한 식 (a)는 다음과 같다.

$$EIv' = \frac{qLx^2}{4} - \frac{qx^3}{6} - \frac{qL^3}{24} \tag{b}$$

또는

$$v' = -\frac{q}{24EI}(L^3 - 6Lx^2 + 4x^3) \tag{8-16}$$

예상한 대로, 기울기는 보의 왼쪽 끝점($x = 0$)에서는 음(즉 시계 방향)이고, 오른쪽 끝점($x = L$)에서 양이며, 중앙점($x = L/2$)에서는 0이 된다.

　보의 처짐. 처짐은 기울기에 대한 식을 적분하여 구할 수 있다. 그러므로 식 (b)의 양변에 dx를 곱하여 적분하면 다음 식을 얻을 수 있다.

$$EIv = \frac{qLx^3}{12} - \frac{qx^4}{24} - \frac{qL^3x}{24} + C_2 \tag{c}$$

적분상수 C_2는 보의 왼쪽 지지점에서의 처짐이 0 이라는 조건으로부터 구할 수 있다. 즉, $x = 0$일 때 $v = 0$, 또는

$$v(0) = 0$$

이 조건을 식 (c)에 적용하면 $C_2 = 0$이 된다. 그러므로 처짐 곡선에 대한 식은 다음과 같다.

$$EIv = \frac{qLx^3}{12} - \frac{qx^4}{24} - \frac{qL^3x}{24} \tag{d}$$

또는

$$v = -\frac{qx}{24EI}(L^3 - 2Lx^2 + x^3) \tag{8-17}$$

이 식으로 보의 축 위의 임의의 점에서의 처짐을 구한다. 보의 양 끝점($x = 0$과 $x = L$)에서 처짐은 0 이며, 나머지 지점에서는 음이 됨을 유의한다(아래 방향의 처짐이 음이 됨을 상기하라).

　최대 처짐. 대칭성으로부터 최대 처짐은 보의 중앙점에서 생기는 것을 알 수 있다(그림 8-8b). 따라서 식 (8-17)에 $x = L/2$을 대입하여 다음 식을 얻는다.

$$v\left(\frac{L}{2}\right) = -\frac{5qL^4}{384EI}$$

이 식에서 음의 부호는 예상한 대로 처짐이 아래 방향임을 의미한다. δ_{max}는 최대 처짐의 크기를 나타내므로 다음 식을 얻는다.

$$\delta_{max} = \left|v\left(\frac{L}{2}\right)\right| = \frac{5qL^4}{384EI} \tag{8-18}$$

　회전각. 최대 회전각은 보의 지지점에서 생긴다. 보의 왼쪽 끝점에서의 시계방향의 각 θ_A(그림 8-8b)은 기울기 v'의 음의 값과 같다. 따라서 식 (8-16)에 $x = 0$을 대입하면 다음 식을 얻는다.

$$\theta_A = -v'(0) = \frac{qL^3}{24EI} \tag{8-19}$$

비슷한 방법으로 보의 오른쪽 끝점에서의 회전각 θ_B를 구할 수 있다. θ_B는 반시계방향의 각이므로, 이것은 끝점에서의 기울기와 같다.

$$\theta_B = v'(L) = \frac{qL^3}{24EI} \tag{8-20}$$

보와 하중이 중앙점에 대해 대칭이므로 끝점에서의 회전각은 같다.

　이 예제는 처짐곡선의 미분방정식을 설정하고 계산하는 과정을 보여준다. 또한 보의 축 위의 선택된 점에서의 기울기와 처짐을 구하는 과정을 보여준다.

　주: 최대 처짐과 최대 회전각에 대한 공식을 유도했으므로(식 8-18, 8-19 및 8-20 참조), 이러한 양들을 수치적으로 계산할 수 있고 이론이 요구하는 대로 처짐과 회전각이 실제로 작다는 것을 알 수 있다.

　예를 들어, 보 전체의 길이가 $L = 2$ m인 단순 지지된 강철 보를 고려해보자. 단면은 폭 $b = 75$ mm이고 높이 $h = 150$ mm인 직사각형이다. 등분포하중의 세기 $q = 100$ kN/m는 보에 178 MPa의 응력을 생기게 하므로 상대적으로 큰 값이다. (따라서 처짐과 기울기는 정상적으로 예상한 것보다 더 크다.)

이 수치들을 식 (8-18)에 대입하고 $E = 210$ GPa을 적용하면 최대 처짐 $\delta_{max} = 4.7$ mm가 구해지는데, 이것은 보 전체 길이의 1/500이다. 또한 식 (8-19)로부터 최대 회전각 $\theta_A = 0.0075$ rad

또는 $0.43°$이고 이것은 매우 작은 각이다.

따라서 기울기와 처짐은 작다는 가정은 타당하다.

예제 8-2

세기 q의 등분포하중을 받는 캔틸레버 보 AB에 대한 처짐 곡선의 방정식을 구하라(그림 8-10a).

또한 자유단에서의 회전각 θ_B와 처짐 δ_B를 구하라(그림 8-10b). (주: 보의 길이는 L이고 휨 강성 EI는 일정하다.)

풀이

보의 굽힘모멘트. 고정단으로부터 x만큼 떨어진 곳에서의 굽힘모멘트는 그림 8-11의 자유물체도로부터 구한다. 이 지지점에서의 수직반력은 qL이고 반응 모멘트는 $qL^2/2$이다. 따라서 굽힘모멘트 M에 대한 식은 다음과 같다.

$$M = -\frac{qL^2}{2} + qLx - \frac{qx^2}{2} \qquad (8\text{-}21)$$

처짐곡선의 미분방정식. 굽힘모멘트에 대한 앞의 식을 미분방정식(식 8-12a)에 대입하면, 다음 식을 얻을 수 있다.

$$EIv'' = -\frac{qL^2}{2} + qLx - \frac{qx^2}{2} \qquad (8\text{-}22)$$

이제 이 식의 양변을 적분하여 기울기와 처짐을 구한다.

보의 기울기. 식 (8-22)을 첫 번째 적분하여 다음과 같은 기울기에 대한 식을 얻는다.

$$EIv' = -\frac{qL^2x}{2} + \frac{qLx^2}{2} - \frac{qx^3}{6} + C_1 \qquad (e)$$

적분상수 C_1은 지지점에서의 기울기가 0 이라는 경계조건으로부터 구할 수 있다. 그러므로 다음과 같은 조건을 쓸 수 있다.

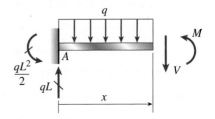

그림 8-11 굽힘모멘트 M을 구하는 데 사용되는 자유물체도(예제 8-2)

$$v'(0) = 0$$

이 조건을 식 (e)에 적용하면 $C_1 = 0$이 된다. 그러므로 식 (e)는 다음과 같이 된다.

$$EIv' = -\frac{qL^2x}{2} + \frac{qLx^2}{2} - \frac{qx^3}{6} \qquad (f)$$

기울기는 다음과 같다.

$$v' = -\frac{qx}{6EI}(3L^2 - 3Lx + x^2) \qquad (8\text{-}23)$$

예상한 대로, 이 식으로부터 구한 기울기는 고정단($x = 0$)에서 0이며 보의 전체 길이에 걸쳐 음(즉, 시계방향)이 된다.

보의 처짐. 기울기 방정식(식 f)을 적분하면 다음과 같다.

$$EIv = -\frac{qL^2x^2}{4} + \frac{qLx^3}{6} - \frac{qx^4}{24} + C_2 \qquad (g)$$

상수 C_2는 지지점에서 보의 처짐이 0 이라는 경계조건으로부터 구한다.

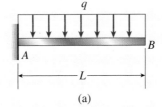

그림 8-10 예제 8-2. 등분포하중을 받는 캔틸레버 보의 처짐

(a)

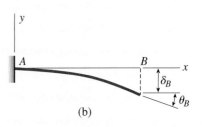

(b)

$$v(0) = 0$$

이 조건을 식 (g)에 적용하면, $C_2 = 0$임을 즉시 알 수 있다. 그러므로 처짐 v에 대한 식은 다음과 같다.

$$v = -\frac{qx^2}{24EI}(6L^2 - 4Lx + x^2) \qquad (8\text{-}24)$$

예상한 대로, 이 식으로부터 구한 처짐은 고정단($x = 0$)에서 0이며 다른 모든 곳에서는 음(즉, 아래 방향)이다.

보의 자유단에서의 회전각. 보의 끝점 B(그림 8-10b)에서의 시계방향 회전각은 같은 점에서의 기울기의 음의 값과 같다. 그러므로 식 (8-23)을 이용하여 다음 식을 구한다.

$$\theta_B = -v'(L) = \frac{qL^3}{6EI} \qquad (8\text{-}25)$$

이 각은 보의 최대 회전각이다.

보의 자유단에서의 처짐. 처짐 δ_B는 아래 방향이므로(그림 8-10b), 이 값은 식 (8-24)로부터 구한 처짐의 음의 값과 같다:

$$\delta_B = -v(L) = \frac{qL^4}{8EI} \qquad (8\text{-}26)$$

이 처짐은 보의 최대 처짐이다.

예제 8-3

단순보 AB가 왼쪽 지지점과 오른쪽 지지점으로부터 각각 a와 b만큼 떨어진 점에서 집중하중 P를 받고 있다(그림 8-12a).

처짐곡선의 방정식, 지점에서의 회전각 θ_A와 θ_B, 최대 처짐 δ_{max} 및 보의 중앙점 C에서의 처짐 δ_C를 구하라(그림 8-12b). (주: 보의 길이는 L이며 휨 강성 EI는 일정하다.)

풀이

보의 굽힘모멘트. 이 예제에서는 굽힘모멘트가 보의 각 부분에 대해 한 개씩, 두 개의 식으로 표현된다. 그림 (8-13)의 자유물체도로부터 다음과 같은 식이 유도된다.

$$M = \frac{Pbx}{L} \qquad (0 \le x \le a) \qquad (8\text{-}27a)$$

$$M = \frac{Pbx}{L} - P(x - a) \qquad (a \le x \le L) \qquad (8\text{-}27b)$$

처짐 곡선의 미분방정식. 보의 두 부분에 대한 미분방정식은 굽힘모멘트 방정식(식 8-27a,b)을 식 (8-12a)에 대입하여 구한다. 그 결과는 다음과 같다.

$$EIv'' = \frac{Pbx}{L} \qquad (0 \le x \le a) \qquad (8\text{-}28a)$$

$$EIv'' = \frac{Pbx}{L} - P(x - a) \qquad (a \le x \le L) \qquad (8\text{-}28b)$$

보의 기울기와 처짐. 두 미분방정식을 첫 번째 적분하면 다음과 같은 기울기에 대한 식을 얻을 수 있다.

$$EIv' = \frac{Pbx^2}{2L} + C_1 \qquad (0 \le x \le a) \qquad (h)$$

$$EIv' = \frac{Pbx^2}{2L} - \frac{P(x - a)^2}{2} + C_2 \qquad (a \le x \le L) \qquad (i)$$

여기서 C_1과 C_2는 적분상수이다. 두 미분방정식을 두 번째 적분하면 다음과 같은 처짐에 대한 식을 얻을 수 있다.

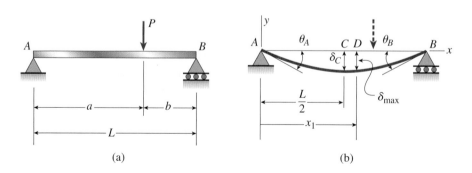

그림 8-12 예제 8-3. 집중하중을 받는 단순보의 처짐

(a)   (b)

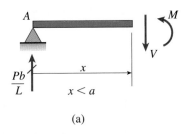

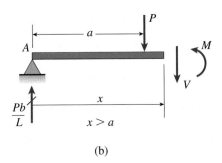

그림 8-13 굽힘모멘트 M을 구하는 데 사용되는 자유물체도(예제 8-3)

$$EIv = \frac{Pbx^3}{6L} + C_1 x + C_3 \qquad (0 \le x \le a) \qquad \text{(j)}$$

$$EIv = \frac{Pbx^3}{6L} - \frac{P(x-a)^3}{6} + C_2 x + C_4 \qquad (a \le x \le L) \text{ (k)}$$

이 두 식은 추가적인 두 개의 적분상수를 포함하고 있으며, 모두 네 개의 상수가 계산되어야 한다.

적분상수. 네 개의 적분상수는 다음 네 개의 조건으로부터 구한다.

1. $x = a$에서 보의 두 구간에 대한 기울기 v'가 서로 같다.

2. $x = a$에서 보의 두 구간에 대한 처짐 v가 서로 같다.

3. $x = 0$에서 처짐 v는 0이다.

4. $x = L$에서 처짐 v는 0이다.

처음 두 조건은 보의 축은 연속적인 곡선이라는 사실을 기초로 한 연속조건이다. 조건 (3)과 (4)는 지지점에서 만족해야 하는 경계조건이다.

조건 (1)은 식 (h)와 (i)로부터 구한 기울기가 $x = a$일 때 서로 같아야 한다는 것을 의미한다. 그러므로 다음 식을 얻는다.

$$\frac{Pba^2}{2L} + C_1 = \frac{Pba^2}{2L} + C_2 \quad \text{또는} \quad C_1 = C_2$$

조건 (2)는 식 (j)와 (k)로부터 구한 처짐이 $x = a$일 때 서로 같아야 한다는 것을 의미한다. 그러므로 다음 식을 얻는다.

$$\frac{Pba^3}{6L} + C_1 a + C_3 = \frac{Pba^3}{6L} + C_2 a + C_4$$

$C_1 = C_2$가 되는 것처럼, 위 식에서 $C_3 = C_4$가 된다.

다음에, 조건 (3)을 식 (j)에 적용하면 $C_3 = 0$을 구했다. 따라서

$$C_3 = C_4 = 0 \qquad \text{(l)}$$

마지막으로, 조건 (4)를 식 (k)에 적용하여 다음 식을 얻는다.

$$\frac{PbL^2}{6} - \frac{Pb^3}{6} + C_2 L = 0$$

그러므로

$$C_1 = C_2 = -\frac{Pb(L^2 - b^2)}{6L} \qquad \text{(m)}$$

처짐 곡선의 방정식. 이제 적분상수(식 l과 m)를 처짐 방정식(식 j와 k)에 대입하여 보의 두 구간에 대한 처짐 방정식을 구한다. 재배열한 후에 결과식은 다음과 같다.

$$v = -\frac{Pbx}{6LEI}(L^2 - b^2 - x^2) \qquad (0 \le x \le a) \quad \text{(8-29a)} \Leftarrow$$

$$v = -\frac{Pbx}{6LEI}(L^2 - b^2 - x^2) - \frac{P(x-a)^3}{6EI} \qquad (a \le x \le L)$$

$$\text{(8-29b)} \Leftarrow$$

첫 번째 식은 하중 P의 왼쪽 구간의 보의 처짐곡선 방정식이고, 두 번째 식은 하중 P의 오른쪽 구간의 보의 처짐곡선 방정식이다.

보의 두 구간에 대한 기울기는 C_1과 C_2의 값을 식 (h)와 식 (i)에 대입하거나, 또는 처짐 방정식(식 8-29a 및 b)을 한번 미분하여 구할 수 있다. 그 결과식은 다음과 같다.

$$v' = -\frac{Pb}{6LEI}(L^2 - b^2 - 3x^2) \qquad (0 \le x \le a) \quad \text{(8-30a)} \Leftarrow$$

$$v' = -\frac{Pb}{6LEI}(L^2 - b^2 - 3x^2) - \frac{P(x-a)^2}{2EI} \qquad \text{(8-30b)} \Leftarrow$$
$$(a \le x \le L)$$

보의 축 위의 임의의 점에서의 처짐과 기울기는 식 (8-29)와 (8-30)으로부터 계산할 수 있다.

지지점에서의 회전각. 보의 양단에서의 회전각 θ_A와 θ_B(그림 8-12b)를 구하기 위해, $x = 0$을 식 (8-30a)에 $x = L$을 식 (8-30b)에 대입하면 다음과 같다.

$$\theta_A = -v'(0) = \frac{Pb(L^2 - b^2)}{6LEI} = \frac{Pab(L+b)}{6LEI} \qquad \text{(8-31a)} \Leftarrow$$

$$\theta_B = v'(L) = \frac{Pb(2L^2 - 3bL + b^2)}{6LEI} = \frac{Pab(L+a)}{6LEI}$$

$$\text{(8-31b)} \Leftarrow$$

그림 8-12b에서와 같이, 각 θ_A는 시계방향이며 각 θ_B는 반시계 방

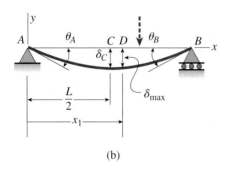

그림 8-12b (반복)

향임에 유의해야 한다.

회전각은 하중의 위치에 대한 함수이며, 하중이 보의 중앙 근처에 위치할 경우 최대치에 도달한다. 회전각 θ_A의 경우, 각의 최대치는

$$(\theta_A)_{max} = \frac{PL^2\sqrt{3}}{27EI} \qquad (8\text{-}32)$$

이고, $b = L/\sqrt{3} = 0.577L$ (또는 $a = 0.423L$)에서 일어난다. 이 b 값은 θ_A의 식(식 8-31a에서 첫째 표현식을 사용)을 b에 대해 미분하여 0으로 놓으면 구해진다.

보의 최대 처짐. 최대 처짐 δ_{max}은 처짐곡선이 수평 접선을 갖는 점 D에서 일어난다. 하중이 중앙점의 오른쪽에 작용한다면, 즉 $a > b$이면 점 D는 작용하중의 왼쪽에 있는 보의 구간에 위치한다. 이 점은 식 (8-30a)의 기울기 v'를 0으로 놓고 거리 x에 대해 풀면 구해진다. 이렇게 구한 거리 x를 x_1으로 표시하면, 다음과 같은 x_1에 대한 공식이 얻어진다.

$$x_1 = \sqrt{\frac{L^2 - b^2}{3}} \qquad (a \geq b) \qquad (8\text{-}33)$$

이 식으로부터 하중 P가 보의 중앙($b = L/2$)에서 오른쪽 끝점($b = 0$)까지 이동함에 따라 거리 x_1은 $L/2$에서 $L/\sqrt{3} = 0.577L$로 변함을 알 수 있다. 따라서 최대 처짐은 보의 중앙점에서 매우 가까운 곳에서 생기며, 이 점은 보의 중앙점과 하중 사이에 위치한다.

최대 처짐 δ_{max}은 x_1(식 8-33)을 처짐 방정식(식 8-29a)에 대입하고 음의 부호를 취하여 구할 수 있다.

$$\delta_{max} = -(v)_{x = x_1} = \frac{Pb(L^2 - b^2)^{3/2}}{9\sqrt{3}\,LEI} \qquad (a \geq b) \qquad (8\text{-}34)$$

최대 처짐은 아래 방향(그림 8-12b)이므로 음의 부호가 필요하며, 반면에 처짐 v는 위 방향이 양이다.

보의 최대 처짐은 하중 P의 위치에 따라 변한다. 최대 처짐의 최대값("최대-최대" 처짐)은 하중이 보의 중앙점에 작용하는 $b = L/2$일 때 생긴다. 이 최대 처짐은 $PL^3/48EI$이다.

보의 중앙점에서의 처짐. 하중이 중앙점의 오른쪽에 작용할 경우(그림 8-12b), 중앙점 C에서의 처짐 δ_C은 식 (8-29a)에 $x = L/2$를 대입하여 다음과 같이 구한다.

$$\delta_C = -v\left(\frac{L}{2}\right) = \frac{Pb(3L^2 - 4b^2)}{48EI} \qquad (a \geq b) \qquad (8\text{-}35)$$

최대 처짐은 항상 보의 중앙점 근처에서 일어나므로, 식 (8-35)는 최대 처짐의 근사값이 된다. 최악의 경우(b가 0에 접근할 때), 연습문제 8.3-7에서 다룬 바와 같이 최대 처짐과 중앙점에서의 처짐의 차이는 최대 처짐의 3%보다 작다.

특별한 경우(하중이 보의 중앙점에 작용). 하중 P가 보의 중앙점($a = b = L/2$)에 작용하면 아주 특별한 경우가 생긴다. 이 경우 식 (8-30a), (8-29a), (8-31) 및 (8-34)로부터 각각 다음과 같은 결과를 얻을 수 있다.

$$v' = -\frac{P}{16EI}(L^2 - 4x^2) \qquad \left(0 \leq x \leq \frac{L}{2}\right) \qquad (8\text{-}36)$$

$$v = -\frac{Px}{48EI}(3L^2 - 4x^2) \qquad \left(0 \leq x \leq \frac{L}{2}\right) \qquad (8\text{-}37)$$

$$\theta_A = \theta_B = \frac{PL^2}{16EI} \qquad (8\text{-}38)$$

$$\delta_{max} = \delta_C = \frac{PL^3}{48EI} \qquad (8\text{-}39)$$

처짐곡선이 보의 중앙점에 대해 대칭이므로, v'와 v에 대한 식들은 보의 왼쪽 구간에만 적용된다(식 8-36과 8-37). 오른쪽 구간에 대한 식이 필요하면 식 (8-30b)와 (8-29b)에 $a = b = L/2$를 대입하여 구할 수 있다.

8.4 전단력과 하중 방정식의 적분에 의한 처짐

전단력 V와 하중 q의 항으로 표현된 처짐곡선의 방정식 (식 8-12 b와 c)을 적분하여 기울기와 처짐을 구할 수 있다. 굽힘모멘트는 자유물체도와 평형방정식으로부터 구해야 하지만, 하중은 보통 주어지는 양이기 때문에 많은 분석자는 하중 방정식을 사용하는 것을 선호한다. 같은 이유로, 처짐을 구하는 대부분의 컴퓨터 프로그램은 하중 방정식으로 시작하여 전단력, 굽힘모멘트, 기울기 및 처짐을 계산하기 위해 수치적 적분을 실행한다.

하중 방정식이나 전단력 방정식을 이용해서 풀이하는 과정은 보다 많은 적분이 필요하다는 것을 제외하고는, 굽힘모멘트 방정식을 이용해서 풀이하는 과정과 유사하다. 예를 들어, 하중 방정식을 이용할 경우 처짐을 구하기 위해 네 번의 적분이 필요하다. 따라서 적분된 각 하중 방정식은 네 개의 적분상수를 가지게 된다. 앞에서 언급한 바와 같이, 이런 상수는 경계조건, 연속조건 및 대칭조건에 의해 구해진다.

그러나 이런 조건들은 기울기와 처짐에 관한 조건들뿐만 아니라 전단력과 굽힘모멘트에 관한 조건들도 포함한다.

전단력에 관한 조건은 3차 도함수에 관한 조건과 같다(왜냐하면 $EIv''' = V$이므로). 이와 유사하게 굽힘모멘트에 관한 조건은 2차 도함수에 관한 조건과 같다(왜냐하면 $EIv'' = M$이므로). 기울기와 처짐에 대한 조건에 전단력과 굽힘모멘트에 대한 조건들이 추가되면, 적분상수를 구하는 데 필요한 충분한 독립적인 조건들을 가지게 된다.

다음의 예제들은 해석 기술을 상세히 제시하고 있다. 첫 번째 예제는 하중 방정식으로 시작하고 두 번째 예제는 전단력 방정식으로 시작한다.

예제 8-4

최대 세기가 q_0인 삼각형 분포하중을 받는 캔틸레버 보 AB에 대한 처짐곡선 방정식을 구하라(그림 8-14a).

또한 자유단에서의 처짐 δ_B와 회전각 θ_B를 구하라(그림 8-14b). 처짐곡선의 4계 미분방정식(하중 방정식)을 사용하라. (주: 보의 길이는 L이며 휨 강성 EI는 일정하다.)

풀이

처짐곡선의 미분방정식. 분포하중의 세기는 다음 식으로 주어진다(그림 8-14a 참조).

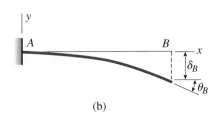

(a)

(b)

그림 8-14 예제 8-4. 삼각형 하중을 받는 캔틸레버 보의 처짐

$$q = \frac{q_0(L - x)}{L} \tag{8-40}$$

따라서 4계 미분방정식(식 8-12c)은 다음과 같다.

$$EIv'''' = -q = -\frac{q_0(L - x)}{L} \tag{a}$$

보의 전단력. 식 (a)를 한 번 적분하면 다음 식이 된다.

$$EIv''' = \frac{q_0}{2L}(L - x)^2 + C_1 \tag{b}$$

이 식의 오른쪽 항은 전단력 V를 나타낸다(식 8-12b 참조). $x = L$에서 전단력은 0이므로 다음과 같은 경계조건을 얻는다.

$$v'''(L) = 0$$

이 조건을 식 (b)에 적용하면 $C_1 = 0$이다. 그러므로 식 (b)는 다음과 같이 간단하게 된다.

$$EIv''' = \frac{q_0}{2L}(L - x)^2 \tag{c}$$

그리고 보의 전단력은 다음과 같다.

$$V = EIv''' = \frac{q_0}{2L}(L - x)^2 \tag{8-41}$$

보의 굽힘모멘트. 두 번째 적분을 하면 식 (c)로부터 다음 식을 얻는다.

$$EIv'' = -\frac{q_0}{6L}(L - x)^3 + C_2 \tag{d}$$

지붕 구조물의 캔틸레버 보 구간
(Courtesy of the National Information
Service for Earthquake Engineering
EERC, University of California, Berkeley)

이 식은 굽힘모멘트 M과 같다(식 8-12a 참조). 보의 자유단에서의 굽힘모멘트가 0 이므로, 다음과 같은 경계조건을 얻을 수 있다.

$$v''(L) = 0$$

이 조건을 식 (d)에 적용하면, $C_2 = 0$이 되므로, 굽힘모멘트는 다음과 같다.

$$M = EIv'' = -\frac{q_0}{6L}(L-x)^3 \qquad (8\text{-}42)$$

보의 기울기와 처짐. 식 (a)를 세 번, 네 번 적분하면 다음 식들을 얻는다.

$$EIv' = \frac{q_0}{24L}(L-x)^4 + C_3 \qquad (e)$$

$$EIv = -\frac{q_0}{120L}(L-x)^5 + C_3x + C_4 \qquad (f)$$

기울기와 처짐이 0이 되는 고정단에서의 경계조건은 다음과 같다.

$$v'(0) = 0 \qquad v(0) = 0$$

이 조건들을 각각 식 (e)와 (f)에 적용하여 다음 상수들을 구한다.

$$C_3 = -\frac{q_0L^3}{24} \qquad C_4 = \frac{q_0L^4}{120}$$

이 상수들에 대한 식을 식 (e)와 (f)에 대입하면, 보의 기울기와 처짐에 대한 다음 식을 얻을 수 있다.

$$v' = -\frac{q_0x}{24LEI}(4L^3 - 6L^2x + 4Lx^2 - x^3) \qquad (8\text{-}43) \quad \Leftarrow$$

$$v = -\frac{q_0x^2}{120LEI}(10L^3 - 10L^2x + 5Lx^2 - x^3) \qquad (8\text{-}44) \quad \Leftarrow$$

보의 자유단에서의 회전각과 처짐. 보의 자유단에서의 회전각 θ_B와 처짐 δ_B는 식 (8-43)과 (8-44)에 $x = L$을 대입하여 구할 수 있다.

$$\theta_B = -v'(L) = \frac{q_0L^3}{24EI} \qquad \delta_B = -v(L) = \frac{q_0L^4}{30EI} \qquad (8\text{-}45 \text{ a, b}) \quad \Leftarrow$$

이로써, 처짐곡선의 4계 미분방정식을 풀어서 요구한 보의 기울기와 처짐을 구했다.

예제 8-5

돌출부 BC를 갖는 단순보 AB가 돌출부 끝단에서 집중하중 P를 받고 있다(그림 8-15a). 보의 스팬의 길이는 L이며 돌출부의 길이는 $L/2$이다.

처짐곡선의 방정식과 돌출부 끝점에서의 처짐 δ_C를 구하라(그림 8-15b). 처짐곡선의 3계 미분방정식(전단력 방정식)을 사용하라. (주: 보의 휨 강성 EI는 일정하다.)

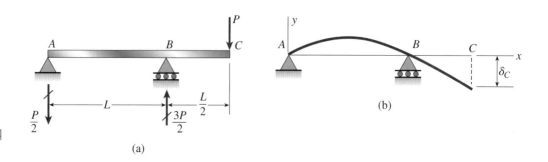

그림 **8-15** 예제 8-5. 돌출보의 처짐

풀이

처짐곡선의 미분방정식. 지지점 A와 B에서 반력이 작용하므로 보의 AB구간과 BC구간에 대해 서로 다른 미분방정식을 구성해야 한다. 그러므로 보의 각 구간에 대한 전단력을 먼저 구한다.

지지점 A에서의 반력은 아래 방향으로 작용하는 $P/2$이며, 지지점 B에서의 반력은 위 방향으로 작용하는 $3P/2$이다(그림 8-15a 참조). AB와 BC 구간에서의 전단력은 다음과 같다.

$$V = -\frac{P}{2} \quad (0 < x < L) \quad \text{(8-46a)}$$

$$V = P \quad \left(L < x < \frac{3L}{2}\right) \quad \text{(8-46b)}$$

여기서 x는 보의 끝점 A로부터 측정된 거리이다(그림 8-12b).

보에 대한 3계 미분방정식은 다음과 같이 된다(식 8-12b 참조).

$$EIv''' = -\frac{P}{2} \quad (0 < x < L) \quad \text{(g)}$$

$$EIv''' = P \quad \left(L < x < \frac{3L}{2}\right) \quad \text{(h)}$$

보의 굽힘모멘트. 앞의 두 식을 적분하면 굽힘모멘트 방정식이 된다.

$$M = EIv'' = -\frac{Px}{2} + C_1 \quad (0 \le x \le L) \quad \text{(i)}$$

$$M = EIv'' = Px + C_2 \quad \left(L \le x \le \frac{3L}{2}\right) \quad \text{(j)}$$

점 A와 C에서 굽힘모멘트는 0이 되므로, 다음과 같은 경계조건을 얻는다.

$$v''(0) = 0 \qquad v''\left(\frac{3L}{2}\right) = 0$$

이 조건들을 식 (i)와 (j)에 적용하여 다음 상수를 구한다.

$$C_1 = 0 \qquad C_2 = -\frac{3PL}{2}$$

건설 현장으로 이동 중인 돌출부를 가진 교량 거더
(Tom Brakefield/Getty Images)

그러므로 굽힘모멘트는 다음과 같다.

$$M = EIv'' = -\frac{Px}{2} \quad (0 \le x \le L) \quad \text{(8-47a)}$$

$$M = EIv'' = -\frac{P(3L - 2x)}{2} \quad \left(L \le x \le \frac{3L}{2}\right) \quad \text{(8-47b)}$$

이 식들은 자유물체도와 평형방정식으로부터 굽힘모멘트를 구하여 검증될 수 있다.

보의 기울기와 처짐. 위의 식을 다시 한 번 적분하면 기울기가 구해진다.

$$EIv' = -\frac{Px^2}{4} + C_3 \quad (0 \le x \le L)$$

$$EIv' = -\frac{Px(3L - x)}{2} + C_4 \quad \left(L \le x \le \frac{3L}{2}\right)$$

기울기에 관한 유일한 조건은 지지점 B에서의 연속조건이다. 이 조건에 의하면, 보의 AB 구간에서 구한 점 B에서의 기울기는 BC 구간에서 구한 점 B에서의 기울기와 같다. 그러므로 기울기에 대한 앞의 두 식에 $x = L$을 대입하면 다음과 같이 된다.

$$-\frac{PL^2}{4} + C_3 = -PL^2 + C_4$$

이 식으로부터 C_4를 C_3항으로 표현할 수 있으므로 한 개의 적분 상수를 소거할 수 있다.

$$C_4 = C_3 + \frac{3PL^2}{4} \quad \text{(k)}$$

마지막으로 세 번째 적분을 하면 다음 식을 얻는다.

$$EIv = -\frac{Px^3}{12} + C_3 x + C_5 \quad (0 \le x \le L) \quad \text{(l)}$$

$$EIv = -\frac{Px^2(9L - 2x)}{12} + C_4 x + C_6 \quad \left(L \le x \le \frac{3L}{2}\right) \text{(m)}$$

보의 AB 구간에서(그림 8-15a), 처짐에 관한 두 개의 경계조건을 얻을 수 있다. 즉, 점 A와 B에서의 처짐은 0 이다.

$$v(0) = 0 \qquad \text{그리고} \qquad v(L) = 0$$

이 조건들을 식 (l)에 적용하여 다음 상수를 구한다.

$$C_5 = 0 \qquad C_3 = \frac{PL^2}{12} \quad \text{(n, o)}$$

C_3에 대한 위 식을 식 (k)에 대입하여 다음을 구한다.

$$C_4 = \frac{5PL^2}{6} \quad \text{(p)}$$

보의 BC 구간에서 점 B에서의 처짐은 0이다. 그러므로 경계조건은 다음과 같다.

$$v(L) = 0$$

이 조건을 식 (m)에 적용하고 또 C_4에 대한 식 (p)를 대입하면 다음 식을 얻는다.

$$C_6 = -\frac{PL^3}{4} \qquad (q)$$

이제 모든 적분상수가 구해졌다.

처짐곡선의 방정식은 적분상수(식 n, o, p 및 q)를 식 (l) 과 (m)에 대입하여 구할 수 있다. 그 결과는 다음과 같다.

$$v = \frac{Px}{12EI}(L^2 - x^2) \qquad (0 \le x \le L) \qquad (8\text{-}48a) \quad \Leftarrow$$

$$v = -\frac{P}{12EI}(3L^3 - 10L^2x + 9Lx^2 - 2x^3) \quad \left(L \le x \le \frac{3L}{2}\right)$$
$$(8\text{-}48b) \quad \Leftarrow$$

처짐은 항상 보의 AB 구간에서 양(위 방향)이 되며(식 8-48a), 돌출부 BC에서는 항상 음(아래 방향)이 된다는 것을 유의하라(식 8-48b).

돌출부 끝점에서의 처짐. 돌출부의 끝점에서의 처짐 δ_C(그림 8-15b)는 식 (8-48b)에 $x = 3L/2$를 대입하여 구할 수 있다.

$$\delta_C = -v\left(\frac{3L}{2}\right) = \frac{PL^3}{8EI} \qquad (8\text{-}49) \quad \Leftarrow$$

이로써 처짐곡선의 3계 미분방정식을 풀어서 돌출보에 필요한 처짐(식 8-48)을 구했다.

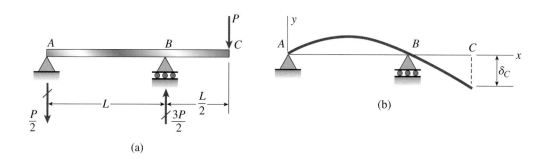

그림 8-15 (반복)   (a)

8.5 중첩법

중첩법(method of superposition)은 보의 처짐과 회전각을 구하기 위한 실제적이고 상용적인 기법이다. 기초적인 개념은 매우 간단하며 다음과 같이 설명된다.

적절한 조건에서 여러 가지의 다른 하중들이 동시에 작용할 때의 보의 처짐은 각각의 하중이 따로 작용할 때의 처짐을 겹치게 하여 구할 수 있다.

예를 들어, 하중 q_1에 의한 보의 축 위의 특정 점에서의 처짐을 v_1이라 하고, 하중 q_2에 의한 동일한 점에서의 처짐을 v_2라 하면, 하중 q_1과 q_2가 동시에 작용할 경우의 처짐은 $v_1 + v_2$가 된다. (하중 q_1과 q_2는 서로 독립이고 각각 보의 축 위에 어느 곳에서든 작용할 수 있다.)

처짐을 중첩하는 타당성은 처짐곡선의 미분방정식(식 8-12 a, b 및 c)의 성질과 관련이 있다. 이 방정식들은 처짐 v와 처짐의 도함수들을 포함하는 모든 항들이 1차 항이기 때문에 선형 미분방정식이다. 그러므로 여러 가지 하중조건에 관한 이 식들의 해는 대수적으로 더하거나 또는 중첩될 수 있다 (중첩이 성립되기 위한 조건은 이 절의 뒷부분 "중첩의 원리"에 기술되어 있다.)

중첩법의 예로 그림 8-16a와 같은 단순보 ACB를 고려해 보자. 이 보는 두 개의 하중을 지지하고 있다. (1) 보 전체에 걸쳐 작용하는 세기 q의 등분포하중, (2) 보의 중앙점에 작용하는 집중하중 P. 중앙점에서의 처짐 δ_C와 양단에서의 회전각 θ_A와 θ_B를 구하고자 한다(그림 8-16b). 중첩법을 사용하여 따로 작용하는 각각의 하중에 대한 효과를 구하고 결과를 조합한다.

등분포하중만 작용하는 경우, 중앙점에서의 처짐과 양단에서의 회전각은 예제 8-1의 공식으로부터 구한다(식 8-18, 8-19 및 8-20 참조).

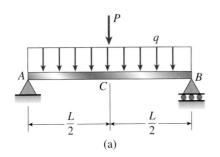

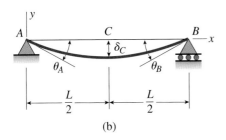

그림 8-16 두 개의 하중을 받는 단순보

$$(\delta_C)_1 = \frac{5qL^4}{384EI} \qquad (\theta_A)_1 = (\theta_B)_1 = \frac{qL^3}{24EI}$$

여기서 EI는 보의 휨 강성이며 L은 길이이다.

집중하중 P만 작용하는 경우, 대응하는 양들을 예제 8-3의 공식으로부터 구한다(식 8-38 및 8-39 참조).

$$(\delta_C)_2 = \frac{PL^3}{48EI} \qquad (\theta_A)_2 = (\theta_B)_2 = \frac{PL^2}{16EI}$$

조합하중(그림 8-16a)에 의한 처짐과 회전각은 위의 두 결과를 합하여 구한다.

$$\delta_C = (\delta_C)_1 + (\delta_C)_2 = \frac{5qL^4}{384EI} + \frac{PL^3}{48EI} \qquad \text{(a)}$$

$$\theta_A = \theta_B = (\theta_A)_1 + (\theta_A)_2 = \frac{qL^3}{24EI} + \frac{PL^2}{16EI} \qquad \text{(b)}$$

보의 축 위의 다른 점에서의 처짐과 회전각은 동일한 과정으로 구할 수 있다. 그러나 중첩법은 어떤 한 점에서의 처짐과 회전각을 구하는 데 제한되지 않는다. 이 방법은 또한 한 개 이상의 하중을 받는 보의 기울기와 처짐에 대한 일반식을 구하는 데 사용될 수 있다.

보의 처짐 표

중첩법은 처짐과 기울기에 대한 공식들을 바로 이용할 수 있을 때에만 유용하다. 이러한 공식들을 편리하게 접근할 수 있도록 캔틸레버 보와 단순보에 대한 처짐공식이 부록 G에 수록되어 있다. 유사한 표는 공학편람에서도 찾을 수 있다. 이 절의 끝부분 예제에 제시된 바와 같이 이 표와 중첩법을 이용하여 여러 가지 하중조건에서의 보의 처짐과 회전각을 구할 수 있다.

분포하중

경우에 따라 보의 처짐 표에 포함되지 않은 분포하중을 접하게 된다. 이런 경우에도 중첩법은 유용하다. 분포하중의 요소를 집중하중으로 고려한 다음에 하중이 작용하는 보의 구간을 따라 적분함으로써 요구되는 처짐을 구할 수 있다.

이런 적분과정을 보여주기 위해, 왼쪽 절반 구간에 삼각 분포하중이 작용하는 단순보 ACB를 고려해보자(그림 8-17a). 여기서 중앙점 C에서의 처짐 δ_C와 왼쪽 지지점에서의 회전각 θ_A를 구하고자 한다(그림 8-17c).

먼저 분포하중의 요소 $q\,dx$를 집중하중으로 생각한다(그림 8-17b). 이 집중하중에 의한 중앙점에서의 처짐은 부록 G, 표 G-2의 경우 5로부터 구한다. 표에서 주어진 중앙점에 대한 처짐공식($a \le b$인 경우)은 다음과 같다.

$$\frac{Pa}{48EI}(3L^2 - 4a^2)$$

이 예제에서(그림 8-17b), P 대신 $q\,dx$를, a 대신 x를 대입한다.

$$\frac{(q\,dx)(x)}{48EI}(3L^2 - 4x^2) \qquad \text{(c)}$$

이 식은 하중요소 $q\,dx$에 의한 중앙점 C에서의 처짐을 나타낸다.

다음으로 등분포하중의 세기(식 8-17a 및 b)는 다음과 같음을 알 수 있다.

$$q = \frac{2q_0 x}{L} \qquad \text{(d)}$$

여기서 q_0는 분포하중의 최대 세기이다. q에 대한 이 식을 처짐 공식(식 c)에 대입하면 다음과 같다.

$$\frac{q_0 x^2}{24LEI}(3L^2 - 4x^2)dx$$

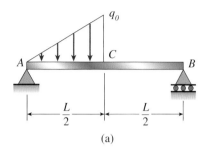

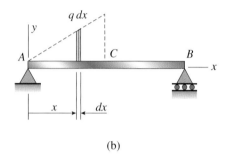

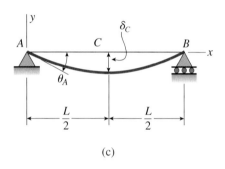

그림 8-17 삼각형 하중을 받는 단순보

마지막으로, 전체 삼각형 하중에 의한 중앙점에서의 처짐 δ_C를 구하기 위해 하중이 작용하는 전체 구간에 걸쳐 적분하면 다음과 같다.

$$\delta_C = \int_0^{L/2} \frac{q_0 x^2}{24LEI}(3L^2 - 4x^2)dx$$

$$= \frac{q_0}{24LEI}\int_0^{L/2}(3L^2 - 4x^2)x^2 dx = \frac{q_0 L^4}{240EI} \quad (8\text{-}50)$$

비슷한 과정에 의해, 보의 왼쪽 지지점에서의 회전각 θ_A를 계산할 수 있다(그림 8-17c). 집중하중 P에 의한 회전각의 식(표 G-2의 경우 5 참조)은 다음과 같다.

$$\frac{Pab(L + b)}{6LEI}$$

P 대신 $2q_0\,x\,dx/L$, a 대신 x, 그리고 b 대신 $L - x$를 대입하면 다음과 같다.

$$\frac{2q_0 x^2(L - x)(L + L - x)}{6L^2 EI}dx \quad \text{또는}$$

$$\frac{q_0}{3L^2 EI}(L - x)(2L - x)x^2 dx$$

마지막으로 하중의 전체 구간에 대해 적분하면 다음과 같다.

$$\theta_A = \int_0^{L/2} \frac{q_0}{3L^2 EI}(L - x)(2L - x)x^2 dx = \frac{41q_0 L^3}{2880EI} \quad (8\text{-}51)$$

이것이 삼각형 하중에 의한 회전각이다.

이 예제는 거의 모든 종류의 분포하중에 의한 처짐과 회전각을 구하기 위해 어떻게 중첩과 적분을 이용하는지를 보여준다. 해석적 방법에 의한 적분이 쉽지 않으면 수치적 방법을 사용할 수 있다.

중첩의 원리

보의 처짐을 구하기 위한 중첩법은 역학에서 **중첩의 원리(principle of superposition)**로 알려진 보다 일반적인 개념의 한 예이다. 이 원리는 구하고자 하는 값이 작용하중의 선형함수이면 언제나 유효하다. 이러한 경우에, 각각의 하중이 분리되어 작용할 때의 값들을 구한 다음에 모든 하중이 동시에 작용될 때의 구하고자 하는 값을 얻기 위해 각각의 결과를 중첩한다. 보통의 구조물에서, 이 원리는 응력, 변형률, 굽힘모멘트 및 처짐 외에 다른 값들을 구하는 데 유용하다.

보의 처짐에 대한 특별한 경우, 다음과 같은 조건하에 중첩의 원리는 유효하다. (1) 재료는 Hooke의 법칙을 따르고, (2) 처짐과 회전각은 작으며, (3) 처짐으로 인한 작용하중의 변화가 없어야 한다. 이러한 요구조건들은 처짐곡선의 미분방정식이 선형임을 보장한다.

다음 예제들은 보의 처짐과 회전각을 계산하기 위해 사용되는 중첩의 원리를 보여주는 추가적인 예이다.

예제 8-6

캔틸레버 보 AB가 보의 일부 구간에 작용하는 세기 q의 등분포하중과 자유단에 작용하는 집중하중 P를 받고 있다(그림 8-18a).

보의 끝점 B에서의 처짐 δ_B와 회전각 θ_B를 구하라(그림 8-18b). (주: 보의 길이는 L이며 휨 강성 EI는 일정하다.)

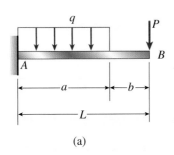

(a)

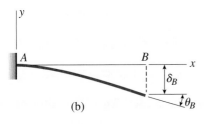

(b)

그림 8-18 예제 8-6. 등분포하중과 집중하중을 받는 캔틸레버 보

풀이

따로 따로 작용하는 하중의 효과를 합하여 보의 끝점 B에서의 처짐과 회전각을 구할 수 있다. 분포하중만 작용한다면 처짐과 회전각(부록 G, 표 G-1의 경우 2로부터 구한)은 다음과 같다.

$$(\delta_B)_1 = \frac{qa^3}{24EI}(4L - a) \qquad (\theta_B)_1 = \frac{qa^3}{6EI}$$

하중 P만 작용한다면 대응하는 양(표 G-1의 경우 4로부터 구한)은 다음과 같다.

$$(\delta_B)_2 = \frac{PL^3}{3EI} \qquad (\theta_B)_2 = \frac{PL^2}{2EI}$$

그러므로 조합하중(그림 8-18a)에 의한 처짐과 회전각은 다음과 같다.

$$\delta_B = (\delta_B)_1 + (\delta_B)_2 = \frac{qa^3}{24EI}(4L - a) + \frac{PL^3}{3EI} \qquad (8\text{-}52) \quad \Longleftarrow$$

$$\theta_B = (\theta_B)_1 + (\theta_B)_2 = \frac{qa^3}{6EI} + \frac{PL^2}{2EI} \qquad (8\text{-}53) \quad \Longleftarrow$$

이로써 표의 공식과 중첩법을 이용하여 요구하는 값들을 구했다.

예제 8-7

그림 8-19a와 같이 캔틸레버 보 AB가 보의 오른쪽 절반 부분에 작용하는 세기 q의 등분포하중을 받고 있다.

자유단에서의 처짐 δ_B와 회전각 θ_B에 대한 공식을 구하라(그림 8-19c). (주: 보의 길이는 L이며, 휨 강성 EI는 일정하다.)

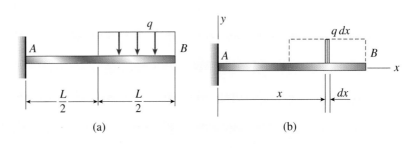

(a)   (b)

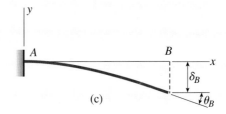

(c)

그림 8-19 예제 8-7. 보의 오른쪽 절반부분에 작용하는 등분포하중을 받는 캔틸레버 보

풀이

이 예제에서 등분포하중의 요소를 집중하중으로 취급하여 적분함으로써 처짐과 회전각을 구할 수 있다(그림 8-19b 참조). 하중요소의 크기는 $q\,dx$이며, 지지점으로부터 x만큼 떨어진 곳에 위치한다. 이 하중에 의한 자유단에서의 미소 처짐 $d\delta_B$와 미소 회전각 $d\theta_B$은 부록 G, 표 G-1의 경우 5의 공식에 P 대신 $q\,dx$를, a 대신 x를 대입하여 구한다.

$$d\delta_B = \frac{(qdx)(x^2)(3L - x)}{6EI} \qquad d\theta_B = \frac{(q\,dx)(x^2)}{2EI}$$

하중 작용구간에 대하여 적분하면 다음 식들을 얻는다.

$$\delta_B = \int d\delta_B = \frac{q}{6EI}\int_{L/2}^{L} x^2(3L - x)\,dx = \frac{41qL^4}{384EI} \quad (8\text{-}54) \Leftarrow$$

$$\theta_B = \int d\theta_B = \frac{q}{2EI}\int_{L/2}^{L} x^2\,dx = \frac{7qL^3}{48EI} \quad (8\text{-}55) \Leftarrow$$

주: 표 G-1, 경우 3의 공식을 사용하여, $a = b = L/2$를 대입하면 같은 결과를 얻을 수 있다.

예제 8-8

합성보 ABC는 점 A에서 롤러 지지점, 점 B에서 내부 힌지, 그리고 점 C에서 고정 지지점을 가지고 있다(그림 8-20a). 구간 AB의 길이는 a이고 구간 BC의 길이는 b이다. 지지점 A로부터 $2a/3$인 거리에 집중하중 P가 작용하고 점 B와 C 사이에는 세기 q의 등분포하중이 작용한다.

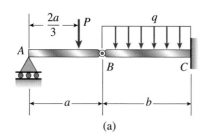
(a)

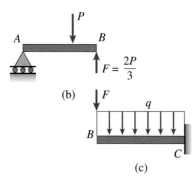
(b)

(c)

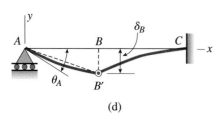
(d)

그림 8-20 예제 8-8. 힌지로 연결된 합성보

힌지에서의 처짐 δ_B와 지지점 A에서의 회전각 θ_A를 구하라(그림 8-20d). (주: 보의 휨 강성 EI는 일정하다.)

풀이

해석을 위해, 합성보는 다음과 같은 두 개의 개별적인 보로 이루어졌다고 생각하자. (1) 길이가 a인 단순보 AB, (2) 길이가 b인 캔틸레버 보 BC. 두 개의 보는 점 B에서 핀에 의해 연결되어 있다.

보 AB를 나머지 구조물로부터 분리하면(그림 8-20b), 끝점 B에 $2P/3$와 같은 수직력 F가 작용함을 알 수 있다. 동일한 힘이 캔틸레버 보의 끝점 B에서 아래 방향으로 작용한다(그림 8-20c). 결과적으로, 캔틸레버 보 BC는 등분포하중과 집중하중 등 두 개의 하중을 받는다. 캔틸레버 보 끝점에서의 처짐(힌지에서의 처짐 δ_B와 같음)은 부록 G, 표 G-1의 경우 1과 4로부터 구할 수 있다.

$$\delta_B = \frac{qb^4}{8EI} + \frac{Fb^3}{3EI}$$

또는 $F = 2P/3$이므로 다음과 같이 된다.

$$\delta_B = \frac{qb^4}{8EI} + \frac{2Pb^3}{9EI} \quad (8\text{-}56) \Leftarrow$$

지지점 A에서의 회전각 θ_A(그림 8-20d)는 다음과 같은 두 부분으로 구성된다. (1) 힌지의 아래 방향 변위에 의한 각 BAB', (2) 단순보로서의 보 AB(또는 보 AB')의 굽힘에 의해 생기는 추가적인 회전각. 각 BAB'은 다음과 같다.

$$(\theta_A)_1 = \frac{\delta_B}{a} = \frac{qb^4}{8aEI} + \frac{2Pb^3}{9aEI}$$

집중하중이 작용하는 단순보의 끝점에서의 회전각은 표 G-2의 경우 5로부터 구할 수 있다. 주어진 공식은 다음과 같다.

$$\frac{Pab(L + b)}{6LEI}$$

여기서 L은 단순보의 길이, a는 왼쪽 지지점으로부터 하중까지의 거리, 그리고 b는 오른쪽 지지점으로부터 하중까지의 거리이다. 따라서 이 예제(그림 8-20a)에서 주어진 기호를 사용하면 회전각은 다음과 같다.

$$(\theta_A)_2 = \frac{P\left(\dfrac{2a}{3}\right)\left(\dfrac{a}{3}\right)\left(a + \dfrac{a}{3}\right)}{6aEI} = \frac{4Pa^2}{81EI}$$

두 각을 합하면, 지지점 A에서의 전체 회전각을 구할 수 있다.

$$\theta_A = (\theta_A)_1 + (\theta_A)_2 = \frac{qb^4}{8aEI} + \frac{2Pb^3}{9aEI} + \frac{4Pa^2}{81EI} \qquad (8\text{-}57) \Longleftarrow$$

이 예제는 복잡하게 보이는 상황을 중첩법을 사용하여 어떻게 비교적 간단한 방법으로 다루는지를 보여준다.

예제 8-9

스팬의 길이가 L인 단순보 AB가 길이가 a인 돌출부 BC를 가지고 있다(그림 8-21a). 보는 전체 길이에 걸쳐 세기 q의 등분포 하중을 받고 있다.

돌출부 끝점에서의 처짐 δ_C에 대한 공식을 구하라(그림 8-21c). (주: 보의 휨 강성 EI는 일정하다.)

풀이

점 C에서의 처짐은 돌출부 BC(그림 8-21a)를 두 개의 작용에 의한 캔틸레버 보를 가정하여 구할 수 있다. 첫 번째 작용은 보 ABC의 지지점 B에서의 회전각 θ_B만큼 캔틸레버 보가 회전하는 것이다(그림 8-21c). (시계방향 각 θ_B를 양이라 가정함.) 이 회전

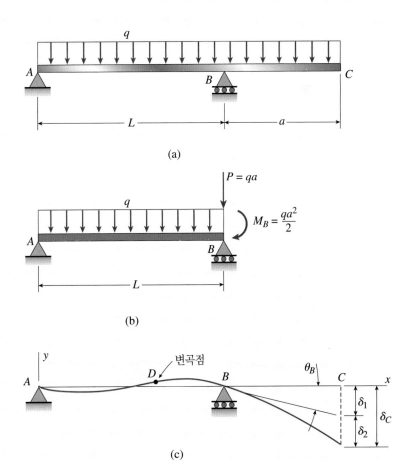

그림 8-21 예제 8-9. 돌출부가 있는 단순보(돌출보)

자중에 의한 등분포하중을 받는 돌출부가
있는 보
(Courtesy of the National Information
Service for Earthquake Engineering
EERC, University of California, Berkeley)

각은 돌출부 BC의 강체 회전을 일으키며 결과적으로 점 C의 아래방향 처짐은 δ_1이다.

두 번째 작용은 등분포하중을 받는 캔틸레버 보와 같은 BC부분의 굽힘이다. 이 굽힘에 의해 추가적인 아래방향 처짐 δ_2가 생긴다(그림 8-21c). 이 두 처짐을 중첩하여 점 C에서의 전체 처짐 δ_C를 구한다.

처짐 δ_1. 먼저 점 B에서의 회전각 θ_B에 의한 처짐 δ_1을 구해 보자. 이 각을 구하기 위해, 보의 구간 AB는 다음과 같은 하중들이 작용하는 단순보(그림 8-21b)와 같다는 것을 관찰할 수 있다. (1) 세기가 q인 등분포 하중, (2) 우력 M_B ($qa^2/2$와 같음), (3) 수직하중 P (qa와 같음). 하중 q와 M_B만이 단순보의 점 B에서 회전각을 생기게 한다. 이 각은 부록 G, 표 G-2의 경우 1과 7로 부

터 구할 수 있다. 따라서 각 θ_B는 다음과 같다.

$$\theta_B = -\frac{qL^3}{24EI} + \frac{M_B L}{3EI} = -\frac{qL^3}{24EI} + \frac{qa^2 L}{6EI}$$

$$= \frac{qL(4a^2 - L^2)}{24EI} \tag{8-58}$$

여기서 그림 8-21c에서와 같이 시계방향의 각이 양이다.

회전각 θ_B만에 의한 점 C에서의 아래 방향 처짐 δ_1은 이 각에 돌출부 길이를 곱한 것과 같다(그림 8-21c).

$$\delta_1 = a\theta_B = \frac{qaL(4a^2 - L^2)}{24EI} \tag{e}$$

처짐 δ_2. 돌출부 BC의 굽힘은 점 C에서 추가적인 아래 방향 처짐 δ_2를 생기게 한다. 이 처짐은 길이가 a인 캔틸레버 보에 세기 q인 등분포하중이 작용할 때의 처짐과 같다(표 G-1의 경우 1 참조).

$$\delta_2 = \frac{qa^4}{8EI} \tag{f}$$

처짐 δ_C. 점 C에서의 전체 아래 방향 처짐은 δ_1과 δ_2를 대수적으로 합한 것이다.

$$\delta_C = \delta_1 + \delta_2 = \frac{qaL(4a^2 - L^2)}{24EI} + \frac{qa^4}{8EI}$$

$$= \frac{qa}{24EI}[L(4a^2 - L^2) + 3a^3]$$

또는

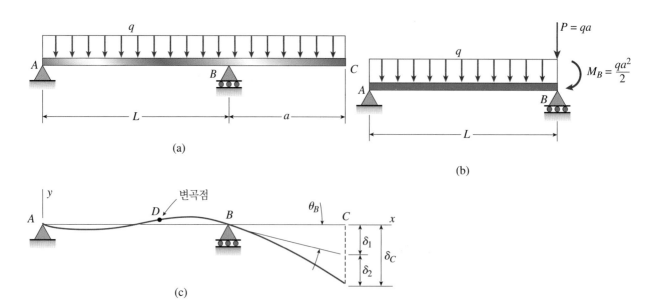

(a)

(b)

(c)

그림 8-21 (반복)

$$\delta_C = \frac{qa}{24EI}(a+L)(3a^2 + aL - L^2) \qquad (8\text{-}59)$$

앞의 식에서 처짐 δ_C는 길이 L과 a의 상대적인 크기에 따라 위 방향 또는 아래 방향이 됨을 알 수 있다. a가 상대적으로 크면, 식의 마지막 항(괄호 안 세 개 항의 식)은 양이 되며 처짐 δ_C는 아래 방향이다. a가 상대적으로 작으면, 식의 마지막 항은 음이 되며 처짐은 위 방향이 된다. 마지막 항이 0이 되면 처짐은 0이 된다.

$$3a^2 + aL - L^2 = 0$$

또는

$$a = \frac{L(\sqrt{13}-1)}{6} = 0.4343L \qquad (g)$$

이 결과로부터, a가 0.4343L보다 크면 점 C에서의 처짐은 아래 방향이 되고, a가 0.4343L보다 작으면 처짐은 위 방향이 된다.

처짐곡선. 이 예제에서 보에 대한 처짐곡선의 형태는 그림 8-21c에서 보인 것과 같다. 이 그림은 a가 충분히 크면($a > 0.4343L$), 점 C에서는 아래 방향의 처짐을 일으키고 또한 a가 충분히 작으면($a < L$), 점 A에서의 반력은 위 방향이 되는 경우에 대해 그린 것이다. 이와 같은 조건에서 보는 지지점 A와 D와 같은 점 사이에서 양의 굽힘모멘트를 갖는다. 구간 AD에서 처짐곡선은 위로 오목한(양의 곡률) 모양이 된다. D에서 C까지의 굽힘모멘트는 음이 되므로 처짐곡선은 아래로 오목한(음의 곡률) 모양이 된다.

변곡점. 점 D에서 굽힘모멘트가 0이므로 처짐곡선의 곡률은 0이 된다. 곡률과 굽힘모멘트의 부호가 바뀌는 D와 같은 점을 **변곡점(point of inflection)** 또는 역 굽힘점(point of contraflexure)이라 한다. 굽힘모멘트 M과 2차 도함수 d^2v/dx^2은 변곡점에서 항상 0이 된다.

그러나 M과 d^2v/dx^2가 0인 점이 반드시 변곡점이 되는 것은 아니다. 그 이유는 이들 값이 그 점에서 부호가 바뀌지 않고 0이 될 수도 있기 때문이다. 예를 들면, 이들 값이 최대 또는 최소치가 될 수 있다.

요약 및 복습

8장에서는 여러 가지 형태와 지지조건을 가지고 다양한 하중을 받는 선형 탄성적이고 작은 변위를 갖는 보의 거동을 검토하였다. 처짐곡선의 2계, 3계 또는 4계 미분방정식의 적분을 기초로 한 방법을 공부하였다. 보를 따라 특정 점에서의 변위(처짐과 회전각)를 계산하였고 또한 전체 보의 처짐 형상을 기술하는 방정식을 구했다. 여러 가지 표준화된 경우에 대한 해(부록 G 참조)를 사용하여 좀 더 복잡한 보와 하중을 간단한 표준화된 해를 조합하여 풀 수 있는 강력한 중첩법의 원리를 사용하였다. 이 장에서 제시한 중요 개념은 다음과 같이 요약된다.

1. 선형곡률($\kappa = d^2v/dx^2$)과 모멘트곡률 관계식($\kappa = M/EI$)을 조합하여 보에 대한 처짐곡선의 **상미분방정식**을 구했으며, 이 식은 선형 탄성 거동에만 적용된다.

$$EI\frac{d^2v}{dx^2} = M$$

2. 처짐곡선의 미분방정식은 한 번 미분하면 전단력 V와 모멘트 M의 1차 도함수인 dM/dx를 관련시키는 3계 미분방정식을 얻을 수 있고, 두 번 미분하면 분포하중의 세기 q와 전단력의 1차 도함수인 dV/dx를 관련시키는 4계 미분방정식을 얻을 수 있다.

$$EI\frac{d^3v}{dx^3} = V$$

$$EI\frac{d^4v}{dx^4} = -q$$

2계, 3계 또는 4계 미분방정식의 선택은 주어진 보의 지지점 종류와 작용하중 형태에 어느 것이 더욱 효과적인가에 달려 있다.

3. 보의 각 구간에 대해 모멘트(M), 전단력(V) 또는 하중의 세기(q)에 대한 식(예를 들면, q, V, M 또는 EI가 변할 때마다)을 구한 다음, 적절하게 **경계조건, 연속조건** 또는 **대칭조건**을 적용시켜 연속 적분방법을 사용할 때 생기는 미지의 적분 상수를 구한다. 보의 처짐방정식 $v(x)$는 특정 점에서의 처짐을 구하기 위해 특정 x값에서 구해지고, 같은 점에서의 dv/dx 값은 처짐곡선의 기울기이다.

4. **중첩법**은 좀 더 복잡한 보와 하중에 대한 처짐과 회전각을 풀이하는 데 사용된다. 먼저 실제 보는 해가 이미 알려진 여러 개의 단순한 경우(부록 G 참조)의 합으로 분해된다. 중첩법은 변위가 아주 작고 선형 탄성적으로 거동하는 보에 대해서만 적용할 수 있다.

8장 연습문제

처짐곡선의 미분방정식

8.2절에 대한 문제에 서술되어 있는 보는 일정한 휨 강성 EI를 가지고 있다.

8.2-1 캔틸레버 보 AB(그림 참조)에 대한 처짐 곡선은 다음 방정식으로 주어진다.

$$v = -\frac{q_0 x^2}{120 LEI}(10L^3 - 10L^2 x + 5Lx^2 - x^3)$$

보에 작용하는 하중에 대해 설명하라.

문제 8.2-1 및 8.2-2

8.2-2 캔틸레버 보 AB(그림 참조)에 대한 처짐곡선은 다음 방정식으로 주어진다.

$$v = -\frac{q_0 x^2}{360 L^2 EI}(45L^4 - 40L^3 x + 15L^2 x^2 - x^4)$$

(a) 보에 작용하는 하중에 대해 설명하라.
(b) 지지점에서의 반력 R_A와 M_A를 구하라.

8.2-3 단순보 AB(그림 참조)에 대한 처짐곡선은 다음 방정식으로 주어진다.

$$v = -\frac{q_0 x}{360 LEI}(7L^4 - 10L^2 x^2 + 3x^4)$$

보에 작용하는 하중에 대해 설명하라.

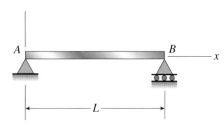

문제 8.2-3 및 8.2-4

8.2-4 단순보 AB(그림 참조)에 대한 처짐곡선은 다음 방정식으로 주어진다.

$$v = -\frac{q_0 L^4}{\pi^4 EI}\sin\frac{\pi x}{L}$$

(a) 보에 작용하는 하중에 대해 설명하라.
(b) 지지점에서의 반력 R_A와 R_B를 구하라.
(c) 최대 굽힘모멘트 M_{max}을 구하라.

처짐 공식

문제 8.3-1부터 8.3-7까지는 예제 8-1, 8-2 및 8-3에서 유도한 공식을 이용하여 처짐을 계산하도록 한다. 모든 보는 일정한 휨 강성 EI를 가지고 있다.

8.3-1 등분포하중을 받는 단순지지된 강철 WF 보(그림 참조)가 중앙점에서 10 mm의 아래 방향 변위를 가지며 회전각은 자유단에서 0.01 rad이다.

최대 굽힘응력이 90 MPa이고 탄성계수가 200 GPa인 경우에 보의 높이 h를 계산하라. (힌트: 예제 8-1의 공식을 사용하라.)

8.3-2 WF 보(HE 220 B)가 길이가 L = 4.25 m인 단일 스팬 위에 등분포하중을 받고 있다(그림 참조).

q = 26 kN/m이고 E = 210 MPa인 경우에 중앙점에서의 최대 처짐 δ_{max}과 지지점에서의 회전각 θ를 구하라. (예제 8-1의 공식을 사용하라.)

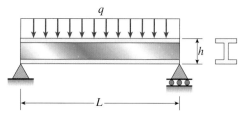

문제 8.3-1, 8.3-2 및 8.3-3

8.3-3 최대 굽힘응력이 84 MPa, 최대 처짐이 2.5 mm, 보의 높이가 300 mm, 탄성계수가 210 GPa이라면 등분포하중을 받는 WF 단면의 단순보(그림 참조)의 스팬의 길이는 얼마인가? (예제 8-1의 공식을 사용하라.)

8.3-4 등분포하중을 받는 캔틸레버 보(그림 참조)의 높이 h는 길이 L의 1/8이다. 보는 E = 208 GPa인 강철로 만든 WF단면을 가지며, 인장과 압축에 대해 똑같이 130 GPa의 허용응력을 가진다. 보가 최대 허용하중을 받는다고 가정하고 자유단에서의 처짐의 길이에 대한 비 δ/L를 계산하라. (예제 8-2의 공식을 사용하라.)

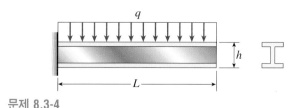

문제 8.3-4

8.3-5 실리콘 웨이퍼(wafer)에 부착된 금 합금으로 된 마이크로 보가 등분포하중을 받는 캔틸레버 보와 같이 거동한다(그림 참조). 보의 길이는 $L = 27.5 \ \mu m$이고 폭 $b = 4.0 \ \mu m$와 두께 $t = 0.88 \ \mu m$의 직사각형 단면을 갖는다. 보의 전체 하중은 $17.2 \ \mu N$이다. 보의 자유단에서의 처짐이 $2.46 \ \mu m$이라면 금 합금의 탄성계수 E_g는 얼마인가? (예제 8-2의 공식을 사용하라.)

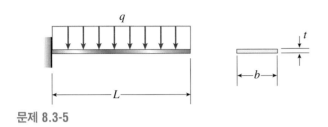

문제 8.3-5

8.3-6 스팬의 길이 $L = 2.0$ m, 등분포하중의 세기 $q = 2.0$ kN/m, 최대 굽힘응력 $\sigma = 60$ MPa인 경우에 등분포하중을 받는 단순보(그림 참조)의 최대 처짐 δ_{max}을 계산하라.

보의 단면은 정사각형이며 재료는 탄성계수가 $E = 70$ MPa인 알루미늄이다. (예제 8-1의 공식을 사용하라.)

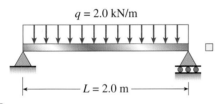

문제 8.3-6

8.3-7 집중하중 P를 받고 있는 단순보(그림 참조)에 대하여 중앙점에서의 처짐의 최대 처짐에 대한 비 δ_C/δ_{max}에 대한 공식을 구하라. 이 공식으로부터 δ_C/δ_{max}와 하중의 위치를 정의하는 비 a/L ($0.5 < a/L < 1$)의 관계를 나타내는 그림을 그려라.

이 그림으로부터 얻은 결론은 무엇인가? (예제 8-3의 공식을 사용하라.)

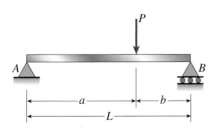

문제 8.3-7

굽힘모멘트 방정식의 적분에 의한 처짐

문제 8.3-8부터 8.3-16까지는 처짐곡선의 2계 미분방정식(굽힘모멘트 방정식)을 적분하여 풀어야 한다. 좌표의 원점은 각 보의 좌측 지지점이며 모든 보는 일정한 휨 강성 EI를 가지고 있다.

8.3-8 좌측 지지점에서 우력 M_0를 받는 단순보 AB(그림 참조)에 대한 처짐곡선의 방정식을 유도하라. 또한 최대 처짐 δ_{max}을 구하라. (주: 처짐곡선의 2계 미분방정식을 사용하라.)

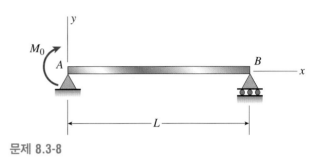

문제 8.3-8

8.3-9 자유단에서 하중 P를 받는 캔틸레버 보 AB(그림 참조)에 대한 처짐곡선의 방정식을 유도하라. 또한 자유단에서의 처짐 δ_B와 회전각 θ_B를 구하라. (주: 처짐곡선의 2계 미분방정식을 사용하라.)

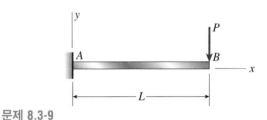

문제 8.3-9

8.3-10 최대 세기가 q_0인 삼각분포하중을 받는 캔틸레버 보 AB가 그림에 도시되었다. 처짐곡선의 방정식을 유도한 다음에 자유단에서의 처짐 δ_B와 회전각 θ_B를 구하라. (주: 처짐곡선의 2계 미분방정식을 사용하라.)

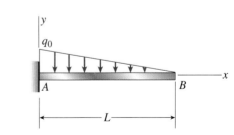

문제 8.3-10

8.3-11 스팬의 일부분에 걸쳐 등분포하중 q을 받는 캔틸레버 보 AB(그림 참조)에 대한 처짐곡선의 방정식을 유도하라. 또한 보의 자유단에서의 처짐 δ_B을 구하라. (주: 처짐곡선의 2계 미분방정식을 사용하라.)

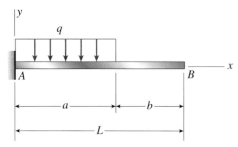

문제 8.3-11

8.3-12 보의 절반 부분에 걸쳐 작용하는 최대 세기 q_0인 분포하중을 받고 있는 캔틸레버 보 AB(그림 참조)에 대한 처짐곡선의 방정식을 유도하라. 또한 B점과 C점에서의 처짐 δ_B와 θ_C에 대한 공식을 각각 구하라. (주: 처짐곡선의 2계 미분방정식을 사용하라.)

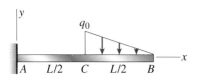

문제 8.3-12

8.3-13 캔틸레버 보 AB가 보의 축에 따라 단위길이당 세기 m의 등분포 모멘트(토크가 아닌 굽힘모멘트)를 받고 있다(그림 참조). 처짐곡선의 방정식을 유도한 다음에 자유단에서의 처짐 δ_B와 회전각 θ_B를 구하라. (주: 처짐곡선의 2계 미분방정식을 사용하라.)

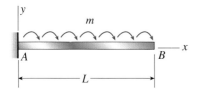

문제 8.3-13

8.3-14 그림에 보인 보는 A에서 가이드 지지점과 B에서 스프링 지지점으로 지지되어 있다. 가이드 지지점은 수직 움직임은 허용하나 회전은 허용하지 않는다. 세기 q인 등분포하중을 받는 보의 처짐곡선의 방정식을 유도하고 B단에서의 처짐 δ_B를 구하라. (주: 처짐곡선의 2계 미분방정식을 사용하라.)

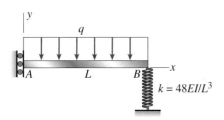

문제 8.3-14

8.3-15 좌측 지지점으로부터 거리 a만큼 떨어진 위치에 작용하는 우력 M_0를 받는 단순보 AB(그림 참조)에 대한 처짐곡선의 방정식을 유도하라. 또한 하중 작용점에서의 처짐 δ_0를 구하라. (주: 처짐곡선의 2계 미분방정식을 사용하라.)

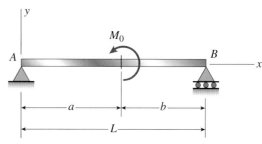

문제 8.3-15

8.3-16 그림에 보인 보는 A에서 가이드 지지점으로, B에서 롤러 지지점으로 지지되어 있다. 가이드 지지점은 수직 움직임은 허용하나 회전은 허용하지 않는다. 구간 CB에 걸쳐 작용하는 세기 $q = P/L$인 등분포하중과 $x = L/3$에 작용하는 하중 P를 받는 경우에 대해 처짐곡선의 방정식을 유도하고 A점에서의 처짐 δ_A와 C점에서의 처짐 δ_C을 구하라. (주: 처짐곡선의 2계 미분방정식을 사용하라.)

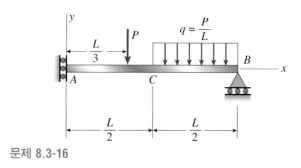

문제 8.3-16

8.3-17 스팬의 길이 절반 부분에 걸쳐 작용하는 최대 세기가 q_0인 분포하중을 받는 단순보 AB(그림 참조)에 대한 처짐곡선의 방정식을 유도하라. 또한 보의 중앙점에서의 처짐 δ_C을 구하라. (주: 처짐곡선의 2계 미분방정식을 사용하라.)

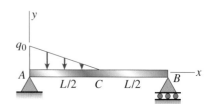

문제 8.3-17

전단력 방정식과 하중 방정식의 적분에 의한 처짐

*8.4*절에 대한 문제에 서술되어 있는 보는 일정한 휨 강성 *EI*를 가지고 있다. 또한 좌표의 원점은 좌측 지지점이다.

8.4-1 자유단에서 반시계방향으로 작용하는 우력 M_0를 받는 캔틸레버보 *AB*(그림 참조)에 대한 처짐곡선의 방정식을 유도하라. 또한 자유단에서의 처짐 δ_B와 기울기 θ_B를 구하라. 처짐곡선의 3계 미분방정식(전단력 방정식)을 사용하라.

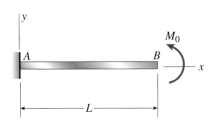

문제 8.4-1

8.4-2 그림에 보인 단순보 *AB*는 양단에 작용하는 모멘트 $2M_0$와 M_0를 받고 있다.

처짐곡선의 방정식을 유도하고 최대 처짐 δ_{max}을 구하라. 처짐곡선의 3계 미분방정식(전단력 방정식)을 사용하라.

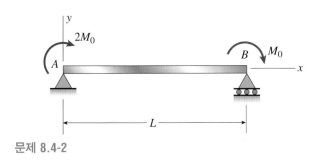

문제 8.4-2

8.4-3 단순보 *AB*가 세기 $q = q_0 \sin \pi x/L$인 분포하중을 받고 있으며, 여기서 q_0는 하중의 최대 세기이다(그림 참조).

처짐곡선의 방정식을 유도하고 보의 중앙점에서의 최대 처짐 δ_{max}을 구하라. 처짐곡선의 4계 미분방정식(하중 방정식)을 사용하라.

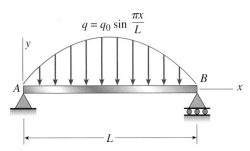

문제 8.4-3

8.4-4 등분포하중을 받는 보가 한쪽 끝에서는 가이드 지지점으로, 다른 쪽 끝에서는 스프링 지지점으로 지지되어 있다. 스프링의 상수는 $k = 48EI/L^3$이다.

처짐곡선의 3계 미분방정식(전단력 방정식)으로시작하여 처짐곡선의 방정식을 유도하라. 또한 지지점 *B*에서의 회전각 θ_B를 구하라.

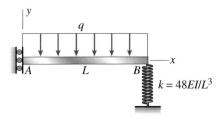

문제 8.4-4

8.4-5 캔틸레버 보 *AB*가 세기 $q = q_0(L^2 - x^2)/L^2$인 포물선으로 변하는 하중을 받고 있으며, 여기서 q_0는 하중의 최대 세기이다(그림 참조).

처짐곡선의 방정식을 유도한 다음에, 자유단에서의 처짐 δ_B와 회전각 θ_B를 구하라. 처짐곡선의 4계 미분방정식(하중 방정식)을 사용하라.

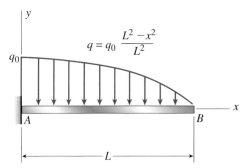

문제 8.4-5

8.4-6 캔틸레버 보 *AB*에 작용하는 분포하중의 세기는 $q = q_0 \cos \pi x/2L$로 표시되며, 여기서 q_0는 하중의 최대 세기이다(그림 참조).

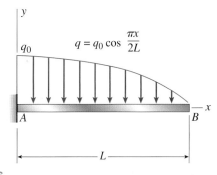

문제 8.4-6

처짐곡선의 방정식을 유도한 다음에, 자유단에서의 처짐 δ_B을 구하라. 처짐곡선의 4계 미분방정식(하중 방정식)을 사용하라.

8.4-7 A에서 가이드 지지점으로, B에서 롤러 지지점으로 지지되며 최대 세기가 q_0인 삼각분포하중을 받는 보 AB(그림 참조)에 대한 처짐곡선의 방정식을 유도하라. 또한 보의 최대 처짐 δ_{max}을 구하라. 처짐곡선의 4계 미분방정식(하중 방정식)을 사용하라.

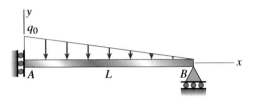

문제 8.4-7

8.4-8 A에서 가이드 지지점으로, B에서 롤러 지지점으로 지지되며 보의 돌출부에 작용하는 등분포하중 q를 받고 있는 보 ABC(그림 참조)에 대한 처짐곡선의 방정식을 유도하라. 또한 처짐 δ_C와 회전각 θ_C을 구하라. 처짐곡선의 4계 미분방정식(하중 방정식)을 사용하라.

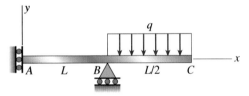

문제 8.4-8

8.4-9 단순보가 세기 $q = 4q_0x(L-x)/L^2$인 포물선 분포하중을 받고 있으며, 여기서 q_0는 하중의 최대 세기이다(그림 참조).

처짐곡선의 방정식을 유도하고 보의 최대 처짐 δ_{max}을 구하라. 처짐곡선의 4계 미분방정식(하중 방정식)을 사용하라.

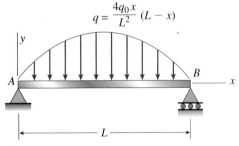

문제 8.4-9

8.4-10 A에서 가이드 지지점으로, B에서 롤러 지지점으로 지지되며 보의 우측 절반 부분에 작용하는 최대 세기 q_0인 분포하중을

받고 있는 보 AB(그림 참조)에 대한 처짐곡선의 방정식을 유도하라. 또한 처짐 δ_A와 회전각 θ_B 및 중앙점에서의 처짐 δ_C를 구하라. 처짐곡선의 4계 미분방정식(하중 방정식)을 사용하라.

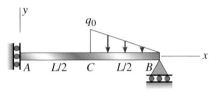

문제 8.4-10

중첩법

8.5절의 문제는 중첩법으로 풀어야 한다. 모든 보는 일정한 휨 강성 EI를 가지고 있다.

8.5-1 캔틸레버 보 AB가 그림과 같이 등간격으로 작용하는 3개의 집중하중을 받고 있다. 보의 자유단에서의 회전각 θ_B와 처짐 δ_B에 대한 공식을 구하라.

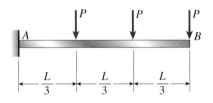

문제 8.5-1

8.5-2 단순보 AB가 등간격으로 작용하는 5개의 하중을 받고 있다(그림 참조).

(a) 보의 중앙점에서의 처짐 δ_1을 구하라.

(b) 똑 같은 전체 하중($5P$)이 보에 등분포하중으로 작용한다면 중앙점에서의 처짐 δ_2는 얼마인가?

(c) δ_1의 δ_2에 대한 비를 구하라.

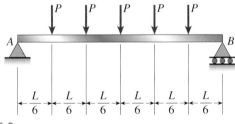

문제 8.5-2

8.5-3 보 ACB가 그림과 같이 2개의 스프링으로 매달려있다. 스프링의 상수는 k_1과 k_2이며 보의 휨 강성은 EI이다.

(a) 모멘트 M_0가 작용할 때 보의 중앙점인 C점에서의 아래 방향

처짐은 얼마인가? 구조물의 자료는 다음과 같다: $M_0 = 10.0$ kN · m, $L = 1.8$ m, $EI = 216$ kN · m^2, $k_1 = 250$ kN/m, $k_2 = 160$ kN/m.

(b) M_0를 제거하고 전체 보에 등분포하중 $q = 3.5$ kN/m를 작용시키는 경우에 대해 (a)를 풀어라.

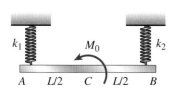

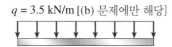

$q = 3.5$ kN/m [(b) 문제에만 해당]

문제 8.5-3

8.5-4 그림에 보인 캔틸레버 보 AB는 자유단에 부착된 연장부 BCD를 갖고 있다. 힘 P가 연장부의 끝에 작용한다.

(a) B점에서의 수직 처짐이 0이 되는 비 a/L을 구하라.

(b) B점에서의 회전각이 0이 되는 비 a/L을 구하라.

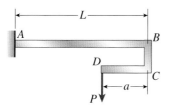

문제 8.5-4

8.5-5 단일 스팬 BD와 돌출부 AB로 구성된 보 $ABCD$가 브래킷 CEF의 끝에 작용하는 하중 P를 받고 있다(그림 참조).

(a) 돌출부의 끝점에서의 처짐 δ_A를 구하라.

(b) 어떤 조건에서 이 처짐은 위로 향하는가? 어떤 조건에서 이 처짐은 아래로 향하는가?

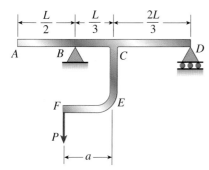

문제 8.5-5

8.5-6 봉을 따라 움직이는 하중 P가 언제나 같은 레벨을 유지하려면 하중 작용 전에 약간 굽혀진 곡선 보 AB(그림 참조)의 축의 방정식 $y = f(x)$는 어떻게 되어야 하는가?

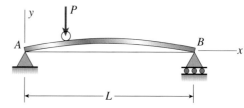

문제 8.5-6

8.5-7 길이의 중앙 1/3 부분에 작용하는 등분포하중 q를 받고 있는 캔틸레버보 AB(그림 참조)의 자유단에서의 회전각 θ_B와 처짐 δ_B를 구하라.

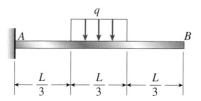

문제 8.5-7

8.5-8 그림에 보인 캔틸레버보 ABC의 휨 강성은 $EI = 6.1 \times 10^6$ N · m^{2}이다. C점에 4 kN · m의 모멘트와 자유단 B에 16 kN의 집중하중이 동시에 작용하는 경우에 C점과 B점에서의 아랫방향 처짐 δ_C와 δ_B를 각각 구하라.

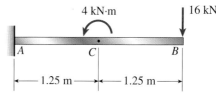

문제 8.5-8

8.5-9 방정식 $q = q_0 x^2/L^2$으로 정의되는 포물선 하중을 받는 캔틸레버보 AB(그림 참조)의 자유단에서의 회전각 θ_B와 처짐 δ_B를 구하라.

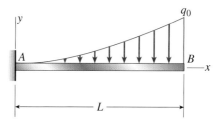

문제 8.5-9

8.5-10 휨 강성이 $EI = 75 \text{ kN} \cdot \text{m}^2$인 보 ABC가 C점에서 힘 $P = 800 \text{ N}$을 받고 있으며 A점에서는 축강도가 $EA = 900 \text{ kN}$인 와이어로 연결되었다(그림 참조).

하중 P가 작용할 때 C점에서의 처짐은 얼마인가?

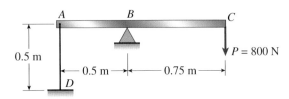

문제 8.5-10

8.5-11 그림과 같이 수평 하중 P가 브래킷 ABC의 끝점 C에 작용한다.

(a) C점에서의 처짐 δ_C를 구하라.

(b) 부재 AB의 윗방향 최대 처짐 $\delta_{\max}$을 구하라.

주: 휨 강성 EI는 프레임 전체에 걸쳐 일정하다고 가정한다. 또한 축의 변형 효과는 무시하고 하중 P에 의한 굽힘 효과만을 고려하라.

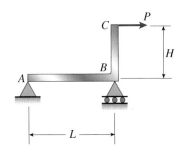

문제 8.5-11

8.5-12 전체 무게가 W이고 길이가 L인 얇은 금속 띠(strip)가 그림과 같이 폭이 $L/3$인 평편한 테이블 상단에 놓여있다.

금속 띠와 테이블의 중앙점 사이의 틈새 δ는 얼마인가? (금속 띠의 휨 강성은 EI이다.)

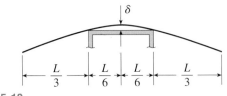

문제 8.5-12

8.5-13 보 $ABCD$가 B점과 C점에서 단순지지되어 있다(그림 참조). 보는 초기에 작은 곡률을 갖고 있어서 끝점 A는 지지점 연결

선 위로 18 mm, 끝점 D는 연결선위로 12 mm만큼 굽혀지게 한다. A점과 D점이 지지점 위치로 내려오게 하기 위해서는 A점과 D점에 작용시켜야 할 모멘트 M_1과 M_2는 각각 얼마여야 하는가? (보의 휨 강성 EI는 $2.5 \times 10^6 \text{ N} \cdot \text{m}^2$이고 길이 $L = 2.5 \text{ m}$이다.)

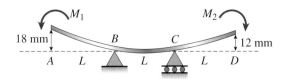

문제 8.5-13

8.5-14 단순보 AB가 스팬의 중앙부분에 작용하는 등분포하중 q를 받고 있다(그림 참조).

좌측 지지점에서의 회전각 θ_A와 중앙점에서의 처짐 $\delta_{\max}$를 구하라.

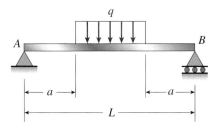

문제 8.5-14

8.5-15 돌출보 $ABCD$가 2개의 집중하중 P와 Q를 받고 있다(그림 참조).

(a) B점에서의 처짐이 0이 되는 비 P/Q는 얼마인가?

(b) D점에서의 처짐이 0이 되는 비 P/Q는 얼마인가?

(c) Q를 돌출부에 작용하는 등분포하중 q로 대체하는 경우에 대해, B점에서의 처짐이 0이 되는 비 $P/(qa)$와 D점에서의 처짐이 0이 되는 비 $P/(qa)$를 각각 구하라.

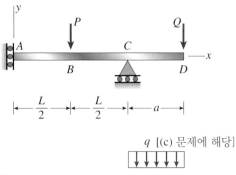

문제 8.5-15

8.5-16 휨 강성이 $EI = 45 \text{ N} \cdot \text{m}^2$인 돌출보 $ABCD$가 A에서는 가이드 지지점으로, B에서는 스프링상수가 k인 스프링으로 지지되

어 있다(그림 참조). 스팬 AB의 길이는 $L = 0.75$ m이고 등분포하중을 받고 있다. 돌출부 BC의 길이는 $b = 375$ mm이다. 등분포하중으로 인한 자유단 C에서의 처짐이 0이 되게 하는 스프링상수 k는 얼마인가?

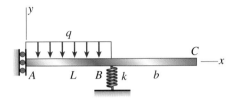

문제 8.5-16

8.5-17 그림에 보인 복합보 ABC가 A에서는 가이드 지지점으로, C에서는 고정 지지점으로 지지되어 있다. 보는 B에서 핀 연결(즉, 모멘트 이완점)로 결합된 2개의 부재로 구성되어 있다. 하중 P의 작용점에서의 처짐 δ를 구하라.

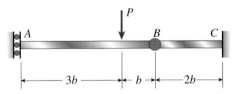

문제 8.5-17

8.5-18 복합보 $ABCDE$ (그림 참조)가 C점에서 힌지(즉, 모멘트 이완점)로 연결된 2개의 부분(ABC와 CDE)으로 구성되어 있다. B점에서는 스프링상수가 $k = EI/b^3$인 스프링으로 지지되어 있다. 하중 P의 작용점인 자유단 E에서의 처짐 δ_E를 구하라.

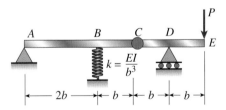

문제 8.5-18

8.5-19 그림에 보인 복합보는 단순보 BD (길이 2L)에 핀으로 연결된 캔틸레버 보(길이 L)로 구성되어 있다. 보가 구성된 다음에, B와 D 사이의 중간에 있는 지지점 C와 보 사이에 틈새 c가 존재한다. 이어서 등분포하중이 보의 전체 길이에 걸쳐 작용한다.

C점에서의 틈새 c를 없애고 보를 지지점과 접촉시키기 위해 필요한 하중의 세기 q는 얼마인가?

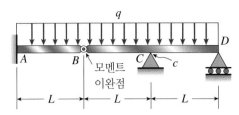

문제 8.5-19

8.5-20 강철보 ABC가 A점에서 단순지지 되어 있고 B점에서 고강도 강철 와이어에 매달려 있다(그림 참조). 하중 $P = 1$ kN이 자유단 C에 작용한다. 와이어의 축강도는 $EA = 1,335$ N이고 보의 휨 강성은 $EI = 86$ kN·m²이다. 하중 P에 의한 C점에서의 처짐 δ_C은 얼마인가?

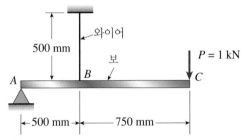

문제 8.5-20

8.5-21 보 $ABCDE$가 B점과 D점에서 단순 지지되어 있고 양단에 대칭적인 돌출부를 갖고 있다(그림 참조). 중앙 스팬의 길이는 L이고 각 돌출부의 길이는 b이다. 보에 등분포하중 q가 작용한다.

(a) 중앙점에서의 최대 처짐 δ_C가 양단에서의 처짐 δ_A 및 δ_E와 같게 되기 위한 비 b/L을 구하라.

(b) 이 값 b/L에 대해 중앙점에서의 처짐 δ_C는 얼마인가?

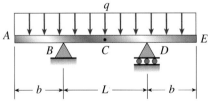

문제 8.5-21

8.5-22 그림에 보인 프레임 ABC의 자유단 C에서의 수평 처짐 δ_h와 수직 처짐 δ_v를 각각 구하라. (휨 강성 EI는 전체 프레임에서 일정하다.)

주: 축 변형의 효과는 무시하고 하중 P에 의한 굽힘 효과만 고려하라.

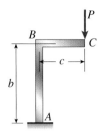

문제 8.5-22

8.5-23 그림에 보인 프레임 $ABCD$는 A점과 B점에 작용하는 2개의 동일선상의 하중 P에 의해 압착되고 있다. 하중 P가 작용할 때 A점과 B점 사이의 거리의 감소량 δ는 얼마인가? (휨 강성 EI는 전체 프레임에서 일정하다.)

주: 축 변형의 효과는 무시하고 하중 P에 의한 굽힘 효과만 고려하라.

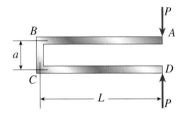

문제 8.5-23

8.5-24 프레임 ABC가 C점에서 수평에 대해 각 α의 방향으로 작용하는 힘 P를 받고 있다(그림 참조). 프레임의 두 부재는 같은 길이와 같은 휨 강성을 갖는다.

C점에서의 처짐이 하중과 같은 방향에 있게 하는 각 α를 구하라. (축 변형의 효과는 무시하고 하중 P에 의한 굽힘 효과만 고려하라.)

주: 결과적인 처짐이 하중과 같은 방향에 있게 하는 하중방향을 주방향이라고 한다. 2차원 구조물 상에 주어진 하중에 대해 서로 직각인 2개의 주방향이 있다.

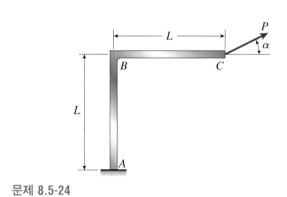

문제 8.5-24

8장 추가 복습문제

R-8.1: 스팬의 길이 $L = 4.5$ m이고 높이 $H = 2$ m인 강철 브래킷 ABC ($EI = 4.2 \times 10^6$ N · m²)가 C점에서 하중 $P = 15$ kN을 받고 있다. 조인트 C에서의 최대 수평 처짐을 구하라.

R-8.2: 스팬의 길이 $L = 4.5$ m이고 높이 $H = 2$ m인 강철 브래킷 ABC ($EI = 4.2 \times 10^6$ N · m²)가 C점에서 하중 $P = 15$ kN을 받고 있다. 조인트 B에서의 최대 회전각을 구하라.

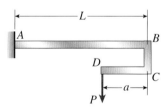

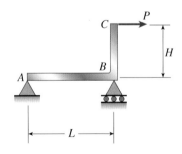

R-8.3: 스팬의 길이 $L = 4.5$ m이고 치수 $a = 2$ m인 강철 브래킷 $ABCD$ ($EI = 4.2 \times 10^6$ N · m²)가 D점에서 하중 $P = 10$ kN을 받고 있다. B점에서의 최대 처짐을 구하라.

R-8.4: 단일 재료로 된 불균일단면의 캔틸레버 보가 자유단에서 하중 P를 받고 있다. 관성모멘트 $I_2 = 2 I_1$이다. 같은 하중을 받는 관성모멘트 I_1인 균일단면의 캔틸레버 보의 자유단에서의 처짐 δ_1에 대한 처짐 δ_B의 비 r을 구하라.

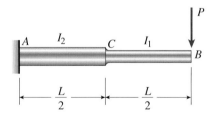

R-8.5: 스팬의 길이 $L = 2.5$ m인 정사각형 단면의 알루미늄 단순

보($E = 72$ GPa)가 등분포하중 $q = 1.5$ kN/m를 받고 있다. 허용 굽힘응력은 60 MPa이다. 보의 최대 처짐을 구하라.

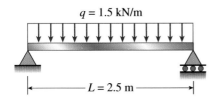

R-8.6: $I = 119 \times 10^6$ mm⁴이고 스팬의 길이가 $L = 3.5$ m인 강철 보($E = 210$ GPa)가 등분포하중 $q = 9.5$ kN/m를 받고 있다. 보의 최대 처짐을 구하라.

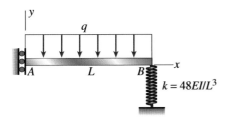

R-8.7: 스팬의 길이 $L = 2.5$ m인 정사각형 단면의 알루미늄 캔틸레버 보($E = 72$ GPa)가 등분포하중 $q = 1.5$ kN/m를 받고 있다. 허용 굽힘응력은 55 MPa이다. 보의 최대 처짐을 구하라.

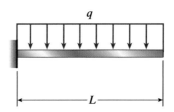

기둥이나 그 밖의 가느다란 압축 부재와 같이 구조물 내에서 임계하중을 지탱하는 요소는 좌굴파괴가 일어나기 쉽다. (LUSHPIX/UNLISTED IMAGES, INC.)

기둥
columns

개요

9장에서는 구조물 중에서 압축하중을 지지하는 가느다란 기둥의 **좌굴**을 주로 다룬다. 먼저 좌굴 발생 시의 **임계하중**을 정의하고, 강봉과 탄성 스프링으로 구성된 여러 개의 단순한 모델에 대해 계산한다(9.2절). 이러한 이상화된 강체 구조물에 대해 **안정, 중립 및 불안정 평형조건**을 설명한다. 다음에는 양단이 핀으로 지지된 가느다란 기둥의 선형탄성 좌굴이 고려된다(9.3절). 처짐곡선의 미분방정식이 유도되고 **Euler 좌굴하중**(P_{cr})과 기본 모드에 대한 관련 좌굴형상을 나타내는 식을 구하기 위해 풀이된다. **임계응력**(σ_{cr})과 **세장비**(L/r)를 정의하고 큰 처짐, 기둥의 결함, 비탄성 거동 및 기둥의 최적형상의 영향을 설명한다. 마지막으로,

추가적인 3가지 기둥 지지조건(고정–자유, 고정–고정, 고정–핀)에 대해 임계하중과 좌굴 모드 형상이 계산되며 유효길이(L_e)의 개념이 도입된다.

9장은 다음과 같이 구성되었다.

9.1 소개
9.2 좌굴과 안정성
9.3 양단이 핀으로 지지된 기둥
9.4 다른 지지조건을 갖는 기둥
요약 및 복습
연습문제

9.1 소개

하중을 지지하는 구조물은 구조물의 형태, 지지점의 조건, 하중의 종류 및 사용 재료에 따라 여러 가지 방식으로 파괴될 수 있다. 예를 들면, 차량의 차축은 반복된 하중작용 사이클로 인해 갑자기 파괴될 수 있고, 또는 보의 처짐이 과도하게 되면 구조물이 원래의 기능을 수행할 수 없게된다. 이런 종류의 파괴는 최대응력과 최대변위가 허용한계 내에 머물도록 구조물을 설계함으로써 예방할 수 있다. 따라서 앞의 장들에서 논의된 것과 같이 **강도(strength)**와 **강성도(stiffness)**는 설계에서 중요한 인자이다.

또 다른 형태의 파괴는 이 장의 주제인 **좌굴(buckling)**이다. 압축축하중을 받는 가늘고 긴 구조용 부재인 **기둥 (column)**의 좌굴에 대해 특별히 고찰할 것이다(그림 9-1a). 압축 부재가 비교적 가느다란 경우, 횡방향으로 처짐이 생길 수 있고 재료의 직접 압축보다는 굽힘(그림 9-1b)에 의해 파괴가 일어난다. 플라스틱 자 또는 다른 가느다란 물체를 압축시킴으로써 이러한 거동을 입증해 보일 수 있다. 횡방향 굽힘이 일어날 때 기둥이 **좌굴되었다**고 말한다. 축하중이 증가함에 따라 횡방향 처짐도 증가하며 결과적으로 기둥은 완전히 붕괴될 것이다.

좌굴현상은 기둥에만 국한되는 것이 아니다. 좌굴은 여러 종류의 구조물에서 일어날 수 있으며 다양한 형태를 가질 수도 있다. 빈 알루미늄 캔 위쪽을 밟았을 때, 얇은 원통형 벽이 밟은 사람의 무게에 의해 좌굴이 일어나서 부서질 수 있다. 몇 년 전에 큰 교량이 붕괴되었을 때, 조사관들은 압축응력으로 인해 주름잡힌 얇은 강철판의 좌굴에 의해 파괴된 것임을 발견하였다. 좌굴은 구조물에서

주요 파괴원인 중의 하나이므로, 설계 시 좌굴의 가능성을 항상 고려해야 한다.

9.2 좌굴과 안정성

좌굴과 안정성의 기본 개념을 설명하기 위하여, 그림 9-2a에 보인 **이상형 구조물(idealized structure)** 또는 **좌굴 모델(buckling model)**을 해석하기로 한다. 이 가상적 구조물은 각각 길이가 $L/2$인 두 개의 강봉(rigid bar) AB와 BC로 구성되어 있다. 이들은 핀 연결에 의해 B에서 연결되며 강성도 β_R을 갖는 회전 스프링에 의해 수직위치를 유지하고 있다.[*]

이러한 이상형 구조물은 그림 9-1a의 기둥과 유사한데, 그 이유는 두 개의 구조물이 양단에서 단순 지지점을 가지고 있고 축하중 P에 의해 압축되고 있기 때문이다. 그러나 이상형 구조물의 탄성이 회전스프링에 "집중되고" 있는 반면에, 실제 기둥은 전 길이에 걸쳐 굽혀질 수 있다(그림 9-1b).

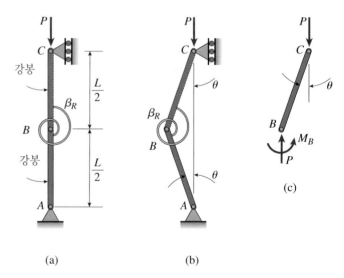

(a)   (b)   (c)

그림 9-2 두 개의 강봉과 한 개의 회전 스프링으로 구성된 이상형 구조물의 좌굴

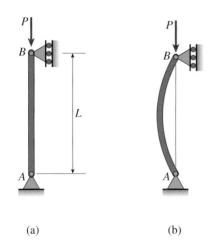

(a)   (b)

그림 9-1 압축축하중 P에 의한 기둥의 좌굴

---

[*] 회전 스프링에 대한 일반적인 관계식은 $M = \beta_R \theta$이며, 여기서 M은 스프링에 작용하는 굽힘모멘트, β_R은 스프링의 회전강성도, θ는 스프링의 회전각이다. 따라서 회전 강성도는 모멘트를 각으로 나눈 N·m/rad과 같은 단위를 갖는다. 병진 스프링에 대한 유사한 관계식은 $F = \beta\delta$이며, 여기서 F는 스프링에 작용하는 힘, β는 스프링의 병진 강성도(또는 스프링상수), θ는 스프링 길이의 변화량이다. 따라서 병진 강성도는 힘을 길이로 나눈 N/m와 같은 단위를 갖는다.

이상형 구조물에서, 두 개의 봉은 완전하게 정렬되고 축하중 P는 길이방향 축을 따라 작용선을 가지고 있다(그림 9-2a). 결과적으로, 스프링은 초기에 응력을 받지 않으며 봉들은 직접적인 압축을 받는다.

이제 구조물이 어떤 외력의 작용을 받아 점 B가 횡방향으로 작은 거리만큼 움직이게 되었다고 가정하자(그림 9-2b). 그 강봉은 미소각 θ만큼 회전하며 스프링 내에 모멘트가 생긴다. 이 모멘트의 방향은 구조물을 원래의 곧은 위치로 돌아가게 하려는 경향이 있으므로, 이를 **복원 모멘트(restoring moment)**라고 부른다. 그러나 이와 동시에, 축방향 압축력은 횡방향 변위를 증가시키게 하는 경향을 가지고 있다. 따라서 이 두 작용은 서로 반대 효과를 가지고 있다. 즉, 복원 모멘트는 변위를 감소시키려 하고 축력은 변위를 증가시키려 한다.

이제 외부 힘이 제거되면 어떤 일이 생기는가를 고려해 보자. 축력 P가 비교적 작은 경우에는 회전 모멘트의 작용이 축력의 작용을 능가할 것이고, 구조물은 최초의 직선 위치로 돌아갈 것이다. 이러한 조건하에서, 이 구조물은 **안정(stable)**하다고 말한다. 그러나 축력이 큰 경우에는 점 B의 횡방향 변위가 증가할 것이고, 봉은 구조물이 파괴될 때까지 더욱더 큰 각으로 회전할 것이다. 이러한 조건하에서, 구조물은 **불안정(unstable)**하며 횡 좌굴에 의해 파괴된다.

임계하중

안정 조건과 불안정 조건 사이의 전이는 **임계하중(critical load)**(기호 P_{cr}로 표시)이라고 알려진 축력의 특정 값에서 일어난다. 움직인 위치에서의 구조물(그림 9-2b)을 고려하고 평형을 검토함으로써 임계하중을 구할 수 있다.

첫 째로, 전체 구조물을 자유물체도로 취급하여 지지점 A에 대하여 모멘트를 합한다. 이 단계는 지지점 C 에는 수평 반력이 없다는 결론에 이르게 한다. 두 번째로, 봉 BC를 자유물체로 취급하고(그림 9-2c) 이 봉은 축하중 P와 스프링의 모멘트 M_B의 작용을 받고 있다는 것을 유의한다. 모멘트 M_B는 회전 강성도 β_R과 스프링의 회전각 2θ를 곱한 것과 같다. 따라서

$$M_B = 2\beta_R \theta \qquad\qquad (a)$$

각 θ는 미소 양이므로, 점 B의 횡변위는 $\theta L/2$이다. 그러므로 점 B에 대해 모멘트를 합하여 다음과 같은 평형방정식을 얻는다(그림 9-2c).

$$M_B - P\left(\frac{\theta L}{2}\right) = 0 \qquad\qquad (b)$$

또는 식 (a)에 대입하여 다음 식을 얻는다.

$$\left(2\beta_R - \frac{PL}{2}\right)\theta = 0 \qquad\qquad (9\text{-}1)$$

이 식의 한 가지 해는 $\theta = 0$이며, 이는 힘 P의 크기에 관계없이 구조물이 완전하게 곧은 상태일 때 평형상태에 있음을 의미한다.

두 번째 해는 괄호 안에 있는 항을 0으로 놓고 임계하중인 P에 대해 풀어서 구한다.

$$P_{cr} = \frac{4\beta_R}{L} \qquad\qquad (9\text{-}2)$$

이 임계하중 값에서는 구조물이 각 θ의 크기에 관계없이 평형상태에 있게 된다(이 가정을 식 b를 유도할 때 했으므로 각이 미소각으로 유지되는 한).

앞의 해석으로부터 임계하중은 구조물이 움직인 위치에서 평형상태에 있을 수 있는 **유일한** 하중임을 알 수 있다. 이러한 하중 값에서, 스프링 모멘트의 복원 효과는 축하중의 좌굴효과와 일치한다. 따라서 임계하중은 안정과 불안정 조건 사이의 경계를 나타낸다.

축하중이 P_{cr}보다 작으면 스프링 모멘트 효과가 우세하며 구조물은 약간의 움직임 뒤에 수직위치로 되돌아가고, 축하중이 P_{cr}보다 크면 축하중의 효과가 우세하며 구조물은 좌굴을 일으킨다.

    $P < P_{cr}$이면, 구조물은 안정하다.
    $P > P_{cr}$이면, 구조물은 **불안정**하다.

식 (9-2)로부터, 강성도를 증가시키거나 길이를 감소시킴으로써 구조물의 안정성이 증가된다는 것을 알 수 있다. 이 장의 뒷부분에서 여러 가지 형태의 기둥에 대한 임계하중을 구할 때 이러한 동일한 관찰이 적용됨을 알 수 있을 것이다.

요약

이제 축하중 P가 0으로부터 큰 값까지 증가함에 따른 이상형 구조물(그림 9-2a)의 거동을 요약해 보자.

축하중이 임계하중보다 작을 때($0 < P < P_{cr}$), 구조물은 완전하게 곧은 모양일 때 평형상태에 있다. 평형은 **안정**하므로, 구조물은 움직였던 위치에서 원래의 위치로 되돌아

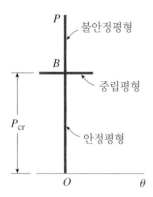

그림 9-3 이상형 구조물의 좌굴에 대한 평형 선도

간다. 따라서 구조물은 완전하게 곧은 모양($\theta = 0$)일 때에만 평형상태에 있다.

축하중이 임계하중보다 클 때($P > P_{cr}$), 구조물은 $\theta = 0$이면 여전히 평형상태에 있지만(직접 압축 상태에 있고 스프링에 모멘트가 작용하지 않기 때문에), 평형은 불안정하며 지속될 수 없다. 약간만 건드려도 구조물은 좌굴을 일으킬 것이다.

임계하중($P = P_{cr}$)에서는, 점 B가 미소량만큼 횡방향으로 변위를 일으키더라도 구조물은 평형상태에 있다. 다시 말하면, 구조물은 $\theta = 0$을 포함한 임의의 미소각에 대해서도 평형상태에 있다. 그러나 구조물은 안정하지도 않고 불안정하지도 않다. 즉, 안정성과 불안정성 사이의 경계에 있다. 이러한 상태를 **중립평형(neutral equilibrium)**이라고 한다.

이상형 구조물에 대한 평형조건은 축하중 P 대 회전각 θ의 그래프(그림 9-3)에 보여진다. 두 개의 두꺼운 선에서 하나는 수직이고, 하나는 수평인 평형조건을 나타낸다. 평형선도가 분기되는 점 B는 **분기점(bifurcation point)**이라고 부른다.

중립평형의 수평선은 각 θ가 시계방향이나 반시계방향일 수 있기 때문에 수직축의 왼쪽과 오른쪽으로 연장된다. 그러나 해석은 θ가 미소각이라는 가정에 기초를 두었기 때문에 이 선은 짧은 거리만 연장되어 있다. (구조물이 처음 수직 위치에서 움직일 때 θ는 실제로 작기 때문에 이러한 가정은 매우 타당하다. 좌굴이 계속되어 θ가 커지면, "중립평형"이라 표시된 선은 뒤에 그림 9-11에 보여지는 것처럼 위로 굽어진다.)

그림 9-3의 선도에 표시된 3가지 평형조건은 평평한 표면에 놓인 볼의 평형조건과 유사하다(그림 9-4). 표면이 접시 안쪽과 같이 위로 오목하면, 평형은 안정하고 볼은 건드려지더라도 언제나 낮은 점으로 되돌아간다. 표면이 돔(dome)과 같이 위로 볼록하면, 볼은 이론적으로 표면의 상부에서 평형상태에 있지만, 이 평형은 불안정하고 실제로 볼은 구를 것이다. 표면이 완전히 평평하다면, 볼은 중립평형 상태에 있게 되고 볼이 놓인 곳에 머무를 것이다.

다음 절에서 알 수 있는 바와 같이, 이상형 탄성 보의 거동은 그림 9-2에 보인 좌굴모델의 거동과 유사하다. 게다가 많은 다른 종류의 구조 시스템과 기계 시스템이 이러한 모델에 적합하다.

9.3 양단이 핀으로 지지된 기둥

양단이 핀으로 지지된 가느다란 기둥(그림 9-5a)을 해석함으로써 기둥의 안정 거동을 검토하기로 한다. 이 기둥은 끝 단면의 도심을 통해 작용되는 수직력 P를 받고 있다. 기둥 자체는 완전하게 곧은 모양이고 Hooke의 법칙을 따르는 선형 탄성 재료로 되어 있다. 기둥은 결함이 없다고 가정되므로, 이를 **이상형 기둥(ideal column)**이라고 부른다.

해석 목적상, 지지점 A를 원점으로 하고 기둥의 길이방향 축을 x축으로 하는 좌표계를 구성한다. y축은 그림의 왼쪽을 향하고, z축(그림에는 보이지 않음)은 그림의 평면에서 독자 쪽을 향한다. xy 평면은 기둥의 대칭 평면이며 임의의 굽힘이 이 평면 내에 일어난다고 가정한다(그림 9-5b). 기둥을 각 90°만큼 시계방향으로 회전시켜 알 수 있는 것처럼, 이 좌표계는 보에 대한 앞의 논의에서 사용되었던 좌표계와 동일하다.

축하중 P가 작은 값을 가질 때, 기둥은 완전하게 곧은 모양을 가지며 직접 축압축을 받는다. 유일한 응력은 식 $\sigma = P/A$로부터 구한 균일 압축응력이다. 이 기둥은 **안정평형** 상태에 있으며, 이는 기둥이 교란을 받은 뒤에 다시 곧은 위치로 돌아간다는 것을 의미한다. 예를 들면, 작은 횡하중을 작용시켜 이 기둥을 굽어지게 하면, 횡하중이 제거될 때 처짐이 없어지고 기둥은 원래 위치로 돌아갈 것이다.

그림 9-4 안정, 불안정 및 중립평형 상태에 있는 볼

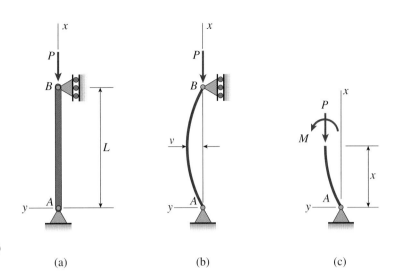

그림 9-5 양단이 핀으로 지지된 기둥: (a) 이상형 기둥, (b) 좌굴 현상, (c) 단면에 작용하는 축력 P와 굽힘모멘트 M (a)   (b)   (c)

축하중 P가 점점 증가함에 따라, 기둥이 굽어진 모양을 가지게 되는 **중립평형** 상태에 이르게 된다. 이에 대응하는 하중 값이 **임계하중** P_{cr}이다. 이 하중에서는 기둥이 축력의 변화가 없어도 작은 횡방향 처짐을 일으킨다. 이를테면, 작은 횡하중은 굽은 형상을 일으키며 횡하중이 제거되어도 이 형상은 없어지지 않는다. 따라서 임계하중에서는 기둥이 수직 위치나 약간 굽어진 위치에서도 모두 평형상태에 머물 수 있다.

이보다 더 큰 하중 값에서, 기둥은 **불안정**하며 좌굴, 즉 과도한 굽힘에 의해 붕괴될 것이다. 논의하고 있는 이상형인 경우에, 기둥은 임계하중보다 큰 축력 P가 작용하더라도 곧은 위치에서는 평형상태에 있게 된다. 그러나 이 평형은 불안정하므로, 가장 작다고 상상할 수 있는 교란에 의해서도 기둥을 옆으로 처지게 할 것이다. 일단 이런 일이 생기면, 처짐은 즉시 증가되며 기둥은 좌굴에 의해 파괴될 것이다. 이 거동은 이상형 좌굴모델(그림 9-2)에 대해 앞 절에서 설명한 거동과 비슷하다.

축하중 P에 의해 압축을 받는 이상형 기둥(그림 9-5a 및 b)의 거동은 다음과 같이 요약된다.

$P < P_{cr}$이면, 기둥은 곧은 위치로 안정평형 상태에 있다.
$P = P_{cr}$이면, 기둥은 곧은 위치이든 약간 굽은 위치이든 간에 중립평형 상태에 있다.
$P > P_{cr}$이면, 기둥은 곧은 위치에서 불안정평형 상태에 있게 되며 아주 작은 교란에도 좌굴을 일으킨다.

물론 실제 기둥은 결함이 언제나 존재하므로 이러한 이상형인 형태로 거동하지 않는다. 이를테면, 기둥은 **완전하게** 곧은 모양이 아니고 하중은 **정확하게** 도심에 작용하지 않

는다. 그럼에도 불구하고, 이상형 기둥을 통해 실제 기둥의 거동을 예측할 수 있으므로 이상형 기둥을 연구하는 것으로 시작한다.

기둥 좌굴에 대한 미분방정식

양단이 핀으로 지지된 이상형 기둥(그림 9-5a)에 대한 임계하중과 이에 대응하는 처짐 형상을 구하기 위해, 보의 처짐곡선에 대한 미분방정식 중의 한 개를 사용한다(8.2절의 식 8-12 a, b 및 c 참조). 기둥은 보처럼 굽어지기 때문에 이러한 식은 좌굴된 기둥에 적용할 수 있다(그림 9-5b).

4계 미분방정식(하중 방정식)과 3계 미분방정식(전단력 방정식)은 둘 다 기둥 해석에 적합하지만, 여기서는 일반해가 가장 간단하다는 이유 때문에 2계 미분방정식(굽힘모멘트 방정식)을 사용한다. 굽힘모멘트 방정식(식 8-12a)은 다음과 같다.

$$EIv'' = M \qquad (9\text{-}3)$$

여기서 M은 임의 단면에서의 굽힘모멘트이고, v는 y 방향의 횡 처짐이며, EI 는 xy 평면 내의 굽힘에 대한 휨 강성이다.

좌굴된 기둥의 끝점 A로부터 거리 x만큼 떨어진 곳의 굽힘모멘트 M이 양의 방향으로 작용하는 것을 그림 9-5c에서 보여준다. 굽힘모멘트의 부호규약은 앞 장에서 사용된 것과 같이, 양의 굽힘모멘트는 양의 곡률을 일으킨다는 규약과 동일하다는 것을 유의하라(그림 8-3과 8-4 참조).

단면에 작용하는 축력 P가 그림 9-5c에 보여진다. 지지점에 작용하는 수평력은 없기 때문에, 기둥에는 전단력이 없다. 그러므로 점 A에 대한 모멘트의 평형으로부터 다음 식을

얻는다.

$$M + Pv = 0 \quad \text{or} \quad M = -Pv \qquad (9\text{-}4)$$

여기서 v는 단면에서의 처짐이다.

기둥이 왼쪽 대신에 오른쪽으로 좌굴된다고 가정하면 굽힘모멘트에 대한 똑같은 식을 얻는다(그림 9-6a). 기둥이 오른쪽으로 처질 때, 처짐 자체는 $-v$이지만 축력의 점 A에 대한 모멘트는 부호가 바뀐다. 따라서 점 A에 대한 모멘트의 평형방정식(그림 9-6b 참조)은 다음과 같다.

$$M - P(-v) = 0$$

이 식은 앞의 굽힘모멘트 M에 대한 식과 똑같다.

이제 **처짐곡선의 미분방정식**(식 9-3)은 다음과 같게 된다.

$$EIv'' + Pv = 0 \qquad (9\text{-}5)$$

상수계수를 가진 동차 선형 2계 미분방정식인 이 방정식을 풀어서 임계하중의 크기와 좌굴된 기둥의 처짐 모양을 구할 수 있다.

유의할 점은 8장에서 보의 처짐을 구할 때 사용했던 것과 같은 기초적인 미분방정식을 풀어서 기둥의 좌굴을 해석하고 있다는 것이다. 그러나 두 가지 형태의 해석에서는 기본적인 차이가 있다. 보의 처짐의 경우에는, 식 (9-3)에 나타나는 굽힘모멘트 M은 하중만의 함수이다. 즉, M은 보의 처짐에 좌우되지 않는다. 좌굴의 경우에는, 굽힘모멘트가 처짐 자체의 함수이다(식 9-4).

따라서 이제는 굽힘 해석이 새로운 국면을 맞이하게 된다. 이전에는, 구조물의 처짐 모양이 고려되지 않았으며

평형방정식은 변형되지 않은 구조물의 기하학적 모양에 근거를 두었다. 그러나 이제는 평형방정식을 쓸 때 **변형된** 구조물의 기하학적 모양이 고려된다.

미분방정식의 해

미분방정식(식 9-5)의 일반해를 쓰는 데 편리하도록 다음과 같은 기호를 도입한다.

$$k^2 = \frac{P}{EI} \quad \text{또는} \quad k = \sqrt{\frac{P}{EI}} \qquad (9\text{-}6 \text{ a, b})$$

여기서 k는 언제나 양의 값으로 취급한다. k는 길이의 역수의 단위를 가지며, 따라서 kx와 kL 같은 값은 무차원임을 유의하자.

이러한 기호를 사용하여 식 (9-5)를 다음 형태로 다시 쓴다.

$$v'' + k^2 v = 0 \qquad (9\text{-}7)$$

수학에서 이 방정식의 **일반해**는 다음과 같음을 안다.

$$v = C_1 \sin kx + C_2 \cos kx \qquad (9\text{-}8)$$

여기서 C_1과 C_2는 적분상수(기둥의 경계조건이나 끝 부분 조건으로부터 계산되어야 하는)이다. 해에 있는 임의 상수의 수(이 경우에는 두 개)는 미분방정식의 계수와 일치함을 유의하자. 또한 v에 대한 식(식 9-8)을 미분방정식(식 9-7)에 대입하여 항등식으로 줄여서 해를 검증할 수 있음을 유의하라.

해(식 9-8)에 나타나는 **적분상수**를 구하기 위해 기둥의 끝 부분에서의 경계조건, 즉 $x = 0$과 $x = L$에서의 처짐이 0이 된다는 조건을 사용한다(그림 9-5b 참조).

$$v(0) = 0 \quad \text{그리고} \quad v(L) = 0 \qquad (a, b)$$

첫 번째 조건에서 $C_2 = 0$이므로 다음과 같이 된다.

$$v = C_1 \sin kx \qquad (c)$$

두 번째 조건에서 다음 식을 얻는다.

$$C_1 \sin kL = 0 \qquad (d)$$

이 식으로부터 $C_1 = 0$이거나 $\sin kL = 0$이라는 결론을 얻는다. 이 두 가지 가능성들을 모두 검토할 것이다.

경우 1. 상수 C_1이 0이면 처짐 v 또한 0이며(식 c 참조), 따라서 기둥은 곧은 모양으로 남는다. 더욱이 C_1이 0일 때 식

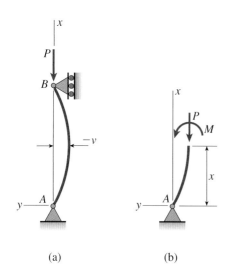

(a)   (b)

그림 9-6 양단이 핀으로 지지된 기둥(또 다른 좌굴 방향)

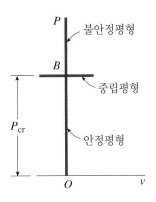

그림 9-7 선형 탄성인 이상형 기둥에 대한 하중-처짐 선도

(d)는 어떤 kL 값에 대해서도 만족한다. 결과적으로, 축하중 P는 어떤 값이든 가질 수 있다(식 9-6b 참조). 미분방정식의 이러한 해(수학에서는 **자명한 해**(*trivial solution*)라고 알려진)는 하중-처짐 선도(그림 9-7)의 수직축에 의해 표시된다. 이것은 압축하중 P의 작용하에 곧은 위치(처짐 없이)에서 평형상태에 있는 이상형 기둥의 거동을 나타낸다.

경우 2. 식 (d)를 만족시키는 두 번째 가능성은 **좌굴방정식**이라고 알려진 다음과 같은 식으로 주어진다.

$$\sin kL = 0 \qquad (9\text{-}9)$$

이 식은 $kL = 0$, π, 2π, $\cdots$일 때 만족된다. 그러나 $kL = 0$은 $P = 0$을 의미하므로 이러한 해는 관심의 대상이 아니다. 따라서 고려되는 해는 다음과 같다.

$$kL = n\pi \qquad n = 1, 2, 3, \ldots \qquad (e)$$

또는(식 9-6a 참조)

$$P = \frac{n^2 \pi^2 EI}{L^2} \qquad n = 1, 2, 3, \ldots \qquad (9\text{-}10)$$

이 공식은 좌굴방정식을 만족시키고 미분방정식의 해(자명한 해가 아닌)를 마련하는 P값을 준다.

처짐곡선의 방정식(식 c와 e로부터)은 다음과 같다.

$$v = C_1 \sin kx = C_1 \sin \frac{n\pi x}{L} \qquad n = 1, 2, 3, \ldots \quad (9\text{-}11)$$

P가 식 (9-10)에 의해 주어진 값 중에 하나를 가질 때에만 기둥이 굽어진 형상(식 9-11로 주어진)을 갖는 것이 이론적으로 가능하다. P의 다른 모든 값에 대해서는 기둥이 곧은 상태로 있을 때에만 평형상태에 있게 된다. 따라서 식 (9-10)으로 주어진 P값은 이 기둥에 대한 **임계하중**이다.

임계하중

양단이 핀으로 지지된 기둥(그림 9-8a)에 대한 최소 임계하중은 $n = 1$일 때 얻어진다.

$$P_{cr} = \frac{\pi^2 EI}{L^2} \qquad (9\text{-}12)$$

이에 대응하는 좌굴형상[때로는 **모드 형상**(*mode shape*)이라고 부름]은 그림 9-8b에 보인 바와 같이 다음 식으로 표현된다.

$$v = C_1 \sin \frac{\pi x}{L} \qquad (9\text{-}13)$$

상수 C_1은 기둥의 중앙점에서의 처짐을 나타내고 양이거나 음인 임의의 작은 값을 갖는다. 그러므로 P_{cr}에 대응하는 하중-처짐 선도의 부분은 곧은 수평선이다(그림 9-7). 따라서 임계하중에서의 처짐은 비록 이 방정식이 유효하도록 작은 값을 가져야 하지만, 이 처짐은 **불확정적**이다. 분기점 B 위에서는 평형이 불안정하고, 분기점 B 아래에서는 평형이 안정하다.

제1 모드(first mode)에서 양단이 핀으로 지지된 기둥의 좌굴은 기둥좌굴의 **기본형**이라고 부른다.

이 절에서 설명되는 좌굴의 형태는 **Euler 좌굴**이라고 하며, 이상형 탄성 기둥에 대한 임계하중은 때로는 **Euler 하중**이라고 한다. 오랫동안 가장 위대한 수학자로 일반적으로 인식되어 온 유명한 수학자 Leonhard Euler(1707~1783)는 가느다란 기둥의 좌굴을 검토하고 기둥의 임계하중을 구한 최초의 학자였다(Euler는 1744년에 그의 연구결과를 출판하였다). 참고문헌 11-2를 참조하라.

식 (9-10)과 (9-11)에서 더 큰 지수 n값을 취하면 무한히 많은 수의 임계하중과 이에 대응하는 모드 형상을 얻게 된다. $n = 2$인 모드 형상은 그림 9-8c에 그려진 것처럼, 두 개의 반파형을 가진다. 이에 대한 임계하중은 기본형에 대한 임계하중보다 4배나 더 크다. 임계하중의 크기는 n의 제곱에 비례하고 좌굴형상에서의 반파형의 수는 n과 같다.

기둥은 축하중 P가 가장 낮은 임계치에 도달할 때 좌굴이 일어나기 때문에 **고차 모드**의 좌굴형상은 실제적으로 관심의 대상이 아니다. 제1모드보다 큰 모드의 좌굴형상을 얻는 유일한 방법은 그림 9-8에 보인 기둥의 중앙점에서와 같이 기둥의 횡방향 지지점을 중간점들에 마련하는 것이다(이 절의 끝 부분의 예제 9-1 참조).

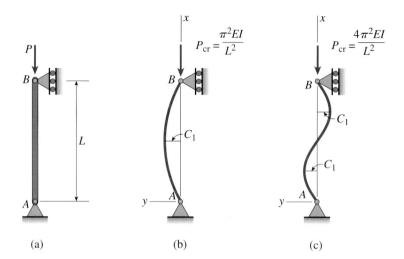

그림 9-8 양단이 핀으로 지지된 이상형 기둥의 좌굴형상: (a) 초기의 곧은 기둥, (b) $n = 1$ 일 때의 좌굴형상, (c) $n = 2$일 때의 좌굴 형상

일반적 유의사항

식 (9-12)로부터 기둥의 임계하중은 휨 강성 EI 에는 비례하고 길이의 제곱에는 반비례함을 알 수 있다. 특별한 관심사는 비례한도나 항복응력 같은 양에 의해 표시되는 재료 자체의 강도는 임계하중 방정식에는 나타나지 않는다는 사실이다. 그러므로 강도의 성질을 증가시켜도 가느다란 기둥의 임계하중은 높아지지 않는다. 임계하중은 휨 강성을 증가시키고, 길이를 줄이고, 또는 추가적인 횡방향 지지점을 마련함으로써만 높게 할 수 있다.

휨 강성은 '강성이 더 큰' 재료(즉, 더 큰 탄성계수 E를 가진 재료)를 사용하거나, 관성모멘트를 증가시켜 보의 강성도를 크게 할 수 있는 것과 같이, 단면의 관성모멘트를 증가시키는 방법으로 재료를 분포시킴으로써 증가될 수 있다. 관성모멘트는 재료를 단면의 도심으로부터 멀리 있도록 분포시킴으로써 증가된다. 따라서 속이 빈 관형 부재는 같은 단면적을 가진 속이 찬 부재보다 기둥으로서 사용하는데 일반적으로 더욱 경제적이다.

관형 부재의 벽 두께를 줄이고 측면 치수를 증가시키면(단면적을 일정하게 유지하면서) 관성모멘트가 증가하기 때문에 임계하중이 증가된다. 그러나 이러한 과정은 실제적으로 제한을 받는데, 그 이유는 벽 자체가 결과적으로 불안정하게 되기 때문이다. 이런 일이 생기면, 국부적인 좌굴이 기둥의 벽에서 작은 파형이나 주름의 형태로 일어나게 된다. 따라서 이 장에서 논의된 기둥의 전체적 좌굴과 그 일부분인 국부적 좌굴을 구별하여야 한다. 후자는 더욱 상세한 검토를 필요로 하며 이 교재의 적용범위를 벗어난다.

앞의 해석(그림 9-8 참조)에서는 xy 평면이 기둥의 대칭평면이었고 좌굴은 그 평면에서 일어났다고 가정하였다. 이후

자의 가정은, 이 기둥이 그림의 평면에 수직으로 횡방향 지지점을 가지고 있어 기둥이 xy 평면 내에서 좌굴이 일어나도록 제한되도록 할 때 적합하다. 기둥이 양단에만 지지되고 어느 방향으로든 자유롭게 좌굴이 일어나면, 굽힘이 더 작은 관성모멘트를 갖는 주 도심축에 대해 일어날 것이다.

예로서, 그림 9–9에 보인 직사각형 단면과 WF형 단면을 고려해 보자. 각각의 경우에 관성모멘트 I_1이 관성모멘트 I_2 보다 크므로, 기둥은 1-1 평면에서 좌굴을 일으킬 것이고 작은 관성모멘트 I_2가 임계하중 공식에 사용되어야 한다. 단면이 정사각형 또는 원형이면, 모든 도심축은 같은 관성모멘트를 가지며 좌굴은 임의의 길이방향 평면에서 일어날 것이다.

임계응력

기둥에 대한 임계하중을 구한 다음에 하중을 단면적으로 나누어 이에 대응하는 **임계응력(critical stress)**을 계산할 수 있다. 좌굴의 기본형에 대하여(그림 9-8b) 임계응력은 다음과 같다.

$$\sigma_{cr} = \frac{P_{cr}}{A} = \frac{\pi^2 EI}{AL^2} \tag{9-14}$$

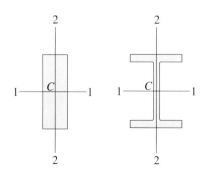

그림 9-9 $I_1 > I_2$인 주 도심축을 보여주는 기둥의 단면

여기서 I는 좌굴이 일어나는 주축에 대한 관성모멘트이다. 이 식은 다음과 같은 기호를 도입하여 더 유용한 형태로 쓸 수 있다.

$$r = \sqrt{\frac{I}{A}} \qquad (9\text{-}15)$$

여기서 r은 굽힘평면 내에 있는 단면의 **회전 반지름(radius of gyration)**이다.[*] 그러면 임계응력에 대한 식은 다음과 같게 된다.

$$\sigma_{cr} = \frac{\pi^2 E}{(L/r)^2} \qquad (9\text{-}16)$$

여기서 L/r 은 **세장비(slenderness ratio)**라고 부르는 무차원 비이다.

$$\text{세장비} = \frac{L}{r} \qquad (9\text{-}17)$$

세장비는 오직 기둥의 치수에만 좌우된다는 것을 유의하라. 길고 가느다란 기둥은 높은 세장비를 가지며 따라서 낮은 임계응력을 가질 것이다. 짧고 굵은 기둥은 낮은 세장비를 가지며 높은 응력에서 좌굴을 일으킬 것이다. 실제 기둥에 대한 전형적인 세장비의 값은 30에서 150 사이에 있다.

임계응력은 하중이 임계치에 도달하는 순간에 단면의 평균 압축응력이다. 이 응력을 세장비의 함수로 그래프로 그릴 수 있으며 **Euler 곡선**으로 알려진 곡선을 얻는다(그림 9-10). 그림에 보인 곡선은 $E = 200$ GPa인 구조용 강에 대한 것이다. 곡선은 임계응력이 강철의 비례한도보다 작은 경우에만 유효한데, 이는 방정식이 Hooke의 법칙을 사용하여 유도되었기 때문이다. 그러므로 강철의 비례한도(250 MPa로 가정)에서 그래프 상에 수평선을 그리고 그러한 응력의 수준에서 Euler 곡선을 종결시킨다.[**]

큰 처짐, 결함 및 비탄성 거동의 영향

임계하중에 대한 식이 이상형 기둥, 즉 하중이 정확하게 작용하고 건조가 완벽하며 재료가 Hooke의 법칙을 따르는

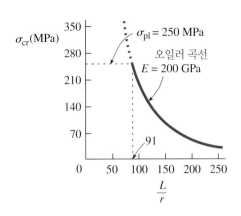

그림 9-10 E 5 200 GPa이고 spl 5 250 MPa인 구조용 강에 대한 Euler 곡선(식 9-16으로부터)의 그래프

기둥에 대해 유도되었다. 결과적으로, 좌굴에서의 작은 처짐의 크기는 정의되지 않았다는 것을 알았다.[*] 그러므로 $P = P_{cr}$일 때 이 기둥은 작은 처짐을 일으키고, 이는 그림 9-11의 하중–처짐 선도에서 A로 표시된 수평선으로 표현되는 상태이다. (이 그림에서는 선도의 우반부만 보여주지만, 두 개의 절반부분은 수직축에 대하여 대칭이다.)

곡률에 대하여 2차 도함수 v''를 사용하였기 때문에 이 상형 기둥에 대한 이론은 작은 처짐에 국한된다. 곡률에 대한 정확한 표현식(8.2절의 식 8-13)을 기초로 한 더욱 정확한 해석은 좌굴에서의 처짐 크기에 불명확성이 없음을 보여준다. 대신에, 선형 탄성인 이상형 기둥에 대하여 하중–처짐 선도는 그림 9-11의 곡선 B에 따라 위로 올라간다. 따라서 선형 탄성 기둥이 좌굴을 시작한 뒤에 처짐

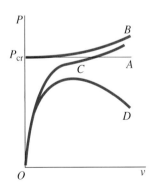

그림 9-11 기둥에 대한 하중-처짐 선도: 직선 A, 작은 처짐을 가진 이상형 탄성 기둥; 곡선 B, 큰 처짐을 가진 이상형 탄성 기둥; 곡선 C, 결함을 가진 탄성 기둥; 곡선 D, 결함을 가진 비탄성 기둥

---

[*] 회전 반지름은 10.4절에서 설명된다.

[**] Euler 곡선은 보통의 기하학적 모양이 아니다. 이 곡선은 때로는 쌍곡선이라고 잘못 불린다. 그러나 쌍곡선은 두 개의 변수를 가진 2차 방정식에 대한 그림이지만, Euler 곡선은 두 개의 변수를 가진 3차 방정식에 대한 그림이다.

---

[*] 수학적 용어에서, 선형 고유치 문제를 풀었다. 임계하중은 고유치이며 이에 대응하는 좌굴 모드 형상은 고유함수이다.

이 증가하도록 하기 위해서는 증가하는 하중이 요구된다.

이제 기둥이 완벽하게 건조되지 않았다고 가정하자. 예를 들면, 기둥은 초기의 작은 곡률의 형태로 결함을 가질 수 있으며, 하중이 작용하지 않은 기둥이 완전한 곧은 모양을 가지고 있지 않다. 이러한 결함은 그림 9-11의 곡선 C에서 보는 바와 같이, 하중의 작용시점에서 처짐을 일으키게 한다. 작은 처짐에 대해서는 곡선 C가 직선 A에 점근선으로 접근한다. 그러나 처짐이 커짐에 따라 이것은 곡선 B에 접근한다. 결함이 크면 클수록, 곡선 C는 수직선으로부터 떨어져서 오른쪽으로 더 움직인다. 반대로 기둥이 아주 정확하게 건조되었다면, 곡선 C는 수직축과 A로 표시된 수평선으로 접근한다. 대부분의 응용에서 큰 처짐이 허용되지 않기 때문에 선 A, B와 C를 비교함으로써, 실제 목적상 임계하중은 탄성 기둥의 최대 하중지지 능력을 나타낸다는 것을 알 수 있다.

마지막으로, 응력이 비례한도를 초과하고 기둥재료가 더 이상 Hooke의 법칙을 따르지 않을 때 어떤 현상이 일어나는가를 고려해 보자. 물론 하중−처짐 선도는 비례한도에 도달한 하중의 수준까지는 변하지 않는다. 그 이후에는 비탄성 거동에 대한 곡선(곡선 D)은 탄성곡선으로부터 벗어나서 계속 위로 올라가다가 최대점에 도달한 다음에 밑으로 내려간다.

그림 9-11에 있는 곡선의 정확한 형상은 재료의 성질과 기둥의 치수에 좌우되지만, 거동의 일반적 성질은 보여준 곡선으로 특징을 나타낸다.

매우 가느다란 기둥만이 임계하중에 도달할 때까지 탄성으로 남는다. 더욱 땅딸막한 기둥은 비탄성적으로 거동하며 D와 같은 곡선을 따른다. 그러므로 비탄성 기둥에 의해 지지될 수 있는 최대하중은 같은 기둥에 대한 Euler 하중보다 훨씬 적을 수 있다. 더욱이 곡선 D의 하강 부분은 갑작스럽고 파멸적인 붕괴를 나타내는데, 이는 더 큰 처짐을 유지하기 위해서 더 작은 하중을 취하기 때문이다. 이와는 대조적으로, 탄성 기둥에 대한 곡선은 처짐이 증가함에 따라 계속 위로 향하기 때문에 매우 안정하며 따라서 처짐의 증가를 일으키기 위해 더 큰 하중을 취한다.

기둥의 최적형상

압축부재는 통상 길이 전체에 걸쳐 단면적이 같으므로, 이 장에서는 균일 단면의 기둥만 해석한다. 그러나 균일단면 기둥은 최소 하중이 요구될 때에는 최적형상이 아니다. 주어진 양만큼의 재료로 구성된 기둥의 임계하중은, 굽힘모멘트가 보다 큰 구간에서 기둥이 보다 큰 단면을 갖도록 기둥의 형상

을 변경시킴으로써 증가시킬 수 있다. 예를 들어, 양단이 핀으로 지지된 속이 찬 원형 단면을 가진 기둥을 고려해 보자. 그림 9-12a와 같은 형상을 가진 기둥은 같은 부피의 재료로 된 균일단면 기둥보다 더 큰 임계하중을 가질 것이다. 이러한 최적형상에 근접시키기 위한 수단으로, 균일단면 기둥은 때때로 기둥 길이의 일부분을 보강시킬 수 있다(그림 9-12b).

이제 임의의 횡방향으로 자유롭게 좌굴을 일으키는 양단이 핀으로 지지된 균일단면 기둥을 고려하자(그림 9-13a). 또한 기둥은 원형, 정사각형, 삼각형, 직사각형 또는 6각형과 같은 속이 찬 단면을 가진다고 가정하자(그림 9-13b). 그러면 다음과 같은 흥미 있는 질문이 생기게 된다. 주어진 단면적에 대해 이들 형상 중 어느 것이 가장 효율적인 기둥이 될 것인가? 또는 보다 정확히 말하자면, 어느 단면이 최대 임계하중을 제공하는가? 물론 임계하중은 단면에 대한 최소 관성모멘트를 사용하여 Euler 공식 $P_{cr} = \pi^2 EI/L^2$으로부터 계산된다고 가정한다.

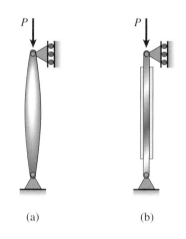

그림 9-12 불균일단면 기둥

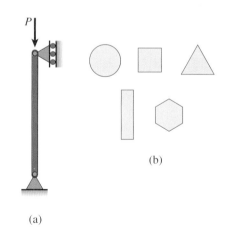

그림 9-13 어느 단면 형상이 균일 단면 기둥에 대한 최적형상인가?

이러한 질문에 대한 보통의 대답은 "원형 모양"이겠지만, 정삼각형 형상의 단면은 똑같은 넓이의 원형 단면보다 21 % 더 큰 임계하중을 가진다는 것을 쉽게 입증할 수 있다(연습문제 9.3-11 참조). 정삼각형에 대한 임계하중은 다른 형상에 대하여 구한 하중보다 더 크다. 따라서 정삼각형이 최적 단면이다(이론적인 고려사항만을 기초로 함). 변하는 단면을 가진 기둥을 포함하여 최적 기둥 형상에 대한 수학적 해석에 대해서는 참고문헌 9-4를 참조하라.

예제 9-1

길고 가느다란 기둥 ABC가 양단에서 핀으로 지지되고 있으며 축하중 P에 의해 압축을 받고 있다(그림 9-14). 그림의 평면에서 횡방향 지지점이 중앙점 B에 마련되어 있다. 그러나 그림의 평면에 수직인 횡방향 지지점은 양단에서만 마련되어 있다.

기둥은 탄성계수가 $E = 200$ GPa 이고 비례한도가 $\sigma_{pl} = 300$ MPa인 강철로 된 WF형 보의 단면(IPN 220)으로 만들어졌다. 기둥의 전체 길이는 $L = 8$ m이다.

기둥의 Euler 좌굴에 대해 안전계수 $n = 2.5$를 사용하여 허용하중 P_{allow}를 구하라.

풀이

기둥이 지지된 방식 때문에 이 기둥은 두 개의 주 굽힘 평면 중의 하나에서 좌굴을 일으킬 것이다. 첫 번째 가능성으로, 기둥은 그림의 평면 내에서 좌굴을 일으킬 수 있으며, 이 경우에는 횡방향 지지점 사이의 거리는 $L/2 = 4$ m 이고 굽힘은 2–2 축에 대하여 생긴다(좌굴의 모드 형상에 대해서는 그림 9-8c 참조).

두 번째 가능성으로, 기둥은 1–1 축에 대한 굽힘으로 그림의 평면에 대해 수직으로 좌굴을 일으킬 수 있다. 이 방향에서 유일한 횡방향 지지점은 양단에 있기 때문에, 횡방향 지지점 사이의 거리는 $L = 8$ mm이다(좌굴의 모드 형상에 대해서는 그림 9-8b 참조).

기둥의 성질. 부록 E의 표 E-1로부터 IPN 220 기둥에 대해 다음과 같은 관성모멘트와 단면적을 얻는다.

$$I_1 = 3060 \text{ cm}^4 \qquad I_2 = 162 \text{ cm}^4 \qquad A = 39.5 \text{ cm}^2$$

임계하중. 기둥이 그림의 평면 내에서 좌굴을 일으키면 임계하중은 다음과 같다.

$$P_{cr} = \frac{\pi^2 E I_2}{(L/2)^2} = \frac{4\pi^2 E I_2}{L^2}$$

수치 값을 대입하면 다음을 얻는다.

$$P_{cr} = \frac{4\pi^2 E I_2}{L^2} = \frac{4\pi^2 (200 \text{ GPa})(162 \text{ cm}^4)}{(8 \text{ m})^2} = 200 \text{ kN}$$

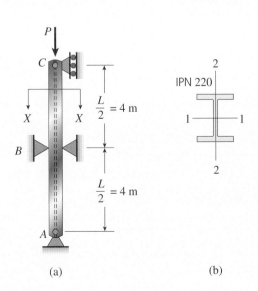

중간 높이 부근에서 횡방향 지지점을 가진
가느다란 강철 기둥
(William Campbell/GettyImages)

그림 9-14 예제 9-1. 가느다란 기둥의 Euler 좌굴

기둥이 그림의 평면에 대해 수직으로 좌굴을 일으키면 임계하중은 다음과 같다.

$$P_{cr} = \frac{\pi^2 EI_1}{L^2} = \frac{\pi^2(200\ \text{GPa})(3060\ \text{cm}^4)}{(8\ \text{m})^2} = 943.8\ \text{kN}$$

그러므로 기둥의 임계하중(앞에서의 두 값 중 작은 것)은 다음과 같다.

$$P_{cr} = 200\ \text{kN}$$

그리고 좌굴은 그림의 평면 내에서 일어난다.

　임계응력. 임계하중에 대한 계산은 재료가 Hooke의 법칙을 따를 때에만 유효하므로, 임계응력은 재료의 비례한도를 넘지 않는다는 것을 증명할 필요가 있다. 더 큰 임계하중의 경우에서는 다음과 같은 임계응력을 얻는다.

$$\sigma_{cr} = \frac{P_{cr}}{A} = \frac{943.8\ \text{kN}}{39.5\ \text{cm}^2} = 238.9\ \text{MPa}$$

이 응력은 비례한도(σ_{pl} = 300 MPa)보다 작으므로, 두 가지 임계하중 계산 모두가 만족스럽다.

　허용하중. Euler 좌굴을 기초로 한 기둥에 대한 허용 축하중은 다음과 같다.

$$P_{allow} = \frac{P_{cr}}{n} = \frac{200\ \text{kN}}{2.5} = 79.9\ \text{kN}$$

여기서 n = 2.5는 요구되는 안전계수이다.

9.4 다른 지지조건을 갖는 기둥

　양단이 핀으로 지지된 보의 좌굴(앞 절에서 설명된)은 보통 좌굴의 가장 기본적인 경우로 취급된다. 그러나 실제로는 고정단, 자유단 및 탄성 지지점과 같은 많은 다른 단부(end) 조건에 접하게 된다. 여러 가지 종류의 지지 조건을 갖는 기둥에 대한 임계하중은 양단이 핀으로 지지된 기둥을 해석할 때 사용하던 것과 같은 절차를 따름으로써

시공 중 하단이 고정되고 상단이 자유로운
가느다란 콘크리트 기둥
(Digital Vision/Getty Images)

처짐곡선의 미분방정식으로부터 구할 수 있다.

　그 **과정**은 다음과 같다. 첫 번째, 좌굴상태에 있다고 가정한 기둥에 대해 기둥에서의 굽힘모멘트에 대한 식을 얻는다. 두 번째, 굽힘모멘트 방정식($EIv'' = M$)을 이용하여 처짐곡선의 미분방정식을 세운다. 세 번째, 미분방정식을 풀어서 두 개의 적분상수와 다른 미지의 양을 포함하는 일반해를 구한다. 네 번째, 처짐 v와 기울기 v'에 관련된 경계조건을 적용하여 연립방정식을 얻는다. 마지막으로, 임계하중과 좌굴된 기둥의 처짐 형상을 구하기 위해 이 방정식들을 푼다.

　이러한 명백한 수학적 절차가 세 가지 형태의 기둥에 대한 다음의 논의에서 설명된다.

하단이 고정되고 상단이 자유로운 기둥

　고려할 첫 번째 경우는 하단에서 고정되고 상단에서는 자유로우며 축하중 P를 받는 이상형 기둥이다(그림 9-15a).[*] 좌굴된 기둥의 처짐 형상은 그림 9-15b에 보여진다. 이 그림으로부터 하단에서 거리 x만큼 떨어진 곳의 굽힘모멘트는 다음과 같음을 알 수 있다.

$$M = P(\delta - v) \qquad (9\text{-}18)$$

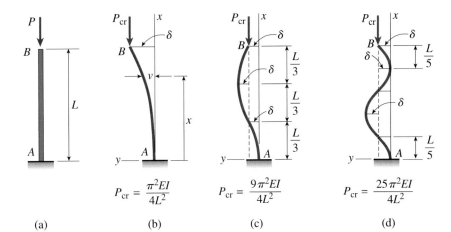

그림 9-15 하단은 고정되고 상단은 자유로운 이상형 기둥: (a) 최초의 곧은 기둥, (b) $n = 1$일 때의 좌굴형상, (c) $n = 3$일 때의 좌굴형상, (d) $n = 5$일 때의 좌굴형상

$$P_{cr} = \frac{\pi^2 EI}{4L^2} \qquad P_{cr} = \frac{9\pi^2 EI}{4L^2} \qquad P_{cr} = \frac{25\pi^2 EI}{4L^2}$$

여기서 δ는 기둥의 자유단에서의 처짐이다. 그러면 처짐곡선의 **미분방정식**은 다음과 같이 된다.

$$EIv'' = M = P(\delta - v) \qquad (9\text{-}19)$$

여기서 I는 xy 평면 내에서의 좌굴에 대한 관성모멘트이다.

기호 $k^2 = P/EI$(식 9-6a)를 사용하면, 식 (9-19)를 다음과 같은 형태로 다시 정리할 수 있다.

$$v'' + k^2 v = k^2 \delta \qquad (9\text{-}20)$$

이 식은 상수 계수를 가진 2계 선형 미분방정식이다. 그러나 이 식은 우변에 0이 아닌 항을 가지고 있기 때문에 양단이 핀으로 지지된 기둥에 대한 식(식 9-7 참조)보다 더 복잡한 식이다.

식 (9-20)의 **일반해**는 두 개의 부분으로 구성된다. (1) 우변을 0으로 놓아서 구한 동차 방정식의 해인 **동차해**, (2) 우변의 항을 그대로 둔 식 (9-20)의 해인 **특수해**.

동차해(또한 **보조해**라고도 한다)는 식 (9-7)의 해와 같다. 그러므로 다음과 같다.

$$v_H = C_1 \sin kx + C_2 \cos kx \qquad (a)$$

여기서 C_1과 C_2는 적분상수이다. v_H를 미분방정식(식 9-20)의 좌변에 대입하면 0이 됨을 유의하라.

미분방정식의 특수해는 다음과 같다.

$$v_P = \delta \qquad (b)$$

v_P를 미분방정식의 좌변에 대입하면 우변과 같게 된다. 즉, 항 $k^2\delta$가 된다. 결과적으로 미분방정식의 일반해는 v_H와 v_P를 합한 것과 같다.

$$v = C_1 \sin kx + C_2 \cos kx + \delta \qquad (9\text{-}21)$$

이 식은 세 개의 미지수(C_1, C_2 및 δ)를 포함하므로, 최종해를 얻기 위해서는 세 개의 **경계조건**이 필요하다.

기둥의 하단에서 처짐과 기울기는 각각 0이다. 따라서 다음과 같은 경계조건을 얻는다.

$$v(0) = 0 \qquad v'(0) = 0$$

식 (9-21)에 대해 첫 번째 조건을 적용하여 다음을 구한다.

$$C_2 = -\delta \qquad (c)$$

두 번째 조건을 적용하기 위해, 먼저 식 (9-21)을 1차 미분하여 기울기를 얻는다.

$$v' = C_1 k \cos kx - C_2 k \sin kx \qquad (d)$$

이 식에 두 번째 조건을 적용하여 $C_1 = 0$을 구한다.

이제는 C_1과 C_2에 대한 식을 일반해(식 9-21)에 대입하여 좌굴된 기둥에 대한 **처짐곡선의 방정식**을 얻는다.

$$v = \delta(1 - \cos kx) \qquad (9\text{-}22)$$

이 식은 처짐곡선의 형상만을 보여줄 뿐이며, 크기 δ는 알 수 없다는 것을 유의하라. 그러므로 기둥이 좌굴을 일으킬 때 식 (9-22)로 주어진 처짐은 작은 값으로 유지되어야 한다는 점을 제외하고는 임의의 크기를 가질 수 있다(미분방정식이 작은 처짐에 기초를 두었기 때문에).

세 번째 경계조건은 처짐 v가 δ와 같은 기둥의 상단에 적용된다.

$$v(L) = \delta$$

식 (9-22)에 이 조건을 사용하면 다음 식을 얻는다.

$$\delta \cos kL = 0 \qquad (9\text{-}23)$$

이 식으로부터 $\delta = 0$ 이거나 $\cos kL = 0$이라는 결론을 얻는다. $\delta = 0$이면 이 기둥에는 처짐이 생기지 않으며(식 9-22 참조) 자명한 해를 가지게 된다. 즉, 기둥은 곧은 상태를 유지하고 좌굴은 일어나지 않는다. 이 경우에는 식 (9-23)이 양 kL의 어떤 값에 대해서도, 즉 어떤 P값에 대해서도 만족될 것이다. 이러한 결론은 그림 9-7의 하중−처짐 선도 내의 수직선으로 표현된다.

식 (9-23)을 푸는 다른 가능성은

$$\cos kL = 0 \qquad (9\text{-}24)$$

이며, 이 식이 **좌굴 방정식**이다. 이 경우에는 식 (9-23)이 처짐 δ 의 값에 무관하게 만족된다. 그러므로 이미 관찰한 바와 같이, δ는 불분명하고 임의의 작은 값을 가질 수 있다.

좌굴 방정식인 식 $\cos kL = 0$은 다음과 같을 때 만족한다.

$$kL = \frac{n\pi}{2} \qquad n = 1, 3, 5, \ldots \qquad (9\text{-}25)$$

$k^2 = P/EI$라는 기호를 사용하여, 다음과 같은 **임계하중**에 대한 공식을 얻는다.

$$P_{cr} = \frac{n^2\pi^2 EI}{4L^2} \qquad n = 1, 3, 5, \ldots \qquad (9\text{-}26)$$

또한 **좌굴의 모드 형상**은 식 (9-22)으로부터 구한다.

$$v = \delta\left(1 - \cos\frac{n\pi x}{2L}\right) \qquad n = 1, 3, 5, \ldots \qquad (9\text{-}27)$$

최저 임계하중은 식 (9-26)에 $n = 1$을 대입하여 얻는다.

$$P_{cr} = \frac{\pi^2 EI}{4L^2} \qquad (9\text{-}28)$$

이에 대응하는 좌굴형상은(식 9-27로부터) 다음과 같고 그림 9-15b에 보여진다.

$$v = \delta\left(1 - \cos\frac{\pi x}{2L}\right) \qquad (9\text{-}29)$$

더 큰 지수 n값을 취하면, 식 (9-26)으로부터 이론적으로 무한개의 임계하중을 얻을 수 있다. 이에 대응하는 좌굴의 모드 형상은 추가적인 파형을 갖는다. 예를 들면, n

= 3일 때 좌굴된 기둥은 그림 9-15c에 보인 형상을 가지며 P_{cr} 은 $n = 1$일 때보다 9배나 더 크다. 이와 유사하게, n = 5에 대한 좌굴 형상은 더 많은 파형(그림 9-15d)을 가지며 임계하중은 25배나 더 크다.

기둥의 유효길이

여러 가지 지지 조건을 가진 기둥의 임계하중은 **유효길이 (effective length)**라는 개념을 통하여 양단이 핀으로 지지된 기둥의 임계하중과 관련시킬 수 있다. 이러한 개념을 설명하기 위해, 하단이 고정되고 상단이 자유로운 기둥(그림 9-16a)의 처짐 형상을 고려하자. 이 기둥은 완전한 사인(sine) 파형의 1/4인 곡선으로 좌굴을 일으킨다. 처짐곡선을 연장시키면(그림 9-16b) 완전한 사인 파형의 1/2이 되며, 이는 양단이 핀으로 지지된 기둥에 대한 처짐곡선이 된다.

임의의 기둥에 대한 유효길이 L_e는 양단이 핀으로 지지된 기둥의 등가 길이이다. 즉, 이 길이는 원래 기둥의 처짐곡선의 전부 또는 일부와 정확하게 일치되는 처짐곡선을 갖는 양단이 핀으로 지지된 기둥의 길이이다.

이러한 개념을 나타내는 다른 방법은 곡선이 변곡점에 도달할 때까지 연장된다고 가정할 때(필요하면), 기둥의 유효길이가 자체의 처짐곡선 내의 변곡점(즉, 모멘트가 0인 점) 사이의 거리라고 말하는 것이다. 따라서 하단이 고정되고 상단이 자유로운(고정−자유) 기둥(그림 9-16)에 대해서 유효길이는 다음과 같다.

$$L_e = 2L \qquad (9\text{-}30)$$

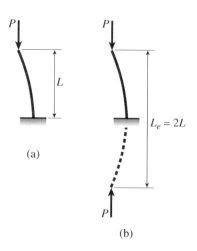

그림 9-16 하단은 고정되고 상단은 자유로운 기둥에 대한 유효길이 L_e를 보여주는 처짐곡선

유효길이는 양단이 핀으로 지지된 기둥의 등가 길이이므로, 임계하중에 대한 일반 공식을 다음과 같이 쓸 수 있다.

$$P_{cr} = \frac{\pi^2 EI}{L_e^2} \qquad (9\text{-}31)$$

그러므로 기둥의 유효길이를 알면(단부 조건이 아무리 복잡하더라도), 이것을 윗식에 대입하여 임계하중을 구할 수 있다. 예를 들면, 하단이 고정되고 상단이 자유로운 기둥의 경우에는 $L_e = 2L$을 대입하여 식 (9-28)을 얻을 수 있다.

유효길이는 가끔 **유효길이 계수(effective length factor)** K의 항으로 표현하기도 한다.

$$L_e = KL \qquad (9\text{-}32)$$

여기서 L은 기둥의 실제 길이이다. 따라서 임계하중은 다음과 같다.

$$P_{cr} = \frac{\pi^2 EI}{(KL)^2} \qquad (9\text{-}33)$$

하단이 고정되고 상단이 자유로운 기둥에 대해서 계수 K는 2이고 양단이 핀으로 지지된 기둥에 대해서 K는 1이다. 유효길이 계수는 통상 기둥의 설계 공식에 포함된다.

회전되지 않도록 양단이 고정된 기둥

다음에는, 회전되지 않도록 양단이 고정된 기둥(그림 9-17a)을 고려해 보자. 이 그림에서 기둥 하단에서의 고정 지지점에 대한 표준 기호를 사용함을 유의하라. 그러나 기둥은 축하중에 의해 줄어들 수 있으므로 기둥 상단에 새로운 기호를 도입하여야 한다. 이러한 새로운 기호는 회전과 수평 변위는 제한하나 수직 이동만 일어날 수 있도록 억제되는 견고한 블록으로 나타낸다. [편의상 그림으로 그릴 때에는 기둥은 자유롭게 줄어들 수 있다는 이해를 가지고 더 정확한 기호를 고정 지지점에 대한 표준기호(그림 9-17b 참조)로 대체한다.]

제1 모드에서의 기둥의 좌굴형상은 그림 9-17c에 보여진다. 처짐곡선은 대칭이며(중앙점에서 기울기는 0임) 양단에서 기울기가 0임을 유의하라. 양단에서의 회전은 억제되었으므로, 반응 모멘트 M_0는 지지점에 생긴다. 하단에서의 반력뿐만 아니라 이러한 모멘트가 그림에 보여진다.

앞에서의 미분방정식의 해로부터, 처짐곡선의 방정식은 사인이나 코사인 함수를 포함하고 있음을 알 수 있다. 또한 곡선은 중앙점에 대해 대칭임을 알 수 있다. 따라서 곡

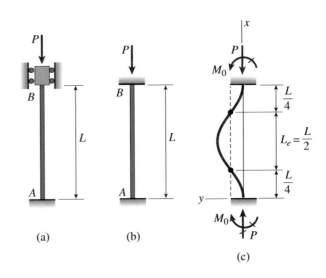

그림 9-17 회전되지 않도록 양단이 고정된 기둥의 좌굴

선은 양 끝으로부터 거리 $L/4$만큼 떨어진 곳에 변곡점을 가져야 한다는 것을 즉시 알 수 있다. 처짐곡선의 중앙 부분은 양단이 핀으로 지지된 기둥의 처짐곡선과 같은 모양을 가진다. 따라서 양단 고정 기둥의 유효길이는 변곡점 사이의 거리와 같다. 즉

$$L_e = \frac{L}{2} \qquad (9\text{-}34)$$

이것을 식 (9-31)에 대입하여 임계하중을 구한다.

$$P_{cr} = \frac{4\pi^2 EI}{L^2} \qquad (9\text{-}35)$$

이 공식은 양단 고정 기둥에 대한 임계하중이 양단이 핀으로 지지된 기둥의 임계하중의 4 배가 됨을 보여준다. 검증하기 위해, 이 결과는 처짐곡선의 미분방정식을 풀어서 증명될 수 있다(연습문제 9.4-9 참조)

하단이 고정되고 상단이 핀으로 지지된 기둥

하단이 고정되고 상단이 핀으로 지지된 기둥(그림 9-18a)에 대한 임계하중과 좌굴 모드 형상은 처짐곡선의 미분방정식을 풀어서 구할 수 있다. 이 기둥이 좌굴을 일으킬 때(그림 9-18b), 하단에서는 회전이 일어날 수 없으므로 반응 모멘트 M_0가 하단에 생기게 된다. 전체 기둥의 평형으로부터, 양단에 다음 조건을 만족하는 수평반력 R이 있어야 된다는 것을 알 수 있다.

$$M_0 = RL \qquad (e)$$

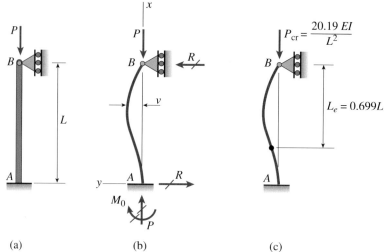

그림 9-18 하단이 고정되고 상단이 핀으로 지지된 기둥　(a)　　(b)　　(c)

하단으로부터 거리 x만큼 떨어진 곳의 좌굴된 기둥에서의 굽힘모멘트는 다음과 같다.

$$M = M_0 - Pv - Rx = -Pv + R(L - x) \quad (9\text{-}36)$$

따라서 미분방정식은 다음과 같다.

$$EIv'' = M = -Pv + R(L - x) \quad (9\text{-}37)$$

$k^2 = P/EI$를 대입하고 다시 정리하면 다음 식을 얻는다.

$$v'' + k^2v = \frac{R}{EI}(L - x) \quad (9\text{-}38)$$

이 미분방정식의 **일반해**는 다음과 같다.

$$v = C_1 \sin kx + C_2 \cos kx + \frac{R}{P}(L - x) \quad (9\text{-}39)$$

여기서 우변의 처음 두 개의 항은 동차해이고 마지막 항은 특수해이다. 이 해는 이 식을 미분방정식(식 9-37)에 대입하여 검증된다.

　해는 3개의 미지수(C_1, C_2 및 R)를 포함하고 있으므로, 3개의 **경계조건**이 필요하다. 이 조건들은 다음과 같다.

$$v(0) = 0 \qquad v'(0) = 0 \qquad v(L) = 0$$

이 조건들을 식 (9-39)에 적용시키면 다음을 얻는다.

$$C_2 + \frac{RL}{P} = 0 \qquad C_1k - \frac{R}{P} = 0$$
$$C_1 \tan kL + C_2 = 0 \qquad (\text{f, g, h})$$

모든 세 개의 방정식은 $C_1 = C_2 = R = 0$이면 만족되는데, 이 경우는 자명한 해를 갖게 되는 것이고 처짐은 0이다.

　좌굴에 대한 해를 구하기 위해서는, 식 (f), (g) 및 (h)를 더욱 일반적인 방법으로 풀어야 한다. 한 가지 풀이 방법은 처음 두 식에서 R을 소거하는 것이며, 그러면 다음 식을 얻게 된다.

$$C_1kL + C_2 = 0 \quad 또는 \quad C_2 = -C_1kL \quad (\text{i})$$

다음에 C_2에 대한 이 식을 식 (h)에 대입하여 **좌굴방정식**을 얻는다.

$$kL = \tan kL \quad (9\text{-}40)$$

이 방정식의 해가 임계하중을 구하게 한다.

　좌굴방정식은 초월 방정식이므로 명확하게 풀 수 없다.[*] 그러나 식을 만족시키는 kL의 값은 방정식의 근을 구하는 컴퓨터 프로그램의 도움으로 수치적으로 구할 수 있다. 식 (9-40)을 만족시키는 0이 아닌 최소값은 다음과 같다.

$$kL = 4.4934 \quad (9\text{-}41)$$

이에 대응하는 임계하중은 다음과 같다.

$$P_\text{cr} = \frac{20.19EI}{L^2} = \frac{2.046\pi^2 EI}{L^2} \quad (9\text{-}42)$$

---

[*] 초월 방정식에서 변수는 초월함수 안에 포함되어 있다. 초월함수는 유한개의 대수 연산으로 표현될 수 없다. 따라서 삼각함수, 대수함수, 지수함수 등은 초월함수이다.

이 값은 예상대로 양단이 핀으로 지지된 기둥에 대한 임계하중보다는 더 크고 양단이 고정된 기둥에 대한 임계하중보다는 더 작다(식 9-12와 9-35 참조).

기둥의 **유효길이**는 식 (9-42)와 (9-31)을 비교하여 얻을 수 있다.

$$L_e = 0.699L \approx 0.7L \qquad (9\text{-}43)$$

이 길이는 기둥에서 핀으로 지지된 상단으로부터 좌굴형상의 변곡점까지의 거리이다(그림 9-18c).

좌굴 모드형상의 방정식은 $C_2 = -C_1 kL$(식 i)과 $R/P = C_1 k$(식 g)를 일반해(식 9-39)에 대입하여 구한다.

$$v = C_1[\sin kx - kL \cos kx + k(L - x)] \qquad (9\text{-}44)$$

여기서 $k = 4.4934/L$이다. 괄호 안의 항은 좌굴된 기둥의 처짐에 대한 모드형상을 나타낸다. 그러나 처짐곡선의 크기는 C_1이 임의의 값(처짐은 작아야 한다는 통상적인 제한 내에서)을 가질 수 있기 때문에 정해지지 않는다.

제한

처짐이 작아야 한다는 요구조건에 추가하여, 이 절에서 사용되는 Euler 좌굴이론은 하중이 작용하기 전에 기둥이 완전히 곧은 상태이고, 기둥과 그 지지점은 결함이 없으며, 기둥은 Hooke의 법칙을 따르는 선형 탄성 재료로 만들어지는 경우에만 유효하다. 이러한 제한조건은 이미 9.3절에서 설명했다.

결과의 요약

지금까지 해석한 4가지 기둥에 대한 최저 임계하중과 이에 대응하는 유효길이가 그림 9-19에 요약되었다.

(a) 핀–핀 기둥	(b) 고정–자유 기둥	(c) 고정–고정 기둥	(d) 고정–핀 기둥
$P_{cr} = \dfrac{\pi^2 EI}{L^2}$	$P_{cr} = \dfrac{\pi^2 EI}{4L^2}$	$P_{cr} = \dfrac{4\pi^2 EI}{L^2}$	$P_{cr} = \dfrac{2.046\,\pi^2 EI}{L^2}$
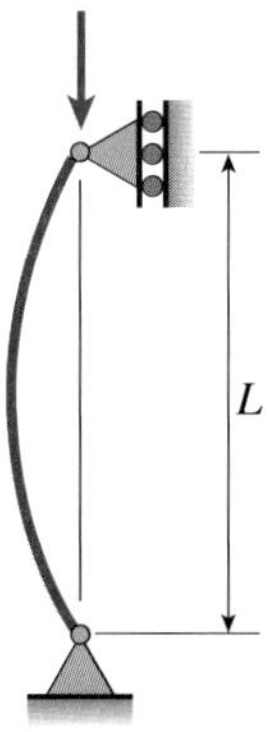	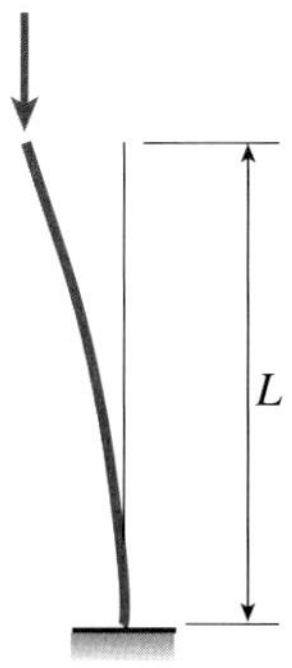	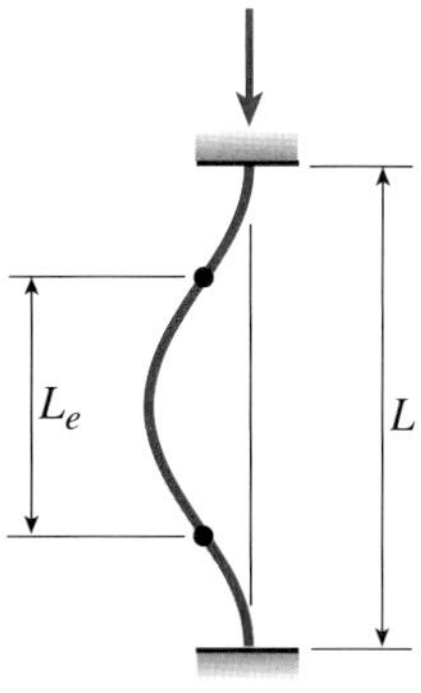	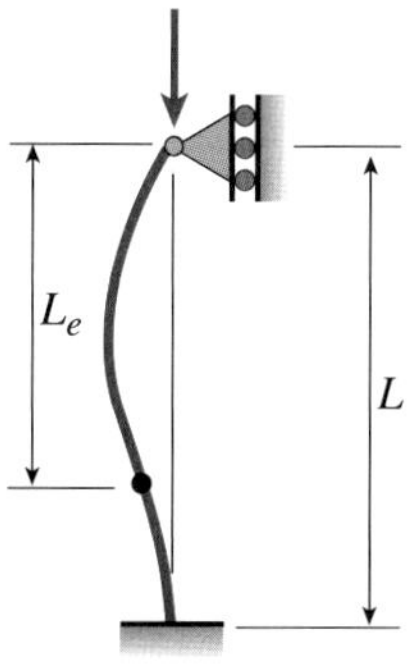
$L_e = L$	$L_e = 2L$	$L_e = 0.5L$	$L_e = 0.699L$
$K = 1$	$K = 2$	$K = 0.5$	$K = 0.699$

그림 **9-19** 이상형 기둥에 대한 임계하중, 유효길이 및 유효길이 계수

예제 9-2

야생 동물원의 전망대(그림 9-20a)가 길이 $L = 3.25$ m 이고 바깥지름 $d = 100$ mm인 한 줄로 된 알루미늄 관 기둥으로 지지되어 있다. 기둥의 하단은 콘크리트 기초로 고정되고 기둥의 상단은 플랫폼에 의해 횡방향으로 지지되고 있다. 기둥은 압축력 $P = 100$ kN을 받도록 설계된다.

Euler 좌굴에 대하여 안전계수 $n = 3$ 이 요구될 때 기둥(그림 9-20b)에 필요한 최소두께 t를 구하라. (알루미늄에 대하여, 탄성계수 $E = 72$ GPa과 비례한도 $\sigma_{pl} = 480$ MPa를 사용하라.)

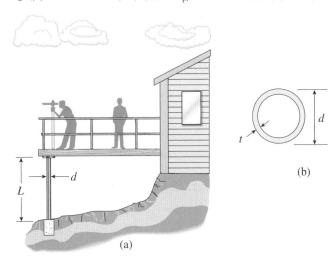

그림 9-20 예제 9-2. 알루미늄 관 기둥

풀이

임계하중. 기둥이 시공된 방식 때문에, 각각의 기둥을 고정–핀지지 기둥(그림 9-19d 참조)이라고 취급한다. 그러므로 임계하중은 다음과 같다.

$$P_{cr} = \frac{2.046\pi^2 EI}{L^2} \tag{j}$$

여기서 I는 관형 단면의 관성모멘트이다.

$$I = \frac{\pi}{64}\big[d^4 - (d - 2t)^4\big] \tag{k}$$

$d = 100$ mm (즉 0.1 m)를 대입하면 다음식을 던다.

$$I = \frac{\pi}{64}\big[(0.1 \text{ m})^4 - (0.1 \text{ m} - 2t)^4\big] \tag{l}$$

여기서 t는 미터(m)로 표시된다.

필요한 기둥의 두께. 기둥 하나에 대한 하중이 100 kN이고 안

전계수가 3이므로, 각각의 기둥은 다음과 같은 임계하중으로 설계되어야 한다.

$$P_{cr} = nP = 3(100 \text{ kN}) = 300 \text{ kN}$$

이러한 P_{cr} 값을 식 (j)에 대입하고 또한 I를 식 (l)로 표시되는 식으로 대체하면, 다음 식을 얻게 된다.

$$300{,}000 \text{ N} = \frac{2.046\pi^2(72 \times 10^9 \text{ Pa})}{(3.25 \text{ m})^2}\left(\frac{\pi}{64}\right)$$
$$\big[(0.1 \text{ m})^4 - (0.1 \text{ m} - 2t)^4\big]$$

이 식의 모든 항들은 뉴턴(N)과 미터(m) 단위로 표시됨을 유의하라.

곱하기와 나누기를 마치면, 앞의 방정식은 다음과 같이 간단하게 된다.

$$44.40 \times 10^{-6} \text{ m}^4 = (0.1 \text{ m})^4 - (0.1 \text{ m} - 2t)^4$$

또는

$$(0.1 \text{ m} - 2t)^4 = (0.1 \text{ m})^4 - 44.40 \times 10^{-6} \text{ m}^4$$
$$= 55.60 \times 10^{-6} \text{ m}^4$$

이 식으로부터 다음을 구한다.

$$0.1 \text{ m} - 2t = 0.08635 \text{ m} \quad \text{이고} \quad t = 0.006825 \text{ m}$$

그러므로 명시된 조건에 맞는 필요한 기둥의 최소두께는 다음과 같다.

$$t_{min} = 6.83 \text{ mm} \qquad \Longleftarrow$$

보조 계산. 기둥의 지름과 두께를 알게 되면, 기둥의 관성모멘트, 단면적 및 회전 반지름을 계산할 수 있다. 최소두께 6.83 mm를 사용하면 다음을 얻게 된다.

$$I = \frac{\pi}{64}\big[d^4 - (d - 2t)^4\big] = 2.18 \times 10^6 \text{ mm}^4$$

$$A = \frac{\pi}{4}\big[d^2 - (d - 2t)^2\big] = 1999 \text{ mm}^2$$

$$r = \sqrt{\frac{I}{A}} = 33.0 \text{ mm}$$

기둥의 세장비 L/r은 약 98이며, 이것은 가느다란 기둥에 대한 통상적인 범위 내에 있다. 그리고 지름 대 두께 비 d/t 는 약 15 이며, 이것은 기둥 벽의 국부적인 좌굴을 억제하기에 적절하다.

임계하중에 대한 공식(식 j)이 유효하면 기둥의 임계응력은 알루미늄의 비례한도보다 적어야 한다. 임계응력은 다음과 같다.

$$\sigma_{cr} = \frac{P_{cr}}{A} = \frac{300 \text{ kN}}{1999 \text{ mm}^2} = 150 \text{ MPa}$$

이것은 비례한도(480 MPa)보다 작다. 그러므로 Euler 좌굴 이론을 이용하여 임계하중을 계산하는 것은 만족할 만하다.

요약 및 복습

9장에서는 기둥으로 알려진 축하중을 받는 부재의 탄성 거동이 검토되었다. 먼저 이러한 가느다란 압축부재의 좌굴과 안정성에 대한 개념이 강봉과 탄성 스프링으로 구성된 단순한 기둥 모델의 평형을 이용하여 논의되었다. 다음으로 도심을 지나는 압축 축하중을 받는 양단이 핀으로 지지된 탄성 기둥이 고려되었고, 좌굴하중(P_{cr})과 좌굴 모드 형상을 구하기 위해 처짐곡선 방정식의 해를 구했으며 선형 탄성 거동이라고 가정했다. 추가적인 3가지 지지조건이 검토되었으며 각각의 경우에 대한 좌굴하중이 기둥의 유효길이, 즉 양단이 핀으로 지지된 기둥의 등가길이의 항으로 표현되었다.

이 장에서 제시한 중요 개념은 다음과 같다.

1. 가느다란 기둥의 좌굴 불안정성은 설계 시 고려해야 하는 중요한 파괴 모드이다(강도와 강성도에 추가하여).
2. 양단이 핀으로 지지되고 길이가 L이며 단면의 도심에 압축하중이 작용하고 선형 탄성 거동으로 제한된 가느다란 기둥은 기본 모드에서 다음과 같은 Euler **좌굴하중**에서 좌굴을 일으킨다.

$$P_{cr} = \frac{\pi^2 EI}{L^2}$$

따라서 좌굴하중은 재료의 강도가 아닌 휨 강성(EI)과 길이 (L)에 의해 결정된다.

3. 지지조건이 바뀌거나 추가적인 횡지지가 마련되면 임계좌굴하중이 바뀐다. 그러나 이러한 기타 지지조건에 대한 P_{cr}은 위의 P_{cr} 공식에서 실제 기둥의 길이(L)를 **유효길이**(L_e)로 대체하여 얻을 수 있다. **추가적인 3가지 지지조건이 그림 9-19에 보여진다.**
4. 긴 기둥(즉, 큰 세장비 L/r을 갖는)은 작은 압축응력 값에서 좌굴을 일으키며, **짧은 기둥**(즉, 작은 세장비 L/r을 갖는)은 재료의 항복과 분쇄에 의해 파괴되며, **중간 기둥**(긴 기둥과 짧은 기둥 사의의 세장비 L/r 값을 갖는)은 비탄성 좌굴에 의해 파괴된다. 비탄성 좌굴에 대한 임계 좌굴하중은 언제나 Euler 좌굴하중보다 작다. 오직 Euler 좌굴에 관련된 선형 탄성 거동만이 이 장에서 논의되었다.

9장 연습문제

이상화된 좌굴 모델

9.2-1 그림은 핀으로 연결되고 선형 탄성스프링을 가지는 하나 이상의 강체봉으로 구성된 이상화된 구조물을 보여준다. 회전 강성도는 β_R로, 병진 강성도는 β로 표시한다.

구조물에 대한 임계하중 P_{cr}을 구하라.

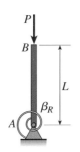

문제 9.2-1

9.2-2 그림은 핀으로 연결되고 선형 탄성스프링을 가지는 하나 이상의 강체봉으로 구성된 이상화된 구조물을 보여준다. 회전 강성도는 β_R로, 병진 강성도는 β로 표시한다.

구조물에 대한 임계하중 P_{cr}을 구하라.

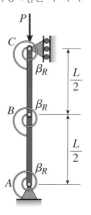

문제 9.2-2

9.2-3 그림은 핀으로 연결되고 선형 탄성스프링을 가지는 하나 이상의 강체봉으로 구성된 이상화된 구조물을 보여준다. 회전 강성도는 β_R로, 병진 강성도는 β로 표시한다.

(a) 그림 (a)의 구조물에 대한 임계하중 P_{cr}을 구하라.

(b) 그림 (b)와 같이 B점에 회전 스프링이 추가되는 경우에 P_{cr}을 구하라.

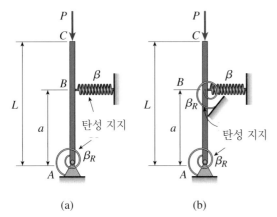

(a)   (b)

문제 9.2-3

9.2-4 그림은 B점에서 힌지를 사용하여 연결되고 A점과 B점에서 선형 탄성스프링으로 연결된 봉 AB와 BC로 이루어진 이상화된 구조물을 보여주고 있다. 회전 강성도는 β_R로, 병진 강성도는 β로 표시한다.

(a) 그림 (a)의 구조물에 대한 임계하중 P_{cr}을 구하라.

(b) 그림 (b)와 같이 탄성연결이 봉의 AB 부분과 BC 부분을 연결하는 데 사용되는 경우에 P_{cr}을 구하라.

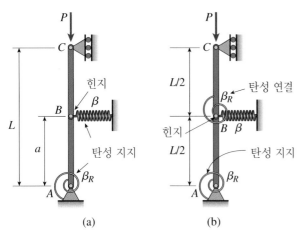

(a)   (b)

문제 9.2-4

9.2-5 그림은 회전 강성도가 β_R인 탄성연결로 이어진 2개의 강철봉으로 이루어진 이상화된 구조물을 보여준다.

구조물에 대한 임계하중 P_{cr}을 구하라.

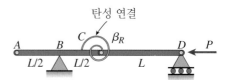

문제 9.2-5

9.2-6 그림은 A점과 C점에서 선형 탄성스프링으로 지지된 L 자 모양의 강체봉으로 구성된 이상화된 구조물을 보여준다. 회전 강성도는 β_R로, 병진 강성도는 β로 표시한다.

구조물에 대한 임계하중 P_{cr}을 구하라.

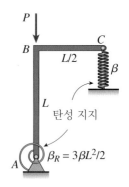

문제 9.2-6

9.2-7 그림은 C점과 D점 사이에 선형 탄성스프링 β로 연결된 강체봉 ABC와 DEF로 구성된 이상화된 구조물을 보여준다. 또한 구조물은 B점에서 병진 탄성스프링 β로 지지되고 E점에서 회전 탄성스프링 β_R로 지지되어 있다.

구조물에 대한 임계하중 P_{cr}을 구하라.

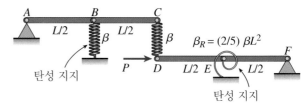

문제 9.2-7

양단이 핀으로 지지된 기둥의 임계하중

*9.3*절에 대한 문제는 이상적이고 가늘며 균일단면을 갖고 선형 탄성적인 기둥(*Euler* 좌굴)이라고 가정하여 풀어야 한다. 좌굴은 별도의 언급이 없는 한 그림의 평면에서 일어난다.

9.3-1 길이 $L = 8\,\text{m}$이고 $E = 200\,\text{GPa}$인 **HE 140 B** 강철 기둥 (그림 참조)에 대해 다음 조건하에서의 임계하중 P_{cr}을 구하라.

(a) 기둥이 강한 축(축 1-1)에 대한 굽힘에 의해 좌굴되는 경우

(b) 기둥이 약한 축(축 1-1)에 대한 굽힘에 의해 좌굴되는 경우

두 가지 경우에 대해 기둥은 양단이 핀으로 지지되었다고 가정한다.

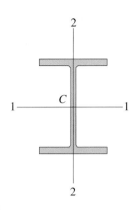

문제 9.3-1~9.3-3

9.3-2 길이 $L = 10$ m인 IPN 140 강철 기둥에 대해 앞의 문제를 풀어라. $E = 200$ GPa이다.

9.3-3 길이 $L = 8$ m인 HE 140 A 강철 기둥에 대해 문제 9.3-1을 풀어라.

9.3-4 수평보 AB가 그림과 같이 A단에서 핀으로 지지되어 있고 조인트 B에서 하중 Q를 받고 있다. 또한 보는 C점에서 길이가 L이고 핀으로 연결된 기둥으로 지지되어 있으며, 기둥은 D점의 바닥으로부터 $0.6 L$ 떨어진 지점에서 횡적으로 제한되어 있다. 기둥은 프레임의 평면 내에서만 좌굴을 일으킬 수 있다고 가정한다. 기둥은 길이가 $L = 0.75$ m이고 한 변의 길이가 $b = 38$ mm인 정사각형 단면을 가진 속이 찬 알루미늄 봉($E = 70$ GPa)이다. 치수 $d = L/2$이다. 기둥의 임계하중을 근거로 하여 좌굴에 대한 안전계수가 $n = 1.8$인 경우에 허용 하중 Q를 구하라.

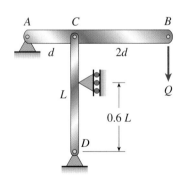

문제 9.3-4

9.3-5 수평보 AB가 그림과 같이 A단에서 핀으로 지지되어 있고 조인트 B에서 시계방향 모멘트 M을 받고 있다. 또한 보는 C점에서 길이가 L이고 핀으로 연결된 기둥으로 지지되어 있으며, 기둥은 D점의 바닥으로부터 $0.6 L$ 떨어진 지점에서 횡적으로 제한되어 있다. 기둥은 프레임의 평면 내에서만 좌굴을 일으킬 수 있다고 가정한다. 기둥은 길이가 $L = 2.4$ m이고 한 변의 길

이가 $b = 70$ mm인 정사각형 단면을 가진 속이 찬 강철봉($E = 200$ GPa)이다. 치수 $d = L/2$이다.

기둥의 임계하중을 근거로 하여 좌굴에 대한 안전계수가 $n = 2.0$인 경우에 허용 모멘트 M을 구하라.

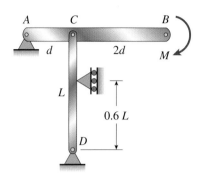

문제 9.3-5

9.3-6 수평보 AB가 그림 (a)와 같이 A단에서 가이드 지지점을 가지며 B단에서 하중 Q를 받고 있다. 보는 C점과 D점에서 길이가 L인 2개의 동일한 양단이 핀으로 지지된 기둥에 의해 지지되어 있다. 각 기둥의 휨 강성은 EI이다.

  (a) 임계하중 Q_{cr}에 대한 식을 구하라. (다시 말하면, 기둥의 Euler 좌굴에 의해 시스템이 붕괴되는 하중 Q_{cr}은 얼마인가?)

  (b) 이번에는 A점이 핀으로 지지되었다고 가정하고 (a)를 다시 풀어라. 임계 모멘트 M_{cr}에 대한 식을 구하라. (즉, 기둥의 Euler 좌굴에 의해 시스템이 붕괴되는 B점의 모멘트 M을 구하라.)

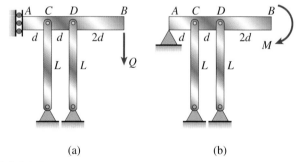

(a)   (b)

문제 9.3-6

9.3-7 수평보 AB가 그림 (a)와 같이 A단에서 지지되고 B단에서 하중 Q를 받고 있다. 또한 보는 C점에서 길이가 L인 핀으로 연결된 기둥으로 지지되어 있다. 기둥의 휨 강성은 EI이다.

  (a) A에서 가이드 지지점을 가진 경우[그림 (a) 참조]에 대해 임계하중 Q_{cr}은 얼마인가? (다시 말하면, 기둥 DC의 Euler 좌굴에 의해 시스템이 붕괴되는 하중 Q_{cr}은 얼마인가?)

  (b) A단의 가이드 지지점이 길이가 $3L/2$이고 휨 강성이 EI인 기둥 AF로 대체되는 경우에 대해 (a)를 다시 풀어라[그림(b) 참조].

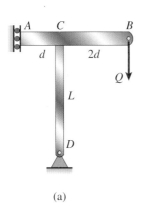

(a)

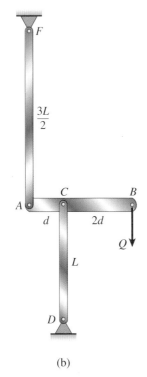

(b)

문제 9.3-7

9.3-8   단면치수가 b와 h인 직사각형 기둥이 A단과 C단에서 핀으로 지지되어 있다(그림 참조). 중앙 높이에서 기둥은 그림

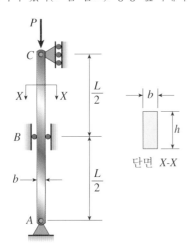

문제 9.3-8

평면 내에 구속되어 있다. 그림 평면에 수직방향으로는 자유롭게 처짐이 생길 수 있다.

기둥의 2개의 주평면 내의 좌굴에 대해 임계하중이 같게 되는 비 h/b를 구하라.

9.3-9   길고 가느다란 기둥 ABC가 A단과 B단에서 핀으로 지지되어 있으며 축력 P에 의해 압축을 받고 있다(그림 참조). 중앙점 B에서 그림 평면 내의 처짐이 일어나지 않도록 횡 지지점이 마련되었다. 기둥은 $E = 200$ GPa인 강철 WF단면 **HE 260 A**를 갖고 있다. 횡 지지점 사이의 거리는 $L = 5.5$ m이다.

주 도심축 중의 하나(즉, 축 1–1 또는 축 2–2)에 대한 Euler 좌굴 가능성을 감안하여 안전계수 $n = 2.4$인 경우에 허용 하중 P를 계산하라.

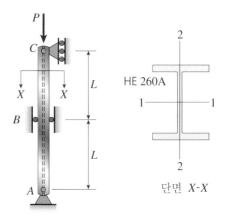

문제 9.3-9

9.3-10   길이가 L이고 양단이 핀으로 지지된 가는 봉 AB가 움직일 수 없는 지지점 사이에 고정되어 있다(그림 참조).

Euler 하중에서 좌굴을 일으키게 하는 보의 온도 증가량 ΔT는 얼마인가?

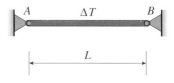

문제 9.3-10

9.3-11   각각 반지름이 r이고 길이가 L인 3개의 동일한 속이 찬 원형봉이 같이 놓여져 압축부재를 형성한다(그림의 단면 참조).

양단 고정 조건을 가정하여 다음 경우에 대해 임계하중 P_{cr}을 구하라.

(a) 봉이 각각 개별적인 기둥으로서 독립적인 역할을 하는 경우

(b) 하나의 부재로서의 기능을 갖도록 봉들이 전체 길이에 걸쳐 에폭시로 접합되는 경우

봉들이 하나의 부재로 거동할 때 임계하중의 효과는 무엇인가?

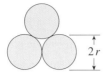

문제 9.3-11

9.3-12 같은 재료로 된 3개의 양단이 핀으로 지지된 기둥이 같은 길이와 같은 단면적을 갖고 있다(그림 참조). 기둥들은 어느 방향으로나 좌굴에 자유롭다. 기둥들은 다음과 같은 단면들을 갖는다. (1) 원, (2) 정사각형, (3) 정삼각형.

이 기둥들의 임계하중의 비 $P_1 : P_2 : P_3$를 구하라.

문제 9.3-12

9.3-13 대형 파이프를 들어 올리는 기중장치가 그림에 보여진다. 세움대(spreader)는 바깥지름이 70 mm이고 안지름이 57 mm인 강철관이다. 길이는 2.6 m이고 탄성계수는 200 GPa이다.

세움대의 Euler 좌굴에 대한 안전계수가 2.25임을 감안할 때 들어 올릴 수 있는 파이프의 최대 무게는 얼마인가? (세움대의 양단은 핀으로 지지되었다고 가정한다.)

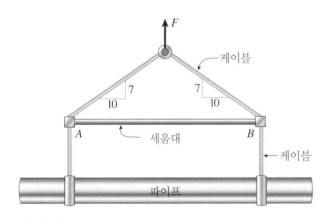

문제 9.3-13

9.3-14 공항의 중앙 홀 위의 지붕이 사전 인장된 케이블을 사용하여 지지되어 있다. 지붕 구조물의 전형적인 조인트에서 지주 AB가 지주와 각 $\alpha = 75°$를 이루는 케이블에 작용하는 인장력 F에 의해 압축되고 있다(그림 및 사진 참조). 지주는 바깥지름 $d_2 = 60$ mm이고 안지름 $d_1 = 50$ mm인 원형 단면의 강철관 ($E = 200$ GPa)이다. 지주의 길이는 1.75 m이고 양단이 핀으로 지지되어 있다고 가정한다.

임계하중에 대한 안전계수 $n = 2.5$를 사용하여 케이블 내의 허용된 힘 F를 구하라.

문제 9.3-14

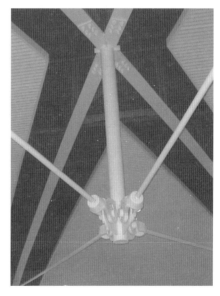

공항 중앙 홀의 전형적 조인트에서의 케이블과 지주
(© Barry Goodno)

9.3-15 2개의 강철 I형 보(IPN 180 단면)로 만들어진 기둥의 단면이 그림에 도시되었다. 보들은 단일 부재로 거동하도록 스페이서(spacer) 봉, 또는 레이싱(*lacing*)으로 연결되어 있다. (레이싱은 그림에서 점선으로 표시된다.)

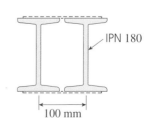

문제 9.3-15

기둥은 양단이 핀으로 지지되어 있으며 어느 방향으로나 좌굴을 일으킬 수 있다. E = 200 GPa, L = 8.5 m라고 가정하여 이 기둥에 대한 임계하중 P_{cr}을 구하라.

9.3-16 길이가 L = 1.8 m인 양단이 핀으로 지지된 알루미늄 지주가 바깥지름 d = 50 mm인 원형 관으로 만들어졌다(그림 참조). 지주는 임계하중에 대한 안전계수 n = 2.0으로 축하중 P = 18 kN을 지지해야 한다.

필요한 관의 두께 t를 구하라.

d = 50 mm

문제 9.3-16

9.3-17 트러스 ABC가 그림과 같이 조인트 B에서 하중 W를 받고 있다. 부재 AB의 길이 L_1은 고정되어 있으나, 지주 BC의 길이는 각 θ가 변함에 따라 달라진다. 지주 BC는 속이 찬 원형 단면을 가진다. 조인트 B는 트러스 평면에 수직방향으로 변위가 생기지 않도록 구속되어 있다.

지주의 Euler 좌굴에 의해 붕괴가 일어난다고 가정하고 지주의 무게가 최소가 되는 각 θ를 구하라.

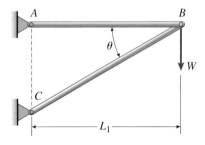

문제 9.3-17

9.3-18 그림에 보인 트러스 ABC가 조인트 B에서 수직하중 W를 받고 있다. 각 부재는 바깥지름이 100 mm이고 두께가 6 mm인 가느다란 원형 강철관(E = 200 GPa)이다. 지지점 사이의 거리는 7 m이다. 조인트 B는 트러스 평면에 수직방향으로 변위가 생기지 않도록 구속되어 있다.

임계하중 W_{cr}의 값을 구하라.

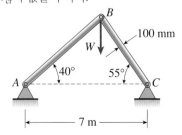

문제 9.3-18

9.3-19 IPN 160 단면을 갖는 강철로 된 돌출보 AB가 그림과 같이 B점에서 강철 연결봉으로 지지되어 있다. 연결봉은 B점의 왼쪽으로 거리 S만큼 떨어진 C점에 롤러 지지점이 추가되고 분포하중 q가 보의 AC 구간에 작용할 때 팽팽하게 된다. E = 200 GPa이라 가정하고 보와 연결보의 자중은 무시하라. S형 보의 성질은 부록 E의 표 E-2(a)를 참조하라.

(a) L_1 = 2 m, S = 0.6 m, H = 1 m, d = 6 mm인 경우에 연결봉에 좌굴이 일어나게 하는 등분포하중 q의 값은 얼마인가?

(b) q = 2 kN/m, L_1 = 2 m, H = 1 m, d = 6 mm, S = 0.6 m인 경우에 연결봉의 좌굴을 방지하기 위해 필요한 보의 최소 관성 모멘트 I_b는 얼마인가?

(c) q = 2 kN/m, L_1 = 2 m, H = 1 m, d = 6 mm인 경우에 연결봉에 좌굴이 일어나게 하는 거리 S는 얼마인가?

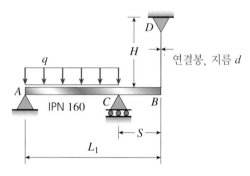

문제 9.3-19

기타 지지조건을 갖는 기둥

*9.4*절에 대한 문제는 이상적이고 가늘며 균일단면을 갖고 선형 탄성적인 기둥(*Euler* 좌굴)이라고 가정하여 풀어야 한다. 좌굴은 별도의 언급이 없는 한 그림의 평면에서 일어난다.

9.4-1 HE 450형 WF 강철 기둥(E = 200 GPa)의 길이 L = 9 m이다. 기둥은 양단에서만 지지되며 어느 방향으로나 좌굴이 일어날 수 있다.

안전계수 n = 2.5인 임계하중을 근거로 하여 허용 하중 P_{allow}를 계산하라. 다음과 같은 끝점 조건을 사용하라. (1) 핀 지지–핀 지지, (2) 고정 –자유, (3) 고정–핀 지지, (4) 고정–고정.

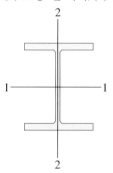

문제 9.4-1 및 9.4-2

9.4-2 길이가 $L = 7.5$ m이고 탄성계수가 $E = 200$ GPa인 HE 100 A형 기둥에 대해 앞의 문제를 풀어라.

9.4-3 길이가 $L = 3$ m인 알루미늄 파이프 기둥($E = 70$ GPa)의 안지름과 바깥지름은 각각 $d_1 = 130$ mm, $d_2 = 150$ mm이다 (그림 참조). 기둥은 양단에서만 지지되며 어느 방향으로나 좌굴이 일어날 수 있다.

다음과 같은 끝점 조건에 대해 임계하중 P_{cr}을 계산하라. (1) 핀 지지-핀 지지, (2) 고정 –자유, (3) 고정-핀 지지, (4) 고정-고정.

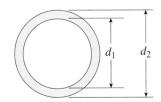

문제 9.4-3 및 9.4-4

9.4-4 길이가 $L = 3$ m, 안지름 $d_1 = 36$ mm, 바깥지름 $d_2 = 150$ mm인 강철 파이프 기둥($E = 210$ GPa)에 대해 앞의 문제를 풀어라.

9.4-5 수직 기둥 AB가 콘크리트 기초에 묻혀 있고 2개의 케이블에 의해 상단이 고정되어 있다(그림 참조). 기둥은 탄성계수가 200 GPa, 바깥지름이 40 mm, 두께가 5 mm인 속이 빈 강철관이다. 케이블들은 조임나사에 의해 팽팽하게 당겨져 있다.

그림 평면에서 Euler 좌굴하중에 대한 안전계수가 3.0이라면 케이블 내의 최대 허용 인장력 T_{allow}는 얼마인가?

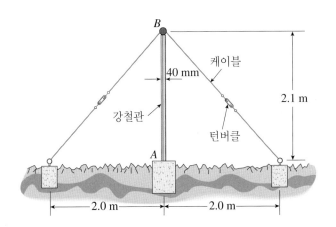

문제 9.4-5

9.4-6 IPN 200 표준 강철 기둥($E = 200$ GPa)의 상단이 2개의 파이프 사이에 횡적으로 지지되어 있다(그림 참조). 파이프들은 기둥에 부착되지 않았으며 파이프와 기둥 사이의 마찰은 신뢰할 수 없다. 기둥의 기초는 고정되어 있고 기둥의 길이는 4 m이다.

웨브 평면과 웨브 평면에 수직한 방향의 Euler 좌굴을 고려하여 기둥에 대한 임계하중을 구하라.

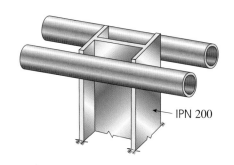

문제 9.4-6

9.4-7 창고의 지붕 보가 바깥지름 $d_2 = 100$ mm이고 안지름 $d_1 = 90$ mm인 파이프 기둥(그림 참조)에 의해 지지되고 있다. 기둥의 길이는 $L = 4.0$ m, 탄성계수는 $E = 210$ GPa이며 밑바닥이 고정되어 있다.

다음과 같은 가정을 사용하여 각 기둥의 임계하중 P_{cr}을 구하라.

(a) 상단은 핀으로 지지되고 보는 수평 처짐이 억제된다.

(b) 상단은 회전되지 않도록 고정되고 보의 수평처짐이 억제된다.

(c) 상단은 핀으로 지지되어 있지만 보는 수평으로 자유롭게 움직일 수 있다.

(d) 상단은 회전되지 않도록 고정되어 있지만 보는 수평으로 자유롭게 움직일 수 있다.

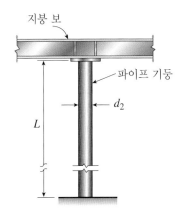

문제 9.4-7

9.4-8 회전되지 않도록 양단이 고정된 이상적 기둥에 대하여 처짐곡선의 미분방정식을 풀어서 임계하중 P_{cr}과 좌굴형상의 방정식을 구하라(그림 9-17 참조).

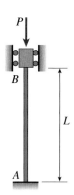

문제 9.4-8

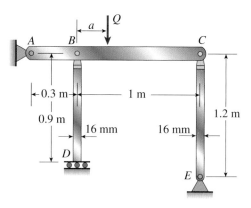

문제 9.4-10

9.4-9 원형 단면의 알루미늄 관 AB는 기초가 가이드 지지점으로 지지되어 있고 상단은 하중 Q = 200 kN을 받는 수평보에 핀으로 연결되어 있다(그림 참조).

바깥지름 d가 200 mm이고 Euler 좌굴에 대한 바람직한 안전계수가 n = 3.0일 때 필요한 관의 두께 t를 구하라. (E = 72 GPa이라고 가정한다.)

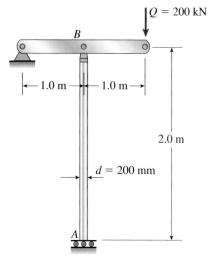

문제 9.4-9

9.4-10 그림에 보인 수평보 ABC는 기둥 BD와 CE에 의해 지지되어 있다. 보는 A단의 핀 지지점에 의해 수평으로 움직일 수 없게 되어 있다. 각 기둥의 상단은 보에 핀으로 연결되어 있으나, 하단에서는 지지점 D가 가이드 지지점이며 지지점 E는 핀 지지점이다. 두 기둥은 모두 폭이 16 mm인 정사각형 단면을 가진 속이 찬 강철봉(E = 200 GPa)이다. 하중 Q가 기둥 BD로부터 거리 a만큼 떨어진 위치에 작용한다.

(a) 거리 a = 0.5 m이라면 임계하중 Q_{cr}의 값은 얼마인가?

(b) 거리 a가 0에서 1 m 사이의 값으로 변한다면 가능한 Q_{cr}의 최대값은 얼마인가? 이에 대응하는 거리 a의 값은 얼마인가?

9.4-11 프레임 ABC는 그림 (a)와 같이 조인트 B에서 단단하게 연결되어 있는 2개의 부재 AB와 BC로 구성되어 있다. 프레임은 A점과 C점에서 핀으로 지지되어 있다. 집중하중 P가 조인트 B에 작용하며 이로 인해 부재 AB가 직접 압축을 받고 있다.

부재 AB에 대한 좌굴하중을 결정하는 것을 돕기 위해 이 부재를 그림 (b)와 같이 양단 핀지지 기둥으로 표시한다. 기둥의 상단에서 강성도 β_R을 가지는 회전 스프링은 수평보 BC의 기둥에 대한 구속 작용을 나타낸다(수평보는 기둥이 좌굴을 일으킬 때 조인트 B의 회전을 저지하도록 마련되었음을 유의하라). 또한 해석에서 굽힘 효과만을 고려하라(즉, 축 변형 효과는 무시한다).

(a) 처짐곡선의 미분방정식을 풀어서 이 기둥에 대한 다음과 같은 좌굴방정식을 유도하라.

$$\frac{\beta_R L}{EI}(kL \cot kL - 1) - k^2 L^2 = 0$$

여기서 L은 기둥의 길이이고 EI는 기둥의 휨 강성이다.

(b) 부재 BC가 부재와 동일한 특별한 경우에 회전 강성도는 $\beta_R = 3EI/L$이다(부록 G의 표 G-2 경우 7 참조). 이러한 특별한 경우에 대해 임계하중 P_{cr}을 구하라.

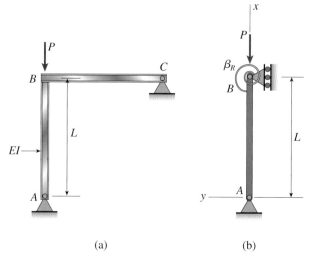

(a)   (b)

문제 9.4-11

9장 추가 복습문제

R-9.1: 길이가 L = 1.6 m인 양단이 핀으로 지지된 구리 지주(E = 110 GPa)가 바깥지름이 d = 38 mm인 원형관으로 만들어졌다. 지주는 임계하중에 대한 안전계수 2.0으로 축하중 P = 14 kN을 지지해야 한다. 필요한 관의 두께 t를 구하라.

R-9.2: 2개의 강철 파이프(E = 210 GPa, d = 100 mm, t = 6.5 mm)로 구성된 평면 트러스가 조인트 B에서 수직하중 W를 받고 있다. A점과 C점은 L = 7 m만큼 떨어져 있다. 트러스 평면 내의 좌굴에 대한 임계하중 W의 값을 구하라.

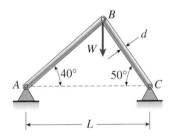

R-9.3: 보 ACB는 A에서 슬라이딩 지지점을 가지며 C에서 높이가 L = 3.75 m이고 정사각형 단면을 가진 양단이 핀으로 지지된 강철 기둥(E = 200 GPa, b = 40 mm)으로 지지되어 있다. 기둥은 임계하중에 대한 안전계수 2.0으로 B에서 하중 Q를 지지해야 한다. Q의 최대 허용 값을 구하라.

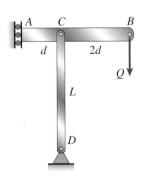

R-9.4: 길이가 L = 4.25 m인 강철 파이프 기둥(E = 190 GPa, α = 14 × 10^{-6}/°C, d_2 = 82 mm, d_1 = 70 mm)의 온도가 ΔT만큼 상승한다(그림 참조). 기둥의 상단은 핀으로 지지되어 있고 하단은 고정되어 있다. 기둥이 좌굴을 일으킬 때의 온도 증가량을 구하라.

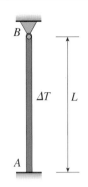

R-9.5: 보 ACB는 A에서 핀 지지점을 가지며 C에서 높이가 L = 5.25 m이고 정사각형 단면을 가진 강철 기둥(E = 190 GPa, b = 42 mm)으로 지지되어 있다. 기둥은 C에서 핀으로 지지되어 있고 D에서 고정되어 있다. 기둥은 임계하중에 대한 안전계수 2.0으로 B에서 하중 Q를 지지해야 한다. Q의 최대 허용 값을 구하라.

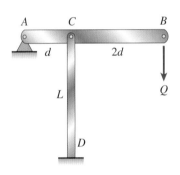

R-9.6: 길이가 L = 4.25 m인 강철 파이프(E = 190 GPa, α = 14 × 10^{-6}/°C, d_2 = 82 mm, d_1 = 70 mm)가 강체 표면에 매달려 있으며 온도가 ΔT = 50°C만큼 상승한다. 기둥의 상단은 고정되어 있고 밑바닥에 작은 틈새를 갖고 있다. 좌굴을 피하기 위한 밑바닥에서의 최소 틈새를 구하라.

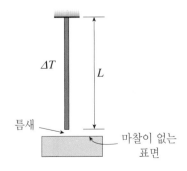

R-9.7: 2개의 파이프 기둥이 같은 Euler 좌굴하중 P_{cr}을 갖도록 요구된다. 기둥 1의 휨 강성은 $E\,I$이고 높이는 L_1이며, 기둥 2의 휨 강성은 $(4/3)EI$이고 높이는 L_2이다. 같은 하중에서 양 기둥의 좌굴을 유발하는 길이의 비 (L_2/L_1)을 구하라.

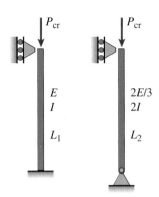

R-9.8: 보가 프레임에서 2개의 동일한 파이프 기둥의 상단에 핀으로 연결되어 있다. 프레임은 기둥 1의 상단에서 옆으로 움직이지 못하도록 구속되어 있다. 여기서는 프레임 평면 내의 좌굴만이 관심의 대상이다. 두 기둥의 동시 좌굴을 유발시키는 하중 Q_{cr}의 위치를 나타내는 비 (a/L)를 구하라.

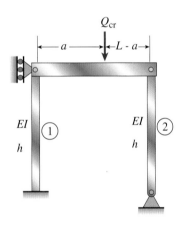

R-9.9: 2개의 파이프 기둥이 같은 Euler 좌굴하중 P_{cr}을 갖도록 요구된다. 기둥 1의 휨 강성은 EI_1이고 높이는 L이며, 기둥 2의 휨 강성은 $(2/3)EI_2$이고 높이는 L이다. 같은 하중에서 양 기둥의 좌굴을 유발하는 관성모멘트의 비 (I_2/I_1)을 구하라.

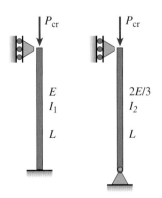

R-9.10: 원형 단면의 알루미늄 관 AB($E = 72$ GPa)가 밑바닥에서 핀으로 지지되어 있고 상단에서 하중 $Q = 600$ kN을 받는 수평보에 핀으로 연결되어 있다. 관의 바깥지름은 200 mm이고 Euler 좌굴에 대한 바람직한 안전계수는 3.0이다.

필요한 관의 두께 t를 구하라.

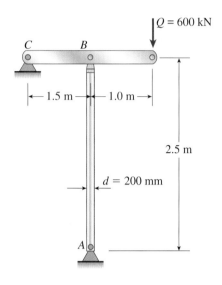

R-9.11: 길이가 $L = 4.25$ m인 강철 파이프 기둥($E = 210$ GPa)이 바깥지름 $d_2 = 90$ mm이고 안지름 $d_1 = 64$ mm인 원형관으로 만들어졌다. 파이프 기둥은 밑바닥은 고정되어 있고 상단은 핀으로 지지되어 있으며 어느 방향으로나 좌굴을 일으킬 수 있다. 이 기둥의 Euler 좌굴하중을 구하라.

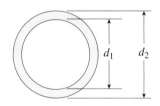

철골 부재는 여러 가지 단면 형태를 가진다. 단면의 제반 성질은 해석과 설계를 위해 필요하다. (Bob Scott/Getty Images)

10

도심 및 관성모멘트 복습
Review of Centroids and Moments of Inertia

개요

10장에서 다루는 주제는 도심과 도심의 위치 구하기 (10.2 및 10.3절), 관성모멘트(10.4절), 평행축 정리(10.5절), 극관성모멘트(10.6절), 관성모멘트 적(10.7절), 축의 회전(10.8절) 및 주축(10.9절)이다. 오직 평면 면적만 고려한다. 장 안에 많은 예제가 있으며 복습용 연습문제가 장 뒷부분에 수록되어 있다.

다양한 일반적인 기하 형상에 대한 도심과 관성모멘트에 대한 표가 편리하게 참고할 수 있도록 부록 D에 수록되어 있다.

10장은 다음과 같이 구성되었다.

10.1 소개

이 장에서는 평면 면적의 도심(centroid)과 관성모멘트에 관한 정의들과 공식들의 복습을 다룬다. 이러한 주제들은 수학이나 정역학과 같은 과목에서 다루어졌기 때문에 "복습"이란 말이 적당하다. 따라서 대부분의 독자들은 이미 그 내용에 잘 익숙해져 있을 것이다. 그러나 도심과 관성모멘트는 앞 장들을 통하여 반복해서 사용되었기 때문에 독자들에 의해 명확히 이해되고 이에 관련된 정의들과 공식들도 쉽게 접근되었어야 한다.

이 장과 앞 장에서 사용된 용어는 어떤 독자들에게는 생소할지도 모른다. 예를 들어, "관성모멘트"란 용어는 면적의 성질에 관계될 때는 명백히 잘못된 명칭이다. 왜냐하면 질량이 포함되지 않았기 때문이다. "면적"이라는 단어 자체도 앞의 논의에서 부적절하게 사용되어지고 있다. 평면 면적이라 말할 때는 실제로 평면표면을 의미한다. 엄격히 말하면 면적은 표면 크기의 척도이고 표면 그 자체와는 다른 것이다. 이런 차이에도 불구하고, 이 책에서 사용된 용어는 공학적 용어에만 치우쳐 있기 때문에 거의 혼란을 초래하는 일은 드물다.

10.2 평면면적의 도심

평면 면적의 도심의 위치는 중요한 기하학적 성질이다. 도심의 위치에 대한 공식을 얻기 위하여, 그림 10-1과 같이 점 C에 도심을 갖는 임의의 형상에 관한 평면 면적을 다룰 것이다. xy좌표계는 임의의 점 O를 원점으로 정한다. 기하학적 도형의 **면적**은 다음의 적분으로 정의된다.

$$A = \int dA \qquad (10\text{-}1)$$

여기서 dA는 x와 y 좌표를 갖는 면적의 미분요소(그림 10-1)이고, A는 도형의 전체면적이다.

x와 y축에 관한 면적의 **1차 모멘트(first moment)**는 각각 다음과 같이 정의된다.

$$Q_x = \int y\, dA \qquad Q_y = \int x\, dA \qquad (10\text{-}2\text{a, b})$$

따라서 1차 모멘트는 면적의 미소요소와 그 좌표의 곱의 합을 나타낸다. 1차 모멘트는 xy축의 위치에 따라 양($+$) 또는 음($-$)일 수도 있다. 또한 1차 모멘트는 길이 단위의 3제곱으로, 예를 들면, m^3 또는 m^3의 단위를 갖는다.

도심 C(그림 10-1)의 좌표 $\bar{x}$와 $\bar{y}$는 1차 모멘트를 그 면적으로 나눈 것과 같다.

$$\bar{x} = \frac{Q_y}{A} = \frac{\int x\, dA}{\int dA} \qquad \bar{y} = \frac{Q_x}{A} = \frac{\int y\, dA}{\int dA} \quad (10\text{-}3\text{a, b})$$

면적의 경계가 단순한 수학적 표현에 의해 정의된다면, 닫힌 형태의 식 (10-3a)와 (10-3b)의 적분의 값을 구할 수 있고 따라서 $\bar{x}$와 $\bar{y}$에 대한 공식을 얻을 수 있다. 부록 D에 열거된 공식들은 이러한 방법으로 얻어졌다. 일반적으로 좌표 $\bar{x}$와 $\bar{y}$는 기준축에 관한 도심의 위치에 따라 양 또는 음이 될 수 있다.

면적이 **축대칭(symmetric about an axis)**이면, 대칭축에 관한 1차 모멘트는 0이므로 도심은 그 축 상에 놓이게 된다. 예를 들면, 그림 10-2에서와 같이 1축대칭 면적의 도심은 축이 대칭축이므로 x축 위에 위치하여야 한다. 그러므로 도심 C의 위치를 정하기 위해서는 오직 한 좌표만을 계산하면 된다.

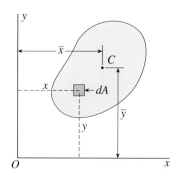

그림 10-1 도심 C를 갖는 임의의 형상의 평면 면적

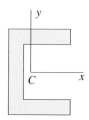

그림 10-2 1축대칭 면적

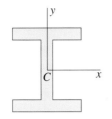

그림 10-3 2축대칭 면적

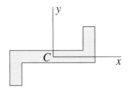

그림 10-4 점대칭 면적

그림 10-3과 같이 면적이 **2축대칭(two axes of symmetry)** 이면 도심의 위치는 그 대칭축들의 교점에 놓여 있으므로 육안으로 결정할 수 있다.

그림 10-4와 같은 형태의 면적은 **점대칭(symmetric about a point)** 이다. 이는 대칭축은 없으나 그 점을 통하여 그려지는 모든 선이 대칭적으로 그 면적을 접촉시키도록 하는 점[**대칭중심(center of symmetry)** 이라 함]이 존재한다. 그러한 면적의 도심은 대칭중심과 일치한다. 따라서 도심은 육안으로 결정할 수 있다.

면적이 단순한 수학적 표현에 의해 정의되지 않는 **불규칙 경계**를 가진다면, 식 (10-3a)와 (10-3b)에서의 적분을 수치적으로 계산함으로써 도심위치를 정할 수 있다. 가장 간단한 절차는 도형을 작은 유한요소로 나누어 그 적분들을 합산으로 대치시키는 것이다. i번째 요소의 면적을 ΔA_i로 놓으면 합산의 표현은 다음과 같다.

$$A = \sum_{i=1}^{n} \Delta A_i \qquad Q_x = \sum_{i=1}^{n} \bar{y}_i \Delta A_i \qquad Q_y = \sum_{i=1}^{n} \bar{x}_i \Delta A_i$$

$$(10\text{-}4\text{a, b, c})$$

여기서 n은 전체 요소의 수이며 $\bar{y}_i$는 i번째 요소의 도심의 y 좌표, $\bar{x}_i$는 i번째 요소의 도심의 x좌표이다. 식 (12-3a)와 (12-3b)에서의 적분들을 관련된 합산으로 대치하면 도심의 좌표에 관한 다음과 같은 공식을 얻는다.

$$\bar{x} = \frac{Q_y}{A} = \frac{\displaystyle\sum_{i=1}^{n} \bar{x}_i \Delta A_i}{\displaystyle\sum_{i=1}^{n} \Delta A_i} \qquad \bar{y} = \frac{Q_x}{A} = \frac{\displaystyle\sum_{i=1}^{n} \bar{y}_i \Delta A_i}{\displaystyle\sum_{i=1}^{n} \Delta A_i}$$

$$(10\text{-}5\text{a, b})$$

$\bar{x}$와 $\bar{y}$에 대한 계산의 정확도는 선택된 요소들이 실제 면적에 얼마나 근접하느냐에 달려 있다. 그 요소들이 실제 면적과 정확히 일치한다면 그 결과는 정확하다. 많은 컴퓨터 프로그램들은 식 (10-5a)와 (10-5b)에 의해 표현된 것과 비슷한 수치적 기법을 사용한다.

WF형 강철 단면의 도심은 대칭축의 교점에 위치한다.
(Photo courtesy of Louis Geschwinder)

예제 10-1

포물선 반궁형(semisegment) OAB가 x축과 y축, 그리고 A점에서 정점을 갖는 포물선에 의해 경계가 지어진다(그림 10-5). 이 곡선의 방정식은 다음과 같다.

$$y = f(x) = h\left(1 - \frac{x^2}{b^2}\right) \tag{a}$$

여기서 b는 밑변의 길이, h는 반궁형의 높이이다.

이 반궁형의 도심 C의 위치를 구하라.

풀이

도심 C(그림 10-5)의 $\bar{x}$와 $\bar{y}$좌표를 구하기 위해 식 (10-3a)와

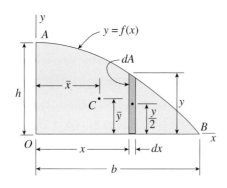

그림 10-5 예제 10-1. 포물선 반궁형의 도심

(10-3b)를 이용한다. 폭 dx와 높이 y로 이루어지는 얇은 수직 띠의 형태인 요소면적 dA를 선택하면, 이 미분요소의 면적은 다음과 같다.

$$dA = y\,dx = h\left(1 - \frac{x^2}{b^2}\right)dx \qquad \text{(b)}$$

따라서 포물선 반궁형의 면적은 다음과 같다.

$$A = \int dA = \int_0^b h\left(1 - \frac{x^2}{b^2}\right)dx = \frac{2bh}{3} \qquad \text{(c)}$$

이 면적은 둘러싸인 직사각형 면적의 2/3임을 유의하라.

임의의 축에 관한 요소면적 dA의 1차 모멘트는 요소의 면적에 도심으로부터 그 축까지의 거리를 곱함으로써 얻어진다. 그림 10-5에서와 같이 요소의 도심의 x와 y좌표는 각각 x와 $y/2$이므로, x와 y축에 관한 요소의 1차 모멘트는 다음과 같다.

$$Q_x = \int \frac{y}{2}\,dA = \int_0^b \frac{h^2}{2}\left(1 - \frac{x^2}{b^2}\right)^2 dx = \frac{4bh^2}{15} \qquad \text{(d)}$$

$$Q_y = \int x\,dA = \int_0^b hx\left(1 - \frac{x^2}{b^2}\right)dx = \frac{b^2 h}{4} \qquad \text{(e)}$$

여기서 식 (b)의 dA를 대입하였다.

이제 도심 C의 좌표들을 다음과 같이 구할 수 있다.

$$\bar{x} = \frac{Q_y}{A} = \frac{3b}{8} \qquad \bar{y} = \frac{Q_x}{A} = \frac{2h}{5} \qquad \text{(f, g)}$$

이 결과들은 부록 D의 경우 17에 수록된 공식들과 일치한다.

주: 포물선 반궁형의 도심 C는 요소면적 dA를 높이 dy의 수평띠와 다음과 같은 폭을 취하여 구할 수도 있다.

$$x = b\sqrt{1 - \frac{y}{h}} \qquad \text{(h)}$$

이 표현식은 식 (a)에서 x를 y의 항으로 풀어서 얻는다.

10.3 합성면적의 도심

공학에서는 적분에 의해 도심을 정해야 할 필요는 거의 드물다. 왜냐하면 일반적인 도형의 도심은 이미 알려져서 표로 만들어져 있기 때문이다. 그러나 직사각형이나 원과 같이 익숙한 기하학적 형상을 갖는 개별 부분들로 구성된 합성면적의 도심을 정해야 할 필요가 종종 있다. 그러한 합성면적 (composite area)의 예는 주로 직사각형 요소로 구성되는 보나 기둥의 단면들이다(예로 그림 10-2, 10-3과 10-4 참조).

합성면적의 **면적과 1차 모멘트(first moment)**는 그 구성 부분들의 관련성질들을 합함으로서 계산된다. 합성면적이 총 n개 부분으로 나누어져 있다고 가정하고 i 번째의 면적을 A_i라 하면 다음과 같은 합산에 의해 면적과 1차 모멘트가 구해진다.

$$A = \sum_{i=1}^{n} A_i \qquad Q_x = \sum_{i=1}^{n} \bar{y}_i A_i \qquad Q_y = \sum_{i=1}^{n} \bar{x}_i A_i \qquad \text{(10-6a)}$$

여기서 $\bar{x}$와 $\bar{y}$은 i번째 부분의 도심의 좌표이다.

합성면적의 **도심의 좌표**는 다음과 같다.

$$\bar{x} = \frac{Q_y}{A} = \frac{\sum_{i=1}^{n} \bar{x}_i A_i}{\sum_{i=1}^{n} A_i} \qquad \bar{y} = \frac{Q_x}{A} = \frac{\sum_{i=1}^{n} \bar{y}_i A_i}{\sum_{i=1}^{n} A_i}$$

$$\text{(10-7a, b)}$$

합성면적이 n개 부분에 의해 정확히 표현되기 때문에 앞의 방정식들은 도심의 좌표에 대한 정확한 결과를 준다.

식 (10-7a)와 (10-7b)의 사용을 예시하기 위하여, 그림 10-6a와 같은 L-형면적(또는 앵글 단면)을 고려하자. 이 면적은 변의 치수 b, c와 두께 t를 갖는다. 그 면적은 도심이 각각 C_1, C_2인 2개의 직사각형 단면 A_1과 A_2로 나누어질 수 있다(그림 10-6b). 이들 두 부분의 면적과 도심은 다음과 같다.

$$A_1 = +bt \qquad \bar{x}_1 = \frac{t}{2} \qquad \bar{y}_1 = \frac{b}{2}$$

$$A_2 = (c - t)t \qquad \bar{x}_2 = \frac{c + t}{2} \qquad \bar{y}_2 = \frac{t}{2}$$

따라서 합성면적의 면적과 1차 모멘트(식 10-6a,b,c로 부터)는 다음과 같게 된다.

$$A = A_1 + A_2 = t(b + c - t)$$

$$Q_x = \bar{y}_1 A_1 + \bar{y}_2 A_2 = \frac{t}{2}(b^2 + ct - t^2)$$

$$Q_y = \bar{x}_1 A_1 + \bar{x}_2 A_2 = \frac{t}{2}(bt + c^2 - t^2)$$

마지막으로, 식 (10-7a)와 (10-7b)로부터 합성면적(그림 12-6b)의 도심 C의 좌표 $\bar{x}$와 $\bar{y}$를 구할 수 있다.

$$\bar{x} = \frac{Q_y}{A} = \frac{bt + c^2 - t^2}{2(b + c - t)} \qquad \bar{y} = \frac{Q_x}{A} = \frac{b^2 + ct - t^2}{2(b + c - t)}$$

$$(10\text{-}8a, b)$$

예제 10-2에 예시한 바와 같이, 보다 복잡한 단면에 대해서도 비슷한 절차가 사용될 수 있다.

주1: 합성면적이 오직 두 부분으로만 나누어질 때는 전체 면적에 대한 도심 C는 두 부분의 도심 C_1과 C_2를 연결하는 선 위에 놓여 있다(L-형 면적에 대한 그림 10-6b 참조).

주2: 합성면적에 대한 공식(식 10-6과 10-7)을 사용할 때 면적이 없는 부분은 그 면적을 제외시켜 취급할 수 있다. 이 과정은 도형에 잘려진 부분이나 구멍이 있을 때 유용하다. 예를 들어, 그림 10-7a와 같은 면적을 고려하자. 바깥 직사각형 *abcd*의 관련성질로부터 안쪽 직사각형 *efgh*의 성질을 뺌으로써 이 도형을 합성면적으로 해석할 수 있다. (다른 관점으로 보면 바깥 직사각형을 "양의 면적"으로, 안쪽 직사각형을 "음의 면적"으로 고려할 수 있다.)

이와 비슷하게, 면적에 구멍이 존재하면(그림 10-7b), 바깥 직사각형의 성질로부터 그 구멍의 면적에 대한 성질을 뺄 수 있다. (바깥 직사각형을 "양의 면적"으로 구멍을 "음의 면적"으로 취급한다면 똑같은 효과가 이루어진다.)

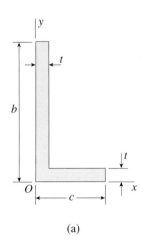

(a)

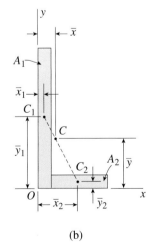

(b)

그림 10-6 두 부분으로 구성된 합성면적의 도심

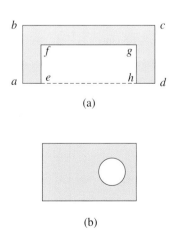

(a)

(b)

그림 10-7 잘려진 부분이나 구멍을 가진 합성 단면

보의 잘려진 부분은 도심과 관성모멘트 계산에
고려되어야 한다.
(Don Farrall/Getty Images)

예제 10-2

강철 보의 단면이 상부 플랜지에 용접된 치수 25 cm × 1.5 cm인 덮개판과 하부 플랜지에 용접된 UPN 320 채널 단면을 갖는 HE 450A WF형 단면으로 만들어졌다(그림 10-8 참조).

이 단면적의 도심 C의 위치를 구하라.

풀이

덮개판, WF형 단면, 채널형 단면의 면적을 각각 A_1, A_2, A_3라 하자. 이들 3개 면적들의 도심들을 그림 10-8과 같이 각각 C_1, C_2, C_3라 표시한다. 이 합성면적은 대칭축을 가지기 때문에 모든 도심들은 대칭축 위에 놓이게 된다. 3개 부분의 면적들은 다음과 같다.

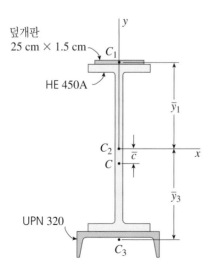

그림 10-8 예제 10-2. 합성면적의 도심

$$A_1 = (25 \text{ cm})(1.5 \text{ cm}) = 37.5 \text{ cm}$$
$$A_2 = 178 \text{ cm}^2$$
$$A_3 = 75.8 \text{ cm}^2$$

여기서 면적 A_2와 A_3는 부록 E의 표 E-1과 표 E-3으로부터 구한다.

x축과 y축의 원점을 WF형 단면의 도심 C_2에 잡으면, x축으로부터 3개의 면적들의 도심까지의 거리는 다음과 같다.

$$\bar{y}_1 = \frac{440 \text{ mm}}{2} + \frac{15 \text{ mm}}{2} = 227.5 \text{ mm}$$

$$\bar{y}_2 = 0 \qquad \bar{y}_3 = \frac{440 \text{ mm}}{2} + 26 \text{ mm} = 246 \text{ mm}$$

여기서 WF형 단면과 채널형 단면들의 적절한 치수는 표 E-1과 E-3으로부터 구한다.

전체 단면적의 면적 A와 1차 모멘트 Q_x는 식 (10-6a)와 (12-6b)로부터 다음과 같이 얻어진다.

$$A = \sum_{i=1}^{n} A_i = A_1 + A_2 + A_3$$
$$= 37.5 \text{ cm}^2 + 178 \text{ cm}^2 + 75.8 \text{ cm}^2 = 291.3 \text{ cm}^2$$

$$Q_x = \sum_{i=1}^{n} \bar{y}_i A_i = \bar{y}_1 A_1 + \bar{y}_2 A_2 + \bar{y}_3 A_3$$
$$= (22.75 \text{ cm})(37.5 \text{ cm}^2) + 0 - (24.6 \text{ cm})(75.8 \text{ cm}^2)$$
$$= -1012 \text{ cm}^3$$

이제 식 (10-7b)로 부터 합성면적의 도심 C까지의 좌표 $\bar{y}$를 얻을 수 있다.

$$\bar{y} = \frac{Q_x}{A} = \frac{(-1012 \text{ cm}^3)}{291.3 \text{ cm}^2} = -34.726 \text{ mm}$$

$\bar{y}$가 y축의 양의 방향에서 양이기 때문에, 음의 부호는 합성면적

의 도심 C가 그림 10-8에서와 같이 x축 아래에 위치하는 것을 의미한다. 따라서 x축과 도심 C 사이의 거리 $\bar{c}$는 다음과 같다.

$$\bar{c} = 34.73 \text{ mm}$$

기준축(x축)의 위치는 임의이나, 이 예제에서는 계산을 간단히 하기 위하여 WF형 단면의 도심에 기준축을 잡았다.

10.4 평면 면적의 관성모멘트

평면 면적(그림 10-9)의 x축과 y축에 관한 **관성모멘트 (moment of inertia)**는 각각 다음과 같은 적분에 의해 정의된다.

$$I_x = \int y^2 dA \qquad I_y = \int x^2 dA \qquad \text{(10-9a, b)}$$

여기서 x와 y는 면적의 미분요소 dA의 좌표이다. 요소 dA는 기준축으로부터의 거리의 제곱에 의해 곱해지기 때문에 관성모멘트는 **면적의 2차 모멘트(second moment of area)**라고도 불린다. 또한 면적의 관성모멘트는(1차 모멘트와는 달리) 항상 양의 양을 갖는다.

관성모멘트가 어떻게 적분에 의해 얻어질 수 있는가를 예시하기 위하여, 폭 b, 높이 h인 직사각형을 고려하자. x와 y 축의 원점을 도심 C로 잡는다. 편의상 폭 b와 높이 dy의 얇은 수평 띠의 형태인 면적의 미분요소 dA를 이용한다(즉, $dA = bdy$). 이러한 요소 띠의 모든 부분이 x축으로부터 같은 거리에 있으므로, x축에 관한 관성모멘트 I_x는 다음과 같이 표현할 수 있다.

$$I_x = \int y^2 dA = \int_{-h/2}^{h/2} y^2 b\, dy = \frac{bh^3}{12} \qquad \text{(a)}$$

비슷한 방법으로, $dA = h\, dx$인 수직 띠의 형태인 면적요소를 이용하여 y축에 관한 관성모멘트 I_y를 얻을 수 있다.

$$I_y = \int x^2 dA = \int_{-b/2}^{b/2} x^2 h\, dx = \frac{hb^3}{12} \qquad \text{(b)}$$

다른 좌표축이 선택되면, 관성모멘트는 다른 값을 갖게 된다. 예를 들어, 직사각형의 밑변 BB축을 고려하자(그림 10-10). 이 축이 기준축으로 선택되면 y를 그 축으로부터 면적요소 dA까지의 좌표거리로써 정의해야 한다. 그러면 관성모멘트의 계산은 다음과 같게 된다.

$$I_{BB} = \int y^2 dA = \int_{0}^{h} y^2 b\, dy = \frac{bh^3}{3} \qquad \text{(c)}$$

BB축에 관한 관성모멘트는 도심을 지나는 x축에 관한 관성모멘트보다 더 커진다는 것을 유의하라. 일반적으로 기준축을 도심으로부터 보다 멀리 평행 이동시키면 관성모멘트는 증가한다.

임의의 특수 축에 관한 **합성면적**의 관성모멘트는 같은

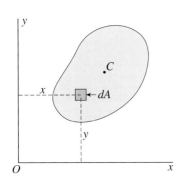

그림 10-9 임의의 형상을 가진 평면 면적

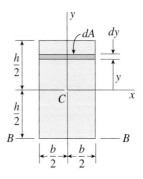

그림 10-10 직사각형의 관성모멘트

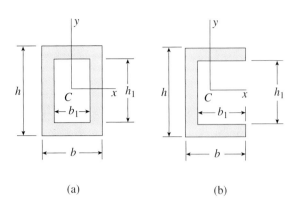

(a)   (b)

그림 10-11 합성면적

축에 관한 각 부분들의 관성모멘트의 합이다. 그림 10-11a와 같이 x와 y축이 도심을 통하는 대칭축인 상자형 단면을 예로 들어보자. x축에 관한 관성모멘트 I_x는 바깥과 안쪽 직사각형의 관성모멘트의 대수적인 합과 같다(앞에서 설명한 대로, 안쪽 직사각형을 "음의 면적", 바깥쪽 직사각형을 "양의 면적"으로 고려할 수 있다). 따라서 다음과 같은 식을 얻는다.

$$I_x = \frac{bh^3}{12} - \frac{b_1 h_1^3}{12} \qquad (d)$$

똑같은 공식이 그림 10-11b와 같은 채널 단면에 적용되며, 여기서 잘려 나간 단면을 "음의 면적"이라고 취급한다.

속이 빈 박스 형태에 대하여, y축에 대한 관성모멘트 I_y를 얻기 위해 비슷한 기법을 사용할 수 있다. 그러나 채널 단면의 경우에서 관성모멘트 I_y의 결정을 위해서는 다음 절(10.5절)에서 설명되는 평행축 정리(parallel-axis theorem)의 사

용이 필요하다.

관성모멘트에 관한 공식은 부록 D에 수록되어 있다. 수록되지 않은 형상에 대한 관성모멘트는 수록된 공식과 평행축 정리를 함께 사용하여 구할 수 있다. 면적이 불규칙한 형상이어서 이러한 방법으로 관성모멘트를 얻을 수 없을 경우에는 수치적 방법을 사용할 수 있다. 그 절차는 면적을 면적의 미소요소 ΔA_i로 나누고, 각각의 면적을 기준축에 대한 거리의 제곱으로 곱한 후, 그것들을 합하는 것이다.

회전반지름

회전반지름(radius of gyration)으로 알려진 거리는 역학에서 종종 나타나게 된다. 평면 면적에 대한 회전반지름은 그 면적에 관한 관성모멘트를 그 자체의 면적으로 나눈 값의 제곱근으로 정의된다. 따라서

$$r_x = \sqrt{\frac{I_x}{A}} \qquad r_y = \sqrt{\frac{I_y}{A}} \qquad (10\text{-}10a, b)$$

여기서 r_x와 r_y는 각각 x축과 y축에 대한 회전반지름을 나타낸다. 관성모멘트는 길이의 4제곱의 단위를 가지고 면적은 길이의 제곱의 단위를 가지기 때문에, 회전반지름은 길이의 단위를 갖는다.

비록 면적에 대한 회전반지름은 명백한 물리적 의미를 가지지는 않지만, 그것을 원래의 면적과 같은 관성모멘트를 가지는 전체면적이 집중된 지점에서의 거리(기준축으로부터)라 고려할 수 있다.

예제 10-3

그림 10-12에 보인 포물선 반궁형 OAB에 대한 관성모멘트 I_x와 I_y를 구하라. 포물선 경계의 방정식은 다음과 같다.

$$y = f(x) = h\left(1 - \frac{x^2}{b^2}\right) \qquad (e)$$

(이미 같은 면적이 예제 10-1에서 다루어졌다.)

풀이

적분에 의해 관성모멘트를 구하기 위해, 식 (10-9a)와 (10-

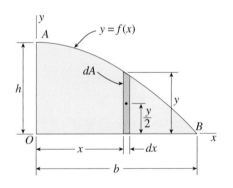

그림 10-12 예제 10-3. 포물선 반궁형에 대한 관성모멘트

9b)를 사용할 것이다. 면적의 미분요소 dA는 그림 10-12에 보인 것처럼 폭이 dx이고 높이가 y인 수직 띠가 선택된다. 이 요소의 면적은 다음과 같다.

$$dA = y\,dx = h\left(1 - \frac{x^2}{b^2}\right)dx \qquad (f)$$

이 요소 상의 모든 점은 y축으로부터 같은 거리를 가지기 때문에, y축에 대한 요소의 관성모멘트는 x^2dA이다. 따라서 y축에 대한 전체 면적의 관성모멘트는 다음과 같이 얻어진다.

$$I_y = \int x^2 dA = \int_0^b x^2 h\left(1 - \frac{x^2}{b^2}\right)dx = \frac{2hb^3}{15} \qquad (g)$$

x축에 관한 관성모멘트를 얻기 위해, 면적의 미분요소 dA는

식 (c)로부터 다음과 같은 x축에 관한 관성모멘트 dI_x를 갖는다는 것을 유의한다.

$$dI_x = \frac{1}{3}(dx)y^3 = \frac{y^3}{3}dx$$

따라서 전체면적의 x축에 대한 관성모멘트는 다음과 같다.

$$I_x = \int_0^b \frac{y^3}{3}dx = \int_0^b \frac{h^3}{3}\left(1 - \frac{x^2}{b^2}\right)^3 dx = \frac{16bh^3}{105} \qquad (h)$$

면적 $dA = x\,dy$인 수평 띠의 요소를 사용하거나 또는 면적 $dA = dx\,dy$인 직사각형 요소를 사용하여 이중 적분을 사용함으로써 I_x와 I_y에 대한 동일한 결과를 얻을 수 있다. 또한 I_x와 I_y에 대한 앞의 공식은 부록 D의 경우 17에 주어진 것과 일치함을 유의하라.

10.5 관성모멘트의 평행축 정리

이 절에서는 평면 면적의 관성모멘트에 관한 매우 중요하고 유용한 정리를 유도할 것이다. **평행축 정리(parallel-axis theorem)**로 알려져 있는 이 정리는 도심축에 대한 관성모멘트와 도심축에 평행한 임의의 축에 대한 관성모멘트 사이의 관계를 나타낸다.

이 정리를 유도하기 위해, 도심이 C인 임의의 형태를 가진 면적을 고려한다(그림 10-13). 또한 2개의 좌표계를 고려한다. (1) 도심을 원점으로 하는 $x_c y_c$축, (2) 임의의 점 O를 원점으로 하는 평행한 xy축. 두 좌표계의 평행한 축 사이의 거리를 d_1과 d_2로 표시한다. 또한 면적의 미분요소 dA의 도심축에 관한 좌표가 x와 y임을 확인한다.

관성모멘트의 정의로부터, x축에 대한 관성모멘트 I_x는 다음과 같은 식으로 쓸 수 있다.

$$I_x = \int (y + d_1)^2 dA = \int y^2 dA + 2d_1 \int y\,dA + d_1^2 \int dA \quad (a)$$

우변의 첫 번째 적분은 x_c축에 대한 관성모멘트 I_{x_c}이다. 두 번째 적분은 x_c축에 대한 면적의 1차 모멘트이다. x_c축이 도심을 통과하기 때문에 이 적분의 값은 0이다. 세 번째 적분은 면적 A 그 자체이다. 따라서 위의 식은 다음과 같이 줄어든다.

$$I_x = I_{x_c} + Ad_1^2 \qquad (10\text{-}11\text{a})$$

위와 같은 방법으로 y축에 대한 관성모멘트를 다음과 같이 구한다.

$$I_y = I_{y_c} + Ad_2^2 \qquad (10\text{-}11\text{b})$$

식 (10-11a)와 (10-11b)는 관성모멘트에 대한 **평행축 정리**를 나타낸다.

평면상의 임의의 축에 대한 면적의 관성모멘트는, 이와 평행한 도심축에 대한 관성모멘트에 면적과 두 축 사이의 거리의 곱을 더한 것과 같다.

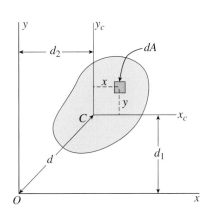

그림 10-13 평행축 정리의 유도

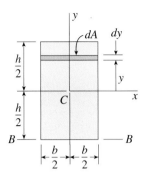

그림 10-10 직사각형의 관성모멘트 (반복)

정리의 사용을 설명하기 위해, 그림 10-10의 직사각형을 다시 고려한다. 도심을 통과하는 x축에 대한 관성모멘트 $bh^3/12$과 같다는 것을 알기 때문에(10.4절의 식 a 참조), 직사각형의 밑면에 대한 관성모멘트 I_{BB}를 평행축 정리를 이용하여 구할 수 있다.

$$I_{BB} = I_x + Ad^2 = \frac{bh^3}{12} + bh\left(\frac{h}{2}\right)^2 = \frac{bh^3}{3}$$

이 결과는 앞에서 적분(10.4절의 식 c)에 의해 구한 관성모멘트와 일치한다.

평행축 정리로부터, 관성모멘트는 그 축이 도심에서 평행으로 멀리 떨어질수록 증가함을 알 수 있다. 따라서 도심축에 대한 관성모멘트는 면적에 대한 관성모멘트의 최소값이 된다(축의 주어진 방향에 대하여)

평행축 정리를 사용할 때, 2개의 평행한 축 중의 하나는 반드시 도심을 통과해야 한다는 것을 기억해야 한다. 비도심축인 축 1-1의 관성모멘트 I_1을 알고 있을 때, 다른 비도심축인 축 2-2에 대한 관성모멘트 I_2를 구하는 것이 필요하다면 (그림 10-14), 평행축 정리를 두 번 적용해야 한다. 우선 알고 있는 관성모멘트 I_1으로부터 도심축에 대한 관성모멘트 I_{x_c}를 구한다.

$$I_{x_c} = I_1 - Ad_1^2 \qquad \text{(b)}$$

다음에 도심축에 대한 관성모멘트로부터 관성모멘트 I_2를 구한다.

$$I_2 = I_{x_c} + Ad_2^2 = I_1 + A(d_2^2 - d_1^2) \qquad \text{(10-12)}$$

이 식은 면적의 도심으로부터의 거리가 증가함에 따라 관성모멘트가 증가함을 또다시 보여주고 있다.

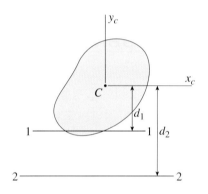

그림 10-14 2개의 평행한 비도심축(축 1-1과 2-2)을 갖는 평면 면적

예제 10-4

그림 10-15에 보인 포물선 반궁형 OAB의 밑변의 길이는 b이고 높이는 h이다. 평행축 정리를 이용하여 도심축 x_c와 y_c에 대한 관성모멘트 I_{x_c}와 I_{y_c}를 구하라.

풀이

도심축에 대한 관성모멘트를 구하기 위해 평행축 정리(적분법보다는)를 이용할 수 있다. 왜냐하면 이미 면적 A, 도심의 좌표 $\bar{x}$

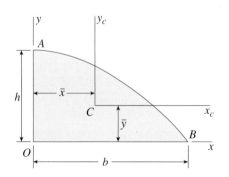

그림 10-15 예제 10-4. 평행축 정리

와 $\bar{y}$ 그리고 x와 y축에 대한 관성모멘트 I_x와 I_y를 알고 있기 때문이다. 이러한 양들은 예제 10-1과 10-3에서 이미 구했다. 이 값들은 또한 부록 D의 경우 17에 수록되어 있으며 여기서 반복된다.

$$A = \frac{2bh}{3} \qquad \bar{x} = \frac{3b}{8} \qquad \bar{y} = \frac{2h}{5} \qquad I_x = \frac{16bh^3}{105} \qquad I_y = \frac{2hb^3}{15}$$

x_c축에 대한 관성모멘트를 얻기 위해 식 (b)를 사용하여 평행축 정리를 다음과 같이 쓴다.

$$I_{x_c} = I_x - A\bar{y}^2 = \frac{16bh^3}{105} - \frac{2bh}{3}\left(\frac{2h}{5}\right)^2 = \frac{8bh^3}{175} \quad \text{(10-13a)} \Leftarrow$$

비슷한 방법으로, y_c축에 대한 관성모멘트를 구할 수 있다.

$$I_{y_c} = I_y - A\bar{x}^2 = \frac{2hb^3}{15} - \frac{2bh}{3}\left(\frac{3b}{8}\right)^2 = \frac{19hb^3}{480} \quad \text{(10-13b)} \Leftarrow$$

이로써 반궁형의 도심축에 관한 관성모멘트를 구했다.

예제 10-5

그림 10-16과 같은 보의 단면의 도심 C를 지나는 수평축 C-C에 대한 관성모멘트 I_c를 구하라(도심 C의 위치는 10.3절의 예제 10-2에서 이미 구했다).

주: 보의 이론(5장)으로부터, 축 C-C가 보의 굽힘에 대한 중립축임을 알고 있다. 따라서 이 보 내의 응력과 처짐을 계산하기 위해 관성모멘트 I_c는 반드시 계산되어야 한다.

풀이

합성면적의 각각의 부분에 대하여 평행축 정리를 적용함으로써 축 C-C에 대한 관성모멘트 I_c를 구할 수 있다. 면적은 자연적으로 3개의 부분으로 나누어진다. (1) 덮개판, (2) WF형 단면, (3) 채널 단면. 각각의 면적과 도심의 거리는 예제 10-2에서 이미 구했다.

$$A_1 = 37.5 \text{ cm}^2 \qquad A_2 = 178 \text{ cm}^2 \qquad A_3 = 75.8 \text{ cm}^2$$

$$\bar{y}_1 = 227.5 \text{ mm} \qquad \bar{y}_2 = 0 \qquad \bar{y}_3 = 246 \text{ mm} \qquad \bar{c} = 34.73 \text{ mm}$$

3개 부분의 각각의 도심인 C_1, C_2, C_3를 통과하는 수평축에 대한 각 부분의 관성모멘트는 다음과 같다.

$$I_1 = \frac{bh^3}{12} = \frac{1}{12}(25 \text{ cm})(1.5 \text{ cm})^3 = 7.031 \text{ cm}^4$$

$$I_2 = 63720 \text{ cm}^4 \qquad I_3 = 597 \text{ cm}^4$$

관성모멘트 I_2와 I_3는 부록 E의 표 E-1과 E-3으로부터 구한다.

이제 합성면적의 3개 부분 각각에 대하여, 축 C-C에 대한 관성모멘트를 계산하기 위해 평행축 정리를 이용할 수 있다.

$$(I_c)_1 = I_1 + A_1(\bar{y}_1 + \bar{c})^2 = 7.031 \text{ cm}^4 + (37.5 \text{ cm}^2)(26.22 \text{ cm})^2$$
$$= 25790 \text{ cm}^4$$

$$(I_c)_2 = I_2 + A_2\bar{c}^2 = 63720 \text{ cm}^4 + (178 \text{ cm}^2)(34.73 \text{ cm})^2$$
$$= 65870 \text{ cm}^4$$

$$(I_c)_3 = I_3 + A_3(\bar{y}_3 - \bar{c})^2 = 597 \text{ cm}^4 + (75.8 \text{ cm}^2)(21.13 \text{ cm})^2$$
$$= 34430 \text{ cm}^4$$

이들 각각의 관성모멘트들의 합은 전체 단면적의 도심축 C-C에 대한 관성모멘트를 나타낸다.

$$I_c = (I_c)_1 + (I_c)_2 + (I_c)_3 = 1.261 \times 10^5 \text{ cm}^4 \Leftarrow$$

이 예제는 평행축 정리를 이용하여 합성면적의 관성모멘트를 어떻게 계산하는지를 보여준다.

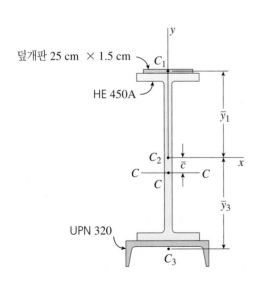

덮개판 25 cm × 1.5 cm
HE 450A
UPN 320

그림 10-16 예제 10-5. 합성면적의 관성모멘트

10.6 극관성모멘트

앞 절에서 논의된 관성모멘트는 그림 10-17의 x와 y축과 같은, 면적 자체의 평면 내에 놓여 있는 축들에 대해서 정의되었다. 이제 면적의 평면에 수직이고 원점 O에서 평면을 교차하는 축을 고려할 것이다. 이 수직축에 대한 관성모멘트를 **극관성모멘트(polar moment of inertia)**라 부르고 기호 I_P로 표시한다.

그림의 평면에 수직이고 O점을 통과하는 축에 대한 극관성모멘트는 다음의 적분으로 정의된다.

$$I_P = \int \rho^2 dA \tag{10-14}$$

여기서 ρ는 점 O에서 면적의 미분요소인 dA까지의 거리이다(그림 10-17). 이 적분은 관성모멘트 I_x와 I_y의 형태와 유사하다(식 10-9a와 10-9b 참조).

$\rho^2 = x^2 + y^2$인 관계로부터(여기서 x와 y는 요소 dA의 직교좌표 값이다), I_P에 대한 다음과 같은 식을 얻는다.

$$I_P = \int \rho^2 dA = \int (x^2 + y^2)dA = \int x^2 dA + \int y^2 dA$$

따라서 다음과 같은 중요한 관계를 얻는다.

$$I_P = I_x + I_y \tag{10-15}$$

이 식은, 임의의 점 O에서 그림의 평면에 수직인 축에 대한 극관성모멘트는 그림의 평면 내에 놓여 같은 점을 통과하는 서로 수직인 2개의 축 x와 y에 대한 관성모멘트의 합과 같음을 보여준다.

편의상 그림의 평면에 수직한 축을 거론하지 않고도, 보

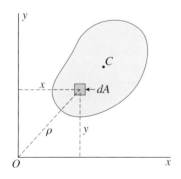

그림 10-17 임의의 형상에 대한 평면 면적

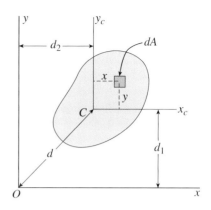

그림 10-13 평행축 정리의 유도(반복)

통 I_P를 간단히 점 O에 대한 극관성모멘트라 부른다. 때로는 I_x와 I_y를 **극관성모멘트**와 구분하기 위해 **직사각형** 관성모멘트라 부른다.

평면 면적 내에서 다양한 점에 대한 극관성모멘트는 **극관성모멘트에 대한 평행축 정리**에 의해 관련된다. 이 정리를 그림 10-13을 다시 참조함으로써 유도할 수 있다. 원점 O와 도심 C에 대한 극관성모멘트를 각각 $(I_P)_O$와 $(I_P)_C$로 표시하자. 그러면, 식 (10-15)를 이용하여 다음 식과 같이 쓸 수 있다.

$$(I_P)_O = I_x + I_y \qquad (I_P)_C = I_{x_c} + I_{y_c} \tag{a}$$

이제 10.5절에서 유도된 직사각형 관성모멘트(식 10-11a와 10-11b)에 대한 평행축 정리를 참조하라. 이러한 2개의 식을 합하면 다음과 같은 식을 얻는다.

$$I_x + I_y = I_{x_c} + I_{y_c} + A(d_1^2 + d_2^2)$$

식(a)를 대입하고, 또한 $d^2 = d_1^2 + d_2^2$ (그림 10-13)을 이용하면 다음 식을 얻는다.

$$(I_P)_O = (I_P)_C + Ad^2 \tag{10-16}$$

이 식은 극관성모멘트에 대한 **평행축 정리**를 나타낸다.

평면 내의 임의의 한 점 O에 대한 면적의 극관성모멘트는 도심 C에 대한 극관성모멘트에 그 면적과 점 O와 C사이의 거리의 제곱과의 곱을 더한 것과 같다.

극관성모멘트의 결정과 평행축 정리의 이용을 설명하기 위해서, 반지름이 r인 원을 고려하자(그림 10-18). 면적에 대한 미분요소 dA를 반지름 ρ이고 두께가 $d\rho$인 얇은 고리

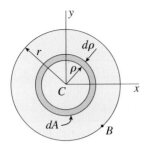

그림 10-18 원의 극관성모멘트

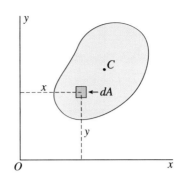

그림 10-19 임의의 형상을 가진 평면 면적

형으로 취하자(즉, $dA = 2\pi\rho\, d\rho$). 요소의 모든 점들은 원의 중심으로부터 같은 거리 ρ에 위치하므로 전체 원의 중심에 대한 극관성모멘트는 다음과 같다.

$$(I_P)_C = \int \rho^2 dA = \int_0^r 2\pi\rho^3 d\rho = \frac{\pi r^4}{2} \qquad (10\text{-}17)$$

이 결과는 부록 E의 경우 9에 수록되었다.

원둘레 위에 놓여 있는 점 B(그림 10-18)에 대한 원의 극관성모멘트는 평행축 정리로부터 구할 수 있다.

$$(I_P)_B = (I_P)_C + Ad^2 = \frac{\pi r^4}{2} + \pi r^2 (r^2) = \frac{3\pi r^4}{2} \quad (10\text{-}18)$$

부수적인 사항으로, 극관성모멘트는 기준점이 면적의 도심에 위치할 때 최소값을 가짐을 유의하라.

원은 극관성모멘트가 적분에 의해 구해질 수 있는 특별한 경우이다. 그러나 공학에서 다루게 되는 대부분의 형태는 이러한 기법으로는 풀 수가 없다. 대신에, 극관성모멘트는 보통 2개의 수직축에 대한 직사각형 관성모멘트를 합하여 구한다(식 10-15).

10.7 관성모멘트 적

평면 면적에 대한 관성모멘트 적은 그 면적의 평면 내에 놓여 있는 한 쌍의 수직축에 대해 정의된다. 따라서 그림 10-19에 보인 면적을 참고로 하여, x와 y축에 대한 **관성모멘트 적**(product of inertia)을 다음과 같이 정의한다.

$$I_{xy} = \int xy\, dA \qquad (10\text{-}19)$$

이 정의로부터 각각의 면적의 미분요소 dA가 그 좌표 값들의 곱의 값에 의해 곱해져 있음을 알 수 있다. 이러한 결과로, 관성모멘트 적은 면적에 대한 xy축의 위치에 따라 양, 음 또는 0의 값들을 가질 수 있다.

면적이 축의 1 상한에 놓여 있다면(그림 10-19처럼), 모든 미분요소 dA가 양의 x 및 y좌표 값을 가지므로 관성모멘트 적은 양이 된다. 면적이 전적으로 2 상한에 놓여 있다면, 모든 미분요소 dA가 양의 y좌표 값과 음의 x 좌표 값을 가지기 때문에 관성모멘트 적은 음이 된다. 유사하게, 3 상한과 4 상한에 놓여 있는 면적은 각각 양과 음의 관성모멘트 적을 가진다. 면적이 1개 이상의 상한 내에 위치해 있을 때, 관성모멘트 적의 부호는 상한에서의 면적의 분포에 의존한다.

축 중 하나가 면적의 **대칭축**인 특별한 경우가 생긴다. 예로서, 그림 10-20에 보인 y축에 대칭인 면적을 고려하자. x와 y 좌표를 갖는 모든 요소 dA에 대하여, y의 좌표는 같으나, x좌표는 부호가 반대인 이와 똑같은 대칭으로 위치한 요소 dA가 존재한다. 그러므로 곱 $xy\,dA$는 서로 상쇄되며, 식 (10-19)의 적분은 사라지게 된다. 따라서 적어도 한 축이 면적에 대해 축대칭인 어떠한 쌍의 축에 대한 관성모멘트 적은 0이다.

앞에서 설명한 규칙의 예로서, 그림 10-10, 10-11, 10-16, 10-18과 같은 면적들의 관성모멘트 적 I_{xy}는 0과 같다. 이와는 대조적으로, 그림 10-15와 같은 면적에 대한 관성모멘트

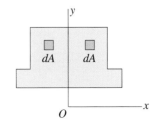

그림 10-20 한 축이 대칭축일 때 0의 값을 갖는 관성모멘트 적

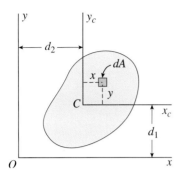

그림 10-21 임의의 형상을 가진 평면 면적

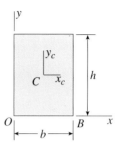

그림 10-22 관성모멘트 적에 관한 평행축 정리

적 I_{xy}는 영이 아닌 양의 값을 가진다. (그림에서 보여지는 특별한 xy축에 관한 관성모멘트 적에 대하여 이러한 관찰은 타당하다. 축들이 다른 위치로 옮겨진다면 관성모멘트 적은 바뀔 것이다.)

한 쌍의 평행한 축에 관한 관성모멘트 적들은 **평행축 정리**에 의해 설명되는데, 이는 직사각형 관성모멘트와 극관성모멘트와 관련된 정의와 유사하다. 이 정리를 얻기 위해 그림 10-21에 보인 면적을 고려하자. 이 면적은 도심 C와 도심축 $x_c y_c$를 가지고 있다. $x_c y_c$축에 평행한 다른 쌍의 축들에 대한 관성모멘트 적 I_{xy}는 다음과 같다.

$$
\begin{aligned}
I_{xy} &= \int (x + d_2)(y + d_1)\,dA \\
&= \int xy\,dA + d_1\int x\,dA + d_2\int y\,dA + d_1 d_2 \int dA
\end{aligned}
$$

여기서 d_1과 d_2는 도심 C의 xy축에 대한 좌표 값이다(따라서 d_1과 d_2는 양 또는 음의 값을 가질 것이다).

마지막 표현식의 첫 번째 적분항은 도심축에 대한 관성모멘트 적 $I_{x_c y_c}$이고. 두 번째와 세 번째 적분항은 0인데, 이는 이들이 도심축에 대한 면적의 1차 모멘트이기 때문이다. 그리고 마지막 적분항은 면적 A이다. 따라서 위의 식은 다음과 같이 줄어든다.

$$
I_{xy} = I_{x_c y_c} + A d_1 d_2 \tag{10-20}
$$

이 식은 **관성모멘트 적에 대한 평행축 정리**를 나타낸다.

평면에서 임의의 축의 쌍에 대한 면적의 관성모멘트 적은, 평행한 도심축에 대한 관성모멘트 적에 면적과 그 축의 쌍에 대한 도심의 좌표 값들의 곱을 합한 것과 같다.

평행축 정리의 사용을 보여주기 위해, 직사각형의 왼쪽 아래 모서리에 중심 O를 가지는 xy축에 대한 직사각형 관성모멘트 적을 구하기로 하자(그림 10-22). 도심축 $x_c y_c$에 대한 관성모멘트 적은 대칭이므로 0이다. 또한 xy축에 대한 도심의 좌표 값은 다음과 같다.

$$
d_1 = \frac{h}{2} \qquad d_2 = \frac{b}{2}
$$

이것을 식 (10-20)에 대입하면, 다음 식을 얻는다.

$$
I_{xy} = I_{x_c y_c} + A d_1 d_2 = 0 + bh\left(\frac{h}{2}\right)\left(\frac{b}{2}\right) = \frac{b^2 h^2}{4} \tag{10-21}
$$

이 관성모멘트 적은 전체 면적이 1 상한에 놓여 있기 때문에 양이 된다. xy축이 수평으로 이동하여 중심이 직사각형의 오른쪽 아래 모서리인 점 B로 이동한다면 전체 면적은 2 상한에 있게 되고, 관성모멘트 적은 $-b^2 h^2/4$가 된다.

다음의 예제는 관성모멘트 적에 관한 평행축 정리의 사용을 예시한다.

예제 10-6

그림 10-23에 보인 Z형 단면의 관성모멘트 적 I_{xy}를 구하라, 단면의 폭은 b, 높이는 h, 일정한 두께는 t이다.

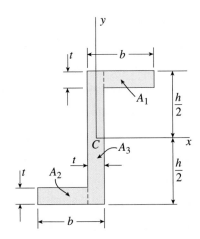

그림 10-23 예제 12-6. Z형 단면의 관성모멘트 적

풀이

도심을 통과하는 xy축에 대한 관성모멘트 적을 얻기 위해 면적을 3개 부분으로 나누고 평행축 정리를 이용한다. 3개 부분은 다음과 같다. (1) 상부 플랜지에서 폭 $b - t$이고 두께 t인 직사각형, (2) 하부 플랜지의 유사한 직사각형, (3) 높이 h, 두께 t인 직사각형 웨브.

xy축에 대한 직사각형 웨브의 관성모멘트 적은 0이다(대칭으로부터). 상부 플랜지 직사각형에 대한 관성모멘트 적 $(I_{xy})_1$(xy축에 대한)은 평행축 정리를 이용하여 구할 수 있다.

$$(I_{xy})_1 = I_{x_c y_c} + A d_1 d_2 \qquad \text{(a)}$$

여기서 $I_{x_c y_c}$는 그 자체의 도심에 대한 직사각형의 관성모멘트 적이고, A는 직사각형의 면적이며, d_1은 도심의 y좌표 값, d_2는 도심의 x좌표 값이다. 따라서

$$I_{x_c y_c} = 0 \qquad A = (b-t)(t) \qquad d_1 = \frac{h}{2} - \frac{t}{2} \qquad d_2 = \frac{b}{2}$$

이 값들을 식 (a)에 대입하여 상부 플랜지 직사각형에 대한 관성모멘트 적을 구한다.

$$\begin{aligned}(I_{xy})_1 &= I_{x_c y_c} + A d_1 d_2 = 0 + (b-t)(t)\left(\frac{h}{2} - \frac{t}{2}\right)\left(\frac{b}{2}\right) \\ &= \frac{bt}{4}(h-t)(b-t)\end{aligned}$$

하부 플랜지 직사각형에 대한 관성모멘트 적은 동일하다. 따라서 전체 Z형 단면에 대한 관성모멘트 적은 $(I_{xy})_1$의 2배이다. 즉

$$I_{xy} = \frac{bt}{2}(h-t)(b-t) \qquad \text{(10-22)} \quad \Longleftarrow$$

플랜지가 1 상한과 3 상한에 놓여 있기 때문에 관성모멘트 적이 양임을 유의하라.

10.8 축의 회전

평면 면적의 관성모멘트는 원점의 위치와 기준축의 방향에 의존한다. 주어진 원점에 대하여, 관성모멘트와 관성모멘트 적은 축이 원점에 대해 회전함에 따라 바뀐다. 이들이 바뀌는 거동과 최대 및 최소값의 크기는 이 절과 다음 절에서 논의된다.

그림 10-24에 보인 평면 면적을 고려하자. 그리고 xy축은 임의로 정해진 기준축이라 가정하자. xy축에 대한 각각의 관성모멘트와 관성모멘트 적은 다음과 같다.

$$I_x = \int y^2 dA \qquad I_y = \int x^2 dA \qquad I_{xy} = \int xy \, dA \qquad \text{(a, b, c)}$$

여기서 x와 y는 면적의 미분요소 dA의 좌표들이다.

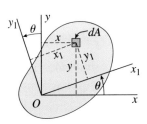

그림 10-24 축의 회전

$x_1 y_1$축은 xy축과 같은 원점을 가지지만 xy축에 대해 반시계방향으로 θ만큼 회전되어 있다. $x_1 y_1$축에 대한 관성모멘트와 관성모멘트 적은 각각 I_{x_1}, I_{y_1} 그리고 $I_{x_1 y_1}$으로 표현한다. 이들 값을 얻기 위하여 $x_1 y_1$축에 대한 면적의 미분요소 dA의 좌표들이 필요하다. 이 좌표들은 기하학적으로 다음과 같이 xy좌표와 각 θ의 항으로 표현된다.

$$x_1 = x \cos \theta + y \sin \theta$$
$$y_1 = y \cos \theta - x \sin \theta \qquad \text{(10-23a, b)}$$

그러면 x_1축에 대한 관성모멘트는 다음과 같다.

$$I_{x_1} = \int y_1^2 dA = \int (y \cos \theta - x \sin \theta)^2 dA$$
$$= \cos^2 \theta \int y^2 dA + \sin^2 \theta \int x^2 dA$$
$$- 2 \sin \theta \cos \theta \int xy \, dA$$

또는 식 (a), (b) 및 (c)를 이용하여 다음과 같이 쓸 수 있다.

$$I_{x_1} = I_x \cos^2 \theta + I_y \sin^2 \theta - 2I_{xy} \sin \theta \cos \theta \qquad \text{(10-24)}$$

이제 다음과 같은 삼각함수 항등식들을 도입하기로 한다.

$$\cos^2 \theta = \frac{1}{2}(1 + \cos 2\theta) \qquad \sin^2 \theta = \frac{1}{2}(1 - \cos 2\theta)$$
$$2 \sin \theta \cos \theta = \sin 2\theta$$

그러면 식 (10-24)는 다음과 같게 된다.

$$I_{x_1} = \frac{I_x + I_y}{2} + \frac{I_x - I_y}{2} \cos 2\theta - I_{xy} \sin 2\theta \qquad \text{(10-25)}$$

비슷한 방법으로, x_1y_1축에 대한 관성모멘트 적도 얻을 수 있다.

$$I_{x_1y_1} = \int x_1 y_1 \, dA = \int (x \cos \theta + y \sin \theta)$$
$$(y \cos \theta - x \sin \theta) dA = (I_x - I_y) \sin \theta \cos \theta$$
$$+ I_{xy}(\cos^2 \theta - \sin^2 \theta)$$

$$\text{(10-26)}$$

삼각함수 항등식을 다시 이용하면 다음 식을 얻는다.

$$I_{x_1y_1} = \frac{I_x - I_y}{2} \sin 2\theta + I_{xy} \cos 2\theta \qquad \text{(10-27)}$$

식 (10-25)와 (10-27)은 회전된 축에 관한 관성모멘트 I_{x_1}과 관성모멘트 적 $I_{x_1y_1}$을 기준축의 관성모멘트와 관성모멘트 적의 항으로 나타낸다. 이러한 방정식을 **관성모멘트와 관**

성모멘트 적에 대한 변환공식이라 한다.

이들 변환공식은 평면 응력에 대한 변환공식(6.2절의 6-4a 및 6-4b)과 같은 형태라는 것에 유의하라. 위의 두 형태의 식들을 비교해 보면, I_{x_1}은 σ_{x_1}에, $I_{x_1y_1}$은 $-\tau_{x_1y_1}$에, I_x는 σ_x에, I_y는 σ_y에, I_{xy}은 $-\tau_{xy}$에 대응되는 것을 알 수 있다. 그러므로 **Mohr 원**(6.4절 참조)을 사용하여 관성모멘트와 관성모멘트 적을 해석할 수 있다.

관성모멘트 I_{y_1}은 I_{x_1}과 $I_{x_1y_1}$을 구할 때와 똑같은 과정을 통해 구할 수 있다. 그러나 보다 간편한 방법은 식 (10-25)에 θ 대신 $\theta + 90°$를 대입시키는 것이다. 그 결과는 다음과 같다.

$$I_{y_1} = \frac{I_x + I_y}{2} - \frac{I_x - I_y}{2} \cos 2\theta + I_{xy} \sin 2\theta \qquad \text{(10-28)}$$

이 식은 축이 원점에 대해 회전함에 따라 관성모멘트 I_{y_1}이 어떻게 변화하는가를 보여준다. 관성모멘트에 관련된 유용한 방정식은 I_{x_1}과 I_{y_1}의 합을 취하여 얻는다. 그 결과는 다음과 같다.

$$I_{x_1} + I_{y_1} = I_x + I_y \qquad \text{(10-29)}$$

이 식은 한 쌍의 축에 대한 관성모멘트의 합은 축이 원점에 대하여 회전하여도 일정하게 남아 있음을 보여준다. 이 합은 원점에 대한 면적의 극관성모멘트이다. 식 (10-29)는 응력에 대한 식 (6-6)과 변형률에 대한 식 (7-72)와 비슷하다는 것에 유의하라.

10.9 주축과 주관성모멘트

관성모멘트와 관성모멘트 적에 대한 변환공식(식 10-25, 10-27 및 10-28)은 관성모멘트와 관성모멘트 적이 회전각 θ에 따라 어떻게 변화하는가를 보여준다. 특별한 관심사는 관성모멘트의 최대 및 최소값이다. 이러한 값들은 **주관성모멘트(principal moment of inertia)**로 알려져 있고, 이에 대응되는 축들은 **주축(principal axes)**으로 알려져 있다.

주축

관성모멘트 I_{x_1}을 최대 또는 최소로 만드는 각 θ의 값을 찾기 위해, 식 (10-25)의 오른쪽에 표현된 항들을 θ에 관해 미분하고 이것을 0으로 놓는다.

$$(I_x - I_y)\sin 2\theta + 2I_{xy}\cos 2\theta = 0 \qquad \text{(a)}$$

이 식을 θ에 대하여 풀면 다음 식을 얻게 된다.

$$\tan 2\theta_p = -\frac{2I_{xy}}{I_x - I_y} \qquad \text{(10-30)}$$

여기서 θ_P는 주축을 정의하는 각을 표시한다. I_{y_1}(식 10-28)에 대해 미분을 취해도 같은 결과를 얻는다.

식 (10-30)은 0°에서 360° 사이에 서로 180° 차이가 나는 2개의 $2\theta_P$값을 준다. 이에 따른 θ_P의 값은 서로 90°만큼 차이가 나며, 2개의 서로 수직인 주축을 정의한다. 이 축들 중 하나는 최대 관성모멘트에 대응하고 다른 하나는 최소 관성모멘트에 대응한다.

이제 θ가 변화함에 따라 관성모멘트 적 $I_{x_1 y_1}$에서의 변화를 조사하자(식 10-27 참조). $\theta = 0$이면, 예상대로 $I_{x_1 y_1} = I_{xy}$이고, $\theta = 90°$이면 $I_{x_1 y_1} = -I_{xy}$를 얻는다. 따라서 90°를 회전하는 동안 관성모멘트 적은 부호가 바뀌는데, 이는 축회전의 어느 위치에서 관성모멘트 적은 반드시 0이 됨을 의미한다. 이 위치를 결정하기 위해 $I_{x_1 y_1}$(식 10-27)을 0으로 놓는다.

$$(I_x - I_y)\sin 2\theta + 2I_{xy}\cos 2\theta = 0$$

이 식은 주축에 대한 각 θ_P를 정의한 식 (a)와 같다. 따라서 "관성모멘트 적은 주축에 대해 0이다"라고 결론을 내린다.

10.7절에서, 적어도 한 축이 축대칭이면, 이들 축에 대한 면적의 관성모멘트 적은 0임을 보였다. 이것은 면적이 대칭축을 가지면, 그 축과 그에 수직한 다른 축이 한 쌍의 주축을 이룬다는 것을 알려 준다.

앞의 관찰을 요약하면 다음과 같다. (1) 원점 O를 지나는 주축들은 관성모멘트를 최대 및 최소가 되게 하는 한 쌍의 직교축이다. (2) 주축의 방향은 식 (10-30)으로부터 구한 각 θ_p에 의해 주어진다. (3) 주축에 대한 관성모멘트 적은 0이다. (4) 대칭축은 항상 주축이다.

주점

이제 주어진 점 O에서 원점을 갖는 한 쌍의 주축을 고려한다. 같은 점을 통과하는 또 다른 한 쌍의 주축이 존재한다면, 그 점을 통과하는 **모든 쌍의 축들은 주축의 세트를 이루게 된다.** 더구나, 관성모멘트는 각 θ가 변해도 일정해야 한다.

이러한 결론은 I_{x_1}에 대한 변환공식(식 10-25)의 특성에 의한 것이다. 이 식은 각 2θ의 삼각함수를 포함하고 있기 때

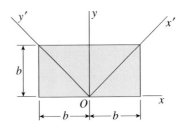

그림 10-25 점 O를 지나는 모든 축(평면 면적 내에서)이 주축인 직사각형

문에, 각 2θ가 360°까지 변할 때(또는 θ가 180°까지 변할 때) I_{x_1}은 한 개의 최대 값과 한 개의 최소 값을 갖는다. 두 번째의 최대 값이 존재한다면, 그 유일한 가능성은 I_{x_1}이 일정할 때이고, 이는 모든 쌍의 축들이 주축이 되고 모든 관성모멘트가 같다는 것을 의미한다.

그 점을 통과하는 모든 축이 주축이 되는 한 점, 따라서 그 점을 통과하는 모든 축에 대한 관성모멘트가 같은 점을 **주점(principal point)**이라 부른다.

이러한 상태의 한 가지 예는 그림 10-25에 보인 폭 $2b$, 높이 b인 직사각형이다. 원점 O를 가지는 축 xy는 y축에 대해 축대칭이므로 직사각형에 대하여 주축이다. 같은 원점을 가지는 $x'y'$축 역시 관성모멘트 적 $I_{x'y'}$가 0이므로 주축이다(왜냐하면 삼각형들이 x'와 y'축에 대해 대칭으로 위치해 있기 때문이다). 이것은 O점을 지나는 모든 쌍의 축이 주축이고, 모든 관성모멘트는 같다(이 값은 $2b^4/3$이다)는 것을 알려 준다. 그러므로 점 O는 직사각형의 주점이다(두 번째 주점은 y축이 직사각형의 윗면과 교차하는 곳에 위치한다).

앞의 4개의 문단에서 서술한 개념의 유용한 결과는 면적의 도심을 통과하는 축에 적용된다. 서로 다른 두 쌍의 축이 도심축을 지나고 각 쌍의 도심축 중 적어도 한 축이 대칭이 되는 그러한 면적을 고려하자. 다시 말해 서로 수직이 아닌 2개의 서로 다른 대칭축이 존재한다. 이것은 도심이 주점임을 의미한다.

정사각형과 등변 삼각형의 두 가지 예가 그림 10-26에 도시되었다. 각각의 경우, 축의 원점이 도심 C에 있고, 두 축 중 적어도 하나가 대칭축이기 때문에 xy축은 도심 주축이다. 추가로 두 번째 도심축($x'y'$축)은 적어도 하나의 대칭축을 가진다. 따라서 xy축과 $x'y'$축 모두가 주축이다. 그러므로 도심 C를 통과하는 모든 축은 주축이고, 그와 같은 모든 축은 같은 관성모멘트를 가지고 있다.

면적이 3개의 서로 다른 대칭축을 가진다면, 그들 중 2개

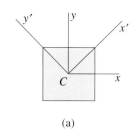

(a)

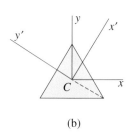

(b)

그림 **10-26** 모든 도심축이 주축이고 도심 *C*가 주점이 되는 면적의 예

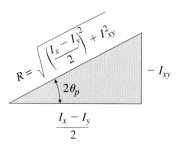

그림 **10-27** 식 (10-30)의 기하학적 표현

$$\cos 2\theta_p = \frac{I_x - I_y}{2R} \qquad \sin 2\theta_p = \frac{-I_{xy}}{R} \qquad \text{(10-31a, b)}$$

여기서 *R*은 다음과 같다.

$$R = \sqrt{\left(\frac{I_x - I_y}{2}\right)^2 + I_{xy}^2} \qquad \text{(10-32)}$$

이것은 직각 삼각형의 빗변의 길이이다. *R*을 계산할 때 항상 양의 제곱근을 취한다.

이제 I_{x_1}에 대한 식 (10-25)에 $\cos 2\theta_p$와 $\sin 2\theta_p$(식 10-31a와 b)의 표현식을 대입하고 2개의 관성모멘트 중 기호 I_1이라 표시되는 대수적으로 큰 값을 구한다.

$$I_1 = \frac{I_x + I_y}{2} + \sqrt{\left(\frac{I_x - I_y}{2}\right)^2 + I_{xy}^2} \qquad \text{(10-33a)}$$

I_2라 표시되는 작은 주관성모멘트는 다음 식으로부터 얻을 수 있다(식 10-29 참조).

$$I_1 + I_2 = I_x + I_y$$

I_1에 대한 표현식을 이 식에 대입하고 I_2에 관해 풀면 다음 식을 얻는다.

$$I_2 = \frac{I_x + I_y}{2} - \sqrt{\left(\frac{I_x - I_y}{2}\right)^2 + I_{xy}^2} \qquad \text{(10-33b)}$$

식 (10-33a)와 (10-33b)는 주관성모멘트를 계산하는 편리한 방법을 마련해 준다.

다음의 예제는 주축의 위치와 주관성모멘트를 구하는 방법을 예시한다.

가 서로 수직이더라도 앞의 문단에서 설명된 조건들은 자동으로 만족된다. 따라서 면적이 3개 또는 그 이상의 대칭축을 가진다면, 도심은 주점이 되고 도심을 통과하는 모든 축은 주축이며 동일한 관성모멘트를 가진다. 이 조건들은 원, 등다각형(등변 삼각형, 정사각형, 등5각형, 등6각형 등)과 다른 많은 대칭 형상에 대해서도 만족된다.

일반적으로 모든 평면 면적은 2개의 주점을 가진다. 이 점들은 보다 큰 주관성모멘트를 가지는 도심 주축상에서 도심으로부터 같은 거리에 놓여 있다. 특별한 경우는 2개의 주관성모멘트가 같을 때 발생한다. 그러면 2개의 주점은 그 도심에 일치하게 되어 유일한 한 개의 주점이 된다.

주관성모멘트

이제 I_x, I_y 및 I_{xy}를 알고 있다는 가정하에 주관성모멘트를 구해 보자. 한 가지 방법은 식 (10-30)으로부터 2개의 각 θ_P(90° 차이가 나는)를 구하고 이 값들을 I_{x_1}에 대한 식 (10-25)에 대입하는 것이다. 2개의 결과 값은 주관성모멘트 값으로서 I_1과 I_2로 표시한다. 이 방법의 장점은 2개의 주각 θ_p가 각각의 주관성모멘트에 대응된다는 것을 안다는 점이다.

주관성모멘트에 대한 일반적인 공식을 얻는 것 또한 가능하다. 식 (10-30)과 그림 10-27(식 10-30의 기하학적 표현인)로 부터 다음과 같은 관계를 얻는다.

예제 10-7

그림 10-28에 보인 Z형 단면의 단면적에 대해 도심 주축의 방향과 주관성모멘트의 크기를 구하라. 다음의 수치자료를 이용하라. 높이 $h = 200$ mm, 폭 $b = 90$ mm, 두께 $t = 15$ mm.

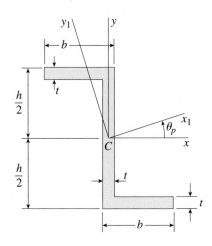

그림 10-28　예제 12-7. Z형 단면에 대한 주축과 주관성모멘트

풀이

xy축(그림 10-28)를 도심 C를 지나는 기준축으로 이용한다. 이 축에 대한 관성모멘트 적은 면적을 3개의 직사각형으로 나누고 평

행축 정리를 이용하여 얻을 수 있다. 그 계산결과는 다음과 같다.

$$I_x = 29.29 \times 10^6 \text{ mm}^4 \quad I_y = 5.667 \times 10^6 \text{ mm}^4$$
$$I_{xy} = -9.366 \times 10^6 \text{ mm}^4$$

이 값들을 각 θ_p (식 10-30)에 관한 식에 대입하면 다음 식을 얻는다.

$$\tan 2\theta_p = -\frac{2I_{xy}}{I_x - I_y} = 0.7930 \qquad 2\theta_p = 38.4° \text{ and } 218.4°$$

따라서 θ_p에 대한 2개의 값은 다음과 같다.

$$\theta_p = 19.2° \text{ 이고 } 109.2°$$

θ_p에 대한 이 값들을 I_{x_1}에 대한 변환공식(식 10-25)에 사용하면 각각 $I_{x_1} = 32.6 \times 10^6 \text{ mm}^4$와 $2.4 \times 10^6 \text{ mm}^4$를 얻는다. 식 (10-33a)와 (10-33b)에 θ_p값들을 대입하면 똑같은 결과를 얻는다. 따라서 주관성모멘트와 이에 대응하는 주축의 각도는 다음과 같다.

$$I_1 = 32.6 \times 10^6 \text{ mm}^4 \qquad \theta_{p_1} = 19.2° \qquad \Longleftarrow$$
$$I_2 = 2.4 \times 10^6 \text{ mm}^4 \qquad \theta_{p_2} = 109.2° \qquad \Longleftarrow$$

주축은 그림 10-28에 $x_1 y_1$축으로 보여진다.

10장 연습문제

면적의 도심

10절의 문제들은 적분하여 풀 수 있다.

10.2-1 밑변의 길이가 b이고 높이가 h인 직각삼각형의 도심 C까지 거리 $\bar{x}$와 $\bar{y}$를 구하라(부록 D의 경우 6 참조).

10.2-2 아랫변과 윗변의 길이가 각각 a, b이고 높이가 h인 사다리꼴의 도심 C까지 거리 $\bar{y}$를 구하라(부록 D의 경우 8 참조).

10.2-3 반지름이 r인 반원의 도심 C까지 거리 $\bar{y}$를 구하라(부록 D의 경우 10 참조).

10.2-4 밑변의 길이가 b이고 높이가 h인 포물선 세모꼴의 도심 C까지 거리 $\bar{x}$와 $\bar{y}$를 구하라(부록 D의 경우 18 참조).

10.2-5 밑변의 길이가 b이고 높이가 h인 n차원의 부채꼴 도심 C까지 거리 $\bar{x}$와 $\bar{y}$를 구하라(부록 D의 경우 19 참조).

합성면적의 도심

10.3절의 문제들은 합성면적에 대한 공식을 사용하여 풀 수 있다.

10.3-1 아랫변과 윗변의 길이가 각각 a, b이고 높이가 h인 사다리꼴을 2개의 삼각형으로 나누어 도심 C까지 거리 $\bar{y}$를 구하라(부록 D의 경우 8 참조).

10.3-2 한 변의 길이가 a인 정사각형의 1/4이 잘려 나갔다(그림 참조). 나머지 면적의 도심 C까지 거리 $\bar{x}$와 $\bar{y}$는 각각 얼마인가?

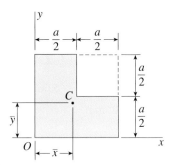

문제 10.3-2 및 10.5-2

10.3-3 그림에 보인 채널형 단면에서 $a = 150$ mm, $b = 25$ mm. $c = 50$ mm인 경우에 도심 C까지 거리 $\bar{y}$를 계산하라.

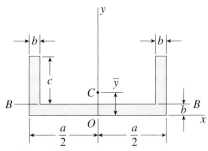

문제 10.3-3, 10.3-4 및 10.5-3

10.3-4 채널형 단면에서 도심 C가 선 BB 위에 놓이게 되려면 a, b 및 c의 치수 사이의 관계는 어떻게 되어야 하는가?

10.3-5 상부 플랜지에 치수 200 mm × 20 mm의 덮개판이 용접된 HE 600 B WF형 단면으로 제작된 보의 단면이 그림에 도시되었다.

　　보의 바닥으로부터 단면의 도심 C까지 거리 $\bar{y}$를 구하라.

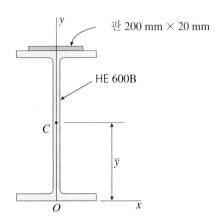

문제 10.3-5 및 10.5-5

10.3-6 그림에 보인 합성면적의 도심 C까지 거리 $\bar{y}$를 구하라.

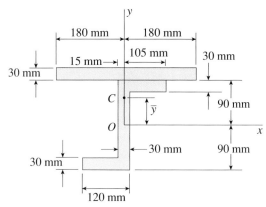

문제 10.3-6, 10.5-6 및 10.7-6

10.3-7 그림에 보인 L형 단면의 도심 C까지 거리 $\bar{x}$와 $\bar{y}$를 구하라.

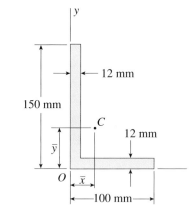

문제 10.3-7, 10.4-7, 10.5-7, 및 10.7-7

10.3-8 그림에 보인 면적의 도심 C까지 거리 $\bar{x}$와 $\bar{y}$를 구하라.

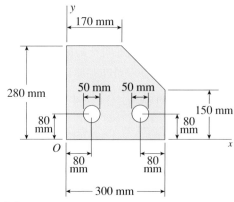

문제 10.3-8

관성모멘트

문제 *10.4-1*부터 *10.4-4*까지는 적분하여 풀 수 있다.

10.4-1 밑변의 길이가 b이고 높이가 h인 삼각형의 바닥에 대한 관성모멘트 I_x를 구하라(부록 D의 경우 4 참조).

10.4-2 변의 길이가 a, b이고 높이가 h인 사다리꼴의 바닥에 대한 관성모멘트 I_{BB}를 구하라(부록 D의 경우 8 참조).

10.4-3 밑변의 길이가 b이고 높이가 h인 포물선 세모꼴의 바닥에 대한 관성모멘트 I_x를 구하라(부록 D의 경우 18 참조).

10.4-4 반지름이 r인 원의 지름에 대한 관성모멘트 I_x를 구하라(부록 D의 경우 9 참조).

문제 *10.4-5*부터 *10.4-9*까지는 면적을 합성면적으로 고려하여 풀 수 있다.

10.4-5 밑변의 길이가 b이고 높이가 h인 직사각형의 직사각형 대각선에 대한 관성모멘트 I_{BB}를 구하라(부록 D의 경우 2 참조).

10.4-6 그림에 보인 합성 원형 면적의 x축에 대한 관성모멘트 I_x를 구하라. 축의 원점은 동심원 중앙에 있고 3개의 원의 지름은 각각 20, 40 및 60 mm이다.

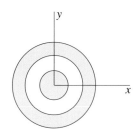

문제 10.4-6

10.4-7 문제 10.3-7의 그림에 보인 L형 단면의 x축과 y축에 대한 관성모멘트 I_x와 I_y를 계산하라.

10.4-8 반지름이 150 mm인 반원에서 치수 50 mm × 100 mm의 직사각형 면적이 잘려 나갔다(그림 참조).

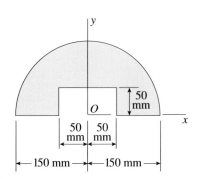

문제 10.4-8

x축과 y축에 대한 관성모멘트 I_x와 I_y를 계산하라. 또한 회전반지름 r_x와 r_y를 계산하라.

10.4-9 부록 E의 표 E-1에 주어진 단면치수를 사용하여 HE 450A WF형 단면의 관성모멘트 I_1과 I_2를 계산하라. (필릿 부분의 단면적은 무시한다.) 또한 이에 대응하는 회전반지름 r_1과 r_2를 각각 계산하라.

평행축 정리

10.5-1 HE 320B WF형 단면의 바닥에 대한 관성모멘트 I_b를 구하라(부록 E의 표 E-1 자료 사용).

10.5-2 문제 10.3-2의 그림에 보인 기하 형상에 대해 x축에 평행하며 도심 C를 지나는 축에 대한 관성모멘트 I_c를 구하라.

10.5-3 문제 10.3-3의 그림에 보인 채널형 단면에 대해 x축에 평행하고 도심 C를 지나는 축에 대한 관성모멘트 I_{x_c}를 계산하라.

10.5-4 그림에 보인 부등변 삼각형의 축 1-1에 대한 관성모멘트는 90×10^3 mm^{4}이다. 축 2-2에 대한 관성모멘트 I_2를 구하라.

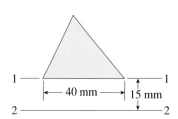

문제 10.5-4

10.5-5 문제 10.3-5의 그림에 보인 보의 단면에 대해, 도심 C의 x_c축은 x축에 평행하고 y_c축은 y축과 일치하는 경우에 도심을 지나는 축에 대한 관성모멘트 I_{x_c}와 I_{y_c}를 계산하라.

10.5-6 문제 10.3-6의 그림에 보인 합성면적에 대해, x축에 평행하고 도심 C를 지나는 축에 대한 관성모멘트 I_{x_c}를 계산하라.

10.5-7 문제 10.3-7의 그림에 보인 L형 단면에 대해, x, y축에 각각 평행하고 도심 C를 지나는 축에 대한 관성모멘트 I_{x_c}와 I_{y_c}를 계산하라.

10.5-8 그림에 보인 WF형 보의 단면의 전체 높이는 250 mm이고 일정한 두께는 15 mm이다.

도심에 대한 관성모멘트 I_x와 I_y의 비가 3:1이 되기 위한 플랜지의 폭 b를 구하라.

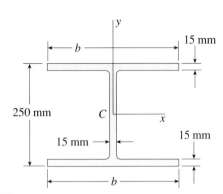

문제 10.5-8

극관성모멘트

10.6-1 밑변의 길이가 b이고 높이가 h인 이등변 삼각형의 정점에 대한 극관성모멘트 I_P를 구하라(부록 D의 경우 5 참조).

10.6-2 원의 부분 면적의 도심 C에 대한 극관성모멘트 $(I_P)_C$를 구하라(부록 D의 경우 13 참조).

10.6-3 HE 220 B WF형 단면의 가장 먼 바깥쪽의 한 모퉁이에 대한 극관성모멘트를 I_P를 구하라.

10.6-4 밑변의 길이가 b이고 높이가 h인 직각삼각형의 빗변의 중심에 대한 극관성모멘트를 I_P의 공식을 구하라(부록 D의 경우 6 참조).

10.6-5 1/4 원의 세모꼴의 도심 C에 대한 극관성모멘트 $(I_P)_C$를 구하라(부록 D의 경우 12 참조).

관성모멘트 적

10.7-1 적분을 사용하여 예제 10-1의 그림 10-5에 보인 포물선 반궁형에 대해 관성모멘트 적 I_{xy}을 구하라(부록 D의 경우 17 참조).

10.7-2 적분을 사용하여 부록 D의 경우 12에 보인 1/4 원의 세모꼴에 대해 관성모멘트 적 I_{xy}을 구하라.

10.7-3 그림에 보인 합성면적에 대해 관성모멘트 적 I_{xy}가 0이 되게 하는 반지름 r과 거리 b의 관계를 구하라.

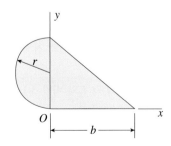

문제 10.7-3

10.7-4 그림에 보인 대칭 L형 면적의 관성모멘트 적 I_{xy}에 대한 공식을 구하라.

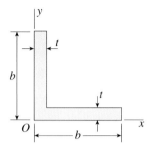

문제 10.7-4

10.7-5 L 150 × 150 × 15 mm 앵글 단면의 도심축 1-1 및 2-2에 대한 관성모멘트 적 I_{12}를 계산하라(부록 E의 표 E-4 참조). (필릿과 둥근 모서리 부분의 면적은 무시한다.)

10.7-6 문제 10.3-6의 그림에 보인 합성면적에 대해 관성모멘트 적 I_{xy}을 계산하라.

10.7-7 문제 10.3-7의 그림에 보인 L형 면적에 대해, x축과 y축에 각각 평행한 도심축 x_c축과 y_c축에 대한 관성모멘트 적 $I_{x_c y_c}$을 구하라.

축의 회전

10.8절에 대한 문제들은 관성모멘트와 관성모멘트 적의 변환공식을 사용하여 풀 수 있다.

10.8-1 그림에 보인 변들의 길이가 b인 정사각형에 대해, 관성모멘트 I_{x_1}과 I_{y_1} 그리고 관성모멘트 적 $I_{x_1 y_1}$을 구하라. ($x_1 y_1$축은 xy축에 대해 각 θ만큼 회전한 축임을 유의하라.)

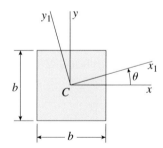

문제 10.8-1

10.8-2 그림에 보인 직사각형에 대해, $x_1 y_1$축에 대한 관성모멘트 I_{x_1}과 I_{y_1} 그리고 관성모멘트 적 $I_{x_1 y_1}$을 구하라. (x_1축은 직사각형의 대각선임을 유의하라.)

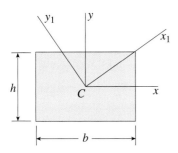

문제 10.8-2

10.8-3 HE 320 A WF형 단면에 대해, 도심과 2개의 바깥쪽 모퉁이를 지나는 대각선에 대한 관성모멘트 I_d를 계산하라. (부록 E의 표 E-1에 주어진 치수와 성질을 사용하라.)

10.8-4 그림에 보인 L형 면적에서 a = 150 mm, b = 100 mm. t = 15 mm, θ = 30°인 경우에, x_1y_1축에 대한 관성모멘트 I_{x_1}과 I_{y_1} 그리고 관성모멘트 적 $I_{x_1y_1}$을 구하라.

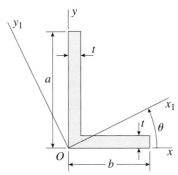

문제 10.8-4 및 10.9-4

10.8-5 그림에 보인 Z형 단면에서 b = 75 mm, h = 100 mm. t = 12 mm, θ = 60°인 경우에, x_1y_1에 대한 관성모멘트 I_{x_1}과 I_{y_1} 그리고 관성모멘트 적 $I_{x_1y_1}$을 구하라.

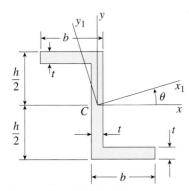

문제 10.8-5, 10.8-6, 10.9-5 및 10.9-6

10.8-6 b = 80 mm, h = 120 mm. t = 12 mm, θ = 30°인 경우에 대해 앞의 문제를 풀어라.

주축, 주점 및 주관성모멘트

10.9-1 주축의 길이가 $2a$이고 부축의 길이가 $2b$인 타원이 그림에 도시되었다.

(a) 타원의 도심 C로부터 부축(y축)에 있는 주점 P까지 거리 C를 구하라.

(b) 주점이 타원의 둘레에 놓이게 되려면 비 a/b는 얼마이어야 하는가?

(c) 주점이 타원 내부에 놓이게 되려면 비 a/b는 얼마이어여 하는가?

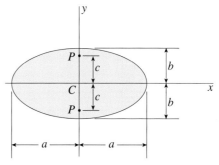

문제 10.9-1

10.9-2 그림에 보인 2개의 점 P_1과 P_2가 이등변 삼각형의 주점임을 증명하라.

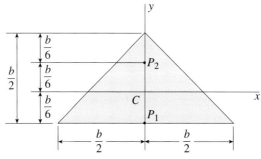

문제 10.9-2

10.9-3 그림에 보인 b = 150 mm, h = 200 mm인 직각 삼각형의 원점 O를 지나는 주축의 방향을 나타내는 각 θ_{p_1}과 θ_{p_2}를 구하라. 또한 이에 대응하는 주관성모멘트 I_1과 I_2를 계산하라.

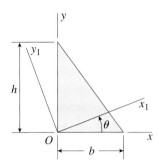

문제 10.9-3

10.9-4 문제 10.8-4의 그림에 보인 L형 면적에 대해, 원점 O를 지나는 주축의 방향을 나타내는 각 θ_{p_1}과 θ_{p_2} 그리고 이에 대응하는 주관성모멘트 I_1과 I_2를 구하라.

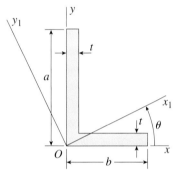

문제 10.8-4 및 10.9-4

10.9-5 문제 10.8-5의 그림에 보인 Z형 단면에 대해, 도심 C를 지나는 주축의 방향을 나타내는 각 θ_{p_1}과 θ_{p_2} 그리고 이에 대응하는 주관성모멘트 I_1과 I_2를 구하라($b = 75$ mm, $h = 100$ mm. $t = 12$ mm)

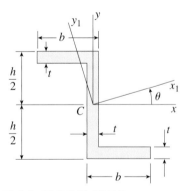

문제 10.8-5, 10.8-6, 10.9-5 및 10.9-6

10.9-6 문제 10.8-6의 그림에 보인 Z형 단면에 대해 앞의 문제를 풀어라(($b = 80$ mm, $h = 120$ mm. $t = 12$ mm).

10.9-7 그림에 보인 $h = 2b$인 직각 삼각형에 대해, 도심 C를 지나는 주축의 방향을 나타내는 각 θ_{p_1}과 θ_{p_2}를 구하라. 또한 이에 대응하는 주관성모멘트 I_1과 I_2를 구하라.

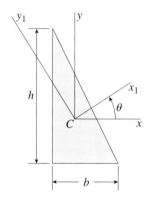

문제 10.9-7

10.9-8 그림에 보인 L형 면적에서 $a = 80$ mm, $b = 150$ mm. $t = 16$ mm인 경우에, 도심을 지나는 주축의 방향을 나타내는 각 θ_{p_1}과 θ_{p_2} 그리고 이에 대응하는 주관성모멘트 I_1과 I_2를 구하라.

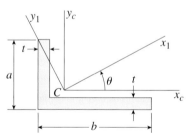

문제 10.9-8 및 10.9-9

10.9-9 $a = 75$ mm, $b = 150$ mm. $t = 12$ mm인 경우에 대해 앞의 문제를 풀어라.

단위체계 및 변환인자

Systems of Units and Conversion Factors

A.1 단위체계

측정 시스템은 인간이 최초로 집을 짓고 교역하며 모든 고대문명이 필요에 맞도록 몇 가지 종류의 측정 시스템을 개발한 이래 꼭 필요한 것이 되었다. 단위의 표준화는 가끔 왕의 칙령에 의해 수 세기에 걸쳐 점차적으로 자리를 잡았다. 초기의 측정 표준에 대한 **영국 단위체계**의 개발은 13세기에 시작되어 18세기에 잘 수립되었다. 영국 체계는 통상과 식민지화를 통해 미국을 포함한 세계 각국에 전파되었다. 미국에서는 오늘날 일반적으로 사용되는 **미국 관용단위 (USCS)**가 점차적으로 발전되었다.

미터 체계의 개념은 약 300년 전에 프랑스에서 시작되었으며 프랑스 혁명 시대인 1790년대에 공인되었다. 프랑스는 1840년에 미터 체계의 사용을 의무화하였으며 그 이후에 많은 다른 국가에서도 이를 따랐다. 1866년에 미국 국회는 의무사용을 부가하지 않고 미터 체계를 법제화하였다.

미터 체계가 1950년대에 대폭 수정될 때 새로운 단위체계가 창출되었다. 1960년에 공식적으로 채택되었고 **국제단위체계**라고 부르는 새로운 체계는 일반적으로 **SI**라고 알려져 있다. 어떤 SI 단위는 예전 미터 체계와 같으나, SI는 많은 새로운 특징과 단순성을 갖고 있다. 따라서 SI는 개선된 미터 체계이다.

길이, 시간, 질량 및 힘은 측정단위가 필요한 역학의 기본 개념이다. 그러나 모든 4개의 양들은 뉴턴의 운동 2법칙에 관련되어 있기 때문에 이 양들 중 3개만이 독립적이다.

$$F = ma \qquad \text{(A-1)}$$

여기서 F는 질점에 작용하는 힘이고, m은 질점의 질량이며, a는 질점의 가속도이다. 가속도는 길이를 시간의 제곱으로 나누는 단위를 갖고 있으므로 모든 4개의 양들은 2법칙에 관련되어 있다.

미터 체계처럼, 국제단위체계는 기본 양으로 길이, 시간 및 질량을 근간으로 한다. 이 체계에서, 힘은 뉴턴의 2법칙에서 유도된다. 따라서 힘의 단위는 다음 절에서 보여주는 바와 같이 기본단위인 길이, 시간 및 질량의 항으로 표현된다.

SI는 3개의 기본 양들이 측정을 하는 위치에 관계가 없으므로, 즉 측정은 중력의 영향에 의존하지 않기 때문에 **절대 단위체계**로 분류된다. 그러므로 길이, 시간 및 질량에 대한 SI 단위는 지구, 우주, 달 또는 다른 행성 등 어느 곳에서나 사용될 수 있다. 이것이 미터 체계가 언제나 과학 작업에서 선호되고 있는 이유 중의 하나이다.

영국체계와 미국 관용체계는 기본 양으로 길이, 시간 및 힘을 근간으로 하고 있으며 질량은 뉴턴의 2법칙으로부터 유도된다. 그러므로 이러한 체계에서는 질량의 단위가 길이, 시간 및 힘의 단위로 표현된다. 힘의 단위는 어떤 표준질량이 중력가속도와 같은 가속도를 갖게 하는 데 필요한 힘으로 정의되며, 이는 힘의 단위가 위치와 고도에 따라 달라진다는 것을 의미한다. 이러한 이유로, 이러한 체계는 **중력 단위체계**라고 부른다. 이러한 체계는 아마도 무게가 쉽게 구별할 수 있는 성질이고 중력의 변동이 미미하기 때문에 처음으로 생겼다. 그러나 현대 기술사회에서는 절대체계가 선호된다는 것이 분명하다.

A.2 SI 단위

국제단위체계는 7개의 **기본단위**를 가지며 모든 다른 단위들은 이들로부터 유도된다. 역학에서 중요한 기본단위는 길이에 대한 미터(m), 시간에 대한 초(s) 및 질량에 대한 킬로그램(kg)이다. 다른 SI의 기본단위는 온도, 전류, 물질량 및 광도의 세기에 관계된다.

미터는 원래 북극에서 적도까지의 거리의 천만분의 일로 정의되었다. 후에 이 거리는 물리적 표준으로 전환되었으며 여러 해 동안 미터에 대한 표준은 프랑스 파리의 서부 외곽에 위치한 국제도량형기구에 보관된 프래티늄–이리디움 봉의 2개의 표지 사이의 거리였다.[*]

물리적 봉을 표준으로 사용하는 데 따른 부정확성 때문에, 미터의 정의는 1983년에 진공상태에서 빛이 1/299792458 초 동안 지나는 통로의 길이로 변경되었다.

초는 최초에는 평균 태양 일의 1/86400로 정의되었다(24 시간은 86,400초와 같음). 그러나 1967년 이후로 매우 정확한 원자시계가 표준으로 정해졌으며, 초는 이제는 세시움-133 원자의 접지 상태의 2개의 초미세 레벨 사이의 전이에 해당되는 복사의 9,192,631,770 주기 동안의 시간으로 정의된다. (대부분의 공학자들은 초가 현저하게 바뀌지는 않았지만 지구의 회전율이 점차적으로 줄어들기 때문에 필요한 새로운 정의보다는 원래의 정의를 선호할 것이다.)

SI의 7개의 기본단위 중에서, **킬로그램**은 아직까지 물리적 물체에 의해 정의된 유일한 단위이다. 물체의 질량은 오직 다른 물체의 질량과 실험적으로 비교하여 결정될 수 있기 때문에, 물리적 표준이 필요하다. 이러한 목적으로, 국제 모형 킬로그램(IPK)이라고 부르는 1 kg짜리 플래티늄–이리디움 실린더가 국제도량형기구에 보관되어 있다. (현재는, 킬로그램을 아보가드로(Avogadro) 수와 같은 기본상수의 항으로 정의하여 물리적 물체의 필요성을 없애는 시도가 이루어지고 있다.)

유도단위라고 부르는 역학의 다른 단위는 기본단위인 미터, 초 및 킬로그램의 항으로 표현된다. 예를 들면, 힘의 단위는 뉴턴인데, 이는 1 kg의 질량이 1 m/s²의 가속도를 내는 데 필요한 힘으로 정의된다.[**] 뉴턴의 2법칙($F = ma$)으로부터 힘을 기본단위의 항으로 유도할 수 있다.

$$1 \text{ newton} = (1 \text{ kilogram})(1 \text{ meter per second scquared})$$

따라서 뉴턴(N)은 다음과 같은 공식으로 기본단위의 항으로 주어진다.

$$1 \text{ N} = 1 \text{ kg·m/s}^2 \tag{A-2}$$

참고로 작은 사과 한 개의 무게가 약 1 N임을 유의하라.

일과 **에너지**의 단위는 **줄**(joule)이며, 이는 1 N의 힘의 작용점이 힘의 방향으로 1 m의 거리를 이동할 때의 일로 정의된다.[*] 그러므로

$$1 \text{ joule} = (1 \text{ newton})(1 \text{ meter}) = 1 \text{ newton meter}$$

$$1 \text{ J} = 1 \text{ N·m} \tag{A-3}$$

이 책을 책상 위에서 눈높이까지 들어 올렸을 때 약 1 J의 일을 한 것과 같고, 계단을 1층 걸을 때 약 200 J의 일을 한 것과 같다.

역학에서 중요한 SI 단위에 대한 이름, 기호 및 공식들이 **표 A-1**에 수록되었다. 몇 가지 유도단위는 뉴턴, 줄, 헤르츠, 와트 및 파스칼과 같은 특별한 이름을 갖고 있다. 이러한 단위들은 과학 및 공학 분야에서 유명한 사람들의 이름을 따라 지었으며 단위 이름 자체는 소문자로 쓰지만, 앞 자에서 따온 기호(N, J, Hz, W, Pa)를 사용한다. 다른 유도단위는 특별한 이름이 없으며(예를 들면, 가속도, 면적 및 밀도의 단위), 기본단위와 다른 유도단위로 표현해야 한다.

다양한 SI 단위와 일반적으로 사용되는 미터 단위와의 관계가 **표 A-2**에 수록되었다. 다인(dyne), 에르그(erg), 갤런(gal) 및 마이크론(micron)과 같은 미터 단위는 공학이나 과학 용도에 더 이상 권장되지 않는다.

물체의 **무게**는 그 물체에 작용하는 **중력**이다. 따라서 무게는 뉴턴으로 측정된다. 중력은 지구상에서 위치나 고도에 따라 좌우되기 때문에 무게는 물체의 불변의 성질이 아니다. 게다가, 스프링 저울로 측정되는 물체의 무게는 중력뿐만 아니라 지구의 회전에 관련된 원심력 효과의 영향을 받는다.

결과적으로, 2가지 종류의 무게, **절대무게**와 **겉보기무게**를 인식해야 한다. 전자는 중력만 근거로 한 것이고, 후자는 회전의 효과를 포함한다. 따라서 겉보기무게는 언제나 절대무게보다 작다(극점 제외). 스프링 저울로 측정한 물체의 무게

---

[*] 이 숫자의 역수는 진공 상태에서의 광속을 나타낸다(299,792,458 m/s).
[**] Isaac Newton(1642~1727)은 영국의 수학자, 물리학자 및 천문학자이었다. 그는 미적분학을 발명했고 운동과 중력의 법칙을 발견하였다.

---

[*] James Prescott Joule(1818~1889)은 열의 기계적 등가를 결정하는 방법을 개발한 영국의 물리학자였다. 그의 성은 줄로 발음된다.

표 **A-1** 역학에서 사용되는 주요 단위

Quantity	International System (SI)		
	Unit	Symbol	Formula
Acceleration (angular)	radian per second squared		rad/s^2
Acceleration (linear)	meter per second squared		m/s^2
Area	square meter		m^2
Density (mass) (Specific mass)	kilogram per cubic meter		kg/m^3
Density (weight) (Specific weight)	newton per cubic meter		N/m^3
Energy; work	joule	J	$N \cdot m$
Force	newton	N	$kg \cdot m/s^2$
Force per unit length (Intensity of force)	newton per meter		N/m
Frequency	hertz	Hz	s^{-1}
Length	meter	m	(base unit)
Mass	kilogram	kg	(base unit)
Moment of a force; torque	newton meter		$N \cdot m$
Moment of inertia (area)	meter to fourth power		m^4
Moment of inertia (mass)	kilogram meter squared		$kg \cdot m^2$
Power	watt	W	J/s $(N \cdot m/s)$
Pressure	pascal	Pa	N/m^2
Section modulus	meter to third power		m^3
Stress	pascal	Pa	N/m^2
Time	second	s	(base unit)
Velocity (angular)	radian per second		rad/s
Velocity (linear)	meter per second		m/s
Volume (liquids)	liter	L	$10^{-3} \ m^3$
Volume (solids)	cubic meter		m^3

Notes: 1 joule (J) = 1 newton meter (N·m) = 1 watt second (W·s)
1 hertz (Hz) = 1 cycle per second (cps) or 1 revolution per second (rev/s)
1 watt (W) = 1 joule per second (J/s) = 1 newton meter per second (N·m/s)
1 pascal (Pa) = 1 newton per meter squared (N/m^2)
1 liter (L) = 0.001 cubic meter (m^3) = 1000 cubic centimeters (cm^3)

인 겉보기무게는 업무나 일상생활에서 일반적으로 사용하는 무게이다. 절대무게는 우주공학이나 특정 과학 분야에서 사용된다. 이 책에서 "무게"라는 용어는 언제나 "겉보기무게"를 의미한다.

문자 g로 표시되는 **중력가속도**는 중력에 직접적으로 비례하며 따라서 위치에 따라 달라진다. 대조적으로 **질량**은 물체의 재료량의 측정치이며 위치에 따라 변하지 않는다.

무게, 질량 및 중력가속도 사이의 기본 관계는 뉴턴의 2법칙($F = ma$)으로부터 구할 수 있으며 다음과 같은 관계가 있다.

$$W = mg \qquad (A-4)$$

이 식에서 W는 뉴턴(N) 단위의 무게, m은 킬로그램(kg) 단위의 질량, 그리고 g는 제곱 초당 미터(m/s^2) 단위의 중력가속도이다. 식 (A-4)는 *1 kg*의 질량을 가진 물체는 수치적으로

표 **A-2** 상용되는 추가 단위

SI and Metric Units	
1 gal = 1 centimeter per second squared (cm/s^2) for example, $g \approx 981$ gals)	1 centimeter (cm) = 10^{-2} meters (m)
1 are (a) = 100 square meters (m^2)	1 cubic centimeter (cm^3) = 1 milliliter (mL)
1 hectare (ha) = 10,000 square meters (m^2)	1 micron = 1 micrometer (μm)= 10^{-6} meters (m)
1 erg = 10^{-7} joules (J)	1 gram (g) = 10^{-3} kilograms (kg)
1 kilowatt-hour (kWh) = 3.6 megajoules (MJ)	1 metric ton (t) = 1 megagram (Mg) = 1000 kilograms (kg)
1 dyne = 10^{-5} newtons (N)	1 watt (W) = 10^7 ergs per second (erg/s)
1 kilogram-force (kgf) = 1 kilopond (kp) = 9.80665 newtons (N)	1 dyne per square centimeter (dyne/cm^2) = 10^{-1} pascals (Pa)
	1 bar = 10^5 pascals (Pa)
	1 stere = 1 cubic meter (m^3)

USCS and Imperial Units	
1 kilowatt-hour (kWh) = 2,655,220 foot-pounds (ft-lb)	1 kilowatt (kW) = 737.562 foot-pounds per second (ft-lb/s) = 1.34102 horsepower (hp)
1 British thermal unit (Btu) = 778.171 foot-pounds (ft-lb)	1 pound per square inch (psi) = 144 pounds per square foot (psf)
1 kip (k) = 1000 pounds (lb)	1 revolution per minute (rpm) = $2\pi/60$ radians per second (rad/s)
1 ounce (oz) = 1/16 pound (lb)	1 mile per hour (mph) = 22/15 feet per second (fps)
1 ton = 2000 pounds (lb)	
1 Imperial ton (or long ton) = 2240 pounds (lb)	
1 poundal (pdl) = 0.0310810 pounds (lb) = 0.138255 newtons (N)	1 gallon (gal.) = 231 cubic inches (in.^{3})
1 inch (in.) = 1/12 foot (ft)	1 quart (qt) = 2 pints = 1/4 gallon (gal.)
1 mil = 0.001 inch (in.)	1 cubic foot (cf) = 576/77 gallons = 7.48052 gallons (gal.)
1 yard (yd) = 3 feet (ft)	
1 mile = 5280 feet (ft)	1 Imperial gallon = 277.420 cubic inches (in.^{3})
1 horsepower (hp) = 550 foot-pounds per second (ft-lb/s)	

g와 같은 뉴턴의 무게를 갖는다는 것을 보여준다. 무게 W와 중력가속도 g의 값들은 위도와 고도를 포함하는 많은 인자들에 의해 좌우된다. 그러나 과학적 계산에서 g의 국제적인 표준 값은 다음과 같다.

$$g = 9.806650 \text{ m/s}^2 \qquad (A\text{-}5)$$

이 값은 고도와 위도의 표준조건(약 45°의 위도에서의 해면)하에서 사용하는 것으로 의도되었다. 지구 표면상 또는 지구 표면에 가까운 곳에서의 일반 공학목적에 대한 g의 권장 값은 다음과 같다.

$$g = 9.81 \text{ m/s}^2 \qquad (A\text{-}6)$$

따라서 1 kg의 질량을 갖는 물체의 무게는 9.81 N이다.

대기압은 기후조건, 위치, 해발고도 및 기타 요인에 따라 상당히 변한다. 결과적으로, 지구 표면에서의 압력에 대한 국제적인 표준 값은 다음과 같이 정의된다.

$$1 \text{ standard atmosphere} = 101.325 \text{ kilopascals} \qquad (A\text{-}7)$$

다음과 같은 단순화된 값이 일반 공학 과제에 대해 권장된다.

$$1 \text{ standard atmosphere} = 101 \text{ kPa} \qquad (A\text{-}8)$$

물론 식 (A-7)과 (A-8)에 주어진 값은 계산용으로 주어졌으며 어느 주어진 위치에서의 주변 압력을 나타내지 않는다.

역학에서의 기본개념은 **모멘트**와 **토크**, 특히 힘의 모멘트와 우력의 모멘트이다. 모멘트는 힘 곱하기 거리의 단위, 즉 뉴턴 미터(N·m)로 표시된다. 역학에서의 다른 중요한 개념은 **일**과 **에너지**이며, 둘 다 모멘트와 같은 단위(N·m)를 갖는 유도단위인 줄(J)로 표시된다. 그러나 모멘트는 일 또는 에너지와는 확실하게 다른 양이며, 줄은 모멘트 또는 토크에 사용되어서는 절대 안 된다.

주파수는 초의 역수(1/s 또는 s^{-1})와 같은 유도단위인 헤르츠(Hz)의 단위로 측정된다. 헤르츠는 주기가 1초인 주기운동의 주파수로 정의된다. 따라서 초당 1사이클(cps) 또는 초당 1회전(rev/s)과 등가이다. 이 단위는 기계진동, 음파 및 전자기파 분야에서 상용되며 간혹 분당 회전수(rpm)와

초 당 회전수(rev/s) 대신에 회전 주파수로 사용된다.[*]

SI에서 특별한 이름을 갖는 2개의 다른 유도단위는 와트(W)와 파스칼(Pa)이다. 와트는 단위시간당 일인 동력의 단위이며, 1와트는 초당 줄(J/s) 또는 초당 1뉴턴 미터(N·m/s)와 같다. 파스칼은 압력, 응력 또는 단위면적당 힘의 단위이며, 1파스칼은 제곱미터당 1뉴턴(N/m^2)과 같다.[**]

리터는 SI 단위는 아니지만 일반적으로 널리 상용되어 쉽게 버릴 수가 없다. 그러므로 SI는 제한된 조건 하에서 부피 용량, 건조량 및 액체량 측정에 대해 이 단위의 사용을 허용한다. SI에서는 리터에 대한 기호로 대문자 L이나 소문자 l의 사용을 허용하지만, 미국에서는 대문자 L만 허용된다(숫자 1과의 혼란을 피하기 위해). 리터에 대해 허용되는 유일한 접두사는 밀리(milli)와 마이크로(micro)이다.

중력 또는 다른 작용에 의한 **구조물의 하중**은 통상 뉴턴, 단위미터당 뉴턴, 또는 파스칼(제곱미터당 뉴턴)로 표시된다. 이러한 하중의 예들은 차축에 작용하는 25 kN의 집중하중, 소형 보에 작용하는 세기 800 N/m의 등분포하중 및 비행기 날개에 작용하는 세기 2.1 kPa의 공기압 등이다.

그러나 SI에서는 하중을 질량 단위로 표시하는 것을 허

---

[*] Heinrich Rudolf Hertz(1857~1894)는 전자파를 발견한 독일 물리학자였으며 광파와 전자기파가 동일하다는 것을 보여 주었다.

[**] James Watt(1736~1819)는 실용적인 증기기관을 개발한 스콧트랜드의 발명가이자 공학자였으며 물의 성분을 발견하였다. 와트는 "마력"이라는 용어의 창시자이었다. Braise Pascal(1623~1662)은 프랑스 수학자이자 철학자이었다. 그는 확률이론을 개발하였고 최초로 계산기를 만들었으며 대기압이 고도에 따라 변한다는 것을 실험적으로 증명하였다.

용하는 한 가지 경우가 있다. 구조물에 작용하는 하중이 질량에 작용하는 중력에 의한 것일 때 하중은 질량의 단위(킬로그램, 미터당 킬로그램 또는 제곱미터당 킬로그램)로 표시될 수 있다. 이러한 경우에 통상적인 절차는 중력가속도($g = 9.81$ m/s^2)를 곱하여 하중을 힘의 단위로 변환시키는 것이다.

SI 접두사

SI 단위(기본단위와 유도단위 둘 다)의 배수와 약수는 단위에 접두사(prefix)를 붙여서 만들어진다(접두사의 목록에 대해서는 **표 A-3** 참조). 접두사의 사용은 비정상적으로 크거나 작은 숫자를 피하게 한다. 일반 규칙은 숫자를 0.1부터 1,000 사이의 범위에 있도록 접두사를 사용해야 한다는 것이다.

모든 권장된 접두사는 양의 크기를 3의 배수나 약수로 변화시킨다. 이와 유사하게, 10의 거듭제곱을 승수로 사용할 때에는 10의 지수는 3의 배수이어야 한다(예를 들면, 40×10^3 N은 만족스럽지만 400×10^2 N은 아니다). 또한 접두사를 갖는 단위의 지수는 전체 단위를 나타낸다. 예를 들면, 기호 mm^{2}은 (mm)^{2}을 의미하며 m(m)^{2}을 의미하지 않는다.

SI 단위를 쓰는 형식

SI 단위를 쓰는 규칙은 국제적 협의에 의해 확립되었으며 가장 적절한 규칙 중의 몇 가지가 여기에서 설명된다. 규칙의 예들이 괄호 안에 보여진다.

(1) 단위는 언제나 방정식과 수치계산에서 기호(kg)로 쓴

표 A-3 SI 접두사

Prefix	Symbol	Multiplication factor	
tera	T	10^{12}	= 1 000 000 000 000
giga	G	10^{9}	= 1 000 000 000
mega	M	10^{6}	= 1 000 000
kilo	k	10^{3}	= 1 000
hecto	h	10^{2}	= 100
deka	da	10^{1}	= 10
deci	d	10^{-1}	= 0.1
centi	c	10^{-2}	= 0.01
milli	m	10^{-3}	= 0.001
micro	μ	10^{-6}	= 0.000 001
nano	n	10^{-9}	= 0.000 000 001
pico	p	10^{-12}	= 0.000 000 000 001

주: 접두사 hecto, deka, deci 및 centi는 SI에서는 권장하지 않는다.

다. 이 교재에서는 단위들이 수치 값이 주어지지 않는 한, 단어(킬로그램)를 쓴다. 그러나 수치 값이 주어지면 단어나 기호 중 하나를 사용할 수 있다(12 kg 또는 12킬로그램).

(2) 곱셈은 복합단위에서 도트(dot)(kN·m)로 표시한다. 단위를 단어로 쓸 때에는 도트가 필요 없다(킬로뉴턴미터).

(3) 나눗셈은 복합단위에서 슬래쉬(/) 또는 음의 지수를 사용하는 곱셈으로 표시한다(m/s 또는 m·s⁻¹). 단위를 단어로 쓸 때에는 슬래쉬를 "당"으로 대체한다(초당 미터).

(4) 숫자와 단위 사이에는 언제나 빈칸을 사용한다(200 Pa 또는 200파스칼). 도의 기호(각도나 온도)는 예외로 숫자와 단위 사이에 빈칸을 사용하지 않는다(45°, 20℃).

(5) 단위와 그 접두사는 언제나 로마글자(세워지거나 수직형)로 쓰며, 주변 본문이 이탤릭체라 할지라도 절대로 이탤릭체(경사형)로 쓰지 않는다.

(6) 단어로 쓸 때, 단위는 문장의 시작이나 제목의 대문자로 된 단어 외에는 소문자(newton)로 쓴다. 기호로 쓸 때, 단위는 사람 이름에서 따온 경우에는 대문자(N)로 쓴다. L이나 l로 쓰는 리터에 대한 기호는 예외이지만, 대문자 L의 사용이 숫자 1과의 혼동을 피하기 위해 선호된다. 또한 어떤 접두사는 기호에 사용될 때 대문자로 쓰지만(MPa) 단어로 쓸 때는 아니다(megapascal).

(7) 단어로 쓸 때, 단위는 내용에 따라 단수 또는 복수로 쓴다(1 kilometer, 20 kilometers, 6 seconds). 기호로 쓸 때, 단위는 언제나 단수로 쓴다(1 km, 20 km, 6 s). hertz의 복수는 hertz이

다. 다른 단위의 복수는 관용 방식으로 쓴다(newtons, watts).

(8) 접두사는 복합단위의 분모에는 사용하지 않는다. 기본단위인 킬로그램(kg)은 예외이며 문자 "k"는 접두사로 취급하지 않는다. 예를 들면, kN/m라고 쓸 수 있지만 N/mm는 쓸 수 없고, J/kg이라고 쓸 수 있지만 mJ/g는 쓸 수 없다.

SI 접두사 및 단위의 발음

때때로 잘못 발음되는 몇 가지 SI 이름에 대한 안내가 **표 A-4**에 수록되었다. 예를 들어, kilometer는 *kil-om-eter*가 아니라 *kill-oh-meter*로 발음된다. 논쟁을 일으키는 유일한 접두사 giga의 공식적인 발음은 *jig-uh*이지만 많은 사람들이 *gig-uh*로 발음하고 있다.

A.3 온도 단위

SI에서 온도는 켈빈(K)이라는 단위로 측정되며 이에 대응하는 눈금이 **켈빈온도 눈금**이다. 켈빈 눈금은 절대 눈금이며, 이의 원점(0 K)은 열이 완전히 존재하지 않음을 나타내는 이론적 온도인 절대 0도임을 의미한다. 켈빈 눈금에서, 물은 약 273 K에서 얼며 약 373 K에서 끓는다.

비과학적 목적으로 섭씨온도 눈금이 관습적으로 사용된다. 이에 대응하는 온도 단위는 섭씨온도(℃)이며 1켈빈과

표 A-4 SI 접두사 및 단위의 발음

Prefix	Pronunciation
tera	same as *terra*, as in *terra firma*
giga	pronounced *jig-uh*; with *a* pronounced as in *about* (Alternate pronunciation: *gig-uh*)
mega	same as *mega* in *megaphone*
kilo	pronounced *kill-oh*; rhymes with *pillow*
milli	pronounced *mill-eh*, as in *military*
micro	same as *micro* in *microphone*
nano	pronounced *nan-oh*; rhymes with *man-oh*
pico	pronounced *pea-ko*
	Note: The first syllable of every prefix is accented.

Unit	Pronunciation
joule	pronounced *jool*; rhymes with *cool* and *pool*
kilogram	pronounced *kill-oh-gram*
kilometer	pronounced *kill-oh-meter*
pascal	pronounced *pas-kal*, with the accent on *kal*

같다. 이 눈금에서는, 표준 조건하에서 물이 약 0도(0℃)에서 얼고 약 100도(100℃)에서 끓는다. 섭씨 눈금은 또한 백분도 온도 눈금이라고 알려져 있다.

켈빈온도와 섭씨온도와 관계는 다음 방정식으로 주어진다.

섭씨온도 = 켈빈온도 − 273.15

또는

$$T(℃) = T(K) − 273.15 \qquad (A-9)$$

여기서 T는 온도를 나타낸다. 역학에서 늘 있는 경우로, 온도 변화 또는 온도 차에 관련된 작업을 할 때, 간격이 서로 같기 때문에 두 단위 중 어느 것이나 쓸 수 있다.[*]

---

[*] Lord Kelvin(1824~1907), William Thomson은 많은 과학적 발견을 했고 열 이론을 개발하였으며 절대온도 눈금을 제안했던 영국의 물리학자이었다. Anders Celsius(1701~1744)는 스웨덴의 과학자이자 천문학자이었다. 1742년에 그는 각각 물의 빙점과 비등점에 해당하는 0부터 100까지의 온도 눈금을 개발하였다.

문제 풀이

Problem Solving

B.1 문제의 형태

재료역학의 공부는 두 부분으로 나누어진다. 첫째는 일반 개념과 원리를 이해하는 것이고, 둘째는 이러한 개념과 원리를 물리적인 현상에 적용시키는 것이다. 일반 개념의 이해는 본서와 같은 책에 제시된 토의와 유도과정을 공부하여 얻어진다. 개념을 응용하는 기술은 자신이 스스로 문제를 풀어서 달성할 수 있다. 물론 이러한 두 가지 역학의 측면은 서로 밀접하게 관련되어 있으며, 이들을 응용할 수 없다면 개념을 실제로 이해하지 못한 것이라고 많은 역학 전문가들이 의견을 말한다. 원리를 외우기는 쉽지만 이들을 실제 상황에 적용시키려면 깊이 있는 이해를 필요로 한다. 이것이 많은 역학 담당 교수들이 문제 풀이를 강조하는 이유이다. 문제 풀이는 개념의 의미를 부여하며 또한 경험을 얻고 판단을 개발하는 기회를 마련한다.

이 책의 숙제문제의 일부는 기호해를 요구하며 다른 문제는 수치해를 요구한다. **기호문제(symbolic problem)**(해석, 대수 또는 **문자문제**라고도 함)의 경우에, 하중은 *P*, 길이는 *L*, 탄성계수는 *E*와 같은 기호의 형태로 자료가 제공된다. 이러한 문제들은 대수적 변수들의 항으로 풀어지며 그 결과는 공식 또는 수학적 표현식으로 표시된다. 기호문제는 수치해를 얻기 위해 최종적인 기호로 된 결과에 수치 자료가 대입되지 않는 한, 통상적으로 수치 계산에 관계하지 않는다. 그러나 이러한 최종 수치 자료의 대입이 문제가 기호의 항으로 풀어졌다는 사실을 왜곡해서는 안 된다.

이와는 대조적으로, **수치문제(numerical problem)**는 자료가 숫자의 형태(적절한 단위로)로 주어지는 문제이다. 예를 들어, 하중은 12 kN으로, 길이는 3 m로, 지름은 150 mm로 주어진다. 수치문제의 해는 처음부터 계산에 의해 수행되며 그 결과(중간 또는 최종)는 숫자의 형태로 나타낸다.

수치문제의 장점은 모든 양들의 크기가 풀이의 모든 단계에서 분명하며 따라서 계산이 합리적인 결과를 나타내는지를 관찰할 기회를 제공한다. 또한 수치해는 양들의 크기를 규정된 한계치 이내로 유지하도록 할 수 있다. 예를 들어, 보의 특정 점에서의 응력이 어떤 허용치를 초과해서는 안 된다고 가정하자. 이 응력이 수치해의 중간 단계에서 계산되었다면 이 값이 한계치를 초과했는지의 여부를 즉시 확인할 수 있다.

기호문제 역시 여러 가지 장점이 있다. 결과가 대수 공식 또는 표현식이기 때문에 변수가 결과에 어떤 영향을 미치는지를 즉시 알 수 있다. 예를 들어, 하중이 최종 결과의 분자에 1승(first power)으로 나타난다면 하중을 2배로 하면 결과도 2배가 된다는 것을 알 수 있다. 똑같이 중요한 것은 기호해는 변수가 결과에 영향을 미치지 않는다는 것을 보여 준다는 사실이다. 예를 들어, 어떤 양들은 해에서 삭제될 수 있는데, 이는 수치해에서는 주의를 끌지 못하는 사실이다. 게다가, 기호해는 해의 모든 항들의 차원 동질성을 편리하게 검토하게 한다. 가장 중요한 것은 기호해가 각각 다른 세트의 수치 자료를 가진 많은 다른 문제에 적용할 수 있는 일반 공식을 제공한다는 것이다. 대조적으로, 수치해는 한 가지 경우에만 유효하며 자료가 바뀌면 완전히 새로운 해를 필요로 한다. 물론 기호해는 공식을 조작하기가 너무 복잡한 경우에는 실현 가능하지 않다. 이러한 일이 생기면, 수치해가 요구된다.

역학의 더욱 고급화된 분야에서 문제 풀이는 **수치방법**(**numerical method**)의 사용을 필요로 한다. 이 용어는 표준 수학 절차(수치적분 및 미분방정식의 수치해와 같은)와 고급해석방법(유한요소법과 같은)을 포함한 다양한 계산방법을 참조한다. 이러한 방법들에 대한 컴퓨터 프로그램은 쉽게 구할 수 있다. 더욱 전문화된 컴퓨터 프로그램도 보의 처짐 구하기와 주응력 구하기와 같은 일상적인 학업을 수행하기 위해 입수할 수 있다. 그러나 재료역학을 공부할 때에는 특정 컴퓨터 프로그램의 사용보다는 개념에 집중해야 한다.

B.2 문제 풀이 단계

문제 풀이에 사용되는 절차는 개인에 따라 다르며 문제의 형태에 따라 다르다. 그럼에도 불구하고, 다음과 같은 제안이 오류를 줄이도록 도와줄 것이다.

1. 문제를 분명하게 설명하고 검토할 기계 또는 구조 시스템을 나타내는 그림을 그린다. 이 단계의 중요한 부분은 무엇을 알고 있고 무엇을 구하고자 하는지를 확인하는 것이다.

2. 기계 또는 구조 시스템을 그들의 물리적 성질에 대한 가정을 함으로써 단순화시킨다. 이 단계는, 실제 시스템의 이상적 모델(지면상에)을 만들어 내기 때문에, **모델링**이라고 부른다. 모델로부터 얻은 결과가 실제 시스템에 적용될 수 있도록 충분한 정밀도 수준까지 실제 시스템을 나타낼 수 있는 모델을 창출하는 것이 목적이다.

여기에 기계시스템을 모델링하는 데 사용되는 이상화된 예를 든다. (a) 트러스의 조인트에 작용하는 힘을 구하는 경우에서처럼, 유한한 물체가 때로는 질점으로 모델화된다. (b) 정정 보의 반력이나 정정 트러스 부재의 힘을 구하는 경우에서처럼, 변형체가 때로는 강체로 표시된다. (c) 물체의 도형이나 형상은 지구를 공으로 또는 보를 완전한 직선으로 고려하는 경우에서처럼 단순화시킨다. (d) 기계와 구조물에 작용하는 분포하중은 등가 집중하중으로 표시할 수 있다. (e) 다른 힘들에 비해 작은 힘, 또는 결과에 경미한 영향을 주는 것으로 알려진 힘은 무시할 수 있다(마찰력은 때로는 이 범주에 속한다). (f) 구조물의 지지점은 흔히 움직일 수 없다고 가정한다.

3. 문제를 풀 때에 크고 명확한 그림을 그린다. 그림은 언제나 물리적 현상을 이해하는 데 도움을 주고 흔히 지나쳐 버리기 쉬운 문제의 측면을 상기시킨다.

4. 지배방정식을 얻기 위해 역학의 원리를 이상화된 모델에 적용한다. 정역학에서, 이 방정식들은 뉴턴의 1법칙에서 구한 평형방정식들이고, 동역학에서, 이 방정식들은 뉴턴의 2법칙에서 구한 운동방정식들이다. 재료역학에서, 이 방정식들은 응력, 변형률, 변형 및 변위에 관련된다.

5. 수학공식이나 수치 값들 형태의 하나로 방정식을 풀고 결과를 구하는 데 수학 및 계산 기법을 사용하라.

6. 결과를 기계 또는 구조물 시스템의 물리적 거동의 항으로 해석하라. 즉, 결과에 대해 의미 또는 중요성을 부여하고 시스템의 거동에 대한 결론을 도출하라.

7. 결과를 할 수 있는 한, 많은 방법으로 검토하라. 오류는 파괴적이고 비경제적인 문제를 야기할 수 있으므로 공학자들은 단일 해에 의존해서는 절대 안 된다.

8. 마지막으로, 해를 쉽게 재검토하고 다른 사람에게 확인할 수 있도록 분명하고 깔끔한 형식으로 제시하라.

B.3 차원 동질성

역학의 기본 개념은 길이, 시간, 질량 및 힘이다. 이러한 물리적 양들의 각각은 **차원**(**dimension**), 즉 일반화된 측정 단위를 갖는다. 예를 들어, 길이의 개념을 고려해 보자. 미터, 킬로미터, 야드, 풋트 및 인치 같은 많은 길이의 단위가 있는데, 모든 이 단위들은 공통점, 즉 각각의 단위가 분명한 길이를 나타내고 부피나 힘과 같은 다른 양들을 나타내지 않는다는 것이다. 그러므로 특수하지 않은 길이의 차원은 특정한 측정단위로 간주한다. 유사한 설명이 시간, 질량 및 힘에 대해서 적용된다. 이러한 4가지 차원은 통상적으로 각각 기호 L, T, M 및 F로 표시된다.

모든 방정식은, 수치 형식이나 기호 형식이나 간에, **차원 동질성**을 가져야 한다. 즉, 방정식 내에 모든 항들의 차원은 모두 같아야 한다. 방정식의 차원의 정확성을 검토하기 위해 수치적 크기는 무시하고 방정식에 각각의 양의 차원만을 쓴다. 결과적인 방정식은 모든 항에서 동일한 차원을 가져야 한다.

예를 들어, 등분포하중을 받는 단순보에 중앙점에서의 처짐 δ에 대한 다음과 같은 방정식을 고려해 보자.

$$\delta = \frac{5qL^4}{384EI}$$

이에 대응하는 차원방정식은 양들을 각각의 차원으로 대체하여 구한다. 따라서 δ는 차원 L, 등분포하중의 세기 q는 차원 F/L(단위길이당 힘), 보의 길이 L은 차원 L, 탄성계수 E는 차원 F/L^2(단위면적당 힘) 그리고 관성모멘트 I는 차원 L^4으로 대체된다. 그러므로 차원방정식은 다음과 같게 된다.

$$L = \frac{(F/L)L^4}{(F/L^2)L^4}$$

간단하게 하면, 이 방정식은 예상한 대로 차원방정식 L = L이 된다.

차원방정식은 LTMF 기호를 사용하는 일반적인 항으로, 또는 문제에서 사용되는 실제 단위의 항으로 쓸 수 있다. 예를 들어, SI 단위로 앞의 보의 처짐을 구하는 계산을 할 때, 차원방정식은 다음과 같이 쓸 수 있다.

$$mm = \frac{(N/mm)mm^4}{(N/mm^2)mm^4}$$

이 식은 mm = mm로 축소되며 차원적으로 맞다. 차원 동질성(또는 단위의 지속성)에 대한 잦은 검토는 유도와 계산을 수행할 때 오차를 없애는 데에 도움을 준다.

B.4 유효숫자

공학 계산은 큰 정밀도로 운영되는 계산기와 컴퓨터에 의해 수행된다. 예를 들면, 어떤 컴퓨터는 일상적으로 모든 수치 값을 25자리 이상으로 계산하며 가장 비싸지 않은 소형 휴대용 계산기도 10자리 이상의 출력 값을 계산할 수 있다. 이러한 조건하에서, 공학해석으로부터 얻은 결과의 정확도는 계산뿐만 아니라 주어진 자료의 정확도, 해석 모델 고유의 가정 및 이론에 사용된 가정의 타당성과 같은 요인에 의해 결정된다. 많은 공학 현상에서 이러한 고려사항은 결과가 오직 2개 또는 3개의 자릿수에만 타당함을 의미한다.

예를 들어, 부정정 보의 반력에 대한 계산 결과가 R = 6,287.46 N이라고 가정하자. 이러한 방식으로 결과를 나타내는 것은 오해하게 만든다. 왜냐하면 크기가 6,000 N이 넘는데도 불구하고 반력이 1/100 N에 가장 근접한 값까지 나타냈다는 것을 의미하기 때문이다. 따라서 이 값은 거의 1/600,000의 정확도와 0.01 N의 정밀도를 의미하는데, 이

는 정당화될 수 없다. 대신에, 계산된 반력의 정확도는 다음과 같은 사항에 따른다. (1) 해석에 사용된 하중, 치수 및 기타 자료들이 얼마나 정확하게 알려졌는지, (2) 보의 거동에 관한 이론에 내포된 근사치. 이 예의 반력 R은 기껏해야 10 N 또는 100 N까지 가까운 값이면 족하다. 결과적으로 계산결과는 R = 6,290 N이나 R = 6,300 N으로 표시되었어야 한다.

주어진 수치 값들의 정확도를 분명하게 하기 위해, 일반적으로 **유효숫자(significant digit)**를 사용하는 것이 관례이다. 유효숫자는 1부터 9까지의 숫자이거나 소수점의 위치를 표시하는 데 사용되지 않는 0이다. 예를 들어, 숫자 417, 8.29, 7.30 및 0.00254는 각각 3자리의 유효숫자를 갖는다. 그러나 29,000 같은 숫자의 유효숫자는 명확하지 않다. 이것은 소수점의 위치를 나타내는 데 사용되는 3개의 0을 갖는2자리의 유효숫자를 가지거나, 한 개 이상의 0이 유효한 3개, 4개 또는 5개의 유효숫자를 가질 수 있다. 10의 승수를 사용하면 29,000 같은 숫자의 정확도는 더욱 분명해진다. 29×10^3 또는 0.029×10^6으로 쓸 때에는 숫자는 2자리의 유효숫자를 갖는다고 이해되며, 29.0×10^3 또는 0.0290×10^6으로 쓸 때에는 3자리 유효숫자를 갖는다.

숫자가 계산에 의해 구해졌을 때, 그 정확도는 계산 수행에 사용된 숫자의 정확도에 의존한다. **곱셈과 나눗셈**에 대해 적용되는 경험법칙은 다음과 같다. 계산 결과의 유효숫자의 자리수는 계산에서 사용된 숫자 중의 최소 유효숫자의 자리수와 같다. 예로서, 2339.,3과 35.4의 곱셈을 고려해 보자. 계산 결과는 8자리로 기록하면 82,811.220이다. 그러나 결과를 이러한 방식으로 나타내면 원래의 숫자들에 의해 보증된 것보다 더 큰 정확도를 의미하기 때문에 오류를 범할 수 있다. 숫자 35.4는 3자리 유효숫자를 갖고 있기 때문에 결과를 올바르게 쓰는 방법은 82.8×10^3이다.

세로행의 숫자들의 **덧셈과 뺄셈**에 관계되는 계산에서, 결과의 마지막 유효숫자는 더하거나 뺀 모든 숫자의 유효숫자를 갖는 마지막 행의 숫자에서 찾는다. 이러한 관념을 더욱 분명하게 하기 위해, 다음과 같은 3가지 예를 고려해 보자.

	459.637	838.49	856,400
	+ 7.2	− 7	− 847,900
계산기의 결과:	466.837	831.49	8,500
결과 표시:	466.8	831	8,500

첫째 예에서, 숫자 459.637은 유효숫자 6자리이고 숫자 7.2는 유효숫자가 2자리이다. 더할 때, 행의 우측 2자리까

지의 모든 숫자는 결과에서 의미가 없기 때문에 결과는 4자리 유효숫자를 갖는다. 둘째 예에서, 숫자 7은 유효숫자 한 자리까지만 정확하다(즉, 정확한 숫자가 아님). 그러므로 최종 결과는 7을 포함하는행까지만 정확하며, 이는 3자리 유효숫자를 갖는다는 것을 의미함으로 831로 기록한다. 셋째 예에서 숫자 856,400과 847,900은 유효숫자 4자리까지 정확하다고 가정할 수 있으나, 뺄셈의 결과는 0들의 어느 것도 의미가 없기 때문에 오직 유효숫자 2자리까지만 정확하다. 일반적으로 뺄셈은 감소된 정확도를 갖게 한다.

이러한 3가지 예는 계산에서 얻은 숫자가 물리적 의미가 없는 불필요한 숫자를 포함할 수 있다는 것을 보여준다. 그러므로 이러한 숫자를 최종 결과로 보고할 때에는 유효한 숫자만 주어야 한다.

재료역학에서는, 문제에 대한 자료가 어떤 경우에 약 1% 또는 0.1%까지 정확하다. 따라서 최종 결과는 비교적 정확하게 보고되어야 한다. 더 큰 정확도가 보증될 때에는 문제의 설명에서 이를 분명하게 해야 한다.

유효숫자의 사용은 **수치적 정확도** 문제를 취급하는 편리한 방법을 제공하지만, 유효숫자는 정확도의 타당한 지표는 아니라는 인식을 해야 한다. 이러한 사실을 예시하기 위해 숫자 999와 101을 고려해 보자. 숫자 999의 3자리 유효숫자는 1/999 또는 0.1%의 정확도에 해당하며, 반면에 숫자 101의 같은 자릿수의 유효숫자는 오직 1/101 또는 1.0%의 정확도에 해당한다. 이러한 정확도의 격차는 언제나 숫자 1로 시작되는 한 개의 추가적인 자릿수의 유효숫자를 사용하여 줄일 수 있다. 따라서 숫자 101.1의 4자리 유효숫자는 숫자 999의 3자리 유효숫자와 같은 정확도를 갖는다.

이 책에서는 일반적으로 숫자 2부터 9까지로 시작되는 최종 수치 결과는 3자리 유효숫자로 기록하고, 숫자 1로 시작되는 최종 수치 결과는 4자리 유효숫자로 기록해야 한다는 규칙을 따른다. 그러나 수치의 정확도를 보존하고 계산과정에서 반올림 오차를 줄이기 위해 **중간** 계산의 결과는 항상 추가적인 자릿수의 숫자를 기록한다.

계산에 사용되는 많은 숫자는 정확하다. 예를 들면, 숫자 π, 1/2과 같은 분수 및 보의 처짐에 대한 공식 $PL^3/48EI$의 48과 같은 정수이다. 정확한 숫자는 무한한 숫자까지 유효하며 따라서 계산된 결과의 정확도를 결정하는 데 있어서 아무 역할을 하지 않는다.

B.5 숫자의 사사오입

유효하지 않은 숫자는 버리고 유효한 숫자만 유지하는 과정을 사사오입(rounding) 또는 반올림이라 한다. 과정을 예시하기 위해 숫자를 3자리 유효숫자로 사사오입한다고 가정한다. 그러면 다음 규정이 적용된다.

(a) 4번째 숫자가 5보다 작으면, 처음 3자리 숫자만 남기고 나머지 모든 숫자는 떼어버리고 0으로 대체한다. 예를 들면, 37.44는 37.4로, 673,289는 673,000으로 사사오입한다.

(b) 4번째 숫자가 5보다 크거나 4번째 숫자가 5이고 적어도 0이 아닌 한 개의 숫자가 뒤에 따르면, 3번째 숫자는 1만큼 증가하며 나머지 모든 숫자는 떼어버리고 0으로 대체한다. 예를 들면, 26.37은 26.4로, 3.245002는 3.25로 사사오입한다.

(c) 마지막으로, 4번째 숫자가 5이고 뒤따르는 모든 숫자가 0인 경우, 3번째 숫자가 짝수이면 변하지 않고, 3번째 숫자가 홀수이면 1만큼 증가하며 숫자 5는 0으로 대체된다. (뒤에나 앞의 0은 소수점을 표시하기 위해 필요할 때에만 유지한다.) 이러한 과정은 통상 "짝수 숫자로의 사사오입"이라고 설명된다. 짝수와 홀수 숫자의 존재는 다소 무작위적이기 때문에, 이러한 규칙의 사용은 숫자를 위로 또는 아래로 사사오입함으로써 사사오입 축적의 오차를 줄이게 한다는 것을 의미한다.

3자리 유효숫자로 사사오입하는 앞 문단에서 서술된 규칙은 다른 자릿수의 유효숫자를 사사오입하는 데에도 똑같은 방식으로 적용된다.

수학 공식

Mathematical Formulas

수학 상수

$\pi = 3.14159\ldots$ $e = 2.71828\ldots$ 2π radians $= 360$ degrees

1 radian $= \dfrac{180}{\pi}$ degrees $= 57.2958°$

1 degree $= \dfrac{\pi}{180}$ radians $= 0.0174533$ rad

Conversions: Multiply degrees by $\dfrac{\pi}{180}$ to obtain radians

Multiply radians by $\dfrac{180}{\pi}$ to obtain degrees

지수

$A^n A^m = A^{n+m}$ $\dfrac{A^m}{A^n} = A^{m-n}$ $(A^m)^n = A^{mn}$ $A^{-m} = \dfrac{1}{A^m}$

$(AB)^n = A^n B^n$ $\left(\dfrac{A}{B}\right)^n = \dfrac{A^n}{B^n}$ $A^{m/n} = \sqrt[n]{A^m}$ $A^0 = 1\ (A \neq 0)$

대수

$\log \equiv$ common logarithm (logarithm to the base 10)

$10^x = y$ $\log y = x$

$\ln \equiv$ natural logarithm (logarithm to the base e)

$e^x = y$ $\ln y = x$

$e^{\ln A} = A$ $10^{\log A} = A$ $\ln e^A = A$ $\log 10^A = A$

$\log AB = \log A + \log B$ $\log \dfrac{A}{B} = \log A - \log B$

$\log \dfrac{1}{A} = -\log A$

$log\, A^n = n \log A$ $\log 1 = \ln 1 = 0$

$\log 10 = 1$ $\ln e = 1$

$\ln A = (\ln 10)(\log A) = 2.30259 \log A$

$\log A = (\log e)(\ln A) = 0.434294 \ln A$

삼각함수

$\tan x = \dfrac{\sin x}{\cos x}$ $\cot x = \dfrac{\cos x}{\sin x}$

$\sec x = \dfrac{1}{\cos x}$ $\csc x = \dfrac{1}{\sin x}$

$\sin^2 x + \cos^2 x = 1$ $\tan^2 x + 1 = \sec^2 x$

$\cot^2 x + 1 = \csc^2 x$

$\sin(-x) = -\sin x$ $\cos(-x) = \cos x$

$\tan(-x) = -\tan x$

$\sin(x \pm y) = \sin x \cos y \pm \cos x \sin y$

$\cos(x \pm y) = \cos x \cos y \mp \sin x \sin y$

$\sin 2x = 2 \sin x \cos x$ $\cos 2x = \cos^2 x - \sin^2 x$

$\tan 2x = \dfrac{2 \tan x}{1 - \tan^2 x}$

$\tan x = \dfrac{1 - \cos 2x}{\sin 2x} = \dfrac{\sin 2x}{1 + \cos 2x}$

$\sin^2 x = \dfrac{1}{2}(1 - \cos 2x)$ $\cos^2 x = \dfrac{1}{2}(1 + \cos 2x)$

For any triangle with sides a, b, c and opposite angles A, B, C:

Law of sines $\dfrac{a}{\sin A} = \dfrac{b}{\sin B} = \dfrac{c}{\sin C}$

Law of cosines $c^2 = a^2 + b^2 - 2ab \cos C$

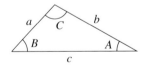

2차 방정식 및 근의 공식

$ax^2 + bx + c = 0$ $x = \dfrac{-b \pm \sqrt{b^2 - 4ac}}{2a}$

무한급수

$$\frac{1}{1+x} = 1 - x + x^2 - x^3 + \dots \quad (-1 < x < 1)$$

$$\sqrt{1+x} = 1 + \frac{x}{2} - \frac{x^2}{8} + \frac{x^3}{16} - \dots \quad (-1 < x < 1)$$

$$\frac{1}{\sqrt{1+x}} = 1 - \frac{x}{2} + \frac{3x^2}{8} - \frac{5x^3}{16} + \dots \quad (-1 < x < 1)$$

$$e^x = 1 + x + \frac{x^2}{2!} + \frac{x^3}{3!} + \dots \quad (-\infty < x < \infty)$$

$$\sin x = x - \frac{x^3}{3!} + \frac{x^5}{5!} - \frac{x^7}{7!} + \dots \quad (-\infty < x < \infty)$$

$$\cos x = 1 - \frac{x^2}{2!} + \frac{x^4}{4!} - \frac{x^6}{6!} + \dots \quad (-\infty < x < \infty)$$

Note: If x is very small compared to 1, only the first few terms in the series are needed.

미분

$$\frac{d}{dx}(ax) = a \qquad \frac{d}{dx}(x^n) = nx^{n-1} \qquad \frac{d}{dx}(au) = a\frac{du}{dx}$$

$$\frac{d}{dx}(uv) = u\frac{dv}{dx} + v\frac{du}{dx} \qquad \frac{d}{dx}\left(\frac{u}{v}\right) = \frac{v(du/dx) - u(dv/dx)}{v^2}$$

$$\frac{d}{dx}(u^n) = nu^{n-1}\frac{du}{dx} \qquad \frac{dy}{dx} = \frac{dy}{du}\frac{du}{dx} \qquad \frac{du}{dx} = \frac{1}{dx/du}$$

$$\frac{d}{dx}(\sin u) = \cos u \frac{du}{dx} \qquad \frac{d}{dx}(\cos u) = -\sin u \frac{du}{dx}$$

$$\frac{d}{dx}(\tan u) = \sec^2 u \frac{du}{dx} \qquad \frac{d}{dx}(\cot u) = -\csc^2 u \frac{du}{dx}$$

$$\frac{d}{dx}(\sec u) = \sec u \tan u \frac{du}{dx} \qquad \frac{d}{dx}(\csc u) = -\csc u \cot u \frac{du}{dx}$$

$$\frac{d}{dx}(\arctan u) = \frac{1}{1+u^2}\frac{du}{dx} \qquad \frac{d}{dx}(\log u) = \frac{\log e}{u}\frac{du}{dx}$$

$$\frac{d}{dx}(\ln u) = \frac{1}{u}\frac{du}{dx}$$

$$\frac{d}{dx}(a^u) = a^u \ln a \frac{du}{dx} \qquad \frac{d}{dx}(e^u) = e^u \frac{du}{dx}$$

무한 적분

Note: A constant must be added to the result of every integration

$$\int a\,dx = ax \qquad \int u\,dv = uv - \int v\,du \quad \text{(integration by parts)}$$

$$\int x^n\,dx = \frac{x^{n+1}}{n+1} \quad (n \neq -1) \qquad \int \frac{dx}{x} = \ln |x| \quad (x \neq 0)$$

$$\int \frac{dx}{x^n} = \frac{x^{1-n}}{1-n} \quad (n \neq 1)$$

$$\int (a+bx)^n\,dx = \frac{(a+bx)^{n+1}}{b(n+1)} \quad (n \neq -1)$$

$$\int \frac{dx}{a+bx} = \frac{1}{b}\ln(a+bx) \qquad \int \frac{dx}{(a+bx)^2} = -\frac{1}{b(a+bx)}$$

$$\int \frac{dx}{(a+bx)^n} = -\frac{1}{(n-1)(b)(a+bx)^{n-1}} \quad (n \neq 1)$$

$$\int \frac{dx}{a^2 + b^2x^2} = \frac{1}{ab}\tan^{-1}\frac{bx}{a} \quad (x \text{ in radians}) \quad (a > 0, b > 0)$$

$$\int \frac{dx}{a^2 - b^2x^2} = \frac{1}{2ab}\ln\left(\frac{a+bx}{a-bx}\right) \quad (x \text{ in radians}) \ (a > 0, b > 0)$$

$$\int \frac{x\,dx}{a+bx} = \frac{1}{b^2}[bx - a\ln(a+bx)]$$

$$\int \frac{x\,dx}{(a+bx)^2} = \frac{1}{b^2}\left[\frac{a}{a+bx} + \ln(a+bx)\right]$$

$$\int \frac{x\,dx}{(a+bx)^3} = -\frac{a+2bx}{2b^2(a+bx)^2} \quad \int \frac{x\,dx}{(a+bx)^4} = -\frac{a+3bx}{6b^2(a+bx)^3}$$

$$\int \frac{x^2\,dx}{a+bx} = \frac{1}{2b^3}[(a+bx)(-3a+bx) + 2a^2\ln(a+bx)]$$

$$\int \frac{x^2\,dx}{(a+bx)^2} = \frac{1}{b^3}\left[\frac{bx(2a+bx)}{a+bx} - 2a\ln(a+bx)\right]$$

$$\int \frac{x^2\,dx}{(a+bx)^3} = \frac{1}{b^3}\left[\frac{a(3a+4bx)}{2(a+bx)^2} + \ln(a+bx)\right]$$

$$\int \frac{x^2\,dx}{(a+bx)^4} = -\frac{a^2 + 3abx + 3b^2x^2}{3b^3(a+bx)^3}$$

$$\int \sin ax\,dx = -\frac{\cos ax}{a} \qquad \int \cos ax\,dx = \frac{\sin ax}{a}$$

$$\int \tan ax\,dx = \frac{1}{a}\ln(\sec ax) \qquad \int \cot ax\,dx = \frac{1}{a}\ln(\sin ax)$$

$$\int \sec ax\,dx = \frac{1}{a}\ln(\sec ax + \tan ax)$$

$$\int \csc ax\,dx = \frac{1}{a}\ln(\csc ax - \cot ax)$$

$$\int \sin^2 ax\,dx = \frac{x}{2} - \frac{\sin 2ax}{4a}$$

$$\int \cos^2 ax\,dx = \frac{x}{2} + \frac{\sin 2ax}{4a} \quad (x \text{ in radians})$$

$$\int x\sin ax\,dx = \frac{\sin ax}{a^2} - \frac{x\cos ax}{a} \quad (x \text{ in radians})$$

$$\int x\cos ax\,dx = \frac{\cos ax}{a^2} + \frac{x\sin ax}{a} \quad (x \text{ in radians})$$

$$\int e^{ax}\, dx = \frac{e^{ax}}{a} \qquad \int xe^{ax}\, dx = \frac{e^{ax}}{a^2}(ax - 1) \qquad \int \ln ax\, dx = x(\ln ax - 1)$$

$$\int \frac{dx}{1 + \sin ax} = -\frac{1}{a}\tan\left(\frac{\pi}{4} - \frac{ax}{2}\right) \qquad \int \sqrt{a + bx}\, dx = \frac{2}{3b}(a + bx)^{3/2}$$

$$\int \sqrt{a^2 + b^2 x^2}\, dx = \frac{x}{2}\sqrt{a^2 + b^2 x^2} + \frac{a^2}{2b}\ln\left(\frac{bx}{a} + \sqrt{1 + \frac{b^2 x^2}{a^2}}\right)$$

$$\int \frac{dx}{\sqrt{a^2 + b^2 x^2}} = \frac{1}{b}\ln\left(\frac{bx}{a} + \sqrt{1 + \frac{b^2 x^2}{a^2}}\right)$$

$$\int \sqrt{a^2 - b^2 x^2}\, dx = \frac{x}{2}\sqrt{a^2 - b^2 x^2} + \frac{a^2}{2b}\sin^{-1}\frac{bx}{a}$$

유한 적분

$$\int_a^b f(x)\, dx = -\int_b^a f(x)\, dx \qquad \int_a^b f(x)\, dx = \int_a^c f(x)\, dx + \int_c^b f(x)\, dx$$

평면면적의 성질

Properties of Plane Areas

기호: A = 면적

$\bar{x}, \bar{y}$ = 도심 C까지의 거리

I_x, I_y = x 및 y축 각각에 대한 관성모멘트

I_{xy} = x 및 y축에 대한 관성모멘트 적

$I_P = I_x + I_y$ = x 및 y축의 원점에 대한 극관성모멘트

I_{BB} = 축 B-B에 대한 관성모멘트

---

1. **직사각형**(축의 원점이 도심에 있음)

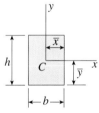

$$A = bh \qquad \bar{x} = \frac{b}{2} \qquad \bar{y} = \frac{h}{2}$$

$$I_x = \frac{bh^3}{12} \qquad I_y = \frac{hb^3}{12} \qquad I_{xy} = 0 \qquad I_P = \frac{bh}{12}(h^2 + b^2)$$

2. **직사각형**(축의 원점이 모퉁이에 있음)

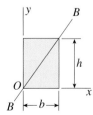

$$I_x = \frac{bh^3}{3} \qquad I_y = \frac{hb^3}{3} \qquad I_{xy} = \frac{b^2 h^2}{4} \qquad I_P = \frac{bh}{3}(h^2 + b^2)$$

$$I_{BB} = \frac{b^3 h^3}{6(b^2 + h^2)}$$

---

3. **삼각형**(축의 원점이 도심에 있음)

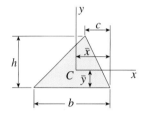

$$A = \frac{bh}{2} \qquad \bar{x} = \frac{b + c}{3} \qquad \bar{y} = \frac{h}{3}$$

$$I_x = \frac{bh^3}{36} \qquad I_y = \frac{bh}{36}(b^2 - bc + c^2)$$

$$I_{xy} = \frac{bh^2}{72}(b - 2c) \qquad I_P = \frac{bh}{36}(h^2 + b^2 - bc + c^2)$$

---

4. **삼각형**(축의 원점이 꼭지점에 있음)

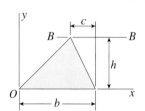

$$I_x = \frac{bh^3}{12} \qquad I_y = \frac{bh}{12}(3b^2 - 3bc + c^2)$$

$$I_{xy} = \frac{bh^2}{24}(3b - 2c) \qquad I_{BB} = \frac{bh^3}{4}$$

---

5. 등변 삼각형(축의 원점이 도심에 있음)

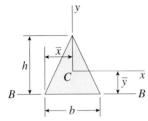

$$A = \frac{bh}{2} \qquad \bar{x} = \frac{b}{2} \qquad \bar{y} = \frac{h}{3}$$

$$I_x = \frac{bh^3}{36} \qquad I_y = \frac{hb^3}{48} \qquad I_{xy} = 0$$

$$I_P = \frac{bh}{144}(4h^2 + 3b^2) \qquad I_{BB} = \frac{bh^3}{12}$$

(*Note:* For an equilateral triangle, $h = \sqrt{3}\,b/2$.)

6. 직각 삼각형(축의 원점이 도심에 있음)

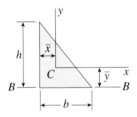

$$A = \frac{bh}{2} \qquad \bar{x} = \frac{b}{3} \qquad \bar{y} = \frac{h}{3}$$

$$I_x = \frac{bh^3}{36} \qquad I_y = \frac{hb^3}{36} \qquad I_{xy} = -\frac{b^2h^2}{72}$$

$$I_P = \frac{bh}{36}(h^2 + b^2) \qquad I_{BB} = \frac{bh^3}{12}$$

7. 직각 삼각형(축의 원점이 꼭지점에 있음)

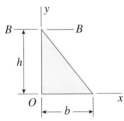

$$I_x = \frac{bh^3}{12} \qquad I_y = \frac{hb^3}{12} \qquad I_{xy} = \frac{b^2h^2}{24}$$

$$I_P = \frac{bh}{12}(h^2 + b^2) \qquad I_{BB} = \frac{bh^3}{4}$$

8. 사다리꼴(축의 원점이 도심에 있음)

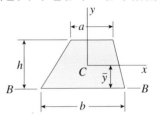

$$A = \frac{h(a + b)}{2} \qquad \bar{y} = \frac{h(2a + b)}{3(a + b)}$$

$$I_x = \frac{h^3(a^2 + 4ab + b^2)}{36(a + b)} \qquad I_{BB} = \frac{h^3(3a + b)}{12}$$

9. 원(축의 원점이 중심에 있음)

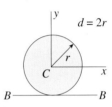

$$A = \pi r^2 = \frac{\pi d^2}{4} \qquad I_x = I_y = \frac{\pi r^4}{4} = \frac{\pi d^4}{64}$$

$$I_{xy} = 0 \qquad I_P = \frac{\pi r^4}{2} = \frac{\pi d^4}{32} \qquad I_{BB} = \frac{5\pi r^4}{4} = \frac{5\pi d^4}{64}$$

10. 반원(축의 원점이 도심에 있음)

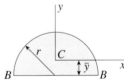

$$A = \frac{\pi r^2}{2} \qquad \bar{y} = \frac{4r}{3\pi}$$

$$I_x = \frac{(9\pi^2 - 64)r^4}{72\pi} \approx 0.1098 r^4 \qquad I_y = \frac{\pi r^4}{8}$$

$$I_{xy} = 0 \qquad I_{BB} = \frac{\pi r^4}{8}$$

11. 1/4 원(축의 원점이 원의 중심에 있음)

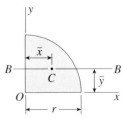

$$A = \frac{\pi r^2}{4} \qquad \bar{x} = \bar{y} = \frac{4r}{3\pi}$$

$$I_x = I_y = \frac{\pi r^4}{16} \qquad I_{xy} = \frac{r^4}{8} \qquad I_{BB} = \frac{(9\pi^2 - 64)r^4}{144\pi} \approx 0.05488 r^4$$

12. **1/4 원 세모꼴**(축의 원점이 접촉점에 있음)

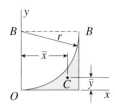

$$A = \left(1 - \frac{\pi}{4}\right)r^2 \qquad \bar{x} = \frac{2r}{3(4 - \pi)} \approx 0.7766r$$

$$\bar{y} = \frac{(10 - 3\pi)r}{3(4 - \pi)} \approx 0.2234r$$

$$I_x = \left(1 - \frac{5\pi}{16}\right)r^4 \approx 0.01825r^4$$

$$I_y = I_{BB} = \left(\frac{1}{3} - \frac{\pi}{16}\right)r^4 \approx 0.1370r^4$$

13. **부채꼴**(축의 원점이 원의 중심에 있음)

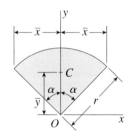

α = angle in radians $\qquad (\alpha \leq \pi/2)$

$$A = \alpha r^2 \qquad \bar{x} = r \sin \alpha \qquad \bar{y} = \frac{2r \sin \alpha}{3\alpha}$$

$$I_x = \frac{r^4}{4}(\alpha + \sin \alpha \cos \alpha) \qquad I_y = \frac{r^4}{4}(\alpha - \sin \alpha \cos \alpha)$$

$$I_{xy} = 0 \qquad I_P = \frac{\alpha r^4}{2}$$

14. **원형 구간**(축의 원점이 원의 중심에 있음)

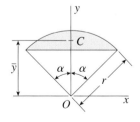

α = angle in radians $\qquad (\alpha \leq \pi/2)$

$$A = r^2(\alpha - \sin \alpha \cos \alpha) \qquad \bar{y} = \frac{2r}{3}\left(\frac{\sin^3 \alpha}{\alpha - \sin \alpha \cos \alpha}\right)$$

$$I_x = \frac{r^4}{4}(\alpha - \sin \alpha \cos \alpha + 2\sin^3 \alpha \cos \alpha) \qquad I_{xy} = 0$$

$$I_y = \frac{r^4}{12}(3\alpha - 3\sin \alpha \cos \alpha - 2\sin^3 \alpha \cos \alpha)$$

15. **핵심이 제거된 원**(축의 원점이 원의 중심에 있음)

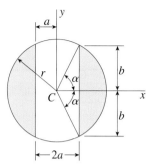

α = angle in radians $\qquad (\alpha \leq \pi/2)$

$$\alpha = \arccos \frac{a}{r} \qquad b = \sqrt{r^2 - a^2} \qquad A = 2r^2\left(\alpha - \frac{ab}{r^2}\right)$$

$$I_x = \frac{r^4}{6}\left(3\alpha - \frac{3ab}{r^2} - \frac{2ab^3}{r^4}\right)$$

$$I_y = \frac{r^4}{2}\left(\alpha - \frac{ab}{r^2} + \frac{2ab^3}{r^4}\right) \qquad I_{xy} = 0$$

16. **타원**(축의 원점이 도심에 있음)

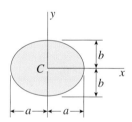

$$A = \pi ab \qquad I_x = \frac{\pi ab^3}{4} \qquad I_y = \frac{\pi ba^3}{4}$$

$$I_{xy} = 0 \qquad I_P = \frac{\pi ab}{4}(b^2 + a^2)$$

Circumference $\approx \pi[1.5(a + b) - \sqrt{ab}\,] \qquad (a/3 \leq b \leq a)$

$$\approx 4.17b^2/a + 4a \qquad (0 \leq b \leq a/3)$$

17. **포물선 반궁형**(축의 원점이 모퉁이에 있음)

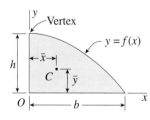

$$y = f(x) = h\left(1 - \frac{x^2}{b^2}\right)$$

$$A = \frac{2bh}{3} \qquad \bar{x} = \frac{3b}{8} \qquad \bar{y} = \frac{2h}{5}$$

$$I_x = \frac{16bh^3}{105} \qquad I_y = \frac{2hb^3}{15} \qquad I_{xy} = \frac{b^2h^2}{12}$$

18. 포물선 세모꼴(축의 원점이 꼭지점에 있음)

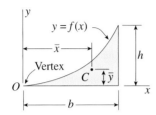

$$y = f(x) = \frac{hx^2}{b^2}$$

$$A = \frac{bh}{3} \qquad \bar{x} = \frac{3b}{4} \qquad \bar{y} = \frac{3h}{10}$$

$$I_x = \frac{bh^3}{21} \qquad I_y = \frac{hb^3}{5} \qquad I_{xy} = \frac{b^2h^2}{12}$$

19. n차 반궁형(축의 원점이 모퉁이에 있음)

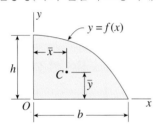

$$y = f(x) = h\left(1 - \frac{x^n}{b^n}\right) \qquad (n > 0)$$

$$A = bh\left(\frac{n}{n+1}\right) \qquad \bar{x} = \frac{b(n+1)}{2(n+2)} \qquad \bar{y} = \frac{hn}{2n+1}$$

$$I_x = \frac{2bh^3n^3}{(n+1)(2n+1)(3n+1)}$$

$$I_y = \frac{hb^3n}{3(n+3)} \qquad I_{xy} = \frac{b^2h^2n^2}{4(n+1)(n+2)}$$

20. n차 세모꼴(축의 원점이 접촉점에 있음)

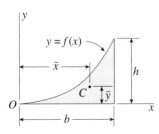

$$y = f(x) = \frac{hx^n}{b^n} \qquad (n > 0)$$

$$A = \frac{bh}{n+1} \qquad \bar{x} = \frac{b(n+1)}{n+2} \qquad \bar{y} = \frac{h(n+1)}{2(2n+1)}$$

$$I_x = \frac{bh^3}{3(3n+1)} \qquad I_y = \frac{hb^3}{n+3} \qquad I_{xy} = \frac{b^2h^2}{4(n+1)}$$

21. 사인 파형(축의 원점이 원점에 있음)

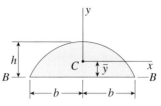

$$A = \frac{4bh}{\pi} \qquad \bar{y} = \frac{\pi h}{8}$$

$$I_x = \left(\frac{8}{9\pi} - \frac{\pi}{16}\right)bh^3 \approx 0.08659bh^3$$

$$I_y = \left(\frac{4}{\pi} - \frac{32}{\pi^3}\right)hb^3 \approx 0.2412hb^3$$

$$I_{xy} = 0 \qquad I_{BB} = \frac{8bh^3}{9\pi}$$

22. 얇은 원형 링(축의 원점이 중심에 있음)

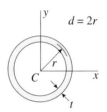

$$A = 2\pi rt = \pi dt \qquad I_x = I_y = \pi r^3t = \frac{\pi d^3 t}{8}$$

$$I_{xy} = 0 \qquad I_P = 2\pi r^3 t = \frac{\pi d^3 t}{4}$$

23. 얇은 원형 아크(축의 원점이 원의 중심에 있음)

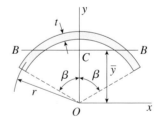

Approximate formulas for case when t is small

β = angle in radians

(*Note:* For a semicircular arc, $\beta = \pi/2$.)

$$A = 2\beta rt \qquad \bar{y} = \frac{r \sin \beta}{\beta}$$

$$I_x = r^3t(\beta + \sin \beta \cos \beta) \qquad I_y = r^3t(\beta - \sin \beta \cos \beta)$$

$$I_{xy} = 0 \qquad I_{BB} = r^3t\left(\frac{2\beta + \sin 2\beta}{2} - \frac{1 - \cos 2\beta}{\beta}\right)$$

24. 얇은 직사각형(축의 원점이 도심에 있음)

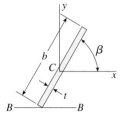

Approximate formulas for case when t is small

$A = bt$

$I_x = \dfrac{tb^3}{12}\sin^2\beta \qquad I_y = \dfrac{tb^3}{12}\cos^2\beta \qquad I_{BB} = \dfrac{tb^3}{3}\sin^2\beta$

25. n개의 변을 갖는 등다각형(축의 원점이 도심에 있음)

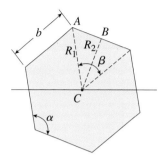

C = centroid (at center of polygon)

n = number of sides $(n \geq 3) \qquad b$ = length of a side

β = central angle for a side

α = interior angle (or vertex angle)

$\beta = \dfrac{360°}{n} \qquad \alpha = \left(\dfrac{n-2}{n}\right)180° \qquad \alpha + \beta = 180°$

R_1 = radius of circumscribed circle (line CA)

R_2 = radius of inscribed circle (line CB)

$R_1 = \dfrac{b}{2}\csc\dfrac{\beta}{2} \qquad R_2 = \dfrac{b}{2}\cot\dfrac{\beta}{2} \qquad A = \dfrac{nb^2}{4}\cot\dfrac{\beta}{2}$

I_c = moment of inertia about any axis through C (the centroid C is a principal point and every axis through C is a principal axis)

$I_c = \dfrac{nb^4}{192}\left(\cot\dfrac{\beta}{2}\right)\left(3\cot^2\dfrac{\beta}{2}+1\right) \qquad I_P = 2I_c$

구조용 강 형상의 성질

Properties of Structural-Steel Shapes

다음 표에서 몇 가지 구조용 강 형상의 성질이 독자로 하여금 본 교재의 연습문제를 푸는 데 도움이 되도록 수록되었다. 이 표들은 유럽에서 일반적으로 사용되는 강 형상의 성질에 대한 광범위한 표로부터 편집되었다(참고문헌 5-4 참조).

기호:

I = 관성모멘트

S = 단면계수

$r = \sqrt{I/A}$ = 회전반지름

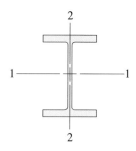

표 **E-1** 유럽 WF형 보의 성질

Designation	Mass per meter	Area of Section	Depth of section	Width of section	Thickness		Strong axis 1-1			Weak axis 2-2		
	G	A	h	b	t_w	t_f	I_1	S_1	r_1	I_2	S_2	r_2
	kg/m	cm^2	mm	mm	mm	mm	cm^4	cm^3	cm	cm^4	cm^3	cm
HE 1000 B	314	400	1000	300	19	36	644700	12890	40.15	16280	1085	6.38
HE 900 B	291	371.3	900	300	18.5	35	494100	10980	36.48	15820	1054	6.53
HE 700 B	241	306.4	700	300	17	32	256900	7340	28.96	14440	962.7	6.87
HE 650 B	225	286.3	650	300	16	31	210600	6480	27.12	13980	932.3	6.99
HE 600 B	212	270	600	300	15.5	30	171000	5701	25.17	13530	902	7.08
HE 550 B	199	254.1	550	300	15	29	136700	4971	23.2	13080	871.8	7.17
HE 600 A	178	226.5	590	300	13	25	141200	4787	24.97	11270	751.4	7.05
HE 450 B	171	218	450	300	14	26	79890	3551	19.14	11720	781.4	7.33
HE 550 A	166	211.8	540	300	12.5	24	111900	4146	22.99	10820	721.3	7.15
HE 360 B	142	180.6	360	300	12.5	22.5	43190	2400	15.46	10140	676.1	7.49
HE 450 A	140	178	440	300	11.5	21	63720	2896	18.92	9465	631	7.29
HE 340 B	134	170.9	340	300	12	21.5	36660	2156	14.65	9690	646	7.53
HE 320 B	127	161.3	320	300	11.5	20.5	30820	1926	13.82	9239	615.9	7.57
HE 360 A	112	142.8	350	300	10	17.5	33090	1891	15.22	7887	525.8	7.43
HE 340 A	105	133.5	330	300	9.5	16.5	27690	1678	14.4	7436	495.7	7.46
HE 320 A	97.6	124.4	310	300	9	15.5	22930	1479	13.58	6985	465.7	7.49
HE 260 B	93	118.4	260	260	10	17.5	14920	1148	11.22	5135	395	6.58
HE 240 B	83.2	106	240	240	10	17	11260	938.3	10.31	3923	326.9	6.08
HE 280 A	76.4	97.26	270	280	8	13	13670	1013	11.86	4763	340.2	7
HE 220 B	71.5	91.04	220	220	9.5	16	8091	735.5	9.43	2843	258.5	5.59
HE 260 A	68.2	86.82	250	260	7.5	12.5	10450	836.4	10.97	3668	282.1	6.5
HE 240 A	60.3	76.84	230	240	7.5	12	7763	675.1	10.05	2769	230.7	6
HE 180 B	51.2	65.25	180	180	8.5	14	3831	425.7	7.66	1363	151.4	4.57
HE 160 B	42.6	54.25	160	160	8	13	2492	311.5	6.78	889.2	111.2	4.05
HE 140 B	33.7	42.96	140	140	7	12	1509	215.6	5.93	549.7	78.52	3.58
HE 120 B	26.7	34.01	120	120	6.5	11	864.4	144.1	5.04	317.5	52.92	3.06
HE 140 A	24.7	31.42	133	140	5.5	8.5	1033	155.4	5.73	389.3	55.62	3.52
HE 100 B	20.4	26.04	100	100	6	10	449.5	89.91	4.16	167.3	33.45	2.53
HE 100 A	16.7	21.24	96	100	5	8	349.2	72.76	4.06	133.8	26.76	2.51

주: 축 1-1과 축 2-2는 주 도심축이다.

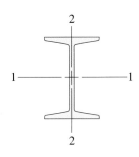

표 **E-2** 유럽 표준 보의 성질

Designation	Mass per meter	Area of Section	Depth of section	Width of section	Thickness		Strong axis 1-1			Weak axis 2-2		
	G	A	h	b	t_w	t_f	I_1	S_1	r_1	I_2	S_2	r_2
	kg/m	cm^2	mm	mm	mm	mm	cm^4	cm^3	cm	cm^4	cm^3	cm
IPN 550	166	212	550	200	19	30	99180	3610	21.6	3490	349	4.02
IPN 500	141	179	500	185	18	27	68740	2750	19.6	2480	268	3.72
IPN 450	115	147	450	170	16.2	24.3	45850	2040	17.7	1730	203	3.43
IPN 400	92.4	118	400	155	14.4	21.6	29210	1460	15.7	1160	149	3.13
IPN 380	84	107	380	149	13.7	20.5	24010	1260	15	975	131	3.02
IPN 360	76.1	97	360	143	13	19.5	19610	1090	14.2	818	114	2.9
IPN 340	68	86.7	340	137	12.2	18.3	15700	923	13.5	674	98.4	2.8
IPN 320	61	77.7	320	131	11.5	17.3	12510	782	12.7	555	84.7	2.67
IPN 300	54.2	69	300	125	10.8	16.2	9800	653	11.9	451	72.2	2.56
IPN 280	47.9	61	280	119	10.1	15.2	7590	542	11.1	364	61.2	2.45
IPN 260	41.9	53.3	260	113	9.4	14.1	5740	442	10.4	288	51	2.32
IPN 240	36.2	46.1	240	106	8.7	13.1	4250	354	9.59	221	41.7	2.2
IPN 220	31.1	39.5	220	98	8.1	12.2	3060	278	8.8	162	33.1	2.02
IPN 200	26.2	33.4	200	90	7.5	11.3	2140	214	8	117	26	1.87
IPN 180	21.9	27.9	180	82	6.9	10.4	1450	161	7.2	81.3	19.8	1.71
IPN 160	17.9	22.8	160	74	6.3	9.5	935	117	6.4	54.7	14.8	1.55
IPN 140	14.3	18.3	140	66	5.7	8.6	573	81.9	5.61	35.2	10.7	1.4
IPN 120	11.1	14.2	120	58	5.1	7.7	328	54.7	4.81	21.5	7.41	1.23
IPN 100	8.34	10.6	100	50	4.5	6.8	171	34.2	4.01	12.2	4.88	1.07
IPN 80	5.94	7.58	80	42	3.9	5.9	77.8	19.5	3.2	6.29	3	0.91

주: 축 1-1과 축 2-2는 주 도심축이다.

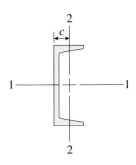

표 **E-3** 유럽 표준 채널형 단면의 성질

Designation	Mass per meter	Area of Section	Depth of section	Width of section	Thickness		Strong axis 1-1			Weak axis 2-2			
	G	A	h	b	t_w	t_f	I_1	S_1	r_1	I_2	S_2	r_2	c
	kg/m	cm^2	mm	mm	mm	mm	cm^4	cm^3	cm	cm^4	cm^3	cm	cm
UPN 400	71.8	91.5	400	110	14	18	20350	1020	14.9	846	102	3.04	2.65
UPN 380	63.1	80.4	380	102	13.5	16	15760	829	14	615	78.7	2.77	2.38
UPN 350	60.6	77.3	350	100	14	16	12840	734	12.9	570	75	2.72	2.4
UPN 320	59.5	75.8	320	100	14	17.5	10870	679	12.1	597	80.6	2.81	2.6
UPN 300	46.2	58.8	300	100	10	16	8030	535	11.7	495	67.8	2.9	2.7
UPN 280	41.8	53.3	280	95	10	15	6280	448	10.9	399	57.2	2.74	2.53
UPN 260	37.9	48.3	260	90	10	14	4820	371	9.99	317	47.7	2.56	2.36
UPN 240	33.2	42.3	240	85	9.5	13	3600	300	9.22	248	39.6	2.42	2.23
UPN 220	29.4	37.4	220	80	9	12.5	2690	245	8.48	197	33.6	2.3	2.14
UPN 200	25.3	32.2	200	75	8.5	11.5	1910	191	7.7	148	27	2.14	2.01
UPN 180	22	28	180	70	8	11	1350	150	6.95	114	22.4	2.02	1.92
UPN 160	18.8	24	160	65	7.5	10.5	925	116	6.21	85.3	18.3	1.89	1.84
UPN 140	16	20.4	140	60	7	10	605	86.4	5.45	62.7	14.8	1.75	1.75
UPN 120	13.4	17	120	55	7	9	364	60.7	4.62	43.2	11.1	1.59	1.6
UPN 100	10.6	13.5	100	50	6	8.5	206	41.2	3.91	29.3	8.49	1.47	1.55
UPN 80	8.64	11	80	45	6	8	106	26.5	3.1	19.4	6.36	1.33	1.45

주: 1. 축 1-1과 축 2-2는 주 도심축이다.

   2. 거리 c는 도심으로부터 웨브의 뒤쪽까지 측정한 거리이다.

   3. 축 2-2에 대해, 도표화된 S값은 이 축에 대한 2개의 단면계수 중에 작은 값이다.

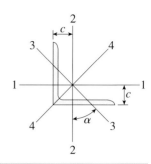

표 **E-4** 유럽 등변 앵글형 단면의 성질

Designation	Thickness	Mass per meter	Area of Section	Axis 1-1 and Axis 2-2				Axis 3-3	
		G	A	I	S	r	c	I_{min}	r_{min}
	mm	kg/m	cm^2	cm^4	cm^3	cm	cm	cm^4	cm
L 200 × 200 × 26	26	76.6	97.59	3560	252.7	6.04	5.91	1476	3.89
L 200 × 200 × 22	22	65.6	83.51	3094	217.3	6.09	5.76	1273	3.9
L 200 × 200 × 19	19	57.1	72.74	2726	189.9	6.12	5.64	1117	3.92
L 180 × 180 × 20	20	53.7	68.35	2043	159.4	5.47	5.18	841.3	3.51
L 180 × 180 × 19	19	51.1	65.14	1955	152.1	5.48	5.14	803.8	3.51
L 200 × 200 × 16	16	48.5	61.79	2341	161.7	6.16	5.52	957.1	3.94
L 180 × 180 × 17	17	46	58.66	1775	137.2	5.5	5.06	727.8	3.52
L 180 × 180 × 15	15	40.9	52.1	1589	122	5.52	4.98	650.5	3.53
L 160 × 160 × 17	17	40.7	51.82	1225	107.2	4.86	4.57	504.1	3.12
L 160 × 160 × 15	15	36.2	46.06	1099	95.47	4.88	4.49	450.8	3.13
L 180 × 180 × 13	13	35.7	45.46	1396	106.5	5.54	4.9	571.6	3.55
L 150 × 150 × 15	15	33.8	43.02	898.1	83.52	4.57	4.25	368.9	2.93
L 150 × 150 × 14	14	31.6	40.31	845.4	78.33	4.58	4.21	346.8	2.93
L 150 × 150 × 12	12	27.3	34.83	736.9	67.75	4.6	4.12	302	2.94
L 120 × 120 × 15	15	26.6	33.93	444.9	52.43	3.62	3.51	184.1	2.33
L 120 × 120 × 13	13	23.3	29.69	394	46.01	3.64	3.44	162.2	2.34
L 150 × 150 × 10	10	23	29.27	624	56.91	4.62	4.03	256	2.96
L 140 × 140 × 10	10	21.4	27.24	504.4	49.43	4.3	3.79	206.8	2.76
L 120 × 120 × 11	11	19.9	25.37	340.6	39.41	3.66	3.36	139.7	2.35
L 100 × 100 × 12	12	17.8	22.71	206.7	29.12	3.02	2.9	85.42	1.94
L 110 × 110 × 10	10	16.6	21.18	238	29.99	3.35	3.06	97.72	2.15
L 100 × 100 × 10	10	15	19.15	176.7	24.62	3.04	2.82	72.64	1.95
L 90 × 90 × 9	9	12.2	15.52	115.8	17.93	2.73	2.54	47.63	1.75
L 90 × 90 × 8	8	10.9	13.89	104.4	16.05	2.74	2.5	42.87	1.76
L 90 × 90 × 7	7	9.6	12.24	92.5	14.13	2.75	2.45	38.02	1.76

주: 1. 축 1-1과 축 2-2는 레그에 평행한 주 도심축이다.

2. 거리 c는 도심으로부터 레그의 뒤쪽까지 측정한 거리이다.

3. 축 1-1 및 축 2-2에 대해, 도표화된 S값이 이 축들에 대한 2개의 단면계수 중에 작은 값이다.

4. 축 3-3과 축 4-4는 주 도심축이다.

5. 2개의 주 관성모멘트 중에 작은 값인 축 3-3에 대한 관성모멘트는 식 $I_{33} = Ar^2_{min}$으로부터 구한다.

6. 2개의 주 관성모멘트 중에 큰 값인 축 4-4에 대한 관성모멘트는 식 $I_{44} + I_{33} + I_{11} + I_{22}$로부터 구한다.

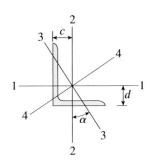

표 E-5 유럽 부등변 앵글형 단면의 성질

Designation	Thickness	Mass per meter	Area of Section	Axis 1-1				Axis 2-2				Axis 3-3		Angle α
		G	A	I	S	r	d	I	S	r	c	I_{min}	r_{min}	$\tan \alpha$
	mm	kg/m	cm^2	cm^4	cm^3	cm	cm	cm^4	cm^3	cm	cm	cm^4	cm	
L 200 × 100 × 14	14	31.6	40.28	1654	128.4	6.41	7.12	282.2	36.08	2.65	2.18	181.7	2.12	0.261
L 150 × 100 × 14	14	26.1	33.22	743.5	74.12	4.73	4.97	264.2	35.21	2.82	2.5	153	2.15	0.434
L 200 × 100 × 12	12	25.1	34.8	1440	111	6.43	7.03	247.2	31.28	2.67	2.1	158.5	2.13	0.263
L 200 × 100 × 10	10	23	29.24	1219	93.24	6.46	6.93	210.3	26.33	2.68	2.01	134.5	2.14	0.265
L 150 × 100 × 12	12	22.6	28.74	649.6	64.23	4.75	4.89	231.9	30.58	2.84	2.42	133.5	2.16	0.436
L 160 × 80 × 12	12	21.6	27.54	719.5	69.98	5.11	5.72	122	19.59	2.1	1.77	78.77	1.69	0.260
L 150 × 90 × 11	11	19.9	25.34	580.7	58.3	4.79	5.04	158.7	22.91	2.5	2.08	95.71	1.94	0.360
L 150 × 100 × 10	10	19	24.18	551.7	54.08	4.78	4.8	197.8	25.8	2.86	2.34	113.5	2.17	0.439
L 150 × 90 × 10	10	18.2	23.15	533.1	53.29	4.8	5	146.1	20.98	2.51	2.04	87.93	1.95	0.361
L 160 × 80 × 10	10	18.2	23.18	611.3	58.94	5.14	5.63	104.4	16.55	2.12	1.69	67.01	1.7	0.262
L 120 × 80 × 12	12	17.8	22.69	322.8	40.37	3.77	4	114.3	19.14	2.24	2.03	66.46	1.71	0.432
L 120 × 80 × 10	10	15	19.13	275.5	34.1	3.8	3.92	98.11	16.21	2.26	1.95	56.6	1.72	0.435
L 130 × 65 × 10	10	14.6	18.63	320.5	38.39	4.15	4.65	54.2	10.73	1.71	1.45	35.02	1.37	0.259
L 120 × 80 × 8	8	12.2	15.49	225.7	27.63	3.82	3.83	80.76	13.17	2.28	1.87	46.39	1.73	0.438
L 130 × 65 × 8	8	11.8	15.09	262.5	31.1	4.17	4.56	44.77	8.72	1.72	1.37	28.72	1.38	0.262

주: 1. 축 1-1과 축 2-2는 레그에 평행한 주 도심축이다.

   2. 거리 c는 도심으로부터 레그의 뒤쪽까지 측정한 거리이다.

   3. 축 1-1 및 축 2-2에 대해, 도표화된 S값은 이 축들에 대한 2개의 단면계수 중에 작은 값이다.

   4. 축 3-3과 축 4-4는 주 도심축이다.

   5. 2개의 주 관성모멘트 중에 작은 값인 축 3-3에 대한 관성모멘트는 식 $I_{33} = Ar^2_{min}$으로부터 구한다.

   6. 2개의 주 관성모멘트 중에 큰 값인 축 4-4에 대한 관성모멘트는 식 $I_{44} + I_{33} + I_{11} + I_{22}$로부터 구한다.

고체 목재의 성질

Properties of Solid Timber

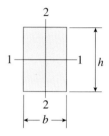

톱질한 고체 목재 사이즈별 성질(가장 구하기 쉬운 응력 등급 유럽 사이즈, 건조)

Nominal dimensions $b \times h$	Dressed Dimension $b \times h$	Area $A = b \times h$	Axis 1-1		Axis 2-2		Weight per linear meter (based on 560 kg/m³)
			Moment of Inertia $I_1 = \dfrac{bh^3}{12}$	Section Modulus $S_1 = \dfrac{bh^2}{6}$	Moment of Inertia $I_2 = \dfrac{hb^3}{12}$	Section Modulus $S_2 = \dfrac{hb^2}{6}$	
mm	mm	10^3mm^4	10^6mm^4	10^6mm^3	10^6mm^4	10^6mm^3	N
38 × 75	35 × 72	2.52	1.09	0.0302	0.257	0.0147	13.83
38 × 100	35 × 97	3.4	2.66	0.0549	0.347	0.0198	18.64
38 × 125	35 × 122	4.27	5.3	0.0868	0.436	0.0249	23.45
50 × 75	47 × 72	3.38	1.46	0.0406	0.623	0.0265	18.64
50 × 100	47 × 97	4.56	3.57	0.0737	0.839	0.0357	25.02
50 × 125	47 × 122	5.73	7.11	0.117	1.06	0.0449	31.49
50 × 150	47 × 147	6.91	12.4	0.169	1.27	0.0541	37.96
50 × 200	47 × 195	9.17	29	0.298	1.69	0.0718	50.33
50 × 250	47 × 245	11.5	57.6	0.47	2.12	0.0902	63.27
75 × 100	72 × 97	6.98	5.48	0.113	3.02	0.0838	38.36
75 × 150	72 × 147	10.6	19.1	0.259	4.57	0.127	58.17
75 × 200	72 × 147	14	44.5	0.456	6.07	0.168	77.11
75 × 250	75 × 245	17.6	88.2	0.72	7.62	0.212	96.92
100 × 100	97 × 97	9.41	7.38	0.152	7.38	0.152	51.7
100 × 150	97 × 147	14.3	25.7	0.349	11.2	0.231	78.38
100 × 200	97 × 195	18.9	59.9	0.615	14.8	0.306	103.89
100 × 250	97 × 295	23.8	119	0.97	18.6	0.384	130.57
100 × 300	97 × 295	28.6	208	1.41	22.4	0.463	157.16
150 × 150	147 × 195	21.6	38.9	0.529	38.9	0.529	118.7
150 × 200	147 × 195	28.7	90.8	0.932	51.6	0.702	157.45
150 × 300	147 × 295	43.4	314	2.13	78.1	1.06	238.19
200 × 200	195 × 195	38	120	1.24	120	1.24	208.85
200 × 300	195 × 295	57.5	417	2.83	182	1.87	315.98
300 × 300	295 × 295	87	631	4.28	631	4.28	478.04

보의 처짐과 기울기

Deflections and Slopes of Beams

표 G-1 캔틸레버 보의 처짐과 기울기

---

v = deflection in the y direction (positive upward)

$v' = dv/dx$ = slope of the deflection curve

$\delta_B = -v(L)$ = deflection at end B of the beam (positive downward)

$\theta_B = -v'(L)$ = angle of rotation at end B of the beam (positive clockwise)

EI = constant

1

$$v = -\frac{qx^2}{24EI}(6L^2 - 4Lx + x^2) \qquad v' = -\frac{qx}{6EI}(3L^2 - 3Lx + x^2)$$

$$\delta_B = \frac{qL^4}{8EI} \qquad \theta_B = \frac{qL^3}{6EI}$$

2

$$v = -\frac{qx^2}{24EI}(6a^2 - 4ax + x^2) \qquad (0 \le x \le a)$$

$$v' = -\frac{qx}{6EI}(3a^2 - 3ax + x^2) \qquad (0 \le x \le a)$$

$$v = -\frac{qa^3}{24EI}(4x - a) \qquad v' = -\frac{qa^3}{6EI} \qquad (a \le x \le L)$$

$$At\ x = a: \quad v = -\frac{qa^4}{8EI} \qquad v' = -\frac{qa^3}{6EI}$$

$$\delta_B = \frac{qa^3}{24EI}(4L - a) \qquad \theta_B = \frac{qa^3}{6EI}$$

(계속)

469

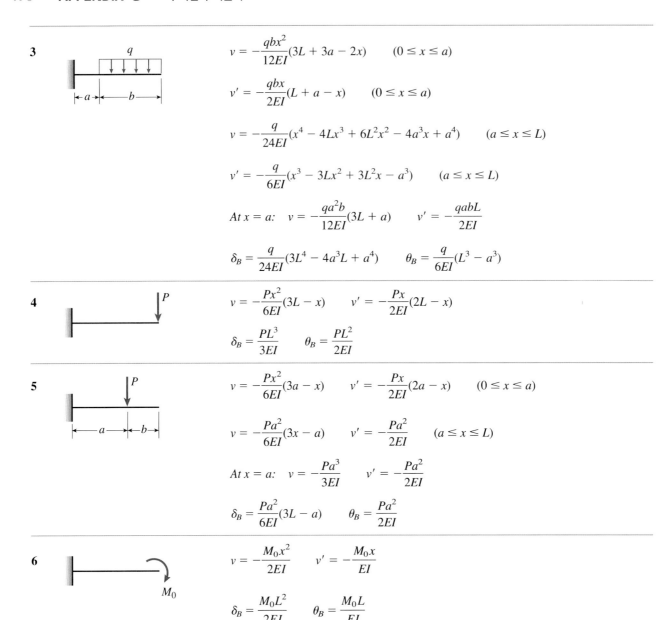

3

$$v = -\frac{qbx^2}{12EI}(3L + 3a - 2x) \qquad (0 \le x \le a)$$

$$v' = -\frac{qbx}{2EI}(L + a - x) \qquad (0 \le x \le a)$$

$$v = -\frac{q}{24EI}(x^4 - 4Lx^3 + 6L^2x^2 - 4a^3x + a^4) \qquad (a \le x \le L)$$

$$v' = -\frac{q}{6EI}(x^3 - 3Lx^2 + 3L^2x - a^3) \qquad (a \le x \le L)$$

$$At\ x = a: \quad v = -\frac{qa^2b}{12EI}(3L + a) \qquad v' = -\frac{qabL}{2EI}$$

$$\delta_B = \frac{q}{24EI}(3L^4 - 4a^3L + a^4) \qquad \theta_B = \frac{q}{6EI}(L^3 - a^3)$$

4

$$v = -\frac{Px^2}{6EI}(3L - x) \qquad v' = -\frac{Px}{2EI}(2L - x)$$

$$\delta_B = \frac{PL^3}{3EI} \qquad \theta_B = \frac{PL^2}{2EI}$$

5

$$v = -\frac{Px^2}{6EI}(3a - x) \qquad v' = -\frac{Px}{2EI}(2a - x) \qquad (0 \le x \le a)$$

$$v = -\frac{Pa^2}{6EI}(3x - a) \qquad v' = -\frac{Pa^2}{2EI} \qquad (a \le x \le L)$$

$$At\ x = a: \quad v = -\frac{Pa^3}{3EI} \qquad v' = -\frac{Pa^2}{2EI}$$

$$\delta_B = \frac{Pa^2}{6EI}(3L - a) \qquad \theta_B = \frac{Pa^2}{2EI}$$

6

$$v = -\frac{M_0x^2}{2EI} \qquad v' = -\frac{M_0x}{EI}$$

$$\delta_B = \frac{M_0L^2}{2EI} \qquad \theta_B = \frac{M_0L}{EI}$$

(계속)

7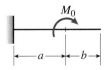

$$v = -\frac{M_0 x^2}{2EI} \qquad v' = -\frac{M_0 x}{EI} \qquad (0 \le x \le a)$$

$$v = -\frac{M_0 a}{2EI}(2x - a) \qquad v' = -\frac{M_0 a}{EI} \qquad (a \le x \le L)$$

$$At \ x = a: \quad v = -\frac{M_0 a^2}{2EI} \qquad v' = -\frac{M_0 a}{EI}$$

$$\delta_B = \frac{M_0 a}{2EI}(2L - a) \qquad \theta_B = \frac{M_0 a}{EI}$$

8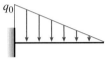

$$v = -\frac{q_0 x^2}{120 LEI}(10L^3 - 10L^2 x + 5Lx^2 - x^3)$$

$$v' = -\frac{q_0 x}{24 LEI}(4L^3 - 6L^2 x + 4Lx^2 - x^3)$$

$$\delta_B = \frac{q_0 L^4}{30 EI} \qquad \theta_B = \frac{q_0 L^3}{24 EI}$$

9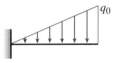

$$v = -\frac{q_0 x^2}{120 LEI}(20L^3 - 10L^2 x + x^3)$$

$$v' = -\frac{q_0 x}{24 LEI}(8L^3 - 6L^2 x + x^3)$$

$$\delta_B = \frac{11 q_0 L^4}{120 EI} \qquad \theta_B = \frac{q_0 L^3}{8 EI}$$

10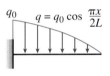

$$v = -\frac{q_0 L}{3\pi^4 EI}\left(48L^3 \cos\frac{\pi x}{2L} - 48L^3 + 3\pi^3 Lx^2 - \pi^3 x^3\right)$$

$$v' = -\frac{q_0 L}{\pi^3 EI}\left(2\pi^2 Lx - \pi^2 x^2 - 8L^2 \sin\frac{\pi x}{2L}\right)$$

$$\delta_B = \frac{2 q_0 L^4}{3\pi^4 EI}(\pi^3 - 24) \qquad \theta_B = \frac{q_0 L^3}{\pi^3 EI}(\pi^2 - 8)$$

표 G-2 단순보의 처짐과 기울기

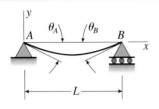

EI = constant

v = deflection in the y direction (positive upward)
$v' = dv/dx$ = slope of the deflection curve
$\delta_C = -v(L/2)$ = deflection at midpoint C of the beam (positive downward)
x_1 = distance from support A to point of maximum deflection
$\delta_{max} = -v_{max}$ = maximum deflection (positive downward)
$\theta_A = -v'(0)$ = angle of rotation at left-hand end of the beam
　　　　　　(positive clockwise)
$\theta_B = v'(L)$ = angle of rotation at right-hand end of the beam
　　　　　　(positive counterclockwise)

1

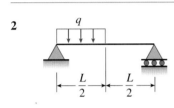

$$v = -\frac{qx}{24EI}(L^3 - 2Lx^2 + x^3)$$

$$v' = -\frac{q}{24EI}(L^3 - 6Lx^2 + 4x^3)$$

$$\delta_C = \delta_{max} = \frac{5qL^4}{384EI} \qquad \theta_A = \theta_B = \frac{qL^3}{24EI}$$

2

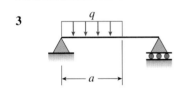

$$v = -\frac{qx}{384EI}(9L^3 - 24Lx^2 + 16x^3) \qquad \left(0 \le x \le \frac{L}{2}\right)$$

$$v' = -\frac{q}{384EI}(9L^3 - 72Lx^2 + 64x^3) \qquad \left(0 \le x \le \frac{L}{2}\right)$$

$$v = -\frac{qL}{384EI}(8x^3 - 24Lx^2 + 17L^2x - L^3) \qquad \left(\frac{L}{2} \le x \le L\right)$$

$$v' = -\frac{qL}{384EI}(24x^2 - 48Lx + 17L^2) \qquad \left(\frac{L}{2} \le x \le L\right)$$

$$\delta_C = \frac{5qL^4}{768EI} \qquad \theta_A = \frac{3qL^3}{128EI} \qquad \theta_B = \frac{7qL^3}{384EI}$$

3

$$v = -\frac{qx}{24LEI}(a^4 - 4a^3L + 4a^2L^2 + 2a^2x^2 - 4aLx^2 + Lx^3) \qquad (0 \le x \le a)$$

$$v' = -\frac{q}{24LEI}(a^4 - 4a^3L + 4a^2L^2 + 6a^2x^2 - 12aLx^2 + 4Lx^3) \qquad (0 \le x \le a)$$

$$v = -\frac{qa^2}{24LEI}(-a^2L + 4L^2x + a^2x - 6Lx^2 + 2x^3) \qquad (a \le x \le L)$$

$$v' = -\frac{qa^2}{24LEI}(4L^2 + a^2 - 12Lx + 6x^2) \qquad (a \le x \le L)$$

$$\theta_A = \frac{qa^2}{24LEI}(2L - a)^2 \qquad \theta_B = \frac{qa^2}{24LEI}(2L^2 - a^2)$$

(계속)

4

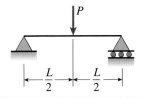

$$v = -\frac{Px}{48EI}(3L^2 - 4x^2) \qquad v' = -\frac{P}{16EI}(L^2 - 4x^2) \qquad \left(0 \le x \le \frac{L}{2}\right)$$

$$\delta_C = \delta_{max} = \frac{PL^3}{48EI} \qquad \theta_A = \theta_B = \frac{PL^2}{16EI}$$

5

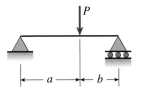

$$v = -\frac{Pbx}{6LEI}(L^2 - b^2 - x^2) \qquad v' = -\frac{Pb}{6LEI}(L^2 - b^2 - 3x^2) \qquad (0 \le x \le a)$$

$$\theta_A = \frac{Pab(L + b)}{6LEI} \qquad \theta_B = \frac{Pab(L + a)}{6LEI}$$

$$\text{If } a \ge b, \quad \delta_C = \frac{Pb(3L^2 - 4b^2)}{48EI} \qquad \text{If } a \le b, \quad \delta_C = \frac{Pa(3L^2 - 4a^2)}{48EI}$$

$$\text{If } a \ge b, \quad x_1 = \sqrt{\frac{L^2 - b^2}{3}} \quad \text{and} \quad \delta_{max} = \frac{Pb(L^2 - b^2)^{3/2}}{9\sqrt{3}\,LEI}$$

6

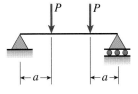

$$v = -\frac{Px}{6EI}(3aL - 3a^2 - x^2) \qquad v' = -\frac{P}{2EI}(aL - a^2 - x^2) \qquad (0 \le x \le a)$$

$$v = -\frac{Pa}{6EI}(3Lx - 3x^2 - a^2) \qquad v' = -\frac{Pa}{2EI}(L - 2x) \qquad (a \le x \le L - a)$$

$$\delta_C = \delta_{max} = \frac{Pa}{24EI}(3L^2 - 4a^2) \qquad \theta_A = \theta_B = \frac{Pa(L - a)}{2EI}$$

7

$$v = -\frac{M_0 x}{6LEI}(2L^2 - 3Lx + x^2) \qquad v' = -\frac{M_0}{6LEI}(2L^2 - 6Lx + 3x^2)$$

$$\delta_C = \frac{M_0 L^2}{16EI} \qquad \theta_A = \frac{M_0 L}{3EI} \qquad \theta_B = \frac{M_0 L}{6EI}$$

$$x_1 = L\left(1 - \frac{\sqrt{3}}{3}\right) \quad \text{and} \quad \delta_{max} = \frac{M_0 L^2}{9\sqrt{3}\,EI}$$

8

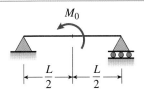

$$v = -\frac{M_0 x}{24LEI}(L^2 - 4x^2) \qquad v' = -\frac{M_0}{24LEI}(L^2 - 12x^2) \qquad \left(0 \le x \le \frac{L}{2}\right)$$

$$\delta_C = 0 \qquad \theta_A = \frac{M_0 L}{24EI} \qquad \theta_B = -\frac{M_0 L}{24EI}$$

(계속)

9

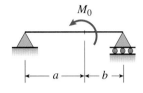

$$v = -\frac{M_0 x}{6LEI}(6aL - 3a^2 - 2L^2 - x^2) \qquad (0 \le x \le a)$$

$$v' = -\frac{M_0}{6LEI}(6aL - 3a^2 - 2L^2 - 3x^2) \qquad (0 \le x \le a)$$

At $x = a$: $v = -\frac{M_0 ab}{3LEI}(2a - L) \qquad v' = -\frac{M_0}{3LEI}(3aL - 3a^2 - L^2)$

$$\theta_A = \frac{M_0}{6LEI}(6aL - 3a^2 - 2L^2) \qquad \theta_B = \frac{M_0}{6LEI}(3a^2 - L^2)$$

10

$$v = -\frac{M_0 x}{2EI}(L - x) \qquad v' = -\frac{M_0}{2EI}(L - 2x)$$

$$\delta_C = \delta_{\max} = \frac{M_0 L^2}{8EI} \qquad \theta_A = \theta_B = \frac{M_0 L}{2EI}$$

11

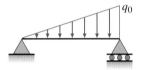

$$v = -\frac{q_0 x}{360LEI}(7L^4 - 10L^2 x^2 + 3x^4)$$

$$v' = -\frac{q_0}{360LEI}(7L^4 - 30L^2 x^2 + 15x^4)$$

$$\delta_C = \frac{5q_0 L^4}{768EI} \qquad \theta_A = \frac{7q_0 L^3}{360EI} \qquad \theta_B = \frac{q_0 L^3}{45EI}$$

$$x_1 = 0.5193L \qquad \delta_{\max} = 0.00652\frac{q_0 L^4}{EI}$$

12

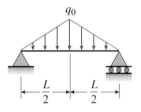

$$v = -\frac{q_0 x}{960LEI}(5L^2 - 4x^2)^2 \qquad \left(0 \le x \le \frac{L}{2}\right)$$

$$v' = -\frac{q_0}{192LEI}(5L^2 - 4x^2)(L^2 - 4x^2) \qquad \left(0 \le x \le \frac{L}{2}\right)$$

$$\delta_C = \delta_{\max} = \frac{q_0 L^4}{120EI} \qquad \theta_A = \theta_B = \frac{5q_0 L^3}{192EI}$$

13

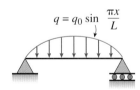

$$v = -\frac{q_0 L^4}{\pi^4 EI}\sin\frac{\pi x}{L} \qquad v' = -\frac{q_0 L^3}{\pi^3 EI}\cos\frac{\pi x}{L}$$

$$\delta_C = \delta_{\max} = \frac{q_0 L^4}{\pi^4 EI} \qquad \theta_A = \theta_B = \frac{q_0 L^3}{\pi^3 EI}$$

재료의 성질

Properties of Materials

주:

1. 재료의 성질은 제조 공정, 화학적 성분, 내부 결함, 온도, 사전 하중 이력, 수명, 시편의 치수 및 기타 요인에 의해 크게 달라진다. 표에 수록된 값들은 전형적이지만 특정 공학 또는 설계 목적으로 사용해서는 안 된다. 제조업자와 재료공급자는 특정 제품에 대한 정보에 대해 상담해야 한다.

2. 압축이나 굽힘이 지시될 때를 제외하고, 탄성계수 E, 항복응력 σ_Y 및 극한응력 σ_U는 인장을 받는 재료에 대한 것이다.

표 H-1 비중 및 밀도

Material	Weight density γ	Mass density ρ
	kN/m³	kg/m³

Aluminum alloys
  2014-T6, 7075-T6
  6061-T6
	26–28
	28
	26
		2,600–2,800
		2,800
		2,700

Brass	82–85	8,400–8,600
Bronze	80–86	8,200–8,800
Cast iron	68–72	7,000–7,400

Concrete
  Plain
  Reinforced
  Lightweight
	
	23
	24
	11–18
		
		2,300
		2,400
		1,100–1,800

Copper	87	8,900
Glass	24–28	2,400–2,800
Magnesium alloys	17–18	1,760–1,830
Monel (67% Ni, 30% Cu)	87	8,800
Nickel	87	8,800

Plastics
  Nylon
  Polyethylene
	
	8.6–11
	9.4–14
		
		880–1,100
		960–1,400

Rock
  Granite, marble, quartz
  Limestone, sandstone
	
	26–28
	20–28
		
		2,600–2,900
		2,000–2,900

Rubber	9–13	960–1,300
Sand, soil, gravel	12–21	1,200–2,200
Steel	77.0	7,850
Titanium	44	4,500
Tungsten	190	1,900
Water, fresh sea	9.81 10.0	1,000 1,020

Wood (air dry)
  Douglas fir
  Oak
  Southern pine
	
	4.7–5.5
	6.3–7.1
	5.5–6.3
		
		480–560
		640–720
		560–640

표 **H-2** 탄성계수와 Poisson의 비

Material	Modulus of elasticity E	Shear modulus of elasticity G	Poisson's ratio ν
	GPa	GPa	
Aluminum alloys	70–79	26–30	0.33
2014-T6	73	28	0.33
6061-T6	70	26	0.33
7075-T6	72	27	0.33
Brass	96–110	36–41	0.34
Bronze	96–120	36–44	0.34
Cast iron	83–170	32–69	0.2–0.3
Concrete (compression)	17–31		0.1–0.2
Copper and copper alloys	110–120	40–47	0.33–0.36
Glass	48–83	19–35	0.17–0.27
Magnesium alloys	41–45	15–17	0.35
Monel (67% Ni, 30% Cu)	170	66	0.32
Nickel	210	80	0.31
Plastics			
Nylon	2.1–3.4		0.4
Polyethylene	0.7–1.4		0.4
Rock (compression)			
Granite, marble, quartz	40–100		0.2–0.3
Limestone, sandstone	20–70		0.2–0.3
Rubber	0.0007–0.004	0.0002–0.001	0.45–0.50
Steel	190–210	75–80	0.27–0.30
Titanium alloys	100–120	39–44	0.33
Tungsten	340–380	140–160	0.2
Wood (bending)			
Douglas fir	11–13		
Oak	11–12		
Southern pine	11–14		

표 H-3 기계적 성질

Material	Yield stress σ_Y	Ultimate stress σ_U	Percent elongation (25 mm gage length)
	MPa	MPa	
Aluminum alloys	35–500	100–550	1–45
2014-T6	410	480	13
6061-T6	270	310	17
7075-T6	480	550	11
Brass	70–550	200–620	4–60
Bronze	82–690	200–830	5–60
Cast iron (tension)	120–290	69–480	0–1
Cast iron (compression)		340–1,400	
Concrete (compression)		10–70	
Copper and copper alloys	55–760	230–830	4–50
Glass		30–1,000	0
Plate glass		70	
Glass fibers		7,000–20,000	
Magnesium alloys	80–280	140–340	2–20
Monel (67% Ni, 30% Cu)	170–1,100	450–1,200	2–50
Nickel	100–620	310–760	2–50
Plastics			
Nylon		40–80	20–100
Polyethylene		7–28	15–300
Rock (compression)			
Granite, marble, quartz		50–280	
Limestone, sandstone		20–200	
Rubber	1–7	7–20	100–800
Steel			
High-strength	340–1,000	550–1,200	5–25
Machine	340–700	550–860	5–25
Spring	400–1,600	700–1,900	3–15
Stainless	280–700	400–1,000	5–40
Tool	520	900	8
Steel, structural	200–700	340–830	10–40
ASTM-A36	250	400	30
ASTM-A572	340	500	20
ASTM-A514	700	830	15

표 H-3 기계적 성질(계속)

Material	Yield stress σ_Y	Ultimate stress σ_U	Percent elongation (25 mm gage length)
	MPa	MPa	
Steel wire	280–1,000	550–1,400	5–40
Titanium alloys	760–1,000	900–1,200	10
Tungsten		1,400–4,000	0–4
Wood (bending) Douglas fir Oak Southern pine	30–50 40–60 40–60	50–80 50–100 50–100	
Wood (compression parallel to grain) Douglas fir Oak Southern pine	30–50 30–40 30–50	40–70 30–50 40–70	

표 H-4 열팽창계수

Material	Coefficient of thermal expansion α	Material	Coefficient of thermal expansion α
	$10^{-6}/°C$		$10^{-6}/°C$
Aluminum alloys	23	Plastics Nylon Polyethylene	70–140 140–290
Brass	19.1–21.2		
Bronze	18–21	Rock	5–9
Cast iron	9.9–12	Rubber	130–200
Concrete	7–14	Steel High-strength Stainless Structural	10–18 14 17 12
Copper and copper alloys	16.6–17.6		
Glass	5–11		
Magnesium alloys	26.1–28.8		
Monel (67% Ni, 30% Cu)	14	Titanium alloys	8.1–11
Nickel	13	Tungsten	4.3

CHAPTER 1

1.2-1 (a) $\delta = 0.220$ mm; (b) $P = 34.6$ kN

1.2-2 $\sigma_1 = 175.0$ MPa; $\sigma_2 = 246$ MPa

1.2-3 (a) $\sigma_{AB} = 9.95$ MPa; (b) $P_2 = 6$ kN;
(c) $t_{BC} = 12.62$ mm

1.2-4 $\sigma_c = 5.21$ MPa

1.2-5 (a) $\sigma = 130.2$ MPa; (b) $\varepsilon = 4.65 \times 10^{-4}$

1.2-6 (a) $R_B = 400$ N (cantilever), 848 N (V-brakes);
$\sigma_c = 1.0$ MPa (cantilever), 2.12 MPa (V-brakes);
(b) $\sigma_{cable} = 185.7$ MPa (both)

1.2-7 (a) $\sigma_C = 15.43$ MPa; $x_C = 480$ mm, $y_C = 480$ mm

1.2-8 $\sigma_t = 133$ MPa

1.2-9 (a) $T_1 = 26.0$ kN, $T_2 = 20.7$ kN, $T_3 = 31.6$ kN
(b) $\sigma_1 = 337$ MPa, $\sigma_2 = 268$ MPa, $\sigma_3 = 411$ MPa

1.2-10 (a) $T = 1.298$ kN, $\sigma = 118$ MPa;
(b) $\epsilon_{cable} = 8.4 \times 10^{-4}$

1.2-11 (a) $T = 819$ N, $\sigma = 74.5$ MPa;
(b) $\epsilon_{cable} = 4.92 \times 10^{-4}$

1.2-12 (a) $T_{AQ} = T_{BQ} = 50.5$ kN; (b) $\sigma = 166$ MPa

1.2-13 (a) $\sigma_x = \gamma\omega^2(L^2 - x^2)/2g$; (b) $\sigma_{max} = \gamma\omega^2L^2/2g$

1.2-14 (a) $T_{AB} = 6757$ N, $T_{BC} = 6358$ N, $T_{CD} = 6859$ N
(b) $\sigma_{AB} = 87.8$ MPa, $\sigma_{BC} = 82.6$ MPa,
$\sigma_{CD} = 89.1$ MPa

1.3-1 % elongation = 9.0, 26.4, 38.3;
% reduction = 8.8, 37.6, 74.5;
brittle, ductile, ductile

1.3-2 11.9×10^3 m; 12.7×10^3 m; 6.1×10^3 m;
6.5×10^3 m; 23.9×10^3 m

1.3-3 (a) $L_{max} = 3377$ m; (b) $L_{max} = 3881$ m

1.3-4 (a) $L_{max} = 7900$ m; (b) $L_{max} = 8330$ m

1.3-5 $\sigma_{pl} \approx 486$ MPa, Slope ≈ 224 GPa,
$\sigma_Y \approx 520$ MPa, $\sigma_U \approx 852$ MPa;
elongation = 6%, reduction = 32%

1.3-6 $\sigma \approx 220$ MPa

1.3-7 $\sigma_{pl} \approx 47$ MPa, Slope ≈ 2.4 GPa, $\sigma_Y \approx 53$ MPa;
Brittle

1.4-1 (a) 15 mm; (b) 223 MPa

1.4-2 (a) 2.97 mm; (b) 180 MPa

1.4-3 5.5 mm longer

1.4-4 4.0 mm longer

1.4-5 (a) 32 mm; (c) 30 mm; (d) 328 MPa

1.5-1 $P = 27.4$ kN (tension)

1.5-2 $P = -38.5$ kN

1.5-3 $\Delta L = 1.886$ mm; % decrease in x-sec
area = 0.072%

1.5-4 $\Delta d = -4.17 \times 10^{-3}$ mm, $P = 10.45$ kN

1.5-5 $P = 654$ kN

1.5-6 (a) $\Delta d_{BCinner} = 0.022$ mm (b) $\nu_{brass} = 0.34$
(c) $\Delta t_{AB} = 6.90 \times 10^{-3}$ mm,
$\Delta d_{ABinner} = 4.02 \times 10^{-3}$ mm

1.5-7 (a) $E = 104$ GPa; (b) $\nu = 0.34$

1.5-8 $\Delta V = 9789$ mm^3

1.6-1 $\sigma_b = 139.9$ MPa; $P_{ult} = 144.4$ kN

1.6-2 (a) $\tau = 89.1$ MPa; (b) $\sigma_{bf} = 140$ MPa;
$\sigma_{bg} = 184.2$ MPa

1.6-3 $\sigma_b = 46.9$ MPa, $\tau_{ave} = 70.9$ MPa

1.6-4 (a) $\tau_{max} = 22.9$ MPa; (b) $\sigma_{bmax} = 6.75$ MPa

1.6-5 (a) $A_x = 255$ N, $A_y = 1072$ N, $B_x = -255$ N
(b) $A_{resultant} = 1102$ N
(c) $\tau = 5.48$ MPa, $\sigma_b = 6.89$ MPa

1.6-6 (a) Resultant = 4882 N (b) $\sigma_b = 33.3$ MPa
(c) $\tau_{nut} = 21.6$ MPa, $\tau_{pl} = 4.28$ MPa

1.6-7 $T_1 = 13.18$ kN, $T_2 = 10.77$ kN,
$\tau_{1ave} = 25.9$ MPa, $\tau_{2ave} = 21.2$ MPa,
$\sigma_{b1} = 7.32$ MPa, $\sigma_{b2} = 5.99$ MPa

1.6-8 (a) $\gamma_{aver} = 0.004$; (b) $V = 384$ kN

1.6-9 (a) $\gamma_{aver} = 0.50$; (b) $\delta = 4.92$ mm

1.6-10 $G = 2.5$ MPa

1.6-11 $\tau_{aver} = 42.9$ MPa

1.6-12 (a) $\tau_{aver} = 36.5$ MPa; (b) $\sigma_b = 62.2$ MPa

1.6-13 (a) $A_x = 0$, $B_y = 0$, $A_y = 490$ kN; $F_{BC} = 0$,
$F_{AB} = 490$ kN, $F_{AC} = -693$ kN
(b) $\tau_p = 963$ MPa (c) $\sigma_b = 1361$ MPa

1.6-14 (a) $A_x = 0$, $A_y = 765$ N, $M_A = 520$ N·m

(b) $B_x = 1.349$ kN, $B_y = 0.72$ kN, $B_{res} = 1.53$ kN, $C_x = -B_x$

(c) $\tau_B = 27.1$ MPa, $\tau_C = 13.4$ MPa

(d) $\sigma_{bB} = 42.5$ MPa, $\sigma_{bC} = 28.1$ MPa

1.6-15 For a bicycle with $L/R = 1.8$:

(a) $T = 1440$ N; (b) $\tau_{aver} = 147$ MPa

1.6–16 (a) $O_x = 55.7$ N, $O_y = 5.69$ N, $O_{res} = 56.0$ N

(b) $\tau_O = 3.96$ MPa, $\sigma_{bO} = 6.22$ MPa (c) $\tau = 2.83$ MPa

1.6-17 (a) $\tau = \dfrac{P}{2\pi rh}$; (b) $\delta = \dfrac{P}{2\pi hG} \ln \dfrac{b}{d}$

1.6–18 (a) $P = 1736$ N

(b) $C_x = 1647$ N, $C_y = -1041$ N, $C_{res} = 1948$ N

(c) $\tau = 137.8$ MPa, $\sigma_{bC} = 36.1$ MPa

1.6–19 (a) $F_s = 154$ N, $\sigma = 3.06$ MPa

(b) $\tau_{ave} = 1.96$ MPa (c) $\sigma_b = 1.924$ MPa

1.7-1 $P_{allow} = 2.67$ kN

1.7-2 $P_{allow} = 2.53$ kN

1.7-3 (a) Tube BC (yield): $P_a = 7.69$ kN

(b) P_a (yield) $= 7.6$ kN

(c) Tube AB (yield): $P_a = 17.2$ kN

1.7-4 $T_{max} = 33.4$ kN·m

1.7-5 $P_{allow} = 49.1$ kN

1.7-6 total load $= 1.126$ MN

1.7-7 (a) $F_A = \sqrt{2}\, T$, $F_B = 2\,T$, $F_C = T$

(b) Shear at A: $W_{max} = 66.5$ kN

1.7-8 max. load $= 21.6$ kN

1.7-9 (a) $F = 1.171$ kN (b) Shear: $F_a = 2.86$ kN

1.7-10 $W_{max} = 1.382$ kN

1.7-11 $C_{ult} = 5739$ N; $P_{max} = 445$ N

1.7-12 $P_{allow} = 96.5$ kN

1.7-13 Shear in rivets in CG & CD controls: $P_{allow} = 45.8$ kN

1.7-14 (a) $P_a = \sigma_a (0.587\ d^2)$; (b) $P_a = 98.7$ kN

1.7-15 (a) $P_{allow} = \sigma_c (\pi d^2/4)\sqrt{1 - (R/L)^2}$;

(b) $P_{allow} = 9.77$ kN

1.7-16 $p_{max} = 557$ Pa

1.8-1 $d_{min} = 14.75$ mm

1.8-2 (a) $d_{min} = 17.84$ mm; (b) $d_{min} = 18.22$ mm

1.8-3 (a) $d_{min} = 99.5$ mm; (b) $d_{min} = 106.2$ mm

1.8-4 (a) $d_{min} = 164.6$ mm; (b) $d_{min} = 170.9$ mm

1.8-5 $d_{min} = 63.3$ mm

1.8-6 $d_{min} = 5.96$ mm

1.8-7 (b) $A_{min} = 435$ mm^2

1.8-8 $d_{min} = 9.50$ mm

1.8-9 $(d_2)_{min} = 131$ mm

1.8-10 (a) $t_{min} = 18.8$ mm, use $t = 20$ mm;

(b) $D_{min} = 297$ mm

1.8-11 $n = 11.8$, or 12 bolts

1.8-12 (a) $\sigma_{DF} = 65.2$ MPa $< \sigma_{allow}$; $\sigma_{bF} = 2.72$ MPa $< \sigma_{ba}$

(b) new $\sigma_{BC} = 158.9$ MPa so increase rod BC to 6 mm diameter; increase diameter of washer at B to 34 mm

1.8-13 $A_c = 764$ mm^2

1.8-14 $\theta = \arccos 1/\sqrt{3} = 54.7°$

1.8-15 (a) $d_m = 24.7$ mm; (b) $P_{max} = 49.4$ kN

CHAPTER 1 추가 복습문제

R-1.1 $L_{max} = 1818$ m

R-1.2 $\tau = 21.7$ MPa

R-1.3 $\delta = 0.260$ mm

R-1.4 $P_2 = 18.0$ kN

R-1.5 $v = 0.34$

R-1.6 $P_{max} = -44.0$ kN

R-1.7 $P_{max} = -73.3$ kN

R-1.8 $P_{max} = -857$ kN

R-1.9 $d_{min} = 85.4$ mm

R-1.10 $T_{max} = 22.0$ kN·m

R-1.11 $P_{allow} = 41.2$ kN

R-1.12 $G = 1.902$ GPa

R-1.13 $\Delta V = 9156$ mm^3

CHAPTER 2

2.2-1 $P_{max} = 186$ N

2.2-2 (a) $\delta_c/\delta_s = 1.79$; (b) $d_c/d_s = 1.34$

2.2-3 $\delta = 6W/(5k)$

2.2-4 (a) $\delta_B = 2.5$ mm; (b) $P_{max} = 390$ kN

2.2-5 $h = 13.4$ mm

2.2-6 $h = L - \pi \rho_{max} d^2/4k$

2.2-7 (a) $t_{c,min} = 0.580$ mm; (b) $\delta_r = 0.912$ mm;

(c) $h_{min} = 1.412$ mm

2.2-8 $x = 118$ mm

2.2-9 $\delta_C = 16P/9k$

2.2-10 (a) $\delta = 12.5$ mm; (b) $n = 5.8$

2.2-11 (a) $x = 134.7$ mm; (b) $k_1 = 0.204$ N/mm;

(c) $b = 74.1$ mm; (d) $k_3 = 0.638$ N/mm

2.2-12 $\theta = 52.7°$, $\delta = 30.6$ mm

2.2-13 $\theta = 35.1°$, $\delta = 44.5$ mm

2.2-14 $\delta_A = 0.200$ mm, $\delta_D = 0.880$ mm

2.3-1 (a) $\delta = 1.55$ mm; (b) $\delta = 1.21$ mm

2.3-2 $\delta = 0.838$ mm

2.3-3 (a) $\delta = 7PL/6Ebt$; (b) $\delta = 0.500$ mm

2.3-4 (a) $\delta = 7PL/6Ebt$; (b) $\delta = 0.952$ mm

2.3-5 (a) $\delta = 0.675$ mm; (b) $P_{max} = 267$ kN

2.3-6 (a) $\delta = 0.308$ mm (elongation); (b) $P = 5.6$ kN

2.3-7 (a) $\delta_{AC} = 3.72$ mm; (b) $P_0 = 44.2$ kN

2.3-8 (a) $\delta = PL/2EA$; (b) $\sigma_c = Py/AL$

2.3-9 (a) $d_{max} = 23.9$ mm; (b) $b = 4.16$ mm;

(c) $x = 183.3$ mm

2.3-10 (a) $R_1 = -3P/2$; (b) $N_1 = 3P/2$ (tension), $N_2 = P/2$ (tension); (c) $x = L/3$; (d) $\delta_2 = 2PL/3EA$; (e) $\beta = 1/11$

2.3-11 (a) $\delta_C = W(L^2 - h^2)/2EAL$;

(b) $\delta_B = WL/2EA$; (c) $\beta = 3$

2.3-12 (a) $\delta_{2-4} = 0.024$ mm; (b) $P_{max} = 8.15$ kN;

(c) $L_2 = 9.16$ mm

2.3-13 $\delta = 2WL/\pi d^2 E$

2.3-14 (b) $\delta = 0.304$ mm

2.3-15 $\delta = 2PH/3Eb^2$

2.3-16 (a) $\delta = 2.18$ mm; (b) $\delta = 6.74$ mm

2.3-18 (b) $\delta = 3.55$ m

2.4-1 (a) $P_B/P = 3/11$; (b) $\sigma_B/\sigma_A = 1/2$; (c) Ratio $= 1$

2.4-2 (a) $P = 9.24$ kN; (b) $P_{\text{allow}} = 7.07$ kN

2.4-3 (a) $P = 104$ kN; (b) $P_{\text{max}} = 116$ kN

2.4-4 (a) $\delta = 1.91$ mm; (b) $\delta = 1.36$ mm; (c) $\delta = 2.74$ mm

2.4-5 (a) If $x \leq L/2$, $R_A = (-3PL)/(2(x + 3L))$,
  $R_B = -P(2x + 3L)/(2(x + 3L))$
  If $x \geq L/2$, $R_A = (-P(x + L))/(x + 3L)$,
  $R_B = (-2PL)/(x + 3L)$
  (b) If $x \leq L/2$, $\delta = PL(2x + 3L)/[(x + 3L)E\pi d^2]$
    If $x \geq L/2$, $\delta = 8PL(x + L)/[3(x + 3L)E\pi d^2]$
  (c) $x = 3L/10$ or $x = 2L/3$
  (d) $R_B = -0.434\,P$, $R_A = -0.566\,P$
  (e) $R_B = \rho g\pi d^2 L/8$, $R_A = 3\,\rho g\pi d^2 L/32$

2.4-6 (a) 41.2%; (b) $\sigma_M = 238$ MPa, $\sigma_O = 383$ MPa

2.4-7 (b) $\sigma_a = 10.6$ MPa (compression),
  $\sigma_s = 60.6$ MPa (tension)

2.4-8 (a) $R_A = 2R_D = 2P/3$; (b) $\delta_B = 2\delta_C = PL/6EA_1$

2.4-9 (a) $R_A = 10.5$ kN to the left;
  $R_D = 2.0$ kN to the right;
  (b) $F_{BC} = 15.0$ kN (compression)

2.4-10 (a) $P_1 = PE_1/(E_1 + E_2)$;
  (b) $e = b(E_2 - E_1)/[2(E_2 + E_1)]$; (c) $\sigma_1/\sigma_2 = E_1/E_2$

2.4-11 (a) $R_A = (37/70)\,\rho g AL$, $R_C = (19/70)\,\rho g AL$
  (b) $\delta_B = (-24/175)\,\rho g L^2/E$
  (c) $\sigma_B = -\rho g L/14$, $\sigma_C = -19\,\rho g L/35$

2.4-12 $d_2 = 9.28$ mm, $L_2 = 1.10$ m

2.4-13 (a) $P_{\text{allow}} = 1504$ N; (b) $P_{\text{allow}} = 820$ N;
  (c) $P_{\text{allow}} = 703$ N

2.4-14 (a) $\sigma_C = 50.0$ MPa, $\sigma_D = 60.0$ MPa;
  (b) $\delta_B = 0.320$ mm

2.4-15 $\delta_{AC} = 0.176$ mm

2.4-16 $\sigma_s = 58.9$ MPa, $\sigma_b = 28.0$ MPa, $\sigma_c = 33.6$ MPa

2.4-17 $P_{\text{max}} = 1800$ N

2.5-1 $\delta = 5$ mm

2.5-2 (a) $\Delta T = 24°$C; (b) clevis: $\sigma_{bc} = 42.4$ MPa;
  washer: $\sigma_{bw} = 74.1$ MPa

2.5-3 $\sigma = 100.8$ MPa

2.5-4 $T = 40.3°$C

2.5-5 $\Delta T = 90°$C

2.5-6 $\Delta T = 34°$C

2.5-7 (a) $\sigma_c = E\alpha(\Delta T_B)/4$
  (b) $\sigma_c = E\alpha(\Delta T_B)/[4(EA/kL + 1)]$

2.5-8 (a) $N = 51.8$ kN, max. $\sigma_c = 26.4$ MPa,
    $\delta_C = -0.314$ mm
  (b) $N = 31.2$ kN, max. $\sigma_c = 15.91$ MPa,
    $\delta_C = -0.546$ mm

2.5-9 (a) $T_A = 1760$ N, $T_B = 880$ N;
  (b) $T_A = 2008$ N, $T_B = 383$ N; (c) $177°$C

2.5-10 $\tau = 67.7$ MPa

2.5-11 $P_{\text{allow}} = 39.5$ kN

2.5-12 (a) $P_1 = 1027$ kN; $R_A = -249$ kN, $R_B = 249$ kN
  (b) $P_2 = 656$ kN; $R_A = -249$ kN, $R_B = 249$ kN
  (c) For P_1, $\tau_{\text{max}} = 93.8$ MPa; for P_2,
    $\tau_{\text{max}} = 133.33$ MPa
  (d) $\Delta T = 35$ °C; $R_A = 0$, $R_B = 0$
  (e) $R_A = -249$ kN, $R_B = 249$ kN

2.5-13 $s = PL/6EA$

2.5-14 (a) $\sigma = 98$ MPa; (b) $T = 35°$C

2.5-15 (a) $\sigma = -6.62$ MPa; (b) $F_k = 12.99$ kN (C);
  (c) $\sigma = -17.33$ MPa

2.5-16 $P_{\text{allow}} = 1.8$ MN

2.5-17 (a) $\sigma_p = -1.231$ MPa, $\sigma_r = 17.53$ MPa
  (b) $\sigma_b = 11.63$ MPa, $\tau_c = 1.328$ MPa

2.5-18 $T_B = 2541$ N, $T_C = 4623$ N

2.5-19 (a) $R_A = [-s + \alpha\,\Delta T\,(L_1 + L_2)]/[(L_1/EA_1)$
    $+ (L_2/EA_2) + (1/k_3)]$, $R_D = -R_A$
  (b) $\delta_B = \alpha\,\Delta T\,(L_1) - R_A\,(L_1/EA_1)$, $\delta_C = \alpha\,\Delta T$
    $(L_1 + L_2) - R_A\,[(L_1/EA_1) + (L_2/EA_2)]$

2.5-20 (a) $P_B = 25.4$ kN, $P_s = -P_B$
  (b) $S_{\text{reqd}} = 25.7$ mm (c) $\delta_{\text{final}} = 0.35$ mm

2.5-21 $\sigma_p = 25.0$ MPa

2.5-22 $\sigma_p = 15.0$ MPa

2.5-23 (a) $F_k = 727$ N; (b) $F_t = -727$ N;
  (c) $L_f = 304.8$ mm; (d) $\Delta T = -76.8$ °C

2.5-24 (a) $F_k = -727$ N; (b) $F_t = 727$ N;
  (c) $L_f = 305.2$ mm; (d) $\Delta T = 76.9°$C

2.5-25 $\sigma_s = 500$ MPa (tension),
  $\sigma_c = 10$ MPa (compression)

2.6-1 (a) $\sigma_{\text{max}} = 84.0$ MPa; (b) $\tau_{\text{max}} = 42.0$ MPa

2.6-2 (a) $\tau_{\text{max}} = 84.7$ MPa; (b) $\Delta T_{\text{max}} = -17.38°$C;
  (c) $\Delta T = +42.7°$C

2.6-3 (a) $\Delta T_{\text{max}} = -46°$C; (b) $\Delta T = +9.93°$C

2.6-4 $d_{\text{min}} = 6.81$ mm

2.6-5 $P_{\text{max}} = 52$ kN

2.6-6 $P_{\text{max}} = 312.5$ kN

2.6-7 Element A: $\sigma_x = 105$ MPa (compression);
  Element B: $\tau_{\text{max}} = 52.5$ MPa

2.6-8 $N_{AB} = 400$ kN (C); (a) $\sigma_x = -73.7$ MPa;
  (b) $\sigma_\theta = -55.3$ MPa, $\tau_\theta = 31.9$ MPa;
  (c) $\sigma_\theta = -36.9$ MPa, $\tau_\theta = 36.9$ MPa

2.6-9 (a) $\sigma_{\text{max}} = 16.8$ MPa; (b) $\tau_{\text{max}} = 8.4$ MPa

2.6-10 (a) $\tau_{pq} = 4.85$ MPa; (b) $\sigma_{pq} = -8.7$ MPa,
  $\sigma(pq + \pi/2) = -2.7$ MPa; (c) $P_{\text{max}} = 127.7$ kN

2.6-11 (a) (1) $\sigma_x = -945$ kPa; (2) $\sigma_\theta = -807$ kPa,
    $\tau_\theta = 334$ kPa; (3) $\sigma_\theta = -472$ kPa, $\tau_\theta = 472$ kPa;
    $\sigma_{\text{max}} = -945$ kPa, $\tau_{\text{max}} = -472$ kPa
  (b) $\sigma_{\text{max}} = -378$ kPa, $\tau_{\text{max}} = -189$ kPa

2.6-12 (a) $\theta = 30°$, $\tau_\theta = -34.6$ MPa;
  (b) $\sigma_{\text{max}} = 80$ MPa, $\tau_{\text{max}} = 40$ MPa

2.6-13 (a) $\sigma_\theta = 0.57$ MPa, $\tau_\theta = -1.58$ MPa;
(b) $\alpha = 33.3°$; (c) $\alpha = 26.6°$

2.6-14 (a) $\Delta T_{max} = 31.3°C$; (b) $\sigma_{pq} = -21.0$ MPa (compression), $\tau_{pq} = 30$ MPa (CCW); (c) $\beta = 0.62$

2.6-15 $N_{AC} = 34.6$ kN; $d_{min} = 32.4$ mm

2.6-16 (a) $\theta = 30.96°$; (b) $P_{max} = 1.53$ kN

2.6-17 $\sigma_{\theta 1} = 54.9$ MPa, $\sigma_{\theta 2} = 18.3$ MPa, $\tau_\theta = -31.7$ MPa

2.6-18 $\sigma_{max} = 64.4$ MPa, $\tau_{max} = 34.7$ MPa

2.6-19 (a) $\Delta T_{max} = 11.7°C$; (b) $\Delta T_{max} = 13.5°C$

CHAPTER 2 추가 복습문제

R-2.1 $\delta_B = 0.053$ mm

R-2.2 $\delta_D = 0.942$ mm

R-2.3 $x = 3L/5$

R-2.4 $\delta = 3.09$ mm

R-2.5 $d_c/d_s = 1.323$

R-2.6 $P_{max} = 459$ kN

R-2.7 $\Delta T = 25.1$ °C

R-2.8 $\Delta T = 27.8$ °C

R-2.9 $P = 13.40$ kN

R-2.10 $\tau_{max} = 73.2$ MPa

R-2.11 $\tau_{max} = 58.5$ MPa

R-2.12 $\sigma_s = 81.0$ MPa

R-2.13 $\Delta T = +12.61$ °C

R-2.14 $P_{max} = 91.2$ kN

R-2.15 $\tau_{max} = 50.4$ MPa

CHAPTER 3

3.2-1 $L_{min} = 162.9$ mm

3.2-2 $d_{max} = 14$ mm

3.2-3 (a) $\gamma_1 = 393 \times 10^{-6}$ radians; (b) $r_{2,max} = 50.9$ mm

3.2-4 (a) $\gamma_1 = 388 \times 10^{-6}$ radians; (b) $(r_2)_{min} = 51.6$ mm

3.2-5 (a) $\gamma_1 = 175 \times 10^{-6}$ radians; (b) $(r_2)_{min} = 40.1$ mm

3.3-1 $T_{max} = 9164$ N·m

3.3-2 $L_{min} = 628$ mm

3.3-3 (a) $k_T = 2059$ N·m; (b) $\tau_{max} = 27.9$ MPa, $\gamma_{max} = 997 \times 10^{-6}$ radians

3.3-4 (a) $\tau_{max} = 23.8$ MPa; (b) $\theta = 9.12°/m$

3.3-5 (a) $\tau_{max} = 133$ MPa; (b) $\phi = 3.65°$

3.3-6 $\tau_{max} = 69.8$ MPa; $G = 28$ GPa; $\gamma_{max} = 2490 \times 10^{-6}$ radians

3.3-7 $T_{max} = 6.03$ N·m, $\phi = 2.20°$

3.3-8 $\tau_{max} = 54.0$ MPa

3.3-9 $\tau_{max} = 92.7$ MPa

3.3-10 (a) $\tau_2 = 25.7$ MPa; (b) $\tau_1 = 18.4$ MPa; (c) $\theta = 3.67 \times 10^{-3}$ rad/m $= 0.21°/m$

3.3-11 (a) $\tau_2 = 30.1$ MPa; (b) $\tau_1 = 20.1$ MPa; (c) $\theta = 0.306°/m$

3.3-12 $d_{min} = 63.3$ mm

3.3-13 (a) $T_{1,max} = 424$ N·m; (b) $T_{1,max} = 398$ N·m; (c) torque: 6.25%, weight: 25%

3.3-14 $d_{min} = 100$ mm

3.3-15 $d_{min} = 64.4$ mm

3.3-16 $r_2 = 35.25$ mm

3.3-17 (a) $\phi = 5.19°$; (b) $d = 88.4$ mm; (c) ratio $= 0.524$

3.4-1 $T_{allow} = 459$ N·m

3.4-2 $d = 77.5$ mm

3.4-3 (a) $\tau_{bar} = 79.6$ MPa, $\tau_{tube} = 32.3$ MPa; (b) $\phi_A = 9.43°$

3.4-4 (a) $\tau_{max} = 50.3$ MPa; (b) $\phi_C = 0.14°$

3.4-5 (a) $\tau_{max} = 66.0$ MPa; (b) $\phi_D = 2.45°$

3.4-6 (a) $d = 44.4$ mm; (b) $d = 51.5$ mm

3.4-7 $d_1 = 20.7$ mm

3.4-8 Minimum $d_B = 48.6$ mm

3.4-9 $d_B/d_A = 1.45$

3.4-10 $d_A = 63.7$ mm

3.4-11 $\phi = 3TL/2\pi Gtd_A^3$

3.4-12 (a) $R_1 = -3T/2$; (b) $T_1 = 1.5T$, $T_2 = 0.5T$; (c) $x = 7L/17$; (d) $\phi_2 = (12/17)(TL/GI_P)$

3.4-13
$$\phi_D = \frac{4Fd}{\pi G}\left[\frac{L_1}{t_{01}d_{01}^3} \right.$$
$$+ \int_0^{L_2} \frac{L_2^4}{(d_{01}L_2 - d_{01}x + d_{03}x)^3 (t_{01}L_2 - t_{01}x + t_{03}x)}dx$$
$$\left. + \frac{L_3}{t_{03}d_{03}^3} \right]$$
$$\phi_D = 0.133°$$

3.4-14 (a) $\phi = 2.48°$; (b) $\phi = 1.962°$

3.4-15 (a) $R_1 = \dfrac{-T}{2}$ (b) $\phi_3 = \dfrac{19}{8}\cdot\dfrac{TL}{\pi Gtd^3}$

3.4-16 $L_{max} = 4.42$ m; (b) $\phi = 170°$

3.4-17 $\tau_{max} = 16tL/\pi d^3$; (b) $\phi = 16tL^2/\pi Gd^4$

3.4-18 $\tau_{max} = 8t_AL/\pi d^3$; (b) $\phi = 16t_AL^2/3\pi Gd^4$

3.4-19 (a) $R_A = -\dfrac{T_0}{6}$

(b) $T_{AB}(x) = \left(\dfrac{T_0}{6} - \dfrac{x^2}{L^2}T_0\right)\ 0 \le x \le \dfrac{L}{2}$

$T_{BC}(x) = -\left[\left(\dfrac{x-L}{L}\right)^2 \cdot \dfrac{T_0}{3}\right]\ \dfrac{L}{2} \le x \le L$

(c) $\phi_C = \dfrac{T_0L}{144GI_P}$ (d) $\tau_{max} = \dfrac{8}{3\pi}\cdot\dfrac{T_0}{d_{AB}^3}$

3.4-20 (a) $T_{0,max} = \tau_{p,allow}\left(\dfrac{\pi d_2 d_p^2}{4}\right)$

(b) $T_{0,max} = \tau_{t,allow}\left[\dfrac{\pi(d_3^4 - d_2^4)}{16d_3}\right]$

$T_{0,max} = \tau_{t,allow}\left[\dfrac{\pi(d_2^4 - d_1^4)}{16d_2}\right]$

(c) $\phi_{C,\max} = \tau_{p,\text{allow}}\left(\dfrac{8d_2 d_p{}^2}{G}\right)$

$$\left[\dfrac{L_A}{\left(d_3{}^4 - d_2{}^4\right)} + \dfrac{L_B}{\left(d_2{}^4 - d_1{}^4\right)}\right]$$

$\phi_{C,\max} = \tau_{t,\text{allow}}\left(\dfrac{2\left(d_3{}^4 - d_2{}^4\right)}{Gd_3}\right)$

$$\left[\dfrac{L_A}{\left(d_3{}^4 - d_2{}^4\right)} + \dfrac{L_B}{\left(d_2{}^4 - d_1{}^4\right)}\right]$$

$\phi_{C,\max} = \tau_{t,\text{allow}}\left(\dfrac{2\left(d_2{}^4 - d_1{}^4\right)}{Gd_2}\right)$

$$\left[\dfrac{L_A}{\left(d_3{}^4 - d_2{}^4\right)} + \dfrac{L_B}{\left(d_2{}^4 - d_1{}^4\right)}\right]$$

3.5-1 (a) $d_1 = 60.0$ mm; (b) $\phi = 2.30°$,
$\gamma_{\max} = 1670 \times 10^{-6}$ radians

3.5-2 (a) $\sigma_{\max} = 48$ MPa; (b) $T = 8836$ N·m

3.5-3 (a) $\epsilon_{\max} = 320 \times 10^{-6}$; (b) $\sigma_{\max} = 51.2$ MPa;
(c) $T = 20.0$ kN·m

3.5-4 $T = 234$ N·m

3.5-5 $G = 30.0$ GPa

3.5-6 (a) $\tau_{\max} = 36.7$ MPa; (b) $\gamma_{\max} = 453 \times 10^{-6}$ radians

3.5-7 $d_{\min} = 37.7$ mm

3.5-8 $d_1 = 14.44$ mm

3.5-9 $d_2 = 79.3$ mm

3.5-10 (a) $\tau_{\max} = 23.9$ MPa; (b) $\gamma_{\max} = 884 \times 10^{-6}$ rad

3.7-1 (a) 20.2 MW; (b) Shear stress is halved

3.7-2 (a) $\tau_{\max} = 36.5$ MPa; (b) $d = 81.9$ mm

3.7-3 (a) $\tau_{\max} = 50.0$ MPa; (b) $d_{\min} = 32.3$ mm

3.7-4 $d_{\min} = 110$ mm

3.7-5 (a) $\tau_{\max} = 16.8$ MPa; (b) $P_{\max} = 267$ kW

3.7-6 $d = 90.3$ mm

3.7-7 $P_{\max} = 91.0$ kW

3.7-8 Minimum $d_1 = 1.221d$

3.7-9 $d = 53.4$ mm

3.7-10 $d = 69.1$ mm

3.8-1 (a) $x = L/4$; (b) $\phi_{\max} = T_0 L/8GI_P$

3.8-2 $\phi_{\max} = 2b\tau_{\text{allow}}/Gd$

3.8-3 $\phi_{\max} = 3T_0 L/5GI_P$

3.8-4 $(T_0)_{\max} = 107.2$ N·m

3.8-5 $(T_0)_{\max} = 150$ N·m

3.8-6 $P_{\text{allow}} = 2710$ N

3.8-7 $x = 753$ mm

3.8-8 (a) $a/L = d_A/(d_A + d_B)$; (b) $a/L = d_A^4/(d_A^4 + d_B^4)$

3.8-9 $T_A = t_0 L/6$, $T_B = t_0 L/3$

3.8-10 (a) $\tau_2 = 38.1$ MPa, $\tau_1 = 25.4$ MPa;
(b) $\phi = 0.48°$; (c) $k_T = 238.4$ kN·m

3.8-3 $\phi_{\max} = 3T_0 L/5GI_P$

3.8-4 $(T_0)_{\max} = 107.2$ N·m

3.8-5 $(T_0)_{\max} = 150$ N·m

3.8-6 $P_{\text{allow}} = 2710$ N

3.8-7 $x = 753$ mm

3.8-8 (a) $a/L = d_A/(d_A + d_B)$; (b) $a/L = d_A^4/(d_A^4 + d_B^4)$

3.8-9 $T_A = t_0 L/6$, $T_B = t_0 L/3$

3.8-10 (a) $\tau_2 = 38.1$ MPa, $\tau_1 = 25.4$ MPa;
(b) $\phi = 0.48°$; (c) $k_T = 238.4$ kN·m

3.8-11 (a) $\tau_1 = 32.7$ MPa, $\tau_2 = 49.0$ MPa;
(b) $\phi = 1.030°$; (c) $k_T = 22.3$ kN·m

3.8-12 $T_{\max} = 1135$ N·m

3.8-13 $T_{\max} = 1520$ N·m

3.8-14 (a) $T_{1,\text{allow}} = 9.51$ kN·m; (b) $T_{2,\text{allow}} = 6.35$ kN·m;
(c) $T_{3,\text{allow}} = 7.41$ kN·m; (d) $T_{\max} = 6.35$ kN·m

3.8-15 (a) $T_B = \dfrac{G\beta}{L}\left(\dfrac{I_{PA} I_{PB}}{I_{PA} + I_{PB}}\right)$ $\quad T_A = -T_B$

(b) $\beta_{\max} = \tau_{p,\text{allow}}\dfrac{L}{4G}\left[\left(\dfrac{I_{PB} + I_{PA}}{I_{PA} I_{PB}}\right) \cdot d_B \pi d_P{}^2\right]$

(c) $\beta_{\max} = \tau_{t,\text{allow}}\left(\dfrac{2L}{Gd_A}\right)\left(\dfrac{I_{PA} + I_{PB}}{I_{PB}}\right)$

$\beta_{\max} = \tau_{t,\text{allow}}\left(\dfrac{2L}{Gd_B}\right)\left(\dfrac{I_{PA} + I_{PB}}{I_{PA}}\right)$

(d) $\beta_{\max} = \sigma_{b,\text{allow}}\dfrac{L}{G}\left[\dfrac{\left(I_{PB} + I_{PA}\right)\left(d_A - t_A\right) \cdot d_P t_A}{I_{PA} I_{PB}}\right]$

$\beta_{\max} = \sigma_{b,\text{allow}}\dfrac{L}{G}\left[\dfrac{\left(I_{PB} + I_{PA}\right)\left(d_B - t_B\right) \cdot d_P t_B}{I_{PA} I_{PB}}\right]$

3.8-16 (a) $T_A = 1720$ N·m, $T_B = 2780$ N·m
(b) $T_A = 983$ N·m, $T_B = 3517$ N·m

CHAPTER 3 추가 복습문제

R-3.1 $G = 36.1$ GPa

R-3.2 $L_{\min} = 0.15$ m

R-3.3 $d = 82.0$ mm

R-3.4 $k_T = 3997$ N·m

R-3.5 $T_{1,\max} = 1795$ N·m

R-3.6 $d_{\max} = 12.28$ mm

R-3.7 $T_{\max} = 180$ N·m

R-3.8 $\tau_{\max} = 58.0$ MPa

R-3.9 $\sigma_{\max} = 40.7$ MPa

R-3.10 $d_2 = 91$ mm

R-3.11 $d = 46.3$ mm

R-3.12 $d_{\min} = 39.8$ mm

R-3.13 $P_{\max} = 312$ kW

R-3.14 $\tau_{\max} = 39.7$ MPa

CHAPTER 4

4.3-1 $V = 0$, $M = 0$

4.3-2 $V = 1.4$ kN, $M = 5.6$ kN·m

4.3-3 $V = 7.0$ kN, $M = -9.5$ kN·m

4.3-4 $V = -0.938$ kN, $M = 4.12$ kN·m

4.3-5 $b/L = 1/2$

4.3-6 $V = -11$ kN, $M = -19$ kN·m

4.3-7 $V = -1.0$ kN, $M = -7.0$ kN·m

4.3-8 $V = -4.17$ kN, $M = 75$ kN·m

4.3-9 $M = 108$ N·m

4.3-10 $N = P \sin\theta$, $V = P \cos\theta$, $M = Pr \sin\theta$

4.3-11 $V = -6.04$ kN, $M = 15.45$ kN·m

4.3-12 $P = 17.76$ kN

4.3-13 $N = 21.6$ kN (compression), $V = 7.2$ kN, $M = 50.4$ kN·m

4.3-14 (a) $V_B = 24$ kN, $M_B = 12$ kN·m; (b) $V_m = 0$, $M_m = 30$ kN·m

4.3-15 $V_{max} = 91wL^2\alpha/30g$, $M_{max} = 229wL^3\alpha/75g$

4.5-1 $V_{max} = qL/2$, $M_{max} = -3qL^2/8$

4.5-2 $V_{max} = P$, $M_{max} = Pa$

4.5-3 $V_{max} = M_0/L$, $M_{max} = M_0 a/L$

4.5-4 $V_{max} = 2M_1/L$, $M_{max} = 7 M_1/3$

4.5-5 $V_{max} = P$, $M_{max} = PL/4$

4.5-6 $V_{max} = -2P/3$, $M_{max} = 2PL/9$

4.5-7 $V_{max} = qL/2$, $M_{max} = 5qL^2/72$

4.5-8 $V_{max} = P/2$, $M_{max} = 3PL/8$

4.5-9 $V_{max} = P$, $M_{max} = -Pa$

4.5-10 $V_{max} = 4$ kN, $M_{max} = -13$ kN·m

4.5-11 $V_{max} = 4.5$ kN, $M_{max} = -11.33$ kN·m

4.5-12 $V_{max} = -q_0L/2$, $M_{max} = -q_0L^2/6$

4.5-13 $V_{max} = 15.34$ kN, $M_{max} = 9.80$ kN·m

4.5-14 $V_{max} = -7.81$ kN, $M_{max} = -5.62$ kN·m

4.5-15 $V_{max} = -904$ N, $M_{max} = 321$ N·m

4.5-16 $V_{max} = 1200$ N, $M_{max} = 960$ N·m

4.5-17 The first case has the larger maximum moment $\left(\dfrac{6}{5}PL\right)$

4.5-18 The third case has the larger maximum moment $\left(\dfrac{6}{5}PL\right)$

4.5-19 Two cases have the same maximum moment (PL)

4.5-20 $V_{max} = 4000$ N, $M_{max} = -4000$ N·m

4.5-21 $V_{max} = -10.0$ kN, $M_{max} = 16.0$ kN·m

4.5-22 $M_{Az} = -PL$ (clockwise), $A_x = 0$, $A_y = 0$

$C_y = \dfrac{1}{12}P$ (upward), $D_y = \dfrac{1}{6}P$ (upward)

$V_{max} = P/6$, $M_{max} = PL$

4.5-23 $V_{max} = -62.0$ kN, $M_{max} = 64.0$ kN·m

4.5-24 $V_{max} = 4.6$ kN, $M_{max} = -6.24$ kN·m

4.5-25 $V_{max} = 33.0$ kN, $M_{max} = -61.2$ kN·m

4.5-26 $V_{max} = -3560$ N, $M_{max} = 6408$ N·m

4.5-27 $V_{max} = -2.8$ kN, $M_{max} = 1.450$ kN·m

4.5-28 $V_{max} = -1880$ N, $M_{max} = 1012$ N·m

4.5-29 $V_{max} = 2.5$ kN, $M_{max} = 5.0$ kN·m

4.5-30 $a = 0.586 L$, $V_{max} = 0.293 qL$, $M_{max} = 0.0214 qL^2$

4.5-31 $M_A = -q_0L^2/6$ (clockwise), $A_x = 0$, $B_y = q_0L/2$ (upward) $V_{max} = -q_0L/2$, $M_{max} = q_0L^2/6$

4.5-32 $M_{max} = 12$ kN·m

4.5-33 $M_{max} = M_{pos} = 3173$ N·m, $M_{neg} = -2856$ N·m

4.5-34 $V_{max} = -w_0L/3$, $M_{max} = -w_0L^2/12$

4.5-35 $M_A = -7w_0L^2/60$ (clockwise), $A_x = -3 w_0L/10$ (leftward) $A_y = -3 w_0L/20$ (downward) $C_y = w_0L/12$ (upward) $D_y = w_0L/6$ (upward) $V_{max} = -3w_0L/20$, $M_{max} = -7w_0L^2/60$

4.5-36 $A_x = 233$ N (rightward) $A_y = 936$ N (upward) $B_x = -233$ N (leftward) $N_{max} = -959$ N, $V_{max} = -219$ N, $M_{max} = 373$ N·m

4.5-37 (a) $x = 9.6$ m, $V_{max} = 28$ kN; (b) $x = 4.0$ m, $M_{max} = 78.4$ kN·m

4.5-38 (a) $A_x = -q_0L/2$ (leftward) $A_y = 17q_0L/18$ (upward) $D_x = -q_0L/2$ (leftward) $D_y = -4q_0L/9$ (downward) $M_D = 0$ $N_{max} = q_0L/2$, $V_{max} = 17q_0L/18$, $M_{max} = q_0L^2$

(b) $B_x = q_0L/2$ (rightward) $B_y = -q_0L/2 + 5q_0L/3 = 7q_0L/6$ (upward) $D_x = q_0L/2$ (rightward) $D_y = -5q_0L/3$ (downward) $M_D = 0$ $N_{max} = 5q_0L/3$, $V_{max} = 5q_0L/3$, $M_{max} = q_0L^2$

4.5-39 $M_A = 0$ $R_{Ay} = q_0L/6$ (upward) $R_{Cy} = q_0L/3$ (upward) $R_{Ax} = 0$ $N_{max} = -3w_0L/20$, $V_{max} = -w_0L/3$, $M_{max} = 8w_0L^2/125$

4.5-40 $M_A = 0$, $A_x = 0$ $A_y = -18.41$ kN (downward) $M_D = 0$ $D_x = -63.0$ kN (leftward) $D_y = 61.2$ kN (upward) $N_{max} = -61.2$ kN, $V_{max} = 63.0$ kN, $M_{max} = 756$ kN·m

CHAPTER 4 추가 복습문제

R-4.1 $P = 2.73$ kN

R-4.2 $M = 18.5$ kN·m

R-4.3 $M = 11.85$ kN·m

R-4.4 $M = 10.1$ kN·m

R-4.5 $M = -6.75$ kN·m

R-4.6 $M_C = 6.75$ kN·m

R-4.7 $M_B = 18.8$ kN·m

CHAPTER 5

5.4-1 $\rho = 68.8$ m; $\kappa = 1.455 \times 10^{-5}$ m^{-1}; $\delta = 29.1$ mm

5.4-2 $\epsilon_{max} = 1.6 \times 10^{-3}$

5.4-3 $\epsilon = 3.70 \times 10^{-4}$ (shortening)

5.4-4 $L_{min} = 3.93$ m

5.4-5 $\epsilon_{max} = 7.85 \times 10^{-3}$

5.4-6 $\epsilon = 640 \times 10^{-6}$

5.5-1 (a) $\sigma_{max} = 250$ MPa; (b) σ_{max} decreases 20%

5.5-2 (a) $\sigma_{max} = 203$ MPa; (b) σ_{max} increases 50%

5.5-3 (a) $\sigma_{max} = 8.63$ MPa; (b) $\sigma_{max} = 6.49$ MPa

5.5-4 (a) $\sigma_{max} = 186.2$ MPa; (b) σ_{max} increases 10%

5.5-5 $\sigma_{max} = 34$ MPa

5.5-6 $\sigma_{max} = 122.3$ MPa

5.5-7 $\sigma_{max} = 203$ MPa

5.5-8 $\sigma_{max} = 70.6$ MPa

5.5-9 $\sigma_{max} = 7.0$ MPa

5.5-10 $\sigma_{max} = 5.26$ MPa

5.5-11 $\sigma_{max} = 101$ MPa

5.5-12 (a) $\sigma_t = 30.93\ M/d^3$; (b) $\sigma_t = 360M/(73bh^2)$; (c) $\sigma_t = 85.24\ M/d^3$

5.5-13 $\sigma_{max} = 2.10$ MPa

5.5-14 $\sigma_{max} = 10.97\ M/d^3$

5.5-15 $\sigma_{max} = 147.4$ MPa

5.5-16 $\sigma_t = 30.5$ MPa; $\sigma_c = 111.7$ MPa

5.5-17 $\sigma_t = 101.3$ MPa; $\sigma_c = 180.0$ MPa

5.5-18 (a) $\sigma_c = 1.456$ MPa; $\sigma_t = 1.514$ MPa; (b) $\sigma_c = 1.666$ MPa $(+14\%)$; $\sigma_t = 1.381$ MPa (-9%); (c) $\sigma_c = 0.728$ MPa (-50%); $\sigma_t = 0.757$ MPa (-50%)

5.5-19 $\sigma_c = 61.0$ MPa; $\sigma_t = 35.4$ MPa

5.5-20 $\sigma_t = 132.9$ MPa; $\sigma_c = 99.8$ MPa

5.5-21 $\sigma_t = -\sigma_c = 23\ q_0\ L^2\ r/(27\ I)$

5.5-22 $d = 1.0$ m, $\sigma_{max} = 1.55$ MPa; $d = 2$ m, $\sigma_{max} = 7.52$ MPa

5.5-23 $\sigma_{max} = 3\rho L^2 a_0/t$

5.5-24 $\sigma = 25.1$ MPa, 17.8 MPa, -23.5 MPa

5.5-25 (a) $F = 441$ N; (b) $\sigma_{max} = 257$ MPa

5.6-1 HE160B

5.6-2 HE180B

5.6-3 IPN260

5.6-4 $d_{min} = 100$ mm

5.6-5 $d_{min} = 11.47$ mm

5.6-6 50×250

5.6-7 $s_{max} = 450$ mm

5.6-8 $b_{min} = 150$ mm

5.6-9 $d_{min} = 31.6$ mm

5.6-10 $q_{0,allow} = 13.17$ kN/m

5.6-11 $h_{min} = 30.6$ mm

5.6-12 (a) $S_{reqd} = 249$ cm^3 (b) IPN220

5.6-13 $b = 152$ mm, $h = 202$ mm

5.6-14 $q_{max} = 10.28$ kN/m

5.6-15 (a) $q_{allow} = 8.01$ kN/m; (b) $q_{allow} = 2.18$ kN/m

5.6-16 $b = 259$ mm

5.6-17 $t = 13.61$ mm

5.6-18 $1 : 1.260 : 1.408$

5.6-19 (a) $b_{min} = 11.91$ mm; (b) $b_{min} = 11.92$ mm

5.6-20 $s_{max} = 1.73$ m

5.6-21 6.03%

5.6-22 (a) $\beta = 1/9$; (b) 5.35%

5.6-23 Increase when $d/h > 0.6861$; decrease when $d/h < 0.6861$

5.7-1 $\tau_{max} = 22.5$ MPa

5.7-2 $\tau_{max} = 500$ kPa

5.7-4 (a) $\tau_{max} = 731$ kPa, $\sigma_{max} = 4.75$ MPa (b) $\tau_{max} = 1462$ kPa, $\sigma_{max} = 19.01$ MPa

5.7-5 $M_{max} = 41.7$ kN·m

5.7-6 $P_{allow} = 6.75$ kN

5.7-7 (a) $M_{max} = 72.3$ N·m (b) $M_{max} = 9.02$ N·m

5.7-8 (a) $L_0 = h(\sigma_{allow}/\tau_{allow})$; (b) $L_0 = (h/2)(\sigma_{allow}/\tau_{allow})$

5.7-9 (a) $P = 38.0$ kN; (b) $P = 35.6$ kN

5.7-10 (a) 150 mm $\times$ 300 mm beam (b) 200 mm $\times$ 300 mm beam

5.7-11 (a) $b = 87.9$ mm (b) $b = 87.8$ mm

5.7-12 (a) $w_1 = 9.46$ kN/m^2; (b) $w_2 = 19.88$ kN/m^2; (c) $w_{allow} = 9.46$ kN/m^2

5.8-1 (a) $W = 28.6$ kN; (b) $W = 38.7$ kN

5.8-2 $d_{min} = 158$ mm

5.8-3 (a) $d = 266$ mm; (b) $d = 64$ mm

5.8-4 (a) $d = 328$ mm; (b) $d = 76.4$ mm

5.9-1 (a) $\tau_{max} = 28.4$ MPa; (b) $\tau_{min} = 21.9$ MPa; (c) $\tau_{aver} = 27.4$ MPa; (d) $V_{web} = 119.7$ kN

5.9-2 (a) $\tau_{max} = 41.9$ MPa; (b) $\tau_{min} = 31.2$ MPa; (c) $\tau_{aver} = 40.1$ MPa, ratio $= 1.045$; (d) $V_{web} = 124.3$ kN, ratio $= 0.956$

5.9-3 (a) $\tau_{max} = 32.3$ MPa; (b) $\tau_{min} = 21.4$ MPa; (c) $\tau_{aver} = 29.2$ MPa; (d) $V_{web} = 196.1$ kN

5.9-4 (a) $\tau_{max} = 38.6$ MPa; (b) $\tau_{min} = 34.5$ MPa; (c) $\tau_{aver} = 42.0$ MPa, ratio $= 0.919$; (d) $V_{web} = 39.9$ kN, ratio $= 0.886$

5.9-5 (a) $\tau_{max} = 28.4$ MPa; (b) $\tau_{min} = 19.35$ MPa;
(c) $\tau_{aver} = 26.0$ MPa; (d) $V_{web} = 58.6$ kN

5.9-6 (a) $\tau_{max} = 19.01$ MPa; (b) $\tau_{min} = 16.21$ MPa;
(c) $\tau_{aver} = 19.66$ MPa, ratio = 0.967;
(d) $V_{web} = 82.7$ kN, ratio = 0.919

5.9-7 IPN220

5.9-8 $q_{max} = 151.8$ kN/m

5.9-9 (a) $q_{max} = 184.7$ kN/m (b) $q_{max} = 247$ kN/m

5.9-10 $\tau_{max} = 10.17$ MPa, $\tau_{min} = 7.38$ MPa

5.9-11 $V = 273$ kN

5.9-12 $\tau_{max} = 13.87$ MPa

5.9-13 $\tau_{max} = 19.7$ MPa

5.10-1 (a) $M_{max} = 58.7$ kN·m; (b) $M_{max} = 90.9$ kN·m

5.10-2 $\sigma_{face} = \pm21.17$ MPa, $\sigma_{core} = \pm5.29$ MPa

5.10-3 (a) $M_{max} = 20.8$ kN·m; (b) $M_{max} = 11.7$ kN·m

5.10-4 (a) $\sigma_w = 4.99$ MPa, $\sigma_s = 109.7$ MPa
(b) $q_{max} = 3.57$ kN/m
(c) $M_{0,max} = 2.44$ kN·m

5.10-5 $M_{allow} = \dfrac{\pi d^3 \sigma_s}{2592}\left(65 + 16\dfrac{E_b}{E_s}\right)$

5.10-6 (a) $\sigma_{face} = 26.2$ MPa, $\sigma_{core} = 0.0$ MPa;
(b) $\sigma_{face} = 26.7$ MPa, $\sigma_{core} = 0$

5.10-7 (a) $\sigma_{face} = 14.1$ MPa, $\sigma_{core} = 0.21$ MPa;
(b) $\sigma_{face} = 14.9$ MPa, $\sigma_{core} = 0$

5.10-8 $M_{allow} = 768$ N·m
(b) $\sigma_{face} = 26.73$ MPa, $\sigma_{core} = 0$

5.10-9 $\sigma_w = 5.1$ MPa (comp.), $\sigma_s = 37.6$ MPa (tens.)

5.10-10 $\sigma_a = 3753$ kPa, $\sigma_c = 4296$ kPa

5.10-11 $Q_{0,max} = 15.53$ kN/m

5.10-12 (a) $\sigma_{plywood} = 7.29$ MPa, $\sigma_{pine} = 6.45$ MPa
(b) $q_{max} = 1.43$ kN/m

5.10-13 $t_{min} = 15.0$ mm

5.10-14 (a) $M_{max} = 103$ kN·m (b) $M_{max} = 27.2$ kN·m

5.10-15 $\sigma_s = 49.9$ MPa, $\sigma_w = 1.9$ MPa

5.10-16 (a) $q_{allow} = 11.98$ kN/m
(b) $\sigma_{wood} = 1.10$ MPa, $\sigma_{steel} = 55.8$ MPa

5.10-17 $\sigma_a = 4529$ kPa, $\sigma_p = 175$ kPa

5.10-18 $\sigma_a = 12.14$ MPa, $\sigma_p = 0.47$ MPa

5.10-19 $\sigma_s = 93.5$ MPa

5.10-20 (a) $q_{allow} = 4.16$ kN/m
(b) $q_{allow} = 4.39$ kN/m

5.10-21 $M_{max} = 10.4$ kN·m

5.10-22 $S_A = 50.6$ mm^3; Metal A

5.10-23 $M_{allow} = 16.2$ kN·m

5.10-24 $\sigma_{steel} = 77.8$ MPa,
$\sigma_{concrete} = 6.86$ MPa

CHAPTER 5 추가 복습문제

R-5.1 $d_{reqd} = 5.13$ cm

R-5.2 $d_{reqd} = 5.50$ cm

R-5.3 $\varepsilon_{max} = 1.248 \times 10^{-3}$

R-5.4 $\sigma_{max} = 118.6$ MPa

R-5.5 $\sigma_{max} = 59.0$ MPa

R-5.6 $\sigma_{max} = 11.4$ MPa

R-5.7 ratio = 9/5

R-5.8 $\tau_{max} = 24.0$ MPa

R-5.9 $\sigma_{max} = 15.9$ MPa

R-5.10 $P_{max} = 434$ N

R-5.11 $q_{max} = 130.0$ kN/m

R-5.12 ratio = 0.795

R-5.13 $\sigma_{max,s} = 98.4$ MPa

R-5.14 $M_{allow} = 4.26$ kN·m

R-5.15 ratio = 0.72

R-5.16 $M_{allow} = 1230$ N·m

CHAPTER 6

6.2-1 For $\theta = 50°$: $\sigma_{x1} = 56.2$ MPa, $\tau_{x1y1} = -13.3$ MPa,
$\sigma_{y1} = 23.8$ MPa

6.2-2 For $\theta = 50°$: $\sigma_{x1} = -25.8$ MPa,
$\tau_{x1y1} = 17.6$ MPa, $\sigma_{y1} = -82.7$ MPa

6.2-3 For $\theta = 30°$: $\sigma_{x1} = 119.2$ MPa, $\tau_{x1y1} = 5.30$ MPa

6.2-4 For $\theta = 52°$: $\sigma_{x1} = -136.6$ MPa,
$\tau_{x1y1} = -84.0$ MPa, $\sigma_{y1} = 16.59$ MPa

6.2-5 For $\theta = 30°$: $\sigma_{x1} = -19.8$ MPa,
$\tau_{x1y1} = -100.1$ MPa, $\sigma_{y1} = 59.2$ MPa

6.2-6 For $\theta = 41°$: $\sigma_{x1} = -66.9$ MPa, $\tau_{x1y1} = 23.3$ MPa,
$\sigma_{y1} = -2$ MPa

6.2-7 For $\theta = -42.5°$: $\sigma_{x1} = -51.9$ MPa,
$\tau_{x1y1} = -14.6$ MPa

6.2-8 For $\theta = -35°$: $\sigma_{x1} = -6.4$ MPa,
$\tau_{x1y1} = -18.9$ MPa

6.2-9 $\sigma_w = 8.40$ MPa, $\tau_w = -4.27$ MPa

6.2-10 $\sigma_w = 10.0$ MPa, $\tau_w = -5.0$ MPa

6.2-11 For $\theta = 30°$: $\sigma_{x1} = 4.0$ MPa, $\tau_{x1y1} = -2.0$ MPa,
$\sigma_{y1} = 5.0$ MPa

6.2-12 Normal stress on seam, 1440 kPa tension. Shear
stress, 1030 kPa clockwise.

6.2-13 $\sigma_x = -237$ MPa, $\sigma_y = -143$ MPa,
$\tau_{xy} = -94.7$ MPa

6.2-14 $\sigma_x = 56.5$ MPa, $\sigma_y = -18.3$ MPa,
$\tau_{xy} = -32.6$ MPa

6.2-15 $\theta = 60°$ and $\theta = -60°$

6.2-16 $\theta = 38.7°$

6.2-17 $\sigma_y = -60.7$ MPa, $\tau_{xy} = -27.9$ MPa

6.2-18 $\sigma_y = 43.7$ MPa, $\tau_{xy} = 20.5$ MPa

6.2-19 $\sigma_b = -35.0$ MPa, $\tau_b = 32.9$ MPa, $\theta_1 = 44.6°$

6.3-1 $\sigma_1 = 62.4$ MPa, $\theta_{p1} = 31.7°$

6.3-2 $\sigma_1 = 120$ MPa, $\theta_{p1} = 35.2°$

6.3-3 $\sigma_1 = 69.0$ MPa, $\theta_{p1} = -8.57°$

6.3-4 $\sigma_1 = 53.6$ MPa, $\theta_{p1} = -14.18°$

6.3-5 $\tau_{max} = 102.0$ MPa, $\theta_{s1} = -54.5°$

6.3-6 $\tau_{max} = 19.3$ MPa, $\theta_{s1} = 61.4°$

6.3-7 $\tau_{max} = 40.0$ MPa, $\theta_{s1} = 68.2°$

6.3-8 $\tau_{max} = 26.7$ MPa, $\theta_{s1} = 19.08°$

6.3-9 (a) $\sigma_1 = 27.8$ MPa, $\theta_{p1} = 116.4°$;
(b) $\tau_{max} = 70.3$ MPa, $\theta_{s1} = 71.4°$

6.3-10 (a) $\sigma_1 = 62.4$ MPa, $\theta_{p1} = 31.7°$;
(b) $\tau_{max} = 5.4$ MPa, $\theta_{s_1} = -55.9°$

6.3-11 (a) $\sigma_1 = 2262$ kPa, $\theta_{p1} = -13.70°$;
(b) $\tau_{max} = 1000$ kPa, $\theta_{s1} = -58.7°$

6.3-12 (a) $\sigma_1 = 111.5$ MPa, $\theta_{p1} = 7.02°$;
(b) $\tau_{max} = 49.5$ MPa, $\theta_{s1} = -38.0°$

6.3-13 (a) $\sigma_1 = 26.2$ MPa, $\theta_{p1} = -22.0°$;
(b) $\tau_{max} = 11.49$ MPa, $\theta_{s1} = -67.0°$

6.3-14 (a) $\sigma_1 = 0.405$ MPa, $\theta_{p1} = 26.7°$;
(b) $\tau_{max} = 51.7$ MPa, $\theta_{s1} = -18.33°$

6.3-15 (a) $\sigma_1 = 76.3$ MPa, $\theta_{p1} = 107.5°$;
(b) $\tau_{max} = 101.3$ MPa, $\theta_{s1} = 62.5°$

6.3-16 (a) $\sigma_1 = 29.2$ MPa, $\theta_{p1} = -17.98°$;
(b) $\tau_{max} = 66.4$ MPa, $\theta_{s1} = -63.0°$

6.3-17 18.7 MPa $\leq \sigma_x \leq 65.3$ MPa

6.3-18 17 MPa $\leq \sigma_y \leq 76.5$ MPa

6.3-19 (a) $\sigma_y = 11.7$ MPa; (b) $\sigma_1 = 33.0$ MPa, $\theta_{p1} = 63.2°$

6.3-20 (a) $\sigma_y = 64.8$ MPa;
(b) $\sigma_2 = -39.4$ MPa, $\theta_{p2} = -74.8°$

6.4-1 (a) For $\theta = -27°$: $\sigma_{x1} = 38.9$ MPa,
$\tau_{x1y1} = 19.8$ MPa;
(b) $\tau_{max} = 24.5$ MPa, $\theta_{s1} = -45.0°$

6.4-2 (a) For $\theta = 21.8°$: $\sigma_{x1} = 11.31$ MPa,
$\tau_{x1y1} = -28.3$ MPa;
(b) $\tau_{max} = 41$ MPa, $\theta_{s1} = -45.0°$

6.4-3 (a) For $\theta = 25°$: $\sigma_{x1} = -36.0$ MPa,
$\tau_{x1y1} = 25.7$ MPa;
(b) $\tau_{max} = 33.5$ MPa, $\theta_{s1} = 45.0°$

6.4-4 (a) For $\theta = 26.6°$: $\sigma_{x1} = -32$ MPa,
$\tau_{x1y1} = 16$ MPa;
(b) $\tau_{max} = 20$ MPa, $\theta_{s1} = -45.0°$

6.4-5 (a) For $\theta = 75°$: $\sigma_{x1} = 16$ MPa,
$\tau_{x1y1} = -27.7$ MPa;
(b) $\sigma_1 = 32$ MPa, $\theta_{p1} = 45.0°$

6.4-6 (a) For $\theta = 60°$: $\sigma_{x1} = 1.75$ MPa,
$\tau_{x1y1} = -15.16$ MPa;
(b) $\tau_{max} = 17.5$ MPa, $\theta_{s1} = -45.0°$

6.4-7 (a) For $\theta = 21.80°$:
$\sigma_{x1} = -17.1$ MPa,
$\tau_{x1y1} = 29.7$ MPa;
(b) $\tau_{max} = 43.0$ MPa, $\theta_{s1} = 45.0°$

6.4-8 (a) For $\theta = 36.9°$: $\sigma_{x1} = 26.4$ MPa,
$\tau_{x1y1} = 7.70$ MPa;
(b) $\sigma_1 = 27.5$ MPa, $\theta_{p1} = 45.0°$

6.4-9 (a) For $\theta = 22.5°$: $\sigma_{x1} = -10.25$ MPa,
$\tau_{x1y1} = -10.25$ MPa;
(b) $\sigma_1 = 14.50$ MPa, $\theta_{p1} = 135.0°$

6.4-10 For $\theta = -55°$: $\sigma_{x1} = 95.0$ MPa,
$\tau_{x1y1} = -23.8$ MPa

6.4-11 For $\theta = -33°$: $\sigma_{x1} = -61.7$ MPa,
$\tau_{x1y1} = -51.7$ MPa

6.4-12 For $\theta = 35°$: $\sigma_{x1} = 46.4$ MPa, $\tau_{x1y1} = -9.81$ MPa

6.4-13 For $\theta = 40°$: $\sigma_{x1} = 27.5$ MPa,
$\tau_{x1y1} = -5.36$ MPa

6.4-14 For $\theta = 75°$: $\sigma_{x1} = -5.25$ MPa, $\tau_{x1y1} = 23.8$ MPa

6.4-15 For $\theta = 18°$: $\sigma_{x1} = -8.70$ MPa, $\tau_{x1y1} = 3.65$ MPa

6.4-16 (a) $\sigma_1 = 3.43$ MPa, $\theta_{p1} = -19.68°$;
(b) $\tau_{max} = 15.13$ MPa, $\theta_{s1} = -64.7°$

6.4-17 (a) $\sigma_1 = 18.2$ MPa, $\theta_{p1} = 123.3°$;
(b) $\tau_{max} = 15.4$ MPa, $\theta_{s1} = 78.3°$

6.4-18 (a) $\sigma_1 = -51.1$ MPa, $\theta_{p1} = -32.6°$;
(b) $\tau_{max} = 58.4$ MPa, $\theta_{s1} = 102.4°$

6.4-19 (a) $\sigma_1 = 17.71$ MPa, $\theta_{p1} = 31.2°$;
(b) $\tau_{max} = 23.7$ MPa, $\theta_{s1} = -13.82°$

6.4-20 (a) $\sigma_1 = 54.4$ MPa, $\theta_{p1} = 63.2°$;
(b) $\tau_{max} = 26.1$ MPa, $\theta_{s1} = 18.21°$

6.4-21 (a) $\sigma_1 = 59.7$ MPa, $\theta_{p1} = 9.51°$;
(b) $\tau_{max} = 30.7$ MPa, $\theta_{s1} = -35.5°$

6.4-22 (a) $\sigma_1 = 10865$ kPa, $\theta_{p1} = 115.2°$;
(b) $\tau_{max} = 4865$ kPa, $\theta_{s1} = 70.2°$

6.4-23 (a) $\sigma_1 = 40.0$ MPa, $\theta_{p1} = 68.8°$;
(b) $\tau_{max} = 40.0$ MPa, $\theta_{s1} = 23.8°$

6.5-1 (a) $\epsilon_z = -\nu(\epsilon_x + \epsilon_y)/(1 - \nu)$;
(b) $e = (1 - 2\nu)(\epsilon_x + \epsilon_y)/(1 - \nu)$

6.5-2 $\Delta t = -443 \times 10^{-6}$ mm (decrease)

6.5-3 $\sigma_x = 114.1$ MPa, $\sigma_y = 60.2$ MPa,
$\Delta t = -2610 \times 10^{-6}$ mm (decrease)

6.5-4 (a) $\gamma_{max} = 715 \times 10^{-6}$;
(b) $\Delta t = -2100 \times 10^{-6}$ mm (decrease);
(c) $\Delta V = 896$ mm^3 (increase)

6.5-5 $\nu = 0.35$, $E = 45$ GPa

6.5-6 $\nu = 0.36$, $E = 209$ GPa

6.5-7 (a) $\gamma_{max} = 1520 \times 10^{-6}$
(b) $\Delta t = -4714 \times 10^{-6}$ mm (decrease)
(c) $\Delta V = 364$ mm^3

6.5-8 $\Delta V = -1018$ mm^3 (decrease)

6.5-9 $\Delta V = -56$ mm^3 (decrease)

6.5-10 (a) $\Delta ac = 0.0745$ mm (increase);
(b) $\Delta bd = -0.000560$ mm (decrease);
(c) $\Delta t = -0.00381$ mm (decrease);
(d) $\Delta V = 573$ mm^3 (increase)

6.5-11 $\Delta V = 2640$ mm^3 (increase)

6.5-12 $\Delta V = 734$ mm^3 (increase)

6.6-1 (a) $\sigma_x = -45.3$ MPa, $\sigma_y = \sigma_z = -23.4$ MPa;
(b) $\tau_{max} = 11$ MPa;
(c) $\Delta V = -202$ mm^3 (decrease)

6.6-2 (a) $\sigma_x = -64.8$ MPa, $\sigma_y = \sigma_z = -43.2$ MPa;
(b) $\tau_{max} = 10.8$ MPa;
(c) $\Delta V = -532$ mm^3 (decrease)

6.6-3 (a) $\tau_{max} = 55$ MPa;
(b) $\Delta a = 0.1604$ mm,
$\Delta b = -0.0806$ mm,
$\Delta c = -0.0249$ mm;
(c) $\Delta V = 136.6$ mm^3 (increase)
6.6-4 (a) $\tau_{max} = 10.0$ MPa;
(b) $\Delta a = -0.0540$ mm (decrease),
$\Delta b = -0.0075$ mm (decrease),
$\Delta c = -0.0075$ mm (decrease);
(c) $\Delta V = -1890$ mm^3 (decrease)
6.6-5 (a) $p = \nu F/[A(1 - \nu)]$;
(b) $\delta = FL(1 + \nu)(1 - 2\nu)/[EA(1 - \nu)]$
6.6-6 $K = 40$ GPa
6.6-7 $K = 5.0$ GPa
6.6-8 $\Delta d = 26.9 \times 10^{-3}$ mm (decrease);
$\Delta V = 3310$ mm^3 (decrease)
6.6-9 (a) $p = \nu p_0$; (b) $e = -p_0(1 + \nu)(1 - 2\nu)/E$
6.6-10 $\epsilon_0 = 267 \times 10^{-6}$, $e = 800 \times 10^{-6}$
6.6-11 (a) $p = 700$ MPa; (b) $K = 175$ GPa

CHAPTER 6 추가 복습문제
R-6.1 $\tau_{max} = 67.3$ MPa
R-6.2 ratio = 0.15
R-6.3 ratio = 0.85
R-6.4 ratio = 2.86
R-6.5 $\sigma_y = 26.1$ MPa
R-6.6 ratio = 40.7
R-6.7 $\sigma_y = 23.2$ MPa
R-6.8 ratio = 17.9

CHAPTER 7
7.2-1 $\sigma_{max} = 2.88$ MPa, $\epsilon_{max} = 0.452$
7.2-2 $\sigma_{max} = 4.17$ MPa, $\epsilon_{max} = 0.655$
7.2-3 $t_{min} = 101.8$ mm
7.2-4 $t = 93.8$ mm, $t_{min} = 94$ mm
7.2-5 $F = 16.76$ kN, $\sigma = 4.8$ MPa
7.2-6 (a) $f = 5100$ kN/m (b) $\tau_{max} = 51$ MPa
(c) $\epsilon_{max} = 344 \times 10^{-6}$
7.2-7 (a) $f = 5.5$ MN/m (b) $\tau_{max} = 57.3$ MPa
(c) $\epsilon_{max} = 3.87 \times 10^{-4}$
7.2-8 $p = 2.93$ MPa
7.2-9 $D_0 = 26.6$ m
7.2-10 $t_{min} = 12.86$ mm
7.2-11 $t_{min} = 6.7$ mm
7.3-1 (a) $h = 22.2$ m (b) zero
7.3-2 $t_{min} = 6.43$ mm
7.3-3 $F = 3\pi pr^2$
7.3-4 $n = 2.38$
7.3-5 $\epsilon_{max} = 6.56 \times 10^{-5}$
7.3-6 $p = 350$ kPa
7.3-7 (a) $h = 7.24$ m, (b) $\sigma_1 = 817$ kPa

7.3-8 $t_{min} = 2.53$ mm
7.3-9 $t_{min} = 3.71$ mm
7.3-10 (a) $t_{min} = 6.25$ mm (b) $t_{min} = 3.12$ mm
7.3-11 (a) $\sigma_h = 24.9$ MPa (b) $\sigma_c = 49.7$ MPa
(c) $\sigma_w = 24.9$ MPa (d) $\tau_h = 12.43$ MPa
(e) $\tau_c = 24.9$ MPa
7.3-12 (a) $\sigma_1 = 93.3$ MPa, $\sigma_2 = 46.7$ MPa
(b) $\tau_1 = 23.2$ MPa, $\tau_2 = 46.7$ MPa
(c) $\epsilon_1 = 3.97 \times 10^{-4}$, $\epsilon_2 = 9.33 \times 10^{-5}$
(d) $\theta = 35°$, $\sigma_{x_1} = 62.0$ MPa,
$\sigma_{y_1} = 78.0$ MPa, $\tau_{x_1y_1} = 21.9$ MPa
7.3-13 (a) $\sigma_1 = 42$ MPa, $\sigma_2 = 21$ MPa
(b) $\tau_1 = 10.5$ MPa, $\tau_2 = 21$ MPa
(c) $\epsilon_1 = 178.5 \times 10^{-6}$, $\epsilon_2 = 42 \times 10^{-6}$
(d) $\theta = 15°$, $\sigma_{x1} = 22.4$ MPa, $\tau_{x_1y_1} = 5.25$ MPa
7.4-1 $d_{min} = 48.4$ mm
7.4-2 $\sigma_t = 44.8$ MPa, $\sigma_c = -47.7$ MPa, $\tau_{max} = 23.9$ MPa
7.4-3 $\sigma_t = 16.43$ MPa, $\sigma_c = -41.4$ MPa,
$\tau_{max} = 28.9$ MPa
7.4-4 $P = 815$ kN
7.4-5 $\sigma_t = 32.0$ MPa, $\sigma_c = -73.7$ MPa, $\tau_{max} = 52.8$ MPa
7.4-6 $t = 3$ mm
7.4-7 $p_{max} = 9.60$ MPa
7.4-8 at A: $\sigma_t = 298$ MPa, $\sigma_c = -15.45$ MPa,
$\tau_{max} = 156.9$ MPa
at B: $\sigma_t = 289$ MPa, $\sigma_c = -98.5$ MPa,
$\tau_{max} = 193.6$ MPa
7.4-9 $\phi_{max} = 0.552$ rad = 31.6°
7.4-10 (a) $\sigma_{max} = 56.4$ MPa, $\tau_{max} = 18.9$ MPa;
(b) $T_{max} = 231$ kN·m
7.4-11 $\sigma_t = 21.6$ MPa, $\sigma_c = -9.4$ MPa, $\tau_{max} = 15.5$ MPa
7.4-12 $d = 36.5$ mm
7.4-13 $\sigma_t = 29.15$ qR^2/d^3, $\sigma_c = -8.78$ qR^2/d^3,
$\tau_{max} = 18.97$ qR^2/d^3
7.4-14 $P = 34.1$ kN
7.4-15 $\tau_A = 76.0$ MPa, $\tau_B = 19.94$ MPa,
$\tau_C = 23.7$ MPa
7.4-16 (a) $\sigma_x = 0$, $\sigma_y = 36.9$ MPa, $\tau_{xy} = 1.863$ MPa
(b) $\sigma_1 = 37$ MPa, $\sigma_c = -0.1$ MPa,
$\tau_{max} = 18.5$ MPa
7.4-17 (a) $\sigma_{max} = 40.0$ MPa, $\tau_{max} = 20.1$ MPa
(b) $P_{allow} = 3.18$ kN
7.4-18 $\sigma_t = 74.2$ MPa; no compressive stresses;
$\tau_{max} = 37.1$ MPa
7.4-19 Pure shear $\tau_{max} = 0.804$ MPa
7.4-20 Maximum $\sigma_t = 18.35$ MPa, $\sigma_c = -18.35$ MPa,
$\tau_{max} = 9.42$ MPa
7.4-21 (a) $\sigma_1 = 31.2$ MPa, $\sigma_2 = -187.2$ MPa,
$\tau_{max} = 109.2$ MPa
(b) $\sigma_1 = 184.8$ MPa, $\sigma_2 = -35.2$ MPa,
$\tau_{max} = 110.0$ MPa

7.4-22 (a) $\sigma_1 = 0$, $\sigma_2 = -148.1$ MPa, $\tau_{max} = 74.0$ MPa
(b) $\sigma_1 = 7.0$ MPa, $\sigma_2 = -155.1$ MPa,
$\tau_{max} = 81.1$ MPa

7.4-23 Top of beam
$\sigma_1 = 64.8$ MPa, $\sigma_2 = 0$,
$\tau_{max} = 32.4$ MPa

CHAPTER 7 추가 복습문제

R-7.1 $h = 18.3$ m

R-7.2 $\tau_{max} = 57.7$ MPa

R-7.3 $t_{min} = 10.54$ mm

R-7.4 $t_{min} = 11.0$ mm

R-7.5 $\tau_{max} = 18.8$ MPa

R-7.6 $p = 497$ kPa

R-7.7 $\sigma_{max} = 37.5$ MPa

R-7.8 $\varepsilon_L = 1.15 \times 10^{-4}$

R-7.9 $\sigma_{max} = 75.0$ MPa

R-7.10 $\sigma_{max} = 37.5$ MPa

R-7.11 $\tau_{max} = 37.5$ MPa

R-7.12 $\varepsilon_C = 4.50 \times 10^{-4}$

R-7.13 $\sigma = 77.7$ MPa

R-7.14 $p_{max} = 12.6$ MPa

R-7.15 $P_{max} = 286$ kN

CHAPTER 8

8.2-1 $q = q_0(1 - x/L)$; Triangular load, acting downward

8.2-2 (a) $q = q_0(L^2 - x^2)/L^2$; Parabolic load, acting downward;
(b) $R_A = 2q_0L/3$; $M_A = -q_0L^2/4$

8.2-3 $q = q_0 x/L$; Triangular load, acting downward

8.2-4 (a) $q = q_0 \sin \pi x/L$, Sinusoidal load;
(b) $R_A = R_B = q_0 L/\pi$; (c) $M_{max} = q_0 L^2/\pi^2$

8.3-1 $h = 96$ mm

8.3-2 $\delta_{max} = 6.5$ mm, $\theta = 4894 \times 10^{-6}$ rad $= 0.28°$

8.3-3 $L = 3.0$ m

8.3-4 $\delta/L = 1/320$

8.3-5 $E_g = 80.0$ GPa

8.3-6 $\delta_{max} = 15.4$ mm

8.3-7 Let $\beta = a/L$: $\dfrac{\delta_C}{\delta_{max}} = \dfrac{3\sqrt{3}(-1 + 8\beta - 4\beta^2)}{16(2\beta - \beta^2)^{3/2}}$
The deflection at the midpoint is close to the maximum deflection. The maximum difference is only 2.6%.

8.3-12 $v(x) = \dfrac{q_0 L}{24EI}\left(x^3 - 2Lx^2\right)$ for $0 \le x \le \dfrac{L}{2}$
$v(x) = \dfrac{-q_0}{960LEI}$

$\left(-160L^2 x^3 + 160L^3 x^2 + 80Lx^4 - 16x^5 \right.$
$\left. - 25L^4 x + 3L^5\right)$ for $\dfrac{L}{2} \le x \le L$
$\delta_B = \dfrac{7}{160}\dfrac{q_0 L^4}{EI}$; $\delta_C = \dfrac{1}{64}\dfrac{q_0 L^4}{EI}$

8.3-13 $v = -mx^2(3L - x)/6EI$, $\delta_B = mL^3/3EI$,
$\theta_B = mL^2/2EI$

8.3-14 $v(x) = -\dfrac{q}{48EI}\left(2x^4 - 12x^2 L^2 + 11L^4\right)$
$\delta_B = \dfrac{qL^4}{48EI}$

8.3-16 $v(x) = -\dfrac{PL}{10368EI}\left(-4104x^2 + 3565L^2\right)$
for $0 \le x \le \dfrac{L}{3}$
$v(x) = -\dfrac{P}{1152EI}\left(-648Lx^2 + 192x^3 \right.$
$\left. + 64L^2 x + 389L^3\right)$ for $\dfrac{L}{3} \le x \le \dfrac{L}{2}$
$v(x) = -\dfrac{P}{144EIL}\left(-72L^2 x^2 + 12Lx^3 + 6x^4 \right.$
$\left. + 5L^3 x + 49L^4\right)$ for $\dfrac{L}{2} \le x \le L$
$\delta_A = \dfrac{3565PL^3}{10368EI}$; $\delta_C = \dfrac{3109PL^3}{10368EI}$

8.3-17 $v(x) = \dfrac{q_0 x}{5760LEI}\left(200x^2 L^2 - 240x^3 L \right.$
$\left. + 96x^4 - 53L^4\right)$ for $0 \le x \le \dfrac{L}{2}$
$v(x) = \dfrac{-q_0 L}{5760EI}\left(40x^3 - 120Lx^2 + 83L^2 x - 3L^3\right)$
for $\dfrac{L}{2} \le x \le L$
$\delta_C = \dfrac{3q_0 L^4}{1280EI}$

8.4-2 $v = -M_0 x(L - x)^2/2LEI$;
$\delta_{max} = 2M_0 L^2/27EI$ (downward)

8.4-4 $v(x) = -\dfrac{q}{48EI}\left(2x^4 - 12x^2 L^2 + 11L^4\right)$
$\theta_B = -\dfrac{qL^3}{3EI}$

8.4-5 $v = -q_0 x^2(45L^4 - 40L^3 x + 15L^2 x^2 - x^4)/360L^2 EI$;
$\delta_B = 19q_0 L^4/360EI$; $\theta_B = q_0 L^3/15EI$

8.4-7 $v(x) = \dfrac{q_0}{120EIL}\left(x^5 - 5Lx^4 + 20L^3 x^2 - 16L^5\right)$
$\delta_{max} = \dfrac{2q_0 L^4}{15EI}$

8.4-8 $v(x) = -\dfrac{qL^2}{16EI}\left(x^2 - L^2\right)$ for $0 \le x \le L$
$v(x) = -\dfrac{q}{48EI}\left(-20L^3 x + 27L^2 x^2 - 12Lx^3 \right.$
$\left. + 2x^4 + 3L^4\right)$ for $L \le x \le \dfrac{3L}{2}$

$$\delta_C = \frac{9qL^4}{128EI}; \quad \theta_C = \frac{7qL^3}{48EI}$$

8.4-9 $v = -q_0x(3L^5 - 5L^3x^2 + 3Lx^4 - x^5)/90L^2EI;$
$\delta_{max} = 61q_0L^4/5760EI$

8.4-10 $v(x) = -\dfrac{q_0L^2}{480EI}\left(-20x^2 + 19L^2\right)$ for $0 \le x \le \dfrac{L}{2}$

$v(x) = -\dfrac{q_0}{960EIL}\left(80Lx^4 - 16x^5 - 120L^2x^3\right.$
$\left. + 40L^3x^2 - 25L^4x + 41L^5\right)$

for $\dfrac{L}{2} \le x \le L$

$\delta_A = \dfrac{19q_0L^4}{480EI}; \quad \theta_B = -\dfrac{13q_0L^3}{192EI}; \quad \delta_C = \dfrac{7q_0L^4}{240EI}$

8.5-1 $\theta_B = 7PL^2/9EI; \delta_B = 5PL^3/9EI$

8.5-2   (a) $\delta_1 = 11PL^3/144EI;$ (b) $\delta_2 = 25PL^3/384EI;$
(c) $\delta_1/\delta_2 = 88/75 = 1.173$

8.5-3   (a) $\delta_c = 6.25$ mm (upward)
(b) $\delta_c = 18.36$ mm (downward)

8.5-4   (a) $a/L = 2/3;$ (b) $a/L = 1/2$

8.5-5   (a) $\delta_A = PL^2(10L - 9a)/324EI$ (positive upward);
(b) Upward when $a/L < 10/9$, downward when
$a/L > 10/9$

8.5-6 $y = Px^2(L - x)^2/3LEI$

8.5-7 $\theta_B = 7qL^3/162EI; \delta_B = 23qL^4/648EI$

8.5-8 $\delta_C = 3.76$ mm, $\delta_B = 12.12$ mm

8.5-9 $\theta_B = q_0L^3/10EI, \delta_B = 13q_0L^4/180EI$

8.5-10 $\delta_C = 3.5$ mm

8.5-11   (a) $\delta_C = PH^2(L + H)/3EI;$
(b) $\delta_{max} = PHL^2/9\sqrt{3}EI$

8.5-12 $\delta = 19WL^3/31{,}104EI$

8.5-13 $M_1 = 7800$ N·m, $M_2 = 4200$ N·m

8.5-14 $\theta_A = q(L^3 - 6La^2 + 4a^3)/24EI;$
$\delta_{max} = q(5L^4 - 24L^2a^2 + 16a^4)/384EI$

8.5-15   (a) $P/Q = 9a/4L$
(b) $P/Q = 8a(3L + a)/9L^2$
(c) $P/qa = 9a/8L$ for $\delta_B = 0$;
$P/qa = a(4L + a)/3L^2$ for $\delta_D = 0$

8.5-16 $k = 640$ N/m

8.5-17 $\delta = \dfrac{6Pb^3}{EI}$

8.5-18 $\delta_E = \dfrac{47Pb^3}{12EI}$

8.5-19 $q = 16cEI/7L^4$

8.5-20 $\delta_C = 5.07$ mm

8.5-21   (a) $b/L = 0.403;$ (b) $\delta_C = 0.00287qL^4/EI$

8.5-22 $\delta_h = Pcb^2/2EI, \delta_v = Pc^2(c + 3b)/3EI$

8.5-23 $\delta = PL^2(2L + 3a)/3EI$

8.5-24 $\alpha = 22.5°, 112.5°, -67.5°,$ or $-157.5°$

CHAPTER 8 추가 복습문제

R-8.1 $\delta_C = 31.0$ mm

R-8.2 $\theta_{B,max} = 0.614°$

R-8.3 $\delta_D = 24.1$ mm

R-8.4 $r = 0.563$

R-8.5 $\delta_{max} = 22.2$ mm

R-8.6 $\delta_{max} = 13.07$ mm

R-8.7 $\delta_{max} = 29.9$ mm

CHAPTER 9

9.2-1 $P_{cr} = \beta_R/L$

9.2-2 $P_{cr} = 6\beta_R/L$

9.2-3   (a) $P_{cr} = \dfrac{\beta a^2 + \beta_R}{L}$ (b) $P_{cr} = \dfrac{\beta a^2 + 2\beta_R}{L}$

9.2-4   (a) $P_{cr} = \dfrac{(L - a)(\beta a^2 + \beta_R)}{aL}$ (b) $P_{cr} = \dfrac{\beta L^2 + 20\beta_R}{4L}$

9.2-5 $P_{cr} = \dfrac{3\beta_R}{L}$

9.2-6 $P_{cr} = \dfrac{7}{4}\beta L$

9.2-7 $P_{cr} = \dfrac{3}{5}\beta L$

9.3-1   (a) $P_{cr} = 465$ kN;
(b) $P_{cr} = 169.5$ kN

9.3-2   (a) $P_{cr} = 176.7$ kN; (b) $P_{cr} = 10.86$ kN

9.3-3   (a) $P_{cr} = 319$ kN; (b) $P_{cr} = 120.1$ kN

9.3-4 $Q_{allow} = 109.8$ kN

9.3-5 $M_{allow} = 1143$ kN·m

9.3-6   (a) $Q_{cr} = \dfrac{2\pi^2EI}{L^2}$

(b) $M_{cr} = \dfrac{3d\pi^2EI}{L^2}$

9.3-7   (a) $Q_{cr} = \dfrac{\pi^2EI}{L^2}$

(b) $Q_{cr} = \dfrac{2\pi^2EI}{9L^2}$

9.3-8 $h/b = 2$

9.3-9 $P_{allow} = 710$ kN

9.3-10 $\Delta T = \pi^2I/\alpha AL^2$

9.3-11   (a) $P_{cr} = 3\pi^3Er^4/4L^2;$ (b) $P_{cr} = 11\pi^3Er^4/4L^2$

9.3-12 $P_1 : P_2 : P_3 = 1.000 : 1.047 : 1.209$

9.3-13 $W_{max} = 124$ kN

9.3-14 $F_{allow} = 164$ kN

9.3-15 $P_{cr} = 426$ kN

9.3-16 $t_{min} = 4.53$ mm

9.3-17 $\theta = \arctan 0.5 = 26.6°$

9.3-18 $W_{cr} = 203$ kN

9.3-19   (a) $q_{max} = 1.045$ kN/m
(b) $I_{b,min} = 2411$ cm^4
(c) $s = 70$ mm, 869 mm

9.4-1 $P_{\text{allow}} = 323$ kN, 80.7 kN, 661 kN, 1292 kN

9.4-2 $P_{\text{allow}} = 6.57$ kN, 1.64 kN, 13.45 kN, 26.3 kN

9.4-3 $P_{\text{cr}} = 831$ kN, 208 kN, 1700 kN, 3330 kN

9.4-4 $P_{\text{cr}} = 62.2$ kN, 15.6 kN, 127 kN, 249 kN

9.4-5 $T_{\text{allow}} = 18.1$ kN

9.4-6 $P_{\text{cr}} = 295$ kN

9.4-7 $P_{\text{cr}} = 447$ kN, 875 kN, 54.7 kN, 219 kN

9.4-8 $P_{\text{cr}} = 4\pi^2 EI/L^2$, $v = \delta(1 - \cos 2\pi x/L)/2$

9.4-9 $t_{\text{min}} = 10.0$ mm

9.4-10 (a) $Q_{\text{cr}} = 13.41$ kN; (b) $Q_{\text{cr}} = 35.8$ kN, $a = 0$ in

9.4-11 (b) $P_{\text{cr}} = 13.89EI/L^2$

CHAPTER 9 추가 복습문제

R-9.1 $t_{\text{min}} = 4.33$ mm

R-9.2 $W_{\text{cr}} = 138$ kN

R-9.3 $Q_{\text{allow}} = 15.0$ kN

R-9.4 $\Delta T = 58.0$ °C

R-9.5 $Q_{\text{allow}} = 6.0$ kN

R-9.6 gap = 2.55 mm

R-9.7 ratio = 0.807

R-9.8 ratio = 0.328

R-9.9 ratio = 3.07

R-9.10 $t_{\text{min}} = 9.73$ mm

R-9.11 $P_{\text{cr}} = 563$ kN

CHAPTER 10

10.3-2 $\bar{x} = \bar{y} = 5a/12$

10.3-3 $\bar{y} = 27.5$ mm

10.3-4 $2c^2 = ab$

10.3-5 $\bar{y} = 340.0$ mm

10.3-6 $\bar{y} = 52.5$ mm

10.3-7 $\bar{x} = 24.5$ mm, $\bar{y} = 49.5$ mm

10.3-8 $\bar{x} = 137$ mm, $\bar{y} = 132$ mm

10.4-6 $I_x = 518 \times 10^3$ mm^4

10.4-7 $I_x = 13.55 \times 10^6$ mm^4, $I_y = 4.08 \times 10^6$ mm^4

10.4-8 $I_x = I_y = 194.6 \times 10^6$ mm^4, $r_x = r_y = 80.1$ mm

10.4-9 $I_1 = 61{,}390$ cm^4, $I_2 = 9455$ cm^4, $r_1 = 18.90$ cm, $r_2 = 7.42$ cm

10.5-1 $I_b = 72{,}113$ cm^4

10.5-2 $I_c = 11a^4/192$

10.5-3 $I_{x_c} = 2.82 \times 10^6$ mm^4

10.5-4 $I_2 = 405 \times 10^3$ mm^4

10.5-5 $I_{x_c} = 204{,}493$ cm^4, $I_{y_c} = 14{,}863$ cm^4

10.5-6 $I_{x_c} = 106 \times 10^6$ mm^4

10.5-7 $I_{x_c} = 656$ cm^4, $I_{y_c} = 237$ cm^4

10.5-7 $I_{x_c} = 656$ cm^4, $I_{y_c} = 237$ cm^4

10.5-8 $b = 250$ mm

10.6-1 $I_P = bh(b^2 + 12h^2)/48$

10.6-2 $(I_P)_C = r^4(9\alpha^2 - 8\sin^2 \alpha)/18\alpha$

10.6-3 $I_P = 32{,}966$ cm^4

10.6-4 $I_P = bh(b^2 + h^2)/24$

10.6-5 $(I_P)_C = r^4(176 - 84\pi + 9\pi^2)/[72(4 - \pi)]$

10.7-2 $I_{xy} = r^4/24$

10.7-3 $b = 2r$

10.7-4 $I_{xy} = t^2(2b^2 - t^2)/4$

10.7-5 $I_{12} = -540$ cm^4

10.7-6 $I_{xy} = 24.3 \times 10^6$ mm^4

10.7-7 $I_{x_c y_c} = -230$ cm^4

10.8-1 $I_{x_1} = I_{y_1} = b^4/12$, $I_{x_1 y_1} = 0$

10.8-2 $I_{x_1} = \dfrac{b^3 h^3}{6(b^2 + h^2)}$, $I_{y_1} = \dfrac{bh(b^4 + h^4)}{12(b^2 + h^2)}$,

$I_{x_1 y_1} = \dfrac{b^2 h^2(h^2 - b^2)}{12(b^2 + h^2)}$

10.8-3 $I_d = 14{,}696$ cm^4

10.8-4 $I_{x_1} = 12.44 \times 10^6$ mm^4, $I_{y_1} = 9.68 \times 10^6$ mm^4, $I_{x_1 y_1} = 6.03 \times 10^6$ mm^4

10.8-5 $I_{x_1} = 480.2$ cm^4, $I_{y_1} = 145.8$ cm^4, $I_{x_1 y_1} = 181.2$ cm^4

10.8-6 $I_{x_1} = 8.75 \times 10^6$ mm^4, $I_{y_1} = 1.02 \times 10^6$ mm^4, $I_{x_1 y_1} = -0.356 \times 10^6$ mm^4

10.9-1 (a) $c = \sqrt{a^2 - b^2}/2$; (b) $a/b = \sqrt{5}$; (c) $1 \le a/b < \sqrt{5}$

10.9-2 Show that two different sets of principal axes exist at each point.

10.9-3 $\theta_{P_1} = -29.9°$, $\theta_{P_2} = 60.1°$, $I_1 = 121.5 \times 10^6$ mm^4, $I_2 = 34.71 \times 10^6$ mm^4

10.9-4 $\theta_{P_1} = -8.54°$, $\theta_{P_2} = 81.46°$, $I_1 = 17.24 \times 10^6$ mm^4, $I_2 = 4.88 \times 10^6$ mm^4

10.9-5 $\theta_{P_1} = 37.7°$, $\theta_{P_2} = 127.7°$, $I_1 = 5.87 \times 10^6$ mm^4, $I_2 = 0.714 \times 10^6$ mm^4

10.9-6 $\theta_{P_1} = 32.63°$, $\theta_{P_2} = 122.63°$, $I_1 = 8.76 \times 10^6$ mm^4, $I_2 = 1.00 \times 10^6$ mm^4

10.9-7 $\theta_{P_1} = 16.85°$, $\theta_{P_2} = 106.8°$, $I_1 = 0.2390b^4$, $I_2 = 0.0387b^4$

10.9-8 $\theta_{P_1} = 74.08°$, $\theta_{P_2} = -15.92°$, $I_1 = 8.29 \times 10^6$ mm^4, $I_2 = 1.00 \times 10^6$ mm^4

10.9-9 $\theta_{P_1} = 75.3°$, $\theta_{P_2} = -14.7°$, $I_1 = 6.28 \times 10^6$ mm^4, $I_2 = 0.66 \times 10^6$ mm^4

찾아보기
Index

493

Property	SI

Water (fresh)
  weight density
  mass density
	9.81 kN/m^3
	1000 kg/m^3

Sea water
  weight density
  mass density
	10.0 kN/m^3
	1020 kg/m^3

Aluminum (structural alloys)
  weight density
  mass density
	28 kN/m^3
	2800 kg/m^3

Steel
  weight density
  mass density
	77.0 kN/m^3
	7850 kg/m^3

Reinforced concrete
  weight density
  mass density
	24 kN/m^3
	2400 kg/m^3

Atmospheric pressure (sea level)
  Recommended value
  Standard international value
	101 kPa
	101.325 kPa

Acceleration of gravity
(sea level, approx. 45° latitude)
  Recommended value
  Standard international value
	9.81 m/s^2
	9.80665 m/s^2

SI 접두사

Prefix	Symbol	Multiplication factor	
tera	T	10^{12}	= 1 000 000 000 000
giga	G	10^{9}	= 1 000 000 000
mega	M	10^{6}	= 1 000 000
kilo	k	10^{3}	= 1 000
hecto	h	10^{2}	= 100
deka	da	10^{1}	= 10
deci	d	10^{-1}	= 0.1
centi	c	10^{-2}	= 0.01
milli	m	10^{-3}	= 0.001
micro	μ	10^{-6}	= 0.000 001
nano	n	10^{-9}	= 0.000 000 001
pico	p	10^{-12}	= 0.000 000 000 001

Note: The use of the prefixes hecto, deka, deci, and centi is not recommended in SI.